T0155986

Statistische Datenanalyse mit SPSS

Jürgen Janssen · Wilfried Laatz

Statistische Datenanalyse mit SPSS

Eine anwendungsorientierte Einführung in das Basissystem und das Modul Exakte Tests

9., überarbeitete und erweiterte Auflage

Jürgen Janssen
Wilfried Laatz

Universität Hamburg
Fakultät Wirtschafts- und Sozialwissenschaften
Hamburg, Deutschland

ISBN 978-3-662-53476-2 ISBN 978-3-662-53477-9 (eBook)
DOI 10.1007/978-3-662-53477-9

Die Deutsche Nationalbibliothek verzeichnet diese Publikation in der Deutschen Nationalbibliografie; detaillierte bibliografische Daten sind im Internet über http://dnb.d-nb.de abrufbar.

Springer Gabler

Planung: Iris Ruhmann

Gedruckt auf säurefreiem und chlorfrei gebleichtem Papier

Springer Gabler ist Teil von Springer Nature
Die eingetragene Gesellschaft ist Springer-Verlag GmbH Deutschland
Die Anschrift der Gesellschaft ist: Heidelberger Platz 3, 14197 Berlin, Germany

Vorwort zur neunten Auflage

Mit Ausnahme der geostatistischen Verfahren sind alle neuen Verfahren des Basissystems und des Moduls Exact Tests bis einschließlich der Programmversion SPSS 24 im Buch aufgenommen. Wir sind skeptisch, ob sich ein nennenswerter Kreis von Anwendern für die sehr speziellen geostatistischen Verfahren interessiert. Für diese Verfahren benötigt man elektronische geografische Karten, sogenannte shapefiles. Von wenigen Ausnahmen abgesehen, muss man diese von privaten oder amtlichen Anbietern von Geoinformationsinformationssystemen kaufen. Aber um den Umgang mit shapefiles zu veranschaulichen, zeigen wir, wie man mit SPSS eine geographische Karte erstellt.

In SPSS 24 hinzugekommen ist das Verfahren Naive Bayes. Damit ist ein weiteres Klassifikationsverfahren (neben der Diskriminanzanalyse und Nächstgelegener Nachbar) verfügbar. Naive Base kann aber auch dazu genutzt werden, aus einer Vielzahl von verfügbaren Variablen eine kleinere Anzahl zu filtern, um diese als Einflussvariable (Prädiktoren) für ein Prognosemodell mit einer kategorialen Zielvariablen zu verwenden.

Neu ist auch ein weiteres Verfahren zum Filtern von Prädiktoren für Prognosemodelle. Im Unterschied zu dem in Naive Bayes integrierten Verfahren, kann man es auch für Prognosemodelle mit einer metrischen Zielvariablen nutzen.

Die Prozedur Simulation ist um die Simulation von Daten ergänzt worden.

Die Vielzahl der mit SPSS vornehmbaren statistischen Tests macht es dem Anwender mitunter nicht leicht, den für seine Aufgabenstellung geeigneten Test zu wählen. Um dem Anwender bei der Auswahl eines Tests zu helfen, haben wir dazu in einem eigenen Kapitel eine Anleitung verfasst. Ergänzend wird dort auch die Logik und die Vorgehensweise statistischen Testens thematisiert.

Das bewährte Grundkonzept des Buches wurde beibehalten: Dem Anfänger wird ein leichter Einstieg und dem schon erfahrenen Anwender eine detaillierte und umfassende Nachschlagemöglichkeit gegeben. Die Darstellung ist praxisorientiert mit vielen Beispielen. Die Vorgehensweise bei einer statistischen Auswertung wird gezeigt und die Ergebnisse werden ausführlich kommentiert und erklärt. Dabei werden die statistischen Verfahren mit ihren theoretischen Grundlagen und Voraussetzungen in die Darstellung einbezogen. Neben Daten aus dem ALLBUS (Allgemeine Bevölkerungsumfrage der Sozialwissenschaften) werden unter anderen volkswirtschaftliche Daten, Daten aus der Wahlforschung, der Schuldnerberatung, der Qualitätskontrolle, der Telekommunikation, dem Kreditscoring und der Medizin verwendet.

Die zum Buch eingerichteten Internetseiten bieten nicht nur einen schnellen Zugang zu den Datendateien, sondern enthalten weitere Informationsangebote (http://www.spssbuch.de, s. Anhang B). Man kann dort ergänzende Texte, Übungsaufgaben mit ihren Lösungen sowie tabellierte Verteilungen zur Durchführung von Signifikanztests finden. Da der Buchumfang trotz der jährlichen Erweiterungen des Programmsystems einigermaßen handlich bleiben soll, kommen wir nicht umhin, einige Teile des Buches auf die Internetseiten zu verlagern. Seiten im Sachverzeichnis, die auf Texte im Internet verweisen, werden mit einem i gekennzeichnet.

Auch Anwender früherer Programmversionen können dieses Buch sehr gut nutzen. Wenn bisherige Prozeduren durch grundlegende Programmänderungen entfallen, wird auf den Internetseiten die alte Textfassung bereitgestellt.

Die Gliederung des Buches orientiert sich stark an den Elementen und Menüs des Programms, damit der Programmbenutzer sich leicht und schnell zurechtfindet. Darüberhinaus besteht folgende Gliederungsstruktur: Kapitel 1 erläutert die Installation des Programms und gibt weitere Hinweise zu SPSS.

Kapitel 2 („Schneller Einstieg in SPSS") ist für den Anfänger, der einen leichten und schnellen Einstieg in das Datenanalysekonzept von SPSS und in die Programmbedienung wünscht und der Schritt für Schritt in grundlegende Programmanwendungen eingeführt wird.

Kapitel 3 bis 7 behandelt das Daten- und Dateienmanagement in SPSS. In diesen Kapiteln werden die Menüs "Datei", "Bearbeiten", "Daten" und "Transformieren" behandelt.

Kapitel 8 bis 31 gehen auf die Verfahren in IBM SPSS Statistics Base ein.
Kapitel 32 bis 34 befassen sich mit der Erzeugung von Grafiken und deren Überarbeitung für Präsentationszwecke.

In Kapitel 35 werden weitere Programmelemente sowie Programmfunktionen erklärt. Kapitel 36 erläutert die Theorie und praktische Anwendung von Exakte Tests. Exakte Tests erlaubt für die nichtparametrischen Tests sowie den Chi-Quadrat-Test im Rahmen von Kreuztabellierungen genaue Signifikanzprüfungen. Dieses Ergänzungsmodul ist unverzichtbar, wenn nur kleine oder unausgewogene Stichproben vorliegen.

Unser herzlicher Dank geht an die Mitarbeiter von SPSS, die uns wie immer freundlich und bestens unterstützt haben.

Auch unseren aufmerksamen Lesern sei ganz herzlich gedankt, die uns geschrieben und uns auf Fehler und Unklarheiten aufmerksam gemacht haben. Gerne möchten wir erneut unsere Leser ermuntern und bitten: Schreiben Sie uns eine E-Mail, wenn Sie Fehler entdecken oder sonstige Verbesserungsvorschläge haben. Alle uns bekannt gegebene Fehler werden in „Errata" auf den Internetseiten veröffentlicht und natürlich in der nächsten Auflage korrigiert.

Hamburg, im Juni 2016

Jürgen Janssen
Wilfried Laatz

E-Mail: Juergen.Janssen@wiso.uni-hamburg.de
Wilfried.Laatz@wiso.uni-hamburg.de

Inhaltsverzeichnis

1 Installieren von SPSS

1.1 Hinweise zur Installation

Zur Installation und zum Betrieb von SPSS 24 Statistics Base Windows mit einer Einzelnutzerlizenz bestehen folgende Mindestanforderungen:

- Windows 7, 8, 8.1 oder 10 (32 oder 64 bit).
- Intel- oder AMD-Prozessor mit einer Taktrate von mindestens 2 GHz.
- 2 GB Arbeitsspeicher (RAM) oder mehr.
- Freier Festplattenspeicher von mindestens 2 GB für das Basissystem. Wenn Sie mehr als eine Hilfssprache installieren wollen, benötigen Sie zusätzlich 60-70 MB.
- XGA Monitor (1024x768) oder ein Monitor mit einer höheren Auflösung.
- DVD/CD-ROM-Laufwerk bei einer Installation von DVD/CD.

Detailliertere Hinweise der entsprechenden Anforderungen der verschiedenen SPSS-Versionen für Computer mit den Betriebssystemen Windows, Mac OS und Linux entnehmen Sie bitte den Internetseiten von IBM. Den Zugang finden Sie über den Link „SPSS Systemrequirements" auf unseren Internetseiten zum Buch.

Informationen zum Installieren für verschiedene Betriebssysteme finden Sie ebenfalls auf den Internetseiten von IBM. Zugang finden Sie über den Link „SPSS Documentation" auf unseren Internetseiten zum Buch.

Falls Sie frühere SPSS-Versionen installiert haben, müssen Sie diese nicht deinstallieren. Sie können SPSS 24 in einem neuen Verzeichnis installieren.

Bei der Installation werden Beispieldateien in das SPSS-Programmverzeichnis (in das Unterverzeichnis Samples) kopiert.

1.2 Weitere Hinweise

Über die Hilfe des SPSS-Programms findet man unter [Themen] via Internet Zugang zu ausführlichen Informationen zum Arbeiten mit SPSS (u.a. ein Lernprogramm und case studies). Klicken auf [Befehlssyntaxreferenz] öffnet eine PDF-Datei mit der Dokumentation aller Syntaxbefehle. Klicken auf [SPSS Community] öffnet eine Internetseite mit Informationen und Blogs zu SPSS Statistics und zu SPSS Modeler, einem anderen Programm zur Datenanalyse von IBM.

Demoversion. Sie können sich aus dem Internet das Programm IBM SPSS Statistics 24 mit allen Erweiterungsmodulen zum Kennenlernen herunter laden und mit einer Testlizenz installieren. Den Zugang finden Sie über den Link „IBM SPSS Deutschland“ auf unseren Internetseiten zum Buch. Die Testlizenz läuft 14 Tage.

Statistics GradPack. Für Studierende bietet IBM über Partner sehr preisgünstige 6- bzw. 12-Monatslizenzen für Windows und Mac OS (Base GradPack, Standard GradPack) an. Quellen zum Downloaden finden Sie über den Link „Gradpacks“ auf unseren Internetseiten zum Buch.

Handbücher und Installationsanleitungen. Auf den Internetseiten von IBM SPSS werden eine Reihe von Handbüchern zu Statistics Base, Exact Tests und anderen Modulen, den Algorithmen, GPL, R und Python und weitere Informationen (in Form von PDF-Dokumenten) angeboten. Zugang finden Sie über den Link „SPSS Documentation“ auf unseren Internetseiten zum Buch.

Abfragen der Lizenzperiode. Ist die Lizenz zeitlich begrenzt, kann man sich durch Doppelklicken auf die Datei showlic.exe (sie ist im SPSS-Installationsverzeichnis enthalten) das Ende der Lizenzierungsperiode ausgeben lassen.

Vermeiden einer neuen Lizenz. Durch das Lizenzieren von SPSS wird im Installationsverzeichnis eine Datei mit dem Namen lservrc erstellt. Sie können diese Datei in ein anderes Verzeichnis kopieren. Die Kopie ist hilfreich, wenn eine Deinstallation und eine erneute Installation von SPSS auf dem gleichen Computer erforderlich wird. Nach einer erneuten Installation auf dem Computer können Sie die Datei lservrcin in das Installationsverzeichnis von SPSS zurückkopieren. So können Sie vermeiden, dass ein neuer Lizenzcode für das Produkt eingegeben werden muss.

Daten aus Datenbanken einlesen. Für den Fall, dass Sie mit SPSS auf Daten in Datenbanken zugreifen möchten, müssen Sie vorher „SPSS Statistics DataFileDriver“ bzw. „Data Access Pack“ (wird mit der SPSS Software bereitgestellt) starten und die gewünschten ODBC-Treiber für diese Datenbanken installieren. Die für das Betriebssystem Windows und Linus von IBM im Internet bereitgestellte entsprechende Installationsbeschreibungsdokument „IBM SPSS Statistics DataFileDriver“ finden Sie über den Link „SPSS Documentation“ auf unseren Internetseiten zum Buch.

SPSS Community. Über das Menü Hilfe kommt man zu einem Forum für SPSS-Anwender (für SPSS Statistics und für SPSS Modeler, ein anderes Datenanalyseprogramm). Dort kann man Fragen stellen, die von anderen Anwendern beantwortet werden können, es gibt einen Blog, white papers und vieles mehr.

Extension Hub. Im Menü „Erweiterungen“ von SPSS findet man Zugang zu Programmerweiterungen in Form von SPSS- Syntax, R- oder Python-Programmen, die das Programmsystem um viele Analyse- und Grafikmöglichkeiten ergänzen. In Kap. 35.3 finden Sie nähere Erläuterungen.

Ausgabedateien. Viewer-Dateien, die mit SPSS Statistics 16 oder später erzeugt wurden (.spv-Dateien), können mit SPSS Smart reader (jeweils für Windows, Mac OS und Linux) geöffnet und bearbeitet werden. Für noch ältere Ausgabedateien (.spo-Dateien) benötigt man das Programm SPSS legacy viewer.

Fix Pack. Nach Markteinführung einer Programmversion wird mitunter Korrektursoftware (sogenannte fixes) bereitgestellt. Zugang bekommt man über die Webseiten von SPSS Community.

Hilfe und Tutorien. Im Internet findet man eine Reihe von Portalen, die SPSS-Anwendern Hilfe anbieten.

Der erste Start von SPSS. Sie starten SPSS für Windows durch die Befehlsfolge „Start", „Programme" und Auswahl von „IBM SPSS Statistics 24" in der Liste der Programme (oder durch Anklicken des SPSS-Programmsymbols auf dem Desktop).

Zunächst erscheint eine Dialogbox, die anzeigt, dass SPSS im Unicode gestartet wird. Man sollte diese empfohlene Zeichenkodierungsvariante durch Klicken des entsprechenden Schalters bestätigen.[1] Danach ist die in Abb. 1.1 zu sehende Dialogbox geöffnet.

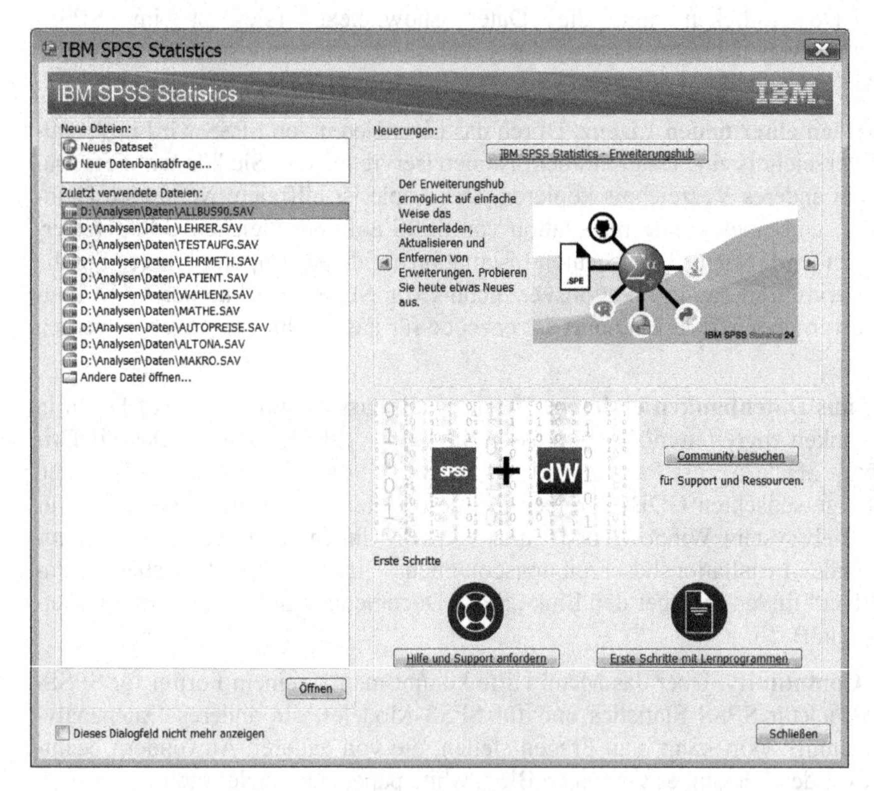

Abb. 1.1. Die Eröffnungs-Dialogbox

Durch Klicken auf die Links (z.B. auf Erste Schritte mit Lernprogrammen) auf der rechten Seite der Eröffnungsdialogbox finden Sie über eine Internetverbindung Zugang zu verschiedenen Informationsangeboten. Auf der linken Seite werden zuletzt geöff-

[1] In speziellen Situationen kann man vor Öffnen einer Datendatei in „Bearbeiten", „Optionen", „Allgemein" die Zeichenkodierung auf eine länderspezifische umstellen.

nete Dateien angezeigt.[2] Entweder man wählt mit der Maus den Namen einer der zuletzt verwendeten Datendateien oder „Neues Dataset" und klickt dann Öffnen. Man kommt damit zum Daten-Editor, der hauptsächlich genutzten Oberfläche des Programms. Dort kann man auch über „Datei", Öffnen", „Daten" Zugang zu seinen SPSS-Datendateien oder Datendateien aus anderen Programmen finden.

Wenn Sie es wünschen, können Sie durch Anklicken des Kontrollkästchens „Dieses Dialogfeld nicht mehr anzeigen" dafür sorgen, dass Sie in Zukunft bei Öffnen von SPSS direkt im Daten-Editor landen (⇨ Abb. 2.1). Wir empfehlen dies, denn alle im Eröffnungsfenster angebotenen Aktionen können Sie auch auf andere Weise ausführen.

2 In Abb. 1.1 sind schon Datendateien angezeigt, da es sich um die Dialogbox nach Öffnen etlicher schon vorher geöffneter Dateien handelt.

2 Schneller Einstieg in SPSS

Mit diesem Kapitel werden zwei Ziele angestrebt:

- ❒ Einführen in das Arbeiten mit der Oberfläche von SPSS für Windows.
- ❒ Vermitteln grundlegender Anwendungsschritte für die Erstellung und statistische Auswertung von Datendateien.

Wir gehen davon aus, dass Sie mit einer Maus arbeiten. Außerdem sollten Sie den Umgang mit der Windows-Oberfläche weitgehend beherrschen. Unter der Windows-Oberfläche kann man die meisten Aktionen auf verschiedene Weise ausführen. Wir werden in der Regel nur eine (die vermutlich gebräuchlichste) benutzen. Bei den ersten Anwendungen werden sie etwas ausführlicher erläutert (z.B. zeigen Sie mit der Maus auf die Option „Datei", und klicken Sie den linken Mauszeiger), später wird nur noch die Kurzform verwendet (*Beispiel:* Wählen Sie die Option „Datei", oder: Wählen Sie „Datei"). Die Maus bestimmt die Position des Zeigers (Cursors) auf dem Bildschirm. Er hat gewöhnlich die Form eines Pfeiles, ändert diese aber bei den verschiedenen Anwendungen. So nimmt er in einem Eingabefeld die Form einer senkrechten Linie an. Durch Verschieben der Maus ändert man die Position. Befindet sich der Cursor an der gewünschten Position (z.B. auf einem Befehl, in einem Feld, auf einer Schaltfläche), kann man entweder durch „Klicken" (einmaliges kurzes Drücken) der linken Taste oder durch „Doppelklicken" (zweimaliges kurzes Drücken der linken Taste) eine entsprechende Aktion auslösen (z.B. einen Befehl starten, eine Dialogbox öffnen oder den Cursor in ein Eingabefeld platzieren). Außerdem ist auch das „Ziehen" des Cursors von Bedeutung (z.B. um ein Fenster zu verschieben oder mehrere Variablen gleichzeitig zu markieren). Hierzu muss der Cursor auf eine festgelegte Stelle platziert werden. Die linke Maustaste wird gedrückt und festgehalten. Dann wird der Cursor durch Bewegen der Maus auf eine gewünschte Stelle gezogen. Ist sie erreicht, wird die Maustaste losgelassen. Von „Markieren" sprechen wir, wenn – entweder durch Anklicken einer Option oder eines Feldes oder durch Ziehen des Cursors über mehrere Felder – Optionen oder größere Textbereiche andersfarbig unterlegt werden.

Wenn in Zukunft angegeben wird, dass ein Menüelement durch Doppelklick gewählt werden soll, ist in der Regel immer auch statt dessen die Auswahl durch Markieren des Menüelements und das Drücken der Eingabetaste möglich.

Außerdem benutzen wir weitestgehend die Voreinstellungen von SPSS. (Änderungsmöglichkeiten ⇨ Kap. 35.6).

2.1 Die Oberfläche von SPSS für Windows

Starten Sie SPSS für Windows (⇨ Kap. 1.2). In der Eröffnungsdialogbox (Abb. 1.1) doppelklicken Sie im Feld „Neue Dateien:“ auf „Neues Datenset“. Es öffnet sich das Daten-Editorfenster.

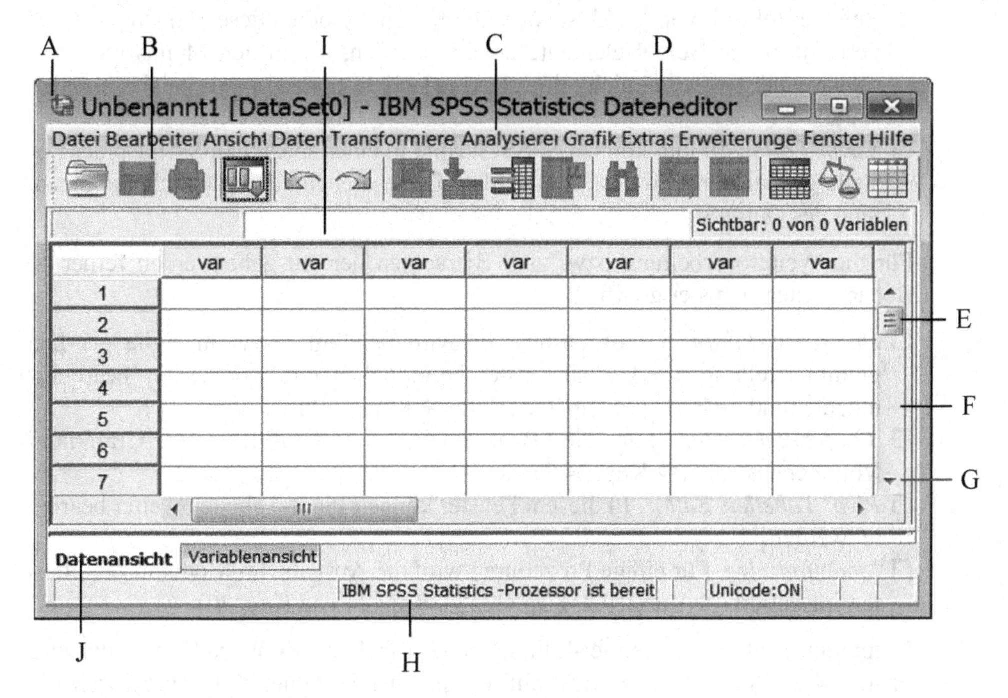

A SPSS-Systemmenüfeld
B Symbolleiste mit Symbolen
C Menüleiste mit Menüs
D Titelleiste
E Bildrollfeld
F Bildlaufleiste
G Bildrollpfeil
H Statusleiste
I Zelleneditorzeile
J Registerkarte

Abb. 2.1. SPSS Daten-Editor

SPSS arbeitet mit vier Hauptfenstern. Die ersten beiden Fenster wird man bei der Arbeit mit SPSS stets benötigen.

- *Daten-Editor* (mit den Registerkarten „Datenansicht“ und „Variablenansicht“. Es öffnet sich per Voreinstellung mit der Registerkarte „Datenansicht“ beim Start des Programms (Titelleiste enthält: Name der Datendatei, zuerst „Unbenannt” und den Namen des Fensters „SPSS Daten-Editor”). In diesem Fenster kann man Daten-Dateien erstellen oder öffnen, einsehen und ändern. (Die Registerkarte „Variablenansicht“ dient der Datendefinition und wird in Kap. 2.3 näher betrachtet.)
- *Ausgabe-Fenster* (IBM SPSS Statistics Viewer). (Titelleiste enthält: Name der Ausgabedatei, zuerst „Ausgabe1” und „IBM SPSS Statistics Viewer”). In ihm werden Ergebnisse (Output) der Arbeit mit SPSS ausgegeben. Es ist zweige-

teilt. Links enthält er das Gliederungsfenster, rechts die eigentliche Ausgabe. Man kann diese editieren und für den weiteren Gebrauch in Dateien speichern. Man kann auch weitere Ausgabefenster öffnen (⇨ unten und Kap. 4.1.1).

Die beiden anderen Hauptfenster sind:

- *Syntax-Editor.* In dieses Fenster können die in den Dialogboxen ausgewählten Befehle in Form von Befehlstexten übertragen werden. Diese können darin editiert und durch Befehlselemente ergänzt werden, die in den Menüs nicht verfügbar sind. Es ist möglich, eine Befehlsdatei zu erstellen, zu speichern und zu starten.
- *Skript-Editor.* In ihm können SPSS-Skripte in einer speziellen Skriptsprache erstellt, gespeichert und gestartet werden. Diese dienen hauptsächlich zur Gestaltung des Outputs.

Für die Weiterbearbeitung bzw. zum Betrachten der Ausgabe werden ferner bei Bedarf weitere Fenster geöffnet:

- *Diagramm-Editor* (Grafikfenster*).* Es wird benötigt, wenn man die per Diagrammerstellung im Ausgabefenster befindlichen Grafiken weiter bearbeiten möchte (andere Farben, Schriftarten etc. ⇨ Kap. 33.1).
- *Grafiktafel-Editor* Für die Bearbeitung von Grafiken der Grafiktafel-Vorlagenauswahl (⇨ Kap. 34.3)
- *Pivot-Tabellen-Editor.* In diesem Fenster können Pivot-Tabellen weiter bearbeitet werden.
- *Modellanzeige.* Für einige Prozeduren wird die Ausgabe im Modellanzeigefenster präsentiert (⇨ Kap. 19.2, Kap. 22.2.3, Kap. 24 und Kap. 30).

Diagramm-Editor, Grafiktafel-Editor, Pivot-Tabellen-Editor und Modellanzeige öffnen sich durch Doppelklick auf entsprechende Objekte im graphisch orientierten SPSS-Viewer (sie können nicht wie andere Fenster über das Menü „Datei“ geöffnet werden). Es stehen dort besondere Bearbeitungsfunktionen zur Verfügung, die an entsprechender Stelle dargestellt werden. Sie unterscheiden sich wie auch der Skript-Editor im Aufbau deutlich von den anderen Fenstern. Die folgenden Ausführungen beziehen sich daher nicht auf sie.

Außer dem Daten-Editor müssen alle anderen Arten von Fenstern erst geöffnet werden. Dies geschieht entweder beim Ausführen entsprechender Befehle automatisch oder über die Menüpunkte „Datei”, „Neu” bzw. „Datei”, „Öffnen” (nicht bei Grafik- und Pivot-Tabellen-Editor). Das Fenster, in dem jeweils im Vordergrund gearbeitet werden kann, nennt man das *aktive* Fenster. Nach dem Start von SPSS ist dieses der Daten-Editor. Will man in einem anderen Fenster arbeiten, muss es zum aktiven Fenster werden. Das geschieht entweder bei Ausführung eines Befehls automatisch oder indem man dieses Fenster anwählt. Das ist auf unterschiedliche Art möglich. Sie können das Menü „Fenster” anklicken. Es öffnet sich dann eine Drop-Down-Liste, die im unteren Teil alle z.Z. geöffneten Fenster anzeigt. Das aktive Fenster ist durch ein Häkchen vor dem Namen gekennzeichnet. Wenn Sie den Namen des gewünschten Fensters anklicken, wird dieses geöffnet. Alle z.Z. geöffneten Fenster werden auch am unteren Rand des Bildschirms als Registerkarten angezeigt. Das Anklicken der entsprechenden Registerkarte macht das Fenster aktiv. Überlappen sich die Fenster auf dem Desktop (falls sie nicht auf volle Bildschirmgröße eingestellt sind), kann man ein Fenster auch durch Anklicken irgendeiner freien Stelle dieses Fensters öffnen. Schalten Sie auf die verschiedenen Weisen einmal zwischen einem Dateneditor-Fenster und einem Ausgabefenster hin und her. Dafür öffnen Sie zunächst einmal ein Ausgabefenster, indem Sie mit dem Cursor auf das Menü „Datei" zeigen und die linke Maustaste drücken. In der sich dann öffnenden Drop-Down-Liste zeigen Sie zunächst auf „Neu", in der dann sich öffnenden Liste auf „Ausgabe". Hier klicken Sie auf die linke Maustaste. Ein Ausgabefenster „Ausgabe1" ist geöffnet.

Es können von jedem Fenstertyp mehrere Fenster geöffnet werden. Beim Dateneditor ist immer das Fenster im Vordergrund aktiv. Bei allen anderen Fenstertypen kann man eines als Hauptfenster (designierten Fenster) deklarieren. Dadurch wird es möglich, verschiedene Ausgabeergebnisse (oder eine Folge von Befehlen) einer Sitzung gezielt in unterschiedliche Dateien zu leiten. Die Ausgabe (Output) wird immer in das gerade aktive Hauptfenster gelenkt. Zum Hauptfenster deklariert man ein bisher nicht aktives, aber angewähltes Fenster, indem man in der Symbolleiste das hervorgehobene Symbol anklickt. (Alternativ wählen Sie „Extras" und „Hauptfenster".) Das Symbol wird dann dort nicht mehr hervorgehoben, dagegen geschieht dies in allen anderen Fenstern dieses Typs.

Im Folgenden werden wir uns zunächst einmal im Daten-Editor und Ausgabefenster bewegen und einige Menüs des Dateneditors erkunden.

Die Fenster kann man in der bei Windows-Programmen üblichen Art verkleinern, vergrößern, in Symbole umwandeln und wiederherstellen. Probieren Sie das einmal am „Daten-Editorfenster" aus. Zur Veränderung der Größe setzten Sie den Cursor auf eine Seite des Rahmens des Fensters (dass Sie sich an der richtigen Stelle befinden, erkennen Sie daran, dass der Cursor seine Form in einen Doppelpfeil ändert). Dann ziehen Sie den Cursor bei Festhalten der linken Maustaste und beobachten, wie sich das Fenster in der Breite verkleinert oder vergrößert. Die Größe ist fixiert, wenn Sie die Maustaste loslassen. Auf dieselbe Weise können Sie auch die Höhe verändern. Höhe und Breite ändert man gleichzeitig, indem man den Cursor auf eine der Ecken des Rahmens setzt und entsprechend zieht. Eine andere Möglichkeit besteht darin, ein Fenster den ganzen Bildschirm einnehmen zu lassen. Dazu können Sie u.a. das SPSS-Systemmenüfeld (⇨ Abb. 2.1) anklicken und darauf in der Liste die Auswahlmöglichkeit „Maximieren" anklicken. Wiederhergestellt wird die alte Größe durch Anklicken der Auswahlmöglichkeit „Wiederherstellen" im selben Menü. Man kann das Fenster auch zu einer Registerkarte (am unteren Rand des Bildschirms) verkleinern (und damit gleichzeitig deaktivieren), indem man den Menüpunkt „Minimieren" wählt. Durch Doppelklick auf die Registerkarte kann ein Fenster wiederhergestellt werden. Auch die Symbole in der rechten Ecke der Titelleiste dienen diesem Zweck. Anklicken von maximiert das Fenster, gleichzeitig wandelt sich das Symbol in Anklicken dieses Symbols stellt den alten Zustand wieder her. Anklicken von minimiert das Fenster zur Registerkarte, schließt das Programm.

Nimmt der Inhalt eines Fensters mehr Raum ein, als auf dem Bildschirm angezeigt, kann man den Bildschirminhalt mit Hilfe der Bildlaufleisten (⇨ Abb. 2.1) verschieben (*scrollen*). Diese befinden sich am rechten und unteren Rand des Bildschirms. Am oberen und unteren (bzw. linken und rechten) Ende befindet sich jeweils ein Pfeil, der *Bildrollpfeil*. Außerdem enthalten die Bildlaufleisten ein kleines Kästchen, das *Bildrollfeld* (⇨ Abb. 2.1). Klicken Sie einige Male den Pfeil am unteren Ende des Dateneditorfensters an, und beachten Sie die Zahlen am linken Rand dieses Fensters. Sie erkennen, dass mit jedem Klick der Fensterinhalt um eine Zeile nach unten verschoben wird. Halten Sie die Taste dabei gedrückt, läuft das Bild automatisch weiter nach unten. Das Bildrollfeld zeigt an, an welcher Stelle man sich in einer Datei befindet. Es ist bei der bisherigen Übung etwas nach unten gewandert. Außerdem kann man sich mit seiner Hilfe schneller im Fenster bewegen. Man setzt den Cursor dazu auf das Bildrollfeld und zieht es an die gewünschte Stelle. (*Anmerkung*: Man kann auch durch Drücken der Pfeil-Tasten oder durch Drücken der <Bild auf> bzw. <Bild ab>–Tasten der Tastatur das Bild rollen).

Sollten Sie noch Schwierigkeiten im Umgang mit der Windows-Oberfläche haben, können Sie das Windows-Handbuch zu Rate ziehen.

2.2 Einführen in die Benutzung von Menüs und Symbolleisten

Jedes Fenster enthält eine eigene Menüleiste und eine oder zwei eigene Symbolleisten. In dieser Einführung werden die Menüs und die Symbolleiste des Dateneditorfensters in den Vordergrund gestellt. Im Aufbauprinzip und auch in großen Teilen der Menüs entsprechen sich aber alle Fenster.

Menüs und Dialogboxen des Daten-Editors. In der Menüleiste gibt es folgende Menüs[1]:

- *Datei.* Es dient zum Erstellen, Öffnen, Importieren und Speichern jeder Art von SPSS-Dateien. Daneben ist an Datendateien der Import von Dateien zahlreicher Tabellenkalkulations- oder Datenbankprogrammen, von Dateien anderer Statistikprogamme sowie von ASCII-Dateien möglich. Datendateien können in Datenbankprogramme exportiert werden. Darüber hinaus dient das Menü der Information über die Datendatei und dem Druck einer Datendatei. Auch andere Dateien (Syntax-, Ausgabe-, Skript-Dateien etc.) können hier erstellt werden.
- *Bearbeiten.* Dient zum Löschen und Kopieren, Einfügen und Suchen von Daten. Der Menübefehl „Optionen“ führt zu den Dialogboxen für die Grundeinstellung der verschiedenen SPSS-Bereiche.
- *Ansicht.* Ermöglicht es, Status- und Symbolleisten aus- oder einzublenden, die Symbolgröße und das Schriftbild der Daten zu bestimmen, Gitterlinien ein- oder auszublenden, Werte als Wertebeschriftung oder Wert anzeigen zu lassen. Schließlich kann man mit dem letzten Menüpunkt zwischen Daten- und Variablenansicht umschalten. Weiter können die Menüs neu erstellt und die Variablenansicht geändert werden.
- *Daten.* Dient der Definition von Datumsvariablen, dem Einfügen von Variablen und Fällen sowie der globalen Änderung von SPSS-Datendateien, z.B. Kombinieren von Dateien, Transponieren und Umstrukturieren der Datenmatrix (von Variablen in Fälle und umgekehrt), Aggregieren sowie Auswahl von Teilgruppen. (Die Änderungen sind temporär, wenn sie nicht ausdrücklich gespeichert werden.)

[1] Es werden bei der Charakterisierung nicht alle Untermenüs angesprochen.

- *Transformieren.* Veränderung von Variablen und Berechnung neuer. (Die Änderungen sind temporär, wenn sie nicht ausdrücklich gespeichert werden.)
- *Analysieren.* Dient der Auswahl statistischer Verfahren und stellt den eigentlichen Kern des Programms dar.
- *Grafik.* Dient zur Erzeugung verschiedener Arten von Diagrammen und Grafiken. Diese können im Diagramm-Editor vielfältig gestaltet werden.
- *Extras.* Sammlung verschiedener Optionen. Informationen über SPSS-Datendateien, Arbeiten mit Datensets und Skripten, Aufbau eines Dialogfeldes, Produktionsjob erstellen und absenden etc.
- *Erweiterungen.* Dort kann man Erweiterungen (IBM SPSS Predictive Analytics-Zusammenstellung für GitHub) suchen, herunterladen und installieren sowie selbst erstellen, bearbeiten
- *Fenster.* Auswahl des aktiven SPSS-Fensters. Aufteilen und Minimieren der Fenster.
- *Hilfe.* Bietet ein Hilfefenster. Es ist nach den (nicht ganz glücklichen) Regeln eines Standard-Microsoft-Hilfefensters aufgebaut.

Diese Menüs sind im Daten-Editor und Ausgabefenster identisch (zusätzlich „Einfügen“ und „Format“ im Ausgabefenster). Daher können alle Grundfunktionen in allen Fenstern aufgerufen werden. Andere haben dieselbe Bezeichnung und im Grundsatz dieselben Funktionen, sind aber hinsichtlich der verfügbaren Optionen dem jeweiligen Fenster angepasst: „Datei”, „Bearbeiten”, „Extras”. Jedes Fenster hat auch einige, nur in ihm enthaltene, spezielle Menüs. Im Syntaxfenster sind z.B. „Ausführen“ und „Tools“ zusätzlich verfügbar. Im Diagramm-Editor fehlen die Grundfunktionen und er enthält spezielle Menüs zu Bearbeitung der Grafiken.

Die Menüs in der Menüleiste des Dateneditor-Fensters kann man nutzen oder auch nur erkunden, indem man mit der Maus das gewünschte Menü anklickt. Wir versuchen das zunächst einmal mit dem Menü „Daten”. Klicken Sie den Menünamen an. Dann öffnet sich die in Abb. 2.2 dargestellte *Drop-Down-Liste*. Sie zeigt die in diesem Menü verfügbaren Auswahlmöglichkeiten, wir sprechen auch von Optionen oder Befehlen. In diesem Falle sind es Optionen wie „Datum und Uhrzeit definieren...”, „Neues benutzerdefiniertes Attribut”. Davon ist („Neues benutzerdefiniertes Attribut“) nur schwach angezeigt. Die fett angezeigten Optionen sind z.Z. aufrufbar, die anderen nicht. Ihr Aufruf setzt bestimmte Bedingungen voraus, die z.Z. noch nicht gegeben sind. Dies gilt auch für einige andere nicht unmittelbar ausführbare Befehle (z.B. „Fälle sortieren“). Wählt man diese an, so wird in einem Drop-Down-Fenster mitgeteilt, dass dieser Befehl nicht ausführbar ist und welche Voraussetzung fehlt. Führen Sie den Cursor auf die Option „Neues benutzerdefiniertes Attribut“ und klicken Sie auf die linke Maustaste. Es passiert nichts. Wiederholen Sie das bei der Option „Fälle sortieren...”. Es öffnet sich ein Drop-Down–Fenster mit dem Warnhinweis. Wird unter den fett angezeigten Optionen eine nur mit Namen (z.B. „Dataset kopieren”) angezeigt, wird der Befehl direkt ausgeführt.

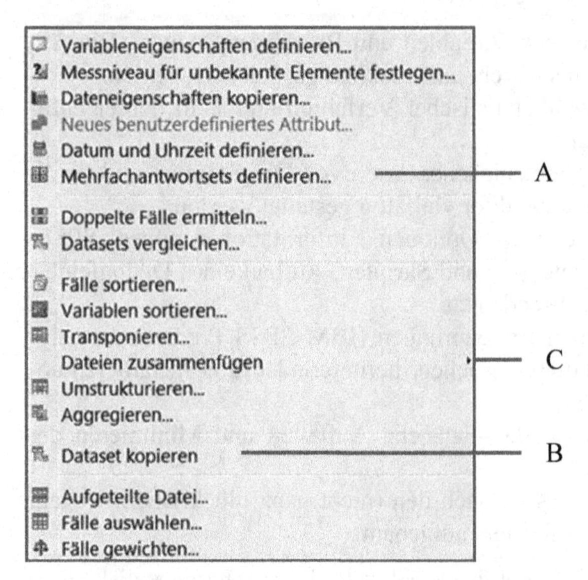

A Option, die zu einer Dialogbox führt (mit Pünktchen)
B Direkt ausführbarer Befehl (ohne Pünktchen)
C Option, die zu einem Untermenü führt (mit Pfeil)

Abb. 2.2. Drop-Down-Liste des Menüs „Daten"

Stehen hinter dem Namen drei Pünktchen (z.B. „Datum und Uhrzeit definieren...") öffnet sich bei Auswahl dieser Option eine *Dialogbox*. Die Befehlsfolge „Bearbeiten", „Gehe zu Fall..." öffnet z.B. eine gleichnamige Dialogbox, in der die Fallnummer eingegeben und der entsprechende Fall angesprungen werden kann. Eine Dialogbox enthält meistens folgende grundlegende Bestandteile (⇨ Abb. 2.3)[2]:

- *Quellvariablen-* und *Auswahlvariablenliste* (in allen Dialogboxen, mit denen Prozeduren ausgeführt werden). Die Quellvariablenliste ist die Liste aller Variablen in der Datendatei (bzw. im verwendeten Datenset). Die Auswahlvariablenliste enthält die Variablen, die für eine statistische Auswertung genutzt werden sollen. Sie werden durch Markieren der Variablen in der Quellvariablenliste und anschließendem Klicken auf einen Pfeilschalter oder durch Doppelklick in dafür vorgesehene Eingabefelder der Auswahlliste übertragen.
- *Informations-, Eingabe- und Auswahlfelder*. Wählen Sie einmal das Menü „Datei", und setzen Sie den Cursor auf die Option „Öffnen. Es erscheint eine Dialogbox (⇨ Abb. 2.5). In ihr befindet sich ein Eingabefeld „Dateiname". In ein solches Eingabefeld ist gewöhnlich etwas einzutragen (hier wäre es ein Name einer zu öffnenden Datei). Mitunter gibt es auch ein damit verbundenes Auswahlfeld (⇨ Erläuterungen zu Abb. 2.5), in dem man aus einer Drop-Down-Liste eine Option auswählen kann. in manchen Dialogboxen findet man auch

[2] Um die Dialogboxen erkunden zu können, ist es vorteilhaft, wenn Sie durch Eingabe einiger beliebiger Zahlen in mehreren Spalten des Editors eine kleine Datendatei erzeugen.

reine Informationsfelder, die interessierende Informationen, z.B. zur Definition einer Variablen enthalten.

❒ *Befehlsschaltflächen.* Klickt man diese mit der Maus an, so wird ein Befehl abgeschickt.

Folgende Befehlsschaltflächen (ohne Pünktchen am Ende) führen zur unmittelbaren Befehlsausführung und sind immer vorhanden (⇨ Abb. 2.3):

- *OK.* Bestätigt die in der Dialogbox gemachten Angaben und führt die gewünschte Aufgabe aus.
- *Abbrechen.* Damit bricht man die Eingabe in der Dialogbox ab und kehrt zum Ausgangsmenü zurück. Alle Änderungen der Dialogboxeinstellung werden aufgehoben.
- *Hilfe.* Damit fordert man eine kontextbezogene Hilfe im Standardformat von MS Windows an.

In vielen Dialogboxen, insbesondere zur Durchführung von statistischen Auswertungen und zur Erzeugung von Grafiken, gibt es folgende weitere Schaltflächen:

- *Zurücksetzen.* Damit werden schon in der Dialogbox eingegebene Angaben rückgängig gemacht, so dass neue eingegeben werden können, ohne die Dialogbox zu verlassen.
- *Einfügen.* Nach Anklicken wird der Befehl des Menüs in der Befehlssprache von SPSS ins Syntaxfenster übertragen und dieses aktiviert.

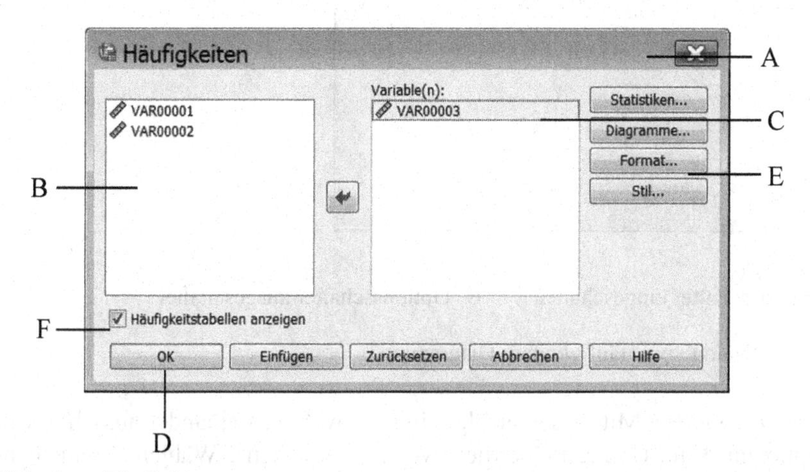

A Dialogbox: Titelleiste
B Quellvariablenliste
C Auswahlvariablenliste
D Schaltfläche, die zu einer sofortigen Ausführung des Befehls führt (ohne Pünktchen)
E Schaltfläche, die zu einer Unterdialogbox führt (mit Pünktchen)
F Kontrollkästchen mit eingeschalteter Option

Abb. 2.3. Dialogbox „Häufigkeiten"

Die Dialogboxen können in Ihrer Größe verändert werden. Führt man den Cursor auf eine der Ecken der Box, wandelt er sich in einen diagonal verlaufenden Doppelpfeil. Durch Drücken auf die linke Maustaste und Ziehen vergrößert man die Box proportional. Führt man dagegen den Cursor auf einen der Ränder, erscheint ein senkrecht bzw. waagrecht verlaufender Doppelpfeil. Dann kann man auf die gleiche Weise Höhe bzw. Breite der Box ändern (Verkleinerung unter die Ausgangsgröße ist nicht möglich).

Unterdialogboxen. Neben den genannten Schaltflächen können in Dialogboxen auch Schaltflächen mit Pünktchen vorkommen, z.B. die Schaltflächen „Statistiken..." und „Diagramme..." (⇨ Abb. 2.3). Durch Anklicken dieser Schaltflächen werden weitere Dialogboxen (Unterdialogboxen) geöffnet, die zusätzliche Spezifizierungen der gewünschten durchzuführenden Aufgabenstellung erlauben.

Eine aus einer Dialogbox durch Klicken einer Schaltfläche mit Pünktchen (z.B. „Diagramme..." geöffnete (Unter-)Dialogbox hat meistens neben den oben erläuterten Eingabefeldern und Schaltflächen weitere Elemente, mit denen man Spezifizierungen einer Aufgabenstellung vornehmen kann:

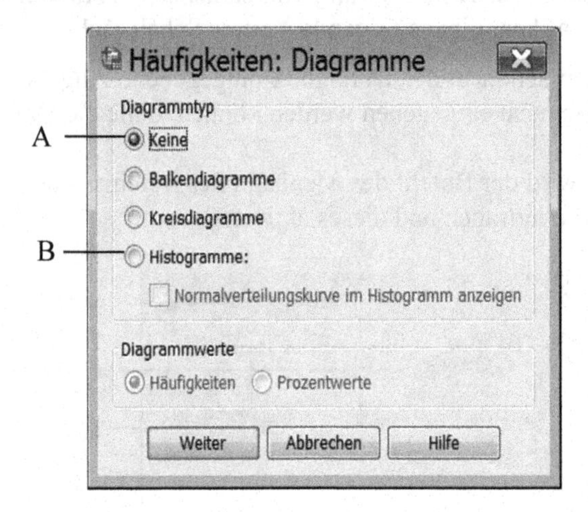

A Optionsschalter eingeschaltet B Optionsschalter ausgeschaltet

Abb. 2.4. Dialogbox „Häufigkeiten: Diagramme"

- *Optionsschalter.* Mit diesen erfolgt eine Auswahl aus einander ausschließenden Optionen. Eine Übung möge diese veranschaulichen[3]: Wählen Sie im Fenster „Häufigkeiten" (sie gelangen dorthin mit „Analysieren", „Deskriptive Statistiken", „Häufigkeiten") die Schaltfläche „Diagramme ...". Es öffnet sich die in Abb. 2.4 dargestellte (Unter-)Dialogbox, in der u.a. in der Gruppe Diagrammtyp verschiedene Optionen mit einem Kreis davor angeführt sind. Einen solchen Kreis bezeichnet man als Optionsschalter. Einer dieser Kreise ist mit einem schwarzen Punkt gekennzeichnet, im Beispiel „Keiner". Damit ist die Option „Keiner" eingestellt (d.h. es wird kein Diagramm erzeugt). Durch Anklicken ei-

[3] Setzt voraus, dass Sie einige wenige Daten im Daten-Editor eingegeben haben.

nes Optionsschalters wählt man die gewünschte Option aus. Es kann nur eine Option gewählt werden.

- *Kontrollkästchen.* Damit können gleichzeitig mehrere Optionen ausgewählt werden. Ein Kontrollkästchen finden Sie z.B. am unteren Rand der Dialogbox „Häufigkeiten" (⇨ Abb. 2.3). Eine ganze Reihe von Kontrollkästchen finden Sie in der Unter-Dialogbox „Häufigkeiten: Statistiken", in die Sie durch Anklicken der Schaltfläche „Statistiken..." in der Dialogbox „Häufigkeiten" gelangen. Hier können Sie durch Anklicken der Kästchen beliebig viele Maßzahlen zur Berechnung auswählen. Im gewählten Kästchen erscheint jeweils ein Häkchen. Durch erneutes Anklicken können Sie dieses wieder ausschalten.
- *Weiter.* Neben den bekannten Befehlsschaltflächen „Abbrechen" und „Hilfe" enthalten viele Unterdialogboxen die Schaltfläche „Weiter". Durch Klicken auf diese Schaltfläche (⇨ Abb. 2.4) bestätigt man die ausgewählten Angaben und kehrt zur Ausgangsdialogbox zurück.

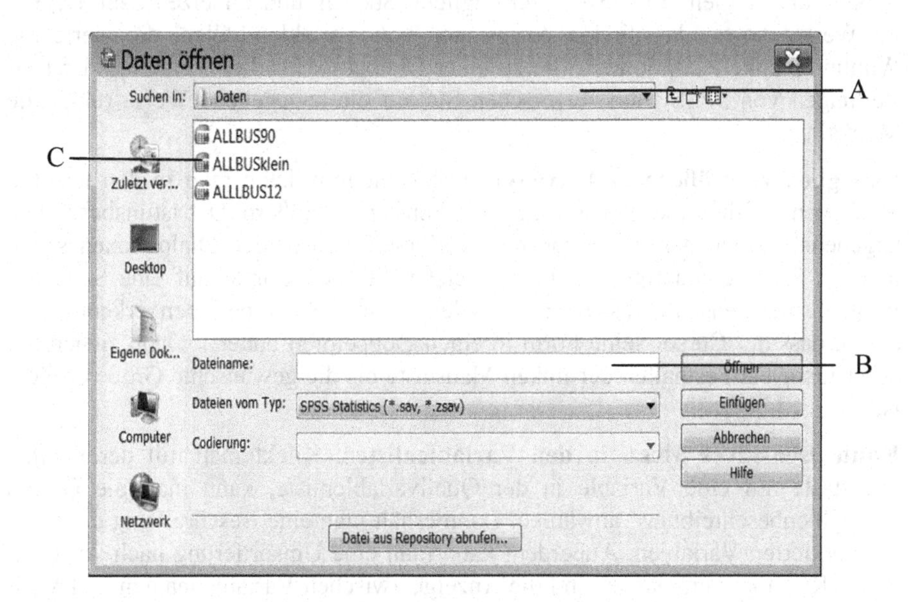

A Auswahlfeld mit Drop-Down-Liste (zum Öffnen Pfeil anklicken)
B Eingabefeld, C Auswahlliste

Abb. 2.5. Dialogbox „Datei öffnen"

- *Auswahlfeld.* Die in Abb. 2.5 dargestellte Dialogbox hat ein Auswahlfeld „Suchen in:". Klicken Sie auf den Pfeil neben dem Auswahlfeld. Es öffnet sich dann ein Fenster mit einer Auswahlliste der verfügbaren Verzeichnisse. Klicken Sie eines an, erscheint in dem darunter liegenden Auswahlfenster wiederum eine Auswahlliste aller dort verfügbaren Dateien des eingestellten Dateityps. Nach Anklicken einer dieser Dateien, erscheint sie in der Auswahlliste „Dateiname".

Untermenüs. Manche Menüs der Menüleiste enthalten *Untermenüs*. Wenn Sie die schon die Dialogbox „Häufigkeiten" geöffnet haben, kennen Sie das bereits. Öffnen Sie zur Verdeutlichung nun noch einmal das Menü „Analysieren". Sie sehen, dass hier alle Optionen mit einem Pfeil am rechten Rand gekennzeichnet sind. Das bedeutet, dass in den Menüs weitere Untermenüs vorhanden sind. Wählen Sie die Option „Deskriptive Statistiken ▷". Es öffnet sich ein weiteres Menü mit mehreren Optionen, u.a. „Häufigkeiten ...". Durch Auswahl von „Abbrechen" gelangen Sie in die Menüleiste zurück.

Gehen Sie nun zur Menüleiste zurück und öffnen Sie als letztes das Menü „Bearbeiten". Hier ist neu, dass zu den verschiedenen Optionen auch Tastenkombinationen angegeben sind, mit denen die Menüs gewählt werden können. So die Option „Einfügen nach" mit <Strg> + <V>. Außerdem sind sie durch Querstriche in Gruppen unterteilt. Die erste Gruppe umfasst Optionen zum Ausschneiden, Einsetzen, Kopieren von Texten usw., die zweite Gruppe Optionen zu Einfügen von Variablen und Fällen, die dritte ermöglicht Suchen und Ersetzen von Begriffen/Werten sowie das direkte Anspringen von Variablen/Fällen, die vierte die Wahlmöglichkeit „Optionen", die zu einer Dialogbox für die Gestaltung der Einstellungen von SPSS führt. Erforschen Sie auf die angegebene Weise ruhig alle Menüs.

Dialogbox vergrößern und fixieren. Die Dialogbox kann man in den neueren Versionen auf dieselbe Weise wie andere Fenster vergrößern. Das ist insbesondere angenehm, wenn man mehr von den Variablenlisten in den Dialogboxen sehen möchte. Zur Veränderung der Größe setzten Sie den Cursor auf eine Seite des Rahmens des Fensters (dass Sie sich an der richtigen Stelle befinden, erkennen Sie daran, dass der Cursor seine Form in einen Doppelpfeil ändert). Dann ziehen Sie den Cursor bei Festhalten der linken Maustaste bis die gewünschte Größe erreicht ist.

Kontextsensitives Menü in den Variablenlisten. Klickt man mit der *rechten* Maustaste auf eine Variable in der Quellvariablenliste, kann man die Option „Variablenbeschreibung" anwählen. Dann erhält man eine Beschreibung der gerade markierten Variablen. Außerdem kann man eine Umsortierung nach verschiedenen Kriterien veranlassen und die Anzeige zwischen Variablennamen und Variablenbeschriftung umschalten.

Symbolleiste benutzen. Alle Fenster verfügen über eigene Symbolleisten. Viele häufig benutzte Funktionen lassen sich über die Symbolleiste aufrufen. Man erspart sich dann den Weg über die Menüs. Im Dialogfenster „Ansicht", „Symbolleisten" sind die im Fenster verfügbaren Symbolleisten angeführt. Durch Anklicken des Kontrollkästchen vor dem Namen der Symbolleiste kann man deren Anzeige aus- und einschalten. Klicken Sie das Kontrollkästchen „Große Schaltflächen" im Untermenü „Anpassen" an, werden die Symbole in der Leiste größer und damit besser erkennbar angezeigt. Die Symbole erklären ihre Funktion leider nicht hinreichend selbst. Berührt der Cursor aber eines davon, so wird dessen Funktion gleichzeitig sowohl in der Statuszeile als auch in einem Drop-Down-Fenster am Symbol selbst beschrieben. Die Symbolleiste lässt sich auch beliebig verschieben. Klicken Sie dazu an irgendeiner Stelle auf die Leiste (aber nicht auf ein Symbol) und ziehen Sie diese mit gedrückter Taste an die gewünschte Stelle. Mit Loslassen der Taste ist die Symbolleiste fixiert. Um eine Aktion auszuführen, klickt man auf das zuständige Symbol.

Klicken Sie auf ein Symbol, dann werden einige der Aktionen sofort ausgeführt. In vielen Fällen öffnet sich jedoch eine Dialogbox. Sie ist identisch mit der Dialogbox, in die Sie das entsprechende Menü auch führt. Die Dialogbox wird in der üblichen Weise benutzt.

Die folgende Abbildung gibt einen Überblick über die *Symbole* des Dateneditorfensters. Anschließend werden deren Funktionen erläutert.

Datei öffnen. Öffnet eine Dialogbox zur Auswahl einer Datei. Es können nur Dateien des dem derzeit aktiven Fenster entsprechenden Typs geöffnet werden.

Datei speichern. Speichert den Inhalt des derzeit aktiven Fensters. Handelt es sich um eine neue Datei, öffnet sich die Dialogbox „Datei speichern unter“.

Drucken. Öffnet eine Dialogbox zum Drucken des Inhalts des aktiven Fensters. Auch eine Auswahl kann gedruckt werden.

Zuletzt verwendete Dialogboxen. Listet die zuletzt geöffneten Dialogboxen zur Auswahl auf. Man kann dann die gewünschte Dialogbox direkt anspringen. (Die Zahl der Dialogboxen kann bis 9 – Voreinstellung – reichen.)

Rückgängig machen. Macht die letzte Dateneingabe rückgängig und springt in die entsprechende Zelle der Datenmatrix zurück.

Wiederholen. Wiederholt eine rückgängig gemachte Dateneingabe.

Gehe zu Fall. Öffnet eine Dialogbox, aus der man zu einer bestimmten Fallnummer im Dateneditorfenster springen kann. (Fallnummer ist die von SPSS automatisch vergebene Nummer.)

Gehe zu Variablen. Öffnet eine Dialogbox, aus der man zu einer bestimmten Variablen im Dateneditorfenster springen kann.

Variablen. Öffnet das Fenster „Variablen” mit einer Variablenliste und Variablenbeschreibung. (Dasselbe bewirkt die Befehlsfolge „Extras”, „Variablen...”.) Eine ausgewählte Variable kann im Dateneditor direkt angesprungen werden.

Suchen. Öffnet eine Dialogbox, aus der man, ausgehend von einer markierten Zelle, innerhalb der ausgewählten Spalte bestimmte Werte im Dateneditorfenster suchen kann.

Fälle einfügen. Fügt vor einer markierten Zeile einen neuen Fall ein. Dasselbe bewirkt die Befehlsfolge „Daten", „Fälle einfügen".

Variable einfügen. Fügt vor einer markierten Spalte eine neue Variable ein. Dasselbe bewirkt die Befehlsfolge „Daten", „Variable einfügen".

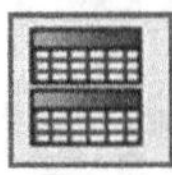

Datei aufteilen. Öffnet eine Dialogbox, mit der eine Datei in Gruppen aufgeteilt werden kann. Dasselbe bewirkt die Befehlsfolge „Daten", „Datei aufteilen...".

Fälle gewichten. Öffnet eine Dialogbox, mit der die Fälle der Datendatei gewichtet werden können. Dasselbe bewirkt die Befehlsfolge „Daten", „Fälle gewichten..."

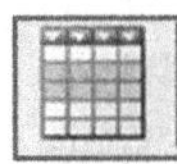

Fälle auswählen. Öffnet eine Dialogbox, mit der Fälle der Datendatei nach gewissen Bedingungen zur Analyse ausgewählt werden können. Dasselbe bewirkt die Befehlsfolge „Daten", „Fälle auswählen..."

Wertebeschriftung. Durch Anklicken dieses Symbols kann man von Anzeige der Variablenwerte als Wert zur Anzeige als Beschriftung umschalten und umgekehrt. Dasselbe bewirkt die Befehlsfolge: „Ansicht", „Wertebeschriftung".

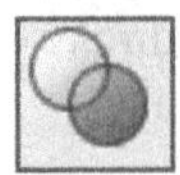

Sets verwenden. Öffnet eine Dialogbox, mit der aus vorher definierten Variablensets derjenige ausgewählt werden kann, der für die Analyse verwendet werden soll. Dasselbe bewirkt die Befehlsfolge: „Extras", „Sets verwenden".

Rechtschreibprüfung. Öffnet eine Dialogbox „Rechtschreibung", mit deren Hilfe man die Rechtschreibung bei Stringvariablen überprüfen kann.

Deskriptive Statistiken ausführen. Man kann sich ohne Umwege über die Menüs für eine markierte Variable einige deskriptive Statistiken ausgeben lassen.

Alle Variablen anzeigen. Bei Verwendung eines Variablensets führt die dazu, dass wieder alle Variablen angezeigt werden.

Ein Teil dieser Symbole (Hauptsymbole) findet sich in der Symbolleiste aller Fenster. Es sind dies die ersten sechs Symbole auf der linken Seite. Sie dienen zum Laden und Speichern von Dateien, machen die letzte Eingabe rückgängig oder zeigen eine Liste der zuletzt benutzten Dialogboxen. Beachten Sie dabei, dass sich die Funktionen „Öffnen", „Speichern" und „Drucken" nur auf das gerade aktive Fenster beziehen. Weiter sind die Symbole „Gehe zu Fall", „Variablen" und „Sets verwenden" allen Symbolleisten (außer der des Skript-Editors) gemeinsam.

Das Ausgabefenster und das Syntaxfenster verfügen u.a. über das Symbol:

 *Gehe zu Daten.* Es führt direkt in das Dateneditorfenster.

Skript-Editor und Syntax-Editor teilen mit dem Daten-Editor das Symbol „Suchen”. Ansonsten verfügt die Symbolleiste jedes Fensters über einige fensterspezifische Symbole, die an gegebener Stelle besprochen werden.

Hinweis. Das Menüsystem von SPSS lässt sich teilweise auch mit der Tastatur bedienen. Die Hauptmenüs werden dann durch die Kombination <Alt>+<einen Buchstaben> angewählt. Es stehen viele weitere Steuerungsmöglichkeiten per Taste, insbesondere zum Editieren der Dateien zur Verfügung. Im Weiteren wird diese Steuerungsmöglichkeit nicht mehr besprochen. Weitere Einzelheiten können sie im Hilfesystem mit dem Suchbegriff „Tastaturnavigation“ erkunden.

2.3 Daten im Dateneditorfenster eingeben und definieren

2.3.1 Eingeben von Daten

Vor der Auswertung von Daten muss SPSS der zu analysierende Datensatz erst zur Verfügung gestellt werden. Dieses kann auf unterschiedliche Weise geschehen: durch Öffnen einer SPSS-Datendatei, Eintippen der Daten im Dateneditorfenster oder durch Importieren einer mit einem anderen Programm erstellten Datei (eine mit einem Texteditor erstellten ASCII-Datei, eine mit einem Tabellenkalkulations- oder einem Datenbankprogramm oder mit einer anderen SPSS-Version erstellten Datei oder auch einer Datei aus den Statistikprogrammen SAS und Systat). Der Import von Dateien erfolgt mit dem Menü „Datei” der Menüleiste des Daten-Editors (⇨ Kap. 6), Optionen „Öffnen“, „Datenbank öffnen“ oder „Textdaten lesen“. Nach dem Datenimport erscheinen dann die Daten im Dateneditorfenster und können darin weiterbearbeitet werden.

Hier soll die Eingabe von Daten im Dateneditorfenster selbst vorgestellt werden. Als Beispieldatensatz werden ausgewählte Variablen für 32 Fälle aus der ALLBUS-Studie (einer allgemeinen Bevölkerungsumfrage) des Jahres 2012 verwendet. Für diese 32 Befragten sind neben einer Fall- und einer Versionsnummer (für unterschiedliche Fragebögen) die Variablen Geschlecht, höchster schulischer Bildungsabschluss, Einkommen, politische Einstellung, die Einstellung zur Abtreibung sowie vier Fragen, die später zu einem Materialismus-Postmaterialismus-Index zusammengefasst werden, erhoben worden. Der Beispieldatensatz wird mit dem Namen ALLBUSklein bezeichnet und – mit wenigen Ausnahmen – nur für dieses Kapitel verwendet. Er ist im Anhang A vollständig dokumentiert, damit Sie die folgenden Ausführungen auf dem PC mit SPSS nachvollziehen können. Dazu sollten Sie sich ein Verzeichnis C:\DATEN anlegen.

Ein großer Teil der Beispiele in den späteren Teilen dieses Buches greift ebenfalls auf dieselben Variablen des ALLBUS-Datensatzes zurück (manchmal werden auch weitere Variablen hinzugezogen). Allerdings wird eine größere Stichprobe von ca. 300 Fällen herangezogen, um zu realitätsnäheren Ergebnissen zu kommen.

Dieser Datensatz wird als ALLBUS12 bezeichnet, außerdem kommt der Datensatz ALLBUS90 und zahlreiche weitere zur Anwendung. (In diesem Buch werden Dateinamen und Variablennamen zur besseren Lesbarkeit immer groß geschrieben, in der Datei selbst sind sie klein geschrieben (man kann sie nun auch groß schreiben). Wenn Sie die Beispiele der späteren Kapitel exakt nachvollziehen wollen, downloaden Sie bitte die Daten von der zum Buch gehörenden Website (⇨ Anhang B) und laden Sie jeweils die dem Beispiel zugehörige Datei.

Das SPSS-Dateneditorfenster besteht aus zwei Registerblättern, der „Datenansicht" und der „Variablenansicht". Für die Dateneingabe müssen wir die „Datenansicht" öffnen. Sie zeigt sich in Gestalt eines Tabellenkalkulationsblattes. Es hat die Form einer viereckigen Matrix, bestehend aus Zellen, die sich aus Spalten und Zeilen ergeben. Die Zeilen der Matrix sind mit den Ziffern 1, 2 usw. durchnummeriert. Die Spalten sind am Kopf vorerst einheitlich mit VAR beschriftet. Der Wert einer Variablen wird in eine Zelle eingetragen. Die Eingabe muss dabei in bestimmter Weise erfolgen: In einer Zeile der Matrix werden die Werte jeweils eines Befragten (allgemein: eines Falles) eingetippt. In eine Spalte kommen jeweils die Werte für eine Variable. Der Wert ist die verschlüsselte Angabe über die Ausprägung des jeweils untersuchten Falles auf der Variablen. So bedeutet in unserer Übung z.B. bei der Variablen Geschlecht der Wert 1 „männlich" und der Wert 2 „weiblich".

Die auf dem Bildschirm sichtbaren Spalten der Matrix haben eine voreingestellte Breite von acht Zeichen. Voreingestellt ist auch eine rechtsbündige Darstellung der eingegebenen Werte. Das kann nur im Dateneditorfenster in den zugehörigen Definitionsspalten „Spalten" und „Ausrichtung" geändert werden oder durch Markieren der Linie zwischen zwei Spalten, Drücken der linken Maustaste und Ziehen des Cursors. Von diesem Spaltenformat (einem reinen Anzeigeformat) ist das Variablenformat zu unterscheiden, das angibt, wieviel Zeichen ein Variablenwert maximal umfassen kann (dies muss nicht mit der Anzeigebreite korrespondieren). Per Voreinstellung werden die eingetippten Werte der Variablen als numerische Variablen in einem festen, voreingestellten Format mit einer Breite von maximal acht Zeichen und zwei Dezimalstellen aufgenommen (allerdings kann man auch größere Zahlen eintippen. Sie werden aber dann nur mit maximal der angegebenen Zahl von Dezimalstellen angezeigt). Diese Voreinstellungen für das Variablenformat kann mit der Befehlsfolge „Bearbeiten", „Optionen..." im Register „Daten" verändert werden. Für einzelne Variablen ändert man das Format in der Variablenansicht des Dateneditors mit den beiden zugehörigen Definitionsspalten, von der die erste etwas irreführend „Spaltenformat", die zweite „Dezimalstellen" überschrieben ist (⇨ Abb. 2.9).

Abb. 2.6 zeigt das Dateneditorfenster mit den eingetippten Daten für die ersten elf Variablen der ersten zehn Fälle unserer Beispieldatei. Variablen sind:

VAR00001: Fallnummer
VAR00002: Version Nummer
VAR00003: Geschlecht
VAR00004: Allgemeiner Schulabschluss
VAR00005: Monatliches Nettoeinkommen
VAR00006: Politisches Interesse
VAR00007: Wichtigkeit von Ruhe und Ordnung
VAR00008: Wichtigkeit von Bürgereinfluss
VAR00009: Wichtigkeit von Inflationsbekämpfung
VAR00010: Wichtigkeit von freier Meinungsäußerung
VAR00011: Beurteilung: Abtreibung

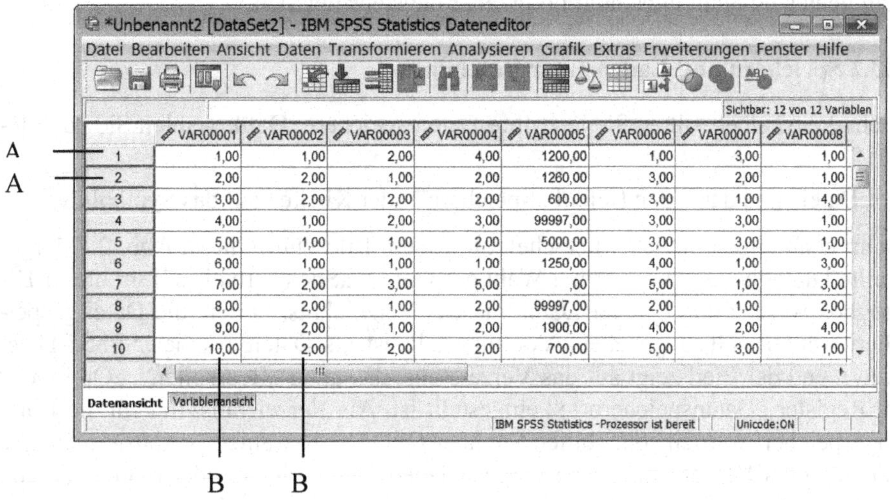

*Unbenannt2 [DataSet2] - IBM SPSS Statistics Dateneditor
Datei Bearbeiten Ansicht Daten Transformieren Analysieren Grafik Extras Erweiterungen Fenster Hilfe
Sichtbar: 12 von 12 Variablen

	VAR00001	VAR00002	VAR00003	VAR00004	VAR00005	VAR00006	VAR00007	VAR00008
1	1,00	1,00	2,00	4,00	1200,00	1,00	3,00	1,00
2	2,00	2,00	1,00	2,00	1260,00	3,00	2,00	1,00
3	3,00	2,00	2,00	2,00	600,00	3,00	1,00	4,00
4	4,00	1,00	2,00	3,00	99997,00	3,00	3,00	1,00
5	5,00	1,00	1,00	2,00	5000,00	3,00	3,00	1,00
6	6,00	1,00	1,00	1,00	1250,00	4,00	1,00	3,00
7	7,00	2,00	3,00	5,00	,00	5,00	1,00	3,00
8	8,00	2,00	1,00	2,00	99997,00	2,00	1,00	2,00
9	9,00	2,00	1,00	2,00	1900,00	4,00	2,00	4,00
10	10,00	2,00	2,00	2,00	700,00	5,00	3,00	1,00

Datenansicht Variablenansicht
IBM SPSS Statistics -Prozessor ist bereit Unicode:ON

A A B B

A Zeilen
B Spalten mit von SPSS automatisch vergebenen Variablennamen als Überschrift

Abb. 2.6. Dateneditorfenster mit Eintragungen

Sie sollten nun SPSS aufrufen und die in der Abbildung sichtbaren Daten und alle anderen im Dateneditorfenster eintippen (alle Fälle sind mit allen Variablen im Anhang A aufgeführt, geben Sie auch offensichtlich falsche Werte in der vorliegenden Form ein). Für die Eingabe gehen Sie mit dem Cursor auf die obere linke Ecke der Matrix (erste Zeile, erste Spalte) und klicken dieses Feld an. Es erscheint jetzt umrandet (bzw. unterlegt). Nun geben Sie den ersten Wert ein. Wenn Sie die Eingabetaste drücken, wird er in das aktivierte Feld eingetragen und der Cursor rückt eine Zeile nach unten. (Alternativ können Sie auch die Eingabe durch Betätigung der Richtungstasten <Pfeil nach unten> bestätigen.) Soll der Cursor eine Spalte nach rechts rücken, müssen Sie die Eingabe mit der Taste <Pfeil rechts> bestätigen (letzteres dürfte in den meisten Fällen angemessen sein, da man üblicherweise die Daten fallweise eingibt). Der eingegebene Wert erscheint jeweils im markierten Feld, und der Cursor rückt ein Feld in die durch die Richtungstaste festgelegte Richtung weiter. Wenn Sie einen bereits eingegebenen Wert markieren, erscheint er in der Zelleneditorzeile über der Matrix und kann dann verändert werden. Wenn Sie diese Werte eingeben, wird die per Voreinstellung festgelegte Spaltenbreite größer sein als für die meisten Variablen notwendig. Außerdem werden die Zahlen mit zwei Kommastellen erscheinen, was ebenfalls überflüssig ist, weil unsere Kodierungen nur ganze Zahlen enthalten. Wir werden beides später ändern.

Mit der Eingabe des ersten Wertes vergibt SPSS automatisch einen Variablennamen. Für die erste Variable ist das VAR00001. Dieser steht jetzt über der Spalte. Falls Sie die Werte spaltenweise eingeben, wird Ihnen weiter auffallen, dass SPSS sofort mit dem Eröffnen einer neuen Variablen für sämtliche Fälle vorläufig einen Punkt (als systemdefinierter fehlender Wert) einsetzt. Geben Sie auf eine der dargestellten Weisen die Werte für sämtliche Fälle ein. Sie haben nun eine Datenmatrix, die Sie sofort zur statistischen Analyse verwenden können. Weitere Vorbereitungen sind nicht unbedingt nötig, aber meistens nützlich.[4]

2.3.2 Speichern und Laden einer Datendatei

Sicherheitshalber sollten Sie jetzt Ihre Daten speichern. Dafür wählen Sie das Menü:

▷ „Datei" und darin den Befehl „Speichern" oder Klicken auf das Symbol .[5]

Beim erstmaligen Speichern erscheint auf dem Bildschirm die in Abb. 2.7 dargestellte Dialogbox (später nur bei Wahl der Option „Speichern als..."). In dieser Dialogbox werden der Typ der Datei und das Verzeichnis, in dem die Datei gespeichert werden soll, angegeben. Voreingestellt ist als Dateityp eine „SPSS"-Datei (.sav), und der Pfad zeigt auf das Verzeichnis, das unter „Bearbeiten", „Optionen" im Register „Datenspeicherorte" eingestellt ist. Als Verzeichnis, in dem die Datei abgespeichert werden soll, sollten Sie aber C:\DATEN wählen (vorausgesetzt, Sie haben dieses Verzeichnis – wie vorgeschlagen – eingerichtet oder richten es jetzt im Windows Explorer ein). (Wenn man über die Schaltfläche „Variablen" eine Unterdialogbox öffnet, kann man auch nur einen Teil der Variablen zum Speichern auswählen.)

Um das Verzeichnis C:\DATEN zu wählen, gehen Sie wie folgt vor:

▷ Öffnen Sie durch Klicken auf den Pfeil neben dem Auswahlfeld „Suchen in:" die Drop-Down-Liste mit den Bezeichnungen der verfügbaren Laufwerke.
▷ Klicken Sie in dieser Liste auf den Namen des gewünschten Laufwerks.

---

4 Wir gehen in der Einführung so vor, dass wir sofort in eine leere Matrix Daten eingeben. Das ist möglich, weil SPSS die notwendigsten Variablendefinitionen automatisch vornimmt. Man kann mit den Daten ohne weitere Vorbereitungen sofort arbeiten. Gewünschte Änderungen der Variablendefinitionen können nachträglich durchgeführt werden. Selbstverständlich kann man aber auch zuerst die Variablen definieren. Das empfiehlt sich insbesondere, wenn Daten arbeitsteilig eingegeben und später vereinigt werden sollen. Dann sind vordefinierte Variablen von großem Nutzen. Im Folgenden geben wir neben den von uns und in früheren Versionen benutzten Bezeichnungen für Variablenbreite und Spaltenbreite die Bezeichnung der Variablenansicht in Klammern gesetzt an.

5 Sollte diese Option in ihrer Version nicht zur Verfügung stehen, wählen Sie „Alle Daten speichern". Sie wirkt wie die Option „Speichern", allerdings auf alle geöffneten Datendateien.

▷ Ist dieser im Auswahlfeld richtig angezeigt, doppelklicken Sie in dem darunterliegenden großen Anzeigefeld auf den Namen des Verzeichnisses „Daten". Der Name des Verzeichnisses erscheint im Anzeigefeld.

▷ Tragen Sie den gewünschten Dateinamen im Feld „Dateiname:" ein. Wir tragen ALLBUSklein ein. Unter „Speichern als Typ:" könnte ein Dateiformat für die gespeicherte Datendatei ausgewählt werden. Voreingestellt ist das SPSS- Format. Wir akzeptieren dies und die ebenfalls voreingestellte Namenserweiterung (Extension) .sav und klicken zur Bestätigung auf „Speichern" (oder drücken die Enter-Taste).

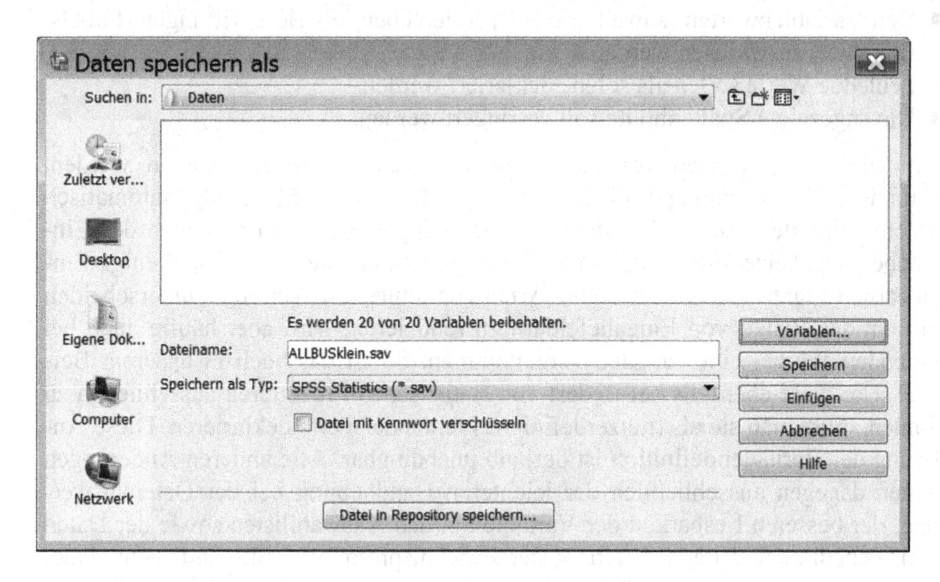

Abb. 2.7. Dialogbox „Daten speichern als"

Nun sollten Sie aber auch gleich das Laden der Datei kennenlernen. (Die Datei darf nicht bereits geöffnet sein.)

Zum Laden dieser Datendatei wählen Sie die Befehlsfolge:

▷ „Datei", „Öffnen", „Daten...". Alternativ klicken Sie auf .

Es erscheint die in Abb. 2.5 dargestellte Dialogbox „Daten öffnen".

▷ Hier kann zunächst der Typ der Datendatei eingestellt werden. Voreingestellt ist SPSS(*.sav). Diese Voreinstellung wird beibehalten.

▷ Wählen Sie dann auf die soeben beschriebene Weise das gewünschte Verzeichnis (hier: C:\DATEN). Es wird eine Liste der darin enthaltenen Datendateien mit der Extension *.SAV angeführt.

▷ Doppelklicken Sie auf den Namen der gewünschten Datei (hier: ALLBUSklein). (Oder klicken Sie auf den Namen und drücken die Taste <Enter> bzw. klicken Sie auf die Schaltfläche „Öffnen".)

2.3.3 Variablen definieren

Wir werden im Folgenden einige Änderung bei Variablen- und Spaltenformaten vornehmen und einige weitere Eingaben zur Datenbeschreibung durchführen[6]:

- Die von SPSS automatisch vergebenen Variablennamen (VAR00001, VAR00002 etc.) sollen in „sprechende" Variablennamen geändert werden.
- Das Format der Variablen soll auf die notwendige Zeichenbreite reduziert werden und keine Kommastellen mehr enthalten.
- Den Variablen sollen Beschriftungen (Labels, Etiketten) zugewiesen werden.
- Den Variablenwerten (soweit sinnvoll) sollen ebenfalls Beschriftungen (Labels, Etiketten) zugewiesen werden.
- Fehlende Werte sollen als solche deklariert werden.
- Die angezeigte Spaltenbreite soll verringert werden.

Fehlende Werte müssen von statistischen Prozeduren ausgeschlossen werden, wenn deren Einbeziehung das Ergebnis verfälschen würde. SPSS trägt automatisch systemdefinierte fehlende Werte (System-Missings) ein, wenn in Zellen des Eingabebereichs keine Werte eingetragen sind. Nutzt man dies, kann man einige Eingabearbeit sparen. Um verschiedene Arten von fehlenden Werten zu unterscheiden und um das Risiko von Eingabefehlern zu reduzieren, wird aber häufig auch bei fehlenden Werten eine Eingabe vorgenommen. So ist das auch in unserem Beispiel. Um diese ebenfalls bei Bedarf von statistischen Prozeduren ausschließen zu können, muss man sie als (nutzerdefinierte) fehlende Werte deklarieren. Diese Änderung der Variablendefinition ist deshalb unabdingbar. Alle anderen Änderungen dienen dagegen ausschließlich der leichteren Handhabung bei der Datenauswertung, der besseren Lesbarkeit der Variablen in den Auswahllisten sowie der Daten im Dateneditor und der Gestaltung der Ergebnisprotokolle. Sie sind nicht unbedingt notwendig, aber nützlich. Zur einfachen Definition von Variablen und deren Änderungen enthält der Dateneditor die Registerkarte „Variablenansicht". Die gewünschten Änderungen werden auf dieser Registerkarte vollzogen. Um sie zunächst für die erste Variable durchzuführen, gehen Sie wie folgt vor:

▷ Klicken Sie im Daten-Editor auf die Registerkarte „Variablenansicht". Die Registerkarte Variablenansicht öffnet sich (⇨ Abb. 2.9).
Es hat die Form eines Tabellenkalkulationsblattes. Je eine Reihe enthält die Datendefinition einer Variablen (d.h. einer Spalte in der Datenansicht). Die Spalten enthalten die einzelnen Elemente der Variablendefinition (beginnend mit „Name", „Typ" und endend mit „Rolle". In unserem Falle enthält das Blatt bereits Definitionen, denn mit jeder Eingabe eines Wertes in irgendeine Spalte des Datenblattes generiert SPSS automatisch eine Variable mit der dazugehörigen Minimaldefinition (Namen VAR0001 etc., Spaltenformat 8, Dezimalstellen 2 etc.).

▷ Gehen Sie mit dem Cursor in die Spalte „Name". Aktivieren Sie durch Klicken mit der linken Maustaste die Zelle mit dem Namen der ersten Variablen. Über-

6 Auf Definitionsmöglichkeiten wie Spalten, Ausrichtung, Messniveau und Rolle gehen wir hier nicht ein. Zu den beiden letzteren siehe Kap. 3.

schreiben Sie den bisherigen Namen VAR00001 einfach mit dem neuen Namen NR.

Als Nächstes wird der Variablentyp in verschiedenen Spalten geändert (Voreingestellt ist „Numerisch", Breite 8[7], mit 2 Dezimalstellen). Den „Typ" „numerisch" behalten wir bei. Um Inkompatibilitäten zu vermeiden muss die die Zahl der Nachkommastellen vor dem Spaltenformat geändert werden, wenn die Feldbreite geringer ist als die voreingestellten Nachkommastellen

- ▷ Zur Änderung der Dezimalstellen: Klicken Sie auf die zur Variablen gehörende Zelle in der Spalte „Dezimalstellen". Am Ende dieser Zelle erscheinen zwei Pfeile. Klicken Sie auf den unteren Pfeil, bis der Wert von 2 in 0 geändert ist.
- ▷ Zur Änderung der Breite: Klicken Sie auf die zur Variablen gehörende Zelle in der Spalte „Spaltenformat". Am Ende dieser Zell erscheinen zwei Pfeile. Mit ihrer Hilfe kann der Wert geändert werden. Klicken Sie auf den unteren Pfeil, bis der Wert von 8 in 2 geändert ist.
- ▷ Markieren Sie jetzt die Zelle in der Spalte „Beschriftung". Die Zelle ist leer. Wir tragen in ihr als Variablenbeschriftung „Fallnummer" ein. (Beschriftungen von Variablen können bis zu 120 Zeichen lang sein. Bei den meisten Ergebnisausgaben von statistischen Auswertungen werden aber weniger Zeichen angezeigt.)
- ▷ Abschließend ändern wir die angezeigte Spaltenbreite der Matrix. Dazu aktivieren wir die entsprechende Zelle in der drittletzten Spalte „Spalten" und vermindern mit Hilfe des unteren Pfeils den Wert von 8 auf 5.

Schalten Sie kurz durch Anklicken der Registerkarte „Datenansicht" auf das Datenblatt um. Hier erscheint nun die erste Spalte verändert. Im Kopf steht der neue Name „NR", die Variablenwerte erscheinen ohne Nachkommastellen und die Matrixspalte ist nur noch fünf Stellen breit.

Die anderen Variablendefinitionen sollen in ähnlicher Weise verändert werden. Zur Änderung der Definition der Variablen VAR00002 aktivieren Sie jeweils die entsprechenden Zellen in der zweiten Reihe der „Variablenansicht", zur Änderung der Variablen VAR0003 der dritten Reihe etc.

- ▷ Bei VAR00002 ändern Sie den Namen in „VN", die Variablenbreite (Spaltenformat) in 2 und die Zahl der Nachkommastellen in 0. Die Spaltenbreite der Matrix wird auf 2 geändert. Vergeben Sie in „Beschriftung" die Variablenbeschriftung „Version Nummer". (Der ALLBUS 2012 wurde in zwei Fragebogenversionen durchgeführt, die erste bekommt die Versionsnummer 1, die zweite 2.)
- ▷ Bei VAR00003 führen Sie folgende Änderungen durch: Variablennamen „GESCHL", Variablenbreite (Spaltenformat) 1, Nachkommastellen 0, Spaltenbreite (Spalten) 5. Im Eingabefeld der Spalte „Beschriftung" setzen Sie als Variablenbeschriftung „Geschlecht" ein.
- ▷ Zusätzlich sollen jetzt Wertebeschriftungen vergeben werden. Dazu aktivieren Sie zunächst die entsprechende Zelle in der Spalte „Werte". Am rechten Rand

[7] Lassen Sie sich jetzt und im Folgenden nicht dadurch verwirren, dass in der Dialogbox „Bearbeiten: Optionen" „Daten" dies als Breite (wir benutzen diesen Begriff), in der Variablenansicht dagegen als Spaltenformat bezeichnet wird.

der Zelle erscheint ein unterlegtes Quadrat mit drei Pünktchen. Dies zeigt an, dass eine Dialogbox zum Zwecke der weiteren Definition existiert. Klicken Sie mit der linken Maustaste auf dieses Quadrat. Die Dialogbox „Wertbeschriftungen“ erscheint. Im Eingabefeld „Wert:“ tragen Sie den Wert 1 ein, dann in „Beschriftung:” „männlich” und klicken auf die Schaltfläche „Hinzufügen”. Es erscheint 1 = „männlich” im großen Informationsfeld für die definierten Wertebeschriftungen. Zugleich ist SPSS bereit für die Eingabe einer weiteren Beschriftung. Geben Sie in „Wert:” den Wert 2 ein, dann in „Beschriftung:” „weiblich”, und klicken Sie auf die Schaltfläche „Hinzufügen”. Jetzt erscheint 2 = „weiblich”. Bestätigen Sie mit „OK”.

VAR00004 wird wie folgt verändert: Variablenname SCHUL, Variablenbreite (Spaltenformat) 2, Nachkommastellen 0, Spaltenbreite (Spalten) 5, Variablenbeschriftung „Allgemeiner Schulabschluss”.

Wertebeschriftungen sind:

1 = „Schule beendet ohne Abschluss”
2 = „Volks-/Hauptschulabschluss”
3 = „Mittlere Reife, Realschulabschluss (Fachschulreife)”
4 = „Fachhochschulreife (Abschluss einer Fachoberschule, etc.)”
5 = „Abitur (Hochschulreife)”
6 = „Anderer Schulabschluss”
7 = „Noch Schüler”
97 = „Verweigert”
98 = „Weiß nicht”
99 = „Keine Angabe”

Die Wertebeschriftungen können bis zu 120 Zeichen lang sein. Bei den meisten Ergebnisausgaben werden aber weniger Zeichen angezeigt.

Gegenüber den anderen Variablendefinitionen kommt neu hinzu, dass die drei Werte 97, 98 und 99 als „Fehlende Werte” deklariert werden sollen.

▷ Dazu aktivieren Sie zunächst die entsprechende Zelle in der Spalte „Fehlend”. Am rechten Rand der Zelle erscheint wieder ein unterlegtes Quadrat mit drei Pünktchen, welches anzeigt, dass eine Dialogbox für die weitere Definition existiert. Klicken Sie mit der linken Maustaste auf dieses Quadrat. Es erscheint die in Abb. 2.8 dargestellte Dialogbox „Fehlende Werte“. Hier ist per Voreinstellung „Keine fehlende Werte” angegeben.
▷ Ändern Sie das, indem Sie den Optionsschalter „Einzelne fehlende Werte” anklicken. Geben Sie in die Eingabefelder in der entsprechenden Reihe die Werte 97, 98 und 99 ein (da die Werte unmittelbar nebeneinander liegen, hätte man sie auch als einen Bereich über den Optionsschalter „Bereich und einzelner fehlender Wert” und die dazugehörigen Eingabefelder eingeben können).
▷ Bestätigen Sie mit „OK”.

VAR00005 bekommt folgende Definitionen: Variablenname EINK, Variablenbreite (Spaltenformat) 5, Nachkommastellen 0, Spaltenbreite 6, Variablenbeschriftung „Monatliches Nettoeinkommen”.

Wertebeschriftungen:

99997 = „Angabe verweigert"
99998 = „Weiß nicht"
99999 = „Keine Angabe"
0 = „Kein eigenes Einkommen"
(99997, 99998, 99999, 0 sind fehlende Werte).

SPSS erlaubt maximal drei einzelne diskrete Werte als fehlende Werte zu deklarieren. Da wir hier vier fehlende Werte vorliegen haben, nutzen wir die Möglichkeit, einen Wertebereich kombiniert mit einem diskreten Wert als fehlenden Wert zu deklarieren.

Abb. 2.8. Dialogbox „Fehlende Werte"

Dazu gehen Sie wie folgt vor:

▷ Aktivieren Sie die Zelle in der Spalte „Fehlend". Klicken Sie mit der linken Maustaste auf das Quadrat auf der rechten Seite. Es erscheint die in Abb. 2.8 dargestellte Dialogbox „Fehlende Werte".

▷ Klicken Sie auf den Schalter vor der Option „Bereich und einzelner fehlender Wert". Geben Sie 99997 für den niedrigsten Wert in das Eingabefeld „Kleinster Wert:" und 99999 für den höchsten Wert in „Größter Wert:" ein, schließlich in das Kästchen „Diskreter Wert:" den Wert 0.

▷ Bestätigen Sie mit „OK".

VAR0006 bekommt folgende Definitionen: Variablenname POL, Variablenbreite (Spaltenformat) 1, Nachkommastellen 0, Spaltenbreite (Spalte) 4, Variablenbeschriftung „Politisches Interesse", Wertebeschriftungen:

1 = „Sehr stark"	5 = „Überhaupt nicht"
2 = „Stark"	7 = „Verweigert"
3 = „Mittel"	8 = „Weiß nicht"
4 = „Wenig"	9 = „Keine Angabe"

(7, 8 und 9 sind fehlende Werte).

VAR00007 bis VAR00010 unterscheiden sich nur im Variablennamen und den Variablenbeschriftungen. Ansonsten ist ihre Definition identisch. Als Namen benutzen wir RUHE, EINFLUSS, INFLATIO, MEINUNG. Die Variablenbeschriftungen sind „Wichtigkeit von Ruhe und Ordnung", „Wichtigkeit von Bürgereinfluss", „Wichtigkeit der Inflationsbekämpfung" und „Wichtigkeit von freier Meinungsäußerung". Diese Angaben geben wir bei jeder Variablen gesondert ein. Die anderen Angaben dagegen sind identisch: Variablenbreite ist (Spaltenformat) 1, Zahl der Nachkommastellen 0, Spaltenbreite (Spalte) 8. Auch die Wertebeschriftungen sind für alle vier Variablen identisch:

1 = „Am wichtigsten" 7 = „Verweigert"
2 = „Am zweitwichtigsten" 8 = „Weiß nicht"
3 = „Am drittwichtigsten" 9 = „Keine Angabe"
4 = „Am viertwichtigsten" 0 = „Frage nicht gestellt" (Version 2)
(7, 8, 9 und 0 sind fehlende Werte)

Die Dateneingabe kann daher durch Kopieren vereinfacht werden.

Ändern Sie zunächst die Namen der vier Variablen wie oben angegeben. Geben Sie für alle vier Variablen die Variablenbeschriftungen ein. Dann ändern Sie alle anderen Definitionen nur für die ehemalige Variable VAR00007, jetzt RUHE. Die identischen Definitionen kopieren Sie anschließend aus den Definitionsfeldern der Variablen RUHE in die Definitionsfelder der drei anderen Variablen.

▷ Dazu aktivieren Sie zunächst die Zelle zur Spalte „Dezimalstellen" in der Zeile der Variablen RUHE. Wählen Sie im Menü „Bearbeiten", „Kopieren". Setzen Sie den Cursor in die entsprechende Zelle der Zeile EINFLUSS, drücken Sie die linke Maustaste und ziehen Sie nun den Cursor bis zum Namen der letzten Variablen. Wenn Sie die Maustaste loslassen, sind alle drei Variablen markiert. (*Anmerkung:* Nicht nebeneinanderliegende Variablen können nicht gleichzeitig markiert werden.)
▷ Wählen Sie im Menü „Bearbeiten", „Einfügen". Die Definition der Nachkommastellen ist auf alle markierten Variablen übertragen. (*Anmerkung:* Die Befehle „Kopieren" und „Einfügen" können auch einfacher über das Kontextmenü, das sich beim Drücken der rechten Maustaste öffnet, gewählt werden.)
▷ Wiederholen Sie den Prozess für die anderen identischen Definitionselemente (Spaltenformat, Wertebeschriftungen und fehlende Werte).

Hinweis. Es können nicht mehrere Definitionselemente gleichzeitig kopiert und eingefügt werden, es sei denn, es wird die vollständige Definition einer Variablen übernommen. Dann markieren Sie die ganze Definitionszeile dieser Variablen, indem sie auf die Zeilennummer am linken Rand drücken. Kopieren und Einfügen erfolgt in der angegebenen Weise. Es steht dazu auch die Option „Variableneigenschaften definieren" im Menü „Daten" zur Verfügung (⇨ Kap. 3.2.2).

VAR00011 bekommt folgende Definitionen: Variablenname ABTREIBUNG, Variablenbreite (Spaltenformat) 1, Nachkommastellen 0, Spaltenbreite 5, Variablenbeschriftung „Sollte Abtreibung möglich sein, wenn die Frau es will?"

Wertebeschriftungen:

1= „Ja, möglich sein"" 8 = „Weiß nicht"
2 = „Nein, nicht möglich sein" 9 = „Keine Angabe"
0 = „Frage nicht gestellt"
(8, 9 und 0 sind fehlende Werte)

Abschließend soll in der Spalte „Messniveau „noch das Messniveau der Variablen festgelegt werden. Z.T. hat dies nur informatorischen Charakter, weil die meisten Operationen keine Rücksicht auf das Messniveau nehmen, einige Menüs führen aber Operationen nur durch, wenn die Variable das geeignete Messniveau besitzt und dies auch eingestellt ist. (Man kann dies immer auch in diesen Menüs nachholen). Bei den Variablen FALLNUMMER und MONATLICHES NETTOEINKOMMEN ist dies „Skala", bei der Variablen VERSION NUMMER, GESCHLECHT, SCHUL und ABTREIBUNG „nominal" und bei allen anderen „ordinal" (Kap. 3.1).

Hinweis. Wir haben eine ziemlich umfassende Definition der Variablen vorgenommen. Natürlich kann man sich sehr viel Arbeit sparen, wenn man z.B. die von SPSS vergebenen Variablennamen akzeptiert oder mit einem einheitlichen Datentyp arbeitet. Auf Beschriftungen kann man verzichten, wenn man den Verschlüsselungsplan (Kodeplan) neben sich liegen hat. Allerdings macht das andererseits auch viele Auswertungen mühsam. Auf Variablenbeschriftung kann man verzichten, wenn man selbsterklärende Variablennamen vergibt. Umgekehrt kann man auf neue Variablennamen verzichten, wenn man Variablenbeschriftungen benutzt.

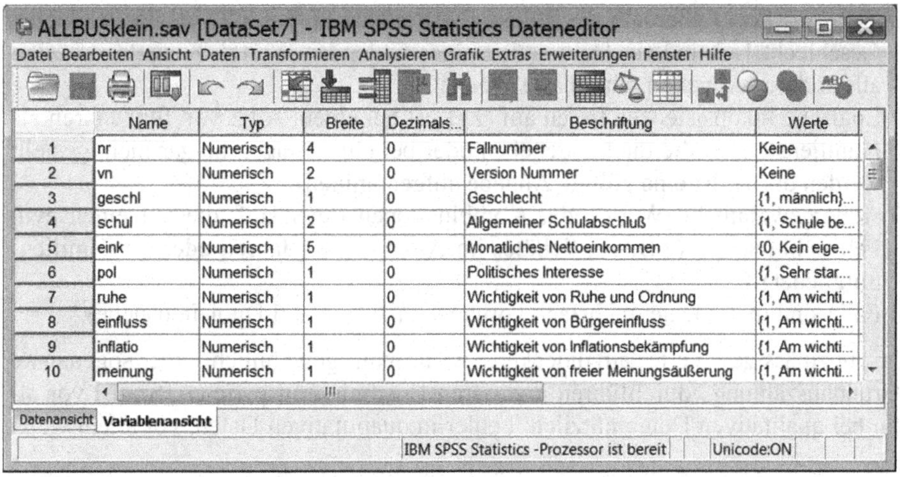

ALLBUSklein.sav [DataSet7] - IBM SPSS Statistics Dateneditor

Datei Bearbeiten Ansicht Daten Transformieren Analysieren Grafik Extras Erweiterungen Fenster Hilfe

	Name	Typ	Breite	Dezimals...	Beschriftung	Werte
1	nr	Numerisch	4	0	Fallnummer	Keine
2	vn	Numerisch	2	0	Version Nummer	Keine
3	geschl	Numerisch	1	0	Geschlecht	{1, männlich}...
4	schul	Numerisch	2	0	Allgemeiner Schulabschluß	{1, Schule be...
5	eink	Numerisch	5	0	Monatliches Nettoeinkommen	{0, Kein eige...
6	pol	Numerisch	1	0	Politisches Interesse	{1, Sehr star...
7	ruhe	Numerisch	1	0	Wichtigkeit von Ruhe und Ordnung	{1, Am wichti...
8	einfluss	Numerisch	1	0	Wichtigkeit von Bürgereinfluss	{1, Am wichti...
9	inflatio	Numerisch	1	0	Wichtigkeit von Inflationsbekämpfung	{1, Am wichti...
10	meinung	Numerisch	1	0	Wichtigkeit von freier Meinungsäußerung	{1, Am wichti...

Datenansicht Variablenansicht

IBM SPSS Statistics -Prozessor ist bereit Unicode:ON

Abb. 2.9. Registerkarte „Variablenansicht" im Dateneditor

Variablenbeschreibung. Nachdem Sie die Variablen definiert haben, können Sie sich in jeder Quellvariablenliste oder Auswahlliste diese Definitionen anzeigen lassen. Markieren Sie dazu den Variablennamen und Drücken sie die rechte Maustaste. Es öffnet sich ein lokales Menü. Wählen Sie dort „Variablenbeschreibung", werden neben Namen und Variablentyp die Beschriftungen zu dieser Variablen angezeigt. (Um eine vollständige Liste der Wertebeschriftungen zu sehen, müssen Sie auf den Pfeil neben dem Fenster „Wertebeschriftungen" klicken.) Probieren Sie das in einem der Analysemenüs.

Wenn Sie außerdem in den Optionen im Register „Allgemein"(Menü „Bearbeiten", „Optionen") in der Gruppe „Variablenlisten" die Option „Beschriftungen anzeigen" gewählt haben (Voreinstellung ⇨ Kap. 35.6), werden in den Quellvariablenlisten nicht die Variablennamen, sondern die Variablenbeschriftungen angezeigt (gefolgt von den in Klammern gesetzten Namen). Sind diese zu lang, öffnet sich sogar eine Zeile, in der die ganze Beschriftung zu sehen ist.

Wenn Sie mit dem Cursor auf dem Datenblatt des Datei-Editors auf den Namen einer Variablen im Kopf der Spalte zeigen, wird die Variablenbeschriftung in einer Drop-Down-Zeile angezeigt.

2.4 Daten bereinigen[8]

Daten können aus unterschiedlichen Gründen fehlerhaft sein. Schon bei der Erhebung kommen Mess- und Registrierungsfehler vor, oder es entstehen an irgendeiner Stelle Verschlüsselungs- oder Übertragungsfehler. Bevor man an die Auswertung von Daten geht, sollte man daher zuerst diese Fehler so weit wie möglich beseitigen. Man wird die fehlerhaften Daten suchen und korrigieren. Diesen Prozess nennt man Datenbereinigung. Mit Hilfe der im SPSS-Basismodul verfügbaren Prozeduren wird man Fehler allerdings nur ausfindig machen können, wenn sie durch eines der folgenden Merkmale auffallen:

- Ein Wert liegt außerhalb des zulässigen Bereiches (sind z.B. bei der Variablen Geschlecht 1, 2 und zur Deklaration eines fehlenden Wertes 0 zugelassen, sind alle anderen Angaben fehlerhafte Werte).
- Logische Inkonsistenzen treten auf (z.B. ist bei einem Alter von fünf Jahren als Familienstand verheiratet angegeben oder bei einer Frage, die gar nicht gestellt werden durfte, ist eine gültige Angabe aufgenommen).
- Außergewöhnliche Werte oder Kombinationen treten auf, die auf einen evtl. Fehler hinweisen (z.B. ein Schüler im Alter von 80 Jahren oder 20 Familienmitglieder).
- Fälle sind in der Datei mehrfach vorhanden (⇨ Kap. 3.5 Dublettensuche).[9]

Um unzulässige Werte aufzudecken, wird man gewöhnlich eine sogenannte „Grundauszählung" durchführen und deren Ergebnisse inspizieren. Sie ist vor allem bei qualitativen Daten nützlich. Fehler in quantitativen Daten, vor allem wenn

8 Für umfangreiche und komplexe Bereinigungsaufgaben lohnt es sich evtl. das Zusatzmodul IBM SPSS Data Preparation anzuschaffen.

9 Welche Fehler auftreten können, hängt u.a. davon ab, welche Vorkehrungen schon bei der Eingabeprozedur getroffen wurden. So kann in den heute vielfältig angebotenen Eingabeprogrammen durch Festlegung entsprechender Grenzen die Eingabe nicht zulässiger Werte verhindern. Ebenso können Filter eingebaut werden, die beim Auftreten eines bestimmten Variablenwertes die Eingabe von logisch nicht zulässigen Folgewerten ausschließen. Die häufigen Formatfehler, die meist Folgefehler nach sich ziehen, werden bei Verwendung von entsprechenden Eingabemasken weitgehend ausgeschlossen.

sehr viele Ausprägungen auftreten, sind dagegen damit kaum auszumachen. Logische Fehler können auf verschiedene Weise entdeckt werden, z.B. durch Erstellen von Kreuztabellen oder mit Bedingungsbefehlen (If-Befehlen). Außergewöhnliche Fälle und Kombinationen kann man ebenfalls auf verschiedene Weise entdecken.

SPSS hält dafür auch Prozeduren zur Datenexploration zur Verfügung. Wir werden uns hier nur mit den beiden ersten Inspektionsformen beschäftigen.

Für diese Übung sollten Sie die Voreinstellung von SPSS für die Beschriftung der Ausgabe ändern, damit Sie die Kategorienwerte sehen können (per Voreinstellung werden nur die Beschriftungen angezeigt ⇨ Kap. 35.6). Wählen Sie dafür die Befehlsfolge: „Bearbeiten", „Optionen..." und in der dann erscheinenden Dialogbox „Optionen" die Registerkarte „Ausgabe". Öffnen Sie in der Gruppe „Beschriftung für Pivot-Tabellen" durch Anklicken des Pfeils neben dem Auswahlfeld „Variablen in Beschriftungen anzeigen als:" eine Auswahlliste. Wählen Sie daraus „Namen und Beschriftung". Im Auswahlfeld „Variablenwerte in Beschriftungen anzeigen als:" wählen Sie auf die gleiche Weise „Werte und Beschriftung". Bestätigen Sie mit „OK". (Sie können das nach dieser Übung wieder rückgängig machen.)

Als Erstes führen wir eine *Grundauszählung* durch. Das ist eine einfache Häufigkeitsauszählung für alle Variablen. Um eine Grundauszählung zu erstellen:

▷ Wählen Sie „Analysieren", „Deskriptive Statistiken ▹", „Häufigkeiten...". Es erscheint die in Abb. 2.10 dargestellte Dialogbox „Häufigkeiten".

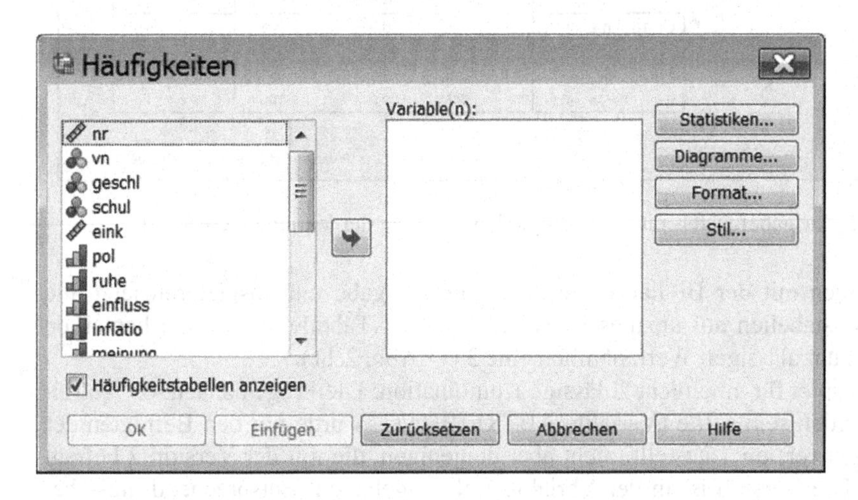

Abb. 2.10. Dialogbox „Häufigkeiten"

Diese enthält auf der linken Seite die Quellvariablenliste mit allen Variablen des Datensatzes. Um daraus die Variablen auszuwählen, für die eine Auszählung vorgenommen werden soll:

▷ Doppelklicken Sie auf den Variablennamen, oder markieren Sie den Variablennamen durch Anklicken mit dem Cursor und klicken Sie auf das Schaltfeld ➡. Dann wird die Variable in das Feld der ausgewählten Variablen verschoben.

Gleichzeitig kehrt sich der Pfeil im Schaltfeld um. Klickt man ihn wieder an, wird die Auswahl rückgängig gemacht.

Da wir eine Grundauszählung durchführen, sollen alle Variablen ausgewählt werden. Dazu markieren wir alle Variablen der Quellvariablenliste. Wir setzen den Cursor auf die erste Variable, drücken die Shifttaste und scrollen bis zur letzten Variablen. Danach sind alle Variablen markiert. Durch Klicken auf das Schaltfeld ▶ übertragen wir sie alle gleichzeitig in das Auswahlfeld.

▷ Mit „OK" starten wir den Befehl.

Das Ergebnis wird in das Ausgabefenster geleitet. Dieses wird automatisch aktiviert. Die linke Seite, das Gliederungsfenster, lassen wir vorerst außer Acht (⇨ Kap. 4.1.2) und benutzen nur die rechte Seite, das eigentliche Ausgabefenster. Auf dem Bildschirm ist der Anfang des Outputs zu sehen.[10]

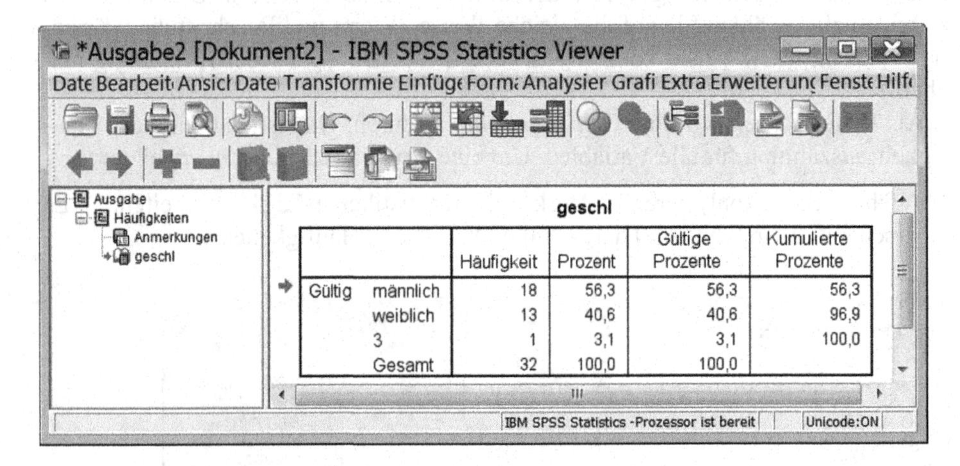

geschl

		Häufigkeit	Prozent	Gültige Prozente	Kumulierte Prozente
Gültig	männlich	18	56,3	56,3	56,3
	weiblich	13	40,6	40,6	96,9
	3	1	3,1	3,1	100,0
	Gesamt	32	100,0	100,0	

Abb. 2.11. Ausgabefenster mit der Häufigkeitsverteilung der Variablen GESCHL

Wir scrollen mit der Bildlaufleiste durch die Ausgabe und inspizieren jetzt alle Häufigkeitstabellen auf unzulässige Werte. Bei der Tabelle Geschlecht bemerken wir einen unzulässigen Wert, nämlich eine 3 (⇨ Abb. 2.11).

Ein Beispiel für eine nicht zulässige Kombination: Die Frage danach, ob Abtreibung möglich sein sollte (Variable ABTREIBUNG) wurde nur den Befragten der Fragebogenversion 1 gestellt, nicht aber denjenigen, die mit der Version 2 befragt wurden. Die Version ist in der Variable VN festgehalten. Entsprechend muss bei allen Befragten, die bei der Variablen VN den Eintrag 2 haben, eine 0 für „Frage nicht gestellt" in der Variablen ABTREIBUNG stehen. Wo dagegen in VN eine 1 steht, muss bei ABTREIBUNG einer der anderen zulässigen Werte, das sind die

[10] Bei einigen Prozeduren gibt SPSS zusätzlich zu der eigentlichen Ergebnisausgabe eine mit „Verarbeitete Fälle" überschriebene Tabelle aus, in der die Zahl der gültigen Fälle und der fehlenden Fälle bzw. eingeschlossenen und ausgeschlossenen Fälle für jede Tabelle angegeben wird. Dies ist auch bei Häufigkeitsauszählungen der Fall. Die Zusatztabelle ist allerdings mit „Statistiken" überschrieben, weil in ihr gegebenenfalls auch angeforderte statistische Maßzahlen dargestellt werden. Diese vorangestellte, eher Rahmeninformationen enthaltende, Zusatztabelle besprechen wir durchgängig bei der Interpretation der Ausgabe nicht.

Werte 1 bis 4 und 7 bis 9 eingetragen sein. Ob dies der Fall ist, kann man auf verschiedene Weisen erkunden. Wir untersuchen es jetzt mit Hilfe einer Kreuztabelle.

Weil bei der Erstellung von Kreuztabellen prinzipiell die fehlenden Werte nicht berücksichtigt werden, uns aber bei der Variablen ABTREIBUNG gerade der als fehlend deklarierte Wert 0 interessiert, müssen wir diese Deklaration vorübergehend rückgängig machen.

▷ Gehen Sie dazu auf die Registerkarte „Variablenansicht“ des Daten-Editors.

▷ Aktivieren Sie in der Zeile der Variablen ABTREIBUNG die Zelle in der Spalte „Fehlende Werte“ und öffnen Sie das Dialogfenster „Fehlende Werte“ durch Anklicken des unterlegten Quadrats auf der rechten Seite der Zelle.

▷ Ändern Sie die Eingabe, indem Sie „Bereich und einzelner fehlender Wert” den diskreten fehlenden Wert 0 löschen.

▷ Bestätigen Sie das Ganze mit „OK” (machen Sie das nach der Erstellung der Kreuztabelle wieder rückgängig).

Zur Erstellen der gewünschten Kreuztabelle gehen Sie wie folgt vor:

▷ Wählen Sie „Analysieren”, „Deskriptive Statistiken ▷” und „Kreuztabellen...”. Es erscheint die Dialogbox zur Erstellung von Kreuztabellen (Abb. 2.12).

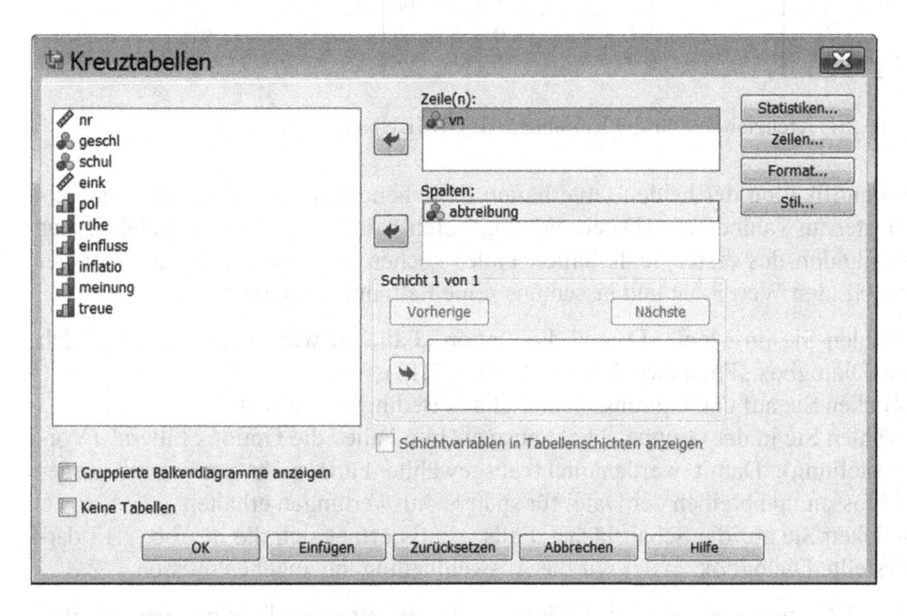

Abb. 2.12. Dialogbox „Kreuztabellen”

Aus der Quellvariablenliste wählen Sie aus, welche Variable in einer Kreuztabelle in die Zeile, welche in die Spalten, d.h. in den Kopf der Tabelle kommen soll. In unserem Fall soll VN in die Zeile, ABTREIBUNG in den Kopf der Tabelle.

▷ Dazu markieren Sie zunächst VN und klicken auf die Schaltfläche vor dem Auswahlfeld „Zeilen:”. Dann markieren Sie ABTREIBUNG und klicken auf die Schaltfläche vor dem Auswahlfeld „Spalten:” Die beiden Variablen sind jetzt in diese Felder übertragen.

▷ Bestätigen Sie mit „OK".

Die Durchsicht der Kreuztabelle (⇨ Tabelle 2.1) im Ausgabefenster zeigt, dass eine nicht zulässige Kombination vorliegt, nämlich eine 1 bei der Variablen ABTREIBUNG, obwohl die Fragebogenversion 2 Verwendung fand.

Wir müssen nun noch herausfinden, bei welchen Fällen die beiden Fehler aufgetreten sind und sie im Dateneditorfenster beseitigen.

Dies würde man in diesem Falle, bei einer solch kleinen Datenmatrix normalerweise wohl direkt bei der betroffenen Variablen in der Datenansicht des Daten-Editors tun. Dabei würde man die Option „Suchen..." im Menü „Bearbeiten" (⇨ Kap. 3.4) verwenden. Um die Verwendung von *Bedingungsausdrücken* zu demonstrieren, wird hier ein umständlicheres Verfahren gewählt.

vn * abtreibung Kreuztabelle

Anzahl

		abtreibung		
		Ja, möglich sein	Nein, nicht möglich sein	Gesamt
vn	1	7	7	14
	2	1	0	1
Gesamt		8	7	15

Tabelle 2.1. Kreuztabelle für die Variablen ABTREIBUNG und VN

Zur Identifikation der beiden fehlerhaften Fälle benutzen wir die Kombination eines Datenauswahlbefehls (Datenselektionsbefehl) und eines Statistikbefehls. Zur Identifikation des ersten fehlerhaften Falles suchen wir den Fall heraus, der bei GESCHL den Wert 3 hat und lassen uns seine Fallnummer ausgeben.

▷ Wählen Sie im Menü „Daten" die Option „Fälle auswählen...". Es öffnet sich die Dialogbox „Fälle auswählen" (⇨ Abb. 7.13).
▷ Klicken Sie auf den Optionsschalter „Falls Bedingung zutrifft".
▷ Wählen Sie in der Gruppe „Nicht ausgewählte Fälle" die Option „Filtern" (Voreinstellung). Damit werden nicht ausgewählte Fälle nicht permanent ausgeschlossen und bleiben der Datei für spätere Auswertungen erhalten.
▷ Klicken Sie auf die Schaltfläche „Falls ...". Es öffnet sich die in Abb. 2.13 dargestellte Dialogbox, in der wir die Auswahlbedingung angeben müssen.

In dem Feld rechts oben wird die Bedingung eingetragen, die eine oder mehrere Variablen erfüllen müssen (⇨ Abb. 2.13).

▷ Übertragen Sie GESCHL aus der Quellvariablenliste in das Feld für die Definition der Bedingung.
▷ Das Gleichheitszeichen übertragen Sie durch Anklicken von „=" in der Rechnertastatur.
▷ Schließlich geben Sie 3 ein, und die Auswahlbedingung ist gebildet.
▷ Bestätigen Sie mit „Weiter" und „OK".

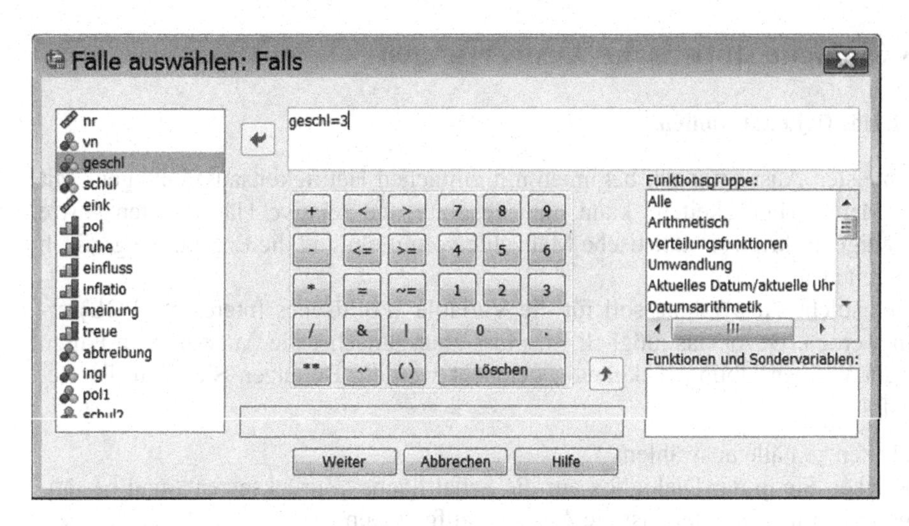

Abb. 2.13. Dialogbox „Fälle auswählen: Falls“

Mit der Befehlsfolge „Analysieren“, „Berichte ▻“, „Fallzusammenfassungen...“ und Auswahl der Variablen NR bilden Sie eine Tabelle, in der die Fallnummer der so ausgewählten Fälle angezeigt wird. In unserem Beispiel ist es nur der Fall 7.

Parallel verfahren wir bei der Identifikation des zweiten fehlerhaften Falles. Allerdings ist hier die Auswahlbedingung etwas komplizierter, da zwei Bedingungen gleichzeitig gegeben sein müssen: die Versionsnummer VN = 2 und ABTREIBUNG = 1. Die Auswahlbedingung muss lauten:

vn = 2 & abtreibung= 1

Die anderen Schritte können Sie selbst vollziehen. Die resultierende Liste der Fälle macht deutlich, dass der Fall 9 der gesuchte Fall ist.

Ergebnis der Dateninspektion ist, dass der Fall 7 bei Variable GESCHL anstelle einer 3 eine 2 bekommen muss. Bei Fall 9 ist der Wert der Variablen ABTREIBUNG falsch. Er muss nun 0 statt 1 lauten.

Wechseln Sie in das Dateneditorfenster, indem Sie es anklicken oder im Hauptmenü „Fenster“ den entsprechenden Dateinamen (wenn Sie unserer Empfehlung gefolgt sind, lautet er ALLBUSklein) anklicken, wechseln Sie gegebenenfalls in die Datenansicht, und ändern Sie die Werte, indem Sie sie einfach durch den richtigen Wert überschreiben. Sichern Sie die bereinigten Daten, indem Sie im Hauptmenü „Datei“ die Option „Daten speichern“ wählen. (Vergessen Sie nicht, vorher bei ABTREIBUNG den fehlenden Wert 0 wieder zu deklarieren !)

2.5 Einfache statistische Auswertungen

2.5.1 Häufigkeitstabellen

Die meisten Auswertungen beginnen mit einfachen Häufigkeitsauszählungen. Mit dem Menü „Häufigkeiten" kann man absolute und relative Häufigkeiten sowie vielfältige deskriptive statistische Maßzahlen ermitteln und die Ergebnisse grafisch aufbereiten.

Eine solche Auszählung soll für die Variable „Politisches Interesse" (POL) erstellt werden. Bevor das möglich ist, muss aber zunächst die Auswahl von Fällen aus der vorigen Übung rückgängig gemacht werden. Benutzen Sie dazu die Befehlsfolge:

▷ „Daten", „Fälle auswählen...".
▷ Klicken Sie in der Dialogbox auf die Schaltfläche „Zurücksetzen", und bestätigen Sie mit „OK". Jetzt ist die Auswahl aufgehoben.

Zum Erstellen der Häufigkeitstabelle gehen Sie wie folgt vor:

▷ Wählen Sie die Befehlsfolge „Analysieren", „Deskriptive Statistiken ▷", „Häufigkeiten...". Die bekannte Dialogbox öffnet sich (sollte noch eine Variable ausgewählt sein, klicken Sie auf „Zurücksetzen").
▷ Wählen Sie jetzt die Variable POL aus.
▷ Zusätzlich öffnen Sie durch Anklicken der Schaltfläche „Statistiken..." die Dialogbox „Häufigkeiten: Statistik" und wählen dort in der Gruppe „Lagemaße" die Option „Modalwert" (häufigster Wert) sowie in der Gruppe „Streuung" die Optionen „Minimum" und „Maximum" durch Anklicken der zugehörigen Kontrollkästchen aus. Die ausgewählten Optionen werden durch ein Häkchen gekennzeichnet.
▷ Bestätigen Sie mit „Weiter".
▷ Öffnen Sie eine neue Dialogbox durch Anklicken der Schaltfläche „Diagramme...".
▷ Hier wählen Sie durch Anklicken eines Optionsschalters in der Gruppe „Diagrammtyp" den Diagrammtyp „Balkendiagramme" aus und legen durch Anklicken von „Prozentwerte" in der Gruppe „Diagrammwerte" fest, dass die Höhe der Balken die Prozentwerte ausdrückt.
▷ Bestätigen Sie durch „Weiter", und starten Sie den Befehl mit „OK".

Tabelle 2.2. Häufigkeitstabelle für die Variable „Politisches Interesse"

pol

		Häufigkeit	Prozent	Gültige Prozente	Kumulierte Prozente
Gültig	Sehr stark	2	6,3	6,3	6,3
	Stark	8	25,0	25,0	31,3
	Mittel	10	31,3	31,3	62,5
	Wenig	8	25,0	25,0	87,5
	Überhaupt nicht	4	12,5	12,5	100,0
	Gesamt	32	100,0	100,0	

Im Ausgabefenster erscheint Tabelle 2.2. In der ersten Spalte finden wir (wegen unserer Voreinstellung für die Ausgabe) Werte und Wertebeschriftungen für die Ausprägungen der Variablen sowie eine Zeile „Gesamtsumme", welche die Angaben alle Werte enthält. Die nächste Spalte enthält die absoluten Häufigkeiten („Häufigkeit") für die Ausprägungen sowie insgesamt. So erfährt man etwa, dass von 32 Befragten 2 „sehr stark", 8 „stark" usw. politisch interessiert sind. Daneben werden die Daten in Prozentwerten, berechnet auf der Basis aller Fälle („Prozent"), angegeben. So sind 6,3 % „sehr stark", 25 % „stark" usw. interessiert. Dahinter sind die Daten ein weiteres Mal prozentuiert. Diesmal unter Ausschluss der fehlenden Werte („Gültige Prozente"). Da bei dieser Variablen keine fehlenden Werte auftreten, sind die beiden Prozentwerte identisch. Schließlich finden sich in der letzten Spalte kumulierte Prozentwerte auf der Basis der gültigen Werte („Kumulative Prozente").

Die ausgewählten Statistiken werden in einer vorangestellten weiteren, mit „Statistiken" überschriebenen, Tabelle ausgegeben (⇨ Tabelle 2.3, sie ist gegenüber der voreingestellten Darstellung durch Pivotierung geändert ⇨ Kap. 4.1.4). Der häufigste Wert („Modus") beträgt danach 3, der niedrigste („Minimum") 1, der höchste („Maximum") 4. Diese Tabelle enthält auch Angaben über die Zahl der gültigen und fehlenden Fälle. Werden mehrere Häufigkeitsauszählungen in einem Lauf abgerufen, sind diese Angaben in einer einzigen, den Häufigkeitstabellen vorangestellten, Tabelle zusammengefasst.

Tabelle 2.3. Statistiken zur Häufigkeitsauszählung

Statistiken

pol

N				
Gültig	Fehlend	Median	Minimum	Maximum
32	0	3,00	1	5

Auch das Diagramm wird im Ausgabefenster angezeigt. Will man es weiter bearbeiten, muss man durch Doppelklick auf die Grafik den Diagramm-Editor öffnen (⇨ Kap. 33.1).

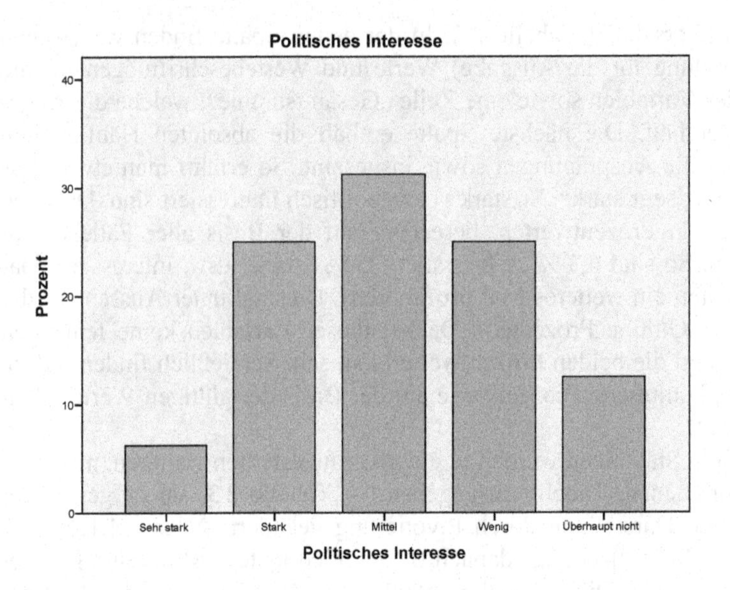

Abb. 2.14. Balkendiagramm für die Variable „Politisches Interesse“

Nun ein Beispiel für metrische Daten. Wir wollen die Verteilung der Einkommen in der Untersuchungsgruppe betrachten. Das Einkommen ist in der Variablen EINK auf ein € genau erfasst. Es kann also sehr viele verschiedene Werte geben, die zumeist auch noch mit wenigen Fällen besetzt sind. Würde man hier einfach eine Häufigkeitstabelle erstellen, ergäbe sich ein sehr unübersichtliches Bild. Zur Verbesserung der Übersichtlichkeit wollen wir daher Einkommensklassen bilden. Die Klassen sollen mit Ausnahme der ersten eine Spannweite von 1000 EUR besitzen. Die erste geht nur von 1 bis unter 500 EUR. Der Sinn dieser Festlegung ist, dass die Klassenmitten der anderen Klassen immer bei den häufig angegebenen ganzen Tausenderwerten liegen. Dadurch wird die Verzerrung aufgrund der Klassenbildung geringer. Die nächsten Klassen reichen also von 500 bis unter 1500, 1500 bis unter 2500 etc. Den neuen Klassen soll die Klassenmitte als Wert zugeordnet werden. Das ist notwendig, damit statistische Kennwerte richtig berechnet werden. Wir kodieren also die Variable um. Wir wollen aber die Ausgangswerte nicht verlieren, denn aus diesen lassen sich statistische Kennwerte wie das arithmetische Mittel und die Standardabweichung genauer ermitteln. Deshalb erfasst die neue Variable EINK2 die umkodierten Daten. Zum Umkodieren gehen Sie wie folgt vor:

▷ Wählen Sie (im Daten-Editor) im Menü „Transformieren“ die Option „Umkodieren in andere Variablen…“. Es öffnet sich die in Abb. 2.15 dargestellte Dialogbox, in der die Umkodierung vorgenommen wird. Dafür gehen Sie wie folgt vor:

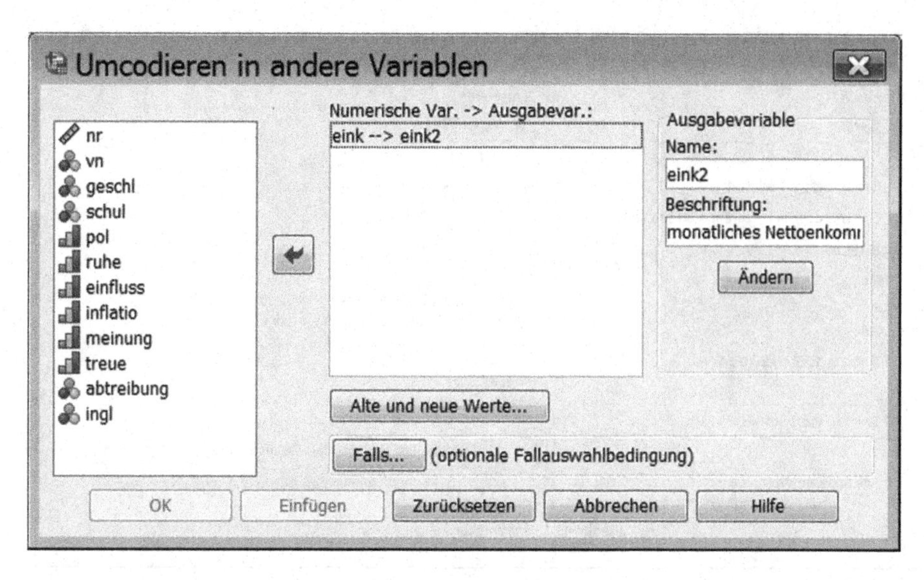

Abb. 2.15. Dialogbox „Umkodieren in andere Variablen"

▷ Übertragen Sie EINK aus der Quellvariablenliste in das Auswahlfeld „Numerische Var. → Ausgabevar.:"[11]. Anstelle des Namens der Ausgabevariablen steht noch ein Fragezeichen. In den zwei Feldern der Gruppe „Ausgabevariable" können wir jetzt einen neuen Variablennamen und zugleich eine Variablenbeschriftung vergeben.

▷ Tragen Sie in das Feld „Name:" EINK2 ein, und bestätigen Sie die Eingabe durch Anklicken der Schaltfläche „Ändern". In das Feld „Beschriftung" geben Sie „monatliches Nettoeinkommen (klassifiziert)" ein. Damit ist eine neue Variable definiert.

▷ Klicken Sie auf die Schaltfläche „Alte und neue Werte...". Es öffnet sich die in Abb. 2.16 dargestellte Dialogbox. Links ist eine Gruppe zum Eintragen der alten Werte („Alter Wert"), rechts eine, in die die neuen Werte eingetragen werden („Neuer Wert").

▷ Da wir ganze Bereiche zu einem neuen Wert zusammenfassen wollen, klicken Sie zunächst den Optionsschalter vor „Bereich" an. Die Bereiche dürfen sich nicht überschneiden. Weil eine EUR die kleinste Maßeinheit ist, geben wir daher für die erste Klasse in das oberen Feld 1 und in das untere Feld unter „bis" den Wert 499 ein, um einen Bereich von 1 bis 499 (= unter 500 EUR) festzulegen.

▷ Geben Sie dann in der Gruppe „Neuer Wert" in das Feld „Wert" 250 ein. Das ist der Klassenmittelwert, den wir als neuen Wert benutzen wollen.

▷ Durch Anklicken der Schaltfläche „Hinzufügen" übertragen Sie diese Definition in das Feld „Alt → Neu:"

[11] Die Bezeichnung variiert je nach Variablentyp.

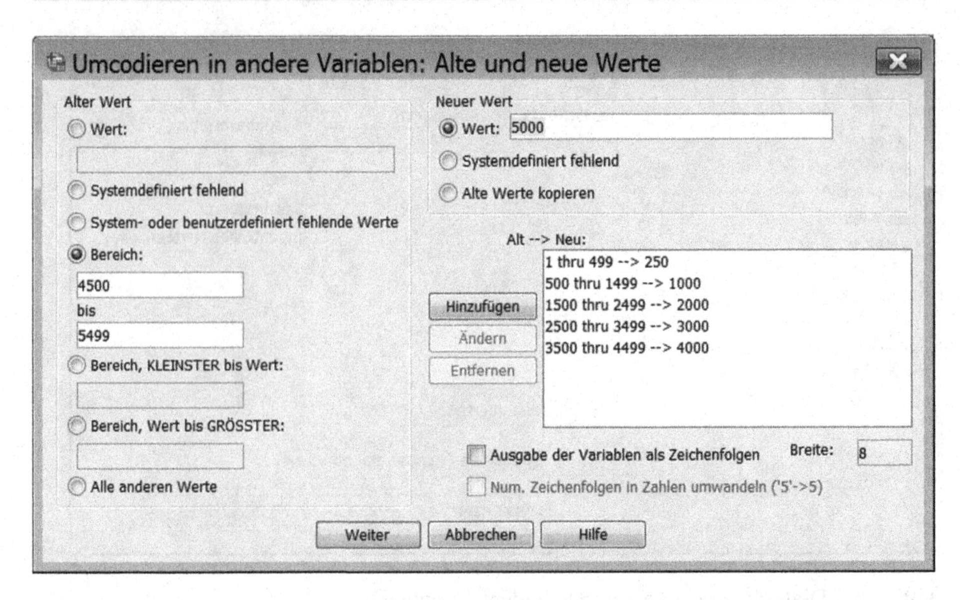

Abb. 2.16. Dialogbox „Umkodieren in andere Variablen: Alte und neue Werte“

▷ Wiederholen Sie dasselbe für die Bereiche: 500 bis 1499, 1500 bis 2499, 2500 bis 3499, 3500 bis 4499 und 4500 bis 5499. Alle anderen Werte werden dann automatisch systemdefinierte fehlende Werte. 0 und 99997 dürfen bei dieser Umkodierung nicht mit eingeschlossen werden, weil sie weiterhin als fehlende Werte deklariert bleiben sollen, allerdings werden sie zu systemdefinierten fehlenden Werten. (Denselben Effekt hätte man, würde man die Kombination „Alle anderen Werte“ und „Systemdefiniert fehlend“ anwählen. Wollte man dagegen beides als nutzerdefinierte fehlende Werte behalten, müsste man die Kombination „Alle anderen Werte“ und „Alte Werte kopieren“ auswählen und nachträglich in der neuen Variablen diese als fehlende Werte deklarieren.)

▷ Bestätigen Sie mit „Weiter“ und „OK“. Das Dateneditorfenster öffnet sich, und Sie sehen, wie die neue Variable und ihre Werte eingetragen werden.

Jetzt können wir für diese neu gebildete Variable eine Häufigkeitsauszählung vornehmen.

▷ Wählen Sie die Befehlsfolge „Analysieren“, „Deskriptive Statistiken ▷“, „Häufigkeiten...“, und wählen Sie die Variable EINK2 aus.

▷ Klicken Sie auf die Schaltfläche „Statistiken...“, und wählen Sie in der nun geöffneten Dialogbox in der Gruppe „Lagemaße“ die Option „Mittelwert“ („arithmetisches Mittel“) und in der Gruppe „Streuung“ „Standardabweichung“ aus. Bestätigen Sie mit „Weiter“.

▷ Klicken Sie das Schaltfeld „Diagramme..“ an, und wählen Sie in der darauf erscheinenden Dialogbox die Option „Histogramme“ und zusätzlich „Mit Normalverteilungskurve“. (Die Optionen für die Diagrammwerte stehen bei Wahl des Histogramms nicht zur Verfügung. Auf der senkrechten Achse werden immer absolute Häufigkeiten eingetragen.) Bestätigen Sie die Wahl mit „Weiter“.

▷ Mit „OK“ in der Dialogbox „Häufigkeiten“ führen Sie den Befehl aus. Als Ergebnis erscheint die in Tabelle 2.4 dargestellte Ausgabe, eine Doppeltabelle.

(Die erste Tabelle ist in unserer Darstellung durch Pivotierung geändert ⇨ Kap. 4.1.4).

Tabelle 2.4. Häufigkeitstabelle für die Variable EINK2

Statistiken

eink2

N			
Gültig	Fehlend	Mittelwert	Standardabweichung
24	8	1687,50	1137,909

eink2

		Häufigkeit	Prozent	Gültige Prozent	Kumulative Prozente
Gültig	250	2	6,3	8,3	8,3
	1000	12	37,5	50,0	58,3
	2000	4	12,5	16,7	75,0
	3000	5	15,6	20,8	95,8
	5000	1	3,1	4,2	100,0
	Gesamtsumme	24	75,0	100,0	
Fehlend	System	8	25,0		
Gesamtsumme		32	100,0		

Die untere Tabelle zeigt für die einzelnen Klassen die absoluten und die Prozentwerte. Diesmal ist die Prozentuierung der gültigen Werte („Gültige Prozente") interessant, weil immerhin bei 8 Fällen keine gültigen Werte vorliegen. In der Klasse 4000 gibt es übrigens keine einzigen Fall. In der Tabelle darüber finden wir u.a. das arithmetische Mittel („Mittelwert") mit 1687,50 angegeben und die Standardabweichung mit 1137,909. Sie sollten zum Vergleich einmal dieselben statistischen Kennwerte für die nicht klassifizierte Variable „EINK" ermitteln. Sie werden dann sehen, dass diese nicht identisch sind. Das liegt daran, dass die klassifizierten Werte ungenauer sind als die Ausgangswerte.

Im Ausgabefenster finden Sie auch ein Histogramm der klassifizierten Einkommensverteilung. Überlagert ist diese durch eine Kurve, die anzeigt, wie die Daten verteilt sein müssten, läge eine Normalverteilung vor. Die Beschriftung der Säulen ist falsch. So müsste die erste die Grenzen 0 und 500 haben, diese sind aber mit 0 und 1000 beschriftet usw. Das liegt daran, dass SPSS von gleichen Klassenbreiten ausgeht. In SPSS lässt sich das nicht korrigieren. Wenn Sie die Grafik aber z.B. nach WORD exportieren und dort als Grafik bearbeiten, können Sie die Beschriftung berichtigen. Bei dem in Abb. 2.17 dargestellten Histogramm ist eine solche Berichtigung erfolgt und statt der Klassengrenzen wurden die Klassenmittelpunkte beschriftet. Falsch ist auch die Balkenbreite und Höhe des ersten Balkens. SPSS bietet keine Möglichkeit ungleiche Klassenbreite zu berücksichtigen, Dies ist in der Abbildung auch nicht berichtigt. Auch bei gleichen Klassenbreiten kann es zu einer falschen Beschriftung kommen. Dies kann man dann aber im Diagramm-Editor auf der Registerkarte „Skala" in der Dialogbox „Eigenschaften" anpassen.

Vor Aufruf der Dialogbox „Eigenschaften“ muss die Achse ausgewählt (markiert) werden (⇨ Kap. 33.1)[12].

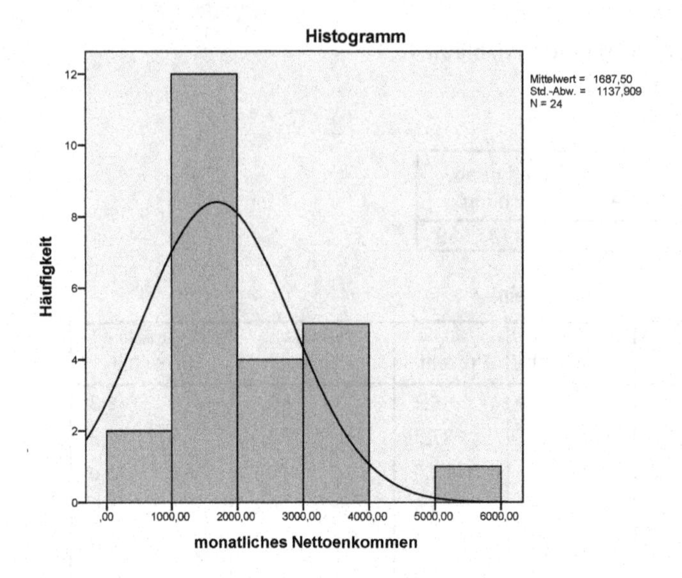

Abb. 2.17. Histogramm mit überlagerter Normalverteilung für die Variable EINK2

2.5.2 Kreuztabellen

In den meisten Fällen wird man auch den Zusammenhang von zwei und gegebenenfalls mehr Variablen untersuchen wollen. Das einfachste Verfahren dazu ist die Erstellung einer Kreuztabelle. Das Untermenü „Kreuztabellen...“ bietet die dazu notwendigen Prozeduren. Darüber hinaus kann man auch Zusammenhangsmaße (Korrelationskoeffizienten) als statistische Kennzahlen errechnen lassen und die statistische Bedeutsamkeit (Signifikanz) eines Zusammenhanges überprüfen. Wir wollen als Beispiel den Zusammenhang zwischen Geschlecht (Variable GESCHL) und politischem Interesse (Variable POL) untersuchen.

▷ Wählen Sie dazu die Befehlsfolge „Analysieren“, „Deskriptive Statistiken ▷“, „Kreuztabellen...“. Die Dialogbox „Kreuztabellen“ öffnet sich (⇨ Abb. 2.12).

---

12 Das Problem der falschen Balkenbreite und -höhe bei der ersten Kategorie kann allerdings in SPSS nicht behoben werden.

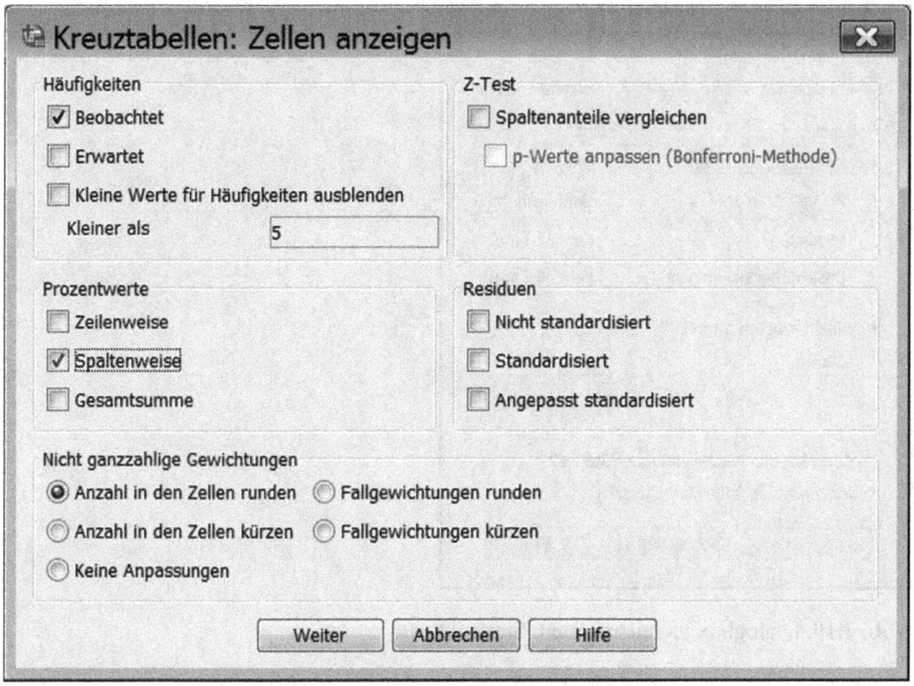

Abb. 2.18. Dialogbox „Kreuztabellen: Zellen anzeigen“

Hier kann man die Variablen für eine Kreuztabelle auswählen und gleichzeitig angeben, welche im Kopf und welche in der Vorspalte der Tabelle stehen soll. Wenn es der Umfang der Ausprägungen nicht anders verlangt, liegt es nahe, die unabhängige Variable in den Kopf der Tabelle zu nehmen. Das ist in unserem Falle das Geschlecht.

▷ Übertragen Sie die Variable GESCHL aus der Liste der Quellvariablen in das Auswahlfeld „Spalten:“. GESCHL wird damit im Kopf der Tabelle stehen. Die Ausprägungen „männlich“ und „weiblich“ werden die Spaltenüberschriften bilden.
▷ Markieren Sie dann POL, und übertragen Sie diese Variable in das Auswahlfeld „Zeilen:“.

Absolute Häufigkeiten sind im Allgemeinen schwer zu interpretieren. Deshalb sollen sie in Prozentwerte umgerechnet werden. Bei einer Kreuztabelle ist zu entscheiden, in welcher Richtung die Prozentuierung erfolgen soll. Steht die unabhängige Variable im Kopf der Tabelle, ist eine spaltenweise Prozentuierung angemessen. Dadurch werden die verschiedenen Gruppen, die den Ausprägungen der unabhängigen Variablen entsprechen, vergleichbar.

▷ Klicken Sie auf die Schaltfläche „Zellen...“. Es öffnet sich eine Dialogbox (⇨ Abb. 2.18). Wählen Sie hier in der Gruppe „Prozentwerte“ die Option „Spaltenweise“. Bestätigen Sie die Auswahl mit „Weiter“.

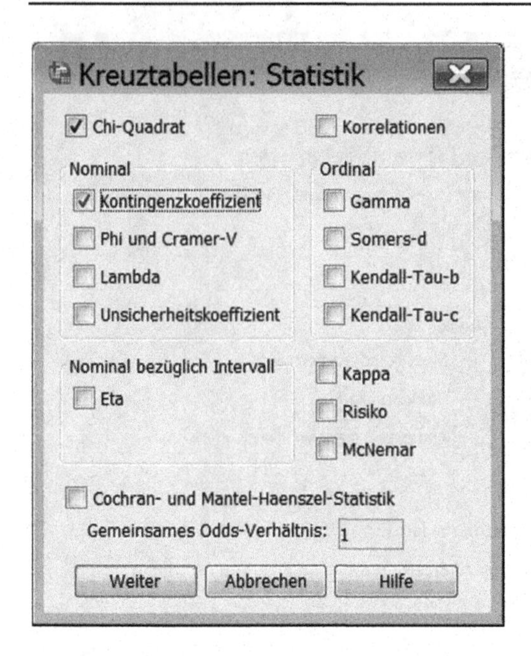

Abb. 2.19. Dialogbox „Kreuztabellen: Statistik“

▷ Klicken Sie dann auf die Schaltfläche „Statistiken...“. Es öffnet sich eine Dialogbox (⇨ Abb. 2.19). Wählen Sie dort die Option „Chi-Quadrat“ und in der Gruppe „Nominal“ die Option „Kontingenzkoeffizient“. Bestätigen Sie mit „Weiter“. Starten Sie den Befehl mit „OK“.

Wir erhalten die in Tabelle 2.5 auszugsweise dargestellte Ausgabe. Zunächst sehen wir die eigentliche Kreuztabelle. Dort enthält jede Zelle eine Zeile, in der die Absolutzahlen („Anzahl“) der jeweiligen Wertekombinationen angegeben sind. Darunter stehen die Spaltenprozente, ausgewiesen mit einer Kommastelle. Ein Vergleich der Prozentwerte für Männer und Frauen macht deutlich, dass die Unterschiede nicht mehr so deutlich sind, wie sie z.B. in den 90iger Jahren waren. Am deutlichsten ist der Unterschied bei der Gruppe, die überhaupt kein Interesse an Politik hat. Das sind 21,4 % bei den Frauen, gegenüber nur 5,6% der Männer. Auf der Gegenseite sollte man angesichts der geringen Fallzahl wohl die Kategorien „sehr stark“ und „stark“ zusammenfassen. Dies geben 33,3% der Männer und 28,6% der Frauen an.

In der zweiten Tabelle finden wir die Ergebnisse verschiedener Varianten des Chi-Quadrat-Tests. Er erlaubt es zu überprüfen, ob eine gefundene Differenz der Häufigkeiten als statistisch abgesichert angesehen werden kann (signifikant ist) oder nicht. Betrachten wir nur die erste, mit „Chi-Quadrat nach Pearson“ beschriftete Reihe. Diese zeigt einen Chi-Quadrat-Wert von 5,486; 4 Freiheitsgrade („df“) und eine Wahrscheinlichkeit, dass ein solches Ergebnis bei Geltung von H_0 (der Hypothese, dass kein Zusammenhang besteht) zustande kommt („Asymptotische Signifikanz (2-seitig)“), von 0,241. Üblicherweise erkennt man einen Unterschied erst als signifikant an, wenn dieser Wert 0,05 oder kleiner ist (signifikant) bzw. 0,01 oder kleiner (hoch signifikant). Also ist in unserem Falle der Unterschied tatsächlich nicht signifikant. Es ist auch angesichts der geringen Fallzahl statistisch nicht abgesichert, dass Männer häufiger ein hohes bzw. sehr hohes bzw. Frauen ein geringeres Interesse an Politik haben.

Tabelle 2.5. Kreuztabelle „Politisches Interesse nach Geschlecht"

pol * geschl Kreuztabelle

			geschl		
			männlich	weiblich	Gesamt
pol	Sehr stark	Anzahl	0	2	2
		% innerhalb von geschl	0,0%	14,3%	6,3%
	Stark	Anzahl	6	2	8
		% innerhalb von geschl	33,3%	14,3%	25,0%
	Mittel	Anzahl	6	4	10
		% innerhalb von geschl	33,3%	28,6%	31,3%
	Wenig	Anzahl	5	3	8
		% innerhalb von geschl	27,8%	21,4%	25,0%
	Überhaupt nicht	Anzahl	1	3	4
		% innerhalb von geschl	5,6%	21,4%	12,5%
Gesamt		Anzahl	18	14	32
		% innerhalb von geschl	100,0%	100,0%	100,0%

Chi-Quadrat-Tests

	Wert	df	Asymptotische Signifikanz (zweiseitig)
Chi-Quadrat nach Pearson	5,486[a]	4	,241
Likelihood-Quotient	6,319	4	,177
Zusammenhang linear-mit-linear	,156	1	,693
Anzahl der gültigen Fälle	32		

a. 9 Zellen (90,0%) haben eine erwartete Häufigkeit kleiner 5. Die minimale erwartete Häufigkeit ist ,88.

Symmetrische Maße

		Wert	Näherungs weise Signifikanz
Nominal- bzgl. Nominalmaß	Kontingenzkoeffizient	,383	,241
Anzahl der gültigen Fälle		32	

Hinweis. Ein Problem ist die geringe Zahl der untersuchten Fälle. Der Chi-Quadrat-Test sollte eigentlich nicht durchgeführt werden, wenn sich für zu viele Zellen eine Besetzung von weniger als fünf erwarteten Fällen ergibt. Die Anmerkung zum Output gibt aber für sechs von acht Zellen ein Erwartungswert von < 5 an. In solchen Fällen bietet das Modul „Exakte Tests" eine genaue Testmöglichkeit (⇨ Kap. 36).

In einer weiteren Tabelle ist der Kontingenzkoeffizient von 0,383 angegeben. Er zeigt an sich einen für sozialwissenschaftliche Untersuchungen durchaus beachtlichen mittelstarken Zusammenhang zwischen den beiden Variablen an. Da er aus dem Chi-Quadrat-Test entwickelt ist, ergibt die Signifikanzprüfung für den Kontingenzkoeffizienten dasselbe Ergebnis wie der Chi-Quadrat-Test, d.h. es ist statistisch nicht abgesichert, dass ein Zusammenhang vorliegt.

2.5.3 Mittelwertvergleiche

Wenn die Daten der abhängigen Variablen auf einer metrischen Skala gemessen wurden, die Daten der unabhängigen dagegen auf Nominalskalenniveau (oder bei höherem Messniveau zu Gruppen zusammengefasst wurden), kann die Option „Mittelwerte..." im Menü „Mittelwerte vergleichen ▷" eine ähnliche Funktion wie „Kreuztabellen" erfüllen. Allerdings werden hier für die Gruppen, die den Ausprägungen der unabhängigen Variablen entsprechen, die Mittelwerte der abhängigen Variablen verglichen. Das bietet sich z.B. an, wenn untersucht werden soll, ob Männer im Durchschnitt ein höheres Einkommen haben als Frauen.

▷ Wählen Sie die Befehlsfolge „Analysieren", „Mittelwerte vergleichen ▷", „Mittelwerte...". Es öffnet sich die in Abbildung 2.20 dargestellte Dialogbox. Hier müssen Sie angeben, welche Variable die unabhängige und welche die abhängige sein soll.

▷ Übertragen Sie aus der Quellvariablenliste die abhängige Variable EINK in das Eingabefeld „Abhängige Variablen:". Übertragen Sie die unabhängige Variable GESCHL in das Eingabefeld „Unabhängige Variablen:".

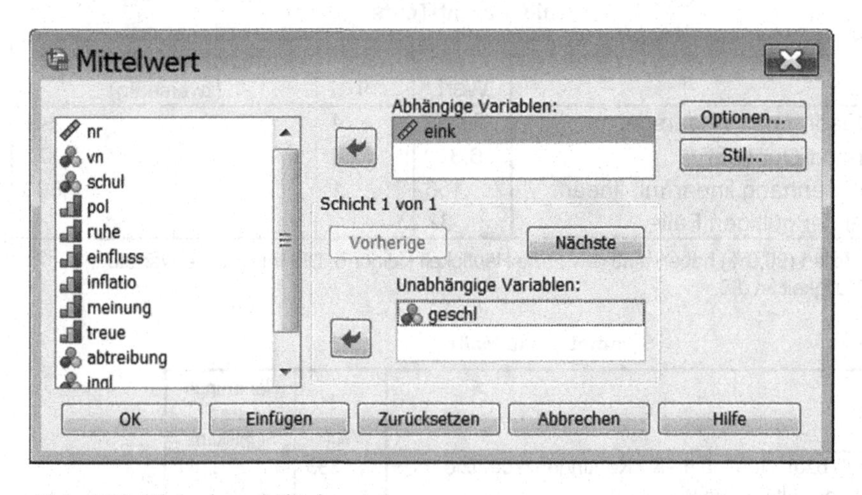

Abb. 2.20. Dialogbox „Mittelwerte"

▷ Klicken Sie die Schaltfläche „Optionen..." an. Es öffnet sich eine Dialogbox (⇨ Abb. 2.21). In der Liste „Zellenstatistik" sind die Optionen „Mittelwert", „Standardabweichung" und „Anzahl der Fälle" bereits ausgewählt. Weitere könnte man aus der Liste „Statistik" übertragen. (Wir verzichten darauf.)

▷ Mit „Weiter" bestätigen wir die Eingabe. „OK" startet den Befehl. Als Ausgabe erhalten wir die Tabelle 2.6.

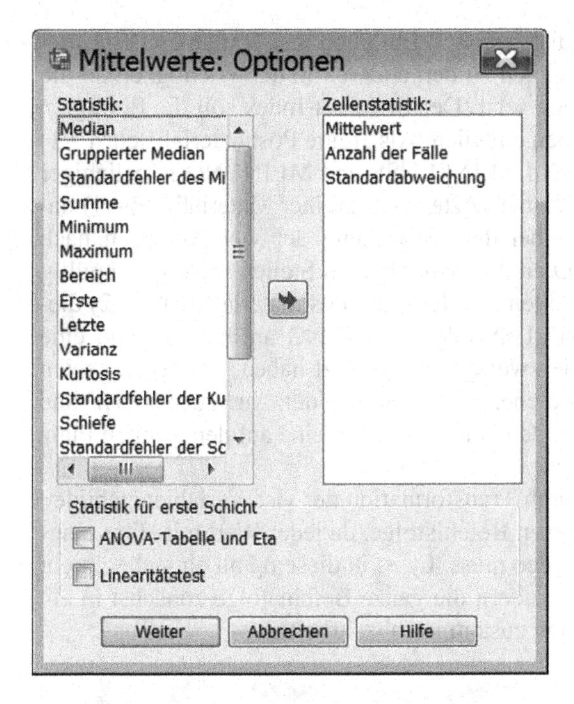

Abb. 2.21. Dialogbox „Mittelwerte: Optionen“

Hier ist für alle gültigen Fälle („insgesamt“) sowie für die Vergleichsgruppen Männer und Frauen jeweils das arithmetische Mittel („Mittelwert“) für das Einkommen angegeben. Es beträgt bei Männern 1740,19 EUR, bei Frauen 1331,88 EUR. Wie man sieht, haben die Männer im Durchschnitt ein deutlich höheres Einkommen. Außerdem sind die Standardabweichung für die Gesamtpopulation und die beiden Gruppen sowie die Fallzahlen („N“) enthalten. (Vorangestellt ist wieder eine Tabelle „Verarbeitete Fälle“, die hier nicht dargestellt wird.)

Tabelle 2.6. Ergebnis von „Mittelwerte“ für Einkommen nach Geschlecht

Bericht

Monatliches Nettoeinkommen

Geschlecht	Mittelwert	H	Standardabweichung
männlich	1740,19	16	1185,174
weiblich	1331,88	8	976,100
Gesamtsumme	1604,08	24	1115,662

2.6 Index bilden, Daten transformieren

Aus den vier Variablen RUHE, EINFLUSS, INFLATIO und MEINUNG soll ein zusammenfassender Index, der sogenannte Inglehart-Index, gebildet werden. (Dieser Index wurde von Ronald Inglehart [1971] entwickelt und spielt eine große Rolle in der sogenannten „Wertewandeldiskussion".) Bei allen vier Variablen ist festgehalten, ob der Befragte sie im Vergleich zu den anderen in der Wichtigkeit an die erste, zweite, dritte oder vierte Stelle setzt. Der Inglehart-Index soll die Befragten nach folgender Regel in vier Gruppen einteilen. Als „reine Postmaterialisten" (= 1) sollen diejenigen eingestuft werden, die EINFLUSS und MEINUNG in beliebiger Reihenfolge auf die beiden ersten Plätze setzten. Als „reiner Materialist" (= 4) dagegen soll eingestuft werden, wer bei der Einordnung der vier Aussagen nach Wichtigkeit RUHE und INFLATIO an die ersten beiden Stellen setzt, gleichgültig in welcher Reihenfolge. Dagegen sollen „tendenzielle Postmaterialisten" (= 2) diejenigen heißen, die entweder EINFLUSS oder MEINUNG an die erste und eine der beiden anderen Aspekte auf die zweite Stelle gesetzt haben. Schließlich seien „tendenzielle Materialisten" (= 3) solche, die von den beiden Aussagen RUHE und INFLATIO eine auf den ersten, von den beiden anderen eine auf den zweiten Platz setzen.

Die neue Variable INGL wird durch Transformation der vier Variablen gebildet. Dazu bedarf es einer relativ komplexen Befehlsfolge, da jeder Wert mit Hilfe eines Bedingungsausdruckes gebildet werden muss. Es ist in diesem Fall einfacher, nicht jeden Befehl einzeln auszuführen, sondern die ganze Befehlsfolge zunächst in ein Syntaxfenster zu übertragen und dann zusammen abzuarbeiten.

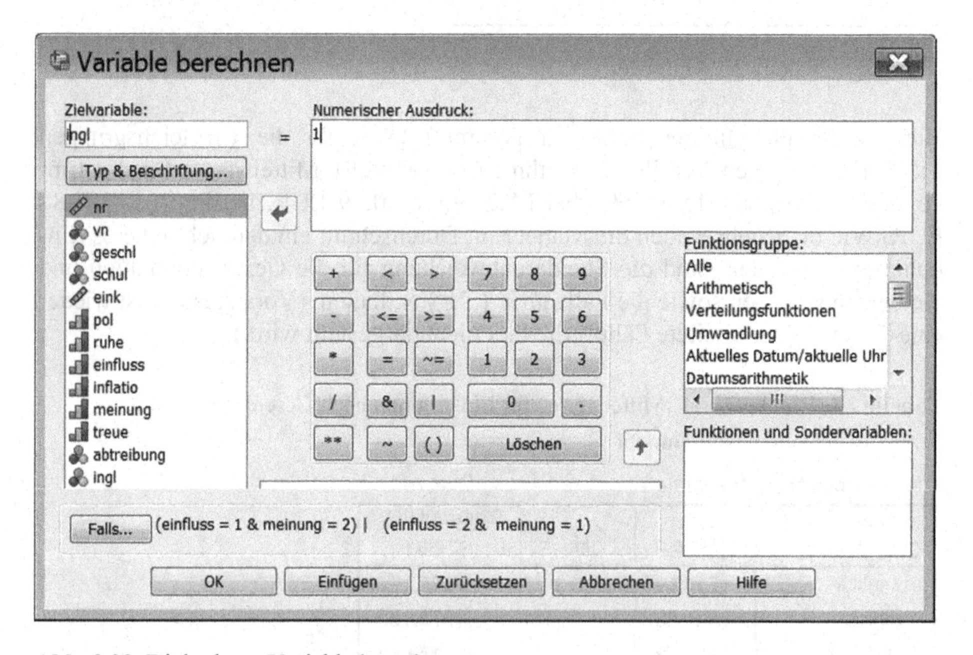

Abb. 2.22. Dialogbox „Variable berechnen"

Dazu gehen Sie wie folgt vor:

▷ Wählen Sie im Dateneditor im Menü „Transformieren" das Untermenü „Variable Berechnen...". Es öffnet sich die in Abb. 2.22 dargestellte Dialogbox, in der auf verschiedene Weise Datentransformationen vorgenommen werden können.

▷ Tragen Sie als Namen der neuen Variablen INGL in das Eingabefeld „Zielvariable:“ ein. Darauf 1 in das Eingabefeld „Numerischer Ausdruck:“. Es ist der Wert, der vergeben werden soll, wenn die erste Bedingung erfüllt ist.

▷ Da Sie jetzt diesen Bedingungsausdruck bilden müssen, wählen Sie die Schaltfläche „Falls...“. Es öffnet sich eine Dialogbox, in der die Bedingung definiert werden kann.

▷ Wählen Sie „Fall einschließen, wenn Bedingung erfüllt ist:“.
Jetzt stellen Sie die erste Bedingung zusammen, so dass das in der Abb. 2.23 ersichtliche Ergebnis entsteht. Dazu gehen Sie wie folgt vor:

▷ Wählen Sie zuerst in der Rechnertastatur die Doppelklammer „( )“. Sie wird dadurch in das Definitionsfeld eingetragen. Wählen Sie dann in der Quellvariablenliste EINFLUSS aus und dann aus der Rechnertastatur nacheinander „=„ ; „1“ und das „&“ (= logisches „Und“). Danach übertragen Sie die Variable MEINUNG und aus der Rechnertastatur „=„ und „2“.

▷ Setzen Sie den Cursor hinter die Klammer im Definitionsfeld, und wählen Sie zunächst | (das logische „Oder“) aus. Dann nacheinander „()“; EINFLUSS; „=„; „2“ ; „&“; MEINUNG; „=„ und „1“. Mit „Weiter“ bestätigen Sie die Eingabe. Es öffnet sich wieder die Dialogbox „Variable berechnen“. Der Bedingungsausdruck ist jetzt auch hier neben der Schaltfläche „Falls...“ eingetragen.

Abb. 2.23. Dialogbox „Variable berechnen: Falls Bedingung erfüllt ist“

▷ Wählen Sie die Schaltfläche „Einfügen“. Das Syntaxfenster öffnet sich, und der soeben gebildete Befehl ist in der SPSS-Befehlssyntax eingetragen. Zusätzlich der Befehl: „EXECUTE“.

Wir führen diesen Befehl jedoch nicht aus, sondern bilden auf dieselbe Weise jetzt nach und nach die drei anderen Bedingungen und übertragen sie ebenfalls ins Syntaxfenster.[13]

▷ Bevor Sie die letzte so gebildete Bedingung in das Syntaxfenster übertragen, wählen Sie in der Dialogbox „Variablen berechnen:" die Schaltfläche „Typ und Beschriftung...". Es öffnet sich eine Dialogbox. Tragen Sie dort in der Gruppe „Beschriftung" den Optionsschalter „Beschriftung" und geben Sie in dem Eingabefeld „Inglehart-Index" als Beschriftung für die neue Variable ein. Bestätigen Sie diesen mit „Weiter" und übertragen Sie auch die letzte Definition in das Syntaxfenster. Das Ergebnis müsste mit Abbildung 2.25 übereinstimmen.

▷ Markieren Sie die gesamte Befehlsfolge im Syntaxfenster, und klicken Sie in der Symbolleiste auf ▸. Die gesamte Befehlsfolge wird jetzt abgearbeitet.

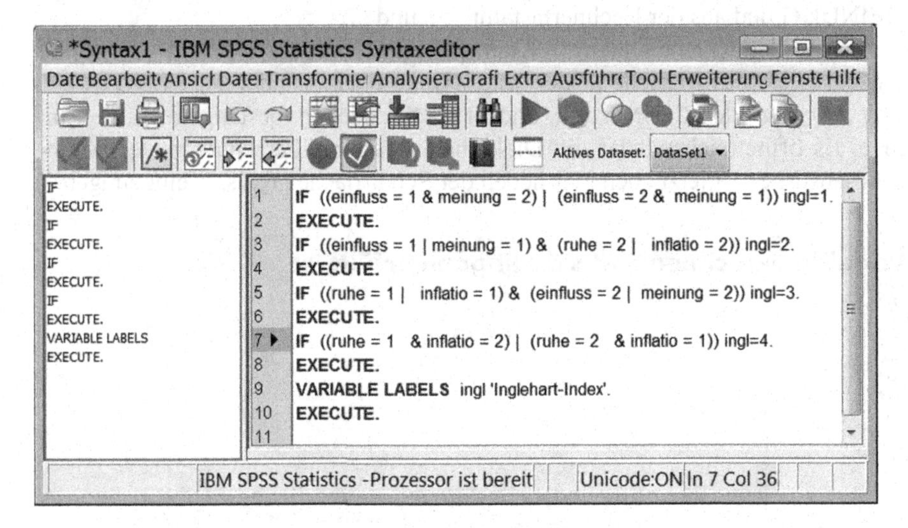

Abb. 2.24. Befehlssyntax für die Bildung des Inglehart-Index im Syntaxfenster

Tabelle 2.7. Häufigkeitstabelle für den Inglehart-Index

Inglehart-Index

		Häufigkeit	Prozent	Gültige Prozent	Kumulative Prozente
Gültig	reine Postmaterialisten	9	28,1	28,1	28,1
	tendenzielle Postmaterialisten	10	31,3	31,3	59,4
	tendenzielle Materialisten	9	28,1	28,1	87,5
	reine Materialisten	4	12,5	12,5	100,0
	Gesamtsumme	32	100,0	100,0	

13 Sollten Sie die Syntax in ihrer Version nicht zur Verfügung haben, führen Sie die Befehle direkt aus.

Wenn Sie in das Dateneditorfenster schalten, ist als letzte die neue Variable mit dem Namen INGL zu sehen, die Werte zwischen 1 und 4 enthält. Wenn Sie wollen, vergeben Sie auch noch die oben genannten Bezeichnungen als „Wertebeschriftungen“. Bilden Sie dann eine Häufigkeitstabelle für die neue Variable. Das Ergebnis zeigt Tabelle 2.7.

2.7 Gewichten

Erstellen Sie zunächst mit der Befehlsfolge „Analysieren“, „Deskriptive Statistiken ▷“, „Häufigkeiten“ eine Häufigkeitstabelle für die Variable Geschlecht (GESCHL). Es ergibt sich die Tabelle 2.8.

Die Tabelle zeigt, dass in unserer kleinen Stichprobe 56,3 % der Fälle Männer sind und 43,8 % Frauen. Wir können dieses Ergebnis zur Überprüfung der Repräsentativität unserer Auswahl benutzen. Die „wahre“ Verteilung können wir näherungsweise dem Zensus 2011 entnehmen. Demnach waren 48,8 % der Zielbevölkerung des ALLBUS 2012 männlichen und 51,2 % weiblichen Geschlechts. Die Stichprobe enthält demnach zu viele Männer und zu wenige Frauen. Sie ist gegenüber der Grundgesamtheit verzerrt.

Tabelle 2.8. Häufigkeitstabelle für die Variable Geschlecht

Geschlecht

		Häufigkeit	Prozent	Gültige Prozent	Kumulative Prozente
Gültig	männlich	18	56,3	56,3	56,3
	weiblich	14	43,8	43,8	100,0
	Gesamtsumme	32	100,0	100,0	

Man kann nun versuchen, diese Verzerrung durch Gewichtung zu beseitigen. Ein einfaches Verfahren besteht darin, einen Gewichtungsfaktor für jede Ausprägung der Variablen aus der Relation Soll zu Ist zu entwickeln.

$$G_i = \frac{\text{SOLL}}{\text{IST}} \qquad (2.1)$$

Entsprechend errechnet sich für die Männer ein Gewichtungsfaktor von

$G_M = \frac{48,8}{56,3} = 0,87$ und für Frauen $G_W = \frac{51,2}{43,8} = 1,17$.

Wir wollen unsere Daten mit diesen Faktoren gewichten. Dazu muss zunächst eine Gewichtungsvariable GEWICHT gebildet werden, in die für Männer und Frauen jeweils das zugehörige Gewicht eingetragen wird. Dann werden die Daten mit diesen Gewichtungsfaktoren gewichtet.

Bilden Sie mit Hilfe der Befehlsfolge „Transformieren“, „Variable Berechnen...“, in der Dialogbox „Variable berechnen“ die Variable Gewicht. Benutzen Sie dazu das Syntaxfenster. Die Vorgehensweise ist dieselbe wie im vorigen Beispiel. Bei Dezimalzahlen muss ein Dezimalpunkt verwendet werden. Das Ergebnis im Syntaxfenster muss dem folgenden Bild entsprechen. (Sie können die Befehle im Syntaxfenster auch einfach eintippen.)

```
IF (geschl = 1) Gewicht = 0.87 .
EXECUTE .
IF (geschl = 2) Gewicht = 1.17 .
EXECUTE .
```

Zum Durchführen der Gewichtung:

▷ Wählen Sie die Befehlsfolge „Daten“, „Fälle gewichten...“. Es erscheint die Dialogbox „Fälle gewichten“ (⇨ Abb. 2.25).
▷ Klicken Sie auf den Optionsschalter vor „Fälle gewichten mit der“. Damit wird die Gewichtung für die folgenden Befehle eingeschaltet.
▷ Wählen sie aus der Variablenliste die Variable GEWICHT.
▷ Bestätigen Sie mit „OK“. Die Gewichtung wird für nachfolgende Prozeduren durchgeführt.

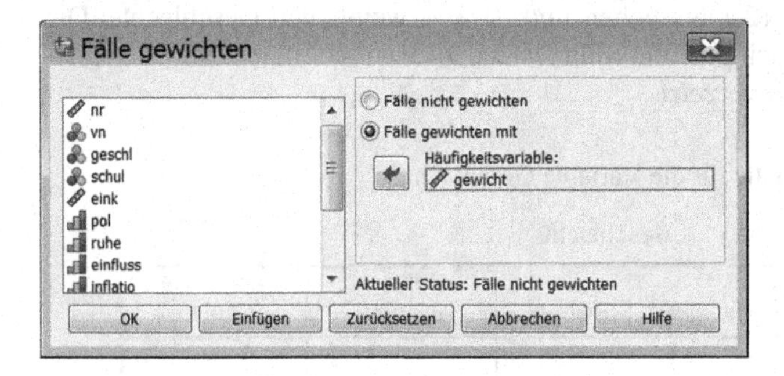

Abb. 2.25. Dialogbox „Fälle gewichten“

Zum Überprüfen des Ergebnisses bilden Sie erneut eine Häufigkeitstabelle für die Variable Geschlecht (GESCHL). Diese zeigt nun für die Männer 48,9 % und die Frauen 51,1 % an, also beinahe die exakte Verteilung. Beachten Sie, dass die Gesamtzahl der Fälle nicht verändert ist.[14]

Die Gewichtung, die zunächst nur auf den Abweichungen bei der Variablen Geschlecht beruht, wirkt sich selbstverständlich auch auf die anderen Variablen aus. Überprüfen Sie das, indem sie zwei Häufigkeitsverteilungen für die klassifizierten Einkommensdaten Variable EINK2 erstellen, zunächst mit den gewichteten Daten, dann ohne Gewichtung. Die Gewichtung schalten Sie aus, indem Sie mit der Befehlsfolge „Daten“, „Fälle gewichten...“ die Dialogbox „Fälle gewichten“ öffnen und dort die Option „Fälle nicht gewichten“ auswählen.

14 Die Fahlzahlen werden immer auf ganze Zahlen gerundet, Prozentwerte aber exakter aus nicht gerundeten fiktiven Fallzahlen berechnet (für Kreuztabellen dagegen ⇨ Kap. 10).

3 Definieren und Modifizieren einer Datendatei

3.1 Definieren von Variablen

3 Definieren und Modifizieren einer Datendatei

SPSS kann Datendateien verarbeiten, die mit verschiedenen anderen Programmen erstellt wurden (⇨ Kap. 6). Nach dem Import erscheinen die Daten im Dateneditorfenster, Registerkarte „Datenansicht". Dieses ähnelt dem Arbeitsblatt eines Tabellenkalkulationsprogramms. Hier können die importierten Daten auch weiter verarbeitet und geändert werden. Daneben enthält der Dateneditor die Registerkarte „Variablenansicht". Es ähnelt ebenfalls dem Arbeitsblatt eines Tabellenkalkulationsblattes, enthält aber die Variablendefinition.

Auf der Registerkarte „Datenansicht" des Dateneditors von SPSS können aber auch die Daten eingetippt werden. Im Folgenden wird die Definition einer Datenmatrix, die Dateneingabe und Bearbeitung im Editor besprochen. Die grundsätzliche Arbeitsweise des Dateneditors wurde schon ausführlich in Kapitel 2.3 erörtert. Das vorliegende Kapitel macht ergänzende Angaben.

Grundsätzlich werden die Daten auf dem Blatt „Datenansicht" in Form einer rechteckigen Matrix eingegeben. Jede Zeile entspricht einem Fall (z.B. einer Person), jede Spalte der Matrix einer Variablen. In den Zellen sind die Werte einzutragen.

Im Folgenden wird davon ausgegangen, dass in der Ländereinstellung der Windows-Systemsteuerung das Komma als Dezimaltrennzeichen eingestellt ist.

3.1 Definieren von Variablen

Name, Format und Beschriftungen einer Variablen werden auf dem Blatt „Variablenansicht" des Dateneditors (⇨ Abb. 2.9) festgelegt. Man kann entweder alle oder einzelne Voreinstellungen akzeptieren oder Einstellungen ändern.

Vorgehensweise. Um eine Variable zu definieren:

▷ Gehen Sie gegebenenfalls auf die Registerkarte „Variablenansicht", indem Sie im Dateneditor die Registerkarte „Variablenansicht" anklicken oder in der „Datenansicht" auf den Namen der zu definierenden Variablen doppelklicken. Im letzteren Falle ist zugleich die Zeile der angewählten Variablen markiert.
▷ Tragen Sie im Feld „Name" den gewünschten Variablennamen ein.
▷ Um Variablentyp, fehlende Werte (Missings) oder Wertebeschriftungen zu definieren, müssen Sie jeweils eine Dialogbox öffnen. Zur Definition des Variablentyps aktivieren Sie z.B. die entsprechende Zelle der Spalte „Typ" durch Anklicken mit der linken Maustaste. Die Zelle wird hervorgehoben, auf der rechten Seite erscheint ein unterlegtes Kästchen mit drei Punkten. Wenn Sie das Kästchen anklicken, erscheint die Dialogbox „Variablentyp definieren", in der

Sie die weitere Definition vornehmen. Entsprechend ist das Vorgehen bei den anderen angegebenen Formatelementen.

▷ In den Definitionsspalten „Spaltenformat" (gibt die Zahl der Stellen bei der Variablendarstellung an), „Dezimalstellen" (bestimmt die Zahl der Nachkommastellen), „Spalten" (gibt die im Datenblatt des Editors angezeigte Spaltenbreite an) werden die Angaben etwas anders bearbeitet. Zur Definition der Variablenbreite aktivieren Sie z.B. die entsprechende Zelle der Spalte „Spaltenformat" durch Anklicken mit der linken Maustaste. Die Zelle wird hervorgehoben, auf der rechten Seite erscheinen zwei Pfeile. Durch Anklicken eines dieser Pfeile verringert oder erhöht man die angegebene Zahl. (Man kann auch nach Doppelklick auf die Zelle die Zahl einfach markieren und überschreiben.) Entsprechend ist das Vorgehen bei der Definition der anderen abgegebenen Formatelemente.

▷ In der Spalte „Messniveau" wird bei allen Variablentypen außer „Zeichenfolge" die Voreinstellung „Skala" (in früheren Versionen besser als „Metrisch" bezeichnet, im Hilfesystem auch als Skala) eingestellt. Sollten ihre Daten dem nicht entsprechen, können Sie „Ordinal" oder „Nominal" wählen. Bei einer Zeichenfolgevariablen dagegen ist „Nominal" eingestellt. Gegebenenfalls können Sie „Ordinal" wählen (zum Messniveau ⇨ Kap. 8.3.1). Dies geschieht nach Aktivieren der entsprechenden Zellen und Anklicken des auf deren rechten Seite erscheinenden Pfeils durch Markieren des gewünschten Messniveaus in der sich öffnende Auswahlliste.

Hinweis: Beim Importieren von Daten aus anderen Formaten kommt es vor, dass bei einigen Variablen SPSS kein Format zuweist. So lange noch keine Prozesse mit der Datei durchgeführt wurden, kann im Menü „Daten" das Untermenü „Messniveau für unbekannte Elemente festlegen" aufgerufen werden. Es öffnet sich eine gleichnamige Dialogbox. Diese enthält auf der linken Seite ein Feld „Felder mit unbekanntem Messniveau:", in dem sich die Variablennamen der Variablen mit unbekanntem Messniveau befinden und rechts drei Felder für die drei Messniveaus „Nominal", „Ordinal" und „Stetig". Durch Übertragung des Variablennamens in das zutreffende Feld und Anklicken von „OK" führt man die Zuordnung durch.[1]

▷ Die Spalte „Rolle" erlaubt es spezielle Untermenüs die Rolle der Variablen festzulegen. Mit Hilfe der Rollenzuweisung lässt sich die Durchführung der Tests zum Teil automatisieren. Wir werden hier diese Funktion nicht nutzen. Wir halten es für besser, wenn der Anwender über jeden der Analyseschritte seiner Untersuchung die Kontrolle behält und dabei eigenständig entscheiden kann. Wir empfehlen, die Nutzung von vordefinierten Rollen nur auf besondere Ausnahmefälle zu beschränken.[2]

1 Eine Besonderheit findet sich im Menü „Nichtparametrische Test". Sind einige oder alle Messniveaus der Variablen unbekannt, öffnet sich eine Warndialogbox. Klickt man „Daten durchsuchen", so wird von SPSS bei unbekanntem Messniveau ein Messniveau zugewiesen, das aber nicht immer sachlich richtig sein muss (⇨ Kap. 30.1).

2 Um die Nutzung der (voreingestellten) vordefinierten Rollen auszuschalten, klicken wir die Befehlsfolge „Bearbeiten", „Optionen". Auf der Registerkarte „Allgemein" der Dialogbox „Optionen" wählen wir unter „Rollen" die Option „Benutzerdefinierte Zuweisungen verwenden".

▷ Neben der Spalte „Namen“ enthält auch die Spalte „Beschriftung“ reine Eingabefelder. Hier tragen Sie den gewünschten Namen bzw. die gewünschte Variablenbeschriftung einfach ein.

Variablennamen. Es gelten folgende Regeln:

❒ Der Name darf maximal 64 Zeichen umfassen und nicht mit einem Punkt enden.
❒ Der Name muss mit einem Buchstaben beginnen. Ansonsten gelten auch Ziffern, Punkte und die Symbole @, #, _ und $[3].
❒ Er darf keine Leerzeichen oder die Zeichen !, ? ` und * enthalten.
❒ Ein Variablenname darf nur einmal auftreten.
❒ Groß- und Kleinschreibung werden in der Anzeige unterschieden, nicht aber in der internen Verarbeitung. Deshalb können Variablennamen wie „Alter“ und „alter“ nicht parallel verwendet werden.
❒ Nicht verwendet werden können die Schlüsselwörter: ALL, AND, BY, EQ, GE, GT, LE, LT, NE, NOT, OR, TO und WITH.

Beachten Sie bitte: Alle Variablen erscheinen zur Auswahl für die statistische Analyse in der Quellvariablenliste. Bei Umbenennung erscheint der neue Name sofort in diesem Feld. In einem vorherigen Auswertungslauf ausgewählte Variablen werden jedoch nicht aktualisiert. Diese müssen erst aus der Liste ausgewählter Variablen entfernt werden.

Variablen- und Wertebeschriftungen (Etiketten). Eine Variablenbeschriftung wird einfach in die entsprechende Zelle der Spalte „Beschriftung“ eingetragen. Es kann bis zu 256 Zeichen lang sein. Groß- und Kleinschreibung werden beachtet. Durch Klicken auf das unterlegte Quadrat auf der rechten Seite einer aktivierten Zelle der Spalte „Werte“ öffnet man die Dialogbox „Wertebeschriftungen:“. Dort werden Wertebeschriftungen festgelegt. Wertebeschriftungen können bis zu 120 Zeichen lang sein (in älteren Versionen 60 Zeichen), werden aber in den meisten Prozeduren verkürzt ausgegeben. Auch hier werden Groß- und Kleinschreibung beachtet. Eine Wertebeschriftung wird festgelegt, indem zunächst der Wert in das Eingabefeld „Wert:“ eingegeben wird. Anschließend schreiben Sie die zugehörige Wertebeschriftung in das Eingabefeld „Beschriftung:“. Klicken Sie dann auf die Schaltfläche „Hinzufügen“. Die Etikette ist fixiert. Wiederholen Sie diese Schritte für alle Werte, denen eine Etikette zugeordnet werden soll. Bestätigen Sie die Eingabe mit „Weiter“ und „OK“. Eine bereits eingegebene Etikette ändern Sie, indem sie zunächst die Beschriftung in der Liste markieren. Geben Sie die neue Beschriftung und/oder den neuen Wert ein, und klicken Sie auf die Schaltfläche „Ändern“. Die veränderte Beschriftung erscheint. Sie löschen eine Wertebeschriftung, indem Sie die Beschriftung in der Liste markieren und die Schaltfläche „Entfernen“ anklicken. Nur bei langen Zeichenfolge-Variablen können keine Wertebeschriftungen vergeben werden.

Fehlende Werte (Missing-Werte). Die Deklaration von fehlenden Werten ermöglicht es, diese Werte bei den verschiedenen Prozeduren gezielt von der Berechnung auszuschließen. Alle nicht ausgefüllten Zellen in einer Datenmatrix werden auto-

3 Mit dem $-Zeichen beginnen ausschließlich Systemvariablen.

matisch als systemdefinierte fehlende Werte (*System-Missing-Werte*) behandelt. In der Matrix werden sie durch ein Komma gekennzeichnet (wenn dieses in der Windows-Systemsteuerung als Dezimaltrennzeichen deklariert wurde). Der Benutzer kann aber auch selbst fehlende Werte festlegen (*nutzerdefinierte Missing-Werte*). Dies geschieht, indem Sie die entsprechende Zelle der Spalte „Fehlende Werte" auf das unterlegte Quadrat auf der rechten Seite der Zelle klicken. Es öffnet sich die Dialogbox „Fehlende Werte definieren:". Hier können entweder bis zu drei einzelne Werte oder ein Wertebereich oder ein Wertebereich mit zusätzlich einem einzelnen Wert als fehlende Werte deklariert werden. (Für lange Zeichenfolgevariablen und Datumsvariablen können keine fehlenden Werte deklariert werden, für Stringvariablen nur einzelne fehlende Werte, aber kein Wertebereich.)

Variablentypen. In SPSS können acht verschiedene Datentypen verwendet werden. Die Einstellung erfolgt in der Dialogbox „Variablentyp definieren" (⇨ Abb. 3.1), die sich öffnet, wenn man das unterlegte Kästchen in einer aktivierten Zelle der Spalte „Typ" anklickt. Es handelt sich überwiegend um Varianten von numerischen Variablen. Die Unterschiede bestehen in der verschiedenartigen Darstellung der Zahlen. Das Grundformat „Numerisch" akzeptiert ausschließlich Ziffern, Plus-, Minus- und Dezimalzeichen, in anderen Formaten kommen Tausendertrenn- und/oder Währungszeichen hinzu. Oder sie verwenden die wissenschaftliche Notation. Zeichenfolgevariablen dagegen arbeiten mit Zeichenketten, Datumsvariablen sind speziell für Datumsformate vorgesehen. Mit Ausnahme von Zeichenfolge- und Datumsvariablen gilt, dass eine Zeichenbreite von acht Zeichen und zwei Dezimalstellen voreingestellt ist. Die Voreinstellung kann mit der Befehlsfolge „Bearbeiten", „Optionen..." im Register „Daten" geändert werden. Die gewünschten Werte werden in die entsprechenden „Eingabefelder" eingetragen. Maximal sind 40 Zeichen und 16 Dezimalstellen zulässig. Bei der Zahl der Zeichen sind Plus-, Minus-, Dezimalzeichen, Tausendertrennzeichen und Währungszeichen mitzurechnen. Die Einstellung der Breite und Dezimalstellen betrifft bei numerischen, Punkt- und Kommaformaten lediglich die Anzeige der Daten, intern werden die Nachkommastellen bis zur maximal zulässigen Zahl von 16 Stellen gespeichert und weiter verarbeitet. Lediglich in der Anzeige erscheinen sie als gerundeter Wert. Das Dezimalzeichen ist beim numerischen Format und bei der wissenschaftlichen Notation ein Komma, wenn im Windows-Betriebssystem Deutschland bei der Ländereinstellung gewählt wurde. Bei anderen Ländereinstellungen kann es ein Punkt sein. Alle anderen Formate (Ausnahme Sekundenbruchteile bei den Datumsformaten) werden von der Ländereinstellung nicht berührt.

Zulässige Variablentypen sind (⇨ Abb. 3.1):

① *Numerisch.* Gültig sind Ziffern, vorangestelltes Plus- oder Minuszeichen und ein Dezimaltrennzeichen. *Beispiele:* +1660,50; 1000; -250,123. Dieser Variablentyp ist voreingestellt und ist auch für die meisten Zwecke am geeignetsten.

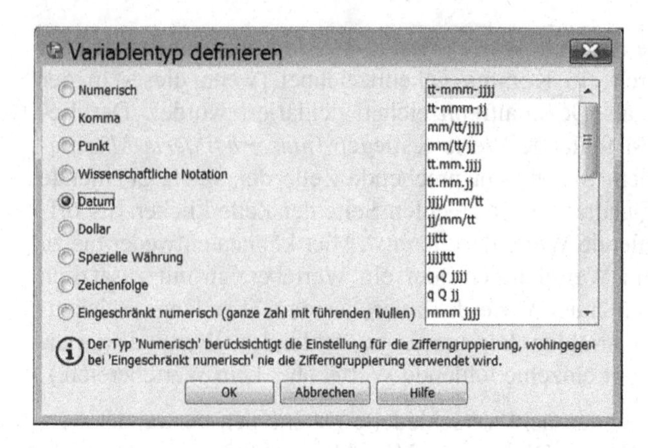

Abb. 3.1. Dialogbox „Variablentyp definieren“

② *Komma, Punkt.* Komma und Punkt sind komplementär zueinander. Sie werden durch die Ländereinstellung der Windows-Systemsteuerung nicht verändert. Zusätzlich zu den im Format „Numerisch“ zugelassenen Zeichen wird ein Tausendertrennzeichen verwendet. Komma entspricht der amerikanischen, Punkt der deutschen Schreibweise. Im Format Komma muss das Dezimalzeichen ein Punkt (!) sein, das Tausendertrennzeichen ein Komma. Umgekehrt muss im Format Punkt das Dezimaltrennzeichen ein Komma und das Tausendertrennzeichen ein Punkt sein. Die Tausendertrennzeichen werden automatisch eingefügt, sofern sie bei der Eingabe nicht eingetippt werden. Bei der Angabe der Breite müssen Vor- und Trennzeichen mit berechnet werden. *Beispiel:* -1,203.24 (Kommaformat) entspricht -1.203,24 (Punktformat).

③ *Wissenschaftliche Notation.* Diese wird gewöhnlich verwendet, wenn sehr große oder sehr kleine Zahlen zu verarbeiten sind. Eine Zahl wird dann als Dezimalzahl, multipliziert mit einer Zehnerpotenz dargestellt. *Beispiel:* 244.000 wird zerlegt in 2,44 mal 10^5 angezeigt als 2,44E+05. Dagegen wird 0,0005 zerlegt in 5,0 mal 10^{-4}, angezeigt als 5,0E-04.

④ *Datum.* Hier wird eine Liste von Formaten für Datums- und/oder Zeitangaben angeboten (⇨ Abb. 3.1).

Die Formate sind in allgemeiner Form in einer Auswahlbox angegeben. Dabei bedeutet:[4]

t	Tag	h	Stunden
m	Monat	m	Minuten
j	Jahr	s	Sekunden (inklusive Bruchteile von Sekunden)[5]
wk	Woche		
Q	Quartal		

4 In manchen Versionen erscheinen die Abkürzungen der englischen Namen, also d = day, m = month, y = year etc.

5 Spezielle Formate geben auch die Wochen des Jahres an (ww). Andere sind für die Eingabe von Tages- bzw. Monatsnamen gedacht.

Die Zahl der Buchstaben gibt an, mit wie vielen Stellen der jeweilige Teil angezeigt wird. Dreistellige Monatsangaben ergeben die Monatsabkürzung in Buchstaben (englische Abkürzungen !). Trennzeichen können Bindestrich, Punkt und Slash (/) sein. tt.mm.jjjj ist z.B. das Format der gängigen deutschen Datumsangabe. Beispiel: 12.12.1993. tt-mmm-jjjj ergäbe dagegen bei derselben Eingabe: 12. DEC. 1993. Drei Zeichen für den Tag ttt bedeuten, dass ganzjährige Tageszählung von 1 bis 365 benutzt wird. WK bedeutet, dass mit 53 Wochen des Jahres gearbeitet wird. Die 44. Woche 1993 wird entsprechend bei Format ww WK jjjj mit 44 WK 1993 eingeben. Für Quartale steht q Q; q Q jjjj erlaubt z.B. die Eingabe 1 Q 1993 für das erste Quartal 1993. Bei Formaten mit vierstelligen Jahreszahlen werden zweistellige Eingaben automatisch um 19 ergänzt. Bei Formaten mit wörtlicher Monatsbezeichnung werden Monatszahlen automatisch umgerechnet. Ebenso werden Eingaben in Buchstaben bei den Zahlenformaten automatisch in Zahlen umgewandelt. Außerdem können Monatsangaben voll ausgeschrieben oder abgekürzt eingegeben werden. Unabhängig von der Anzeige werden die Daten intern aber immer als Sekunden seit dem 14.10.1582 abgespeichert. Für die weitere Verarbeitung ist zu beachten, dass Quartals-, Monats- und Jahresdaten immer ab Mitternacht des ersten Tages des entsprechenden Zeitabschnitts interpretiert werden.

Einige Datumsvariablen sind für die Registrierung von Tageszeiten bzw. Tageszeiten zusätzlich zu Datumsangaben ausgelegt. Die Zeiten können unterschiedlich exakt, bis maximal auf eine Hundertstelsekunde genau, festgelegt werden.

Als Trennzeichen zwischen Stunden, Minuten und Sekunden wird der Doppelpunkt verwendet. hh:mm:ss,ss lässt die Eingabe von Zeiten auf die Hundertstelsekunde genau zu. *Beispiel:* 08:22:12,22. Die detaillierteste Information ergäbe eine Variable des Typs tt-mmm-jjj hh:mm:ss:ss. *Beispiel:* 12-DEC-1993 18:33:12:23. Als Trennzeichen zwischen Stunden, Minuten und Sekunden kann in manchen Versionen auch ein Leerzeichen, ein Punkt oder ein Komma verwendet werden (Was funktioniert, prüfen Sie bitte gründlich). Die Zeitangaben werden intern als Sekunden seit Beginn der jeweiligen Zeitperiode abgespeichert. (Näheres zum Beginn der Zeitperioden siehe „Command Syntax Reference" in der Hilfe.)

Bei den Datums- und Zeitformaten ist weiter zu beachten, dass einige Formate mehr Stellen zur Ausgabe als zur Eingabe benötigen. (Genaue Angaben enthält der Syntax Reference Guide.) Reichen die eingestellten Stellen zur vollständigen Ausgabe nicht aus, werden die Daten vollständig gespeichert, aber nur verkürzt angezeigt. Dabei wird gerundet.

⑤ *Dollar.* Entspricht der Option Komma mit einem ergänzend vorangestellten Dollarzeichen. Dollarzeichen und Tausendertrennzeichen werden, wenn nicht eingegeben, automatisch eingefügt. *Beispiel:* **$#,###.##** ergibt eine Dollarzahl mit neun Zeichen und zwei Dezimalstellen. Ein Dollarformat wird durch Anklicken im Auswahlfeld bestimmt. Die verschiedenen Dollarformate unterscheiden sich in erster Linie durch die Zahl der Stellen und die Zahl der Dezimalstellen (0 oder 2). Die Einstellungen von „Breite" und „Dezimalstellen" werden automatisch in das entsprechende Anzeigefeld übernommen. Man kann sie aber dort auch unabhängig von den im Fenster angezeigten Formaten einstellen.

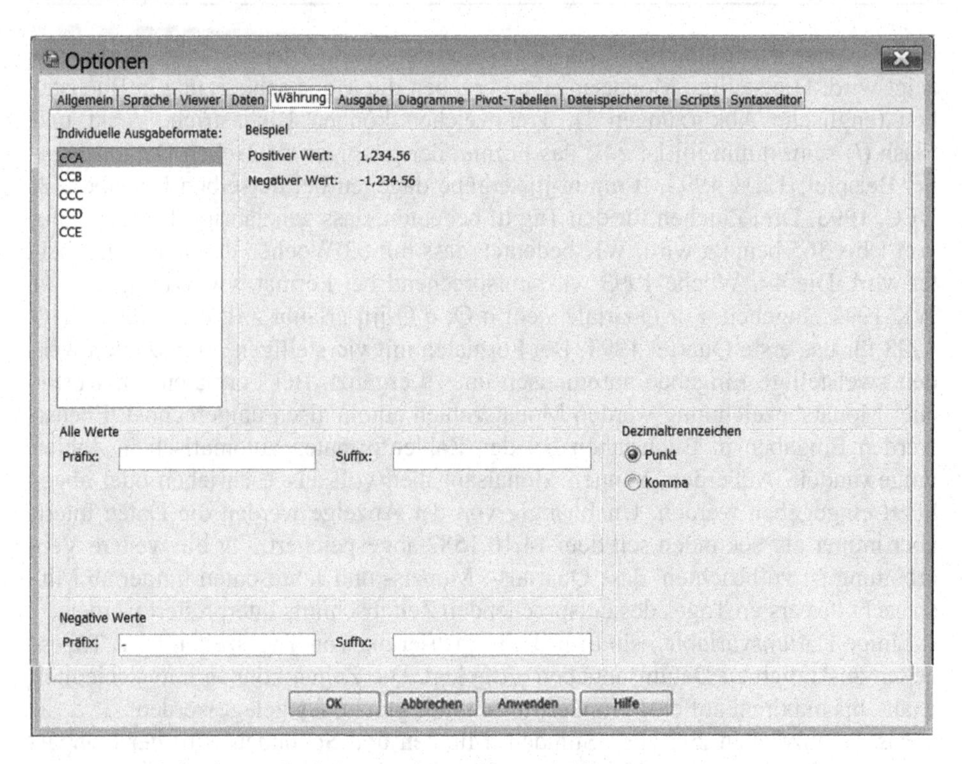

Abb. 3.2. Dialogbox „Optionen“ mit Register „Währung“

⑥ *Spezielle Währung.* Hier können bis zu fünf selbst definierte Formate zur Verfügung. gestellt werden. Diese müssen allerdings zunächst an anderer Stelle, im Unter-Menü „Optionen“ des Menüs „Bearbeiten“, Register „Währung“ definiert werden. Festgelegt werden damit das Dezimalzeichen, ein Prä- und Suffix und das Zeichen für einen Negativwert (als Prä- oder Suffix). Zur Definition wählen Sie im Menü „Bearbeiten“ das Unter-Menü „Optionen...“ und das Register „Währung“. Die Registerkarte „Währung“ (⇨ Abb. 3.2) erscheint. Hier definieren Sie die Formate. Diese werden unter den Bezeichnungen CCA, CCB, CCC, CCD und CCE abgelegt und stehen im Folgenden für die Definition von Variablentypen zur Verfügung (⇨ Beispiel unten). In der Dialogbox „Variablentyp definieren“ erscheint danach bei Auswahl der Option „Spezielle Währung“ ein Auswahlfeld mit den Namen der Währungsformate (CCA usw.). Markiert man einen davon, wird im Feld „Beispiel“ ein Beispiel für dieses Format angezeigt. Durch Markieren des gewünschten Namens und „Weiter“ wird für die Variable dieses Format ausgewählt. Zusätzlich lässt sich die maximale Breite und die Zahl der Dezimalstellen einstellen.

Anmerkung. Steht das im Beispielfenster eingegebene Dezimalzeichen zur Ländereinstellung im Widerspruch, muss es gemäß der Ländereinstellung getippt werden, erscheint aber auf dem Datenblatt gemäß der Währungsdefinition. Bei der Ausgabe der Ergebnisse von Statistikprozeduren wird überwiegend das Dezimalzeichen der länderspezifischen Einstellungen verwendet, bei speziellen Statistiken, wie Mittelwert im

Menü Häufigkeiten aber auch schon einmal das im Währungsformat angegeben Dezimalzeichen.

⑦ *Zeichenfolge* (String). Gültige Werte sind Buchstaben, Ziffern und Sonderzeichen. Die maximale Länge des Strings beträgt 32767 Zeichen (bis Version 12 255 Zeichen). Voreingestellt ist acht. Beträgt die maximale Zeichenlänge nicht mehr als acht Zeichen, handelt es sich um eine kurze Zeichenfolge-Variable, ist sie größer als acht Zeichen, um eine lange. Zeichenfolgevariablen werden rechts bis zur maximalen Länge mit Leerzeichen aufgefüllt. Bei der Interpretation der Zeichenfolge kommt es auf die genaue Position des Zeichens an. *Beispiel:* 'Ja' ist nicht gleich 'Ja '. Lange S Zeichenfolge variablen können bei den meisten Prozeduren gar nicht oder nur eingeschränkt gebraucht werden. Kurze Zeichenfolgevariablen sind vielfältiger auswertbar. Jedoch sind auch sie in vielen Prozeduren nicht zu verwenden. Zeichenfolge variablen werden nur bei den Menüs in der Liste der Quellvariablen angezeigt, in denen sie verwendet werden können. Sie haben zwar den Vorteil, in den meisten Fällen direkt lesbar zu sein, man sollte sich aber in jedem Falle überlegen, ob man sie tatsächlich einsetzt. Ihre Werte können in der Regel ohne weiteres auch als numerische Werte kodiert werden. Dann kann man wesentlich mehr statistische Prozeduren mit ihnen ausführen. (Allerdings ist das Messniveau zu beachten.) Die Lesbarkeit kann durch Vergabe von „Wertebeschriftungen“ erhalten bleiben. Man kann sich mit der Befehlsfolge „Ansicht“, „Wertebeschriftungen“ oder durch Anklicken von die Variablenwerte in Form der Werteetiketten im Dateneditorfenster anzeigen lassen. Die Wertebeschriftungen der jeweils in einer Liste markierten Variablen können bei Bedarf in einem durch Drücken der rechten Maustaste geöffneten Kontextmenü und Auswahl von „Variablenbeschreibung“ eingeblendet werden. In Datenbanken werden häufig S Zeichenfolgevariablen verwendet. Diese werden dann auch als solche importiert. In einem solchen Falle ist zu überlegen, ob die Zeichenfolgevariable nicht in ein anderes Format umgewandelt werden soll.

⑧ *Eingeschränkt numerisch.* Nur positive ganze Zahlen sind erlaubt. Führende Nullen werden bei der Anzeige aufgefüllt. Große werte erscheinen in wissenschaftlicher Notation.

Weiter erkennt SPSS:

- Implizites Dezimalformat
- Prozentformat
- Hexadezimales Format
- Spaltenbinäres Format.

Werden Daten mit einem solchen Format importiert, wird das Format der Liste verfügbarer Formate angehängt. Man kann dann entweder mit diesem Format weiter arbeiten oder die Daten in ein SPSS-Format umwandeln.

Mit der Definition des Variablentyps wird auch die Variablenbreite und bei numerischen Formaten die Zahl der Dezimalstellen festgelegt. Diese Definition wirkt sich automatisch auf die Breite der angezeigten Matrixspalte aus.

Spaltenbreite und -Ausrichtung. Die angezeigte Spaltenbreite der Datenmatrix kann geändert werden, wenn man in der „Variablenansicht“ die entsprechende Zelle der Spalte „Spalten“ aktiviert. Durch Anklicken der Pfeile, die am rechten Rand der Zelle erscheinen, vergrößert oder verkleinert man die Spaltenbreite. Dies berührt die Variablenbreite nicht. Ist der definierte Wert länger als die Spaltenbreite, wird er abgeschnitten angezeigt. Auch kann die Ausrichtung der Anzeige auf linksbündig (Voreinstellung für Zeichenfolgevariablen), rechtsbündig (Voreinstellung für alle anderen Variablen) oder zentriert gesetzt werden. Dies geschieht durch Auswahl aus einer Drop-Down-Liste, die sich beim Anklicken des Pfeils öffnet, der bei Aktivieren einer Zelle in der Spalte „Ausrichtung“ auf der rechten Seite der Zelle erscheint.

Messniveau. In einer vorletzten Spalte kann das Messniveau der Variablen angegeben werden. Zur Verfügung stehen „Metrisch“, „Ordinal“ und „Nominal“. Voreingestellt ist „Metrisch“ für numerische und „Nominal“ für Stingvariablen. Vom Messniveau hängt es ab, welche statistischen Verfahren mathematisch zulässig sind (⇨ auch Kap. 8.3.1). SPSS verweigert manchmal (keineswegs immer) den Zugriff bei dem eingestellten Messniveau nicht zulässige Prozeduren. Deshalb lohnt es sich, das Messniveau richtig einzustellen. Das Menü „Diagrammerstellung“ verlangt sogar eine exakte Einstellung und ermöglicht eine temporäre Änderung des Messniveaus noch während der Diagrammerstellung. Für die meisten Zwecke kann man aber die Voreinstellung belassen. Abb. 3.3 zeigt die zulässigen Kombinationen von Variablentyp und Messniveau.

°	Numerisch	Zeichenfolge	Datum	Zeit
Metrisch (stetig)		entfällt		
Ordinal				
Nominal				

Abb. 3.3. Zulässige Kombinationen zwischen Variablentyp und Messniveau

Rolle. In einer letzten Spalte wird für spezielle Auswertungen die Rolle der Variablen angegeben. Dies dient in manchen Dialogfeldern zur Vorauswahl von Variablen. „Eingabe“ bedeutet, dass dies Variable als unabhängige Variable benutzt werden soll, „Ziel“ dagegen erklärt sie zur abhängigen Variable. Sie kann mit „Beides“ auch für beide Zwecke definiert werden. „Partitionieren“: Diese Variable dient für Trainingszwecke zum Aufteilen der Datei.

Anmerkung: In Untermenüs, bei denen das Messniveau oder die Rolle bei der Bereitstellung von Optionen beachtet werden, steht auch immer eine Option zur nachträglichen Änderung zur Verfügung.

Ein Übungsbeispiel. In der Übungsdatei in Kap. 2 wurde bewusst nur ein Datentyp, nämlich „Numerisch" verwendet. Dies dürfte für die meisten Zwecke hinreichen und, zusammen mit der Deklaration von Variablen- und Werteetiketten, der häufigste Weg zur Definition einer Datenmatrix sein. Die Veranschaulichung der verschiedenen Variablentypen soll jetzt anhand einer anderen Datei erfolgen. Es handelt sich um den Auszug einer Datei, die sich bei einer Untersuchung über Überschuldung von Verbrauchern bei der Verbraucherzentrale Hamburg ergab. Die Datei (Dateiname VZ.SAV) soll die in Tabelle 3.1 dargestellten Variablen enthalten: In dieser Datei sind alle angebotenen Formate, mit Ausnahme der typisch amerikanischen Formate Komma und Dollar. Die Kreditbeträge sollen in Verbindung mit der Währungseinheit eingegeben und angezeigt werden. Es soll sich um EUR-Beträge handeln. Definiert werden hier nur Variablenname und der Variablentyp. Zinsbeträge sollen mit % als Zusatz angezeigt werden. Dazu müssen zwei Formate unter dem Generalformat „Spezielle Währung" definiert werden.

Tabelle 3.1. Variablen des Datensatzes VZ.SAV

Variable	Variablennamen	Variablentyp	Breite/Dezimalstellen
Fallnummer	NR	Numerisch	4/0
Name des Schuldners	NAME	Zeichenfolge	15
Datum: Erster Kontakt mit der Beratungsstelle	KONTAKT	Datum	-
Datum: Beginn der Überschuldung	BEG_UEB	Datum	-
Zeitraum zwischen Überschuldung und Kontakt mit der Beratungsstelle	ZEIT_BER	Wissenschaftliche Notation	11/2
Zinsen Kredit 2	ZINS2	Andere Währung	8/2
Monatseinkommen	EINK	Punkt	12/2
Summe Kredit 1	KREDIT1	Andere Währung	14/2
Zinsen Kredit 1	ZINS1	Andere Währung	8/2
Summe Kredit 2	KREDIT2	Andere Währung	14/2

Zur Definition dieser Datendatei gehen Sie wie folgt vor:

▷ Eröffnen Sie mit „Datei", „Neu ▷" und „Daten" ein neues Dateneditorfenster und wechseln gegebenenfalls durch Anklicken der Registerkarte in die „Variablenansicht".

Danach definieren Sie zuerst das gewünschte „EUR"-Format.

▷ Öffnen Sie dazu mit „Bearbeiten", „Optionen..." und „Währung" die Registerkarte „Währung" (⇨ Abb. 3.2).
▷ Markieren Sie die erste Bezeichnung CCA.
▷ Tragen Sie in der Gruppe „Alle Werte" in das Feld „Suffix" EUR ein.
▷ Tragen Sie in der Gruppe „Negative Werte" in das Feld „Präfix" ein Minuszeichen ein.
▷ Klicken Sie in der Gruppe „Dezimaltrennzeichen" auf den Optionsschalter „Komma".
▷ Wählen Sie „Anwenden" (ändert das Format, ohne die Registerkarte zu verlassen).
▷ Definieren Sie auf gleiche Weise das „Prozent"-Format. Im Unterschied zum „EUR"-Format markieren Sie als Bezeichnung CCB, tragen in der Gruppe „Alle Werte" in das Feld „Suffix" % ein und markieren den Optionsschalter „Komma".
▷ Bestätigen Sie am Schluss alle Definitionen mit „OK".

Die definierten Formate sind jetzt unter ihren Bezeichnungen bei der Auswahl des Variablentyps abrufbar.

Jetzt können die einzelnen Variablen definiert werden. Zur Definition der Variablen NR gehen Sie wie folgt vor:

▷ Aktivieren Sie in der „Variablenansicht" in der ersten Zeile die Zelle der Spalte „Namen" und tragen Sie dort NR ein.
▷ Aktivieren Sie die Zelle der Spalte „Typ" und klicken Sie auf die Schaltfläche. Die Dialogbox „Variablentyp definieren" erscheint (⇨ Abb. 3.1).
▷ Wählen Sie den Optionsschalter „Numerisch".
▷ Ändern Sie die Werte des Feldes „Spaltenformat" auf 4 und des Feldes „Dezimalstellen" auf 0.

Für die Definition der anderen Variablen verfahren Sie ebenso. Im Folgenden wird lediglich der Eintrag in der Dialogbox „Variablentyp definieren" besprochen. Einträge in anderen Dialogboxen werden nur dann dargestellt, wenn diese zum ersten Mal auftreten.

Die Variable NAME soll eine lange Zeichenfolgevariable mit 15 Zeichen Maximallänge sein:

▷ Wählen Sie in der Dialogbox „Variablentyp definieren" die Option „Zeichenfolge".
▷ Und ändern Sie in der Spalte „Zeichenfolge" den Wert auf 15."

Für die Variable KONTAKT

▷ Wählen Sie in der Dialogbox „Variablentyp definieren" die Option „Datum".
▷ Markieren Sie im dann erscheinenden Auswahlfeld die Option tt.mm.jjjj, die dem in Deutschland üblichen Datumsformat entspricht.

Die weiteren Variablendefinitionen bis zur Variablen KREDIT1 sollten Sie selbst vornehmen können. KREDIT1 soll eine Währungsvariable mit dem zu Beginn definierten EUR-Format sein.

▷ Wählen Sie in der Dialogbox „Variablentyp definieren“ die Option „Spezielle Währung“. Es öffnet sich ein Auswahlfeld.

▷ Markieren Sie dort die Bezeichnung „CCA“ (unter der unser oben definiertes EUR-Format gespeichert ist). In der Informationsgruppe „Muster“ werden zwei Beispiele für die Darstellung in diesem Format angezeigt. Ändern Sie den Wert für die Breite im Feld „Breite“ auf 14.

Die weiteren Variablen sollten Sie jetzt selbst definieren können. In Abb. 3.4 sehen Sie eine Datenmatrix mit den Variablen des Übungsbeispiels und den Daten der vier ersten Fälle. Sie können zur Übung diese Daten eingeben. Die Werte der Variablen ZEIT_BER lassen Sie am besten zunächst offen und berechnen sie später in der Dialogbox „Variable berechnen“ (⇨ Abb. 5.1) durch Bildung der Differenz zwischen KONTAKT und BEG_UEB. Testen Sie dabei auch die unten geschilderten Möglichkeiten zur Auswahl von Eingabebereichen und zum Editieren der Daten.

	nr	name	kontakt	beg_ueb	zeit_ber	eink	kredit1	zins1	kredit2	zins2
1	1	Frederic	17.10.1989	01.10.1986	9,61E+007	1,200.00	4,000.00	11.20	2,500.00	10.30
2	2	Birgid	08.01.1989	01.11.1982	1,95E+008	1,798.00	2,600.00	10.30	2,000.00	11.50
3	3	Ronald	01.02.1988	01.01.1988	2,68E+006	2,050.00	15,000.00	12.40	9,700.00	12.90
4	4	Gertrud	08.06.1989	01.11.1980	2,71E+008	2,000.00	100,000.00	114.00	163,000.00	10.60

Abb. 3.4. Dateneditorfenster mit den vier ersten Fällen von VZ.SAV

3.2 Variablendefinitionen ändern, kopieren und übernehmen

3.2.1 Variablendefinitionen kopieren

Haben einige Variablen dasselbe oder ähnliche Formate, kann man sich die Definition durch Kopieren erleichtern. Das Verfahren wurde bereits in Kap. 2.3.3 erläutert. In unserem Beispiel sollen KREDIT2 und KREDIT3 gleich definiert werden. Man erstellt zunächst die Definition einer Variablen (hier Kredit 2). Dann markiert man in der Variablenansicht die Zeile mit den Definitionen dieser Variablen, indem man auf die Zeilennummer am linken Rand klickt. Man wählt die Befehlsfolge „Bearbeiten“, „Kopieren“. Darauf markiert man die Zeile für die Variablendefinition der neuen Variablen (hier KREDIT3). Es können auch mehrere nebeneinander liegende Variablen gleichzeitig markiert werden. Dann wählt man die Befehlsfolge „Bearbeiten“ und „Einfügen“. Die Definition ist übernommen, mit Ausnahme des Variablennamens. Dieser wird, falls nicht schon vorher eingetragen, von SPSS automatisch generiert. Der Name wird anschließend nach Belieben geändert. (Zum Kopieren und Einfügen kann auch das Kontextmenü, das sich beim Klicken auf die rechte Maustaste öffnet, verwendet werden.)

Unterscheidet sich die Definition der neuen Variablen in einigen Elementen von der der Ausgangsvariablen, kann man dies jetzt nachträglich anpassen. Oder aber man kopiert von vorne herein nur die Definitionselemente, die übernommen werden sollen. In diesem Falle muss die jeweilige Zelle der Ausgangsvariablen markiert und kopiert und in die entsprechende Zelle der Zielvariable(n) eingefügt werden. (Alternativen dazu ⇨ Kap. 3.2.2, 3.2.3 und Arbeiten mit mehreren Quellen. 35.9).

3.2.2 Umdefinieren und Übertragen von Variableneigenschaften (Option „Variableneigenschaften definieren")

Die Option „Variableneigenschaften definieren" im Menü „Daten" führt zu einem Assistenten, der die Umdefinition von schon bestehenden Variablen und die Übertragung von Variableneigenschaften auf andere Variablen erleichtert, nicht aber, wie der Name suggeriert, generell zur Definition der Variableneigenschaften dient. Eine neue Variable kann dort nicht eingefügt werden. Variablendefinitionen sowie das Übertragen von Variablendefinitionen sind auch im Register „Variablenansicht" des Dateneditors möglich (⇨ Kap. 3.1). Auch mit der Option „Dateneigenschaften kopieren" des Menüs „Daten" kann man Variableneigenschaften kopieren (⇨ Kap. 3.2.2). Schließlich ist das und beim Arbeiten mit mehreren Dateien möglich (⇨ Kap. 35.8).

❒ *Umdefinieren.* Diese Möglichkeit ist vor allem dann interessant, wenn Datendateien vorliegen, bei denen noch keine Wertebeschriftungen und/oder fehlende Werte vergeben sind. Der Assistent stellt dann automatisch für die ausgewählten Variablen die tatsächlich vorgefundenen Werte zusammen und bietet eine komfortable Möglichkeit zur Festlegung dieser Eigenschaften an. Außerdem kann man neben den Standardvariablenattribute eigene Attribute vergeben.

❒ *Übertragen von Variableneigenschaften.* Der Vorteil der Nutzung des Assistenten liegt darin, dass relativ komfortabel ausgewählte Eigenschaften auf beliebige andere Variablen übertragen werden können.

Ein weiterer Vorteil ist die Möglichkeit Übertragung der Variablendefinition als Syntax in ein Syntaxfenster.

Beide Anwendungsarten werden im Folgenden anhand von Variablen der Datei VZ.SAV illustriert. Zunächst soll die Variable KREDIT1 umdefiniert werden, dann werden ihre Eigenschaften auf die Variable KREDIT2 übertragen.

Variable umdefinieren.

▷ Öffnen Sie die Datei VZ.SAV.

▷ Wählen Sie „Daten" und „Variableneigenschaften definieren". Es öffnet sich die Dialogbox „Variableneigenschaften definieren" (⇨ Abb. 3.5). Das Auswahlfenster „Variablen" enthält alle derzeit zum Datensatz gehörende Variablen. Man überträgt die Variablen, die umdefiniert werden sollen (d.h. von denen oder auf die Variablendefinitionen übertragen werden) aus, indem man sie in das Feld „Zu durchsuchende Variablen" überträgt. Sind sehr viele Fälle vorhanden, kann man die Anzahl der zu durchsuchenden und der angezeigten Fälle durch Anklicken der entsprechenden Kontrollkästchen und Eintragen in die dazugehörigen Eingabefelder ändern.

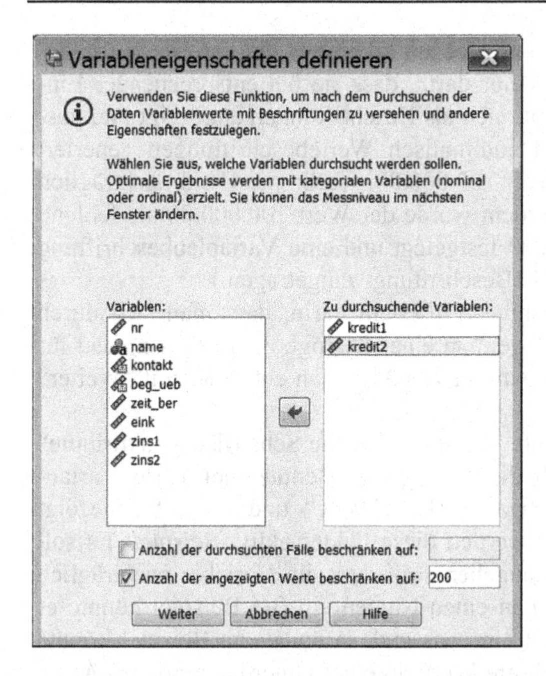

Abb. 3.5. Dialogbox „Variableneigenschaften definieren"

▷ Nach Anklicken der Schaltfläche „Weiter" öffnet sich eine ebenfalls mit „Variableneigenschaften definieren" überschriebene Dialogbox (⇨ Abb. 3.6).

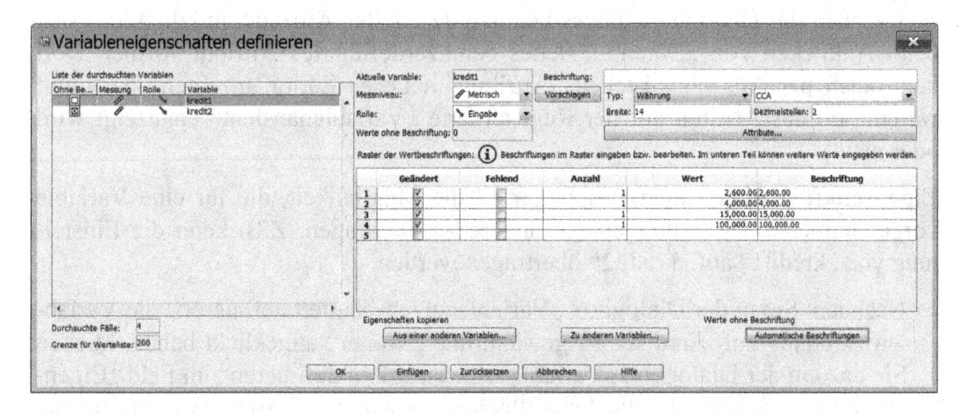

Abb. 3.6. Dialogbox „Variableneigenschaften definieren" mit Änderungen

Dort markieren Sie im Feld „Liste der durchsuchten Variablen" die Variable, die umdefiniert werden soll oder deren Werteeigenschaften übertragen werden sollen (in der Abbildung KREDIT1). In den verschiedenen Feldern auf der rechten Seite werden nun alle Eigenschaften dieser Variablen angezeigt. Sie können nun in den entsprechenden Feldern ändern, z.B. Messniveau, Typ, Breite und Zahl der Dezimalstellen. Interessant ist die Möglichkeit, bei Variablen, denen noch keine Wertebeschriftungen zugeordnet wurden, durch Anklicken der Schaltfläche „Automatische Beschriftungen" im Feld „Werte ohne Beschriftungen" automatisch Wertebeschriftungen zu generieren. Diese entsprechen allerdings den jeweils vorgefunden Werten. Der Unterschied besteht nur darin, dass sie bei entsprechender Einstellung von Anzeige und Ausgabeoptionen als Beschriftungen angezeigt und ausgegeben werden. (In Abb. 3.6 sind automatisch Wertebeschriftungen generiert worden. Eines davon, das für den Wert 100,000.00, wurde per Hand nachträglich in „nicht zutreffend" geändert. Außerdem wurde der Wert 100,000.00 als fehlend deklariert, das Messniveau mit „Skala" festgelegt und eine Variablenbeschriftung „Höhe des ersten Kredits" in das Feld „Beschriftung" eingetragen.)

Eine Besonderheit im Feld „Messniveau" besteht darin, dass man sich durch Anklicken der Schaltfläche „Vorschlagen" in einer Dialogbox ein Messniveau für die Variable vorschlagen lassen kann, dieses bestätigt man entweder mit „Weiter" oder verwirft es mit „Abbrechen".

Benutzerdefinierte Variablenattribute fügt man über die Schaltfläche „Attribute" bei. Klickt man sie an, öffnet sich die Dialogbox „Benutzerdefinierte Variablenattribute". Dort werden zwei Eingabefelder „Name" und „Wert" angezeigt Durch Anklicken von „Hinzufügen" werden diese Felder aktiv. *Beispiel:* Es soll ein Attribut eingeführt werden, das angeben soll, dass die Variable nachträglich berechnet wurde. In die erste trägt man einen Namen ein (im Beispiel könnte er etwa „Berechnet" lauten und in Wert eine passende Angabe (im Beispiel könnte sie „Ja" heißen). Es können auch mehrere Werte in einer Unterdialogbox als Array definiert werden. Diese öffnet sich, wenn man auf die drei Punkte auf der rechten Seite des Eingabefelds „Werte" drückt. Mit „Weiter" und „OK" beenden Sie die Definition. Die neuen Attribute werden im Register „Variablenansicht" als neue Spalte angehängt und mit der Datei gespeichert. (Dieselbe Definition – ohne Arrays - ist in der Dialogbox „neues benutzerdefiniertes Attribut" möglich, die sich beim Anklicken von „Daten", „Neues benutzerdefiniertes Attribut" öffnet. Dort kann auch per Auswahlkästchen „Attribut im Daten-Editor anzeigen" bestimmt werden, ob das Attribut auf der Registerkarte „Variablenansicht" angezeigt wird oder nicht).

Eigenschaften übertragen. Wichtiger ist die Möglichkeit, die für eine Variable vorgenommenen Einstellungen auf andere zu übertragen. Z.B. kann die Einstellung von „kredit1" auf „kredit2" übertragen werden.

▷ Nachdem Sie in der Dialogbox „Variableneigenschaften definieren" die Variablen „kredit1" auf „kredit2" ausgewählt und „Weiter" angeklickt haben, klicken Sie dazu in der Dialogbox „Variableneigenschaften definieren" im Feld „Eigenschaften kopieren" auf die Schaltfläche „Zu anderen Variablen...". Es öffnet sich die Dialogbox „Beschriftungen und Messniveau übertragen auf".

▷ Wählen Sie dort in der Variablenliste die Variable aus, auf die die Definition übertragen werden soll (hier kredit2) und bestätigen Sie mit „Kopieren". Alle Eigenschaften mit Ausnahme der Variablenbeschriftung werden auf die ausgewählte Variable übertragen. Bei den Wertebeschriftungen werden allerdings nur die tatsächlich vorher definierten Beschriftungen übertragen, so dass u.U. ein Teil der Werte der Variablen, auf die die Definition übertragen wurde, ohne Beschriftungen bleibt. (Im Beispiel kann man das durch erneutes Anklicken von „Automatische Beschriftungen" schnell korrigieren.) Alternativ kann auch zuerst die Variable markiert werden, auf die eine Definition übertragen werden soll. Klicken Sie dann auf die Schaltfläche „Aus einer anderen Variablen..." und wählen Sie in der sich öffnenden Dialogbox die Variable aus, von der die Eigenschaften übertragen werden sollen. Ansonsten ist das Verfahren wie oben geschildert.

3.2.3 Variablendefinition aus einer bestehenden Datei übernehmen

Möchten Sie eine neue Datendatei erstellen, die Variablen enthält, die schon in einer bestehenden Datei vorhanden sind, dann können Sie die Definition vereinfachen. Sie können die Definition aus der alten Datei übernehmen. Dazu müssen allerdings die Namen der Variablen in der neuen Datei identisch mit denen in der alten Datei sein.

Die Datei, aus der die Variablendefinition übernommen wird, kann die Arbeitsdatei selbst sein, dann läuft das Ganze auf das Kopieren von Variableneigenschaften einer Variablen auf andere hinaus. Es kann sich aber auch eine andere, bereits geöffnete Datei (Option: „Ein offenes Daten-Set") handeln oder um eine externe (also nicht geöffnete) SPSS-Datei (Option: „Eine externe SPSS-Datendatei"). (Wenn die externe Datei ein anderes Format hat, benutzen Sie die Möglichkeit, mehrere Datensets parallel zu öffnen ⇨ Kap. 35.8)

Beispiel: Es sollen die Eigenschaften von DATEI1.SAV in DATEI2.SAV übernommen werden. DATEI1.SAV ist eine externe Datei.

▷ Wählen Sie „Daten", „Dateneigenschaften kopieren". Dies führt zu einem Assistenten, mit dessen Hilfe die Übertragung in 5 Schritten erfolgt. Nach einander werden Dialogboxen mit den Titeln „Dateneigenschaften kopieren –Schritt 1 von 5" bis „Schritt 5 von 5" abgearbeitet". Dabei sind nicht immer alle Schritte nötig. Falls die notwendigen Schritte abgearbeitet sind, klickt man auf die Schaltfläche „Fertig stellen", sonst auf die Schaltfläche „Weiter".

❒ *1. Schritt.* In der ersten Dialogbox wählen Sie die Datei aus, aus der die Dateneigenschaften in die Arbeitsdatei übernommen werden sollen. Das ist im Beispiel eine externe Datei. Sie wählen entsprechend den Optionsschalter „Eine externe SPSS-Datendatei" und tragen in dem zugehörigen Eingabefeld Pfad und Dateinamen ein. (Beispiel: Arbeitsdatei ist DATEI2.SAV, es sollen die Eigenschaften der externen Datei DATEI1.SAV übernommen werden).

❒ *2. Schritt.* In der zweiten Dialogbox wählen Sie aus, von welchen Variablen der Quelldatei Eigenschaften auf welche Variablen der Arbeitsdatei übertragen werden sollen. Dafür stehen drei Optionsschalter zur Verfügung.

- *Nur Datenseteigenschaften übertragen.* Wählt man diese Option, werden nur die Dateieigenschaften übertragen (z. B. Dokumente, Dateibeschriftung, Gewichtung). Dagegen werden keine Variableneigenschaften übertragen. Die beiden anderen Optionsschalter sind in erster Linie von Interesse. Sie erlauben es, Variableneigenschaften zu übertragen.
- *Eigenschaften der ausgewählten Variablen im Quell-Datenset auf entsprechende Variablen aktiven Datenset übertragen.* Hier werden in den beiden Auswahlfeldern „Variablen im Quelldatenset" und „Entsprechendes aktives Datenset" nur Variablen angezeigt, deren Namen und Variablentyp (nume-

risch oder Zeichenfolge, bei Zeichenfolgevariablen zusätzlich gleiche Länge) übereinstimmen. Hier gibt es zwei Varianten.

- Man will keine neue Variable in der Zieldatei erstellen. Man kann dann entweder die Datendefinition für alle oder nur für ausgewählte Variablen auf die Zieldatei übertragen.
- Man will neue Variablen in der Zieldatei einfügen. Sind bestimmte Variablen in der Quelldatei vorhanden, die noch nicht in der Zieldatei existieren, aber angelegt werden sollen (z.B. existiert in der Quelldatei DATEI1.SAV eine Einkommensvariable, die in der Zieldatei DATEI2.SAV angelegt werden soll), kann man dies bei Auswahl dieser Option auch festlegen. Man klickt dann zunächst auf das Kontrollkästchen „Entsprechende Variablen in der Arbeitsdatei erstellen, wenn nicht bereits vorhanden". Dann erscheinen im Auswahlfeld „Variablen in der Quelldatei" auch die Variablen, für die keine übereinstimmenden Variablen in der Arbeitsdatei existieren. Man kann nun auch aus diesen auswählen. Bei Fertigstellung werden sie in die Arbeitsdatei zusätzlich eingefügt. (In Abb. 3.7. ist diese Option ausgewählt. Unter dem Feld „Entsprechende Variablen in" ist mitgeteilt, dass sich 3 Variablen in beiden Dateien entsprechen und 4 Variablen in der Zieldatei neu erstellt werden.)

- *Eigenschaften einer einzelnen Quellvariablen auf ausgewählte Variablen desselben Typs im aktiven Datenset übertragen.* Schließlich kann man noch die Eigenschaften einer einzigen Variablen aus der Quelldatei auf eine oder mehrere Variablen der Zieldatei übertragen. Klickt man den entsprechenden Optionsschalter an, erscheinen zunächst nur in der Auswahlliste „Variablen im Quelldatenset" die Variablennamen dieser Datei. Erst wenn man eine davon markiert, erscheinen in der Auswahlliste „Variablen im aktiven Datenset" alle Variablen der Zieldatei, die vom selben Variablentyp sind (also bei numerischen Variablen alle numerische, bei Zeichenfolgevariablen alle Zeichenfolge). Man kann nun in der Liste der Arbeitsdatei alle Variablen auswählen, auf die die Eigenschaften der einen in der Quelldatei ausgewählten Variablen übertragen werden sollen. (Mehr als eine Variable wählt man durch Drücken der Kontrolltaste und Markieren der Variablen.)

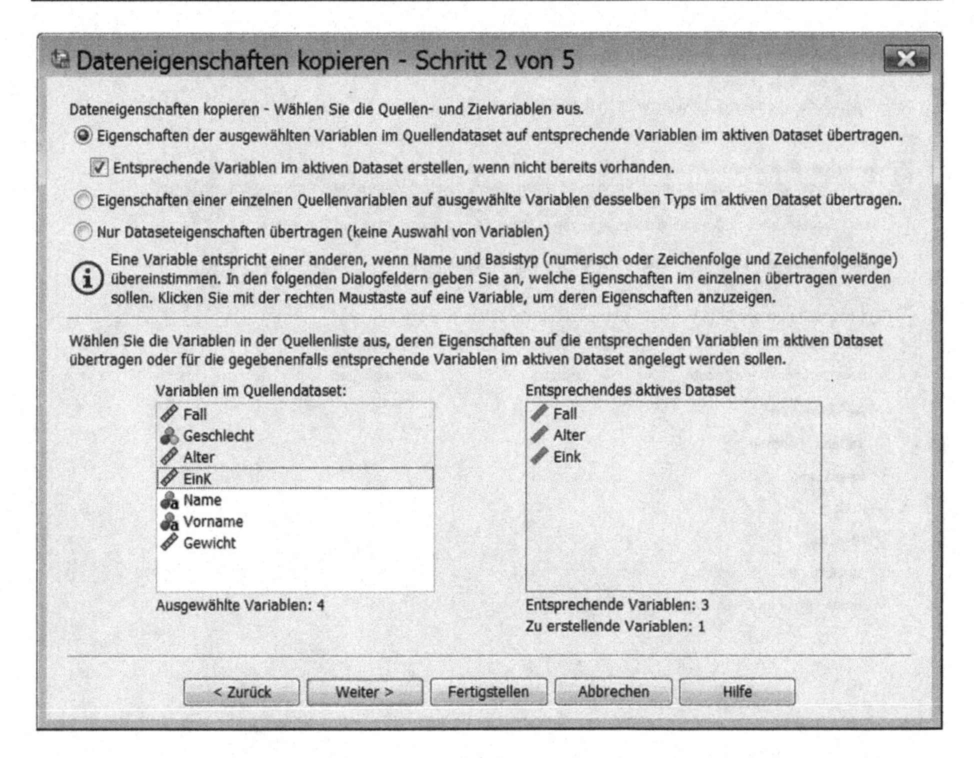

Abb. 3.7. Dialogbox „Dateneigenschaften kopieren – Schritt 2 von 5“ mit den zum Kopieren ausgewählten Variablen

Hinweis: Hat man im ersten Schritt im Feld „Quelle der Eigenschaften auswählen“ den Optionsschalter „Die Arbeitsdatei“ gewählt, steht ausschließlich diese Möglichkeit zur Verfügung. Man kann dann Eigenschaften zwischen Variablen innerhalb der Arbeitsdatei übertragen. In beiden Auswahlfeldern „Variablen der Quelldatei“ und „Variablen der Arbeitsdatei“ erscheinen nur Variablen aus der Arbeitsdatei.

❐ *3. Schritt.* In der nächsten Dialogbox kann man durch Anklicken von Kontrollkästchen bestimmen, welche Eigenschaften übertragen werden sollen (⇨ Abb. 3.8). Speziell für die Wertebeschriftungen besteht noch im Falle der Übernahme die Wahlmöglichkeit zwischen zwei Optionen.

- *Ersetzen.* Die bestehenden Eigenschaften der Variablen der Arbeitsdatei werden zunächst gelöscht und dann durch die der Quelldatei ersetzt.
- *Zusammenführen.* In diesem Falle dagegen existieren die Wertebeschriftungen der Zieldatei weiter. Nur bei Werten, denen noch kein Wertebeschriftung existiert, wird die Beschriftung der Quelldatei in die Zieldatei aufgenommen.

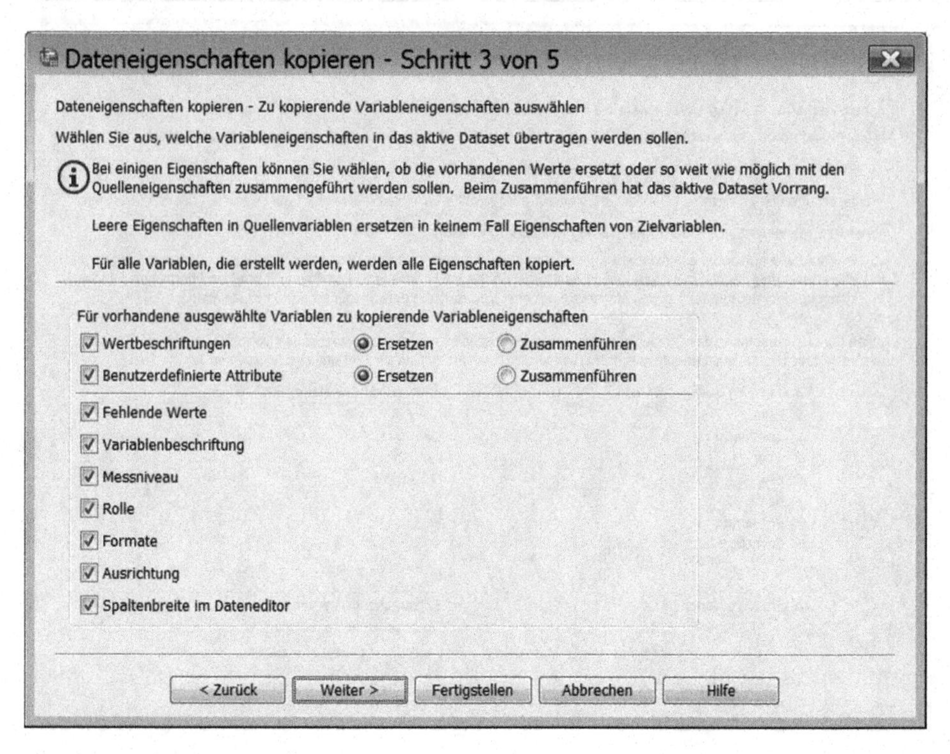

Abb. 3.8. Dialogbox „Dateneigenschaften kopieren – Schritt 3 von 5“

❒ *4. Schritt.* Betrifft nur Eigenschaften der Datei als Ganzer (‚Datenblätter). Es sind nur Optionen für solche Eigenschaften der Datei aktiv, die in der Quelldatendatei vorhanden sind. Diese können dann zur Übertragung ausgewählt werden. Solche Eigenschaften können sein: Mehrfachantwortensets, Variablen-Sets, Dokumente (d.h. im Menü „Extras“, „Datendateikommentare“ erstellte Kommentare), Gewichtungsangaben, (d.h. in der Quelldatei eingestellte Gewichte) und Datenbeschriftung. Bei den drei zuerst genannten Eigenschaften kann zwischen „Ersetzen“ und Zusammenführen“ gewählt werden. (Zu deren Wirkung siehe die Erläuterung bei Schritt 3).

❒ *5. Schritt.* Hier kann festgelegt werden, ob die Befehle in das Syntaxfenster geschrieben oder gleich ausgeführt werden. Anschließend wird die Definition fertig gestellt.

3.3 Eingeben von Daten

Eingeben und Korrigieren. Die Daten werden wie in Kap. 2.3.1 geschildert in die Zellen der Datenmatrix (auf dem Blatt „Datenansicht“) eingegeben. Dazu wird zunächst die Eingabezelle (aktive Zelle) markiert. Dies geschieht durch Anklicken der Zelle mit der Maus oder durch Bewegung des Cursors mit der Richtungstaste auf eine Zelle. Innerhalb eines durch Variablendefinition und eingefügte Fälle bezeichneten Bereichs werden Zeilennummer und Variablennamen der aktiven Zelle zusätzlich in der oberen linken Ecke der Zelleneditorzeile angezeigt, einer Zeile unterhalb der Menü- bzw. Symbolleiste. Darauf wird der Wert eingegeben. Er erscheint zunächst im Zelleneditor. Durch Drücken der <Enter>-Taste (oder Anwählen einer anderen Zelle) wird der Wert bestätigt und in die Zelle eingetragen. Bei Bestätigung mit der <Enter>-Taste rückt gleichzeitig der Cursor eine Zelle nach unten. Bestätigung mit der Taste <Tab>, verschiebt den Cursor eine Zelle nach rechts (nur, wenn schon Variablen definiert sind, sonst eine Zeile nach unten). Eingabe und Verschiebung des Cursors kann auch mit den Pfeiltasten bewirkt werden. Bei einer Eingabe in einer neuen Zeile entsteht automatisch ein neuer Fall. Alle Zellen dieser Zeile werden zunächst automatisch als „System-Missing-Wert“ behandelt, bis ein Wert eingegeben worden ist.

Ein bereits eingegebener Wert kann ersetzt oder geändert werden. Dazu wird die betreffende Zelle markiert. Der Wert erscheint dann im Zelleneditor. Geben Sie entweder den neuen Wert ein oder ändern Sie den vorhandenen Wert auf die übliche Weise. Mit Bestätigung des Wertes auf eine der angegeben Weisen wird der neue bzw. der veränderte Wert in die Zelle eingetragen.

Eingabe in ausgewählten Bereichen. Sind Variablen bereits definiert, durchläuft bei Verwendung der <Tabulator>-Taste zur Bestätigung der Eingabe der Cursor die Zeilen von links nach rechts und springt nach Eingabe des Wertes für die letzte Variable automatisch auf den Beginn der nächsten Zeile.

Einschränken der Datenwerte. Der Editor bietet insofern eine gewisse Kontrolle bei der Dateneingabe, als er weitgehend nur Daten im Rahmen des festgelegten Formats akzeptiert. Werden nicht erlaubte Zeichen eingegeben, trägt der Editor diese nicht ein. Bei Zeichenfolgevariablen kann die Zeichenlänge nicht überschritten werden. Wird bei der Eingabe numerischer Variablen bei ganzzahligen Werten die definierte Variablenbreite überschritten, so werden diese mit wissenschaftlicher Notation angezeigt. Zahlen mit Nahkommastellen werden gerundet angezeigt. Es werden aber immer bis zu 16 Kommastellen intern verarbeitet. Durch Veränderung der Variablenbreite kann eine exakte Anzeige erreicht werden. Weitere Einschränkungen des Datenbereichs (wie sie zur Begrenzung von Eingabefehlern bei Verwendung von Data-Entry oder Datenbankprogrammen vorgenommen werden können), sind nicht möglich.

3.4 Editieren der Datenmatrix

Die Datenmatrix kann editiert werden, indem man:

- ❐ die Datenwerte ändert,
- ❐ Datenwerte ausschneidet, kopiert und einfügt,
- ❐ Fälle hinzufügt oder löscht,
- ❐ Variablen hinzufügt oder löscht,
- ❐ die Reihenfolge der Variablen ändert,
- ❐ Variablendefinitionen ändert.

(Für einen großen Teil dieser Funktionen stehen auch „Kontextmenüs" zur Verfügung. Diese öffnen sich, wenn man nach Markieren des gewünschten Bereichs die rechte Maustaste drückt. Probieren Sie es aus.)

Die Änderung der Datenwerte wurde bereits erläutert. Ebenso die Änderung der Variablendefinition (⇨ Kap. 2.3.3). Sind schon Werte eingegeben und wird anschließend die Definition der Variablen geändert, können Probleme auftauchen, wenn die bereits eingegebenen Werte dem neuen Format nicht entsprechen. SPSS konvertiert soweit möglich die Daten in das neue Format. Ist das nicht möglich, werden sie durch System-Missing-Werte ersetzt. Führt die Konvertierung zum Verlust von Wertebeschriftungen oder nutzerdefinierter fehlender Werte, dann gibt SPSS eine Warnung aus und fragt nach, ob die Änderung abgebrochen oder fortgesetzt werden soll.

Einfügen und Löschen neuer Fälle und Variablen, Verschieben von Variablen. Jede Eingabe eines Wertes in eine neue Zeile erzeugt einen neuen Fall. Ein Fall kann zwischen bestehende Fälle eingefügt werden. Dazu markieren sie eine beliebige Zelle in der Zeile unterhalb des einzufügenden Falles und wählen „Bearbeiten", „Fälle einfügen" oder klicken auf das Symbol . Alternativ können Sie „Fälle einfügen" aus einem Kontextmenü wählen, das erscheint, wenn Sie mit der rechten Maustaste auf die Fallnummer des Falles klicken, vor dem Sie den Wert einfügen möchten. Wählen Sie dort die Option „Fäll einfügen".

Jedes Einfügen eines Wertes in eine neue Spalte erzeugt automatisch eine Variable mit einem voreingestellten Variablennamen und dem voreingestellten Format. Schließt sich die neue Variable nicht unmittelbar an die bisher als Variablen definierten Spalten an, werden auch alle dazwischen liegenden Spalten zu Variablen mit vordefiniertem Namen und Format. Vorläufig werden System-Missing-Werte eingesetzt. Zum Einfügen einer neuen Variablen markieren Sie eine beliebige Zelle in der Spalte rechts neben der einzufügenden Variablen und wählen „Bearbeiten", „Variable einfügen", oder klicken Sie auf das Symbol . „Variable einfügen" können Sie auch aus einem Kontextmenü auswählen, das sich öffnet, wenn Sie mit der rechten Maustaste den Namen derjenigen Variablen anklicken, vor der die neue Variable eingefügt werden soll.

Eine Variable verschieben Sie durch Ausschneiden und Einfügen. Erzeugen Sie zunächst an der Einfügestelle eine neue Variable. Markieren Sie dann die zu verschiebende Variable, indem Sie den Variablennamen im Kopf der Spalte anklicken. Wählen Sie „Bearbeiten", „Ausschneiden". Markieren Sie die neu eingefügte

Variable, indem Sie den Namen anklicken. Wählen Sie „Bearbeiten", „Einfügen". (Sie können auch die entsprechenden Kontextmenüs verwenden.)

Fälle löschen Sie, indem Sie zunächst den Fall markieren. Klicken Sie dazu auf die Fallnummer am linken Rand. Wählen Sie dann „Bearbeiten", „Löschen".

Analog löscht man eine Variable durch Markieren der entsprechenden Spalte und Auswahl von „Bearbeiten", „Löschen". Mit dem Löschen von Variablen werden die Quellvariablenlisten für die verschiedenen Prozeduren unmittelbar korrigiert. (Beides geht auch über entsprechende Kontextmenüs.) Aus einer vorher erzeugten Liste ausgewählter Variablen werden sie jedoch erst durch „Zurücksetzen" oder Markieren und Anklicken von entfernt.

Ausschneiden, Kopieren und Einfügen von Werten. Sind bei der Dateneingabe Fehler passiert, sollen bestimmte Variablen dupliziert werden oder kommen dieselben Werte häufig vor, so kann die Eingabe der Werte durch die Möglichkeit, Werte auszuschneiden oder zu kopieren und gegebenenfalls wieder einzufügen, erleichtert werden. Man markiert dazu die Werte, die ausgeschnitten, kopiert oder verschoben werden sollen. Sollen sie lediglich ausgeschnitten oder verschoben werden, wählen Sie „Bearbeiten", „Ausschneiden". Die Daten verschwinden dann. Sollen sie verschoben werden, markiert man daraufhin die Einfügestelle und wählt „Bearbeiten", „Einfügen". Sollen Werte kopiert werden, markiert man die Zellen und wählt „Bearbeiten", „Kopieren". Setzen Sie dann den Cursor auf die Einfügestelle, und wählen Sie „Bearbeiten", „Einfügen". (Alle Funktionen können auch über Kontextmenüs ausgewählt werden.)

Beim Verschieben und Kopieren muss der Zielbereich nicht dieselbe Zahl an Zellen umfassen, wie der ausgeschnittene bzw. kopierte Bereich. Das kann man sich zunutze machen und auf einfache Weise Werte vervielfältigen. So wird der Wert einer ausgeschnittenen/kopierten Zelle in sämtliche Zellen des markierten Zielbereiches eingefügt. Ebenso können die Werte mehrerer nebeneinanderliegender Zellen einer Zeile in mehrere Zellen hinein kopiert werden. Dasselbe gilt umgekehrt für Spalten. Wird dagegen ein ganzer Bereich (mehrere Zeilen und Spalten) kopiert/verschoben, werden die Daten abgeschnitten, wenn der markierte Zielbereich in einer Richtung oder beiden Richtungen kleiner ist (nicht, wenn nur eine Zelle markiert ist). Da die Daten in der Zwischenablage (Clipboard) verbleiben bis ein neuer Ausschneide-/Kopiervorgang erfolgt, kann das Einfügen auch an unterschiedlichen Stellen wiederholt werden. Wird dabei der bereits definierte Datenbereich überschritten, fügt SPSS automatisch neue Werte und/oder neue Variablen ein und füllt die noch nicht bearbeiteten Zellen mit System-Missing-Werten.

Schließlich können die Daten über das Clipboard auch in das Syntax-, das Ausgabefenster (dort allerdings nur in eine Textzeile) oder in andere Anwendungsprogramme übertragen werden.

Finden von Variablen, Fällen und Datenwerten. Zum Editieren kann es nötig sein, gezielt auf bestimmte Fälle, Variablen und/oder Datenwerte zu zugreifen. So kann es etwa sein, dass für einen bestimmten Fall ein noch fehlender Wert nachzutragen oder ein Wert zu ändern ist. Häufig wird es auch vorkommen, dass man in einer Auszählung einen nicht gültigen Wert für eine Variable entdeckt hat. Dann wird man in der Matrix diese Variable suchen (was z.B. bei großen Datenmatrizen oder, wenn die Sortierreihenfolge unübersichtlich ist, schwer sein kann).

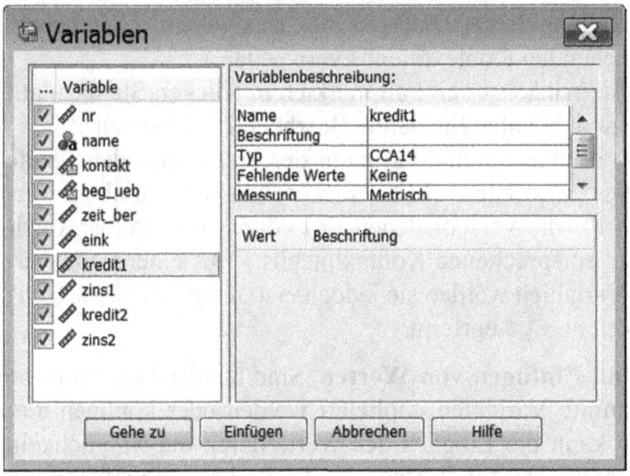

Abb. 3.9. Dialogbox „Variablen“

Um einen speziellen Fall nach der automatisch vergebenen Fallnummer (Zeilennummer) zu finden, wählen Sie „Bearbeiten“, „Gehe zu Fall...“, oder klicken Sie auf und geben Sie in der sich dann öffnenden Dialogbox „Gehe zu“ im Register „Fall“ die Fallnummer ein. Bestätigen Sie mit „Gehe“. Der Cursor springt auf die Zeile mit der gewählten Fallnummer. (Beachten Sie: Diese Nummer ist nicht unbedingt identisch mit der vom Forscher selbst vergebenen Fallnummer. Wird diese zum Suchen benutzt, verfahren Sie wie bei der Suche von Datenwerten in Variablen.)

Variablen können Sie auf zwei Weisen anspringen: Entweder analog zur Fallsuche über die Befehlsfolge „Bearbeiten“, „Gehe zu Variablen“ (alternativ durch Anklicken von) oder über das Menü „Extras“, „Variablen...“. Im zweiten Fall öffnet sich die Dialogbox „Variablen“ (⇨ Abb. 3.9). Markieren Sie dort in der Quellvariablenliste die gewünschte Variable, und klicken Sie auf die Schaltfläche „Gehe zu“.

Die Dialogbox schließt sich, und der Cursor befindet sich in der Spalte der gewählten Variablen in der Datenansicht des Daten-Editors.

Einen Datenwert für eine Variable können Sie ausgehend von einer beliebigen Zelle in der Spalte dieser Variablen suchen. Markieren Sie eine Zelle. Wählen Sie „Bearbeiten“, „Suchen“, oder klicken Sie auf . Es öffnet sich die Dialogbox „Suchen und Ersetzen - Datenansicht“. Tragen sie dort in das Eingabefeld „Suchen nach:“ den gesuchten Wert ein, und klicken Sie dann auf die Schaltfläche „Weitersuchen“. Der Cursor springt auf die erste Zelle, die diesen Wert enthält. Kommt der Wert mehrmals vor, muss die Suche wiederholt werden. Bei Zeichenfolgevariablen kann weiter festgelegt werden, ob Groß- und Kleinschreibung bei der Suche berücksichtigt werden soll (Voreinstellung: nicht).

Nutzung des Kontextmenüs. Je nachdem, in welchem der beiden Register Sie sich befinden und ob Sie die Variablennamen oder eine andere Stelle im Blatt markieren, öffnen sich beim Klicken auf die rechte Maustaste unterschiedliche Kontextmenüs. Funktionen wie Kopieren, Löschen, Einfügen, Variablen einfügen, in der Datenansicht auch Sortieren etc. kann man auch über dieses Menü ausführen. Neu ist eine Option „Deskriptive Statistiken". Mit dieser lässt man sich für die markierten Variablen, ohne über die entsprechenden Menüs gehen zu müssen, einfache deskriptive Auswertungen erstellen. Die Ausgabe richtet sich nach dem Messniveau der Variablen. Für nominal- und ordinal skalierte Variablen sind es Häufigkeitstabelle, für alle Messniveaus u.a. einfache zulässige Lage- und Streuungsmaße.

Auswirkung offener Transformationen. Um Rechenzeit zu sparen, kann im Menü „Bearbeiten", „Optionen", Registerkarte „Daten" festgelegt werden, dass bestimmte Datentransformationen (Umkodieren, Berechnen) und Dateitransformationen (neue Variablen, neue Fälle) erst dann durchgeführt werden, wenn ein Befehl einen Datendurchlauf erfordert (Option „Werte vor Verwendung berechnen"). Bis dahin handelt es sich um sogenannte offene Transformationen. So lange solche Transformationen geöffnet sind, können Variablen weder eingefügt, noch gelöscht, noch neu geordnet werden. Ebenso kann weder ein Variablenname noch der Variablentyp geändert werden. Werden Werte geändert, können sie bei der späteren Transformation überschrieben werden. In einem solchen Falle erscheint eine Sicherheitsabfrage, mit der entschieden werden kann, ob die offenen Transformationen durchgeführt werden sollen oder nicht.

3.5 Dublettensuche (Doppelte Fälle ermitteln)

Eine Möglichkeit zur Fehlersuche bietet die Ermittlung doppelter Fälle. Zur Illustration laden Sie ALLBUS90_D.SAV.

Wählen Sie „Daten", „Doppelte Fälle ermitteln". Die Dialogbox „Doppelte Fälle ermitteln" öffnet sich. Auf der linken Seite befindet sich die Quellvariablenliste, die alle Variablen der Arbeitsdatei anzeigt. Zur Ermittlung doppelter Fälle müssen alle Variablen, mit deren Hilfe man Dubletten erkennen möchte, in das Feld „Übereinstimmende Fälle definieren durch" übertragen werden. Welche dies sind, hängt nicht nur vom Inhalt der Variablen, sondern auch von dem Ziel der Auswahl ab. Will man lediglich vollständig übereinstimmende Fälle als Dubletten identifizieren, kann man alle Variablen mit der Tastenkombination <Strg>+<A> auswählen. Oftmals enthalten Daten auch andere Fehler, z.B. Mehrfachvergabe derselben Fallnummer bei unterschiedlichen Fällen. Dann empfiehlt es sich eher nur die eindeutige Schlüsselvariable (z.B. die Fallnummer) zur Identifikation auszuwählen.[6]

[6] Man kann die Funktion „Doppelte Fälle ermitteln" auch zu anderen Zwecken als zur Fehlerbereinigung verwenden. Z.B. ist es möglich, damit geeignete Fälle für Matching oder nachträgliches Matching auszuwählen (Beim Matching-Verfahren werden nach bestimmten Kriterien, z.B. Alter, Geschlecht, Schulbildung, übereinstimmende Fälle auf verschiedene Untersuchungsgruppen aufgeteilt). In diesem Fall würde man zur Prüfung alle für das Matching relevanten Variablen auswählen.

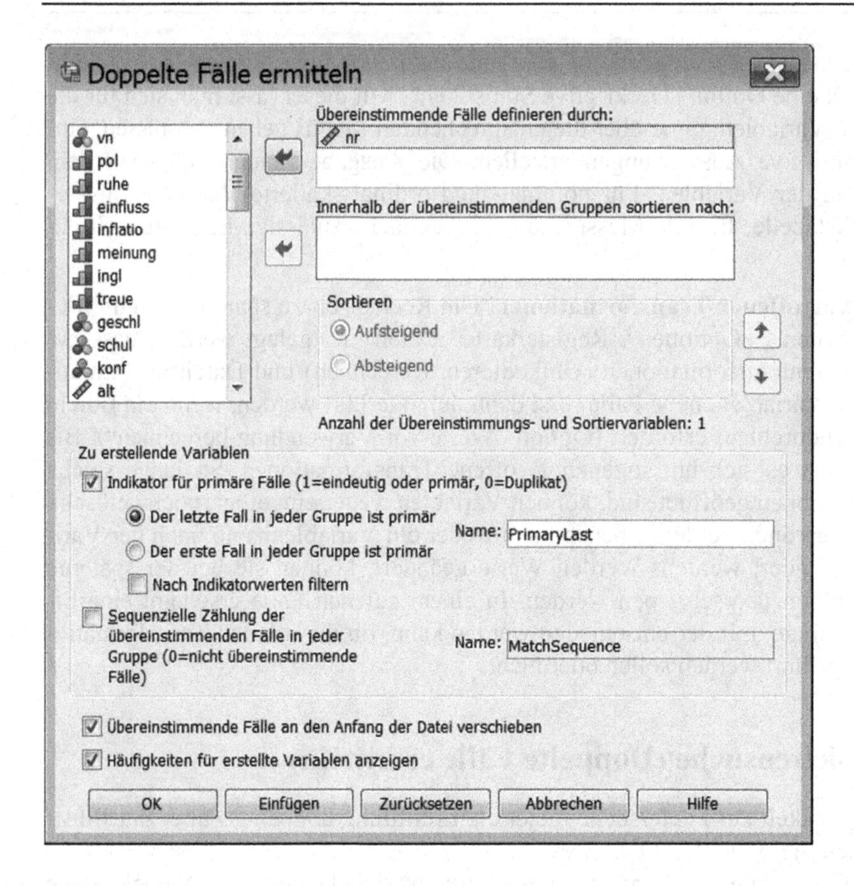

Abb. 3.10. Dialogbox „Doppelte Fälle ermitteln“

In unserem Beispiel soll nur die Fallnummer als Indikatorvariable ausgewählt werden. Führt man den in Abb. 3.10 eingestellten Befehl aus, dann geschieht dreierlei. Erstens erhalten wir eine Ausgabe, aus der zu entnehmen ist, wie viele primäre Fälle (d.h. nicht doppelte Fälle) in der Datei enthalten sind und wie viele doppelte (⇨ Tabelle 3.2). Dabei wird jeweils der letzte Fall einer Gruppe übereinstimmender Fälle als primärer Fall gezählt. Zweitens wird an die Datendatei eine neue Variable „PrimaryLast“ (Voreinstellung) angehängt, mit den Werten 1 für Primärvariablen und 0 für doppelte Fälle. Diese Variable kann verwendet werden, um die doppelten Fälle bei der weiteren Verarbeitung auszufiltern. Drittens werden die Daten der Datendatei so umsortiert, dass die Fälle mit Dubletten an den Anfang der Datei gestellt werden. In unserem Beispiel finden wir jetzt als erstes in der Datei zwei Fälle mit der Nr 569, darauf zwei mit der Nr 790 und drei mit der Nr 3964. Bei Betrachtung der Variablen „PrimaryLast“ erkennen Sie, dass jeweils der letzte Fall der Gruppe mit gleicher Fallnummer den Wert 1 erhält, die anderen den Wert 0.

Eine genauere Inspektion ergibt, dass es sich bei den Fällen 369 und 3964 tatsächlich um Dubletten handelt. Die Fälle 790 sind dagegen nicht identisch. Hier wurde nur die Fallnummer doppelt vergeben. Entsprechend wird man bei dem Doppel von Fall 790 nur die Fallnummern ändern (und die Indikatorvariable für diesen Fall korrigieren), bei den beiden anderen Gruppen werden die Dubletten für die weitere Auswertung ausgeschlossen werden (Man löscht sie entweder oder filtert sie aus).

Tabelle. 3.2. Ausgabe Dublettensuche

Indikator jedes letzten überinstimmenden Falles als primär

		Häufigkeit	Prozent	Gültige Prozente	Kumulierte Prozente
Gültig	Doppelter Fall	4	1,3	1,3	1,3
	Primärer Fall	300	98,7	98,7	100,0
	Gesamt	304	100,0	100,0	

In der Dialogbox können weitere Einstellungen vorgenommen werden, die diese Ausgabe verändern.

- Im Feld „Zu erstellende Variablen" können Sie durch Abschalten des Auswahlkästchens „Indikator für primäre Fälle" verhindern, dass überhaupt eine Indikatorvariable an die Datendatei angehängt wird. Lassen Sie es aber bei der Ausgabe, so kann durch Anklicken des entsprechenden Optionsschalters bestimmt werden, dass nicht der letzte, sondern der erste Fall einer Gruppe übereinstimmender Fälle als Primärfall angesehen wird. Der Name der Indikatorvariablen kann im Feld „Name" geändert werden. Wählt man schließlich das Kontrollkästchen „Nach Indikatorwerten filtern" aus, so werden die doppelten Fälle automatisch ausgefiltert und die folgenden Prozeduren nur für die Primärfälle durchgeführt. (So lange keine Filterung durchgeführt wird, gelten auch doppelte Fälle als gültig).
- Wählt man das Auswahlkästchen „Sequentielle Zählung der übereinstimmenden Fälle in jeder Gruppe", wird der Datendatei eine weitere Variable angehängt. Der voreingestellte Name dieser Variablen lautet „MatchSequence". Er kann geändert werden. In dieser Variablen werden primäre und doppelte Fälle anders gekennzeichnet. Die primären erhalten den Wert 0, die doppelten werden durchgezählt, erhalten also die Werte 1, 2 usw.
- Schließlich kann man noch durch Abwahl der entsprechenden Auswahlkästchen am unteren Rand der Dialogbox verhindern, dass übereinstimmende Fälle in den Anfang der Datendatei umsortiert werden und/oder eine Häufigkeitsauszählung für die erstellten (Indikator-)Variablen ausgegeben wird.
- Eine letzte Option findet sich im Feld „Innerhalb der übereinstimmenden Gruppe sortieren nach". Man kann in dieses Auswahlfeld die Variablen übertragen, nach denen innerhalb einer Gruppe übereinstimmender Fälle sortiert werden sollen. Weiter lässt sich im Feld. „Sortieren" mit den entsprechenden Optionsschaltern die Sortierreihenfolge „Aufsteigend", oder "Absteigend" festlegen. Diese Funktion ist weniger für die Fehlersuche als für andere Zwecke interessant. Bei manchen Untersuchungen werden z.B. Vergleichsgruppen benötigt, die nach bestimmten Merkmalen gleich zusammen gesetzt sind, etwa je eine Gruppe Männer und Frauen, die die gleich Alters- und Schulbildungsstruktur haben. Dies kann durch Matching erreicht werden, d.h., einer Peron männlichen Geschlechts eines bestimmten Alters und einer bestimmten Schulbildung wird

eine Frau mit denselben Merkmalen zugeordnet. Hat man nun eine Datei mit Männern und Frauen und den Variablen Alter und Schulbildung könnte man zur Paarbildung wie folgt vorgehen. Als Variablen, die übereinstimmende Fälle definieren, benutzt man „Alter“ und „Schulbildung“ und als Variable, die innerhalb der Gruppe übereinstimmender Fälle sortiert „Geschlecht“. Bei Verwendung der Voreinstellung bekäme man dann die Fälle so sortiert, dass jeweils eine Gruppe von Fällen gleichen Alters und gleicher Schulbildung in direkter Folge stehen (z.B. erst junge Personen mit geringer Schulbildung, dann junge mit mittlerer Schulbildung) und innerhalb dieser Gruppe eine Sortierung nach Geschlecht vorliegt (z.B. erst Männer, dann Frauen). Man könnte dann aus dem ersten Mann und der ersten Frau dieser Gruppe ein Paar bilden etc.

3.6 Datensätze vergleichen

Ab Version 21 ist es möglich, zwei Datensätze auf Übereinstimmung zu vergleichen. Verglichen werden können nur Variablen (hier Felder genannt) mit gleichem Namen und gleichem Format. Für diese kann ermittelt werden, ob die Werte identisch sind und ob bestimmte Attribute (wie Variablenbeschriftung, Wertebeschriftung, fehlende Werte) identisch definiert sind.

Öffnen Sie zuerst die beiden Dateien, die verglichen werden sollen (z.B. ALL1_a und ALL1_b). Wählen sie die Befehlsfolge „Daten“, „Daten-Sets vergleichen“. Es erscheint die Dialogbox, in der der zu vergleichende Datenset (es kann sich um einen externen oder einer auf einem offenen Datenblatt handeln) ausgewählt wird. Nach Klicken auf „Weiter“ erscheint die Dialogbox „Daten-Sets vergleichen“ (Abb. 3.11). Das Register „Vergleichen“ ist geöffnet.

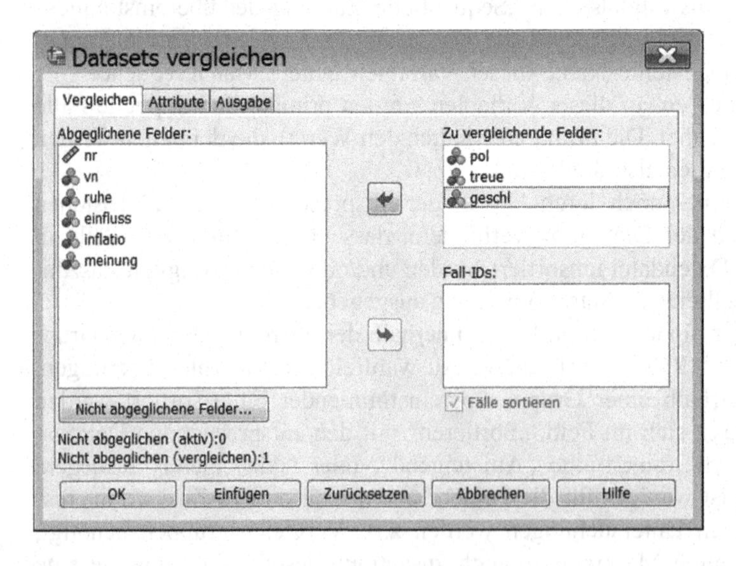

Abb. 3.11. Dialogbox „Daten-Sets vergleichen“

In diesem Register wählen Sie die die Variablen aus, deren Werte bzw. Attribute verglichen werden sollen. Über die Schaltfläche „Nicht abgeglichene Felder" kommen Sie in eine Dialogbox, aus der Sie entnehmen können, welche Variablen nicht denselben Namen und dasselbe Format besitzen und deshalb nicht zum Vergleich zur Verfügung stehen.

Im Register stehen zwei Optionsschalter zur Verfügung. „Datenlexika nicht vergleichen" bewirkt, dass nur die Werte verglichen werden. „Datenexika vergleichen" ermöglicht dagegen die Auswahl von Attributen, die zusätzlich verglichen werden sollen(Spaltenformat, Variablenbeschriftung, Wertebeschriftung, fehlende Werte, Spalten(breite), Ausrichtung, Messniveau und Rolle stehen zur Verfügung).

Im Register „Ausgabe" kann man schließlich bestimmen, wie das Ergebnis der Analyse ausgegeben werden soll. Auf jeden Fall werden Informationstabellen im „Ausgabefenster" angezeigt. Darüber hinaus kann man aber auch entweder eine neue Variable an die Arbeitsdatei anhängen oder eine neue Datei mit entweder den übereinstimmenden oder den nicht-übereinstimmenden Fällen erzeugen lassen.

Die angehängte Variable heißt per Voreinstellung „CASE compare".Es bedeuten darin -1 = „fehlende Übereinstimmung", 0 = „Übereinstimmung", 1 = „falsche Übereinstimmung". (Die detaillierte Darstellung eines Beispiels mit Ausgabe finden Sie auf der Internetseite zum Buch).

3.7 Einstellungen für den Dateneditor

In den Menüs „Ansicht" kann man einige Einstellungen des Dateneditors ändern. So kann man:

- in den Zellen die Wertebeschriftungen (nur in der Datenansicht) anstelle der Werte anzeigen lassen,
- die Gitterlinien in der Anzeige und/oder für den Druck ausschalten,
- die Schriftart der Anzeige und/oder des Drucks ändern.

Anzeigen von Wertebeschriftungen. Man kann z.B. für eine Variable „Geschlecht" den Variablentyp „Zeichenfolge" definieren und die selbsterklärenden Werte „männlich" und „weiblich" vergeben. Es spricht aber vieles dafür, stattdessen lieber eine numerische Variable mit den Werten 1 und 2 zu verwenden. Um dennoch lesbare Outputs zu erhalten, ordnet man dann den Werten die Wertebeschriftungen 1 = männlich, 2 = weiblich zu. Vielfach erleichtert es die Eingabe und die Kontrolle, wenn auch in der Tabelle des Editors anstelle der Werte die Etiketten angezeigt werden.

Lassen Sie sich zur Übung einmal die Wertebeschriftungen der Datei ALLBUS-klein.SAV. anzeigen. Laden Sie zunächst die Datendatei und gehen Sie dann wie folgt vor:

▷ Wählen Sie das Menü „Ansicht".

▷ Klicken Sie auf die Option „Wertebeschriftungen". Das Menü verschwindet und die Wertebeschriftungen werden angezeigt. Durch Anklicken des Symbols kann ebenfalls zwischen diesen beiden Anzeigearten umgeschaltet werden.

Die Datendatei zeigt jetzt die Wertebeschriftungen an (Abb. 3.12). Wie man sieht, allerdings nur mit der Zahl der Stellen, die der Spaltendefinition entspricht. Sollen längere Werteetiketten vollständig angezeigt werden, muss man die Spaltenbreite anpassen. Gibt man nun die Werte (nicht die Beschriftungen !) in der üblichen Weise ein, so werden diese in der Anzeige sofort als Beschriftungen angezeigt. Zusätzlich kann man sich bei dieser Anzeigeart alle Wertebeschriftungen einer ausgewählten Variablen in einer Drop-Down-Liste anzeigen lassen. Man hat dadurch eine Art Kodeplan Online verfügbar. Dazu klickt man mit der linken Maustaste auf die Zelle eines bereits existierenden Falles in der interessierenden Spalte. Es erscheint am rechten Rand der Zelle ein Pfeil. Beim Anklicken des Pfeils öffnet sich eine Drop-Down-Liste mit den Wertebeschriftungen.

Die Wertebeschriftungen werden dann (anders als in früheren Versionen) leider nur bis zur durch die Spaltenbreite vorgegebenen Breite angezeigt. Maximal sind acht Wertebeschriftungen gleichzeitig im Fenster zu sehen. In der üblichen Weise kann man in dem Fenster scrollen und so die weiteren Wertebeschriftungen sichtbar machen. Soll ein Wert aus dieser Liste in die Zelle übertragen werden:

▷ Klicken Sie auf die ausgewählte Beschriftung.

Ohne Übernahme eines Wertes verlassen Sie das Auswahlfenster durch Anklicken irgendeines Feldes in der Tabelle.

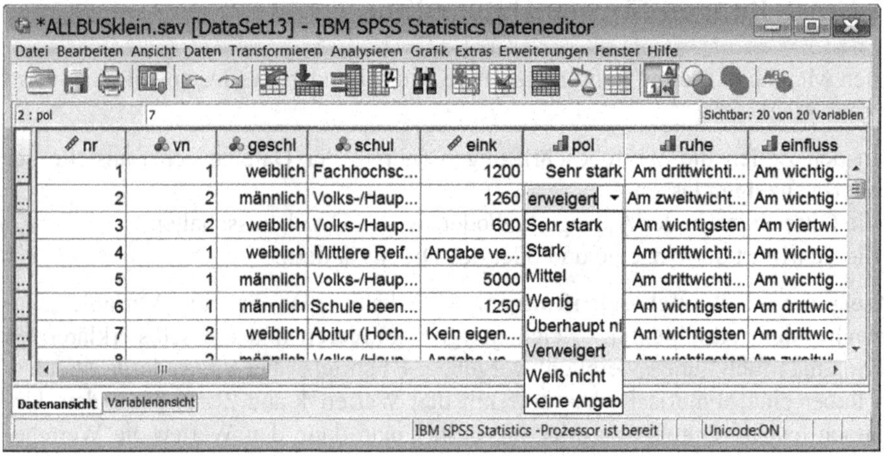

*ALLBUSklein.sav [DataSet13] - IBM SPSS Statistics Dateneditor

Datei Bearbeiten Ansicht Daten Transformieren Analysieren Grafik Extras Erweiterungen Fenster Hilfe

2 : pol 7 Sichtbar: 20 von 20 Variablen

nr	vn	geschl	schul	eink	pol	ruhe	einfluss
1	1	weiblich	Fachhochsc...	1200	Sehr stark	Am drittwichti...	Am wichtig...
2	2	männlich	Volks-/Haup...	1260	erweigert	Am zweitwicht...	Am wichtig...
3	2	weiblich	Volks-/Haup...	600	Sehr stark	Am wichtigsten	Am viertwi...
4	1	weiblich	Mittlere Reif...	Angabe ve...	Stark	Am drittwichti...	Am wichtig...
5	1	männlich	Volks-/Haup...	5000	Mittel	Am drittwichti...	Am wichtig...
6	1	männlich	Schule been...	1250	Wenig	Am wichtigsten	Am drittwic...
7	2	weiblich	Abitur (Hoch...	Kein eigen...	Überhaupt ni	Am wichtigsten	Am drittwic...
					Verweigert		
					Weiß nicht		
					Keine Angab		

Datenansicht Variablenansicht

IBM SPSS Statistics -Prozessor ist bereit Unicode:ON

Abb. 3.12. Datenmatrix mit Anzeige der Wertebeschriftungen und des Auswahlfensters

Rasterlinien ausschalten. Die Rasterlinien der Editortabelle schalten Sie durch Anklicken der Option „Rasterlinie" im Menü „Ansicht" aus. Das Häkchen neben der Option verschwindet.

Schriftarten ändern. Schriftarten für Anzeige auf dem Bildschirm und für den Druck können Sie mit der Befehlsfolge „Ansicht", „Schriftarten..." in der Dialogbox „Schriftart" ändern (alternativ über das Kontextmenü „Schriftart für Gitter"). Einstellen lässt sich „Schriftart", „Schriftschnitt" (Auszeichnung) und „Größe"

Die Optionen „Wertebeschriftungen“ und „Rasterlinien“ sind Ein-Ausschalter. Durch erneutes Anklicken wird die Einstellung jeweils wieder umgeschaltet.

3.8 Drucken, Speichern, Öffnen, Schließen einer Datendatei

Drucken. Den Inhalt des Dateneditors können Sie ausdrucken. Das ist möglich, wenn der Dateneditor das aktive Fenster ist (⇨ Kap. 35.1).

Speichern. Eine Datendatei kann gespeichert werden, wenn das Dateneditorfenster aktiv ist. Soll die Datei unter dem alten Namen gespeichert werden, wählen Sie:

▷ „Datei“, „Speichern“, oder klicken Sie auf . U.U. steht diese Option nicht zur Verfügung, statt dessen „Alle Daten speichern“. Diese hat dieselbe Wirkung, speicher allerdings die Daten aller geöffneten Datenfenster gleichzeitig.

Die Datei wird dann unter ihrem alten Namen gespeichert (für eine neu geöffnete Datei – der voreingestellte Name ist „Unbenannt“ – wird automatisch die Dialogbox „Daten speichern unter“ geöffnet, in der zuerst ein Name zu vergeben ist).
Soll die Datei unter einem neuen Namen oder einem neuen Format gespeichert werden, wählen Sie:

▷ „Datei“, „Speichern unter...“. Die Dialogbox „Daten speichern unter“ öffnet sich (⇨ Abb. 2.7).

▷ Setzen Sie in das Eingabefeld „Dateiname“ den gewünschten Dateinamen ein, und wählen Sie gegebenenfalls im Auswahlfeld „Speichern“ das gewünschte Verzeichnis aus. Bestätigen Sie mit „Speichern“.

Außerdem kann im Eingabefeld „Typ“ der Dateityp festgelegt werden (⇨ Kap. 6.2). Je nach Dateityp stehen noch einige weitere Optionen zur Verfügung (⇨Kap. 6.2.1).

❐ Schließlich kann man die Datei noch mit einem *Passwort* verschlüsseln (nur bei SPSS sav oder zsav-Dateien).

❐ Schaltfläche *Repository.* Repository ist zentraler Speicherort in einem Unternehmen, um Mitarbeitern einen gemeinsamen Zugriff auf Grafikvorlagen sowie Grafikstilvorlagen zu ermöglichen. Zur Nutzung bedarf es weiterer Komponenten (Predictive Enterprise Services sowie die Option Statistics Adapter). Wir werden Sie im vorliegenden Buch nicht benutzen.

Es ist jetzt auch möglich, beim Speichern nur einen Teil der Variablen auszuwählen. Möchten Sie dies, öffnen Sie vor dem Abspeichern durch Anklicken der Schaltfläche „Variablen“ in der Dialogbox „Speichern unter“ die Unterdialogbox „Daten speichern als: Variablen“ (⇨ Abb. 6.19). Dort finden Sie eine Auswahlliste aller Variablen. Ganz links sind in der Spalte „Beibehalten“ alle zum Speichern ausgewählten Variablen durch ein Häkchen gekennzeichnet. Wenn man dieses Häkchen durch Anklicken löscht, wird die entsprechende Variable nicht gespeichert. Durch erneutes Anklicken kann man das Auswahlkreuz wieder erstellen. Je nachdem, wie viele Variablen man zum Speichern auswählt, kann es günstiger sein, zuerst alle als ausgewählt zu markieren und die auszuschließenden Variablen anzuklicken oder umgekehrt erst alle auszuschließen und die ausgewählten anzuklicken. Durch Anklicken der Schaltfläche „Alle verwerfen“ schließt man zunächst alle aus, umgekehrt schließt man durch Anklicken der Schaltfläche „Alle beibehalten“ zunächst alle ein. Außerdem kann man die Reihenfolge der Variablen in der Liste ändern. Klickt man auf die Bezeichnung der Spalte „Name“, werden sie alphabetisch nach dem Variablennamen sortiert, klickt man auf die Spaltenüberschrift „Beschriftung“ alphabetisch nach den Variablenbeschriftungen, klickt man schließlich auf „Reihenfolge“, werden die Variablen in umgekehrter Reihenfolge sortiert. Dies ist allerdings nur eine Hilfe für die Selektion der Variablen, auf die gespeicherte Datenmatrix selbst wirkt sich dies nicht aus.

Soll ein anderes als das SPSS-Windows Dateiformat zum Abspeichern benutzt werden, öffnen Sie durch Anklicken des Pfeils neben dem Eingabefeld „Speichern als Typ“ eine Auswahlliste. Wählen Sie eines der angebotenen Formate durch Anklicken des Namens aus. Wird in das Format eines Tabellenkalkulationsprogramms übertragen, kann festgelegt werden, ob die Variablennamen mit übernommen werden sollen. Wird dieses gewünscht, markieren Sie das Kontrollkästchen „Variablennamen in Datei schreiben“.

Öffnen und Schließen von Dateien. SPSS im Gegensatz zu älteren Versionen jetzt mehrere Datendateien gleichzeitig öffnen. Mit „Datei“, „Schießen“ kann man die Dateien einzeln schließen. Wählt man dagegen in irgendeiner dieser Dateien „Beenden“ und bestätigt gegebenenfalls, dass man keine Ausgabedatei speichern möchte, wird zugleich SPSS verlassen.

Wurden in der Datei Änderungen vorgenommen, erscheint immer die Sicherheitsabfrage danach, ob die Änderungen gespeichert werden sollen oder nicht. (Die Abfrage betrifft alle geöffneten und veränderten Fenster, also neben Dateneditorfenster auch Syntax- und Ausgabefenster.) Man kann dies getrennt für die verschiedenen Dateien bestätigen oder das Programm ohne Speichern verlassen. Geöffnet wird eine neue Datei mit der Option „Neu“, „Daten“ (sie erhält automatisch die Bezeichnung „Unbenannt“ mit einer fortlaufende Nummer für die Zahl der geöffneten Dateien). Eine bestehende Datei öffnet man mit „Datei“, „Öffnen“. Es öffnet sich dann eine Dialogbox, in der man Laufwerk, Verzeichnis und die gewünschte Datei durch Anklicken in Auswahllisten auswählt. Man kann aber auch den Dateinamen (gegebenenfalls inklusive Pfad) direkt in das Feld „Dateinamen:“ eintragen. Bestätigen Sie mit „Öffnen“. Außerdem werden die zuletzt verwendeten Dateien im Menü „Datei“ in der vorletzten Gruppe angezeigt (Option „Zuletzt verwendete Dateien“). Sie können diese durch Anklicken direkt öffnen.
Datendateien können im Menü Dateien auch als „schreibgeschützt“ markiert werden. Dann kann man eine Datei zwar ändern, aber nur noch unter einem anderen Namen speichern. Dies kann wieder mit der Option „Datei für Lese-/Schreibzugriff markieren“ aufgehoben werden, die nur erscheint, wenn eine schreibgeschützte Datei geladen ist.

4 Arbeiten im Ausgabe- und Syntaxfenster

[illegible]

4.1 Arbeiten mit dem Ausgabefenster (Viewer)

[illegible]

4 Arbeiten im Ausgabe- und Syntaxfenster

Einige SPSS-Fenster sind Textfenster, so das „Syntaxfenster“ und der „Skript-Editor“. Darin enthaltene Texte können mit einigen Editierfunktionen bearbeitet und als Textdateien gespeichert werden. Die dort erzeugten Texte kann man in Textverarbeitungsprogramme übernehmen. Umgekehrt können auch die in SPSS selbst oder in einem anderen Programm geschriebenen Textdateien im ASCII-Format eingelesen werden. Einige Editierungsfunktionen – wie Kopieren, Ausschneiden, Einfügen, Suchen und Ersetzen – stehen in diesen Fenstern zur Verfügung. Der Skript-Editor bietet umfangreiche Hilfen für die Überprüfung des Skripts, das „Syntaxfenster“ Programmierhilfen.

Das eigentliche Ausgabefenster, der „Viewer“ ist dagegen grafisch orientiert. Hier werden automatisch alle statistischen Ergebnisse und einige Meldungen der SPSS-Sitzung angezeigt. Sie können dort bearbeitet und gespeichert werden. Das Arbeiten in diesem Fenster und im Syntaxfenster wird in diesem Kapitel dargestellt. Editieren eines Skripts ist nicht Gegenstand dieses Buches.

4.1 Arbeiten mit dem Ausgabefenster (Viewer)

Alle Ergebnisse statistischer Prozeduren, Diagramme und einige Meldungen der SPSS-Sitzung werden im Ausgabefenster (IBM SPSS Statistics Viewer) angezeigt. Dieser besteht aus zwei Ausschnitten. Der linke Ausschnitt wird als *Gliederungsansicht* bezeichnet. Diese enthält eine Gliederung der im anderen Ausschnitt, dem *Inhaltsfenster*, enthaltenen Ausgaben. Die Gliederungsansicht dient dazu, schnell innerhalb der Ausgabe zu navigieren, Teile der Ausgabe ein- und auszublenden oder zu verschieben. Alles dies ist, umständlicher, auch im Inhaltsfenster möglich. Darüber hinaus kann man dort Texte bearbeiten. Tabellen können nach Öffnen des Pivot-Editors dort weiter bearbeitet und pivotiert werden. Zur Bearbeitung der Diagramme dient dagegen der Diagramm-Editor (⇨ Kap. 33.1). Die Ausgabe kann als Datei gespeichert und später wieder geladen sowie in andere Programme übertragen werden. Umgekehrt können aus anderen Programmen Texte und Objekte übernommen werden. Weil es sich beim SPSS-Viewer um ein grafisch orientiertes Fenster handelt, erfolgt der Austausch mit anderen Programmen in der Regel in Form von Objekten. Für spezielle Zwecke ist auch ein Austausch bestimmter Inhalte in anderen Formaten möglich.

4.1.1 Öffnen von Dateien in einem oder mehreren Ausgabefenstern

Öffnen und Blättern. Mit der ersten Ausgabe einer SPSS-Sitzung wird (falls nicht durch Optionen anders festgelegt) automatisch ein Ausgabefenster mit dem Namen „Ausgabe1" geöffnet. In dieses werden die statistischen Ergebnisse geleitet, solange nicht weitere Fenster geöffnet und zum Hauptfenster bestimmt werden. Weitere Ausgabefenster können Sie öffnen mit: „Datei", „Neu" und „Ausgabe". Die weiteren Fenster heißen dann „Ausgabe2" usw. In das jeweils gewünschte Fenster schaltet man mit „Fenster" und durch Anklicken des Namens des interessierenden Fensters in der sich öffnenden Liste oder durch Anklicken der Registerkarte dieses Fensters in der Task-Leiste. Die Ergebnisse werden jeweils in das „Hauptfenster" (dezidierte Fenster) geleitet. Das ist, so lange nicht anders festgelegt, immer das zuletzt geöffnete Fenster. Man ändert das Hauptausgabefenster, indem man in das gewünschte Fenster schaltet und in der Symbolleiste das Zeichen ▣ anklickt. Dass ein Fenster als Hauptfenster gewählt wurde, erkennt man daran, dass dort das Symbol passiv geschaltet ist (grau erscheint).

Weiter ist es möglich, bereits existierende Ausgabedateien in das Ausgabefenster zu laden. Das ist auf verschiedene Weise möglich.

Dazu gehen Sie wie folgt vor:

Wählen Sie die Befehlsfolge „Datei", „Öffnen" und „Ausgabe...". Wählen Sie dann in der sich öffnenden Dialogbox auf die übliche Weise Laufwerk, Verzeichnis und Datei aus. Sie laden diese durch Anklicken von „Öffnen". Die Datei erscheint dann auf jeden Fall in einem neuen Ausgabefenster.

Sollten Sie diese Datei erst vor kurzem verwendet haben, befindet sich deren Namen u.U. noch in der Liste der zuletzt verwendeten Dateien, die sie als Option im Menü „Datei" finden. Dann können Sie die Datei auch durch Klick auf ihren Namen in dieser Liste öffnen.

Symbolleiste. Die Symbolleiste des Ausgabefensters enthält einige zusätzliche Schaltflächen.

 *Seitenansicht.* Zeigt in einem Fenster die Ausgabe in der Ansicht von Druckseiten. In diesem Fenster kann man die Ansicht vergrößern und verkleinern, zwei Seiten nebeneinander betrachten sowie seitenweise blättern und drucken. Außerdem kann man in einem Dialogfenster „Seite einrichten", d.h. Größe, Format und Seitenränder bestimmen.

 *Exportieren.* Öffnet ein Dialogfenster, mit dem der Export einer Ausgabedatei gesteuert werden kann. Es ist möglich, Tabellen und Diagramme zusammen oder einzeln in verschiedenen Formaten in Dateien zu exportieren. Dabei können entweder alle Objekten, alle sichtbaren Objekten und nur ausgewählte Objekte exportiert werden.

 *Letzte Ausgabe auswählen.* Springt von einer beliebigen Stelle des Ausgabefensters aus den Beginn der zuletzt erstellten Ausgabe an.

Speichern. Sie können den Inhalt des Fensters speichern. Dazu muss das Ausgabefenster aktiv sein. Wählen Sie dazu „Datei" und „Speichern unter", oder klicken

Sie auf . Es öffnet sich die Dialogbox „Speichern unter“. Wählen Sie auf die übliche Weise das gewünschte Verzeichnis aus, und tragen Sie den Dateinamen im Feld „Namen“ ein (gegebenenfalls können Sie eine existierende Datei aus der Liste auswählen). Bestätigen Sie mit „Speichern“. Der Inhalt des Ausgabefensters wird als Ausgabe(Viewer)-Datei“ (Extension „spv“, früher „spo“) gespeichert.

4.1.2 Arbeiten mit der Gliederungsansicht

Der linke Ausschnitt des Viewers wird als *Gliederungsansicht* bezeichnet. Diese bietet eine knappe Inhaltsangabe der im rechten Ausschnitt, dem *Inhaltsfenster*, enthaltenen Ausgabe. Die Gliederungsansicht dient der schnellen Orientierung in der Ausgabe. Man kann in ihr Ausgabestellen anwählen, die Ausgabe in verschiedene Ebenen gliedern, Ausgabeteile umstellen, sie aus- bzw. einblenden, löschen oder Textfelder einfügen. Einige dieser Aktivitäten sind auch im Inhaltsfenster möglich, aber schwieriger zu bewerkstelligen. Die Aktionen werden zudem durch die spezielle Symbolleiste „Viewer-Gliederung“ unterstützt, bzw. können auch über die Optionen der Menüs „Bearbeiten“ und “Ansicht“ bzw. mit dem lokalen Menü ausgeführt werden. (Der Weg über die Menüs wird hier nicht besprochen.)

Das Arbeiten mit der Gliederungsübersicht üben Sie am besten anhand einer umfangreichen Ausgabe. Erstellen Sie z.B. eine Grundauszählung für sämtliche Variablen von ALLBUS90.SAV. Einen Teil des Ergebnisses sehen Sie in Abb. 4.1.

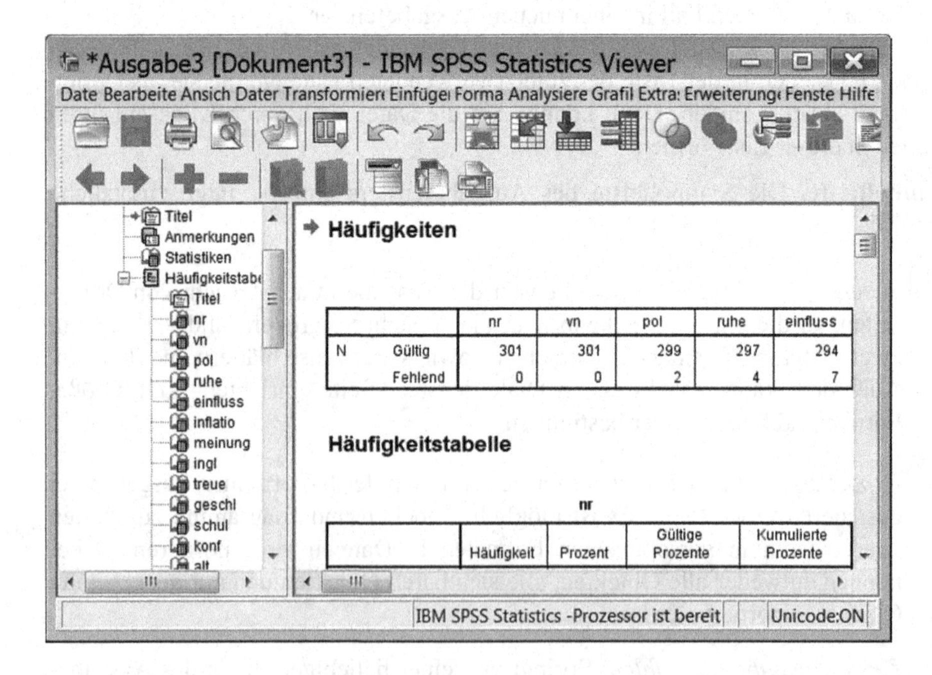

Abb. 4.1. Ausgabe(Viewer)-Fenster

Das linke Fenster enthält die Gliederungsansicht. Dessen Breite können Sie ändern, indem Sie mit dem Cursor auf dessen rechten Rahmen zeigen, bis sich die

Form des Cursors zu einem Doppelpfeil ändert. Ziehen Sie dann den Cursor mit gedrückter linker Maustaste bis an die gewünschte Stelle. Mit Hilfe der Bildlaufleiste bewegen Sie sich im Gliederungsfenster. Wenn Sie auf ein Element in der Gliederungsansicht klicken, sehen Sie im Inhaltsfenster die dazugehörige Tabelle bzw. das entsprechende Diagramm. Sie können ein Objekt ausblenden, ohne es zu löschen, indem Sie auf das Buchsymbol vor dem Namen dieses Objektes doppelklicken. Aus dem offenen wird gleichzeitig ein geschlossenes Buch. Man kann auch die Ergebnisse ganzer Prozeduren ausblenden. Dafür muss man auf das Symbol für diese Prozedur (eine Gliederungsebene höher) doppelklicken. Umgekehrt kann durch Doppelklicken auf das entsprechende Symbol auch das Objekt wieder eingeblendet werden.

Verschiebung der Position eines Objektes (einer Prozedur) ist ebenfalls möglich. Klicken Sie dazu auf das Symbol dieses Objektes (der Prozedur) um es zu markieren und ziehen Sie den Cursor nach einem zweiten Klick bis zur gewünschten Einfügestelle.

Die Symbolleiste „Viewer-Gliederung" unterstützt ebenfalls das Ein- und Ausblenden von Objekten der Ausgabe. Daneben kann man die verschiedenen Objekte der Ausgabe in der Gliederung um Gliederungsstufen herab- und hinaufstufen. Daneben kann man Fenster zum Eingeben zusätzlicher Texte und Überschriften öffnen.

Heraufstufen/Herabstufen. In einer hierarchischen Struktur des Outputnavigators wird ein markierter Gliederungspunkt hinauf- bzw. herabgestuft.

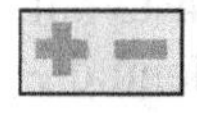

Erweitern/Reduzieren. Ermöglicht es, einzelne Gliederungspunkte des Outputs auszublenden oder einzublenden.

Einblenden/Ausblenden. Ermöglicht es, einzelne Objekte des Outputs ein- oder auszublenden.

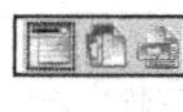

Überschrift einfügen/Titel einfügen/Text einfügen. Öffnen Textfelder, in die Überschriften, Titel oder Texte zur Ergänzung der Ausgabe eingetragen werden können.

4.1.3 Aufrufen von Informationen und Formatieren von Pivot-Tabellen

Im Ausgabefenster finden Sie die Tabellen, Diagramme, aber auch Überschriften, Erläuterungen usw. Bei den Tabellen handelt es sich um sogenannte Pivot-Tabellen, die sich in besonderer Weise bearbeiten lassen.

Erläuterungen zu Pivot-Tabellen. Zur weiteren Bearbeitung der Pivot-Tabellen öffnet man durch Doppelklick auf die Tabelle den Pivot-Editor. Sie erscheint dann in einem gerasterten Rahmen. (Einfaches Anklicken wählt die Tabelle ebenfalls aus. Sie wird dann durch einfachen Rahmen gekennzeichnet. Dies ist z.B. für das Kopieren oder Löschen der ganzen Tabelle Voraussetzung.) Dort können Sie sich u.a. zu den Tabellen Erläuterungen geben lassen. Zunächst können Sie Erläuterungen zu einigen Begriffen der Tabelle abrufen. Setzen Sie den Cursor auf das Element, zu dem Sie eine Erläuterung wünschen, drücken Sie die rechte Maustaste, und wählen Sie im sich öffnenden lokalen Menü (falls aktiv) die Option „Direkthilfe" (⇨

Abb. 4.2). Es öffnet sich ein Pop-Up-Fenster mit einer Erläuterung zu diesem Element.

WICHTIGKEIT DER INFLATIONSBEKAEMPFUNG

		Häu		Gültige	Kumulierte
Gültig	1 AM WICHTIGSTEN				
	2 AM ZWEITWICHTIGSTEN				
	3 AM DRITTWICHTIGSTEN				
	4 AM VIERTWICHTIGSTEN				
	Gesamt				

Direkthilfe	
Ausschneiden	Strg+X
Kopieren	Strg+C
Einfügen	Strg+V
Löschen	Löschen

Abb. 4.2. Ausschnitt aus dem lokalen Menü zu einer Pivot-Tabelle im Viewer

Ausblenden von Zeilen und Spalten. Sie können, ohne sie zu löschen, einzelne Zeilen und/oder Spalten aus der Tabelle ausblenden. Dazu Doppelklicken Sie zunächst auf die Tabelle, um sie zu aktivieren. Markieren Sie die Zeile oder Spalte und im Menü „Ansicht“ die Option „Ausblenden.“ Alternativ drücken Sie nach dem Markieren auf die rechte Maustaste, und wählen Sie aus dem sich öffnenden Kontextmenü die Option „Kategorie ausblenden“. Sie können die Zeile oder Spalte wieder anzeigen lassen, indem Sie im Menü „Ansicht“ die Option „Alle Kategorien einblenden“ wählen.

Formatieren der Tabellen. Zur Änderung von Schriftart, Größe, Auszeichnung, Farbe und Absatzausrichtung kann man auf die „Formatierungs-Symbolleiste“ zurückgreifen. Um die Symbolleiste zu öffnen, drückt man die rechte Maustaste auf das zu formatierende Element und wählt in dem sich öffnenden lokalen Menü die Option „Symbolleiste“. Mit Hilfe des letzten Symbols dieser Leiste kann man auch aus dem markierten Teil der Datenzellen ein Diagramm erstellen lassen (Auswahl: Balken, Punkt, Linie, Fläche oder Kreis).

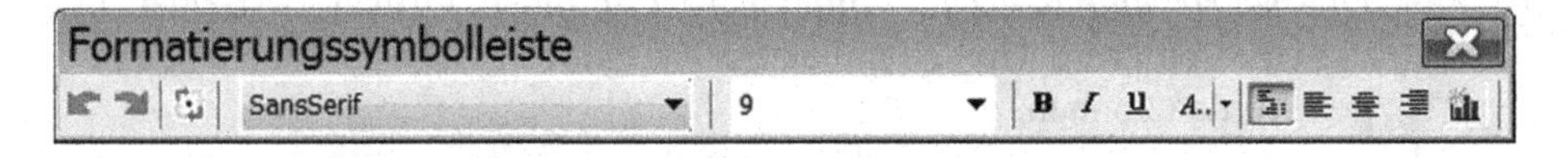

Weitere Formatierungsmöglichkeiten sind über das Menüs „Format“ verfügbar. Insbesondere sei aber auf das Menü „Format“, „Zelleneigenschaften“ hingewiesen. Dort können in drei Registern u.a. Formate für das Anzeigen der Werte in den Zellen gewählt werden. Dies wird sicher häufig gebraucht, u.a. um die Zahl der angezeigten Nachkommastellen zu bestimmen. Auch die Ausrichtung innerhalb der Zelle lässt sich festlegen.

Andere Textobjekte der Ausgabe (Überschriften, Erläuterungen etc.) können ebenfalls nach Doppelklick auf diese Elemente formatiert werden. Verändert werden können Schriftattribute und Ausrichtung des Absatzes.

Weiter können im Menü Format u.a. Spaltenüberschriften gedreht, Fußnoten formatiert und Umbrüche festgelegt werden.

Ändern von Text. Aktivieren Sie zuerst die Tabelle. Doppelklicken Sie dann auf den Text, den Sie ändern möchten. Danach erscheint er markiert. Ist das nicht der Fall, markieren Sie ihn noch durch Ziehen des Cursors mit gedrücktem linkem

Mauszeiger über den Text. Sie können dann den Text löschen und neuen Text eingeben. Ändern Sie ein Element, das in der Tabelle mehrmals vorkommt, z.B. eine Wertebeschriftung, wird er automatisch an allen Stellen durch den neuen Namen ersetzt. Beachten Sie, dass Veränderung eines numerischen Ergebnisses in der Tabelle nicht zur Neuberechnung anderer, dieses Ergebnis beinhaltender, Werte führt (etwa der Gesamtsumme).

Ändern der Spaltenbreite. Die Standardspaltenbreite können Sie ändern, wenn Sie im Menü „Format", mit der Option „Breite der Datenzelle" die Dialogbox „Breite der Datenzelle einstellen" öffnen und dort einen Wert eingeben. Dieser gilt für alle Spalten. Die Breite jeder einzelnen Spalte lässt sich verändern, indem man den Cursor auf den Spaltenrand führt bis sich ein Doppelpfeil bildet und dann den Rand mit gedrückter linker Maustaste verschiebt.

Grundeinstellungen der Ausgabe können in den Registern „Ausgabe", „Pivot-Tabellen" und „Diagramme" des Menüs „Bearbeiten", „Optionen" geändert werden (⇨ Kap. 35.6). Um ungleichmäßigen Darstellung von Daten innerhalb einer Tabelle zu vermeiden sei hier empfohlen, im diesem Menü im Register „Allgemein" die Optionsschaltfläche „Keine wissenschaftliche Notation für kleine Zahlen in Tabellen" zu markieren.

4.1.4 Pivotieren von Tabellen

Tabellen pivotieren heißt, ihren Aufbau in Spalten, Zeilen und Schichten zu verändern. Das Pivotieren üben Sie am besten mit einer dreidimensionalen Kreuztabelle. Erstellen Sie z.B. aus ALLBUS90.SAV eine dreidimensionale Kreuztabelle: Abhängige Variable INGL, unabhängige GESCHL, Testvariable SCHUL2 (die letztere muss in das Feld „Schicht 1 von 1" übertragen werden ⇨ Kap 10.1, Abb. 10.1). In der Dialogbox „Kreuztabelle: Zellen anzeigen" wählen Sie neben „Beobachtete" Häufigkeiten „Spaltenweise" Prozentwerte. Ergebnis ist eine Tabelle, die vorerst etwas anders aussieht als in Abb. 4.3, weil über den Prozentwerten jeweils die Absolutwerte in den Zellen des Tabellenkörpers zu sehen sind.

Diese Tabelle kann man auf verschiedene Weise bearbeiten, u.a. auch pivotieren, d.h. verschiedene Elemente und Ebenen nach Belieben verschieben und anzeigen lassen. Möglich ist dies über das Menü „Pivot" und seine Optionen. Im Menü selbst kann man z.B. Spalten und Zeilen tauschen. Am Anschaulichsten ist es aber, wenn man „Pivot-Leisten" nutzt, was hier dargestellt wird. Nachdem Sie eine Tabelle ausgewählt haben, öffnen Sie die „Pivot-Leisten" entweder über das Menü „Pivot", Option „Pivot-Leisten" oder über dieselbe Option des lokalen Menüs oder über das Symbol . Pivotleisten sind immer wie in Abb. 4.3 aufgebaut. Oben befindet sich eine Leiste „Spalte", links eine Leiste „Zeile" Daneben links steht ein Blatt für die „Schicht". Auf diesen Leisten wird durch Kästchen und Beschriftung angezeigt, wie die gerade ausgewählte Tabelle formal aufgebaut ist. Die Kästchen repräsentieren in der Regel eine Variable, in Ausnahmefällen auch weitere Beschriftungen. Das Kästchen in der Leiste „Spalte" repräsentiert die Variable GESCHL, das linke Kästchen in der Leiste „Zeile" Variable SCHUL2, gibt also an, dass SCHUL2 die erste Zeilenvariable dieser Tabelle ist, das nächste Kästchen steht für INGL. Dies ist die nächste Zeilenvariable. In der ursprünglichen Tabelle steht daneben noch ein Kästchen „Statistik“, weil als drittes in den Zeilen „Anzahl“ und „Prozent“ unterschieden sind. Die Tabelle in Abb. 4.3 dagegen ist schon pivotiert. Dieses Kästchen wurde nämlich in die Leiste „Schichten“ verschoben. Um ein Kästchen zu verschieben, klickt man mit der linken Maustaste darauf und zieht es mit gedrückter Taste an die gewünschte Stelle. In dem Moment, in dem man auf die Taste drückt, sieht man übrigens die Beschriftung der entsprechenden Zeilen bzw. Spalten der Tabelle zur besseren Orientierung unterlegt.

ingl * geschl * schul2 Kreuztabelle

Statistik Anzahl

schul2			geschl MAENNLICH	WEIBLICH	Gesamt
Hauptschule	ingl	POSTMATERIALISTEN	10	6	16
		PM-MISCHTYP	20		
		M-MISCHTYP	26		
		MATERIALISTEN	12		
	Gesamt		68		
Mittelschule	ingl	POSTMATERIALISTEN	12		
		PM-MISCHTYP	10		
		M-MISCHTYP	10		
		MATERIALISTEN	2		
	Gesamt		34		
Fachh/Abi	ingl	POSTMATERIALISTEN	18		
		PM-MISCHTYP	10		
		M-MISCHTYP	6		
		MATERIALISTEN	0		
	Gesamt		34		

Pivot-Leisten
Pivot
Statistik
geschl
SPALTE
SCHICHT
schul2
ZEILE

Abb. 4.3. Dreidimensionale geschichtete Tabelle mit „Pivot-Leisten“

Werden Schichten gebildet, so heißt das, dass für jede Ausprägung der Schichtungsvariablen eine eigene Tabelle für die Kombinationen der anderen Variablen gebildet wird. In unserem Beispiel wurde keine eigentliche Untersuchungsvariable, sondern „Statistik“ zum Schichten verwendet. Diese Variable hat die Ausprägungen „Anzahl“ und „Prozent von Geschlecht“. So wurde eine Tabelle mit den „Anzahl“-Werten und eine mit den „Prozentwerten“ für den Zusammenhang Geschlecht, Schulbildung und Materialismus gebildet. Selbstverständlich kann man auch anders schichten. So etwa SCHUL2 zur Schichtungsvariablen machen. Dann erhält man eine eigene Tabelle für jede Schulbildungsgruppe. (Dies könnte durchaus mit der Schichtungsvariablen „Statistik“ kombiniert werden, wodurch sich 6 eigene Tabellen ergäben.) Wurden Schichten gebildet, erscheint derer Name/die Namen der Schichtungsvariablen im Kopf der Tabelle. An der Seite dieses Feldes befindet sich ein Auswahlpfeil. Klicken Sie auf diesen, dann öffnet sich eine Auswahlliste mit den Werten der Schichtungsvariablen. Durch Klicken auf den Namen eines dieser Werte können Sie die Tabelle der zu diesem Wert gehörenden Schicht öffnen.

Schichtenbildung ist eine Möglichkeit des Pivotierens. Häufiger werden aber Spalten zu Zeilen umdefiniert werden und/oder Zeilen zu Spalten. Dies geschieht ebenfalls durch Ziehen des Variablensymbols von einer Leiste in die andere. So könnte man in unserem Beispiel etwa Geschlecht zur Zeilen und Schulbildung zur Spaltenvariablen machen. (Die Prozentuierungsrichtung wird sachlich zutreffend angepasst.) Die Reihenfolge innerhalb einer Leiste kann ebenfalls entsprechend geändert werden. So könnte man in unserem Beispiel etwa die Reihenfolge der Zeilenvariablen INGL und SCHUL2 ändern. Probieren Sie am besten alle Pivotierungsmöglichkeiten aus. Die wichtigsten Varianten wie „Zeilen und Spalten vertauschen“, „Schichten in Zeilen bzw. Spalten verschieben“ können auch über das Menü „Pivot“ gewählt werden. Vor allem kann man dort auch „Pivots auf Standartwerte“ zurücksetzen und damit die Ausgangstabelle wieder erzeugen.

4.1.5 Ändern von Tabellenformaten

Bei der äußeren Gestaltung der Tabellen sind Sie weitgehend auf die von SPSS gelieferten Tabellenformate angewiesen. Jedoch bietet das Programm neben dem voreingestellten Format zahlreiche weitere zur Auswahl. Um eine Tabelle in einem dieser Formate zu formatieren, gehen Sie wie folgt vor. Wählen Sie die Tabelle durch Doppelklicken zum Pivotieren aus. Wählen Sie „Format“, „Tabellenvorlagen“. Es öffnet sich die Dialogbox „Tabellenvorlagen". Im Auswahlfeld „Dateien für Tabellenvorlagen“ finden Sie eine Liste der verfügbaren Vorlagen (evtl. müssen Sie über das Schaltfeld „Durchsuchen“ erst die Dialogbox „Öffnen“ anwählen und dort das Verzeichnis einstellen, in dem sich die Vorlagen befinden. Das Verzeichnis heißt per Voreinstellung „Looks“, die Dateien haben die Extension „stt“). Wenn Sie den Namen einer der Vorlagen markieren, sehen Sie im Fenster „Vorschau“ eine Darstellung der äußeren Gestalt einer Tabelle mit dieser Vorlage. Markieren Sie den Namen der gewünschten Vorlage und bestätigen Sie mit „OK“.

In begrenztem Rahmen kann man auch eigene Tabellenvorlagen erstellen. Dazu markieren Sie wiederum in der Dialogbox „Tabellenvorlagen“ den Namen einer Vorlage, die Ihren Wünschen am nächsten kommt. Durch Anklicken der Schaltfläche „Vorlage bearbeiten“ öffnen Sie die Dialogbox „Tabelleneigenschaften“. Dort können Sie in verschiedenen Registern Veränderungen vornehmen. So kann im Register „Allgemein“ etwa die Spaltenbreite verändert werden. Weiter sind einstellbar: „Zellenformate“ (Schrift, Ausrichtung, Rahmen und Farbe), Eigenschaften von „Fußnoten“ und „Rahmen“ (Strichart, Stärke und Farbe) sowie bestimmte Druckoptionen. Sie bestätigen die Veränderungen mit „OK“ und speichern die neue Vorlage entweder mit „Vorlage speichern“ unter dem alten Namen oder mit „Speichern unter“ durch Eingabe von Verzeichnis und Namen in der gleichnamigen Dialogbox als neues Tabellenformat.

Letztlich ist es möglich, ein anderes als das voreingestellte Tabellenformat zum Standardtabellenformat zu bestimmen. Dazu wählen Sie „Bearbeiten“, „Optionen“ und das Register „Pivot-Tabellen“. Dort markieren Sie im Auswahlfenster „Tabellenvorlagen“ den Namen des gewünschten Formates (evtl. müssen Sie über das Schaltfeld „Durchsuchen“ erst die Dialogbox „Öffnen“ anwählen und dort das Verzeichnis einstellen, in dem sich die Vorlagen befinden). Bestätigen Sie das ausgewählte Tabellenformat mit „OK“. Es wird jetzt automatisch auf jede neu erstellt Tabelle angewendet (⇨ Kap. 35.6).

4.2 Arbeiten im Syntaxfenster

4.2.1 Erstellen und Ausführen von Befehlen

Im vorliegenden Buch wird in das Arbeiten mit SPSS mit Hilfe des Menüsystems eingeführt. SPSS kann aber auch über eine Befehlssyntax (eine SPSS eigne Befehlssprache) gesteuert werden. Diese wird auch bei Nutzung des Menüsystems im Hintergrund immer erzeugt und gestartet. Das Programmieren mit Syntax kann durchaus seine Vorteile haben. Deshalb soll ein kurzer Überblick über das Arbeiten im Syntaxfenster zumindest einen ersten Eindruck von dieser Art der Steuerung von SPSS verschaffen.

Ein Syntaxfenster öffnet sich automatisch mit der Befehlssyntax dieses Befehls, wenn man in einer Dialogbox die Schaltfläche „Einfügen" anklickt. Eine bereits bestehende Syntaxdatei kann man in den Syntaxeditor über die Befehlsfolge „Datei", „Öffnen", „Syntax" auf die übliche Weise laden. Auch das „Speichern" unterscheidet sich nicht vom Vorgehen beim Speichern der Inhalte anderer Fenster. Für das Festlegen des Hauptfensters gelten zunächst dieselben Regeln, die auch für das Ausgabefenster zutreffen. Es sei daher auf die Ausführungen in Abschnitt 4.1.1 verwiesen. Der Unterschied liegt lediglich darin, dass beim Öffnen als Dateityp „Syntax..." zu wählen ist, gegebenenfalls ebenso beim Speichern. Die jeweiligen Dialogboxen heißen „Datei öffnen" bzw. „Speichern unter", die voreingestellte Extension SPS. Ansonsten ist genauso, wie unter Abschnitt 4.1.1 dargestellt, zu verfahren. SPSS-Befehle können im Syntaxfenster selbst geschrieben oder aus einer in einem anderen Programm erstellten Textdatei importiert werden. Sie können auch mit der Option „Einfügen" aus der Dialogbox übertragen werden. Auch aus dem Hilfesystem zur Befehlssyntax können die Befehle durch Kopieren in die Zwischenablage (markieren und mit „Optionen", „Kopieren" in die Zwischenablage übernehmen) und „Einfügen" übertragen werden. Schreibt man die Befehle im Syntaxfenster selbst, ist es hilfreich, Variablennamen aus der Variablenliste zu übernehmen. Wählen Sie dazu:

- ▷ „Extras", „Variablen...". Es öffnet sich die Dialogbox „Variablen".
- ▷ Markieren Sie den oder die Variablennamen in der Quellvariablenliste dieser Dialogbox, und übertragen Sie ihn/sie durch Anklicken von „Einfügen".

Editiert wird auf die gleiche Weise wie in einem einfachen Schreibprogramm. Texte können eingefügt oder überschrieben werden. Gelöscht wird mit den Löschtasten. Texte können über das Menü „Bearbeiten" ausgeschnitten, kopiert und eingefügt werden. Mit „Bearbeiten" und „Suchen" oder durch Anklicken des Fernglassymbols öffnet man die Dialogbox „Suchen und ersetzen", mit der man im Register „Suchen" eine Suche nach gewünschten Zeichenketten im Syntaxtext durchführen kann. Durch Aktivieren des Kontrollkästchens „Ersetzen" kann man gleichzeitig die Suchbegriffe durch andere Begriffe ersetzen. Die Schrift im Syntaxfenster kann in der Dialogbox „Schriftart" geändert werden. Sie öffnet sich bei der Befehlsfolge „Ansicht", „Schriftarten".

Befehle werden über das Menü „Ausführen" gestartet. Wählt man die Option „Alles", werden sämtliche im Syntax-Editor befindlichen Befehle gestartet. Will man nur einen Teil davon abschicken, muss man anders verfahren. Befindet sich der Cursor in einer Befehlszeile und wählt man die Option „Auswahl", wird nur der zu dieser Zeile gehörige Befehl ausgeführt. Man kann auch Befehle durch Ziehen des Cursors markieren und mit „Auswahl" abschicken. Es werden nur die markierten Befehle ausgeführt. „Bis Ende" führt alle Befehle ab dem Befehl aus, in dessen Zeile sich der Cursor befindet.

Symbolleiste. Die Symbolleiste enthält speziell für das Syntaxfenster einige weitere Befehle. Die wichtigsten sind:

Auswahl ausführen. Führt die im Syntaxfenster markierten Befehle aus. Ist kein Befehl markiert, wird der Befehl ausgeführt, in dem sich der Cursor befindet.

Hilfe zur Syntax. Führt zu einer kontextsensitiven Hilfe für die Syntaxbefehle. Durch Anklicken des Symbols öffnet sich im Internet ein Fenster, das ein Syntaxdiagramm für die Befehlszeile enthält, in der der Cursor sich gerade befindet (⇨ Abb. 4.4). Überschrieben ist es mit der englischen Bezeichnung des Befehls. Ist in dem Bereich, in der sich der Cursor befindet, kein Befehl enthalten, wird eine Gesamtliste aller Befehle angezeigt. Markieren Sie einen dieser Befehle, erscheint das Syntaxdiagramm dieses Befehls.

Eine Reihe weiterer Symbole erleichtert die Arbeit der Programmierer. So gibt es Symbole zum Kennzeichnen von Kommentarzeilen, zum Ein- und Ausrücken von Zeilen, zum Setzen von Lesezeichen und Springen zu Lesezeichen, zum Setzen von und Springen zu Haltepunkte (für die Prüfung von Testläufen) sowie zum Ein- und Ausschalten der Berücksichtigung solcher Haltepunkte. Die Fehlerbereinigung der Syntax wird durch Symbole, die dazu führen, dass man zum nächsten oder letzten Fehler springt, besonders unterstützt. Schließlich kann die Datei geteilt werden. Im Menü „Ansicht" ist es möglich festzulegen, was im Syntax-Editor alles ein- oder ausgeblendet wird: Die Zeilennummerierung, ein Fehlerbereich (indem Informationen zu fehlerhaften Befehlen bereitgestellt werden), ein Navigationsbereich (ein Gliederungfenster am linken Rand, das es erlaubt zügig in längeren Befehlsdateien zu navigieren) und die Symbol-, bzw. Statusleiste.

4.2.2 Charakteristika der Befehlssyntax

In der Regel wird in diesem Buch davon ausgegangen, dass SPSS für Windows mit Hilfe des Dialogsystems und der für sie charakteristischen Fenstertechnik bedient wird. Es kann jedoch sinnvoll sein, auch unter dieser Oberfläche mit Befehlsdateien zu arbeiten, die in der üblichen SPSS-Syntax programmiert sind und im SPSS-Syntaxfenster ablaufen können. Das gilt, wenn Befehle genutzt werden sollen, die nur bei Gebrauch der Befehls-Syntax zur Verfügung stehen. Auch wenn Befehlssequenzen häufig wiederholt oder wenn umfangreiche Routinen bearbeitet werden, empfiehlt sich die Nutzung von Stapeldateien. Die Befehle können überwiegend in den Dialogboxen erzeugt und in den Syntax-Editor übertragen werden. Routinierte Programmierer werden diese aber häufig auch selbst schreiben. Unerlässlich ist dies bei Verwendung von nur in der Syntax verfügbaren Befehlen.

Hier ist nicht der Platz, die gesamte Befehlssyntax zu beschreiben. Ausführlich findet man sie in „IBM SPSS Statistics 21 System Syntax Reference" Datei. Diese kann im Hilfemenü mit der Option „Befehlssyntax-Referenz“ aufgerufen werden. Sie wird dann mit dem mitgelieferten Programm „Acrobat Reader“ geöffnet. Sie enthält zum Suchen – ähnlich dem Ausgabefenster – ein Gliederungsfenster neben dem eigentlichen Inhaltsfenster. Der Reference Guide enthält neben den Befehlsdiagrammen ausführliche Erläuterungen.

Im Hilfesystem sind jedoch die verfügbaren Befehle auch in Form von Befehlsdiagrammen dargestellt. Diese öffnen Sie über das Symbol „Hilfe zur Syntax“. Häufig reicht es aus, diese lesen zu können. Daher sollen hier kurz die Konventionen dieser Diagramme erläutert werden.

Eine Befehlsdatei besteht aus einem oder mehreren Befehlen. Jeder Befehl beginnt in einer neuen Zeile. Er wird durch einen Punkt abgeschlossen. Die Syntaxdiagramme geben jeweils die Syntax eines Befehles wieder. Dabei wird der Befehl in allen möglichen Varianten angegeben. Aus diesen wird man beim Programmieren lediglich eine Auswahl treffen. Der Befehl ist lauffähig, wenn er die Mindestangaben enthält.

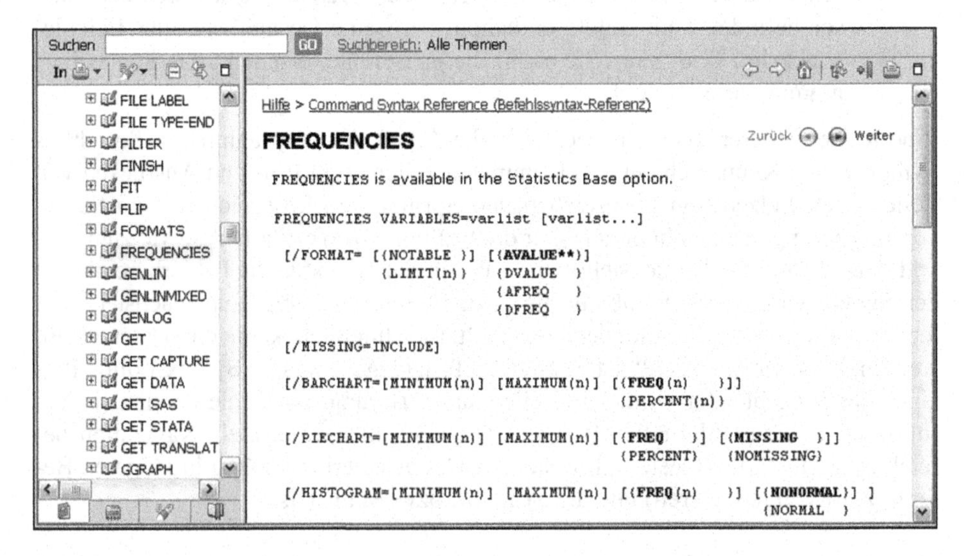

Abb. 4.4. Hilfefenster für die Befehlssyntax mit Syntax für den Befehl „Frequencies“

Der gesamte Befehl kann aus mehreren Teilen zusammengesetzt sein. Obligatorisch ist das eigentliche Befehlswort. Zusätzlich können Unterbefehle erforderlich sein. Diese werden in der Regel durch / abgetrennt. Weiter kann ein Befehl Spezifikationen erfordern. Insbesondere müssen die Variablen angegeben werden, auf die sich der Befehl bezieht. Andere Angaben wie Bereichsgrenzen u.ä. werden bisweilen ebenfalls benötigt. Für Befehle, Unterbefehle und einige Spezifikationen sind Schlüsselwörter reserviert, die in der angegebenen Form verwendet werden müssen. Allerdings reicht für das Befehlswort, die Unterbefehle und sonstigen Schlüsselworte fast immer eine auf drei Zeichen abgekürzte Angabe aus. Das gilt nur dann nicht, wenn dadurch keine eindeutige Unterscheidung zustande kommt, so nicht bei zusammengesetzten Befehlen (z.B. FILE LABEL) und den INFO-Spezifikationen.

Beispiel. Ein Befehl, der für die Variablen „ALT“ und „GESCHL“ eine Häufigkeitsauszählung ausführt und ein Balkendiagramm auf Basis der Prozentwerte erstellt:

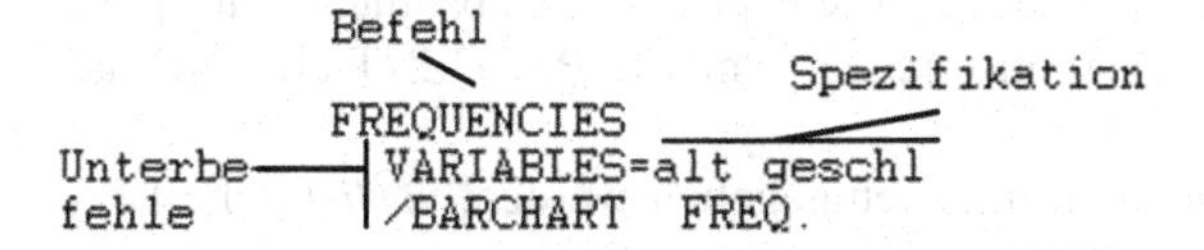

Schlüsselwörter sind: FREQUENCIES; VARIABLES; BARCHART und FREQ.

Beispiel für einen Minimalbefehl: FRE alt.

Das Beispiel zeigt einen lauffähigen Befehl. Der Befehl FREQUENCIES wird durch das abgekürzte Schlüsselwort „FRE“ aufgerufen. „alt“ ist ein Variablenname. Der Befehl wird durch einen Punkt abgeschlossen.

Zu beachten ist: Variablennamen müssen immer ausgeschrieben sein. Eine Befehlszeile darf maximal 80 Zeichen umfassen. Als Dezimalzeichen muss immer der Punkt verwendet werden. In Apostrophe oder Anführungszeichen gesetzte Texte dürfen sich nur innerhalb einer Zeile befinden. Kommandos, Unterkommandos, Schlüsselwörter und Variablennamen können in großen oder kleinen Buchstaben geschrieben werden. Sie werden automatisch in Großbuchstaben transformiert. Dagegen wird bei allen anderen Spezifikationen die Schreibweise beachtet.

Das Syntaxdiagramm ist nach folgenden Konventionen aufgebaut:

❒ Alle Schlüsselwörter sind in Großbuchstaben geschrieben. (z.B. FREQUENCIES; BARCHART; MIN; MAX usw.).
❒ Angaben in Kleinschrift bedeuten, dass hier Spezifikationen durch den Nutzer erwartet werden. (*Beispiel:* varlist bedeutet, dass eine Liste der Variablen eingegeben werden muss, für die der Befehl ausgeführt werden soll.)
❒ In eckige Klammern gesetzte Angaben können wahlweise gemacht werden, müssen aber nicht. (*Beispiel:* Der Unterbefehl „VARIABLES=„ muss nicht angegeben werden. Man kann auch die Variablenliste ohne ihn eingeben.)
❒ Kann zwischen mehreren Alternativen gewählt werden, werden die Alternativen in geschweiften Klammern untereinander angegeben. (*Beispiel:* Im Unterkommando FORMAT – das nicht unbedingt benutzt werden muss – kann man zwischen den Alternativen DVALUE, AFREQ und DFREQ wählen.)
❒ Werden Angaben verwendet, die in der Syntax in runden Klammern, Apostrophen oder Anführungszeichen angegeben werden, so sind diese Zeichen auf jeden Fall mit anzugeben. *Beispiel:* MIN(10) beim Unterbefehl BARCHART besagt, dass ein Wert unterhalb der Grenze zehn nicht ausgedruckt werden soll.
❒ Fett gedruckte Angaben zeigen, dass diese die Voreinstellung sind. (*Beispiel:* FREQ beim Unterbefehl Barchart zeigt, dass die Balken des Diagramms per Voreinstellung die Absolutwerte und nicht die Prozentwerte repräsentieren.)
Man kann zwei Arten von Voreinstellung unterscheiden. Im einen Fall handelt es sich um die Voreinstellung, die eingehalten wird, wenn der Unterbefehl gänzlich ausgelassen wird. Gekennzeichnet wird dies mit **. (*Beispiel:* TABLE** im Unterkommando MISSING bei CROSSTABS bedeutet, dass auch dann, wenn der Unterbefehl MISSINGS gar nicht genannt wird, per Voreinstellung die fehlenden Werte aus der Tabelle ausgeschlossen werden.) Im

anderen Falle wird die Voreinstellung dann benutzt, wenn der Unterbefehl ohne weitere Spezifikation Verwendung findet. (*Beispiel:* im Unterbefehl BARCHART von FREQUENCIES wird verwendet, wenn nichts anderes angegeben, d.h. die Balkenhöhe des Diagramm entspricht den absoluten Häufigkeiten. Sollte sie den Prozentwerten entsprechen, müsste PERCENT ausdrücklich angegeben werden.)

❒ *var* bedeutet, ein Variablennamen muss eingegeben werden, *varlist*, eine Liste von Variablennamen. Häufig ist beides alternativ möglich.

Beim Arbeiten im Produktionsmodus (⇨ Kap. 35.2) benutzt man häufig den INCLUDE-Befehl. Für Befehlsdateien, die den INCLUDE-Befehl benutzen, gilt abweichend: Jeder Befehl muss in der ersten Spalte einer neuen Zeile beginnen. Fortsetzungszeilen müssen mindestens um ein Leerzeichen eingerückt werden.

Beispiel:

```
DATA LIST FILE 'Daten.dat' FIXED / v1 1 v2 to v6 2-11 v7 12 v8 to v9 13-16
 v10 17.
FREQUENCIES VARIABLES=v1.
```

Benutzen von Protokoll- und Ausgabedateien für das Programmieren mit der Befehlssyntax. Wenn Sie bei den „Optionen" von „Bearbeiten" im Register „Datei-Speicherorte" „Syntax in Journaldatei aufzeichnen" gewählt haben (⇨ Kap. 35.6), wird in der Protokolldatei die Befehlssyntax aller in ihrer Sitzung abgearbeiteten Befehle protokolliert. Für das Erstellen einer Syntaxdatei können Sie dann die Protokolldatei (Standardname SPSS.JNL) benutzen. Sie befindet sich im Verzeichnis, das Sie in diesem Register für den entsprechenden Dateityp bestimmt haben. Laden Sie dazu die Protokolldatei in das Syntaxfenster. (Sie wird im Auswahlfenster der Dialogbox „Datei öffnen" mit angezeigt, wenn sie als „Dateityp" „Alle Dateien" wählen.) Bearbeiten Sie diese, bis nur die gewünschte Befehlsfolge übrig bleibt und starten Sie den Lauf. Dasselbe ist möglich bei Benutzung der Ausgabedatei. Dazu muss allerdings die Ausgabe auch die Befehlssyntax umfassen. Das ist möglich, wenn im Menü „Bearbeiten", „Optionen" im Register „Viewer" das Auswahlkästchen „Befehle im Protokoll anzeigen" markiert haben (⇨ Kap. 35.6).

Auch hier müssen Sie die Datei so bearbeiten, dass nur die Befehlssyntax verbleibt und diese in ein Syntaxfenster übertragen. Sie können dazu z.B. die einzelnen Befehlsteile aus der Ausgabedatei herauskopieren. Im Syntaxfenster starten Sie den Lauf.

Transformieren von Daten

5.1 Berechnen neuer Variablen

5 Transformieren von Daten

SPSS bietet eine Reihe von Möglichkeiten, Daten zu transformieren. Damit kann man in erster Linie Berechnungen durchführen. Aus den Werten verschiedener Variablen können neue Ergebnisvariablen berechnet werden. Das wird man z.B. verwenden, wenn ein Überschuss oder Verlust aus der Differenz zwischen Einnahmen und Ausgaben zu ermitteln ist. Oder man berechnet die monatlich für einen Kredit zu zahlende Rate aus Kredithöhe und Zins. Die Berechnung kann sich auch auf die Zuweisung eines festen Wertes beschränken. Weiter kann man Datentransformationen benötigen, wenn die Daten nicht den Bedingungen der statistischen Analyse entsprechen, z.B. keine linearen oder orthogonalen Beziehungen zwischen den Variablen bestehen, oder wenn unvergleichbare Maßstäbe bei der Messung verschiedener Variablen verwendet wurden. Verschiedene Transformationsmöglichkeiten, wie z-Transformation, Logarithmieren u.ä. können hier Abhilfe schaffen (solche Funktionen stellen auch verschiedene Statistikprozeduren zur Verfügung). Es ist auch möglich, solche Berechnungen jeweils für ausgewählte Fälle, die eine bestimmte Bedingung erfüllen, durchzuführen. Das benötigt man beispielsweise, um eine Gewichtungsvariable zu konstruieren (⇨ Kap. 2.7). Von großer Bedeutung ist schließlich die Möglichkeit, Daten umzukodieren. Man kann dabei anstelle der alten Werte neue Werte setzen. Dies nutzt man insbesondere zur Zusammenfassung mehrerer Werte oder großer Wertebereiche zu Werteklassen.

5.1 Berechnen neuer Variablen

Nehmen wir an, in der Datei VZ.SAV, die in Kap. 3.1 zur Illustration der Datendefinition benutzt wurde, soll aus den Angaben über die Kreditbeträge und die Zinshöhen die monatliche Zinsbelastung berechnet und in einer neuen Variablen MON_ZINS gespeichert werden. Die neue Variable soll zudem eine Variablenbeschriftung „monatliche Zinszahlung“ erhalten. Alle Schuldner müssen in dieser Datei zwei Kredite bedienen, deren Höhe in den Variablen KREDIT1 und KREDIT2 und deren jährliche Zinshöhe in Prozent in den Variablen ZINS1 und ZINS2 gespeichert ist. Die monatliche Zinsbelastung in EUR ergibt sich demnach als:

MON_ZINS = ((KREDIT1 * ZINS1 / 100) + (KREDIT2 * ZINS2 / 100))/ 12

Für eine Berechnung wählen Sie die Befehlsfolge:

▷ „Transformieren“, „Variable berechnen...“. Es öffnet sich die Dialogbox „Variable berechnen“ (⇨ Abb. 5.1).

▷ Geben Sie in das Eingabefeld „Zielvariable:“ den Namen der Variablen ein, die das Ergebnis der Berechnung erhalten soll. Es kann eine neue Variable oder eine bereits existierende sein. Im letzteren Falle wird immer eine Warnmeldung ausgegeben: „Wollen Sie eine existierende Variable ändern?“ und die Transformation wird erst nach Bestätigung mit „OK“ ausgeführt.
▷ Stellen Sie im Eingabefeld „Numerischer Ausdruck:“ die Berechnungsformel zusammen. Es kann sich dabei um einen einfachen Wert, aber auch um sehr komplexe Formeln unter Einbezug von Variablenwerten, arithmetischen, statistischen und logischen Funktionen und Verwendung verschiedener Arten von Operatoren handeln.

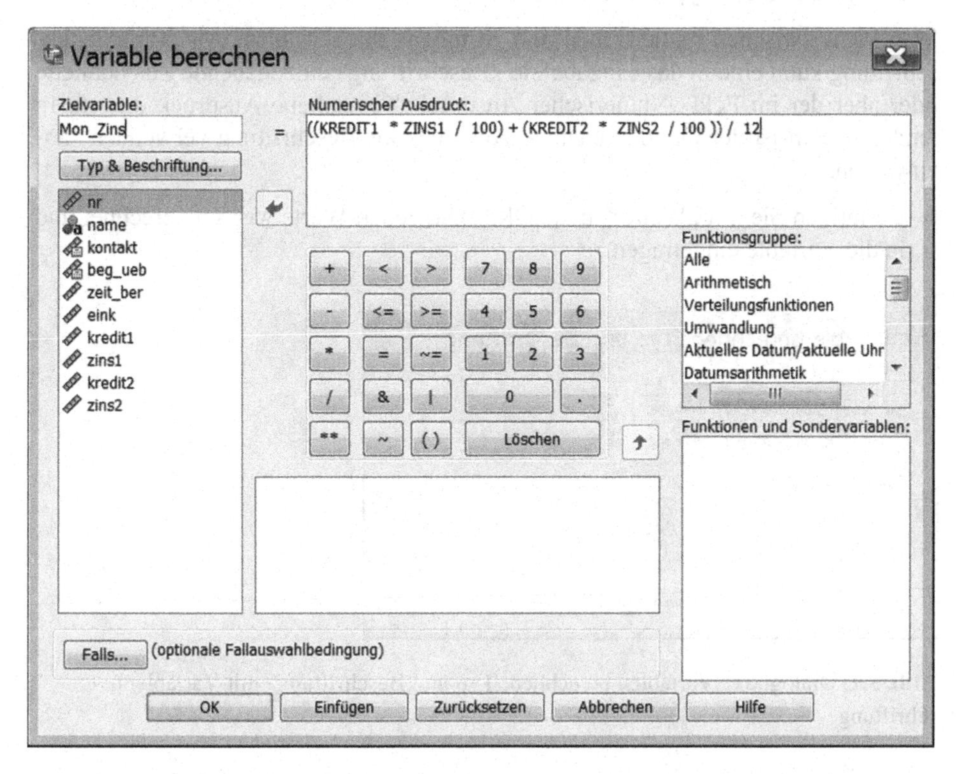

Abb. 5.1. Dialogbox „Variable berechnen“ mit Ausdruck für die Variable ´MON_ZINS´

In unserem Beispiel benutzen wir dazu lediglich die sogenannte Rechnertastatur, das sind die grau unterlegten Knöpfe in der Mitte der Dialogbox, und die Variablenliste. Wir klicken zunächst auf die Doppelklammer in der Rechnertastatur und wiederholen das, so dass zwei Klammerpaare ineinander geschachtelt stehen. Wir setzen den Cursor in die innere Klammer. Dann markieren wir die Variable KREDIT1 in der Variablenliste und übertragen sie durch Anklicken von ➡ (oder Doppelklick auf den Variablennamen) in die Klammer. Durch Anklicken von ∗ übertragen wir den Multiplikationsoperator. Dann übertragen wir auf die angegebene Weise die Variable ZINS1. Durch Anklicken von / übernehmen wir den Divisionsoperator und geben dann den Wert 100 ein. Der erste Klammerausdruck der

Formel ist gebildet. Neben die innere Klammer setzen wir das Pluszeichen. Um den zweiten Klammerausdruck zusammenzusetzen, fügen wir zunächst eine Doppelklammer neben dem Pluszeichen ein und übertragen dann in der beschriebenen Weise die Variablennamen KREDIT2, ZINS2, die Operatoren und die Zahl 100. Zum Abschluss fügen wir hinter die äußere Klammer das Divisionszeichen und die 12 an.

Wenn Sie den voreingestellten Variablentyp ändern und/oder Variablenbeschriftung vergeben wollen, gehen Sie wie folgt vor:

▷ Klicken Sie auf die Schaltfläche „Typ und Beschriftung“. Die Dialogbox „Variablen berechnen: Typ und Beschriftung“ öffnet sich (⇨ Abb. 5.2).

Man kann zwischen numerischen und Stringvariablen wählen. Als Variablenbeschriftung kann eine in das Eingabefeld „Beschriftung“ einzugebende Zeichenkette oder aber der im Feld „Numerischer Ausdruck:“ enthaltene Ausdruck dienen. In letzterem Fall ist der Optionsschalter „Ausdruck als Beschriftung verwenden“ anzuwählen.

▷ Bestätigen Sie mit „Weiter“ und „OK“. Die neuen Werte werden berechnet und in die Variable eingetragen.

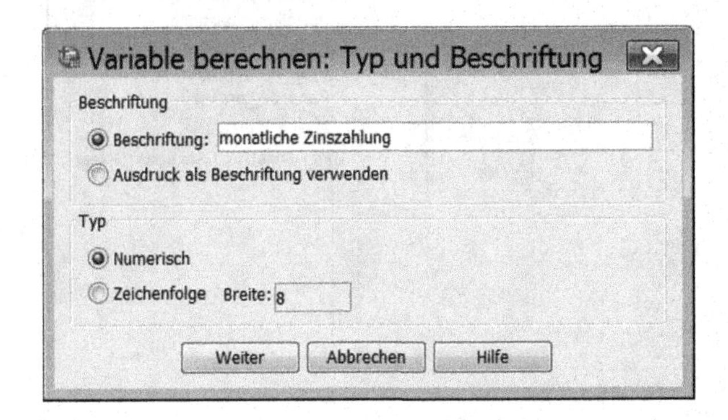

Abb. 5.2. Dialogbox „Variablen berechnen: Typ und Beschriftung“ mit Variablenbeschriftung

Hinweis. In einer Funktion müssen Dezimalzahlen immer mit Punkt als Dezimaltrennzeichen eingegeben werden. Stringwerte müssen in Hochkommas oder Anführungszeichen gesetzt werden.

Operatoren. Die Option „Berechnen“ bietet drei Arten von Operatoren. Sie sind auf der „Rechnertastatur“ in der Dialogbox enthalten und können von ihr übertragen, aber auch normal über die PC-Tastatur eingegeben werden.

❒ *Arithmetische Operatoren.* Sie ermöglichen die üblichen Rechenarten: Addition (+), Subtraktion (-), Multiplikation (*), Division (/) und Potenzieren (**). Die Abarbeitung folgt den üblichen Regeln, zunächst Potenzieren, dann Punktrechnung, schließlich Strichrechnung. Aber Funktionen werden vorab berechnet.

Die Reihenfolge kann durch Klammern, die ebenfalls auf der Tastatur vorhanden sind, verändert werden.

- *Relationale Operatoren* (Vergleichsoperatoren). Mit ihrer Hilfe werden zwei Werte verglichen. Sie werden insbesondere im Zusammenhang mit bedingten Transformationen gebraucht. Relationale Operatoren sind: < (kleiner), > (größer), <= (kleiner/gleich), >= (größer/gleich), = (gleich) und ~= (ungleich).
- *Logische Operatoren.* Mit ihnen verbindet man zwei relationale Ausdrücke oder kehrt den Wahrheitswert eines Bedingungsausdrucks um. Auch sie werden vornehmlich im Zusammenhang mit bedingten Ausdrücken gebraucht. Logische Operatoren sind:

  & „Logisches Und". Beide Ausdrücke müssen wahr sein.

  | „Logisches Oder" (im Sinne von entweder oder). Einer der beiden Ausdrücke muss wahr sein.

  ~ „Logisches Nicht". Kehrt den Wahrheitswert des Ausdrucks um.

Funktionen. Die Option „Berechnen" stellt eine umfangreiche Reihe von Funktionen zur Verwendung in numerischen Ausdrücken zur Verfügung. Sie sind alle im Auswahlfeld „Funktionen" enthalten. Um zur gesuchten Funktion zu gelangen, muss man u.U. in diesem Auswahlfeld scrollen (beim Eintippen eines Buchstabens springt der Cursor auf die erste Funktion mit diesem Buchstaben als Anfangsbuchstaben). Die Funktion überträgt man in das Feld „Numerischer Ausdruck", indem man sie zuerst markiert und dann anklickt (oder durch Doppelklicken auf die Funktionsbezeichnung). Gegebenenfalls müssen noch Werte, Variablen etc. in die Funktion eingesetzt werden.

Beispiel: Die Werte der Variablen EINK sollen logarithmiert und in der neuen Variablen LOGEINK gespeichert werden:

Zielvariable:		Numerischer Ausdruck:
Logeink	=	LG10(Eink)

Abb. 5.3. Rechnen mit einer arithmetischen Funktion

- ▷ Tragen Sie in das Eingabefeld „Zielvariable" den neuen Variablennamen LOGEINK ein.
- ▷ Markieren Sie im Feld Funktionen die Funktion LG10(numAusdr) und übertragen Sie sie in das Feld „Numerischer Ausdruck". Es erscheint LG10(?).
- ▷ Markieren Sie das Fragezeichen in der Funktion, markieren Sie in der Quellvariablenliste EINK und übertragen Sie die Variable in den Ausdruck.
- ▷ Bestätigen Sie mit „OK".

Eine Funktion verlangt immer das Einsetzen von *Argumenten.* Per Voreinstellung enthält sie bei Übertragung so viele Fragezeichen wie die Mindestzahl der Argumente beträgt. Argumente trägt man ein, indem man das Fragezeichen markiert und das Argument danach eingibt. Wird (bei statistischen und logischen Funktionen) mehr als die Mindestzahl an Argumenten verwendet, fügt man die zusätzlichen Argumente durch Komma getrennt in die Argumentliste ein.

Die Funktionen im Auswahlfeld in Gruppen aufgeteilt (neben der Gruppe: Alle). Dies erleichtert die Orientierung, wenn auch die Bezeichnung der Gruppen oft unglücklich gewählt ist und nicht mit der Gliederung im Hilfetext und den Handbüchern übereinstimmt. Im Folgenden geben wir einen kurzen Überblick über die wichtigsten Gruppen (dabei werden in unserer Gliederung einige zusammengehörige, in der Auswahlliste getrennt aufgeführte Gruppen, zusammengefasst). Eine ausführliche Darstellung aller Funktionen finden in „Ergänzungen" auf den Internetseiten zum Buch.

① *Arithmetische Funktionen* (Gruppe: Arithmetisch).

Numerische Ausdrücke (einzelne Zahlen, aber auch komplexe Ausdrücke, die zumeist aus Variablen entnommen werden) werden umgeformt, z.B. durch Wurzelziehen, Potenzieren, Logarithmieren, Anwendung trigonometrischer Funktionen, aber auch Runden, Abschneiden etc.

② *Statistische Funktionen* (Gruppe: Statistisch).

Berechnung typischer statistischer Kennwerte wie Summen, Mittelwert, Median, Standardabweichung, Variationskoeffizient, höchster und niedrigster Wert.

③ *Suchfunktionen* (Gruppe: Suchen)

Werte(bereiche) oder Strings werden in Variablen gesucht. Bei Vorliegen wird „wahr" = 1, sonst „und nicht wahr" = 0 ausgegeben.

Hinweis: Fehlende Werte werden in numerischen Ausdrücken unterschiedlich behandelt. In den meisten Fällen führt schon ein einziger Fehlender Wert in den verwendeten Variablen zu einem fehlenden Wert in der Ergebnisvariablen eines Falles. Nicht so bei statistischen Operationen. Dort kann auch dann ein gültiger Wert ermittelt werden, wenn in Variablen fehlende Werte enthalten sind. Die minimale Zahl der gültigen Werte kann festgelegt werden. Beispiel: kredit1 + kredit2 + kredit3 führt zu einem fehlenden Wert, wenn in einer der drei Variablen ein fehlender Wert enthalten ist. Sum2(kredit1 + kredit2 + kredit3) dagegen führt zu einem gültigen Wert, weil durch die 2 eingestellt ist, dass es ausreicht, wenn mindestens zwei gültige Werte vorhanden sind. Voreinstellung ist ein gültiger Wert, außer bei SD, VARIANCE und CFVAR. Dort sind es zwei.

④ *Funktionen für fehlende Werte* (Gruppe: Fehlende Werte) .

Man kann damit festlegen, dass die fehlenden Werte ignoriert werden sollen oder auch gerade nutzerdefinierte Missing-Werte oder System-Missing-Werte heraussuchen. Schließlich kann man über eine Argumentliste (Variablenliste) die Zahl der fehlenden Werte oder der gültigen Werte auszählen.

⑤ *Funktionen für Datums- und Zeitvariablen.*

Es gibt mehrere Gruppen von Funktionen, die speziell zum Arbeiten mit Datums- und/oder Zeitangaben vorgesehen sind. *Datums- und Zeitaggregationsfunktionen* dienen dazu, in unterschiedlichen Variablen gespeicherte Datumsangaben in einer Datumsvariablen zusammenzufassen (Gruppe: Datumserstellung). Die Gruppe „Erstellung der Zeitdauer" dagegen dient dazu, in unterschiedlichen Variablen gespeicherte Zeitangaben zusammenzufassen.

Mit *Datums- und Zeitkonvertierungsfunktionen Extraktionsfunktionen* (teilweise Gruppe: Extraktion der Zeitdauer, teilweise Datumsextraktion) berechnet man den Anstand zu einem Referenzzeitpunkt (15. Okt. 1582).

Funktionen zur *Datums- und Zeit-Extraktionsfunktionen* (teilweise Gruppe: Extraktion der Zeitdauer, teilweise Datumsextraktion) verwendet man um aus einer im SPSS-Datums- bzw. Zeitformat vorliegenden Variablen eine Teilinformation zu extrahieren, z.B. aus einer Variablen, die Datum, Stunden und Sekunden enthält, ausschließlich das Datum. Allen so gewonnenen Variablen muss noch durch Umdefinieren ein geeignetes Variablenformat zugewiesen werden.

Mit *Funktionen für Berechnungen mit Datums-, Zeitvariablen* (Gruppe: Datumsarithmetik) wird zum Beispiel die Zeitdauer zwischen zwei Zeitpunkten berechnet.

Aktuelles Datum/ aktuelle Uhrzeit, ermöglicht es, eine Variable mit dem aktuellen Datum bzw. der aktuellen Uhrzeit zu erstellen. Beachten Sie, dass Sie gegebenenfalls mit der Optionsschaltfläche „Typ & Beschriftung" die gleichnamige Dialogbox öffnen und den Variablentyp einstellen müssen.

⑥ *Gruppe Verschiedene*

Diese enthält zwei „Lag-Funktionen" zum Verschieben der Werte einer Zeitreihe (sind nur für Zeitreihen sinnvoll), eine Funktion zum Binden der von SPSS vergebenen Fallnummer an die Fälle sowie eine Funktion zum Umwandeln von Beschriftungen einer numerischen Variablen in Werte einer Stringvariablen.

⑦ *Wahrscheinlichkeits- und Verteilungsfunktionen*

Im Prinzip lassen sich Wahrscheinlichkeitsverteilungen durch zwei auseinander ableitbaren Typen von Funktionen beschreiben[1]:

- *Wahrscheinlichkeitsfunktion, Wahrscheinlichkeitsdichte.* Diese Funktion gibt bei diskreten Verteilungen an, wie wahrscheinlich bei gegebener Verteilungsform mit gegebenen Parametern das Auftreten eines bestimmten diskreten Ergebnisses q (gebräuchlicher ist die Symbolisierung als x) ist. Bei kontinuierlichen Verteilungen lässt sich die Wahrscheinlichkeit p für das Auftreten eines konkreten Wertes nicht sinnvoll bestimmen. An dessen Stelle tritt die Wahrscheinlichkeitsdichte, das heißt der Grenzwert der Wahrscheinlichkeit eines Intervalls an dieser Stelle x mit Intervallbreite nahe Null.
- *Verteilungsfunktion.* Diese Funktion gibt die kumulierte Wahrscheinlichkeit dafür an, dass ein Ergebnis < einem bestimmten Wert q eintritt.

[1] Die Verteilungsfunktionen stellen Beziehungen zwischen konkreten Ergebnissen q und deren Wahrscheinlichkeit p beim Vorliegen einer bestimmten Verteilungsform mit gegebenen Spezifikationsparametern her. In SPSS werden die konkreten Ergebnisse z.T. als q (in den Auswahllisten), z.T. als x (in der Kontexthilfe) bezeichnet. Auch die Bezeichnung der Parameter variiert. Wir bezeichnen im Folgenden das Ergebnis mit q.

In beiden Fällen lässt sich die Betrachtung auch umkehren und für eine gegebene Wahrscheinlichkeit p der dazugehörige Wert q ermitteln.

Mit wenigen Ausnahmen (z.B. Bernoulli) bestimmt die Funktion die Grundform einer Schar von Verteilungen, deren genaue Form durch die variablen Parameter bestimmt wird. So haben z.B. alle Normalverteilungen die charakteristische Glockenform. Die Parameter μ und Sdtv. bestimmen aber, bei welchem Wert das Zentrum der Verteilung liegt und wie breit sie verläuft Abb. 5.4.a stellt die Wahrscheinlichkeitsfunktion einer Normalverteilung mit μ = 2000 und Stdv. = 500 dar, Abb. 5.4.b. deren Verteilungsfunktion.

SPSS bietet im Grunde *vier Funktionen* an, die allerdings mit bis zu 20 Verteilungen kombiniert werden können. Die Auswahlliste enthält jede dieser Kombinationen gesondert. Daher nehmen in ihr die Verteilungsfunktionen einen sehr breiten Raum ein. An dieser Stelle kann nicht jede Kombination, sondern nur das Aufbauprinzip erklärt werden. Sie können diese Beispiele anhand der Daten von ALLBUS90.SAV nachvollziehen.

Die ersten beiden beziehen sich auf die Wahrscheinlichkeits- bzw. Dichtefunktion.

- *RV-Funktionen.* (Gruppe: Zufallszahlen). Sie erzeugen für jeden Fall einen Zufallswert aus der angegebenen Verteilung. B.: RV.NORMAL(2096,1134) weist den einzelnen Fällen Zufallszahlen aus einer Normalverteilung mit dem Mittelwert 2096 und der Standardabweichung 1134 zu. Die Wahrscheinlichkeit, eines Wertes zugewiesen zu werden, hängt von der Wahrscheinlichkeitsdichte an der entsprechenden Stelle der Verteilung ab.
- *PDF-Funktion.* (Gruppe: Wahrscheinlichkeitsdichten). Gibt die Wahrscheinlichkeit bzw. die Wahrscheinlichkeitsdichte für einen bestimmten Wert q aus. *B:* PDF.NORMAL(eink,2096,1134). Gibt bei jedem Fall für seinen konkreten Wert q in der Variablen EINK die Wahrscheinlichkeitsdichte aus, wenn man davon ausgeht, dass die Daten normalverteilt sind mit dem Mittelwert 2096 und der Standardabweichung 1134. Das wäre z.B. bei einem Fall, der ein Einkommen von 2096 EUR aufweist 0,000352.

Die beiden anderen beziehen sich auf die Verteilungsfunktion.

- *CDF-Funktion.* (Gruppe Verteilungsfunktionen). Gibt die kumulierte Wahrscheinlichkeit dafür an, dass ein Ergebnis < einem bestimmten Wert q eintritt. *B.:* CDF.NORMAL(eink,2096,1134). Gibt bei jedem Fall für seinen konkreten Wert q in der Variablen EINK die Wahrscheinlichkeitsdichte aus, wenn man davon ausgeht, dass die Daten normalverteilt sind mit dem Mittelwert 2096 und der Standardabweichung 1134. Das wäre z.B. für einen Fall, der das Einkommen 2096 hat, 0,5.
- *IDF-Funktion.* (Gruppe: Quantilfunktionen). Gibt umgekehrt für eine Wahrscheinlichkeit p den Wert q aus, unterhalb dessen die kumulierte Wahrscheinlichkeit bei gegebener Verteilung p beträgt. *B.:* IDF.NORMAL(einkcdf, 2096,1134). Gibt bei jedem Fall für seine konkret angegebene kumulierte Wahrscheinlichkeit p den Wert x, unter dem bei der konkreten Verteilung die Wahrscheinlichkeiten auf p kumulieren würden. Im Beispiel stammen die Wahrscheinlichkeiten aus einer Variablen EINKCDF, die mit der CDF-Funktion ge-

bildet wurde. Die Rückrechnung führt wieder zu den Ausgangswerten, die in der Variablen EINK stehen. Ein p-Wert von 0,5 führt z.B. zu einem Wert q = 2096.

- *Signifikanz-Funktion.* (Gruppe: Signifikanz). Ab Version 13 stehen diese Funktionen, allerdings nur für Die Chi-Quadrat und F-Verteilung zur Verfügung. Sie ist komplementär zur CDF-Gruppe, gibt also umgekehrt die kumulierte Wahrscheinlichkeit p oberhalb eines bestimmten Wertes q an. Beispiel: SIG.CHISQ(1,2) ergibt 0,61, das heißt bei einer Chi-Quadrat-Verteilung mit 1 Freiheitsgrad liegen 61% der Fläche oberhalb von q = 2, Dagegen ergibt CDF.CHISQ(1,2) den Wert 0,39, d.h. 39% der Fläche liegen Unterhalt q =2.

Darüber hinaus gibt es für einige Funktionen (BETA, CHISQ, F und T, Varianten für nicht zentrale Verteilungen.

- *NPDF-Funktion.* (Gruppe: Wahrscheinlichkeitsdichten). Gibt wie eine PDF-Funktion die Wahrscheinlichkeit bzw. die Wahrscheinlichkeitsdichte für einen bestimmten Wert q aus. Zu den Parametern dieser Verteilungen aus den PDF-Funktionen kommt jeweils ein Parameter nz für die Nichtzentralität hinzu. Die Nichtzentralität bezieht sich auf die Stelle q. Ein nz von 0 ergibt eine zentrale Verteilung. Mit steigendem nz verschiebt sich die Mitte der Verteilung nach rechts. *Beispiel:* Einem Chi-Quadrat Wert von 3,84 entspricht bei df = 1 in einer zentralen Verteilung (PDF.CHISQ(3.84,1)) eine Wahrscheinlichkeitsdichte von 0,298. In einer nicht zentralen Verteilung mit nz = 1 (NPDF.CHISQ(3.84,1,1)) einer Wahrscheinlichkeitsdichte von 0,665.
- *NCDF-Funktion.* (Gruppe: Verteilungsfunktionen). Gibt wie eine CDF-Funktion die kumulierte Wahrscheinlichkeit dafür an, dass ein Ergebnis < einem bestimmten Wert q eintritt. Zu den Parametern dieser Verteilungen aus den CDF-Funktionen kommt jeweils ein Parameter nz für die Dezentralität hinzu. Dieser muss jeweils größer gleich 0 und kleiner sein als q. *Beispiel:* Bei einer zentralen Chi-Quadrat Verteilung mit df = 1 (CDF.CHISQ(3.84,1)) beträgt die kumulierte Wahrscheinlichkeit aller Wert > 3,84 0,95. Bei einer dezentralen mit nz = 1 (NCDF.CHISQ(3.84,1,1)) dagegen 0,83.

In Abbildung 5.4.a entspricht die Höhe der Säule über einem minimalen Bereich bei q der Wahrscheinlichkeit p dieses Wertes (genauer Wahrscheinlichkeitsdichte eines Minimalintervalls um diesen Wert) (Ergebnis von PDF). Die (grau eingefärbte) Fläche zwischen dem Minimalwert - ∞ und q gibt die kumulierte Wahrscheinlichkeit aller Werte ≤ q (CDF) bzw. der Fußpunkt der Säule den Punkt q, bis zu dem sich die Fläche p erstreckt. Umgekehrt bezeichnet die (weiße) Fläche von dort bis + ∞ die kumulierte Wahrscheinlichkeit aller Werte >q (SIG), wobei SIG die Fläche bei gegebenen q, INV dagegen q bei gegebener Fläche ausgibt. In der Verteilungsfunktion entspricht die linke (grau eingefärbte) Fläche zwischen dem Minimalwert - ∞ und q der kumulierten Wahrscheinlichkeit aller Werte ≤ q (CDF), die (weiße) Fläche von dort bis + ∞ die kumulierte Wahrscheinlichkeit aller Werte >q (ICDF).

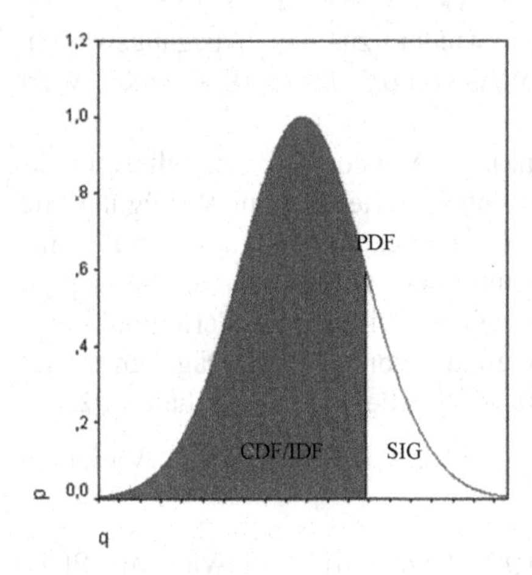

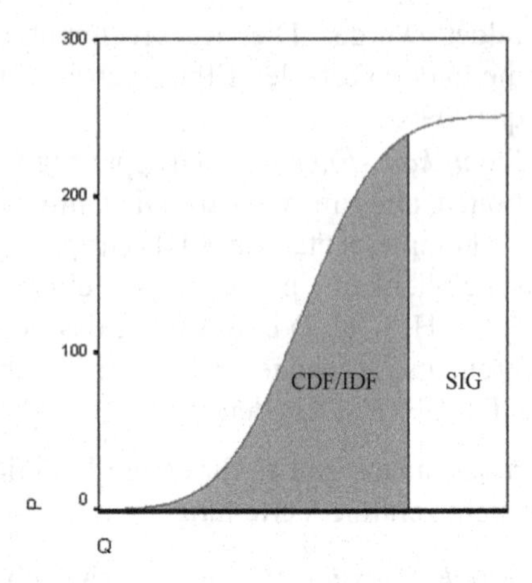

Abb. 5.4.a und b. Wahrscheinlichkeitsdichte- und Verteilungsfunktion einer Normalverteilung

⑧ *String-Funktionen* (Gruppe: String)

Sie beziehen sich auf bereits vorhandene String-Variablen, fassen z.B. zwei Stringvariablen zu einer neuen zusammen, ersetzen Werte durch andere, füllen Strings mit Zeichen auf, entfernen bestimmte Werte, extrahiert einen Teil des Strings oder geben die Länge des Strings als numerischen Wert aus,

⑨ *Funktionen zur Umwandlung (numerisch – string)* (Gruppe: Umwandlung)

Hiermit können String-Variablen in numerische umgewandelt werden und umgekehrt.

5.2 Verwenden von Bedingungsausdrücken

Es kommt häufig vor, dass man in Abhängigkeit von bestimmten Bedingungen Fällen unterschiedliche Werte zuweisen muss. Das ist z.B. der Fall, wenn man eine Gewichtungsvariable konstruiert. In Kap. 2.7 wurde z.B. für unsere Datei mit Hilfe der Gewichtungsvariablen GEWICHT Männern das Gewicht 0,87, Frauen dagegen das Gewicht 1,17 zugewiesen. Der zugewiesene Wert kann auch das Ergebnis einer z.T. umfangreichen Berechnung sein. Auch die Zuweisung von Werten in Abhängigkeit von logischen Bedingungen ist durch Verwendung von Bedingungsausdrücken möglich[2].

Beispiel. Die Daten aus der Schuldnerberatung sollen daraufhin ausgewertet werden, welche Zahlungspläne den Gläubigern angeboten werden können. Die Informationen dazu finden sich in einer Datei KLIENTEN.SAV. Es soll der monatlich zur Zinszahlung und Tilgung eingesetzte Betrag ermittelt und in der Variablen MON_ZAHL (monatlicher Zahlungsbetrag) gespeichert werden. Zur Ermittlung

---

[2] *Hinweis.* Denken Sie daran: Wenn Dezimalzahlen in den Bedingungsausdrücken verwendet werden, muss ein Punkt und nicht ein Komma als Dezimaltrennzeichen gesetzt werden.

von MON_ZAHL stehen die Angaben in EINK (monatliches Einkommen), SOZBED (Sozialhilfebedarf = Pfändungsfreibetrag) und MON_FORD (monatliche Forderung) zur Verfügung.

Der monatliche Zahlungsbetrag ist je nach gegebenen Bedingungen unterschiedlich zu ermitteln. Unterschieden werden drei Fallgruppen:

- Das Einkommen ist geringer oder gleich dem Pfändungsfreibetrag $(\text{EINK} - \text{SOZBED} \leq 0)$. Dann steht überhaupt kein Geld für einen Zahlungsplan zur Verfügung. Die Zielvariable MON_ZAHL bekommt den Wert 0.
- Das Einkommen ist größer als der Pfändungsfreibetrag $(\text{EINK} - \text{SOZBED} > 0)$. Es steht also ein Betrag zur Zahlung zur Verfügung. Allerdings sind hier zwei Fälle zu unterscheiden:
  - Der verfügbare Betrag ist kleiner oder gleich den monatlichen Forderungen $(\text{EINK} - \text{SOZBED} \leq \text{MON\_FORD})$. Dann muss der gesamte Betrag (EINK − SOZBED) für die Zahlung eingesetzt werden.
  - Der verfügbare Betrag ist größer als die monatlichen Forderungen (EINK − SOZBED > MON_FORD). Dann wird nur der zur Begleichung der Forderungen erforderliche Betrag (MON_FORD) eingesetzt.

Für die genannten drei Fallgruppen wird der monatliche Zahlungsbetrag auf Basis eines entsprechenden Bedingungsausdrucks getrennt ermittelt und in die Variable MON_ZAHL eingelesen. Um den Wert für die erste Fallgruppe zu berechnen, gehen Sie wie folgt vor:

▷ Wählen Sie „Transformieren“, „Variable berechnen...“. Es öffnet sich die Dialogbox „Variable berechnen“ (⇨ Abb. 5.1).

▷ Geben Sie in das Eingabefeld „Zielvariable“ den neuen Variablennamen (MON_ZAHL) ein. Und tragen Sie in das Eingabefeld „Numerischer Ausdruck:“ den Wert 0 ein. Demnach wird der neuen Variablen der Wert 0 gegeben, wenn die jetzt zu formulierende Bedingung gilt.

▷ Um die Bedingung zu formulieren, klicken Sie auf die Schaltfläche „Falls...“. Es erscheint die in Abb. 5.5 dargestellte Dialogbox „Variable berechnen: Falls Bedingung erfüllt ist“.

▷ Klicken Sie auf den Optionsschalter „Fall einschließen, wenn Bedingung erfüllt ist“.

▷ Formulieren Sie im Eingabefeld die Bedingung. Dazu können Sie die Variablen, die im Rechnerbereich angegebenen logischen und arithmetischen Zeichen, Klammern und die Funktionen in der bereits oben kennengelernten Form verwenden. Das Eingabefeld der Dialogbox muss dann wie in Abb. 5.5. aussehen.

▷ Bestätigen Sie mit „Weiter“ (der Bedingungsausdruck wird zur Information jetzt auch in der Box „Variable berechnen“ angezeigt) und „OK“. Der Wert 0 wird in der Datenmatrix bei den zutreffenden Fällen eingesetzt. Die anderen Fälle erhalten einen System-Missing-Wert zugewiesen.

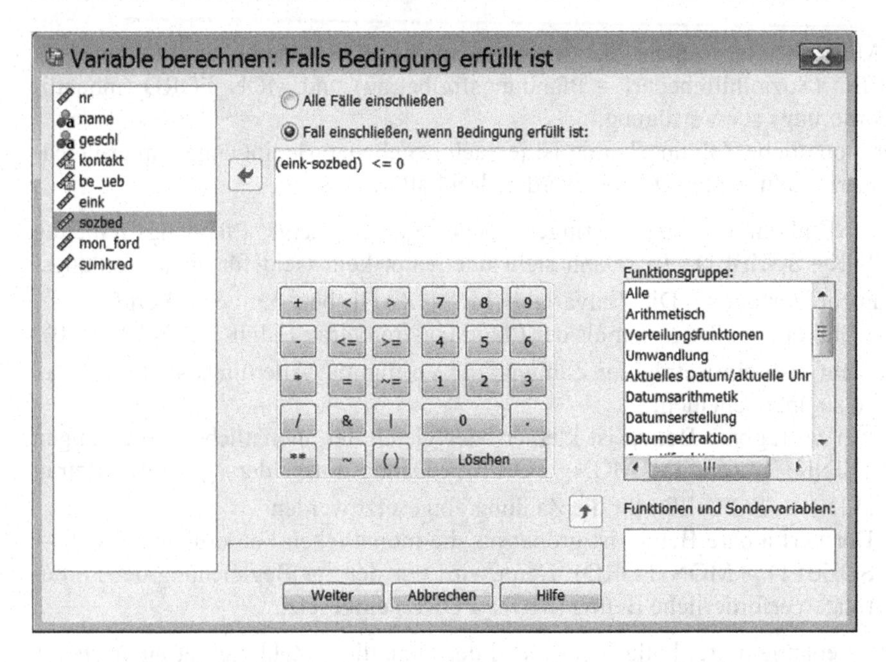

Abb. 5.5. Dialogbox „Variable berechnen: Falls Bedingung erfüllt ist“

Dieselbe Prozedur muss jetzt für die beiden anderen logischen Bedingungen wiederholt werden.

Für die zweite Fallgruppe:

- ▷ Setzen Sie in der Dialogbox „Variable berechnen“ denselben Variablennamen, aber anstelle von 0 in „Numerischer Ausdruck:“ (EINK – SOZBED) ein. Dieser berechnet den später für die zutreffenden Fälle einzutragenden Betrag.
- ▷ Öffnen Sie mit „Falls...“ die Dialogbox „Variable berechnen: Falls Bedingung erfüllt ist“. Wählen Sie die Option „Fall einschließen, wenn Bedingung erfüllt ist“.
- ▷ Geben Sie die komplexere Bedingung ein: ((EINK – SOZBED) > 0) & ((EINK – SOZBED) < MON_FORD). Bestätigen Sie mit „Weiter“ und „OK“. Da neue Werte in eine schon bestehende Variable eingetragen werden sollen, erscheint eine Warnmeldung.
- ▷ Bestätigen Sie mit „OK“, dass Sie eine bestehende Variable verändern wollen. Die neuen Werte werden errechnet und bei den zutreffenden Fällen eingetragen.

Für die dritte Fallgruppe wiederholt sich der gesamte Prozess. Allerdings muss als „Numerischer Ausdruck:“ MON_FORD eingesetzt und als Bedingung: ((EINK – SOZBED)>0) & ((EINK – SOZBED) >= MON_FORD).

Ergänzungen zur Berechnung einer neuen Variablen. Alle neu berechneten Variablen sind per Voreinstellung numerisch. Soll eine Stringvariable berechnet werden, geschieht das über die Dialogbox „Variable berechnen: Typ und Beschriftung“ (⇨ Abb. 5.2). Diese öffnen Sie in der Dialogbox „Variable berechnen“ durch Anklicken der Schaltfläche „Typ und Beschriftung“ (⇨ Abb. 5.1).

Hier kann der Typ in „String" geändert werden. Die voreingestellte Stringlänge acht ist gegebenenfalls abzuändern. (Im jetzt unbenannten Eingabefeld „String" der Dialogbox „Variable berechnen" werden die Stringwerte festgelegt.) Für jede Art von Variablen kann zudem eine Variablenbeschriftung vergeben werden. Dieses wird im Feld „Beschriftung" eingegeben. Man kann aber auch den zur Berechnung der Variablen verwendeten Ausdruck durch Auswahl der Option „Ausdruck als Beschriftung verwenden" zur Etikettierung nutzen. Sollen andere Variablentypen verwendet werden, muss man den Typ der Variablen nachträglich durch Umdefinition im Dateneditor generieren.

Bei der Bildung von Ausdrücken ist weiter zu beachten: Das Dezimalzeichen in Ausdrücken muss immer ein Punkt sein; Werte von Stringvariablen müssen in doppelte oder einfache Anführungszeichen gesetzt werden, enthält der String selbst Anführungszeichen, benutzt man einfache (*Beispiel:* 'BR „Deutschland"'). Argumentlisten sind in Klammern einzuschließen; Argumente müssen durch Kommata getrennt werden. Argumente in Bedingungsausdrücken müssen vollständig sein, d.h. insbesondere, dass bei mehrfacher Verwendung einer Variablen der Variablennamen wiederholt werden muss (*Beispiel:* EINK>0 & EINK<1000; nicht: EINK>0 & <1000).

Startwert für Zufallszahlen. Innerhalb bestimmter Funktionen (*Beispiel:* Normal, Uniform) werden Zufallszahlen verwendet. Diese führen zu wechselnden Ergebnissen. Will man das vermeiden, setzt man mit der Befehlsfolge „Transformieren", „Zufallsgeneratoren", in der Dialogbox „Zufallszahlengenerator" " mit Hilfe des Auswahlkästchens „Anfangswert festlegen" und des Optionsschalters „fester Wert" auswählen einen festen Anfangswert ein (⇨ Kap. 7.4.2).

5.3 Umkodieren von Werten

Wohl am häufigsten werden Daten durch Umkodieren modifiziert. Man benutzt diese Möglichkeit zur Zusammenfassung von Kategorien bzw. Bildung von Klassen bei metrischen Daten. Bisweilen wird man dadurch auch eine ungeeignete Reihenfolge der Kategorien ändern. Beim Umkodieren kann man entweder die Werte einer bestehenden Variablen verändern (Option: „Umkodieren in dieselben Variablen") oder eine neue Variable mit den veränderten Werten erzeugen (Option: „Umkodieren in andere Variablen"). In den meisten Fällen ist es ratsam, eine neue Variable zu erzeugen, um die Ausgangsdaten nicht zu verlieren. Um eine Umkodierung in eine andere Variable vorzunehmen, gehen Sie wie folgt vor:

▷ Wählen Sie die Befehlsfolge „Transformieren", „Umkodieren in andere Variablen..". Es öffnet die Dialogbox „Umkodieren in andere Variablen" (⇨ Abb. 2.15).

Die Dialogboxe für „Umkodieren in dieselben Variablen", die bei Auswahl der gleichnamigen Option erscheint, unterscheidet sich davon nur geringfügig. Während in der letzteren lediglich der Name der umzukodierenden Variablen zu wählen ist, muss in bei der Umkodierung in eine andere Variable natürlich zusätzlich ein Name für die neue Variable in der Gruppe „Ausgabevariable" eingesetzt und mit „Ändern“ bestätigt werden. Das Feld „Eingabevariable → Ausgabevariable:“ ändert die Überschrift in „Numerische Var. → Ausgabevar.:“ und zeigt die so festgelegte Übergabe an. (Beim Umkodieren von String-Variablen heißt das Feld dagegen durchgängig „Zeichenfolgevariable → Ausgabevar.:“.) Zusätzlich kann im Feld „Beschriftung“ eine Variablenbeschriftung für die neue Variable vergeben werden. Die weiteren Schritte sind unabhängig davon, ob die Umkodierung in dieselbe oder in eine neue Variable erfolgt.

▷ Sie können die Umkodierung auf einen Teil der Fälle beschränken (z.B. schließen Sie bei der Umkodierung von Einkommensdaten diejenigen Fälle aus, die kein Einkommen haben). Dies ist durch Verwendung eines Bedingungsausdrucks möglich. Durch Anklicken der Schaltfläche „Falls...“ öffnet sich die Dialogbox „Umkodieren in (dieselbe) eine andere Variablen: Falls Bedingung erfüllt ist“. Diese Dialogboxen haben mit Ausnahme der Überschrift dasselbe Aussehen wie die Dialogbox in Abb. 5.5. Der Bedingungsausdruck wird auf die oben geschilderte Weise gebildet und ausgeführt. Bedenken Sie: Wenn Sie die Umkodierung auf diese Weise auf einen Teil der Fälle beschränken, werden allen anderen Fällen System-Missing-Werte zugewiesen.

▷ Für das eigentliche Umkodieren klicken Sie in der Dialogbox „Umkodieren in dieselbe bzw. in eine andere Variable“ auf die Schaltfläche „Alte und neue Werte...“. Die Dialogbox „Umkodieren in dieselben/andere Variablen: Alte und neue Werte“ erscheint. (⇨ Abb. 5.6. Gegenüber dieser Abbildung fehlen bei „Umkodierung in dieselben Variablen“ die Option „Alte Werte kopieren“ und die beiden Kontrollkästchen für die Umwandlung des Variablentyps.)

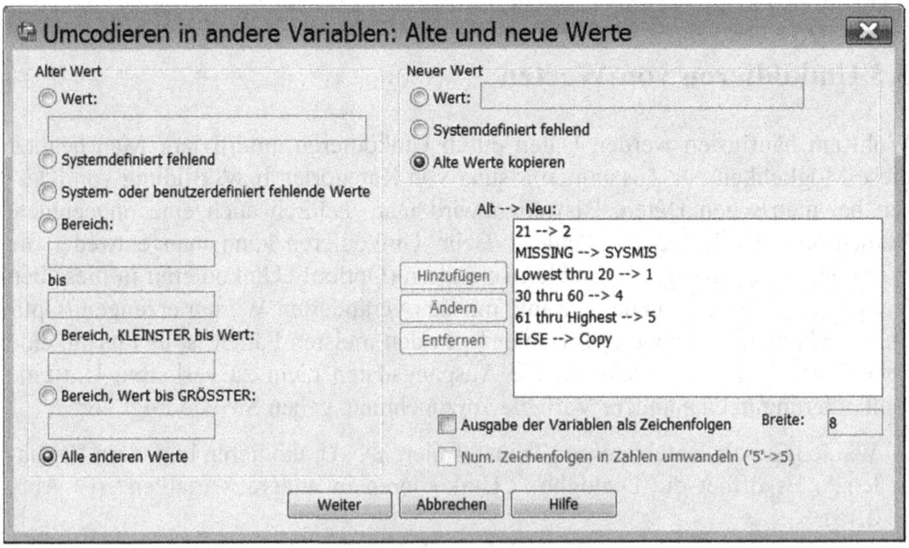

Abb. 5.6. Dialogbox „Umkodieren in andere Variablen: Alte und neue Werte“

In dieser Dialogbox werden die Umkodierungsvorschriften definiert. Da eine Variable mehrere Werte umfasst, sind es in der Regel auch mehrere Umkodierungsvorschriften, die nacheinander definiert werden. Die Dialogbox besteht aus zwei Teilen. Im linken Teil wird jeweils der alte Wert bzw. der alte Wertebereich angegeben, im rechten der neue Wert definiert (es kann sich hier nur um einen Einzelwert, keinen Wertebereich handeln). Durch Anklicken von „Hinzufügen" wird die Definition abgeschlossen und das Ergebnis der jeweiligen Umkodierungsvorschrift im Feld „Alt → Neu:" angezeigt. (Die Anzeige erfolgt unter Benutzung der englischen Begriffe aus der Syntaxsprache.) Dies wird so lange wiederholt, bis alle alten Werte umdefiniert sind. Beachten Sie: Wenn Sie in eine neue Variable umkodieren, werden alle nicht umdefinierten Werte in System-Missing-Werte umgewandelt. Sie müssen also auch solche Werte umkodieren, für die sie die alten Werte beibehalten wollen. (Das gilt jedoch nicht für Umkodierung in dieselbe Variable.)

Angeben der Ausgangswerte (alte Werte).

- *Wert.* Benutzt man für die Umkodierung einzelner Werte (z.B. 12 soll zu 2 werden).
- *Bereich.* Benutzt man, wenn mehrere nebeneinander liegende Werte einen gemeinsamen neuen Wert erhalten sollen. (*Beispiel:* 30 bis 60 soll 4 ergeben.) Für offene Randklassen kann man die zwei Varianten benutzen, die jeweils vom kleinsten bis zu einem nutzerdefinierten oberen bzw. vom größten bis zu einem nutzerdefinierten unteren Wert reichen (*Beispiel:* Kleinster Wert bis 20 soll 1, 60 bis größter Wert soll 5 werden).
- *Alle anderen Werte.* Vereinfacht die Zuordnung nicht zusammenhängender Werte zu einem neuen Wert. (*Beispiel:* Man hat alle Werte bis auf die Werte zwischen 22 und 29 umkodiert. Diese sollen unter dem neuen Wert 3 zusammengefasst werden.)
- Außerdem gibt es zwei Optionen, mit denen man systemdefinierte fehlende Werte bzw. alle fehlende Werte zusammen als umzudefinierende Werte deklarieren kann.[3]

Festlegen der neuen Werte. Auch für die Festlegung der neuen Werte stehen drei Möglichkeiten zur Verfügung:

- *Wert.* Man klickt auf den Optionsschalter und gibt den neuen Wert im Eingabefeld ein (Wertbereiche sind nicht möglich). Diese Möglichkeit wird für die überwiegende Zahl der Umkodierungen benutzt.
- *Systemdefiniert fehlend.* Werte kann man nur durch Auswahl dieser Option in systemdefinierte fehlende Werte umwandeln.
- *Alte Werte kopieren.* Bei Anklicken dieses Optionsschalters kopiert man die alten Werte für den in „Alter Wert" ausgewählten Bereich.

In Abb. 5.6 finden sich Anweisungen zur Umkodierung einer Altersvariablen. Die wichtigsten Varianten sind darin enthalten. Zum Zwecke der Demonstration wurden auch unzweckmäßige Kodierungen vorgenommen. Die erste Anweisung macht aus allen fehlenden Werten (system- und nutzerdefinierten) System-

---

[3] Sollen nutzerdefinierte fehlende Werte als fehlende Werte erhalten bleiben, darf aber vorher nicht ein Bereich umkodiert werden, in den dieser Wert fällt. Erhalten Sie diesen Wert als eigenen Wert und definieren Sie ihn anschließend wieder als nutzerdefiniert oder systemdefiniert fehlend.

Missing-Werte, die zweite verschlüsselt den einzelnen Wert 21 als neuen Wert 2. Die dritte Anweisung überführt den Wertebereich vom kleinsten (Lowest) Wert bis 20 in 1, die nächste den Bereich 30 bis 60 in 4, die nächste von 60 bis zum größten Wert (Highest) in 5. Schließlich werden alle noch nicht umkodierten Werte (ELSE) kopiert, d.h. mit ihrem alten Wert übernommen (es handelt sich im Beispiel um die Werte 22 bis 29).

Umwandeln des Variablentyps (nur bei Umkodierung in eine neue Variable). Schließlich bietet die Dialogbox auch noch die Möglichkeit, durch Anklicken der entsprechenden Kontrollkästchen bei der Umkodierung eine Umwandlung von numerischen in Stringvariablen (Stringlänge muss festgelegt werden) oder von (numerischen) Stringvariablen in numerische vorzunehmen. Eine numerische Stringvariable enthält Zahlen im Stringformat. Im letzten Falle reicht es, einen einzigen Wert umzukodieren und das zutreffende Kästchen anzukreuzen. Dann werden alle Werte in numerische umgewandelt. (Beides ist auch im Menü „Berechnen" mit Hilfe von String-Funktionen möglich.)

5.4 Klassifizieren und Kategorisieren von Daten

Mit „Visuelle Klassierung" verfügt SPSS über ein weiteres Menü zum Umkodieren von Daten (das Vorgängermenü ab Version 12 hieß „Bereichseinteiler"). Das Menü dient insbesondere dazu, Variablenwerte metrischer oder ordinalskalierter Variablen zu einer kleineren Zahl von Klassen bzw. Kategorien zusammenzufassen. Solche Zusammenfassung kann die Übersichtlichkeit der Daten erhöhen, ist aber vor allen auch dann nötig, wenn ein statistisches Verfahren kategorisierte Daten voraussetzt. Z.B. verlangt eine Varianzanalyse, bei der Alter die unabhängige und Einkommen die abhängige Variable sein soll, dass die unabhängige Variable Alter in eine beschränkte Zahl vergleichbarer Gruppen kategorisiert ist. Dies wäre auch durch die Prozeduren „Umkodieren" oder „Berechnen" erreichbar. Die Prozedur „Visuelles Klassieren" löst die Aufgabe aber besonders elegant. Die Umkodierung kann bei Variablen mit sehr vielen Ausprägungen, insbesondere bei metrischen Variablen mit „Visuelles Klassieren" wesentlich einfacher erfolgen als mit den Menüs „Umkodieren" oder „Berechnen". Das Verfahren soll am Beispiel der Variablen EINK und HHEINK der Datei ALLBUS90.SAV erläutert werden.

▷ Öffnen Sie die Datei ALLBUS90.SAV. Wählen Sie „Transformieren", „Visuelle Klassierung". Es öffnet sich die Dialogbox „Visuelle Klassierung" (⇨ Abb.5.7). Im Feld Variablen finden Sie alle metrischen und ordinalen Variablen der Arbeitsdatei.

▷ Übertragen Sie die Variablen, die Sie umkodieren möchten, in das Feld „Variablen für Klassierung:" (im Beispiel sind dies EINK und HHEINK). Das Programm wird später auf Basis der Werte aller tatsächlich existierenden Fälle die Klassifizierung vornehmen. Enthält die Datei sehr viele Fälle, kann es sinnvoll sein, die Zahl der analysierten Fälle zu beschränken. Dies geschieht durch Anklicken des Auswahlkästchens „Anzahl der durchsuchten Fälle beschränken auf" und Eingabe einer Zahl (z.B. 300). Dann werden nur die ersten Fälle bis zur angegebenen Fallzahl für die Bereichseinteilung genutzt.

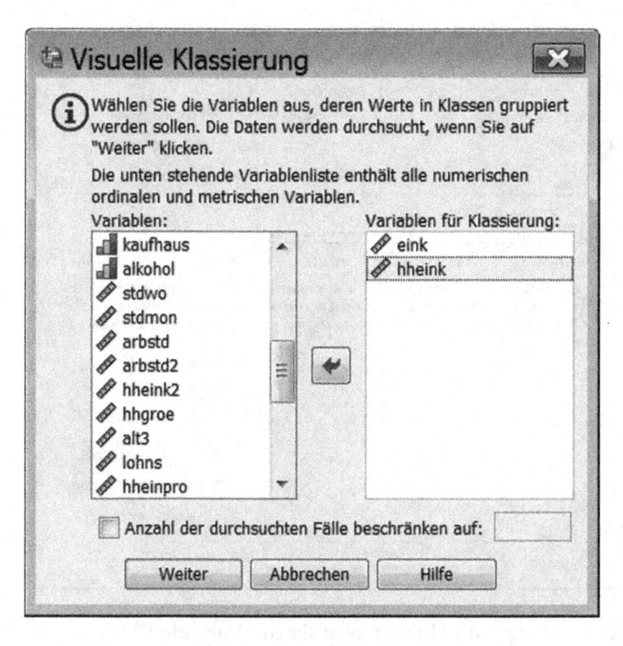

Abb. 5.7. Dialogbox „Visuelles Klassieren“

▷ Mit „Weiter“ öffnen Sie eine weitere Dialogbox, die ebenfalls „Visuelle Klassierung“ überschrieben ist (⇨ Abb. 5.8). Dort markieren Sie im Feld „Variablen“ die erste der umzukodierenden Variablen (diese wird zunächst umkodiert, später folgen die weiteren Variablen). Damit geschieht folgendes: Im Feld „Nicht fehlende Werte“ erscheint ein Histogramm der Verteilung der ausgewählten Variable. Außerdem wird der kleinste (Minimum) und größte (Maximum) vorgefundene Wert in den dazugehörigen Feldern angezeigt und in zwei weiteren die Zahl der durchsuchten Fälle und der fehlenden Werte. Im Feld „Gitter:“ ist schon die Bezeichnung für einen der späteren Klassen (Hoch) eingetragen. Der Optionsschalter „Eingeschlossen“ im Feld „Obere Eckpunkte“ ist ausgewählt. Dies bewirkt, dass bei der Klassenbildung der obere angezeigte Wert der Klasse zugeordnet wird. So gehört bei einer Klasse 1001 bis 2000 der Wert 2000 in diese Klasse. Sie können das ändern, indem Sie die Option „Ausgeschlossen“ wählen. In diesem Falle würde der Wert 2000 nicht mehr in diese Klasse fallen. Die später automatisch gebildeten Wertebeschriftungen für die Klassen berücksichtigen die ausgewählte Option.

▷ Tragen Sie in das Feld „Name“, bei „Klassierte Variable:“ einen Namen für die neue Variable ein (die alte Variable bleibt erhalten) und ändern Sie gegebenenfalls noch die Variablenbeschriftung.

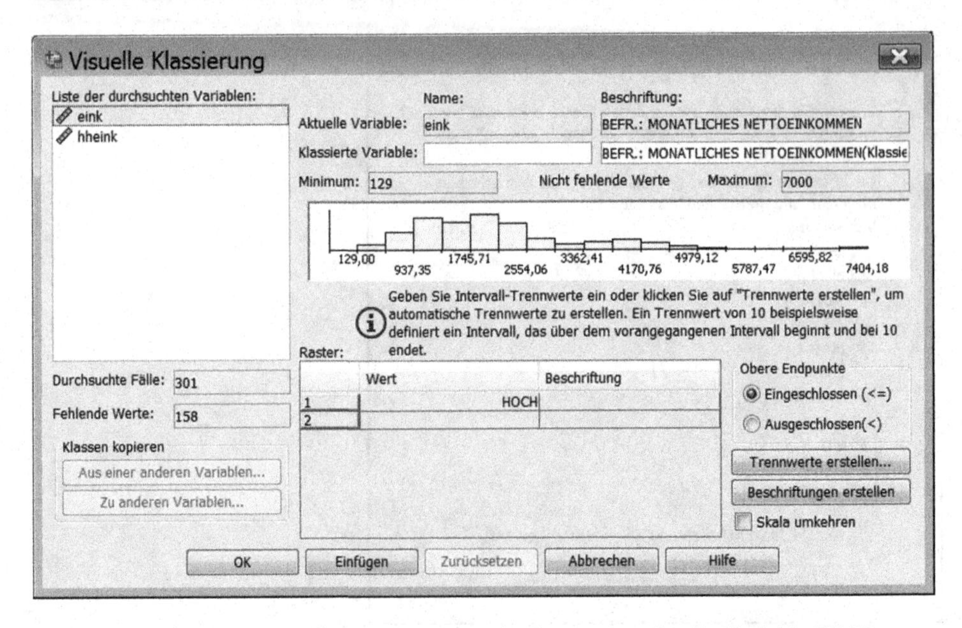

Abb. 5.8. Dialogbox „Visuelle Klassierung" mit Histogramm für die Variable EINK

Jetzt kann die Umkodierung erfolgen.

▷ Klicken Sie auf die Schaltfläche „Trennwerte erstellen…". Es erscheint die Dialogbox „Trennwerte erstellen" (⇨ Abb. 5.9).

Abb. 5.9. Dialogbox „Trennwerte erstellen"

Dort können Sie aus drei Möglichkeiten für die Klassenbildung wählen:

❒ *Intervalle mit gleicher Breite*. Die Variable wird in Klassen gleicher Breite eingeteilt. Sie bestimmen durch Eingabe in das Feld „Position des ersten Trennwertes", wo die erste Klasse enden soll. Mit einer Eingabe in das Feld „Anzahl der Trennwerte:" bestimmen Sie, wie viele Klassen eingeteilt werden (es ist immer eine mehr als die Zahl der Trennwerte). Durch Eingabe in das Feld „Breite" kann die Klassenbreite festgelegt werden. Der Nutzer kann allerdings immer nur zwei dieser drei Werte selbst bestimmen. Der dritte wird automatisch errechnet, sobald man mit der linken Maustaste in das noch offene Feld klickt. Als Ergebnis dieser Option bildet SPSS die vorgegebene Zahl von Klassen gleicher Breite (evtl. mit Ausnahme der ersten Klasse).

❒ *Gleiche Perzentile auf der Grundlage der durchsuchten Fälle.* Damit kann man Klassen mit gleich großer Fallzahl (also nicht gleicher Breite) bilden, etwa 10 Klassen mit jeweils 10 Prozent der Fälle oder 4 Klassen mit jeweils 25% der Fälle. Welche Perzentile genutzt werden, bestimmt man entweder durch Eintragen in das Kästchen „Breite (%)" oder durch Eintragen in das Kästchen „Anzahl der Trennwerte". Das jeweils andere Kästchen füllt sich automatisch aus. Will man z.B. vier Gruppen mit gleicher Fallzahl bilden, trägt man entweder in „Breite (%)" 25% ein oder in „Anzahl der Trennwerte" die Zahl 3. (Zu beachten ist, dass das Programm nur mit den tatsächlich vorhandenen Werten arbeitet. Bei grober Einteilung kann es deshalb sein, dass die Zahl der Fälle, die in eine Klasse fallen, erheblich von der angestrebten Zahl abweicht).

❒ Trennwerte bei Mittelwert und ausgewählten Standardabweichungen auf Grundlage der durchsuchten Fälle. Hier werden die Gruppen so gebildet, dass ein Trennwert beim Mittelwert und weitere Trennwerte bei jeweils ± 1 Standardabweichung und/oder ±2 Standardabweichungen und/oder ± 3 Standardabweichungen liegen. Aufgrund der Eigenschaften dieser Maße weiß man bei Vorliegen einer Normalverteilung, dass wenn z.B. ± 1 Standardabweichungen gewählt wird, in den beiden inneren Klassen zusammen 68,27% (jeweils 34,135 % in jeder Klasse) der Fälle liegen, in den beiden äußeren zusammen 31,73% (jeweils 15,865 % in jeder Klasse).

▷ Starten Sie die Umkodierung mit „Anwenden". Es erscheint wiederum die Dialogbox „Visuelle Klassierung" (⇨ Abb. 5.10). Jetzt sind aber die neu gebildeten Klassen auf zweierlei Weise eingetragen. Erstens erscheinen Sie als Trennlinien im Histogramm. Zweitens sind ihre Obergrenzen im Feld „Gitter:" in der Spalte „Wert" eingetragen. (Auch hier gilt, dass bei grober Einteilung der Ausgangsskala die Zahl der tatsächlich in eine Klasse gehörenden Fälle erheblich vom angestrebten Anteil abweicht.)

▷ Als Nächstes lassen wir den Werten noch automatisch gebildete Beschriftungen zuweisen. Klicken Sie auf „Beschriftung erstellen". Die Beschriftungen erscheinen automatisch in der Spalte „Beschriftung" im Feld „Raster". Sie kennzeichnen jeweils den Bereich der Klasse.

Man kann die automatisch erstellten Beschriftungen jederzeit überschreiben. Man kann vor allem auch die Klassengrenzen nachträglich ändern. Das wird man in erster Linie nutzen, wenn man Klassen ungleicher Breite erstellen will. Dann überarbeitet man die zunächst automatisch erstellten Klassen gleicher Breite. Das ist auf zwei Arten möglich. *Erstens*: Man markiert im Histogramm eine Grenzlinie und kann sie dann verschieben. Die Werte im Feld „Raster" werden automatisch angepasst. (Achtung: die Beschriftungen werden nicht automatisch angepasst. Sie müssen manuell nachbearbeitet werden.) *Zweitens*: Man markiert im Feld „Raster", Spalte „Wert" den zu ändernden Wert und überschreibt ihn. (Wiederum passt sich die Beschriftung nicht automatisch an.)

Man kann auch nach Drücken der rechten Maustaste im erscheinenden Kontextmenü mit der Option „Zeile löschen" Werte löschen. Dagegen können keine neuen Werte manuell hinzugefügt werden.

Wird das Auswahlkästchen „Skala umkehren" angekreuzt, hat das zur Folge, dass umgekehrt zur normalen Folge die Kategorien mit den höheren Werten zuerst und diejenigen mit den niedrigeren später angeordnet werden. In der Dialogbox ist diese Änderung nicht zu erkennen, wirkt sich aber bei der Reihenfolge der Kategorien bei Tabellenausgaben etc. aus.

⊳ Mit „OK" schließen Sie die Umkodierung ab. SPSS meldet, wie viel neue Variablen erstellt werden und hängt diese an die Datendatei an.

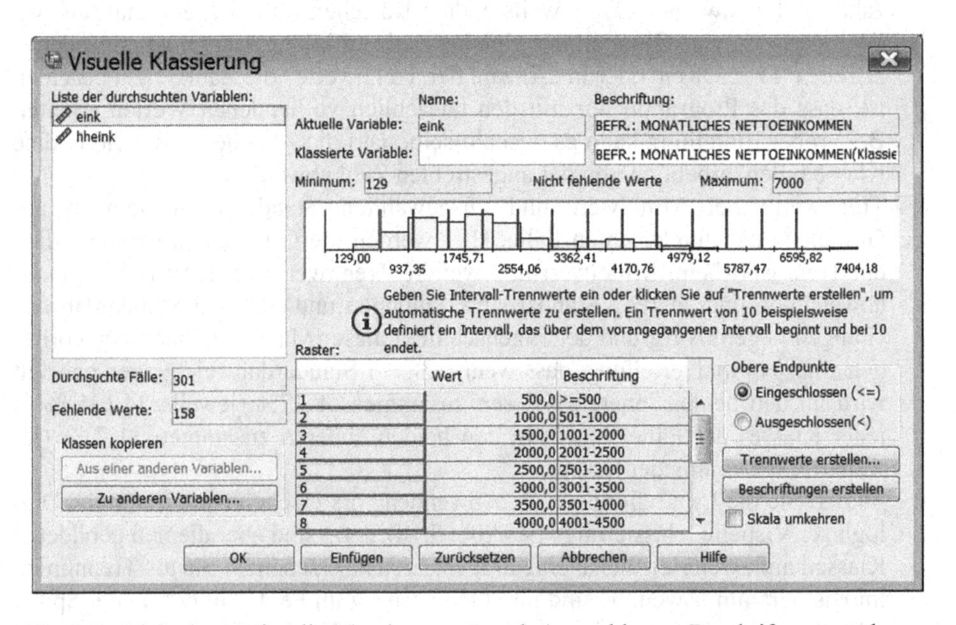

Abb. 5.10. Dialogbox „Visuelle Klassiereumg" nach Auswahl von „Beschriftung erstellen"

Mehrere Variablen gleichzeitig umkodieren. Wenn Sie mehrere Variablen gleichzeitig mit „Visuelles Klassieren" umkodieren, haben Sie zusätzlich die Möglichkeit, die für eine Variable entwickelten Kategorien auf andere in der „Liste der durchsuchten Variablen:" enthaltenen Variablen zu übertragen (z.B. von EINK auf HHEINK). Markieren Sie dazu die Variable, deren Kategorieneinteilung übertragen werden soll (hier EINK) und klicken Sie auf die Schaltfläche „Auf andere Variablen". Es erscheint ein Dialogfeld „Klassen aus ‚Aktuell' kopieren" mit einer Liste der anderen Variablen. Markieren Sie alle Variablen, auf die die Klasseneinteilung übertragen werden soll und führen Sie den Befehl durch Anklicken der Schaltfläche „Kopieren“ aus.

Es ist auch umgekehrt möglich, erst die Variable zu markieren, auf die eine Bereichsdefinition übertragen werden soll. Man klickt dann in der Dialogbox „Bereichseinteiler“ auf die Schaltfläche „Aus einer anderen Variablen“ und wählt in der sich öffnenden Dialogbox „Klassen in ‚Aktuell‘ kopieren“ nun die Variable aus, von der aus die Bereichsdefinition übertragen werden soll. (Wurden Bereiche nach Perzentilen oder Standardabweichungen gebildet, ist zu beachten, dass die absoluten Klassengrenzen kopiert werden. D.h., dass nur in der Ausgangsvariablen die gewünschten anteiligen Fallzahlen gegeben sind, es sei denn, die Verteilungen stimmen zufällig überein.)

5.5 Zählen des Auftretens bestimmter Werte

Unter Umständen kann es von Interesse sein, eine neue Variable zu bilden, in der das Auftreten desselben Wertes oder derselben Werte über mehrere Variablen ausgezählt ist. *Beispiel.* In der Datei ALLBUS90.SAV sind vier Variablen gespeichert, die erfassen, wie Befragte bestimmte Arten „kriminellen“ Verhaltens beurteilen, nämlich Steuerbetrug (STEUERA), Schwarzfahren (SCHWARZ), Kaufhausdiebstahl (KAUFHAUS), Alkohol am Steuer (ALKOHOL). Alle vier Variablen sind mit den Werten 1 = „sehr schlimm“, 2 = „ziemlich schlimm“, 3 = „weniger schlimm“ und 4 = „überhaupt nicht schlimm“ verschlüsselt. Durch Zusammenfassung der Angaben soll eine neue Variable moralischer Rigorismus (MORAL) gewonnen werden. Es wird jemand als moralisch umso rigoroser angesehen, je mehr Fragen er mit „sehr schlimm“ (=1) beantwortet hat. Die neuen Werte können von 4 = „sehr rigoros“ bis 0 = „gar keine moralischen Ansprüche“ schwanken. Um eine solche Zählvariable zu bilden laden Sie ALLBUS90 und gehen wie folgt vor:

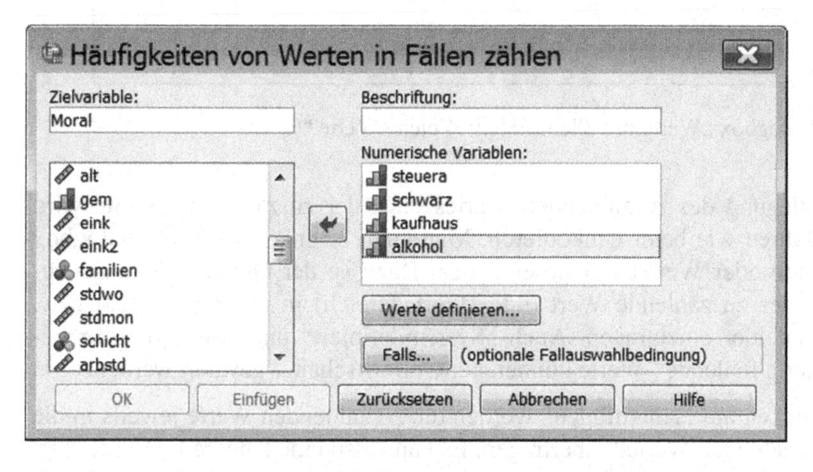

Abb. 5.11. Dialogbox „Häufigkeiten von Werten in Fällen zählen“

▷ Wählen Sie „Transformieren“ und „Werte in Fällen zählen...“. Die Dialogbox „Häufigkeiten von Werten in Fällen zählen“ (⇨ Abb. 5.11) öffnet sich.

- ▷ Geben Sie den Namen der neuen Variablen (hier: MORAL) im Eingabefeld „Zielvariable:“ ein.
- ▷ Geben Sie, wenn gewünscht, eine Beschriftung für die Zielvariable im Feld „Beschriftung“ ein.
- ▷ Übertragen Sie die Variablen, über die das Auftreten des Wertes ausgezählt werden soll, aus der Quellvariablenliste in das Eingabefeld „Variablen:“. Es ändert damit seinen Namen je nach Variablenart in „Numerische Variablen:“ oder „String-Variablen:“.
- ▷ Klicken Sie auf „Werte definieren“. Die Dialogbox „Werte in Fällen zählen: Welche Werte?“ erscheint (⇨ Abb. 5.12).
- ▷ Legen Sie hier fest, für welchen Wert/welche Werte die Häufigkeit des Vorkommens ausgezählt werden soll (hier: 1).

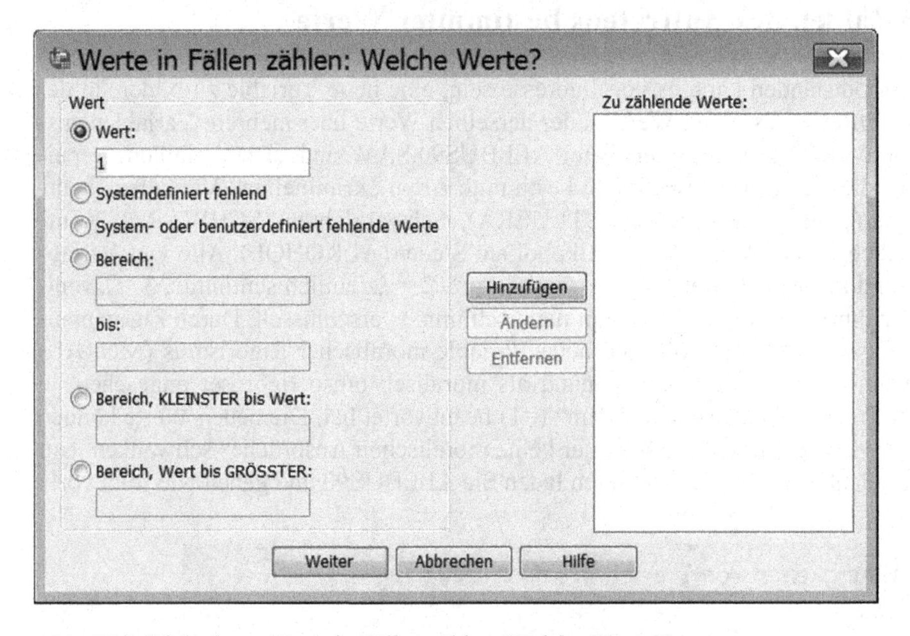

Abb. 5.12. Dialogbox „Werte in Fällen zählen: Welche Werte?“

Bei der Festlegung des zu zählenden Wertes bzw. der zu zählenden Werte wird ähnlich verfahren wie beim Umkodieren. Man kann in linken Teil der Dialogbox einzelne Werte oder Wertebereiche eingeben. Dazu ist der Optionsschalter anzuklicken und der zu zählende Wert (oder Wertebereich) in ein Eingabefeld bzw. zwei Eingabefelder einzutragen. Auch „Systemdefiniert“ und „System- oder benutzerdefinierte fehlende“-Werte können per Optionsschalter gewählt werden.

- ▷ Durch Klicken auf „Hinzufügen“ werden die zu zählenden Werte jeweils in die Liste „Zu zählende Werte:“ übertragen. Es kann also eine längere Liste definiert werden.

Es wird immer nur festgestellt, ob irgendeiner der genannten Werte (logisches Oder) in der Variablen auftritt. Ist das der Fall, wird der Zähler um 1 nach oben gesetzt. In unserem Beispiel wird für jeden Fall ausgezählt, wie häufig in den vier

Variablen eine 1 auftritt. Das kann keinmal bis viermal sein. Ergebniswerte sind 0 bis 4. Hätten wir als zu zählende Werte 1 und 2 eingesetzt, würde für jeden Befragten ausgezählt werden, wie häufig in den vier Variablen eine 1 oder eine 2 auftritt. Ergebniswerte können nach wie vor 0 bis 4 sein. Allerdings wird z.B. 4 häufiger auftreten, weil ja alle Fälle, die vier Mal 1 oder 2 angegeben haben, diesen Wert erhalten.

Beschränken auf eine Teilmenge der Fälle. Gegebenenfalls können Sie das Auszählen auf einen Teil der Fälle beschränken. Dazu klicken Sie auf die Schaltfläche „Falls...". Es erscheint Dialogbox „Zählen: Falls Bedingung erfüllt ist". Definieren Sie dort auf die bekannte Art einen Bedingungsausdruck.

5.6 Transformieren in Rangwerte

Manchmal kann es von Interesse sein, für die Analyse anstelle der ursprünglichen Messwerte die Rangplätze der Fälle zu verwenden. Das heißt, man setzt anstelle des ursprünglichen Messwertes für einen Fall den Rang, den diese Untersuchungseinheit in einer nach den Messwerten geordneten Reihe der Fälle einnimmt. Will man z.B. auf Ordinalskalenniveau gemessene Variablen miteinander korrelieren, ist das unerlässlich. Dasselbe gilt, wenn Signifikanztests für solche Daten durchgeführt werden. SPSS führt allerdings bei Verwendung entsprechender Statistiken die Rangtransformation automatisch durch, so dass nicht unbedingt die Rangtransformationsoption zur Anwendung kommen muss. Es kann aber auch sein, dass die Informationen, die man aus Rangplätzen gewinnt, aufschlussreicher als die originären Messdaten sind. So interessiert z.B. am Ergebnis einer Leistungsmessung weniger der Wert, den eine Person auf der entsprechenden Skala erlangt, als die relative Position, die diese Person innerhalb einer Population einnimmt. Das Untermenü „Rangfolge bilden..." bietet eine Reihe unterschiedlicher Möglichkeiten, Messwerte in absolute oder relative Rangplätze umzuwandeln oder auch in Perzentilgruppen einzuordnen.

Zur Illustration seien die Noten von neun Schülern einer Klasse in einem Fach herangezogen (Datei NOTEN.SAV). Sie sehen die Noten in der ersten Spalte von Abb. 5.15. In der zweiten Spalte sehen Sie das Geschlecht der Schüler(innen). Um die Noten in Rangplätze umzuwandeln, gehen Sie wie folgt vor:

▷ Wählen Sie die Befehlsfolge „Transformieren" und "Rangfolge bilden...". Die Dialogbox „Rangfolge bilden" (⇨ Abb. 5.13) erscheint.

▷ Übertragen Sie den Namen der Variablen, für deren Werte die Transformation vorgenommen werden soll, in das Feld „Variable(n):"

▷ Sie können jetzt in der Gruppe „Rang 1 zuweisen" bestimmen, in welcher Richtung die Fälle geordnet werden sollen.

- ❒ *Kleinstem Wert.* Der Fall mit dem kleinsten Wert erhält den Rang 1 (im Beispiel der Fall mit der Note 1).
- ❒ *Größtem Wert.* Der Fall mit dem größten Wert erhält den Rang 1 (im Beispiel der Fall mit der Note 4).

▷ Anklicken des Kontrollkästchens „Zusammenfassung anzeigen" sorgt dafür, dass im Ausgabefenster eine Meldung darüber erfolgt, welche Variable in welche neue Variable nach welcher Funktion transformiert wurde (⇨ Beispiel).

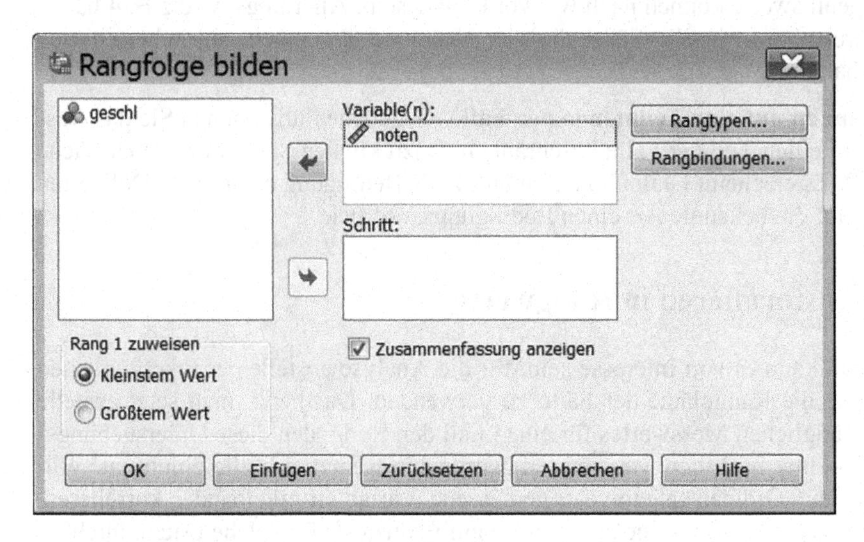

Abb. 5.13. Dialogbox „Rangfolge bilden"

Beispiel:

Erzeugte Variablen[b]

Quellvariable	Funktion	Neue Variable	Label
noten[a]	Rang	Rnoten	Rank of noten

Per Voreinstellung werden die Werte in absolute Rangplätze transformiert. Bei *Bindungen*, d.h. Fällen mit gleichem Wert, wird jedem Fall der mittlere Rangplatz all dieser Fälle zugeordnet. Die transformierten Werte werden automatisch in einer neuen Variablen gespeichert. Dieser wird automatisch ein neuer Variablennamen zugeordnet. Er besteht aus dem alten Namen und einem bzw. mehreren vorangestellten Buchstaben, die das zur Transformation verwendete Verfahren symbolisieren oder, wenn der Name bereits vergeben ist, diesem/diesen Buchstaben mit einer nachgestellten Ziffernfolge (beginnend mit 001). Außerdem wird eine Beschriftung vergeben. Sollen andere als der voreingestellte Rangtyp benutzt werden oder sollen Bindungen anders behandelt werden, muss durch Klicken auf „Rangtypen..." bzw. „Rangbindungen..." eine Auswahl erfolgen.

Rangtypen. Um einen Rangtyp auszuwählen, gehen Sie wie folgt vor:

▷ Klicken Sie auf die Schaltfläche „Rangtypen...". Die Dialogbox „Rangfolge bilden: Typen" erscheint. Sie können durch Anklicken der Auswahlkästchen die gewünschten Rangtypen auswählen. (In Abb. 5.14. wurden alle ausgewählt. Das Ergebnis ist in Abb. 5.15 zu sehen.)

Die verschiedenen Typen werden anhand des ersten Falles (Schülers) in Abb. 5.11 erläutert. Typen sind:

- *Rang* (Voreinstellung). Absoluter Rangwert. (RNOTEN. Fall 1 hat den Rang 3).
- *Savage-Wert.* Rangplätze, die auf einer Exponentialverteilung basieren. (SNOTEN. Die Rangplätze werden in Exponentialscores umgewandelt. Im Beispiel laufen diese von –0,8889 für den Rangplatz 1 bis 1,829 für den Rangplatz 9. Fall 1 bekommt den Score –0,6210).
- *Relative Ränge.* Der Rangplatz wird durch die Zahl der gültigen Fälle dividiert (RFR001. Fall 1 = Rang 3 dividiert durch 9 = 0,3333).
- Prozentränge Dasselbe, multipliziert mit 100. (PNOTEN. Fall 1 = $3/9*100=33,33$). In beiden Fällen geht es um relative Rangplätze. Jeweils wird angegeben, welche relative Position ein Fall in der Population einnimmt. 33,33% besagt z.B., dass ein Drittel der Population einen geringeren Rangplatz hat.

Abb. 5.14. Dialogbox „Rangfolge bilden: Typen“ nach Anklicken von „Mehr>>“

- *Summe der Fallgewichtungen.* Interessiert nur dann, wenn die Ränge für Untergruppen vergeben werden. Die Untergruppen werden durch Eingabe einer Gruppierungsvariablen in das Eingabefeld „Nach:“ gebildet. Dann ermittelt jede Art der Rangbildung den Rang eines Falles immer nur als Rang innerhalb seiner Untergruppe. Die Auswahl der Option „Summe der Fallgewichtungen“ sorgt dafür, dass die Zahl der Fälle in der jeweiligen Untergruppe (die Fallgewichte) ausgegeben wird (N0001). (In unserem Beispiel existiert nur eine Gruppe von 9 Fällen, deshalb hat jeder Fall als Summe der Fallgewichte 9.)
- *N-Perzentile.* Der Benutzer legt durch Eintrag in das Eingabefeld fest, in wie viele Perzentilgruppen er die Population eingeteilt haben will (Voreinstellung 4). Jeder Fall bekommt den Wert der Perzentilgruppe zugewiesen, der er zugehört. (NNOTEN. Im Beispiel wurden vier Perzentilgruppen gewählt. Fall 1 fällt mit der Note 2 ins zweite Viertel, also die Perzentilgruppe 2.)

	noten	geschl	Pnoten	Rnoten	Snoten	Nnoten	RFR001	PER001	N001
1	2,00	2,00	,2838	3,000	-,6210	2	,3333	33,33	9
2	1,00	1,00	,0676	1,000	-,8889	1	,1111	11,11	9
3	2,50	1,00	,4459	4,500	-,3544	2	,5000	50,00	9
4	3,00	2,00	,6622	6,500	,1623	3	,7222	72,22	9
5	2,50	2,00	,4459	4,500	-,3544	2	,5000	50,00	9
6	3,00	1,00	,6622	6,500	,1623	3	,7222	72,22	9
7	4,00	1,00	,9324	9,000	1,8290	4	1,0000	100,00	9

Abb. 5.15. Ausgangsdaten und transformierte Werte der Datei NOTEN.SAV.

Rangtransformationen unter Annahme einer Normalverteilung. Durch Anklicken der Schaltfläche „Mehr>>„ in der Dialogbox „Rangfolge bilden: Typen" werden in einem zusätzlichen Bereich am unteren Rande der Dialogbox zwei weitere Rangtypen verfügbar. Es geht dabei um kumulierte Anteile unter der Voraussetzung, dass man eine Normalverteilung der Daten unterstellen kann:

❒ *Anteilsschätzungen.*
❒ *Normalrangwerte.* Angabe der Anteilswerte in Form von z-Scores.

Für die Schätzung beider Arten von Werten können vier verschiedene Berechnungsarten verwendet werden: „Blom", „Tukey", „Rankit" und „Van der Waerden". Alle vier Verfahren schätzen den kumulativen Anteil für einen Rangwert als Anteil der Fläche unter der Normalverteilungskurve bis zu diesem Rang. Dabei werden etwas unterschiedliche Formeln verwendet, die zu leicht differierenden Ergebnissen führen. Formeln und Beispielsberechnungen der folgenden Übersicht beziehen sich auf Anteilsschätzungen.

- *Blom.* $(r - 3/8)/(n + 1/4)$. Dabei ist r der Rangplatz, n die Anzahl der Beobachtungen. *Beispiel:* Fall 1 hat, wie oben gesehen, den Rangplatz 3. Die Zahl der Fälle (n) beträgt 9. Also beträgt die Anteilsschätzung für den ersten Fall $(3 - 3/8)/(9 + 1/4) = 2{,}625/9{,}25 = 0{,}2838$.
- *Tukey.* $(r - 1/3)/(n + 1/3)$. Im Beispiel $(3 - 1/3)/(9 + 1/3) = 0{,}2857$.
- *Rankit.* $(r - 1/2)/n$. Im Beispiel $(3 - 0{,}5)/9 = 0{,}2778$.
- *Van der Waerden.* $r/(n + 1)$. Im Beispiel: $3/(9 + 1) = 0{,}30$.

Normalrangwerte. Die Berechnung der Normalrangwerte basiert auf den Anteilsschätzungen. In einer Tabelle der Standardnormalverteilung kann abgelesen werden, bei welchem z-Wert der geschätzte kumulierte Anteil der Fläche unter der Kurve erreicht wird. Illustriert sei das für den ersten Fall für das Verfahren nach Blom. Für den ersten Fall betrug der kumulierte Anteil 0,2838. Aus einer hinreichend genauen Tabelle der Standardnormalverteilung kann man ablesen, dass diesem Anteil ein z-Wert von 0,5716 entspricht, der, da er links der Kurvenmitte liegt, negativ sein muss.

Rangbindungen (Ties). Haben mehrere Fälle den gleichen Wert, kann ihnen auf unterschiedliche Weise ein Rang zugewiesen werden. Dies kann beeinflusst werden in der Dialogbox „Rangfolge bilden: Rangbindungen", die sich beim Anklicken der Schaltfläche „Rangbindungen" öffnet.

- *Mittelwert* (Voreinstellung). In unserem Beispiel haben die Fälle 3 und 5 dieselbe Note 2,5. In einer vom untersten Wert her geordneten Rangreihe würden sie die Plätze 4 und 5 einnehmen. Stattdessen bekommen sie beide den Rang 4,5.
- *Minimum.* Alle Werte erhalten den niedrigsten Rangplatz. In unserem Beispiel bekämen beide den Rangplatz 4.
- *Maximum.* Alle Fälle bekommen den höchsten Rangplatz. Im Beispiel bekämen beide den Rang 5.

Bei diesen Verfahren bekommen die nächsten Fälle jeweils den Rang, den sie bekommen würden, wenn jeder der gebundenen Werte einen einzelnen Rangplatz einnehmen würde. Im Beispiel sind demnach – unabhängig von den für die gebundenen Fälle vergebenen Werten – die Rangplätze 4 und 5 besetzt. Der nächste Fall kann erst den Rangplatz 6 bekommen.

- *Rangfolge fortlaufend vergeben.* Alle gebundenen Fälle erhalten den gleichen Rang (wie bei Minimum). Der nächste Fall bekommt aber die nächsthöhere ganze Zahl. Im Beispiel erhalten die Fälle 3 und 5 den Platz 4, der nächste Fall den Platz 5.

In der Regel ist das Mittelwertverfahren angemessen. In der Praxis gibt es aber auch andere Fälle. So werden im Sport gewöhnlich Plätze nach dem Minimumverfahren vergeben. Bei der Preisverleihung in der Kunst kommt es dagegen häufig vor, dass man nach dem Maximumverfahren vorgeht (keiner bekommt den ersten, aber drei den dritten Preis). Auch das letzte Verfahren mag mitunter angemessen sein. Nehmen wir z.B. an, in einer Klasse erhalten zehn Schüler die Note 2, der nächste eine 2,5. Nach allen anderen Verfahren würde er trotz des augenscheinlich geringen Unterschieds immer weit hinter den anderen rangieren (am krassesten bei Anwendung des Minimumverfahrens), bei Vergabe fortlaufender Ränge dagegen läge er nur einen Rang hinter allen anderen.

Die Art der Behandlung von Bindungen beeinflusst auch die Ergebnisse der verschiedenen Rangbildungsverfahren. So erreicht man mit der Option „Maximaler Rang“ in Verbindung mit relativen Rängen (Prozenträngen) eine empirische kumulative Verteilung.

Rangplätze für Untergruppen. Wahlweise ist es auch möglich, jeweils für Untergruppen Rangplätze zu ermitteln. In unserem Beispiel könnte man etwa Ränge getrennt für Männer und Frauen ermitteln. Dazu wird in der Dialogbox „Rangfolge bilden“ die Variable, aus der sich die Untergruppen ergeben, in das Eingabefeld „Gruppieren nach:“ übertragen. Ansonsten bleibt die Prozedur dieselbe.

Ergänzung bei Benutzen der Syntaxsprache. Benutzt man die Syntaxsprache, kann man anstelle der automatisch gebildeten Variablennamen einen eigenen Variablennamen definieren. Dazu verwenden Sie das Unterkommando INTO und geben den Variablennamen ein.

5.7 Automatisches Umkodieren

Einige SPSS-Prozeduren können keine langen Stringvariablen und/oder nicht fortlaufend kodierte Variablen verarbeiten. Deshalb existiert eine Möglichkeit, numerische oder Stringvariablen in fortlaufende ganze Zahlen umzukodieren.

Beispiel. Wir haben eine Datei ZUFRIEDENHEIT.SAV mit einer Zufriedenheitsvariablen (ZUFRIED). Die Werte sind z.T. als ganze Zahlen, z.T. als Dezimalzahlen angegeben und dadurch nicht fortlaufend kodiert. Eine weitere Variable ist eine Stringvariable mit den Namen der Befragten (NAME). Beide sollen in Variablen mit fortlaufenden ganzen Zahlen umgewandelt werden. Dazu wählen Sie:

▷ „Transformieren" und „Automatisch umcodieren...". Die Dialogbox „Automatisch umcodieren" erscheint (⇨ Abb. 5.16).

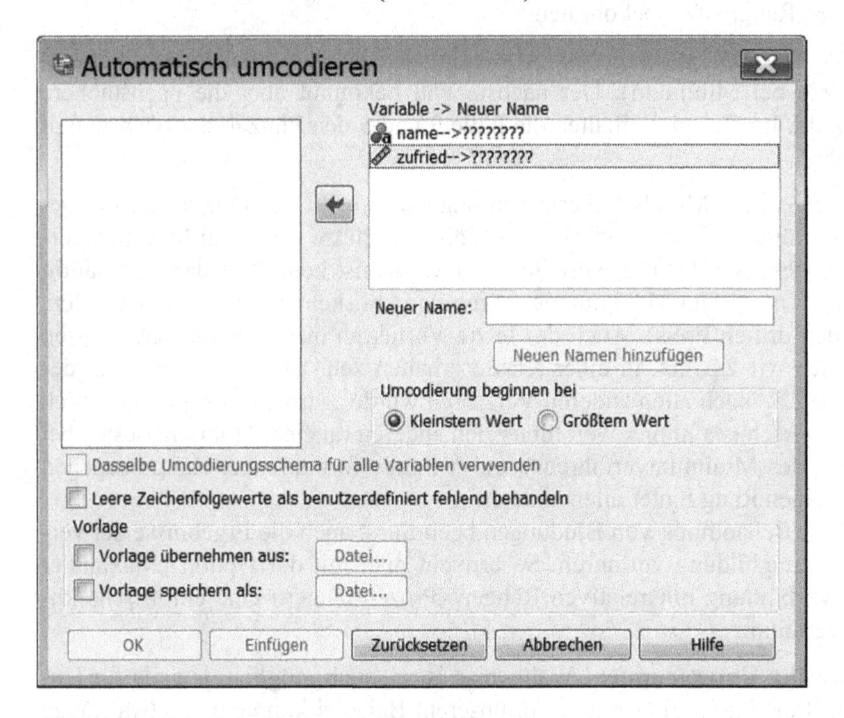

Abb. 5.16. Dialogbox „Automatisch umcodieren"

▷ Übertragen Sie die Variablennamen der umzukodierenden Variablen in das Feld „Variable → Neuer Name".

▷ Markieren Sie eine der ausgewählten Variablen. Setzen Sie den Cursor in das Eingabefeld „Neuer Name". Geben Sie einen neuen Namen ein. Klicken Sie auf die Schaltfläche „Neuer Name". Der neue Name erscheint im Auswahlfeld hinter dem alten. Wiederholen Sie das gegebenenfalls mit weiteren Variablen.

▷ Wählen Sie durch Anklicken der Optionsschalter „Kleinstem Wert" oder „Größtem Wert" in der Gruppe „Umcodierung beginnen bei", ob dem kleinsten oder größten Wert der Wert 1 zugewiesen und entsprechend die anderen Werte in fallender oder steigender Folge kodiert werden.

▷ Bestätigen Sie mit „OK".

Es werden die neuen Variablen gebildet. Die Sortierung geschieht bei Stringvariablen in alphabetischer Folge. Großbuchstaben gehen vor Kleinbuchstaben.
Beispiel. „Albert" kommt vor „albert" und beide vor „alle". Die Wertebeschriftungen der alten Variablen werden übernommen. Sind keine vorhanden, werden die alten Werte als Wertebeschriftungen eingesetzt. *Beispiel:* In der Variablen ZUFRIED wird der alte Wert 1,5 zu 2, als Wertebeschriftung wird 1,5 eingesetzt. In der Variablen NAME wird aus „Alfred" 1. Im Ausgabefenster erscheint ein Protokoll, das die alten und neuen Namen und die alte und neue Kodierung der Variablen angibt.

Mit Hilfe von Auswahlkästchen kann man die so erstellte Vorlage für spätere Umkodierungen speichern oder auch Vorlagen aus früheren Umkodierungen benutzen. Außerdem kann man durch Anklicken der entsprechenden Auswahlkästchen zwei weitere Einstellungen vornehmen:

- Bei Variablen desselben Typs kann man auf alle Variablen ausgewählten Variablen ein gemeinsames Umkodierungsschema anwenden.
- Bei String-Variablen ist die Option „Leerstring-Werte als benutzerdefiniert fehlend behandeln" interessant. Normalerweise werden leere Felder (anders als bei numerischen Variablen) bei Stringvariablen nicht als fehlende Werte behandelt, sondern als ein gültiger String ohne Zeichen. Häufig soll es sich dabei aber um einen fehlenden Wert handeln. Dann wählt man die angebotene Option. Es wird als fehlender Wert ein numerischer Wert benutz, der höher ist als der letzte gültige Wert.

5.8 Transformieren von Datums- und Uhrzeitvariablen

SPSS enthält im Menü „Transformieren" eine Option, die jetzt „Assistent für Datum und Uhrzeit" heißt. Wählt man diese aus, öffnet sich ein die gleichnamige Dialogbox (Abb. 5.17). Mit dessen Hilfe kann man Operationen durchführen, die die verschiedenen Datums- und Zeitfunktionen des Menüs „Berechnen" (⇨ Kap 5.1) ergänzen oder eine komfortablerer Ausführung dieser Funktionen ermöglichen.

Die verschiedenen Optionen sind weitgehend selbsterklärend beschriftet. Sie haben folgende Funktion:

❐ Erfahren, wie Datum und Uhrzeit in SPSS dargestellt werden. Führt zu einem reinen Informationsfenster.

❐ Eine Datums-/Zeitvariable aus einem String erstellen, der ein Datum oder eine Uhrzeit enthält. Dient zur Umwandlung von String-Variablen in Datums- oder Zeitvariablen (Abb. 5.18).

❐ Eine Datums-/Zeitvariable aus einer Variablen erstellen, in der Teile von Datums- und Uhrzeitangaben enthalten sind. Hier können Datums- oder Zeitangaben, die auf mehrere Variablen verteilt vorliegen zu einer Datums-/Zeitvariablen zusammengefasst werden. (Entspricht den Datums- und Zeitaggregationsfunktionen).

❐ Berechnungen mit Datums- und Zeitwerten durchführen. Mit dieser Option können drei verschiedene Berechnungsarten durchgeführt werden (⇨ unten).

- ❒ Einen Teil einer Datums- oder Zeitvariablen extrahieren. Entspricht den Datums- und Zeitextraktionsfunktionen. Mit ihrer Hilfe kann man aus Datumsvariablen Teile in eine neue Variable Transformieren, z.B. aus einer Variablen, die Jahr und Quartal enthält, eine Variable extrahieren, in der nur die Jahresangaben enthalten sind.
- ❒ Einem Datensatz (für Zeitreihen) Periodizität zuweisen. Dadurch wird der Assistent geschlossen und das Dialogfeld „Datum definieren" geöffnet. Diese Option führt in ein anderes Menü, das in Kap. 5.7 dargestellt wird).

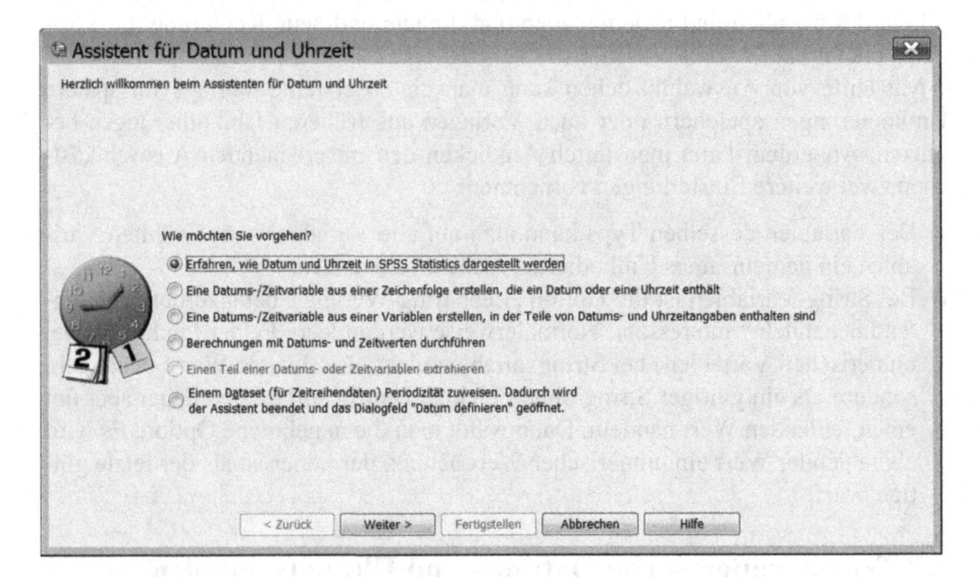

Abb. 5.17. Dialogbox „Assistent für Datum und Uhrzeit"

Eine Datums-/Zeitvariable aus einem String erstellen, der ein Datum oder eine Uhrzeit enthält. *Beispiel:* In der Datei ALQ_2.SAV soll die Stringvariable DATE_2 in eine Datumsvariable umgewandelt werden.

- ▷ Öffnen Sie die Datei, wählen Sie „Transformieren", „Assistent für Datum und Uhrzeit" und in der gleichnamigen Dialogbox die zweite Option. Durch Anklicken von „Weiter" öffnet sich die Dialogbox „Assistent für Datum und Uhrzeit – Schritt 1 von 2" (⇨ Abb. 5.18).
- ▷ Markierend Sie dort im Feld „Variablen" die umzuwandelnde Stringvariable (hier: Date_2"). Im Fenster „Beispielwerte" werden die ersten Werte dieser Variablen angezeigt. Wählen Sie im Feld Muster das passende Format für die umzuwandelnde Stringvariable aus (hier: q Q jjjj) und bestätigen Sie mit „Weiter". Es öffnet sich die Dialogbox „Assistent für Datum und Uhrzeit – Schritt 2 von 2"(⇨ Abb. 5.19). (*Anmerkung:* Es stehen nicht für alle möglichen Stringformate Muster zur Verfügung, nicht einmal für alle durch SPSS selbst erzeugten. Etwa ließe sich die mit SPSS selbst erzeugte Stringvariable DATE_ der Beispieldatei deshalb nicht auf die angegebene Weise umwandeln.)

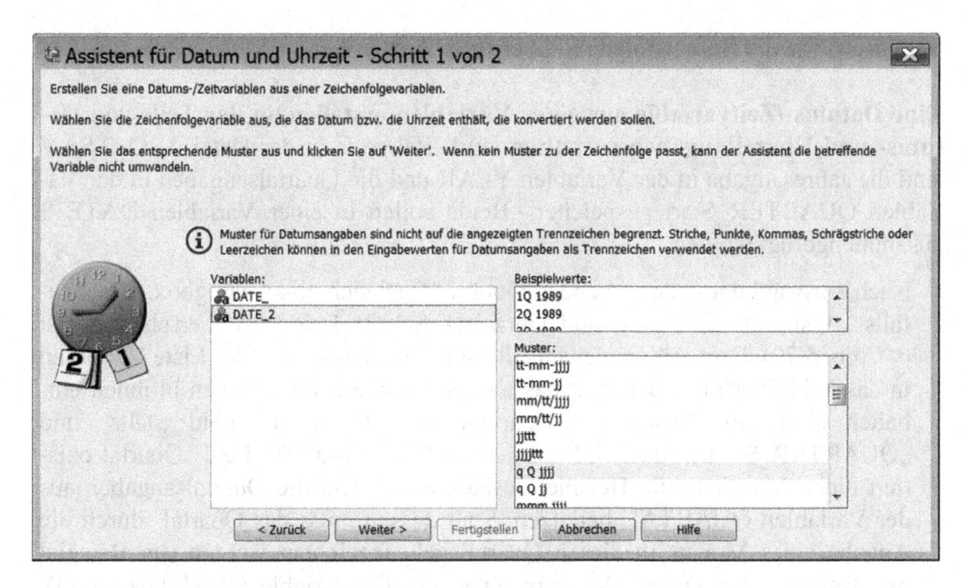

Abb. 5.18. Dialogbox „Assistent für Datum und Uhrzeit – Schritt 1 von 2“ mit Einstellungen für DATE_2

Assistent für Datum und Uhrzeit - Schritt 2 von 2
Erstellen einer Datums-/Zeitvariablen aus einer Zeichenfolgevariablen
Geben Sie die Spezifikationen für die neue Variable an, bzw. bearbeiten Sie sie
Eingabevariable: DATE_2
Eingabeformat: q Q jjjj
Ergebnisvariable: Date_3
Ausgabeformat: jjttt, jjjjttt, q Q jjjj
Variablenbeschriftung: Datumsvariable
Ausführung
Variable jetzt erstellen
Syntax in Syntaxfenster einfügen
< Zurück
Weiter >
Fertigstellen
Abbrechen
Hilfe

Abb. 5.19. Dialogbox „Assistent für Datum und Uhrzeit – Schritt 2 von 2“ mit Einstellungen für DATE_2

▷ In dieser müssen Sie auf Jeden Fall im Eingabefeld „Ergebnisvariable“ einen Namen für die Ergebnisvariable eintragen. Außerdem können Sie im Feld Ausgabeformat ein anderes passendes Format für die zu erzeugende Datumsvariable auswählen. Sie können eine Beschriftung für die neue Variable eintragen und durch Auswahl des entsprechenden Optionsschalters entweder die Variable sofort erstellen lassen oder stattdessen die entsprechende Befehlssyntax im Syntaxfenster erzeugen.

▷ Führend Sie die Befehlsfolge mit „Fertigstellen" aus.

Eine Datums-/Zeitvariable aus einer Variablen erstellen, in der Teile von Datums- und Uhrzeitangaben enthalten sind. *Beispiel:* In der Datei ALQ_2.SAV sind die Jahresangabe in der Variablen YEAR und die Quartalsangaben in der Variablen QUARTER_Start gespeichert. Beide sollen in einer Variablen DATE_3 zusammengefügt werden.

▷ Nach Auswahl der entsprechenden Option öffnet sich eine Dialogbox, die ebenfalls „Assistent für Datum und Uhrzeit – Schritt 1 von 2" überschrieben ist (⇨Abb. 5.20). Dort müssen jeweils die Variablennamen aus der Liste Variablen in das Feld übertragen werden, das angibt, welche Informationen in ihnen enthalten sind (im Beispiel die Variable YEAR in das Feld „Jahr" und „QUARTER_Start in das Feld „Monat"): *Anmerkung*: Ein Feld „Quartal existiert nicht. Man kann im Beispiel deshalb auch nicht die Quartalsangaben aus der Variablen QUARTAL benutzen. Statt dessen muss das Quartal durch die Angabe eines Monats in diesen Quartal gekennzeichnet werden (im Beispiel benutzen wir den ersten Monat und nennen die Variable QUARTAL_Start). Dann kann man das Eingabefeld „Monat" benutzen, muss aber im folgenden Schritt das richtige Ausgabeformat aussucht.

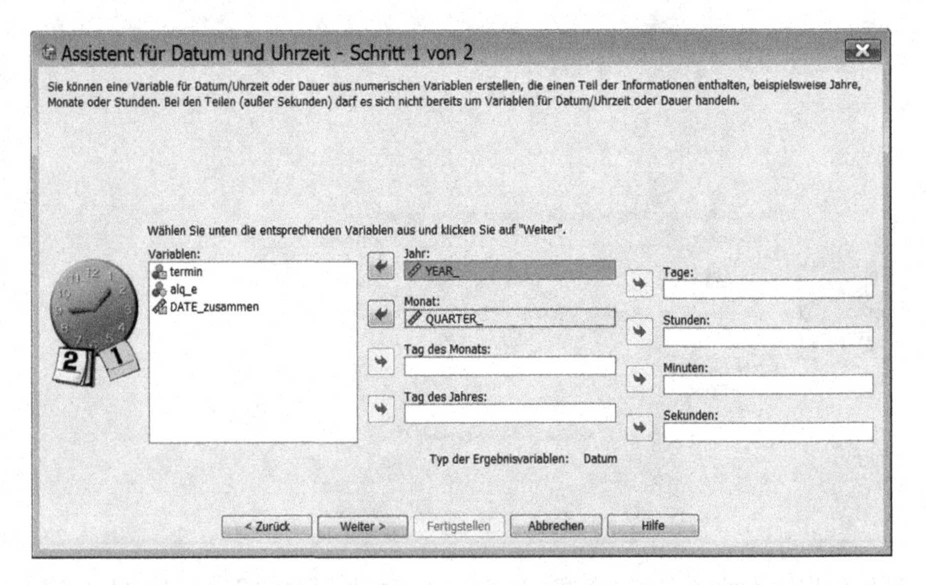

Abb. 5.20. Dialogbox „Assistent für Datum und Uhrzeit – Schritt 1 von 2" mit Einstellungen für DATE_3

▷ Nach Anklicken der Schaltfläche „Weiter" erscheint die Dialogbox „Assistent für Datum und Uhrzeit – Schritt 2 von 2". Sie entspricht mit Ausnahme der fehlenden Felder für die Eingabevariable der oben angegebenen (Abb. 5.19). Hier sind wie oben die entsprechenden Angaben einzutragen (im Beispiel wäre vor allem ein richtiges Format für die Ausgabevariable zu wählen, hier: q Q jjjj oder q Q jj).

Einen Teil einer Datums- oder Zeitvariablen extrahieren. *Beispiel:* Abb. 5.21 zeigt die Einstellung, Zur Extraktion der Jahresangaben aus der Variablen „TERMIN“ der Datei „ALQ“, in der Quartals- und Jahresangaben enthalten sind. Mit „Weiter“ gelangen Sie in eine Dialogbox „Assistent für Datum und Uhrzeit – Schritt 2 von 2“, in der ein Variablennamen eingetragen werden muss, eine Variablenbeschriftung vergeben werden und gegebenenfalls die Option auf „Syntax in Fenster einfügen“ umgestellt werden kann.

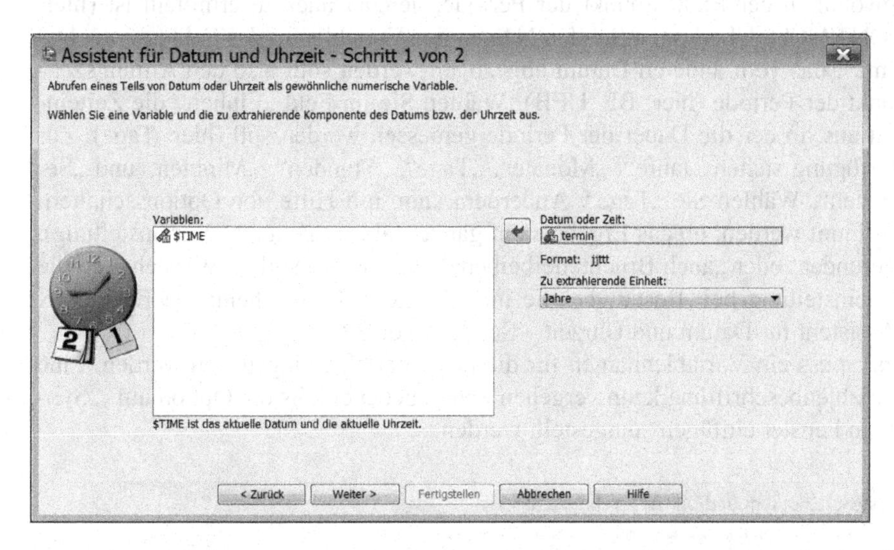

Abb. 5.21. Dialogbox „Assistent für Datum und Uhrzeit – Schritt 1 von 2“ mit Einstellungen für DATE_2

Berechnungen mit Datums- und Zeitwerten durchführen. Mit dieser Option können drei verschiedene Berechnungsarten durchgeführt werden.

- Addieren oder Subtrahieren einer Dauer zu bzw. von einer Zeitangabe (B.: Alter zum Erhebungszeitpunkt + Zeitdauer seit dem Erhebungszeitpunkt = Alter zur Zeit).
- Ermitteln der Zeitdifferenz zwischen zwei Zeitangaben (B.: Ende der Beratung – Beginn der Beratung = Dauer der Beratung).
- Subtrahieren zweier Werte für Dauer (B.: Dauer der wachen Zeit – Dauer der Arbeitszeit = Dauer der Freizeit).

Beispiel: Für die zweite Art der Anwendung soll ein Beispiel gegeben werden. In der Datei KLIENTEN.SAV befinden sich eine Datumsvariable, die den Beginn der Überschuldung der Klienten anzeiget (BE_UEB) und eine weitere, die den Tag des ersten Kontaktes mit der Schuldnerberatung festhält (KONTAKT). Es soll eine neue Variable für die Zeitdauer zwischen dem Beginn der Überschuldung bis zur Kontaktaufnahme (DAUER) gebildet werden. Dieser Zeitraum soll auf den Tag genau erfasst werden.

⊳ Öffnen Sie die Datei KLIENTEN.SAV und wählen Sie „Transformieren“ und „Assistent für Datum und Uhrzeit“.

▷ Markieren Sie in der gleichnamigen Dialogbox die Option „Berechnungen mit Datums- und Zeitwerten durchführen". Nach Anklicken von „Weiter" öffnet sich die Dialogbox „Assistent für Datum und Uhrzeit – Schritt 1 von 3".

▷ Markieren Sie dort die zweite Option. Nach Anklicken von „Weiter" öffnet sich die Dialogbox „Assistent für Datum und Uhrzeit – Schritt 2 von 3" (Abb. 5.22).

▷ Übertragen Sie aus dem Feld „Variablen", den Namen derjenigen Variablen in das Feld „Datum 1", von dem das zweite Datum abgezogen werden soll. Das ist gewöhnlich der Endzeitpunkt der Periode, deren Dauer zu ermitteln ist (hier: KONTAKT). Übertragen Sie den Namen der Variablen in das Feld „minus Datum2", das vom anderen Datum abgezogen werden soll, also den Anfangszeitpunkt der Periode (hier: BE_UEB). Wählen Sie im Feld „Einheit" die Zeiteinheit aus, in der die Dauer der Periode gemessen werden soll (hier: Tage). Zur Verfügung stehen „Jahre", „Monate", „Tage", „Stunden", „Minuten" und „Sekunden". Wählen Sie „Tage". Außerdem kann mit Hilfe von Optionsschaltern bestimmt werden, ob das Ergebnis auf ganze Zahlen „gekürzt"(Voreinstellung), „gerundet" oder „auch Bruchteile beibehalten" werden sollen. Wir behalten die Voreinstellung bei. Bestätigen Sie mit „Weiter". Es erscheint die Dialogbox „Assistent für Datum und Uhrzeit – Schritt 3 von 3".

▷ Dort muss ein Variablennamen für die neue Variable eingegeben werden. Eine Variablenbeschriftung kann vergeben und gegebenenfalls die Option auf „Syntax in Fenster einfügen" umgestellt werden.

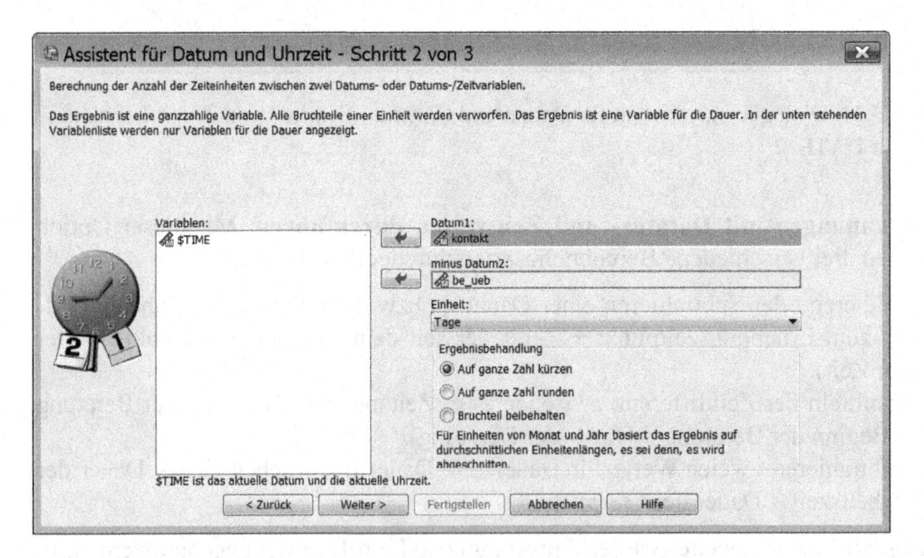

Abb. 5.22. Dialogbox „Assistent für Datum und Uhrzeit – Schritt 2 von 3" mit Einstellungen zur Ermittlung einer Zeitdifferenz für das Beispiel

5.9 Transformieren von Zeitreihendaten

Das Basismodul von SPSS enthält auch spezielle Routinen zur Bearbeitung von Zeitreihen. Sie befinden sich einerseits im Menü „Transformieren“, andererseits im Menü „Daten“.

Generieren von Datumsvariablen. Das Menü „Daten“ enthält die Option „Datum definieren...“, die es erlaubt, Datumsvariablen zu generieren. Mit dieser Option kann man einer Zeitreihe Datumsvariablen hinzufügen, die die Termine der Erhebungszeitpunkte enthalten. Diese Variablen werden erst erzeugt, nachdem die Daten der Zeitreihe bereits vorliegen. Die so generierten Daten können als Beschriftungen für Tabellen und Grafiken benutzt werden. Vor allem sind sie aber mit den Zeitreihendaten so verknüpft, dass das Programm ihnen die Periodizität der Daten entnehmen kann. Bei Benutzung der später zu besprechenden Transformation „Saisonale Differenz“ sind sie unentbehrlich. Alle anderen Zeittransformationsfunktionen benötigen nicht zwingend die vorherige Generierung von Datumsvariablen.

Datenmatrizen mit Zeitreihen haben gegenüber den ansonsten benutzten Matrizen die Besonderheit, dass die Zeilen (Fälle) den verschiedenen Erhebungszeitpunkten entsprechen, für die jeweils für jede Variable in den Spalten eine Messung vorliegt. Die Messungen sollten in (möglichst) gleichmäßigen Abständen erfolgen. Für jeden Messzeitpunkt muss eine Messung vorliegen, und sei es ein fehlender Wert. Ist das nicht der Fall, werden die angebotenen Transformationen weitgehend sinnlos und die Generierung von Datumsvariablen führt zu falschen Ergebnissen.

Beispiel: In einer Datei ALQ.SAV sind in der Spalte ALQ_E die Arbeitslosenquoten für die alten Bundesländer der Jahre 1989 bis 1993 zu den jeweiligen Quartalsenden gespeichert. Eine Variable TERMIN enthält im Datumsformat jeweils das Stichdatum. Man darf eine solche normale Datumsvariable nicht mit einer mit der Option „Datum definieren...“ erzeugten Datumsvariablen verwechseln. TERMIN ist keine für die Zeitreihe generierte Datumsvariable. Es sollen jetzt Datumsvariablen generiert werden, die die Jahres- und Quartalsangaben enthalten. Vorausgesetzt ist, dass eine lückenlose Reihe mit gleichen Abständen vorliegt.

▷ Dazu wählen Sie die Befehlsfolge „Daten“, „Datum und Uhrzeit definieren...“. Die Dialogbox „Datum definieren“ öffnet sich (⇨ Abb. 5.23).

▷ Im Auswahlfeld „Fälle entsprechen:“ müssen Sie jetzt markieren, was für Zeitperioden die Zeilen enthalten. In unserem Beispiel sind es Quartale verschiedener Jahre. Die Daten sind also zuerst nach Jahren und innerhalb der Jahre nach Quartalen geordnet. Zu markieren ist daher „Jahre, Quartale“.

▷ Im Eingabefeld „Erster Fall:“ muss nun angegeben werden, welches Datum genau für den ersten Fall zutrifft. Je nach der Art der ausgewählten Zeitperiode gestaltet sich das Feld „Erster Fall:“ anders. Die Datumsangaben können Jahre, Quartale, Wochen, Tage, Stunden, Minuten und Sekunden enthalten. Für die im Format jeweils enthaltenen Einheiten werden Eingabefelder angezeigt, in die der Wert für den ersten Fall einzutragen ist. Gleichzeitig ist die Eingabe auf Werte innerhalb sinnvoller Grenzen (bei Quartalen z.B. ganze Zahlen von 1 bis 4) beschränkt, deren höchster Wert neben dem Eingabefeld angegeben ist. In unserem Beispiel enthält die Periodizität nur Jahre und Quartale, entsprechend erscheint je ein Eingabefeld für das Jahr („Jahr:") und das Quartal („Quartal:"). Unsere erste Eingabe ist die Arbeitslosenquote für das 1. Quartal 1989. Entsprechend tragen wir bei „Jahr:" 1989 und bei „Quartal:" 1 ein.

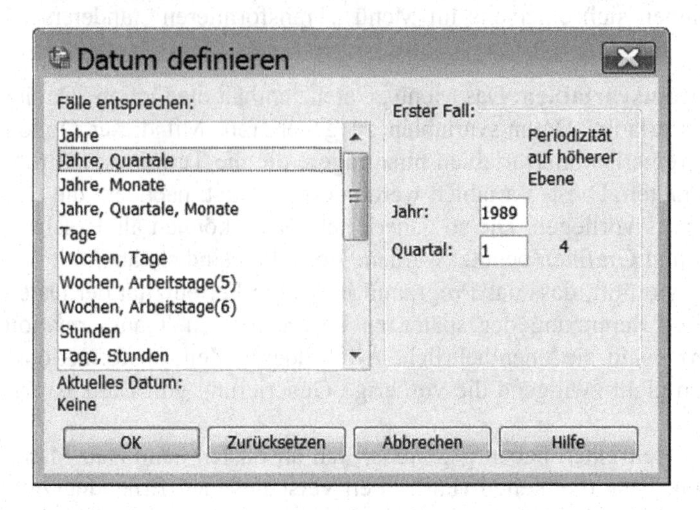

Abb. 5.23. Dialogbox „Datum definieren" mit Eintragungen

▹ Bestätigen Sie die Eingabe. Die neuen Variablen werden generiert. SPSS weist den Fällen, ausgehend von dem ersten, Datumsangaben zu. Das Programm setzt dabei gleichmäßige Abstände voraus.

Es erscheint das Ausgabefenster mit einer Meldung über die vollzogene Variablengenerierung.

```
The following new variables are being created:

  Name          Label

  YEAR_         YEAR, not periodic
  QUARTER_      QUARTER, period 4
  DATE_         Date.  Format:  "QQ YYYY"
```

Mehrere Variablen werden gleichzeitig generiert, für jedes Element der Datumsangabe eine eigene, im Beispiel sowohl eine für die Jahresangabe (YEAR) als auch eine für die Quartalsangabe (QUARTER). (Letztere wird für Periodisierungen verwendet.) Außerdem entsteht eine Variable, die alle Angaben zusammenfasst (DATE). Im Dateneditorfenster sind die neuen Variablen nun hinzugefügt (⇨ Abb. 5.24).

	termin	alq_e	YEAR_	QUARTER_	DATE_
1	31.03.1989	8,4	1989	1	Q1 1989
2	30.06.1989	7,4	1989	2	Q2 1989
3	31.10.1989	7,3	1989	3	Q3 1989
4	31.12.1989	8,0	1989	4	Q4 1989

Abb. 5.24. Ergebnis der Generierung von Datumsvariablen

Transformieren von Zeitreihenvariablen. Im Menü „Transformieren“ stellt SPSS eine Reihe von Datentransformationsverfahren für Zeitreihen zur Verfügung. Damit kann dreierlei bewirkt werden:

- Aus den Ausgangsdaten werden die Differenzen zwischen den Werten verschiedener Zeitpunkte ermittelt.
- Die Werte der Zeitreihe werden verschoben.
- Die Zeitreihe wird geglättet.

Zur Glättung einige Bemerkungen. Die einzelnen Werte einer Zeitreihe können typischerweise als Kombination der Wirkung verschiedener Komponenten gedacht werden. In der Regel betrachtet man sie als Ergebnis der Verknüpfung einer Trendkomponente mit zyklischen Komponenten (etwa Konjunktur- oder Saisonschwankungen) und einer Zufallskomponenten. Die Analyse von Zeitreihen läuft weitgehend auf den Versuch hinaus, die Komponenten durch formale Datenmanipulationen voneinander zu trennen. Um eine Zeitreihe in eine neue zu transformieren, gehen Sie wie folgt vor:

▷ Wählen Sie die Befehlsfolge „Transformieren“ und „Zeitreihen erstellen...“. Es öffnet sich die Dialogbox „Zeitreihen erstellen“ (⇨ Abb. 5.25).

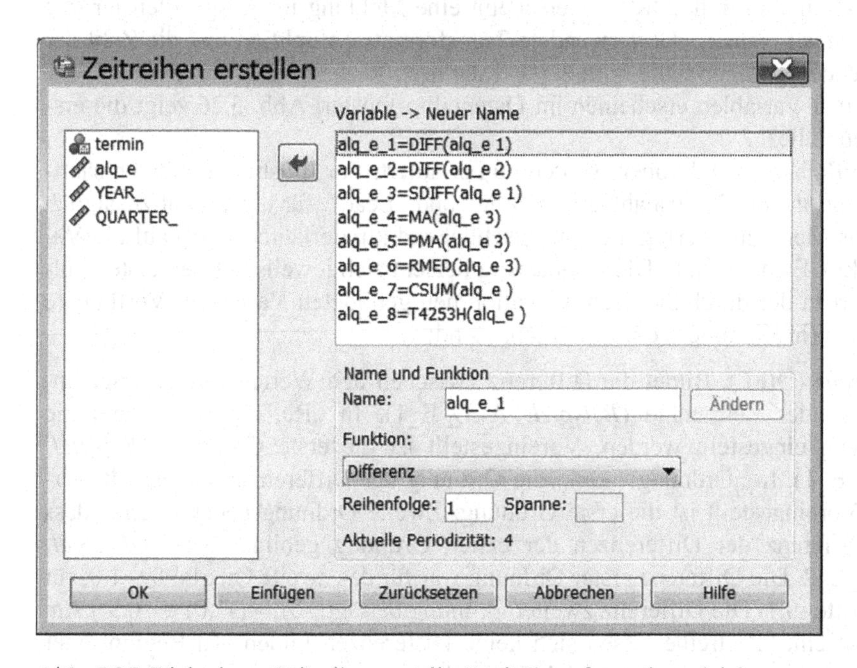

Abb. 5.25. Dialogbox „Zeitreihen erstellen“ mit Transformationsgleichungen

▷ Übertragen Sie aus der Quellvariablenliste die Variable, die transformiert werden soll, in das Eingabefeld „Variable: neuer Name“. Automatisch wird in diesem Feld eine Transformationsgleichung generiert. Diese enthält auf der linken Seite den neuen Variablennamen. Standardmäßig wird dieser aus dem alten Namen und einer zusätzlichen laufenden Nummer gebildet (*Beispiel:* ALQ_E wird ALQ_E_1). Auf der rechten Seite steht die verwendete Transformationsfunktion, gefolgt von den Argumenten (eines davon ist der alte Variablennamen). Der Funktionsname ist jeweils eine Abkürzung der amerikanischen Bezeichnung (⇨ unten).

Der voreingestellte Namen und die voreingestellte Funktion müssen nicht übernommen werden. Bei Bedarf ändern Sie den Namen der neuen Variablen und/oder die verwendete Funktion:

- ▷ Markieren Sie dazu die zu ändernde Gleichung.
- ▷ Tragen Sie in das Eingabefeld „Name" den gewünschten neuen Namen ein.
- ▷ Klicken Sie auf den Pfeil an der Seite des Auswahlfeldes „Funktion". Eine Auswahlliste erscheint.
- ▷ Markieren Sie die gewünschte Funktion (⇨ verfügbare Funktionen siehe unten).
- ▷ Ändern Sie gegebenenfalls die Werte in „Reihenfolge:" und „Spanne:".
- ▷ Übertragen Sie die veränderten Angaben durch Anklicken von „Ändern" in die Liste „Variable: neuer Namen".

Sie können auf diese Weise mehrere Transformationen nacheinander definieren. Diese können sich auch alle auf dieselbe Ausgangsvariable beziehen. Starten Sie die Transformation mit „OK". Es erscheint eine Meldung im Ausgabefenster, die u.a. den neuen Namen, die verwendete Transformationsfunktion und die Zahl der verbleibenden gültigen Fälle mitteilt (⇨ Tabelle 5.1).

Die neuen Variablen erscheinen im Dateneditorfenster. Abb. 5.26 zeigt die ersten sieben Fälle.

Die verfügbaren Funktionen werden nun erläutert. Zur Illustration werden sämtliche Funktionen (mit Ausnahme von „Lag" und „Lead", für diese steht zusätzlich ein eigens Menü zur Verfügung, das anschließend kurz erläutert wird) auf die Variable ALQ_E angewandt. Die Erläuterung bezieht sich jeweils auf den ersten gültigen Wert in der durch die Transformation neu gebildeten Variablen. Verfügbare Funktionen (in Klammern die Abkürzung) sind:

- ❒ *Differenz* (DIFF). Bildet die Differenz zwischen den Werten zweier aufeinanderfolgender Zeitpunkte (*Beispiel:* ALQ_E_1). In „Reihenfolge:" kann die Ordnung eingestellt werden. Voreingestellt ist die erste Ordnung. (*Beispiel:* ALQ_E_1). In „Ordnung:" kann die Ordnung der Differenzen eingestellt werden. Voreingestellt ist die erste Ordnung. Zweite Ordnung bedeutet z.B., dass die Differenz der Differenzen der ersten Ordnung gebildet wird. (*Beispiel:* ALQ_E_2. Die Differenz erster Ordnung war für das zweite Quartal 89 -1,0, für das dritte -0,1. Die Differenz zweiter Ordnung beträgt: -0,1 - (-1,0) = +0,9.) Am Beginn einer Zeitreihe lassen sich keine Differenzen bilden. Zu Beginn einer neuen Reihe werden daher so viele Fälle als System-Missings ausgewiesen, wie durch den Ordnungswert festgelegt wurde.
- ❒ *Saisonale Differenz* (SDIFF). Es werden jeweils die Differenzen zwischen denselben Phasen zweier verschiedener Perioden berechnet. In unserem Beispiel sind solche Phasen die Quartale verschiedener Jahre. Üblicherweise wird man die Differenzen der Werte zweier aufeinanderfolgender Perioden berechnen (Ordnung: 1). Mit „Reihenfolge" kann man aber auch größere Abstände bestimmen. Anders als bei „Differenz" würde Ordnung: 2 hier z.B. die Differenz

zwischen den Phasenwerten eines Jahres und den Werten derselben Phasen zwei Jahre voraus ermitteln. (*Beispiel:* ALQ_E_3. Die Differenz zwischen dem Wert des ersten Quartals 1990 und dem des ersten Quartals 1989 beträgt 7,7 - 8,8 = -0,7. Die Arbeitslosenquote ist zwischen dem ersten Quartal 1989 und dem ersten Quartal 1990 gesunken.) Die Ordnungszahl für „Reihenfolge" ermittel man: Zahl der Perioden multipliziert mit der Zahl der Phasen. Die Zahl in „Reihenfolge" bestimmt wiederum, wie viele Werte am Beginn der Zeitreihe als System-Missing ausgewiesen werden. Diese Transformation verlangt außerdem, dass vorher eine Datumsvariable kreiert wurde, aus der die Periodizität hervorgeht. Ist das nicht der Fall, wird die Ausführung mit einer Fehlermeldung abgebrochen.

Tabelle 5.1. Meldung des Ergebnisses einer Transformation von Zeitreihenvariablen

Erzeugte Zeitreihen

	Zeitreihenname	Fallnummer der nicht-fehlenden Werte		Anzahl der gültigen Fälle	Erstellen der Funktion
		Erster	Letzter		
1	alq_e_1	2	19	18	DIFF(alq_e,1)
2	alq_e_2	3	19	17	DIFF(alq_e,2)
3	alq_e_3	5	19	15	SDIFF(alq_e,1,4)
4	alq_e_4	2	18	17	MA(alq_e,3,3)
5	alq_e_5	4	19	16	PMA(alq_e,3)
6	alq_e_6	2	18	17	RMED(alq_e,3,3)
7	alq_e_7	1	19	19	CSUM(alq_e)
8	alq_e_8	1	19	19	T4253H(alq_e)

alq_e_1	alq_e_2	alq_e_3	alq_e_4	alq_e_5	alq_e_6	alq_e_7	alq_e_8
.	.	.	.	.	.	8,4	8,19
-1,0	.	.	7,70	.	7,40	15,8	7,89
-,1	,9	.	7,57	.	7,40	23,1	7,69
,7	,8	.	7,67	7,70	7,70	31,1	7,56
-,3	-1,0	-,7	7,53	7,57	7,70	38,8	7,39
-,8	-,5	-,5	7,07	7,67	6,90	45,7	7,11
-,3	,5	-,7	6,77	7,53	6,80	52,3	6,79

Abb. 5.26. Ergebnisse von Zeitreihen-Transformationen

❒ *Zentrierter gleitender Durchschnitt* (gleitende Mittelwerte) (MA). Die Zeitreihe wird geglättet, indem anstelle der Ausgangswerte Mittelwerte aus einer Reihe benachbarter Zeitpunkte berechnet werden. Im Eingabefeld „Spanne:" wird festgelegt, wie viel benachbarte Werte zusammengefasst werden (Mittelungsperiode = m). Wird eine ungerade Mittelungsperiode verwendet, berechnet man das arithmetische Mittel der m benachbarten Werte und setzt den Mittelwert anstelle des in der Mitte der Mittelungsperiode liegenden Wertes (*Beispiel:* ALQ_E_4. Spanne war 3. Der Wert für das 2. Quartal 1989 ergibt sich aus der Rechnung: (8,4 + 7,4 + 7,3) : 3 = 7,7.) Legt die Spanne (Mittelungsperiode) allerdings eine gerade Zahl von Fällen zur Mittelung fest, dann existiert kein Fall in der Mitte. Man benutzt daher dennoch eine ungerade Zahl von Fällen (m+1) zur Mittelung, behandelt aber die beiden Randfälle als halbe Fälle, d.h. ihre Werte gehen nur zur Hälfte in die Mittelung ein. (*Beispiel:* Bei einer Spanne 4 ergäbe sich für das 3. Quartal 1989 folgende Berechnung: (7,4/2 + 7,3 + 8 + 7,7 + 6,9/2) : 4 = 7,69.) Die Zahl der System-Missings in der neuen Variablen ist bei ungerader Größe der Spanne (n – 1) : 2 bei gerader Spanne n : 2 an jedem Ende der Zeitreihe.

- *Zurückgreifender gleitender Durchschnitt* (PMA). Es werden auf die beschriebene Weise gleitende Mittelwerte gebildet, und gleichzeitig werden die errechneten Mittelwerte um die für die Mittelwertbildung benutzte Spanne nach hinten verschoben. (*Beispiel:* ALQ_E_5. Es wurde die Spanne 3 verwendet. Der Wert 7,7 für den Zeitpunkt 4. Quartal 1989 ergibt sich aus der Mittelung der Werte der drei vorangegangenen Perioden: (8,4 + 7,4 + 7,3) : 3.) Entsprechend dem Wert der Spanne treten am Anfang und am Ende der neue Zeitreihe System-Missings auf.
- *Gleitende Mediane* (RMED). Die Originalwerte werden durch den Medianwert einer durch die Spanne definierten Zahl von Werten um den zu ersetzenden Fall herum (inklusive dieses Falles) ersetzt. Setzt die Spanne eine ungerade Zahl von Fällen fest, ist der Medianwert der Wert des mittleren Falles. (*Beispiel:* ALQ_E_6. Die Spanne war 3. Der Wert für das zweite Quartal ist der mittlere Wert der geordneten Werte 8,4; 7,4 und 7,3, also 7,4. Das ist hier zufällig der Wert des zu ersetzenden Quartils selbst.) Wird eine gerade Zahl von Fällen als Spanne festgesetzt, gibt es keinen mittleren Fall. Dann wird ebenfalls eine ungerade Zahl von Fällen (m+1) benutzt. Von diesen wird zunächst aus den ersten m Fällen ein Medianwert ermittelt. Es ist das arithmetische Mittel der beiden mittleren Werte der geordneten Reihe dieser m Fälle. Dann bildet man für die letzten m Fälle auf die gleiche Weise den Medianwert. Aus den beiden so gebildeten Medianwerten wird wiederum das arithmetische Mittel als endgültiger zentrierter Medianwert berechnet. *Beispiel:* Bei Benutzung der Spanne 4 errechnet man als ersten gleitenden Medianwert den Wert für das 3. Quartal 1989. Dazu werden die Werte vom ersten Quartal 1998 bis zum 1. Quartal 1990 (einschließlich) benutzt. Man bildet zuerst den Median für die ersten vier Werte dieser Reihe. Geordnet lauten diese 8,4; 8,0; 7,4; 7,3. Der Medianwert daraus beträgt (8,0 + 7,4) : 2 = 7,7. Die geordnete Reihe der zweiten vier Werte ist 8,0; 7,7; 7,4; 7,3. Deren Medianwert beträgt (7,7 + 7,4) : 2 = 7,55. Der zentrierte Medianwert für das 3. Quartil ist somit (7,7 + 7,55) : 2 = 7,63.
- *Kumulierte Summe* (CSUM). Kumulierte Summe der Zeitreihenwerte bis zu einem Zeitpunkt, inklusive des Wertes dieses Zeitpunkts. (*Beispiel:* ALQ_E_7. Für das 3. Quartal ergibt sich der Wert aus der Summe der Werte des ersten, zweiten und dritten Quartals: 8,4 + 7,4 + 7,3 = 23,1. Im Beispiel ist das keine sinnvolle Anwendung. Sinnvolle Anwendungen lassen sich denken bei Variablen, deren Werte sich faktisch in der Zeit kumulieren, etwa gelagerte Abfälle u.ä.)
- *Lag.* Die Werte werden um die in Reihenfolge angegebene Zahl der Zeitpunkte in der Zeitreihe nach hinten verschoben. (*Beispiel:* Reihenfolge ist 2. Der Wert des 1. Quartals 1989 wird zum Wert des 3. Quartals.) Am Beginn der Reihe entstehen dabei Missing-Werte. Ihre Zahl entspricht dem in „Ordnung" angegebenen Wert.

❒ *Vorlauf (Lead).* Die Werte werden um die in „Reihenfolge" eingegebene Zahl der Zeitpunkte in der Zeitreihe nach vorne verschoben. (*Beispiel:* Reihenfolge ist 2. Der Wert des 3. Quartals 1989 wird zum Wert des 1. Quartals usw.) Die am Ende Zeitreihe entstehende Zahl der Missing-Werte entspricht dem Wert in „Ordnung".

❒ *Glätten* (Glättungsfunktion). (T4253H). Die neuen Werte werden durch eine zusammengesetzte Prozedur gewonnen. Zunächst werden Medianwerte mit der Spanne 4 gebildet, die wiederum durch gleitende Medianwerte der Spanne 2 zentriert werden. Die sich daraus ergebende Zeitreihe wird wiederum geglättet durch Bildung von gleitenden Medianwerten der Spanne 5, darauf der Spanne 3 und schließlich gleitender gewogener arithmetischer Mittel. Aus der Differenz zwischen Originalwerten und geglätteten Werten errechnet man Residuen (Reste), die wiederum in einem zweiten Durchgang selbst demselben Glättungsprozess unterworfen werden. Die endgültigen Werte gewinnt man, indem man zu den gleitenden Werten des ersten Durchgangs die geglätteten Residuen des zweiten addiert. Das Schlüsselwort dieser Prozedur heißt „T4253H", wobei die Ziffern die festgelegte Spannweite der einzelnen Glättungsschritte repräsentieren. (*Beispiel:* ALQ_E_8 enthält die Ergebnisse dieser Glättungsprozedur.)

Ersetzen von fehlenden Werten in Zeitreihen. Fehlen innerhalb einer Zeitreihe Werte, so wirkt sich das auf die Berechnung neuer Zeitreihen störend aus. Bei Differenzenbildung ergibt jede Berechnung einen fehlenden Wert, wenn einer der Ausgangswerte fehlt. Bei der Berechnung von gleitenden Durchschnitten bzw. Medianwerten gibt jede Berechnung, bei der irgendein Wert innerhalb der angegebenen Spanne fehlt, einen fehlenden Wert in der neuen Reihe. In diesen Fällen vermehrt sich die Zahl der fehlenden Werte in der neuen Zeitreihe. Bei Verwendung der Lag- und Lead-Funktion ergeben fehlende Werte wieder fehlende Werte. Die Zahl bleibt gleich. Die „Glättungsfunktion" lässt keine eingebetteten fehlenden Werte zu. Ist diese Bedingung verletzt, werden lauter System-Missings erzeugt. Bei der Bildung einer kumulierten Summe wird lediglich zum Zeitpunkt des fehlenden Wertes ein System-Missing eingesetzt. In der Folge summiert das Programm weiter.

Sind eingebettete fehlende Werte vorhanden, so müssen diese zur Anwendung der „Glättungsfunktion" ersetzt werden. Aber auch bei der Berechnung gleitender Mittelwerte kann das notwendig sein, um eine zu große Zahl von fehlenden Werten zu vermeiden. Eine „Imputation" (Ersetzung) fehlender Werte kommt jedoch nur in Frage, wenn die Gewähr gegeben ist, dass die Ersatzwerte nicht zu stark von den wirklichen (fehlenden) Werten abweichen. Fehlt in einer Zeitreihe nur gelegentlich ein Wert, so kann man das bei Auswahl eines geeigneten Verfahrens zumeist bejahen. SPSS bietet verschiedene Möglichkeiten, fehlende Werte in Zeitreihen zu ersetzen.

Beispiel. In unserer Zeitreihe fehle der Wert für das 3. Quartal 1989. Er soll ersetzt werden. Um einen Wert zu ersetzen, gehen Sie wie folgt vor:

▷ Wählen Sie die Befehlsfolge „Transformieren", „Fehlende Werte ersetzen...". Die Dialogbox „Fehlende Werte ersetzen" (⇨ Abb. 5.27) erscheint. Die weitere Eingabe erfolgt analog zum Verfahren bei der Transformation von Zeitreihen.

Nur werden hier nicht alle Werte der Zeitreihe, sondern nur die fehlenden Werte ersetzt.

▷ Übertragen Sie die Variable, bei der ein fehlender Wert ersetzt werden soll. Im Feld „Neue Variable(n)" erscheint automatisch eine Gleichung mit einem neuen Variablennamen auf der linken und der zuletzt verwendeten Funktion und dem alten Variablennamen als eines der Argumente auf der rechten Seite.

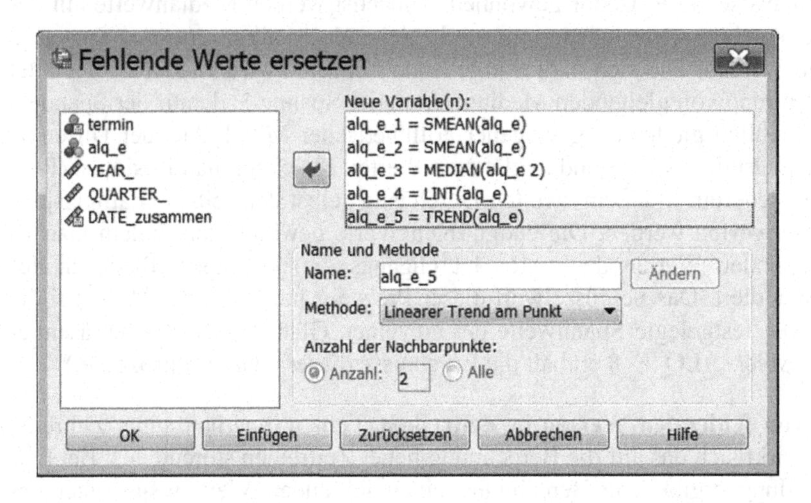

Abb. 5.27. Dialogbox „Fehlende Werte ersetzen"

Wollen Sie am Namen oder der Funktion etwas ändern (⇨ unten verfügbare Funktionen), gehen Sie analog zu obigen Ausführungen vor. Bei den Funktionen „Mittel der Nachbarpunkte" und „Median der Nachbarpunkte" ist gegebenenfalls noch eine Spanne durch Anklicken der Optionsschalter „Anzahl" und Eingabe einer Zahl oder durch Anklicken der Optionsschalter „Alle" vorzugeben. Neue Variablen und Funktionen sind mit „Ändern" zu bestätigen. Sie können auch wieder mehrere Transformationen für verschiedene Variablen nacheinander definieren und/oder mit unterschiedlichem Verfahren zum Ersetzen der fehlenden Werte für dieselbe Variable arbeiten. Die Ausführung starten Sie mit „OK".

Im Ausgabefenster erscheint eine Meldung über die Ausführung des Befehls. Sie enthält u.a. wiederum den neuen Namen, das Verfahren, sowie die Zahl der gültigen Werte (⇨ Tabelle 5.2).

Tabelle 5.2. Meldung beim Ersetzen fehlender Werte in einer Zeitreihe

	Ergebnis-variable	Anzahl ersetz-ter fehlender Werte	Fallnummer der nicht-fehlenden Werte		Anzahl der gül-tigen Fälle	Erstellen der Funktion
			Erster	Letzter		
1	alq_e_1	0	1	19	19	SMEAN(alq_e)
2	alq_e_2	0	1	19	19	MEAN(alq_e,2)
3	alq_e_3	0	1	19	19	MEDIAN(alq_e,2)
4	alq_e_4	0	1	19	19	LINT(alq_e)
5	alq_e_5	0	1	19	19	TREND(alq_e)

Im Dateneditorfenster erscheinen die neuen Variablen mit ersetzten fehlenden Werten (⇨ Abb. 5.28).

	DATE_	alq_e_1	alq_e_2	alq_e_3	alq_e_4	alq_e_5
1	Q1 1989	8,40	8,40	8,40	8,40	8,40
2	Q2 1989	7,40	7,40	7,40	7,40	7,40
3	Q3 1989	7,30	7,30	7,30	7,30	7,30
4	Q4 1989	8,00	8,00	8,00	8,00	8,00
5	Q1 1990	7,70	7,70	7,70	7,70	7,70
6	Q2 1990	6,90	6,90	6,90	6,90	6,90

Abb. 5.28. Ergebnis des Ersetzens eines fehlenden Wertes mit verschiedenen Verfahren

Die verfügbaren Verfahren werden nun am Beispiel erläutert. Ersetzt wird jeweils der fehlende Wert für das 3. Quartal 1989.

- ❒ *Zeitreihen-Mittelwert* (SMMEAN). Ersetzt den fehlenden Wert durch das arithmetische Mittel der ganzen Serie (siehe ALQ_E_1).
- ❒ *Mittel der Nachbarpunkte* (MEAN). Arithmetisches Mittel der dem fehlenden Wert benachbarten Zeitpunkte. Durch Eingabe einer Zahl in das Feld „Anzahl" bestimmt man, wie viele Nachbarpunkte jeweils auf beiden Seiten herangezogen werden sollen (2 bedeutet demnach vier Nachbarpunkte insgesamt). Die Auswahl von „Alle" ergäbe dasselbe Ergebnis wie „Zeitreihen-Mittelwerte" (siehe ALQ_E_2). Die Spanne darf nicht größer angesetzt werden als gültige Werte um den fehlenden zur Verfügung stehen. Sonst wird der fehlende Wert nicht ersetzt.
- ❒ *Median der Nachbarpunkte* (MEDIAN). Median der dem fehlenden Wert benachbarten Zeitpunkte. Wiederum kann die Spanne über „Anzahl" oder „Alle" festgelegt werden. „Anzahl" legt die Zahl der Fälle auf jeder Seite des Medianwertes fest. (*Beispiel:* ALQ_E_3. „Anzahl" war 2. Nach der Größe geordnet ergeben die vier Werte die Reihe: 8,4; 8,0; 7,7; 7,4. Der Medianwert ist das arithmetische Mittel der beiden mittleren Werte 8,0 und 7,7, also 7,85.) Die Spanne darf nicht größer angesetzt werden als gültige Werte um den fehlenden zur Verfügung stehen. Sonst wird der fehlende Wert nicht ersetzt.

❐ *Lineare Interpolation.* (LINT). Ausgehend von dem ersten gültigen Wert vor und nach dem/den fehlenden Werten wird interpoliert. Fehlt nur ein Wert, ist das identisch mit dem arithmetischen Mittel zwischen diesen beiden Werten. (*Beispiel:* ALQ_E_4. Die Differenz zwischen 7,4 und 8,0 = 0,6. Die Hälfte davon = 0,3 wird bei der Interpolation der 7,4 zugeschlagen = 7,7, um den Wert für das 3. Quartal 1989 zu ermitteln.) Liegen mehrere fehlende Werte nebeneinander, muss die Differenz zwischen den Nachbarwerten in entsprechend viele gleich große Anteile zerlegt werden.

❐ *Linearer Trend an dem Punkt* (TREND). Dazu wird zunächst eine Zeitvariable mit den Werten 1 bis n für die Zeitpunkte gebildet. Danach wird eine Regressionsgerade für die Voraussagevariable auf dieser Zeitvariablen gebildet. Aus der so gewonnen Regressionsgleichung wird der Voraussagewert für den fehlenden Wert errechnet und an dessen Stelle eingesetzt. (In unserem Beispiel ergibt die Regressionsanalyse die Regressionsgleichung $y = 1{,}177 - 0{,}009x$. Den Zeitpunkt 3 für x eingesetzt, ergibt 7,15, den Wert in ALQ_E_5.)

Werte Verschieben. Oftmals setzt die Wirkung der Veränderung einer Variablen erst mit Verzögerung ein (Lag), manchmal wirken sich aber auch spätere Zustände in Form von Erwartungen auf das Ergebnis eines früheren Zeitpunktes aus (Lead). Um diesen Sachverhalten gerecht zu werden, kann es sinnvoll sein, in einer Zeitreihe die Werte bestimmter Variablen aus Vorperioden in die Reihe einer späteren Periode zu verschieben (Lag) oder auch in eine frühere Periode zurück zu versetzen (Lead). Im Menü „Transformieren“ steht dazu das Untermenü „Werte verschieben“ zur Verfügung (dasselbe kann man aber auch „Lag“ und „Vorlauf“ im Menü „Zeitreihen erstellen“ bewirken).

Beispiel: Man nehme an, die Entwicklung des verfügbaren Einkommens wirke sich mit einer Verzögerung von einem Jahr auf den privaten Konsum aus. Die Datei MAKRO.SAV enthält Daten für die Jahre 1968 bis 1990, darunter die Variablen YVERF (verfügbares Einkommen) und CPR (privater Konsum). Es wäre nach dem Gesagten sinnvoll, vor der Analyse die Werte für YVERF um ein Jahr nach hinten zu verschieben. Um diese zu erreichen gehen Sie wie folgt vor:

▷ Wählen Sie „Transformieren“ und „Werte verschieben“. Die Dialogbox „Werte verschieben“ öffnet sich (⇨ Abb. 5.29).

▷ Übertragen Sie die Variable, deren Werte verschoben werden sollen in das Feld „Variable: neuer Name“. Geben Sie im Eingabefeld „Name“ einen Namen für die neue Variable ein und übertragen Sie diesen durch Anklicken der Schaltfläche „Ändern“.

▷ Markieren Sie im Feld „Methode“ den Optionsschalter „Wert aus früherem Fall beziehen (LAG)“. Da die Werte in einjährigem Abstand gespeichert sind und Sie eine Verschiebung um ein Jahr wünschen, tragen Sie in das Kästchen „Anzahl an zu verschiebenden Fällen“ eine 1 ein. Bestätigen Sie mit „OK“. Die neue Variable wird an die Datei angehängt.

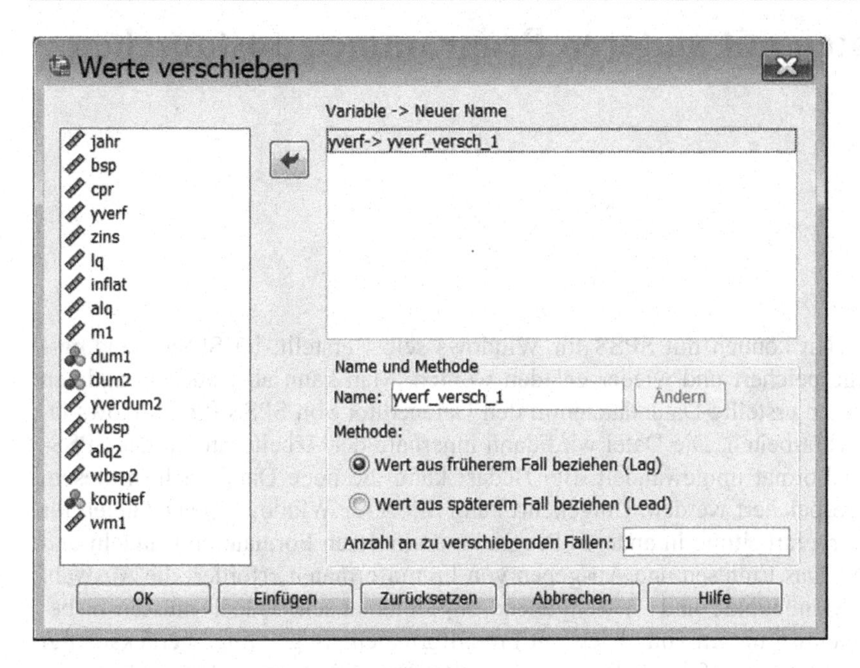

Abb. 5.29. Dialogbox „Werte verschieben“

5.10 Offene Transformationen

Per Voreinstellung werden Transformationen sofort ausgeführt. Um bei einer Vielzahl von Transformationen und großen Datenmengen Rechenzeit zu sparen, kann man diese Einstellung im Menü „Optionen“, Register „Daten“ ändern, so dass Transformationen erst dann durchgeführt werden, wenn ein Datendurchlauf erforderlich ist (⇨ Kap 35.6). Im letzteren Falle kann man die Transformationen jederzeit mit der Befehlsfolge „Transformieren“ und „Offene Transformationen ausführen“ ausführen lassen. Ansonsten werden Sie automatisch beim Aufruf einer Statistikprozedur vorgenommen.

6 Daten mit anderen Programmen austauschen

Datendateien können mit SPSS für Windows selbst erstellt, im SPSS Windows-Format gespeichert und wieder geladen werden. Man kann aber auch in anderen Programmen erstellte Datendateien in den Dateneditor von SPSS für Windows laden und verarbeiten. Die Datei wird dann innerhalb der Arbeitsdatei in das SPSS-Windows-Format umgewandelt. Bei Bedarf kann die neue Datei auch in diesem Format gespeichert werden. Umgekehrt kann SPSS für Windows Datendateien für die Weiterverarbeitung in anderen Programmen in deren Formate umwandeln und speichern. Das Einlesen und Ausgeben von Fremdformaten erfordert die Auswahl weniger Menüpunkte und ist weitgehend unproblematisch. Jedoch müssen insbesondere beim Einlesen von Daten mit Fremdformaten einige Dinge berücksichtigt werden, damit keine fehlerhaften Dateien entstehen. Die Daten können über zwei verschiedene Menüs eingelesen werden:

① Über die Befehlsfolge „Datei öffnen", „Daten":

- ❐ *SPSS-Dateien* aus anderen Betriebssystemen (aus DOS-Versionen mit PC+, komprimiert und als portable Datei ausgegebene Daten).
- ❐ Dateien des Statistikprogramms *SYSTAT*.
- ❐ Dateien des Statistikprogramms *SAS* (der Versionen 6-9 und SAS Transportdateien).
- ❐ Dateien des Statistikprogramms *STATA* (der Versionen 4-13).
- ❐ Dateien aus *Tabellenkalkulationsprogrammen* (unmittelbar übernommen werden können Daten aus Lotus 1-2-3 [Versionen 2.0, 3.0 und 1A], Excel und aus Dateien, die das SYLK-Format benutzen wie Multiplan).
- ❐ Dateien des Datenbankprogramms dBase (Versionen II, IIIPlus, III und IV).
- ❐ *Textdateien* und SPSS *Datendateien* als ASCII-Dateien mit Trennzeichen zur Unterscheidung der Variablen. Sind bestimmte Bedingungen eingehalten, kann man auch ASCII-Dateien verwenden, bei denen die Variablen nicht durch Trennzeichen unterschieden werden.

② Über die Befehlsfolge „Datei", „Daten importieren". Diese enthält die oben angegebenen Importmöglichkeiten (SPSS-Dateien werden lediglich nicht als Menüoption angezeigt) ebenfalls und zusätzlich:

- ❐ Ein Untermenü zum Import von Dateien aus *Datenbankprogrammen* (und Excel Version 5) können über die ODBC-Schnittstelle übernommen werden, wenn man über den entsprechenden Treiber für dieses Programm verfügt. (Viele Treiber werden auf der SPSS-CD bzw. beim Downloaden mitgeliefert, andere bietet z.B. das Microsoft Data Access Pack oder die IBM FileDriver.)

- ❒ Ein Untermenü zum Import von Daten aus „Cognos TM1-Datenbank“ bzw. „Cognos-Dateien“.

Da es sich bei den aufgeführten Tabellenkalkulations- und Datenbankprogrammen um Standardprogramme handelt, sind fast alle gängigen Programme in der Lage, Daten in deren Formate zu exportieren. Daher ist die Übernahme von Daten aus anderen externen Programmen über den Umweg des Exports in Formate der aufgeführten Programme oder das ASCII-Format möglich. Das Programm selbst muss dazu nicht installiert sein. Es genügt, wenn die Datendatei in einem entsprechenden Format vorliegt.

6.1 Übernehmen von Daten aus Fremddateien

Beide Menüs führen außer beim Import von Datenbanken in dasselbe Fenster. Deshalb genügt die Vorstellung einer Version. Gehen Sie zum Laden von Daten aus einer Datei in einem der zulässigen Formate wie folgt vor:

▷ Wählen Sie die Befehlsfolge „Datei“, „Öffnen“, „Daten“. Es öffnet sich die Dialogbox „Datei öffnen“ (⇨ Abb. 6.1).

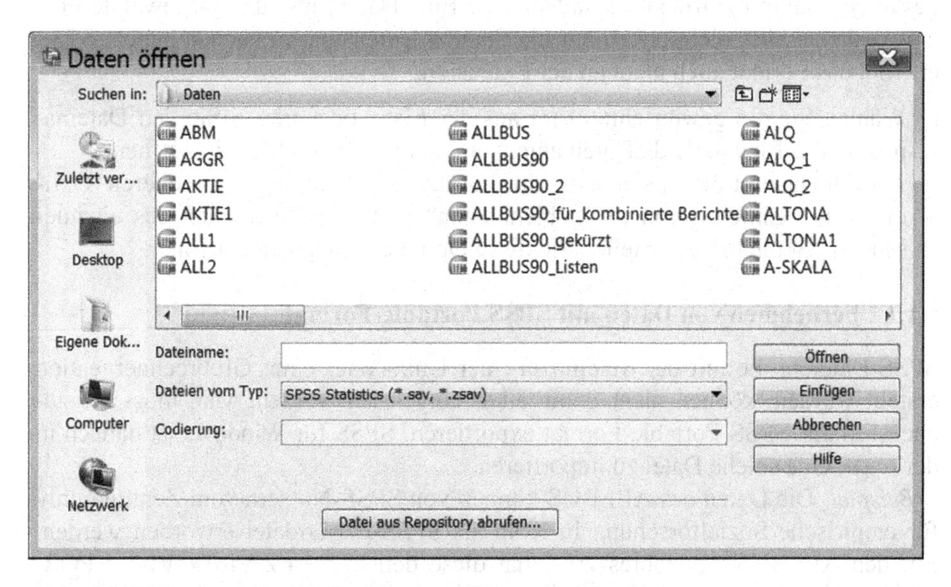

Abb. 6.1. Dialogbox „Datei öffnen“ mit geöffneter Dateitypliste

▷ Wählen Sie im Feld „Suchen in:“ zunächst das Laufwerk, in dem die gewünschte Datei steht.

▷ Wählen Sie dort weiter über die Auswahlliste das Verzeichnis, in dem die gewünschte Datei steht. Standardmäßig zeigt SPSS dann jeweils die Dateien mit der Extension SAV (SPSS-Windows-Dateien) bzw. ZSAV (komprimierte SPSS-Windows-Dateien) an, im Menü „Datei importieren“ dagegen die Datei des als Option ausgewählten Dateityps). (Wenn der richtige Dateityp ausgewählt ist, können Sie auch die Datei einschließlich Laufwerk und Verzeichnis in das Eingabefeld „Dateiname:“ eintragen.)

▷ Öffnen Sie durch Anklicken des Pfeils am Auswahlfeld „Dateityp“ die Liste der verfügbaren Dateiformate, und klicken Sie das gewünschte Format an. Im Dateiauswahlfeld erscheinen die Dateien mit der zu diesem Format zugehörigen Standardextension.

Standardextensionen sind: *SYS* (SPSS/PC+ und Systat), *SYD* (Systat), *POR* (SPSS PORTABLE), *XLS* (Excel), *W** (Lotus 1-2-3), *SLK* (SYLK für Multiplan und optional Excel-Dateien), (*DBF* (dBASE), *TXT* (ASCII-Dateien), *DAT* (ASCII-Dateien mit Tabulator als Trennzeichen) sowie *SAV* (SPSS für Windows und für UNIX). In den neueren SPSS-Versionen können auch SAS Dateien eingelesen werden. Extensionen sind je nach Version *SAS7BDAT* (Version 7-9, Long File Name), *SD7* (Version 7-9, Short File Name), *SD2* (Version 6 für Windows) *SSD01* (Version 6 für UNIX) und *XPT* (SAS Transportfile). Schließlich können Stata-Dateien Version 4 bis 8 (Extension *DTA*) importiert werden. Dateien mit beliebiger Extension werden bei Auswahl von „Alle Dateien (*.*)“ angezeigt. Sie können sich aber auch Dateien mit einer beliebigen anderen Extension anzeigen lassen. Tragen Sie dazu in das Eingabefeld „Dateiname:“ „*.Extension“ ein, und bestätigen Sie mit „Öffnen“. *Beachten Sie:* Eine Datei muss das ausgewählte Format besitzen, aber nicht unbedingt die Standardextension im Namen haben. SPSS erkennt das Format auch nicht an der Extension.

▷ Wählen Sie die gewünschte Datei aus der Liste, oder tragen Sie den Dateinamen in das Eingabefeld „Dateiname:“ ein und bestätigen Sie mit „Öffnen“.

▷ Je nach Dateiart öffnet sich evtl. eine zusätzliche Dialogbox mit weiteren Optionen zum Einlesen von „Variablennamen“ und/oder Bestimmen des einzulesenden „Bereichs“ etc. Stellen Sie diese Optionen entsprechend ein.

6.1.1 Übernehmen von Daten mit SPSS Portable-Format

SPSS-Dateien, die mit der MacIntosh-, der Unix- oder einer Großrechnerversion erstellt wurden, können nicht unmittelbar eingelesen werden. Man muss sie zunächst in das SPSS Portable-Format exportieren. SPSS für Windows ist danach in der Lage, eine solche Datei zu importieren.

Beispiel. Die Daten des ALLBUS können von SPSS-Nutzern vom Zentralarchiv für empirische Sozialforschung in Köln als SPSS-Exportdatei erworben werden. Für den ALLBUS des Jahres 2012 hat diese den Namen ZA4614_v1-1-1.POR. (SPSS-Versionen benutzen im Übrigen als Standardextension für portable Dateien EXP.) Sie stehe im Verzeichnis C:\Daten. Um diese Datei zu importieren, wäre wie folgt vorzugehen:

▷ Wählen der Befehlsfolge „Datei“, „Öffnen“, „Daten“.

▷ Auswählen von Laufwerk und Verzeichnis (hier C:\Daten).

▷ Auswahl des Dateityps „SPSS portable“.

▷ Eingabe des Dateinamens „ZA4614_v1-1-1.POR“ in das Eingabefeld „Dateiname:“ oder: Auswahl des Dateityps „Alle Dateien (*.*)“ und Auswahl von „ZA4614_v1-1-1.POR“ aus der Dateiliste. Bestätigen mit „Öffnen“.

Hinweis. Wird eine SPSS/PC+-Datei importiert, die in Stringvariablen in Windows-Programmen nicht verfügbare Sonderzeichen benutzt, müssen diese umgewandelt werden. Dies geschieht automatisch beim Import, funktioniert aber dann nicht immer fehlerfrei, wenn der Zeichensatz der bei Erstellung der Datei vorhandene DOS-Version nicht identisch ist mit der bei der Installation von SPSS für Windows benutzten.

6.1.2 Übernehmen von Daten aus einem Tabellenkalkulationsprogramm

Beispiel. Die Daten einer Schuldenberatungsstelle über überschuldete Verbraucher sind in einer Excel-Datei VZ.XLS gespeichert. Zeilen enthalten die Fälle, Spalten die Variablen. In den Zeilen 1 und 2 stehen Überschriften (⇨ Abb. 6.2). Die Daten sollen in SPSS weiterverarbeitet werden. Übernommen werden sollen die ersten zehn Fälle (Zeile 3 bis 12). Die Überschriften in Zeile 2 werden als Variablennamen benutzt.

Um diese Datei zu importieren, gehen Sie wie folgt vor:

▷ Wählen Sie die Befehlsfolge „Datei“, „Öffnen“, „Daten“. Die Dialogbox „Datei öffnen“ erscheint (⇨ Abb. 2.5).
▷ Wählen Sie das gewünschte Laufwerk und Verzeichnis (hier: C:\DATEN).
▷ Wählen Sie den Datentyp „Excel“, und wählen Sie die Datei aus der Liste aus oder geben Sie den Dateinamen ein (hier: VZ.XLS).

	A	B	C	D	E	F	G	H	I	J
1		Erstkontakt						Beg. Übersch.		
2	Nr	Tag	Monat	Jahr	Vorname	Geschl	Eink	Jahr	Monat	Ges.Schuld
3	1	17	10	89	Frederic	2	1200	10	86	6500
4	2	9	1	89	Birgid	3	1798	11	82	4600
5	3	1	2	88	Ronald	1	2050	1	88	24700
6	4	8	6	89	Gertrud	3	2000	11	80	163000
7	5	17	7	89	Carola	1	9999	0	0	999999
8	6	1	9	88	Alfred	1	1950	7	82	33200
9	6	6	11	87	Manfred	2	1800	7	86	32000
10	7	21	7	89	Jürgen	1	1750	12	81	14500
11	8	5	11	88	Hildegard	3	1050	2	83	9086
12	9	28	1	88	Tom	2	1400	10	87	44740

Anmerkung. Vorname bezieht sich hier auf Schuldner, Geschlecht auf Ratsuchende, Geschlecht = 3 bedeutet, dass ein Paar gemeinsam die Beratungsstelle aufsuchte.

Abb. 6.2. Excel-Datei VZ.XLS

▷ Klicken Sie auf „Öffnen“. Es öffnet sich die Dialogbox „Datei öffnen: Optionen“. (Die Auswahl von „Einfügen“ hat die gleiche Wirkung.)
▷ Klicken sie auf das Kontrollkästchen „Variablennamen einlesen“.
▷ Geben Sie den Zellenbereich der Excel-Datei (hier: a2 [linke obere Ecke] bis j12 [rechte untere Ecke]) ein und bestätigen Sie mit „OK“.

Anmerkung. Bei neueren Versionen von Excel kann eine Arbeitsmappe mehrere Tabellen enthalten. Ist dies der Fall, enthält die Dialogbox „Datei öffnen: Optionen“ ein weiteres, Auswahlfeld „Arbeitsblatt“. Durch Anklicken des Pfeils am rechten Rand dieses Feldes öffnet sich eine Auswahlliste, aus der man die gewünschte Tabelle auswählen kann. Es kann nur eine Tabelle eingelesen werden. Eine Verknüpfung ist dagegen beim Einlesen als ODBC-Datenbank möglich, falls ein Primärschlüssel die Tabellen verbindet. Außerdem kann die „maximale Breite der Stringvariablen" festgelegt werden. Bei älteren Versionen ist zu beachten, dass sich Typ und Spaltenbreite durch den Datentyp und die Spaltenbreiten der ersten Zellen mit Daten in der jeweiligen Spalte festgelegt wird. Dadurch kann es zu unerwünschten Ergebnissen kommen. Dem können Sie begegnen, indem Sie in die erste Zeile gezielt Werte des gewünschten Typs und der gewünschten Breite einsetzen.

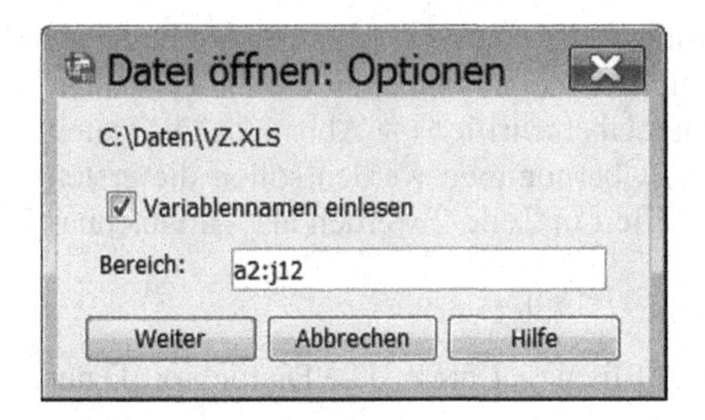

Die Daten erscheinen im SPSS-Dateneditor als Datei unter dem Namen UNBENANNT. Die Variablennamen entsprechen den Spaltenüberschriften. Da Jahr und Monat doppelt auftreten, werden die Variablennamen beim zweiten Auftreten von SPSS verändert, indem der Buchstabe A nach einem Unterstrich dem Namen angehängt wird.

Die Option „Variablennamen lesen" steht nur für Excel-, Sylk-, Lotus-, und Tab-delimited (d.h., den Tabulator als Trennzeichen nutzende) ASCII-Dateien zur Verfügung. Die erste Zeile der Datei (oder des vom Benutzer definierten Zellenbereichs) wird als Variablennamen interpretiert. Namen von mehr als acht Zeichen Länge werden abgeschnitten, nicht eindeutige Namen modifiziert. Mit dieser Option kann man sich die Definition von Variablennamen ersparen. Zugleich verhindert sie, dass die Datenformate nach dem Wert in der ersten Zeile definiert werden. Verwendung findet dann der Wert in der zweiten Zeile.

Die Option „Bereich" steht für Lotus-, Excel- und Sylk-Dateien zur Verfügung, nicht aber für ASCII-Dateien. Dateien von Excel 5 oder Nachfolgeversionen können mehrere Arbeitsblätter enthalten. In der Standardeinstellung liest der Daten-Editor das erste Arbeitsblatt. Wenn Sie ein anderes Arbeitsblatt einlesen möchten, wählen Sie es aus der Drop-Down-Liste aus.

Um eine fehlerhafte Datenübernahme zu verhindern, müssen die Regeln beachtet werden, nach denen SPSS Daten aus Tabellenkalkulationsblättern übernimmt. Generell liest SPSS Daten aus Tabellenkalkulationsprogrammen wie folgt:

Aus der Tabelle wird ein rechteckiger Bereich, der durch die Bereichsgrenzen festgesetzt ist, als SPSS-Datenmatrix gelesen. Die Koordinatenangaben für den Zellenbereich variieren nach Ausgangsformaten. *Beispiel:* Lotus (A1..J10), Excel (A1:J10) und Sylk (R1C1:R10C10). Zeilen werden Fälle, Spalten Variablen (sollte dies der Datenstruktur nicht entsprechen, muss die Matrix später gedreht werden ⇨ Kap. 7.1.2). Enthält eine Zelle innerhalb der Bereichsgrenzen keinen gültigen Wert, wird ein System-Missing gesetzt. Verzichtet man auf die Angabe von Bereichsgrenzen, ermittelt SPSS diese selbständig. Dies sollte man jedoch nur bei Tabellen ohne Beschriftung verwenden. Die Übernahme von Spalten unterscheidet sich danach, ob Spaltenüberschriften als Variablennamen gelesen werden oder nicht. Werden Spaltenüberschriften als Variablennamen verwendet, nimmt SPSS nur solche Spalten auf, die mit einer Überschrift versehen sind. Die letzte Spalte ist die letzte, die eine Überschrift enthält. Werden keine Überschriften verwendet, vergibt SPSS selbständig Variablennamen. Je nach Herkunftsformat sind sie identisch mit dem Spaltenbuchstaben oder mit der Spaltennummer mit einem vorangestellten C. Die letzte übernommene Spalte ist dann diejenige, die als letzte mindestens eine ausgefüllte Zelle enthält. Die Zahl der übernommenen Fälle ergibt sich aus der letzten Zeile, die mindestens eine ausgefüllte Zelle innerhalb der Spaltenbegrenzung enthält. Der Datentyp und die Breite der Variablen ergeben sich in beiden Fällen aus der Spaltenbreite und dem Datentyp der ersten Zelle der Spalte, falls Variablennamen gelesen werden, der zweiten Zelle. Werte mit anderem Datentyp werden in System-Missings umgewandelt. Leerzeichen sind bei numerischen Variablen System-Missings, bei Stringvariablen dagegen ein gültiger Wert.

Fehler können vor allem aus folgenden Quellen stammen:

- Der Datentyp wechselt innerhalb der Spalte. Das führt zu unerwünschten Missing-Werten.
- Leerzeilen, die aus optischen Gründen im Kalkulationsblatt enthalten sind, werden als Missing-Werte interpretiert.
- Sind nicht alle Spalten mit Überschriften versehen, werden Variablen evtl. unerwünschter Weise nicht mit übernommen.
- Bei Import aus DOS-Programmen werden in String-Variablen enthaltene Sonderzeichen nicht mit übernommen.

Passen Sie vor der Übernahme die Kalkulationsblattdaten den Regeln entsprechend an, damit keine Fehler auftreten und testen Sie das Ergebnis der Übernahme sorgfältig.

6.1.3 Übernehmen von Daten aus ASCII-Dateien

Viele Datenbank-, Tabellenkalkulations- und Textverarbeitungsprogramme bieten auch Möglichkeiten, die Daten im ASCII-Format auszugeben. Dies ist eine Möglichkeit, auf einem Umweg auch Daten aus Programmen mit nicht kompatiblem Format in SPSS zu importieren. Man sollte davon aber nur Gebrauch machen, wenn die oben beschriebenen Möglichkeiten nicht bestehen. In der Textdatei selbst können die Daten in verschiedenem Format vorliegen:

- Durch *Trennzeichen* strukturierte csv-Datei. In diesem Fall zeigen Trennzeichen (z.B. Tabulator, Kommata, Leerzeichen) an, wo eine Variable endet und damit eine neue beginnt. Zusätzlich beginnt jeder neue Fall in einer neuen Datenzeile. (Durch Trennzeichen strukturierte Dateien, bei denen ein Fall mehr als eine Zeile einnimmt, müssen wie Dateien im freien Format behandelt werden.)
- Datei mit *festem Format*. Hier stehen die Werte einer bestimmten Variablen bei allen Fällen immer an derselben Stelle einer Zeile.
- Datei mit *freiem Format*. Bei diesem Format werden die Variablen ebenfalls durch Trennzeichen gekennzeichnet. Allerdings können die Fälle unmittelbar aneinander anschließend gespeichert werden. Damit das Programm erkennen kann, wo ein neuer Fall beginnt, muss ihm mitgeteilt werden, wie viele Variab-

len ein Fall enthält. Es zählt dann die Variablen mit und erkennt nach Beendigung der letzten Variablen des ersten Falles die nächste Variable als erste des zweiten Falles usw.

Bei allen drei Varianten können die Daten entweder über das Menü „Datei" „Öffnen" oder das Menü „Datei" „Daten importieren" geöffnet werden. Beide Verfahren unterscheiden sich nur beim Import von CSV-Dateien. Während ansonsten der Import in 6 Schritten unter Anleitung des „Assistenten für Textimport" durchgeführt wird, ist der Import von CSV-Dateien mit „Daten importieren" auf einen Schritt verkürzt". Je nach Datenformat unterscheiden sich die Eingaben bei bestimmten Schritten. Wir stellen daher den Import mit „Daten importieren" vor.

ASCII-Dateien mit Trennzeichen (CSV-Datei). Abb. 6.3 zeigt die Daten der Schuldenberatung als ASCII-Datei mit Tabulator als Trennzeichen (tab-delimited). Der Import kann auf zwei Weisen erfolgen. Entweder gehen Sie über das Menü „Datei", „öffnen" und wählen dort CSV-Datei. Der Import erfolgt dann über einen Assistenten in 6 Schritten, wie unten unter „ASCII-Dateien in festem Format" erläutert. Wir benutzen aber als Alternative eine kürzeren Weg Mit der Befehlsfolge „Datei", „Daten importieren".

▷ In unserem Beispiel öffnen Sie die Datei VZ.CSV über die Befehlsfolge „Datei", „Daten importieren", „CSV-Daten. Sie wählen in der Dialogbox „Daten öffnen" in der üblichen Weise Verzeichnis und Namen der zu öffnenden Datei und klicken auf „Öffnen". Die Dialogbox „CSV-Datei lesen" erscheint (⇨ Abb. 6.4).

NR	TAG	MONAT	JAHR	VORNAME	GESCHL	EINK	MONAT1	JAHR1	GES.SCHU
1	17	10	89	Frederic	2	1200	10	86	6500
2	9	1	89	Birgid	3	1798	11	82	4600
3	1	2	88	Ronald	1	2050	1	88	24700
4	8	6	89	Gertrud	3	2000	11	80	163000
5	17	7	89	Carola	1	9999	0	0	999999
6	1	9	88	Alfred	1	1950	7	82	33200
6	6	11	87	Manfred	2	1800	7	86	32000
7	21	7	89	Jürgen	1	1750	12	81	14500
8	5	11	88	Hildegard	3	1050	2	83	9086
9	28	1	88	Tom	2	1400	10	87	44740

Abb. 6.3. Tab-delimited ASCII-Datei VZ.DAT

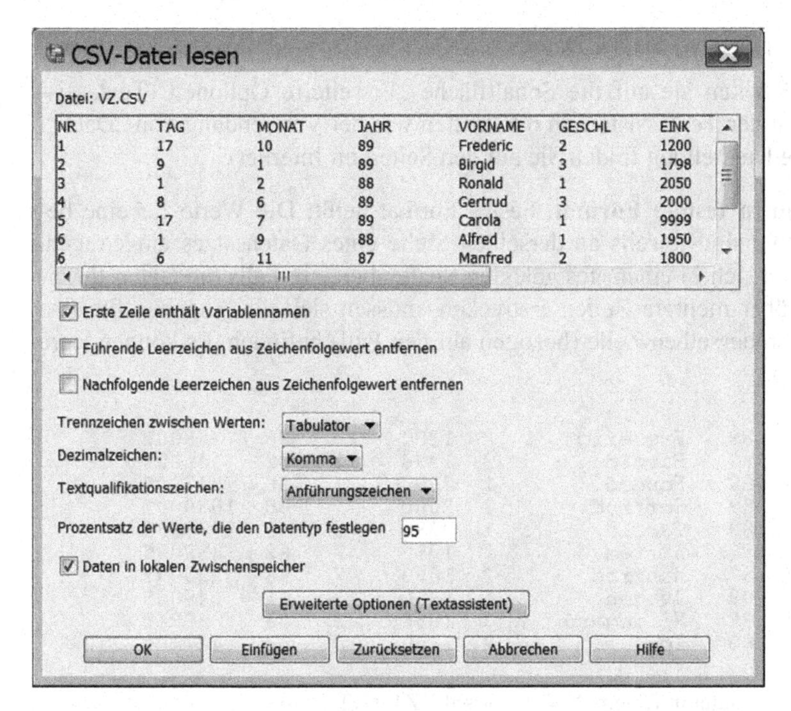

Abb. 6.4. Dialogbox „CSV-Datei lesen“

Diese enthält ein Feld, in dem der Beginn der Datendatei beim derzeitigen Bearbeitungsstand zu erkennen ist. Ansonsten stehen einige Auswahlkästchen und Drop-Down-Listen zur Wahl. Wichtig sind vor allem folgende:

- *„Erste Zeile enthält Variablennamen“.* Dies muss angewählt sein, wenn Variablennamen in der ersten Zeile stehe. Sie werden dann zu SPSS-Variablennamen umgewandelt.
- *„Trennzeichen zwischen Werten“.* Möglich sind „Tabulatur“, „Komma“ und „Semikolon“ (in unserem Falle „Tabulator“
  Neu und zugleich z.T. sehr wichtig sind:
- *„Dezimalzeichen“.* Es kann zwischen „Komma“ und „Punkt“ gewählt werden. Dies betrifft das in der Quelldatei benutzte Dezimalzeichen und sorgt dafür, dass dies in der SPSS-Datei richtig umgewandelt wird.
- *„Textqualifikationszeichen“.* Zur Auswahl stehen „Anführungszeichen“, „Hochkommas“ und „Keine“. Die richtige Auswahl ist wichtig, wenn die Quelldatei Textvariablen enthält, innerhalb derer auch das Trennzeichen auftritt. Sind dann die Texte ohne Textqualifikationszeichen verwendet, gelingt die Zuordnung der Daten zu Variablen nicht.
- *„Prozentsatz der Werte, die den Datentyp festlegen“.* Das kann von Bedeutung sein, wenn in der Quelldatei Werte derselben Variablen in verschiedenem Format vorliegen. Während in früheren Versionen der erste gefundene Wert das Format bestimmte, kann jetzt die Festlegung so gesteuert werden, dass das Format von der überwiegenden Zahl der Werte bestimmt wird. Nicht zu dem Format passende Werte werden zu „Missing Values“.

▷ Mit „OK“ importieren Sie die Datei.

(*Anmerkung.* Klicken sie auf die Schaltfläche „Erweiterte Optionen (Textassistent)“, erscheint der Textassistent in 6 Schritten wie bei Verwendung von „Datei“, „Öffnen“. Eine Darstellung finden Sie auf den Seiten im Internet)

ASCII-Dateien in festem Format. Festes Format heißt: Die Werte für eine bestimmte Variable sind jeweils an derselben Stelle eines Datensatzes eingetragen, d.h. sie befinden sich in einem festgelegten Spaltenbereich. Falls die Daten für einen Fall sich über mehrere Zeilen erstrecken, müssen sich die Angaben für eine Variable auch in derselben Zeile (bezogen auf den Fall) befinden. Es können leere Zellen auftreten.

```
1 17 10 89   Frederic    2 1200  10  86    6500¶
2  9  1 89   Birgid      3 1798  11  82    4600¶
3  1  2 88   Ronald      1 2050   1  88   24700¶
4  8  6 89   Gertrud     3 2000  11  80  163000¶
5 17  7 89   Carola      1 9999   0   0  999999¶
6  1  9 88   Alfred      1 1950   7  82   33200¶
6  6 11 87   Manfred     2 1800   7  86   32000¶
7 21  7 89   Jürgen      1 1750  12  81   14500¶
8  5 11 88   Hildegard   3 1050   2  83    9086¶
9 28  1 88   Tom         2 1400  10  87   44740¶
```

Abb. 6.5. Schuldnerdatei in festem ASCII-Format VZ1.TXT

Beispiel. Die Schuldnerdatei (VZ1.SAV) würde als ASCII-Datei in festem Format in etwa aussehen wie in Abb. 6.5. Die Daten eines Falles stehen in einer Zeile. Die Variablen, zunächst formal mit den Namen V1 bis V10 bezeichnet, stehen in folgenden Spaltenbereichen: V1 1-2, V2 4-5, V3 8-9, V4 12-13, V5 17-28, V6 31, V7 34-37, V8 41-42, V9 46-47 und V10 49-55. Die Daten sollen nun importiert werden und dabei dieselben Namen erhalten, wie wir sie aus den bisherigen Beispielen kennen. Die Namensvariable soll als String, die Einkommensvariablen als numerische mit zwei Kommastellen und die restlichen als numerische, ohne Kommastellen definiert werden.

Der Import dieser Datei vollzieht sich in 6 Schritten.

▷ Die Befehlsfolge „Datei“, „Daten importieren“, „Textdaten…“ führt in die Dialogbox „Daten öffnen“. *Achtung !!* Dort müssen Sie gegebenenfalls die „Codierung“ in „Lokale Codierung“ ändern, da UNICODE-Dateien nicht verarbeitet werden. Dann wählen Sie hier in der üblichen Weise Pfad und Datei aus (hier: VZ1.DAT). Beginnen Sie den Import mit „Öffnen“. Es erscheint die Dialogbox „Assistent für Textimport – Schritt 1 von 6“. Diesen benötigen Sie nur, wenn Sie schon irgendwo ein Format gespeichert haben, das sie jetzt verwenden wollen ansonsten Klicken Sie auf „Weiter“. Es erscheint die Dialogbox „Assistent für Textimport – Schritt 2 von 6“.

▷ Bei Schritt 2 wählen sie den Optionsschalter „Feste Breite“. Da im Beispiel kein Variablennamen in der ersten Zeile steht, markieren Sie im Bereich „Enthält die erste Zeile der Datei die Variablennamen“ die Option „Nein“. Nach klicken auf die Schaltfläche „Weiter“ erscheint die Dialogbox „Assistent für Textimport – Schritt 3 von 6“ (Abb. 6.6).

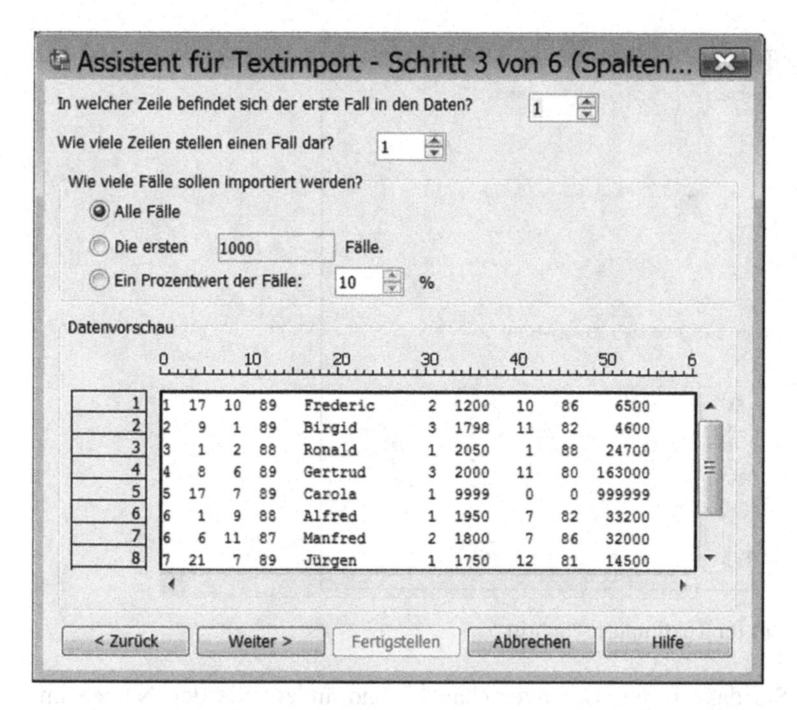

Abb. 6.6. Assistent für Textimport – Schritt 3

▷ Wichtig ist hier vor allem das Auswahlkästchen „Wie viele Zeilen stellen einen Fall dar?“. Hier muss angegeben werden, über wie viele Zeilen sich die Angaben zu einem Fall erstrecken. In unserem Beispiel ist dies nur eine Zeile. Und in welcher Zeile der erste Fall steht. Im Beispiel ist es die erste.

▷ In der Dialogbox des vierten Schrittes sind die Daten in der Datenvorschau anders dargestellt. Die Grenzen der Variablen sind durch senkrechte Linien eingezeichnet. Falls diese nicht mit den tatsächlichen Grenzen übereinstimmen, kann man eine Anpassung vornehmen. Die Linien können durch Ziehen verschoben werden. Zieht man eine Linie aus der Datenvorschau heraus, wird sie gelöscht. Durch Anklicken eines Punktes innerhalb des Vorschaufensters, kann man eine neue Trennlinie einfügen.

Die Veränderung von Namen und Datentyp erfolgt in Schritt 5 (Abb. 6.7). In unserem Beispiel werden keine Variablennamen aus der Textdatei übernommen, sondern SPSS-Variablennamen automatisch generiert. Definieren Sie Namen und Typ wie bei Datei VZ.TXT.

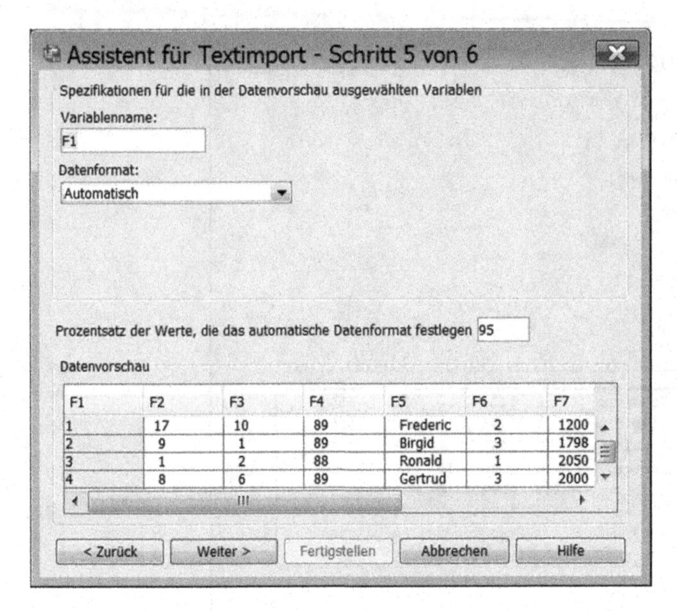

Abb. 6.7. Assistent für Textimport – Schritt 5

▷ Markieren Sie dazu in der Datenvorschau F1 und ändern Sie den Namen im Feld „Variablenname" in NR.

▷ Tragen Sie auf gleiche Weise den gewünschten Variablennamen für alle weiteren Variablen ein.

Hinweis. Bei Vergabe der Variablennamen gelten die in Kap. 3.1 dargestellten Regeln.

▷ Nach Anklicken von „Weiter" erscheint die Dialogbox „Assistent für Textimport – Schritt 6 von 6". Hier kann man bestimmen, ob das Format für künftige Verwendung gespeichert wird und ob eine Syntaxdatei erstellt wird. Ansonsten beenden Sie die Eingabe mit „Fertigstellen". *Achtung!* Speichern Sie das Format, auch wenn Sie es nicht weiter verwenden wollen. Nur dann funktioniert „Fertigstellen" korrekt.

ASCII-Dateien in freiem Format. Bei variablem Format sind die Variablen bei den verschiedenen Fällen in derselben Reihenfolge, nicht aber unbedingt in derselben Spalte gespeichert. Das Programm erkennt den Beginn einer neuen Variablen an einem Trennzeichen. Mehrere Fälle können in derselben Reihe abgespeichert werden. SPSS interpretiert nach Abarbeiten einer Variablenliste einen neuen Wert als ersten Wert des neuen Falles. Alle Variablen müssen definiert werden. Für jede Variable muss sich bei jedem Fall ein Eintrag finden, der nicht dem Trennwert entspricht. Sonst wäre das Programm nicht in der Lage, die Variablen richtig abzuzählen. *Achtung!* Speichern Sie das Format, auch wenn Sie es nicht weiter verwenden wollen. Nur dann funktioniert „Fertigstellen" korrekt.

```
1 17 10 89 Frederic 2 1200 10 86 6500 2 9 1 89 Birgid 3 1798 11 82 4600 3 1 2
88 Ronald 1 2050 1 88 24700 4 8 6 89 Gertrud 3 2000 11 80 163000 5 17 7
89 Carola 1 9999 0 0 999999 6 1 9 88 Alfred 1 1950 7 82 33200 6 6 11
87 Manfred 2 1800 7 86 32000 7 21 7 89 Jürgen 1 1750 12 81 14500 8 5
11 88 Hildegard 3 1050 2 83 9086 9 28 1 88 Tom 2 1400 10 87 44740¶
```

Abb. 6.8. Daten der Schuldnerdatei VZ2.DAT in freiem Format

Unsere Beispielsdaten könnten etwa wie in Abb. 6.8 aussehen. Wie Sie am besten an den Namen sehen, sind die Fälle einfach aneinander anschließend abgespeichert. Die Zahl der Leerstellen zwischen den Variablen muss immer 1 sein, sonst wird die Trennung zwischen den Variablen nicht richtig erkannt. Auch Tabulator oder andere Zeichen sind als Trennzeichen zulässig.

Das Einlesen der Daten (Datei VZ2.SAV) folgt vollkommen den Schritten beim Einlesen einer durch Trennzeichen strukturierten Datei. Lediglich in Schritt 3 ergibt sich eine Änderung. Im Auswahlkästchen „Folgende Anzahl von Variablen stellt einen Fall dar“ muss nun angegeben werden, wie viele Variablen ein Fall umfasst. In unserem Beispiel sind es 10 Variablen. Diese Zahl wird eingegeben. Im Schritt 4 ist wiederum das verwendete Trennzeichen anzugeben. Im Beispiel ist es das Leerzeichen. Die folgenden Schritte entsprechen exakt den für die durch Trennzeichen strukturierten Dateien beschriebenen.

IBM cognos Daten. IBM cognos ist eine Software zur integrierten Analyse von Geschäftsprozessen. Für den Import von Daten aus diesem Programm steht im Menü „Datei“ ein eigenes Untermenü zur Verfügung. Wir gehen darauf in diesem Buch nicht ein.

6.1.4 Übernehmen von Daten aus einem Datenbankprogramm

6.1.4.1 Übernehmen aus dBASE-Dateien

SPSS für Windows verfügt über eine Option zum Lesen von Daten aus dem Datenbankklassiker.

DBASE-Dateien werden ähnlich wie Tabellenkalkulationsdateien übernommen. Die Option befindet sich daher auch in demselben Untermenü. Zur Übernahme von dBase-Daten gehen Sie wie folgt vor:

▷ Wählen Sie „Datei“, „Öffnen“, „Daten“.
▷ Wählen Sie das gewünschte Verzeichnis.
▷ Wählen Sie den Dateityp „dBASE“.
▷ Wählen Sie in der Dateiliste die gewünschte Datei aus, oder geben Sie in das Feld „Name:“ den gewünschten Namen ein. Und bestätigen Sie mit „Öffnen“.

Die Daten werden gelesen und automatisch übernommen. Dabei ist folgendes zu beachten: Feldnamen werden automatisch in SPSS-Variablennamen übersetzt. Sie sollten daher der SPSS-Konvention über Variablennamen entsprechen. Feldnamen von mehr als acht Zeichen Länge schneidet das Programm ab. Achtung: Entsteht dadurch ein mit einem früheren Feld identischer Name, so wird das Feld ausgelassen. Doppelpunkte im Feldnamen werden zu Unterstreichungen. In dBASE zum

Löschen markierte, aber nicht gelöschte Fälle werden übernommen. Es wird jedoch eine Stringvariable D_R erstellt, in der diese Fälle durch einen Stern gekennzeichnet sind. Umlaute können nicht erkannt werden. Deshalb kann es sinnvoll sein, vor dem Import erst entsprechende Änderungen vorzunehmen. Hinweis: dBASE-Daten können auch über die Option „Datenbank öffnen“ gelesen werden. Dann ist es möglich, Variablen und Fälle zu selektieren.

6.1.4.2 Übernehmen über die Option „Datenbank öffnen“

Datenbanken unterscheiden sich in ihrem Aufbau von einer SPSS-Datei. Sie enthalten zumeist mehrere Tabellen, die miteinander verknüpft sind, während SPSS eine einzige Datendatei verlangt. Zudem können verschiedene Ansichten und Abfragen definiert sein. Die Übernahme von Daten aus Datenbanken gestaltet sich deshalb etwas komplizierter. Sie wird durch einen Datenbank-Assistenten unterstützt. Auch der Begriffsgebrauch unterscheidet sich etwas. Zum besseren Verständnis: Was in SPSS als Fall bezeichnet wird, heißt in der Datenbank Datensatz, die Variable wird in einer Datenbank Feld genannt.

SPSS kann Datenbanken einlesen, die ODBC-Treiber verwenden. Auch das Einlesen von OLE DB-Datenquellen ist möglich. Da ersteres aber das gängige Verfahren ist, beschränken wir uns auf die Darstellung der Verwendung von ODCB-Quellen.

Jede Datenbank, bei der ODBC-Treiber (Open Database Connectivity) verwendet werden, kann direkt von SPSS eingelesen werden, wenn ein entsprechender Treiber installiert ist (solche liefert z.B. SPSS selbst oder z.B. Microsoft). Bei lokaler Analyse muss der jeweilige Treiber auf dem lokalen PC installiert sein (bei verteilter in der Netzwerkversion, auf die wir hier nicht eingehen, auf dem Remote-Server). Zum Laden der Datenbankdateien steht das Untermenü „Datenbank“ in „Datei“, „Daten importieren“ zur Verfügung. (Es ist auch zur Übernahme von Daten aus der Excel ab Version 5 geeignet.) Das Öffnen der Datenbankdateien wird von einem Datenbank-Assistenten unterstützt und verläuft in 5 (beim Laden einer Tabelle) oder 6 Schritten (beim Laden mehrerer Tabellen).

Beispiel. Eine Microsoft Access Datenbank-Datei mit Namen VZ.MDB befindet sich im Verzeichnis C:\DATEN. Sie enthält in einer einzigen Tabelle mit dem Namen VZ dieselben Daten wie die bisher verwendete Schuldnerdatei. Die Access-Eingabemaske mit den Daten des Falles 1 sehen Sie in Abb. 6.9. Diese Daten sollen in SPSS für Windows importiert werden. Die zwei Variablen TAG für den Tag des Erstkontaktes und GESCHL für Geschlecht des Ratsuchenden sollen nicht interessieren und werden daher nicht übernommen. Ausgeschlossen werden sollen auch Fälle ohne eigenes Einkommen (in solchen Fällen wurde in der Variablen EINK den Wert 9999 eingetragen).

Um diese Daten in SPSS einzulesen, muss zunächst eine „Quelle“ bestimmt werden. Sie besteht aus einem Treiber (Dem Datenbankprogramm) und dem Speicherplatz der eigentlichen Datenbank. Um die Quelle zu bestimmen gehen Sie wie folgt vor:

▷ Wählen Sie „Datei“, „Daten importieren“, „Datenbank“. Es öffnet sich eine Auswahlliste mit den Optionen „Neue Abfrage“, „Abfrage bearbeiten“, „Abfrage ausführen". Mit den letzten beiden Optionen werden früher durchgeführte und gespeicherte Abfragen bearbeitet und wiederholt.

▷ Wählen Sie die gewünschte Option (im Beispiel „Neue Abfrage"). Es öffnet sich die Dialogbox „Datenbankassistent" (⇨ Abb. 6.10). Dort sind die verfügbaren Quellen, d.h. Datenbanken samt zugehörigem Treiber, aufgeführt. (Sollte für die von Ihnen benötigte Datenbank noch kein Treiber installiert sein, müssen Sie dies zunächst nachvollziehen, indem Sie z.B. das Microsoft Data Access Pack von der entsprechenden CD aus starten.)

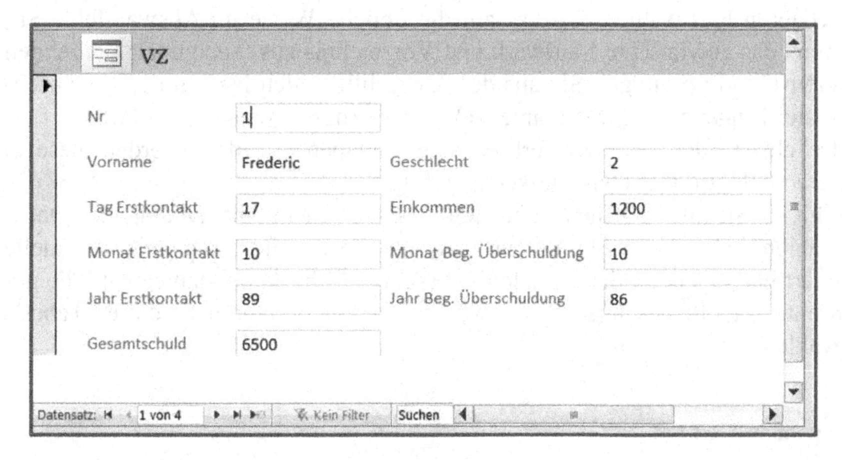

Abb. 6.9. Beispiel einer ACCESS-Eingabemaske

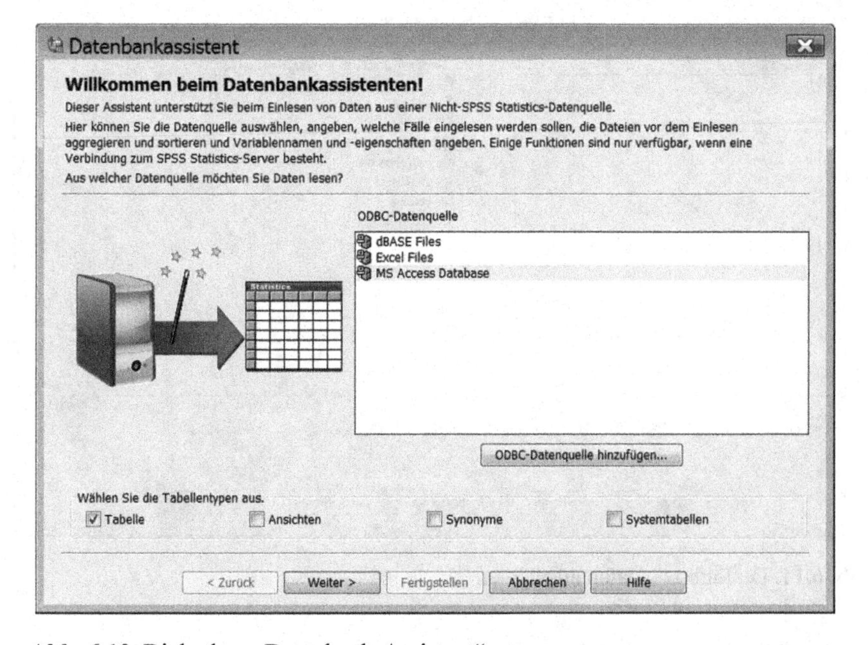

Abb. 6.10. Dialogbox „Datenbank-Assistent"

▷ Markieren Sie dort in der Liste die benötigte Datenquelle. Das ist zunächst der Treiber des Datenbankprogramms (im Beispiel „Microsoft Access-Database") und klicken Sie auf die Schaltfläche „Weiter". Wenn Sie keine bestimmt Datei mit der Quelle verbunden haben, öffnet sich die Dialogbox „Anmeldung des ODBC-Treibers". (Diese sieht je nachdem, welches Datenbankprogramm Sie verwenden, z.T. unterschiedlich aus.) Hier müssen Sie Pfad und Dateiname der Datei eingeben, die geöffnet werden soll. Sie können entweder Pfad und Dateiname eintragen oder durch Anklicken der Schaltfläche „Durchsuchen" die Dialogbox „Datei öffnen" nutzen.

▷ Im letzteren Fall wählen Sie dort auf die übliche Weise im Auswahlfeld „Suchen in" das gewünschte Laufwerk und Verzeichnis aus (auch noch einmal den Dateityp), und übertragen Sie aus der Auswahlliste den Namen der gewünschten Datei Eingabefeld „Dateiname". (Wenn bei der Datenbank ein Passwort erforderlich ist oder das Netzwerk weitere Angaben erfordert, werden diese in weiteren Feldern oder Dialogboxen abgefragt.)

▷ Bestätigen Sie mit „Öffnen" und „OK". Es erscheint die Dialogbox „Daten auswählen" (⇨ Abb. 6.11). (Wenn man eine bestimmte Datenbank als Quelle definiert hat, erscheint diese Dialogbox sofort.) In ihr kann man sowohl die gewünschte Tabelle als auch die gewünschten Felder innerhalb dieser Tabelle auswählen.

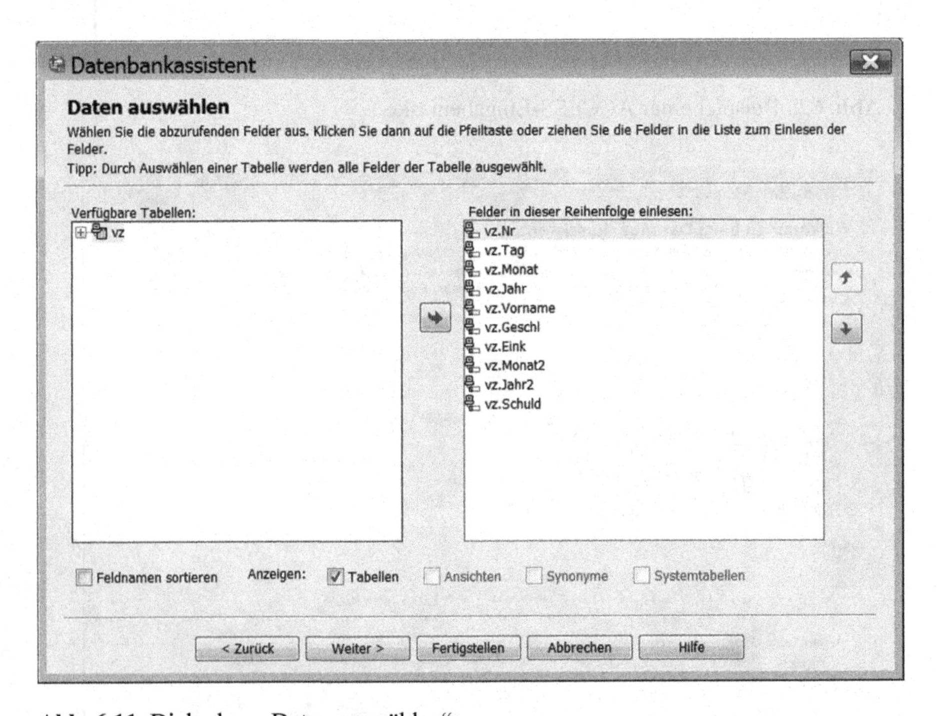

Abb. 6.11. Dialogbox „Daten auswählen"

Durch die Kontrollkästchen im Feld "Anzeigen:" bestimmt man, welche Tabellen im Bereich „Verfügbare Tabellen:" angezeigt werden.

❐ *Tabelle.* Es wird die Standarddatentabelle angezeigt (Voreinstellung)
❐ *Ansichten.* Sofern in der Datenbank Abfragen definiert sind, werden diese angezeigt.
❐ *Synonyme.* Sind Alias-Namen für eine Tabelle oder eine Ansicht. Falls solche in Abfragen definiert sind, können diese angezeigt werden.
❐ *Systemtabellen.* Systemtabellen definieren Datenbankeigenschaften. Wenn Standarddatenbanktabellen als Systemtabellen klassifiziert sind, werden sie nur bei Auswahl dieser Option angezeigt. Der Zugriff auf eigentliche Systemtabellen ist häufig auf Datenbankadministratoren beschränkt.
Außerdem kann man die Sortierreihenfolge der Felder/Variablen bestimmen.
❐ *Feldname Sortieren.* Wählt man dies an, werden die Felder nicht in der Eingabereihenfolge (Voreinstellung), sondern in alphabetischer Reihenfolge angezeigt. Im Beispiel steht nur eine einzige Standardtabelle zur Verfügung.

▷ Zur Auswahl der Tabelle markieren Sie in der Auswahlliste „verfügbare Tabellen" die gewünschte Tabelle.
▷ Felder können auf unterschiedliche Weise ausgewählt werden. Das erste Verfahren: Doppelklicken auf den Namen der Tabelle überträgt unmittelbar sämtliche Felder dieser Tabelle in die Liste „Felder in dieser Reihenfolge einlesen". Aus dieser Liste kann man, durch Anklicken und Ziehen in die Liste „Verfügbare Tabellen" oder durch Doppelklick auf ihren Namen, Felder entfernen. Beim zweiten Verfahren klickt man auf das +-Zeichen vor der ausgewählten Tabelle. Dann werden sämtliche Felder dieser Tabelle in der Liste „Verfügbare Tabellen angezeigt" (ist das Kontrollkästchen „Feldnamen sortieren" angewählt, in alphabetischer Folge, sonst in der Reihenfolge der Eingabe). Man kann diese durch Anklicken und Ziehen oder durch Doppelklick auf den Namen in beliebiger Reihenfolge in die Liste „Felder in dieser Reihenfolge einlesen" übertragen.
▷ In Abb. 6.11 sind alle Felder zum Einlesen übertragen. Schließen Sie die nicht gewollten Felder „GESCHL" und „TAG" aus, indem sie diese markieren und durch Doppelklick oder Pfeil ins Feld „Verfügbare Tabellen" übertragen.

Sollen spezielle Fälle ausgewählt werden

▷ Klicken Sie auf die Schaltfläche „Weiter." Die Dialogbox „Beschränkung der gelesenen Fälle" (⇨ Abb. 6.12) öffnet sich. Formulieren Sie darin die Auswahlbedingung. Dazu stellen Sie die Bedingung(en) in den seitlichen Feldern „Kriterien" zusammen. In unserem Beispiel sollen alle Fälle mit einem Einkommen unter dem Wert 9999 ausgewählt werden. Wir übertragen deshalb zunächst den Variablennamen EINK in das Feld „Ausdruck 1". Das geschieht durch Markieren des Feldes. Es erscheint dann ein Pfeil an der Seite des Feldes. Klicken Sie auf diesen Pfeil und wählen Sie den Variablennamen in der sich dann öffnenden Auswahlliste. Daraufhin geben Sie „<" in das Feld „Relation" ein. Dies geschieht auf gleiche Weise. Dann schreiben wir „9999" in das Feld „Ausdruck 2".
▷ Durch Anklicken von „Fertig stellen" laden wir die Datei. (Hätten wir keine Fälle ausgewählt, hätte auch schon im Dialogfenster „Daten auswählen" durch Anklicken von „Fertigstellen" die Datei geladen werden können. Umgekehrt könnten durch Klicken von „Weiter" zwei weitere Schritte eingeleitet werden.)

SPSS übernimmt die ersten 8 Zeichen der Bezeichnung eines Datenbankfeldes als Variablennamen, wenn sie mit den SPSS-Konventionen für Variablennamen entsprechen, ansonsten erstellt SPSS automatisch einen gültigen Namen. Die Bezeichnung eines Datenbankfeldes wird in jedem Falle als Variablenbeschriftung übernommen. Damit ist unser Beispiel beendet.

Zur Bildung von Bedingungsfunktionen stehen aber weitere Möglichkeiten zur Verfügung:

- ❒ Zur Bildung der Bedingungen steht eine Liste von *Funktionen* in einem Auswahlfeld „Funktionen" zur Verfügung. Es handelt sich um arithmetische, logische und Stringfunktionen sowie Zeit- und Datumsfunktionen.
- ❒ Die Bedingung kann in den Feldern *„Abfragen"* enthalten sein. D.h., der Nutzer wird während der Ausführung des Datenbankzugriffs nach Werten gefragt. Dadurch kann die Abfrage variabel gehalten werden.

Beispiel: Man könnte unser bisheriges Beispiel erweitern, indem man eine dynamische Abfrage einfügen, die es ermöglicht, bei jedem Start der gespeicherten Abfrage zu entscheiden, welche Wertem abgefragt werden sollen. Erweitern wir unser Beispiel wie folgt: Der Nutzer soll entscheiden, ob nur Werte unter 9999, 5000, 6000 oder 7000 abgefragt werden sollen. Man würde dann im Ausdruck 2 statt des Werte 9999 eine Abfrage eintragen.

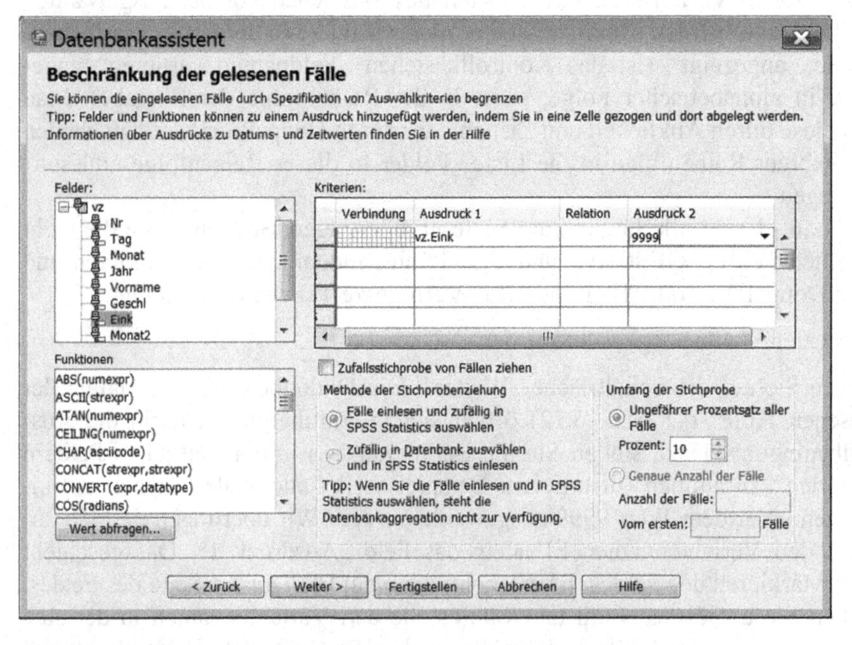

Abb. 6.12. Dialogbox „Beschränkung der gelesenen Fälle"

Dazu verfahren Sie wie folgt:

▷ Markieren Sie „Ausdruck 2". Die Schaltfläche „Wert abfragen..." unten links in der Dialogbox wird aktiv. Nach Klicken auf diese Schaltfläche öffnet sich die Dialogbox „Wert abfragen" (⇨ Abb. 6.13).

▷ Geben Sie in das Feld „Aufforderungstext" einen geeigneten Text ein (Voreinstellung „Geben Sie den Wert ein:").

▷ Geben Sie in das Feld „Standardwert" einen Wert ein, der am häufigsten verwendet wird und deshalb als Option zuerst angezeigt werden soll (hier: 9999).

▷ Geben Sie gegebenenfalls durch Anklicken von „Auswahl aus Liste durch Benutzer" und Eingabe weiterer Werte eine Liste von Werten ein, aus denen der Benutzer auswählen kann (der Standardwert muss in ihr enthalten sein).

▷ Stellen Sie bei „Datentyp" den richtigen Datentyp „String" (Zeichenkette) oder „Number" (numerisch) ein. Bestätigen Sie mit „Weiter". Sie werden in Zukunft beim Ausführen einer Abfrage aufgefordert, einen entsprechenden Wert einzugeben. Abb. 6.13 zeigt die Einstellungen für unser Beispiel. Mit „Weiter" und „Fertigstellen" wird die Eingabe beendet. Weitere Einstellungen wären möglich.

❒ Wenn gewünscht, kann aus den Daten auch nur eine *Zufallsstichprobe* gezogen werden. Dazu markieren Sie das Auswahlkästchen „Zufallsstichprobe". Falls die Datenbank selbst über eine Option zum Ziehen von Zufallsstichproben verfügt, wird die Optionsschaltfläche „Zufällig in Datenbank auswählen…" aktiv. In diesem Fall können Sie zwischen einer im Datenbankprogramm selbst gezogenen Zufallsstichprobe und einer „SPSS-Stichprobe" wählen. Ansonsten ist die Optionsschaltfläche für die „Fälle einlesen und zufällig in SPSS Statistics auswählen" automatisch markiert.

- *Ungefährer Prozentsatz aller Fälle.* Markieren dieser Option und Eingabe einer Prozentzahl zwischen 1 und 100 führt zu einer Zufallsstichprobe der angegebenen Größenordnung.
- *Genaue Anzahl der Fälle.* Durch Auswahl dieser Option und Angabe eines genauen Zahlenwertes bewirkt man die Ziehung einer Stichprobe in der exakt angegebenen Größe. Die Ziehung geschieht immer aus den ersten x Fällen. Deren Zahl muss in einem zweiten Kästchen angegeben werden. X muss größer sein als die Zahl der auszuwählenden Fälle.

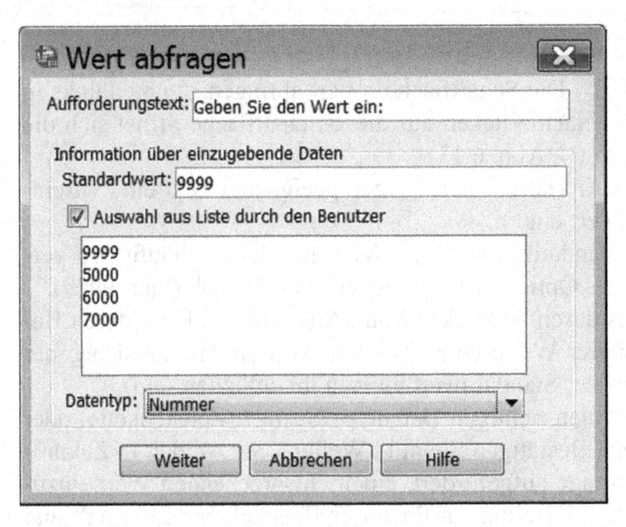

Abb. 6.13. Dialogbox „Wert abfragen“

Die zwei möglichen weiteren Schritte im Datenbank-Assistent bewirken Folgendes:

- Zunächst kann ein Fenster „Variablen definieren“ geöffnet werden. In diesem die können Variablennamen geändert werden. Außerdem ist es möglich Stringvariablen in numerische umzuwandeln und dabei die ursprünglichen Werte als Beschriftungen zu verwenden. Dazu muss bei der entsprechenden String-Variablen im Feld „Als numerisch umkodieren“ das Kontrollkästchen aktiviert werden.
- In einem weiteren Schritt kann das Ergebnis des Auswahlprozesses als Syntax in eine Dialogbox „Ergebnisse“ übertragen werden. Dort kann dann entweder die Datei geladen oder die Syntax zur weiteren Bearbeitung in ein Syntaxfenster übertragen werden. Oder aber die Abfrage wird gespeichert. (Die Datei hat die Extension „spq“.) Sie kann dann jederzeit mit der Befehlsfolge „Datei“, „Datenbank öffnen“, „Abfrage ausführen“ aufgerufen oder mit „Abfrage bearbeiten“ in ein Syntaxfenster geladen, dort bearbeitet und ausgeführt werden

Übernehmen von Daten aus mehreren Tabellen. Moderne Datenbanken enthalten zumeist mehrere Tabellen. Diese werden für unterschiedliche Abfragen durch Primärschlüssel verknüpft. Zur Verarbeitung in SPSS müssen diese in eine einzige Arbeitstabelle überführt werden. Eine solche verknüpfte und kombinierte Auswertung ist bei Vorliegen gemeinsamer Primärschlüssel möglich (Allerdings geht dies nicht in jeder Richtung, so kann einem Datensatz einer Tabelle nur ein einziger Datensatz einer zweiten zugefügt werden. Im nachfolgenden Beispiel haben einzelne Kunden mehrere Kredite. Es ist möglich, jedem Kredit die Kundenadresse hinzuzufügen, nicht dagegen den Kundenadressen alle Daten der verschiedenen Kredite).

Beispiel. Eine Access Datenbank „Schulden“ im Verzeichnis „c:\Daten“ enthält 3 Tabellen. In der ersten (KUNDEN) sind die Adressen der Schuldner samt Personennummer (PERSNR) als Primärschlüssel enthalten. Die zweite (BANKEN) enthält die Angaben zu den Banken mit Banknummer (BANKNR) als Primärschlüssel. Eine dritte Tabelle (KREDITE) enthält Kreditdaten und die Personennummer des jeweiligen Kreditnehmers, die Banknummer der jeweiligen Bank sowie als Primärschlüssel eine Kreditnummer. Eine Person kann mehrere Kredite bei mehreren Banken haben. Man kann daraus *eine* SPSS-Datendatei bilden, in der alle Daten enthalten sind. Dabei wird aus jedem Kredit ein Fall. Den Kreditdaten werden die dazugehörigen Personen und Bankdaten zugeordnet.

Wenn Sie noch die Datei der vorigen Übung geladen haben, verlassen Sie am besten SPSS und starten Sie es neu, damit Sie eine neue Datenbank mit demselben ODBC-Treiber laden können. Um die drei in der Datei „Schulden.mdb“ verbunden Tabellen als SPSS-Datendatei zu laden, gehen Sie wie oben beschrieben vor. Wählen Sie im ersten Schritt einfach „Microsoft Access-Datenbank“ als Quelle und klicken Sie auf „Weiter“. Im Fenster „Anmeldung des ODBC-Treibers“ wählen Sie „Schulden.mdb“ aus. Nach Öffnen der Datenbank stehen dann in der Dialogbox „Daten auswählen“ alle drei Tabellen im Feld „verfügbare Tabellen“. Aus allen dreien übertragen sie alle Felder (zumindest aber einige, insbesondere die Schlüsselfelder) in das Fenster „Felder in dieser Reihenfolge einlesen“. Klickt man jetzt auf die Schaltfläche „Weiter“, erscheint die Dialogbox „Relationen festlegen“ (⇨ Abb. 6.14). Hier werden in drei Kästen die ausgewählten Felder der drei Tabellen angezeigt. Über Primärschlüssel verbundene Felder sind durch eine Linie verbunden. So führt in die Datei Kredite eine Verbindung aus „Banken“ über „BankNr“ und aus „Kunden“ über „PersNr“. Diese Verbindungen sind automatisch erstellt worden. Man kann diese Verbindung aufheben, indem man die Linie markiert und auf die Taste „Entfernen“ drückt. (Automatische Verbindungen werden auch aufgehoben, wenn man die Markierung des Auswahlkästchens „Tabelle automatisch verbinden“ aufhebt.) Durch Ziehen von einem Feld der einen Tabelle zu einem der anderen kann man eine neue Verbindung definieren, sofern die Felder vom selben Typ sind. Falls die Verbindungen nicht automatisch erstellt sind, holen Sie das jetzt nach. (Sie können auch die beiden zu verbindenden Variablen Markieren und auf die Schaltfläche „Verbindung“ klicken.)

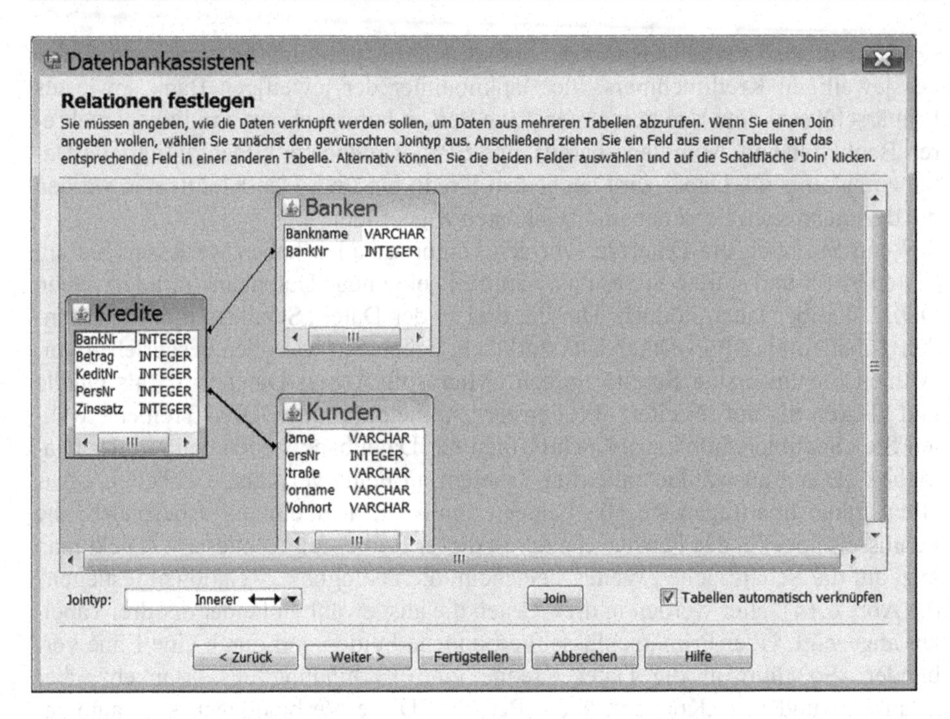

Abb. 6.14. „Datenbank-Assistent: Relationen Festlegen“ bei mehreren Tabellen

Es kann zwischen „inneren“ und „äußeren“ Verbindungen gewählt werden. Bei mehr als zwei Tabellen sind nur *„innere Verbindungen“* zulässig. Bei solchen Verbindungen werden nur solche Zeilen (Datensätze) der Tabellen übernommen, bei denen die Werte der verbundenen Zellen der verbundenen Tabellen übereinstimmen. *„Äußere (linke oder rechte) Verbindungen“* dagegen benutzen alle Datensätze der einen (linken oder rechten) Tabelle, aber nur die Datensätze der anderen Tabelle, bei denen die Werte der verbundenen Zelle übereinstimmen. Durch Anklicken von „Fertig stellen“ erzeugen Sie eine SPSS-Datendatei.

Hinweis. Excel 5 Dateien lassen sich auch über die ODBC-Schnittstelle einlesen. Dazu muss aber vorher für den Zellenbereich, in dem sich die Daten befinden, ein Name definiert sein.

OLE DB-Datenquellen sind vor allem für diejenigen von Interesse, die mit dem von SPSS vertriebenen Produkt „Dimensions“, einer Befragungssoftware, arbeiten. Um eine solche Datenquelle benutzen zu können, müssen auf dem Computer folgende Programme installiert sein NET Framework, Dimensions-Datenmodell und OLE DB Access. Diese können von der SPSS-Installationsdiskette installiert werden. Wie auch bei ODBC-Datenquellen müssen Sie zunächst erst die Quelle samt Treiber installieren, bevor sie mit der Arbeit beginnen können. Von da an ist die Arbeitsweise mit der von ODBC-Datenquellen identisch. Es kann aber immer nur eine Tabelle geöffnet werden, die Verbindung mehrerer Tabellen ist nicht möglich.

6.2 Daten in externe Formate ausgeben

6.2.1 Daten in Fremdformaten speichern

Um im Format eines anderen Programms als SPSS für Windows zu speichern, gibt es wieder drei Wege:

- „Datei“ „Speichern unter“
- „Datei“, „Alle Daten speichern“
- „Datei“, „Exportieren“.

Die Funktion aller drei ist sehr ähnlich. Der Unterschied besteht vor allem darin, dass in letzterem Menü die Fremdprogramme als Auswahloptionen vorgegeben sind, im ersten und zweiten dagegen über eine Auswahlliste „speichern als Typ:“ bestimmt werden. Zudem kann man im Menü „Exportieren“ auch in eine Datenbank exportieren. Aus Platzgründen erläutern wir nur das Menü „Daten“, „Speichern unter“.

▷ Wählen Sie „Datei“ und „Speichern unter...“. Es öffnet sich die Dialogbox „Daten speichern als“ (⇨ Abb. 6.15).

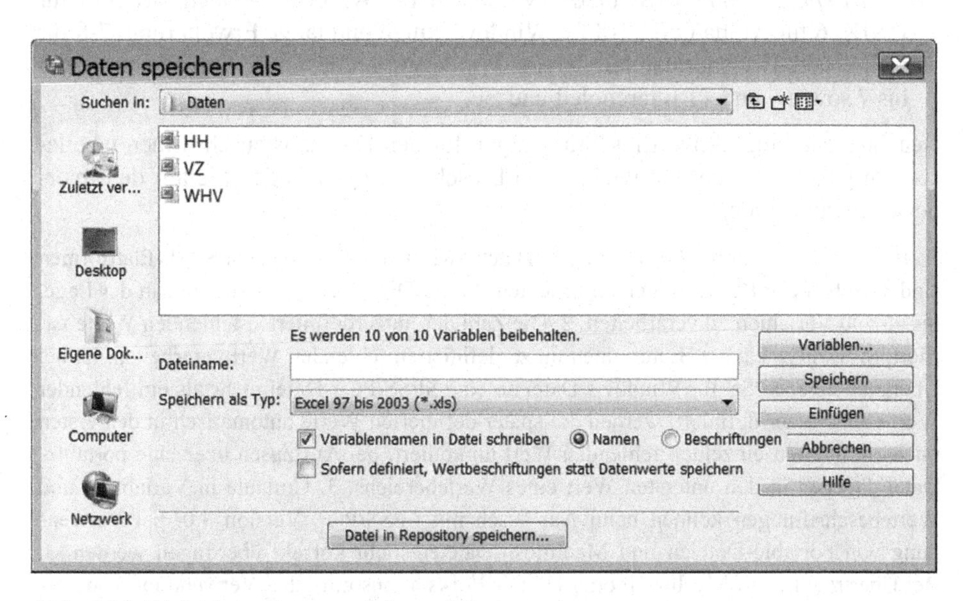

Abb. 6.15. Dialogbox „Daten speichern als“

▷ Öffnen Sie durch Klicken auf den Pfeil neben dem Feld „Speichern als Typ:“ die Liste der verfügbaren Dateiformate, und wählen Sie das gewünschte Format aus, in dem die Datei neu abgespeichert werden soll. Im Eingabefeld „Dateiname:“ geben Sie den gewünschten Namen ein. SPSS vergibt automatisch die Standardextension dieses Formats.

▷ Wählen Sie in der üblichen Weise das Verzeichnis, in das die neue Datei geschrieben werden soll.

▹ Markieren Sie gegebenenfalls das Auswahlkästchen „Variablennamen im Arbeitsblatt speichern". (Dies bewirkt bei den Formaten Lotus, Excel, Sylk und Tab-delimited, dass die Variablennamen in die erste Zeile der Tabelle geschrieben werden.)
▹ Bestätigen Sie mit „Speichern".

Für die Ausgabe stehen folgende Formate zur Verfügung:

❒ *SPSS-Formate*. Neben dem SPSS für Windows-Format und dem speziellen Format der Version 7.0 das Format SPSS/PC+ der DOS-Version und das Exportformat SPSS Portable für den Austausch mit SPSS-Versionen für andere Betriebssysteme sowie ab Version 21 das komprimierte Format (Extension zsav)[1]
❒ *ASCII-Formate*. ASCII-Format mit „Tab" als Trennzeichen (Tabulator-getrennt oder Komma-getrennt), ASCII-Datei mit festem Format.
❒ *Tabellenkalkulationsformate*. Excel (Versionen 2.1 sowie 97-2003 und 2007-2010), Lotus 1-2-3 (WKS, WK1, WK3 für die Versionen 1.0 bis 3.0) und SYLK für spezielle Excel- und Multiplan-Dateien.
❒ *Datenbankformate*. dBASE für die Versionen II bis IV.
❒ *Statistikprogramm*. SAS für die Version 6 für Windows – auch OS2, 6 für UNIX, 6 für Alpha/OSF, 7-8 für Windows kurze und lange Erweiterung, 7-8 für UNIX und Transportdateien, 9+ für Windows, 9+ für Unix, Stata Versionen 4 bis 7 sowie 8 und 11 Intercooled und SE.

Beachten Sie bitte einige Einschränkungen für den Datenaustausch. Einen tabellarischen Überblick über die wichtigsten Einschränkungen finden Sie auf den Internetseiten zum Buch.

Weitere Hinweise. Beim Austausch von Daten zwischen verschiedenen SPSS-Plattformen sind verschiedene Restriktionen zu beachten. 1. Die DOS-Versionen sind nur in der Lage, bis zu 500 Variablen zu verarbeiten. 2. Die Zahl der nutzerdefinierten fehlenden Werte variiert. SPSS/PC+ kann z.B. nur einen nutzerdefinierten fehlenden Wert verarbeiten. Ist bei Übergabe einer SPSS für Windows Datei an eine SPSS/PC+-Datei mehr als ein fehlender Wert vom Nutzer definiert, werden die später definierten Werte automatisch in den ersten nutzerdefinierten einzelnen fehlenden Wert umkodiert, bei Austausch über eine portable-Datei dagegen in den untersten Wert eines Wertebereichs. 3. Umlaute in Variablen- und Wertebeschriftungen können beim Austausch mit SPSS/PC+ Version 4.0, bei Verwendung von portable-Dateien und MacIntosh-Dateien nicht korrekt übertragen werden. 4. Bei Übertragung auf MacIntosh oder UNIX-Workstations muss bei Verwendung von portable-Dateien die Recordebegrenzung von CR/LF auf CR geändert werden. (⇨ Bernhard Krüger, Heiner Ritter, Cornelia Züll).

Bei allen Dateien, die nicht in einem der SPSS-Formate gespeichert sind, gehen SPSS-spezifische Informationen wie Wertebeschriftungen und Missing-Werte verloren. Bei Tab-delimited ASCII-Dateien werden die Werte durch Tab-Zeichen getrennt. ASCII-Dateien in festem Format speichern die Variablen in durch die Variablenbreite vorgegebenen festen Abständen. An die maximal zulässige Variablenzahl passen Sie die Daten an, indem Sie entweder im Dateneditor die überzähligen Variablen löschen oder die Befehlssyntax

[1] Kann nicht von früheren Versionen gelesen werden.

benutzen. Verwenden Sie im letztgenannten Fall den Befehl SAVE TRANSLATE – mit dem Unterbefehl /DROP.

Variablen auswählen. Es müssen nicht alle Variablen der Arbeitsdatei abgespeichert werden. Klickt man auf die Schaltfläche „Variablen", öffnet sich die Dialogbox „Daten speichern als: Variablen" (Abb. 6.16). In dieser sind zunächst alle Variablen ausgewählt. Das erkennt man daran, dass alle Auswahlkästchen links neben den Variablennamen mit Häkchen versehen sind. Man kann Variablen ausschließen, indem man durch Anklicken das Häkchen entfernt. Will man aus langen Listen nur wenige Variablen auswählen, kann es sinnvoll sein, zunächst alle Häkchen durch Anklicken von „Alle verwerfen" zu entfernen und die gewünschten Variablen dann durch Anklicken des Auswahlkästchens zu markieren.

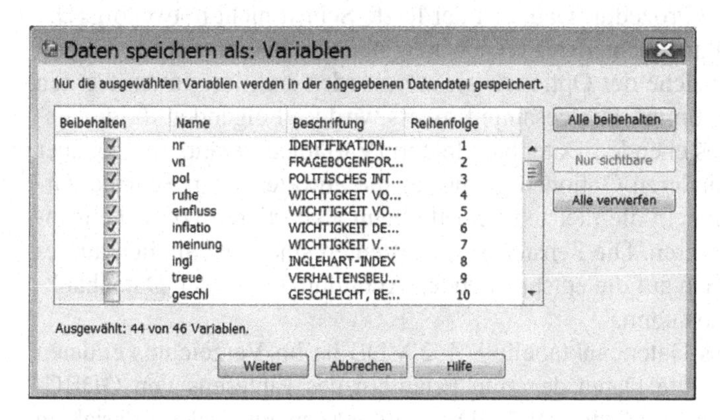

Abb. 6.16. Dialogbox „Daten speichern als: Variablen", 8 von 10 Variablen ausgewählt

Weitere Optionen. Je nach Programm, in dessen Format die Daten gespeichert werden, stehen evtl. noch drei Optionen zur Verfügung, die in den Auswahlkästchen am unteren Rand der Dialogbox „Daten speichern als" angeschaltet werden können. Die erste und gegebenenfalls zweite Option gilt für Tabellenkalkulationsprogramme. Die letzte für SAS.

- Variablennamen im Arbeitsblatt speichern.
- Sofern definiert, Wertebeschriftungen statt Datenwerte speichern (nur für Excel 97 und neuer).
- Wertebeschriftungen in einer SASDatei speichern (nicht für SAS Transportdateien).
- Datei mit Passwort verschlüsseln (nur bei SPSS sav und zsav-Dateien).

6.2.2 Daten in eine Datenbank exportieren

Man kann auch Daten in eine Datenbank exportieren. Dies geht über das Untermenü „Datenbank" in „Datei", „Exportieren". Dies ist dann interessant, wenn man veränderte oder neue Daten nicht nur in SPSS, sondern auch im Datenbankprogramm verwenden will. Anders als beim bislang geschilderten Export in externe Formate wird aber nicht einfach beim Export eine Datei des Fremdformates erstellt, sondern diese muss bereits vorhanden sein. Außerdem muss die entsprechende Datenquelle, der zur Datenbank gehörige ODBC-Treiber, wenn man mit ODBC-Datenquellen arbeitet bzw. NET Framework, Dimensions-Datenmodell und OLE DB Access, wenn man mit OLE DB-Datenquellen arbeitet, installiert sein (⇨ Kap. 6.1.4.2). Wir stellen im Folgenden nur den Export mit Hilfe eines ODBC-Treibers dar.

Ist der notwendige Treiber installiert und die Datenquelle angelegt, ist es möglich

- Werte in bestehenden Datenbankfeldern/Variablen zu verändern
- Der Tabelle neue Felder/Variablen hinzuzufügen
- neue Datensätze/Fälle an die Tabelle anzuhängen
- Eine Datenbanktabelle auszutauschen oder eine neue Tabelle zu erstellen

Der Export in eine Datenbank wird durch einen Assistenten unterstützt. Er führt in fünf Schritten durch die Prozedur. Dabei ist der letzte Schritt nicht notwendig. Die aufgezählten Optionen unterschieden sich nur im ersten und vierten Schritt. Im ersten wird ausgewählt, welche der Optionen genutzt werden soll, im vierten werden die Variablen näher bestimmt. Der gesamte Prozess wird im Folgenden für die erste Option „Werte in bestehenden Datenbankfeldern/Variablen verändern“ genauer beschrieben. Bei den anderen Optionen genügt es die abweichenden Schritte darzustellen. Außerdem ähneln die meisten Schritte beim Exportieren von Datenbanken denen beim Importieren. Die Fenster der Assistenten sind ganz ähnlich aufgebaut, so dass hier vielfach auf die entsprechenden Abbildungen für den Datenbankimport verweisen werden kann.

Beispiel. Eine Access-Datenbanktabelle VZ_2.MDB ist im Verzeichnis c:/daten vorhanden. Sie enthält alle Daten der zum Erläutern des Einlesens von ODBC-Datenbanken verwendeten Datei VZ.MDB, mit Ausnahme der Variablen SCHULD. In dieser Tabelle sollen zunächst die nicht mehr gültigen Werte der Variablen EINK verändert werden (die Daten befinden sich in der Datei VZ_2a.SAV). Danach wird die Variable SCHULD hinzugefügt (Daten in VZ_2b.SAV) Als Drittes werden den vorhandenen 4 Fällen weitere Fälle hinzugefügt (Daten in VZ_2c.SAV). Zuletzt wird neben der Tabelle VZ eine zweite Tabelle KREDIT mit Kreditdaten hinzugefügt, die sich bislang in der Datei VZ_2d.SAV befinden. Damit wären alle wesentlichen Möglichkeiten genutzt.

Verändern der Werte eines Datenbankfeldes. Öffnen Sie die Datei VZ_2a.SAV, sie enthält, neben der Fallnummer, neue Daten für die Variable EINK. Um diese anstelle der bisherigen Werte der Variablen in der Datenbank VZ.MDB einzugeben, gehen Sie wie folgt vor:

▷ Wählen Sie „Datei“, „Exportieren“, „Datenbank“. Es öffnet sich die Dialogbox „Willkommen beim Assistenten für den Datenbank-Export“.

▷ Wählen Sie dort die ODCB Daten-Quelle aus (im Beispiel „Microsoft Access Database“) und bestätigen Sie mit „Weiter“. Es öffnet sich die Dialogbox „Anmeldung des ODCB-Treibers“. Dort müssen Sie die bestehende Datenbankdatei samt Pfad eintragen (hier: VZ_2.MDB). Sie finden diese am besten in der üblichen Weise mit Hilfe des Schaltfeldes „Durchsuchen“.

▷ Bestätigen Sie mit „Weiter“ und „OK“. Es erscheint die erste Dialogbox „Assistent für den Datenbankexport: Wählen Sie aus, wie die Daten exportiert werden sollen“ (Abb. 6.17). Diese enthält die Optionsschalter für die Auswahl einer der oben genannten Möglichkeiten.

▷ Wenn nicht bereits eingestellt, wählen Sie „Werte in bestehenden Feldern ersetzen“. Bestätigen Sie mit „Weiter“.

Abb. 6.17. Dialogbox „Assistent für den Datenexport“ erste Dialogbox

Es erscheint das zweite Fenster des Datenbankassistenten „Tabellen oder Ansichten wählen“. Hier können per Auswahlkästchen dieselben Anzeigeoptionen gewählt werden wie bei Öffnen einer Datenbank (⇨ 6.1.4.2). Aus der Liste „Tabellen und Ansichten“ wählt man die Tabelle, die im Folgenden bearbeitet werden soll (Im Beispiel steht nur die Tabelle vz zur Verfügung). Bestätigen Sie mit „Weiter“. Es erscheint die Dialogbox „Fälle mit Datensätzen abgleichen“ (Abb. 6.18).

Hier wird festgelegt, über welche Schlüsselvariable die Daten der beiden Dateien zusammengefügt werden. Im Beispiel enthalten beide Dateien als Primärschlüssel die Variable „NR“. Über diesen können die Fälle eindeutig identifiziert und die Variablenwerte richtig zugeordnet werden. Die Zuordnung legen Sie fest, indem Sie im linken Auswahlfeld mit den Variablen der SPSS-Datei die Schlüsselvariable NR anklicken und den Mauszeiger mit geklickter linker Maustaste zur entsprechenden Variablen NR im rechten Auswahlfeld mit den Variablen der Datenbankdatei ziehen. Es erscheint eine Linie, die die Verbindung zwischen diesen Variablen anzeigt. (Es können mehrere Schlüsselvariablen verwendet werden.) Klicken Sie auf die Schaltfläche “Verbinden”. Bestätigen Sie mit „Weiter“. Es öffnet sich die nächste Dialogbox „Variablen zum Speichern in bestehenden Feldern auswählen“ (Abb. 6.19).

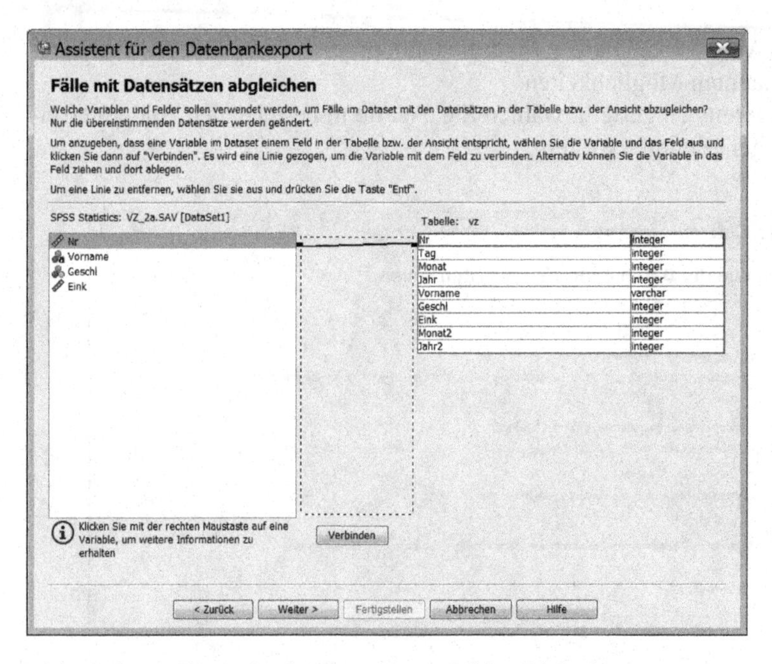

Abb. 6.18. „Assistent für den Datenexport" dritte Dialogbox

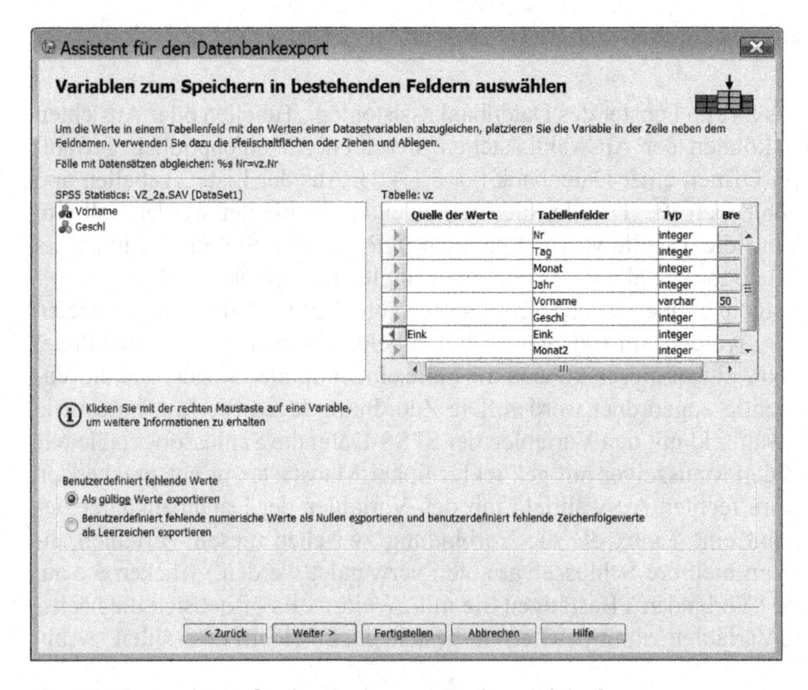

Abb. 6.19. „Assistent für den Datenexport" vierte Dialogbox

Hier bestimmen Sie, aus welcher Variablen die Werte in die Datenbank übernommen werden sollen (im Beispiel EINK). Dazu markieren Sie zunächst den Variablennamen im linken Auswahlfeld „SPSS Statistics:" und klicken dann auf den Pfeil neben dem Namen der zugehörigen Variablen im rechten Auswahlfeld „Tabelle:" (Evtl. erscheint eine Warnmeldung, wenn das Format der beiden Variablen nicht vollständig übereinstimmt. Sie können dann bestimmen, ob der Vorgang weitergeführt werden soll oder nicht.)

Durch Auswahl des entsprechenden Optionsschalters bestimmen Sie, ob benutzerdefinierte fehlende Werte als gültige Werte oder als 0 (bei numerischen Variablen) bzw. Leerstelle (bei String-Variablen) übertragen werden sollen. Bestätigen Sie mit „Weiter". Es erscheint die Dialogbox „Fertigstellen", in der Sie noch festlegen können, ob die Daten direkt exportiert oder die Syntax in ein Syntaxfenster eingefügt werden.

Wir wählen „Daten exportieren" und „Fertig stellen". Die gewünschte veränderte Datei wird erzeugt. Sie können dies prüfen, indem Sie die Datei öffnen.

Der Tabelle neue Felder/Variablen hinzuzufügen. Um neue Felder hinzuzufügen, beginnen Sie wie oben. Öffnen Sie die Datei „VZ_2b.SAV. Sie enthält u.a. neben der Schlüsselvariablen NR die bisher nicht in der Datenbank enthaltene Variable SCHULD. Wählen Sie wieder „Datei", „Exportieren", „Datenbank" und bestimmen Sie in den nächsten Schritten die Quelle. Wiederum ist es die ACCESS-Datenbank VZ_2.MDB. In der ersten Dialogbox (Abb. 6.17) wählen Sie diesmal die Option „Neue Felder zu einer bestehenden Tabelle hinzufügen". Wieder wählen Sie im nächsten Fenster die relevante Tabelle in der Datenbank aus und verbinden im Folgenden die beiden Tabellen, indem Sie eine Verbindung der Schlüsselvariablen NR herstellen.

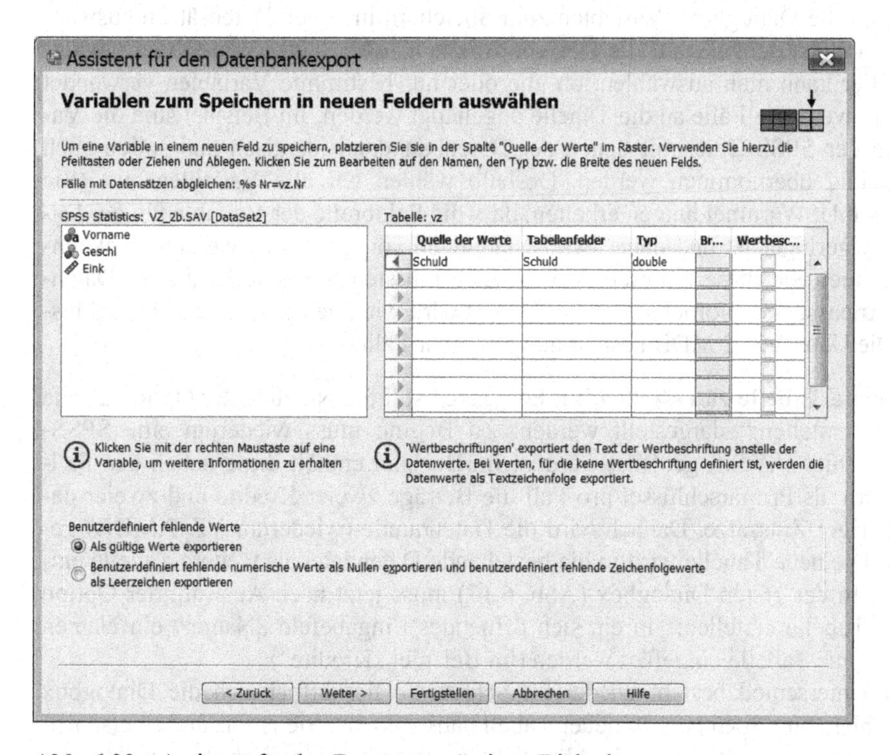

Abb. 6.20. „Assistent für den Datenexport" vierte Dialogbox

Die vierte Dialogbox „Variablen zum Speichern in neue Felder auswählen" (Abb. 6.20) unterscheidet sich jetzt. Per Voreinstellung sind in der Quellvariablenliste „SPSS Statistics:", nur die Variablen der SPSS-Datei aufgelistet. Will man auch die Variablen der Datenbankdatei sehen, markiert man das Auswahlkästchen „Bestehende Felder anzeigen". Man überträgt die Variable, die an die Datenbankdatei angehängt werden soll (hier SCHULD) aus dem Auswahlfeld „SPSS Statistics:" in ein Kästchen des Auswahlfeldes „Tabelle". Dies geschieht durch Markieren des Variablennamens und Anklicken eines Pfeils neben einem Kästchen des Felds „Tabelle:".

Anschließend kann man, wenn nötig, im Feld „Tabelle" noch Veränderungen der Variablendefinition vornehmen. Man kann den Variablennamen ändern und dabei auch in SPSS nicht, aber in der Datenbank zulässige Namen wählen. Man kann, wenn nötig, den Datentyp ändern. (Die Auswahlliste, die sich beim Anklicken des Pfeils am Rande des entsprechenden Kästchens öffnet, enthält die in der Datenbank gültigen Dateitypen.) Bei String-Variablen kann auch die Breite verändert werden. Zwei Optionsschalter steuern den Umgang mit nutzerdefinierten fehlenden Werten (siehe oben). Der Abschluss ist wie oben geschildert.

Neue Datensätze/Fälle an die Tabelle anzuhängen. Das Vorgehen stimmt zu Beginn mit dem bisher geschilderten überein, bis auf die Tatsache, dass wir jetzt die Datei VZ_2c.SAV öffnen und eine Verbindung zur Datenbankdatei VZ_2.MDB besteht. In der ersten Dialogbox wählen wir nun die Option „Neue Datensätze an eine bestehende Tabelle anhängen" (Abb. 6.17). Im vierten Schritt erscheint die Dialogbox „Variablen zum Speichern in neuen Datensätzen auswählen". Sie entspricht bis auf die Überschrift der in Abb. 6.20 dargestellten Dialogbox. Hier kann man auswählen, ob alle oder nur bestimmte Variablen verwendet werden, wenn die Fälle an die Tabelle angehängt werden. Im Beispiel sind die Variablen der SPSS-Datei mit denen der Datenbankdatei identisch und sollen auch vollständig übernommen werden. Deshalb wählen wir alle Variablen aus. (Sie werden u.U. Warnmeldungen erhalten, dass die Feldbreite der Variablen in der Datenbank geringer ist und daher evtl. Rundungen vorgenommen werden. Gewöhnlich können Sie diese ignorieren. Ansonsten müssten Sie zunächst in der Datenbank Anpassungen vornehmen). Der Export wird wie oben geschildert abgeschlossen. Die Datei VZ_2.MDB besteht nun aus mehr Fällen.

Eine neue Tabelle zu erstellen. Im Folgenden soll die Nutzung der Option „Neue Tabelle erstellen:" dargestellt werden. Zu Beginn muss wiederum eine SPSS-Tabelle (hier VZ_2d) geöffnet werden. Im Beispiel enthält diese neben den Fallnummern als Primärschlüssel pro Fall die Beträge zweier Kredite und zweier dazugehöriger Zinssätze. Danach wird die Datenquelle (wiederum VZ_2.MDB) gewählt. Die neue Tabelle wird in die bestehende Datendatei als weitere Tabelle eingefügt. In der ersten Dialogbox (Abb. 6.17) muss jetzt nach Auswahl der Option „Neue Tabelle erstellen:" in ein sich öffnendes Eingabefeld „Name:" ein Namen für die neue Tabelle eingefügt werden (im Beispiel „Kredite")

Der Unterschied besteht wieder im Schritt 4. Hier öffnet sich die Dialogbox „Variablen zum Speichern in neuer Tabelle auswählen". Sie ist bis auf Überschrift und Erläuterungstext mit der in Abb. 6.20 dargestellten identisch. Hier wählt man wieder aus, welche Variablen verwendet werden sollen (in unserem Beispiel sind es alle). Man kann wiederum den Namen der Variablen, ihren Typ und bei Stringvariablen die Spaltenbreite ändern.

Nachdem Sie „Fertigstellen“ gewählt haben, wird die Datei VZ_2.MDB verändert. Sie enthält nun zwei Tabellen. die Tabelle VZ und die Tabelle KREDITE, die in der Datenbank weiter verwendet, z.B. in Abfragen verknüpft werden können.

Eine bestehende Tabelle verwerfen und eine andere Tabelle mit demselben Namen erstellen. Eine weitere Option „Eine bestehende Tabelle verwerfen und eine andere Tabelle mit demselben Namen erstellen“ kann man als eine Art Trick benutzen, wenn man in Wirklichkeit gar keine bestehende Datenbank verändern will, sondern nur Daten aus einer SPSS-Datei in eine Datenbankdatei umwandeln möchte. Dann muss trotzdem zunächst eine Datenbankdatei vorhanden sein. Es reicht aber aus, lediglich Minimaleintragungen vorzunehmen, z.B. eine Datenbank mit einer Tabelle und nur einer einzigen Variablen zu erstellen. Das Vorgehen ist wie bisher beschrieben. Im dritten Schritt wählt man lediglich aus der Datenbank die Tabelle aus, die ersetzt werden soll und im vierten all diejenigen Variablen, die statt der bisherigen in die zu ersetzende Tabelle der Datenbank aufgenommen werden.

7 Transformieren von Dateien

7.1 Daten sortieren, transponieren und umstrukturieren

7.1.1 Daten sortieren

Für verschiedene Zwecke ist es nützlich oder unerlässlich, die Daten in einer bestimmten Sortierung vorliegen zu haben. Datenbereinigungen lassen sich z.B. besser in einer nach der Fallnummer sortierten Datei durchführen. Für das Auflisten von Fällen wird man ebenfalls nach Fallnummer sortieren. Manche Prozeduren verlangen sogar nach bestimmten Kriterien geordnete Dateien. So muss für die Zusammenfassung von Dateien unter Verwendung von Schlüsselvariablen die Datenmatrix nach der Schlüsselvariablen sortiert sein. Erstellt man zusammenfassende Berichte mit Break-Variablen (Gruppierungsvariablen), muss die Datei nach den Kategorien der Break-Variablen geordnet vorliegen. Ebenso erfordert die Aufteilung von Dateien eine Sortierung nach den Gruppierungsvariablen. Die genannten Prozeduren stellen zwar selbst eine Sortieroption zur Verfügung, unabhängig davon kann man aber auch im Menü „Daten" das Untermenü „Fälle sortieren..." für Sortiervorgänge auswählen. Es öffnet sich dann die Dialogbox „Fälle sortieren". Werden mehrere Sortiervariablen verwendet, wird die Sortierung in der Reihenfolge der Eintragung in das Feld „Sortieren nach:" vorgenommen. Die Sortierung einer Datei nach Geschlecht (männlich = 1; weiblich = 2) und dann nach Alter in aufsteigender Ordnung bewirkt z.B., dass zuerst die Datei nach Männern und Frauen sortiert wird, danach innerhalb der Kategorien Männer und Frauen jeweils nach aufsteigendem Alter. Als Sortierreihenfolge kann „Aufsteigend" (vom kleinsten Wert zum größten bzw. bei Stringvariablen vom ersten Buchstaben des Alphabets zum letzten) oder „Absteigend" gewählt werden (⇨ Abb. 7.10). Wenn gewünscht kann man so sortierte Datei sofort speichern. Markieren Sie dazu „Datei mit sortierten Daten speichern". Mit der Schaltfläche „Datei" können Sie dann eine Dialogbox öffnen und in der üblichen Weise Pfad und Name der zu speichernden Datei festlegen.

7.1.2 Transponieren von Fällen und Variablen

Die Prozedur „Transponieren" wird benötigt, wenn eine Datenmatrix in ihrem Aufbau nicht den SPSS-Bedingungen entspricht. Transponieren heißt, Zeilen in Spalten und Spalten in Zeilen umzuwandeln, also die Datenmatrix zu drehen. Besonders nach der Übernahme von Daten aus anderen Programmen ist es häufig erforderlich, die Datenmatrix für die Weiterverarbeitung in SPSS zu transponieren.

Nehmen wir als Beispiel die Datenmatrix in Abb. 7.1. Sie enthält die Fälle spaltenweise, und zwar so, dass die Werte des Falles 1 in der Spalte VAR00002, die des Falles 2 in der Spalte VAR00003 stehen usw. Es sind für die Fälle die Variablen „Fallnummer" (NR), „Geschlecht" (GESCHL) und „Konfession" (KONF) erfasst (Datei TRANSPONIEREN.SAV). Die Matrix soll gedreht werden.

	var00001	var00002	var00003	var00004
1	nr	1,00	2,00	3,00
2	geschl	1,00	1,00	2,00
3	konf	2,00	2,00	1,00

Abb. 7.1. Datenmatrix (Spalten: Fälle, Zeilen: Variablen)

Dazu gehen Sie wie folgt vor:

▷ Wählen Sie die Befehlsfolge „Daten", „Transponieren...". Es öffnet sich die Dialogbox „Transponieren" (⇨ Abb. 7.2).

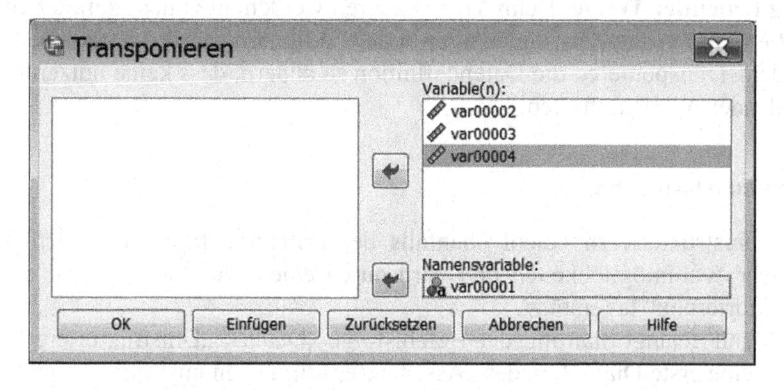

Abb. 7.2. Dialogbox „Transponieren"

▷ Übertragen Sie aus der Liste der Quellvariablen alle Variablen, die zu einem Fall (einer Zeile) der neuen Matrix werden sollen, in das Auswahlfeld „Variable(n):".

Falls in einer der Ausgangsvariablen die Namen der zukünftigen Variablen als Werte stehen, kann man diese Namen übernehmen. Am günstigsten ist es, wenn die Namen in einer Stringvariablen vorliegen. Wird dagegen eine numerische Variable zur Namensbildung herangezogen, bildet SPSS Variablennamen, die sich aus dem Buchstaben V und dem Variablenwert zusammensetzen. Sind die Namen, die so entstehen, nicht eindeutig, weil z.B. der Wert 2 doppelt vorkommt, vergibt SPSS eindeutige Namen, indem es an den Wert eine fortlaufende Zahl anhängt. Im angegebenen Beispiel würde die erste Variable den Namen V2, die zweite den Namen V21 erhalten. Werte mit mehr als 8 Stellen werden abgeschnitten. (Enthält die Variable Nachkommastellen, werden auch die im Namen nach einem Unterstrich berücksichtigt. *B.:* V2_10.) Wird keine Variable zur Definition der Variablennamen verwendet, vergibt SPSS per Voreinstellung automatisch die Variablennamen V00001, V00002 usw. Die Fälle bekommen automatisch als Fallnummern (case_lbl) die Nummer ihrer Ursprungsspalte zugewiesen. Wollen Sie die Variablennamen aus einer Ausgangsvariablen übernehmen:

▷ Markieren Sie die Variable in der Quellvariablenliste (hier: V00001) und übertragen Sie sie in das Eingabefeld „Namensvariable:".

▷ Bestätigen Sie mit „OK". Das Ergebnis der Transponierung der in Abb. 7.1 dargestellten Matrix mit der Einstellung nach Abb. 7.2 sehen Sie in Abb. 7.3.

	CASE_LBL	nr	geschl	konf
1	var00002	1,00	1,00	2,00
2	var00003	2,00	1,00	2,00
3	var00004	3,00	2,00	1,00

Abb. 7.3. Transponierte Datenmatrix

Behandlung fehlender Werte. Beim Transponieren werden alle nutzerdefinierten fehlenden Werte in System-Missings umgewandelt. Will man das verhindern, sollte man vor dem Transponieren die Datendefinition so ändern, dass keine nutzerdefinierten fehlenden Werte auftreten.

7.1.3 Daten umstrukturieren

Das Menü „Umstrukturieren" dient ebenfalls der Datentransformation, verfügt aber über mehr Wahlmöglichkeiten und wird durch einen „Assistent(en) für die Datenumstrukturierung" unterstützt.

In dieses Menü gelangt man mit der Befehlsfolge „Daten", „Umstrukturieren". Es öffnet sich eine erste Dialogbox des „Assistent(en) für Datenumstrukturierung".

In dieser Dialogbox werden drei Varianten der Datenumstrukturierung geboten:

❐ Umstrukturieren ausgewählter Variablen in Fälle.
❐ Umstrukturieren ausgewählter Fälle in Variablen.
❐ Transponieren sämtlicher Daten.

Die letzte Option ist der einfachste Fall und erbringt dieselbe Leistung wie das Menü „Transponieren" (⇨ Kap. 7.1.2) und öffnet dieselbe Dialogbox (⇨ Abb. 7.2). Auf sie wird daher hier nicht mehr eingegangen.

Die beiden anderen Optionen dienen der Umstrukturierung von komplexeren Daten, die nicht der grundsätzlichen Form einer SPSS-Datenmatrix mit Variablen in den Spalten und den Fällen in Zeilen entsprechen und auch nicht durch Tauschen von Spalten und Reihen in diesen Form gebracht werden können und sollen. Solche Datenstrukturen findet man häufig bei experimentell erhoben Daten, insbesondere bei Messwiederholung.

Die zu besprechenden Optionen dienen dazu, zwei spezielle Datenstrukturen zu erzeugen, wobei diese insofern miteinander korrespondieren, als jeweils die eine Option von der Datenstruktur ausgeht, die die andere erzeugt.

Zunächst seien daher die Datenstrukturen vorgestellt. Als Beispiel werden fiktive Daten einer Untersuchung mit Mehrfachmessung verwendet. Bei 10 Probanden seien Blutdruck und Hämatokrit-Wert zu drei verschiedenen Zeitpunkten (die vielleicht einem Belastungsfaktor entsprechen) gemessen. Die Daten könnten nun in zwei verschiedenen Varianten organisiert sein. Wir können Blutdruck und Hämatokrit-Wert als Variable, Zeit als Faktor mit drei Faktorstufen bezeichnen.

❒ *Fallgruppen.* Die Daten sind in Fallgruppen geordnet (⇨ Abb. 7.4). D.h., die Messungen für einen Fall sind nicht in einer sondern mehreren Zeilen enthalten, wobei in jeder Zeile die Messungen der Variablen für eine Faktorstufe enthalten sind. Im Beispiel enthalten die Zeilen 1-3 (= die erste Fallgruppe) die Werte des Falles 1, die Zeile 1 diejenigen zum Zeitpunkt 1, die Zeile 2 die zum Zeitpunkt 2 etc.

In Fallgruppen müssen Daten z.B. geordnet sein für einen t-Test bei unabhängigen Stichproben, nichtparametrische Tests, die Erstellung eines OLAP-Würfels und einfache Varianzanalysen (nicht Messwiederholungen). Diese Prozeduren benötigen immer eine unabhängige und eine abhängige Variable. Es muss also eine gesonderte Spalte für die unabhängige Variable (den Faktor) vorhanden sein und die Daten der abhängigen (der Gruppe der abhängigen Variablen) müssen ebenfalls in einer einzigen Spalte stehen. Dafür nimmt man in Kauf, dass pro Fall mehrere Zeilen benötigt werden und die Daten einfacher Variablen vervielfältigt auftreten.

	patient	zeit	bldr	häma	geschl
1	1	1	90,90	36,98	w
2	1	2	97,94	31,81	w
3	1	3	92,64	30,85	w
4	2	1	109,63	47,29	m
5	2	2	108,02	44,29	m
6	2	3	94,22	37,33	m

Abb. 7.4. Daten der beiden erste Fälle der Datei BLUTDR1.SAV (als Fallgruppen)

❒ *Variablengruppen (Spaltengruppen).* Sind die Daten in Variablengruppen geordnet (⇨ Abb. 7.5), dann enthält eine Zeile alle Messungen eines Falles. Mehre Spalten bilden dann jeweils eine Spaltengruppe (z.B. alle Messungen des Blutdrucks oder der Hämatokrit-Werte). Die Spalten für die verschiedenen Faktorstufen (im Beispiel je 3 Werte für die drei Messzeitpunkte) sind die Spaltengruppen. Die Zeile wird bei dieser Dtenorganistion auch oft als Gruppenvariable bezeichnet. SPSS kann auch solche Datenstrukturen verarbeiten, jedoch hängt es von den Prozeduren ab, welche der beiden Formen erwartet werden.

In Spalten-/Variablengruppen müssen die Daten bei allen Analysen von Messwiederholungen organisiert sein. Beispiele sind t-Test für gepaarte Stichproben, nonparametrische Tests mit verbundenen Stichproben, Varianzanalyse mit Messwiederholung. Bei diesen Prozeduren werden immer die Werte zweier Variablen, die in verschiedenen Spalten der Matrix stehen, gepaart oder die Werte mehrerer Variablen verbunden.

	patient	bltdr1	bltdr2	bltdr3	Häm	häm1	häm2	häm3	geschl
1	1,00	90,90	47,49	92,64	37,00	36,98	31,81	30,85	w
2	2,00	109,63	108,20	94,22	42,00	47,29	44,29	37,33	m
3	3,00	117,24	141,42	151,68	47,00	40,08	35,21	44,18	w
4	4,00	126,40	127,68	120,01	52,00	50,60	47,63	58,01	m

Abb. 7.5. Daten der vier ersten Fälle der Datei BLUTDR2.SAV (als Variablengruppen)

Umstrukturieren ausgewählter Fälle in Variablen.

Beispiel. Daten der Blutuntersuchung liegen in der Fallgruppenstruktur vor. Um eine t-Test für abhängige Stichproben durchführen zu können, benötigen wir sie in der Struktur „Spaltengruppen". Um dies zu erreichen, gehen Sie, nachdem die Datei BLUTDR1.SAV geladen ist, wie folgt vor:

▷ Wählen Sie „Daten", „Umstrukturieren" und im der sich öffnenden ersten Dialogbox des „Assistent(en) für die Datenumstrukturierung" die Option „Umstrukturieren ausgewählter Fälle in Variable". Bestätigen Sie mit „Weiter". Die zweite Dialogbox des Assistenten erscheint.

▷ Jetzt müssen aus der Gruppe „Variablen in der aktuellen Datei" Variablen in die Felder „ID-Variable(n)" und „Indexvariable(n)" übertragen werden. Es handelt sich dabei gerade nicht um die Variablen, aus denen eine Gruppe neuer Variablen erstellt werden soll.

- Eine *ID-Variable (Bezeichnervariable)* ist eine Variable, die angibt, welche Zeilen zusammen einen Fall ausmachen. In unserem Beispiel sind pro Fall drei Zeilen vorhanden, welche zusammengehören, erkennt man an den Werten der Variablen PATIENT. Die ersten drei Zeilen enthalten alle die Ziffer 1, d.h. sie gehören zum Fall/Patienten 1 etc. Aus diesen drei Zeilen wird nach dem Umstrukturieren eine einzige. „Patient", ist also im Beispiel die ID-Variable. (Die Datei muss nach der Bezeichnervariablen sortiert sein. Ist dies nicht der Fall, holen Sie das nach.)
- Eine *Indexvariable* ist eine Variable, aus der zu erkennen ist, welche Faktorstufe jeweils eine Zeile angibt. Aus jeder dieser Faktorstufen wird beim Umstrukturieren eine eigene Spalte. Im Beispiel ist die Variable „Zeit" die Indexvariable. Die Faktorstufen sind nämlich die Zeitpunkte 1, 2 und 3. Für jeden dieser Zeitpunkte wird beim Umstrukturieren automatisch eine neue Variable sowohl für BLTDR als auch für HÄM erstellt.

▷ Übertragen Sie also PATIENT in das Feld „ID-Variable(n)" und ZEIT in das Feld „Indexvariable(n)". Bestätigen Sie mit „Weiter".

▷ In der folgenden Dialogbox bestimmen Sie, ob die neu entstehende Datei nach Bezeichner- und Indexvariable sortiert werden soll oder nicht. Bestätigen Sie die Voreinstellung.

▷ Darauf folgt eine Dialogbox „Optionen". Hier kann zunächst die Reihenfolge der neu gebildeten Variablen bestimmt werden. Die Option „Nach ursprünglicher Variable sortieren" führt dazu, dass alle neuen Variablen, die derselben Originalvariablen entspringen, in nebeneinander liegende Spalten gruppiert werden. Der Index bestimmt die Reihenfolge innerhalb der Gruppe (im Beispiel erst BLTDR1, BLTDR2, BLTDR3, dann HÄM1, HÄM2, HÄM3). Wird „nach

Index sortieren“ gewählt, folgt auf BLTDR1, HÄM1, BLTDR2 etc. Außerdem kann man eine Variable abfordern, die zählt, aus wie viel Fällen der Originaldatei ein Fall der neuen Datei entsteht (im Beispiel sind dies 3).

⊳ Eine letzte Dialogbox ermöglicht es, die Umstrukturierung entweder fertig zu stellen oder die Syntax zur weiteren Bearbeitung oder späteren Nutzung in ein Syntaxfenster zu übertragen. (Werden nicht alle Schritte benötigt, kann die Umstrukturierung auch schon in einem früheren Fenster fertiggestellt werden.) Speichern Sie das Ergebnis als BLUTDR2.SAV.

Umstrukturieren ausgewählter Variablen in Fälle.
Beispiel. Daten der Blutuntersuchung liegen in der Variablengruppenstruktur vor. Um einen OLAP-Würfel zu erstellen, benötigen wir sie in der Struktur „Fallgruppen“. Um dies zu erreichen, gehen Sie, nachdem die Datei BLUTDR2.SAV geladen ist, wie folgt vor:

⊳ Wählen Sie „Daten“, „Umstrukturieren“ und im der sich öffnenden ersten Dialogbox des „Assistenten für die Datenumstrukturierung“ die Option „Umstrukturieren ausgewählter Variablen in Fälle“. Bestätigen Sie mit „Weiter“. Die zweite Dialogbox des Assistenten erscheint.

⊳ Hier müssen Sie angeben, wie viele Variablengruppen umzustrukturieren sind. Zur Wahl stehen eine oder mehrere. Bei Auswahl der Option „Mehrere“ wird die Anzahl in ein Eingabefeld eingetragen. (Im Beispiel ist „mehrere“ zu wählen, da wir die beiden Gruppen für Blutdruck und Hämatokrit-Wert haben, und als Anzahl die Voreinstellung 2 zu übernehmen.) Bestätigen Sie mit „Weiter“. Es erscheint die dritte Dialogbox (⇨ Abb. 7.6).

⊳ Dort ist anzugeben, wie die neu zu bildende(n) Variable(n) heißen sollen und aus welchen der bisherigen Variablen sie sich zusammensetzen. Im Feld Zielvariable ist der Name TRANS1 eingestellt. Ändern Sie ihn in „BLTDR“. Geben Sie dann an, welche der bisherigen Variablen in der neuen BLTDR zusammengefasst werden. Dazu markieren Sie im Feld „Variablen in der aktuellen Datei“ die zutreffenden Variablen (hier: BLTDR1, BLTDR2 und BLTDR3) und übertragen Sie diese durch Anklicken des Pfeils in das Feld „Zu transponierende Variablen“.

⊳ Wiederholden Sie dasselbe für die Variable „HÄM“. Dazu öffnen Sie zunächst durch Klicken auf den Pfeil neben dem Feld „Zielvariable“ eine Liste mit den Zielvariablen. Da wir im vorigen Fenster 2 angegeben haben, ist eine zweite Zielvariable „TRANS2“ in der Liste enthalten. Markieren Sie diese, benennen Sie sie um in HÄM und verfahren Sie für die bisherigen Variablen „HÄM1 bis 3“ wie für BLTDR beschrieben. Andere, nicht gruppierte Variablen werden in die neue Datei nur übernommen, wenn sie in das Feld „Variable(n) mit festem Format“ übertragen werden. (Im Beispiel übertragen wir die Variablen PATIENT und GESCHL.)

⊳ Außerdem kann mit Hilfe einer Auswahlliste im Feld „Angabe von Fallgruppen“ noch festgelegt werden, wie die Fallgruppen bezeichnet werden sollen, mit der Fallnummer, mit dem Wert einer anzugebenden Variablen oder überhaupt nicht. Im Beispiel ist die Fallnummer adäquat. Wir ändern noch die Bezeichnung den Namen der Variablen, in der diese Bezeichnung ausgegeben wird von

ID in FALL. (man kann auch noch eine Beschriftung für diese neue Variable vergeben) und bestätigen mit „Weiter".

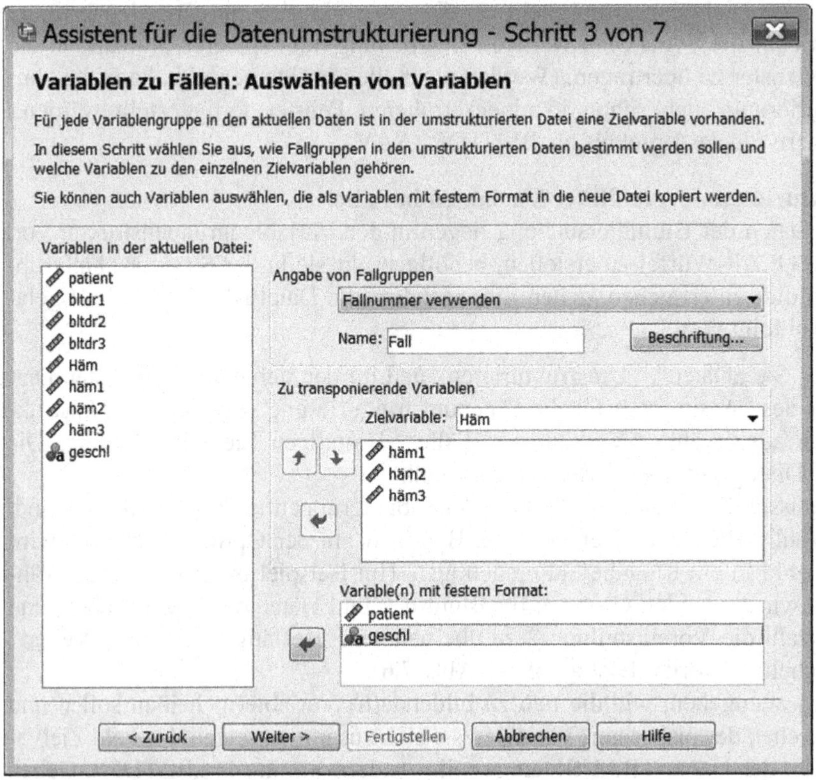

Abb. 7.6. Schritt 3 der Datenumstrukturierung bei Umstrukturieren von Variablen in Fälle

- ▷ In der nächsten Dialogbox kann festgelegt werden, ob eine mehrere oder keine Indexvariable erstellt werden soll. In einer solchen Indexvariablen wird die Information darüber erzeugt, welche Faktorstufe in der jeweiligen Zeile der Ergebnisdatei enthalten ist. Man sollt eine Indexvariable erstellen, wenn Sie nicht schon anderweitig durch die Gruppenvariablen erzeigt wird.
- ▷ Falls man bestimmt hat, dass eine Indexvariable gebildet werden soll, erscheint nach Bestätigung durch „Weiter" ein weiteres Dialogfenster. Hier kann man den Namen der Indexvariablen (Voreinstellung INDEX1 etc.) verändern und eine Beschriftung eingeben (im Beispiel ändern wir den Namen in Zeit und vergeben die Beschriftung Zeitpunkt). Weiter wird festgelegt, wie die Werte dieser Variablen gebildet werden. Zur Auswahl stehen „Fortlaufende Zahlen" und „Variablennamen". Wählt man eine dieser Optionsschalter an, werden die verwendeten Indexwerte angezeigt (im Beispiel wäre dies bei „Fortlaufenden Zahlen" die Werte 1, 2 und 3, bei „Variablennamen" BLTDR1, BLTDR2 und BLTDR3 oder HÄM1, HÄM2 und HÄM3). Bei Verwendung mehrerer Gruppen kann bei „Variablennamen" über die Auswahlliste „Indexwerte" festgelegt

werden, welcher der Variablennamen zur Bildung der Werte genutzt wird. (Im Beispiel wollen wir „Fortlaufende Zahlen" benutzen.)

Bestätigen Sie mit „Weiter".

▷ Es öffnet sich eine weitere Dialogbox mit verschiedenen „Optionen".

- Falls bei der Auswahl noch nicht geschehen, kann man jetzt noch festlegen, dass nicht ausgewählte Variablen zu Variablem mit festem Format beibehalten werden (ansonsten werden sie aus der Datei entfernt).
- Weiter bestimmt man, was mit fehlenden Werten geschehen soll. Entweder wird aus ihnen ein Fall in der neuen Datei erstellt (Voreinstellung) oder sie werden daraus ganz entfernt.
- Anzahl neuer Fälle, die von einem Fall der aktuellen Datei erzeugt wurden. Wählt man diese Option aus, erstellt das Programm eine weitere Variable, die angibt, wie viele Zeilen der neuen Matrix einem Fall der alten Matrix entsprechen (im Beispiel wird aus einer Zeile drei neue, weil für jeden Messzeitpunkt eine neue Zeile für denselben Fall erzeugt wird). In einem Eingabefeld muss dann der Name der neuen Variablen angegeben, in einem weiteren kann man eine Beschriftung für diese Variable bestimmen.

▷ In einer letzten Dialogbox bestimmt man schließlich, ob die Umstrukturierung fertig gestellt werden soll oder aber zur weiteren Bearbeitung oder späteren Nutzung in ein Syntaxfenster transferiert wird (falls man auf einige der Optionen verzichtet, kann die Umstrukturierung auch bereits in einem der vorherigen Fenster fertiggestellt werden).

7.2 Zusammenfügen von Dateien

Zwei Dateien können so zusammengeführt werden, dass an eine bestehende Datei aus einer zweiten neue Daten angefügt werden. Die Daten können sein:

❒ *Neue Fälle* mit Variablen gleichen Inhalts oder
❒ *Neue Variablen* für bereits erfasste Fälle.

7.2.1 Hinzufügen neuer Fälle

Beispiel. In einer Wahluntersuchung wurden die Wahlabsichten zweier Stichproben zu zwei nicht zu weit auseinander liegenden Zeitpunkten erfasst. Die Daten stehen in zwei SPSS-Dateien WAHLEN1.SAV und WAHLEN2.SAV. Die beiden Dateien sollen zu einer neuen Datei WAHLEN.SAV zusammengefasst werden. Die Variablen beider Dateien sind weitgehend identisch. Allerdings ist eine inhaltlich identische Variable, in der die aktuelle Wahlabsicht erfasst wurde, unterschiedlich benannt, in der ersten Datei als PART_AK2, in der zweiten als PARTAKT2. Außerdem sind einige Variablen der zweiten Datei in der ersten nicht enthalten. Eine davon, KOAL2, in der die Koalitionswünsche der Befragten erfasst wurden, soll in die gemeinsame Datei übernommen werden. Schließlich sind einige Variablen vorhanden, die in der neuen Datei ohne Interesse sind und daher gestrichen werden können. Sofern sie nicht in beiden Dateien enthalten sind (nicht gepaarte Variablen), geschieht das automatisch. Ansonsten muss eine entsprechende Auswahl erfolgen. Es soll zudem eine neue Variable erzeugt werden, die für die einzelnen Fälle festhält, aus welcher der Quelldateien die Daten kommen (Datei-Indikator).

Laden Sie dazu zunächst die Datei WAHLEN1.SAV als Arbeitsdatei in den Dateneditor. Um dieser Datei Fälle aus der anderen SPSS-Datei anzufügen, verfahren Sie wie folgt:

▷ Wählen Sie die Befehlsfolge „Daten“, „Dateien zusammenfügen ▷“.

▷ Wählen Sie das Untermenü „Fälle hinzufügen...“. Es öffnet sich die Dialogbox „Fälle hinzufügen zu“.

▷ Wählen Sie dort zunächst durch Anklicken des entsprechenden Optionsschalters aus, ob es sich bei der Datendatei, aus der die Fälle übernommen werden sollen, um „Ein offenes Datenblatt“ handelt oder „Eine externe SPSS Statistics-Datendatei“ (Im ersten Falle stünde als Alternative das Arbeiten mit mehreren Quellen zur Verfügung ⇨ Kap. 35.8). Im Beispiel benutzen wird eine externe Datenquelle, nämlich die Datei WAHLEN2.SAV, die sich im Verzeichnis C:/DATEN befindet.

▷ Nach Anklicken der Schaltfläche „Durchsuchen“ öffnet sich die übliche Dialogbox „Datei lesen“. Wählen Sie das Verzeichnis, in der sich die Datei befindet und im Eingabefeld „Dateiname:“ den Namen der Datei, die sie mit der Arbeitsdatei verbinden wollen (hier: WAHLEN2). Wenn bekannt, könne Sie auch Pfad und Namen eintippen.

▷ Klicken Sie auf die Schaltfläche „Weiter“. Es öffnet sich die in Abb. 7.7 dargestellte Dialogbox „Fälle hinzufügen aus“, auf deren rechten Seite die Variablen der neuen Arbeitsdatei angeführt sind.

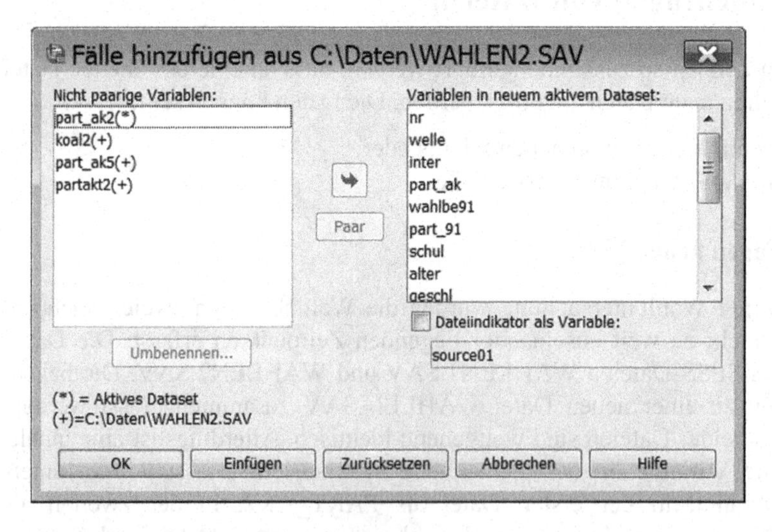

Abb. 7.7. Dialogbox „Fälle hinzufügen aus:“

In dem Feld „Nicht paarige Variablen“ auf der linken Seite werden zunächst die Variablen angezeigt, die kein Pendant in der anderen Datei besitzen: weil keine

Variable gleichen Namens vorhanden ist oder weil bei Variablen gleichen Namens die eine numerisches, die andere Stringformat besitzt.

Damit erkennbar ist, in welcher Datei die ungepaarte Variable enthalten ist, sind + oder ∗ als Symbol hinzugefügt.

∗ Bedeutet, dass eine Variable der Arbeitsdatei kein Pendant in der hinzugefügten Datei besitzt.

\+ Bedeutet, dass eine Variable der hinzugefügten Datei kein Pendant in der Arbeitsdatei besitzt.

Zunächst enthält das Feld „Variablen in neuem aktiven Datenset:“ alle gepaarten Variablen. Man kann aber aus dieser Liste die nicht gewünschten Variablen entfernen. Bisher nicht gepaarte Variablen (mit gleicher Information, aber unterschiedlichem Namen) können gepaart werden. Variablen, die nur in einer der beiden Dateien enthalten sind, können nachträglich in die Auswahl aufgenommen werden. Bei den Fällen der anderen Datei werden dann System-Missings als Variablenwerte eingesetzt. Zusätzlich ist es möglich, Variablen umzubenennen.

Entfernen von Variablen. Zunächst sollen aus der Liste der ausgewählten Variablen die Variablen WELLE und FILTER_$ entfernt werden.

▷ Markieren Sie dazu jeweils die Variablen. Liegen sie nicht nebeneinander, muss bei der zweiten Variablen beim Klicken die <Ctrl>-Taste gedrückt sein.

▷ Klicken Sie auf ◘. Die Variablen werden in das Feld „Nicht gepaarte Variablen“ verschoben.

Hinzufügen einer nicht gepaarten Variablen.

▷ Markieren Sie die Variable (hier: KOAL2).

▷ Klicken Sie auf ◘. Die Variable wird in die Liste „Variablen in neuer Arbeitsdatei:“ übertragen. Das Zeichen (+), aus dem zu entnehmen ist, dass dieser Variablen keine Variable in der Arbeitsdatei entspricht, bleibt erhalten. Bei den Fällen, für die kein Wert für diese Variable vorhanden ist, wird ein System-Missing-Wert eingesetzt.

Kombinieren zweier Variablen zu einem neuen Paar.

▷ Markieren Sie beide Variablen [hier: PART_AK2 (∗) und PARTAKT2 (+)].

▷ Klicken Sie auf die Schaltfläche „Paar“. Das Paar erscheint im Feld „Variablen in neuer Arbeitsdatei“. In der neuen Datei wird diese Variable unter dem Namen der Variablen der ursprünglichen Arbeitsdatei gespeichert.

Erzeugen eines Datei-Indikators. Durch Anklicken von „Datei-Indikator als Variable:“ erzeugt man eine Variable, in der festgehalten wird, aus welcher Datei der jeweilige Fall entstammt. Per Voreinstellung hat diese Variable den Namen SOURCE01. Der Namen kann durch Eintrag in das Feld geändert werden.

Umbenennen einer Variablen. Variablen der Liste „Nicht gepaarte Variablen:“ können umbenannt werden. Dies soll in unserem Beispiel verwendet werden, um die beiden Variablen PART_AK2 und PARTAKT2 mit gleichem Inhalt, aber unterschiedlichem Namen, gleich zu benennen. Um PARTAKT2 in PART_AK2 umzubenennen, gehen Sie folgt vor.

▷ Markieren Sie dazu den Variablennamen (hier: PARTAKT2).
▷ Klicken Sie auf die Schaltfläche „Umbenennen...“. Eine Dialogbox zum „Umbenennen“ erscheint (⇨ Abb. 7.8).
▷ Tragen Sie in das Eingabefeld „Neuer Name:“ den gewünschten Namen ein (hier: PART_AK2).
▷ Bestätigen Sie mit „Weiter“. Die Veränderung des Namens wird in der Liste dadurch kenntlich gemacht, dass alter und neuer Namen durch einen Pfeil verbunden angezeigt werden (hier: **partakt2 -> part_ak2 (+)**).

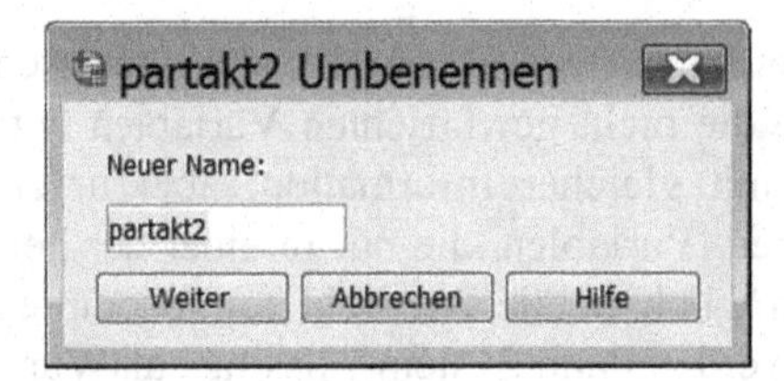

Abb. 7.8. Dialogbox „Umbenennen“ mit neuem Variablennamen

Auch wenn dadurch ein identischer Name zur komplementären Datei erzeugt wird, paart SPSS die beiden Variablen nicht automatisch nachträglich. Soll eine Paarbildung erfolgen, muss diese ausdrücklich in der oben angegebenen Art durchgeführt werden. In unserem Beispiel würden zunächst die beiden Variablen gleichen Namens im Feld „Nicht gepaarte Variablen:“ verbleiben, bis man sie ausdrücklich als Paar definiert. Dann allerdings wird für das Paar nur der gemeinsame Name in die Liste „Variablen in der neuen Arbeitsdatei:“ übertragen.

▷ Mit „OK“ führen Sie die Zusammenfügung aus. Es entsteht die zusammengeführte Datei unter dem Namen dem Namen der ursprünglichen Arbeitsdatei.
▷ Um diese nicht zu überschreiben, speichern Sie auf gewohnte Weise die neue Datei unter dem gewünschten Namen (hier: WAHLEN.SAV).

Informationen des Datenlexikons. Alle Informationen des Datenlexikons (Variablen- und Wertebeschriftungen, benutzerdefinierte fehlende Werte und Anzeigeformate) werden aus der Arbeitsdatei übernommen. Nur wenn in der Arbeitsdatei für eine Variable keine solchen Informationen enthalten sind, werden sie aus der externen Datei übernommen. Zusätzliche Wertebeschriftungen oder nutzerdefinierte fehlende Werte werden nicht aus der externen Datei übernommen, wenn entsprechende Werte schon in der Arbeitsdatei definiert sind. Deshalb kann es von Interesse sein, sich genau zu überlegen, welche der zu vereinenden Dateien als Arbeitsdatei benutzt wird, um möglichst viele bzw. die richtigen Informationen aus dem Datenlexikon zu übernehmen.

7.2.2 Hinzufügen neuer Variablen

Hier ist zu unterscheiden, ob für dieselben Fälle Dateien mit unterschiedlichen Variablen zusammengeführt werden (gleichwertige Dateien) oder ob eine Datei als Referenztabelle für die Zuordnung von Merkmalen für mehrere Fälle der anderen

Datei dient (eine Datei ist Schlüsseltabelle). Beide Fälle sind unterschiedlich zu behandeln.

Gleichwertige Dateien. Es kann vorkommen, dass man für dieselben Fälle Variablen aus unterschiedlichen Dateien zusammenführen will. Das träfe z.B. zu, wenn Messwerte verschiedener Erhebungszeitpunkte zu Analysezwecken in einer Datei zusammengefasst enthalten sein sollen. Oder es wurden bestimmte Variablen für die Fälle nach erhoben oder sie entstammen unterschiedlichen Quellen. Außerdem kann es vorkommen, dass – aus Mangel an Speicherplatz, wegen Begrenzung der Verarbeitungskapazität des Programms oder aus Gründen der Übersichtlichkeit – Variablen auf mehrere Dateien verteilt wurden, die aber für bestimmte Analysen wieder vereint werden müssen. Man kann solche Dateien zusammenfassen, wenn beide entweder im Format SPSS für Windows oder im SPSS/PC+-Format vorliegen. Außerdem müssen die Fälle in beiden Dateien in der gleichen Reihenfolge sortiert sein. Ist dies nicht der Fall, sortiert man sie vorher. (Wird eine Schlüsselvariable verwendet, müssen sie nach der Schlüsselvariablen in aufsteigender Reihenfolge sortiert werden.) Ab Version 21 steht das Kontrollkästchens „Fälle werden in der Reihenfolge der Schlüsselvariablen in beiden Datensätzen sortiert" zur Verfügung. Dies ersetzt das vorgängige Sortieren der Dateien nach der Schlüsselvariablen nicht, ermöglicht es aber Variablen aus Dateien korrekt zusammenzufügen, bei denen nicht alle Fälle identische Fallnummern besitzen und/oder die ungleich viele Fälle enthalten.

Beispiel. Für dieselben Fälle sollen zwei Dateien existieren: In der ersten (ALL1.SAV) sind die Variablen enthalten, wie wir sie für unsere Übungsdatei in Kapitel 2 verwendet haben. In einer zweiten Datei (ALL2.SAV) sind weitere Variablen enthalten, von denen wir jetzt einige zusätzlich für Analysen benötigen. Dabei handelt es sich um die Variablen, die den Familienstand erfassen (FAMILIEN) sowie die Beurteilung verschiedener Arten kriminellen Verhaltens, nämlich von Alkohol am Steuer, Kaufhausdiebstahl, Schwarzfahren und Steuerhinterziehung (ALKOHOL, KAUFHAUS, SCHWARZ, STEUERA). Beide Dateien enthalten die Fallnummer, in der ersten lautet der Name dieser Variablen allerdings NR, in der zweiten LFD.NR. Weitere, ebenfalls enthaltene, Variablen sind nicht von Interesse. Gegenüber der ersten Datei fehlt in der zweiten ein Fall. Um die zwei Dateien zu verbinden, gehen Sie wie folgt vor:

- ▷ Öffnen Sie zuerst eine der beiden Dateien und machen Sie diese damit zur Arbeitsdatei (hier: ALL1.SAV).
- ▷ Wählen Sie die Befehlsfolge „Daten", „Dateien zusammenfügen ▷", „Variablen hinzufügen...". Es öffnet sich die Dialogbox „Variablen hinzufügen zu".
- ▷ Wählen Sie dort zunächst durch Anklicken des entsprechenden Optionsschalters aus, ob es sich bei der Datendatei, aus der die Variablen übernommen werden sollen, um „Ein offenes Datenblatt" handelt oder „Eine externe SPSS-Statistics Datendatei" (Im ersten Falle stünde als Alternative das Arbeiten mit mehreren Quellen zur Verfügung ⇨ Kap. 35.8). Im Beispiel benutzen wird eine externe Datenquelle, nämlich die Datei ALL2.SAV, die sich im Verzeichnis C:/DATEN. befindet.

▷ Wählen Sie auf die übliche Weise das gewünschte Verzeichnis und die gewünschte externe Datei, aus der Variablen in die Arbeitsdatei überführt werden sollen (hier: ALL2.SAV).

▷ Klicken Sie auf die Schaltfläche „Weiter“. Es öffnet sich die Dialogbox „Variablen hinzufügen aus“ (⇨ Abb. 7.9).

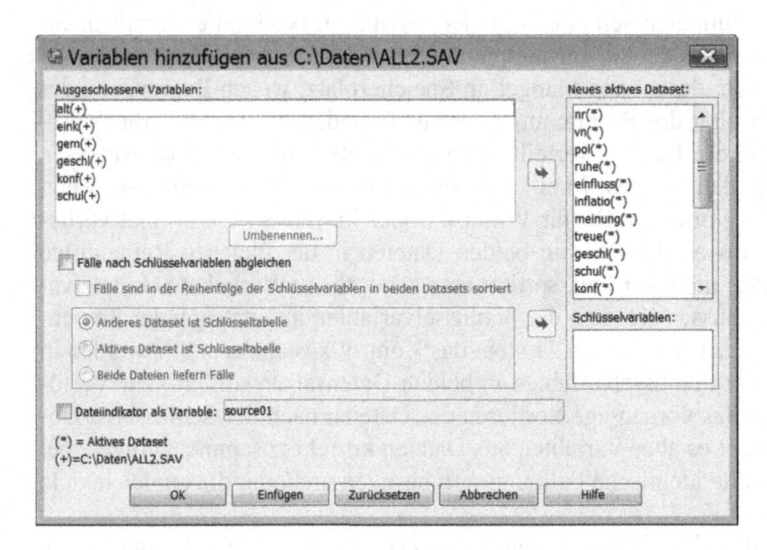

Abb. 7.9. Dialogbox „Variablen hinzufügen aus“

Wird keine Schlüsselvariable verwendet, unterstellt das Programm automatisch, dass beide Dateien gleichwertig sind. Dies kann nur genutzt werden, wenn beide Dateien gleich viele Fälle umfassen (also nicht in unserem Beispiel).

Jetzt gilt es, die Variablenlisten zu überarbeiten. Links findet sich die Liste „Ausgeschlossene Variablen:“. Per Voreinstellung enthält sie alle Variablen der externen Datei, die in der Arbeitsdatei schon vorhanden sind. In der Liste „Neue Arbeitsdatei:“ befinden sich alle Variablen, die in der neuen Datei vorhanden sind. Per Voreinstellung sind das alle Variablen, die nur in einer der beiden Dateien vorhanden sind. Diese Listen gilt es nun den Wünschen entsprechend anzupassen.

Ausschließen von Variablen. Markieren Sie in der Liste „Neue Arbeitsdatei“ eine Variable, bzw. mehrere Variablen, die ausgeschlossen werden sollen, und übertragen Sie diese mit ⇦ in die Liste „Ausgeschlossene Variablen:“.

Umbenennen von Variablen. Sie können Variablen umbenennen. Das kann dazu dienen, einen ansprechenderen Namen zu wählen. Vor allem ist es aber nötig, wenn zwei Variablen gleichen Namens, aber unterschiedlichen Inhalts, in der neuen Arbeitsdatei enthalten sein sollen. Dies kann z.B. der Fall sein, wenn Variablen zu verschiedenen Erhebungszeitpunkten gleich benannt wurden, aber als Messzeitpunktsvariablen unterschieden werden sollen. Beide Variablen können dann nur in die Arbeitsdatei aufgenommen werden, wenn eine der beiden Variablen umbenannt wird. Dasselbe gilt, wenn eine Variable als Schlüsselvariable benutzt werden soll, die zwar in den beiden Ausgangsdateien denselben Inhalt hat, aber unterschiedliche Namen besitzt. Dann muss der Name vereinheitlicht werden. Umbenannt werden können nur Variablen aus der Liste der ausgeschlossenen Variablen. Deshalb müssten im letzteren Fall die Variablen zuerst aus der Liste „Neue Arbeitsdatei:“ in die Liste „Ausgeschlossene Variablen:“ übertragen werden (evtl. für beide durchführen !). Zur Umbenennung gehen Sie wie folgt vor:

▷ Markieren Sie die umzubenennende Variable in der Liste „Ausgeschlossene Variablen:“.
▷ Klicken Sie auf die Schaltfläche „Umbenennen...“. Die Dialogbox „Umbenennen“ (⇨ Abb. 7.8) öffnet sich.
▷ Tragen Sie den neuen Namen in das Eingabefeld „Neuer Name:“ ein.
▷ Bestätigen Sie mit „Weiter“.

Der alte und der neue Name erscheinen im Feld „Ausgeschlossene Variable(n):“ *Beispiel:* **steuera -> steuerhi [+]**. Wenn gewünscht, kann jetzt die Variable in die Arbeitsdatei übertragen werden.

Verwenden einer Schlüsselvariablen. Eine Schlüsselvariable muss immer dann nicht verwendet werden, wenn beide Dateien gleich viele Fälle umfassen. Ist das nicht der Fall, muss eine Variable vorhanden sein, mit der es möglich ist, die Fälle der beiden Dateien einander zuzuordnen. Die Fallnummer dient in den meisten Fällen diesem Zweck, so auch in unserem Beispiel. Auch wenn eine Schlüsselvariable verwendet wird, müssen die Fälle beider Dateien zuvor nach dieser Variablen geordnet sein. Da die Schlüsselvariable in beiden Dateien vorhanden sein muss, steht sie automatisch im Feld „Ausgeschlossene Variablen:“. (Haben Sie aber, wie in unserem Beispiel, unterschiedliche Namen, müssen beide zunächst in die Liste der ausgeschlossenen Namen übertragen werden. Dann erzeugt man den gleichen Namen durch Umbenennung einer der beiden Variablen. Auf diese Weise müsste im Beispiel etwa die Variable LFD.NR in NR umbenannt werden. Jetzt können die Variablen als Schlüsselvariablen verwendet werden.) Um eine Schlüsselvariable zu verwenden, verfahren Sie wie folgt:

▷ Klicken Sie auf das Kontrollkästchen „Fälle nach Schlüsselvariablen abgleichen“.
▷ Damit die Dateien als gleichwertig behandelt werden, müssen Sie jetzt den Optionsschalter „Beide Dateien liefern Fälle“ anklicken.
▷ Markieren Sie den Namen der Schlüsselvariablen, und übertragen Sie diese durch Anklicken von ➡ in das Feld „Schlüsselvariablen:“.

Fälle, die nur in einer der beiden Dateien vorhanden sind, bekommen automatisch für die Variablen, die nur in der anderen Datei vorhanden sind, einen System-Missing-Wert zugewiesen.

Datei-Indikator speichern. Durch Auswahl des Kontrollkästchens „Datei-Indikator als Variable:“ kann man wiederum eine Variable erzeugen, die angibt, aus welcher Datei der jeweilige Fall entstammt. Der Name kann beliebig gewählt werden, Voreinstellung ist SOURCE01.

Eine der Dateien ist eine Schlüsseltabelle. Eine weitere interessante Möglichkeit besteht darin, dass man zwei Dateien miteinander verbinden kann, die nicht gleichwertig sind. Die Dateien enthalten unterschiedliche Typen von Fällen und

Informationen. In einer der Dateien stehen jeweils bei einem Fall Informationen, die mehreren Fällen der anderen Datei zugeordnet werden. Die erstgenannte Datei dient dann als Referenztabelle für die Zuordnung von Werten zur anderen Datei. Diese Option ist vor allem deshalb interessant, weil es dadurch möglich ist, Daten aus verteilten Tabellen, wie sie dem modernen Datenmanagement entsprechen, zur statistischen Bearbeitung zusammenzufügen. Um Redundanz bei der Dateneingabe und Datenhaltung zu vermeiden, werden Daten in relationalen Datenbanken möglichst so auf mehrere verschiedene Tabellen verteilt, dass man den Aufwand für die Dateneingabe minimiert. So wird z.B. ein Betrieb eine getrennte Datei jeweils für Kundendaten, Bestellungen und Artikel halten, die aber für bestimmte Zwecke, z.B. der Rechnungsstellung, aber auch statistische Auswertungen kombiniert werden können. Ähnliches gilt für Mehrebenenanalysen. Sollen etwa in einer Wahluntersuchung einerseits individuelle Merkmale, andererseits Kollektivmerkmale, etwa Eigenschaften des Bundeslandes, verwendet werden, wird man die Merkmale der Bundesländer in einer Datei, die Individualdaten der befragten Wähler in einer anderen halten. Beide lassen sich aber bei relationalen Datenbanken über Schlüsselvariablen verknüpfen. In SPSS können solche Datenbanken zusammengeführt werden, aber nur in der Weise, dass die Informationen der Referenztabellen allen zutreffenden Fällen der anderen Tabelle zugeordnet werden.

Beispiel. Nehmen wir als Beispiel Daten der Schuldnerberatung (VZ.SAV). Dort hatten die meisten Schuldner mehr als einen Kredit aufgenommen, z.T. bei unterschiedlichen Banken und zu unterschiedlichen Zinskonditionen. Wir haben dies in der Originaldatenmatrix zunächst so erfasst, dass sieben Variablen für bis zu sieben Kredite vorgesehen waren. Jeweils auch eine entsprechende Variable für die Zinshöhe, den Namen der Bank usw. Die moderne Datenhaltung wird normalerweise anders verfahren. Sie wird eine Datei mit den allgemeinen Daten der Schuldner, eine Kreditdatei mit den Kreditdaten und eine Bankendatei mit den Bankdaten erstellen. Jeweils zwei Dateien ist eine Schlüsselvariable gemeinsam, mit der sie verknüpft werden können, z.B. wird eine Klientennummer in der Schuldnerdatei und in der Kreditdatei enthalten sein und eine Bankennummer sowohl in der Bankendatei als auch in der Kreditdatei. Entsprechend dieser Datenhaltung, wurde auch in unserem Falle eine zusätzliche Kreditdatei erstellt. Diese enthält alle kreditspezifischen Daten, in unserem Beispiel beschränkt auf Kredithöhe (KREDIT), Kreditzinsen (ZINS) und Bankennummer (BANKNR). Eine solche Datei erleichtert es, kreditbezogene Auswertungen vorzunehmen. Man kann z.B. ohne weiteres die durchschnittliche Kredithöhe, die durchschnittliche Zinsbelastung usw. berechnen. Das wäre in der Ausgangsdatei nur mit einigem Aufwand möglich, da ja solche Daten wie Kredithöhe über sieben Variablen verstreut sind. Will man jetzt auch Klientendaten, wie Geschlecht oder Einkommenshöhe, mit diesen Kreditdaten in Beziehung bringen, etwa um eine Korrelation zwischen Einkommenshöhe und Kredithöhe zu berechnen, müssen die Klientendaten der Kreditdatei hinzugefügt werden. So werden z.B. allen Krediten, die ein bestimmter Schuldner aufgenommen hat, dessen Geschlecht, Einkommenshöhe usw. zugeordnet. (Umgekehrt ist es allerdings nicht möglich, einem Fall die Daten mehrerer Kredite zuzuordnen, die ja dann in verschiedenen Variablen gespeichert werden müssen. Wenn man solche Daten benötigt, kann leider eine Mehrfacheingabe nicht verhindert werden.)

Die Daten befinden sich also in den zwei Dateien KREDITE.SAV, KLIENT.SAV, mit denen wir jetzt die Auswertung vornehmen. Grundsätzlich entspricht die Vorgehensweise der für gleichwertige Dateien geschilderten. Aber wichtig: Sie müssen auf jeden Fall mit einer Schlüsselvariablen arbeiten, die in beiden Dateien enthalten ist. Und beide Dateien müssen zuvor nach der Schlüsselvariablen in aufsteigender Ordnung sortiert sein. In unserem Beispiel ist die Schlüsselvariable die Klientennummer (NR).

❒ Es steht zwar das Kontrollkästchens „Fälle werden in der Reihenfolge der Schlüsselvariablen in beiden Datensätzen sortiert" zur Verfügung. Dies ersetzt das vorgängige Sortieren der Dateien nach der Schlüsselvariablen nicht, ermöglicht es aber Variablen aus Dateien korrekt zusammenzufügen, bei denen nicht alle Fälle identische Fallnummern besitzen und/oder die ungleich viele Fälle enthalten.

Öffnen Sie zuerst eine der beiden Dateien (etwa KLIENT.SAV), und wählen Sie die Befehlsfolge:

▷ „Daten", „Fälle sortieren...". Die Dialogbox „Fälle sortieren" erscheint (⇨ Abb. 7.10).

▷ Übertragen Sie den Namen der Sortiervariablen NR aus der Quellvariablenliste in das Feld „Sortieren nach", und bestätigen Sie mit „OK". Speichern Sie die sortierte Datei ab.

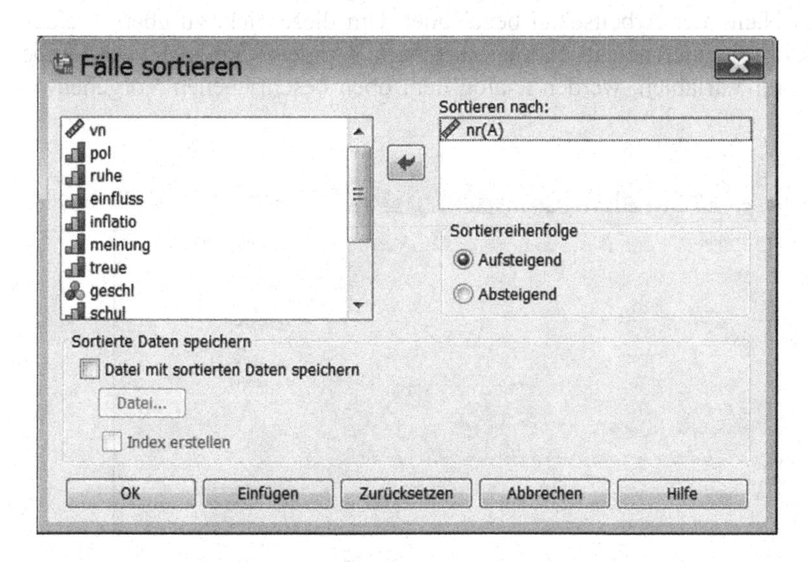

Abb. 7.10. Dialogbox „Fälle sortieren"

Wiederholen Sie dasselbe für die andere Datei.

▷ Öffnen Sie – falls noch nicht geschehen – die Datei, die Sie als Arbeitsdatei benutzen wollen (hier: KREDITE), und wählen Sie die Befehlsfolge „Daten", „Dateien zusammenfügen ▷", „Variablen hinzufügen...". Es öffnet sich die Dialogbox „Variablen hinzufügen zu".

▷ Wählen Sie die zu verbindenden Datei (hier: KLIENT.SAV) wie oben beschrieben aus.
▷ Klicken Sie auf die Schaltfläche „Weiter". Die Dialogbox „Variablen hinzufügen aus" erscheint (⇨ Abb. 7.11).
▷ Klicken Sie auf das Auswahlkästchen „Fälle nach Schlüsselvariablen abgleichen".
▷ Markieren Sie die Schlüsselvariable NR in dem Feld „Ausgeschlossene Variablen:". Übertragen Sie diese mit in das Feld „Schlüsselvariablen:".

Jetzt müssen Sie noch angeben, in welcher der Dateien die Referenztabelle steht. Es kann sowohl die Arbeitsdatei als auch die externe Datei sein. (Es ist immer die Tabelle, in der ein Fall Informationen für mehrere Fälle der anderen enthält, in unserem Beispiel KLIENT.SAV. Beachten Sie das nicht, verweigert SPSS unter bestimmten Umständen mit einer Fehlermeldung die Ausführung oder sie führt zu einem unsinnigen Ergebnis.)

▷ Wählen Sie über Anklicken des Optionsschalters entweder die externe oder die Arbeitsdatei als Schlüsseltabelle (hier die externe, „Anderes Dataset").
▷ Bestätigen Sie mit „OK".

SPSS warnt, dass die Verbindung über Schlüsselvariablen misslingt, wenn die Datei nicht in aufsteigender Reihenfolge der Schlüsselvariablen sortiert ist.

▷ Bestätigen Sie mit „OK". Die erweiterte Datei wird gebildet und standardmäßig mit dem Name der Arbeitsdatei bezeichnet. Um diese nicht zu überschreiben, sollten sie sei unter neuem Namen speichern. (Andere Optionen, wie Umbenennen von Variablen, werden analog dem oben beschriebenen Vorgehen benutzt.)

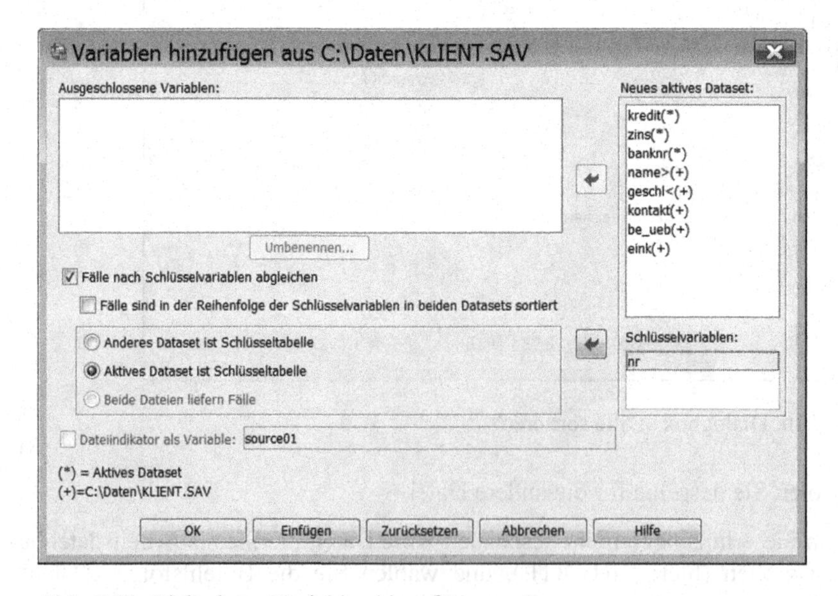

Abb. 7.11. Dialogbox „Variablen hinzufügen aus"

7.3 Gewichten von Daten

SPSS bietet auch eine Möglichkeit, Daten zu gewichten. Das Vorgehen bei einer Gewichtung ist bereits in Kapitel 2.7 geschildert. Es wird hier nur in seinen Grundzügen dargestellt.

Eine Gewichtung von Daten wird vor allem benutzt, um Verzerrungen von Stichproben gegenüber der Grundgesamtheit, die sie repräsentieren sollen, zu korrigieren. Dazu muss zunächst eine Gewichtungsvariable (z.B. mit dem Namen GEWICHT) gebildet werden. In dieser wird jedem Fall in Abhängigkeit zu einem bestimmten Merkmal als Wert ein Gewicht zugewiesen, mit dem seine anderen Werte später bei statistischen Auswertungen multipliziert werden sollen (*Beispiel:* Männer bekommen den Wert 0,84, Frauen den Wert 1,21). Die Gewichte können eingetippt werden. Häufiger wird man die Variable aber durch eine Datentransformation bilden.

Um die Gewichtung für nachfolgende statistische Auswertungen wirksam werden zu lassen, wählen Sie dann die Befehlsfolge „Daten", „Fälle gewichten...". Es öffnet sich die Dialogbox „Fälle gewichten" (⇨ Abb. 2.25). Dort klicken Sie auf den Optionsschalter „Fälle gewichten mit" und übertragen die Gewichtungsvariable (hier: GEWICHT) aus der Liste der Quellvariablen in das Eingabefeld „Häufigkeitsvariable:". Bestätigen Sie mit „OK".

Die Gewichtung wirkt sich direkt auf alle bei einer Auswertung benutzten Variablen aus. Alle Daten werden so umgerechnet, als gäbe es entsprechend weniger Fälle in den schwächer gewichteten Gruppen und mehr in den stärker gewichteten (im Beispiel weniger Männer und mehr Frauen).

Wollen Sie die Gewichtung nicht mehr oder vorübergehend nicht verwenden, können Sie diese durch Auswählen des Optionsschalters „Fälle nicht gewichten" wieder ausschalten. Der aktuelle Status wird in der Statuszeile angezeigt.

Beachten Sie. Speichern Sie eine Datei mit dem Status „Fälle gewichten mit", so ist nach dem neuen Öffnen der Datei zwar der Optionsschalter „Fälle nicht gewichten" durch einen schwarzen Punkt als ausgewählt gekennzeichnet, in Wirklichkeit bleibt aber die Gewichtung erhalten, was auch die Statuszeile anzeigt. Wollen Sie die Gewichtung ausschalten, müssen Sie ausdrücklich noch einmal „Fälle nicht gewichten" auswählen und mit „OK" bestätigen.

7.4 Aufteilen von Dateien und Verarbeiten von Teilmengen der Fälle

Manchmal kann es von Interesse sein, eine Datei aufzuteilen und die so gewonnenen Teilgruppen getrennt zu analysieren. Oder man wünscht, nur einen bestimmten Teil der Fälle zu betrachten. Zu diesem Zwecke bietet SPSS mehre Möglichkeiten an.

7.4.1 Aufteilen von Daten in Gruppen

Die Datei WAHLEN.SAV setzt sich aus den Angaben von zwei Wählerbefragungen zu unterschiedlichen Zeitpunkten zusammen. Für verschiedene Analysen kann es von Interesse sein, die Daten der beiden Zeitpunkte getrennt zu betrachten. Als diese Datei in Kap. 7.2.1 aus den Dateien WAHLEN1 und WAHLEN2 gebildet wurde, haben wir als Indikator für die Herkunft der Fälle die Variable SOURCE01 gebildet. Deshalb ist es möglich, die Datei WAHLEN auf Grundlage dieser Variablen nach den Erhebungszeitpunkten wieder in zwei Unterdateien aufzuteilen. Dann können Prozeduren, je nach Bedarf, entweder für alle Daten gemeinsam oder nur für jede Untergruppe getrennt durchgeführt werden. Bei Verwendung der Option „Gruppen vergleichen" werden die beiden Gruppen getrennt analysiert, die Ergebnisse für alle Gruppen aber in gemeinsamen Tabellen ausgegeben, bei Verwendung von „Ausgabe nach Gruppen aufteilen" entsteht für jede Gruppe eine eigene Ausgabe. Um eine Aufteilung vorzunehmen und getrennt Ausgaben für die Gruppen zu erhalten, gehen Sie wie folgt vor:

▷ Wählen Sie die Befehlsfolge „Daten", „Aufgeteilte Datei...". Die Dialogbox „Datei aufteilen" erscheint (⇨ Abb. 7.12).

▷ Klicken Sie zuerst auf den Optionsschalter „Ausgabe nach Gruppen aufteilen".

▷ Übertragen Sie die zur Aufteilung verwendete Variable aus der Quellvariablenliste in das Feld „Gruppen basierend auf:".

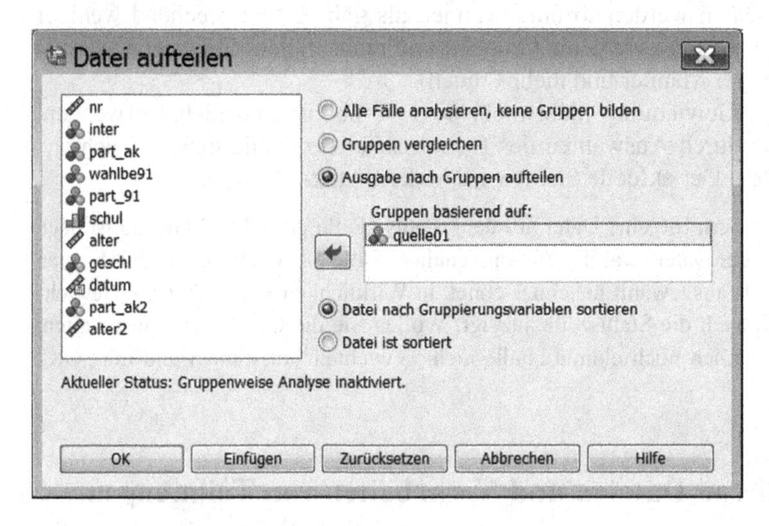

Abb. 7.12. Dialogbox „Datei aufteilen"

Sie können mehrere Gruppierungsvariablen kombinieren. Es werden aber immer alle vorhandenen gültigen Werte der Variablen zur Gruppierung verwendet, so dass Sie auf dieser Ebene keine Umdefinition der Gruppen vornehmen können. Außerdem geht die Prozedur die Fälle in ihrer Reihenfolge durch und bildet jedes Mal, wenn sie auf einen neuen Wert trifft, eine neue Gruppe. Deshalb müssen die Fälle vor Durchführung der Prozedur nach den Werten der Gruppierungsvariablen geordnet werden. Ist dies noch nicht geschehen oder sind Sie unsicher:

▷ Wählen Sie den Optionsschalter „Datei nach Gruppenvariablen sortieren". Ansonsten können Sie die Option „Datei ist sortiert" verwenden. Der Statusanzeige zeigt noch „Gruppenweise Analyse inaktiviert".
▷ Mit „OK" bestätigen Sie die Eingabe. Die Prozedur wird durchgeführt, die Statusanzeige verändert sich in „Ausgabe sortiert nach:" und zeigt die Gruppierungsvariable an.

Wurde eine Sortierung vorgenommen, sind die Daten im Dateneditorfenster in der neuen Anordnung zu sehen. Für Ihre weiteren Prozeduren können Sie wahlweise die Aufteilung der Daten ein- oder ausschalten.

7.4.2 Teilmengen von Fällen auswählen

Man kann auf vier verschiedene Weisen Teilmengen von Fällen für die Analyse auswählen:

❐ Fälle werden ausgewählt, wenn bestimmte Bedingungen zutreffen.
❐ Fälle werden aufgrund einer Filtervariablen ausgewählt.
❐ Ein bestimmter Zeit- oder Fallbereich wird ausgewählt.
❐ Es wird eine Zufallsstichprobe von Fällen ausgewählt.

Auswählen mit einem Bedingungsausdruck. Die Datei ALLBUS90.SAV entstammt einer Untersuchung, bei der bestimmte Fragen nur der Hälfte der Befragten gestellt wurden. Entsprechend wird zwischen dem Split 1 und dem Split 2 unterschieden. In Variable VN ist kodiert, ob ein Fall zu Split 1 oder Split 2 gehört. Wenn man eine Frage auswertet, die nur einem der Splits gestellt wurde, ist es sinnvoll, die Analyse auf die zutreffenden Fälle zu begrenzen. Das kann z.B. mit Hilfe eines Bedingungsausdruckes geschehen. Dazu gehen Sie wie folgt vor:

▷ Wählen Sie die Befehlsfolge „Daten", „Fälle auswählen...". Die Dialogbox „Fälle auswählen" erscheint (⇨ Abb. 7.13).
▷ Klicken Sie auf den Optionsschalter „Falls Bedingung zutrifft".
▷ Klicken Sie auf die Schaltfläche „Falls...". Die Dialogbox „Fälle auswählen: Falls" erscheint.

Hier können Sie dann in dem Eingabefeld den notwendigen Bedingungsausdruck zusammenstellen. Der Bedingungsausdruck muss zumindest einen Variablennamen enthalten.
Ansonsten sind möglich:

❐ Werte bzw. Wertebereiche
❐ Arithmetische Ausdrücke
❐ Logische Ausdrücke
❐ Funktionen

Man kann auf diese Weise sehr komplexe Bedingungsausdrücke konstruieren. In unserem Beispiel wird lediglich der Wert 1 (entspricht Split 1) für die Variable „VN" (Versionsnummer) als Bedingung gesetzt (die Bedingung lautet „VN = 1").

▷ Bestätigen Sie die Eingabe mit „Weiter". Die Dialogbox „Fälle auswählen" öffnet sich erneut.

▷ Durch Anwahl einer der Optionen in der Gruppe „Ausgabe“ kann weiter bestimmt werden, wie die nicht ausgewählten Fälle behandelt werden sollen:

- *Filtern.* Die Fälle werden nicht für die weiteren Prozeduren verwendet, bleiben aber erhalten. Diese Option ist voreingestellt.
- *Löschen.* Die Fälle werden gänzlich aus der Datei gelöscht. Man erhält dann eine verkleinerte Datei, die nur noch die ausgewählten Fälle umfasst. Diese Option sollte man mit Vorsicht verwenden. Leicht können damit Daten verloren gehen. Sicherheitshalber sollte man die neue, gekürzte Datei sofort unter neuem Namen speichern.

Eine andere Möglichkeit ist:

- *Ausgewählte Fälle in ein Datenblatt kopieren.*

▷ Mit „OK“ wird die Prozedur ausgeführt. Falls die Option „Nicht ausgewählte Fälle filtern“ gewählt wurde, zeigt die Statuszeile nach Ausführung die Meldung „Fälle filtern anhand der Werte von ...“ und an die Daten im Dateneditor wird eine Filtervariable FILTER_$ angehängt mit den Werten „1“ (Beschriftung: „Ausgewählt“) und „0“ (Beschriftung: „Nicht ausgewählt“), die auch mit abgespeichert werden kann. Außerdem wird die automatische generierte Fallnummer der nicht ausgewählten Fälle in der ersten Spalte des Dateneditors durchgestrichen.

Die Filterung kann jederzeit wieder ausgeschaltet werden, wenn man in der Gruppe „Auswählen“ die Option „Alle Fälle“ markiert.

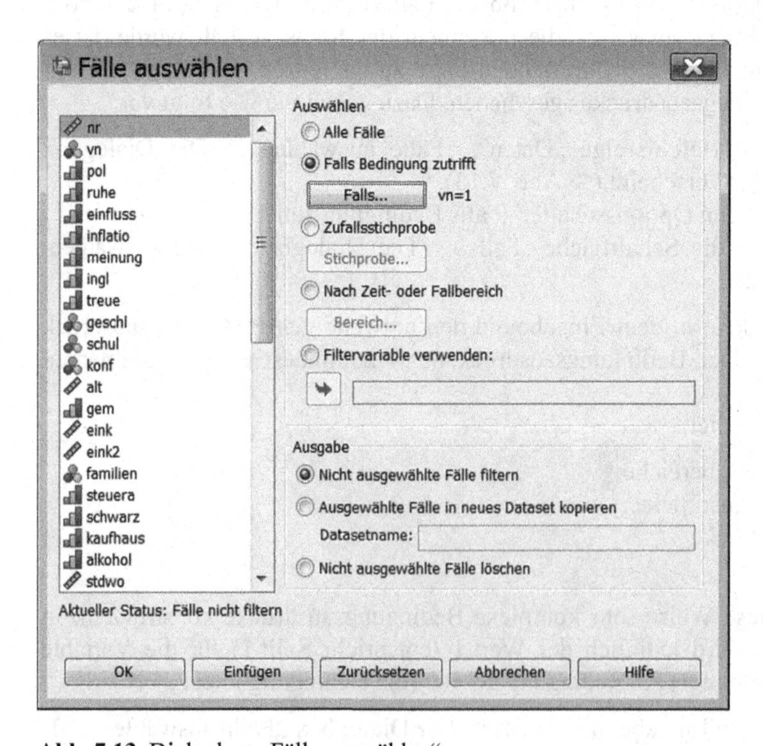

Abb. 7.13. Dialogbox „Fälle auswählen“

Filtervariable verwenden. Diese Option dient im Wesentlichen dazu, schon gebildete und mit abgespeicherte Filtervariablen anzuwenden. Die zur Analyse benötigten Fälle müssen auf einer numerischen Variablen einen von Null verschiedenen Wert, der kein Missing-Wert ist, besitzen, die auszusortierenden Fälle dagegen mit Null und/oder einem Missing-Wert verkodet sein. Dann kann man diese Variable als Filtervariable verwenden. Das sollte man evtl. schon bei der Verschlüsselung berücksichtigen und entsprechenden Fällen auf geeigneten Variablen den Wert 0 vergeben. (Häufig wird das bei der Verschlüsselung von „nicht zutreffenden Fragen" der Fall sein.) *Beispiel:* Wenn Sie, wie gerade geschildert, für ALLBUS90.SAV eine Variable FILTER_$ erzeugt haben, in der Split 1 mit 1 und Split 2 mit 0 kodiert ist und diese mit den Daten abspeichern, können Sie in Zukunft den Split 1 unter Verwendung dieser Filtervariablen auswählen. Um Fälle mit einer Filtervariablen auszuwählen, gehen Sie wie folgt vor.

▷ Wählen Sie die Befehlsfolge „Daten", „Fälle auswählen...". Die Dialogbox „Fälle auswählen" erscheint (⇨ Abb. 7.13).
▷ Klicken Sie auf den Optionsschalter „Filtervariable verwenden".
▷ Übertragen Sie die Filtervariable (hier: FILTER_$) aus der Variablenliste in das Feld „Filtervariable verwenden:".
▷ Bestimmen Sie durch Auswahl der zutreffenden Option der Gruppe „Nicht ausgewählte Fälle", ob die nicht ausgewählten Fälle nur ausgefiltert oder gelöscht werden sollen.
▷ Bestätigen Sie mit „OK". Die Statuszeile zeigt die Meldung „Fälle filtern anhand der Werte von...".

Die Filterung kann auch hier jederzeit wieder ausgeschaltet werden, wenn man in der Gruppe „Auswählen" die Option „Alle Fälle" aktiviert.

Auswählen nach Zeit- oder Fallbereichen. Mit dieser Option kann ein abgegrenzter Teil der Fälle oder – in Zeitreihen – ein Zeitbereich ausgewählt werden. Dazu gehen Sie wie folgt vor:

▷ Wählen Sie die Befehlsfolge „Daten", „Fälle auswählen...". Die Dialogbox „Fälle auswählen" erscheint (⇨ Abb. 7.13).
▷ Klicken Sie auf den Optionsschalter „Nach Zeit- oder Fallbereich" und die Schaltfläche „Bereich...". Die Dialogbox „Fälle auswählen: Bereich" öffnet sich.
▷ Legen Sie in der Gruppe „Beobachtung:" durch Eintrag in die Eingabefelder „Erster Fall" und „Letzter Fall" den Bereich fest, und bestätigen Sie mit „Weiter" und „OK".

Auswählen einer Zufallsstichprobe. Um Speicherplatz und/oder Rechenzeit zu sparen, wird man mitunter eine Zufallsstichprobe aus einem größeren Datensatz ziehen. Eine solche Stichprobe kann z.B. für Lehrzwecke ausreichen. Auch für die Entwicklung und Erprobung von Programmen genügt zumeist eine kleine Fallzahl. Hat man sehr große Fallzahlen in einer Datei, kann es sogar sein, dass man auch eine ernsthafte Analyse nur mit einer Stichprobe durchführen kann. Unsere Übungsdatei ALLBUS90.SAV ist z.B. dadurch zustande gekommen, dass aus der Originaldatei des ALLBUS 1990 eine Stichprobe von ungefähr 10 % der Fälle ausgewählt wurde.

Zufallsgenerator auswählen, Startwert Zufallszahlen setzen. SPSS wählt die Fälle für die Stichprobe mit Hilfe eines Pseudo-Zufallszahlengenerators aus. Das heißt, die Fallzahl der ausgewählten Fälle wird nicht wirklich ausgelost, sondern nach einem Algorithmus berechnet. Dabei werden fortlaufende Zufallszahlen, ausgehend von einem Anfangswert, verwendet. Beginnt man von demselben Anfangswert aus, kommt daher bei Verwendung derselben Auswahlalternativen immer genau die gleiche Stichprobe zustande. Um dies zu verhindern, verwendet SPSS für jede Zufallsstichprobe innerhalb einer Sitzung einen anderen Anfangswert, den es aus der internen Uhr des Rechners gewinnt. Es kann aber sein, dass man gerade eine Stichprobe reproduzieren will, vielleicht, um später den Fällen neue Variablen anzufügen, vielleicht, um bei einem unbeabsichtigten Datenverlust die Datenbasis wiederherstellen zu können. Will man das sichern, sollte man von vornherein einen festen Anfangswert benutzen. Erlaubt sind ganze Zahlen bis 2.000.000.000.

Darüber hinaus ist es seit der Version 13 möglich, zwischen zwei verschiedenen Zufallsgeneratoren zu wählen, dem Mersenne Twister (Voreinstellung, falls nicht im Menü Optionen geändert) und dem bis dahin verwendeten SPSS-Generator über die Option „Mit SPSS 12 kompatibel“. Letzterer ist etwas weniger exakt, d.h. verwendet man die mit diesem Algorithmus berechneten Zufallszahlen z.B. zur Bildung einer Wahrscheinlichkeitsverteilung, wird diese nicht ganz exakt produziert. Deshalb sollte man die erste Option wählen, sofern man nicht Daten, die mit dem alten Zufallsgenerator erzeugt wurden, reproduzieren möchte.

Den Zufallsgenerator wählt man und den Anfangswert setzt man mit folgender Befehlsfolge:

▷ „Transformieren“, „Zufallszahlengeneratoren...“. Es öffnet sich die Dialogbox „Zufallszahlengenerator“ (⇨ Abb. 7.14).

▷ Klicken Sie auf das Kontrollkästchen „Aktiven Generator festlegen“ und markieren Sie den Optionsschalter des gewünschten Generators.

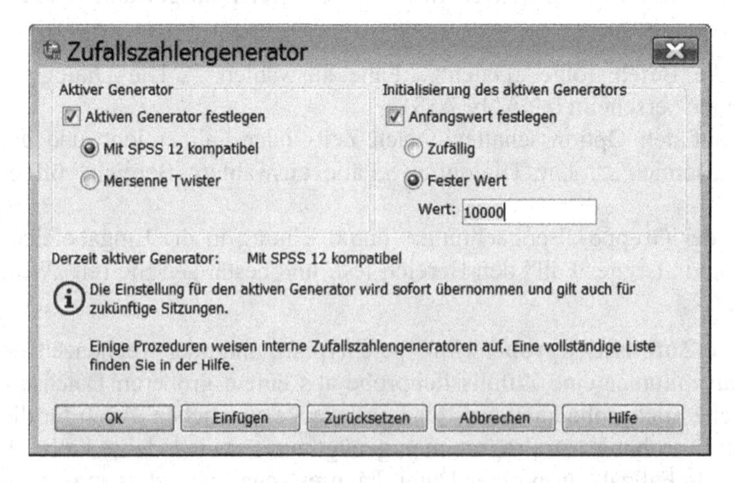

Abb. 7.14. Dialogbox „Zufallsgenerator“ mit eingefügtem Startwert

▷ Markieren Sie das Auswahlkästchen „Anfangswert festlegen“ und den Optionsschalter „Fester Wert“.

▷ Geben Sie den Startwert in das Eingabefeld „Wert“ ein.
▷ Bestätigen Sie mit „OK“.

Hinweis. Wählt man „Fester Wert:“ aus und gibt einen beliebigen Startwert ein, ist zu beachten, dass dieser nur einmal bei der nächsten Zufallsoperation wirkt, auch wenn man diese Option angewählt lässt. Die nächste Operation beginnt mit einem anderen zufälligen Startwert. Die Information in der Dialogbox vermittelt hier einen falschen Eindruck. Will man dagegen denselben Startwert weiter benutzen, muss dieser vor jeder Zufallsoperation wieder mit „OK“ ausdrücklich bestätigt werden.

Um eine Stichprobe zu ziehen, gehen Sie wie folgt vor:

▷ Wählen Sie die Befehlsfolge „Daten“, „Fälle auswählen...“. Die Dialogbox „Fälle auswählen“ erscheint (⇨ Abb. 7.13).
▷ Klicken Sie auf den Optionsschalter „Zufallsstichprobe“ und die Schaltfläche „Stichprobe...“. Die Dialogbox „Fälle auswählen: Zufallsstichprobe“ erscheint (⇨ Abb. 7.15).

Für die Bildung der Stichprobe stehen zwei Alternativen zur Verfügung:

❒ *Ungefähr* ein festzulegender Prozentsatz der Fälle (z.B. 10 %). Der Prozentsatz wird in das dafür vorgesehene Feld eingegeben.
❒ *Exakt* eine festgelegte Zahl von Fällen (z.B. 300) aus den ersten x Fällen (= einer festzulegenden Zahl von Fällen kleiner/gleich der Gesamtzahl). Will man aus sämtlichen Fällen der Ausgangsdatei auf diese Weise eine Stichprobe ziehen, muss der Wert im Eingabefeld „aus den ersten ... Fällen“ gleich der Gesamtzahl der Fälle gesetzt werden.

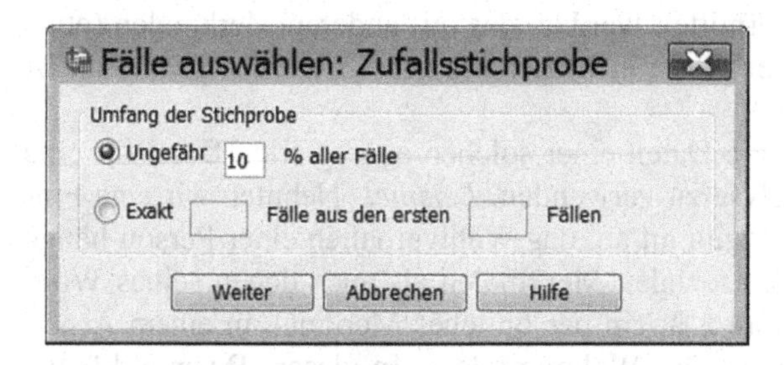

Abb. 7.15. Dialogbox „Fälle auswählen: Zufallsstichprobe“

Wie bei den anderen Auswahlverfahren auch, wird eine Filtervariable gebildet, die mit den Daten gespeichert werden kann. Für die Behandlung der nicht ausgewählten Daten kann zwischen „Filtern“ und „Löschen“ gewählt werden, oder die ausgewählten Fälle werden in einem Datenblatt gespeichert.

7.5 Erstellen einer Datei mit aggregierten Variablen

Aus den Variablen einer vorhandenen Datei kann man neue Variablen einer aggregierten Datei erzeugen. Hat man etwa eine Datei, deren Fälle Personen sind und in der als Variablen Bundesland und monatliches Einkommen enthalten sind, so kann man daraus eine neue aggregierte Datei gewinnen. Darin könnten Fälle die Bundesländer und die Variable das Durchschnittseinkommen der Bewohner sein. Man unterscheidet dabei zwei Variablentypen:

- *Break-Variable(n).* Es muss in der Ausgangsdatei mindestens eine Variable vorhanden sein, deren Ausprägungen jeweils einen Fall der neuen Variablen ergeben. In unserem Falle ist es die Variable Bundesland. Jedes Bundesland wird in der aggregierten Variablen ein Fall.
- *Aggregierungvariable(n).* Die Variablen, aus denen die Werte der neuen Fälle berechnet werden, sind die Aggregierungsvariablen. Ihre Werte kommen dadurch zustande, dass auf Basis einer geeigneten Aggregierungsfunktion sämtliche Werte der Fälle einer Kategorie der Break-Variablen zu einem einzigen Wert zusammengefasst werden. In unserem Beispiel werden u.a. sämtliche Einkommen der Befragten aus einem Bundesland (z.B. Bayern) zu einem Durchschnittswert zusammengefasst.

Sinnvoll ist eine solche Aggregierung nur, wenn die auf diese Weise neu gewonnenen Variablen Eigenschaften der neuen aggregierten Einheit messen. Ginge es nur um den Vergleich des Durchschnittseinkommens in den Bundesländern, würde man in unserem Beispiel besser die Statistikprozedur „Mittelwerte vergleichen“ verwenden. Soll aber ein spezielles Merkmal des Bundeslandes (z.B. ein Indikator für seine ökonomische Kraft) ermittelt werden, das mit anderen Merkmalen (etwa Siedlungsdichte, geographischer Lage) in Beziehung gesetzt werden soll, dann ist die Aggregation angebracht.

Es kann auch sinnvoll sein, die Daten einer solchen aggregierten Datei für eine Mehrebenen- oder Kontextanalyse zu verwenden. *Beispiel:* Nehmen wir eine Frage aus der Wahlforschung: Man nimmt an, das Wahlverhalten einer Person hänge sowohl von seinen persönlichen sozialen Merkmalen als auch denen seines Wohnumfeldes ab. Arbeiter sein wäre z.B. ein persönliches Merkmal, in einem Arbeitergebiet zu wohnen ein Merkmal des Wohnumfeldes. In diesem Beispiel könnte man evtl. aus einer Personendatei durch Aggregation eine Datei mit Merkmalen von Wohnumfeldern gewinnen, etwa, indem man Wohnbezirke mit mehr als 50 % Arbeiteranteil als Arbeiterviertel klassifiziert. Diese Datei könnte wieder (wie im Abschnitt Zusammenfügen von Dateien –Variablen hinzufügen – eine Datei ist eine Schlüsseltabelle geschildert) als Referenztabelle benutzt werden, um der Personendatei die Merkmale des Wohnumfeldes anzufügen. Nach Vollzug des ganzen Prozesses wären dann für jede Person beide Arten von Variablen verfügbar, einerseits ihr persönliches Merkmal (Arbeiter), andererseits das Merkmal des Wohnumfeldes (Arbeitergebiet). (Ein Arbeiter muss keinesfalls in einem Arbeitergebiet wohnen.) Dadurch wird der Einfluss beider Merkmale, sowohl des persönlichen als auch des Kontextmerkmals, auf das Wahlverhalten untersuchbar.

Nehmen wir folgende Aufgabe: Aus den Daten des ALLBUS90.SAV soll eine aggregierte Datei für die Bundesländer gewonnen werden. Diese soll folgende aggregierten Variablen enthalten: Durchschnittseinkommen der Erwerbstätigen, Streuung der Einkommen, durchschnittliche Arbeitszeit, Arbeitslosenanteil, Katholikenanteil, Protestantenanteil und Befragtenzahl. Sofern dies nötig erscheint, sollen die neu gebildeten Variablen sinnvolle Variablennamen erhalten. Die neue Datei soll unter dem Namen LAENDER.SAV gespeichert werden. Um die Fälle zu aggregieren, gehen Sie wie folgt vor:

▷ Wählen Sie die Befehlsfolge „Daten", „Aggregieren...". Die Dialogbox „Daten aggregieren" öffnet sich (⇨ Abb. 7.16).
▷ Übertragen Sie die Break-Variable (BUNDL) aus der Quellvariablenliste in das Eingabefeld „Break-Variable(n):".
▷ Übertragen Sie die Aggregierungsvariablen (EINK,...) aus der Quellvariablenliste in das Eingabefeld „Variablen aggregieren:".

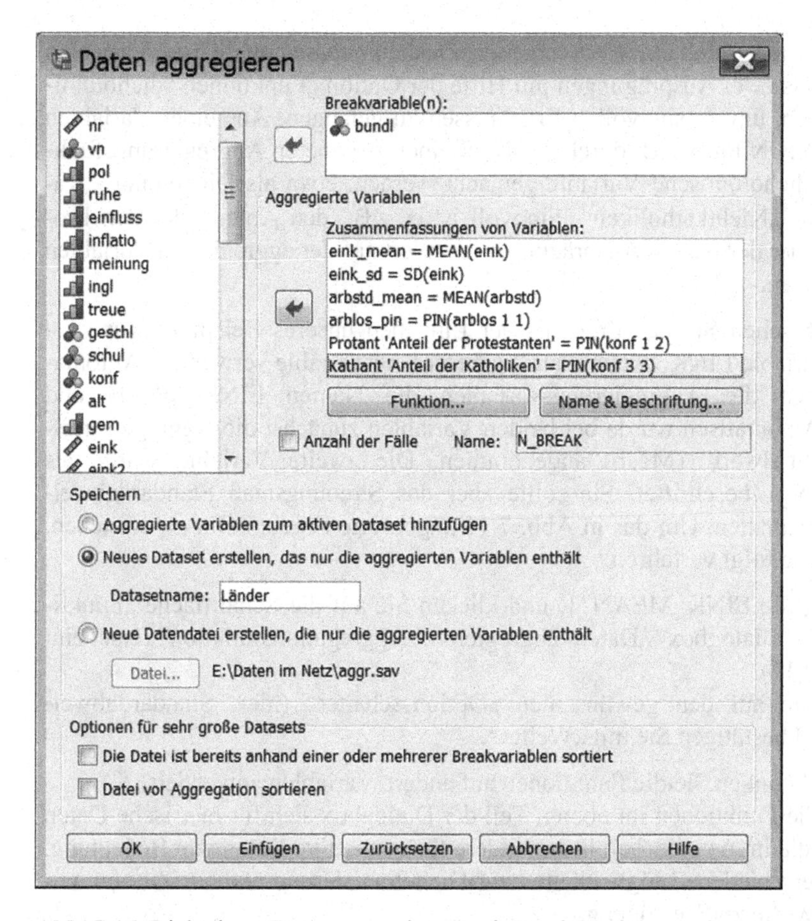

Abb. 7.16. Dialogbox „Daten aggregieren" mit Break- und Aggregierungsvariablen

Dabei ist folgendes zu beachten:

❒ Standardmäßig wird als Aggregierungsfunktion das arithmetische Mittel benutzt. Die Aggregierungsfunktion kann aber über die Option „Funktion..." geändert werden. Welche Funktion benutzt wurde (gegebenenfalls mit welchen Werten), wird hinter dem neuen Namen der aggregierten Variablen angezeigt.

- ❐ Standardmäßig wird ein neuer Name für die aggregierte Variable vergeben, der aus dem alten Namen und einem Zusatz für die Funktion besteht (bei Mehrfachverwendung _2 usw.) besteht. Dieser kann über die Option „Name & Beschriftung..." geändert werden. Zusätzlich kann dort eine Variablenbeschriftung bestimmt werden. Möglicherweise erscheint eine Warnmeldung, dass der Name mit einem bereits bestehenden übereinstimmt. Wählen Sie dann zwischen „Namen eindeutig machen" und „Überschreiben".
- ❐ Jede Variable der Auswahlliste kann mehrmals zur Bildung von Aggregatdaten verwendet werden. Dabei kann man unterschiedliche Aggregierungsfunktionen anwenden. (Verwendet man mehrmals dieselbe Funktion bei derselben Variablen, wird der Name der neuen Variablen standardmäßig um eine laufende Nummer erweitert.)
- ❐ Es wird für jeden Fall ein Wert vergeben. Deshalb müssen qualitative Variablen mit mehr als zwei Ausprägungen mit Hilfe der Option „Funktionen" dichotomisiert werden, um zu sinnvollen Ergebnissen zu gelangen. Aus einer Variablen KONFESSION muss z.B. durch Auswahl einer geeigneten Aggregierungsfunktion eine dichotomische Variable gemacht werden, etwa als Dichotomie „Katholiken" – „Nichtkatholiken". Sinnvoll ist es z.B., den Anteil oder den Prozentsatz einer der beiden Ausprägungen als Wert auf der aggregierten Variablen zu verwenden.

In Abb. 7.16 sehen Sie das Ergebnis der Eingaben unseres Beispiels. Zunächst wurde die Variable EINK zweimal als Aggregierungsvariable verwendet. Automatisch bekamen die Aggregierungsvariablen die Namen EINK_MEAN und EINK_SD. Automatisch wurde bei beiden Variablen zunächst die Aggregierungsfunktion „Mittelwert" (Mean) angenommen. Die zweite Variable wurde als EINK_MEAN_1 beschriftet. Sie sollte aber das Streuungsmaß Standardabweichung (SD) enthalten. Um das in Abb. 7.16 angezeigte Ergebnis für zu erreichen, müssen Sie wie folgt verfahren:

- ▷ Markieren Sie EINK_MEAN_1, und klicken Sie auf die Schaltfläche „Funktion...". Die Dialogbox „Daten aggregieren: Aggregationsfunktion" erscheint (⇨ Abb. 7.17).
- ▷ Klicken Sie auf den gewünschten „Optionsschalter" (hier: Standardabweichung) und bestätigen Sie mit „Weiter".

Entsprechend können Sie die Funktionen auf andere Variablen anwenden.

Während die Funktionen im oberen Teil der Dialogbox sich für metrische Daten eignen, sind die im unteren Teil insbesondere für qualitative Daten von Bedeutung. Sie stellen verschiedene Möglichkeiten zur Dichotomisierung und zur Zusammenfassung der Werte zur Verfügung.

Man kann die Werte auf zwei Arten dichotomisieren. Im ersten Falle werden die Werte durch die Festlegung eines Wertes in einen oberen und unteren Bereich aufteilt. (Je nach Wunsch wird für die Aggregierung der obere oder untere Teil der Werte benutzt.) Im zweiten Falle unterteilt man den Wertebereich durch Festlegung einer Unter- und Obergrenze („Kleinster Wert:" bzw. „Größter Wert:") in einen Teil innerhalb und einen außerhalb dieser Grenzen. (Je nach Wunsch werden die Fälle innerhalb oder außerhalb des Bereichs zur Aggregierung benutzt.) Die Zusammenfassung in der Aggregatvariablen erfolgt als Prozentwert (zwischen 0 und 100) oder als Anteilszahl (zwischen 0 und 1).

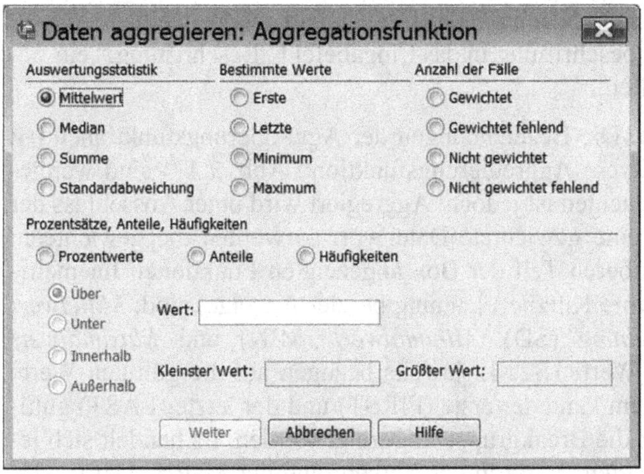

Abb. 7.17. Dialogbox „Daten aggregieren: Aggregationsfunktion"

In unserem Beispiel wurden diese Möglichkeiten zur Bildung der Variablen Arbeitlosenanteil, Katholikenanteil und Protestantenanteil aus der Variablen KONF benutzt.

Der Protestantenanteil in Prozent ergibt sich durch Zusammenfassen der Kategorien 1 = „evang. Kirche" und 2 = „evang. Freikirche" zu einem Bereich, dessen Anteil in Prozent angegeben wird (⇨ Abb. 7.18).

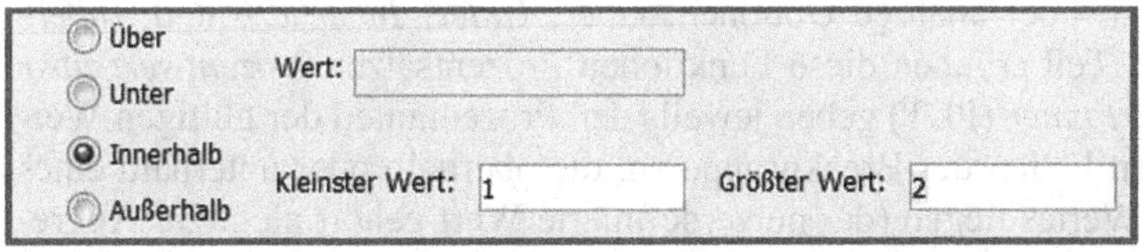

Abb. 7.18. UntererTeil der Dialogbox „Daten aggregieren: Aggregierungsfunktion".
(Ausgewählt sind Prozentwerte innerhalb des Bereichs zwischen den Werten 1 und 2)

Im Feld „Variablen aggregieren:" wird dies durch PIN(konf 1 2) gekennzeichnet. Dies bedeutet, dass Prozente innerhalb eines Bereichs auf der Variablen KONF mit den Grenzen 1 und 2 gebildet wurden. Analog bilden wir eine neue Variable für den Katholikenanteil.

Zur besseren Unterscheidung wurden anschließend für die Variablen Protestantenanteil und Katholikenanteil die neuen Namen PROTANT und KATHANT vergeben sowie eine ausführlichere Variablenbeschriftung.

Um einen neuen Namen und/oder eine Variablenbeschriftung für eine Aggregierungsvariable festzulegen, gehen Sie wie folgt vor:

▷ Klicken Sie auf die Schaltfläche „Name & Beschriftung...“. Die Dialogbox „Daten aggregieren: Variablenname und –beschriftung“ öffnet sich.
▷ Tragen Sie den gewünschten Namen in das Eingabefeld „Name:“ ein.
▷ Geben Sie die Variablenbeschriftung in das Eingabefeld „Beschriftung:“ ein.
▷ Bestätigen Sie mit „Weiter“.

Aggregierungsfunktionen. Die Bezeichnungen der Aggregierungsfunktionen (⇨ Dialogbox „Daten aggregieren: Aggregierungsfunktion“ Abb. 7.17) sind weitgehend selbsterklärend. Zu beachten ist jedoch: Aggregiert wird unter Ausschluss der „fehlenden Werte“. Liegt eine gewichtete Datei vor, so werden die gewichteten Daten aggregiert. Die im oberen Teil der Box angezeigten Funktionen für metrische Daten (in Klammern ihre Kurzbezeichnung bei der Anzeige) sind: *Mittelwert* (MEAN), *Standardabweichung* (SD), *Minimalwert* (MIN) und *Maximalwert* (MAX) sowie *Summe* der Werte (SUM), jeweils bezogen auf die gültigen Werte der Breakgruppen. Außerdem kann der erste (FIRST) und der letzte (LAST) gültige Wert eine Variablen für die Breakgruppe angezeigt werden. Es handelt sich jeweils um die ersten und letzten Werte in der Reihenfolge der Matrix. Dafür wird sich selten eine sinnvolle Verwendung finden. Wichtig ist dagegen die Gruppe „*Anzahl Fälle*“. Man kann sich die gültigen Fälle der Breakgruppe gewichtet (N) oder ungewichtet (NU) ausgeben lassen. Auch die Zahl der fehlenden Werte pro Breakgruppe kann ermittelt werden. Die Option „Gewichtet fehlend“ aggregiert die Anzahl der fehlenden Werte in den Breakgruppen der gewichteten Datei (NMISS), „Ungewichtet fehlend“ dagegen ermittelt die Zahl der fehlenden Werte ohne Berücksichtigung der Gewichtung (NUMISS).

Im unteren Teil der Box finden sich für metrische und qualitative Daten geeignete Funktionen. Sie ist wiederum geteilt in die Bereiche „Prozentwerte“ und „Anteile“. Beide verfügen über analoge Optionen: *Über*, *Unter, Innerhalb* und *Außerhalb.* Im mittleren Teil ergeben diese Funktionen Prozentsätze: *Prozentwert über* (PGT), *Prozentwert unter* (PLT) geben jeweils den Prozentanteil der gültigen Werte an allen gültigen Fällen der Breakgruppe an, die oberhalb oder unterhalb eines nutzerdefinierten Wertes liegen (der nutzerdefinierte Wert gehört nicht zur Aggregationsgruppe). *Prozentwert innerhalb* (PIN) und *Prozentwert außerhalb* (POUT) geben jeweils den Prozentanteil einer Gruppe an, die zwischen einem durch den Nutzer definierten niedrigsten und höchsten Wert eingeschlossen bzw. aus diesem Bereich ausgeschlossenen sind. Die nutzerdefinierten Grenzwerte gehören zur eingeschlossenen Gruppe, nicht zur ausgeschlossenen.

Die Optionen in der Gruppe „Anteile“ führen zu analogen Ergebnissen. Anstelle von Prozentanteilen treten lediglich Anteilszahlen, die auf 1 statt auf 100 summieren (ein Prozentanteil von 50 entspricht also einem Anteil von 0,500 etc.). In der Syntax erscheinen sie mit der Abkürzung FGT *(oberhalb)* und FLT *(Anteil unterhalb)* bzw. FIN *(Anteil innerhalb*) und FOUT (Anteil *außerhalb*).

Eine weitere Möglichkeit zur Bildung einer aggregierten Variablen findet sich in der Dialogbox „Daten Aggregieren“. Durch Anklicken des Kontrollkästchen „Anzahl der Fälle in der Break-Gruppe speichern:“ erstellt man eine aggregierte Variable mit dem voreingestellten Namen N_Break. Der Name kann beliebig geändert werden. Die aggregierte Variable enthält die gesamte Fallzahl der Breakgruppe, also einschließlich der fehlenden Werte. Liegt eine gewichtete Datei vor, ist die Fallzahl ebenfalls gewichtet.

Weiter stehen in der Dialogbox „Daten aggregieren" zwei Gruppen von Optionen zur Verfügung:

❒ *Speichern.* Hier bestimmen Sie durch Markieren eines Optionsschalters, ob die neu erstellten aggregierten Variablen der Arbeitsdatei angefügt werden, einem neuen Arbeitsblatt oder in einer neuen eigene Datei (jeweils ohne Verlust der alten Datei) abgespeichert werden. Bei Wahl zweiten Option zusätzlich ein Name für das Datenblatt in einem Eingabefeld festgelegt werden. Im letzten Fall wird zusätzlich Pfad und Name der neuen Datei in einer Unterdialogbox festgelegt. Im Beispiel wählen wir die letzte Variante.

▹ Klicken Sie in der Dialogbox „Daten aggregieren" zunächst auf den Optionsschalter „Neues Datenset erstellen, das nur die aggregierten Daten enthält" und dann auf die Optionsschaltfläche „Datei". Es öffnet sich die Dialogbox „Daten aggregieren: Ausgabedatei". Diese sieht wie jede Dialogbox zum Speichern aus. Nehmen Sie die entsprechenden Eingaben vor und beenden Sie mit „Speichern".

❒ *Optionen für sehr große Dateien.* Um die Bearbeitungszeit zu verkürzen, ist es sinnvoll bei großen Dateien vor der Aggregierung die Daten nach den Kategorien der Breakvariablen zu sortieren. Ist dies geschehen, sollte man dies durch Anklicken des ersten Auswahlkästchens angeben. Ansonsten sollte man durch Anklicken des zweiten Kästchens dafür sorgen, dass dies vor Ausführen der eigentlichen Aggregierungsfunktion geschieht.

8 Häufigkeiten, deskriptive Statistiken und Verhältnis

8.1 Überblick über die Menüs „Deskriptive Statistiken“, „Berichte“ und „Mehrfachantworten“

Die Kapitel 8 bis 12 stellen Verfahren vor, die alle in den fünf Optionen des Menüs „Deskriptive Statistiken ▷“ enthalten sind und die beiden zu diesen in enger Beziehung stehenden Menüs „Berichte“ und „Mehrfachantworten“. Die genannten Menüs versammeln ein Gemisch von Statistikverfahren, die keinesfalls alle nur der deskriptiven Statistik zuzuzählen sind. Vielfach überschneiden sich die Angebote. Ein kurzer Überblick soll die Orientierung erleichtern. Mit den verschiedenen Optionen können folgende statistische Auswertungen erstellt werden:

❒ Einfaches Auflisten von Fällen. Dafür benutzt man „Fälle zusammenfassen“ oder „Bericht in Zeilen“ bzw. „Bericht in Spalten“ im Menü „Berichte“.

❒ Beschreibung eindimensionaler Verteilungen.
  - Eindimensionale Häufigkeitstabellen. Diese erstellt man mit „Häufigkeiten“ im Menü „Deskriptive Statistiken“. Liegen Mehrfachantworten vor, ist es mit dem Menü „Mehrfachantworten“ möglich.
  - Univariate statistische Maßzahlen. Für alle Messniveaus erstellt man sie im Programm „Häufigkeiten“. Schneller, aber nur für intervallskalierte Daten geeignet, geht es mit „Deskriptive Statistik“. Im Untermenü „Explorative Datenanalyse“ werden sie ebenfalls ausgegeben. Eine Besonderheit ist hier, dass auch robuste Lageparameter berechnet werden können. Schließlich liefern beide „Berichte“-Menüs diese Maßzahlen in besonderer Darstellungsweise.
  - Grafische Darstellung. Balkendiagramme, Kreisdiagramme und Histogramme kann man mit „Häufigkeiten“ abrufen. Letzteres ist auch in „Explorative Datenanalyse“ verfügbar, dazu „Stamm-Blatt (Stem-and-Leaf-) Plots“.

❒ Beschreibung zwei- und mehrdimensionaler Häufigkeitsverteilungen.
  - Zwei- und mehrdimensionale Kreuztabellen. Kreuztabellen gibt das Menü „Kreuztabellen“ aus. Sind Mehrfachantworten vorhanden, muss man das Menü „Mehrfachantworten“ verwenden. Verwendet man „Break-Variablen“, erstellt das Programm OLAP-Würfel, im Menü „Berichte“ ebenfalls Kreuztabellen einer besonderen Form, allerdings wird die abhängige Variable überwiegend durch univariate Statistiken beschrieben.

- Zusammenhangsmaße. „Kreuztabellen“ bietet eine Vielzahl von Zusammenhangsmaßen für jedes Messniveau an.
- Grafische Darstellungen. Boxplots, die im Menü „Explorative Datenanalyse“ erstellt werden können, dienen dazu, Gruppen zu vergleichen. „Kreuztabellen“ bietet „gruppierte Balkendiagramme“ an.

❒ Schließende Statistik für eindimensionale Verteilungen. Der Standardfehler für Mittelwerte, aus dem sich das Konfidenzintervall errechnet, wird in den Menüs „Häufigkeiten“, „Deskriptive Statistik“ und „Explorative Datenanalyse“ angeboten.

❒ Schließende Statistik für Zusammenhänge. „Kreuztabellen“ bietet mit dem Chi-Quadrat-Test einen Signifikanztest.

❒ Prüfung der Anwendungsbedingungen für statistische Verfahren. Das Menü „Explorative Datenanalyse“ bietet für die Prüfung der Normalverteilungsvoraussetzung zwei Normalverteilungsdiagramme und zwei Normalverteilungstests. Für die Überprüfung der Voraussetzung gleicher Varianzen in den Vergleichsgruppen kann man daraus „Boxplots“ sowie den „Streuung gegen Zentralwert-Plot (Streubreite vs. mittleres Niveau)“ und den „Levene-Test“ verwenden. In „Häufigkeiten“ kann man das Histogramm mit einer Normalverteilungskurve überlagern.

❒ P-P und Q-Q-Diagramme zum Vergleich empirischer mit theoretischen Verteilungen werden im Menü „Deskriptive Statistiken“ ebenfalls als Option angeboten (wir besprechen diese in Kap. 32.17)

8.2 Durchführen einer Häufigkeitsauszählung

Mit der Option „Häufigkeiten...“ des Menüs „Deskriptive Statistiken“ kann eine eindimensionale Häufigkeitsverteilung mit absoluten Häufigkeiten, Prozentwerten und kumulierten Prozentwerten erstellt werden. Zusätzlich bietet diese Prozedur die ganze Palette statistischer Kennzahlen für eindimensionale Häufigkeitsverteilungen, also Lagemaße, Streuungsmaße, Schiefe- und Steilheitsmaße. Die Option „Deskriptive Statistiken...“ bietet einen Teil dieses Angebotes ein zweites Mal, nämlich alle statistischen Maßzahlen, soweit sie für Daten gelten, die mindestens auf Intervallskalenniveau gemessen wurden. „Häufigkeiten...“ ermöglicht weiter die grafische Darstellung eindimensionaler Häufigkeitsverteilungen in Form von Balkendiagrammen, Kreisdiagrammen und Histogrammen.

8.2.1 Erstellen einer Häufigkeitstabelle

Beispiel. Wir wollen aus den Daten des ALLBUS90.SAV eine Häufigkeitstabelle über die Einstellung der deutschen Bevölkerung zu einem außerehelichen Seitensprung erstellen. Um eine Häufigkeitstabelle zu erstellen, gehen Sie wie folgt vor:

▷ Wählen Sie die Befehlsfolge „Analysieren“, „Deskriptive Statistiken ▷“, „Häufigkeiten...“. Es öffnet sich die Dialogbox „Häufigkeiten“ (⇨ Abb. 2.10).

▷ Wählen Sie aus der Quellvariablenliste die Variable TREUE aus.

▷ Bestätigen Sie mit „OK“.

Sie erhalten eine Standardhäufigkeitstabelle für diese Variable (⇨ Tabelle 8.1). In der Überschrift der Tabelle sind Variablennamen und die ersten 40 Zeichen der Variablenbeschriftung angezeigt.

Die Vorspalte unterscheidet zunächst die gültigen und fehlenden Werte und zeigt in der zweiten Hälfte – je nach Voreinstellung – Werte und/oder Wertebeschriftungen. Die eigentlichen Daten stehen im Tabellenkörper. Jede Zeile des Tabellenkörpers enthält jeweils Angaben für die Fälle, die dem entsprechenden Wert der Variablen zuzuordnen sind. In der ersten Zeile sind diejenigen enthalten, die einen Seitensprung für „sehr schlimm" erachten, in der zweiten, diejenigen, die ihn als „ziemlich schlimm" bewerten usw. In der letzten Zeile ist die Zahl aller Fälle (es sind 301), in der vorletzten die Gesamtzahl der Fälle mit fehlenden Werte angegeben. In unserem Beispiel liegen sehr viele Fälle (148) mit fehlenden Werten vor. Als Zwischensumme der gültigen Werte (Gesamt) finden wir 153 Fälle. Das liegt vor allem daran, dass der Hälfte der Befragten diese Frage gar nicht gestellt wurde.

Tabelle 8.1. Häufigkeitstabelle für die Variable TREUE

VERHALTENSBEURTEILUNG: SEITENSPRUNG

		Häufigkeit	Prozent	Gültige Prozente	Kumulierte Prozente
Gültig	SEHR SCHLIMM	39	13,0	25,5	25,5
	ZIEMLICH SCHLIMM	49	16,3	32,0	57,5
	WENIGER SCHLIMM	40	13,3	26,1	83,7
	GAR NICHT SCHLIMM	25	8,3	16,3	100,0
	Gesamt	153	50,8	100,0	
Fehlend	NICHT ERHOBEN	145	48,2		
	WEISS NICHT	2	,7		
	KEINE ANGABE	1	,3		
	Gesamt	148	49,2		
Gesamt		301	100,0		

Worum es sich im Einzelnen handelt, ergibt sich aus den Spaltenüberschriften. Die zweite Spalte enthält die absoluten Häufigkeiten („Häufigkeit") der einzelnen Wertekategorien. So haben 39 Personen „sehr schlimm", 49 „ziemlich schlimm" geantwortet usw. Da Absolutwerte häufig sehr schwer interpretierbar sind, rechnet man sie in der Regel in Anteilszahlen um. „Häufigkeiten" bietet automatisch Prozentwerte an. Dieses ist zunächst in der dritten Spalte („Prozent") der Fall. Man kann ihr entnehmen, dass die 39 Personen, die einen Seitensprung als „sehr schlimm" bezeichnen, 13 % aller Befragten ausmachen usw. Bei dieser Prozentuierung sind hier allerdings auch die Fälle, für die kein gültiger Wert vorliegt, mit berücksichtigt. Dies kann für verschiedene Zwecke eine wichtige Information sein. Z.B. kann man daran erkennen, ob eine Frage durch zahlreiche Antwortverweigerungen in ihrer Brauchbarkeit beeinträchtigt ist. In unserem Beispiel sind z.B. nur 1 % Ausfälle durch Antwortverweigerungen „weiß nicht" und „keine Angabe" entstanden, der Löwenanteil dagegen dadurch, dass einem Teil der Befragten die Frage nicht gestellt wurde. Daher liegt wohl keine Beeinträchtigung vor.

Für die eigentliche Analyse sind aber nur die gültigen Werte von Interesse. Die Einbeziehung der ungültigen Werte würde zu einem völlig verzerrten Bild führen. In der vierten Spalte sind daher die Prozentwerte auf der Basis der gültigen Fälle errechnet („Gültige Prozente“). Danach finden 25,5 % der Befragten einen Seitensprung „sehr schlimm“, 32 % „ziemlich schlimm“ usw.

Schließlich enthält die letzte Spalte die kumulierten Prozentwerte für die gültigen Fälle. Die Prozentwerte werden, vom ersten angeführten Variablenwert ausgehend, schrittweise aufaddiert. So kommt der zweite kumulierte Prozentwert 57,5 durch Addition von 25,5 und 32,0 der Kategorien „sehr schlimm“ und „ziemlich schlimm“ zustande. Er besagt also, dass 57 % der Befragten einen Seitensprung zumindest für „ziemlich schlimm“ erachten. Solche kumulierten relativen Häufigkeiten können für viele Analysezwecke sinnvoll sein. Sie sind allerdings erst brauchbar, wenn zumindest Daten des Ordinalskalenniveaus vorliegen. Will man kumulierte Prozentwerte benutzen, muss man außerdem klären, von welcher Seite der Werteskala her aufaddiert werden soll. SPSS geht bei der Berechnung automatisch vom in der Tabelle zuerst angeführten Wert aus. Per Voreinstellung ist das der kleinste Wert. Man kann aber das Ende, von dem her kumuliert wird, dadurch bestimmen, dass man die Reihenfolge der Ausgabe der Werte mit der Formatierungsoption (⇨ Kap. 8.2.2) entsprechend festlegt.

Unterdrücken des Tabellenoutputs. Die Dialogbox „Häufigkeiten“ enthält auch das Kontrollkästchen „Häufigkeitstabellen anzeigen“. Per Voreinstellung ist dieses ausgewählt. Schaltet man es aus, so wird der Tabellenoutput unterdrückt. Sinnvollerweise unterdrückt man den Tabellenoutput, wenn man lediglich an einer Grafik bzw. an statistischen Maßzahlen interessiert ist.

8.2.2 Festlegen des Ausgabeformats von Tabellen

Um das Format der Ausgabe zu verändern, gehen Sie wie folgt vor:

▷ Wählen Sie in der Dialogbox „Häufigkeiten“ die Schaltfläche „Format...“. Es öffnet sich die Dialogbox „Häufigkeiten: Format“ (⇨ Abb. 8.1).

Diese enthält zwei Gruppen für die Auswahl von Optionen. In der Gruppe *„Sortieren nach:“* kann die Reihenfolge der Ausgabe der Variablenwerte beeinflusst werden. Nach:

❒ *Aufsteigenden Werten.* Ordnet die Kategorien in aufsteigender Reihenfolge. Das ist die Voreinstellung.
❒ *Absteigenden Werten.* Ordnet die Kategorien in fallender Reihenfolge.
❒ *Aufsteigenden Häufigkeiten.* Hier werden die Kategorien nach der Zahl der in ihnen enthaltenen Fälle geordnet, und zwar ausgehend von der Kategorie mit den wenigsten Fällen. (Fehlende Werte werden dabei nicht berücksichtigt.)
❒ *Absteigenden Häufigkeiten.* Ordnet umgekehrt die Kategorie mit den meisten Fällen an die erste Stelle.

Die Anordnung wirkt sich auf die Berechnung der kumulierten Prozentwerte aus. Will man diese vom niedrigsten Wert ausgehend berechnen, behält man die Standardeinstellung bei. Sollen sie vom höchsten Wert ausgehend berechnet werden, muss „Absteigende Werte“ gewählt werden. Die beiden anderen Einstellungen machen die kumulierten Prozentwerte dagegen praktisch unbrauchbar, weil sie in der Regel die sinnvolle Ordnung zerstören.

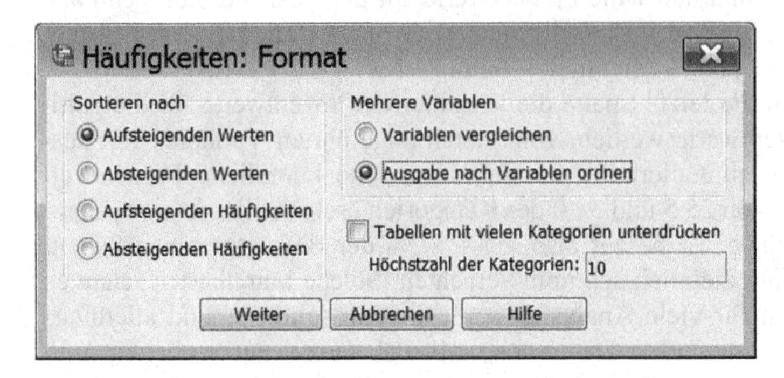

Abb. 8.1. Dialogbox „Häufigkeiten: Format"

- ❒ *Mehrere Variablen* .Diese Gruppe enthält weitere Optionen, die nur die Ausgabe von Statistiken betreffen. Die Häufigkeitstabellen werden immer für jede Variable einzeln ausgegeben. Werden dagegen Statistiken für mehrere Variablen angefordert, sind zwei Alternativen möglich:
  - *Variablen vergleichen.* Die Statistiken für alle Variablen werden in einer einzigen Tabelle ausgegeben.
  - *Ausgabe nach Variablen ordnen.* Die Statistiken für jede Variable werden in einer eigenen Tabelle ausgegeben.
- ❒ *Tabelle mit vielen Kategorien unterdrücken.* Zeigt Tabellen mit mehr als der eingegebenen Zahl von Kategorien nicht an. Im Eingabefeld „Höchstzahl der Kategorien" ist 10 voreingestellt. Man kann diesen Wert aber durch eine ganze Zahl größer 1 überschreiben. Das ist sinnvoll, wenn mehrere Variablen gleichzeitig ausgezählt werden und bei den Variablen mit vielen Werten nur die Maßzahlen oder die Grafik interessiert.

8.2.3 Grafische Darstellung von Häufigkeitsverteilungen

Im Rahmen von „Häufigkeiten" bietet SPSS drei Arten von Grafiken zur Visualisierung von Häufigkeitsverteilungen an.

- ❒ *Balkendiagramme.* Bei einem Balkendiagramm wird die absolute oder relative Häufigkeit jeder Variablenkategorie durch die Höhe eines isoliert stehenden Balkens dargestellt. Diese Form der Darstellung ist geeignet für jede Art von Daten, insbesondere aber Kategorialdaten (d.h. Daten aus Variablen mit nur wenigen Ausprägungen).
- ❒ *Kreisdiagramme.* In einem Kreisdiagramm wird die absolute oder relative Häufigkeit jeder Variablenkategorie durch die Größe eines Kreissegments dargestellt. Geeignet für jede Art von Daten mit nicht zu großer Zahl der Ausprägungen.
- ❒ *Histogramme.* Sie stellen Daten in Form von direkt aneinander anschließenden Flächen dar. Sinnvoll ist die Darstellung von Verteilungen durch ein Histo-

gramm bei Vorliegen kontinuierlicher oder quasi-kontinuierlicher Daten. Es ist mindestens Ordinalskalenniveau, besser Intervallskalenniveau erforderlich. Im Gegensatz zum Balkendiagramm müssen die Kategorien eine sinnvolle Ordnung bilden. Anders als beim Balkendiagramm werden auch Klassen, in denen keine Fälle vorhanden sind, angezeigt. Die Option „Histogramme" ist gedacht für die automatische Generierung eines Histogramms aus differenziert erhobenen Daten. Es werden automatisch per Voreinstellung gleich breite Klassen gebildet. Als Richtwert für die Zahl der Klassen dient 21, aber insgesamt wird, ausgehend von der Gesamtskalenbreite, die sich aus höchstem und niedrigstem Wert ergibt, eine Unterteilung mit glatten Klassenbreiten vorgenommen. Daher kann auch die Verwendung bei schon vorher klassifizierten Daten zu einer unkorrekten Darstellung führen. (Sie müssen gegebenenfalls die Klassengrenzen und -breiten im Grafikeditor, Befehlsfolge „Diagramme", „Achse", „Intervall", „Anpassen", „Definieren" und Eingabe der richtigen Werte ändern. Zur Darstellung von Verteilungen mit ungleicher Klassenbreite sind die Grafikmöglichkeiten von SPSS generell ungeeignet. Hier müssen Sie gegebenenfalls andere Programme heranziehen.) Zusätzlich steht in einem Kontrollkästchen die Möglichkeit zur Verfügung, das Histogramm durch eine *Normalverteilung* zu überlagern, die anzeigt, wie eine Normalverteilung bei Daten gleichen Mittelwerts und gleicher Streuung aussehen würde. Dies kann als Hilfsmittel für die Beurteilung der Verteilung dienen, insbesondere auch zur Überprüfung der Normalverteilungsvoraussetzung, die für viele statistische Analyseverfahren und Signifikanztests gilt.

Um Häufigkeitsverteilungen als Balkendiagramm, Kreisdiagramm oder Histogramm darzustellen, wird in der Dialogbox „Häufigkeiten" (⇨ Abb. 2.10) auf die Schaltfläche „Diagramme..." geklickt. Es öffnet sich die Dialogbox „Häufigkeiten: Diagramme" (⇨ Abb. 8.2).

Abb. 8.2. Dialogbox „Häufigkeiten: Diagramme"

In der Dialogbox wird der Diagrammtyp durch Anklicken des entsprechenden Optionsschalters gewählt. Für ein Balken- oder Kreisdiagramm bestimmt man weiter durch Anklicken des entsprechenden Optionsschalters, ob die Höhe der Balken bzw. die Größe des Kreissegments in absoluten oder prozentualen Häufigkeiten dargestellt werden soll. Klickt man auf das Kontrollkästchen „Mit Normalverteilungskurve", wird ein Histogramm mit einer Normalverteilungskurve überlagert. Falls man nur an den Diagrammen interessiert ist, kann man die Ausgabe von Tabellenoutput durch Anklicken des Kontrollkästchens „Häufigkeitstabellen anzeigen" in der Dialogbox „Häufigkeiten" unterdrücken.

Wurde eine Grafik erstellt, erscheint diese im Ausgabefenster. Durch Doppelklicken auf die Grafik kann man den Diagramm-Editor öffnen. Dort kann sie mit verschiedenen Gestaltungsmöglichkeiten überarbeitet werden. Insbesondere ist diese Möglichkeit für Histogramme zu empfehlen, wenn auf den höchsten und niedrigsten angezeigten Wert und Klassenbreite (Intervall) Einfluss genommen werden muss. (Mit den Befehlen der Befehlssyntax lässt sich die Intervallbreite nicht steuern.) Die drei Grafiktypen können auch im Menü „Grafiken" erstellt werden (⇨ Kap. 32).

8.3 Statistische Maßzahlen

8.3.1 Definition und Aussagekraft

Überblick. Mit Hilfe statistischer Maßzahlen kann man wesentliche Eigenschaften eindimensionaler Verteilungen noch knapper erfassen. Dazu stehen in SPSS die vier gebräuchlichen Typen von Maßzahlen zur Verfügung (⇨ Abb. 8.4).

- ❐ *Lagemaße.* Sie geben auf unterschiedliche Weise in etwa die Mitte der Verteilung wieder.
- ❐ *Streuungsmaße.* Sie geben an, wie weit die einzelnen Werte um die Mitte der Verteilung herum streuen.
- ❐ *Verteilungsmaße* (Schiefe- und Steilheitsmaße). Schiefemaße geben Hinweise darauf, ob eine Verteilung symmetrisch ist oder nach der einen oder anderen Seite schief, Steilheitsmaße dagegen, ob eine Verteilung im Vergleich zu einer Normalverteilung von Daten gleichen Mittelwerts und gleicher Streuung im Bereich des Mittelwertes eher enger oder weiter streut.
- ❐ *Perzentilwerte.* Sie geben den Wert einer Verteilung an, unterhalb dessen ein festgelegter Prozentsatz der Fälle mit einem geringeren Wert liegt. Es sind ebenfalls Lagemaße, die aber nur in einem Spezialfall (dem Medianwert) die Mitte einer Verteilung kennzeichnen. Die Distanz zwischen zwei Perzentilen kann als Streuungsmaß Anwendung finden. Gebräuchlich ist die Distanz zwischen dem 25. Perzentil (unteres Quartil) und dem 75. (oberes Quartil), der Quartilsabstand oder dessen Hälfte, der Mittlere Quartilsabstand.

Abhängigkeit der Statistiken vom Messniveau. Welche statistische Maßzahl im konkreten Fall geeignet ist, hängt nicht nur vom Zweck, sondern auch vom Messniveau der Daten ab. Die in den vier Optionsgruppen angebotenen Maßzahlen unterscheiden sich z.T. hinsichtlich des vorausgesetzten Messniveaus. Deshalb soll darauf etwas näher eingegangen werden.

Daraus, dass wir Messwerten bestimmte Zahlen zugeordnet haben, ist nicht zu schließen, dass diese etwa wie reelle Zahlen behandelt werden können. Vielmehr muss dem empirischen Relativ ein äquivalentes numerisches Relativ zugeordnet werden. Das heißt, man darf Zahlen nur Eigenschaften unterstellen, die sie auch tatsächlich abbilden, und es dürfen nur Rechenoperationen durchgeführt werden, die lediglich auf den abgebildeten Eigenschaften beruhen. Statistische Maßzahlen dürfen deshalb ebenfalls jeweils nur mathematische Operationen verwenden, die dem Messniveau der Daten angemessen sind. So sind bei rationalskalierten Daten alle geläufigen Rechenoperationen erlaubt. Dagegen dürfen etwa bei intervallskalierten Daten keine Quotienten aus den Messwerten gebildet werden.

Tabelle 8.2 führt die vier in der Statistik bedeutsamen Messniveaus und die dazu gehörigen Unterscheidungskriterien an. Diese vier Kriterien bauen hierarchisch aufeinander auf, so dass ein höheres immer die Existenz des niedrigeren Kriteriums voraussetzt. Es liegt eine Hierarchie von Messniveaus von niedrigerem zu höherem vor. Wir unterscheiden Nominal-, Ordinal-, Intervall- und Verhältnis- (oder Rational-)skalenniveau. Für viele Zwecke reicht eine Unterscheidung in qualitative bzw. kategoriale Daten (nominal- und ordinalskalierte) und metrische (intervall- oder rationalskalierte). Manchmal ist auch der Begriff „Kardinalzahlen" von Bedeutung. Dies bezieht sich auf Variablen mit nur wenigen Ausprägungen (unabhängig vom Messniveau).

Tabelle 8.2. Überblick über Messniveaus und ihre Bedeutung für die Statistik

Messniveau	**Mögliche empirische Aussagen**	**Beispiele**
Nominal	1. Gleichheit und Ungleichheit	Automarken, Geschlecht, Schulform, Fächer
Ordinal	1. Gleichheit und Ungleichheit 2. Ordnung	Schulnoten, Hackordnung, Soziale Schichtung
Intervall	1. Gleichheit und Ungleichheit 2. Ordnung 3. Gleichheit von Differenzen	Celsiustemperaturskala, Intelligenzpunktwerte, Leistungspunktwerte
Verhältnis	1. Gleichheit und Ungleichheit 2. Ordnung 3. Gleichheit von Differenzen 4. Gleichheit von Quotienten	Gewicht, Körpergröße, Alter, Zahl der Kinder pro Familie, Reaktionszeit

Quelle: in Anlehnung an Wolf, W. (1974), S. 58.

Aus Tabelle 8.3 kann man ablesen, welche Verfahren aus jeder der drei oben genannten Gruppen von Maßzahlen je nach Messniveau prinzipiell in Frage kommen. Dabei ist das Messniveau vom Nominal- bis zum Verhältnisskalenniveau als hierarchische Ordnung von niedrigerem zu höherem zu verstehen. Auf Daten des höheren Niveaus sind prinzipiell auch alle Verfahren anwendbar, die für niedrigere Messniveaus geeignet sind. Diese auch bei höherem Messniveau zu verwenden, ist oft sinnvoll, weil sich die Art der Information der verschiedenen statistischen Maßzahlen auch in derselben Gruppe etwas unterscheidet. Insbesondere ist es immer angebracht, die Häufigkeitsverteilung mit zu betrachten. Andererseits wird ein Teil der vorhandenen Information verschenkt, wenn man bei höherem Messniveau nicht die dafür angepassten Verfahren verwendet, so dass man normalerweise die Verfahren für das erreichte höhere Messniveau auch nutzen sollte.

Neben dem Messniveau der Daten, sind für die Auswahl der geeigneten Statistiken zwei weitere Kriterien wichtig:

- Der Anspruch an die *Robustheit* der Messung. So geht in die Berechnung des arithmetischen Mittels jeder einzelne Wert ein. Es kann daher durch Extremwerte verzerrt werden. Dagegen ergibt sich der Medianwert aus dem Wert eines einzigen Falles. Er ist sehr robust. (Im Untermenü „Explorative Datenanalyse..." werden andere robuste Lageparameter angeboten, die eine größere Zahl von Werten einbeziehen, aber dennoch Extremwerte nicht oder mit geringem Gewicht beachten.)
- Die *Eigenschaften der Parameter*. So fallen arithmetisches Mittel, Modalwert und Medianwert bei symmetrischen Verteilungen zusammen, unterscheiden sich aber bei schiefen Verteilungen charakteristisch.

Tabelle 8.3. Sinnvolle Parameter in Abhängigkeit zum Messniveau

Messniveau	**sinnvolle Parameter**	
	Lageparameter	**Streuungsparameter**
Nominal	Modalwert	Häufigkeitsverteilung
Ordinal	Median (Perzentile)	Quartilsabstand
Intervall	arithmetisches Mittel	Varianz Standardabweichung Spannweite
Verhältnis	geometrisches Mittel	Variationskoeffizient

Lagemaße (zentrale Tendenz).

Modalwert (Modus). Der am häufigsten auftretende Wert. Bei klassifizierten Daten ist der Modalwert die Klassenmitte der Klasse mit den meisten Fällen. (Achtung! Bei ungleicher Klassenbreite oder bei vielen wenig besetzten Klassen nicht aussagefähig.)

Median. Ordnet man die Fälle nach ihrem Wert, so ist es der Wert, unter und über dem jeweils die Hälfte der Fälle liegt. Bei nicht klassifizierten Daten ist es bei einer ungeraden Zahl von Fällen der Wert des mittleren Falles. Bei einer geraden Zahl von Fällen gibt es keinen mittleren Fall, sondern zwei. Es wird das arithmetische Mittel der Werte dieser beiden Fälle verwendet. Sind die Daten klassifiziert, fällt der mittlere Fall in eine Klasse mit einer bestimmten Klassenbreite. Es wird daher unterstellt, dass alle Fälle, die in dieser Einfallsklasse liegen, ein gleich großes Stück dieser Spannweite abdecken. Daraus wird der Wert innerhalb der Klasse ermittelt, an dem genau der mittlere Fall liegen würde.

Arithmetisches Mittel (Mittelwert). Ist die Summe der Werte aller Fälle, dividiert durch die Zahl der Fälle. Bei klassifizierten Daten wird jeweils der Klassenmittelwert als Wert verwendet.

$$\bar{x} = \frac{\sum x}{n} \tag{8.1}$$

Summe. Ebenfalls angeboten wird die Gesamtsumme der Werte. Hierbei handelt es nicht um ein Lagemaß. Jedoch kann die Summe eine interessante Information ergeben. (*Beispiel:* Die Gesamtsumme der Schulden aller von einer Schuldenberatungsstelle regulierten Fälle.) Außerdem wird die Summe für viele andere Berechnungen als Zwischengröße benötigt (z.B. arithmetisches Mittel).

Streuungsmaße (Dispersionsparameter). Verteilungen mit dem gleichen Messwert für die zentrale Tendenz können sich in anderer Hinsicht unterscheiden. So kann sich in einer Untersuchung von 2.000 Personen in einem Extremfall ein Durchschnittseinkommen von 2.500 EUR ergeben, wenn alle Personen 2.500 EUR verdienen, in dem entgegengesetzten Falle, wenn 1.000 Personen je 0 EUR und die anderen 1.000 je 5.000 EUR verdienen. Dispersionsparameter geben an, wie stark die Einzelwerte mit dem Mittelwert übereinstimmen oder von ihm abweichen.

Spannweite. Dieser Wert wird einfach aus der Differenz zwischen höchstem und niedrigstem Wert ermittelt. Sie ist ein sehr simples Streuungsmaß. Es ist extrem sensitiv für Extremwerte und daher häufig unbrauchbar. Die gebräuchlichsten Streuungsmaße sind Varianz und Standardabweichung.

Varianz. Ist die Summe der quadrierten Abweichungen der Einzelwerte vom arithmetischen Mittel, geteilt durch die Zahl der Werte. In SPSS wird die Varianz als Stichprobenvarianz (= Schätzwert für die Varianz der Grundgesamtheit) berechnet. Daher wird durch $n-1$ dividiert.

$$s^2 = \frac{\sum (x - \bar{x})^2}{n-1} \tag{8.2}$$

Die Varianz ist 0, wenn alle Werte mit dem Mittelwert identisch sind und wird umso größer, je größer die Streuung ist. Die Varianz wird häufig als Zwischenergebnis für weitere Berechnungen benutzt.

Standardabweichung. Ist die Quadratwurzel aus der Varianz. Die Standardabweichung s ist leichter zu interpretieren als die Varianz, weil sie dieselben Maßeinheiten wie die Originaldaten verwendet. Auch sie wird 0 bei völliger Übereinstimmung aller Daten mit dem arithmetischen Mittel und wird umso größer, je größer die Streuung.

Standardfehler für das arithmetische Mittel (Mittelwert Standardfehler). Die Auswahlbox für die Streuungsparameter bietet diesen Parameter an, der eigentlich eher dem Bereich der schließenden Statistik zuzurechnen ist. Er dient bei Stichprobendaten zur Bestimmung des Konfidenzintervalls (Fehlerspielraums, Standardirrtums, Mutungsbereichs), in dem das „wahre" arithmetische Mittel mit einer festgelegten Wahrscheinlichkeit liegt. Üblicherweise benutzt man ein Sicherheitsniveau von 95 oder 99 %. Dann muss der Standardfehler zur Bestimmung des Konfidenzintervalls mit 1,96 bzw. 2,58 multipliziert werden (⇨ Kap. 8.4).

Formmaße. Die Auswahlgruppe *„Verteilung"* bietet zwei Maßzahlen zur Form der Verteilung an. Lage- und Streuungsmaße kennzeichnen Verteilungen gut, wenn sie symmetrisch um einen Mittelpunkt herum aufgebaut sind. Noch besser ist es, wenn zudem auch der Gipfel der Verteilung in der Mitte liegt und die Verteilung eingipflig ist. Ideal ist es, wenn die Werte normalverteilt sind.
Bei der Beurteilung der Form einer Verteilung gehen die von SPSS angebotenen Maße von einem Vergleich mit einer Normalverteilung mit demselben arithmetischen Mittel und derselben Streuung aus. Für die Normalverteilung gelten einige charakteristische Merkmale. Die Normalverteilung ist glockenförmig und symmetrisch. Der Abstand zwischen dem arithmetischen Mittel und dem zu einem Wendepunkt gehörenden x-Wert beträgt genau eine Standardabweichung. In den Bereich von ± einer Standardabweichung um das arithmetische Mittel fallen immer ca. 68 % der Fälle der Verteilung. Auch für jeden anderen Bereich der Verteilung ist der Anteil der Fälle bekannt.

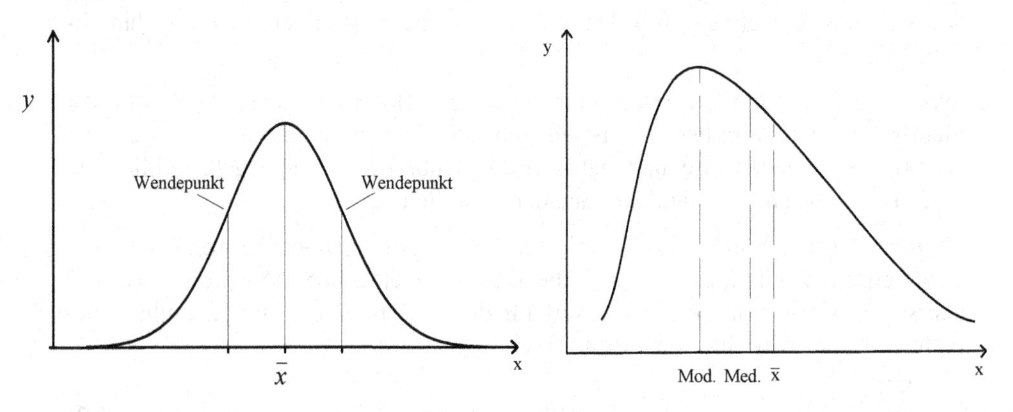

Abb. 8.3. Normalverteilung, rechtsschiefe (linkssteile) Verteilung

Eingipflige Verteilungen müssen aber nicht symmetrisch aufgebaut sein. Der Gipfel kann mehr zu dem einen oder anderen Ende der Verteilung verschoben sein. Dann handelt es sich um eine schiefe Verteilung. Ist der Gipfel mehr zu den niederen Werten hin verschoben, liegt er also links vom Mittelwert, müssen rechts vom Mittelwert die meisten extremen Werte liegen. Eine solche Verteilung nennt man linksgipflig (linkssteil) oder rechts (positiv) schief. Kommen dagegen höhere Werte häufiger vor, liegt der Gipfel also rechts vom arithmetischen Mittel, während die meisten extremen Werte links davon liegen, heißt die Verteilung rechtsgipflig (rechtssteil) oder links (negativ) schief.

Die Schiefe einer Verteilung kann man bereits aus dem Vergleich der drei Lagemaße arithmetisches Mittel, Medianwert und Modalwert erkennen. Es gilt: Im Falle einer symmetrischen Verteilung fallen die drei Werte zusammen. Bei einer linksgipfligen bzw. rechtsschiefen Verteilung ist: Modalwert < Median < arithmetisches Mittel. Bei einer rechtsgipfligen bzw. linksschiefen gilt umgekehrt: Modus > Median > arithmetisches Mittel.

Schiefe. SPSS verwendet als Schiefemaß das sogenannte dritte Moment. Es ist definiert als:

$$\text{Schiefe} = \frac{\sum_{i=1}^{n}\left(\frac{x_i - \bar{x}}{s}\right)^3}{n} \tag{8.3}$$

Es nimmt den Wert 0 an, wenn die Verteilung perfekt symmetrisch ist. Je unsymmetrischer die Verteilung, desto größer der Wert. Der Wert wird positiv bei linksgipfligen Verteilungen und negativ bei rechtsgipfligen.

Kurtosis (Steilheit, Wölbung, Exzess). Es ist ein Maß dafür, ob die Verteilungskurve im Vergleich zu einer Normalverteilung bei gleichem Mittelwert und gleicher Streuung spitzer oder flacher verläuft. Bei spitzem Verlauf drängen sich die Fälle im Zentrum der Verteilung stärker um den Mittelwert als bei einer Normalverteilung, während dann im Randbereich weniger Fälle auftreten. Eine im Vergleich zur Normalverteilung flachere Verteilung hat im Bereich des Mittelwertes weniger Fälle aufzuweisen, fällt dann dafür aber zunächst nur langsam ab und enthält dort mehr Fälle. Erst ganz am Rand fällt sie schneller ab.

SPSS benutzt das vierte Moment als Steilheitsmaß. Die Definitionsgleichung lautet:

$$\text{Kurtosis} = \frac{\sum_{i=1}^{n}\left(\frac{x_i - \bar{x}}{s}\right)^4}{n} - 3 \tag{8.4}$$

Nimmt Kurtosis einen Wert von 0 an, entspricht die Form genau einer Normalverteilung. Ein positiver Wert zeigt eine spitzere Form an, ein negativer eine flachere.

Zu beiden Formmaßen wird auch der zugehörige Standardfehler berechnet. Er kann auf dieselbe Weise, wie beim Standardfehler für Mittelwerte beschrieben, zur Berechnung eines Konfidenzintervalls benutzt werden.

Perzentilwerte. Die Auswahlgruppe „Perzentilwerte“ (⇨ Abb. 8.4) ermöglicht es, auf verschiedene Weise Perzentile zu berechnen. Ein Perzentilwert P einer Verteilung ist der Wert auf der Messskala, unter dem P % und über dem (100-P) % der Messwerte liegen, z.B. liegen unterhalb des 10. Perzentilwerts 10 %, darüber 90 % der Werte.

❒ Durch Anklicken des Auswahlkästchens „Perzentile“, Eingabe eines Wertes in das Eingabefeld und Anklicken der Schaltfläche „Hinzufügen“ kann man beliebige Perzentile anfordern. Dieses kann man mehrfach wiederholen. Die Liste der eingegebenen Werte wird im entsprechenden Feld angezeigt.

❒ Das Auswahlkästchen „Trennen ... gleiche Gruppen“ vereinfacht die Auswahl mehrerer gleich großer Perzentilgruppen. Wählt man es an und gibt den Wert 10 ein, so wird das 10., 20., 30. bis 90. Perzentil gebildet. Es handelt sich um 10 gleiche Gruppen, denn die ersten 10 % der Fälle haben einen Wert von unter dem angegebenen Perzentilwert bis zu ihm hin, die zweiten 10 % liegen zwischen diesem Wert und dem des 20. Perzentils usw.. Letztlich haben die Glieder der 10. Gruppe, die letzten 10 %, Werte, die größer sind als der des 90. Perzentils. Dieser Perzentilwert wird nicht angegeben, da er automatisch der größte auftretende Wert sein muss. Gibt man als Wert 5 ein, werden das 20., 40. usw. Perzentil ermittelt.

❒ Das Auswahlkästchen „Quartile“ wählt vereinfacht die gebräuchlichsten Perzentile aus, das 25. (unteres Quartil) das 50. und das 75. (oberes Quartil).

Anmerkung. Auch der Medianwert, der in der Gruppe „Lagemaße“ angeboten wird, ist ein besonderer Perzentilwert. Er kann – wie auch die Quartile – in den anderen Auswahlkästchen ebenfalls gewählt werden.

Anwendung auf klassifizierte Daten. Im Fall von gruppierten (klassifizierten) Daten ist für die Berechnung aller Perzentilwerte (d.h. bei *allen* Optionen der Gruppe „Perzentile“ und der Option „Median“ in der Gruppe „Lagemaße“) das Auswahlkästchen *„Werte sind Gruppenmittelpunkte“* einzuschalten, sonst wird lediglich der (nicht aussagefähige) Wert der Einfallsklasse als Perzentilwert angegeben.

Anmerkung. Bei gruppierten (klassifizierten) Daten muss dann allerdings auch wirklich der Klassenmittelwert als Gruppenwert verschlüsselt sein und nicht etwa ein beliebiger anderer Wert. Eine Einkommensklasse von 0 bis 500 EUR darf also nicht als Klasse 1, sondern muss als 250 kodiert werden. Das gilt auch für die Berechnung anderer Maßzahlen wie arithmetisches Mittel, Varianz und Standardabweichung. Sollen sie aus klassifizierten Werten berechnet werden, muss der Klassenmittelwert als Wert angegeben sein. Allerdings muss bei diesen Maßzahlen das Kästchen „Werte sind Gruppenmittelpunkte“ nicht angekreuzt werden, eine zutreffende Berechnung erfolgt bei entsprechender Vorkehrung ohnehin. Immer aber ist die Berechnung von statistischen Kennzahlen aus nicht klassifizierten Daten genauer. Deshalb sollte man bei Zusammenfassung von Daten zu Klassen immer die Variable mit den unklassifizierten Daten erhalten und sie zur Berechnung der statistischen Kennzahlen benutzen.

8.3.2 Berechnen statistischer Maßzahlen

Es sollen jetzt zur Tabelle 8.1 über die Einstellung zur ehelichen Treue die sinnvollen statistischen Kennzahlen berechnet werden. Die Tabelle soll nicht mehr angezeigt werden. Dazu gehen Sie wie folgt vor:

▷ Wählen Sie „Analysieren“, „Deskriptive Statistiken ▷“, „Häufigkeiten ...“.
▷ Wählen Sie die Variable TREUE.
▷ Schalten Sie „Häufigkeitstabellen anzeigen“ aus.
▷ Klicken Sie auf die Schaltfläche „Statistiken...“. Die in Abb. 8.4 angezeigte Dialogbox öffnet sich.

Wir wählen jetzt die geeigneten statistischen Maßzahlen aus. Die Messung der Einstellung zu ehelicher Treue hat Ordinalskalenniveau. Die Kategorien „sehr schlimm“, „ziemlich schlimm“ usw. zeigen Unterschiede an und haben eine eindeutige Ordnung. Gleiche Abstände können dagegen kaum unterstellt werden. Man sollte daher nur Maßzahlen auswählen, die höchstens Ordinalskalenniveau verlangen.

▷ Wählen Sie: „Quartile“, „Median“, „Modalwert“, „Minimum“ und „Maximum“.

Außerdem müssen wir davon ausgehen, dass es sich um gruppierte Daten handelt. Wir haben mit der Einstellung ein kontinuierliches Merkmal. Die Klassen müssen also unmittelbar aneinander anschließen. Deshalb dürfen auch die Werte 1 „sehr schlimm“, 2 „ziemlich schlimm“ nicht als klar unterschiedene Werte auf der Zahlengerade interpretiert werden, sondern als Repräsentanten von Klassen. Die erste geht von 0,5 bis 1,5, die zweite von 1,5 bis 2,5 usw.

▷ Wählen Sie daher das Kontrollkästchen „Werte sind Gruppenmittelpunkte“.
▷ Bestätigen Sie mit „Weiter“ und „OK“. Es erscheint die hier in Tabelle 8.4 pivotiert wiedergegebene Ausgabe.

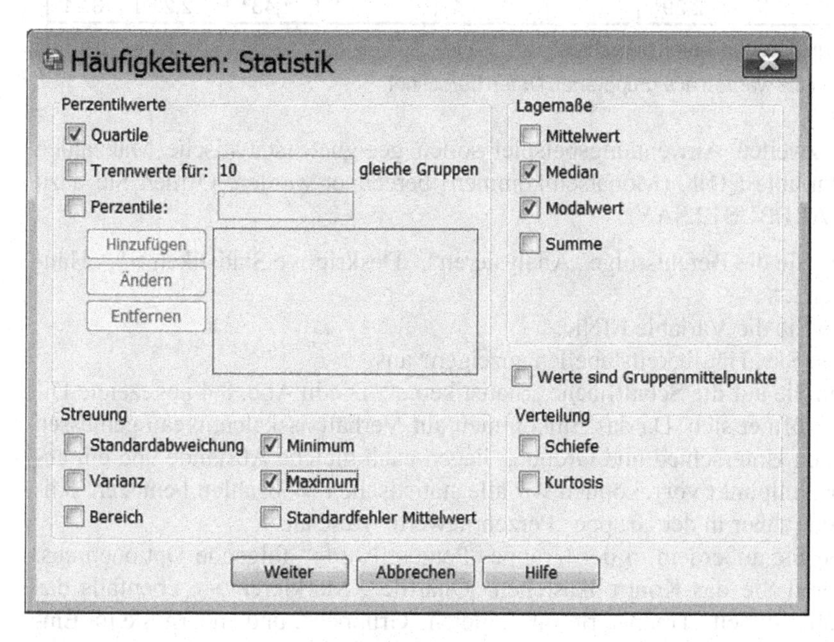

Abb. 8.4. Dialogbox „Häufigkeiten: Statistik“

Der niedrigste Wert („Minimum“) beträgt 1, der höchste („Maximum“) 4. Das ist in diesem Falle wenig informativ. Es ist jeweils die höchste und niedrigste angebotene Kategorie. Der häufigste Wert („Modus“) beträgt 2. Das ist uns schon aus der Tabelle 8.1 bekannt. Es ist die Kategorie, in der die meisten gültigen Werte (nämlich 49 Fälle) stehen. Der Medianwert („Median“) beträgt nach Tabelle 8.4 2,29. Schon aus der Tabelle 8.1 können wir in der Spalte der kumulierten Prozentwerte gut erkennen, dass der mittlere Fall in der Einfallsklasse 2 „ziemlich schlimm“ liegt. Hätten wir nicht angegeben, dass 2 der Gruppenmittelwert einer Klasse ist, wäre als Medianwert einfach die 2 angegeben worden. Denn von allen Werten in dieser Klasse wäre angenommen worden, dass sie denselben Wert 2 hätten. Da wir aber gruppierte Daten haben, wird angenommen, dass sich die 49 Fälle der Klasse 2 gleichmäßig über den Bereich 1,5 bis 2,5 verteilen. Der insgesamt mittlere Fall (der 76,5te von 153 gültigen) wäre der 37,5 von 49 in der Einfallsklasse, liegt also im dritten Viertel dieser Einfallsklasse. Das gibt genau das Ergebnis an. Bei der Berechnung der Quartile wird der Medianwert ein zweites Mal angegeben, zusätzlich die Werte für das untere Quartil („Perzentile 25“) 1,43 und das obere Quartil („Percentile 75“) 3,21.

Tabelle 8.4. Statistische Maßzahlen zur Kennzeichnung der Verteilung der Einstellung zur ehelichen Treue

Statistiken

VERHALTENSBEURTEILUNG: SEITENSPRUNG

N		Median	Modus	Minimum	Maximum	Perzentile		
Gültig	Fehlend					25	50	75
153	148	2,29[a]	2	1	4	1,43[b]	2,29	3,21

a. Aus gruppierten Daten berechnet

b. Perzentile werden aus gruppierten Daten berechnet.

In einem zweiten Anwendungsbeispiel sollen geeignete statistische Maßzahlen für die Variable EINK (Monatseinkommen) berechnet werden. Öffnen Sie dazu die Datei ALLBUS12.SAV.

▷ Wählen Sie die Befehlsfolge „Analysieren", „Deskriptive Statistiken ▷", „Häufigkeiten...".
▷ Wählen Sie die Variable EINK.
▷ Schalten Sie „Häufigkeitstabellen anzeigen" aus.
▷ Klicken Sie auf die Schaltfläche „Statistiken...". Die in Abb. 8.4 angezeigte Dialogbox öffnet sich. Da das Einkommen auf Verhältnisskalenniveau gemessen ist (neben Unterschied und Ordnung liegen auch gleiche Abstände und ein absoluter Nullpunkt vor), können wir alle statistischen Maßzahlen benutzen. Klicken Sie (außer in der Gruppe „Perzentilewerte") alle an.
▷ Wählen Sie außerdem in der Gruppe „Perzentilwerte" folgende Optionen aus: Markieren Sie das Kontrollkästchen „Quartile". Markieren Sie ebenfalls das Kontrollkästchen „Trennwerte für ... gleiche Gruppen", und ändern Sie im Eingabefeld den Wert in „5".
▷ Schalten Sie – falls eingeschaltet – im entsprechenden Kontrollkästchen die Option „Werte sind Gruppenmittelpunkte" aus.
▷ Bestätigen Sie mit „Weiter" und „OK".

Sie erhalten eine umfangreiche Ausgabe (⇨ Tabelle 8.5).

Die wichtigsten Informationen des Outputs sollen kurz besprochen werden. Der Output enthält zunächst die drei Lagemaße, das arithmetisches Mittel („Mittelwert") = 1415,73 EUR, den häufigsten Wert („Modus") = 2000 EUR und den Zentralwert („Median") 1260 EUR. Man erkennt, dass um die 1400 EUR (je nach Maßzahl etwas höher oder geringer) in etwa die Mitte der Verteilung liegt. Der häufigste Wert ist nicht besonders aussagekräftig, da wir eine sehr differenziert erhobene Verteilung haben. In einem solchen Falle kann es relativ zufällig sein, welche Kategorie nun gerade am stärksten besetzt ist. Er wird daher auch bei der Interpretation der Schiefe der Verteilung außer Acht gelassen.

Die Verteilung ist nicht ganz symmetrisch. Das kann man schon daran erkennen, dass arithmetisches Mittel und Median auseinanderfallen. Das arithmetische Mittel ist größer als der Median. Demnach ist die Verteilung linksgipflig. Dasselbe besagt auch das Schiefemaß („Schiefe"). Es beträgt 1,092. Es ist positiv, zeigt also eine linksgipflige Verteilung an. Das Steilheitsmaß („Kurtosis") beträgt 1,190. Als positiver Wert zeigt es eine Verteilung an, die spitzer ist als eine Normalverteilung. Dies alles können wir auch durch Betrachtung des Histogramms bestätigen.

Tabelle 8.5. Statistische Maßzahlen zur Variablen Einkommen

Statistiken

BEFR.: NETTOEINKOMMEN

N	Gültig	228
	Fehlend	72
Mittelwert		1415,73
Standardfehler des Mittelwertes		59,617
Median		1260,00
Modus		2000
Standardabweichung		900,196
Varianz		810353,157
Schiefe		1,092
Standardfehler der Schiefe		,161
Kurtosis		1,190
Standardfehler der Kurtosis		,321
Spannweite		4400
Minimum		100
Maximum		4500
Perzentile	20	601,55
	25	724,50
	40	1010,63
	50	1260,00
	60	1512,00
	75	1910,00
	80	2024,00

Darüber hinaus enthält die Ausgabe die Streuungsmaße Varianz und Standardabweichung. Letztere beträgt ±900,196 EUR. Das ist bei einem Mittelwert von 1415 EUR eine recht beträchtliche Streuung. Die Spannweite ist ebenfalls ein einfaches Streuungsmaß. Sie beträgt 4400 EUR. Aus der Differenz zwischen oberem und unterem Quartil lässt sich ebenfalls ein Streuungsmaß, der Quartilsabstand ermitteln. Er beträgt 1910 – 724,50 EUR = 1185,60 EUR. Für all diese Maße gilt: Je größer der Wert, desto größer die Streuung. Ein Wert von 0 bedeutet keinerlei Streuung. Am aussagefähigsten sind diese Werte im Vergleich mit anderen Verteilungen.

Es sind weiter die Werte für das 20., 40. usw. Perzentil angezeigt, zusammen damit auch die Quartile und der Median. Der Wert 601,55 für das 20. Perzentil bedeutet z.B., dass 20 Prozent der Befragten weniger als 601,55 EUR verdienen und 80 Prozent 601,55 EUR und mehr.

Außerdem sind die Standardfehler für das arithmetische Mittel, Schiefe und Kurtosis angegeben. Beispielhaft soll dieser für das arithmetische Mittel interpretiert werden. Die Interpretation setzt voraus, dass die Daten einer Zufallsstichprobe entstammen. Dann kann man das Konfidenzintervall bestimmen. Der Standardfehler beträgt ± 59,61. In diesem Bereich um das arithmetische Mittel der Stichprobe liegt mit 68prozentiger Sicherheit der „wahre Wert". Da man gewöhnlich aber 95prozentige Sicherheit wünscht, muss man den Wert mit 1,96 multiplizieren. 59,61 * 1,96 = 116,836. Mit 95prozentiger Sicherheit liegt daher der „wahre Mittelwert" im Bereich von 1415,73 ± = 116,836 EUR, d.h. im Bereich: 1298,89 bis 1532,57 EUR.

8.4 Bestimmen von Konfidenzintervallen

Einführung. Will man in der beschreibenden Statistik eine statistische Maßzahl oder Parameter einer Variablen, z.B. ein Lage-, Streuungs- oder Formmaß für eine Grundgesamtheit bestimmen, so ist das bei einer Vollerhebung ohne weiteres möglich. Dasselbe gilt für deskriptive Maße für Zusammenhänge, also z.B. Zusammenhangsmaße, Regressionskoeffizienten. Stammen statistische Maßzahlen aus Stichproben, können sie von den Maßzahlen der Grundgesamtheit (= Parameter) mehr oder weniger stark abweichen, und dies ist bei der Interpretation von Stichprobenergebnissen mit zu berücksichtigen. Statistische Maßzahlen aus Stichproben dienen deshalb nur als *Schätzwerte* für die Parameter der Grundgesamtheit, für die wahren Werte. Das arithmetische Mittel der Werte in der Stichprobe kann z.B. als Schätzwert für das arithmetische Mittel derselben Variablen in der Grundgesamtheit dienen.

Wenn der Stichprobe eine Zufallsauswahl zugrunde liegt, sind Abweichungen der aus der Stichprobe gewonnenen statistischen Maßzahlen vom Parameter der Grundgesamtheit als Ergebnis des Zufalls zu interpretieren. In diesem Falle können wahrscheinlichkeitstheoretische Überlegungen zum Tragen kommen. Auf deren Basis ist es möglich, einen Bereich abzuschätzen, in dem mit angebbarer Wahrscheinlichkeit der wahre Wert der Grundgesamtheit liegt. Der wahre Wert wird mit einer festlegbaren Wahrscheinlichkeit in einem bestimmten Bereich um den Stichprobenwert liegen. Diesen Bereich nennt man *Konfidenzintervall* (Schätzintervall, Fehlerspielraum, Sicherheitsspielraum, Vertrauensbereich). Zur Ermittlung des Konfidenzintervalls benötigt man die Streuung der (gedanklichen) Verteilung (= Stichprobenverteilung), die durch wiederholte Ziehungen einer großen Anzahl von Stichproben entsteht. Die Standardabweichung dieser Stichprobenverteilung wird auch als *Standardfehler* bezeichnet.

SPSS gibt den Standardfehler und/oder die Ober- und Untergrenze des Konfidenzintervalls (...%-Konfidenzintervall) für arithmetisches Mittel, Schiefe- und Wölbungsmaß (Kurtosis) sowie Regressionskoeffizienten z.T. auf Anforderung, z.T. automatisch in sehr vielen Prozeduren aus. Im Menü Grafiken werden zusätzlich bei den Regelkartendiagrammen auch Konfidenzintervalle für Spannweite und Standardabweichung ausgewiesen. (Eine Besonderheit liegt bei Verwendung des Moduls „Exact Tests" vor. Wendet man dort die Monte-Carlo-Simulation an, werden für die Wahrscheinlichkeiten P eines Stichprobenergebnisses Konfidenzintervalle angegeben (⇨ Kap. 36).

Konfidenzintervall für das arithmetische Mittel. Der Gedanke, der zur Bestimmung von Konfidenzintervallen führt, soll hier am Beispiel des Konfidenzintervalls für das arithmetische Mittel kurz geschildert werden. Angenommen, man möchte den durchschnittlichen Verdienst von Männern (Variable x) durch eine Stichprobenerhebung in Erfahrung bringen. Unter der Voraussetzung, dass die Erhebungsdaten als eine Zufallsstichprobe aus einer definierten Grundgesamtheit (diese habe den Mittelwert μ und die Standardabweichung σ_x) interpretiert werden können, ist der aus der Stichprobe gewonnene Mittelwert $\bar{x}$ eine Punktschätzung für den unbekannten Mittelwert μ der Grundgesamtheit. Da ein Punktschätzwert wegen der Zufallsauswahl der Stichprobe nur selten dem Parameter entspricht, wird häufig eine Intervallschätzung vorgenommen. Bei einer Intervallschätzung wird ein Bereich berechnet – angegeben durch einen unteren und oberen Grenzwert – in dem man das unbekannte μ mit einer Wahrscheinlichkeit von z.B. 95 % (= 0,95 oder allgemein: $1-\alpha$) erwarten kann. Die Wahrscheinlichkeit α kann als Irrtumswahrscheinlichkeit interpretiert werden: Bei einem z.B. 95 %-Konfidenzintervall besteht eine Wahrscheinlichkeit von 5 %, dass der unbekannte Wert nicht in dem zu berechnenden Konfidenzintervall liegt.

Dabei geht man im *direkten Schluss* zunächst von folgender Grundüberlegung aus: Würden aus einer Grundgesamtheit mit normalverteilten Werten unendlich viele Stichproben gezogen, so würde die Verteilung von $\bar{x}$ dieser Stichproben selbst wieder eine Normalverteilung sein, wobei deren Mittelwert dem wahren Wert μ entspricht und deren Standardabweichung (= Standardfehler) $\sigma_{\bar{x}}$ aus der Standardabweichung der Grundgesamtheit σ_x und dem Stichprobenumfang n ableitbar ist: $\sigma_{\bar{x}} = \sigma_x / \sqrt{n}$. Glücklicherweise führt eine Verletzung der Voraussetzung normalverteilter Werte in der Grundgesamtheit in den meisten Fällen zu keinen großen Problemen. So ist z.B. auch die Stichprobenverteilung von $\bar{x}$ aus einer Grundgesamtheit mit uniform verteilten Werten bei genügend großem Stichprobenumfang nahezu normalverteilt mit einem Mittelwert von μ und einer Standardabweichung von $\sigma_{\bar{x}} = \sigma_x / \sqrt{n}$. Demgemäß kann man z.B. erwarten, dass ein aus einer Zufallsstichprobe gewonnenes $\bar{x}$ mit einer Wahrscheinlichkeit $P = 1-\alpha = 0{,}95$ (= 95 %) in den zu μ symmetrischen Bereich mit der Untergrenze $\mu - 1{,}96\sigma_{\bar{x}}$ und Obergrenze $\mu + 1{,}96\sigma_{\bar{x}}$ fällt. Der Wert 1,96 entspricht der Standardnormalverteilungsvariable z für eine Wahrscheinlichkeit von $\frac{\alpha}{2} = 0{,}025$. Ganz allgemein lässt sich formulieren:

$$P(\mu - z_{\frac{\alpha}{2}}\sigma_{\bar{x}} \leq \bar{x} \leq \mu + z_{\frac{\alpha}{2}}\sigma_{\bar{x}}) = P(\mu - z_{\frac{\alpha}{2}}\frac{\sigma_x}{\sqrt{n}} \leq \bar{x} \leq \mu + z_{\frac{\alpha}{2}}\frac{\sigma_x}{\sqrt{n}}) = 1 - \alpha \tag{8.5}$$

In Abb. 8.5 links ist dieses dargestellt: die Variable $\bar{x}$ fällt mit einer Wahrscheinlichkeit von $1-\alpha$ (schraffierter Bereich) in die Grenzen $\mu \pm z_{a/2}\sigma_{\bar{x}}$. Auch für andere symmetrisch um μ liegende Intervalle lassen sich Wahrscheinlichkeiten bestimmen. So liegen z.B. im Bereich ± 2,57 Standardabweichungen um das arithmetische Mittel 99 % der Stichprobenmittelwerte. Soweit der *direkte* Schluss.
Wird im *Umkehrschluss* ein solcher Bereich zur Bestimmung eines Schätzintervalles für μ benutzt, so spricht man von einem Konfidenzintervall.

Im Umkehrschluss kann man bei Kenntnis des arithmetischen Mittels $\bar{x}$ nur *einer* Stichprobe sagen, dass ein gesuchtes z.B. 95 %- Konfidenzintervall für das unbekannte arithmetische Mittel μ in den Grenzen $\bar{x}-1{,}96\sigma_{\bar{x}}$ bzw. $\bar{x}+1{,}96\sigma_{\bar{x}}$ um das Mittel $\bar{x}$ der Stichprobe liegt. Weil gemäß direkten Schlusses $\bar{x}$ mit einer Wahrscheinlichkeit von P = 0,95 im Intervall $\mu \pm 1{,}96 \cdot \sigma_{\bar{x}}$ liegt, muss umgekehrt in dem Konfidenzintervall $\bar{x} \pm 1{,}96 \cdot \sigma_{\bar{x}}$ das unbekannte μ mit einer Wahrscheinlichkeit von P liegen. In allgemeiner Formulierung gilt:

$$P(\bar{x} - z_{\frac{\alpha}{2}}\sigma_{\bar{x}} \le \mu \le \bar{x} + z_{\frac{\alpha}{2}}\sigma_{\bar{x}}) = P(\bar{x} - z_{\frac{\alpha}{2}}\frac{\sigma_x}{\sqrt{n}} \le \mu \le \bar{x} + z_{\frac{\alpha}{2}}\frac{\sigma_x}{\sqrt{n}}) = 1-\alpha \tag{8.6}$$

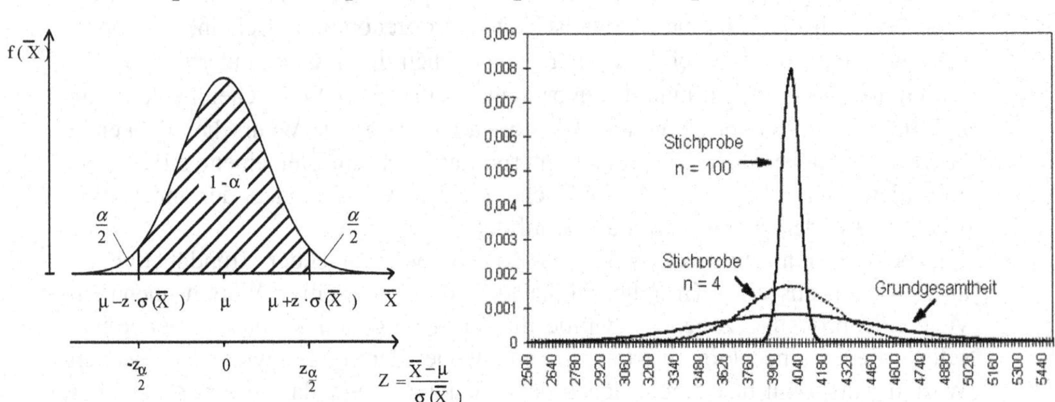

Abb. 8.5. Stichprobenverteilung von $\bar{x}$ (links); Streuung der Stichprobenmittelwerte $\bar{x}$ bei den Stichprobengrößen n = 4 und n = 100 (rechts)

In der Regel wird eine 95prozentige oder 99prozentige Sicherheit angestrebt und entsprechend ein Konfidenzintervall von ± 1,96 Standardabweichungen bzw. ± 2,57 Standardabweichungen um den gefundenen Wert gelegt.

In der Realität kennen wir i.d.R. aber nicht die Streuung σ_x der Grundgesamtheit und damit auch nicht die Standardabweichung der Stichprobenverteilung. Bekannt sind nur die statistischen Maßzahlen *einer* Stichprobe. Deshalb ersetzt man σ_x durch seinen aus der Stichprobe gewonnenen unverzerrten Schätzwert $s = \sqrt{\frac{1}{n-1}\sum(x-\bar{x})^2}$. Dann wird die standardnormalverteilte Variable ($z = \frac{\bar{x}-\mu}{\sigma_x/\sqrt{n}}$) zur t-verteilten Variablen ($t = \frac{\bar{x}-\mu}{s/\sqrt{n}}$) mit $n-1$ Freiheitsgraden. In Gleichung 8.6 muss demgemäß σ_x durch s und z durch t der t-Verteilung mit $n-1$ Freiheitsgraden (FG) ersetzt werden. Es gilt dann

$$P(\bar{x} - t_{\frac{\alpha}{2},FG}\frac{s}{\sqrt{n}} \le \mu \le \bar{x} + t_{\frac{\alpha}{2},FG}\frac{s}{\sqrt{n}}) = 1-\alpha \tag{8.7}$$

Die Größe der Standardabweichung $\sigma_{\bar{x}}$ und damit das Konfidenzintervall hängt wegen $\sigma_{\bar{x}} = \sigma_x/\sqrt{n}$ erstens von der Streuung σ_x der Grundgesamtheit (bzw. s der Stichprobe) ab. Er wird umso größer, je größer die Streuung in der Grundgesamtheit ist. Zweitens ist er vom Stichprobenumfang n abhängig. Er wird umso geringer, je größer der Umfang der Stichprobe ist. In Abb. 8.5 rechts ist diese Gesetzmäßigkeit demonstriert: mit größerem Stichprobenumfang n (hier: n = 4 und n = 100) aus der Grundgesamtheit wird die Standardabweichung der Stichprobenverteilung kleiner.

Durch den Multiplikator z bzw. t, den Sicherheitsfaktor, der das Vielfache des Standardfehlers angibt, wird festgelegt, mit welcher Sicherheit der wahre Wert in das Konfidenzintervall fällt. Üblich sind die Sicherheitsniveaus 95 % (Multiplikator 1,96 bei Normalverteilung) und 99 % (Multiplikator 2,576 bei Normalverteilung). Bei der t-Verteilung gilt für dieselbe Wahrscheinlichkeit je nach Stichprobengröße (genauer Zahl der Freiheitsgrade: FG = $n-1$) ein anderes t. Den zu einer Wahrscheinlichkeit gehörigen t-Wert müssen Sie gegebenenfalls in einer Tabelle der t-Verteilung nachschlagen.

Angenommen, man hat eine Stichprobe mit $n = 30$, $\bar{x} = 2500$, $s = 850$ erhoben und möchte einen 95 %-Konfidenzbereich für den unbekannten Mittelwert μ berechnen. Für FG = 29 und $\frac{\alpha}{2} = 0{,}025$ ergibt sich aus einer t-Tabelle $t = 2{,}045$.

Als Grenzwerte für den 95 %-Konfidenzbereich ergeben sich: $2500 - 2{,}045 \cdot \frac{850}{\sqrt{30}} = 2182{,}64$ und $2500 + 2{,}045 \cdot \frac{850}{\sqrt{30}} = 2817{,}36$. Bei einem höheren Stichprobenumfang n kann die t-Verteilung durch die Normalverteilung approximiert werden, so dass dann zur Vereinfachung mit z-Werten der Standardnormalverteilung gerechnet werden darf[1].

Wenn SPSS Konfidenzintervalle berechnet, fordert man überwiegend nur das gewünschte Sicherheitsniveau in Prozent an. Die SPSS-Prozeduren benutzen dann automatisch die richtigen zu dieser Wahrscheinlichkeit gehörenden t-Werte aus der t-Verteilung. Ausnahmen gelten bei Regelkartendiagrammen (dort muss der gewünschte t-Wert eingegeben werden) und beim Fehlerbalkendiagramm (dort kann dieser alternativ eingegeben werden).

Hinweise zu Einschränkungen der Anwendbarkeit von Konfidenzintervallen und Anwendung bei anderen Wahrscheinlichkeitsauswahlen.

- Die Konfidenzintervallberechnung ist natürlich nur geeignet, die durch Zufallsauswahl entstandenen Fehlerschwankungen zu berücksichtigen. Voraussetzung ist also, dass überhaupt eine solche Auswahl vorliegt. Das ist bei sehr vielen sozialwissenschaftlichen Untersuchungen (Quotenauswahl, Auswahl typischer Fälle, Auswahl auf Geratewohl) nicht der Fall. Selbst bei einer Zufallsstichprobe aber werden andere, systematische Auswahlverzerrungen nicht berücksichtigt.
- Das wahrscheinlichkeitstheoretische Modell der Ziehung einer einfachen uneingeschränkten Zufallsauswahl *mit Zurücklegen* muss zutreffen. SPSS geht grundsätzlich bei der Berechnung von Standardfehler von diesem Modell aus. Die Ergebnisse können aber auch bei einer einfachen uneingeschränkten Zufallsauswahl *ohne Zurücklegen* verwendet werden, wenn der Anteil der Stichprobe an der Grundgesamtheit relativ

---

[1] Tabellen der t-Verteilung und der Standardnormalverteilung finden Sie auf den Internetseiten zum Buch.

gering ist. Gewöhnlich setzt man das voraus, wenn der Stichprobenumfang weniger als 10 % des Umfanges der Grundgesamtheit ausmacht.

- Für einige Parameter wie Prozentwerte, Perzentilwerte, Zusammenhangsmaße bietet SPSS keine Berechnung von Standardfehler bzw. Konfidenzintervall an.

Es sollen nun einige Hinweise auf den Unterschied der Konfidenzintervalle bei Anwendung anderer wahrscheinlichkeitstheoretischer Auswahlverfahren gegeben werden. Wenn, wie in den Sozialwissenschaften kaum vermeidbar, wegen weiterer systematischer Auswahlfehler, die berechneten Konfidenzintervalle ohnehin nur als Anhaltspunkte gewertet werden können, kann es ausreichen, mit den Formeln von SPSS zu arbeiten und grobe Korrekturen im Hinblick auf das tatsächlich verwendete Verfahren vorzunehmen. (Die Überlegungen gelten nur, wenn die Auswahl *nicht disproportional* erfolgt.)

- *Großer Anteil der Stichprobe an der Grundgesamtheit (ca. ab 10 %).* Beim Ziehen ohne Zurücklegen ist die Endlichkeitskorrektur vorzunehmen. Der Standardfehler ist mit dem Faktor $\sqrt{\frac{N-n}{N-1}}$ zu multiplizieren.

  (N = Anzahl der Untersuchungseinheiten in der Grundgesamtheit).
- *Klumpenauswahl.* Wenn die Klumpen per Zufall gezogen werden, kann die einfache Formel benutzt werden. Fälle sind aber die Klumpen, nicht die Einzelfälle. Gegebenenfalls muss also – nur zur Berechnung des Standardfehlers – durch Aggregation eine neue Datei mit den Klumpen als Fällen erstellt werden.
- *Geschichtete Zufallsauswahl.* Sie führt zu geringeren Auswahlfehlern als eine einfache Zufallsauswahl. Der Grad der Verbesserung hängt allerdings sehr von der Heterogenität zwischen den Schichten und der Homogenität innerhalb der Schichten ab. Bei sozialwissenschaftlichen Untersuchungen ist der positive Schichtungseffekt nicht allzu hoch zu veranschlagen. Es mag genügen, mit den Formeln für einfache Zufallsauswahl zu arbeiten und sich zu vergegenwärtigen, dass man den Fehlerspielraum etwas überschätzt.
- *Mehrstufige Auswahl* (wenn auf jeder Ebene per Zufall ausgewählt wird). Der Standardfehler ist gegenüber der einfachen Zufallsauswahl höher. Die Berechnung kann je nach Zahl der Ebenen und der auf diesen jeweils angewendeten Auswahlmethode überaus komplex sein. Für eine zweistufige Auswahl kann der Standardfehler recht gut auf zwei verschiedene Arten näherungsweise berechnet werden. Erstes Verfahren: Man vernachlässigt den Effekt der zweiten Auswahlstufe und betrachtet die erste Stufe als Klumpenauswahl. Dann kann man den Standardfehler wie unter Klumpenauswahl beschrieben berechnen. Zweites Verfahren: Man berechnet den Standardfehler so, als läge eine einfache Zufallsauswahl vor und multipliziert das Ergebnis mit $\sqrt{2}$. Dies hat sich als grobe Annäherung bewährt (⇨ Böltken, S. 370).

8.5 Das Menü „Deskriptive Statistik"

Das Menü „Deskriptive Statistiken" enthält als Option ein gleichnamiges Untermenü. Dieses Untermenü bietet statistische Maßzahlen für zumindest auf dem Intervallskalenniveau gemessene (metrische) Daten an. Gegenüber dem Angebot von „Häufigkeiten..." fehlen daher die Perzentilwerte und der Modalwert. Ansonsten handelt es sich um dieselben statistischen Maßzahlen wie im Untermenü „Häufigkeiten". Es werden allerdings lediglich die statistischen Maßzahlen berechnet, also keine Tabellen oder Grafiken erstellt. Zusätzlich zu „Häufigkeiten..." bietet „Deskriptive Statistiken..." die Möglichkeit an, die Rohdaten in standardisierte z-Werte zu transformieren und diese als neue Variable zu speichern.

Z-Transformation. Eine Transformation der Rohdaten in standardisierte z-Werte kann aus zwei Gründen erfolgen:

- Erstens sind die Rohdaten verschiedener Variablen aufgrund der unterschiedlichen Messskalen in vielen Fällen kaum vergleichbar. Durch die z-Transformation werden dagegen Daten beliebiger metrischer Variablen auf einer vergleichbaren Messskala dargestellt.
- Zweitens wird die z-Transformation oft quasi als ein Mittel verwendet, auf Ordinalskalenniveau gemessene Daten auf Intervallskalenniveau zu heben. Man unterstellt dabei, dass die zugrundeliegende Verteilung einer Normalverteilung entspricht und die Bestimmung der relativen Position eines Falles innerhalb einer solchen Verteilung einer Messung auf einer Intervallskala gleich kommt.

Der z-Wert gibt nun die relative Position in einer solchen Verteilung an, indem er die Differenz des Rohwertes zum arithmetischen Mittel in Standardabweichungen ausdrückt.

$$z_i = \frac{x_i - \bar{x}}{s} \tag{8.8}$$

Das arithmetische Mittel der z-Werte ist 0 und die Standardabweichung 1.

So lässt sich etwa der z-Wert für eine Person mit einem Einkommen von 1200 EUR in unserer oben dargestellten Einkommensverteilung berechnen. Das arithmetische Mittel beträgt 1415,73 EUR, die Standardabweichung 900,19:

$$Z_{1200} = (1200 - 1415{,}73) : 900{,}20 = 0{,}239$$

Ein Einkommen von 1200 EUR weicht demnach etwas weniger als eine Viertel Standardabweichung vom durchschnittlichen Einkommen nach unten ab. Aus Tabellen für die Standardnormalverteilung kann man für einen so ermittelten Wert auch entnehmen, wie viel Prozent der Einkommensbezieher ein geringeres, wie viel ein höheres Einkommen beziehen.

Die so ermittelten z-Werte werden häufig für die Berechnung multifaktorieller Statistiken benutzt. Nur nach einer solchen Standardisierung lässt sich z.B. die relative Bedeutung verschiedener Variablen beurteilen.

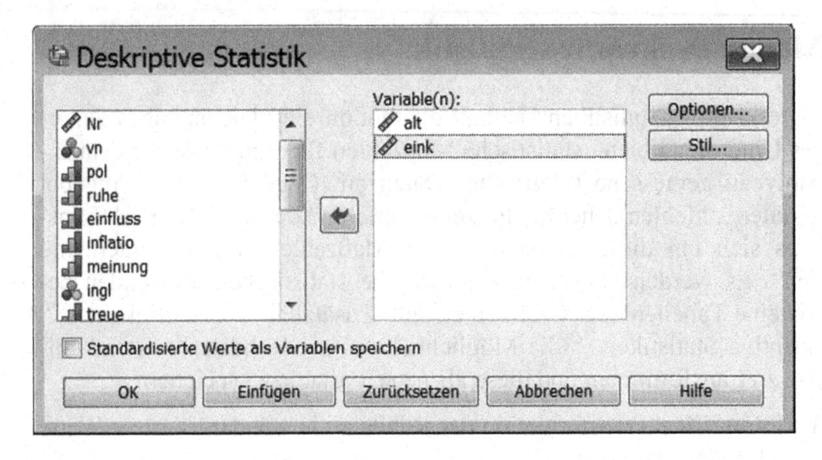

Abb. 8.6. Dialogbox „Deskriptive Statistik"

Für das folgende *Beispiel* öffnen Sie ALLBUS12. Nach Auswahl von:

▷ „Analysieren", „Deskriptive Statistiken ▷", „Deskriptive Statistik..." öffnet sich die Dialogbox „Deskriptive Statistik" (⇨ Abb. 8.6). Hier können Sie aus der Variablenliste die Variablen auswählen (Hier: ALT und EINK). Außerdem steht ein Kontrollkästchen *.Standardisierte Werte als Variable speichern* zur Verfügung. Damit bestimmen Sie, ob z-Werte als neue Variable gesichert werden.

Abb. 8.7. Dialogbox „Deskriptive Statistik: Optionen"

Das Anklicken der Schaltfläche „Optionen..." öffnet die Dialogbox „Deskriptive Statistik: Optionen" (⇨ Abb. 8.7).

Hier können die gewünschten Statistiken durch Anklicken von Kontrollkästchen ausgewählt werden. Voreingestellt sind: arithmetisches Mittel („Mittelwert"), Standardabweichung, Minimum und Maximum.

Eine weitere Gruppe „Anzeigereihenfolge" ermöglicht es, wenn gleichzeitig mehrere Variablen bearbeitet werden, durch Anklicken des entsprechenden Optionsschalters die Reihenfolge der Ausgabe zu bestimmen:

❑ *Variablenliste.* Ordnet sie in der Reihenfolge ihrer Auswahl (Voreinstellung).
❑ *Alphabetisch (Variablennamen).* Ordnet die Variablen nach ihrem Namen in alphabetischer Ordnung.
❑ *Aufsteigende Mittelwerte.* Ordnet die Variablen nach ihrem arithmetischen Mittel in ansteigender Reihenfolge, ausgehend vom kleinsten Mittelwert.
❑ *Absteigende Mittelwerte.* Ordnet umgekehrt nach absteigender Größe des arithmetischen Mittels.

▷ Wählen Sie die gewünschten Optionen aus und bestätigen Sie mit „Weiter" und „OK".

Die vorgeschlagenen Einstellungen ergeben die Ausgabe in Tabelle 8.6. Die Variablen „Einkommen" und „Alter" sind in umgekehrter Reihenfolge geordnet, weil sich für Alter ein kleineres arithmetisches Mittel ergibt als für Einkommen. Für beide Variablen werden alle ausgewählten statistischen Kennzahlen angezeigt.

Außerdem werden für EINK und ALT z-Werte in zwei neuen Variablen ZEINK und ZALT gespeichert wurden. Als Variablenbeschriftung wird die alte Beschriftung mit vorangestelltem „Z-Wert:" übernommen. Mit diesen neuen Variablen können in Zukunft beliebige statistische Operationen ausgeführt werden.

Tabelle 8.6. Einige Deskriptive Statistiken für die Variablen „Alter" und „Einkommen"

Deskriptive Statistik

	N	Minimum	Maximum	Mittelwert	Standardabweichung
alt	300	18	86	49,62	17,271
eink	228	100	4500	1415,73	900,196
Gültige Werte (Listenweise)	228				

8.6 Das Menü „Verhältnis"

Das Menü „Verhältnis" dient dem Vergleich von Gruppen (unabhängige Variablen), wenn die abhängige Variable eine zusammengesetzte Variable ist, deren Wert sich aus dem Verhältnis der Werte zweier Ausgangsvariablen ergibt. (*Beispiel:* Stundenkilometer, Stundenlohn, Umsatz zu Verkaufsfläche etc.). Man könnte diese abhängige Variable auch aus den Ausgangsvariablen mit dem Menü „Berechnen" bilden und für die Analyse z.B. das Menü „Mittelwerte vergleichen verwenden". Das Menü „Verhältnis" erspart aber diesen Umweg und bietet darüber hinaus einige Statistiken (Lage-, Streuungs- und Konzentrationsmaße) an, die in den anderen Menüs nicht zur Verfügung stehen.

Beispiel. Für die Daten von ALLBUS12.SAV soll der Stundenlohn von Männern und Frauen verglichen werden. Eine Variable Stundenlohn existiert nicht, sie ergibt sich vielmehr aus dem Verhältnis von EINK (Einkommen im Monat) und STDMON (Arbeitsstunden im Monat). Es sollen das arithmetische Mittel (mitsamt Konfidenzintervall) und die Standardabweichung verglichen werden. Außerdem soll festgestellt werden, ob sich der Grad der Konzentration in einem Bereich mit Untergrenze Mittelwert – 50% des Mittelwertes und der Obergrenze Mittelwert + 50% des Mittelwerts bei den beiden Gruppen unterscheidet.

Um diese Analyse durchzuführen, gehen Sie wie folgt vor:

▷ Wählen Sie „Analysieren", „Deskriptive Statistiken" und „Verhältnis". Die Dialogbox „Verhältnisstatistik" erscheint (⇨ Abb. 8.8).
▷ Bilden Sie die abhängige Variable, indem Sie EINK aus der Variablenliste in das Feld „Zähler" übertragen und STDMON in das Feld „Nenner".
▷ Geben Sie an, für welche Gruppen der Vergleich durchgeführt werden soll, indem Sie die unabhängige Variable GESCHL in das Feld „Gruppierungsvariable" übertragen. Die Voreinstellungen hinsichtlich Sortierung der Ausgabe behalten wir bei.

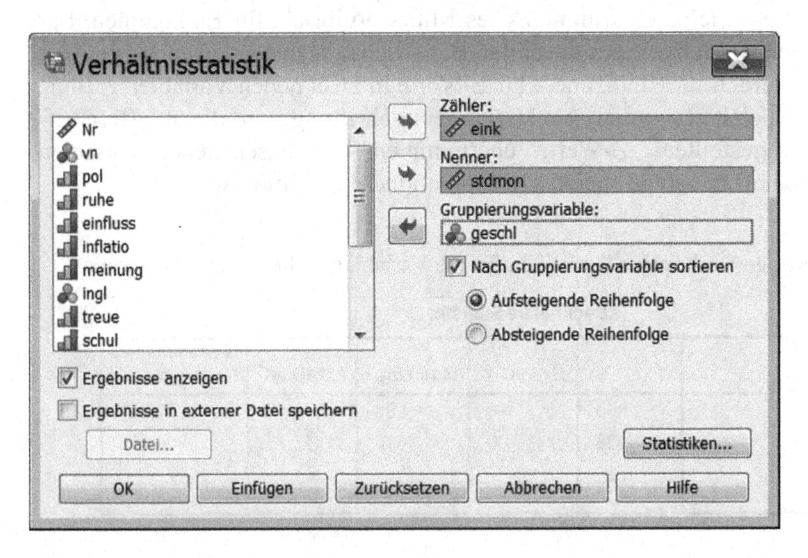

Abb. 8.8. Dialogbox "Verhältnisstatistik"

Jetzt muss festgelegt werden, welche Statistiken zum Vergleich herangezogen werden sollen.

▷ Dazu öffnen Sie durch Anklicken der Schaltfläche „Statistiken" die Dialogbox „Verhältnisstatistik: Statistik" (⇨ Abb. 8.9).
▷ Markieren Sie in der Gruppe „Lagemaße" die Option „Mittelwert", in der Gruppe „Streuung" die Option „Standardabweichung".
▷ Zur Definition des Konzentrationsmaßes tragen Sie in das Eingabefeld „Innerhalb des Prozentsatz des Medians" bei „Pozentsatz des Medians" den Wert 50 ein und übertragen dies durch „Hinzufügen" in das Auswahlfeld.

▷ Markieren Sie das Auswahlkästchen „Konfidenzintervalle“. Bestätigen Sie mit „Weiter“ und „OK“.

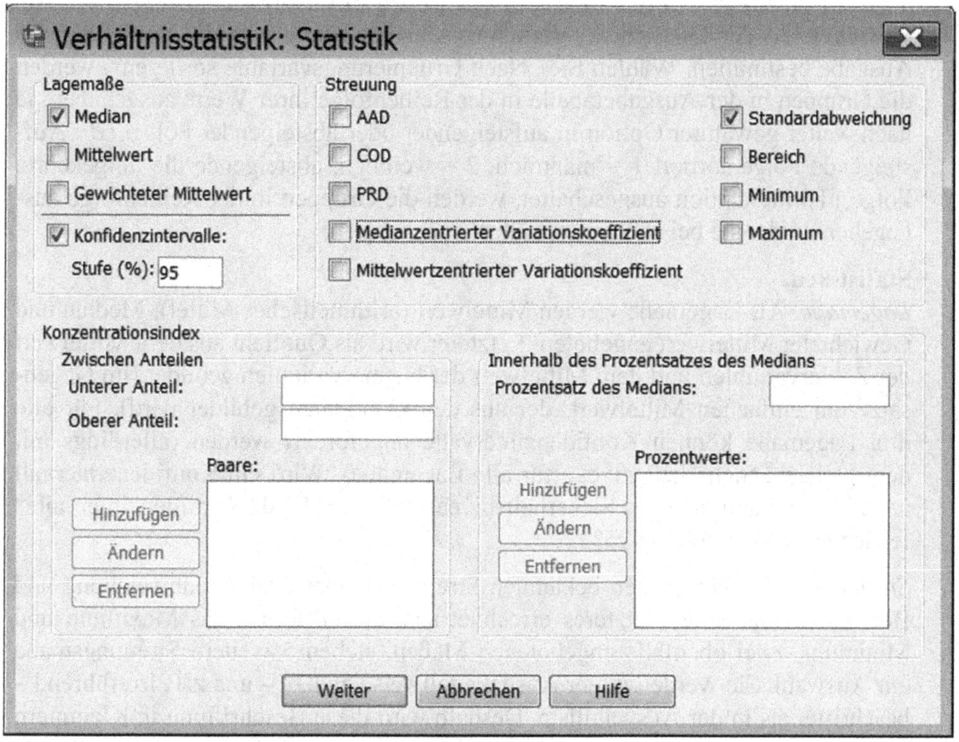

Verhältnisstatistik: Statistik
Lagemaße
Median
Mittelwert
Gewichteter Mittelwert
Konfidenzintervalle:
Stufe (%): 95
Streuung
AAD
COD
PRD
Medianzentrierter Variationskoeffizient
Mittelwertzentrierter Variationskoeffizient
Standardabweichung
Bereich
Minimum
Maximum
Konzentrationsindex
Zwischen Anteilen
Unterer Anteil:
Oberer Anteil:
Paare:
Hinzufügen
Ändern
Entfernen
Innerhalb des Prozentsatzes des Medians
Prozentsatz des Medians:
Prozentwerte:
Hinzufügen
Ändern
Entfernen
Weiter Abbrechen Hilfe

Abb. 8.9. Dialogbox „Verhältnisstatistik: Statistik“

Die Ausgabe sehen Sie in Tabelle. 8.7.

Tabelle 8.7. Einige Statistiken für die Variable EINK/STDMO

Verhältnistatistik für eink / stdmon

Gruppe	Mittelwert	Konfidenzintervall 95% für Mittelwert: Untergrenze	Konfidenzintervall 95% für Mittelwert: Obergrenze	Std.-Abweichung	Konzentrationskoeffizient: Innerhalb 50% des Medians
MANN	11,931	10,528	13,335	5,708	66,7%
FRAU	9,603	8,729	10,477	3,611	85,3%
Insgesamt	10,750	9,915	11,584	4,885	76,1%

Beim Erstellen der Konfidenzintervalle wird von einer Normalverteilung der Verhältnisse ausgegangen.

Man kann dieser u.a. entnehmen, dass der Stundenlohn im Mittel bei den Männern höher liegt als bei den Frauen (ca. 12 gegenüber ca. 9,60 EUR). Die Löhne der Männer streuen mit einer Standardabweichung von 5,708 etwas stärker als die der

Frauen mit 3,611. Dabei konzentriert sich bei den Frauen etwa 85%, bei den Männern dagegen nur ca. 67% in einer mittleren Einkommensgruppe Median ± 50% des Medians.

Optionen. In der Dialogbox „Verhältnisstatistik“ können sie die Sortierung der Ausgabe bestimmen. Wählen Sie „Nach Gruppierungsvariable sortieren“, werden die Gruppen in der Ausgabetabelle in der Reihenfolge ihrer Werte ausgegeben, je nach weiter gewählter Option in aufsteigender oder absteigender Folge. (*B.*: Aufsteigende Folge sortiert 1 = männlich, 2 = weiblich, absteigende die umgekehrte Folge.) Ist die Option ausgeschaltet, werden die Gruppen in der Reihenfolge ausgegeben, in der sie bei den ersten Fällen erscheinen.

Statistiken.
Lagemaße. Als Lagemaße werden Mittelwert (arithmetisches Mittel), Median und Gewichteter Mittelwert angeboten. Letzterer wird als Quotient aus dem Mittelwert der Zählervariablen und dem Mittelwert der Nennervariablen gebildet (im Gegensatz zum einfachen Mittelwert, der aus den Quotienten gebildet wird). Für alle drei Lagemaße können Konfidenzintervalle angefordert werden (allerdings mit dem gleichen Sicherheitsniveau für alle Lagemaße). Wird ein Konfidenzintervall angefordert, kann man das Sicherheitsniveau selbst im Feld „Konfidenzintervalle“ festlegen (Voreinstellung 95%).

Streuungsmaße. Neben den bekannten Streuungsmaßen Standardabweichung und Bereich (Spannweite), letzteres errechnet sich als Differenz aus Maximum und Minimum, zwei ebenfalls angebotenen Maßen, stehen 5 weitere Streuungsmaße zur Auswahl. Sie werden in der Ausgabe teilweise anders – und z.T. irreführend – beschriftet als in der Auswahlliste. Deshalb wird diese Beschriftung in Klammern angeführt.

- *AAD* (Mittlere absolute Abweichungen). Summe der absoluten Abweichungen von Mittelwert durch Zahl der Fälle.
- *COD* (Streuungskoeffizient). Ist AAD geteilt durch Mittelwert (das Gegenstück zum Variationskoeffizienten, der sich aus der Standardabweichung errechnet).
- *PRD* (Preisgebundene Differenz). Ist der Quotient aus Mittelwert und gewichtetem Mittelwert.
- *Mittelwertzentrierter Variationskoeffizient* (Variationskoeffizient / zentrierter Mittelwert). Es handelt sich um den bekannten Variationskoeffizienten: Standardabweichung durch Mittelwert.
- *Medianzentrierter Variationskoeffizient* (Variationskoeffizient / zentrierter Median). Standardabweichung geteilt durch Median.

Konzentrationsindex. Das Ergebnis der Konzentrationsmaße ist immer der Anteil der Gruppe, deren Wert in einen bestimmten Bereich fällt (*B.*: Anteil der Männer bzw. der Frauen, die einen Stundenlohn zwischen 5 und 10 EUR erreichen). (Ein solcher Konzentrationsindex kann immer nur in Kombination mit einer Statistik gewählt werden, z.B. dem arithmetischen Mittel, obwohl das für das Ergebnis keine Bedeutung hat.) Der Bereich, für den der Anteil der Fälle ermittelt werden soll, kann auf zweierlei Weise bestimmt werden:

- (*Verhältnisse) zwischen Anteilen.* Hier werden feste Ober- und Untergrenzen des Bereichs angegeben, z.B. zwischen 5 und 10 (EUR für Stundenlohn).
- (*Verhältnisse) innerhalb der Prozentsätze des Medians.* Auch hier wird ermittelt, wie viel Prozent einer Gruppe mit ihren Werten zwischen zwei Grenzen liegen. Nur werden diese Grenzen implizit ermittelt aus einer bestimmten prozentualen Abweichung vom Medianwert nach oben und unten. Die hoch die prozentuale Abweichung sein soll, gibt man im Feld „Prozentsatz des Medians" an (B.: Der Median beträgt EUR 16. Gewünscht ist 50% des Medians. Dies wären EUR 8. Also liegt die Untergrenze des Bereichs, für den der Anteil der Gruppe berechnet wird, bei 8, die Obergrenze bei 24 EUR.

9 Explorative Datenanalyse

Das Untermenü „Explorative Datenanalyse“ (im Syntaxhandbuch und im Algorithmenhandbuch wird es als „Examine“ geführt) vereinigt zwei unterschiedliche Arten von Optionen:

- Zunächst bietet es Ergänzungen der deskriptiven – zumeist eindimensionalen – Statistik. Das sind zum einen die *robusten Lageparameter*. Hierbei handelt es sich um auf besondere Weise berechnete Mittelwerte, bei denen der Einfluss von Extremwerten ausgeschaltet oder reduziert wird. Zum anderen handelt es sich um zwei besondere Formen der grafischen Aufbereitung, den *Stamm-Blatt(Stem-und-Leaf-)Plot*[1] und den *Boxplot*. Beide dienen dazu, Verteilungen genauer bzw. unter speziellen Aspekten aussagekräftig darzustellen. Diese Hilfsmittel können zur normalen deskriptiven Analyse gebraucht werden, aber auch – was für andere deskriptive Statistiken gleichfalls zutrifft – zur Prüfung der Daten auf Fehler und zur Vorbereitung weiterer Analysen. Auch das Vorliegen der Anwendungsvoraussetzungen statistischer Prüfmodelle kann damit teilweise untersucht werden. Die Fehlersuche, aber auch die Hypothesengenerierung, wird zusätzlich durch Optionen zur Identifikation von Extremfällen unterstützt.
- Es kann das Vorliegen einer Normalverteilung oder von homogenen Streuungen in Untergruppen geprüft werden. Dies sind Anwendungsvoraussetzungen verschiedener statistischer Testmodelle.

9.1 Robuste Lageparameter

Das gebräuchlichste Lagemaß (Lokationsparameter) für metrische Daten ist das arithmetische Mittel. Es besitzt eine Reihe von Vorteilen gegenüber anderen Parametern, unter anderem den, dass alle Werte einer Untersuchungspopulation in die Berechnung eingehen. Andererseits aber hat es den Nachteil, dass es durch Extremwerte (Ausreißer) u.U. stark beeinflusst werden kann und dann ein unrealistisches Bild ergibt. Ausreißer wirken sich insbesondere bei kleinen Populationen störend aus. Diesen Nachteil hat z.B. der Medianwert nicht. Dafür besteht bei ihm aber der umgekehrte Nachteil, dass – insbesondere bei metrisch gemessenen Daten – die verfügbaren Informationen nur rudimentär genutzt werden. Um einerseits möglichst viele Werte zur Berechnung des Lagemaßes zu benutzen, andererseits aber die störenden Einflüsse von Extremwerten auszuschließen, wurden sogenann-

[1] In der Ausgabe als Stengel-Blatt-Diagramm beschriftet.

te *robuste* Lagemaße entwickelt. Allgemein gesprochen, handelt es sich um gewogene arithmetische Mittel, bei deren Berechnung die Werte, je nach Grad der Abweichung vom Zentrum, mit ungleichem Gewicht eingehen, im Extremfalle mit dem Gewicht 0. Allgemein gilt für die robusten Lokationsparameter die Formel:

$$\bar{x} = \frac{\sum w_i \cdot x_i}{\sum w_i} \tag{9.1}$$

Wobei w_i das jeweilige Gewicht des Wertes angibt.

Getrimmte Mittelwerte (Trimmed Mean). Die einfachste Form sind sogenannte „getrimmte Mittelwerte". Sie werden als normales arithmetisches Mittel unter Ausschluss von Extremwerten berechnet. Die Extremwerte erhalten (formal gesprochen) das Gewicht 0, alle anderen das Gewicht 1. Als Extremwerte wird ein bestimmter Prozentanteil der Werte an jedem Ende der geordneten Rangreihe der Fälle bestimmt. So bedeutet eine 5 % Trimmung, dass die 5 % niedrigsten und die 5 % höchsten Werte nicht in die Berechnung des arithmetischen Mittels einbezogen werden.

M(aximum-Likelihood)-Schätzer (M-Estimators). SPSS bietet vier verschiedene M-Schätzer. Im Unterschied zu getrimmten Mittelwerten, teilen sie die Werte nicht nur in zwei Kategorien – benutzte und nicht benutzte – ein, sondern vergeben unterschiedliche Gewichte: extremeren Werten geringere, Werten nahe dem Zentrum höhere. Der Unterschied zwischen den verschiedenen Schätzern besteht in den verwendeten Gewichtungsschemata.

Allen gemeinsam ist, dass die Berechnung nicht aus den Rohdaten (x_i), sondern aus einer standardisierten Abweichung u_i des jeweiligen Wertes von dem geschätzten Lageparameter (z.B. Mittelwert oder Median) erfolgt.

$$u_i = \frac{|x_i - \text{Lageschätzer}|}{\text{Streuungsschätzer}} \tag{9.2}$$

Die absolute Abweichung des Rohwertes vom (zunächst unbekannten!) robusten Mittelwert (Lageschätzer) wird also durch einen Streuungsparameter geteilt. Da in die Formel der Lageschätzer eingeht, der ja selbst erst Ergebnis der Berechnung sein soll, muss die Berechnung iterativ erfolgen. Als Streuungsschätzer wird gewöhnlich der Median der absoluten Abweichungen vom Stichprobenmedian verwendet. Die Formel für MAD (Median der Abweichungsdifferenzen) lautet:

$$MAD = Md \text{ von allen } |x_i - Md| \tag{9.3}$$

Die Gewichtungsschemata der vier angebotenen M-Schätzer unterscheiden sich nun wie folgt:

- *M-Schätzer nach Hampel.* Hier wird ein kompliziertes Wägungsschema benutzt, das von drei Grenzwerten von u abhängt. Es sind die Grenzen a = 1,7, b = 3,4 und c = 8,5. Werte unterhalb der Grenze a bekommen ein Gewicht von 1, Werte zwischen a und b, ein Gewicht a : u und Werte zwischen b und c ein

Gewicht von: $\frac{a}{u} \cdot \frac{c-u}{c-b}$. Alle Werte oberhalb von c erhalten das Gewicht 0. Abb. 9.1 zeigt das Wägungsschema.

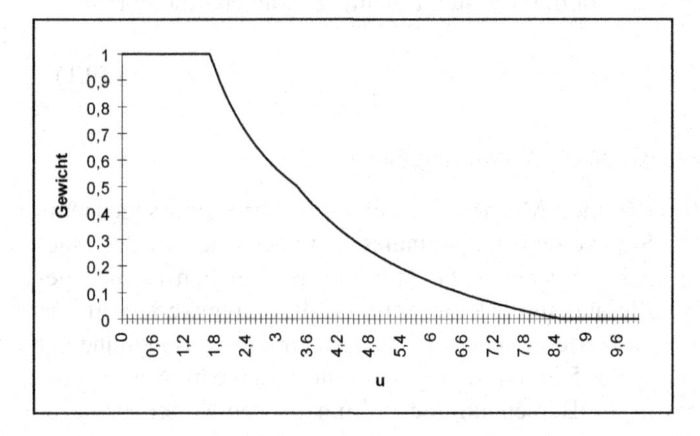

Abb. 9.1. Wägungsschema für „M-Schätzer nach Hampel“

Die anderen Verfahren arbeiten nur mit einer kritischen Grenze c.

- *M-Schätzer nach Huber.* Das Gewicht bleibt bis zur kritischen Grenze c = 1,339 gleich hoch und sinkt dann kontinuierlich.
- *Tukey-Biweight.* Das Gewicht sinkt langsam von 1 auf 0, bis zur kritischen Grenze c = 4,685. Bei größeren Werten ist das Gewicht 0.
- *Andrews-Welle.* Die Gewichte sinken ohne abrupten Übergang von 1 auf 0. Die kritische Grenze ist c = 1,339 π. Höhere Werte erhalten das Gewicht 0.

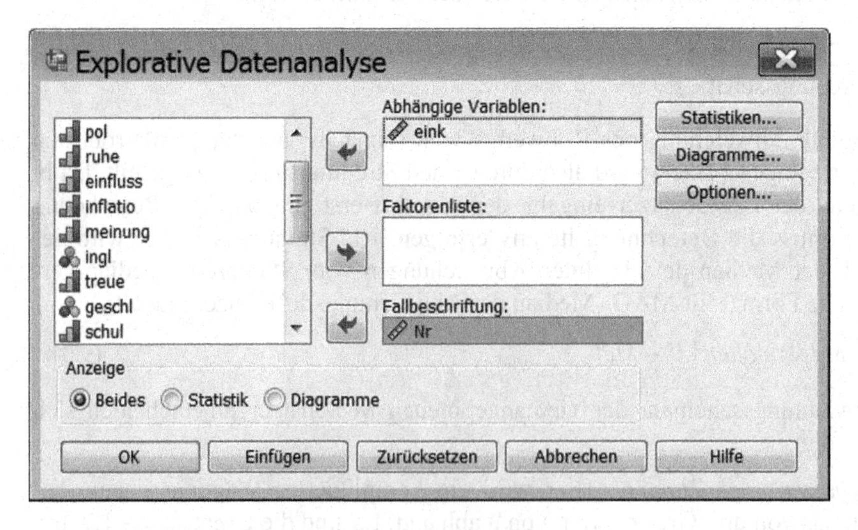

Abb. 9.2. Dialogbox „Explorative Datenanalyse“

Um die robusten Lokationsparameter zu berechnen, gehen Sie wie folgt vor (Beispiel aus ALLBUS12.SAV):

- ▷ Wählen Sie die Befehlsfolge „Analysieren", „Deskriptive Statistiken ▷", „Explorative Datenanalyse...". Es öffnet sich die Dialogbox „Explorative Datenanalyse" (⇨Abb. 9.2).
- ▷ Übertragen Sie die gewünschte Variable aus der Quellvariablenliste in das Eingabefeld „Abhängige Variablen:" (hier: EINK).
- ▷ Sollten Sie auch an der Identifikation von Extremwerten interessiert sein, übertragen Sie die Identifikationsvariable aus der Quellvariablenliste in das Eingabefeld „Fallbeschriftung:" (hier: NR, mit den Fallnummern als Werten).
- ▷ Interessieren ausschließlich die Statistiken, klicken sie in der Gruppe „Anzeige" auf den Optionsschalter „Statistik".
- ▷ Klicken Sie auf die Schaltfläche „Statistiken...". Die Dialogbox „Explorative Datenanalyse: Statistik" erscheint (⇨ Abb. 9.3).

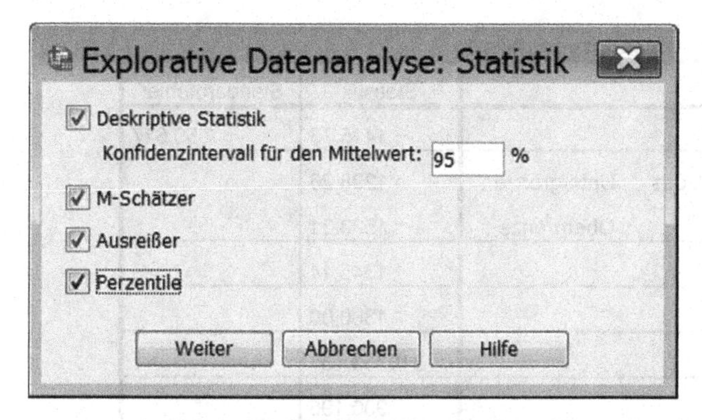

Abb. 9.3. Dialogbox „Explorative Datenanalyse: Statistik"

- ▷ Klicken Sie auf die Kontrollkästchen „Deskriptive Statistik" und „M-Schätzer".
- ▷ Bestätigen Sie mit „Weiter" und „OK".

Im Beispiel ergibt sich die in Tabelle 9.1 dargestellte Ausgabe. Die erste Tabelle ergibt sich aus der Option „Deskriptive Statistik". Sie enthält die typischen Lage-, Streuungs- und Form-Maße, wie sie schon bei der Besprechung der Menüs „Häufigkeiten" und „Deskriptive Statistiken" dargestellt wurden. Ergänzend sind zwei Maße zu erwähnen. Das Maß „Interquartilbereich". Es gibt die Distanz zwischen oberem Quartil (75. Perzentil) und unterem Quartil (25. Perzentil) an. Es ist ein gebräuchliches Streuungsmaß. „5 % getrimmtes Mittel" ist ein getrimmtes arithmetisches Mittel, das unter Auslassung der 5 % Fälle mit den höchsten und der 5 % Fälle mit den niedrigsten Werten berechnet wird. Der Wert liegt mit 1298,26 etwas unter dem normalen $\overline{x}$-Wert von 1415,73 EUR. Offensichtlich haben die Extremwerte des oberen Bereiches $\overline{x}$ etwas stärker bestimmt als die des unteren. Außerdem ist noch die Ober- und Untergrenze des 95%-Konfidenzintervall für das arithmetische Mittel angegeben. (Die Voreinstellung des Sicherheitsniveaus von 95% kann in der Dialogbox geändert werden.)

Die eigentlichen M-Schätzer sind in der unteren Tabelle enthalten. Diese Tabelle enthält als Fußnoten auch die verwendeten Gewichtungskonstanten. Die mit „M-Schätzer nach Huber" überschriebene Ausgabe gibt den nach diesem Verfahren berechneten robusten Mittelwert von 1291,27 EUR an. Die Fußnote (mit der völlig irreführenden Beschriftung „Die Gewichtungskonstante ist") teilt mit, dass mit einer kritischen Grenze von 1,339 gerechnet wurde. Nach Hampel beträgt das robuste arithmetischen Mittel 1298,23. Die verwendeten kritischen Grenzen waren laut Fußnote 1,700; 3,400; 8,500. Wie man sieht, liegen die Werte der robusten Lageparameter alle deutlich unter dem des gewöhnlichen arithmetischen Mittels. Es wurde bei allen mehr oder weniger stark der Einfluss der nach oben abweichenden Extremwerte ausgeschaltet. Gleichzeitig schwanken aber auch die robusten Mittelwerte deutlich untereinander. Am niedrigsten fällt Andrews M-Schätzer mit 1241,27 EUR aus, am höchsten der M-Schätzer nach Hampel mit 1298,23 EUR.

Tabelle 9.1. Ausgabe von deskriptiven Statistiken und M-Schätzern

Deskriptive Statistik

			Statistik	Standardfehler
eink	Mittelwert		1415,73	59,617
	95% Konfidenzintervall des Mittelwerts	Untergrenze	1298,26	
		Obergrenze	1533,21	
	5% getrimmtes Mittel		1345,14	
	Median		1300,00	
	Varianz		810353,157	
	Standardabweichung		900,196	
	Minimum		100	
	Maximum		4500	
	Spannweite		4400	
	Interquartilbereich		1200	
	Schiefe		1,092	,161
	Kurtosis		1,190	,321

M-Schätzer

	M-Schätzer nach Huber[a]	Tukey-Biweight[b]	M-Schätzer nach Hampel[c]	Andrews-Welle[d]
eink	1291,27	1242,21	1298,23	1241,27

a. Die Gewichtungskonstante ist 1,339.

b. Die Gewichtungskonstante ist 4,685.

c. Die Gewichtungskonstanten sind 1,700, 3,400 und 8,500

d. Die Gewichtungskonstante ist 1,340*pi.

Weitere Statistikoptionen. Die Dialogbox „Explorative Datenanalyse: Statistiken" bietet weitere Statistikoptionen an:

- *Perzentile.* Gibt verschiedene wichtige Perzentilwerte aus (⇨ Tabelle 9.2). Diese werden nach etwas anderen Methoden als üblich berechnet (siehe unten). Die Verfahren „Weighted Average" und „Tukey Angelpunkte" sind voreingestellt. Weitere können mit der Befehlssyntax angefordert werden.
- *Ausreißer.* Gibt die fünf Fälle mit den höchsten und den niedrigsten Werten aus (⇨ Tabelle 9.3).

Tabelle 9.2. Ausgabe bei Nutzung der Option „Perzentile"

Perzentile

		Perzentile						
		5	10	25	50	75	90	95
Gewichtetes Mittel (Definition 1)	eink	333,50	400,00	700,00	1300,00	1900,00	2520,00	3455,00
Tukey-Angelpunkte	eink			700,00	1300,00	1900,00		

Tabelle 9.3. Ausgabe bei Verwendung der Option „Ausreißer"

Extremwerte

			Fallnummer	Nr	Wert
eink	Größte Werte	1	101	1005	4500
		2	248	2590	4500
		3	225	2376	4100
		4	46	371	4000
		5	128	1295	4000 [a]
	Kleinste Werte	1	227	2392	100
		2	294	2952	150
		3	78	797	175
		4	184	1834	200
		5	182	1829	200 [b]

a. Nur eine partielle Liste von Fällen mit dem Wert 4000 wird in der Tabelle der oberen Extremwerte angezeigt.

b. Nur eine partielle Liste von Fällen mit dem Wert 200 wird in der Tabelle der unteren Extremwerte angezeigt.

Angegeben werden die Werte der Fälle mit den fünf größten und den fünf kleinsten Werten, außerdem die automatisch vergebene SPSS-Fallnummer (und/oder der Wert einer selbst gewählten Identifikationsvariablen [wie hier: NR]). Haben mehrere Fälle denselben Wert, wird nur der erste Fall ausgegeben. Eine Fußnote gibt – wie hier für den Wert 4000 – an, dass noch mehr Fälle mit diesem Wert existieren. Die Identifikation von Extremwerten dient in erster Linie der Suche nach Datenfehlern, aber auch der Prüfung der Frage, inwieweit normale Lokationsparameter angewendet werden können.

Berechnen von Perzentilwerten. Da die Explorative Datenanalyse verschiedene Berechnungsarten für Perzentilwerte anbietet und diese sich etwas von der üblichen Berechnung unterscheiden, sollen diese etwas näher erläutert werden: Ein Perzentilwert ist bekanntlich derjenige Wert, den genau der Fall in einer geordneten Rangreihe hat, unter dem ein bestimmter (durch das gewünschte Perzentil festgelegter) Anteil der Fälle liegt. Nun ist das aber häufig kein bestimmter Fall, sondern die Grenze liegt zwischen zwei Fällen. Beim Medianwert gilt das z.B. immer, wenn er aus einer geraden Anzahl von Fällen zu ermitteln ist. Bei anderen Perzentilwerten tritt diese Situation noch häufiger ein. Die verschiedenen Arten der Perzentilberechnung unterscheiden sich darin, wie sie in einer solchen Situation den Perzentilwert bestimmen. Im Prinzip sind zwei Vorgehensweisen geläufig:

- Es wird (auf unterschiedliche Weise) durch Interpolation ein Zwischenwert zwischen den beiden Werten der Fälle ermittelt, zwischen denen die Grenze verläuft.
- Es wird der Wert einer dieser beiden Fälle (welcher, wird wiederum unterschiedlich festgelegt) als Perzentilwert bestimmt.

Explorative Datenanalyse benutzt per Voreinstellung folgende Berechnungsarten:

① *Gewichtetes Mittel (HAVERAGE).* Wird in der Ausgabe als „Gewichtetes Mittel (Definition 1)" bezeichnet. Diese Berechnungsart entspricht der üblichen Berechnung bei nicht klassifizierten Werten. Es handelt sich um einen gewogenen Mittelwert bei $x_{(n+1)*p}$. Es wird ein gewogener Mittelwert von x_i und x_{i+1} gebildet nach der Formel:

$$(1-f)\cdot x_i + f\cdot x_{i+1} \tag{9.4}$$

Dabei wird $(n+1)\cdot p$ in einen ganzzahligen Anteil i und einen Nachkommaanteil f zerlegt.

Dabei gilt:

n = Zahl der Fälle.
p = Perzentil, angegeben als Anteilszahl.
i = der Rangplatz des unteren der beiden Fälle, zwischen denen die Grenze liegt, i+1 der Rangplatz des oberen.

Beispiel.

Fall	1	2	3	4	5	6	7	8	9	10
Wert	10	20	30	40	50	50	50	60	70	70

Aus den angegebenen Werten von zehn Fällen soll der untere Quartilswert oder das 25. Perzentil berechnet werden. Die Zahl der Fälle n = 10. Das Perzentil p = 0,25. Entsprechend ergibt $(n+1)\cdot p = (10+1)\cdot 0{,}25 = 2{,}75$. Dies ist der Rangplatz, für den der Wert zu errechnen ist. Da es sich hier aber um keinen ganzzahligen Wert handelt, muss ein Mittelwert zwischen dem zweiten Fall (dessen Wert beträgt $x_i = 20$) und dem dritten (dessen Wert beträgt $x_{i+1} = 30$) gebildet werden. Dazu wird zunächst der Wert 2,75 in den ganzzahligen Anteil i = 2 und den gebrochenen Anteil f = 0,75 zerlegt. Der gebrochene Anteil gibt praktisch den Anteil der Spanne zwischen dem Fall i und dem Fall i+1 an, der noch zu den unterhalb der Grenze liegenden Fällen zu zählen ist. f wird daher zur Gewichtung bei der Mittelwertbildung benutzt.

$(1-f)\cdot x_i + f\cdot x_{i+1} = (1-0{,}75)\cdot 20 + 0{,}75\cdot 30 = 27{,}5$

② *Tukey-Angelpunkte (Tukey's Hinges).* Wird zusammen mit irgendeiner der Berechnungsarten das 25., das 50. oder das 75. Perzentil aufgerufen, gibt SPSS automatisch auch das Ergebnis der Berechnung nach der Methode „Tukey-Angelpunkte" aus. In diesem Fall werden diese drei Werte nach einem komplexen Verfahren ermittelt, das hier nicht näher erläutert werden kann.

Über die Befehlssyntax sind weitere Berechnungsarten verfügbar:

③ *WAVERAGE.* Gewogener Mittelwert bei x_{n*p}. Dieser Wert wird im Prinzip auf dieselbe Weise gebildet. Jedoch wird der mittlere Rangplatz nicht von n+1, sondern von w ausgehend gebildet. Entsprechend verändert sich die Berechnung unseres Beispiels: $n\cdot p = 10\cdot 0{,}25 = 2{,}5$. Mit diesem veränderten Wert weiter berechnet ist: i= 2 und f = 0,5. Daraus folgt: $(1-f)\cdot x_i + f\cdot x_{i+1} = (1-0{,}5)\cdot 20 + 0{,}5\cdot 30 = 25$.

④ *ROUND.* Es wird der Wert x_i genommen. Dabei ist i der ganzzahlige Teil von $n\cdot p + 0{,}5$. Im Beispiel wäre $n\cdot p + 0{,}5 = (10\cdot 0{,}25) + 0{,}5 = 3$. Da nur ein ganzzahliger Teil vorhanden ist, ist i = 3. Der Wert des dritten Falles ist der untere Quartilswert, also 30.

⑤ *EMPIRICAL.* Der Wert von x_i wird verwendet, wenn der gebrochene Teil von $n\cdot p = 0$. Sonst wird x_{i+1} genommen. Im Beispiel ist $n\cdot p = 10\cdot 0{,}25 = 2{,}5$. Es ist ein nicht ganzzahliger Rest vorhanden. Also wird $x_{i+1} = 30$ verwendet.

⑥ *AEMPIRICAL.* Wenn der gebrochene Teil von $n*p = 0$ ist, wird als Wert ein nicht gewogenes arithmetisches Mittel zwischen x_i und x_{i+1} verwendet, ansonsten der Wert x_{i+1}. Da im Beispiel ein gebrochener Teil vorliegt, wird wieder der Wert des dritten Falles, also 30 verwendet.

Bei großen Fallzahlen, wo meist mehrere Fälle denselben Wert haben, unterscheiden sich die Ergebnisse in der Regel nicht voneinander. Das gilt vor allem auch deshalb, weil unter bestimmten Bedingungen – wenn festgelegte Grenzwerte überschritten sind – auch bei den mit gewichteten Mitteln arbeitenden Verfahren auf eine Mittelwertbildung verzichtet und der Wert des Falles i+1 verwendet wird (⇨ SPSS Statistical Algorithms). Liegen kleine Fallzahlen vor, können dagegen deutliche Unterschiede zwischen den Ergebnissen der verschiedenen Berechnungsarten auftreten.

Anmerkung. Alle Berechnungsarten gehen vom Vorliegen nicht klassifizierter Daten aus. Nur die Option „Perzentile" des Menüs „Häufigkeiten" ermöglicht es, für klassifizierte Daten exakte Perzentilwerte zu berechnen.

9.2 Grafische Darstellung von Daten

Das Menü „Explorative Datenanalyse“ bietet verschiedene Formen der grafischen Darstellung von Daten. Einerseits ergänzen sie die beschreibende Statistik, zum anderen sind sie z.T. mit besonderen Features zur Identifikation von Extremwerten ausgestattet. Dies unterstützt die Suche nach Datenfehlern und u.U. die Generierung neuer Hypothesen. Schließlich werden sie auch zur Prüfung der Voraussetzungen statistischer Prüfverfahren benutzt: Geprüft werden können die Voraussetzung der Normalverteilung und die Voraussetzung gleicher Varianz in Vergleichsgruppen.

❐ *Histogramm.* Es ist für kontinuierliche metrische Daten geeignet. SPSS teilt den Bereich der Daten automatisch in Klassen gleicher Breite. Die Punkte auf der X-Achse repräsentieren jeweils den Mittelpunkt einer Klasse (im Menü „Häufigkeiten“ fehlerhaft) (⇨ Kap. 2.5). Außer zur üblichen deskriptiven Analyse kann man ein Histogramm auch zur Beurteilung der Anwendbarkeit statistischer Testverfahren nutzen. Insbesondere ist es möglich, die Verteilung auf Eingipfligkeit und Annäherung an die Normalverteilung zu prüfen. Auch Lücken und Extremwerte kann man durch Analyse des Histogramms aufdecken.

❐ *Stamm-Blatt (Stem-and-Leaf) Plot.* Sind histogrammähnliche Darstellungen. Allerdings werden die Säulen durch Zahlen dargestellt, die einzelne Untersuchungsfälle repräsentieren und nähere Angaben über deren genauen Wert machen. Dadurch sind detaillierte Informationen über die Verteilung innerhalb der Klassen gegeben, die bei der Verwendung des Histogramms verloren gehen. Die *Stamm-Blatt-Diagramme* werden durch die besondere Aufbereitung der Extremwerte insbesondere zur Fehlersuche verwendet.

❐ *Boxplots.* Sie geben keine Auskunft über Einzelwerte, sondern über zusammenfassende Statistiken (die Lage von Median, oberem und unterem Quartil) und Extremwerte. Sie sind besonders geeignet zur Identifikation von Extremwerten. Der Vergleich von Boxplots verschiedener Gruppen wird verwendet, um die für viele statistische Tests gültige Voraussetzung gleicher Streuung in den Vergleichsgruppen zu prüfen.

❐ *Normalverteilungsdiagramme.* Sind spezielle Darstellungsweisen zur Überprüfung der Voraussetzung der Normalverteilung.

9.2.1 Univariate Diagramme: Histogramm und Stamm-Blatt-Diagramm

Um ein Histogramm und/oder ein Stamm-Blatt-Diagramm für die Variable EINK (Monatseinkommen) zu erstellen, gehen Sie wie folgt vor:

▷ Wählen Sie in der Dialogbox „Explorative Datenanalyse“ (⇨ Abb. 9.2) die gewünschte abhängige Variable (hier: EINK).

▷ Falls ausschließlich das Diagramm gewünscht wird, wählen Sie in der Gruppe „Anzeige“ die Option „Diagramme“ (⇨ Abb. 9.2).

▷ Klicken Sie auf die Schaltfläche „Diagramme...“. Die Dialogbox „Explorative Datenanalyse: Diagramme“ erscheint (⇨ Abb. 9.4).

▷ Klicken Sie in der Gruppe „Deskriptiv“ auf die beiden Kontrollkästchen „Stamm-Blatt“ und „Histogramm“.

▷ Klicken Sie in der Gruppe „Boxplots“ auf die Optionsschaltfläche „Keine“ und schalten sie die Option „Normalverteilungsdiagramm mit Tests“ aus.
▷ Bestätigen Sie mit „Weiter“ und „OK“.

Für die Variable Einkommen (EINK) wird ein Histogramm im Ausgabefenster dargestellt. Da dieses nicht mit einer Normalverteilungskurve überlagert werden kann, empfiehlt es sich, das Histogramm besser im Menü „Häufigkeiten“ (⇨ Kap. 8.2.3) oder im Menü „Grafiken“ zu erstellen (⇨ Kap. 32.11) bzw. im „Diagramm-Editor“ entsprechend zu bearbeiten (⇨ Kap. 33).

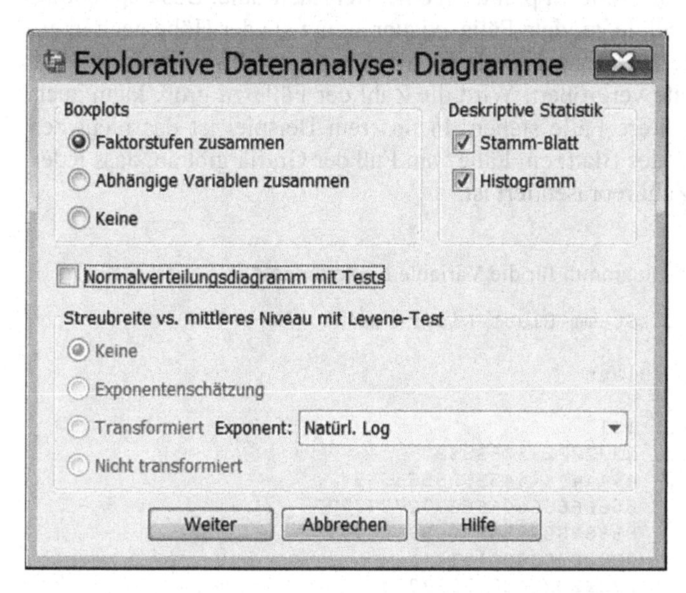

Abb. 9.4. Dialogbox „Explorative Datenanalyse: Diagramme“

Im Ausgabefenster erscheint außerdem das in Tabelle 9.4 dargestellte Stamml-Blatt-Diagramm. Im Gegensatz zum Histogramm ist das Stamm-Blatt-Diagramm ein besonderes Angebot des Programms „Explorative Datenanalyse“. Diese Grafikart soll näher erläutert werden. In einem Stamm-Blatt-Diagramm wird die Häufigkeit der einzelnen Kategorien – wie im Histogramm – als Säulenhöhe dargestellt. Die Säulen werden aber aus Zahlen gebildet, aus denen man – kombiniert mit den Zahlen am Fuß der Säule – die Werte jedes Einzelfalles – zumindest näherungsweise – entnehmen kann. Dazu werden die Werte in zwei Teile zerlegt, die führenden Ziffern (Stamm, Stems) und die Folgeziffern (Blätter, Leafs). Die führenden Ziffern werden jeweils am Fuß der Säule angegeben, die Leafs als Werte in der Säule. Sind die Werte klein (bis 100), wird so der exakte Wert mitgeteilt. Ein Wert 56 würde z.B. in die führende Zahl 5 und die folgende Zahl 6 aufgeteilt. Ein Fall mit dem Wert 56 würde in einer Säule mit der Beschriftung 5 (=Stem) mit dem Wert 6 (=Leaf) eingetragen. Der Stem gibt dann die Zehnerwerte, der Leaf die Einer an.

Das Stem-und-Leaf Diagramm in Tabelle 9.4 bezieht sich auf die Einkommen der Befragten. Es ist etwas schwerer zu lesen und gibt die Daten etwas ungenauer an, weil die Werte wesentlich höher sind, nämlich von 100 bis 4500 EUR reichen.

Deshalb werden als Stem-Werte nur ganze Tausender verwendet. Man entnimmt das der Angabe „Stem width: 1000" am Fuß der Tabelle. Jeweils am Fuß einer Säule stehen dann die Stem-Werte in der Spalte „Stem". Der erste ist 0, d.h. in dieser Säule stehen Werte mit 0 Tausendern im Wert. Da am Anfang fünf Säulen mit der Beschriftung 0 bei „Stem" stehen, sind in allen fünf Säulen Werte mit einer 0 auf der Tausenderstelle. Die erste enthält aber den ersten Teil dieses Bereiches – also von 0 bis unter 100 –, die zweite die folgende – von 200 bis unter 300 etc.. Die nächsten fünf Säulen sind mit 1 beschriftet, hier stehen die Werte von 1000 bis unter 2000 EUR usw. Jede Säule ist praktisch eine Mehrfachsäule. Das liegt daran, dass zumindest in einer Säule zu viele Fälle existieren, um sie der Höhe nach in einer Einzelsäule darzustellen. Je nach Bedarf wird daher von SPSS die Säulenzahl innerhalb der Stem-Weite vergrößert. Wird die Zahl der Fälle zu groß, kann auch jeder Leaf-Wert für mehrere Fälle stehen. In unserem Beispiel ist das nicht der Fall. Die Anmerkung „Jedes Blatt: ein Fälle" am Fuß der Grafik gibt an, dass jeder Fall durch eine eigene Zahl repräsentiert ist.

Tabelle 9.4. Stengel-Blatt-Diagramm für die Variable Einkommen

```
BEFR.: NETTOEINKOMMEN Stamm-Blatt-Diagramm

 Häufigkeit  Stem &  Blatt

     3,00        0 .  111
    15,00        0 .  222222233333333
    21,00        0 .  444444444455555555555
    24,00        0 .  666666666666667777777777
    23,00        0 .  88888888888899999999999
    17,00        1 .  00000000000111111
    19,00        1 .  2222222222333333333
    23,00        1 .  44444455555555555555555
    17,00        1 .  66666667777777777
    10,00        1 .  8888889999
    21,00        2 .  000000000000000011111
     6,00        2 .  222233
     7,00        2 .  4455555
     1,00        2 .  7
     3,00        2 .  888
     6,00        3 .  000000
      ,00        3 .
     4,00        3 .  4555
     2,00        3 .  67
     6,00 Extremwerte (>=4000)

 Stammbreite:    1000
 Jedes Blatt:         1 Fälle
```

Die Zahlen innerhalb der Säule, in der Spalte „Leaf", geben nun für je einen Fall die Folgezahl an. Es wird immer nur eine Ziffer angegeben. Diese hat den Wert der Stelle, die nach der dem Wert der Stelle von „Stem" folgt. Da unsere Führungszahl (Stem) Tausenderwerte angibt, sind es bei der Folgezahl (Leaf) Hunderterwerte. Betrachten wir jetzt die erste Säule mit dem Stem 0, so geben die ersten drei Ziffern 1 an, dass jeweils ein Fall mit einem Einkommen von 100 EUR existiert (Zehner und Einer werden nicht ausgewiesen, daher kann der wahre Wert zwischen 100 und unter 200 EUR liegen). Es folgen in der nächsten Säule 7 Fälle mit einem Einkommen von EUR 200 und 8 mit EUR 300. Die Zahl der Fälle ist zusätzlich in der Spalte „Frequency" mit 3 bzw. 15 angegeben. So ist jeder Fall rekonstruierbar enthalten. Die letzte Säule z.B. enthält 2 Fälle. Davon hat einer den Wert 3600 und der zweite den Wert 3700 EUR.

Extremwerte werden in diesem Diagramm gesondert behandelt. Ihr Wert wird in einer letzten Reihe in Klammern in Klarform (nicht in Stem-und-Leaf-Aufgliederung) angegeben. Im Beispiel sind es sechs Fälle, mit Werte >=4000 EUR. Das Kriterium für die Klassifikation als Extremwert entspricht der des Boxplots (⇨ unten).

Bei der Verwendung von Stem-and-Leaf Plots sollte man weiter beachten, dass Kategorien ohne Fälle nicht angezeigt werden. Die Verteilung muss also zunächst sorgfältig nach möglichen Lücken inspiziert werden. Dieses Diagramm eignet sich besonders für kontinuierliche metrische Daten. Liegen diskontinuierliche Daten vor, steht eine Säule für den jeweils vorhandenen Wert. Eine Reihe von leeren Säulen, die zusätzlich beschriftet sind, gibt den leeren Bereich zwischen den einzelnen Säulen wieder. Handelt es sich um nicht metrische Daten, kann man ein solches Diagramm zwar auch verwenden, sinnvoller ist in diesem Falle aber das Erstellen eines Balkendiagramms.

9.2.2 Boxplot

Boxplots werden im Kap. 32.13 ausführlich erläutert. Deshalb geben wir hier nur einen kurzen Überblick über ihre Anwendung.

Der Boxplot jeder Gruppe enthält in der Mitte einen schwarz oder farbig ausgefüllten Kasten (Box). Er gibt den Bereich zwischen dem ersten und dem dritten Quartil an (also den Bereich, in dem die mittleren 50 % der Fälle der Verteilung liegen). Die Breite dieses Kästchens (entspricht dem Interquartilbereich) gibt einen Hinweis auf die Streuung der Werte dieser Gruppe. Außerdem zeigt ein schwarzer Strich in der Mitte dieses Kästchens die Lage des Medianwertes an. Seine Lage innerhalb des Kästchens gibt einen Hinweis auf Symmetrie oder Schiefe. Liegt er in der Mitte, ist die Verteilung symmetrisch, liegt er zu einer Seite verschoben, ist sie schief.

Zusätzlich geben die Querstriche am Ende der jeweiligen Längsachse die höchsten bzw. niedrigsten beobachteten Werte an, die keine „Extremwerte" bzw. „Ausreißer" sind. Auch hier kann man gewisse Informationen über die Spannweite und über die Schiefe der Verteilung gewinnen.

Boxplots eignen sich besonders für die Identifikation von Ausreißern und Extremwerten:

- ❒ *Ausreißer* (Outliers) sind Werte, die zwischen 1,5 und 3 Boxenlängen vom oberen Quartilswert nach oben bzw. vom unteren Quartilswert nach unten abweichen. Sie werden durch einen kleinen Kreis ○ gekennzeichnet.
- ❒ *Extremwerte* sind Werte, die mehr als drei Boxenlängen vom oberen Quartilswert nach oben bzw. vom unteren Quartilswert nach unten abweichen. Sie werden mit ✶ gekennzeichnet.

9.3 Überprüfen von Verteilungsannahmen

Viele statistische Tests beruhen auf Modellen, die gewisse Annahmen über die Verteilung(en) in der Grundgesamtheit voraussetzen. Darunter sind die wichtigsten die Annahme einer Normalverteilung der Werte in der Grundgesamtheit und der Homogenität (Gleichheit) der Varianzen in Vergleichsgruppen. SPSS stellt in mehreren Programmteilen Tests für diese beiden Annahmen zur Verfügung. Im Menü „Explorative Datenanalyse“ werden zusätzlich für beide Zwecke Grafiken und Tests angeboten. Eine Überprüfung sollte vor Anwendung statistischer Verfahren, die auf solchen Voraussetzungen basieren, durchgeführt werden. Allerdings geben diese Hilfsmittel nur ungefähre Orientierungen, denn die Tests erweisen sich als in unterschiedlichem Maße robust gegenüber Verletzungen der Annahmen. Darüber, welches Ausmaß der Abweichung noch hinzunehmen ist, gibt es aber nur vage Vorstellungen, die angeführten Hilfsmittel können allenfalls entscheidungsunterstützend wirken.

9.3.1 Überprüfen der Voraussetzung homogener Varianzen

Um die Voraussetzung der Homogenität (Gleichheit) der Varianzen von Vergleichsgruppen zu überprüfen, kann man im Menü „Explorative Datenanalyse“ zweierlei benutzen:

- *Levene-Test.* Es handelt sich um eine besondere Variante des F-Tests zur Überprüfung der Homogenität von Varianzen. Er wird von SPSS im Rahmen mehrerer Menüs angeboten (⇨ u.a. Kap. 14.3.2 und Kap. 15.2).
- Streuung über Zentralwertdiagramm (Streubreite vs. mittleres Niveau). Es handelt sich um zwei Grafikarten, die es erlauben zu überprüfen, inwieweit die Varianz einer Variablen von der Größe der betrachteten Werte abhängt.

Ist die Voraussetzung der Homogenität der Varianz verletzt, kann dies durch Datentransformation evtl. geheilt werden. Streuung gegen Zentralwert-Plots unterstützen auch die Auswahl von Transformationsformeln. Diese können innerhalb des Menüs „Explorative Datenanalyse“ auf ihre Wirkung geprüft werden.

Der Levene-Test. Untersucht man den Zusammenhang zwischen einer kategorialen unabhängigen Variablen und einer metrischen abhängigen, wird bei vielen statistischen Tests vorausgesetzt, dass die Varianz der Werte der metrischen Skala in den Gruppen der unabhängigen Variablen in etwa gleich ist. Der Levene-Test ist ein Test auf Homogenität der Varianzen, der gegenüber anderen Tests den Vorteil hat, nicht selbst von der Voraussetzung einer Normalverteilung in der Grundgesamtheit abzuhängen. Bei Durchführung des Levene-Tests wird für jeden einzelnen Fall die absolute Abweichung vom Gruppenmittelwert gebildet. Dann wird eine Einweg-Varianzanalyse der Varianz dieser Differenzen durchgeführt. Sollte die Nullhypothese gelten, dürfte sich die Variation innerhalb der Gruppen von der zwischen den Gruppen nicht signifikant unterscheiden. Der klassische Levene-Test geht von der Abweichung der einzelnen Fälle vom arithmetischen Mittel aus. SPSS bietet jetzt auch drei weitere Varianten an: „Basiert auf dem Median“, „Basierend auf dem Median und mit angepassten df“, „Basiert auf dem getrimmten Mittel“. Diese Levene-Tests sind robuster, da die zugrunde liegenden Lagemaße selbst robuster, also weniger anfällig für die Wirkung von Ausreißern und Extremwerten sind als das arithmetische Mittel.

Beispiel. Eine solche Analyse soll für das Einkommen nach Schulabschlüssen (Datei: ALLBUS12.SAV) durchgeführt werden. Zur Vorbereitung ist die Ursprungsvariable SCHUL etwas verändert und als SCHUL2 abgespeichert worden. Der Wert für Personen, die noch Schüler sind, wurde als Missing-Wert deklariert. Personen ohne Hauptschulabschluss wurden durch „Umkodieren" mit den Personen mit Hauptschulabschluss zusammengefasst, ebenso Fachoberschulabsolventen und Abiturienten.

Um einen „Levene-Test" und ein „Streuung über Zentralwertdiagramm" aufzurufen, gehen Sie wie folgt vor:

▷ Übertragen Sie in der Dialogbox „Explorative Datenanalyse" die abhängige Variable (hier: EINK) in das Feld „Abhängige Variablen:" und die unabhängige (hier: SCHUL2) in das Feld „Faktorenliste:".
▷ Wenn nur eine Grafik gewünscht wird: Klicken Sie in der Gruppe „Anzeige" auf „Diagramme".
▷ Klicken Sie auf die Schaltfläche „Diagramme...". Die Dialogbox „Explorative Datenanalyse: Diagramme" öffnet sich (⇨ Abb. 9.4).
▷ Klicken Sie in der Gruppe „Streuungsbreite vs. mittleres Niveau mit Levene-Test" auf die Optionsschaltfläche „Nicht transformiert".
▷ Bestätigen Sie mit „Weiter" und „OK".

Tabelle 9.5 zeigt den Output des Levene-Tests für unser Beispiel. Sein Ergebnis ist in allen vier Varianten, dass sich die Varianz der Gruppen nicht signifikant unterscheidet. Die Wahrscheinlichkeit dafür, dass beide Gruppen aus ein und derselben Grundgesamtheit stammen könnten, ist z.B. mit 0,041 (Spalte „Signifikanz") beim klassischen Test so gering (ähnlich bei den anderen Varianten), dass man die Annahme gleicher Varianz verwerfen muss. Je nach vorher festgelegtem Signifikanzniveau würde man erst ab einem Wert von 0,05 und niedriger bzw. 0,01 und niedriger die Annahme ablehnen, dass beide Gruppen dieselbe Varianz haben. Demnach könnte man also statistische Verfahren nicht anwenden, die Homogenität der Varianz voraussetzen.

Tabelle 9.5. Ausgabe des Levene-Tests auf Homogenität der Varianz von Schulbildungsgruppen

Test auf Homogenität der Varianz

		Levene-Statistik	df1	df2	Signifikanz
eink	Basiert auf dem Mittelwert	3,252	2	223	,041
	Basiert auf dem Median	3,417	2	223	,035
	Basierend auf dem Median und mit angepaßten df	3,417	2	211,823	,035
	Basiert auf dem getrimmten Mittel	3,387	2	223	,036

Streubreite vs. mittleres Niveau (Streuung über Zentralwertdiagramm). Ergänzend betrachten wir das „Streuung über Zentralwertdiagramm" (⇨ Abb. 9.5). Auf der Abszisse ist der Zentralwert abgetragen, auf der Ordinate die Streuung (ermittelt als Interquartilbereich). Mit den drei Punkten werden die Einkommen der drei Schulbildungsgruppen abgebildet. So liegt bei der ersten Gruppe, den „Hauptschülern“, der Zentralwert knapp unter 1000, die Streuung bei ca. 950, bei der zweiten Gruppe, den Personen mit mittlerem Abschluss, ist sowohl der Medianwert mit ca. 1300 als auch die Streuung mit ca. 1020 deutlich höher. Bei den „Abiturienten/Fachoberschulabsolventen“ sind Medianwert und Streuung mit Abstand am höchsten. Ideal wäre es, wenn die Streuungen gleich wären. Dann würden die Linien auf einer Geraden, parallel zur x-Achse liegen. Dies ist ersichtlich nicht der Fall. Es besteht, wie oben festgestellt, eine signifikante Differenz zwischen den Streuungen der Gruppen.

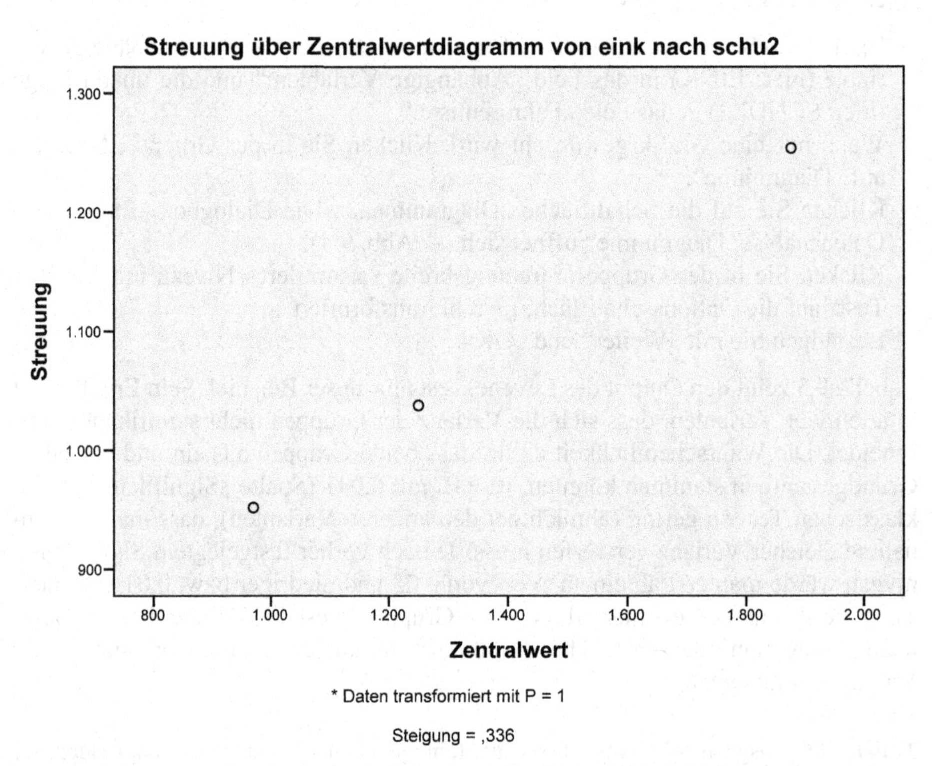

Abb. 9.5. „Streuung über Zentralwertdiagramm“ für die Variable EINK, gruppiert nach Schulbildung (SCHUL2)

Datentransformation. Man könnte versuchen, durch Datentransformation das Kriterium der Homogenität der Varianzen besser zu erreichen. Wir haben bisher für den Levene-Test und das „Streuung über Zentralwertdiagramm“ die nicht transformierten Daten verwendet. Das Programm bietet aber Möglichkeiten zur Datentransformation an:

- *„Exponentenschätzung“* (Power Estimation). Trägt den natürlichen Logarithmus des Medianwertes gegen den natürlichen Logarithmus des Interquartilbereichs ab.

❒ *„Transformiert"*. Es können unterschiedliche Transformationsformeln benutzt werden.

▷ Klicken Sie zuerst die Optionsschaltfläche „Transformiert" an (⇨ Abb. 9.4).
▷ Klicken Sie dann auf den Pfeil am rechten Rand des Auswahlkästchens. Es öffnet sich eine Drop-Down-Auswahlliste mit den verfügbaren Transformationsfunktionen.

Bei der Auswahl einer geeigneten Transformationsfunktion kann man sich nach folgender Formel richten:

$$\text{Power} = 1 - \text{Steigung}(\text{"Slope"}) \qquad (9.5)$$

Dabei ist Power der Exponent der Transformationsfunktion und Steigung die Steigung einer durch die Punkte des „Streuung über Zentralwertdiagramms" (aus nicht transformierten Daten) gelegten Regressionsgerade. Die Angabe dieser Steigung finden wir unter der Bezeichnung „Steigung" in der letzten Zeile des Streuung über Zentralwertdiagramms. In unserem Beispiel beträgt die Steigung 0,334. Entsprechend können wir als geeignete Power berechnen:

$$Power = 1 - 0{,}336 = 0{,}664$$

Man verwendet den nächstgelegenen Wert aus der Auswahlliste. Dabei gelten folgende Entsprechungen:

Exponent (Power)	Transformation
3	Kubisch
2	Quadratisch
1/2	Quadratwurzel
0	Natürl. Log.
−1/2	1 / Quadratwurzel
−1	Reziprok

Der im Beispiel gefundene Wert passt zu keiner der Transformationen gut. Am eheste kämen „Quadratwurzel" oder „natürlicher Logarithmus" in Frage. Wir benutzen zur Illustration die Bildung des natürlichen Logarithmus.

▷ Markieren Sie die gewünschte Transformationsfunktion.
▷ Bestätigen Sie mit „Weiter" und „OK".

Das Ergebnis sind ein veränderter Levene-Test und ein verändertes „Streuung über Zentralwertdiagramm" (⇨ Tabelle 9.6 und Abb. 9.6).

Beide Ergebnisse zeigen jetzt verbesserte Befunde. Der Levene-Test erweisen jetzt die Unterschiede der Varianzen als nicht signifikant. Die Steigung der Regressionsgerade im „Streuung über Zentralwertdiagramm" ist etwas verändert.

Tabelle 9.6. Ausgabe des Levene-Tests mit transformierten Daten

Test auf Homogenität der Varianz

		Levene-Statistik	df1	df2	Signifikanz
eink	Basiert auf dem Mittelwert	,514	2	223	,599
	Basiert auf dem Median	,077	2	223	,926
	Basierend auf dem Median und mit angepaßten df	,077	2	180,210	,926
	Basiert auf dem getrimmten Mittel	,252	2	223	,778

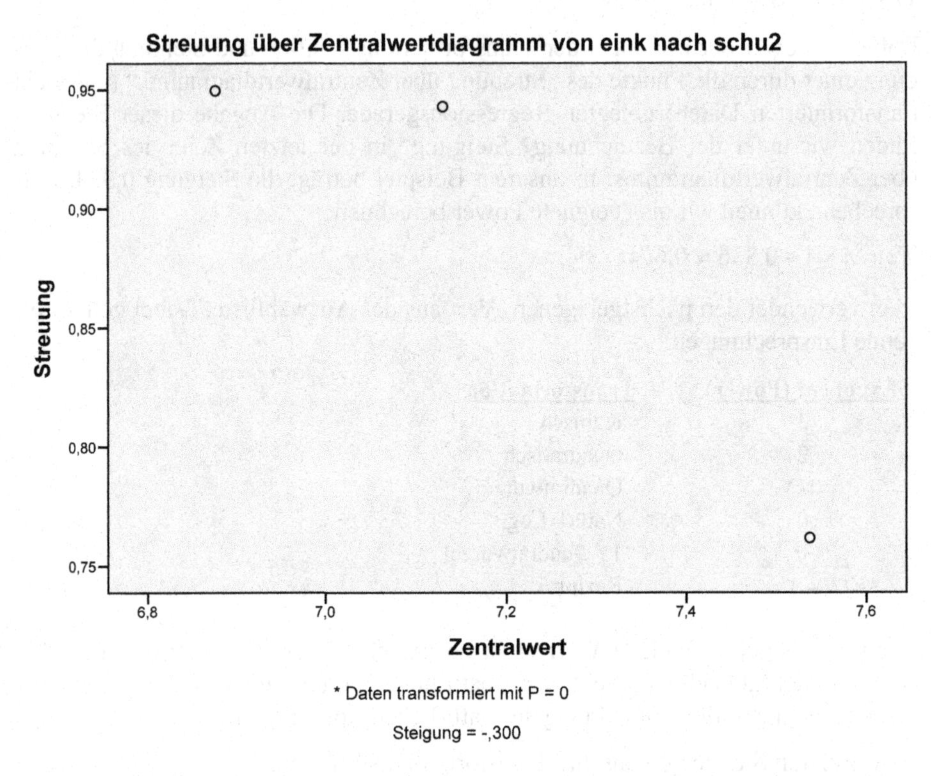

Abb. 9.6. „Streuung über Zentralwertdiagramm" für die Variable EINK, gruppiert nach Schulbildung (SCHUL2) mit transformierten Daten

Hinweis. Würde man dieselbe Prozedur für die Gruppen Männer und Frauen durchführen, wären die Ergebnisse ähnlich. Die Varianz der Einkommen dieser beiden Gruppen unterscheidet sich signifikant. Das würde dort ebenfalls durch Logarithmierung geheilt. Trotzdem werden wir im Folgenden weiter mit den Rohdaten arbeiten. Dafür spricht, dass die Ergebnisse dann anschaulicher bleiben. Außerdem hat eine Überprüfung ergeben, dass die meisten Ergebnisse kaum von denjenigen abweichen, die bei Verwendung transformierter Daten entstünden. Trotz Verletzung der Voraussetzung der Homogenität der Varianzen, sind die Verfahren insgesamt robust genug, dass sich dies nicht entscheidend auf die Ergebnisse auswirkt.

9.3.2 Überprüfen der Voraussetzung der Normalverteilung

Für viele statistische Tests ist auch die Normalverteilung der Daten in der Grundgesamtheit vorauszusetzen. Deshalb muss dieses vor Anwendung solcher Tests überprüft werden. Glücklicherweise sind die meisten Tests relativ robust, so dass mehr oder weniger große Abweichungen von der Normalverteilungsannahme hingenommen werden können. Von zentraler Bedeutung ist meistens nicht die Normalverteilung der Werte in der Grundgesamtheit, sondern die Normalverteilung der Stichprobenverteilung, also derjenigen Verteilung, die entstünde, wenn unendlich viele Stichproben gezogen würden. Diese ist zumindest näherungsweise auch bei relativ groben Abweichungen der Grundgesamtheitswerte von der Normalverteilung noch gegeben. Normalverteilung der Stichprobenwerte ist z.B. auch dann noch gegeben, wenn bei nicht zu kleinem Stichprobenumfang eine uniforme Verteilung der Werte in der Grundgesamtheit vorliegt, also in alle Kategorien gleich viele Werte fallen. Sehr grobe Abweichungen, insbesondere mehrgipflige und extrem schiefe Verteilungen können dagegen nicht mehr akzeptiert werden.

Das Menü „Explorative Datenanalyse" stellt zur Überprüfung der Voraussetzung der Normalverteilung der Werte in der Grundgesamtheit zwei Hilfsmittel zur Verfügung:

- *Normalverteilungsdiagramm* (Q-Q-Diagramm) und *Trendbereinigtes Normalverteilungsdiagramm* (Trendbereinigtes Q-Q-Diagramm).
- *Kolmogorov-Smirnov* und *Shapiro-Wilk-Test.*

Auch in anderen Menüs sind Prüfungshilfsmittel verfügbar. Zu denken ist insbesondere an das durch eine Normalverteilung überlagerte Histogramm, das man im Menü „Häufigkeiten" bzw. im Menü „Grafiken" erstellen kann. Leider gibt es keine eindeutigen Kriterien dafür, ab wann die Anwendungsvoraussetzungen für einen Test nicht mehr gegeben sind, der eine Normalverteilung voraussetzt. Der Anwender ist daher stark auf sein eigenes Urteil und seine Erfahrung angewiesen. Hilfreich sind insbesondere die Grafiken. Die beiden Tests dagegen sind kaum brauchbar.

Normalverteilungsdiagramme und trendbereinigte Normalverteilungsdiagramme. Das „Normalverteilungdiagramm" ist eine Grafik, bei der die beobachteten Werte gegen die bei einer Normalverteilung zu erwartenden Werte in einem Achsenkreuz abgetragen werden. Die Skala für die beobachteten Werte ist auf der Abszisse, die der erwarteten Werte auf der Ordinate abgetragen. Ist eine Normalverteilung gegeben, müssen die Punkte dieser Verteilung auf einer Geraden liegen, die diagonal vom Nullpunkt ausgehend nach oben verläuft.

Beim „Trendbereinigten Normalverteilungsdiagramm" werden dagegen die Abweichungen der beobachteten Werte von der Normalverteilungslinie grafisch dargestellt. Auf der Abszisse ist die Skala der beobachteten Werte, auf der Ordinate diejenige der Abweichungen abgetragen. Die Punktewolke sollte zufällig um eine horizontale Gerade durch den Nullpunkt streuen. Zufällig heißt, dass keine Struktur erkennbar ist. Um die beiden Diagramme zu erstellen, gehen Sie wie folgt vor:

▷ Übertragen Sie in der Dialogbox „Explorative Datenanalyse" die gewünschte Variable in das Eingabefeld „Abhängige Variablen:" (hier: EINK).

▷ Klicken Sie in der Gruppe „Anzeige" auf die Optionsschaltfläche „Diagramme".
▷ Klicken Sie auf die Schaltfläche „Diagramme...". Die Dialogbox „Explorative Datenanalyse: Diagramme" öffnet sich (⇨ Abb. 9.4).
▷ Klicken Sie auf das Auswahlkästchen „Normalverteilungsdiagramm mit Tests".
▷ Schalten Sie gegebenenfalls alle anderen ausgewählten Plots aus.
▷ Bestätigen Sie mit „Weiter" und „OK".

Da Normalverteilungs-Diagramme im Menü „Grafiken" erläutert werden, kann hier auf eine Darstellung und Erläuterung der zwei erzeugten Grafiken „Q-Q Diagramm" und „Trendbereinigtes Q-Q Diagramm" verzichtet werden (⇨ Kap. 32.17).

Normalverteilungstests. Wenn Sie die Option „Normalverteilungsdiagramm mit Tests" verwenden, werden zusammen mit den beiden Grafiken auch zwei Normalverteilungstests ausgegeben:

❒ *Kolmogorov-Smirnov*. Ist eine Kolgomorov-Smirnov Statistik, die für den Test der Normalitätsvoraussetzung spezielle Signifikanzlevels nach Lilliefors benutzt. Er gibt eine genaueres Ergebnis als der einfache Kolmogorov-Smirnov-Test, wenn die Parameter der Vergleichsverteilung aus den Stichprobenwerten geschätzt werden.
❒ *Shapiro-Wilk-Test*. Es handelt sich um einen Test, der ausschließlich zur Prüfung der Normalverteilungsannahme geeignet ist. Unter vergleichbaren Tests zeichnet er sich durch die beste Teststärke aus.

In unserem Beispiel kommen beide Test zu dem Ergebnis, dass die empirische Verteilung signifikant von einer Normalverteilung abweicht.

Tests auf Normalverteilung

	Kolmogorov-Smirnov [a]			Shapiro-Wilk		
	Statistik	df	Signifikanz	Statistik	df	Signifikanz
eink	,086	228	,000	,920	228	,000

a. Signifikanzkorrektur nach Lilliefors

Für die Interpretation entscheidend ist die Spalte „Signifikanz". Da hier nur Nullen enthalten sind, ist klar, dass die beobachtete Verteilung mit an Sicherheit grenzender Wahrscheinlichkeit *nicht* aus einer normalverteilten Grundgesamtheit stammt. Die Normalverteilungsannahme kann also nicht bestätigt werden. Dies würde dafür sprechen, dass Tests, die Normalverteilung der Werte in der Grundgesamtheit voraussetzen, nicht angewendet werden sollen.

Man muss bei der Entscheidung aber bedenken, dass ein Normalverteilungstest wenig hilfreich ist. Dies liegt daran, dass eine Nullhypothese überprüft wird. Man müsste hier nicht α, sondern β zur Bestimmung des Signifikanzniveaus benutzen. Tut man das nicht – und dies ist bei einem Test von Punkt- gegen Bereichshypothesen nicht möglich – führt das zu dem paradoxen Ergebnis, dass die zu prüfende Hypothese umso eher bestätigt wird, je kleiner die Stichprobengröße n ist (⇨ Kap.

13.1). Es muss daher von allzu schematischer Anwendung der Normalverteilungstests abgeraten werden. Im Prinzip wären für die Klärung der Fragestellung Zusammenhangsmaße, die den Grad der Übereinstimmung mit einer Normalverteilung ausdrücken, geeigneter. Noch günstiger wäre es, wenn Maßzahlen entwickelt werden könnten, die Grenzfälle noch akzeptabler Verteilungen zugrunde legten. Dies steht aber bislang nicht zur Verfügung.

Optionen. Beim Anklicken der Schaltfläche „Optionen..." in der Dialogbox „Explorative Datenanalyse" öffnet sich die Dialogbox „Explorative Datenanalyse: Optionen". Hier kann die Behandlung fehlender Daten beeinflusst werden. Diese können entweder listenweise oder paarweise aus der Berechnung ausgeschlossen werden. Beim Befehl „Werte einbeziehen" werden Berechnungen und Diagramme auch für die Gruppen der fehlenden Werte der Faktorvariablen (unabhängigen Variablen) erstellt. Diese Gruppen wird (nicht immer) mit der Beschriftung „Fehlend" gekennzeichnet.

10 Kreuztabellen und Zusammenhangsmaße

Zusammenhänge zwischen zwei kategorialen Variablen können am einfachsten in Form einer Kreuztabelle dargestellt werden. Durch die Einführung von Kontrollvariablen ist es möglich, dies auf drei- und mehrdimensionale Zusammenhänge auszudehnen. SPSS bietet dazu das Untermenü „Kreuztabellen" an. Bei einer größeren Zahl von Variablenwerten werden Kreuztabellen leicht unübersichtlich. Deshalb bevorzugt man oft die Darstellung von Zusammenhängen durch ein einziges Zusammenhangsmaß. Das Menü „Kreuztabellen" ermöglicht die Berechnung einer Reihe von Zusammenhangsmaßen für Daten unterschiedlichen Messniveaus. Zudem bietet es verschiedene Varianten des Chi-Quadrat-Tests für die Überprüfung der Signifikanz von Zusammenhängen zwischen zwei Variablen an.

10.1 Erstellen einer Kreuztabelle

Im folgenden Beispiel soll festgestellt werden, ob die Einstellung auf der Inglehartschen „Materialismus-Postmaterialismus"-Skala von der Schulbildung der Befragten abhängt (Datei: ALLBUS12.SAV). Dazu muss eine Kreuztabelle mit der in Kap. 9.3.1 gebildeten Schulbildungsvariablen (SCHUL2) als unabhängiger und der Variablen Inglehartindex (INGL) als abhängiger Variable gebildet werden. (Die Bildung der Variablen INGL aus den Variablen RUHE, EINFLUSS, INFLATIO und MEINUNG wurde in Kap. 2.6 geschildert.)

Zum Erstellen einer Kreuztabelle gehen Sie wie folgt vor:

- ▷ Wählen Sie die Befehlsfolge „Analysieren", „Deskriptive Statistiken ▷", „Kreuztabellen...". Es öffnet sich die Dialogbox „Kreuztabellen" (⇨ Abb. 10.1).
- ▷ Wählen Sie aus der Variablenliste die Zeilenvariable aus, und übertragen Sie diese in das Feld „Zeilen:".
- ▷ Übertragen Sie aus der Quellvariablenliste die Spaltenvariable in das Feld „Spalten:".

In der so erzeugten Tabelle wird die in das Feld „Zeilen:" ausgewählte Variable in der Vorspalte stehen und ihre Werte werden die Zeilen bilden. Die im Feld „Spalten:" ausgewählte Variable wird im Kopf der Tabelle stehen, ihre Werte werden die Spalten bilden. (Es können mehrere Zeilen- und Spaltenvariablen ausgewählt werden. Zwischen allen ausgewählten Zeilen- und Spaltenvariablen werden dann zweidimensionale Tabellen gebildet.)

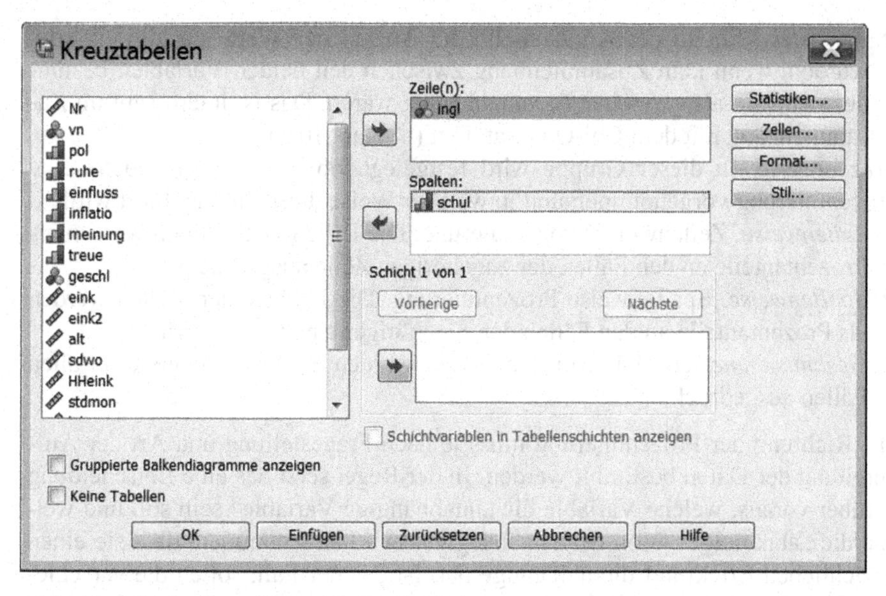

Abb. 10.1. Dialogbox „Kreuztabellen“

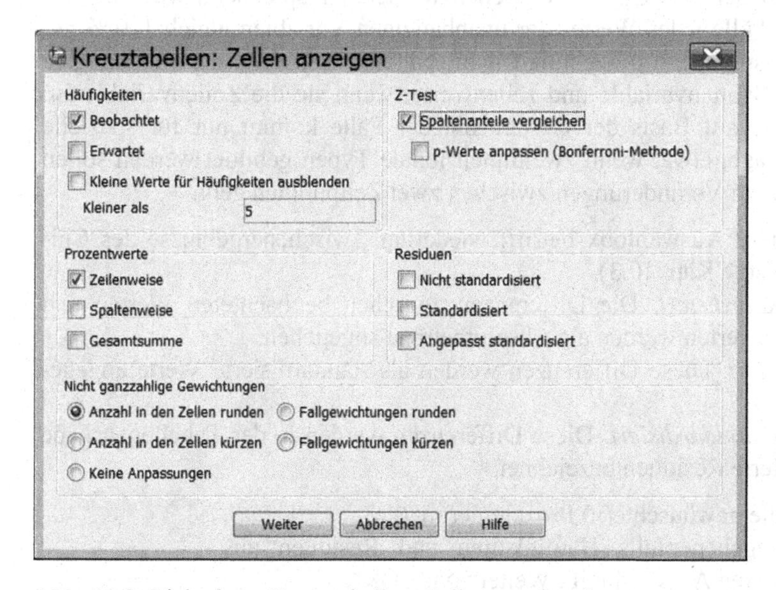

Abb. 10.2. Dialogbox „Kreuztabellen: Zellen anzeigen“

▷ Klicken Sie auf die Schaltfläche „Zellen...“. Es öffnet sich die Dialogbox „Kreuztabellen: Zellen anzeigen“ (⇨ Abb. 10.2). Diese enthält mehrere Auswahlgruppen.

❒ *Häufigkeiten.*

- *Beobachtet* (Voreinstellung). Gibt in der Kreuztabelle die Anzahl der tatsächlich beobachteten Fälle an.

- *Erwartet.* Gibt in der Kreuztabelle die Anzahl der Werte an, die erwartet würden, wenn kein Zusammenhang zwischen den beiden Variablen bestünde, wenn sie also voneinander unabhängig wären. Das ist interessant im Zusammenhang mit dem Chi-Quadrat-Test (⇨ Kap. 10.3).

❐ *Prozentwerte.* In dieser Gruppe wird festgelegt, ob in der Kreuztabelle eine Prozentuierung vorgenommen und in welcher Weise diese durchgeführt wird:

- *Zeilenweise.* Zeilenweise Prozentuierung. Die Fälle in den Zellen werden als Prozentanteile an den Fällen der zugehörigen Zeile ausgedrückt.
- *Spaltenweise.* Spaltenweise Prozentuierung. Die Fälle in den Zellen werden als Prozentanteile an den Fällen der zugehörigen Spalte ausgedrückt.
- *Gesamtsumme.* Die Fälle in den Zellen werden als Prozentanteile an allen Fällen ausgedrückt.

Die Richtung der Prozentuierung muss je nach Fragestellung und Art der Aufbereitung der Daten bestimmt werden. In der Regel setzt das eine Entscheidung darüber voraus, welche Variable die „unabhängige Variable" sein soll und welche die „abhängige". Von der unabhängigen wird angenommen, dass sie einen ursächlichen Effekt auf die abhängige hat. Ist das der Fall, sollen die verschiedenen Ausprägungen der unabhängigen Variablen hinsichtlich der Verteilung der Werte auf der abhängigen verglichen werden. Entsprechend wird die Gesamtzahl der Fälle jedes Wertes der unabhängigen Variablen gleich 100 % gesetzt. Dementsprechend prozentuiert man spaltenweise, wenn die unabhängige Variable die Spaltenvariable und zeilenweise, wenn sie die Zeilenvariable ist. Prozentuierung auf Basis der Gesamtzahl der Fälle kommt nur für spezielle Zwecke in Frage, etwa, wenn zweidimensionale Typen gebildet werden sollen oder wenn es um Veränderungen zwischen zwei Zeitpunkten geht.

❐ *Residuen.* Diese Auswahlbox betrifft wiederum Zwischenergebnisse des Chi-Quadrat-Tests (⇨ Kap. 10.3).

- *Nicht standardisiert.* Die Differenzen zwischen beobachteten Werten und Erwartungswerten werden als Absolutbeträge angegeben.
- *Standardisiert.* Diese Differenzen werden als standardisierte Werte angegeben.
- *Angepasst standardisiert.* Diese Differenzen werden in der Tabellenausgabe als korrigierte Residuen bezeichnet.

▷ Wählen Sie die gewünschte(n) Prozentuierung(en).
▷ Wählen Sie gegebenenfalls „Häufigkeiten" und „Residuen" aus.
▷ Bestätigen Sie die Auswahl mit „Weiter" und „OK".

Die in Abb. 10.1 und 10.2 dargestellten Einstellungen führen bei den Beispielsdaten zu Tabelle 10.1.

Die Tabelle enthält in ihrem Kopf die unabhängige Variable Schulbildung. Sie ist hier als Spaltenvariable benutzt. Ihre Werte bilden die Spaltenüberschriften. Die abhängige Variable „Inglehart-Index" bildet die Zeilenvariable. Ihre vier Werte stehen zur Beschriftung der Zeilen in der Vorspalte. Da die unabhängige Variable drei und die abhängige vier Kategorien besitzt, ergibt die Kombination eine 3∗4-

Tabelle. Die Tabelle hat zwölf Zellen. In jeder stehen die Werte für eine der Wertekombinationen beider Variablen.

Als Prozentuierungsart wurde „Spaltenweise" gewählt, weil in diesem Beispiel die Werte der unabhängigen Variablen Schulbildung die Spalten bilden. Außerdem wurden „beobachtete Häufigkeiten" gewählt. Der erste Wert („Anzahl") in jeder Zelle gibt die Zahl der Fälle mit dieser Wertekombination an. So gilt für 17 Befragte die Kombination Hauptschulabschluss/Postmaterialisten.

Tabelle 10.1. Kreuztabelle „Inglehart-Index" nach „Schulbildung"[1]

INGLEHART-INDEX * Schulbildung umkodiert Kreuztabelle

			Schulbildung umkodiert			
			Hauptschule	Mittelschule	Fachh/Abi	Gesamt
INGLEHART-INDEX	POSTMATERIALISTEN	Anzahl	17_{a}	40_{b}	$24_{a,b}$	81
		% innerhalb von Schulbildung umkodiert	19,5%	33,1%	27,6%	27,5%
	PM-MISCHTYP	Anzahl	27_{a}	37_{a}	29_{a}	93
		% innerhalb von Schulbildung umkodiert	31,0%	30,6%	33,3%	31,5%
	M-MISCHTYP	Anzahl	26_{a}	34_{a}	24_{a}	84
		% innerhalb von Schulbildung umkodiert	29,9%	28,1%	27,6%	28,5%
	MATERIALISTEN	Anzahl	17_{a}	10_{b}	$10_{a,b}$	37
		% innerhalb von Schulbildung umkodiert	19,5%	8,3%	11,5%	12,5%
Gesamt		Anzahl	87	121	87	295
		% innerhalb von Schulbildung umkodiert	100,0%	100,0%	100,0%	100,0%

Jeder tiefgestellte Buchstabe gibt eine Teilmenge von Schulbildung umkodiert Kategorien an, deren Spaltenanteile sich auf dem ,05-Niveau nicht signifikant voneinander unterscheiden.

Die zweite Zahl „Spaltenprozente" (hier: % von SCHUL2). gibt an, wie viel Prozent die Fälle dieser Zelle an allen Fällen der dazugehörigen Spalte ausmachen. Die 17 genannten Fälle sind z.B. 19,5 % aller 87 Hauptschüler.

Man könnte alle drei Prozentuierungsarten auswählen. Angebracht ist in unserem Beispiel lediglich die spaltenweise Prozentuierung. Es geht ja darum festzustellen, ob unterschiedliche Schulbildung auch unterschiedliche Einstellung auf der „Materialismus-Postmaterialismus"-Dimension nach sich zieht. Das ist nur ersichtlich, wenn die verschiedenen Bildungsgruppen vergleichbar gemacht werden. Vergleichen wir entsprechend die Prozentwerte der Zellen, dann zeigt sich ein gewisser Trend. Von den Hauptschülern sind 19,5 % als Postmaterialisten eingestuft, von den Mittelschülern dagegen 33,1 % und von den Personen mit Abitur/Fachhochschulreife sogar 27,6 % usw. Solche Unterschiede sprechen dafür, dass die unabhängige Variable einen Einfluss auf die abhängige Variable besitzt.
Die Tabelle zeigt weiter am rechten und am unteren Rand sowohl die absoluten Häufigkeiten als auch die Prozentwerte an, die sich ergeben würden, wenn die beiden Variablen für sich alleine ausgezählt würden. Am rechten Rand ist die Verteilung auf der abhängigen Variablen „Inglehart-Index" angegeben, am unteren die

[1] Die Buchstaben bei den absoluten Häufigkeiten ergeben sich aus der Auswahl von „Spaltenanteile vergleichen" und werden im Zusammenhang mit dem Chi-Quadrat-Test erläutert.

Verteilung nach Schulbildung. Man spricht hier auch von den Randverteilungen der Tabelle oder Marginals. Sie kann für verschiedene Zwecke interessant sein, u.a. ist sie Ausgangspunkt zur Kalkulation der Erwartungswerte für den Chi-Quadrat-Test (⇨ Kap. 10.3).

Hinzufügen einer Kontrollvariablen. In den Sozialwissenschaften haben wir es in der Regel mit wesentlich komplexeren als zweidimensionalen Beziehungen zu tun. Es wird auch nur in Ausnahmefällen gelingen, den Einfluss weiterer Variablen von vornherein auszuschalten oder unter Kontrolle zu halten. Ist das nicht der Fall, kann das Ergebnis einer zweidimensionalen Tabelle möglicherweise in die Irre führen. Die Einflüsse weiterer Variablen können die wirkliche Beziehung zwischen den beiden untersuchten Variablen durch Vermischung verschleiern. Ein einfacher Weg, möglichen Fehlinterpretationen vorzubeugen, aber auch die komplexere Beziehung zwischen drei und mehr Variablen zu studieren, ist die Ausweitung der Tabellenanalyse auf drei- und mehrdimensionale Tabellen. Dabei wird/werden eine oder mehrere weitere mögliche „unabhängige Variable(n)" als „Kontrollvariable(n)" in die Tabelle eingeführt. Diese Variable(n) steht/stehen dann noch oberhalb der unabhängigen Variablen. Der zweidimensionale Zusammenhang wird für die durch die Werte der Kontrollvariablen bestimmten Gruppen getrennt analysiert.

Unser Beispiel soll jetzt um die Kontrollvariable Geschlecht erweitert werden. Man kann von der Variablen Geschlecht durchaus erwarten, dass sie die Einstellung auf der Dimension „Materialismus-Postmaterialismus" beeinflusst, also eine weitere unabhängige Variable darstellt. Außerdem könnte auch zwischen Geschlecht und Schulbildung ein Zusammenhang bestehen. Deshalb wäre es z.B. durchaus denkbar, dass sich im oben festgestellten Zusammenhang zwischen Schulbildung und der Einstellung nach dem Inglehart-Index etwas anderes verbirgt, nämlich ein Zusammenhang zwischen Geschlecht und der Einstellung nach dem Inglehart-Index.

Um eine dreidimensionale Tabelle zu erstellen, gehen Sie wie folgt vor:

▷ Verfahren Sie zunächst wie bei der Erstellung einer zweidimensionalen Tabelle.
▷ Wählen Sie aber in der Dialogbox „Kreuztabellen" zusätzlich die Kontrollvariable aus, und übertragen Sie diese in das Auswahlfeld „Schicht 1 von 1". (Sie können mehrere Variablen als jeweils dritte Variable einführen. Mit jeder dieser Variablen wird dann eine dreidimensionale Tabelle erstellt. Sie können aber auch eine vierte usw. Dimension einführen, indem Sie die Schaltfläche „Weiter" anklicken. Es öffnet sich dann ein Feld zur Definition der nächsten Kontrollebene „Schicht 2 von 2" usw. Auf eine niedrigere Ebene kann man durch Anklicken der Schaltfläche „Zurück" zurückgehen.)
▷ Ändern Sie in der Dialogbox „Kreuztabellen: Zellen anzeigen" die Einstellung so, dass nur die angemessene Prozentuierung ausgewiesen wird (hier: Spaltenprozente). Bestätigen Sie mit „Weiter" und „OK".

Wurden die angegebenen Einstellungen vorgenommen, ergibt das die in Tabelle 10.2 dargestellte Ausgabe.

Tabelle 10.2. Kreuztabelle „Inglehart-Index“ nach „Schulbildung“ und „Geschlecht“

INGLEHART-INDEX * Schulbildung umkodiert * GESCHLECHT, BEFRAGTE<R> Kreuztabelle

% innerhalb von Schulbildung umkodiert

			Schulbildung umkodiert			
GESCHLECHT, BEFRAGTE<R>			Hauptschule	Mittelschule	Fachh/Abi	Gesamt
MAENNLICH	INGLEHART-INDEX	POSTMATERIALISTEN	23,9%	31,0%	23,9%	26,7%
		PM-MISCHTYP	39,1%	22,4%	43,5%	34,0%
		M-MISCHTYP	28,3%	34,5%	23,9%	29,3%
		MATERIALISTEN	8,7%	12,1%	8,7%	10,0%
	Gesamt		100,0%	100,0%	100,0%	100,0%
WEIBLICH	INGLEHART-INDEX	POSTMATERIALISTEN	14,6%	34,9%	31,7%	28,3%
		PM-MISCHTYP	22,0%	38,1%	22,0%	29,0%
		M-MISCHTYP	31,7%	22,2%	31,7%	27,6%
		MATERIALISTEN	31,7%	4,8%	14,6%	15,2%
	Gesamt		100,0%	100,0%	100,0%	100,0%

Wie wir sehen, wurden zwei Teiltabellen für den Zusammenhang zwischen Schulbildung und Einstellung auf der „Materialismus-Postmaterialismus“-Dimension erstellt, zuerst für die Männer, dann für die Frauen. In beiden Teiltabellen bestätigt sich der Zusammenhang zwischen Schulbildung und Einstellung und zwar so, dass der Anteil der Postmaterialisten bei den Hauptschülern am geringsten, bei den Mittelschülern am größten ist. Dabei scheint dieser Zusammenhang bei Frauen noch ein wenig stärker zu sein. Generell kann man sagen:

- Zeigen die neuen Teiltabellen nahezu dieselben Zusammenhänge wie die alte, spricht man von Bestätigung. Verschwindet dagegen der ursprüngliche Zusammenhang, wurde eine Scheinkorrelation aufgedeckt oder es besteht eine Intervention (d.h. der direkte Einflussfaktor ist nur die Kontrollvariable. Sie wird aber selbst durch die zunächst als unabhängige Variable angenommene Variable beeinflusst). Häufig wird der Zusammenhang nicht verschwinden, aber sich in seiner Stärke verändern. Hat der Ursache-Wirkungs-Zusammenhang in allen Untertabellen die gleiche Richtung, spricht man von Multikausalität (beide unabhängigen Variablen haben eine unabhängige Wirkung), hat er dagegen in den Untertabellen unterschiedliche Richtung, spricht man von Interaktion, denn die jeweilige Kombination der Werte der unabhängigen Variablen haben eine besondere Wirkung.
- Auch wenn eine zweidimensionale Tabelle zunächst keinen Zusammenhang erkennen lässt, kann es sein, dass bei Einführung einer Kontrollvariablen sich in den Teiltabellen ein Zusammenhang zeigt. Es wurde dann eine scheinbare Non-Korrelation aufgedeckt. Tatsächlich liegt entweder Multikausalität oder Interaktion vor.

Bestimmen des Tabellenformats. In der Dialogbox „Kreuztabellen“ kann durch Anklicken der Schaltfläche „Format...“ die Dialogbox „Kreuztabellen: Tabellenformat“ geöffnet werden. In diesem können zwei Formatierungsoptionen für die „Zeilenfolge“ gewählt werden (⇨ Abb. 10.3).

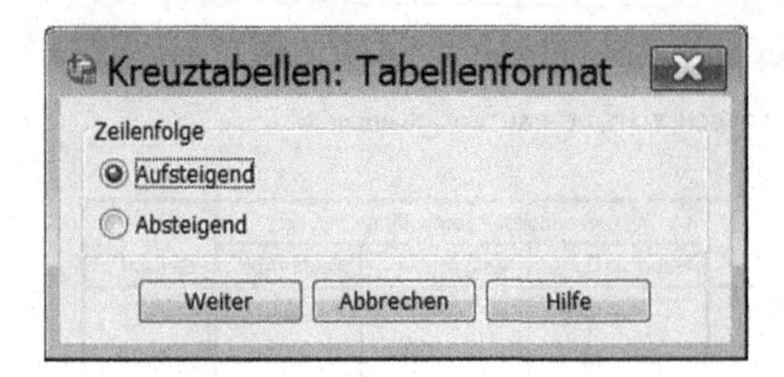

Abb. 10.3. Dialogbox „Kreuztabellen: Tabellenformat“

- *Aufsteigend* (Voreinstellung). Die Variablenwerte werden vom kleinsten Wert ausgehend nach ansteigenden Werten geordnet.
- *Absteigend.* Die Variablenwerte werden vom größten Wert ausgehend nach fallenden Werten geordnet.

Anzeigen eines Balkendiagramms. Die Dialogbox „Kreuztabellen“ enthält zwei weitere Kontrollkästchen.

- *Gruppierte Balkendiagramme anzeigen.* Es wird ein Balkendiagramm für den Zusammenhang der Untersuchungsvariablen erstellt. In ihm erscheinen Kategorienkombinationen der unabhängigen und abhängigen Variablen als Balken. Deren Höhe entspricht der Anzahl der Fälle. Bei Verwendung von Kontrollvariablen, wird für jede Kategorie jeder Kontrollvariable ein eigenes Diagramm erstellt. Ein entsprechendes Diagramm können Sie auch im Menü „Grafiken“ erstellen (⇨ Kap. 32.2.1).
- *Keine Tabellen.* Es werden nur zusätzlich angeforderte Statistiken und/oder Diagramme ausgegeben.

10.2 Kreuztabellen mit gewichteten Daten

SPSS stellt für das Erstellen von Kreuztabellen mit gewichteten Daten im Menü „Kreuztabellen“, „Zellen“ (⇨ Abb. 10.2) mehrere Optionen zur Verfügung, um die Ausgabe der Fallzahlen und die Berechnung der auf ihnen beruhenden statistischen Maßzahlen zu steuern.

Die verschiedenen Optionen sollen am Beispiel einer Kreuztabelle aus Geschlecht und politischem Interesse aus den Daten von ALLBUS12.SAV erläutert werden. ALLBUS12.SAV enthält eine Variable GEWICHT. Nach Öffnen der Datei ALLBUS12.SAV initiieren wir die Gewichtung wie in Kap. 2.7 beschrieben.[2]

Wir erstellen jetzt die gleiche Kreuztabelle wie in Kap 2.5.2, aber mit den Daten von ALLBUS12.SAV und unter Betrachtung der unterschiedlichen Optionen für Gewichtung (⇨ Abb. 10.2).

[2] Im Menü „Daten“ und „Fälle gewichten“ wählen und in der sich öffnenden gleichnamigen Dialogbox die Gewichtungsvariable GEWICHT in das Eingabefeld für „Fälle gewichten mit“ übertragen.

- Am besten sieht man die Unterschiede, wenn man mit der Option *„keine Anpassungen"* beginnt. Dann werden nämlich die gewichteten Fallzahlen mit Nachkommastellen angezeigt und die Statistiken (darunter auch die Prozentwerte) aus diesen exakten Werten berechnet.

  Das Verfahren ist bei der Berechnung der Statistiken am exaktesten. Aber die ausgegebenen Fallzahlen sind insofern fiktiv, als es tatsächlich nur ganze Fälle geben kann. Dem wird um den Preis weniger exakter Statistiken mit den anderen Optionen Rechnung getragen (⇨ Tabelle 10.3). Zum Vergleich nehmen wir die mit dieser Option errechnete Fallzahl für „Männlich" „Überhaupt nicht". Sie beträgt 10,53 (gegenüber den tatsächlich erfassten 11 Fällen).
- *Anzahl in den Zellen runden.* Die errechnet gewichteten Fallzahlen werden auf ganze Zahlen gerundet (z.B. 10,53 Fälle auf 11). Aus diesen werden dann die Statistiken berechnet. So werden z.B. Prozentwerte ungenauer.
- *Anzahl der Fälle in den Zellen kürzen.* Hier werden zum Bilden ganzer Zahlen die Nachkommastellen abgeschnitten. Aus 10,53 wird z.B. 10. Aus den so gewonnen Fallzahlen werden die Statistiken errechnet. Dies ist noch etwas ungenauer. Es spricht kaum etwas dafür, diese Methode zu verwenden.
- *Fallgewichtungen runden.* Hier werden die Fallgewichte selbst gerundet, bevor sie angewandt werden. Bei der üblichen Verwendung von Fallgewichten mit Dezimalstellen, die einen Mittelwert von 1 haben, macht dies wenig Sinn. So runden in unserem Beispiel beide Gewichte auf 1, was zur Folge hat, dass gar keine Gewichtung vorgenommen wird. Bei kleinen Gewichten unter 0,5 führt dies dazu, dass die Fälle ganz ausgeschlossen werden. Sinn hat dieses Verfahren also nur bei großen Gewichten.
- *Fallgewichtungen kürzen.* Hier werden bei den Gewichten die Nachkommastellen gestrichen. Es gilt ähnliches wie für die Rundung von Gewichten, allerdings noch verstärkt. In unserem Beispiel würde das Gewicht für Männer von 0,957 auf Null gesetzt, wodurch sie vollkommen aus der Berechnung herausfallen.

Tabelle 10.3. Kreuztabelle „Politisches Interesse" nach „Geschlecht" mit gewichteten Daten, Option „keine Anpassungen"

pol * geschl Kreuztabelle

			geschl		
			MAENNLICH	WEIBLICH	Gesamt
pol	SEHR STARK	Anzahl	22,01	7,31	29,32
		% innerhalb von geschl	15,03	4,76	9,77
	STARK	Anzahl	37,32	25,08	62,40
		% innerhalb von geschl	25,49	16,33	20,80
	MITTEL	Anzahl	50,72	62,69	113,41
		% innerhalb von geschl	34,64	40,82	37,80
	WENIG	Anzahl	25,84	34,48	60,32
		% innerhalb von geschl	17,65	22,45	20,11
	UEBERHAUPT NICHT	Anzahl	10,53	24,03	34,56
		% innerhalb von geschl	7,19	15,65	11,52
Gesamt		Anzahl	146,41	153,60	300,01
		% innerhalb von geschl	100,00	100,00	100,00

Etwas ärgerlich ist es, dass es nicht möglich ist, wie etwa bei der Häufigkeitsauszählung, die Fallzahlen zu runden und gleichzeitig die Statistiken auf Basis der exakteren gewichteten fiktiven Fallzahlen zu berechnen. Bei Tabellen mit wenig Fällen empfehlen wir daher die Methode „keine Korrekturen" zu verwenden und nachträglich manuell die Fallzahlen zu runden. Bei Tabellen mit großen Fallzahlen kann das voreingestellte Verfahren „Anzahl in den Zellen runden" verwendet werden, da sich dort die kleinen Rundungsfehler in den Statistiken kaum niederschlagen.

10.3 Der Chi-Quadrat-Unabhängigkeitstest

Theoretische Grundlagen. In den meisten Fällen entstammen unsere Daten keiner Vollerhebung, sondern es wird nur ein Teil der Zielpopulation untersucht (Teilerhebung, Stichprobe). Ist das der Fall, kann nicht ohne weitere Prüfung ein in einer Tabelle erkannter Zusammenhang zwischen zwei kategorialen Variablen (Variablen mit Nominal- oder Ordinalskalenniveau) als gesichert gelten. Er könnte in der Grundgesamtheit gar nicht existieren und lediglich durch Auswahlverzerrungen vorgetäuscht werden. Falls die Teilpopulation durch Zufallsauswahl zustande gekommen ist (Zufallsstichprobe), kann eine weitgehende Absicherung vor zufallsbedingten Ergebnissen mit Hilfe von Signifikanztests erfolgen (⇨ Kap. 13.1). Das Menü „Kreuztabellen" bietet dazu den Chi-Quadrat-Test an.

Der Chi-Quadrat-Test prüft, ob zwei in einer Stichprobe erhobene kategoriale Variablen voneinander unabhängig sind oder nicht. Sind sie unabhängig, wird die Nullhypothese beibehalten, ansonsten die Hypothese H_1 angenommen. Wegen der Analyse von kategorialen Variablen ist er ein nicht-parametrischer Test (⇨ Kap. 30). Diese machen keine Voraussetzungen hinsichtlich der Verteilung der Werte in der Grundgesamtheit. Weil die gesamte gemeinsame Häufigkeitsverteilung geprüft wird, ergibt sich aber aus einem signifikanten Ergebnis nicht, an welcher Stelle der

Verteilung die signifikanten Abweichungen auftreten. Dazu bedarf es weiterer Prüfungen (⇨ Spaltenanteile vergleichen).

Ein Chi-Quadrat-Test zur Überprüfung der statistischen Signifikanz von Zusammenhängen zwischen zwei Variablen geht im Prinzip wie folgt vor:

- Die Nullhypothese (H_0, die Annahme es bestehe keine Beziehung zwischen den untersuchten Variablen) wird einer Gegenhypothese (H_1, mit der Annahme, dass ein solcher Zusammenhang bestehe) gegenübergestellt. Es soll entschieden werden, ob die Hypothese H_1 als weitgehend gesichert angenommen werden kann oder H_0 (vorläufig) beibehalten werden muss.
- Die statistische Prüfgröße Chi-Quadrat wird ermittelt.
- Es wird ein Signifikanzniveau festgelegt, d.h. die Wahrscheinlichkeit, ab der H_1 angenommen werden soll. Üblich sind das 5 %-Niveau (ist dieses erreicht, spricht man von einem signifikanten Ergebnis) und das 1 %-Niveau (ist dieses erreicht, spricht man von einem hoch signifikanten Ergebnis).
- Feststellen der Freiheitsgrade (df = degrees of freedom) für die Verteilung.
- Aus diesen Festlegungen ergibt sich der „kritische Bereich", d.h. der Bereich der Werte der Prüfgröße, in dem H_1 angenommen wird.
- Die Prüfgröße wird daraufhin überprüft, ob sie in den kritischen Bereich fällt oder nicht. Ist ersteres der Fall, wird H_1 angenommen, ansonsten H_0 vorläufig beibehalten.

Im Chi-Quadrat-Test wird die empirisch beobachtete Verteilung mit einer erwarteten Verteilung verglichen. Die erwartete Verteilung ist diejenige, die auftreten würde, wenn zwischen den beiden Variablen keine Beziehung bestünde, wenn sie also voneinander unabhängig wären. Die erwarteten Häufigkeiten (Erwartungswerte) für die einzelnen Zellen ij einer Tabelle (i = Zeile, j = Spalte) können aus den Randverteilungen ermittelt werden:[3]

$$e_{ij} = \frac{(\text{Fallzahl in Zeile } i) \cdot (\text{Fallzahl in Spalte } j)}{n} \tag{10.1}$$

Die Prüfgröße Chi-Quadrat nach Pearson (χ^2_P) ist ein Messwert für die Stärke der Abweichung der beobachteten Verteilung von der erwarteten Verteilung in einer Kreuztabelle:

$$\chi^2_P = \sum_i \sum_j \frac{(n_{ij} - e_{ij})^2}{e_{ij}} \tag{10.2}$$

n_{ij} = beobachtete Anzahl der Fälle in der Zelle der iten Reihe und jten Spalte

e_{ij} = unter H_0 erwartete Anzahl der Fälle in der Zelle der iten Reihe und jten Spalte

[3] Grundlage ist der Multiplikationssatz der Wahrscheinlichkeitstheorie für unabhängige Ereignisse wie man ihn aus Lehrbüchern kennt: P(AundB) = P(A)P(B). Die Wahrscheinlichkeit, dass eine zufällig ausgewählte Person in die Zelle der Zeile i und Spalte j der Kreuztabelle fällt, wird durch $(\frac{\text{Fallzahl Zeile i}}{n})(\frac{\text{Fallzahl Spalte j}}{n})$ geschätzt. Um die erwartete Häufigkeit in der Zelle der Zeile i und Spalte j zu erhalten wird das Produkt mit n multipliziert.

Die Prüfgröße χ_P^2 folgt asymptotisch[4] einer Chi-Quadrat-Verteilung mit folgenden Freiheitsgraden:[5]

$$df = (\text{Zahl der Spalten} - 1) \cdot (\text{Zahl der Zeilen} - 1) \qquad (10.3)$$

SPSS führt die Berechnungen des Chi-Quadrat-Tests auf Anforderung durch. Es gibt den χ_P^2-Wert, die Freiheitsgrade und die Wahrscheinlichkeit des χ^2-Wertes unter der Annahme an, dass H_0 richtig ist. Das Signifikanzniveau müssen Sie selbst festlegen und auf dieser Basis feststellen, ob Ihr Ergebnis signifikant ist oder nicht. Außerdem kann man sich die Erwartungswerte und die Differenz zwischen beobachteten Werten und Erwartungswerten (die sogenannten Residuen) als Zwischenprodukte der Berechnung ausgeben lassen.

Ein Anwendungsbeispiel. Es soll ein (asymptotischer) Chi-Quadrat-Test für die Kreuztabelle zwischen den Variablen Einstellung nach dem „Materialismus-Postmaterialismus"-Index und Schulbildung (ALLBUS90) durchgeführt werden. Die Nullhypothese besagt, dass zwischen beiden Variablen kein Zusammenhang bestehe, die Gegenhypothese dagegen, dass die Einstellung nach dem Index von der Schulbildung abhängig sei.

Um den Chi-Quadrat-Test durchzuführen und sich die Erwartungswerte sowie die Residuen anzeigen zu lassen, gehen Sie wie folgt vor:

▷ Wählen Sie zunächst in der Dialogbox „Kreuztabellen" die Zeilen- und die Spaltenvariable aus (⇨ Abb. 10.1)
▷ Öffnen Sie ALLBUS90.SAV.
▷ Klicken Sie auf die Schaltfläche „Statistiken...". Es öffnet sich die Dialogbox „Kreuztabellen: Statistik" (⇨ Abb. 10.4).
▷ Wählen Sie das Kontrollkästchen „Chi-Quadrat", und bestätigen Sie mit „Weiter".
▷ Klicken Sie in der Dialogbox „Kreuztabellen" auf die Schaltfläche „Zellen...". Es öffnet sich die Dialogbox „Kreuztabellen: Zellen anzeigen" (⇨ Abb. 10.2).
▷ Wählen Sie dort alle gewünschten Kontrollkästchen an.
▷ Bestätigen Sie mit „Weiter" und „OK".

[4] Bei wachsendem Stichprobenumfang n nähert sich die Prüfgröße der theoretischen Verteilung.

[5] Bei einer Kreuztabelle mit gegebenen Randhäufigkeiten: Die Anzahl der Zellen dieser Tabelle, die frei mit Häufigkeiten gefüllt werden können, entspricht der Anzahl der Freiheitsgrade. Bei einer 2*2-Tabelle z.B. kann man nur eine Zelle frei mit einer Häufigkeit füllen. Für die anderen drei Zellen sind dann durch die gegebenen Randverteilungen die Häufigkeiten festgelegt. Die Tabelle hat daher einen Freiheitsgrad. Bei einer 2*3-Tabelle kann man nur zwei Zellen frei mit Häufigkeiten füllen, sie hat entsprechend 2 Freiheitsgrade usw.

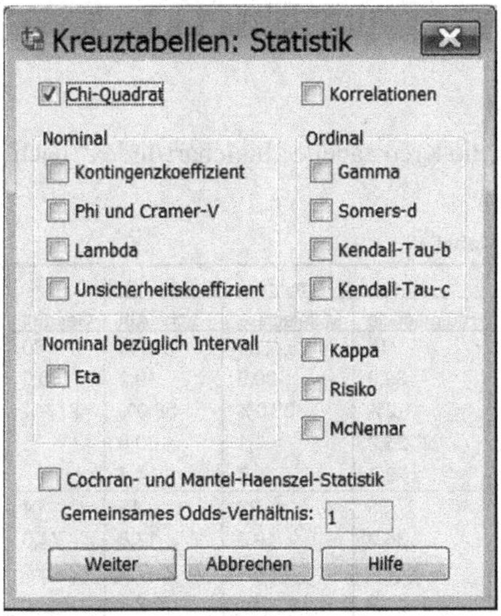

Abb. 10.4. Dialogbox „Kreuztabellen: Statistik“

In unserem Beispiel wurden neben den beobachteten Werten und den Spaltenprozenten die Erwartungswerte, die nicht standardisierten sowie die standardisierten Residuen angefordert. Das Ergebnis steht in Tabelle 10.4.

Der Output enthält zunächst die angeforderte Tabelle mit den beobachteten Werten („Anzahl“), den erwarteten Werten („Erwartete Anzahl“), den nicht standardisierten Residuen („Residuen“) und den standardisierten Residuen. Sie stehen untereinander in der genannten Reihenfolge. Für den Chi-Quadrat-Test nach Pearson sind nur die ersten zwei Werte relevant. Betrachten wir die linke obere Zelle der Postmaterialisten, die einen Hauptschulabschluss oder weniger haben. Es sind 16 beobachtete Fälle. Der Erwartungswert beträgt 39,9. Er berechnet sich nach Formel 10.1 als $(80 \cdot 143) : 287 = 39{,}9$. Das dazugehörige Residuum, die Differenz zwischen beobachtetem und erwartetem Wert, beträgt $16 - 39{,}9 = -23{,}9$

In der unteren Tabelle stehen die Ergebnisse verschiedener Varianten des Chi-Quadrat-Tests. Uns interessiert zunächst nur der nach Pearson. Für die Prüfgröße χ_P^2 wurde der Wert 64,473 ermittelt. Die Tabelle hat sechs Freiheitsgrade (df). Das errechnet sich gemäß Formel 10.3 aus $(3-1) \cdot (4-1) = 6$. Der Wert unter „Asymptotische Signifikanz (2-seitig)“ gibt an, wie wahrscheinlich ein solcher Chi-Quadrat-Wert in einer Tabelle mit sechs Freiheitsgraden bei Geltung von H_0 ist. Es ist so unwahrscheinlich, dass der Wert 0,000 angegeben wird.[6] Wir müssen uns daher keine weiteren Gedanken über das Signifikanzniveau machen, sondern können H_1 als statistisch signifikant annehmen. Nicht immer sind die Ergebnisse so eindeutig wie in diesem Beispiel. Allgemein gilt: Würde das Signifikanzniveau auf 5 %-Irrtumswahrscheinlichkeit festgelegt ($\alpha = 0{,}05$) werden, würden „Signifikanz“-Werte, die kleiner als α sind, als signifikant angesehen werden. Setzt man

[6] Eine Tabelle der χ^2-Verteilung finden Sie auf den Internetseiten zum Buch.

die Grenze bei 1 %-Irrtumswahrscheinlichkeit (α = 0,01), so gilt entsprechendes (⇨ Kap. 13.1).

Tabelle 10.4. Chi-Quadrat-Test und Residuen für die Kreuztabelle „Inglehart-Index“ nach „Schulbildung“

ingl* schul2Kreuztabelle

			schul2			
			Hauptschule	Mittelschule	Fachh/Abi	Gesamt
ingl	POSTMATERIALISTEN	Anzahl	16	24	40	80
		Erwartete Anzahl	39,9	20,9	19,2	80,0
		% innerhalb von schul2	11,2%	32,0%	58,0%	27,9%
		Residuen	-23,9	3,1	20,8	
		Standardisierte Residuen	-3,8	,7	4,7	
	PM-MISCHTYP	Anzahl	36	23	15	74
		Erwartete Anzahl	36,9	19,3	17,8	74,0
		% innerhalb von schul2	25,2%	30,7%	21,7%	25,8%
		Residuen	-,9	3,7	-2,8	
		Standardisierte Residuen	-,1	,8	-,7	
	M-MISCHTYP	Anzahl	56	22	13	91
		Erwartete Anzahl	45,3	23,8	21,9	91,0
		% innerhalb von schul2	39,2%	29,3%	18,8%	31,7%
		Residuen	10,7	-1,8	-8,9	
		Standardisierte Residuen	1,6	-,4	-1,9	
	4 MATERIALISTEN	Anzahl	35	6	1	42
		Erwartete Anzahl	20,9	11,0	10,1	42,0
		% innerhalb von schul2	24,5%	8,0%	1,4%	14,6%
		Residuen	14,1	-5,0	-9,1	
		Standardisierte Residuen	3,1	-1,5	-2,9	
Gesamt		Anzahl	143	75	69	287
		Erwartete Anzahl	143,0	75,0	69,0	287,0
		% innerhalb von schul2	100,0%	100,0%	100,0%	100,0%

Chi-Quadrat-Tests

	Wert	df	Asymptotische Signifikanz (2-seitig)
Chi-Quadrat nach Pearson	64,473[a]	6	,000
Likelihood-Quotient	67,950	6	,000
Zusammenhang linear-mit-linear	58,862	1	,000
Anzahl der gültigen Fälle	287		

a. 0 Zellen (,0%) haben eine erwartete Häufigkeit kleiner 5. Die minimale erwartete Häufigkeit ist 10,10.

Anwendungsvoraussetzungen für den Chi-Quadrat-Test. Der asymptotische Chi-Quadrat-Test bringt gute Ergebnisse, wenn die Daten einer Zufallsauswahl aus multinominalen Verteilungen entspringen. Für den asymptotischen Test dürfen aber die Erwartungswerte nicht zu klein sein. Als Faustregel gilt, dass diese in jeder Zelle mindestens fünf betragen sollen. SPSS gibt unter der Tabelle an, in wie vielen Zellen solche Erwartungswerte auftreten. Da in Tabelle 10.4 keine Zelle einen Erwartungswert kleiner 5 hat, ist diese Anwendungsvoraussetzung für den Test erfüllt. Wenn diese Anwendungsbedingung für einen asymptotischen Test aber nicht gegeben ist oder Zweifel bestehen, sollte man den asymptotischen Test verwerfen und einen exakten Test bevorzugen (⇨ Kap. 36 und Tabelle 36.2).

Ob die Anwendungsbedingung erfüllt ist oder nicht hängt wesentlich vom Stichprobenumfang ab. Je mehr Zellen die untersuchte Kreuztabelle hat, umso größer muss der Stichprobenumfang sein. Aber die Häufigkeiten in den Zellen dürfen auch nicht zu sehr konzentriert sein.

Fisher's exact Test. Für 2*2-Tabellen führt SPSS auch ohne das Zusatzmodul Exact Tests automatisch einen exakten Test durch (den Test nach Fisher). Dieser Test berechnet exakte Werte für die Wahrscheinlichkeit, die beobachteten Resultate zu erhalten, wenn die Variablen als unabhängig voneinander und die Randverteilung als fest angenommen wird.[7]

In Tabelle 10.5 ist ein Beispiel zur Demonstration für den Chi-Quadrat-Test für 2*2-Tabellen zu sehen. Es wird für die Befragten geprüft, ob ein Zusammenhangs zwischen politischem Interesse und Schulbildung besteht (Datei: ALLBUS-klein.SAV).[8]

Es werden für den einseitigen [„Exakte Signifikanz (1-seitig)"] und den zweiseitigen [„Exakte Signifikanz (2-seitig)"] Test jeweils die exakten Wahrscheinlichkeiten angegeben, dass unter H_0 $\chi^2 \geq \chi^2_P$-Prüfwert gilt. (Zum Unterschied zwischen einseitigen und zweiseitigen Tests ⇨ Kap 13.1). Da beide Werte kleiner als 0,05 sind, liegen signifikanten Differenzen zwischen Erwartungswerten und beobachteten Werten vor. Die Nullhypothese wird demgemäß abgelehnt.

Kontinuitätskorrektur bei 2*2-Tabellen. Für 2*2-Tabelle wird von SPSS auch der Chi-Quadrat-Test mit der Yates Korrektur („Kontinuitätskorrektur") berechnet (⇨ Tabelle 10.5). Er berücksichtigt, dass wir es bei kategorialen Variablen mit diskontinuierlichen Merkmalen zu tun haben, die Chi-Quadrat-Verteilung aber kontinuierlich ist. Bei der Kontinuitätskorrektur wird von positiven Residuen ($n_{ij} - e_{ij}$) in Gleichung 10.2 0,5 subtrahiert und von negativen Werten 0,5 addiert, bevor man die Quadrierung vornimmt. Das Ergebnis in Tabelle 10.5 zeigt, dass die Chi-Quadrat-Prüfgröße mit der Kontinuitätskorrektur von der nach Pearson abweicht. Bei kleinen Stichproben ist die Abweichung i.d.R. noch größer, so dass das Testergebnis vom dem nach Pearson abweichen kann.

Da aber SPSS für 2*2-Tabellen den exakten Test berechnet und dieser prinzipiell zu bevorzugen ist, ist der Chi-Quadrat-Test mit der Yates Korrektur nicht mehr wichtig, er hat nur noch historische Bedeutung.

[7] S. Siegel, N.J. Castellan (1988) und Kap. 36.

[8] Um die 2*2-Tabelle zu bekommen sind in POL3 die Kategorien 1 bis 3 von POL zu 2 und 4 bis 5 zu 1 zusammen gefasst und in SCHUL3 die Kategorien 1 und 3 von SCHUL zu 1 und 4 bis 5 zu 2.

Tabelle 10.5. Ergebnisse eines Chi-Quadrattests bei einer 2*2-Tabelle

Pol3 * Schul3 Kreuztabelle

			Schul3		
			einfacher Schulabschluss	erweiterter Schulabschluss	Gesamt
Pol3	nicht interesiert	Anzahl	10	2	12
		Erwartete Anzahl	9,4	2,6	12,0
		Residuen	,6	-,6	
	interessiert	Anzahl	15	5	20
		Erwartete Anzahl	15,6	4,4	20,0
		Residuen	-,6	,6	
Gesamt		Anzahl	25	7	32
		Erwartete Anzahl	25,0	7,0	32,0

Chi-Quadrat-Tests

	Wert	df	Asymptotische Signifikanz (zweiseitig)	Exakte Signifikanz (2-seitig)	Exakte Signifikanz (1-seitig)
Chi-Quadrat nach Pearson	,305 [a]	1	,581		
Kontinuitätskorrektur [b]	,012	1	,912		
Likelihood-Quotient	,314	1	,575		
Exakter Test nach Fisher				,683	,465
Zusammenhang linear-mit-linear	,295	1	,587		
Anzahl der gültigen Fälle	32				

a. 2 Zellen (50,0%) haben eine erwartete Häufigkeit kleiner 5. Die minimale erwartete Häufigkeit ist 2,63.

b. Wird nur für eine 2x2-Tabelle berechnet

Alternative Chi-Quadrat-Tests. In den Tabellen 10.4 und 10.5. werden zwei weitere Tests angeführt:

❒ *Likelihood-Quotienten Chi-Quadrat"-Test.*[9] Er beruht auf der Maximum-Likelihood-Schätzmethode (⇨ „Schätzmethode" in Kap. 20.1). Die Prüfgröße ist (ähnlich wie beim Test nach Pearson) ein Maß für die Stärke der Abweichungen zwischen der empirischen und der unter H_0 zu erwarteten Verteilung:

$$\chi^2_{LQ} = 2\sum_i \sum_j n_{ij} \ln(n_{ij}/e_{ij}) \tag{10.4}$$

n_{ij} = beobachtete Fälle in der Zelle der iten Reihe und jten Spalte

e_{ij} = unter H_0 erwartete Fälle in der Zelle der iten Reihe und jten Spalte

ln = natürliche Logarithmus

[9] A. Agresti (2002), S. 22 f. und 79 f..

Die Prüfgröße folgt einer Chi-Quadratverteilung, die Freiheitsgrade entsprechen dem Test nach Pearson (⇨ Gleichung 10.2). Bei großen Stichproben bringt er generell dasselbe Ergebnis wie der Pearson-Test.

- *Zusammenhang linear-mit-linear* (Mantel-Haenszel-Chi-Quadrat-Trendtest)[10] Sowohl der Chi-Quadrat-Test nach Pearson als auch der Likelihood-Quotienten-Test machen keinen Unterschied ob Ordinal- oder Nominaldaten in die Prüfgröße eingehen. Insofern gehen im Fall von Ordinaldaten Informationen verloren. Der Mantel-Haenszel-Chi-Quadrat-Trendtest ist speziell für die Prüfung eines Trendzusammenhangs zwischen zwei ordinalskalierten Variablen konzipiert. Er sollte verwendet werden, wenn man die Hypothese prüfen möchte, ob zwischen den beiden Variablen ein (positiver oder negativer) Trend besteht. Bei diesem Test werden die Messwerte der Kategorien wie bei metrischen Daten behandelt. Die Messwerte der Variablen werden dem entsprechend i.d.R. mit 1,2,3 ... kodiert, wenn man von gleichen Abständen der Kategorien ausgeht. Die Prüfgröße (zu sehen nach mathematischen Umformulierungen in Gleichung 10.5 beruht auf dem Korrelationskoeffizienten nach Pearson (⇨ Gleichung 17.1).

  Ist eine oder sind beide Variablen nicht ordinalskaliert, dann ist der Test nicht geeignet.

$$\chi^2_{MH} = (n-1)r_P^2 \qquad (10.5)$$

n = Stichprobenumfang
r_P = Korrelationskoeffizient nach Pearson

Die Prüfgröße folgt asymptotisch einer Chi-Quadratverteilung mit einem Freiheitsgrad. Sie kann auch als Zusammenhangsmaß genutzt werden.

Im Prinzip werden die Ergebnisse dieser Tests auf die gleiche Weise interpretiert wie der Chi-Quadrat-Test nach Pearson. Wie man sieht, erbringen alle drei angezeigten Tests in der Tabelle 10.4 auch in etwa die gleichen Ergebnisse.

Standardisierte und angepaßte Residuen. Standardisierte Residuen sind in Tabelle 10.4 enthalten. Sie werden wie folgt berechnet:[11]

$$\text{Resid} = \frac{n_{ij}-e_{ij}}{\sqrt{e_{ij}}} \qquad (10.6)$$

und die *angepassten* Residuen[10]

$$\text{Resid}_{anp} = \frac{n_{ij}-e_{ij}}{\sqrt{e_{ij}(1-p_{i.})(1-p_{.j})}} \qquad (10.7)$$

$p_{i.}$, $p_{.j}$= Prozentuale Randverteilung der Zeile i bzw. Spalte j

[10] A. Agresti (2002), S. 86 f..
[11] A. Agresti (2002), S. 81.

Spaltenanteile vergleichen. Die Chi-Quadrat-Tests geben Aufschluss über die Signifikanz der Abweichung aller beobachteten Werte von den zugehörigen Erwartungswerten, nicht aber, welche Werte im Einzelnen signifikant voneinander abweichen. In der Unterdialogbox „Kreuztabellen: Zellen“ (⇨ Abb. 10.2) findet sich im Feld „z-Test“ mit der Option „Spaltenanteile vergleichen“ eine Möglichkeit zum Vergleich einzelner Felder der verschiedenen Spalten einer Zeile. (Die unabhängige Variable muss hier als Spaltenvariable verwendet werden). Durch tiefgestellte Buchstaben wird markiert, ob sich die Spaltenprozente (bzw. Absolutwerte) zweier Spalten auf 5%-Niveau signifikant unterscheiden oder nicht (sogenannter APA-Stil). Treten dieselben Buchstaben in zwei Spalten einer Zeile auf, unterscheiden diese sich nicht signifikant, stehen dort unterschiedliche Buchstaben, besteht ein signifikanter Unterschied. Beispiel: In Tabelle 10.1 steht in der Zeile „POSTMATERIALISTEN“ in der ersten Spalte ein a, in der zweiten und dritten ein b. Demnach unterscheiden sich die Anteile bei den Hauptschülern signifikant von den bei den beiden anderen Gruppen, die der beiden anderen untereinander aber nicht. Dagegen steht in der Zeile (PM-Mischtyp) in jeder Spalte derselbe Buchstabe (a). Also unterscheiden sich die Anteile der drei Schulbildungsgruppen nicht signifikant voneinander.[12] Markiert man das Auswahlkästchen „p-Werte anpassen–(Bonferroni-Methode)“, werden höhere Anforderungen gestellt, bevor eine Differenz als signifikant beurteilt wird. Dies beruht auf der Annahme, dass bei Mehrfachvergleichen die Wahrscheinlichkeit steigt, zufällig ein signifikantes Ergebnis zu erhalten (⇨ Kap. 15.3).

10.4 Zusammenhangsmaße

Signifikanztests geben an, ob ein beobachteter Zusammenhang zwischen zwei Variablen statistisch abgesichert ist oder nicht, ihnen ist aber keine direkte Information zu entnehmen, wie eng dieser Zusammenhang ist. Das Ergebnis eines Signifikanztestes hängt nämlich vor allem auch von der Größe der Stichprobe ab. Je größer die Stichprobe, desto eher lässt sich die Signifikanz auch schwacher Zusammenhänge nachweisen. Maßzahlen, die die Stärke eines Zusammenhanges zwischen zwei Variablen ausdrücken, nennt man Zusammenhangs- oder Assoziationsmaße. Da es, insbesondere vom Messniveau der Variablen abhängig, unterschiedliche Arten von Assoziationen gibt, wurden auch verschiedene Zusammenhangsmaße entwickelt. Die Zusammenhangsmaße unterscheiden sich aber auch in anderer Hinsicht. Z.B. berücksichtigen manche neben dem Grad der Assoziation auch Informationen über die Randverteilung (Margin-sensitive-Maße). Bei der Auswahl des Zusammenhangsmaßes ist bei nominal und ordinal skalierten Variablen die Zahl der Merkmalsklassen der beiden Variablen von Bedeutung. Außerdem definieren sie unterschiedlich, was ein perfekter Zusammenhang ist und geben un-

[12] Für einen ähnlichen Zweck kann man auch standardisierte Residuen benutzen. Ihr Wert dient als Hinweis darauf, ob sich ein einzelner Zellenwert signifikant von dem bei Geltung von H_0 erwarteten Wert unterscheidet. Ein Wert $\geq$ 2,0 entspricht einem 5%-, $\geq$ 2,6 einem 1%-Signifikanzniveau.

terschiedliche Zwischenwerte an. Die Mehrzahl der Zusammenhangsmaße ist allerdings so angelegt, dass der Wert 0 anzeigt, dass kein Zusammenhang zwischen den beiden Variablen vorliegt. Der Wert 1 dagegen indiziert einen perfekten Zusammenhang. Werte zwischen 1 und 0 stehen für mehr oder weniger starke Zusammenhänge. Sind beide Variablen zumindest auf dem Ordinalskalenniveau gemessen, kann auch die Richtung des Zusammenhangs angegeben werden. Ein positiver Wert des Zusammenhangsmaßes zeigt an, dass ein größerer Wert auf der unabhängigen Variablen auch einen größeren auf der abhängigen nach sich zieht.

Tabelle 10.6. Beziehung zwischen Messniveau und Zusammenhangsmaß

Messniveau	Maßzahlen	Bemerkungen
Nominal	*Chi-Quadrat-basierte Messungen*	
	Phi Koeffizient ϕ	Für 2 ∗ 2-Tabellen geeignet. Ansonsten beträgt das Maximum nicht 1, z.T. auch größer 1.
	Cramers V	Auch für größere Tabellen geeignet. Der maximale Wert beträgt immer 1.
	Kontingenzkoeffizient C	Auch für größere Tabellen. Der maximale Wert liegt unter 1 und ist von der Zahl der Spalten und Zeilen abhängig.
	Relative (proportionale) Irrtumsreduktion	
	Lambda λ*)	Erreicht nur 1, wenn jede Reihe mindestens eine nicht leere Zelle enthält.
	Kruskals und Goodmans tau	Beruht auf der Randverteilung. Wird mit dem Kontrollkästchen Lambda mit ausgewählt.
	Unsicherheitskoeffizient	Beruht auf den Randverteilungen.
Ordinal	Spearmans Rangkorrelationskoeffizient r.	Bereich zwischen -1 und +1.
	Mantel-Haenszel Chi-Quadrat (Zusammenhang linear-mit-linear)	Nur für ordinal skalierte Daten.
	Auf paarweisen Vergleich beruhende Maßzahlen	
	Kendalls tau-b	Berücksichtigt Bindungen auf einer der Variablen, kann nicht immer die Werte -1 und +1 erreichen.
	Kendalls tau-c	Kann näherungsweise bei jeder Tabellenform die Werte −1 und +1 erreichen.
	Gamma	0 ist nur bei 2 ∗ 2-Tabelle ein sicheres Indiz für Unabhängigkeit der Variablen. Für 3- bis 10-dimensionale Tabellen werden bedingte Koeffizienten berechnet.
	Somers d	Asymmetrische Variante von Gamma.
Intervall	Pearsonscher Produkt-Moment Korrelations-Koeffizient r	Gilt für lineare Beziehungen. Wertebereich zwischen -1 und +1.

Mischform	Eta	Unabhängige Variable nominal, abhängige Variable mindestens intervallskaliert.
Sonderaufgaben	Kappa *(Zustimmungsmessung)*	Speziell für Übereinstimmungsmessungen bei Überprüfung von Zuverlässigkeit und Gültigkeit. Kann nur für quadratische Tabellen mit gleicher Zeilen- und Spaltenzahl berechnet werden.
	Risk und odds-ratio*)	Speziell für Kohorten- bzw. Fall-Kontroll-Studien. Kann nur für 2 ∗ 2-Tabellen berechnet werden.

* keine exakten Tests verfügbar

Dagegen indiziert ein negatives Vorzeichen, dass mit Vergrößerung des Wertes der unabhängigen Variablen der Wert der abhängigen sinkt.

Tabelle 10.6 gibt eine Übersicht über die von SPSS verwendeten Zusammenhangsmaße in Abhängigkeit vom Messniveau der Variablen. Entscheidend ist das Messniveau der auf dem geringsten Niveau gemessenen Variablen.

10.4.1 Zusammenhangsmaße für nominalskalierte Variablen

Wenn beide Variablen auf Nominalskalenniveau gemessen sind, ist es lediglich möglich, Aussagen über die Stärke des Zusammenhanges zu machen. Da keine eindeutige Ordnung existiert, sind Aussagen über Art und Richtung des Zusammenhanges sinnlos. Zusammenhangsmaße für nominalskalierte Daten können auf zwei unterschiedlichen Logiken aufbauen. Die einen gründen sich auf die Chi-Quadrat-Statistik, die anderen auf der Logik der proportionalen Irrtumsreduktion.

Auf der Chi-Quadrat-Statistik basierende Zusammenhangsmaße. Der Chi-Quadrat Wert selbst ist als Zusammenhangsmaß nicht geeignet. Er ist nämlich außer von der Stärke des Zusammenhangs auch von der Stichprobengröße und der Zahl der Freiheitsgrade abhängig. Auf seiner Basis können aber Zusammenhangsmaße errechnet werden, wenn man den Einfluss der Stichprobengröße und der Freiheitsgrade berücksichtigt und dafür sorgt, dass die Maßzahl Werte im Bereich zwischen 0 und 1 annimmt. Dafür sind verschiedene Verfahren entwickelt worden:

- *Phi Koeffizient.* Er ist hauptsächlich für 2 ∗ 2-Tabellen geeignet. Zur Ermittlung des Phi Koeffizienten wird Pearsons Chi-Quadrat durch die Stichprobengröße dividiert und die Quadratwurzel daraus gezogen. Phi ergibt für 2 ∗ 2-Tabellen denselben Wert wie Pearsons Produkt-Moment-Korrelationskoeffizient. Bei größeren Tabellen kann es sein, dass die Werte nicht zwischen 0 und 1 liegen, weil Chi-Quadrat größer als die Stichprobengröße ausfallen kann. Deshalb sollte dann lieber Cramers V oder der Kontingenzkoeffizient berechnet werden. Koeffizienten unterschiedlicher Tabellenformen sind nicht vergleichbar.

$$\phi = \sqrt{\frac{\chi^2}{n}} \tag{10.8}$$

❐ *Cramers V.* Ist eine weitere Variation, die auch bei größeren Tabellen und unterschiedlicher Zeilen- und Spaltenzahl immer einen Wert zwischen 0 und 1 erbringt. In jeder Tabelle beträgt der maximal erreichbare Wert 1. Die Formel lautet:

$$V = \sqrt{\frac{\chi^2}{n(k-1)}} \tag{10.9}$$

Dabei ist k der kleinere Wert der Anzahl der Reihen oder der Spalten.

❐ *Kontingenzkoeffizient.* Zu seiner Berechnung wird der Chi-Quadrat-Wert nicht durch n, sondern durch $\chi^2 + n$ geteilt. Dadurch liegen die Werte immer zwischen 0 und 1.

$$C = \sqrt{\frac{\chi^2}{\chi^2 + n}} \tag{10.10}$$

Bei der Interpretation ist allerdings zu beachten, dass der maximal erreichbare Wert unter 1 liegt. Der maximal erreichbare Wert hängt von der Zahl der Reihen und Spalten der Tabelle ab. Er ist nur für quadratische Tabellen nach der folgenden Formel ermittelbar:

$$C_{Max} = \sqrt{\frac{r-1}{r}}\text{, wobei r = Zahl der Reihen bzw. Spalten} \tag{10.11}$$

Er beträgt beispielsweise bei einer 2 * 2-Tabelle 0,707 und bei einer 4 * 4-Tabelle nur 0,866. Man sollte daher nur Kontingenzkoeffizienten für Tabellen gleicher Größe vergleichen.

Zum Vergleich unterschiedlich großer quadratischer Tabellen kann der Kontingenzkoeffizient nach der folgenden Formel korrigiert werden:

$$C_{korr} = \frac{C}{C_{Max}} \tag{10.12}$$

Beispiel. Es soll überprüft werden, wie eng der Zusammenhang zwischen der Beurteilung ehelicher Untreue und Geschlecht des/der Befragten ist. Da Geschlecht ein nominal gemessenes Merkmal ist, kommen nur Zusammenhangsmaße für nominal skalierte Merkmale in Frage. Um die entsprechenden Statistiken zu erstellen, gehen Sie wie folgt vor:

▷ Öffnen Sie ALLBUS90.SAV
▷ Wählen Sie zunächst in der Dialogbox „Kreuztabellen" Spalten- und Zeilenvariable aus.
▷ Schalten Sie in die Dialogbox „Zellen...".
▷ Wählen Sie dort die gewünschte Prozentuierung aus.
▷ Wählen Sie in der Dialogbox „Kreuztabellen" die Schaltfläche „Statistiken...". Es öffnet sich die Dialogbox „Kreuztabellen: Statistik" (⇨ Abb. 10.4). Für Sie ist jetzt die Auswahlgruppe „Nominal" relevant.
▷ Wählen Sie durch Anklicken der Kontrollkästchen die gewünschten Statistiken.

▷ Bestätigen Sie mit „Weiter" und „OK".

Wenn Sie die Kästchen „Kontingenzkoeffizient" und „Phi und Cramers V" angewählt haben, enthält die Ausgabe den in Tabelle 10.7 dargestellten Output. Er enthält unter der Kreuztabelle die drei angeforderten Zusammenhangsmaße. Da es sich nicht um eine 2 * 2-Tabelle handelt, kommt eigentlich Phi nicht in Frage. Wie man sieht, weichen aber die drei Maße nur minimal voneinander ab.

Alle drei liegen bei ca. 0,22. Das zeigt einen schwachen Zusammenhang zwischen Geschlecht und Einstellung zur ehelichen Treue an. Für alle drei Zusammenhangsmaße wird zugleich als Signifikanztest der Pearsonsche Chi-Quadrat-Test durchgeführt. Sein Hauptergebnis wird in der Spalte „Näherungsweise Signifikanz" mitgeteilt. Der Wert 0,057 besagt, dass eine etwa 5,6 %-ige Wahrscheinlichkeit besteht, dass das Ergebnis auch dann per Zufall zustande gekommen sein kann, wenn in Wirklichkeit die Nullhypothese gilt. Nach der üblichen Konvention sind deshalb die Zusammenhangsmaße nicht signifikant. Es ist also nicht statistisch abgesichert, dass überhaupt ein Zusammenhang existiert (⇨ Kap. 13.3).

Tabelle 10.7. Kreuztabelle mit Chi-Quadrat-basierten Zusammenhangsmaßen

treue * geschl Kreuztabelle

			geschl		
			MAENNLICH	WEIBLICH	Gesamt
treue	SEHR SCHLIMM	Anzahl	12	27	39
		% innerhalb von geschl	16,2%	34,2%	25,5%
	ZIEMLICH SCHLIMM	Anzahl	24	25	49
		% innerhalb von geschl	32,4%	31,6%	32,0%
	WENIGER SCHLIMM	Anzahl	23	17	40
		% innerhalb von geschl	31,1%	21,5%	26,1%
	GAR NICHT SCHLIMM	Anzahl	15	10	25
		% innerhalb von geschl	20,3%	12,7%	16,3%
Gesamt		Anzahl	74	79	153
		% innerhalb von geschl	100,0%	100,0%	100,0%

Symmetrische Maße

		Wert	Näherungsweise Signifikanz
Nominal- bzgl. Nominalmaß	Phi	,222	,057
	Cramer-V	,222	,057
	Kontingenzkoeffizient	,217	,057
Anzahl der gültigen Fälle		153	

Auf der Logik der relativen Reduktion des Irrtums beruhende Zusammenhangsmaße. Bei diesen Maßen handelt es sich im Prinzip um asymmetrische Maße, d.h. es wird eine der Variablen eindeutig als Ursache, die andere als Wirkungsvariable angesehen. Alle diese Messungen beruhen auf demselben Grundgedanken. Sie gehen zunächst von der Annahme aus, man wolle Werte der abhängigen Variablen für einzelne Fälle auf Basis vorhandener Kenntnisse voraussagen. Eine gewisse Trefferquote würde man schon durch reines Raten erreichen. Ausgangspunkt der Überlegungen ist aber die Trefferquote, die man wahrscheinlich erreicht, wenn man die Verteilung der vorauszusagenden Variablen selbst kennt. Genauer geht man von deren Kehrwert aus, nämlich von der Wahrscheinlichkeit, dass man sich dabei irrt. Man muss dann mit Irrtümern in einer bestimmten Größenordnung rechnen. Hat man eine weitere unabhängige Variable zur Verfügung, die das Ergebnis der abhängigen Variablen mit beeinflusst, kann man aufgrund der Kenntnis der Werte auf der unabhängigen Variablen verbesserte Aussagen machen, die allerdings immer noch mit Irrtümern bestimmter Größe behaftet sind. Jedoch werden die Irrtümer aufgrund der zusätzlichen Kenntnis geringer ausfallen, und zwar wird sich die Größe des Irrtums umso mehr verringern, je enger die Beziehung zwischen der unabhängigen und der abhängigen Variablen ist. Die Maße, die sich auf die Logik der proportionalen Reduktion der Irrtumswahrscheinlichkeit stützen, basieren alle darauf, dass sie zwei Irrtumsmaße ins Verhältnis zueinander setzen. Das erste misst die Größe des Irrtums, der bei einer Voraussage ohne die zusätzliche Kenntnis der unabhängigen Variablen auftritt, die andere die Größe des Irrtums, der bei der Voraussage auftritt, wenn man dabei die Kenntnis der unabhängigen Variablen nutzt.

Gehen wir zur Tabelle 10.7, dem angeführten Beispiel über die Einstellung bundesdeutscher Bürger zur ehelichen Untreue. Wollte man bei einzelnen Bürgern die Einstellung zur Untreue voraussagen und wüsste nur die Verteilung der Einstellungen insgesamt, so hätten wir die Information, die uns die Verteilung am rechten Rand der Tabelle gibt. Demnach wird am häufigsten – von 32 % der Befragten – der Wert 2 „ziemlich schlimm“ gewählt. Die sicherste Voraussage machen wir, wenn wir diese häufigste Kategorie für die Voraussage verwenden. Allerdings wird man sich dann bei 68 % der Voraussagen irren. Die Wahrscheinlichkeit, sich zu irren, ist demnach 1 minus dem Anteil der Fälle in der am stärksten besetzten Kategorie, $P_i(1)=1-0{,}32=0{,}68$.

Wissen wir jetzt noch das Geschlecht, so können wir die Voraussage verbessern, indem wir bei der Voraussage der Werte für die Männer die Kategorie benutzen, die bei Männern am häufigsten auftritt, bei der Voraussage des Wertes für die Frauen dagegen die, die bei diesen am häufigsten auftritt. Bei den Männern ist das die Kategorie 2 „ziemlich schlimm“, die 32,4 % der Männer wählen, bei den Frauen die Kategorie 1 „sehr schlimm“, die diese zu 34,2 % wählen. Um die Irrtumswahrscheinlichkeit zu ermitteln, benutzen wir die Gesamtprozente (nicht in Tabelle 10.7 enthalten). Wir haben uns bei allen geirrt, die nicht in die beiden Zellen „Männer/ziemlich schlimm“ bzw. „Frauen/sehr schlimm“ fallen.

$$P_i(2)=7{,}8+15+9{,}8+16{,}3+11{,}1+6{,}5=66{,}5\%$$

Diese Irrtumswahrscheinlichkeit ist also geringer als 68 %, in unserem Falle aber so minimal, dass man kaum von einem Gewinn sprechen kann. Die verschiedenen, auf der Logik der relativen Reduktion der Irrtumswahrscheinlichkeit beruhenden, Maßzahlen berechnen das Verhältnis der Irrtumswahrscheinlichkeiten auf verschiedene Weise (wir lassen im Folgenden das Subskript i für Irrtum in den Formeln weg):

① *Goodmans und Kruskals Lambda.* Wird nach folgender Formel berechnet:

$$\lambda = \frac{P(1)-P(2)}{P(1)} \tag{10.13}$$

In unserem Beispiel ergibt das, wenn TREUE als abhängige Variable behandelt wird, $(68-66{,}5):68 = 0{,}02$. Damit sind nur 2 % der Irrtumswahrscheinlichkeit reduziert.

Lambda ergibt Ergebnisse zwischen 0 und 1. Ein Wert 0 bedeutet, dass die unabhängige Variable die Voraussage überhaupt nicht verbessert, ein Wert 1, dass sie eine perfekte Voraussage ermöglicht. Bei der Interpretation ist allerdings zu berücksichtigen, dass der Wert 1 nur erreicht werden kann, wenn in jeder Reihe mindesten eine nicht leere Zelle existiert. Außerdem kann man zwar sagen, dass bei statistischer Unabhängigkeit Lambda den Wert 0 annimmt, aber nicht umgekehrt, dass 0 unbedingt völlige statistische Unabhängigkeit anzeigt. Lambda bezieht sich ausschließlich auf die besondere statistische Beziehung, dass aus einem Wert der unabhängigen Variablen einer der abhängigen vorausgesagt werden soll.

Je nachdem, welche Variable in einer Beziehung die unabhängige, welche die abhängige ist, kann Lambda unterschiedlich ausfallen. SPSS bietet daher für beide mögliche Beziehungsrichtungen ein asymmetrisches Lambda an. Der Benutzer muss selbst entscheiden, welches in seinem Falle zutrifft. Für den Fall, dass keine der Variablen eindeutig die unabhängige bzw. abhängige ist, wird darüber hinaus eine symmetrische Version von Lambda angezeigt, die die Zeilen- und Spaltenvariable gleich gut voraussagt. Ein Nachteil von Lambda ist, dass die Voraussage der Werte der abhängigen Variablen lediglich auf der Zelle mit dem häufigsten Wert beruht. Bei größeren Tabellen muss daher zwangsläufig eine große Irrtumswahrscheinlichkeit auftreten, wenn nicht ganz extreme Verteilungen vorliegen. Außerdem werden unter bestimmten Bedingungen selbst klare Zusammenhänge nicht ausgewiesen. Wenn z.B. die verschiedenen Gruppen der unabhängigen Variablen den häufigsten Wert in derselben Kategorie der abhängigen Variablen haben, wird auch dann kein Zusammenhang ausgewiesen, wenn sich die relativen Häufigkeiten in diesen Kategorien klar unterscheiden.

② *Goodmans und Kruskals Tau.* Dieser Wert wird beim Aufruf von Lambda mit ausgegeben. Bei der Berechnung von Lambda wird auf Basis des häufigsten Wertes für alle Werte einer Spalte oder Zeile die gleiche Voraussage gemacht. Die Berechnung von Tau beruht auf einer anderen Art von Voraussage. Hier wird die Voraussage stochastisch auf Basis der Randverteilung getroffen. Man würde deshalb in unserem Beispiel (vor Einbeziehung der Variablen „Geschlecht") nicht für alle Fälle den Wert 2 „ziemlich schlimm" voraussagen, sondern durch Zufallsziehung mit unterschiedlich gewichteten Chancen für die Kategorien 1 bis 4 gemäß der Randverteilung für die Einstellung gegenüber ehelicher Untreue 25,6 % der Fälle den Wert 1, 32,0 % den Wert 2, 26,1 % den Wert 3 und 16,3 % den Wert 4 zuordnen. Man kann auf dieser Basis ermitteln, dass 27,436 % aller Fälle richtig vorausgesagt würden oder umgekehrt in 72,564 % der Fälle eine falsche Voraussage getroffen würde. Tau wird ansonsten parallel zu Lambda berechnet.

$\text{Tau} = (73{,}7 - 72{,}564) : 73{,}7 = 0{,}0154.$

Auch hier kann in unserem Beispiel nur eine geringfügige Verbesserung der Voraussage mit etwa 1,6 %iger Reduktion der Irrtumswahrscheinlichkeit errechnet werden.

Für Tau kann näherungsweise ein Signifikanztest auf Basis der Chi-Quadrat-Verteilung durchgeführt werden. Das Ergebnis wird in der Spalte „Näherungsweise Signifikanz" mitgeteilt. Außerdem kann ein „Asymptotischer Standardfehler" berechnet werden. Aufbauend auf ihm, kann man ein Konfidenzintervall ermitteln.

Um die gewünschten Statistiken zu erhalten, gehen Sie wie folgt vor:

▷ Wählen Sie in der Dialogbox „Kreuztabellen" die Zeilen und die Spaltenvariable aus (⇨ Abb. 10.1).
▷ Wenn Sie lediglich die Statistiken und nicht die Tabelle angezeigt wünschen, wählen Sie das Kontrollkästchen „Keine Tabellen".
▷ Klicken Sie auf die Schaltfläche „Statistiken...".
▷ Wählen Sie in der Dialogbox „Kreuztabellen: Statistik" (⇨ Abb. 10.4) die gewünschten Statistiken.

Tabelle 10.8. Zusammenhangsmaße nach der Logik der relativen Irrtumsreduktion

Richtungsmaße

			Wert	Asymptotischer Standardfehler[a]	Näherungsweise s T[b]	Näherungsweise Signifikanz
Nominal- bzgl. Nominalmaß	Lambda	Symmetrisch	,073	,058	1,208	,227
		treue abhängig	,019	,069	,277	,781
		geschl abhängig	,149	,101	1,373	,170
	Goodman-und-Kruskal-Tau	treue abhängig	,016	,011		,063[c]
		geschl abhängig	,049	,034		,058[c]
	Unsicherheitskoeffizient	Symmetrisch	,024	,017	1,416	,053[d]
		treue abhängig	,018	,013	1,416	,053[d]
		geschl abhängig	,036	,026	1,416	,053[d]

a. Die Null-Hyphothese wird nicht angenommen.
b. Unter Annahme der Null-Hyphothese wird der asymptotische Standardfehler verwendet.
c. Basierend auf Chi-Quadrat-Näherung
d. Chi-Quadrat-Wahrscheinlichkeit für Likelihood-Quotienten.

Haben Sie die Kästchen „Lambda" und „Unsicherheitskoeffizient" ausgewählt und auf die Ausgabe der Tabelle verzichtet, ergibt sich der in Tabelle 10.8 angezeigte Output.

In unserem Falle ist „Geschlecht" eindeutig die unabhängige und „Einstellung zur ehelichen Untreue" die abhängige Variable. Deshalb sind bei allen Koeffizienten die Angaben zur asymmetrischen Version mit „VERHALTENSBEURTEIL-UNG: SEITENSPRUNG" als abhängiger Variablen die richtigen. Lambda zeigt den Wert 0,019, gibt also an, dass ungefähr 1,9 % der Fehlerwahrscheinlichkeit bei einer Voraussage durch Einbeziehung der Information über das Geschlecht reduziert werden. Ganz ähnlich ist das Ergebnis für Tau. Der Wert beträgt 0,016. Beides kommt den oben berechneten Werten nahe. Die Werte 0,781 und 0,063 für „Näherungsweise Signifikanz" in den Reihen für Lambda und Tau zeigen darüber hinaus – allerdings sehr unterschiedlich deutlich –, dass das Ergebnis nicht signifikant ist. Es ist auch denkbar, dass die Variable Geschlecht gar keine Erklärungskraft hat.

Im ersten Falle ist der Signifikanztest auf einem näherungsweisen t-Wert aufgebaut, im zweiten Falle auf einer Chi-Quadrat-Näherung.

③ *Unsicherheitskoeffizient.* Er hat dieselbe Funktion wie die beiden besprochenen Koeffizienten und ist auf die gleiche Weise zu interpretieren. Er ähnelt in seiner Berechnung ebenfalls Lambda. Aber auch hier wird die ganze Verteilung, nicht nur der häufigste Wert für die Voraussage genutzt. Es existiert eine symmetrische und eine asymmetrische Version. Bei der asymmetrischen muss bekannt sein, welche Variable die unabhängige ist. Wenn x die unabhängige Variable ist, wird der Unsicherheitskoeffizient nach folgender Formel berechnet:

$$\text{Unsicherheitskoeffizient} = \frac{U(y) - U(y/x)}{U(y)} \qquad (10.14)$$

Dabei ist U(y) die Unsicherheit, die besteht, wenn nur die Verteilung der abhängigen Variablen bekannt ist, U(x/y) ist die bedingte Unsicherheit, wenn auch die Werte der unabhängigen Variablen bekannt sind.

U(y) repräsentiert die durchschnittliche Unsicherheit in der Randverteilung von y. Es wird berechnet:

$$U(y) = -\sum_j p(y_j) \log p(y_j) \qquad (10.15)$$

Dabei ist $p(y_j)$ die Wahrscheinlichkeit dafür, dass eine bestimmte Kategorie von y auftritt. U(y/x) wird berechnet:

$$U_{(y/x)} = -\sum_{kj} \sum (y_j, x_k) \log p(y_j / x_k) \qquad (10.16)$$

10.4.2 Zusammenhangsmaße für ordinalskalierte Variablen

Allgemein gilt, dass Maßzahlen, die ein niedriges Messniveau voraussetzen, auch für Daten höheren Messniveaus Verwendung finden können. Man verschenkt dabei aber einen Teil der verfügbaren Information. Zusätzlich zur Information über einen Unterschied von Werten, die auch bei nominalskalierten Daten vorliegt, kann man ordinalskalierte Daten in eine eindeutige Rangfolge ordnen. Anders als bei reinen Kontingenztabellen und den dazugehörigen Zusammenhangsmaßen (Kontingenzkoeffizienten), kann man daher Zusammenhangsmaße bilden (Assoziationskoeffizienten), die auch Auskunft über die Richtung des Zusammenhanges geben und dem Konzept der Korrelation entsprechen. Nach diesem sind Variablen positiv korreliert, wenn niedrige Werte auf einer Variablen tendenziell auch niedrige auf der anderen nach sich ziehen und hohe Werte auf der ersten, hohe auf der zweiten. Umgekehrt sind sie negativ korreliert, wenn niedrige Werte auf der einen tendenziell mit hohen Werten auf der anderen verbunden sind.

Rangkorrelationsmaße.

Spearmans Rangkorrelationskoeffizient r_S. Er basiert auf dem später besprochenen Pearsonschen Produkt-Moment-Korrelationskoeffizienten r. Dieser verlangt aber Intervallskalenniveau der korrelierten Variablen. Der Spearmansche Rangkorrelationskoeffizient umgeht dieses Problem, indem er anstelle der Werte der Variablen die Rangplätze der Fälle bezüglich dieser Variablen verwendet. Die Fälle werden zuerst auf jeder Variablen nach ihrer Position angeordnet. Entsprechend kann man für jeden Fall auf diesen Variablen den Rangplatz ermitteln (liegt bei mehreren Fällen derselbe Wert vor, bekommen sie alle denselben mittleren Rangplatz). Wenn Rangplätze verwendet werden, kann die Formel für den Pearsonschen Produkt-Moment-Korrelationskoeffizienten gemäß Gleichung 10.17 umgeformt werden in:

$$r_S = 1 - \frac{6\sum_{i=1}^{n} d_i^2}{n^3 - n} \tag{10.17}$$

Dabei ist n die Zahl der Fälle und d jeweils für jeden Fall die Differenz zwischen dem Rangplatz auf der ersten und dem Rangplatz auf der zweiten Variablen.

Zusammenhang linear-mit-linear (Mantel-Haenszel Chi-Quadrat-Trendtest). Dieser ist in Kap. 10.3 erläutert.

Auf paarweisem Vergleich beruhende Maßzahlen. Alle anderen Zusammenhangsmaße für Ordinaldaten beruhen auf dem paarweisen Vergleich aller Fälle hinsichtlich ihrer Werte auf beiden Variablen. Das Grundprinzip ist wie folgt: Alle möglichen Paare zwischen den Fällen werden verglichen. Dabei wird bei jedem Paar festgestellt, in welcher Beziehung die Werte stehen. Sind beide Werte des ersten Falles höher als beide Werte des zweiten Falles oder sind sie umgekehrt beide niedriger, so spricht man davon, dass dieses Paar *konkordant* ist. Ist dagegen der eine Wert des ersten Falles niedriger als der Wert des zweiten Falles auf dieser Variablen, bei der anderen Variablen dagegen das Umgekehrte der Fall, ist das Paar *diskordant*. Schließlich ist das Paar *gebunden* (tied), wenn wenigstens einer der Werte gleich ist. Es gibt drei Arten von Bindungen, erstens: beide Werte sind gleich, zweitens: der eine ist gleich, der andere bei Fall zwei geringer oder drittens: ein Wert ist gleich, der andere bei Fall zwei höher.

Aus einer Kreuztabelle lässt sich leicht entnehmen, wie viel konkordante, wie viele diskordante und wie viele gebundene Paare existieren. Die Zusammenhangsmaße beruhen nun auf dem Anteil der verschiedenen konkordanten und diskordanten Paare. Überwiegen die konkordanten Paare, dann ist der Zusammenhang positiv, überwiegen die diskordanten, ist er negativ. Existieren gleich viele konkordante und diskordante, besteht kein Zusammenhang. Alle gehen von der Differenz aus: konkordante Paare (P) minus diskordante (Q). Sie unterscheiden sich in der Art, wie diese Differenz normalisiert wird:

① *Kendalls tau-b.* Berücksichtigt bei der Berechnung Bindungen auf einer der beiden Variablen, nicht aber Bindungen auf beiden. Die Formel lautet:

$$\tau_b = \frac{P - Q}{\sqrt{(P+Q+T_x)(P+Q+T_y)}} \tag{10.18}$$

Dabei ist T_x die Zahl der Paare, bei denen auf der ersten Variablen (x) eine Bindung vorliegt und T_y die Zahl der Paare, bei denen auf der zweiten Variablen (y) eine Bindung vorliegt.

Tau-b kann nicht immer die Werte –1 und +1 erreichen. Wenn kein Randwert Null vorliegt, ist das nur bei quadratischen Tabellen (mit gleicher Zahl der Reihen und Spalten) und symmetrischen Randhäufigkeiten möglich.

② *Kendalls tau-c.* Ist eine Maßzahl, die auch bei $n * m$-Tabellen die Werte –1 und +1 näherungsweise erreichen kann. Dies wird durch Berücksichtigung von m = Minimum von Spalten bzw. Reihen erreicht. Die Formel lautet:

$$\tau_c = \frac{2m(P-Q)}{n^2(m-1)} \tag{10.19}$$

Dabei ist m die kleinere Zahl der Reihen oder Spalten. In Abhängigkeit von m erreicht der Maximalwert aber auch nicht in jedem Falle 1.

Tau-b und tau-c ergeben in etwa den gleichen Wert, wenn die Randverteilungen in etwa gleiche Häufigkeiten aufweisen.

③ *Goodmans und Kruskals Gamma.* Es ist der tau-Statistik verwandt. Die Formel lautet:

$$G = \frac{P-Q}{P+Q} \tag{10.20}$$

Es ist die Wahrscheinlichkeit dafür, dass ein Paar konkordant ist minus der Wahrscheinlichkeit, dass es diskordant ist, wenn man die Bindungen vernachlässigt. Gamma wird 1, wenn alle Fälle in den Zellen der Diagonalen einer Tabelle liegen. Sind die Variablen unabhängig, nimmt es den Wert 0 an. Aber umgekehrt ist der Wert 0 kein sicheres Zeichen, dass Unabhängigkeit vorliegt. Sicher ist es bei $2 * 2$-Tabellen. Durch Zusammenlegen von Kategorien kann Gamma leicht künstlich angehoben werden, deshalb sollte es vornehmlich für die Analyse der Originaldaten verwendet werden.

④ *Somers d.* Ist eine Variante von Gamma. Bei der Berechnung von Gamma wird allerdings eine symmetrische Beziehung zwischen den beiden Variablen angenommen. Dagegen bietet Somers d eine asymmetrische Variante. Es wird zwischen unabhängiger und abhängiger Variablen unterschieden. Im Nenner steht daher die Zahl aller Paare, die nicht auf der unabhängigen Variablen gebunden sind, also auch die Bindungen auf der abhängigen Variablen. Die Formel lautet:

$$d_y = \frac{P-Q}{P+Q+T_y} \tag{10.21}$$

d gibt also den Anteil an, um den die konkordanten die diskordanten Paare übersteigen, bezogen auf alle Paare, die nicht auf x gebunden sind. Die symmetrische Variante von d benutzt als Nenner das arithmetische Mittel der Nenner der beiden asymmetrischen Varianten.

Zwischen den auf paarweisem Vergleich beruhenden Maßzahlen besteht folgende generelle Beziehung:

$$|\tau_b| \le |\gamma| \text{ und } |d_y| \le |\gamma|$$

Beispiel. Es sollen für die Beziehung zwischen Schulabschluss und Einstellung auf der Dimension „Materialismus-Postmaterialismus" Zusammenhangsmaße ermittelt werden. Dabei wird die rekodierte Variable SCHUL2 verwendet. Die entsprechende Kreuztabelle findet sich am Anfang dieses Kapitels. Beide Variablen „Schulbildung" und „Einstellung nach dem Inglehart-Index" sind ordinalskaliert. Es gibt eine eindeutige Ordnung von geringer zur höheren Schulbildung und von postmaterialistischer zu materialistischer Einstellung. Daher kommen Koeffizienten für ordinalskalierte Daten in Frage.

Um diese zu ermitteln, gehen Sie wie oben beschrieben vor mit dem Unterschied, dass in der Dialogbox „Kreuztabellen: Statistik" die gewünschten Statistiken gewählt werden.

Wenn Sie sämtliche Statistiken der Gruppe „Ordinal" und zusätzlich das Kästchen „Korrelationen" ausgewählt haben, ergibt das die in Tabelle 10.9 dargestellte Ausgabe.

Tabelle 10.9. Zusammenhangsmaße für ordinalskalierte Daten

Richtungsmaße

			Wert	Asymptotischer Standardfehler[a]	Näherungsweises T[b]	Näherungsweise Signifikanz
Ordinal- bzgl. Ordinalmaß	Somers-d	Symmetrisch	-,397	,043	-9,089	,000
		ingl abhängig	-,432	,047	-9,089	,000
		schul2 abhängig	-,368	,040	-9,089	,000

a. Die Null-Hyphothese wird nicht angenommen.

b. Unter Annahme der Null-Hyphothese wird der asymptotische Standardfehler verwendet.

Symmetrische Maße

		Wert	Asymptotischer Standardfehler[a]	Näherungsweises T[b]	Näherungsweise Signifikanz
Ordinal- bzgl. Ordinalmaß	Kendall-Tau-b	-,399	,043	-9,089	,000
	Kendall-Tau-c	-,405	,045	-9,089	,000
	Gamma	-,568	,056	-9,089	,000
	Korrelation nach Spearman	-,453	,048	-8,590	,000[c]
Intervall- bzgl. Intervallmaß	Pearson-R	-,454	,047	-8,594	,000[c]
Anzahl der gültigen Fälle		287			

a. Die Null-Hyphothese wird nicht angenommen.

b. Unter Annahme der Null-Hyphothese wird der asymptotische Standardfehler verwendet.

c. Basierend auf normaler Näherung

Es werden alle in der Auswahlbox „Ordinal" angezeigten Maßzahlen ausgegeben. Durch Anklicken des Kontrollkästchens „Korrelationen" kann man zusätzlich den Spearmansche Rangkorrelationskoeffizienten („Korrelation nach Spearman") und den Pearsonsche Produkt-Moment-Korrelationskoeffizienten („Pearson-R") anfordern. Letzterer verlangt Intervallskalenniveau und ist hier unangebracht. Alle Koeffizienten weisen einen negativen Wert aus. Es besteht also eine negative Korrelation zwischen Bildungshöhe und Materialismus. Höhere Werte für Bildung ergeben niedrigere Werte (die postmateralistische Einstellung anzeigen) auf dem Inglehart-Index. Es handelt sich um einen Zusammenhang mittlerer Stärke. Wie man sieht, variieren die Maßzahlen in der Größenordnung etwas. Die Koeffizienten schwanken zwischen etwa 0,4 und 0,45. Nur Gamma weist einen deutlich höheren Wert aus. Weiter ist tau-c tau-b gegenüber vorzuziehen, da wir es nicht mit einer quadratischen Tabelle zu tun haben. Da mit Sicherheit eine Reihe von Bindungen vorliegt, ist auch an Somers d zu denken. Hier ist die asymmetrische Variante mit INGLEHART-INDEX als abhängiger Variablen angebracht, da eindeutig ist, welche Variable die unabhängige und welche die abhängige ist. Für alle Koeffizienten ist auch ein „Asymptotischer Standardfehler" ausgewiesen, so dass man Konfidenzintervalle berechnen kann. Für alle Koeffizienten wurde weiter ein auf einem näherungsweisen T aufbauender Signifikanztest durchgeführt. Wie wir sehen, sind die Werte hoch signifikant. Es ist also so gut wie ausgeschlossen, dass in Wirklichkeit kein Zusammenhang zwischen den beiden Variablen besteht.

10.4.3 Zusammenhangsmaße für intervallskalierte Variablen

Wenn beide Variablen auf Intervallskalenniveau gemessen werden, steht als zusätzliche Information der Abstand zwischen den Werten zur Verfügung. Eine Reihe von Maßen nutzt diese Information. Das bekannteste ist der *Pearsonsche Produkt-Moment-Korrelations-Koeffizient* r. Es ist ein Maß für Richtung und Stärke einer *linearen* Beziehung zwischen zwei Variablen. Die Definitionsformel lautet:

$$r = \frac{\sum (x_i - \bar{x})(y_i - \bar{y})}{\sqrt{\sum (x_i - \bar{x})^2 \sum (y - \bar{y})^2}} \tag{10.22}$$

Ein negatives Vorzeichen zeigt eine negative Beziehung, ein positives Vorzeichen eine positive Beziehung zwischen zwei Variablen an. 1 steht für eine vollkommene Beziehung, 0 für das Fehlen einer Beziehung. Bei der Interpretation ist die Voraussetzung der Linearität zu beachten. Für nichtlineare Beziehungen ergibt r ein falsches Bild (⇨ Kap. 17.1).

Beispiel. Es soll der Zusammenhang zwischen Alter und Einkommen untersucht werden (Datei: ALLBUS90.SAV). Beide Variablen sind auf Rationalskalenniveau gemessen. Als Zusammenhangsmaß bietet sich daher Pearsons r an.

Um die gewünschte Statistik zu berechnen, gehen Sie wie oben beschrieben vor und wählen im Unterschied dazu nun in der Dialogbox „Kreuztabellen: Statistiken" das Kontrollkästchen „Korrelationen". Für die genannten Variablen ergibt sich der in Tabelle 10.10 gekürzt dargestellte Output.

Tabelle 10.10. Ausgabe von Korrelationskoeffizienten

Symmetrische Maße

		Wert	Asymptotischer Standardfehler[a]	Näherungsweises T[b]	Näherungsweise Signifikanz
Intervall- bzgl. Intervallmaß	Pearson-R	-,454	,047	-8,594	,000[c]
Anzahl der gültigen Fälle		287			

a. Die Null-Hyphothese wird nicht angenommen.

b. Unter Annahme der Null-Hyphothese wird der asymptotische Standardfehler verwendet.

c. Basierend auf normaler Näherung

Der Pearsonsche Korrelationskoeffizient r = – 0,12234 zeigt eine leichte negative Beziehung zwischen Alter und Einkommen an. Allerdings ist diese nach der Angabe in der Spalte „Näherungsweise Signifikanz" nicht signifikant. Ebenso kann man aus der Angabe des „Asymptotischer Standardfehlers" leicht ein Konfidenzintervall etwa für das Signifikanzniveau 95 % errechnen. Man sieht, dass es den Wert Null einschließt.

Eta ist ein spezieller Koeffizient für den Fall, dass die unabhängige Variable auf Nominalskalenniveau gemessen wurde, die abhängige aber mindestens auf Intervallskalenniveau. Er zeigt an, wie sehr sich die Mittelwerte für die abhängige Variable zwischen den verschiedenen Kategorien der unabhängigen unterscheiden. Unterscheiden sie sich gar nicht, wird eta 0. Unterscheiden sie sich dagegen stark und ist zudem die Varianz innerhalb der Kategorien der unabhängigen Variablen gering, tendiert er gegen 1. Wenn die abhängige Variable (die intervallskalierte) die Spalten definiert, lautet die Formel:

$$\text{Eta} = \sqrt{1{,}0 - \frac{\sum\limits_{i=\text{niedr}}^{\text{höchst}} \left\{ \sum\limits_{j=\text{niedr}}^{\text{höchst}} n_{ij} j^2 - \left[\left(\sum\limits_{j=\text{niedr}}^{\text{höchst}} n_{ij} j \right)^2 \right] \Big/ \left(\sum\limits_{j=\text{niedr}}^{\text{höchst}} n_{ij} \right) \right\}}{\sum\limits_{i=\text{niedr}}^{\text{höchst}} \sum\limits_{j=\text{niedr}}^{\text{höchst}} n_{ij} j^2 - \left[\left(\sum\limits_{i=\text{niedr}}^{\text{höchst}} \sum\limits_{j=\text{niedr}}^{\text{höchst}} n_{ij} j \right)^2 \right] \Big/ n}} \qquad (10.23)$$

Dabei ist n_{ij} die Zahl der Fälle in der Reihe i und der Spalte j, *niedr* ist der niedrigste Wert, *höchst* der höchste Wert der betreffenden Variablen.

Eta-Quadrat gibt den Anteil der Varianz der abhängigen Variablen an, der durch die unabhängige Variable erklärt wird.

Betrachten wir die Abhängigkeit des Einkommens vom Geschlecht. Da Geschlecht auf Nominalskalenniveau gemessen wird, kommt eta als Zusammenhangsmaß infrage. Um eta zu berechnen, gehen Sie wie oben beschrieben vor. Im Unterschied dazu wählen Sie nun aber in der Dialogbox „Kreuztabellen: Statistik" in der Gruppe mit der Bezeichnung „Nominal bezüglich Intervall" das Kontrollkästchen „Eta". Tabelle 10.11 zeigt den Output für das Beispiel.

Tabelle 10.11. Ausgabe bei Auswahl von Eta

Richtungsmaße

			Wert
Nominal- bzgl. Intervallmaß	Eta	eink abhängig	,414
		geschl abhängig	,687

Da „Geschlecht" die unabhängige Variable ist, ist der Wert für eta mit Einkommen als abhängige Variable relevant. Er zeigt mit 0,414 einen mittelstarken Zusammenhang an. Eta^2 ist $(0{,}414)^2 = 0{,}171$, d.h. etwa 17 % der Varianz des Einkommens wird durch das Geschlecht erklärt.

10.4.4 Spezielle Maße

Kappa-Koeffizient (Übereinstimmungsmaß kappa). Um die Gültigkeit und/oder Zuverlässigkeit von Messinstrumenten zu überprüfen, wird häufig die Übereinstimmung von zwei oder mehr Messungen desselben Sachverhaltes ermittelt. Es kann sich dabei z.B. um die Übereinstimmung von zwei Beobachtern handeln oder von zwei verschiedenen Personen, die dieselben Daten kodieren. Es kann auch um die Übereinstimmung zu verschiedenen Zeitpunkten gemachter Angaben zu einem invarianten Sachverhalt gehen oder um den Vergleich der Ergebnisse zweier verschiedener Messverfahren.

Beispiel. In ihrem Buch „Autoritarismus und politische Apathie" (1971) gibt Michaela von Freyhold auf S. 47 eine Tabelle an, aus der hervorgeht, wie dieselben Untersuchungspersonen auf der Dimension Autoritarismus von den Interviewern (denen diese persönlich bekannt waren) zunächst vor dem Interview und später aufgrund der Autoritarismus(A)-Skala eingestuft wurden. Die Übereinstimmung dieser beiden Messungen soll als Nachweis der Gültigkeit der A-Skala dienen.

Tabelle 10.12. Einstufungen nach der A-Skala und dem Interviewereindruck

skala * interv Kreuztabelle

			interv		
			Autoritär	Liberal	Gesamt
skala	autoritär	Anzahl	88	36	124
		% innerhalb von interv	77,2%	26,1%	49,2%
	liberal	Anzahl	26	102	128
		% innerhalb von interv	22,8%	73,9%	50,8%
Gesamt		Anzahl	114	138	252
		% innerhalb von interv	100,0%	100,0%	100,0%

Wir haben Tabelle 10.12 aus diesen Angaben errechnet (Datei A-SKALA.SAV). Dazu wurden zunächst aus den Prozentzahlen und der Fallzahl in den Spalten die Absolutwerte für die einzelnen Zellen ermittelt und außerdem die „tendenziell Autoritären" mit „ausgesprochen Autoritären" sowie „tendenziell Liberale" mit „absolut Liberalen" jeweils zu einer Kategorie zusammengefasst.

Als einfaches Maß kann man einfach den Anteil der beobachteten übereinstimmenden Einstufungen an allen Einstufungen verwenden.

$\text{Ü} = \frac{M}{N}$, wobei M = Zahl der Übereinstimmungen und N = Zahl der Vergleiche.

Im Beispiel stimmen 88 + 102 = 190 Einstufungen von 252 überein. Der Anteil der richtigen Einstufungen beträgt also: 190 : 252 = 0,75.

Kappa ist ein etwas komplizierteres Übereinstimmungsmaß. Es stellt in Rechnung, dass auch bei zufälliger Zuordnung ein bestimmter Anteil an Übereinstimmungen zu erwarten ist. Deshalb ist auf die Qualität des Messverfahrens nur der darüber hinausgehende Anteil der Übereinstimmungen zurückzuführen. Dieser darf allerdings nur auf den nicht schon per Zufall erreichbaren Übereinstimmungsanteil bezogen werden. Die Formel lautet entsprechend:

$$\text{kappa} = \frac{\ddot{U} - \ddot{U}_E}{1 - \ddot{U}_E} \tag{10.24}$$

Dabei ist Ü der Anteil der tatsächlich beobachteten Übereinstimmungen, $\ddot{U}_E$ der der erwarteten Übereinstimmungen. Der Anteil der erwarteten Übereinstimmungen errechnet sich:

$$\ddot{U}_E = \sum_{i=1}^{k} (p_i)^2 \tag{10.25}$$

Dabei ist p_i der relative Anteil der einzelnen Ausprägungen an der Gesamtzahl der Fälle und k die Zahl der Ausprägungen.

Um kappa zu berechnen, gehen Sie wie oben beschrieben vor, wählen aber im Unterschied dazu nun in der Dialogbox „Kreuztabellen: Statistik" das Kontrollkästchen „Kappa".

Tabelle 10.13. Ausgabe bei Auswahl des Kappa-Koeffizienten

Symmetrische Maße

		Wert	Asymptotischer Standardfehler[a]	Näherungsweises T[b]	Näherungsweise Signifikanz
Maß der Übereinstimmung	Kappa	,507	,054	8,077	,000
Anzahl der gültigen Fälle		252			

a. Die Null-Hyphothese wird nicht angenommen.

b. Unter Annahme der Null-Hyphothese wird der asymptotische Standardfehler verwendet.

Für unser Beispiel sehen Sie das Ergebnis in Tabelle 10.13. Kappa beträgt 0,507. Das ist zwar eine mittlere Korrelation, für den Nachweis der Gültigkeit einer Messung reicht diese aber kaum aus. Bei der Interpretation ist zu berücksichtigen, dass kappa nur für Nominaldaten sinnvoll ist, weil nur die vollständige Übereinstimmung zweier Messungen verwendet wird, nicht aber eine mehr oder weniger große Annäherung der Werte. Für höher skalierte Daten sollte man entsprechend andere Zusammenhangsmaße wählen. Auch ist zu beachten, dass die gemessene Übereinstimmung stark von der Kategorienbildung abhängig ist. Hätten wir z.B. die vier Kategorien von Freyholds beibehalten, wäre zunächst einmal der Anteil der beobachteten Übereinstimmungen wesentlich kleiner ausgefallen. Aber auch kappa hätte einen viel geringeren Wert angenommen. Der asymptotische Standardfehler beträgt 0,54. Man kann daraus ein Konfidenzintervall für kappa berechnen. Da bei Überprüfungen von Gültigkeit und Zuverlässigkeit immer ein sehr hoher Zusammenhang gewünscht wird, ist der Nachweis, dass ein Wert signifikant der Nullhypothese widerspricht, aber wenig aussagekräftig. Das hält der Forscher normalerweise für selbstverständlich. Deshalb ist die Warnung des SPSS-Handbuchs davor, den Standardfehler hier nur mit Vorsicht für einen Signifikanztest zu verwerten zwar richtig, man sollte aber eher ganz darauf verzichten. Wenn man etwas prüfen sollte, dann, ob die Messgenauigkeit mit hoher Sicherheit ein sinnvolles unteres Niveau nicht unterschreitet.

Risikoeinschätzung in Kohortenstudien. Letztlich kann man mit den Kreuztabellen-Statistiken einen Risikokoeffizienten *(Relatives Risiko)* berechnen. Er gibt an, um das Wievielfache höher oder geringer gegenüber dem Durchschnitt das relative Risiko für eine bestimmte Gruppe ist, dass ein bestimmtes Ereignis eintritt. Dieses Maß ist sowohl für prospektive oder Kohortenstudien als auch für retrospektive oder Fall-Kontrollstudien gedacht, muss jedoch jeweils dem Design der Studie entsprechend verwendet werden. Auf jeden Fall ist es nur auf 2∗2-Tabellen anwendbar.

Kohortenstudien sind Studien, die eine bestimmte, durch ein kohortendefinierendes Ereignis festgelegte Gruppe über einen längeren Zeitraum hinweg verfolgen. Dabei kann u.a. untersucht werden, bei welchen Fällen in diesem Zeitraum ein bestimmtes Ereignis (Risiko) eintritt. Das könnte eine bestimmte Krankheit, aber ebenso eine Heirat, die Geburt eines Kindes, Arbeitslosigkeit o.ä. sein. Das Interesse gilt der Frage, ob dieses Risiko sich zwischen verschiedenen Kategorien einer unabhängigen Variablen unterscheidet.

Beispiel. Als Beispiel entnehmen wir dem ALLBUS von 1990 eine Kohorte. Das kohortendefinierende Ereignis ist die Geburt zwischen den Jahren 1955 und 1960. Die Kohorte wurde durch ihr bisheriges Leben, also 30-35 Jahre lang, verfolgt, und es wurde festgestellt, wer in diesem Zeitraum der Versuchung, einen Kaufhausdiebstahl zu begehen, mindestens einmal unterlegen ist (Datei DIEB1.SAV). Es sollte zunächst untersucht werden, ob – wie allgemein in den Sozialwissenschaften angenommen – das Risiko, dass dies passiert, bei Personen aus niedrigeren Herkunftsschichten größer ist. Die Herkunftsschicht wird durch die Schulbildung des Vaters operationalisiert. Tabelle 10.14 enthält die vermutete unabhängige Variable „Soziale Herkunft" als Zeilenvariable und das untersuchte Risiko „Diebstahl mindestens einmal begangen" als zweiten Wert der Spaltenvariablen. SPSS erwartet für die Berechnung des Risikokoeffizienten diese Anordnung der Variablen. Außerdem muss die Gruppe mit dem höheren Risiko als erste Zeile erscheinen (!). Dies hat mit dem benutzen Algorithmus zu tun. Da der erste Testlauf im Gegensatz zur Hypothese ergab, dass nicht die Kinder von Vätern mit geringerer, sondern die mit Vätern höherer Schulbildung eher einmal einen Kaufhausdiebstahl begehen, musste eine entsprechende Vorkehrung getroffen werden. Die Kinder mit Vätern höherer Schulbildung mussten in die erste, diejenigen mit niedrigerer Schulbildung in die zweite Zeile eingetragen werden.

Man kann nun für den 30 bis 35-jährigen Zeitraum die Vorkommensrate für das untersuchte Ereignis errechnen. Sie beträgt bei Personen, deren Vater eine Hauptschul- oder geringere Ausbildung erfahren hat, 48 von 251, also 0,191. Dagegen beträgt sie für Kinder eines Vaters mit erweiterter Schulbildung 30 von 97, also 0,309. Aufgrund dieser Daten muss zunächst einmal die Hypothese revidiert werden, denn nicht bei den Kindern von Eltern mit geringerer Schulbildung, sondern bei denen mit höherer liegt das größere Risiko. Vergleicht man nun die beiden Gruppen, so dass geprüft werden kann, um wie viel höher das Risiko der Kinder aus den besser gebildeten Schichten gegenüber denjenigen aus den geringer gebildeten ist, errechnet sich 0,309:0,191 = 1,617. Das Risiko der Kinder aus den höher gebildeten Familien, einen Kaufhausdiebstahl zu begehen, ist 1,63 mal so hoch wie das der Kinder, deren Väter geringere formale Bildung haben.

Tabelle 10.14. Häufigkeit eines Kaufhausdiebstahls nach sozialer Herkunft

Schulabschluß Vater * Kaufhausdiebstahl Kreuztabelle

Anzahl

		Kaufhausdieb-stahl		
		Nein	Ja	Gesamt
Schulabschluß Vater	höherer Schulabschluß	67	30	97
	Hauptschule und weniger	203	48	251
Gesamt		270	78	348

SPSS dividiert bei der Berechnung immer die Risikowahrscheinlichkeit der ersten Reihe durch die der zweiten. Deshalb sollte die Gruppe mit dem höheren Risiko in der ersten Reihe stehen. Dagegen ist es nicht vorgeschrieben, in welcher Spalte das interessierende Risikoereignis steht. Da es dem Programm nicht bekannt ist, berechnet es für alle Spalten die entsprechenden Werte. Der Nutzer muss sich den richtigen Wert heraussuchen (⇨ Tab. 10.15). In unserem Falle steht das Risikoereignis „Diebstahl" in der zweiten Spalte. Deshalb ist unter den beiden Zeilen, die die Ergebnisse für eine Kohortenstudie ausgeben (Beschriftung „Für Kohorten-Analyse Kaufhausdiebstahl") die untere Zeile „Für Kohorten-Analyse Kaufhausdiebstahl = Ja" die zutreffende. Hier wurde die Kategorie 2 der Variablen DIEB zur Berechnung benutzt, also die, in der diejenigen stehen, die tatsächlich einmal einen Diebstahl begangen haben. Wie man sieht, entspricht der ausgewiesene Wert (bis auf Rundungsungenauigkeiten) dem oben berechneten. Dazu wird das Konfidenzintervall angegeben (in diesem Falle schon für ein 95 %-Sicherheitsniveau) und auf die untere und obere Grenze des Intervalls umgerechnet. Mit 95 %iger Sicherheit ist demnach das Risiko, einen Kaufhausdiebstahl zu begehen, bei Kindern von Vätern mit besserer Schulbildung zwischen 1,093- und 2,392-mal größer als der anderen Kinder. Da der erste Wert über 1 liegt, ist es ziemlich sicher, dass ein Unterschied zwischen den beiden Gruppen tatsächlich besteht. Allerdings ist der Unterschied möglicherweise nur minimal. (Die zweite Zeile stellt die Fragestellung quasi um, errechnet das Risiko, keinen Kaufhausdiebstahl zu begehen. Dies ist bei Kindern von Vätern mit höherem Schulabschluss geringer. Die Quote beträgt 0,854.

Der obere Wert Quotenverhältnis, indem diese beiden Quoten ins Verhältnis gesetzt werden. Das Quotenverhältnis ergibt sich aus 0,854 : 1,617 = 0,528. Das relative Risiko von Kindern von Vätern mit höherer Schulbindung keinen Diebstahl Diebstahl zu begehen ist nur etwa halb so groß wie ihr relatives Risiko bei Kindern von Vätern mit einfacher Schulbildung[13].

[13] Zu demselben Ergebnis kommt, man, wenn man für beide Gruppen die Odds bildet und sie ins Verhältnis setzt (Odds Ratio).

Tabelle 10.15. Relatives Risiko für einen Kaufhausdiebstahl nach sozialer Herkunft

Risikoschätzer

	Wert	95%-Konfidenzintervall	
		Untere	Obere
Quotenverhältnis für vater (höherer Schulabschluß / Hauptschule und w	,528	,310	,900
Für Kohorten-Analyse dieb = Nein	,854	,738	,988
Für Kohorten-Analyse dieb = Ja	1,617	1,093	2,392
Anzahl der gültigen Fälle	348		

Um *Relatives Risiko* (risk) für eine Kohortenanalyse zu berechnen, gehen Sie wie folgt vor:

▷ Vorarbeit: Prüfen Sie, welche Gruppe das größere Risiko trägt. Sorgen Sie gegebenenfalls durch Umkodierung dafür, dass diese die erste der beiden Gruppen wird und damit in der ersten Zeile steht. Eine Änderung der Ausgabereihenfolge über den Format-Befehl reicht nicht.
▷ Ist das gewährleistet: Wählen Sie in der Dialogbox „Kreuztabellen" die unabhängige Variable (!) als Zeilenvariable und die abhängige Variable (!) als Spaltenvariable aus.
▷ Wenn Sie lediglich die Statistiken und nicht die Tabelle angezeigt wünschen, wählen Sie das Kontrollkästchen „Keine Tabellen".
▷ Klicken Sie auf die Schaltfläche „Statistiken...".
▷ Wählen Sie in der Dialogbox „Kreuztabellen: Statistik" das Kontrollkästchen „Risiko".
▷ Bestätigen Sie mit „Weiter" und „OK".

Risikoabschätzung in Fall-Kontrollstudien. Kohortenstudien verfolgen eine bestimmte Fallgruppe, bei denen das untersuchte Ereignis noch nicht eingetreten ist, über einen gewissen Zeitraum hinweg und stellen fest, bei welchen Fällen das Ereignis eintritt, bei welchen nicht, gegebenenfalls auch den Zeitpunkt. Fall(Case)-Kontrollstudien gehen umgekehrt vor. Sie nehmen eine Gruppe, bei denen das Ereignis eingetreten ist und vergleichen sie mit einer – mit Ausnahme des kritischen Ereignisses – im Wesentlichen gleich zusammengesetzten Kontrollgruppe. Normalerweise ist diese Kontrollgruppe in etwa gleich groß wie die Fallgruppe. Es soll festgestellt werden, ob sich diese beiden Gruppen auch hinsichtlich weiterer Variablen, die als Ursachen für das kritische Ereignis in Frage kommen, unterscheiden. Retrospektiv sind sie, da man zurückblickend mögliche Ursachenfaktoren untersucht. Handelt es sich um konstante Faktoren, kann man auch den aktuellen Wert verwenden.

Beispiel. Als Beispiel soll aus den ALLBUS von 1990 mit Daten in Form einer Fall-Kontrollstudie die Frage geklärt werden, ob die Wahrscheinlichkeit, einmal einen Kaufhausdiebstahl zu begehen, von der Herkunftsschicht abhängt. Die Herkunftsschicht wird, wie oben, über die Schulbildung des Vaters operationalisiert (Datei DIEB2.SAV). Unser Beispiel entstammt keiner tatsächlichen Kontrollstudie, sondern einer normalen Umfrage, könnte deshalb auch wie üblich ausgewertet werden. Es soll hier aber nach der Art einer Fall-Kontrollstudie geschehen. Wir betrachten also diejenigen, die schon einmal einen Kaufhausdiebstahl begangen haben, als die Gruppe, bei der das interessierende Risiko eingetreten ist. Alle anderen, bei denen das nicht der Fall war, werden als Kontrollgruppe verwendet. Eine entsprechende Tabelle sieht wie folgt aus:

Tabelle 10.16. Tabelle nach Art einer Fall-Kontrollstudie

Kaufhausdiebstahl * Schulabschluß Vater Kreuztabelle

			Schulabschluß Vater		
			höhere Schule	Hauptschule und weniger	Gesamt
Kaufhausdiebstahl	Ja	Anzahl	180	278	458
		% innerhalb von Kaufhausdiebstahl	39,3%	60,7%	100,0%
	Nein	Anzahl	545	1685	2230
		% innerhalb von Kaufhausdiebstahl	24,4%	75,6%	100,0%
Gesamt		Anzahl	725	1963	2688
		% innerhalb von Kaufhausdiebstahl	27,0%	73,0%	100,0%

SPSS erwartet, dass die interessierende Risikovariable (die abhängige Variable) bei einer Fall-Kontrollstudie als Zeilenvariable benutzt wird, die mögliche ursächliche Variable als Spaltenvariable. Außerdem muss das untersuchte Ereignis (der „Fall“) in der ersten Zeile stehen. Deshalb wird hier bei Diebstahl der Wert 1 (=Ja) vor dem Wert 2 (=Nein) ausgewiesen. Es reicht in diesem Falle auch nicht aus, nur mit dem Formatbefehl die Ausgabereihenfolge zu ändern, das interessierende Ereignis muss wirklich mit dem Wert 1 verkodet werden. Ebenso muss das ursächliche Ereignis (die Ausprägung, die das Risiko wahrscheinlich erhöht), in der ersten Spalte stehen. Deshalb wird die Gruppe der Personen, deren Väter höheren Schulabschluss haben, in der ersten Spalte ausgewiesen, die anderen in der zweiten. In einer normalen Studie würde man die Daten spaltenweise prozentuieren, in der Kontrollstudie geschieht das dagegen zeilenweise. Man behandelt also die eigentliche Wirkungsvariable anders als sonst wie eine unabhängige Variable, die Ursachenvariable dagegen wie eine abhängige. Man untersucht ja von der Wirkung ausgehend, ob es evtl. Unterschiede hinsichtlich möglicher unabhängiger Variablen gibt. Man kann der Tabelle etwa entnehmen, dass von denjenigen, die schon einmal einen Kaufhausdiebstahl begangen haben, 60,7 % Väter mit Hauptschul- oder geringerem Abschluss haben und 39,3 % Väter mit höherem Schulabschluss. Bei denjenigen, die keinen Diebstahl begangen haben, sind 75,6 % aus der Schicht mit geringerer Bildung und 24,4 % aus der mit höherer. Bei der Interpretation so gewonnener Daten muss man sehr vorsichtig sein. So bedeutet die Tatsache, dass ein größerer Anteil der „Diebe“ aus der Schicht mit geringerer Bildung stammt, keinesfalls, dass Kinder aus dieser Schicht relativ häufiger Diebstähle begehen. Sie sind ja auch in der Gruppe, die keine Diebstähle begangen hat, stärker vertreten als die anderen. Das liegt ganz einfach daran, dass diese Schicht insgesamt zahlreicher ist. Man muss ihren Anteil vielmehr mit dem Anteil an der Untersuchungsgruppe insgesamt vergleichen. Dieser ist bei den Kindern aus der niedrigeren Bildungsschicht 73,0 %. An denjenigen, die einmal gestohlen haben, ist der Anteil dagegen nur 60,7 %, also geringer. Solche Interpretationsprobleme ergeben sich bei der normalen Prozentuierung nicht, aber Fall-Kontrollstudien lassen sie eben häufig nicht zu. Dazu kommt oft noch das weitere Problem, dass der Anteil der Gruppen, die die Werte der unabhängigen Variablen repräsentieren, an der Grundgesamtheit nicht bekannt ist. Dann ist eine sinnvolle Interpretation oft gar nicht möglich.

Eine leichtere Interpretation erlaubt wiederum ein Risiko-Koeffizient. Wir können aber die relative Risikorate nicht auf dieselbe Weise berechnen wie bei der Kohortenstudie. Stattdessen verwenden wir die sogenannte *odds-ratio*, das Verhältnis der Anteile der Gruppen der unabhängigen Variablen an den Gruppen der Untersuchungsvariablen. So ist das Verhältnis der Diebe aus der höheren Bildungsschicht zu den Dieben aus der Schicht mit geringerer Bildung der Väter 180 : 278 = 0,6475, das Verhältnis der „Nicht-Diebe" aus dieser Schicht zu den „Nicht-Dieben" unter den Personen mit niedrigerer Bildung des Vaters 545 : 1685 = 0,3234. Die odds-ratio ist entsprechend 0,6475 : 0,3234 = 2,002. Der Anteil der Personen mit besser gebildeten Vätern an den Kaufhausdieben ist als ca. zweimal so hoch wie ihr Anteil an den Personen, die noch keinen Kaufhausdiebstahl begangen haben.

Um *Relatives Risiko* für eine Fall-Kontrollstudie zu berechnen, gehen Sie wie folgt vor:

▷ Vorarbeit: Prüfen Sie, welche Gruppe das größere Risiko trägt. Gegebenenfalls kodieren Sie die unabhängige Variable so um, dass diese Gruppe an erster Stelle steht (und später die erste Zeile bildet).
▷ Kodieren Sie gegebenenfalls die abhängige Variable so um, dass das interessierende Merkmal an erster Stelle steht.
▷ Ist das gewährleistet: Wählen Sie in der Dialogbox „Kreuztabellen" die unabhängige (!) Variable als Spaltenvariable und die abhängige (!) Variable als Zeilenvariable aus.
▷ Klicken Sie die Schaltfläche „Zellen..." an, und wählen Sie in der sich öffnenden Dialogbox „Kreuztabellen: Zellen anzeigen" in der Auswahlbox „Prozentwerte" für die Prozentuierung „Zeilenweise" an.
▷ Klicken Sie auf die Schaltfläche „Statistiken...".
▷ Wählen Sie in der Dialogbox „Kreuztabellen: Statistik" das Kontrollkästchen „Risiko".
▷ Bestätigen Sie mit „Weiter" und „OK".

Für das gewählte Beispiel ergibt der Output, neben der bereits angeführten Tabelle 10.16, die Tabelle 10.17.

Tabelle 10.17. Ausgabe bei einer Fall-Kontrollstudie

Risikoschätzer

	Wert	95%-Konfidenzintervall	
		Untere	Obere
Quotenverhältnis für Kaufhausdiebstahl (Ja / Nein)	2,002	1,621	2,472
Für Kohorten-Analyse Schulabschluß Vater = höhere Schule	1,608	1,405	1,841
Für Kohorten-Analyse Schulabschluß Vater = Hauptschule und weniger	,803	,743	,868
Anzahl der gültigen Fälle	2688		

Relevant ist die Zeile „Quotenverhältnis für Kaufhausdiebstahl (Ja / Nein)". Sie enthält die odds-ratio. Sie beträgt, wie berechnet, 2,002. Weiter sind die Grenzen des Konfidenzintervalls bei 95 %igem Sicherheitsniveau angegeben. Die untere Grenze beträgt 1,621, die obere 2,472. Selbst wenn man die untere Grenze annimmt, liegt also die relative Häufigkeit von Kaufhausdiebstählen durch Personen, deren Väter der höheren Bildungsschicht zugehören, deutlich über der von Personen aus niederer Bildungsschicht.

McNemar. Schließlich wird in „Kreuztabellen: Statistik" auch der McNemar-Test angeboten. Er fällt insofern etwas aus der Reihe, als es sich nicht um ein Zusammenhangsmaß, sondern einen Signifikanztest handelt. Gedacht ist er für Vorher-Nachher-Designs mit dichotomen Variablen. Anwendbar ist er aber auch auf quadratische Tabellen mit gleichen Ausprägungen auf den gekreuzten Variablen. (⇨ Kap. 30.5.3).

10.4.5 Statistiken in drei- und mehrdimensionalen Tabellen

Das Menü „Kreuztabellen" ermittelt immer nur statistische Maßzahlen für zweidimensionale Tabellen. Werden zusätzliche Kontrollvariablen eingeführt, können ebenfalls die statistischen Maßzahlen angefordert werden. Diese gelten aber nicht für die gesamte mehrdimensionale Tabelle, sondern die Gesamttabelle wird in zweidimensionale Untertabellen zerlegt. Bei dreidimensionalen Tabellen entsteht z.B. für jede Ausprägung der Kontrollvariablen eine eigene Untertabelle. Für jede dieser Untertabellen werden die statistischen Maßzahlen getrennt ermittelt.

Eine Ausnahme bilden die mit der Option „Cochran- und Mantel-Haenszel-Statistik" anzufordernden Verfahren. Die dort ausgegebenen Signifikanztests prüfen bei mehr als zweidimensionalen Tabellen die Signifikanz des Zusammenhangs zwischen zwei Variablen insgesamt unter Beachtung der Kontrollvariablen. Unabhängige und abhängige Variablen müssen aber dichotomisiert vorliegen, d.h. es wird die Signifikanz des Zusammenhangs dieser beiden Variablen in einer Schar zweidimensionaler Tabellen überprüft. Häufig wird dieser Test im Zusammenhang mit Kohortenstudien oder Fall-Kontrollstudien verwendet. Das relative Risiko spielt hier eine zentrale Rolle.

Beispiel: Wir greifen auf die Datei DIEB1 zurück, aus der eine Risikoabschätzung von Personen aus zwei sozialen Herkunftsschichten, einen Kaufhausdiebstahl zu begehen abgeschätzt wurde. Der Risikoquotient für den Schulabschluss des Vaters betrug 0,528. Wir könnten diese Analyse nun durch Auswahl von „Cochran- und Mantel-Haenszel-Statistik“ um einen Signifikanztest ergänzen, wollen aber zusätzlich noch eine dritte Variable (Schichtvariable) GESCHL einführen.

Tabelle 10.18. Ausgabe bei Cochran- und Mantel-Haenszel-Statistik

Tests auf bedingte Unabhängigkeit

	Chi-Quadrat	df	Asymptotische Signifikanz (zweiseitig)
Cochran	5,431	1	,020
Mantel-Haenszel	4,755	1	,029

Tests auf Homogenität des Quotenverhältnisses

	Chi-Quadrat	df	Asymptotische Signifikanz (zweiseitig)
Breslow-Day	,449	1	,503
Tarone	,449	1	,503

Schätzung des gemeinsamen Quotenverhältnisses nach Mantel-Haenszel

Schätzung			,534
ln(Schätzung)			-,628
Standardfehler von ln(Schätzung)			,272
Asymptotische Signifikanz (zweiseitig)			,021
Asymptotisches 95% Konfidenzintervall	Gemeinsames Quotenverhältnis	Untergrenze	,313
		Obergrenze	,910
	ln(gemeinsames Quotenverhältnis)	Untergrenze	-1,161
		Obergrenze	-,094

Die Schätzung des gemeinsamen Quotenverhältnisses nach Mantel-Haenszel ist unter der Annahme des gemeinsamen Quotenverhältnisses von 1,000 asymptotisch normalverteilt. Dasselbe gilt für den natürlichen Logarithmus der Schätzung.

▷ Laden Sie die Datei DIEB1 und wählen Sie „Analysieren“, „Deskriptive Statistiken“ und „Kreuztabellen“.

▷ Übertragen Sie in der Dialogbox „Kreuztabellen“ die Variable „VATER in das Feld „Zeilen“ und DIEB in das Feld „Spalten“ sowie GESCHL in das Feld „Schicht 1 von1“.

▷ Öffnen Sie durch Anklicken von „Statistiken…“ die Dialogbox „Kreuztabellen: Statistik“ und klicken Sie das Auswahlkästchen „Cochran- und Mantel-Haenszel-Statistik“ an. Es erscheint die in Tabelle 10.18 etwas gekürzt dargestellt Ausgabe.

In den ersten beiden Zeilen der oberen Tabelle finden Sie die Ausgabe der Cochran und Mantel-Haenszel-Statistik. Es handelt sich um zwei gleichwertige Signifikanztests, wobei letzterer für kleinere Stichproben Korrekturen vornimmt.

Beide zeigen, dass auf dem 5%-Niveau (auch bei Beachtung der Kontrollvariablen GESCHL) der Zusammenhang zwischen DIEB und VATER signifikant ist.

Die beiden unteren Zeilen prüfen die Homogenität der Quotenverhältnisse und ergeben beide, dass die Hypothese der Homogenität nicht zu verwerfen ist, d.h. die Quotenverhältnisse könnten bei den beiden Gruppen der Schichtungsvariable GESCHL, den Männern und den Frauen gleich sein.

Die zweite Teiltabelle schließlich schätzt das Quotenverhältnis nach Mantel-Haenszel und kommt mit 0,534 zu einem von dem Ergebnis der einfachen Berechnung leicht abweichenden Wert. Zudem wird für diesen Wert ein 95%-Konfidenzintervall angegeben. Der wahre Wert liegt mit 95%-Wahrscheinlichkeit zwischen 0,313 und 0,910. (Ergänzend erscheint der Natürliche Logarithmus des Quotenverhältnisses und die Grenzen des dazu gehörigen Konfidenzintervalls.)

Aus dem Wert „Asymptotische Signifikanz (zweiseitig)" von 0,021 kann man schließen, dass das gefundene Quotenverhältnis signifikant von einem vorgegebenen Quotenverhältnis von 1 abweicht. (Der vorgegebene Wert kann in der Dialogbox „Kreuztabellen: Statistiken" geändert werden. Hätten wir ihn aufgrund von Vorkenntnissen z.B. auf 0,5 gesetzt, wäre das Ergebnis, dass der gefundene Wert nicht signifikant von erwarteten vorgegebenen abweicht.)

11 Fälle auflisten und Berichte erstellen

Das Untermenü „Berichte" enthält fünf Menüs, mit denen Datenlisten und Berichte erstellt werden können. Optisch durch einen Querstriche erkennbar abgegrenzt sind zunächst die Menüs „Codebuch" und „OLAP-Cubes" (Online Analytical Processing) und darauf sind die drei Menüs „Fälle zusammenfassen", „Bericht in Zeilen" und „Bericht in Spalten" zu einer Gruppe zusammengefasst. Diese Menüs erlauben es, interaktive Tabellen zu erstellen, Listen zusammenzustellen und Berichte zu verfassen. Die Auswertungsmöglichkeiten, die diese Menüpunkte bieten, sind weitgehend schon durch andere Optionen abgedeckt, aber sie geben weitgehender Gestaltungsmöglichkeiten.

- *Codebuch.* Mit diesem Menü werden wird auf flexible Weise eine Beschreibung der Variablen einer Datei erzeugt. Da sie eine ähnliche Aufgabe wie das Untermenü „Dateifunktionen anzeigen" erfüllt, wird es zusammen mit diesem in Kap. 35.4 erläutert.
- *OLAP-Cubes(Würfel).* Mit diesem Menü werden Pivot-Tabellen erstellt, in denen der Nutzer interaktiv zwischen den zu betrachtenden Schichten wählen kann. Der OLAP-Würfel eignet sich gut zur Weitergabe komplexer Datenstrukturen auch an externe Nutzer. SPSS bietet dafür geeignete Zusatzsoftware an.
  Die anderen drei Optionen überschneiden sich z.T. in ihren Funktionen. Drei Arten von Berichten sind möglich.
- *Fallzusammenfassungen.* Mit diesem Menü kann man Datenlisten, zusammenfassende Berichte oder kombinierte Berichte erstellen.
- *Bericht in Zeilen.* Dasselbe, jedoch mit unterschiedlichen Formatierungsmöglichkeiten.
- *Berichte in Spalten.* Hiermit können ähnlich wie in „Bericht in Zeilen" zusammenfassende Berichte erstellt werden, jedoch mit anderen Formatierungsmöglichkeiten.

11.1 Erstellen eines OLAP-Würfels

Das Menü „OLAP-Cubes" (OLAP-Würfel) ist relativ einfach aufgebaut und dient dazu, in Schichten gegliederte Tabellen zu erstellen. Die abhängige Variable(n) (Auswertungsvariablen) müssen auf Intervall- oder Rationalskalenniveau gemessen sein. Für sie werden zusammenfassende Statistiken wie Mittelwerte, Standardabweichung etc. ausgegeben. Die unabhängige(n) Variable(n) (Gruppenvariablen) dagegen muss/müssen kategorialer Art sein, also entweder auf Nominal- oder Ordinalskalenniveau gemessen oder aber durch Klassenbildung in eine begrenzte Zahl von Gruppen aufgeteilt. Die Werte der unabhängigen Variable(n) ergeben die Schichten der Tabelle. Ergebnis ist eine Pivot-Tabelle, die überwiegend dieselben Informationen anbietet wie eine mit dem Menü „Mittelwerte" (⇨ Kap. 14.2) erstellte, allerdings ist per Grundeinstellung immer nur eine Schicht im Vordergrund zu sehen, also nur die Daten einer Gruppe, während per Grundeinstellung im Menü „Mittelwerte" die gesamten Informationen in der Datei zu sehen sind (durch Pivotieren kann diese wechselseitig ineinander übergeführt werden). Die verfügbaren Statistiken sind in beiden Menüs identisch. Der OLAP-Würfel bietet zusätzlich die Möglichkeit der Bildung von Differenzen zwischen Vergleichsgruppen oder Vergleichsvariablen.

Beispiel. Für die Daten von ALLBUS2012.SAV solle das Durchschnittseinkommen gegliedert nach Geschlecht ausgegeben werden. Zusätzlich wird die Differenz des Einkommens von Männern und Frauen ermittelt.

▷ Wählen Sie „Analysieren", „Berichte" und „OLAP-CUBES". Die Dialogbox „OLAP-Würfel" öffnet sich. Sie ermöglicht lediglich die Auswahl der „Auswertungsvariablen" und der „Gruppierungsvariablen" (ohne Gruppierungsvariable ist die Schaltfläche „OK" inaktiv).
▷ Übertragen Sie EINK in das Feld „Auswertungsvariable(n)" und GESCHL in das Feld „Gruppierungsvariable(n)".
▷ Öffnen Sie durch Anklicken der Schaltfläche „Statistiken" die Dialogbox "OLAP-Würfel: Statistik". Zur Verfügung stehen zahlreiche Lage-, Streuungs-, Schiefe- und Formmaße. Dort können durch Übertragen aus dem Feld „Statistik" in das Feld „Zellenstatistiken" die statistischen Kennzahlen ausgewählt werden, die für die Berichtsvariable berechnet werden sollen. In umgekehrter Richtung wählt man die bereits voreingestellten Kennzahlen ab. Zur Verfügung stehen dieselben Statistiken wie im Menü „Mittelwerte", Dialogbox „Mittelwerte: Optionen" (⇨ Abb. 14.2) oder in der Dialogbox „Statistik" von „Fälle zusammenfassen". Zusätzlich dazu findet man hier die Möglichkeit zur Berechnung von „Prozent der Summe in" und „Prozent der N in". Dies wird jeweils ergänzt durch den Namen der Gruppierungsvariablen und gibt die Prozentwerte der ausgewählten Schicht innerhalb der Fälle mit dieser Gruppierungsvariablen an, wobei es im ersten Fall um den Anteil am Gesamtwert der abhängigen Variablen geht (z.B. der Anteil der Frauen am Gesamteinkommen), im zweiten dagegen um den Anteil an den Fällen (z.B. de Anteil der Frauen an den Befragten). Außerdem sind per Voreinstellung wesentlich mehr Statistiken ausgewählt als in den Menüs „Mittelwerte vergleichen" und „Fälle zusammenfassen", nämlich „Summe", „Anzahl der Fälle", „Mittelwert", „Standardabweichung", „Prozent der Gesamtsumme", „Prozent der Gesamtzahl". Im Beispiel soll nur „Mittelwert", „Standardabweichung" und „Anzahl der Fälle" als Zellenstatistik ausgewählt werden. Bestätigen Sie mit „Weiter".
▷ Durch Klicken auf „Differenzen" öffnet sich nun die Dialogbox „OLAP-Würfel: Differenzen" (⇨ Abb. 11.1). Hier können wir festlegen, zwischen welchen Berichtsvariablen oder zwischen welchen Gruppen einer Gruppenvariablen (mehrere Gruppenvariablen können hier nicht gleichzeitig verwendet werden) eine Differenz gebildet werden soll (im Beispiel zwischen den Einkommen der Männer und denen der Frauen). Wenn nur eine Berichtsvariable ausgewählt

wurde, ist die Optionsschalter „Differenzen zwischen den Variablen inaktiv“, wie in unserem Beispiel. Wir wählen „Differenzen zwischen den Gruppen“. Damit wird der untere Teil der Dialogbox „Differenzen zwischen Fallgruppen“ aktiv. Sind mehrere Gruppenvariablen angegeben, wäre jetzt die Gruppenvariable auszuwählen, für deren Gruppen Differenzen gebildet werden sollen, in unserem Beispiel ist es GESCHL. In das Feld „Kategorie“ wird der Wert der Kategorie eingetragen, von deren Statistik die Statistik der anderen Kategorie „Minus Kategorie“ abgezogen werden soll. Im Beispiel soll von Mittelwert des Einkommens der Männer derjenige der Frauen abgezogen werden. Entsprechend ist 1 (für männlich) in das obere, 2 (für weiblich) in das untere Feld einzutragen. In der Gruppe „Typ der Differenz“ kann man auswählen, welche Differenz gebildet werden soll. Zur Verfügung stehen „Prozentuale Differenz“ und „Absolute Differenz“. Im Beispiel wählen wir beide. In das Feld „Prozentbeschriftung“ geben wir ein „Männer minus Frauen in Prozent“ und in das Feld „Absolutwertbeschriftung“ „Männer minus Frauen absolut“.

▷ Durch Klicken auf den Pfeil übertragen wir dieses Wertepaar in das Feld „Paare“. In der Gruppe „Typ der Differenz“ kann man auswählen, welche Differenz gebildet werden soll. Zur Verfügung stehen „Prozentuale Differenz“ und „Absolute Differenz“. Im Beispiel wählen wir beide.

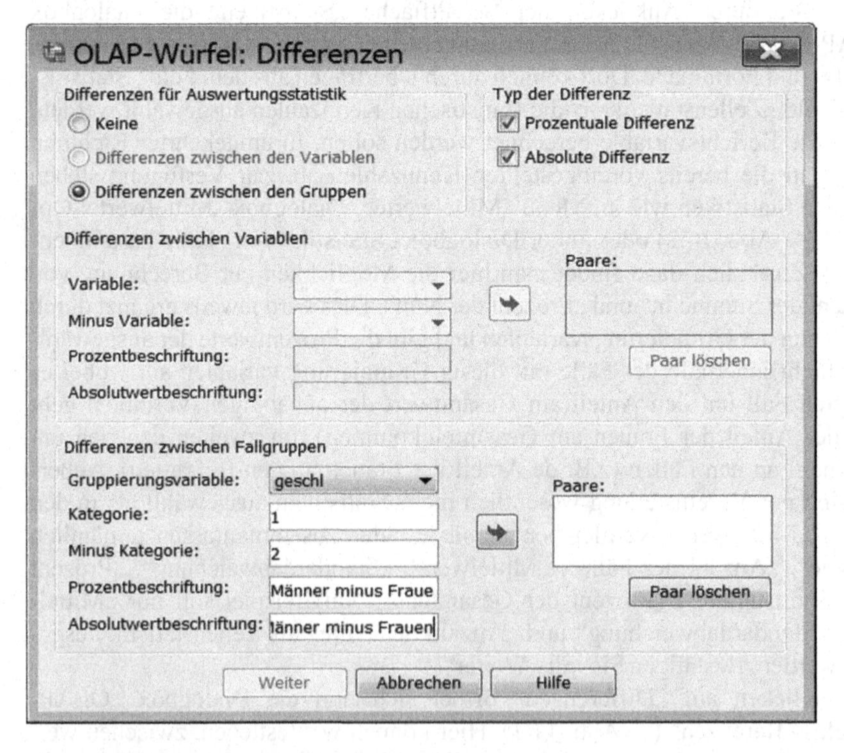

Abb. 11.1. Dialogbox „OLAP-Würfel: Differenzen“

▷ Klickt man auf die Schaltfläche „Titel“, öffnet sich die Dialogbox „OLAP-Würfel: Titel“. Hier kann man im Eingabefeld „Titel“ einen Titel für die Tabelle eintragen (Voreinstellung „OLAP-Würfel“). Das Feld „Titelzeile“ dient dazu, einen Text für eine Fußnote der Tabelle zu erstellen.

▷ Bestätigen Sie mit „Weiter“ und „OK“.

Die Art der Ausgabe macht den Hauptunterschied zu den anderen Menüs aus. Im Menü „OLAP-Würfel“ wird immer eine geschichtete Tabelle ausgegeben. D.h. man sieht immer nur die Tabelle für eine Schicht der Gliederungsvariablen, zunächst für die Schicht „Insgesamt“. Man kann dann nacheinander die verschiedenen Schichten in der Pivot-Tabelle aufrufen (⇨ Kap. 4.1.4).

Tabelle 11.1 zeigt einen Ausschnitt aus der Schicht „Insgesamt“ eines Berichts mit den Auswertungsvariablen EINK und der Gruppenvariablen GESCHL sowie den Statistiken „Mittelwert“, „Standardabweichung“ und „Anzahl der Fälle (N)“. Die Tabelle ist bereits durch Doppelklicken zum Pivotieren aktiviert. Beim Klicken auf den Pfeil neben „Insgesamt“ öffnet sich eine Auswahlliste mit den Namen der Schichten (hier: „Männlich“ und „Weiblich“ sowie „Männer minus Frauen in Prozent“ und „Männer minus Frauen absolut“). Durch Anklicken eines dieser Namen wechselt man in die Schicht der so bezeichneten Gruppe. Betrachten wir die Ergebnis für den Mittelwert des Einkommen in den verschiedenen Schichten, beträgt dieser in der Schicht insgesamt 1415,73, in der Schicht „Männlich“ 1633,93 und in der Schicht „Weiblich“ 1164,59, „Männer minus Frauen absolut“ ergibt 469,34 und in Prozent 40,3%. Bei der Interpretation des letzten Wertes ist zu beachten, dass immer der zweite der eingegebenen Werte als Prozentuierungsbasis benutzt wird, die Differenz beträgt also ca. 40% des mittleren Einkommens der Frauen.

Tabelle 11.1. Erste Schicht eines OLAP-Würfels, zum Pivotieren ausgewählt

OLAP-Würfel

GESCHLECHT, BEFRAGTE: Insgesamt

	N	Mittelwert	Standardabweichung
NETTOEINKOMMEN	228	1415,73	900,196

11.2 „Fälle zusammenfassen“, „Berichte in Zeilen“ und „Berichte in Spalten“

Diese Menüs ermöglichen die Erstellung verschiedener Arten von Berichten:

- *Listen.* Darunter versteht man eine Aufstellung der Variablenwerte für die einzelnen Fälle einer Untersuchung. Über eine Datenliste verfügt man bereits im Editorfenster. Jedoch können mit den besprochenen Befehlen einzelne Variablen für die Liste ausgewählt werden. Ebenso kann man die Liste auf eine Auswahl der Fälle beschränken. Unterschiedliche Formatierungsmöglichkeiten stehen zur Verfügung. Listen wird man für die Datendokumentation und zur Überprüfung der Korrektheit der Datenübernahme aus externen Programmen verwenden. Auch zur Fehlersuche sind sie geeignet.

- *Zusammenfassende Berichte.* Darunter versteht man die Darstellung zusammenfassende Maßzahlen für Subgruppen in einer Tabelle. Dabei werden Maßzahlen berechnet, wie sie in den Unterprogrammen „Deskriptive Statistiken", „Häufigkeiten" und „Mittelwerte vergleichen" ebenfalls geboten werden. Gegenüber diesen Programmen haben die hier besprochenen Unterprogramme den Vorteil, dass die Maßzahlen für mehrere Variablen gleichzeitig in einer zusammenfassenden Tabelle dargestellt werden können. Man kann sich dadurch einen leichten Überblick über mehrere charakteristische Variablen für jede interessierende Untergruppe verschaffen. Daneben stehen zahlreiche Formatierungsmöglichkeiten zur Verfügung, die es erlauben, eine präsentationsfähige Ausgabe zu gestalten.
- *Kombinierte Berichte.* In ihnen werden sowohl Datenlisten als auch zusammenfassende Maßzahlen für Gruppen präsentiert. Dies ist möglich mit den Menüs „Fälle zusammenfassen" und „Bericht in Zeilen".

Es geht bei der Verwendung dieser Menüs in erster Linie um eine optisch ansprechende Gestaltung von zusammenfassenden Übersichtstabellen mit einfachen Auswertungen. Die Menüs sind wenig benutzerfreundlich und stellen nur begrenzte Gestaltungsmöglichkeiten zur Verfügung. Anwender, die häufig diese Art der professionellen Tabellengestaltung benötigen sollten sich überlegen, ob Sie sich nicht das Zusatzmodul „Custom Tables" anschaffen, das anwenderfreundlicher ist und wesentlich mehr Gestaltungsmöglichkeiten bietet. Für Interessenten ist aber eine ausführliche Darstellung der Berichtsmenüs auf die Internetseite zum Buch ausgelagert.

Hier nur ein *Beispiel* für das Erstellen einer Liste. Es sollen für die Überprüfung einer Datenübernahme Fälle der Datei ALLBUS12Listen.SAV aufgelistet werden. Dafür soll es ausreichen, die ersten 10 Fälle auszugeben. Außerdem interessiert in einem ersten Durchgang nur eine kleine Zahl von Variablen. Um eine Liste zu erstellen, gehen Sie wie folgt vor:

▷ Wählen Sie die Befehlsfolge „Analysieren", „Berichte" und „Fallzusammenfassungen...". Die Dialogbox „Fälle zusammenfassen" öffnet sich (⇨ Abb. 11.2).

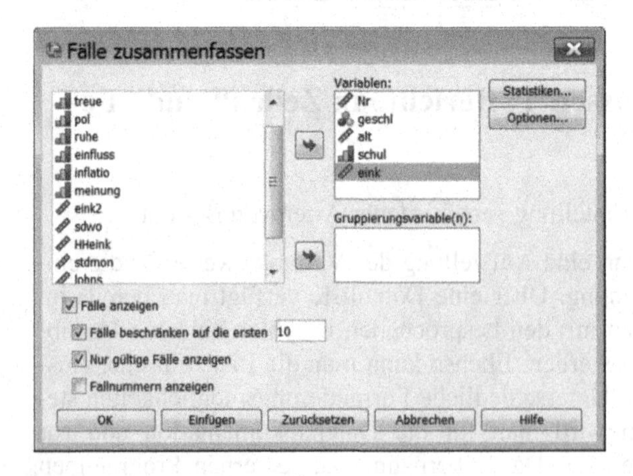

Abb. 11.2. Dialogbox „Fälle zusammenfassen"

▷ Übertragen Sie die interessierenden Variablen aus der Quellvariablenliste in das Feld „Variablen:". Die Variablen werden später in der Reihenfolge angezeigt, in der Sie sie übertragen.
▷ Sollen nur die ersten x Fälle angezeigt werden, wählen Sie die Option „Fälle beschränken auf die ersten", und tragen Sie in das Eingabefeld die Nummer des letzten Falles ein (hier: 10).
▷ Markieren Sie das Auswahlkästchen „Fälle anzeigen". Damit werden die Daten für alle Fälle angezeigt. Ansonsten würden nur Auswertungen für Gruppen angezeigt.

❒ *Fallnummer anzeigen.* Das Anklicken dieses Kontrollkästchens bewirkt, dass eine weitere Variable mit der SPSS-internen Fallnummer ausgegeben wird. (Das wird man nutzen, wenn keine Fallnummern durch den Nutzer vergeben wurden oder diese aus irgendwelchen Gründen weniger übersichtlich sind.)
❒ *Nur gültige Fälle anzeigen.* Es werden nur Fälle ohne fehlende Werte angezeigt.

Das dargestellte Beispiel führt zu dem in Tabelle 11.2 wiedergegebenen Ergebnis. In der ersten Spalte befindet sich die SPSS-interne Nummer, in den folgenden stehen die ausgewählten Variablen in der Auswahlreihenfolge. Jede Spalte ist mit dem Variablennamen überschrieben.

Tabelle 11.2. Ausgabe einer Datenliste

Zusammenfassung von Fällen [a]

		Nr	geschl	alt	schul	eink
1		9	2	38	5	2100
2		12	2	25	2	900
3		20	2	61	4	3000
4		29	2	30	5	1850
5		32	2	50	5	1500
6		43	1	67	3	3500
7		60	2	34	3	1400
8		70	2	20	5	0
9		72	2	24	3	1300
10		79	2	37	5	0
Insgesamt	N	10	10	10	10	8

a. Begrenzt auf die ersten 10 Fälle.

12 Analysieren von Mehrfachantworten

Im Allgemeinen gilt die Regel, dass Messungen eindimensional sein und die verschiedenen Werte einer Variablen sich gegenseitig ausschließen sollen. Mitunter ist es aber sinnvoll, von dieser Regel abzuweichen. So kann es etwa bei einer Frage nach den Gründen für die Berufswahl zugelassen sein, dass sowohl „Interesse für den Berufsinhalt" als auch „Einfluss der Eltern" angegeben wird. Umgekehrt kann es notwendig sein, mehrere getrennte Messungen zu einer Dimension zusammenzufassen, etwa wenn man Zinssätze für den ersten, zweiten, dritten Kredit erfasst, man aber am durchschnittlichen Zinssatz interessiert ist, gleichgültig um den wievielten Kredit es sich handelt.

Solche Mehrfachmessungen auf derselben Dimension sind technisch schwer zu handhaben. SPSS stellt dafür zwei verschiedene Wege zur Verfügung:

- Das Untermenü „Mehrfachantworten" des Menüs „Analysieren". Hier kann man Mehrfachantworten-Sets definieren und sie für Häufigkeitsauszählungen und Kreuztabellen in demselben Untermenü verwenden. Die definierten Sets können weder gespeichert noch kopiert werden
- Das Untermenü „Mehrfachantworten-Sets definieren" des Menüs „Daten". Dort kann man nur Mehrfachantworten-Sets definieren. Diese können gespeichert und kopiert werden, stehen aber nur für die Konstruktion „nutzerdefinierter Tabellen" (die nicht Bestandteil des Basismoduls sind) und von Diagrammen (im Menü „Diagrammerstellung") zur Verfügung.

Wir besprechen vornehmlich das erste Verfahren.

In SPSS kann man je Variable nur einen Wert eintragen. Falls eine Mehrfachmessung vorliegt, muss sie für die Datenerfassung in mehrere Variable aufgeteilt werden, in denen jeweils nur ein Wert eingetragen wird. Dafür sind zwei verschiedene Verfahren geeignet:

- *Multiple Dichotomien-Methode.* Es wird für jeden Wert der Variablen eine eigene Variable gebildet. Auf dieser wird dann jeweils nur festgehalten, ob dieser Wert angegeben ist (gewöhnlich mit 1) oder nicht (gewöhnlich mit 0).
- *Multiple Kategorien-Methode.* Hier muss zunächst festgestellt werden, wie viele Nennungen maximal auftreten. Für jede Nennung wird dann eine eigene Variable gebildet. In der ersten dieser Variablen wird dann festgehalten, welcher Wert bei der ersten Nennung angegeben wurde, in der nächsten, welcher bei der zweiten usw. Wenn weniger Nennungen maximal auftreten als die Ausgangsvariable Werte hat, kommt dieses Verfahren mit weniger neu gebildeten Variablen aus.

Mehrfachantworten müssen in SPSS also zunächst in Form mehrerer Elementarvariablen nach der multiple Dichotomien- oder multiple Kategorien-Methode abgespeichert werden. Zur Analyse können diese aber wieder in Form von multiple Dichotomien- oder multiple Kategorien-Sets zusammengefasst werden, die dann für die weitere Analyse verwendet werden. Die Vorgehensweise wird zunächst an einem Beispiel nach der multiplen Kategorien-Methode dargestellt.

12.1 Definieren eines Mehrfachantworten-Sets multiple Kategorien

Beispiel. In einer Untersuchung eines der Autoren wurde bei überschuldeten Verbrauchern ermittelt, ob und bei welchen Banken sie für irgendeinen Kredit sittenwidrig hohe Zinsen bezahlt haben. Als sittenwidrig wurden von der Schuldnerberatung der Verbraucherzentrale gemäß der damaligen Rechtsprechung Kredite eingestuft, wenn die Zinsen den durchschnittlichen Marktpreis zum Zeitpunkt der Kreditvergabe um 100% und mehr überschritten. Der Marktpreis orientiert sich am Schwerpunktzinssatz der Deutschen Bundesbank. Manche der Verbraucher hatten für mehrere Kredite sittenwidrig hohe Zinsen bezahlt. Maximal waren es vier Kredite. Außerdem machte eine ganze Reihe von Banken solche rechtswidrigen Geschäfte. Es lag nahe, diese Daten nach der multiple Kategorien-Methode abzuspeichern. Dazu wurden in der Datei BANKEN.SAV vier numerische Variablen für den ersten bis vierten Kredit eingerichtet. In der ersten Variablen wurde abgespeichert, ob ein erster Kredit mit sittenwidrigen Zinsen vorlag. War dem nicht so, bekam der Fall den Kode 0, war das der Fall, die Kodenummer der Bank, eine Zahl zwischen 1 und 251. In der zweiten Variablen wurde nach demselben Verfahren abgespeichert, ob ein zweiter Kredit mit sittenwidrigen Konditionen vorlag und wenn ja, die Kodenummer der Bank usw. (die Namen der Banken wurden als Wertebeschriftungen eingegeben). Die Variablen, in denen diese Informationen abgespeichert sind, haben die Namen V043, V045, V047 und V049. Es soll jetzt eine „schwarze Liste" der Banken erstellt werden, die Kredite mit sittenwidrig hohen Zinsen vergaben. Ergänzend wird ermittelt, welchen Anteil an der Gesamtzahl der sittenwidrigen Kredite die einzelnen Banken haben. Dazu werden nur die Fälle ausgezählt, bei denen ein sittenwidriger Kredit vorliegt (gültige Fälle), also eine Kodenummer für eine Bank eingetragen ist. Ein Fall, bei dem gar kein sittenwidriger Kredit vorliegt, wird als ungültiger Fall behandelt.

Zunächst muss ein Mehrfachantworten-Set definiert werden. Gehen Sie dazu wie folgt vor:

- ▷ Wählen Sie die Befehlsfolge „Analysieren", „Mehrfachantworten ▷", „Variablen-Sets definieren...". Es öffnet sich die Dialogbox „Mehrfachantwortensets" (⇨ Abb. 12.1).
- ▷ Wählen Sie aus der Variablenliste die Variablen aus, die zu einem Set zusammengefasst werden sollen.
- ▷ Klicken Sie den Optionsschalter „Kategorien" an, um festzulegen, dass ein nach der Methode „Multiple Kategorien" erstellter Datensatz verarbeitet werden soll.

- ▷ Geben Sie in die beiden Kästchen hinter „Bereich:“ zunächst im ersten Kästchen den niedrigsten gültigen Wert ein (hier: 1), dann im zweiten Kästchen den höchsten gültigen Wert (hier: 251).
- ▷ Geben Sie im Feld „Name:“ einen Namen für den so definierten Set ein.
- ▷ Geben Sie bei Bedarf im Feld „Beschriftung:“ eine Etikette für den Set ein.
- ▷ Klicken Sie auf den Optionsschalter „Hinzufügen“. In der Gruppe „Mehrfachantworten-Sets:“ erscheint der Name der neuen Variablen (der definierte Namen mit vorangestelltem $-Zeichen). Zugleich werden alle Definitionsfelder freigegeben. (Sie können im Folgenden auf diese Weise weitere Sets definieren.) Das so definierte Set wird im Folgenden innerhalb des Subprogramms „Mehrfachantworten“ als Variablen verwendet.
- ▷ Beenden Sie die Definition mit „Schließen“.

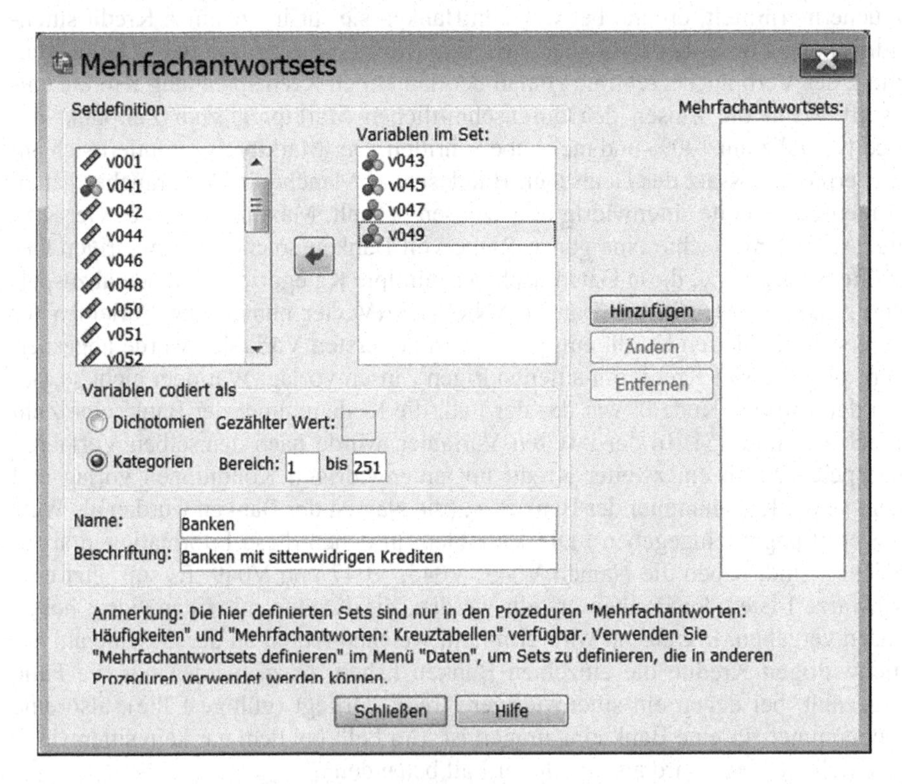

Abb. 12.1. Dialogbox „Mehrfachantwortensets“

Sie können später die definierten Sets löschen oder ändern. Dazu muss in der Gruppe „Mehrfachantworten-Sets:“ der entsprechende Set-Name markiert werden. Durch Anklicken der Schaltfläche „Entfernen“ wird das Set gelöscht. Umstellen zwischen multiplen Kategorien- und Dichotomien-Sets ist durch Anwählen der entsprechenden Optionsschalter, Eingabe des zu zählenden Wertes bzw. Bereichs und Anklicken der Schaltfläche „Ändern“ möglich.

12.2 Erstellen einer Häufigkeitstabelle für einen multiplen Kategorien-Set

Zum Erstellen einer Häufigkeitstabelle für einen Mehrfachantworten-Set gehen Sie wie folgt vor:

▷ Wählen Sie „Analysieren“, „Mehrfachantworten ▷“, „Häufigkeiten...“. Es öffnet sich die Dialogbox „Mehrfachantworten Häufigkeiten“ (⇨ Abb. 12.2).
▷ Wählen Sie aus der Liste „Mehrfachantworten-Sets:“ den gewünschten Set aus.

In der Gruppe *„Fehlende Werte“* können Sie die Behandlung der fehlenden Werte bestimmen. Per Voreinstellung werden bei multiplen Kategorien-Sets nur solche Variablen ausgeschlossen, die bei allen Variablen einen fehlenden Wert aufweisen. Wollen Sie alle Fälle ausschließen, bei denen irgendeine Variable einen fehlenden Wert aufweist, wählen Sie das Kontrollkästchen *„Für kategoriale Variablen Fälle listenweise ausschließen“*.

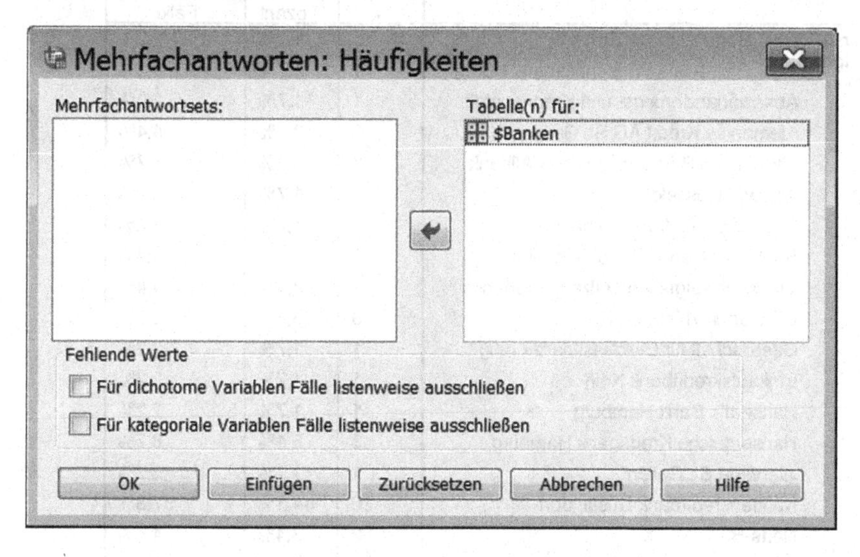

Abb. 12.2. Dialogbox „Mehrfachantworten: Häufigkeiten“

In unserem Beispiel ist die Voreinstellung angemessen. Die meisten Verbraucher haben nur einen Kredit mit sittenwidrig hohen Zinsen. Würde man fehlende Werte listenweise ausschließen, würden nur die Fälle gezählt, die vier Kredite mit sittenwidrigen Zinsen haben. Das ist nicht der Sinn. Es sollen vielmehr alle Banken registriert werden, bei denen irgendein sittenwidriger Kredit vorliegt. Das Beispiel ergibt die Tabelle 12.1.

Die Tabelle ähnelt einer üblichen Häufigkeitstabelle, hat aber einige Besonderheiten. Zunächst werden nur gültige Werte verarbeitet. Wie man der Fallzusammenfassung entnehmen kann, stehen 45 gültigen Fällen, bei denen also mindestens ein sittenwidriger Kredit vorlag, 87 nicht gültige Fälle gegenüber. In der Spalte

„N“ sind die Häufigkeiten für die einzelnen Banken angegeben. Die Summe aller Antworten („Gesamt“) ist 59. Der Vergleich dieser gültigen Antworten mit den gültigen Fällen (45) verdeutlicht, dass in einer Reihe von Fällen mehrere sittenwidrige Kredite vorgelegen haben müssen.

Tabelle 12.1. Banken, die mindestens einen sittenwidrigen Kredit vergeben haben

Fallzusammenfassung

	Fälle					
	Gültig		Fehlend		Gesamt	
	N	Prozent	N	Prozent	N	Prozent
$Banken	45	34,1%	87	65,9%	132	100,0%

Häufigkeiten von $Banken

		Antworten		Prozent der Fälle
		N	Prozent	
Banken mit sittnwidrigen Zinsen	ABC Barkreditbank Berlin	1	1,7%	2,2%
	ABC Privat- und Wirtschaftsbank Köln	1	1,7%	2,2%
	Absatzfinanzierungs- und Kreditanstalt	1	1,7%	2,2%
	Alemannia Kredit AG St. Gallen	2	3,4%	4,4%
	Allgemeine Privatkundenbank Allbank	3	5,1%	6,7%
	Allkredit Düsseldorf	1	1,7%	2,2%
	Badische Kundenkreditbank	1	1,7%	2,2%
	Bankhaus Bohl KG Freudenstadt	2	3,4%	4,4%
	Braunschweigische Teilzahlungsbank	2	3,4%	4,4%
	CTB Bank Thielert & Rolf	3	5,1%	6,7%
	Gesellschaft für Einkaufsfinanzierung	1	1,7%	2,2%
	Einkaufskreditbank Köln	1	1,7%	2,2%
	Hanseatic Bank Hamburg	1	1,7%	2,2%
	Hanseatische Kreditbank Hamburg	3	5,1%	6,7%
	Interverta St. Gallen	1	1,7%	2,2%
	Kundenkreditbank Düsseldorf	26	44,1%	57,8%
	Noris-Bank Nürnberg	2	3,4%	4,4%
	SKV Kreditbank GmbH Kiel	1	1,7%	2,2%
	Süd-West Kreditbank Frankfurt	1	1,7%	2,2%
	Teilzahlungs-Genossenschaft zu Lübeck	3	5,1%	6,7%
	Verwa	1	1,7%	2,2%
	WKV Kreditbank Nürnberg	1	1,7%	2,2%
Gesamt		59	100,0%	131,1%

*) Die Namen wurden von den Autoren geändert

In den letzten zwei Spalten sind zwei verschiedene Arten der Prozentuierung wiedergegeben. Die Spalte „Prozent“ gibt an, welchen Anteil der einzelne Wert an allen Antworten hat. Die Summe der Antworten ist 100 %. So sind bei der „Kundenbank“ z.B. 26 von insgesamt 59 sittenwidrigen Krediten, das sind 44,1 %. Die Spalte „Prozent der Fälle“ zeigt dagegen die Prozentuierung auf Basis der 45 gültigen Fälle. Diese sind gleich 100 % gesetzt. Da aber mehr Nennungen als Fälle auftreten, summiert sich hier der Gesamtprozentwert auf mehr als 100 % (im Beispiel sind es 131 %). Der Prozentwert für die „Kundenbank" beträgt so berechnet 57,8 %. Welche dieser Prozentuierungen angemessen ist, hängt von der Fragestellung ab. Interessiert in unserem Beispiel, welchen Anteil der sittenwidrigen Geschäfte an allen Banken die „Kundenbank" hat, ist die erste Prozentuierung angemessen, interessiert dagegen, wie viel Prozent der betroffenen Verbraucher von der Kundenbank einen sittenwidrigen Kredit verkauft bekamen, ist es die zweite Prozentuierungsart.

12.3 Erstellen einer Häufigkeitstabelle für einen multiplen Dichotomien-Set

Definieren eines Mehrfachantworten-Sets. *Beispiel.* In einer Untersuchung eines der Autoren wurde erfasst, ob die befragten Personen in ihrem Leben bereits einmal Rauschgift konsumiert hatten und wenn ja, welchen Stoff. Da einige Rauschgiftkonsumenten mehrere Mittel konsumiert haben, mussten Mehrfachangaben verschlüsselt werden. Für die gebräuchlichsten Rauschgifte wurden eigene Elementarvariablen gebildet und in jeder dieser Variablen festgehalten, ob dieses Rauschgift benutzt wurde oder nicht. Dabei bedeutete 1 = „genannt", 2 = „nicht genannt", 9 = „nicht zutreffend oder keine Angabe". Die Daten sind in der Datei RAUSCH.SAV gespeichert, die zutreffenden Variablen haben die Namen V70 bis V76. Es soll jetzt eine zusammenfassende Häufigkeitstabelle für den Gebrauch dieser Rauschgifte erstellt werden. Mit Hilfe von „Mehrfachantworten" kann man eine zusammenfassende Variable bilden, bei der jede Elementarvariable einen Wert darstellt. Es wird ausgezählt, wie häufig eine gültige Nennung dieses Wertes auftritt. Zunächst muss ein Mehrfachantworten-Set definiert werden.

- ▷ Wählen Sie dazu „Analysieren", „Mehrfachantworten", „Variablen-Sets definieren...". Es öffnet sich die Dialogbox „Mehrfachantwortensets" (⇨ Abb. 12.3).
- ▷ Wählen Sie aus der Variablenliste die Variablen aus, die zu einem Set zusammengefasst werden sollen.
- ▷ Klicken Sie den Optionsschalter „Dichotomien" an, um festzulegen, dass ein nach der Methode „multiple Dichotomien" erstellter Datensatz verarbeitet werden soll. Im Gegensatz zum „multiple Kategorien-Set" muss jetzt angegeben werden, welcher einzelne Wert der Elementarvariablen als gültiger Wert ausgezählt werden soll.
- ▷ Geben sie in dem Eingabefeld „Gezählter Wert:" den Variablenwert an, für den die Auszählung erfolgen soll. Im Beispiel ist das 1 = „genannt".
- ▷ Geben Sie im Feld „Name:" einen Namen für den so definierten Set ein (im Beispiel RAUSCH).
- ▷ Tragen Sie bei Bedarf im Feld „Beschriftung:" eine Etikette für den Set ein.
- ▷ Klicken Sie auf den Optionsschalter „Hinzufügen". In der Gruppe „Mehrfachantworten-Sets:" erscheint der Name der neuen Variablen. Zugleich werden alle

Definitionsfelder freigegeben. (Sie können auf diese Weise weitere Sets definieren.)

▷ Beenden Sie die Definition mit „Schließen".

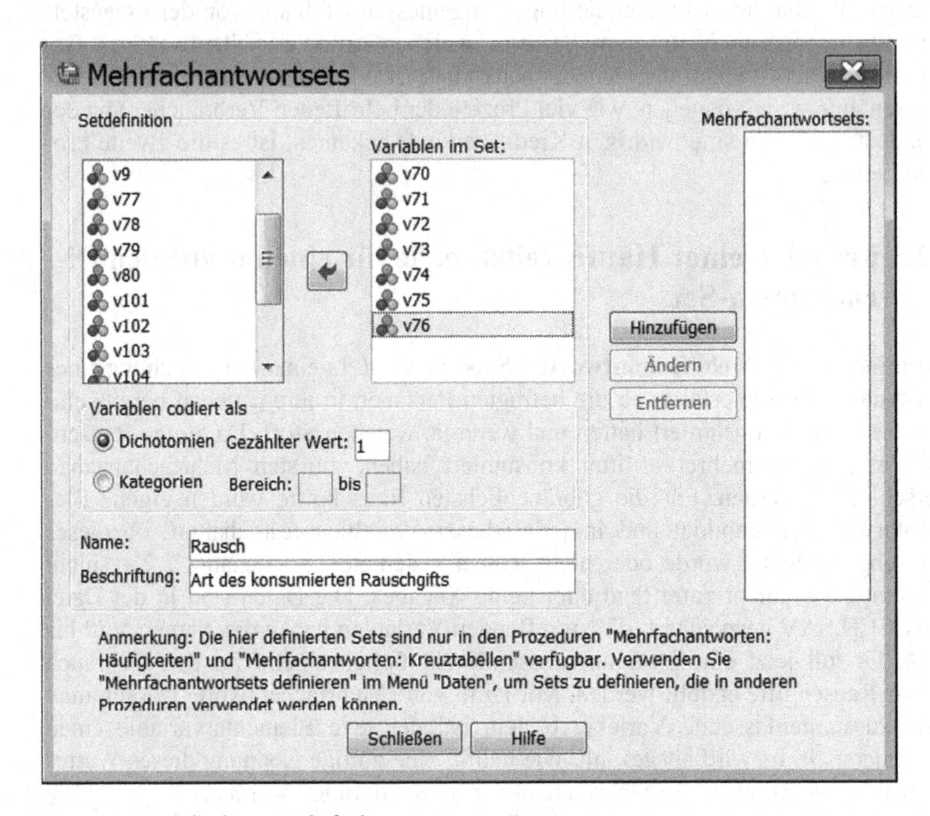

Abb. 12.3. Dialogbox „Mehrfachantwortensets"

Die so definierten Sets werden im Folgenden innerhalb des Subprogramms „Mehrfachantworten" als Variablen verwendet.

Erstellen einer Häufigkeitstabelle. Zum Erstellen einer Häufigkeitstabelle für einen Mehrfachantworten-Set gehen Sie wie im Kap. 12.2 beschrieben vor.

Hinweis. Wollen Sie alle Fälle ausschließen, bei denen irgendeine Variable einen fehlenden Wert aufweist, wählen Sie in der in Abb. 12.2 dargestellten Dialogbox das Kontrollkästchen „Für dichotome Variablen Fälle listenweise ausschließen". Zu beachten ist dabei, dass es sich darum handelt, ob ein in den Elementarvariablen als fehlend deklarierter Wert auftritt, nicht darum, dass ein im Set als nicht zu zählend deklarierter Wert vorliegt. Setzt man diese Option nicht, werden alle Fälle ausgezählt, auch wenn in einer der dichotomisierten Variablen ein fehlender Wert vorliegt.

Haben Sie, wie in Abb. 12.3 dargestellt, einen Set $RAUSCH definiert und gespeichert und erstellen Sie für diesen eine Häufigkeitsauszählung, führt dies zu dem in Tabelle 12.2 enthaltenen Output.

Der Aufbau der Tabelle entspricht dem der Häufigkeitstabelle, wie sie auch bei der multiple Kategorien-Methode ausgegeben wird. In unserem Beispiel gibt es 79 gültige Fälle, also haben 79 Personen mindestens einmal Rauschgift probiert. Aber es wurde 137-mal ein Rauschgift genannt („Gesamt"). Also haben viele mehrere Rauschgifte versucht. Der Löwenanteil entfällt auf Haschisch. Es erhielt 53,3 % der Nennungen („Prozent"). Genannt wurde es aber sogar von 92,4 % der Rauschgiftkonsumenten („Prozent der Fälle"). Auch hier erkennt man deutlich die unterschiedliche Aussage der beiden Prozentuierungsarten auf Basis der Nennungen und auf Basis der Fälle.

Tabelle 12.2. Häufigkeit von Rauschgiftkonsum

Fallzusammenfassung

	Fälle					
	Gültig		Fehlend		Gesamt	
	N	Prozent	N	Prozent	N	Prozent
$Rausch	79	30,4%	181	69,6%	260	100,0%

Häufigkeiten von $Rausch

		Antworten		Prozent der Fälle
		N	Prozent	
Art es konsumierten Rauschgifts	Haschisch	73	53,3%	92,4%
	Kokain	12	8,8%	15,2%
	Opium	7	5,1%	8,9%
	Morphium	5	3,6%	6,3%
	Preludin	3	2,2%	3,8%
	Captagon	16	11,7%	20,3%
	Sonstiges	21	15,3%	26,6%
Gesamt		137	100,0%	173,4%

12.4 Kreuztabellen für Mehrfachantworten-Sets

Beispiel. Es soll geprüft werden, ob sich die Konsummuster bei Rauschmittelkonsumenten zwischen Männern und Frauen unterscheiden (Datei RAUSCH.SAV). Dazu muss eine Kreuztabelle zwischen Geschlecht und Art der konsumierten Rauschmittel erstellt werden.

Mit der Prozedur „Kreuztabellen" können im Untermenü „Mehrfachantworten" Kreuztabellen zwischen einfachen Variablen, zwischen einfachen Variablen und Mehrfachantworten-Sets oder zwischen zwei Mehrfachantworten-Sets erstellt werden. Da eine dritte Variable als Kontrollvariable eingeführt werden kann, sind auch beliebige Mischungen möglich. (*Anmerkung:* Kreuztabellen zwischen einfachen Variablen wird man besser im Menü „Kreuztabellen" erstellen.)

Soll eine Kreuztabelle unter Einbeziehung eines Mehrfachantworten-Sets erstellt werden, muss dieser zunächst definiert sein. Das geschieht nach einer der beiden oben angegebenen Methoden. Um eine Kreuztabelle zu erstellen, gehen Sie wie folgt vor:

▷ Wählen Sie „Analysieren", „Mehrfachantworten ▷", „Kreuztabellen....". Es öffnet sich die Dialogbox „Mehrfachantworten: Kreuztabellen" (⇨ Abb. 12.4).

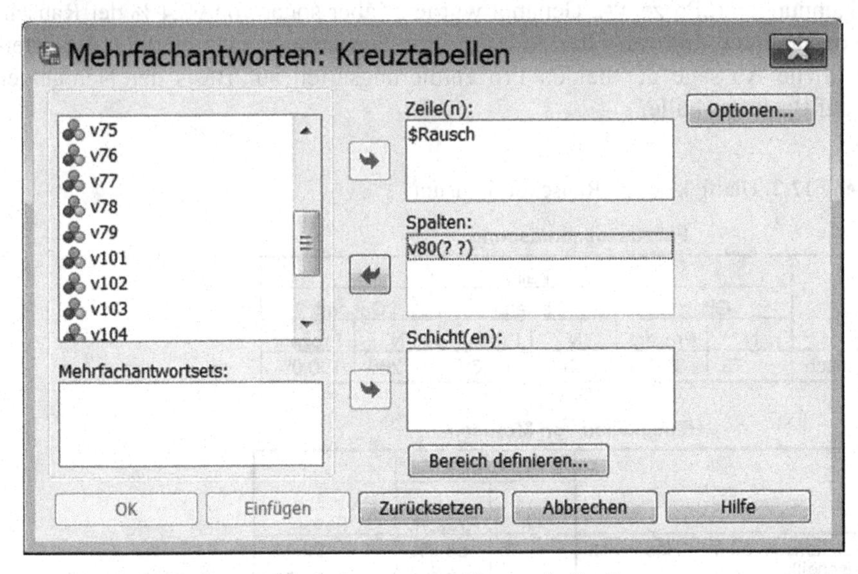

Abb. 12.4. Dialogbox „Mehrfachantworten: Kreuztabellen"

▷ Wählen Sie aus der „Variablenliste" oder im Fenster „Mehrfachantworten-Sets:" die Variable(n) oder den/die Mehrfachantworten-Set(s), welche in die Zeile(n) der Tabelle(n) kommen solle(n) (hier: $RAUSCH). Der Variablennamen oder Mehrfachantworten-Set Name erscheint im Feld „Zeile(n):". Sind darunter einfache Variablen, erscheint der Variablennamen mit einer Klammer, in der zwei Fragezeichen stehen. Das bedeutet, dass für diese Variablen noch der Bereich definiert werden muss.

▷ In einem solchen Fall (im Beispiel nicht gegeben) markieren Sie jeweils eine der betreffenden Variablen.

▷ Klicken Sie auf die Schaltfläche „Bereich definieren...". Es öffnet sich eine Dialogbox (⇨ Abb. 12.5), in der der höchste und der niedrigste gültige Wert der Zeilenvariablen angegeben werden.

▷ Tragen Sie den niedrigsten Wert in das Feld „Minimum:" und den höchsten in das Feld „Maximum:" ein und bestätigen Sie mit „Weiter".

▷ Als Nächstes wählen Sie aus der „Variablenliste" oder dem Feld „Mehrfachantworten-Sets:" die Variable(n) oder den/die Mehrfachantworten-Set(s) für das Feld „Spalte(n):" aus, die in die Tabellenspalte(n) kommen soll(en) (hier: V108). Für einfache Variablen wiederholen Sie die oben angegebenen Schritte zur Definition des gültigen Wertebereichs. (hier Minimum 1 und Maximum 2). (Wiederholen Sie die letzten Schritte gegebenenfalls für weitere Variablen.)

▷ Führen Sie gegebenenfalls dieselben Schritte zur Definition von Kontrollvariablen im Feld „Schicht(en)" durch.

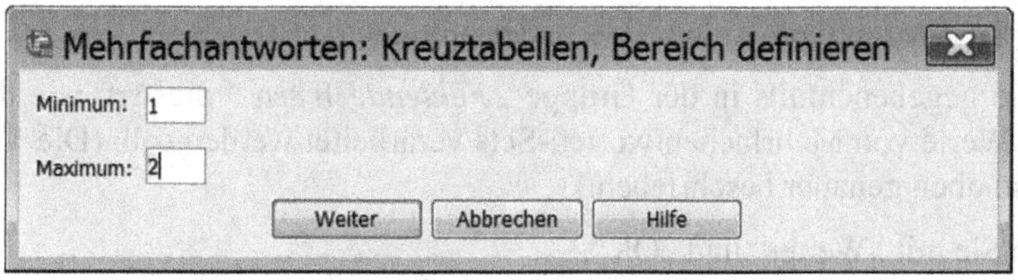

Abb. 12.5. Dialogbox „Mehrfachantworten: Kreuztabellen, Bereich definieren"

Die Abb. 12.4 und 12.5 zeigen die entsprechenden Schritte zur Vorbereitung einer Kreuztabelle zwischen Geschlecht (V108) und dem multiple Dichotomien-Set für Rauschgiftkonsum ($RAUSCH).

Optionen. Es müssen noch die Optionen für die Tabelle festgelegt werden.

▷ Klicken Sie auf die Schaltfläche „Optionen...". Es erscheint die Dialogbox „Mehrfachantworten Kreuztabellen: Optionen" (⇨ Abb. 12.6).

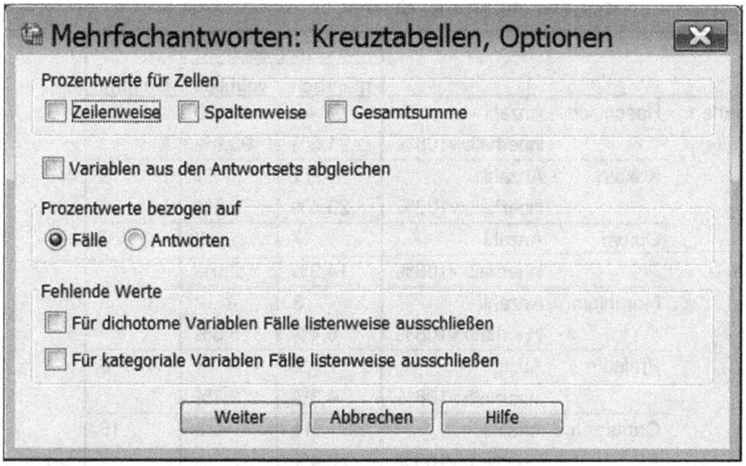

Abb. 12.6. Dialogbox „Mehrfachantworten Kreuztabellen: Optionen"

▷ Wählen Sie in der Gruppe „Prozentwerte für Zellen" durch Anklicken der Kontrollkästchen eine oder mehrere Prozentuierungsarten aus.

- ❐ *Zeilenweise.* Es wird zeilenweise prozentuiert.
- ❐ *Spaltenweise.* Es wird spaltenweise prozentuiert.
- ❐ *Gesamt.* Es wird auf die Gesamtzahl der Fälle prozentuiert.

▷ Wählen Sie in der Gruppe „*Prozentwerte bezogen auf*" aus, auf welcher Basis prozentuiert werden soll.

❒ *Fälle.* Prozentuiert auf Basis der gültigen Fälle. Das ist die Voreinstellung.
❒ *Antworten.* Prozentuiert auf der Basis aller gültigen Antworten.

▷ Wählen Sie gegebenenfalls in der Gruppe „*Fehlende Werte*" die Art, wie die fehlenden Werte von Mehrfachantworten-Sets verarbeitet werden soll. (Die Varianten sind oben genauer beschrieben.)

▷ Bestätigen Sie mit „Weiter" und „OK".

Die in den Abbildungen dargestellte Auswahl mit spaltenweiser Prozentuierung auf Basis der Fälle ergibt Tabelle 12.3.

Tabelle 12.3. Art des Rauschgiftkonsums nach Geschlecht

Fallzusammenfassung

	Fälle					
	Gültig		Fehlend		Gesamt	
	N	Prozent	N	Prozent	N	Prozent
$Rausch*v108	79	30,4%	181	69,6%	260	100,0%

Kreuztabelle $Rausch*v108

			Geschlecht		
			männlich	weiblich	Gesamt
Art es konsumierten Rauschgifts	Haschisch	Anzahl	43	30	73
		Innerhalb v108%	91,5%	93,8%	
	Kokain	Anzahl	11	1	12
		Innerhalb v108%	23,4%	3,1%	
	Opium	Anzahl	7	0	7
		Innerhalb v108%	14,9%	,0%	
	Morphium	Anzahl	3	2	5
		Innerhalb v108%	6,4%	6,3%	
	Preludin	Anzahl	2	1	3
		Innerhalb v108%	4,3%	3,1%	
	Captagon	Anzahl	11	5	16
		Innerhalb v108%	23,4%	15,6%	
	Sonstiges	Anzahl	16	5	21
		Innerhalb v108%	34,0%	15,6%	
Gesamt		Anzahl	47	32	79

Die Tabelle enthält zwei Spalten für die beiden als gültig deklarierten Ausprägungen der Spaltenvariablen „Geschlecht" (V108). In den Zeilen stehen alle Ausprägungen der Zeilenvariablen. In unserem Falle handelt es sich um den Mehrfachantworten-Set ($RAUSCH) mit den Ausprägungen für die Art des Rauschmittels. In den einzelnen Zellen steht oben die Absolutzahl der Nennungen („Count") für die jeweilige Kombination. Darunter steht der Prozentwert der spaltenweisen Prozentuierung („Col pct“). Aus der Tabelle geht deutlich hervor, dass (bei ansonsten ähnlichen Konsummustern) Männer häufiger bereits „Kokain“, „Opium“, „Captagon“ und „Sonstige Rauschmittel“ konsumiert haben.

Kreuzen mehrerer multipler Kategorien-Sets. Sollen zwei (oder mehr) multiple Kategorien-Sets miteinander gekreuzt werden, ist in der Dialogbox „Optionen“ die Option „Variablen aus den Sets paaren“ zu beachten.

Wenn zwei Mehrfachantworten-Sets miteinander gekreuzt werden, berechnet SPSS zunächst das Ergebnis auf der Basis der Elementarvariablen, d.h., es wird erst die erste Elementarvariable der ersten Gruppe mit der ersten Elementarvariablen der zweiten Gruppe gekreuzt, dann die erste Elementarvariable der ersten Gruppe mit der zweiten der zweiten usw. Erst abschließend werden die ausgezählten Werte für die Zellen der Gesamttabelle zusammengefasst. Auf diese Weise kann es sein, dass manche Antworten mehrmals gezählt werden.

Bei multiple Kategorien-Sets kann man das durch Auswahl der Option „Variablen aus den Sets paaren“ verhindern. Dann werden jeweils nur die erste Variable des ersten Sets mit der ersten des zweiten Sets, die zweite des ersten mit der zweiten des zweiten gekreuzt usw. und dann das Ergebnis in der Gesamttabelle zusammengefasst. Die Prozentuierung erfolgt bei Anwendung dieses Verfahrens auf jeden Fall auf Basis der Nennungen (Antworten) und nicht auf Basis der Fälle.

Hinweis. Alle Prozentuierungen beziehen sich immer auf die gültigen Fälle. Es gibt bei der Kombination von Mehrfachantworten-Sets keine Möglichkeit, auf alle Fälle hin zu prozentuieren. Bisweilen ist das aber von Interesse. Dann bleibt nur die Umrechnung per Hand. Bei multiple Kategorien-Sets kann man dagegen eine Prozentuierung auf Basis der Gesamtzahl der Fälle mit einem Trick erreichen. In der ersten im Set enthaltenen Variablen muss eine Kategorie enthalten sein, die angibt, dass keiner der Werte zutrifft (gewöhnlich wird man diese bei allen Variablen mitführen). Diese Kategorie muss bei der ersten Variablen als gültig deklariert werden, bei den anderen (wenn vorhanden) als fehlender Wert. Die im Untermenü „Häufigkeiten“ bzw. im Untermenü „Kreuztabellen“ verfügbaren statistischen Maßzahlen, Tests und Grafiken stehen im Untermenü „Mehrfachantworten“ nicht zur Verfügung. So wäre es für die Beispieluntersuchung auch nicht möglich, aus den entsprechenden Variablen für den 1., 2. usw. bis 4. Kredit einen durchschnittlichen Prozentsatz für die Zinsen dieser Kredite zu errechnen. Eine entsprechende Verarbeitung muss entweder per Hand geschehen oder nach Export der Ergebnisse von „Mehrfachantworten“ in einem Tabellenkalkulationsprogramm.

12.5 Speichern eines Mehrfachantworten-Sets

Der so definierte Set kann nicht gespeichert werden. Er geht mit dem Ende der Sitzung verloren. Eine Wiederverwendung ist nur über die Syntax möglich. Diese können Sie aber nicht während der Definition eines Sets in der Dialogbox „Mehrfachantwortenset definieren“ übertragen, sondern Sie müssen, während Sie eine Häufigkeitsauszählung oder Kreuztabellierung mit dem Set erstellen, den Befehl durch Anklicken der Schaltfläche „Einfügen“ in das Syntaxfenster übertragen und anschließend die Syntax speichern. Bei einer späteren Sitzung starten Sie die Befehle in der so erstellten Syntaxdatei. Das definierte Set steht aber auch dann nicht in den Dialogboxen zur Verfügung. Sie können es nur innerhalb des Syntaxfensters in der Weise verwenden (⇨ Kap. 2.6 und 4.2), dass man per Hand neue Variablennamen einträgt.

12.6 Mehrfachantworten-Sets im Menü „Daten“ definieren

Eine andere Möglichkeit besteht darin, Mehrfachantwortensets im Menü „Daten“, Untermenü „Mehrfachantworten-Set definieren“ zu erstellen. Allerdings stehen sie nur für zwei Menüs zur Verfügung: für „Benutzerdefinierte Tabellen“, das nicht Bestandteil des Basismoduls ist[1], und für das Menü „Diagrammerstellung“.
Nach Auswahl von „Daten“, „Mehrfachantwortensets definieren“ öffnet sich die Dialogbox „Mehrfachantwortensets“ (Abb. 12.7), die fast mit derjenigen im bereits besprochenen Menü „Mehrfachantwort“ (Abb. 12.1) identisch ist.

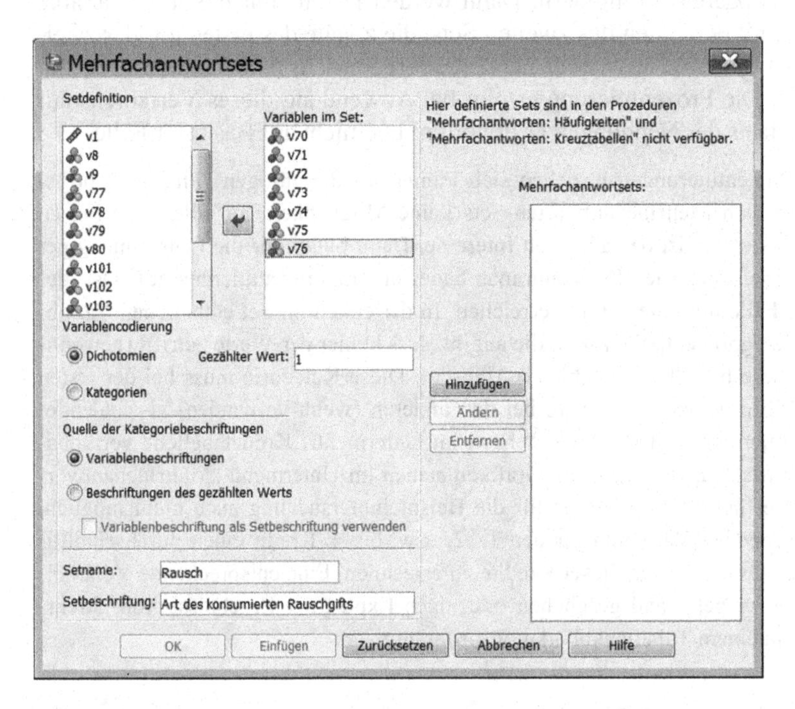

Abb. 12.7. Dialogbox „Mehrfachantwortensets“ im Menü Daten

Die Definition von Kategorien-Sets und Dichotomien-Sets verläuft auch ganz analog. Ein kleiner Unterschied besteht darin, dass man bei der Definition von Kategorien-Sets keinen Bereich anzugeben braucht (das Programm ermittelt selbst den niedrigsten und den höchsten Wert). Bei der Definition von Dichotomien-Sets kann man zusätzlich auswählen, ob zur Beschriftung der im Set neu gebildeten Ka-

---

[1] Dazu benötigen Sie das Zusatzmodul „Custom Tables“.

tegorien die Beschriftungen der Variablen benutzt werden sollen oder die Beschriftung des gezählten Wertes. Letzteres ist jedoch nur möglich, wenn keine doppelten oder fehlenden Beschriftungen vorliegen, also in den verschiedenen Variablen die zu zählende Kategorie unterschiedlich benannt ist (das wird wohl selten vorkommen).

Die so definierten Sets werden zusammen mit der Datei gespeichert. Sie können auch in andere Datendateien kopiert werden und man kann ihre Syntax in ein Syntaxfenster übertragen.

13 Grundlagen statistischen Testens

Dieses Kapitel soll zum einen mit einem exemplarischen Beispiel das Konzept statistischen Testens in der Logik, Vorgehensweise und Aussagekraft erläutern, zum anderen dem Anwender helfen, aus der Vielzahl der in SPSS Statistics Base verfügbaren statistischen Tests den für seine Aufgabenstellung richtigen auszuwählen.

13.1 Logik und Aussagekraft von Signifikanztests

Einführung. Bei der Analyse der Daten mit Hilfe statistischer Test können die Zufallseinflüsse (Zufall bei der Auswahl in einer Stichprobe, Zufall bei der Randomzuordnung zu Untersuchungsgruppen, Zufallseinflüsse von Störvariablen, zufällige Messfehler) auf Basis wahrscheinlichkeitstheoretischer Modelle berücksichtigt werden. Man sichert sich auf diese Weise von durch Zufallsfehler verursachte Fehlschlüsse ab.

Statistische Tests prüfen zum einen mit Stichprobendaten vermutete Aussagen (Hypothesen) über eine Grundgesamtheit (Population), aus der die Stichprobe stammt. Zum anderen werden sie auf Daten von zwei (oder mehr als zwei) Gruppen angewendet. Die Gruppen können aus Zufallsstichproben aus Grundgesamtheiten gebildet werden oder sie sind Bestandteil von experimentellen Randomdesigns (⇨unten).

Die mit Tests prüfbaren Fragestellungen können unterschiedlicher Art sein. Die häufigsten sind:

- ❒ Gibt es in der Grundgesamtheit einen signifikanten Zusammenhang zwischen zwei Variablen?
- ❒ Unterscheidet sich eine statistische Kennziffer in der Stichprobe (z.B. der Mittelwert) signifikant vom entsprechenden Parameter der Grundgesamtheit?
- ❒ Entspricht die Verteilung einer Variablen in der Grundgesamtheit einer theoretischen Verteilung (z.B. Normalverteilung)?
- ❒ Gibt es signifikante Unterschiede in den Verteilungen einer Variablen in zwei (oder auch mehr als zwei) Gruppen?

Der Vermutung (= Hypothese H_1) wird eine Gegenhypothese H_0 gegenübergestellt. Liegt eine Stichprobe vor, so könnte das gewonnene Prüfergebnis aus den Stichprobendaten in der Grundgesamtheit tatsächlich bestehen, es könnte aber eventuell auch auf Zufallseinflüsse zurückzuführen sein[1]. Um nun zu entscheiden, ob H_1 als statistisch gesichert angenommen werden kann oder H_0 vorläufig beibehalten werden sollte, wird ein Signifikanztest durchgeführt. Sozialwissenschaftliche Untersuchungen formulieren H_0 gewöhnlich als Punkthypothese (es besteht kein Unterschied), H_1 dagegen als Bereichshypothese (es besteht eine Differenz). Die wahrscheinlichkeitstheoretischen Überlegungen gehen dann von der Annahme der Richtigkeit der Nullhypothese aus und die Wahrscheinlichkeitsverteilung wird auf dieser Basis ermittelt.[2] H_0 wird abgelehnt, wenn nur eine geringe Wahrscheinlichkeit, bestimmt durch das Signifikanzniveau α, oder eine noch geringere dafür spricht, dass ein beobachteter Unterschied (eine Differenz) bei Geltung von H_0 durch die Zufallsauswahl zustande gekommen sein könnte. Gängige Werte sind $\alpha = 5\,\%$ (signifikant) oder 1 % (hoch signifikant). Die Hypothese H_1 wird bei dieser Art des Tests indirekt über Zurückweisen von H_0 angenommen. Deshalb wird auch H_1 üblicherweise als Alternativhypothese bezeichnet.

Bei den Signifikanztests zur Prüfung von vermuteten Aussagen über eine Grundgesamtheit oder über Unterschiede zwischen Gruppen (in der Grundgesamtheit oder in Randomdesigns) hat man es mit unterschiedlichen Variablentypen der interessierenden (Test-)Variable zu tun. In Kapitel 14 wird der t-Test vorgestellt. Er dient zur Prüfung der Mittelwerte zweier Gruppen auf signifikante Unterschiede. In den Kapiteln 15 und 16 werden die Varianzanalyse und der auf ihr basierende F-Test besprochen. Diese dienen dazu, mehrere Gruppen zugleich auf mindestens eine signifikante Differenz hin zu überprüfen.

Kapitel 30 behandelt zahlreiche nicht parametrische Signifikanztests. Diese zeichnen sich dadurch aus, dass sie im Unterschied zu parametrischen keine Voraussetzungen für die Verteilung in der Grundgesamtheit machen (wie z.B. Normalverteilung). Ihre Anwendung ist (mit Ausnahmen) auf kategoriale Testvariablen (Nominal- oder Ordinalskala) beschränkt. Daher beziehen sich die zu testenden Hypothesen – im Gegensatz zu parametrischen Tests – meist nicht auf einzelne Parameter, sondern auf Verteilungen. So prüft der χ^2-Test, der schon in Kapitel 10.3 besprochen wurde, ob eine gefundene gemeinsame Häufigkeitsverteilung zweier kategorialen Variablen signifikant von einer unter H_0 erwarteten Verteilung abweicht. Ist dies der Fall, wird die Hypothese H_1 angenommen, ansonsten H_0 beibehalten.

Logik von Signifikanztests in fünf Schritten. Anhand eines einfachen Beispiels für einen (parametrischen) 1-Stichproben-t-Test soll das Testen von Hypothesen erläutert werden. Beispielsweise vermutet man, dass in einer Region der durchschnittliche monatliche Nettoverdienst von männlichen Beschäftigten höher liegt als der durchschnittliche monatliche Nettoverdienst aller Beschäftigten, der für die

[1] Bei experimentellen Designs bezieht sich die Argumentation nicht auf die Grundgesamtheit, sondern die Untersuchungsgruppen, siehe unten.

[2] Werden dagegen (wie häufig in den Naturwissenschaften) genau spezifizierte Punkthypothesen gegeneinander getestet, können Wahrscheinlichkeitsverteilungen von beiden Hypothesen ausgehend konstruiert werden und die unten dargestellten Probleme der Überprüfung von H_0 lassen sich vermeiden, ⇨ Cohen, J. (1988). Das von SPSS vertriebene Programm Sample Power ist für solche Fragestellungen geeignet.

Grundgesamtheit bekannt ist und 1400 EUR beträgt. Zum Prüfen bzw. Testen dieser Hypothese stehen Verdienstdaten von Männern zur Verfügung, die aus einer Zufallsstichprobe aus der Grundgesamtheit stammen.

Bei diesem Beispiel für einen statistischen Test lassen sich – wie generell bei jedem anderen statistischen Test – fünf Schritte im Vorgehen ausmachen (Bleymüller, Gehlert, Gülicher (2000), S. 102 ff.):

① *Aufstellen der Null- und Alternativ-Hypothese sowie Festlegen des Signifikanzniveaus*

Die Nullhypothese (H_0) lautet: Der durchschnittliche Nettoverdienst von Männern in der Region beträgt 1400 EUR (Punkthypothese). Erwartet man, dass die Männer durchschnittlich mehr verdienen, dann lautet die Alternativhypothese (H_1): Die durchschnittlichen Verdienste der Männer sind größer als 1400 EUR (Bereichshypothese). Den durchschnittlichen Verdienst in der Grundgesamtheit (auch als Lage-Parameter bezeichnet) benennt man üblicherweise mit dem griechischen Buchstaben μ, zur Unterscheidung des Durchschnittswertes in der Stichprobe $\overline{x}$. Demgemäß lässt sich die Hypothesenaufstellung auch in folgender Kurzform formulieren:

$$H_0: \quad \mu = 1400 \qquad\qquad H_1: \quad \mu > 1400 \,.$$

Wird die Alternativhypothese auf diese Weise formuliert, spricht man von einer gerichteten Hypothese oder einer *einseitigen* Fragestellung, da man sich bei der Alternativhypothese nur für eine Richtung der Unterscheidung von 1400 interessiert. Würde man die H_1-Hypothese als $\mu \neq 1400$ formulieren (weil man keine Vorstellung hat, ob der Verdienst höher oder niedriger sein könnte), handelte es sich um eine ungerichtete Hypothese oder einen *zweiseitigen* Test.

Das Signifikanzniveau des Tests – meistens mit α bezeichnet – entspricht einer Wahrscheinlichkeit. Sie gibt an, wie hoch das Risiko ist, die Hypothese H_0 abzulehnen (weil die ausgewählten empirischen Daten der Zufallsstichprobe aufgrund eines relativ hohen durchschnittlichen Verdienstes dieses nahe legen), obwohl H_0 tatsächlich richtig ist. Die Möglichkeit, einen relativ hohen durchschnittlichen Verdienst in der Stichprobe zu erhalten, obwohl der Durchschnittsverdienst der Männer in der Grundgesamtheit tatsächlich 1400 EUR beträgt, ist dann durch den Zufall bedingt: zufällig können bei der Stichprobenziehung hohe Verdienste bevorzugt in die Stichprobe geraten. Die Wahl eines Signifikanzniveaus in Höhe von z.B. 5 % bedeutet, dass man – ausgehend von vielen Stichprobenziehungen – in 5 % der Stichproben bereit ist, die richtige Hypothese H_0 zugunsten von H_1 zu verwerfen. Man bezeichnet das Signifikanzniveau α auch als Irrtumswahrscheinlichkeit, α-Fehler bzw. Fehler erster Art. Üblicherweise testet man in den Sozialwissenschaften mit Signifikanzniveaus von α = 0,05 (= 5 %) bzw. α = 0,01 (= 1 %).

② *Festlegen einer geeigneten Prüfgröße und Bestimmen der Testverteilung bei Gültigkeit der Null-Hypothese*

Zur Erläuterung dieses zweiten Schritts muss man sich die Wirkung einer Zufallsauswahl von Stichproben verdeutlichen.

Dazu wollen wir einmal annehmen, dass 50000mal aus der Grundgesamtheit zufällige Stichproben gezogen und jeweils der Durchschnittsverdienst $\bar{x}$ berechnet wird. Wenn man nun eine Häufigkeitsverteilung für $\bar{x}$ bildet und grafisch darstellt, kann man erwarten, dass sich eine glockenförmige Kurvenform ergibt, die sich über den Durchschnittsverdienst der Grundgesamtheit μ legt. Unter der Vorstellung wiederholter Stichprobenziehungen wird deutlich, dass $\bar{x}$ eine Zufallsvariable ist, die eine Häufigkeitsverteilung hat. Die Verteilung von $\bar{x}$ wird *Stichprobenverteilung* genannt. Aus der mathematischen Stichprobentheorie ist bekannt, dass die Verteilung von $\bar{x}$ sich mit wachsendem Stichprobenumfang n einer Normalverteilung mit dem Mittelwert μ und einer Standardabweichung von $\sigma_{\bar{x}} = \sigma_x / \sqrt{n}$ annähert (σ_x = Standardabweichung der Grundgesamtheit, ⇨ Kap. 8.4).[3] In Abb. 13.1 ist auf beiden Seiten eine Stichprobenverteilung von $\bar{x}$ dargestellt. Da wir in unserem Beispiel von einer gerichteten Hypothese ausgehen, bezieht sich die weitere Betrachtung auf die rechte Grafik. Unter der Annahme, dass H_0 richtig ist, überlagert die Verteilung den Mittelwert $\mu = 1400$. Die Streuung der Verteilung wird mit wachsendem Stichprobenumfang n kleiner. Das Signifikanzniveau α ist am rechten Ende der Verteilung (wegen $H_1: \mu > 1400$) abgetrennt (schraffierte Teilfläche) und lässt erkennen: Wenn H_0 richtig ist, dann ist die Wahrscheinlichkeit in einer Stichprobe ein $\bar{x}$ zu erhalten, das in den schraffierten Bereich fällt, mit 5 % sehr klein. Aus diesem Grund wird die Hypothese H_0 verworfen und für die Ablehnung von H_0 entschieden, wenn dies der Fall ist. Das Risiko, damit eine Fehlentscheidung zugunsten von H_1 zu treffen, also einen Fehler erster Art zu begehen (= Irrtumswahrscheinlichkeit), ist mit 5 % nur gering. Zur Durchführung des Tests wird als geeignete Prüfgröße (Testgröße) aus Zweckmäßigkeitsgründen aber nicht $\bar{x}$, sondern die standardisierte Größe $z = \frac{(\bar{x} - \mu)}{\sigma_{\bar{x}}} = \frac{(\bar{x} - \mu)}{\sigma_x / \sqrt{n}}$ verwendet. Da aber in der Regel die Standardabweichung der Grundgesamtheit σ_x unbekannt ist, muss diese durch ihren aus der Stichprobe gewonnenen Schätzwert s ersetzt werden ($s = \sqrt{\frac{1}{n-1}\sum(x - \bar{x})^2}$). Als Prüfgröße ergibt sich dann $t = \frac{(\bar{x} - \mu)}{s / \sqrt{n}}$ bzw. in unserem Beispiel unter der Hypothese H_0: $t = \frac{(\bar{x} - 1400)}{s / \sqrt{n}}$.

Die Prüfgröße t folgt – ein Ergebnis der theoretischen Stichprobentheorie – näherungsweise einer t-Verteilung (auch Student-Verteilung genannt) mit n - 1 Freiheitsgraden (englisch degrees of freedom df). Man spricht daher von *asymptotischen* Tests. Die t-Verteilung wird *Prüf-* bzw. *Testverteilung* genannt. Die Approximation dieser Verteilung an die exakten Wahrscheinlichkeiten ist umso besser, je größer der Umfang der Stichprobe ist.

Ist der Stichprobenumfang groß (Faustformel: $n > 30$), kann die t-Testverteilung hinreichend genau durch die Standardnormalverteilung approximiert werden.

---

[3] Dieses ist unter dem Namen Zentraler Grenzwertsatz der Statistik bekannt.

Bei zu kleinem Stichprobenumfang ist die Approximation der Prüfgröße durch eine bekannte theoretische Wahrscheinlichkeitsverteilung zu ungenau. Dann sind für nicht parametrische Tests exakte Tests angebracht (⇨ Kap. 36).

Je nach Signifikanztest ist die Prüfgröße eine andere und es wird daher auch die Prüfverteilung eine andere sein: z.B. die Standardnormalverteilung, F-Verteilung oder Chi-Quadratverteilung.[4]

③ *Berechnen des Wertes der Prüfgröße*

Die Berechnung der Prüfgröße ist in diesem Beispiel einfach. Man berechnet aus den Verdienstwerten der Stichprobe den Mittelwert $\overline{x}$ sowie den Schätzwert der Standardabweichung s und damit dann t gemäß obiger Formel. Hat man beispielsweise aus der Stichprobe mit einem Stichprobenumfang n = 300 einen Mittelwert von $\bar{x} = 1600$ und einer geschätzten Standardabweichung von 900 ermittelt, erhält man $t = \frac{1600 - 1400}{900 / \sqrt{300}} = 3.849$.

④ *Bestimmen des Annahme- und Ablehnungsbereichs*

Die in Abbildung 13.1 dargestellte Testverteilung der Prüfgröße ist aus den genannten Gründen also eine t-Verteilung. Für unser Beispiel mit einer einseitigen Fragestellung ist die rechte Abbildung zutreffend. Das Signifikanzniveau $\alpha = 0{,}05$ teilt die denkbar möglichen Werte der Prüfgröße t für die Hypothese H_0 in den Annahme- und den Ablehnungsbereich (auch kritischer Bereich genannt, schraffierte Fläche).

Den Prüfwert (hier ein t-Wert), der die Bereiche trennt, nennt man auch den kritischen Wert (t_{krit}). Den kritischen Wert kann man aus tabellierten Prüfverteilungen für die Anzahl der Freiheitsgrade (df) und dem Signifikanzniveau $\alpha = 0{,}05$ entnehmen. Für die t-Verteilung sind in den publizierten Tabellen die t-Werte meist nur bis zu df = 30 angegeben. Da ab n = 30 die Approximation durch die Standardnormalverteilung hinreichend genau ist, kann man diese nutzen. Für unser Beispiel eines einseitigen Tests kann man den t-Wert für ein angenommenes $\alpha = 0{,}05$ nicht genau aus einer Standardnormalverteilungstabelle ablesen Man muss interpolieren. Es ergibt sich $t_{krit} = 1{,}645$.

Wird aus einer Grundgesamtheit der Verdienste von Männern mit $\mu = 1400$ eine Stichprobe gezogen und die Prüfgröße t berechnet, so kann man, wenn H_0 zutrifft, in 5 % der Fälle erwarten, dass man eine so hohe Prüfgröße erhält (bedingt durch die zufällige Auswahl), dass diese in den kritischen Bereich fällt. Dies ist also bei Geltung von H_0 sehr unwahrscheinlich. Daher wird H_0 abgelehnt. Bei einer zweiseitigen Fragestellung ist die linke Abbildung zutreffend. Sowohl hohe negative Prüfgrößenwerte t (negative, da $\bar{x} - 1400$ negativ sein kann) als auch hohe positive können zur Ablehnung der Hypothese H_0 führen. Das Signifikanzniveau α verteilt sich je zur Hälfte auf beide Seiten der Prüfverteilung.

[4] Eine Tabelle der wichtigsten Prüfverteilungen finden Sie auf den Internetseiten zu diesem Buch.

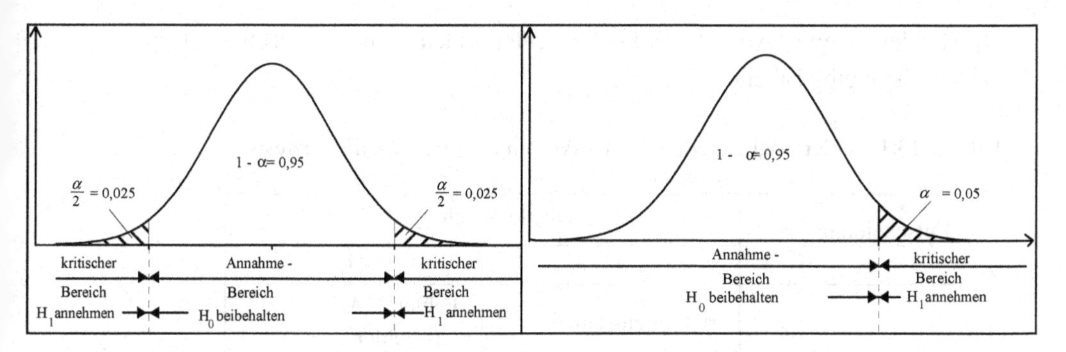

Abb. 13.1. Kritische Bereiche beim zweiseitigen und einseitigen Test

⑤ *Entscheiden für eine der Hypothesen*

Für die in Schritt ③ berechnete Prüfgröße wird festgestellt, ob diese in den Annahmebereich oder kritischen Bereich fällt: ist sie also kleiner oder größer als der kritische Wert aus einer tabellierten Prüfverteilung? Fällt sie in den Annahmebereich, dann entscheidet man sich für H_0, fällt sie in den kritischen Bereich, dann für H_1. Für unser Anwendungsbeispiel kommt es wegen 3,849 > 1,645 zur Ablehnung von H_0 bzw. Annahme von H_1.

Bei Benutzung von SPSS bleibt einem die Verwendung von tabellierten Prüfverteilungen erspart, weil SPSS nicht nur den Prüfwert t berechnet, sondern auch in Ausgabetabellen unter „Signifikanz" die zugehörige Wahrscheinlichkeit P angibt (in der Regel für den zweiseitigen Test), dass bei Geltung von H_0 der empirisch berechnete t-Prüfwert oder ein höherer zustande kommt[5]. Führt man einen einseitigen Test durch, wird der ausgewiesene zweiseitige P-Wert bei symmetrischer Prüfverteilung für den Vergleich halbiert. Ist $P > \alpha$, wird H_0 beibehalten. Ist umgekehrt $P < \alpha$, entscheidet man sich für H_1.

Hinweis. Mit Hilfe der Verteilungsfunktion CDF.T(q,df) von SPSS im Menü „Transformieren" läßt sich für q = 3,849 und df = 299 berechnen, dass bei einer t-Verteilung mit 299 Freiheitsgraden die Wahrscheinlichkeit, ein t gleich oder größer 3,849 zu erhalten, gleich P = 0,0001 beträgt. Wegen $P = 0{,}0001 < \alpha = 0{,}05$ wird H_0 abgelehnt.

Auch nichtparametrische Tests basieren auf der gleichen Logik und der Vorgehensweise wie parametrische Tests. Im Unterschied zu parametrischen Tests stützt man sich dabei aber nicht auf Annahmen über die Verteilung der Grundgesamtheit bzw. auf den Zentralen Grenzwertsatz der Statistik, um eine theoretische Verteilung für die Prüfgröße zu begründen. Daher werden nicht parametrische Tests auch annahmefreie oder verteilungsfreie Tests genannt (⇨ Kap. 30).

Aussagekraft von Signifikanztests. Man muss sich darüber im Klaren sein, dass Signifikanztests lediglich eine Entscheidungshilfe bieten. Fehlentscheidungen werden durch sie nicht ausgeschlossen. Und zwar kann man sich sowohl fälschlicherweise für H_0 (Fehler erster Art oder α-Fehler) als auch fälschlicherweise für

[5] In manchen Menüs werden signifikante Ergebnisse aber auch nur durch Sternchen gekennzeichnet.

H_1 (Fehler zweiter Art oder β-Fehler) entscheiden. Einen Überblick über die Fehlerrisiken gibt Tabelle 13.1.

Tabelle 13.1. Fehlermöglichkeiten bei der Anwendung von Signifikanztests

Entscheidung für	Objektiv richtig ist	
	H_0	H_1
H_0	richtig entschieden	Fehler 2. Art β-Fehler
H_1	Fehler 1. Art α-Fehler	richtig entschieden

In Signifikanztests werden die Risiken solcher Fehlentscheidung in Form einer Wahrscheinlichkeit kalkulierbar. Wird eine Punkt- gegenüber einer Bereichshypothese getestet, ist es wichtig zu sehen, dass diese beiden Risiken nicht gleichwertig behandelt werden. Die Wahrscheinlichkeit für einen Fehler erster Art steht unabhängig von anderen Faktoren mit der Wahl von α (meist 5% oder 1%) fest. Das Risiko eines Fehlers 2. Art (β-Fehler) hängt bei einem gewählten Test nun von mehreren Faktoren ab: von α (je geringer α, desto größer β), von der Stichprobengröße n und von der Höhe der Differenz Δ der verglichenen Werte (Effektgröße genannt)[6]. Lediglich α und die Stichprobengröße können wir frei bestimmen. Verringern wir aber mit α das Risiko eines Fehlers erster Art, erhöhen wir gleichzeitig das Risiko des Fehlers zweiter Art. Beide Entscheidungen sind also mit einem Fehlerrisiko behaftet. Im Sinne des konservativen Testmodells (⇨ Wolf (1980), Band 2, S. 89 ff.), das die Annahme einer Gegenhypothese von der Überwindung eines hohen Hindernisses abhängig macht, wirkt ein Punkt- gegen Bereichs-Test dann richtig, wenn H_1 die zu überprüfende Hypothese darstellt. Die Wahl von α sichert unabhängig von n mit hoher Wahrscheinlichkeit vor einem Fehler erster Art. Dagegen sichert sie nicht im Sinne dieses Modells, wenn H_0 die zu prüfende Hypothese darstellt, weil hier vorrangig ein Fehler zweiter Art zu vermeiden wäre und dies nicht von α, sondern von β abhängt. Soll auch das Fehlerrisiko β reduziert werden, ist das ausschließlich über die Vergrößerung der Stichprobe n möglich. Vorab ist dieses Fehlerrisiko nur ungenau kalkulierbar. Wegen der unterschiedlichen Art des Fehlerrisikos sprechen wir aber dann von der Annahme von H_1, wenn der Signifikanztest für H_1 spricht, dagegen bei der Entscheidung für H_0 von einem vorläufigen Beibehalten von H_0. (Sinnvollerweise wird ein Signifikanztest nur durchgeführt, wenn die Daten an sich für H_1 sprechen, z.B. die Mittelwerte von Gruppen differieren.)

Die Wahrscheinlichkeit, einen tatsächlich vorhandenen Effekt auch zu entdecken, d.h. eine Fehler 2. Art zu vermeiden, nennt man Teststärke (Trennschärfe oder Power) eines Tests. Sie beträgt 1 – β. Weil β von mehreren Faktoren abhängt

[6] Zum Messen von Effekten existieren verschiedene Statistiken, die aber untereinander nicht vergleichbar sind. Es existieren einige Standardisierungsvorschläge. Am bekanntesten ist Cohen´s d (Cohen 1988).

(siehe oben), bestehen bestimmte statistische Probleme (es müssen zwei Punkthypothesen gegeneinander getestet werden). Deshalb benutzt man die Teststärke in der Regel nur für die Kalkulation der in einer Untersuchung notwendigen Stichprobengröße (⇨ SPSS bietet dafür das Zusatzprogramm „Sample Power"). Manchmal kann es auch von Interesse sein, im Nachhinein zu prüfen, mit welcher Wahrscheinlichkeit bei gegebener Stichprobengröße die Power ausreichen würde, einen in der Stichprobe beobachteten Effekt auch als signifikant zu erkennen. In SPPS Statistics Base wird die Power eines Tests a posteriori ausschließlich im Menü „Univariat" geprüft (für ein Beispiel ⇨ Kapitel 16.2).

Weitere Aspekte zum Verwenden von Signifikanztests.

- Signifikanztests setzen voraus, dass Abweichungen gegenüber den wahren Werten als zufällig interpretiert werden können und nicht etwa auf die Wirkung systematischer Störvariablen zurückzuführen sind. Dies kann bei naturwissenschaftlichen Experimenten überwiegend vorausgesetzt werden, bei sozialwissenschaftlichen Untersuchungen aber häufig nicht.
- In sozialwissenschaftlichen Untersuchungen ist bei Verwendung sehr großer Stichproben praktisch jeder Unterschied (jede Differenz Δ) signifikant. Deshalb ist es bei der Anwendung von Signifikanztests für sehr große Stichproben besonders wichtig, die Ergebnisse richtig zu beurteilen oder gegebenenfalls auch auf Signifikanztests zu verzichten. Dies liegt nicht daran, dass die Regeln der Wahrscheinlichkeitstheorie hier außer Kraft gesetzt wären. Vielmehr erhält man bei z.B. sehr schwachen Zusammenhängen zwischen zwei Variablen oder kleinen Differenzen Δ bei Gruppenvergleichen (bzw. schwachen Wirkungen von Störvariablen) und sehr großer Stichprobe praktisch immer signifikante Testergebnisse. Bei solchen Untersuchungen ist nicht die Signifikanz, sondern die praktische und eventuell auch die theoretische Bedeutung der Höhe der Differenz (Effekt) das entscheidende Kriterium für die Bewertung des Testergebnisses.
- Bei kleinen Stichproben ist dagegen die Gefahr des β-Fehlers (Fehler zweiter Art) allgegenwärtig. Man kann zwar das Risiko eines Fehlers erster Art durch Festlegen des Signifikanzniveaus beliebig begrenzen, aber das Risiko des β-Fehlers steigt mit fallender Stichprobengröße (und geringerem Effekt) notgedrungen. Daran ändert auch die Verwendung exakter Tests bei nichtparametrischen Tests nichts. Hier wird zwar die Wahrscheinlichkeitsverteilung von Prüfgrößen genau bestimmt, so dass der kritische Wert auch tatsächlich dem gewollten Signifikanzniveau entspricht. Damit ist das Risiko erster Art exakt unter Kontrolle, aber das Risiko für einen Fehler zweiter Art bleibt dasselbe. Die Konsequenz daraus ist: Ergibt eine kleine Stichprobe ein signifikantes Ergebnis für H_1, ist das Risiko eines Fehlers erster Art ebenso gering als hätten wir eine große Stichprobe untersucht. Müssen wir dagegen H_0 beibehalten, kann man bei großen und mittleren Stichproben von einem geringen Fehlerrisiko zweiter Art ausgehen, bei kleinen dagegen ist dieses Fehlerrisiko sehr groß. Man sollte daher, wenn die deskriptiven Daten einer Untersuchung mit geringer Fallzahl für eine Hypothese sprechen, nicht voreilig die Hypothese verwerfen, wenn diese nicht signifikant abzusichern ist. Die Praxis, statistisch nicht signifikante Ergebnisse aus kleinen Stichproben nicht zu publizieren, lässt viele

relevante Forschungsergebnisse verschwinden. Trotz der Einwände traditioneller wissenschaftstheoretischer Schulen, wird daher empfohlen, Daten kleinerer Studien zu demselben Gegenstand solange zu kumulieren, bis die Fallzahl einen hinreichend sicheren Schluss zwischen H_0 und H_1 zulässt.[7]

- Dieses ganze Problem hängt damit zusammen, dass in den Sozialwissenschaften in der Regel eine Punkthypothese (H_0) gegen eine Bereichshypothese (H_1) getestet wird. Dadurch ist nur α, nicht aber β exakt bestimmbar. Würden Punkt- gegen Punkthypothesen getestet, könnten α und β im Vornhinein festgelegt werden. Bei gegebenem Effekt kann dann auch die notwendige Mindestgröße der Stichprobe ermittelt werden, bei der eine Entscheidung mit vorgegebenem α und β möglich ist. Für solche Power-Analysen (⇨ Cohen (1988)) bietet SPSS mit dem Programm Sample Power ein geeignetes Instrument.
- Ein spezielles Problem ergibt sich durch die Besonderheit des Punkt-gegen-Bereich-Signifikanztests, wenn die Nullhypothese die den Forscher eigentlich interessierende Hypothese darstellt (z.B. das Vorliegen einer Normalverteilung). Will man ihm die Annahme einer falschen Nullhypothese ebenso erschweren wie dem Forscher, dessen Interesse H_1 gilt, muss man hier nicht α, sondern β niedrig ansetzen. Beta ist aber bei dieser Art von Hypothese nicht apriori bestimmbar. Bei großen und mittleren Stichproben ist das kein Problem, weil man davon ausgehen kann, dass das Fehlerrisiko Beta zwar unbekannt, aber gering ist. Dagegen stellt das bei kleinen Stichproben ein zentrales Problem dar. Man kann sagen: Ist die Stichprobe nur klein genug, kann man sicher sein, dass H_0 beibehalten werden muss. Der Forscher arbeitet also paradoxerweise mit kleiner Stichprobe zugunsten der Annahme der ihn interessierenden Hypothese. Das gilt insbesondere für Tests, die die Übereinstimmung einer Verteilung mit einer vorgegebenen Verteilungsform oder Gleichheit der Varianzen für Gruppen prüfen (⇨ Tabelle 13.4). Dabei handelt es sich nur um besondere Formen der Nullhypothese. Auch hier behält man um so eher die Nullhypothese bei (und bejaht damit, dass die Verteilungsform den Voraussetzungen entspricht oder Gleichheit der Varianzen besteht), je kleiner die Stichprobe ist. Diese Tests sind daher von zweifelhaftem Wert. Besser ist es, stattdessen oder ergänzend mit geeigneten deskriptiven Maßen Prüfungen vorzunehmen (⇨ Aufgabe 3 auf den Internetseiten im Buch).). Ähnlich ist das Problem, wenn man die Gleichwertigkeit etwas zweier Medikamente nachweisen möchte. Dann wären anstelle der üblichen Punkt vs Bereichstests sogenannte Äquivalenztests durchzuführen, die in SPSS nicht verfügbar sind (siehe ⇨ Wellek (1991)).
- Sehr oft wird in der Literatur auch die Gefahr von α-Fehlern (Fehler erster Art) beschworen. Werden in einer Untersuchung sehr viele Zusammenhänge getestet, so muss – auch wenn tatsächlich immer die Nullhypothese gilt – durch Zu-

[7] Was als kleiner und was als großer Stichprobenumfang einzustufen ist, kann nicht allgemein festgelegt werden. Es hängt von mehreren Faktoren ab: In erster Linie von dem kleinsten Effekt, der noch praktisch oder theoretisch von Belang ist, aber auch von der Streuung der Werte in der Grundgesamtheit.

fallsfehler der eine oder andere Zusammenhang signifikant erscheinen. Aus der Logik der Signifikanztests ergibt sich, dass bei einem Signifikanzniveau von $\alpha = 0{,}05$ und sehr vielen Tests ca. 5 von 100 Tests zufällig signifikant ausfallen, obwohl H_0 richtig ist. Dies spricht gegen das konzeptlose Erheben und Durchtesten von Daten. Allerdings trifft der Einwand nur dann zu, wenn es sich um eine Vielzahl unabhängig voneinander zufällig gemessener Zusammenhänge handelt. Zumeist aber bestehen zwischen den Messvariablen systematische Zusammenhänge, so dass man davon ausgehen muss, dass nicht bei jeder Variablen ein unabhängiger Zufallsfehler auftritt, sondern der einmal aufgetretene Zufallsfehler sämtliche Daten durchzieht. (*Beispiel.* Enthält eine Stichprobe per Zufall zu wenige Frauen, so wird sie deshalb auch evtl. zu wenige alte Personen enthalten, zu wenige mit höherer Schulbildung usw.).

13.2 Auswählen eines Signifikanztests

Aufgabenstellung und Datenkonstellationen. Die Auswahl des richtigen Tests hängt von der Aufgabenstellung und den dazu erforderlichen Daten ab. Die Daten werden häufig im Rahmen eines Forschungsprojekts erhoben.

Bei den Daten kann es sich um eine, zwei oder mehr als zwei (k) Stichproben sowie um *unabhängige* oder *verbundene* (abhängige) Stichproben handeln.

Anzahl der Stichproben. Je nach der Aufgabenstellung benötigt man eine, zwei oder mehr als zwei Stichproben. Daher unterscheidet man *Ein-Stichprobentests, Zwei-Stichprobentests* und *Mehr als zwei (k) Stichproben-Tests*. Bei Zwei- und Mehr als zwei Stichproben-Tests muss man zwischen Tests für *unabhängige* und für *verbundene* (abhängige) Stichproben unterscheiden.

- ❐ *Ein-Stichprobentest.* Die Daten stammen aus einer Stichprobe aus einer Grundgesamtheit. Es geht meistens darum zu testen, ob es einen Unterschied (eine Differenz Δ) hinsichtlich einer statistischen Kenngröße der Stichprobe (z.B. des Mittelwerts) zu einem vom Anwender unterstellten Wert (H_0) in der Grundgesamtheit gibt.[8] Es kann auch darum gehen zu testen, ob es in der Grundgesamtheit einen Zusammenhang zwischen zwei Variablen gibt oder ob die Verteilung der Testvariable einer vom Anwender vorgegebenen theoretischen Verteilung entspricht.
- ❐ *Zwei-Stichprobentests.* Bei diesen geht es darum zu prüfen, ob sich die Verteilungen von zwei definierten Gruppen bei der zu prüfenden Variable (z.B. hinsichtlich der Mittelwerte) unterscheiden oder nicht. Die zwei verglichenen Stichproben können unabhängig oder abhängig sein (⇨ unten).
- ❐ *Mehrstichprobentests* (k-Stichprobenests). Diese prüfen ähnlich wie Zwei-Stichprobentests, aber für mehr als zwei Vergleichsgruppen. Die k verglichenen Stichproben können unabhängig oder abhängig sein (⇨ unten).

[8] In Kap. 13.1 gibt es dafür ein Beispiel.

Unabhängige Stichproben. Unabhängige Stichproben können auf zwei Arten zustande kommen.

- *Einfache Zufallsauswahl aus einer Grundgesamtheit.* Untersuchungsgegenstand sind reale Grundgesamtheiten, die hinsichtlich einer Zielvariablen auf Unterschiede (H_1) oder Gleichheit (H_0) untersucht werden.
  Im Fall eines Ein-Stichproben-Tests wird für eine Zielvariable geprüft, ob es in der Stichprobe einen Unterschied (eine Differenz = H_1) zu einem vom Anwender vorgegebenem Wert (oder einer Verteilung) gibt oder nicht (=H_0).
  Im Fall eines Zwei-Stichproben-Tests werden zwei Gruppen (z.B. Männer und Frauen) auf mögliche Unterschiede hinsichtlich interessierender Variablen (z.B. das durchschnittliche Einkommen) in der Grundgesamtheit getestet. Die Daten der Gruppen können als *unabhängige* Stichproben aus verschiedenen (H_1) oder gleichen (H_0) Grundgesamtheiten betrachtet werden.
- *Experimentelles Randomdesign.* Bei diesem werden verfügbare Untersuchungsfälle zwei (oder mehr) Gruppen per Zufall zugeordnet. Der typischste Fall: Die Mitglieder (häufig Personen) einer Gruppe (der Versuchsgruppe) werden einer „Behandlung" (englisch: treatment) unterzogen, die einer zweiten (der Kontrollgruppe) aber nicht. Eine „Behandlung" ist hier im abstrakten Sinne zu verstehen. Es kann sich um eine medizinische Behandlung, aber auch um eine Maßnahme mit einer erwarteten Wirkung oder um unterschiedliche Bedingungen für die Gruppen handeln. Bei diesem Design liegen zwei (oder mehr) *unabhängige* Stichproben vor. *Beispiel:* Personen mit einer bestimmten Erkrankung werden per Zufall zwei Gruppen zugelost. Die eine bekommt eine Behandlung mit einem Medikament, die Kontrollgruppe Placebo. Ziel der Randomzuordnung ist nicht, Grundgesamtheiten abzubilden, sondern durch die Zufallzuordnung möglichst Störvariablen (weitere Variablen, die neben der Untersuchungsvariablen Einfluss auf die Zielvariable haben können) zu kontrollieren. Deren Wirkung soll (mit Ausnahme der Zufallsfehler bei der Zuordnung) in den Vergleichsgruppen identisch sein und daher bei der Analyse nicht stören (interne Gültigkeit).

Verbundene Stichproben (auch abhängige oder gepaarte Stichproben genannt). Typisch sind auch hier zwei Konstellationen: Matchingdesign und Vortest-Nachtest-Design.

- *Experimentelles Matchingdesign.* Untersuchungsfälle werden den zwei (oder mehr) Gruppen so zugeteilt, dass jedem Fall einer Gruppe ein Fall in der anderen Gruppe (bzw. einer weiteren Gruppe) zugeordnet wird, der diesem hinsichtlich verschiedener (für das Untersuchungsziel relevanter) Merkmale gleicht. Die Zuordnung eines Falles zu einer der Gruppen erfolgt zufällig. *Beispiel.* Personen mit einer bestimmten Erkrankung werden für eine Prüfung der Wirkung einer Behandlung zwei Gruppen zugeteilt, und zwar so, dass die Variablen Geschlecht, Alter und Schweregrad der Symptome als Matchingvariable verwendet werden. Im Fall von zwei Gruppen werden Paare gebildet: So wird einer jungen Frau mit leichten Symptomen eine junge Frau mit ebenfalls leichten Symptomen zugeordnet, einem älteren Mann mit schweren Symptomen wird ein ebensolcher zugeordnet etc. Die Zuordnung einer Person eines

Paares in die Testgruppe (bzw. Kontrollgruppe) erfolgt zufällig.[9] Wieder wird die eine Gruppe behandelt, die andere bekommt ein Placebo. Ziel der Zuordnung ist es wieder nicht, Grundgesamtheiten abzubilden, sondern möglichst Störvariablen zu kontrollieren. Kontrolliert werden die zum Matching verwendete Einflussvariablen. Hier hat man es mit *abhängigen* Stichproben zu tun, denn die Messungen der interessierenden Variablen bei den Paaren sind nicht unabhängig voneinander.

Zufallseinflüsse ergeben sich durch Schwankungen bei den nicht zum Matching verwendeten Variablen. Sie sind aber aufgrund des Matchings geringer als bei reiner Zufallszuordnung.

- *Vortest-Nachtest-Design. Beispiel.* Man hat eine Personengruppe und erhebt Daten z.B. zu deren Merkfähigkeit („vorher"). Nun folgt ein Training zur Verbesserung der Merkfähigkeit („Behandlung"). Danach werden wieder von diesen Personen Daten zur Merkfähigkeit erhoben („nachher"). Es liegen also gar keine unterschiedlichen Personen (Fälle) in beiden Gruppen vor.

  Da die Erhebung (Messung) der Daten an den gleichen Personen erfolgt (Mehrfachmessung), sind die Daten der Stichproben nicht unabhängig voneinander. Dieser Fall wird als mit Zufallseinflüssen behaftete *Stichprobe* behandelt, weil im Zeitraum der Behandlung weitere Einflussfaktoren zufällig Unterschiede erzeugen können. Auch in dieser Datenkonstellation ist die Anwendung entsprechender statistischer Tests zulässig.

Die Aussagekraft der Tests bei Randomdesigns sowie bei Designs mit Mehrfachmessungen beschränkt sich auf den Vergleich der Gruppen. Eine Aussage über Grundgesamtheiten ist damit nicht verbunden. Außerdem können beide Varianten kombiniert werden.[10]

Kriterien zur Auswahl eines Signifikanztests. Die Auswahl eines Signifikanztests hängt von folgenden Konstellationen und Gegebenheiten ab:

- **Variablentyp der Testvariable**. Bei kategorialen Testvariablen (Nominal- oder Ordinalskala) kommen nur nicht parametrische Tests in Frage.
- **Erfüllung der Voraussetzungen für die Anwendung parametrischer Tests.** Bei metrischen Testvariablen hängt die Frage, ob ein parametrischer oder ein nicht parametrischer Tests (zur ausführlichen Charakterisierung nichtparametrischen Tests ⇨ Kap. 30) für eine Aufgabenstellung in Frage kommt davon ab, ob die Voraussetzungen für die Anwendung eines parametrischen Tests deutlich verletzt sind (⇨ Tabelle 13.2). Sind sie nicht deutlich verletzt, sollte ein parametrischer Test gewählt werden, da dieser mehr Power besitzt, d.h. Fehler

---

9 Geschildert wurde der Fall einer prospektiven Studie. Häufig wird aber notgedrungen in retrospektiven Studien zu einer schon vorhandenen Untersuchungsgruppe (z.B. Personen mit einer bestimmten Erkrankung) eine Vergleichsgruppe (Personen ohne diese Erkrankung aber sonst gleichen Merkmalen) zugematcht. Dieses Verfahren ist methodisch gesehen problematisch.

10 Im Übrigen können Designs Elemente oben geschilderten Varianten kombinieren. So gilt der zwei Gruppen Vortest-Nachtest-Design mit einer Testgruppe und einer Kontrollgruppe, die per Random ausgewählt wurden als die klassische Testanordnung schlechthin. (Die klassische Darstellung der Designformen findet man bei D.T. Campbell und d J.C. Stanley (1966)).

2. Art mit geringerer Wahrscheinlichkeit auftreten. Sind sie nicht erfüllt (bzw. wenn es erhebliche Zweifel gibt), wählt man einen nicht parametrischen Test, da die Gefahr besteht, dass ein parametrischer zu einem falschen Ergebnis führt. Aber auch, wenn man davon ausgeht, dass die zu testende metrische Variable mit erheblichen Messfehlern behaftet ist oder viele Ausreißer auftreten, ist die Anwendung nicht parametrischer Tests angebracht. Bei Anwendung eines nicht parametrischen Tests für eine metrische Testvariable werden von SPSS die metrischen Daten der Testvariablen temporär in eine Rangordnung transformiert, d.h. es entsteht eine kategoriale (ordinalskalierte) Testvariable.

- **Anzahl der Stichproben.** Siehe dazu die obigen Ausführungen.
- **Unabhängige oder verbundene (abhängige) Stichproben.** Auch hier verweisen wir auf die obigen Ausführungen.
- **Asymptotischer oder Exakter Test**. Bei nicht parametrischen Tests kann man auch exakte Tests berechnen. Von einigen Ausnahmen abgesehen, benötigt man dafür das Modul Exact Tests (⇨ Kap. 36).

Für unterschiedlichen Aufgabestellungen werden unterschiedliche statistische Tests genutzt.

In Tabelle 13.2 wird je nach Datenkonstellation der zu wählende parametrische statistische Test in SPSS aufgeführt. Es werden auch jeweils die Voraussetzungen für den Test genannt.

Tabelle 13.2. Parametrische Tests

Anzahl der Stichproben	Typ der Testvariable	Unabhängig vs. abhängig	Zu wählender Signifikanztest	Voraussetzung
Eine	metrisch		t-Test bei einer Stichprobe	Normalverteilung der Prüfgröße
Zwei	metrisch	unabhängig	t-Test bei unabhängigen Stichproben	Normalverteilung innerhalb der Gruppen, homogene Varianz
	metrisch	unabhängig	t-Test bei unabhängigen Stichproben bei ungleicher Varianz	Normalverteilung innerhalb der Gruppen, keine homogene Varianz
	metrisch	abhängig	t-Test bei abhängigen Stichproben	
k[1]	metrisch	unabhängig	Einfaktorielle Varianzanalyse (F-Test)[2]	Normalverteilung innerhalb der Gruppen

1 Mehr als zwei Gruppen
2 Auch spezielle Varianten des t-Tests für Mehrfachvergleiche zwischen den Gruppen.

In Tabelle 13.3 werden je nach Fragestellung und Datenkonstellation in Frage kommende nicht parametrischen Tests von SPSS aufgeführt. Die hier aufgeführten beschränken sich zur leichteren Übersicht auf diejenigen, die man im Menü „Nichtparametrische Tests" findet. Im Unterschied zu den Tests in Tabelle 13.2 können bei gleicher Datenkonstellation auch mehrere Tests in Frage kommen. Das liegt daran, dass diese auf unterschiedliche Aspekte beim Vergleich von Verteilungen gerichtet sind. Daher können einige der Tests bei gleichen Daten zu unterschiedlichen Ergebnissen kommen. Um dieses Kapitel damit nicht zu überfrachten, verweisen auf die ausführlicheren Ausführungen in Kap. 30 und auf die PDF-Dokumentation „IBM SPSS Exact Tests".[11]

Beachten Sie. Bei Nutzung der Tests kann der Anwender auch eine Testvariable eines anderen Variablentyps nutzen als den, der für den Test vorausgesetzt wird (⇨ Tabelle 13.3), da SPSS die Testvariable temporär in den vorausgesetzten Datentyp transformiert oder der Anwender die Transformation in den Dialogboxen steuern kann. Die zulässigen Variablentypen für einen Test werden im Variablenfeld „Testvariable" auf der Registerkarte „Variablen" der Dialogbox „Nicht parametrische Tests ..." mit Symbolen angezeigt. Für z.B. den Binomialtest zeigt an, dass alle SPSS-Variablentypen (dichotom, kategorial, ordinal und metrisch) bei diesem Test möglich sind, weil der Anwender auf der Unterdialogbox „Binomialoptionen" für kategoriale und metrische Testvariable die Transformation in eine dichotome Variable definieren kann.

Bei manchen statistischen Verfahren ist eine Normalverteilung der Untersuchungsvariablen Voraussetzung (z.B. für die Diskriminanzanalyse, ⇨ Kap. 23). Wie aus Tabelle 13.2 und den Erläuterungen zu parametrischen Tests zu entnehmen, sind für die verfügbaren parametrischen Tests in SPSS Anwendungsvoraussetzungen gegeben. Regelmäßig wird Normalverteilung innerhalb der Gruppen oder der Prüfgröße vorausgesetzt, häufig auch Gleichheit der Varianzen. Um diese zu prüfen, bietet SPSS die in Tabelle 13.4 aufgeführten Tests an.[12] In der letzten Spalte der Tabelle wird das Kapitel genannt, in dem diese Tests behandelt werden.

---

[11] Sie finden diese auf den Internetseiten von IBM in „Statistics 24 Product Documentation", "Manuals", „Language Englisch" (⇨ Kap. 1).

[12] Siehe aber die Ausführungen zu Problemen von Tests, bei denen die Hypothese H_0 die interessierende Hypothese darstellt.

Tabelle 13.3. Tests im Menü „Nicht parametrische Tests“

Anzahl der Stichproben	Fragestellung	Unabhängig vs. verbunden	Typ der Testvariable	Zu wählender Signifikanztest
Eine	Stammt die Testvariable aus einer Binomialverteilung mit einem vom Anwender vorzugebenden Parameter π?		Dichotom	Binomial
	Ist die Reihenfolge der Werte der Testvariable zufällig?			Sequenz
	Unterscheidet sich die Verteilung der Testvariable von einer unter H_0 erwarteten? (Anpassungstest)		Kategorial	Chi-Quadrat
	Stammt die Testvariable aus einer Grundgesamtheit mit einem vom Anwender vorzugebenden Median?		Ordinal	Wilcoxon (Vorzeichen-Rang)
	Hat die Testvariable eine bestimmte Verteilung? (Anpassungstest)		metrisch	Kolmogorow-Smirnow[2]
Zwei	Unterscheiden sich die Mediane der Verteilungen?	unabhängig	Ordinal	Median
	Unterscheiden sich die zentralen Lagen der Verteilungen?			Mann-Whitney-U
	Unterscheiden sich die Verteilungen? (Omnibustest)			Kolmogorov-Smirnov-Z
	Unterscheiden sich die Verteilungen? (Omnibustest)			Wald-Wolfowitz
	Unterscheiden sich die Verteilungen in den Spannweiten?			Moses
	Unterscheiden sich die „Behandlungen“?	verbunden	Dichotom	Mc Nemar
	Unterscheiden sich die „Behandlungen“?		Ordinal	Vorzeichen
	Unterscheiden sich die „Behandlungen“ ?			Wilcoxon
	Unterscheiden sich die „Behandlungen“?			Rand-Homogenitäts
k[1]	Haben die Verteilungen einen Trend in der zentralen Lage?	unabhängig	Ordinal	Jonckheere-Terpstra[3]
	Unterscheiden sich die zentralen Lagen der Verteilungen?			Kruskal-Wallis H
	Unterscheiden sich die zentralen Lagen der Verteilungen?			Median
	Unterscheiden sich die „Behandlungen“?	verbunden	Dichotom	Cochran Q
	Unterscheiden sich die „Behandlungen“?		Ordinal	Friedman
	Unterscheiden sich die „Behandlungen“?			Kendall´s W

1 Mehr als zwei Stichproben.

2 Mit Lilliforce Korrektur. Prüfen möglich auf Gleich-,Normal-, Poisson- oder Exponentialverteilung. Auch im Menü Explorative Datenanalyse enthalten.

3 Sowohl die Testvariable als auch die Gruppenvariable müssen eine Ordinalskala haben.

Tabelle 13.4. Nicht parametrische Tests in anderen Menüs

Fragestellung	Typ der Test-variable	Zu wählender Signifikanztest	In Kapitel
Sind zwei Variablen unabhängig voneinander?	Kategorial	Chi-Quadrat[1]	Kap. 13.2, 36
Sind zwei Variablen unabhängig voneinander?		Fisher's Exact[2]	
Hat die Testvariable eine bestimmte Verteilung? (Anpassungstest)	Metrisch	Kolmogorov-Smirnow[3]	Kap. 9.3.2, 30.2.3
Stammt die Testvariable aus einer Normalverteilung?		Shapiro Wilcks	Kap. 9.3.2
Sind die Streuungen in den Gruppen homogen?		Levene	Kap. 9.31, 14.2

1 Den Test gibt es in drei Varianten: Unabhängigkeitstest nach Pearson, Likelihood-Quotienten-Test und Zusammenhang linear-mit-linear.

2 In SPSS Statistics Base gibt es den Test nur für 2*2-Tabellen, im Modul Exact Tests auch für größere.

3 Mit Lilliforce Korrektur. Prüfen möglich auf Gleich-, Normal-, Poisson- oder Exponentialverteilung.

14 Mittelwertvergleiche und t-Tests

14.1 Überblick über die Menüs „Mittelwerte vergleichen" und „Allgemeines lineares Modell"

Die Kapitel 14 bis 16 bilden einen Komplex. Sie behandeln das Menü „Mittelwerte vergleichen" mit seinen Untermenüs „Mittelwerte", verschiedene „T-Test(s)" und „Einfaktorielle ANOVA" sowie das Menü „Allgemeines lineares Modell". In diesen Programmteilen geht es generell um Zusammenhänge zwischen einer abhängigen und zwei oder und mehr unabhängige Variablen, wobei die abhängige Variable zumindest auf Intervallskalenniveau gemessen und per arithmetischem Mittel erfasst wird. Die unabhängigen Variablen dagegen sind kategoriale Variablen. Im Menü „Allgemeines lineares Modell" kann ergänzend eine oder mehrere mindestens auf Intervallskalenniveau gemessene Kovariate eingeführt werden.

- *Mittelwerte* (⇨ Kap. 14.2). Dieses Untermenü berechnet per Voreinstellung für jede Kategorie einer kategorialen Variable Mittelwerte und Standardabweichungen einer metrischen Variable (wahlweise zahlreiche weitere Statistiken). Ergänzt wird dieses durch die Option, eine Ein-Weg-Varianz-Analyse durchzuführen, samt der Berechnung von Eta^2-Werten zur Erfassung des Anteils der erklärten Varianz.

  Außerdem stellt das Menü wahlweise einen Linearitätstest bereit, der es erlaubt zu prüfen, inwiefern ein Zusammenhang durch eine lineare Regression angemessen erfasst werden kann. (Letzteres ist nur bei Vorliegen einer metrischen unabhängigen Variablen – die allerdings in Klassen eingeteilt sein muss – sinnvoll.) Auf diese Optionen wird hier nicht eingegangen, weil die „Einfaktorielle Varianzanalyse" in Kap. 15 diese ebenfalls abdeckt.
- *T-Tests* (⇨ Kap. 14.3). SPSS bietet drei Untermenüs für t-Tests. Zwei davon geben die Möglichkeit, die Signifikanz des Unterschieds von Mittelwerten zweier Gruppen zu überprüfen. Es kann sich dabei sowohl um zwei unabhängige als auch zwei abhängige (gepaarte) Stichproben handeln.

  Mit dem Ein-Stichproben-T-Test überprüft man den Unterschied zwischen einem Mittelwert und einem vorgegebenen Wert.
- *Einfaktorielle* Varianzanalyse (⇨ Kap. 15). Dieses Menü zur Anwendung einer *Ein-Weg-Varianzanalyse* prüft – im Gegensatz zu den „t-Tests" – die Signifikanz von Differenzen multipler Gruppen. Dabei wird der F-Test angewendet. Es ist aber nur möglich zu ermitteln, ob irgendeine Gruppe in signifikanter Weise vom Gesamtmittelwert abweicht. Dabei kann die Ein-Weg-Analyse – im Unterschied zur Mehr-Weg-Analyse – nur eine unabhängige Variable berück-

sichtigen. Da F-Tests sogenannte Omnibustests sind, d.h. nur feststellen, ob sich irgendeine Gruppe signifikant von den anderen unterscheidet, bietet die „Einfaktorielle Varianzanalyse“ zusätzliche Tests, um im Einzelnen zu prüfen, welche Gruppen die signifikante Differenzen aufweisen. Es handelt sich dabei um t-Tests bzw. verwandten Tests zur Überprüfung der Signifikanz von Mittelwertdifferenzen zwischen allen bzw. beliebig vielen ausgewählten Gruppen. Tests auf Signifikanzen zwischen allen Gruppen werden als Post-Hoc- Mehrfachvergleiche bezeichnet, der Vergleich vorher festgelegter Gruppen als a priori Kontraste[1].

Auch die Möglichkeit zur Erklärung der Variation in Form von Regressionsgleichungen ist eine Besonderheit der „Einfaktoriellen Varianzanalyse“. Dabei können im Unterschied zum Linearitätstest in „Mittelwerte“ auch nichtlineare Gleichungen in Form eines Polynoms bis zur 5. Ordnung verwendet werden.

❐ *Allgemeines lineares Modell* (⇨ Kap. 16). Dieses Menü bietet die Möglichkeiten zur Mehr-Weg-Varianzanalyse. Es ist auch für Kovarianz- und Regressionsanalysen geeignet (darauf gehen wir im Weiteren nicht ein). Für Post-hoc Gruppenvergleiche stehen dieselben Verfahren wie bei der einfaktoriellen Varianzanalyse zur Verfügung. Die Möglichkeiten zur Kontrastanalyse sind etwas eingeschränkter (bei Heranziehung der Syntax allerdings umfassend). Weiterhin bestehen verschiedene Möglichkeiten, das Analysemodell zu beeinflussen. Verschiedene Optionen bieten Auswertungen für die Detailanalyse und die Überprüfung der Modellvoraussetzungen.

14.2 Das Menü „Mittelwerte“

Ähnlich wie das Menü „Kreuztabellen“, dient „Mittelwerte“ der Untersuchung von Zusammenhängen zwischen zwei und mehr Variablen. Die Befunde auf der abhängigen Variablen werden aber nicht durch die absolute oder relative Häufigkeit des Auftretens ihrer Ausprägungen ausgedrückt, sondern – in kürzerer Form – durch eine einzige Maßzahl, das arithmetische Mittel (andere Kennzahlen stehen wahlweise zur Verfügung). Die abhängige Variable muss, da zu ihrer Kennzeichnung gewöhnlich das arithmetische Mittel benutzt wird, zumindest auf dem Intervallskalenniveau gemessen sein. Für die unabhängige Variable genügt dagegen Nominalskalenniveau. Zur Prüfung einer Abhängigkeit wird berechnet, ob sich die Mittelwerte zwischen den verschiedenen Vergleichsgruppen (sie entsprechen den Kategorien oder Klassen der unabhängigen Variablen) unterscheiden oder nicht. Unterscheiden sie sich, spricht das dafür, dass die unabhängige Variable einen Einfluss auf die abhängige Variable besitzt, im anderen Falle muss man das Fehlen eines Zusammenhanges annehmen. Die Analyse kann, wie bei der Kreuztabellierung, durch Einführung von Kontrollvariablen verfeinert werden. Außer-

[1] Zu den Unterschieden siehe ausführlicher Kap 15.3. Bei Post-Hoc-Tests ist weiter zwischen paarweisen Mehrfachvergleichen und Spannweitentests zu unterscheiden. Erstere vergleichen nur die existierenden Gruppierungen, letztere bilden auch neue Gruppenzusammenfassungen ⇨ Kap. 15.3.

dem ist es möglich, einen Vergleich der Streuungen der abhängigen Variablen in den Untersuchungsgruppen (sowie wahlweise zahlreicher anderer deskriptiver Statistiken) durchzuführen.

14.2.1 Anwenden von „Mittelwerte“

Beispiel. Es soll geprüft werden, ob Männer mehr verdienen als Frauen (Datei: ALLBUS12.SAV). Zur Untersuchung dieser Fragestellung sei es ausreichend, den Durchschnittsverdienst zu betrachten, weitere Details seien nicht von Interesse (so werden mögliche weitere Einflussfaktoren wie geleistete Arbeitsstunden nicht berücksichtigt). Dies ist mit dem Untermenü „Mittelwerte“ von „Mittelwerte vergleichen“ möglich.

Um eine Tabelle für den Mittelwertvergleich zu erstellen, gehen Sie wie folgt vor:

▷ Wählen Sie „Analysieren“, „Mittelwerte vergleichen ▷“, „Mittelwerte“. Es öffnet sich die Dialogbox „Mittelwerte“ (Abb. 14.1).
▷ Wählen Sie aus der Quellvariablenliste die abhängige Variable (hier: EINK), und übertragen Sie diese in das Eingabefeld „Abhängige Variablen:“.
▷ Wählen Sie aus der Quellvariablenliste die unabhängige Variable (hier: GESCHL) und übertragen Sie diese in das Eingabefeld „Unabhängige Variablen:“.
▷ Starten Sie den Befehl mit „OK“.

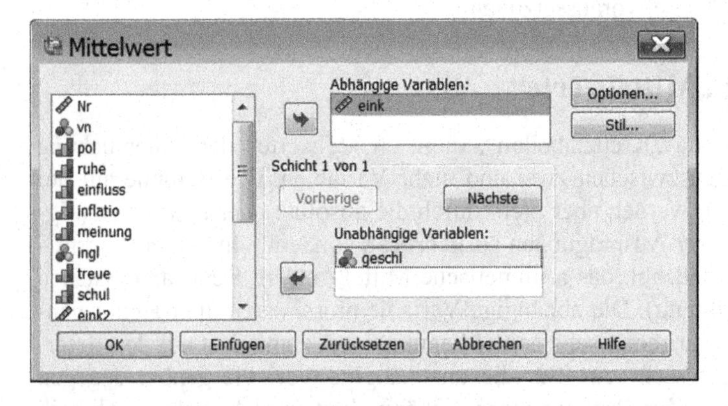

Abb. 14.1. Dialogbox „Mittelwert“

Tabelle 14.1. Mittelwertvergleich für die Variable Einkommen nach Geschlecht

Bericht

eink

geschl	Mittelwert	N	Standardabweichung
MAENNLICH	1633,93	122	991,248
WEIBLICH	1164,59	106	707,543
Insgesamt	1415,73	228	900,196

In der in Tabelle 14.1 dargestellten Ergebnisausgabe sind Geschlecht und Einkommen miteinander gekreuzt. Allerdings wird das Einkommen nur durch eine zusammenfassende Maßzahl, das arithmetische Mittel erfasst. Die beiden Ausprägungen der unabhängigen Variablen Geschlecht, MAENNLICH und WEIBLICH, bilden die Reihen dieser Tabelle. Für jede Gruppe ist in einer Spalte zunächst die hauptsächlich interessierende Maßzahl für die abhängige Variablen, das arithmetische Mittel („Mittelwert“) des Einkommens aufgeführt. In der Gesamtpopulation beträgt das Durchschnittseinkommen 900,20 EUR. Die Männer verdienen im Durchschnitt mit 992,25 EUR deutlich mehr, die Frauen mit 707,54 EUR im Monat deutlich weniger. Also hat das Geschlecht einen beträchtlichen Einfluss auf das Einkommen. Als weitere Informationen sind in den dahinter stehenden Spalten die Zahl der Fälle (N) und die Standardabweichung aufgeführt. Die Zahl der Fälle interessiert vor allem, um die Basis der Befunde bewerten zu können. Die Standardabweichung kann ebenfalls einen interessanten Vergleich ermöglichen. So streuen in unserem Beispiel die Einkommen der Männer deutlich breiter um das arithmetische Mittel als die der Frauen. Offensichtlich handelt es sich bei den Männern um eine heterogenere Gruppe.

14.2.2 Einbeziehen einer Kontrollvariablen

Wie auch bei der Kreuztabellierung, interessiert, ob die Einbeziehung weiterer unabhängiger Variablen das Bild verändert. In unserem Beispiel wird wahrscheinlich das Einkommen auch vom Bildungsabschluss der Personen abhängen. Da Frauen bislang im Durchschnitt geringere Bildungsabschlüsse erreichen, wäre es deshalb z.B. denkbar, dass die Frauen gar nicht unmittelbar aufgrund ihres Geschlechts, sondern nur mittelbar wegen ihrer geringeren Bildungsabschlüsse niedrigere Einkommen erzielen. Auch andere Konstellationen sind denkbar. Näheren Aufschluss erbringt die Einführung von Kontrollvariablen. Das sind unabhängige Variablen, die auf einer nächsthöheren Ebene eingeführt werden. Hier wird SCHUL2 mit den Ausprägungen „Hauptschule“, „Mittlere Reife“ und „Abitur (einschl. Fachhochschulreife)“ als Kontrollvariable verwendet.

▷ Zur Auswahl der unabhängigen und abhängigen gehen Sie zunächst wie in Kap. 14.2.1 beschrieben vor. Um eine Kontrollvariable einzuführen, müssen Sie dann die Ebene der unabhängigen Variablen weiterschalten.

  Dazu dient die Box 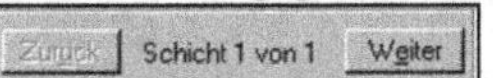

▷ Klicken Sie auf die Schaltfläche „Weiter“. Die Beschriftung ändert sich von „Schicht 1 von 1“ in „Schicht 2 von 2“ und das Eingabefeld „Unabhängige Variablen:“ wird leer.

▷ Übertragen Sie aus der Variablenliste den Namen der Kontrollvariablen (hier: SCHUL2) in das Eingabefeld „Unabhängige Variablen:“. Bestätigen Sie mit „OK“.

Es ergibt sich der in Tabelle 14.2 enthaltene Output. Hier sind nun die Durchschnittseinkommen für die verschiedenen Kombinationen von Geschlecht und Schulbildung ausgewiesen. Man kann sehen, dass in jeder Schulbildungsgruppe die Frauen im Durchschnitt weniger verdienen. Also ist die Schulbildung nicht alleine der Grund für die niedrigeren Einkommen der Frauen. Allerdings hat auch die Schulbildung einen Einfluss auf das Einkommen, denn sowohl bei den Männern als auch den Frauen haben die Hauptschüler das geringste Durchschnittseinkommen, Personen mit Abitur/Fachhochschulreife das höchste, und Personen mit Mittlerer Reife liegen mit ihrem Durchschnittseinkommen dazwischen.

Tabelle 14.2. Mittelwertvergleich der Einkommen nach Geschlecht und Schulbildung

Bericht

eink

geschl	schu2	Mittelwert	N	Standardabweichung
MAENNLICH	Hauptschule	1350,20	40	822,268
	Mittelschule	1651,04	45	980,927
	Fachh/Abi	1927,36	36	1119,332
	Insgesamt	1633,80	121	995,369
WEIBLICH	Hauptschule	870,62	32	449,037
	Mittelschule	1019,72	47	491,300
	Fachh/Abi	1771,54	26	931,484
	Insgesamt	1160,45	105	709,641
Insgesamt	Hauptschule	1137,06	72	719,039
	Mittelschule	1328,52	92	829,428
	Fachh/Abi	1862,02	62	1039,465
	Insgesamt	1413,88	226	903,968

14.2.3 Weitere Optionen

Bei den bisherigen Beispielen wurde die Voreinstellung benutzt. Für die meisten Zwecke ergibt diese auch ein zweckmäßiges Ergebnis. Man kann allerdings mit dem Unterbefehl „Optionen...“ sowohl weitere Statistiken als auch eine Ein-Weg-Varianzanalyse sowie einen Test zur Prüfung auf einen linearen Zusammenhang zwischen den beiden Variablen anfordern.

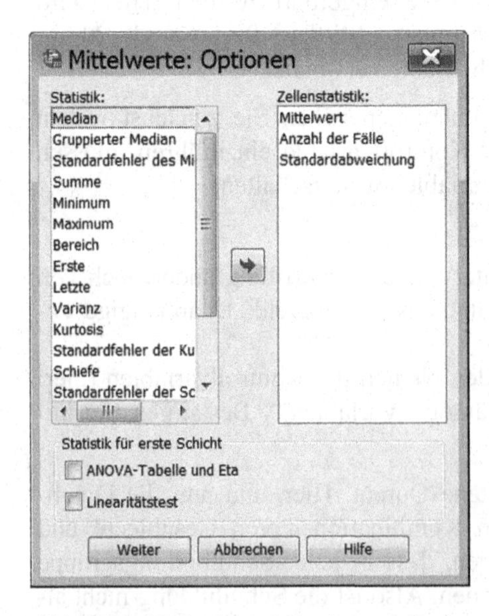

Abb. 14.2. Dialogbox „Mittelwerte: Optionen“

▷ Klicken Sie auf die Schaltfläche „Optionen...“. Es erscheint die Dialogbox „Mittelwerte: Optionen“(⇨ Abb. 14.2).

Sie enthält zwei Auswahlgruppen

❒ *Zellenstatistik.* Im oberen Bereich des Dialogfeldes können verschiedene deskriptive statistische Kennzahlen gewählt werden, indem man sie aus der Liste „Statistik“ in das Auswahlfeld „Zellenstatistik“ überträgt. Voreingestellt sind „Mittelwert“ (arithmetisches Mittel), „Anzahl der Fälle“ und „Standardabweichung". Es die wichtigsten zahlreiche Lage- und Streuungsmaße zur Auswahl. Neben den gängigen Lagemaßen arithmetisches Mittel und Median (auch gruppiert) sind harmonische Mittel und geometrische Mittel verfügbar. Dazu kommen Schiefe und Kurtosis sowie deren Standardfehler wie auch der des arithmetischen Mittels. Weiter Kennziffern sind Summe, höchster und niedrigster Wert. Letztlich ist es möglich, Prozente der Gesamtsumme und Prozente der Gesamtzahl ausgeben zu lassen, d.h. es wird für jede Gruppe angegeben, welchen Prozentanteil an der Gesamtsumme (z.B. des Einkommens) auf sie entfällt, bzw. welcher Anteil aller Fälle.

❒ *Statistik für die erste Schicht.* Es werden hier zwei statistische Analyseverfahren angeboten:

- *ANOVA-Tabelle und Eta.* Es wird eine Ein-Weg-Varianzanalyse durchgeführt. Werden Kontrollvariablen verwendet, so werden sie bei der Varianzanalyse nicht berücksichtigt. Zusätzlich werden die statistischen Maßzahlen Eta und Eta^2 ausgegeben.
- *Linearitätstest.* Dieser Test wird ebenfalls nur für die unabhängigen Variablen auf der ersten Ebene durchgeführt. Es wird immer das Ergebnis der Einweg-Varianzanalyse ausgegeben. Des weiteren Ergebnisse des Linearitätstests, Eta und Eta^2 sowie der Produkt-Moment-Korrelationskoeffizient R und das Bestimmtheitsmaß R^2 (nur bei unabhängigen Variablen mit mehr als zwei Ausprägungen).

Diese Analyseverfahren werden hier nicht behandelt, weil man sie auch mit dem (Unter-)Menü „Einfaktorielle ANOVA“ durchführen kann (⇨ Kap. 15).

Weitere Möglichkeiten bei Verwenden der Befehlssyntax. Mit dem Unterkommando MISSING kann man die Behandlung der nutzerdefinierten fehlenden Werte beeinflussen. Der Befehl TABLE schließt sie für alle Variablen aus der Berechnung aus, der Befehl INCLUDE schließt sie in die Berechnung ein, und der Befehl DEPENDENT schließt die fehlenden Werte auf der abhängigen Variablen aus, nicht aber auf den unabhängigen Variablen.

14.3 T-Tests für Mittelwertdifferenzen

Die t-Tests setzen folgendes voraus:

- ❒ Die abhängige Variable ist mindestens auf Intervallskalenniveau gemessen.
- ❒ Normalverteilung der Residuen in jeder Gruppe.[2]
- ❒ In der klassischen Version verlangt er Homogenität der Varianz, d.h. nahezu gleiche Varianz in den Vergleichsgruppen.
- ❒ Zufällige Auswahl der Fälle bzw. beim Vergleich abhängiger Stichproben, der Paare.

14.3.1 T-Test für eine Stichprobe

Das zur Erläuterung von Signifikanztests benutzte Beispiel (⇨ Kap. 13.1) soll mit dem Datensatz ALLBUS12.SAV nachvollzogen werden. Die Hypothesen sind identisch. Die Stichprobengröße n = 122 unterscheidet sich, ebenso das für die Stichprobe der Männer ermittelte durchschnittliche Einkommen $\overline{x}$ von dem dort zur Illustration angeführten Beispiel. Zur Vorbereitung wählen Sie zur Analyse nur die Männer aus (Befehlsfolge „Daten", „Fälle auswählen", „Falls Bedingung erfüllt ist", GESCHL=1).

- ▷ Wählen Sie „Analysieren", „Mittelwerte vergleichen", „T-Test bei einer Stichprobe...". Es erscheint die Dialogbox „T-Test bei einer Stichprobe" (⇨ Abb. 14.3).
- ▷ Übertragen Sie aus der Quellvariablenliste die Variable EINK in das Feld „Testvariable(n):".
- ▷ Tragen Sie in das Feld „Testwert" den gewünschten H_0-Hypothesenwert ein (hier: 1400) und bestätigen Sie mit „OK".

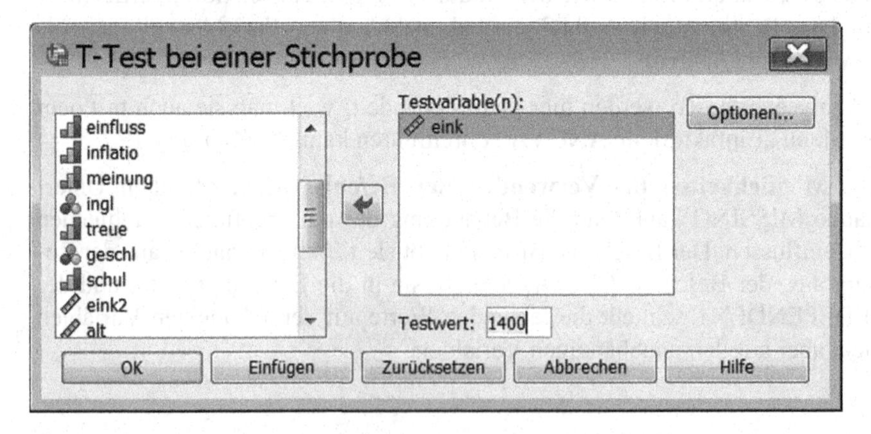

Abb. 14.3. Dialogbox „T-Test bei einer Stichprobe"

---

[2] Geprüft wird allerdings wegen der oft kleinen Gruppengrößen häufig die Normalverteilung der Residuen insgesamt. Da die Normalverteilung der Residuen wiederum die Normalverteilung der Messwerte in den jeweiligen Grundgesamtheiten voraussetzt, wird zumeist die Normalverteilung der Werte in den jeweiligen Stichproben getestet.

In Tabelle 14.3 sieht man den Output. In der oberen Tabelle Spalte „Mittelwert“ erkennt man, dass das mittlere Einkommen der 122 befragten Männer in der Stichprobe 1633,93 EUR, also nicht 1400 beträgt. Die Differenz zum vorgegebenen Wert „Mittlere Differenz“ (besser Mittelwertdifferenz) beträgt 233,93 EUR. Die Frage ist, ob die Abweichung von 233,93 EUR (mit einer eventuellen zu hohen Wahrscheinlichkeit) zufallsbedingt sein könnte.

Ein Maß für die Streuung der Werte in der Stichprobe ist die Standardabweichung 991,25 EUR. Aus der Standardabweichung in der Stichprobe und der Stichprobengröße kann man den Standardfehler des Mittelwertes von ± 89.74 für die Verteilung unendlich vieler Stichproben schätzen ($= 991{,}25/\sqrt{122}$). Diesen nutzt man zur Konstruktion eines Konfidenzintervalls. SPSS gibt es für 95 %-Sicherheit (entspricht $\alpha = 0{,}05$) aus („95 % Konfidenzintervall der Differenz“). Die untere Grenze liegt bei 56,26, die obere bei 411,61. Schon daraus ersieht man, dass es unwahrscheinlich ist, dass eine Differenz von 233,93 zum H_0-Wert ($\mu = 1400$) durch Zufall zustande gekommen ist. Dieselbe Auskunft gibt der t-Test. Bei Geltung der Nullhypothese hat ein t von 2,607 (bzw. größer) bei df = n-1 = 121 Freiheitsgraden eine Wahrscheinlichkeit von 0,010 [„Sig (2-seitig)“]. Das ist wesentlich weniger als der Grenzwert $\alpha = 0{,}05$. Die Hypothese H_1 wird also angenommen.

Tabelle 14.3. T-Test bei einer Stichprobe für die Differenz zwischen dem Mittelwert des Einkommens der Männer und dem Testwert 1400

Statistik bei einer Stichprobe

	N	Mittelwert	Standardabweichung	Standardfehler des Mittelwertes
eink	122	1633,93	991,248	89,743

Test bei einer Sichprobe

	Testwert = 1400					
					95% Konfidenzintervall der Differenz	
	T	df	Sig. (2-seitig)	Mittlere Differenz	Untere	Obere
eink	2,607	121	,010	233,934	56,26	411,61

14.3.2 T-Test für zwei unabhängige Stichproben

Mit dem t-Test für Mittelwertdifferenzen werden die Unterschiede der Mittelwerte zweier Gruppen auf Signifikanz geprüft. Dabei ist zu unterscheiden, ob es sich bei den Vergleichsgruppen um unabhängige oder abhängige Stichproben handelt. Der übliche t-Test dient dem Vergleich zweier unabhängiger Stichproben. Mitunter werden aber auch abhängige Stichproben verglichen (⇨ Kap. 13.2).

❒ *Unabhängige Stichproben.* Es sind solche, bei denen die Vergleichsgruppen aus unterschiedlichen Fällen bestehen, die unabhängig voneinander aus ihren Grundgesamtheiten gezogen wurden (z.B. Männer und Frauen).

- *Abhängige (gepaarte) Stichproben.* Es sind solche, bei denen die Vergleichsgruppen entweder aus denselben Untersuchungseinheiten bestehen, für die bestimmte Variablen mehrfach gemessen wurden (z.B. zu verschiedenen Zeitpunkten, vor und nach der Einführung eines experimentellen Treatments) oder bei denen die Untersuchungseinheiten der Vergleichsgruppen nicht unabhängig ausgewählt wurden. Letzteres könnte etwa vorliegen, wenn bestimmte Variablen für Ehemann und Ehefrau verglichen werden oder wenn die Vergleichsgruppen nach dem Matching-Verfahren gebildet wurden. Bei diesem Verfahren wird für jeden Fall einer Testgruppe nach verschiedenen relevanten Kriterien ein möglichst ähnlicher Fall für die Vergleichsgruppe(n) ausgewählt. Dadurch werden Einflüsse von Störvariablen konstant gehalten(⇨ Kap. 13.2).

Wir behandeln zunächst den t-Test für unabhängige Stichproben. Dabei macht es weiter einen Unterschied, ob die Varianzen der beiden Gruppen gleich sind oder sich unterscheiden. Man unterscheidet daher:

- Klassischer t-Test für unabhängige Gruppen mit *gleicher Varianz.*
- T-Test für unabhängige Gruppen mit *ungleicher Varianz.*

Test auf Gleichheit der Varianzen. Ist es unklar, ob die Varianzen der beiden Grundgesamtheiten als gleich angesehen werden können, sollte man zunächst einen Test auf Gleichheit der Varianzen durchführen. SPSS bietet den *Levene-Test* an (⇨ Kap. 9.3.1). Man sollte den „t-Test bei ungleicher Varianz" benutzen, wenn die Varianz ungleich ist, weil sonst falsche Ergebnisse herauskommen können. Andererseits führt die Anwendung dieses Tests bei gleicher Varianz zu einem etwas zu hohen Signifikanzniveau. Deshalb sollte bei etwa gleicher Varianz der t-Test für gleiche Varianz angewendet werden.

14.3.2.1 Die Prüfgröße bei ungleicher Varianz

Da der t-Test für unabhängige Gruppen mit ungleicher Varianz den allgemeineren Fall behandelt, erklären wir zuerst ihn. Dabei kann man an die Gleichung $t = \frac{(\bar{x} - \mu)}{s/\sqrt{n}}$ in Kap. 13.3 anknüpfen. Im Unterschied geht es nun nicht um den (im Zähler stehenden) Unterschied eines Stichprobenergebnisses $\bar{x}$ zum H_0-Wert μ, sondern um den Unterschied einer Stichprobendifferenz $\bar{x}_1 - \bar{x}_2$ zum H_0-Wert $\mu_1 - \mu_2 = 0$. Auch die (im Nenner stehende) Standardabweichung der Stichprobenverteilung ist natürlich verschieden. Für die Stichprobenverteilung von $\bar{x}_1 - \bar{x}_2$ gilt, dass sie eine normalverteilte Zufallsvariable ist mit der Standardabweichung (= Standardfehler):

$$s_{\bar{x}_1 - \bar{x}_2} = \sqrt{\frac{s_1^2}{n_1} + \frac{s_2^2}{n_2}} \tag{14.1}$$

Analog zu den Ausführungen in Kap. 13.3 sind s_1^2 und s_2^2 als Schätzwerte für die Varianzen der Grundgesamtheiten nach der Formel $\frac{\sum(x - \bar{x})^2}{n-1}$ zu berechnen (nicht mit n, sondern $n-1$ im Nenner).

Die Prüfgröße t ist unter der Hypothese H_0 (die Differenzen der Mittelwerte der beiden Grundgesamtheiten unterscheiden sich nicht, d.h. $\mu_1 - \mu_2 = 0$) die Differenz zwischen den beiden Samplemittelwerten, ausgedrückt in Einheiten des Standardfehlers:

$$t = \frac{(\bar{x}_1 - \bar{x}_2) - (\mu_1 - \mu_2)}{\sqrt{\frac{s_1^{\,2}}{n_1} + \frac{s_2^{\,2}}{n_2}}} = \frac{(\bar{x}_1 - \bar{x}_2)}{\sqrt{\frac{s_1^{\,2}}{n_1} + \frac{s_2^{\,2}}{n_2}}} \tag{14.2}$$

Die Wahrscheinlichkeitsverteilung der Prüfgröße t entspricht einer t-Verteilung (auch Student Verteilung genannt). Aus ihr lässt sich die Wahrscheinlichkeit für einen empirisch ermittelten t-Wert bei den jeweils für die Stichprobengröße geltenden Freiheitsgraden ablesen. Für hinreichend große Stichproben (Faustformel $n \geq 30$) lässt sich die t-Verteilung durch die Normalverteilung approximieren.

Die Zahl der Freiheitsgrade (degrees of freedom df) ergibt sich aus der Formel:

$$df = \frac{\left[(s_1^2 / n_1) + (s_2^2 / n_2)\right]^2}{\left[(s_1^2 / n_1)^2 / (n_1 - 1)\right] + \left[(s_2^2 / n_2)^2 / (n_2 - 1)\right]} \tag{14.3}$$

Es ergibt sich dabei gewöhnlich keine ganze Zahl, aber man kann näherungsweise die nächste ganze Zahl verwenden.

Die t-Tabelle enthält üblicherweise Angaben für bis zu 30 Freiheitsgrade. Bei höheren Stichprobengrößen n kann approximativ mit z-Werten der Standardnormalverteilung gearbeitet werden. So beträgt für hinreichend große Stichproben bei dem Wert 1,96 die (zweiseitige) Irrtumswahrscheinlichkeit 5 %.

14.3.2.2 Die Prüfgröße bei gleicher Varianz

Die obige Interpretation der Prüfgröße t – Differenz zwischen den beiden Samplemittelwerten, ausgedrückt in Einheiten des Standardfehlers – gilt auch hier. Aber der Standardfehler der Stichprobenverteilung wird in diesem Falle anders berechnet. Oben wird er auf Basis der – gegebenenfalls unterschiedlichen – beobachteten Varianzen der beiden verglichenen Stichproben geschätzt. Die Formel ist deshalb auf den Fall anwendbar, dass die Stichproben aus zwei Grundgesamtheiten mit unterschiedlicher Varianz stammen. Allerdings wird dadurch die Berechnung der Freiheitsgrade recht kompliziert.

Der hier besprochene klassische t-Test geht dagegen von gleichen Varianzen in den beiden Populationen aus. Wie alle Signifikanztests, geht auch der t-Test vom Ansatz her von der Nullhypothese aus. Diese unterstellt, dass die beiden Stichproben aus einer und derselben Grundgesamtheit mit demselben arithmetischen Mittel μ und derselben Varianz σ^2 stammen. Die empirisch beobachteten Unterschiede zwischen den arithmetischen Mitteln und den Varianzen der beiden Stichproben werden als durch die Zufallsauswahl entstanden unterstellt. Deshalb geht das klassische Modell des t-Tests auch davon aus, dass beide Vergleichsgruppen die gleiche Varianz haben. Entsprechend wird die Standardabweichung der Stichprobenverteilung (= Standardfehler) nicht auf Basis zweier unterschiedlicher Varianzen, sondern gleicher Varianzen geschätzt. Als Schätzwert für die wahre gemeinsame Varianz der beiden Stichproben wird daher das gewogene arithmetische Mittel beider Varianzen ermittelt (man spricht auch von gepoolter Varianz, deshalb Index P). Es ergibt sich für die geschätzte (gepoolte) Varianz:

$$s_p^2 = \frac{(n_1 - 1) \cdot s_1^2 + (n_2 - 1) \cdot s_2^2}{(n_1 - 1) + (n_2 - 1)} \tag{14.4}$$

Anstelle der beiden Stichprobenvarianzen s_1^2 und s_2^2 wird dieser Schätzwert in die Gleichung 14.2 eingesetzt. Die Prüfgröße t errechnet sich demnach:

$$t = \frac{\overline{x}_1 - \overline{x}_2}{\sqrt{\frac{s_p^2}{n_1} + \frac{s_p^2}{n_2}}} = \frac{\overline{x}_1 - \overline{x}_2}{s_p \cdot \sqrt{\frac{1}{n_1} + \frac{1}{n_2}}} \tag{14.5}$$

Die Zahl der Freiheitsgrade beträgt $df = n_1 + n_2 - 2$. Dieser Test wird auch als gepoolter t-Test bezeichnet.

14.3.2.3 Anwendungsbeispiel

Es soll untersucht werden, ob sich das Durchschnittseinkommen von Männern und Frauen unterscheidet (Datei: ALLBUS12.SAV). Dass dies in unserer Stichprobe der Fall ist, haben wir schon bei der Anwendung von „Mittelwerte" gesehen. Jetzt soll aber zusätzlich mit Hilfe des t-Tests geprüft werden, ob dieser Unterschied auf zufällige Auswahlschwankungen zurückzuführen sein könnte oder mit hinreichender Sicherheit ein realer Unterschied vorliegt.

Es handelt sich hier um zwei unabhängige Stichproben, nämlich um verschiedene Untersuchungsgruppen: Männer und Frauen. Der t-Test für unabhängige Stichproben kommt daher als Signifikanztest in Frage. Um einen t-Test durchzuführen, gehen Sie wie folgt vor:

▷ Wählen Sie falls nicht bereits erfolgt wieder alle Fälle zur Analyse aus.

▷ Wählen Sie die Befehlsfolge „Analysieren", „Mittelwerte vergleichen ▷", „T-Test bei unabhängigen Stichproben...". Es erscheint die Dialogbox „T-Test bei unabhängigen Stichproben" (⇨ Abb. 14.4).

▷ Wählen Sie aus der Variablenliste zunächst die abhängige Variable (hier: EINK), und übertragen Sie diese in das Eingabefeld „Testvariable(n):".

▷ Wählen Sie aus der Variablenliste die unabhängige Variable (hier: GESCHL), und übertragen Sie diese in das Eingabefeld „Gruppenvariable:".

▷ Markieren Sie „geschl(? ?)", und klicken Sie auf die Schaltfläche „Gruppen def. ...". Die Dialogbox „Gruppen definieren" öffnet sich (⇨ Abb. 14.5).

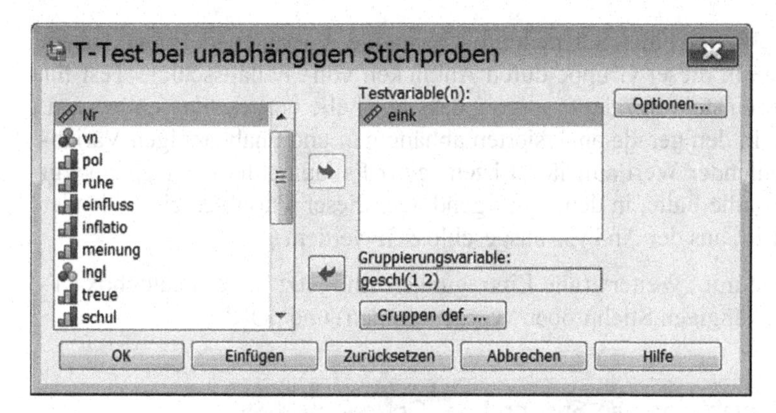

Abb. 14.4. Dialogbox „T-Test bei unabhängigen Stichproben"

▷ Klicken Sie den Optionsschalter „Angegebene Werte verwenden" an, und geben Sie in die Eingabefeld „Gruppe 1:" und „Gruppe 2:" die Variablenwerte der beiden Gruppen an, die verglichen werden sollen (hier für GESCHL die Werte 1 und 2).

Hinweis. Liegt eine ordinalskalierte oder metrische Variable als unabhängige Variable vor, kann anstelle von diskreten Werten ein Teilungspunkt festgelegt werden. Dadurch werden zwei Gruppen, eine mit hohen und eine mit niedrigen Werten, gebildet, die verglichen werden sollen. In diesem Falle klicken Sie „Trennwert" an und geben den Teilungspunkt in das Eingabekästchen ein.

▷ Bestätigen Sie mit „Weiter".

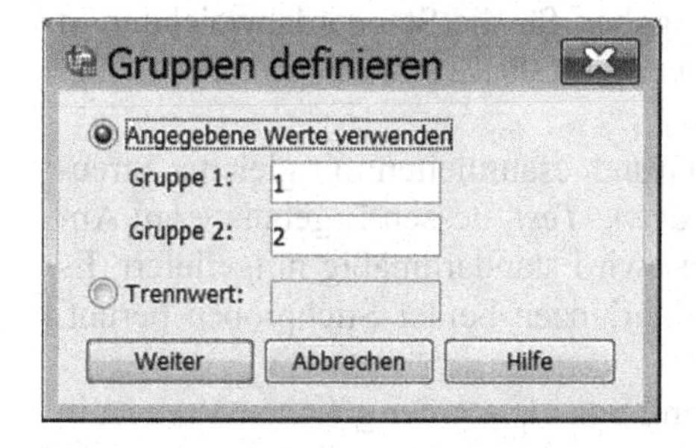

Abb. 14.5. Dialogbox „Gruppen definieren"

Optionen. Sollten Sie die Voreinstellung für das Signifikanzniveaus sowie der Behandlung der fehlenden Werte verändern wollen:

▷ Klicken Sie die Schaltfläche „Optionen..." an. Die Dialogbox „T-Test bei unabhängigen Stichproben: Optionen" erscheint (⇨ Abb. 14.6).

❒ *Konfidenzintervall.* Durch Eingabe eines anderen Wertes in das Eingabefeld „Konfidenzintervall:" können Sie das Signifikanzniveau ändern. Üblich ist neben den voreingestellten 95 % (entspricht 5 % Fehlerrisiko) das Sicherheitsniveau 99 % (entspricht 1 % Fehlerrisiko).

- ❐ *Fehlende Werte.* Falls Sie mehrere abhängige Variablen definiert haben, können Sie in dieser Gruppe durch Anklicken von „Fallausschluss Test für Test“ (Voreinstellung) dafür sorgen, dass nur Fälle ausgeschlossen werden, bei denen in den gerade analysierten abhängigen und unabhängigen Variablen ein fehlender Wert auftritt. „Listenweiser Fallausschluss“ dagegen sorgt dafür, dass alle Fälle, in denen in irgendeiner dieser Variablen ein fehlender Wert auftritt, aus der Analyse ausgeschlossen werden.

▷ Bestätigen Sie mit „Weiter“ (alle Eintragungen sind jetzt in der Dialogbox „T-Test bei unabhängigen Stichproben“ vorgenommen) und „OK“.

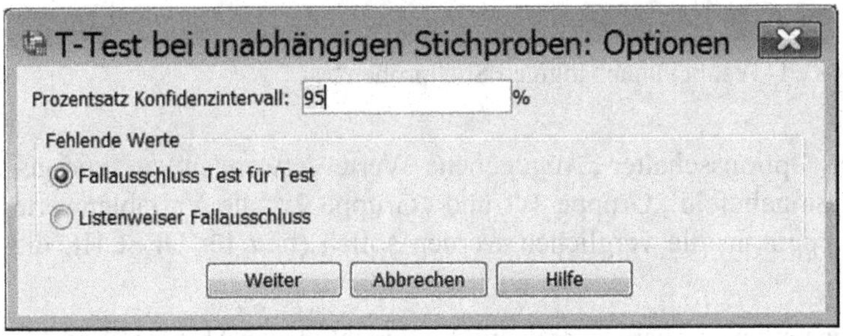

Abb. 14.6. Dialogbox „T-Test bei unabhängigen Stichproben: Optionen“

Die vorgeschlagenen Eingaben ergeben für das Beispiel die Tabelle 14.4. Es wird zunächst eine ähnliche Tabelle wie bei „Mittelwerte“ ausgegeben. Wir sehen daraus, dass Angaben von 122 Männern und 106 Frauen vorliegen. Das Durchschnittseinkommen der Männer ist mit 1633,93 EUR deutlich höher als das der Frauen mit 1164,59. Interessant sind die Angaben für die Standardabweichung in der vorletzten Spalte. Diese ist bei den Männern mit 991,25 deutlich größer als bei den Frauen mit 707,54.

Das spricht dafür, dass wir es nicht mit Grundgesamtheiten mit gleicher Streuung zu tun haben. Das bestätigt auch der *Levene-Test*, dessen Ergebnisse am Anfang der unteren Tabelle stehen. Dieser Test wird standardmäßig mitgeliefert. Es ist ein F-Test, der auf dem Vergleich der Varianzen beider Stichproben beruht. Der F-Wert beträgt laut Output 9,672.

Ein F dieser Größenordnung ist bei Geltung von H_0 – einer gleichen Varianz in den Gruppen – äußerst unwahrscheinlich. Die Wahrscheinlichkeit beträgt 0,2 Prozent („Signifikanz = 0,002“). Also stammen diese beiden Streuungen mit an Sicherheit grenzender Wahrscheinlichkeit nicht aus Grundgesamtheiten mit gleicher Varianz.

Deshalb müssen wir hier von den beiden ausgedruckten t-Test-Varianten die in der untersten Reihe („Varianzen sind nicht gleich“) angegebene Variante für Stichproben mit ungleicher Varianz verwenden.

Hier ist der t-Wert mit 4,152 angegeben, die Zahl der Freiheitsgrade mit 218,094 und die Wahrscheinlichkeit dafür, dass ein solches Ergebnis bei Geltung von H_0 – Differenz der Mittelwerte gleich Null – zustande kommen könnte, für einen zweiseitigen Test [„Sig (2-seitig)“]. Diese Wahrscheinlichkeit ist so gering, dass der Wert 0,000 angegeben ist. Also ist die Differenz der Einkommen zwischen Männern und Frauen mit an Sicherheit grenzender Wahrscheinlichkeit real und kein Produkt zufälliger Verzerrungen durch die Stichprobenauswahl.

Tabelle 14.4. T-Test für die Einkommensdifferenzen nach Geschlecht

Gruppenstatistiken

geschl	N	Mittelwert	Standardabweichung	Standardfehler des Mittelwertes
MAENNLICH	122	1633,93	991,248	89,743
WEIBLICH	106	1164,59	707,543	68,723

Test bei unabhängigen Stichproben

	Levene-Test der Varianzgleichheit		T-Test für die Mittelwertgleichheit						
								95% Konfidenzintervall der Differenz	
	F	Signifikanz	T	df	Sig. (2-seitig)	Mittlere Differenz	Standardfehler der Differenz	Untere	Obere
Varianzen sind gleich	9,672	,002	4,058	226	,000	469,340	115,653	241,444	697,236
Varianzen sind nicht gleich			4,152	218,09	,000	469,340	113,034	246,561	692,119

Bei diesem Beispiel würde sich auch ein einseitiger Test rechtfertigen, da man ausschließen kann, dass Frauen im Durchschnitt mehr verdienen als Männer. Die Wahrscheinlichkeit könnte dann durch zwei geteilt werden. Da sie aber in diesem Fall ohnehin nahe Null ist, erübrigt sich das.

14.3.3 T-Test für zwei verbundene (gepaarte) Stichproben

Bestehen die abhängigen Vergleichsgruppen beispielsweise aus denselben Fällen, für die eine Variable mehrfach gemessen wurde, können zufällige Schwankungen bei der Stichprobenziehung keine Unterschiede zwischen den Vergleichsgruppen hervorrufen. Als zufällige Schwankungen sind lediglich noch zufällige Messfehler relevant. Deshalb werden bei abhängigen Samples auch nicht die Mittelwerte von Vergleichsgruppen als Zufallsvariablen behandelt, sondern die Differenzen der Messwerte von Vergleichspaaren. Die Zufallsvariable $D = x_1 - x_2$ wird aus der Differenz der beiden Werte für jedes Messpaar gebildet. D ist unter der Hypothese H_0 normal verteilt mit einem Mittelwert 0. T überprüft dann die Nullhypothese, dass die mittlere Differenz $\overline{D}$ zwischen den zwei Vergleichsmessungen in der Population gleich 0 ist. Die Prüfgröße t ist dann:

$$t = \frac{\overline{D}}{\frac{s_D}{\sqrt{n}}} \qquad (14.6)$$

Wobei n die Zahl der Paare, s_D die Standardabweichung der Differenzen der paarweisen Vergleiche und $\overline{D}$ der Durchschnitt der Differenzen der Vergleichspaare ist. Die Prüfgröße ist t-verteilt mit $n - 1$ Freiheitsgraden.

Beispiel. Es soll (Datei ABM.SAV) das Einkommen von Teilnehmern an einer Arbeitsbeschaffungsmaßnahme vor (VAR225) und nach (VAR310) der Maßnahme sowie vor und während der Maßnahme (VAR233) verglichen werden. Es handelt sich hier um zwei abhängige Stichproben, denn es wird das Einkommen derselben Personen zu jeweils zwei verschiedenen Zeitpunkten verglichen.

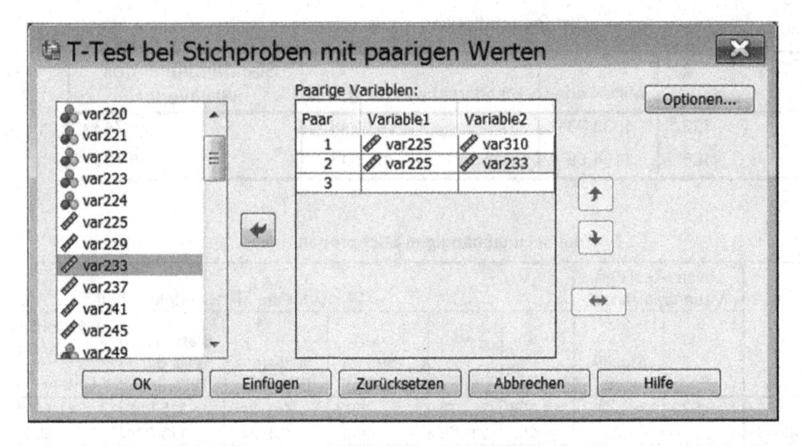

Abb. 14.7. Dialogbox „T-Test bei Stichproben mit paarigen Werten"

Um einen t-Test für zwei verbundene Stichproben (T-Test für gepaarte Stichproben) durchzuführen, gehen Sie wie folgt vor:

- ▷ Wählen Sie die Befehlsfolge „Analysieren", „Mittelwerte vergleichen ▷", „T-Test bei verbundenen Stichproben...". Es erscheint die Dialogbox „T-Test bei Stichproben mit paarigen Werten" (⇨ Abb. 14.7).
- ▷ Übertragen Sie durch Anklicken aus der Quellvariablenliste die erste der beiden zu vergleichenden Variablen in das Feld „Gepaarte Variablen" bei „Paar 1" in das Kästchen „Variable 1" (hier: VAR225).
- ▷ Wiederholen Sie das für die zweite Vergleichsvariable, indem Sie sie in „Variable 2" einfügen (hier: VAR310).

(Sie können dies für weitere Vergleiche wiederholen, so dass mehrere Paare im Auswahlfeld untereinander stehen. Abb. 14.7 zeigt z.B. die Dialogbox nach Übertragung des zweiten Paars für die Variablen VAR225 und VAR233. Man kann auch zwei Variable markieren und dann gemeinsam übertragen).

Optionen. Wenn Sie wollen, können Sie die voreingestellten Werte für das Konfidenzintervall und die Behandlung der fehlenden Werte ändern.

- ▷ Klicken Sie dafür auf die Schaltfläche „Optionen...". Es erscheint die Dialogbox „T-Test bei gepaarten Stichproben: Optionen". Diese ist mit Ausnahme der Überschrift mit der in Abb. 14.6 dargestellten Dialogbox identisch.
- ▷ Nehmen Sie die Einstellungen vor (es sind dieselben Einstellmöglichkeiten wie beim t-Test bei unabhängigen Stichproben), und bestätigen Sie diese mit „Weiter". Bestätigen Sie die Eingaben mit „OK".

Tabelle 14.5 zeigt die Ausgabe für den Vergleich zwischen dem Einkommen vor (VAR225) und nach (VAR310) der Arbeitsbeschaffungsmaßnahme sowie vor (VAR225) und während (VAR223) der Maßnahme. Wir kommentieren nur den ersten Vergleich. Die Interpretation des zweiten erfolgt analog. Die obere Tabelle enthält zunächst einige beschreibende Angaben. 80 Paarvergleiche haben stattgefunden („N"). Das Durchschnittseinkommen („Mittelwert") vorher war 1423,19, nachher 1345,64 EUR. Es scheint also etwas gesunken zu sein. Die Streuung, gemessen durch die Standardabweichung, bzw. der Standardfehler des Mittelwertes waren vorher etwas größer als nachher. Eine zweite Teiltabelle gibt die Korrelation der Einkommen zwischen den beiden Zeitpunkten an. Sie ist mit 0,644 recht hoch und, wie die dazugehörige Fehlerwahrscheinlichkeit („Signifikanz") ausweist, auch hoch signifikant. In der unteren Tabelle „Test bei gepaarten Stichproben" stehen die Angaben zum t-Test für abhängige Stichproben. Das arithmetische Mittel („Mittelwert") der Differenz zwischen den Einkommen vor und nach der Maßnahme beträgt 77,55 EUR. (Obwohl der zufällig gleich ausfällt, ist dies nicht zu verwechseln mit der Differenz zwischen den Mittelwerten zu beiden Zeitpunkten, hier wird zunächst für jeden Fall die Differenz berechnet und aus diesen Differenzen der Mittelwert gebildet). Die Standardabweichung dieser Differenzen beträgt ± 505,10 EUR und der Standardfehler ± 56,47 EUR. Um für den Mittelwert ein 95 %-Konfidenzintervall zu berechnen, multipliziert man den Standardfehler mit dem entsprechenden Sicherheitsfaktor t. Aus einer t-Tabelle kann man diesen bei $df = 79$ und $\alpha = 0{,}05$ mit $\approx 1{,}99$ ermitteln. Schlägt man den so ermittelten Wert dem Mittelwert zu, ergibt sich die Obergrenze des Konfidenzintervalls, vom Mittelwert abgezogen die Untergrenze (⇨ Kap. 8.4). Diese Intervallgrenzen betragen −34,85 und 189,95 EUR. Dieses Intervall („95% Konfidenzintervall der Differenz") ist in der Tabelle schon berechnet angegeben. In diesem Bereich liegt mit 95prozentiger Sicherheit der wahre Wert. Er könnte also auch 0 sein. Diesem Ergebnis entspricht, dass bei Geltung von H_0 der t-Wert 1,373 bei den gegebenen 79 Freiheitsgraden beim zweiseitigen t-Test eine Wahrscheinlichkeit von 0,174 oder 17 % aufweist. Es ist also nicht mit hinreichender Sicherheit auszuschließen, dass die Differenz nur auf Zufallsschwankungen zurückzuführen ist und keine reale Differenz existiert. H_0 wird vorläufig beibehalten.

Tabelle 14.5. T-Test für die Differenzen zwischen den Einkommen vor und nach einer Arbeitsbeschaffungsmaßnahme (ABM)

Statistik bei gepaarten Stichproben

		Mittelwert	N	Standardab-weichung	Standardfehler des Mittelwertes
Paaren 1	BRUTTOEINKOMMEN VOR ABM	1423,19	80	656,897	73,443
	ERSTES BRUTTOEINK. NACH ABM	1345,64	80	470,829	52,640
Paaren 2	BRUTTOEINKOMMEN VOR ABM	1372,02	214	541,894	37,043
	BRUTTOEINKOMMEN WAEHREND DER ABM	1244,49	214	426,800	29,175

Korrelationen bei gepaarten Stichproben

		N	Korrelation	Signifikanz
Paaren 1	BRUTTOEINKOMMEN VOR ABM & ERSTES BRUTTOEINK.NACH ABM	80	,644	,000
Paaren 2	BRUTTOEINKOMMEN VOR ABM & BRUTTOEINKOMMEN WAEHREND DER ABM	214	,388	,000

Test bei gepaarten Stichproben

		Gepaarte Differenzen					T	df	Sig. (2-seit
					95% Konfidenzintervall der Differenz				
		Mittelwert	Standardab-weichung	Standardfehler des Mittelwertes	Untere	Obere			
Paaren 1	var225 - var310	151,737	987,719	110,430	-68,069	371,544	1,374	79	,1
Paaren 2	var225 - var229	1534,244	876,931	65,363	1405,264	1663,225	23,473	179	,0

15 Einfaktorielle Varianzanalyse

Während der t-Test geeignet ist, zwei Mittelwerte zu vergleichen und ihre evtl. Differenz auf Signifikanz zu prüfen, können mit der Varianzanalyse mehrere Mittelwerte zugleich untersucht werden. Die Varianzanalyse hat dabei zwei Zielsetzungen:

- ❐ Sie dient der Überprüfung der Signifikanz des Unterschiedes von Mittelwertdifferenzen. Sie zeigt dabei auf, ob mindestens ein Unterschied zwischen multiplen Vergleichsgruppen signifikant ausfällt. Darüber, um welchen oder welche es sich handelt, ermöglicht sie keine Aussage. Als Signifikanztest wird der F-Test verwendet.[1]
- ❐ Sie dient zur Ermittlung des von einer oder mehreren unabhängigen Variablen erklärten Anteils der Gesamtvarianz.

Voraussetzungen für die Varianzanalyse sind:

- ❐ Eine auf Intervallskalenniveau oder höher gemessene abhängige Variable, auch als Kriteriumsvariable bezeichnet.
- ❐ Normalverteilung der Kriteriumsvariablen in den Gruppen[2].
- ❐ Mindestens eine unabhängige Variable, die eine Aufteilung in Gruppen ermöglicht. Diese Variable wird auch als Faktor bezeichnet. Es reicht dazu eine auf Nominalskalenniveau gemessene Variable. Auch metrische Variablen können Verwendung finden. Aber bei kontinuierlichen oder quasi kontinuierlichen Variablen müssen geeignete Klassen gebildet werden. Sie werden danach wie kategoriale Variablen verwendet.
- ❐ Die Vergleichsgruppen müssen unabhängige Zufallsstichproben sein.
- ❐ Die Vergleichsgruppen sollten in etwa gleiche Varianzen haben.

Die *einfaktorielle (Ein-Weg) Varianzanalyse* berücksichtigt lediglich einen Faktor. Die *multifaktorielle (Mehr-Weg) Varianzanalyse* dagegen 2 und mehr Faktoren (⇨ Kap. 16).

SPSS bietet im Menü „Mittelwerte vergleichen" sowohl im Untermenü „Mittelwerte" (als Option) als auch im Untermenü „Einfaktorielle Varianzanalyse" eine Ein-Weg-Varianzanalyse an. Auch das Menü „Univariat", das einzige Untermenü des Menüs "Allgemeines lineares Modell" im Basissytem, das für Mehr-Weg-

---

[1] Da damit aber nur ein Omnibustest durchgeführt wird, d.h. nur festgestellt werden kann, ob irgend ein signifikanter Unterschied auftritt, werden zur Überprüfung der signifikanten Gruppendifferenzen im Einzelnen Post-hoc-Mehrfachvergleiche zwischen allen Gruppen und a priori Kontraste zum Vergleich vorher festgelegter Gruppen angeboten. ⇨ Kap. 15.3 und 15.4.

[2] Siehe auch Fußnote 2 in Kapitel 14.

Analysen gedacht ist, kann für Ein-Weg-Analysen verwendet werden. Allerdings ist „Einfaktorielle Varianzanalyse“ etwas einfacher aufgebaut und bietet etwas andere Features zur Prüfung der Signifikanz von Einzeldifferenzen zwischen Gruppen und zur Prüfung verschiedener Gleichungsformen zur Varianzerklärung, die in den anderen Prozeduren entweder nicht oder (Univariat) in etwas eingeschränkter Form zur Verfügung stehen.

In diesem Kapitel wird auf die Anwendung von „Einfaktorielle Varianzanalyse“ eingegangen.

15.1 Theoretische Grundlagen

Varianzzerlegung. Die Grundgedanken der Varianzanalyse sollen zunächst an einem fiktiven Beispiel mit wenigen Fällen dargestellt werden, das später mit realen Zahlen ausgebaut wird. Es sei das Einkommen von 15 Personen untersucht. Die Daten sind so konstruiert, dass die 15 Personen ein mittleres Einkommen von $\bar{x}_T$ = 2.500 EUR haben (Index T für total). Die Einkommenswerte für die einzelnen Personen streuen um diesen Mittelwert. Die Streuung wird von der Variablen Schulbildung – auch als Faktor bezeichnet – beeinflusst: Personen mit mittlerer Reife (Index M) erhalten das Durchschnittseinkommen, Abiturienten (Index A) erhalten dagegen einen Zuschlag von EUR 500, Hauptschulabsolventen (Index H) einen Abschlag derselben Größe. Innerhalb der Schulbildungsgruppen schwanken aufgrund nicht näher bestimmter Ursachen die Einkommen und zwar so, dass eine der fünf Personen genau das mittlere Einkommen der Gruppe verdient, zwei verdienen 100 bzw. 200 EUR mehr als der Durchschnitt, zwei 100 bzw. 200 EUR weniger. Tabelle 15.1 enthält die Daten der so konstruierten Fälle, bereits eingeteilt in die Gruppen des Faktors Schulbildung. In der Tabelle werden mit $\bar{x}$ auch die Durchschnittseinkommen der Personen einer jeden Schulbildungsgruppe ausgewiesen.

Tabelle 15.1. Einkommen nach Schulabschluss (fiktive Daten)

Hauptschule	Mittlere Reife	Abitur
1.800	2.300	2.800
1.900	2.400	2.900
2.000	2.500	3.000
2.100	2.600	3.100
2.200	2.700	3.200
Σ = 10.000	Σ = 12.500	Σ = 15.000
$\bar{x}_H$ = 2.000	$\bar{x}_M$ = 2.500	$\bar{x}_A$ = 3.000

Wie wir aus der beschreibenden Statistik wissen, sind die Variation (die Summe der quadratischen Abweichungen oder Summe der Abweichungsquadrate, abgekürzt SAQ), die Varianz und die Standardabweichung geeignete Maßzahlen für die Beschreibung der Streuung der Variablenwerte in einer Population. Die Variation ist definiert als:

$$SAQ = \sum (x - \bar{x})^2 \tag{15.1}$$

Aus Stichprobendaten schätzt man die unbekannte Varianz σ^2 und die unbekannte Standardabweichung σ der Grundgesamtheit nach den Formeln:

$$s^2 = \frac{\sum (x - \bar{x})^2}{df} \text{ und } s = \sqrt{\frac{\sum (x - \bar{x})^2}{df}} \tag{15.2}$$

Dabei ist df (degrees of freedom = Freiheitsgrade) gleich $n - 1$.

In der Varianzanalyse zerlegt man die Gesamtvariation der Kriteriumsvariablen (= SAQ_{Gesamt}), im Beispiel ist das die Variation der Einkommen aller Personen, in einen durch den Faktor (hier: Schulbildung) erklärten Teil und in einen nicht erklärten Teil. In einem varianzanalytischen Test wird dann ein Quotient aus zwei auf Basis der Zerlegung der Variation vorgenommenen unterschiedlichen Schätzungen der Gesamtvarianz gebildet und mit einem F-Test geprüft, ob der Faktor einen statistisch signifikanten Einfluss auf die Kriteriumsvariable (hier: Einkommenshöhe) hatte oder nicht.

Die Gesamtvariation SAQ_{Gesamt} berechnet sich für die Daten der Tabelle 15.1 als $(1.800 - 2.500)^2 + (1.900 - 2.500)^2 + \cdots + (3.200 - 2.500)^2 = 2.800.000$. Diese Gesamtvariation der Einkommen SAQ_{Gesamt} stammt aus zwei Quellen und wird entsprechend zerlegt. Einmal ist sie durch den Faktor Schulbildung verursacht: diese Variation ist die zwischen den Gruppen (= $SAQ_{zwischen}$), denn die Abiturienten bekommen ja mehr als der Durchschnitt, die Hauptschüler weniger. Dazu kommt aber eine weitere Streuung. In jeder der Schulbildungsgruppen besteht eine Einkommensstreuung, für die jedoch keine Ursache angegeben wurde: diese Variation ist die innerhalb der Gruppen (= $SAQ_{innerhalb}$). Dementsprechend wird die Gesamtvariation SAQ_{Gesamt} in diese zwei Teilvariationen zerlegt:

$$SAQ_{Gesamt} = SAQ_{zwischen} + SAQ_{innerhalb} \tag{15.3}$$

Tabelle 15.2. Ausgangsdaten für die Varianzzerlegung

Hauptschule $\bar{x}_H = 2000$			**Mittlere Reife** $\bar{x}_M = 2500$			**Abitur** $\bar{x}_A = 3000$		
x	$(x - \bar{x})$	$(x - \bar{x})^2$	x	$(x - \bar{x})$	$(x - \bar{x})^2$	x	$(x - x)$	$(x - \bar{x})^2$
1.800	-200	40.000	2.300	-200	40.000	2.800	-200	40.000
1.900	-100	10.000	2.400	-100	10.000	2.900	-100	10.000
2.000	0	0	2.500	0	0	3.000	0	0
2.100	+100	10.000	2.600	+100	10.000	3.100	+100	10.000
2.200	+200	40.000	2.700	+200	40.000	3.200	+200	40.000
Σ		100.000			100.000			100.000

Variation und Varianz innerhalb der Gruppen. Der Tatsache, dass innerhalb der drei Schulbildungsgruppen nicht alle Personen, also z.B. nicht alle Abiturienten, das gleiche Einkommen haben, ist durch irgendwelche nicht näher erfassten Einflüsse bedingt. Diese berechnete Variation, ermittelt als *Variation innerhalb der Gruppen* ($SAQ_{innerhalb}$), wird im Weiteren auch als *unerklärte* – unerklärt durch den Faktor Schulbildung – oder *Restvariation* bezeichnet.

In Tabelle 15.2. sind die Daten des Beispiels zur Berechnung von $SAQ_{innerhalb}$ aufbereitet. Getrennt für jede Gruppe wird im ersten Schritt die Summe der Abweichungsquadrate SAQ auf der Basis des Mittelwerts der jeweiligen Gruppe berechnet. Es ergibt sich aus Tabelle 15.2:

$$SAQ_H = \sum (x - \bar{x}_H)^2 = 100.000 \tag{15.4}$$

$$SAQ_M = \sum (x - \bar{x}_M)^2 = 100.000 \tag{15.5}$$

$$SAQ_A = \sum (x - \bar{x}_A)^2 = 100.000 \tag{15.6}$$

Die Variation innerhalb der Gruppen ergibt sich im zweiten Schritt aus der Summation dieser Abweichungsquadratsummen:

$$SAQ_{innerhalb} = SAQ_H + SAQ_M + SAQ_A = 300.000 \tag{15.7}$$

Zur Berechnung der Varianz innerhalb der Gruppen wird die Variation innerhalb der Gruppen $SAQ_{innerhalb}$ durch die Anzahl der Freiheitsgrade geteilt. Die Anzahl der Freiheitsgrade (df) ergibt sich aus der Anzahl der Fälle n = 15 minus Anzahl der Gruppen k = 3, also $n - k = 12$:

$$s^2_{innerhalb} = \frac{SAQ_{innerhalb}}{df} = \frac{300.000}{12} = 25.000 \tag{15.8}$$

Variation und Varianz zwischen den Gruppen. Ermitteln wir jetzt die Variation zwischen den Gruppen, die auf den Faktor Schulbildung zurückzuführende Variation. Die Wirkung des Faktors besteht ja darin, dass nicht alle Gruppen den gleichen Mittelwert haben. Hauptschulabsolventen müssen ja einen Abschlag von EUR 500 in Kauf nehmen, Abiturienten profitieren von einem Zuschlag von EUR 500. Diese Streuung zwischen den k = 3 Gruppen berechnet sich dadurch, dass die quadrierte Abweichung jedes Gruppenmittelwertes $\bar{x}_i$ (hier i = 1 bis 3) vom Gesamtmittelwert $\bar{x}_G$ gebildet wird. Sodann wird jede dieser quadrierten Abweichungen mit der Zahl der Fälle n_i in der Gruppe gewichtet. $SAQ_{zwischen}$ ist die Variation der Einkommen zwischen den Gruppen. Die Varianz zwischen den Gruppen $s^2_{zwischen}$ ergibt sich durch Teilung der Abweichungsquadratsumme durch die Zahl der Freiheitsgrade df. Die Anzahl der Freiheitsgrade beträgt: Anzahl der Gruppen minus 1. In unserem Fall mit drei Gruppen: $k - 1 = 2$.

$$SAQ_{zwischen} = \sum_{i=1}^{k} n_i (\bar{x}_i - \bar{x}_T)^2 \text{ und } s^2_{zwischen} = \frac{\sum_{i=1}^{k} n_i (\bar{x}_i - \bar{x}_T)^2}{df} \tag{15.9}$$

Wegen $\bar{x}_G = 2.500$ (Gesamtmittelwert) ergibt sich:

$$SAQ_{zwischen} = 5 \cdot (2.000 - 2.500)^2 + 5 \cdot (2.500 - 2.500)^2 + 5 \cdot (3.000 - 2.500)^2 = 2.500.000$$

und $s^2_{zwischen} = \frac{2.500.000}{3-1} = 1.250.000.$

Als Ergebnis der Varianzzerlegung ergibt sich gemäß Gleichung 15.3:

2.800.000 = 300.000 + 2.500.000

Verwenden wir nun die Varianzzerlegung zur Feststellung des durch einen Faktor *erklärten Anteils der Varianz*. Wir haben in unserem Falle einen einzigen Faktor, die Schulbildung. Der durch ihn erklärte Anteil der Varianz (genau genommen der Variation) drückt sich aus im Verhältnis der Summe der quadrierten Abweichungen zwischen den Gruppen zu der Summe der quadrierten Abweichungen insgesamt:

$$eta^2 = \frac{SAQ_{zwischen}}{SAQ_{Gesamt}} = \frac{2.500.000}{2.800.000} = 0{,}89 \qquad (15.10)$$

Varianzanalytischer F-Test. Die Varianzzerlegung ist Ausgangspunkt für einen Signifikanztest (⇨ Kap. 13.1). Wenn wir Zufallsstichproben vorliegen haben, müssen wir davon ausgehen, dass beobachtete Unterschiede von Mittelwerten zwischen den Gruppen eventuell auch per Zufall zustande gekommen sein könnten. Nach den Regeln der Signifikanztests ist so lange H_0 beizubehalten, als dies nicht als sehr unwahrscheinlich (Fehlerrisiko 5 % oder 1 %) angesehen werden kann.

Wir haben in unserer Untersuchung insofern mehrere Stichproben vorliegen, als jede Schulausbildungsgruppe als eine unabhängige Stichprobe interpretiert werden kann. Auf Basis dieser drei Stichproben kann man – ausgehend von der Varianzzerlegung – auf verschiedene Weise die Varianz der Grundgesamtheit σ^2_{Gesamt} schätzen: mittels der Varianz innerhalb der Gruppen ($s^2_{innerhalb}$) und mittels der Varianz zwischen den Gruppen ($s^2_{zwischen}$). Beide Varianzen können als zwei verschiedene Schätzungen der wahren Varianz σ^2_{Gesamt} in der Gesamtpopulation angesehen werden. Gilt jetzt die Nullhypothese, würden sich also alle Gruppen in ihren Einkommen nur durch Zufallsschwankungen voneinander unterscheiden, müssten beide Schätzungen zum gleichen Ergebnis führen. Dagegen führen sie zu unterschiedlichen Ergebnissen, wenn der Faktor Schulausbildung einen Einfluss auf das Einkommen hat und somit die Gruppen aus unterschiedlichen Grundgesamtheiten stammen. Dabei kann man davon ausgehen, dass die Varianz innerhalb der Gruppen einen ziemlich genauen Schätzwert der Varianz der Grundgesamtheit darstellt. Dagegen gilt das für die Varianz zwischen den Gruppen nur, wenn kein Einfluss des Faktors vorliegt und die Differenzen zwischen den Gruppen auf Zufallsschwankungen beruhen. Sind die beiden so geschätzten Varianzen also näherungsweise gleich, spricht das für die Nullhypothese: es gibt keinen Einfluss des Faktors auf das Einkommen. Ist die Varianz zwischen den Gruppen aber deutlich höher, muss zumindest in einer Gruppe eine deutliche Abweichung vom Zufallsprozess vorliegen. Der Quotient aus der Varianz zwischen den Gruppen und der Varianz in den Gruppen kann demnach als eine Testgröße dafür dienen, ob die Schwankungen zwischen den Gruppen zufälliger Natur sind oder nicht. Diese Größe wird als F bezeichnet:

$$F = \frac{s^2_{\text{zwischen}}}{s^2_{\text{innerhalb}}} = \frac{1.250.000}{25.000} = 50 \tag{15.11}$$

Die Testgröße F hat eine F-Verteilung mit $df_1 = k - 1$ und $df_2 = n - k$ Freiheitsgraden.[3] Aus der tabellierten F-Verteilung kann man unter Berücksichtigung der Freiheitsgrade für beide Varianzschätzungen die Wahrscheinlichkeit eines solchen Wertes bei Geltung von H_0 – der Faktor Schulbildung hat keinen Einfluss – ermitteln. Ein Blick in eine F-Tabelle mit $df_1 = 2$ und $df_2 = 12$ ergibt bei einem Signifikanzniveau von 5 % ($\alpha = 0{,}05$) einen F-Wert = 3,34. Da der empirische F-Wert = 50 diesen kritischen bei weitem übersteigt, kann die Hypothese H_0 abgelehnt werden. Es liegt demnach ein signifikanter Effekt des Faktors vor.

15.2 Varianzanalyse in der praktischen Anwendung

Die Ein-Weg-Varianzanalyse soll nun für die gleichen Variablen der Datei ALLBUS12.SAV durchgeführt werden. Um die Ein-Weg-Varianzanalyse aufzurufen, gehen Sie wie folgt vor:

- ▷ Wählen Sie „Analysieren", „Mittelwerte vergleichen ▷", „Einfaktorielle Varianzanalyse...". Es erscheint die in Abb. 15.1 abgebildete Dialogbox „Einfaktorielle Varianzanalyse".
- ▷ Wählen Sie aus der Variablenliste die abhängige Variable, und übertragen Sie diese ins Feld „Abhängige Variablen" (hier: EINK).
- ▷ Übertragen Sie die unabhängige Variable in das Feld „Faktor" (hier: SCHUL2).
- ▷ Bestätigen Sie mit „OK".

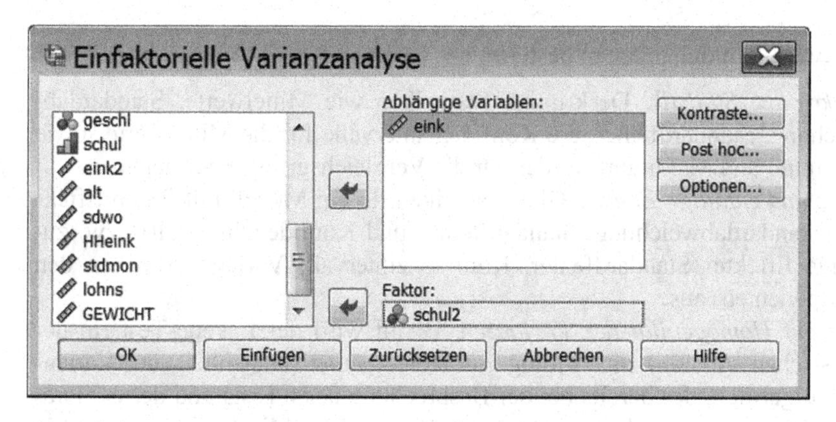

Abb. 15.1. Dialogbox „Einfaktorielle Varianzanalyse"

[3] Eine Tabelle der F-Verteilung finden Sie auf den Internetseiten zu diesem Buch.

Optionen. Wenn Sie mehr als die Standardergebnisausgabe erhalten wollen:

▷ Klicken Sie auf die Schaltfläche „Optionen...“. Die Dialogbox „Einfaktorielle Varianzanalyse: Optionen“ erscheint (⇨ Abb. 15.2). Je nach Wunsch klicken Sie in der Auswahlgruppe „Statistik“ bzw. „Diagramm der Mittelwerte“ auf die Kontrollkästchen und wählen in der Gruppe „Fehlende Werte“ die gewünschte Option aus. Bestätigen mit „Weiter“ und „OK“.

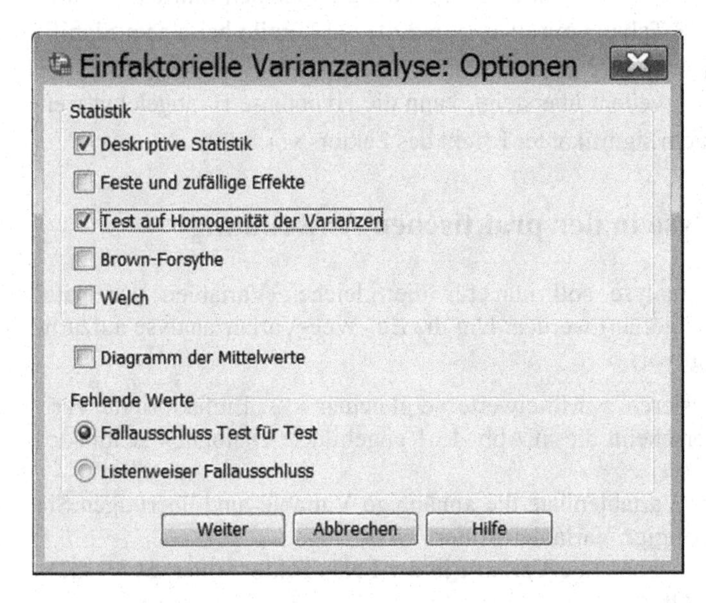

Abb. 15.2. Dialogbox „Einfaktorielle Varianzanalyse: Optionen“

Folgende Auswahlmöglichkeiten bestehen:

❒ *Deskriptive Statistik.* Deskriptive Statistiken wie Mittelwerte, Standardabweichung, Standardfehler, die Konfidenzintervalle für die Mittelwerte sowie Minimum und Maximum werden für die Vergleichsgruppen ausgegeben.

❒ *Feste und zufällige Effekte.* Gibt Statistiken für ein Modell mit festen Effekten (Standardabweichung. Standardfehler und Konfidenzintervall) bzw. zufällige Effekte (Standardfehler, Konfidenzintervall, Varianz zwischen den Komponenten) aus.

❒ *Test auf Homogenität der Varianzen.* Damit wird der Levene-Test (in der klassischen Version) zur Prüfung von Homogenität (Gleichheit) der Varianzen aufgerufen, der bereits bei der Besprechung des t-Tests und der explorativen Datenanalyse erläutert wurde (⇨ Kap. 9.3.1). Mit diesem können Sie prüfen, ob ungefähr gleiche Varianz in den Vergleichsgruppen gegeben ist, eine der Voraussetzungen der Varianzanalyse.

❒ *Brown-Forsythe.* Ein Test auf Gleichheit der Gruppenmittelwerte. Er hat dieselbe Funktion wie der F-Test, der in der Varianzanalyse als Standardtest fungiert. Dieser hat aber als Voraussetzung Gleichheit der Varianzen der Vergleichsgruppen. Der Brown-Forsythe-Test ist für den Fall entwickelt worden, dass diese Voraussetzung nicht zutrifft.

❒ *Welch.* Dito, allerdings vorrangig als Alternative für den t-Test.
❒ *Diagramm der Mittelwerte.* Erstellt ein Liniendiagramm mit den Mittelwerten der Vergleichsgruppen als Punkte.
❒ *Fehlende Werte.* Durch Anklicken einer der Optionsschalter in dieser Auswahlgruppe bestimmen Sie, ob die fehlenden Werte fallweise Test für Test (Voreinstellung) oder listenweise (d.h. für die gesamte Analyse) ausgeschlossen werden sollen.

Die in Abb. 15.1 und 15.2 angezeigten Einstellungen führen zur Ergebnisausgabe in Tabelle 15.3 (durch Pivotierung leicht überarbeitet):

Zuerst sehen wir uns in der Mitte des Outputs das Ergebnis des Levene-Tests an. Falls die Voraussetzung homogener Varianzen verletzt sein sollte, macht dies die weitere Anwendung des Verfahrens problematisch. Der Levene-Test ergibt, dass signifikante Abweichungen der Varianzen in den Vergleichsgruppen bestehen (wegen „Signifikanz" = 0,041 < Signifikanzniveau $\alpha = 0{,}05$). Da nur eine geringe Verletzung der Voraussetzung vorliegt und die Varianzanalyse recht robust gegenüber einer solchen Verletzungen der Voraussetzung ist, wenden wir sie dennoch an.

Tabelle 15.3. Ergebnisse einer einfaktoriellen Varianzanalyse für die Beziehung zwischen Einkommen und Schulbildung

ONEWAY deskriptive Statistiken

BEFR.: NETTOEINKOMMEN

		Hauptschule	Mittelschule	Fachh/Abi	Gesamt
N		72	92	62	226
Mittelwert		1137,06	1328,52	1862,02	1413,88
Standardabweichung		719,039	829,428	1039,465	903,968
Standardfehler		84,740	86,474	132,012	60,131
95%-Konfidenzintervall für den Mittelwert	Untergrenze	968,09	1156,75	1598,04	1295,39
	Obergrenze	1306,02	1500,29	2125,99	1532,37
Minimum		175	250	100	100
Maximum		3600	4500	4500	4500

Test der Homogenität der Varianzen

BEFR.: NETTOEINKOMMEN

Levene-Statistik	df1	df2	Signifikanz
3,252	2	223	,041

Einfaktorielle ANOVA

BEFR.: NETTOEINKOMMEN

	Quadratsumme	df	Mittel der Quadrate	F	Signifikanz
Zwischen den Gruppen	18639014,06	2	9319507,028	12,579	,000
Innerhalb der Gruppen	165221541,7	223	740903,775		
Gesamt	183860555,8	225			

Als nächstes betrachten wir in der Tabelle die eigentliche Varianzanalyse. Es wird die Zerlegung der summierten Abweichungsquadrate („Sum of Squares“) SAQ_{Gesamt} gemäß Gleichung 15.3 in die zwischen den Gruppen $SAQ_{zwischen}$ („Zwischen den Gruppen“) und innerhalb der Gruppen $SAQ_{innerhalb}$ angegeben. Ebenso werden die Varianzen („Mittel der Quadrate“) zwischen ($s^2_{zwischen}$) und in den Gruppen ($s^2_{innerhalb}$) und die Freiheitsgrade („df“) ausgegeben. Als F-Wert ergibt sich 12,579. Man könnte diesen Wert nach Gleichung 15.11 auch selbst berechnen. Dieser Wert hat bei Freiheitsgraden $df_1 = k - 1 = 2$ und $df_2 = n - k = 223$ bei Geltung von H_0 eine Wahrscheinlichkeit von 0,000, also weniger als ein Promille. Es liegt also ein signifikanter Einfluss der Schulbildung vor.

Auch die deskriptiven Statistiken der Ergebnisausgabe in der ersten Tabelle zeigen, dass das Einkommen kontinuierlich mit der Schulbildung steigt (dasselbe zeigt das „Diagramm der Mittelwerte“, falls wir es anfordern). Das Einkommen der Personen mit Mittlerer Reife liegt im Durchschnitt höher als das der Hauptschulabsolventen und das der Abiturienten (einschl. Fachschulabsolventen) wieder deutlich über dem von Personen mit Mittlerer Reife. Die Betrachtung der 95%-Konfidenzintervalle für den Mittelwert macht deutlich, dass bei einem Sicherheitsniveau von 95 % sich die Konfidenzintervalle der Hauptschulabsolventen und der Personen mit Mittlerer Reife überschneiden, also wahrscheinlich kein signifikanter Unterschied zwischen diesen beiden Gruppen existiert, die anderen Unterschiede hingegen signifikant sind. Für die Einzelprüfung der Differenzen stehen allerdings die anschließend zu erörternden multiplen Vergleichstests zur Verfügung.

Einen eta^2-Wert gibt „Einfaktorielle Varianzanalyse“ nicht aus. Dafür müssen wir entweder auf die Option „Mittelwerte“ von „Mittelwerte vergleichen“ oder auf „Univariat“ im Menü „Allgemeines lineares Modell“ zurückgreifen. Allerdings kann man eta^2 nach Gleichung 15.10 leicht selbst berechnen:

$$eta^2 = \frac{18.639.014,06}{183.860.555,80} = 0,101$$

Obwohl zumindest eine signifikante Abweichung zwischen zwei Mittelwerten gefunden wurde, sehen wir, dass der Faktor Schulbildung nur 10 % der Varianz erklärt. Der Faktor hat also nur geringe Erklärungskraft.

15.3 Multiple Vergleiche (Schaltfläche „Post Hoc“)

Mit dem F-Test kann lediglich geprüft werden, ob beim Vergleich der Mittelwerte mehrerer Gruppen die Differenz zwischen mindestens einem der Vergleichspaare signifikant ist. Nichts ergibt sich dagegen darüber, zwischen welchen Vergleichspaaren signifikante Unterschiede bestehen. Deshalb bietet „Einfaktorielle Varianzanalyse“ als Option zwei Typen von Tests an, die für alle Kombinationen von Vergleichspaaren die Mittelwertdifferenz auf Signifikanz prüfen.[4]

[4] Auch das Untermenü „Kontraste“ dient diesem Zweck. Der Unterschied: Post-hoc-Tests vergleichen uneingeschränkt alle Gruppen und generieren explorativ Hypothesen, fordern nicht die Unabhängigkeit der Vergleiche, adjustieren daher α entsprechend der Zahl der Vergleiche und haben dadurch geringere Teststärke. Kontraste dagegen verlangen vorher formulierte Hypothesen. Es

- ❒ *Paarweise Mehrfachvergleiche.* Damit werden die Mittelwertdifferenzen aller möglichen Paare von Gruppen auf statistische Signifikanz überprüft. Die Ergebnisse sämtlicher Vergleiche erscheinen in einer Tabelle. Signifikante Differenzen werden durch ein Sternchen am entsprechenden Wert in der Spalte „Mittlere Differenz“ gekennzeichnet.
- ❒ *Post-Hoc-Spannweitentests* (Bildung homogener Untergruppen). Untersucht umgekehrt die Vergleichsgruppen auf nicht signifikante Mittelwertdifferenzen. Jeweils zwei Gruppen, die sich nicht unterscheiden, werden als neue homogene Gruppe ausgewiesen. Die entsprechende Spalte enthält die Gruppenmittelwerte der beiden Gruppen und das Signifikanzniveau.

Beide Arten des Mehrfachvergleichs befinden sich in der Dialogbox „Post hoc“. Einige der verfügbaren Tests berechnen sowohl „paarweise Mehrfachvergleiche“ als auch „homogene Gruppen“. Beide Typen von Analysen beruhen auf der Signifikanzprüfung der Mittelwertdifferenz von Vergleichspaaren. Es handelt sich dabei um Abwandlungen des in Kap. 14.3 erläuterten t-Tests oder ähnlicher Tests. Diese modifizierten Tests berücksichtigen die durch den Vergleich mehrerer Gruppen veränderte Wahrscheinlichkeit, einen signifikanten Unterschied zu ermitteln.

Dies sei anhand des t-Tests erläutert. Werden lediglich die Mittelwerte zweier zufällig gezogener Stichproben (Gruppen) verglichen, entspricht die Wahrscheinlichkeit, bei Geltung der Nullhypothese die empirisch festgestellte Differenz mit dem entsprechenden t-Wert zu erhalten, der in der t-Verteilung angegebenen Wahrscheinlichkeit. Natürlich können dabei auch einmal zufällig stark voneinander abweichende Mittelwerte gefunden werden. Aber die Wahrscheinlichkeit ist entsprechend der t-Verteilung einzustufen. Vergleicht man dagegen mehrere Stichproben (Gruppen) miteinander, werden mit gewisser Wahrscheinlichkeit auch einige stärker vom „wahren Wert“ abweichende darunter sein. Sucht man daraus willkürlich die am stärksten voneinander differierenden heraus, besteht daher eine erhöhte Wahrscheinlichkeit, dass man zwei extreme Stichproben vergleicht und daher auch eine erhöhte Wahrscheinlichkeit, dass sich die Differenz nach den üblichen Testbedingungen als signifikant erweist. Die für die multiplen Vergleiche entwickelten Tests berücksichtigen dies dadurch, dass für ein gegebenes Signifikanzniveau von z.B. 5 % ($\alpha = 0{,}05$) beim multiplen Vergleich ein höherer Wert für die Testgröße verlangt wird als beim einfachen t-Test. Dieses kann anhand der Gleichung 14.5 in Kap. 14.3 näher erläutert werden.

Die Gleichung kann auch wie folgt geschrieben werden:

$$\bar{x}_1 - \bar{x}_2 \geq t_\alpha * s_P \sqrt{\frac{1}{n_1} + \frac{1}{n_2}} \tag{15.12}$$

$\bar{x}_1 - \bar{x}_2$ = Differenz der Mittelwerte von zwei Gruppen.

t_α = t - Wert, der dem Signifikanzniveau α entspricht.

s_P = Standardabweichung insgesamt, d.h. aller Fälle der beiden Gruppen. Berechnet als gepoolte Standardabweichung (⇨ Gleichung 14.4 in Kap. 14.3.2.2).

---

werden nur die dadurch festgelegten Gruppen verglichen. Unabhängigkeit der Vergleiche wird vorausgesetzt und daher keine α-Adjustierung vorgenommen, deshalb größere Teststärke, d.h. sie führen eher zur Bestätigung eines tatsächlich vorliegenden Zusammenhangs.

n_1, n_2 = Stichprobengröße der beiden Vergleichsgruppen.

Die Gleichung kann man wie folgt interpretieren: damit eine Differenz $\overline{x}_1 - \overline{x}_2$ signifikant ist bei zweiseitiger Betrachtung und einem Signifikanzniveau von z.B. 5 % ($\alpha = 0{,}05$), muss die Differenz größer sein als die rechte Seite der Gleichung (es wird hier angenommen, dass jeweils die Gruppe mit dem größeren Mittelwert mit Gruppe 1 bezeichnet wird). In der multiplen Vergleichsanalyse wird nun bei gleichem Signifikanzniveau α davon ausgegangen, dass der Faktor t_α größer sein muss als beim t-Test (dieser größere Faktor wird in SPSS Range genannt). Insofern kann man auch sagen, dass zum Erreichen eines Signifikanzniveaus von α tatsächlich ein höheres Signifikanzniveau (d.h. ein kleineres α) erreicht werden muss. Bei der Ermittlung dieses höheren Signifikanzniveaus bzw. höheren t-Wertes (= Range in SPSS) gehen die verschiedenen Verfahrensansätze der multiplen Vergleiche unterschiedlich vor. Dabei spielt bei gegebenem zu erreichenden Signifikanzniveau von z.B. 5 % die Anzahl der Gruppen k eine Rolle. Eine größere Anzahl von Gruppen erhöht den Range-Wert. Bei manchen Verfahren wird der Range-Wert für alle Vergleichsgruppenpaare in gleicher Höhe angewendet, in anderen nicht. Ist letzteres der Fall, hängt die Höhe des Range-Wertes davon ab, wie weit das Vergleichsgruppenpaar in der Rangreihe aller Gruppen auseinander liegt. Je weiter die gepaarten Gruppen auseinander liegen, desto höher der Range-Wert.

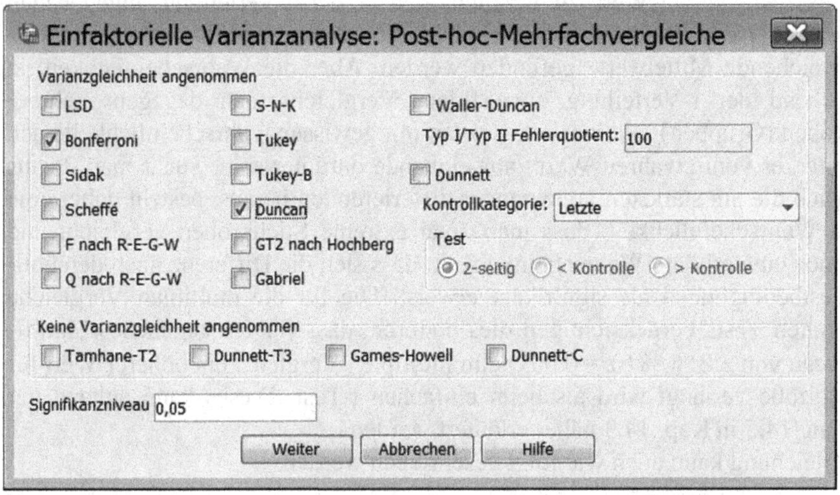

Abb. 15.3. Dialogbox „Einfaktorielle Varianzanalyse: Post-Hoc-Mehrfachvergleiche“

Als Beispiel für „Paarweise Mehrfachvergleiche“ wird der „Bonferroni-Test“ vorgestellt. Der „Duncan-Test“ dient zur Demonstration der Bildung „homogener Gruppen“.

Um multiple Vergleiche aufzurufen, gehen Sie wie folgt vor:

▷ Gehen Sie zunächst so vor wie in Kap. 15.2 beschrieben. Die Eingaben entsprechen denen in Abb. 15.1 und 15.2.

▷ Klicken Sie in der Dialogbox „Einfaktorielle Varianzanalyse" (⇨ Abb. 15.1) auf die Schaltfläche „Post Hoc...". Die Dialogbox „Einfaktorielle Varianzanalyse: Post-Hoc-Mehrfachvergleiche" erscheint (⇨ Abb. 15.3). Sie können aus mehreren Testverfahren wählen.

Folgende Tests sind verfügbar:

① Tests für Mehrfachvergleiche, die Varianzgleichheit voraussetzen

❒ *LSD* (geringste signifikante Differenz). Entspricht einem t-Test zwischen allen Paaren von Gruppen, d.h. ohne den Range-Wert gegenüber dem t-Wert zu erhöhen. Da die Zahl der Gruppenvergleiche nicht berücksichtigt wird, steigt faktisch die Irrtumswahrscheinlichkeit mit der Zahl der Gruppen. Daher sollte dieser Test nicht oder allenfalls nach signifikantem F-Test verwendet werden.

❒ *Bonferroni* (modifizierter LSD). Es handelt sich um einen modifizierten LSD-Test. Die sich aus dem t-Tests ergebende Wahrscheinlichkeit α dafür, dass dies Ergebnis bei Geltung der Nullhypothese per Zufall zustande gekommen ist, wird mit der Zahl der Gruppen multipliziert. Also wird z.B. aus α=0,02 α=0,06. Er bringt bei ungleich großen Vergleichsgruppen ein exaktes Ergebnis.

❒ *Sidak*. Ähnlich Bonferroni, aber mit etwas geringerer Korrektur (engere Konfidenzintervalle).

❒ *Scheffé*. Er benutzt für alle Vergleichspaare einen einzigen Range-Wert. Er ist strenger als die anderen Tests. Die Werte sind auch für ungleich große Gruppen exakt. Bietet neben paarweisen Vergleichen auch homogene Subsets. Wird bei komplexen Vergleichen von Linearkombinationen empfohlen, ist sehr konservativ, d.h. führt eher zur Ablehnung der Annahme der Varianzhomogenität als andere Tests.

❒ *Tukey (HSD)* (ehrlich signifikante Differenz). Benutzt für alle Vergleichsgruppenpaare den gleichen Range-Wert, unabhängig davon, wie viele Mittelwerte verglichen werden. Der Range-Wert entspricht dem größten im Student-Newman-Keuls (SNK)-Test. Ergibt bei ungleichen Gruppengrößen nur einen Näherungswert. Das üblichste und robusteste Verfahren, d.h. wird von einer Verletzung seiner Anwendungsvoraussetzungen wenig beeinflusst. Bei Vorliegen der Voraussetzungen empfohlen.

❒ *GT2 Hochberg*. Ähnelt Tukey. Bietet neben paarweisen Vergleichen auch homogene Subsets.

❒ *Gabriel*. Ähnlich Hochberg. Ist genauer, wenn Zellengröße ungleich. Aber wird bei sehr ungleicher Zellengröße auch ungenau. Bietet neben paarweisen Vergleichen auch homogene Subsets.

❒ *Dunnett*. Ein besonderer Test. Er behandelt eine Gruppe als Kontrollgruppe und vergleicht alle Gruppen mit dieser Gruppe. Die Kontrollkategorie kann die erste oder die letzte – in der Reihenfolge der Eingabe – sein (Auswahl über: Auswahlliste „Kontrollkategorie"). Es ist der einzige Test, der auch einseitig durchgeführt werden kann. Die Auswahl zwischen zweiseitigem und (nach oben oder unten) einseitigem Test erfolgt über die Optionsschalter des Bereichs „Test".

② Spannweiten-Tests (Bildung homogener Untergruppen)

- ❒ *F nach R-E-G-W* (F -Test nach Ryan-Einot-Gabriel-Welsh). Bildet homogene Subsets nach einem mehrfachen Rückschrittverfahren, basierend auf dem F-Test, also nicht auf dem t-Test.
- ❒ *Q nach R-E-G-W* (Spannweitentest nach Ryan-Einot-Gabriel-Welsh). Bildet ebenfalls homogene Subsets nach einem mehrfachen Rückschrittverfahren, basierend auf der studentisierten Spannweite.
- ❒ *S-N-K* (Student-Newman-Keuls).Verwendet ein und denselben kritischen Wert über alle Tests. Er gibt nur einen näherungsweisen Wert, wenn gleiche Gruppengrößen gegeben sind.
- ❒ *Duncan (Duncans Test für multiple Mittelwertvergleiche).* Dieser Test verfährt ähnlich dem S-N-K, verwendet aber unterschiedliche Range-Werte für Gruppen in Abhängigkeit davon, wie weit die Gruppen auseinander liegen.
- ❒ *Tukey-B.* Verwendet als kritischen Wert den Durchschnitt aus dem von Tukey-HSD und S-N-K. Liegen ungleiche Gruppengrößen vor, ergibt sich nur ein Näherungswert.
- ❒ Homogene Untergruppen liefern außerdem noch *Tukey, GT2 nach Hochberg, Gabriel-Test* und *Scheffé-Test*, die auch Mehrfachvergleiche ausgeben.
- ❒ *Waller-Duncan.* Dieser Test nimmt wiederum eine Sonderstellung ein. Homogene Untergruppen werden auf Basis der t-Statistik unter Verwendung einer speziellen Bayesschen Methode gebildet. Als Besonderheit man kann einen „Type I/Type II Fehlerquotienten“ einstellen (Voreinstellung = 100). Dadurch wird nicht mit einem fest vorgegebenen Signifikanzniveau α getestet, sondern auch der Fehler zweiter Art, d.h. die Fehlerwahrscheinlichkeit β kontrolliert. Bei gegebener Stichprobengröße ist das nicht absolut, sondern nur über das Verhältnis der beiden Fehlerwahrscheinlichkeiten möglich. Je niedriger der gewählte Wert des „Type I/Type II Fehlerquotienten“, desto geringer die Wahrscheinlichkeit, einen Fehler II zu begehen. D.h.: bei einer solchen Vorgabe werden eher keine Zusammenfassungen vorgenommen.

③ Tests für Mehrfachvergleiche, die keine Varianzgleichheit voraussetzen

- ❒ *Tamhane-T2.* Paarweiser Vergleich auf Basis eines t-Tests. Bei Varianzgleichheit ergibt er dasselbe wie *Bonferroni*.
- ❒ *Dunnett-T3.* Paarweiser Vergleich auf Basis des studentisierten Maximalmoduls.
- ❒ *Games-Howell.* Paarweiser Vergleich. Ist geeignet, wenn die Varianzen ungleich sind. Wird in diesem Falle empfohlen, auch bei Nonnormalität der Verteilung der abhängigen Variablen.
- ❒ *Dunnett-C.* Paarweiser Vergleich auf Basis des studentisierten Bereichs. (Enthält im Vergleich zu den anderen Tests keine Spalte „Signifikanz“ mit genauer Angabe der Wahrscheinlichkeit.)

▷ Durch Änderung des Wertes im Eingabefeld *„Signifikanzniveau“* können Sie selbst bestimmen, auf welchem Signifikanzniveau α die Mittelwerte verglichen werden sollen. Bestätigen Sie Ihre Eingaben mit „Weiter“ und starten Sie den Befehl mit „OK“.

Bei den in der Abb. 15.3 angezeigten Einstellungen erscheint der in Tabelle 15.4/5 auszugsweise dargestellte Output für die multiplen Vergleichsprozeduren:

Als erstes werden die Ergebnisse des Bonferroni-Tests ausgegeben, dann die des Duncan-Tests. Für den Bonferroni-Test soll dargestellt werden, wie der Wert sich aus Gleichung 15.12 ergibt.

Anstelle von t_α des einfachen t-Tests auf Differenz von zwei Mittelwerten wird – wie oben ausgeführt – ein höherer Wert RANGE eingesetzt. Bonferroni geht davon aus, dass für das angestrebte Signifikanzniveau von α ein höheres Signifikanzniveau von $\alpha'=\alpha/k$ erreicht werden muss. Dabei ist k die Zahl der Gruppen. In unserem Falle wäre bei einem angestrebten Signifikanzniveau von $\alpha = 0{,}05$ ein höheres Signifikanzniveau von $\alpha' = 0{,}5 : 3 = 0{,}017$ zu erreichen. RANGE gibt den entsprechenden Multiplikator für Gleichung 15.12 an, der benötigt wird, dieses höhere Signifikanzniveau zu erreichen.

Aus den Mittelwerten von k Gruppen lassen sich $\frac{k \cdot (k-1)}{2}$ Vergleichspaare bilden. Bei drei Gruppen sind es mithin drei Vergleichspaare.

Die Ergebnisse der Signifikanztests aller Paarvergleiche nach Bonferroni sehen wir in Tabelle 15.4.

Tabelle 15.4. Multiple Mittelwertvergleiche

Mehrfachvergleiche

Abhängige Variable: eink

(I) schul2	(J) schul2	Mittlere Differenz (I-J)	Standardfehler	Signifikanz	95%-Konfidenzintervall	
					Untergrenze	Obergrenze
Hauptschule	Mittelschule	-191,466	135,439	,159	-458,37	75,44
	Fachh/Abi	-724,961*	149,132	,000	-1018,85	-431,07
Mittelschule	Hauptschule	191,466	135,439	,159	-75,44	458,37
	Fachh/Abi	-533,494*	141,433	,000	-812,21	-254,78
Fachh/Abi	Hauptschule	724,961*	149,132	,000	431,07	1018,85
	Mittelschule	533,494*	141,433	,000	254,78	812,21

*. Die Differenz der Mittelwerte ist auf dem Niveau 0.05 signifikant.

Die Informationen sind z.T. redundant, da Vergleiche zwischen zwei Gruppen in beiden Richtungen angegeben werden. Relevant ist zunächst die Spalte „Mittlere Differenz (I-J)". Hier können wir z.B. als erstes sehen, dass zwischen der Gruppe der Hauptschüler gegenüber den Mittelschülern eine Differenz im mittleren Einkommen von –191,47 EUR besteht. Die genaue Wahrscheinlichkeit für das Auftreten einer solchen Differenz bei Geltung von H_0 sieht man in der Spalte „Signifikanz". Sie beträgt 0,477. Die Differenz ist nicht signifikant. Darüber hinaus werden der Standardfehler und die Ober- und Untergrenzen eines Konfidenzintervalles bei dem gewählten Signifikanzniveau für die Mittelwertdifferenz aufgeführt. Außer zwischen diesen beiden Gruppen bestehen zwischen allen anderen Gruppen signifikante Differenzen. Das Symbol * signalisiert jeweils, dass die ermittelte Differenz auf dem gewählten Niveau (hier 0,05) signifikant ist Hätte man einfache t-Tests für die Mittelwertdifferenzen der Paare durchgeführt, wäre die jeweilige Wahrscheinlichkeit „Signifikanz" kleiner ausgefallen, nämlich nur ein Drittel so groß. Das ist einleuchtend, weil nach Bonferroni die Wahrscheinlichkeit eines einfachen t-Tests mit der Zahl der Vergleichspaare zu multiplizieren ist. Im Vergleich von Hauptschüler und Mittelschülern beträgt der Wert des einfachen t-Tests z.B. 0,159, nach Bonferroni 0,477. Sie können das nachprüfen, indem Sie einen LSD-Test durchführen und die Ergebnisse mit denen nach Bonferroni vergleichen. Bei diesem Test wäre dann auch eine weitere Differenz, nämlich die zwischen Hauptschülern und Fachhochschülern/Abiturienten, signifikant.

Die Ergebnisse des Duncan-Tests zeigt Tabelle 15.5. Die Tabelle weist zwei homogene Subsets aus, die je zwei Gruppen zusammenfassen. Der erste Subset besteht aus „Hauptschülern" einerseits und „Mittelschülern" andererseits. Die Mittelwerte für das Einkommen dieser beiden Gruppen sind in Spalte 1 mit 1137,06 und 1328,52 EUR angegeben. Zu einer homogenen Gruppe könnten diese beiden Gruppen zusammengefasst werden, weil sich ihre Mittelwerte auf den 5%-Niveau nicht signifikant unterscheiden. (Das kann man der Überschrift „Untergruppe für alpha = 0.05" entnehmen.) Auch der Wert 0,179 in der Zeile „Signifikanz" gibt dieselbe Auskunft. Der zweite Subset besteht nur aus „Fachhochschülern/Abiturienten". Deren Mittelwert von 1862,02 unterscheidet sich signifikant von demjenigen der beiden andern Gruppen..

Tabelle 15.5. Homogene Sets aus den Schulabschlussgruppen nach dem Duncan Test

eink

Duncan

schul2	N	Untergruppe für Alpha = 0.05. 1	2
Hauptschule	72	1137,06	
Mittelschule	92	1328,52	
Fachh/Abi	62		1862,02
Signifikanz		,179	1,000

Die Mittelwerte für die in homogenen Untergruppen befindlichen Gruppen werden angezeigt.

a. Verwendet ein harmonisches Mittel für Stichprobengröße = 73,372.

b. Die Gruppengrößen sind nicht identisch. Es wird das harmonische Mittel der Gruppengrößen verwendet. Fehlerniveaus des Typs I sind nicht garantiert.

Am unteren Ende der Tabelle finden sich darüber hinaus in unserem Beispiel zwei Anmerkungen. Der Duncan Test setzt eigentlich gleich große Vergleichsgruppen voraus. Wenn diese Bedingung nicht gegeben ist, machen die Anmerkungen auf diese Tatsache aufmerksam. Bei Berechnung der Signifikanz wird dann als Gruppengröße automatisch das harmonische Mittel aus allen Gruppengrößen verwendet. Die in der Zeile „Signifikanz" angegebenen Irrtumswahrscheinlichkeiten α sind dann nicht ganz exakt.

Die in der Zeile „Signifikanz" angegebenen Wahrscheinlichkeiten dafür, dass die Mittelwertdifferenz zwischen den beiden Gruppen bei Geltung von H_0 zustande gekommen ist, unterscheiden sich von den entsprechenden Angaben im Bonferroni-Test. Das liegt daran, dass Duncan, anders als Bonferroni, unterschiedliche Range-Werte benutzt, je nachdem, wie weit die verglichenen Gruppen in der nach Größe des Mittelwertes geordneten Reihe auseinander liegen. Nach Duncan ist der erforderliche Range-Wert umso größer, je mehr andere Gruppen mit ihrem Mittelwert zwischen denen der zwei verglichenen Gruppen liegen. Sind sie direkt benachbart, kommt Step 2 mit Range = 2,8 zum Zuge, liegt dazwischen eine andere Gruppe, ist es Step 3 mit Range = 2,95. Hätten wir mehr als drei Gruppen, kämen weitere Schritte hinzu. Step ist dabei ein Wert, der die Größe des Abstandes der verglichenen Gruppen innerhalb der geordneten Reihe der Gruppen repräsentiert. Diese Größe wird berechnet als Step = m + 2. Dabei ist m = Anzahl der in der geordneten Reihe zwischen den beiden verglichenen Gruppen liegenden Gruppen.

Bei nur drei Gruppen liegen die Vergleichsgruppen entweder unmittelbar nebeneinander: dann ist Step = 0 + 2 = 2 oder es liegt eine Gruppe dazwischen: dann ist Step = 1 + 2 = 3. Für den Duncan-Test liegen Tabellen vor, aus denen man in Abhängigkeit vom Signifikanzniveau α, der Distanz (= Step) und der Zahl der Freiheitsgrade $n-k$ den Range-Wert entnehmen kann. Dieser Tafel kann man für α = 0,05 und df = 139 die angegebenen Range-Werte von 2,80 (für Step = 2) bzw. 2,95 (für Step = 3) entnehmen.

Hinweis. Aufgrund der Eigenarten der Tests kann es vorkommen, dass beim multiplen Gruppenvergleich für einzelne Vergleichspaare signifikante Unterschiede anzeigt werden, obwohl der F-Test bei der Varianzanalyse keine signifikante Differenz entdeckt. Das kommt zwar selten vor, ist aber nicht ausgeschlossen. Außerdem kann es bei den Tests mit unterschiedlichen Range-Werten für die Vergleichsgruppenpaare in seltenen Fällen zu dem paradoxen Ergebnis kommen, dass eine geringere Mittelwertdifferenz zwischen zwei näher beieinander liegenden Gruppen als signifikant ausgewiesen wird, während die größere Mittelwertdifferenz weiter auseinander liegender Gruppen, zwischen denen die ersteren liegen, als nicht signifikant ausgewiesen wird. Wenn dieses auftritt, sollte die Signifikanz der geringeren Differenz ignoriert werden.

15.4 Kontraste zwischen a priori definierten Gruppen (Schaltfläche „Kontraste")

Bestehen schon vor der Durchführung der Varianzanalyse Hypothesen darüber, welche Gruppen sich bezüglich der Mittelwerte unterscheiden, kann man diese mit Hilfe des Untermenüs „Kontraste" prüfen. Der Befehl „Kontraste..." in der Dialogbox „Einfaktorielle Varianzanalyse" (Abb. 15.1) bietet zwei Features an:

- Es können t-Tests für die Mittelwertdifferenz zweier a priori ausgewählter Gruppen durchgeführt werden. Dabei kann man durch eine Zusammenfassung von bestehenden Gruppen neue definieren.
- In einem Regressionsansatz kann die auf einen Faktor zurückgeführte Abweichungsquadratsumme $SAQ_{zwischen}$ in einen durch Terme eines Polynoms bis zur 5. Ordnung erklärten Anteil und einen Rest zerlegt werden.

T-Test der Mittelwertdifferenz zwischen a priori definierten Gruppen. Wir beschäftigen uns in diesem Abschnitt mit dem t-Test für a priori festgelegt Kontrastgruppen. Das zweite Feature wird in Kap. 15.5 erläutert.

Der Unterschied zu den oben behandelten post hoc Tests der Mittelwertdifferenz aller Gruppenpaarungen besteht darin, dass nur a priori festgelegte Paare auf signifikante Differenzen hin überprüft werden. Dadurch ist das Problem einer erhöhten Wahrscheinlichkeit für signifikante Differenzen nicht gegeben und der in Kap.

14.3 erläuterte t-Test könnte ohne Probleme Verwendung finden. Interessant ist das Feature nur deshalb, weil es für die Tests ohne Umkodieren möglich ist, mehrere Untergruppen zu einer neuen Gruppe zusammenzufassen.

Zur Bewältigung dieser Aufgaben werden Koeffizienten verwendet. Diese haben drei Funktionen:

- ❒ Sie bestimmen, welche Gruppen verglichen werden sollen.
- ❒ Gegebenenfalls geben Sie an, welche bestehenden Gruppen zu einer neuen zusammengefasst werden sollen.
- ❒ Sie sind ein Multiplikator für die Werte der durch sie bestimmten Vergleichsgruppen.

Die Verwendung von Koeffizienten kann am besten mit unserem Beispiel aus dem ALLBUS12.SAV verdeutlicht werden. In diesem sind in der Variablen SCHUL2 drei Gruppen mit unterschiedlichem Schulabschluss enthalten: Gruppe 1 = Hauptschulabschluss, Gruppe 2 = Mittlere Reife, Gruppe 3 = Abitur. Die drei Gruppen sind in der angegebenen Reihenfolge geordnet. Will man jetzt zwei Gruppen daraus zum Vergleich auswählen, bekommen diese beiden einen Koeffizienten ≠ 0 zugeordnet. Die Gruppe, die nicht in die Auswahl kommt, dagegen einen Koeffizienten = 0. Die Zahl der Koeffizienten muss der der Gruppen entsprechen. Die Koeffizienten der ausgewählten, verglichenen Gruppen müssen zusammen Null ergeben. Daraus ergibt sich, dass eine der beiden Gruppen einen negativen, die andere einen positiven Koeffizienten zugeordnet bekommt (z.B. –1 und +1). Sollen mehrere Ursprungsgruppen zu einer neuen zusammengefasst werden, bekommen sie den gleichen Koeffizienten (z.B. 0,5 und 0,5). Alle Koeffizienten müssen aber auch dann zu Null summieren. Daraus ergibt sich, dass beim Vergleich stärker zusammengefasster Gruppen mit weniger stark zusammengefassten, die Absolutwerte der Koeffizienten der zusammengefassten Gruppen entsprechend kleiner ausfallen müssen. Es ist günstig, wenn die Koeffizienten aller Teilgruppen der zusammengefassten Gruppen sich jeweils auf +1 bzw. –1 summieren (z.B. -0,5 und -0,5). Dann sind nämlich alle Ergebnisausgaben unmittelbar interpretierbar. Ist das nicht der Fall, fallen die angegebenen Mittelwertdifferenzen und Standardfehler entsprechend dem gewählten Koeffizienten größer oder kleiner aus. Die t-Statistik dagegen ist korrekt, da der Koeffizient bei der Division der Mittelwertdifferenz durch den Standardfehler wieder weggekürzt wird. Die letztgenannte Empfehlung kann bei der Zusammenfassung einer ungeraden Zahl von Gruppen (etwa bei 3 oder 7) zu einer neuen Gruppe nicht zum Tragen kommen, weil die Koeffizienten als Dezimalzahlen mit einer Stelle hinter dem Komma eingegeben werden müssen und deshalb eine Aufsummierung auf 1 nicht möglich ist.

Am Beispiel für die Variable Schulbildung sollen fünf Vergleichspaare (= Kontraste) bestimmt werden:

① Kontrast zwischen Gruppe 1 (Hauptschule) und Gruppe 3 (Abitur) mit den Koeffizienten –1 und +1: –1 0 +1.

② Kontrast zwischen Gruppe 1 (Hauptschule) und Gruppe 3 (Abitur) mit den Koeffizienten –2 und +2: –2 0 +2.

③ Kontrast zwischen Gruppe 2 (Mittlere Reife) und Gruppe 3 (Abitur): 0 –1 +1.

④ Kontrast zwischen Gruppe 1 (Hauptschule) und Gruppe 2 (Mittlere Reife): –1 +1 0.

⑤ Kontrast zwischen Gruppe 1 (Hauptschule) und einer zusammengefassten Gruppe aus Gruppe 2 (Mittlere Reife) und 3 (Abitur): –1 + 0,5 + 0,5.

Es sind hier alle relevanten Fälle aufgeführt. Der zweite Fall dient dazu, den Unterschied zu demonstrieren, der auftritt, wenn die Koeffizienten einer Gruppe nicht +1 oder –1 betragen.

Zur Durchführung des a priori t-Tests gehen Sie wie folgt vor:

▷ Gehen Sie zunächst so vor wie in Kap. 15.2 beschrieben. Die Eingaben entsprechen denen in Abb. 15.1 und 15.2.

▷ Klicken Sie nun in der Dialogbox „Einfaktorielle Varianzanalyse" (⇨ Abb. 15.1) auf die Schaltfläche „Kontraste...". Die Dialogbox „Einfaktorielle Varianzanalyse: Kontraste" (Abb. 15.4) erscheint.

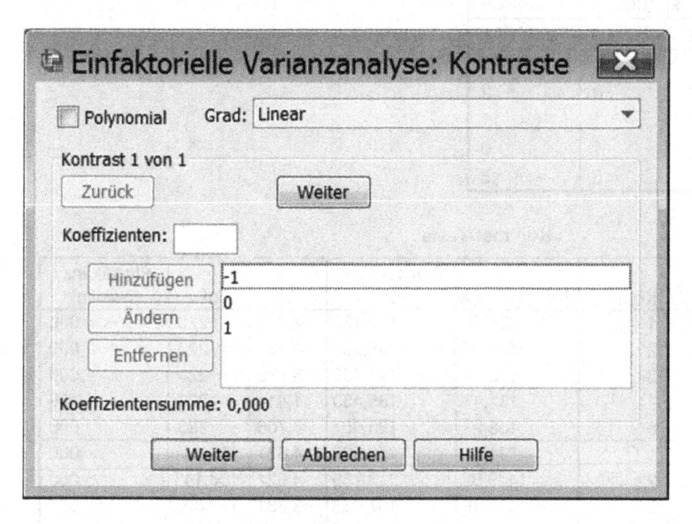

Abb. 15.4. Dialogbox „Einfaktorielle Varianzanalyse: Kontraste"

▷ Geben Sie in das Eingabefeld „Koeffizienten:" den ersten Koeffizienten (hier:–1) für den ersten gewünschten Vergleich bzw. Kontrast ein (hier: Fall ①).

▷ Klicken Sie auf die Schaltfläche „Hinzufügen".

▷ Wiederholen Sie die beiden letzten Schritte so lange, bis alle Koeffizienten für den ersten Kontrast eingegeben sind (hier: zwei weitere Schritte mit der Eingabe von 0 und +1).

▷ Sollen weitere Kontraste definiert werden, klicken Sie auf die Schaltfläche „Weiter" bei „Kontrast 1 von 1". Die Beschriftung ändert sich in „Kontrast 2 von" und die Eingabefelder stehen wieder bereit.

▷ Geben Sie dann, wie oben beschrieben, die Koeffizienten für den zweiten Kontrast ein.

Der ganze Prozess kann für bis zu 10 Kontraste wiederholt werden. Die Anzeige im Informationsfeld „Koeffizientensumme:" ermöglicht es Ihnen, gleich zu überprüfen, ob die definierten Kontraste auf Null summieren. Für Änderungen können Sie durch Anklicken von „Zurück" auf früher definierte Kontraste zurückschalten. Die einzelnen Koeffizienten können durch Markieren und Anklicken von „Entfernen" widerrufen werden, Änderungen können durch Markieren des zu ändernden Koeffizienten, das Neueintragen eines Wertes in das Feld „Koeffizienten:" und Anklicken von „Ändern" vorgenommen werden.

▷ Haben Sie die Definition der Kontraste beendet, bestätigen Sie mit „Weiter".
▷ Starten Sie mit „OK".

Für die geschilderten fünf Kontraste führt das zur Tabelle 15.6.

Tabelle 15.6. T-Tests für durch apriori Kontraste gebildete Gruppen

Kontrast-Koeffizienten

	schul2		
Kontrast	Hauptschule	Mittelschule	Fachh/Abi
1	-1	0	1
2	-2	0	2
3	0	-1	1
4	-1	1	0
5	-1	,5	,5

Kontrast-Tests

		Kontrast	Kontrastwert	Standardfehler	T	df	Signifikanz (2-seitig)
eink	Varianzen sind gleich	1	724,96	149,132	4,861	223	,000
		2	1449,92	298,264	4,861	223	,000
		3	533,49	141,433	3,772	223	,000
		4	191,47	135,439	1,414	223	,159
		5	458,21	123,657	3,706	223	,000
	Varianzen sind nicht gleich	1	724,96	156,869	4,621	106,143	,000
		2	1449,92	313,739	4,621	106,143	,000
		3	533,49	157,813	3,381	110,893	,001
		4	191,47	121,072	1,581	160,267	,116
		5	458,21	115,789	3,957	167,079	,000

Zunächst ist in der Matrix der Kontrast-Koeffizienten noch einmal die Definition der Koeffizienten übersichtlich dargestellt.

Es folgen dann die Ergebnisse der eigentlichen Kontrastgruppenanalyse und zwar für beide Varianten des t-Tests, die mit gepoolter Schätzung der Varianz (Varianzen sind gleich ⇨ Gleichung 14.5) und die mit separater Schätzung der Varianz (Varianzen sind nicht gleich ⇨ Gleichung 14.2). Wie wir schon oben gesehen haben, unterscheiden sich die Varianzen einzelner Stichproben leicht signifikant voneinander. Daher ist hier der t-Test bei ungleichen Varianzen angemessener.

Betrachten wir die entsprechende Tabelle. In der Spalte „Kontraste" ist die Mittelwertdifferenz $\bar{x}_1 - \bar{x}_2$ für die Vergleichsgruppen angegeben. Danach der Standardfehler. Diese beiden Angaben stimmen nur, wenn die Koeffizienten der Kontrastgruppen jeweils auf 1 bzw. –1 summieren. Das kann man bei dem Vergleich von Kontrast 1 und 2 sehen. In beiden Fällen werden dieselben Gruppen verglichen. Im ersten Fall betragen aber die Koeffizienten der Kontrastgruppen 1 bzw.

–1, im zweiten 2 bzw. –2. Deshalb fallen Mittelwertdifferenz und Standardfehler im zweiten Falle doppelt so hoch aus. Ebenso kann man aber erkennen, dass beim t-Wert und den Freiheitsgraden kein Unterschied auftritt und das Ergebnis dasselbe ist. Mit Ausnahme des Kontrastes 4, bei dem die Gruppen 1 (Hauptschüler) und 2 (Mittelschüler) verglichen werden, sind alle formulierten Kontraste gemäß „Signifikanz (2-seitig)", der Wahrscheinlichkeit dafür, dass der t-Wert bei Geltung von H_0 aufgetreten ist, auf dem 5 %-Niveau signifikant (sie ist so gering, dass bei 3 der Kontraste Signifikanz 0,000 angegeben ist, bei Kontrast 3 ist der exakte Wert 0,001, also es besteht nur eine Irrtumswahrscheinlichkeit von 1 pro Mille, bei Kontrast 4 beträgt der exakte Wert dagegen 0,116, die Irrtumswahrscheinlichkeit mithin 11,6%).

Wie man sieht, kann man eine ganze Reihe von Kontrasten bilden. Bei bis zu fünf Gruppen könnte man auf diese Weise genauso wie beim post hoc Vergleich alle Gruppenpaare vergleichen. Dann wäre aber die Voraussetzung für die Verwendung des t-Tests aufgehoben. Diese ist nur gegeben, wenn einzelne, zufällige Vergleiche vorgenommen werden. Werden mehrere Kontraste anstelle eines F-Tests überprüft, so soll die Erhöhung der Wahrscheinlichkeit für signifikante Ergebnisse dadurch vermieden werden, dass der Set der definierten Kontraste orthogonal ist. Das heißt die Kontraste sollen nicht redundant und statistisch voneinander unabhängig sein. Das wäre der Fall, wenn die Produkte der korrespondierenden Koeffizienten aller Paare von Kontrasten zu Null summieren:

Beispiel für vier Gruppen:

Kontrast 1:	1	–1	0	0
Kontrast 2:	0	0	1	–1
Kontrast 3:	0,5	0,5	–0,5	–0,5

Die Summe der Produkte zwischen Kontrast 1 und 2 ist: $1 * 0 + -1 * 0 + 0 * 1 + 0 * -1 = 0$. Dasselbe gilt für die beiden anderen Kombinationen.

15.5 Erklären der Varianz durch Polynome

„Einfaktorielle Varianzanalyse" bietet auch die Möglichkeit, die Abweichungsquadratsumme zwischen den Gruppen $SAQ_{zwischen}$ durch Terme eines Polynoms zu erklären (entspricht Linearitätstest, Kap. 14.2). Maximale Ordnung des Polynoms ist 5. Allerdings ist die höchste sinnvolle Ordnung eines Polynoms gleich der Zahl der Gruppen minus 1: (= k–1).

$$y = a + b_1x + b_2x^2 + b_3x^3 + b_3x^4 + b_5x^5 \quad (15.13)$$

Dies ist nur bei einer metrischen unabhängigen Variablen sinnvoll, die aber in Gruppen kodiert sein muss. Die Ausgabe entspricht derjenigen der Varianzanalyse, mit der Besonderheit, dass die Terme als Erklärungsfaktoren auftreten. In der Spalte „Signifikanz" kann man ablesen, welche Terme einen signifikanten Erklärungsbeitrag leisten, z.B. nur der lineare Term oder auch andere, z.B. der quadratische.

16 Mehr-Weg-Varianzanalyse

Die Mehr-Weg-Varianzanalyse unterscheidet sich von der Ein-Weg-Varianzanalyse dadurch, dass nicht ein, sondern zwei und mehr Faktoren zur Erklärung der Kriteriumsvariablen verwendet werden. Dadurch ist zweierlei möglich:

- Der Beitrag jeder dieser Faktorvariablen zur Erklärung der Gesamtvariation kann für sich alleine genommen untersucht werden. Es kann aber auch die Wirkung ihrer spezifischen Kombinationen miteinander (Interaktion) mit geprüft werden. Den Beitrag der Hauptvariablen (ohne Berücksichtigung ihrer Interaktion) nennt man Haupteffekte (Main Effects). Effekte, die auf spezifische Kombinationen der Faktoren zurückzuführen sind, bezeichnet man als Interaktionseffekte (Interactions). Es gibt neben den Haupteffekten gegebenenfalls Interaktionen auf mehreren Ebenen. Die Zahl der Ebenen errechnet sich durch $m - 1$. Dabei ist m die Zahl der einbezogenen Faktoren. So gibt es bei einer Zwei-Weg-Varianzanalyse mit den Faktoren A und B, neben den Haupteffekten A und B, nur eine Interaktionsebene (2-Weg-Interaktion) mit der Interaktion AB, bei einer Drei-Weg-Analyse mit den Faktoren A, B und C dagegen, neben den Haupteffekten A, B und C, die 2-Weg-Interaktionen AB, AC und BC sowie die 3-Weg Interaktion ABC. Wie man sieht, steigt die Zahl möglicher Interaktionen mit der Zahl der Faktoren überproportional stark an.
- Jeder dieser Beiträge kann mit Hilfe des F-Tests auf Signifikanz geprüft werden. Es gilt aber: Ist eine Interaktion signifikant, sind alle F-Test der Haupteffekte hinfällig, weil das Berechnungsmodell für die Haupteffekte dann nicht mehr zutrifft. Es muss also zuerst, nach der Prüfung des Gesamtmodells, immer die Signifikanz der Interaktionen geprüft werden. So wie man auf ein signifikantes Ergebnis trifft, sind alle weiteren Signifikanztests obsolet[1].

Man unterscheidet faktorielle Designs mit gleichen und ungleichen Zellhäufigkeiten. Dieser Unterschied hat Konsequenzen für die Berechnung der Effekte. Ist der Design orthogonal, d.h. sind alle Zellen mit der gleichen Zahl der Fälle besetzt, dann sind die Effekte alle wechselseitig voneinander unabhängig. Dann kann die klassische Berechnung der verschiedenen Statistiken der Varianzanalyse uneingeschränkt benutzt werden. Bis zu einem gewissen Grade gilt das auch, wenn die Zellenbesetzung proportional der Randverteilung ist. Dann sind zumindest die Haupteffekte voneinander unabhängig. Sind dagegen die Zellen ungleich besetzt, werden davon die Berechnung der verschiedenen Komponenten und die Interpreta-

---

[1] Nicht getestet wird die Signifikanz des Unterschiedes einzelner Faktorausprägungen (Gruppen). Dazu stehen Post-Hoc-Mehrfachvergleiche und a priori Kontraste zur Verfügung ⇨ Kap. 16.3. Nähere Erläuterungen zu diesen ⇨ Kap. 15.3 und 15.4.

tion der Resultate berührt. Die Effekte korrelieren miteinander, sind nicht statistisch unabhängig. Dadurch addieren z.B. die „Komponenten Abweichungsquadratsummen“ (d.h. die Haupt- und Interaktionseffekte), wenn sie separat berechnet werden, nicht auf die „Totale Abweichungsquadratsumme“. Um das zu verhindern, wird nur ein Teil der Abweichungsquadratsummen separat berechnet. Andere Teile werden dagegen durch Differenzbildung zu den vorher berechneten gebildet. Man muss entsprechend gegebenenfalls eine Hierarchie der verschiedenen Effekte festlegen, um die Art der Berechnung der einzelnen Effekte zu bestimmen. Je nachdem, wie dies genau geschieht, können erheblich unterschiedliche Ergebnisse ermittelt werden. SPSS hält dafür drei verschiedene Verfahren bereit (⇨ Kap. 16.2).

Außerdem können sich Designs noch in mannigfaltigen anderen Eigenschaften unterscheiden. Wichtig ist z.B., ob sie nur „feste Faktoren“ enthalten oder auch Zufallsfaktoren. Bei festen Faktoren sind alle relevanten Merkmale des Faktors durch die Untersuchungsanordnung erfasst. „Zufallsfaktoren“ sind dagegen dadurch gekennzeichnet, dass nur ein Teil der interessierenden Werte des Faktors in Rahmen der Untersuchung erfasst wird.[2] Enthält ein Modell beide Arten von Faktoren, spricht man von einem gemischten (mixed) Modell. Wir besprechen nur Modelle mit festen Faktoren. Faktoren sind immer kategoriale Variablen, sollen auch metrische Variablen benutzt werden, muss eine Kovarianzanalyse durchgeführt werden (⇨ unten). Weiter kann es wichtig sein, ob die Datenmatrix leere Zellen enthält oder nicht, ob die Werte der Faktoren selbst eine Zufallsauswahl darstellen etc. All dieses kann durch entsprechende Modellbildung mit der Syntax berücksichtigt werden, kann aber im Rahmen dieses Buches nicht behandelt werden. Schließlich ist das Menü nicht für Designs mit wiederholten Messungen vorgesehen. Dafür enthält das Modul „Advanced Statistik“ ein eigenes Programm. Auch im Menü „Reliabilitätsanalyse“ (⇨ Kap. 28.2.2) steht eine entsprechende Varianzanalyse zur Verfügung.

16.1 Faktorielle Designs mit gleicher Zellhäufigkeit

Beispiel. Zur Erläuterung eines Designs mit gleicher Zahl der Fälle in den Zellen sei das konstruierte Beispiel aus der Einweg-Varianzanalyse (⇨ Kap. 15.1) erweitert. Es war so konstruiert, dass die Kriteriumsvariable „Einkommen“ (EINK) vom Faktor „Schulbildung“ (SCHUL) beeinflusst war, und zwar führte höhere Schul-

[2] Was ein fester oder ein Zufallsfaktor ist, hängt von der Fragestellung ab. Untersucht man z.B. unterschiedliche Lernerfolge an drei verschiedenen Schulen, dann ist der Faktor „Schule“ ein fester Faktor, wenn genau diese drei Schulen interessieren, interessiert dagegen die Wirkung von unterschiedlichen Schulen generell, handelt es sich um einen Zufallsfaktor, denn die drei tatsächlich untersuchten Schulen stellen nur eine Auswahl der interessierenden Schulen dar. Der Sinn der Unterscheidung zwischen diesen beiden Faktorarten ist nicht unumstritten. Bei Verwendung von Zufallsfaktoren gelten veränderte Formeln zur Berechnung von F. Zu den verschiedenen Faktoren gehören unterschiedliche Fehlervarianzen (Prüfvarianzen). Deshalb gibt es kein F für das gesamte Modell. Ansonsten sind die Ergebnisse so zu interpretieren wie bei der Analyse mit festen Effekten.

bildung zu einem Aufschlag gegenüber dem Durchschnittseinkommen der Mittelschüler und geringere zu einem Abschlag.

Tabelle 16.1. Einkommen nach Schulabschluss und Geschlecht (fiktive Daten)

Variable B: Schulabschluss	**Variable A: Geschlecht**		
	männlich	weiblich	gesamt
Hauptschule	2.100 2.200 2.300 2.400 2.500	1.500 1.600 1.700 1.800 1.900	
	$\bar{x}_{mH}$=2.300 SAQ_{mH}=100.000 n_{mH}=5	$\bar{x}_{wH}$=1.700 SAQ_{wH}=100.000 n_{wH}=5	$\bar{x}_H$=2.000 n_H=10
Mittlere Reife	2.600 2.700 2.800 2.900 3.000	2.000 2.100 2.200 2.300 2.400	
	$\bar{x}_{mM}$=2.800 SAQ_{mM} = 100.000 n_{mM}=5	$\bar{x}_{wM}$=2.200 SAQ_{wM} = 100.000 n_{wM}=5	$\bar{x}_M$=2.500 n_M=10
Abitur	2.800 2.900 3.000 3.100 3.200	2.800 2.900 3.000 3.100 3.200	
	$\bar{x}_{mA}$=3.000 SAQ_{mA}=100.000 n_{mA}=5	$\bar{x}_{wA}$=3.000 SAQ_{wA}=100.000 n_{wA}=5	$\bar{x}_A$=3.000 n_A=10
Insgesamt	$\bar{x}_m$=2.700 n_m=15	$\bar{x}_w$=2.300 n_w=15	$\bar{x}_G$=2.500 SAQ_G=7.400.000 s_G^2=255.172,41 n_G=30

Dabei waren in jeder Gruppe (in der Varianzanalyse spricht man von *Faktorstufen*) fünf Fälle. Es sei jetzt die Zahl der Fälle verdoppelt, und es werde als weiterer Faktor „Geschlecht" (GESCHL) eingeführt. Je die Hälfte der Fälle jeder Schulbildungsgruppe sei männlichen und weiblichen Geschlechts. Daher sind in jeder Schulbildungsgruppe jetzt fünf Männer und fünf Frauen bzw. jede Kombination von Schulbildung und Geschlecht trifft für fünf Fälle zu. Das Beispiel wird so verändert, dass weibliches Geschlecht gegenüber dem Durchschnittswert einer Schulbildungskategorie zu einem Abschlag von 300 führt, das männliche dagegen zu einem Zuschlag von 300 EUR. Das gilt aber nicht für die Abiturienten. In dieser Schulbildungsgruppe haben Männer und Frauen dasselbe Einkommen. Durch die letzte Festlegung wird ein Interaktionseffekt (Wechselwirkung) produziert. Die Wirkung der Schulbildung ist jetzt nämlich nicht mehr unabhängig davon, welche Kategorie des Geschlechts vorliegt (bzw. des Geschlechts, welche Schulbildung), sondern es kommt auf die spezifische Kombination an. Die Daten des Beispiels (VARIANZ2.SAV) sind in Tabelle 16.1 enthalten. Außerdem sind die wichtigsten für die Varianzanalyse benötigten Statistiken bereits berechnet: die Mittelwerte, Summierte Abweichungsquadrate (SAQ), Varianzen und Fallzahlen.

Die Berechnungen der Varianzanalyse erfolgen – mit Ausnahme der Interaktionen – genau wie bei der Ein-Weg-Analyse. Allerdings werden die Bezeichnungen etwas verändert. Die Summe der Abweichungsquadrate bzw. Varianzen innerhalb der Gruppen werden als „Quadratsumme Fehler“ und „Mittel der Quadrate Fehler“ (SAQ_{Fehler} und s^2_{Fehler}) bezeichnet. Die entsprechenden Werte zwischen den Gruppen werden als SAQ_A und s_A^2, SAQ_B und s_B^2 usw. bezeichnet, wobei A, B etc. für den Namen der Variablen steht.

Die Abweichungsquadratsummen insgesamt für alle Daten SAQ_G und die daraus errechnete Varianz s_G^2 sind in der untersten Zeile der Tabelle enthalten.

Tabelle 16.2. Ausgabe einer Zwei-Weg-Varianzanalyse (gesättigtes Modell)

Tests der Zwischensubjekteffekte

Abhängige Variable:monatl. Nettoeinkommen

Quelle	Quadratsumme vom Typ III	df	Mittel der Quadrate	F	Sig.
Korrigiertes Modell	6800000,000[a]	5	1360000,0	54,400	,000
Konstanter Term	187500000,000	1	187500000,0	7500,000	,000
geschl	1200000,000	1	1200000,0	48,000	,000
schul	5000000,000	2	2500000,0	100,000	,000
geschl * schul	600000,000	2	300000,0	12,000	,000
Fehler	600000,000	24	25000,0		
Gesamt	194900000,000	30			
Korrigierte Gesamtvariation	7400000,000	29			

a. R-Quadrat = ,919 (korrigiertes R-Quadrat = ,902)

Zur Berechnung der entsprechenden Angaben für jede der beiden Variablen führt man praktisch zwei Einweg-Varianz-Analysen durch. Man betrachtet die entsprechend vereinfachten Tabellen, deren Werte jeweils als Randverteilung der angegebenen Tabelle vorliegen. Die entsprechenden Ergebnisse sehen Sie in Tabelle 16. 2. Bei der Analyse können wir den „Konstanten Term“ und „Gesamt“, das den konstanten Term umfasst, vernachlässigen. (Durch Abwahl des Kontrollkästchens „Konstanten Term in das Modell einschließen“ im Untermenü “Univariat:Modell“ könnte man den konstanten Term auch aus der Analyse ausschließen.

Für die Variable A (Geschlecht) können gemäß Gleichung 14.9 $SAQ_{zwischen}$ bzw. $s^2_{zwischen}$ aus den Angaben am unteren Rand der Tabelle errechnet werden:

$SAQ_A = 15 \cdot (2.700 - 2.500)^2 + 15 \cdot (2.300 - 2.500)^2 = 1.200.000$, df = 2-1 = 1 und $s^2_A = 1200.000 : 1 = 1.200.000$.

Die entsprechenden Werte für die Variable B (Schulabschluss) werden analog aus den Angaben in der rechten Randspalte berechnet:

$SAQ_B = 10 \cdot (2.000 - 2.500)^2 + 10 \cdot (2.500 - 2.500)^2 + 10 \cdot (3.000 - 2.500)^2 = 5.000.000$, $df = 3 - 1 = 2$ und $s^2_B = 5.000.000 : 2 = 2.500.000$.

Die Abweichungsquadratsumme der Haupteffekte A und B zusammen (die in der Ausgabe nicht angegeben ist) beträgt $SAQ_{Haupteffekte} = 1.200.000 + 5.000.000 = 6.200.000$, df = 1 + 2 = 3 und $s^2_{Haupteffekte} = 6.200.000 : 3 = 2.066.666,67$.

Die $Abweichungsquadratsumme_{Residuen}$ (Fehler) errechnet sich aus den Abweichungsquadratsummen der Zellen wie folgt:

$$SAQ_{Fehler} = 100.000 + 100.000 + 100.000 + 100.000 + 100.000 + 100.000 = 600.000$$

Das Besondere liegt jetzt in der Berechnung der entsprechenden Werte für die Interaktionen.

Wechselwirkung (Interaktion). Bevor wir auf die Berechnung eingehen, soll die Bedeutung von Wechselwirkungen anhand einer grafischen Darstellung verdeutlicht werden. Abb. 16.1 und 16.2 sind jeweils Darstellungen des Zusammenhanges zwischen der Kriteriumsvariablen „Einkommen" und den beiden Faktoren „Schulabschluss" und „Geschlecht". Dabei bilden die drei Schulabschlüsse „Hauptschulabschluss", „Mittlere Reife" und „Abitur" jeweils eine Zeile in der Tabelle 16.1 und sind in der Grafik auf der x-Achse abgetragen. Die Ausprägungen der Variablen Geschlecht, „weiblich" und „männlich", entsprechen den Spalten der Tabelle. In der Grafik ist das durch zwei unterschiedliche Einkommenskurven für Männer und Frauen repräsentiert. Das Ergebnis der jeweiligen Wertekombination von Schulabschluss und Geschlecht im Einkommen ergibt in einer Tabelle einen Zellenwert, in der Grafik einen Punkt auf einer dieser Kurven. Die durchschnittliche Einkommensgröße entspricht dem Abstand zwischen x-Achse und diesem Punkt. Die entsprechende Skala ist auf der y-Achse abgetragen.

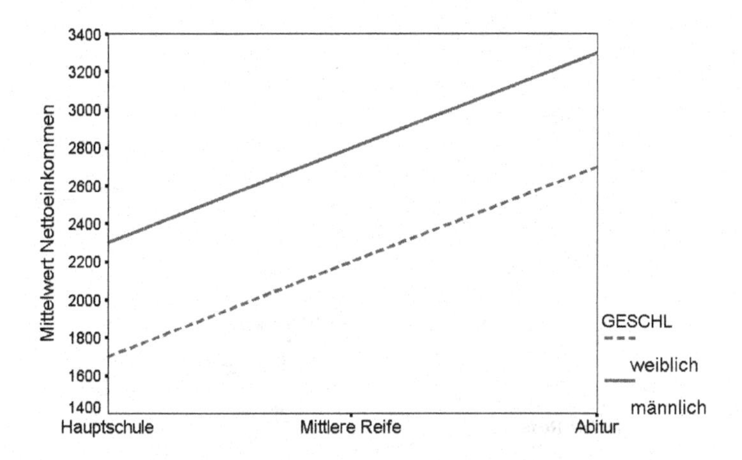

Abb. 16.1. Darstellung einer additiven linearen Wirkung von Schulabschluss und Geschlecht auf das Einkommen (Profilplot)

In Abb. 16.1 ist eine rein additive Wirkung der beiden Variablen „Schulabschluss" und „Geschlecht" dargestellt. Zudem sind die Beziehungen auch noch linear. Dass die Zeilenvariable „Schulbildung" einen Einfluss besitzt, zeigt sich darin, dass die Kurve nicht als Gerade parallel zur x-Achse verläuft. Dies wäre der Fall, wenn die Zeilenvariable keinen Einfluss hätte. Besitzt sie einen Einfluss, steigt oder fällt die Kurve. Sie kann auch in verschiedenen Abschnitten unterschiedlich verlaufen, aber nicht als Parallele zur x-Achse. Hat die Spaltenvariable (hier: Geschlecht) dagegen keinen Einfluss, müssen die Kurven, die für die verschiedenen Kategorien dieser Variablen stehen, zusammenfallen. Dies ist aber im Beispiel nicht der Fall. Die Kurve der Männer verläuft oberhalb derjenigen der Frauen. Das zeigt, dass die Variable Geschlecht einen Einfluss hat. Verlaufen die verschiedenen Kurven parallel (wie im Beispiel), dann besteht ein additiver Zusammenhang. Linear sind die Beziehungen, da die Kurven als Geraden verlaufen. Das ist aber keine Bedingung für additive Beziehungen.

Abbildung 16.2 ist dagegen die Darstellung des oben beschriebenen Beispiels. Dort besteht – wie beschrieben – insofern eine Interaktion, als bei den „Hauptschulabsolventen" und den Personen mit „Mittlerer Reife" das Geschlecht einen Einfluss auf das Einkommen hat, bei den „Abiturienten" aber nicht. Das schlägt sich darin nieder, dass die beiden Kurven für Männer und Frauen am Anfang parallel verlaufen, am Ende aber nicht. Immer, wenn eine Interaktion vorliegt, verlaufen die Kurven zumindest in Teilbereichen nicht parallel. Sie können sich voneinander entfernen, sich nähern oder überschneiden.

Wir haben also drei Kennzeichen: Differenzen zwischen den auf der Abszisse abgetragenen Kategorien zeigen sich im „nicht-horizontalen" Verlauf der Kurve. Das zweite Kriterium ist „Abstand zwischen den Linien". Abstand ist ein Zeichen für die Differenz zwischen den Kategorien, die die Linien konstituieren. Das dritte Kriterium ist „Konstanz des Abstands" zwischen den Linien. Bleibt dieser konstant, besteht keine Interaktion, verändert er sich, ist das ein Zeichen von Interaktion.

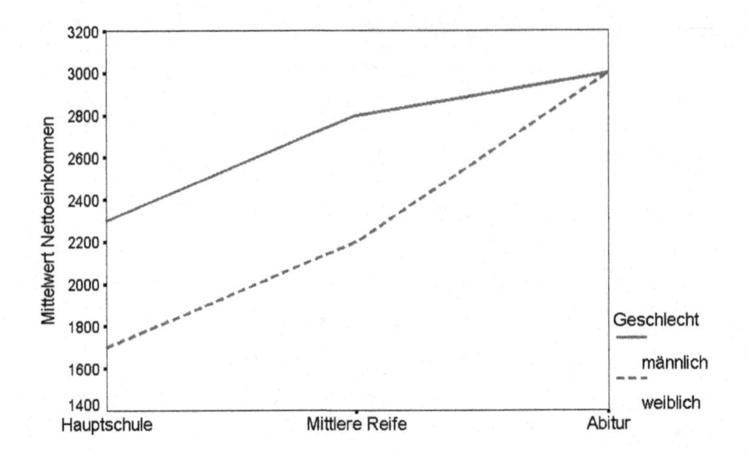

Abb. 16.2. Darstellung einer interaktiven Wirkung von Schulabschluss und Geschlecht auf das Einkommen (Profilplot)

Kommen wir jetzt zur Berechnung von Interaktionseffekten. (Existiert eine signifikante Interaktion, hat es in der Regel keinen Sinn, die Haupteffekte weiter zu untersuchen). In unserem Beispiel kommt nur die Interaktion AB in Frage. Diese Berechnung geht von relativ komplizierten Überlegungen aus, die hier nur angedeutet werden können. Sie basiert zunächst auf einem Vergleich der tatsächlich beobachteten Abweichung der arithmetischen Mittelwerte der Zellen $\bar{x}_Z$ (der Index z steht hier für Zelle, d.h. für alle Wertekombinationen der Variablen A und B) vom Gesamtmittelwert $\bar{x}_G$ mit der Abweichung, die erwartet würde, wenn keine Interaktion existierte. Dann müsste diese nämlich gleich der Summe der Abweichungen der dazugehörigen Reihen- und Spaltenmittelwerte vom Gesamtmittelwert sein: $(\bar{x}_r - \bar{x}_G) + (\bar{x}_s - \bar{x}_G)$.

Die Abweichung beider Werte voneinander ist dann:

$$d_{r*s} = (\bar{x}_z - \bar{x}_G) - [(\bar{x}_r - \bar{x}_G) + (\bar{x}_s - \bar{x}_G)] = \bar{x}_z - \bar{x}_r - \bar{x}_s + \bar{x}_G \qquad (16.1)$$

Um zur Varianz zu kommen, werden diese Abweichungsmaße quadriert, mit der Zahl der Fälle in den Zellen n_z gewichtet und summiert. Es ergibt sich:

$$\sum d^2_{r*s} = \Sigma\, n_z(\bar{x}_z - \bar{x}_r - \bar{x}_s + \bar{x}_G)^2. \qquad (16.2)$$

Das erste Glied in dieser Summe wird demnach berechnet:
$5 \cdot (2.300 - 2.000 - 2.700 + 2.500)^2 = 50.000$. Und insgesamt ergibt sich:

$\sum d^2_{r*s} = SAQ_{AB} = 50.000 + 50.000 + 50.000 + 50.000 + 200.000 + 200.000 =$ 600.000.

Dies ist der Wert, den Sie in Tabelle 16.2. für die Interaktion GESCHL*SCHUL als $\text{Quadratsumme}_{\text{Geschl*Schul}}$ finden. Teilt man den Betrag durch die zugehörige Zahl der Freiheitsgrade (= 2), so erhält man die Varianz $s^2_{\text{Geschl*Schul}} = 300.000$.

Das Menü bietet auch die Gelegenheit, in einer Dialogbox „Diagramme“ ein oder mehrere „Profildiagramm(e)“ (Profilplots) anzufordern. Dies sind Liniendiagramme, welche den Zusammenhang zwischen höchstens zwei Faktoren und der abhängigen Variablen darstellen. Ein Faktor bildet in diesem Diagramm die x-Achse. Welcher das ist, bestimmt man durch Übertragen des Namens in das Feld „Horizontale Achse“ (am besten der Faktor mit den meisten Faktorstufen). Für den zweiten Faktor werden die Ausprägungen (Faktorstufen) als separate Linien dargestellt. Man überträgt seinen Namen in das Feld „Separate Linien:“ Für alle Stufen eines dritten Faktors können diese Zusammenhänge in gesonderten Diagrammen dargestellt werden. Das erreicht man, indem man den Namen dieses Faktors in das Feld „Separate Diagramme“ überträgt. Die Definition wird abgeschlossen mit „Hinzufügen“. Es können mehrere Diagramme nach einander definiert werden. Mit „Weiter“ schließen Sie die Gesamtdefinition ab.

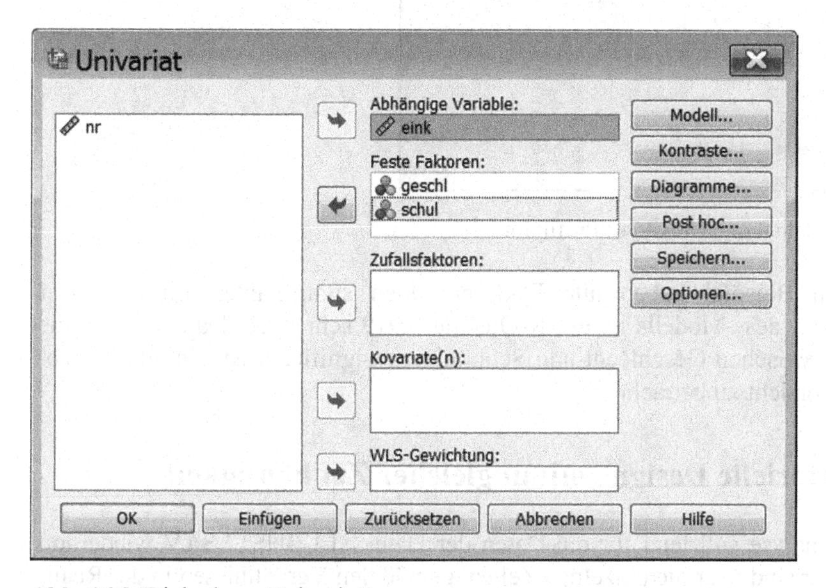

Abb. 16.3. Dialogbox „Univariat“

Um den in Tabelle 16.2 angegebenen Output und das in Abb. 16.2 dargestellt Diagramm zu erhalten wie folgt vor:

▷ Laden Sie VARIANZ2.
▷ Wählen Sie „Analysieren“ „Allgemeines lineares Modell“, „Univariat...“. Die Dialogbox „Univariat“ erscheint (⇨ Abb. 16.3).
▷ Wählen Sie die abhängige Variable (hier: EINK) aus der Variablenliste, und übertragen Sie diese in das Eingabefeld „Abhängige Variable:“.
▷ Wählen Sie die beiden Faktoren (hier: GESCHL und SCHUL) aus der Variablenliste, und übertragen Sie diese in das Eingabefeld „Feste Faktoren:“.
▷ Klicken Sie auf „Diagramme“. Die Dialogbox „Univariat: Profilplots“ erscheint (⇨ Abb. 16.4).

- ▷ Übertragen Sie SCHUL in das Feld „Horizontale Achse:“, GESCHL in das Feld „Separate Linien:“, und klicken Sie auf „Hinzufügen“. Die Definition erscheint im Feld „Diagramme“.
- ▷ Starten Sie den Befehl mit „Weiter“ und „OK“.

Abb. 16.4. Dialogbox „Univariat: Profilplots“

In unserem Beispiel haben alle Faktoren einen signifikanten Einfluss. Der Erlärungswert des Modells ist mit R-Quadrat 0,919 sehr hoch. Da aber auch die Interaktion zwischen Geschlecht und Schulbildung signifikant ist, sind die Ergebnisse mit Vorsicht zu betrachten.

16.2 Faktorielle Designs mit ungleicher Zellhäufigkeit

Dieselbe Analyse soll jetzt für die Daten der Datei ALLBUS12.SAV wiederholt werden. Hier sind aber die einzelnen Zellen, gemäß den Verhältnissen in der Realität, nicht gleich besetzt. Schulbildung der verschiedenen Kategorien ist unterschiedlich weit verbreitet. Aber auch Proportionalität zur Randverteilung ist nicht gegeben, denn Geschlecht und Schulbildung korrelieren miteinander. Es liegt demnach ein nicht-orthogonales Design vor. Dies führt zu unterschiedlichen Ergebnissen, je nach Wahl des Analyseverfahrens. Außerdem soll die Variable „Alter“ (ALT) als Kovariate eingeführt werden.

Kovarianzanalyse. Die Einführung einer Kovariate heißt, dass zusätzlich zu den kategorialen Faktoren eine metrisch gemessene unabhängige Variable in die Analyse eingeführt wird. Dabei muss vorausgesetzt werden, dass zwischen Kovariate und Faktoren keine Korrelation besteht. Außerdem sollte eine lineare Beziehung zwischen Kovariate und der abhängigen Variablen in allen Gruppen bestehen[3].

---

[3] In diesem Übungsbeispiel sind (wie wohl bei den meisten nicht experimentell gewonnen Daten) die Bedingungen nicht erfüllt. Inwieweit die Analyse dennoch durchgeführt werden kann, ist z.T. dem Fingerspitzengefühl des Forschers überlassen.

Modellbildung. Da wir ein Design mit ungleichen Zellhäufigkeiten vorliegen haben, wäre evtl. an eine Veränderung des Modell zu denken. Das Modell kann in der Dialogbox „Univariat: Modell“ auf zweierlei Art beeinflusst werden (⇨ Abb. 16.5).

❒ *Auswahl von Faktoren und Kovariaten*, die in das Modell eingehen. Zunächst ist durch Anwahl des Optionsschalters, ob ein gesättigtes oder ein angepasstes Modell verwendet werden soll.

- *Gesättigtes Modell.* Alle in der Dialogbox „Univariat“ ausgewählten Faktoren und Kovariate gehen in das Modell ein, aber nur Wechselwirkungen zwischen Faktoren. Diese aber vollständig.
- *Anpassen.* Es kann ausgewählt werden, welche Faktoren bzw. Kovariate als Haupteffekte und welche ihrer Wechselwirkungen in das Modell aufgenommen werden sollen. Es können also weniger Terme aufgenommen werden, aber auch zusätzlich Wechselwirkungen zwischen Kovariaten bzw. Kovariaten und Faktoren. Um Haupteffekte auszuwählen, markiert man in der Liste „Faktoren und Kovariaten:“ die gewünschte Variable, markiert in der Auswahlliste „Term(e) konstruieren“ die Option „Haupteffekte“ und überträgt die Variable in die Auswahlliste „Modell“. Um Wechselwirkungen einer bestimmten Ebene auszuwählen, müssen *alle* in diese Wechselwirkung(en) eingehenden Variablen markiert werden. Dann wählt man in der Auswahlliste „Term(e) konstruieren“ die Wechselwirkung der gewünschten Ordnung aus und überträgt sie in das Feld „Modell“. Für die Konstruktion von Zweifachwechselwirkungen markiert man die gewünschten Variablen und wählt „Alle 2-fach“ aus der Liste. Die Bezeichnung „Alle 2-fach“ zu wählen ist etwas irreführend formuliert. Das bedeutet nur, dass man gleichzeitig zwischen mehr als zwei Variablen alle Zweiweg Interaktionen gleichzeitig definieren kann. Das muss aber nicht sein. Man kann auch nur zwei Variablen auswählen. (Bei Verwendung vieler Faktoren schließt man gewöhnlich Interaktionen höherer Ordnung aus.) Es ist auch zu beachten, dass bei Verwendung eines hierarchischen Typs der Berechnung auch die Reihenfolge der Eingabe der Faktoren, Kovariaten und Interaktionen von Bedeutung ist.

❒ *Berechnung der Quadratsummen.* Die Berechnung der Summe der Abweichungen ist auf verschiedene Weise möglich. Das Programm bietet vier Berechnungsarten an. Sie unterscheiden sich in erster Linie dadurch, wie die Berechnung der Quadratsummen verschiedener Terme hinsichtlich der Wirkung anderer Terme angepasst (korrigiert) wird. Relevant sind vor allem Typ III und Typ I.

- *Typ I* (Hierarchisch). Jeder Term wird nur für die in der Liste vor ihm stehenden korrigiert. Dadurch wirkt sich die Reihenfolge der Auswahl der Terme auf das Ergebnis aus. Man kann z.B. steuern, ob die Berechnung der Faktorquadratsummen um die Wirkung der Kovariaten korrigiert werden soll oder nicht. Wird bei hierarchischen Designs und/oder echter kausaler Reihenfolge der Faktoren verwendet (z.B. Geschlecht beeinflusst Schulbildung).
- *Typ III* (Voreinstellung). Hier wird die Berechnung der Quadratsumme eines Effektes um alle anderen Effekte bereinigt, die nicht im Effekt enthalten sind. Dieses Modell hat den Vorteil, dass es weitgehend gegenüber ungleichen Zellhäufigkeiten invariant ist. Deshalb sollte es für solche Designs in

der Regel verwendet werden. Nicht geeignet ist dieser Typ allerdings, wenn leere Zellen auftreten. Dann ist Typ IV zu wählen.

- *Typ II* und *Typ IV*. Typ II ist ein Regressionsmodell. Es berechnet Haupteffekte um alle anderen Terme (außer Interaktionen) korrigiert. Er sollte nur gewählt werden, wenn keine oder geringe Interaktionseffeke vorliegen. Typ IV ist speziell für Designs mit leeren Zellen entwickelt. Er sollte aber nur verwendet werden, wenn leere Zellen sachlich begründet sind, also eine bestimmte Kombination aus logischen oder empirischen Gründen auszuschließen ist. Ansonsten ist er identisch mit Typ III.

In unserem Beispiel werden wir zunächst zur Demonstration ein Modell anpassen (allerdings so, dass es dem gesättigten Modell entspricht). Wir rechnen mit dem voreingestellten Typ III die Quadratsummen.

Zur Durchführung der Analyse gehen Sie wie folgt vor:

▷ Wählen Sie zunächst die Befehlsfolge „Analysieren", „Allgemeines lineares Modell ▷", „Univariat..". Es öffnet sich die bekannte Dialogbox (⇨ Abb. 16.3).

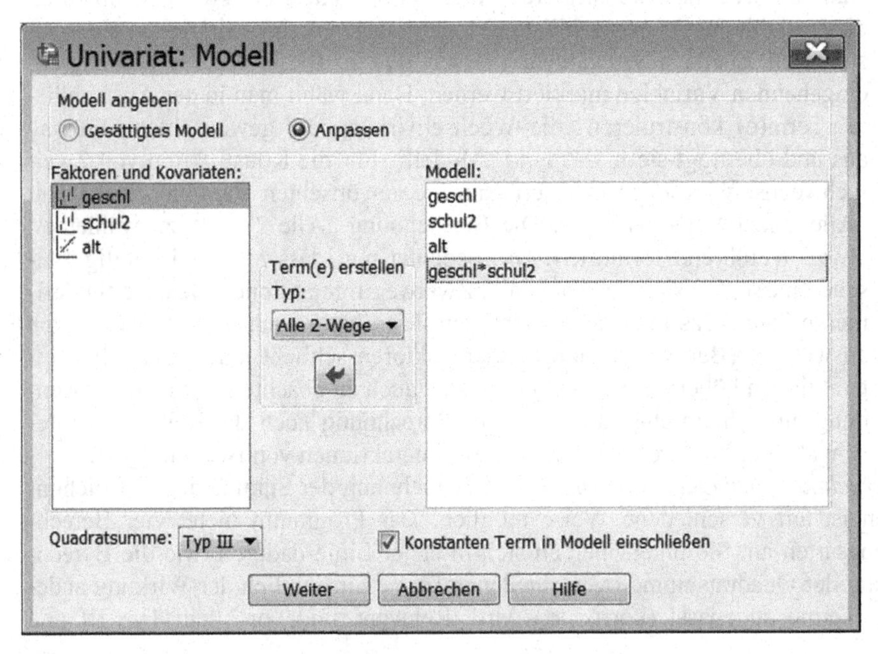

Abb. 16.5. Dialogbox „Univariat: Modell"

▷ Wählen Sie die abhängige Variable (hier: EINK) aus der Variablenliste, und übertragen Sie diese in das Eingabefeld „Abhängige Variable:".

▷ Geben Sie dann – wie oben beschrieben – die festen Faktoren (hier GESCHL und SCHUL2) ein.

▷ Wählen Sie die als Kovariate benutzte Variable aus der Variablenliste (hier: ALT), und übertragen Sie diese in das Eingabefeld „Kovariaten:".

▷ Klicken Sie auf die Schaltfläche „Modell...". Es öffnet sich die in Abb. 16.5 dargestellte Dialogbox.

▷ Klicken Sie auf den Optionsschalter „Anpassen". Übertragen Sie GESCHL und SCHUL2 und ALT als Haupteffekte, indem Sie die drei Namen im Feld „Faktoren und Kovariaten:" markieren, in der Liste „Terme erstellen:" die Option "Haupteffekte" auswählen und auf den Übertragungspfeil klicken. Markieren Sie dann nur die beiden Faktoren, wählen Sie in der Liste „Terme erstellen:" die Option "Alle 2-Wege", und übertragen Sie diese Interaktion das in das Feld „Modell". Das Ergebnis sehen Sie in Abb. 16.5.

▷ Bestätigen Sie mit „Weiter".

Außerdem wollen wir über die Dialogbox „Univariat: Optionen" zwei weitere Ausgaben anfordern.

▷ Klicken Sie auf „Optionen...". Die in Abb. 16.6. dargestellte Dialogbox erscheint.

▷ Wählen Sie „Schätzungen der Effektgröße" und „Beobachtete Trennschärfe".

▷ Bestätigen Sie mit „Weiter", und schicken Sie den Befehl mit „OK" ab.

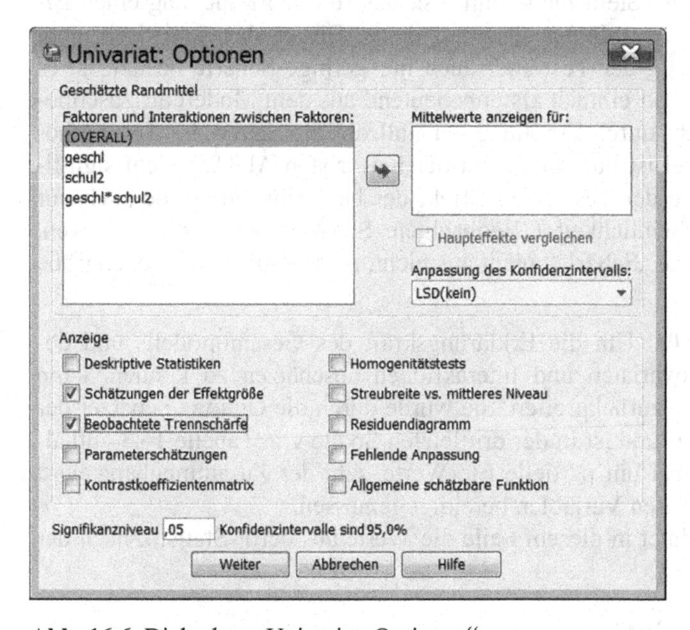

Abb. 16.6. Dialogbox „Univariat: Optionen"

Das Ergebnis sehen Sie in Tabelle 16.3. Die eigentliche Ausgabe der Varianzanalyse befindet sich darin in den ersten Spalten bis einschließlich der Spalte „Signifikanz". Die drei letzten Spalten sind Ausgaben der zusätzlich gewählten Optionen.

Die Ergebnisse zeigen zunächst in der Zeile „GESCHL*SCHUL2", dass keine signifikanten Interaktionen vorliegen (Sig. von $F > \alpha = 0,05$). Daher ist die Signifikanzprüfung der Haupteffekte sinnvoll. Von diesen hat Geschlecht eine signifikante Wirkung (Zeile: „GESCHL", Signifikanz 0,000 < 0,05). Die Wirkung der Schulbildung ist ebenfalls signifikant (Zeile „SCHUL2", Signifikanz 0,00 < 0,05). Keine signifikante Wirkung hat die Kovariate Alter (Zeile: „ALT", Signifikanz 0,365 > 0,05).

Beobachtete Schärfe. Das Menü „Univariat“ ist im Basissystem von SPSS das einzige, das dem Problem Rechnung trägt, dass bei statistischen Signifikanztests nicht nur Fehler erster Art, sondern auch Fehler zweiter Art auftreten können und von Interesse sind (⇨ Kapitel 13.1). Nun ist der Wissenschaftler nicht nur daran interessiert, einen Fehler erster Art zu vermeiden, sondern auch einen Fehler zweiter Art, nämlich tatsächlich vorhandene Effekte auch zu entdecken. Die Wahrscheinlichkeit, einen tatsächlich vorhandenen Effekt auch zu entdecken, nennt man „Schärfe“(Power) eines Tests. Normalerweise benutzt man diese nur zur Kalkulation der notwendigen Stichprobengröße im Vorhinein (⇨ Kapitel 13.1). U.U. kann es nützlich sein, die „beobachtete Schärfe“ zu beachten. Dann nimmt man einmal an, der beobachtete Effekt sei der tatsächliche und fragt sich: Mit welcher Wahrscheinlichkeit würde eine Stichprobe der gegebenen Größenordnung einen solchen Effekt auch entdecken, also nicht die Nullhypothese beibehalten. Das ist vor allem bei relativ kleinen Stichproben interessant. Da kann es nämlich vorkommen, dass der Test nicht die „Schärfe“ besitzt, Effekte von einer inhaltlich relevanten Größenordnung zu entdecken. Stellt man dann fest, dass die Untersuchung einen Effekt von relevanter Größenordnung ausweist, dieser Effekt aber statistisch nicht signifikant ist, gleichzeitig der Test aber auch nur geringe Schärfe besitzt, ist es ungerechtfertigt, den Effekt einfach als unbedeutend aus dem Modell auszuschließen. Man sollte vielmehr durch Erhöhung der Fallzahl die Stärke des Tests erhöhen. In unserem Beispiel ist nur der Effekt der Kovariaten ALTER nicht signifikant. Gleichzeitig würde der Test einen Effekt der beobachteten Größe auch nur mit 14,8%iger Wahrscheinlichkeit („Beobachtete Schärfe“ = 0,148) entdecken. Wenn dem Forscher diese „Schärfe“ nicht ausreicht, muss er die Stichprobengröße erhöhen.

Messen der Effektgröße. Um die Erklärungskraft des Gesamtmodells und der einzelnen Faktoren, Kovariaten und Interaktionen abschätzen zu können, kann man auf die Eta-Statistik zurückgreifen. Sie wurde durch die Option „Schätzer der Effektgröße“ angefordert und ist in der drittletzten Spalte von Tabelle 16.3 enthalten. Es handelt sich dabei um partielle Eta-Werte, d.h. der Zusammenhang wird um die Wirkung der anderen Variablen bereinigt gemessen.

Das Programm berechnet in diesem Falle die Werte aus der F-Statistik nach der Formel:

$$\text{Partial Eta}^2 = \frac{df_{Quelle} \cdot F_{Quelle}}{df_{Quelle} \cdot F_{Quelle} + df_{Fehler}} \qquad (16.3)$$

df_{Quelle} = Freiheitsgrade der untersuchten Einflussquelle
F_{Quelle} = F-Statistik der untersuchten Einflussquelle
df_{Fehler} = Freiheitsgrade der Variation innerhalb der Zellen.

Für die Einflussquelle Geschlecht gilt etwa:

$$Partial\ Eta^2{}_{Geschl} = \frac{1 \cdot 14{,}182}{1 \cdot 14{,}182 + 219} = 0{,}061$$

Aus dem Vergleich der Partiellen Eta²-Werten für die verschiedenen Effekte ergibt sich, dass der Faktor „Geschlecht“ eine geringere Wirkung hat als der Faktor

„Schulbildung". Er erklärt ca. 6% der Varianz, Schulbildung dagegen 11%. Die Wirkung von Alter und der Interaktion ist verschwindend gering. Das Gesamtmodell erklärt ca. 18% der Gesamtvarianz. Dieselbe Aussage gewinnen wir aus dem multiplen „R-Quadrat" am Fuß der Tabelle. Da dies die Erklärungskraft etwas überschätzt, wird auch noch ein korrigiertes R-Quadrat ausgegeben. Danach würde das Modell etwa 16% der Variation erklären.

Tabelle 16.3. Ergebnisse einer Mehrweg-Varianzanalyse für die Beziehung zwischen Einkommen, Schulabschluss und Geschlecht

Tests der Zwischensubjekteffekte

Abhängige Variable: eink

Quelle	Quadratsumme vom Typ III	df	Mittel der Quadrate	F	Sig.	Partielles Eta-Quadrat	Dezentr. Parameter	Beobachtete Schärfe[b]
Korrigiertes Modell	32826383,430[a]	6	5471063,905	7,933	,000	,179	47,598	1,000
Konstanter Term	33185180,680	1	33185180,680	48,119	,000	,180	48,119	1,000
geschl	9780824,526	1	9780824,526	14,182	,000	,061	14,182	,963
schul2	18663762,310	2	9331881,155	13,531	,000	,110	27,063	,998
alt	569367,640	1	569367,640	,826	,365	,004	,826	,148
geschl * schul2	1939345,263	2	969672,632	1,406	,247	,013	2,812	,300
Fehler	151034172,...	219	689653,755					
Gesamt	635647699,...	226						
Korrigierte Gesamtvariation	183860555,...	225						

a. R-Quadrat = ,179 (korrigiertes R-Quadrat = ,156)

b. Unter Verwendung von Alpha = ,05 berechnet

Unterschiede bei der Verwendung verschiedener Typen der Berechnung der Variationen. Zur Erläuterung der Unterschiede der im Feld „Quadratsumme:" wählbaren Berechnungstypen sind die Ergebnisse der Berechnung mit Typen I bis III für dieselbe Analyse – im Gegensatz zum bisherigen Beispiel ohne Kovariate – in Tabelle 16.4 nebeneinander gestellt (die für die Erläuterung irrelevanten Zeilen sind gelöscht). Wendet man die verschiedenen Berechnungsarten auf ein Design mit gleicher Zellhäufigkeit an (wie VARIANZ2.SAV), unterscheiden sich die Ergebnisse der verschiedenen Berechnungstypen nicht, in unserem aktuellen Beispiel aber wohl.

Wie man sieht, unterscheiden sich die Ergebnisse allerdings bei der durch das Modell erklärten Variation („Korrigiertes Modell") und der entsprechenden F-Statistik nicht, ebenso wenig beim unerklärten Rest („Fehler"). Dasselbe gilt auch für die 2-Weg-Wechselwirkung und die „Gesamtvariation". Diese werden bei allen Verfahren gleich berechnet, nämlich nicht hierarchisch, sondern um alle Effekte korrigiert. Unterschiede zeigen sich aber bei den Haupteffekten, also den Faktoren GESCHLECHT (Variable A) und SCHULBILDUNG (Variable B).

Tabelle 16.4. Ergebnisse verschiedener Berechnungstypen der Mehr-Weg-Varianzanalyse für die Beziehung zwischen Einkommen, Schulabschluss und Geschlecht

	Typ I		Typ II		Typ III	
	Quadrat-summe	F	Quadrat-summe	F	Quadrat-summe	F
Korrigiertes Modell	322570156	9,362	32257016	9,362	32257016	9,362
GESCHL	12596167	18,279	11541298	16,748	9666813	14,028
SCHUL2	17584145	12,759	17584145	12,759	18544241	13,455
GESCHL*SCHUL2	2076704	1,507	2076704	1,507	2076704	1,507
FEHLER	151603540		151603540		151603540	
Korrigierte Gesamtvariation	183860556		183860556		183860556	

Die Ergebnisse von Typ I, II unterscheiden sich beim Faktor GESCHL. Das liegt daran, dass beim Typ I der Faktor GESCHL unkorrigiert berechnet wird, da ihm in der Liste kein Term vorausgeht. Bei Typ II wird eine Korrektur vorgenommen, allerdings nur hinsichtlich der Hauptfaktoren, bei Typ III hinsichtlich aller Terme. Typ I und II ergeben dagegen für SCHUL2 dasselbe Ergebnis. Die Berechnung ist in beiden Fällen um den zweiten Hauptfaktor korrigiert, bei Typ I, weil er in der Liste vorangeht. Typ III unterscheidet sich, weil auch noch um die Interaktion korrigiert wurde.

16.3 Mehrfachvergleiche zwischen Gruppen

Die Mehrweg-Varianzanalyse ermöglicht zunächst generelle Signifikanztests für die einzelnen Effekte. Ein signifikanter Wert besagt allerdings lediglich, dass wenigstens eine der Kategorien des Faktors vom Gesamtmittelwert signifikant abweicht. Um die genaueren Einflussbeziehungen zu klären, sind dagegen genauere Betrachtungen des Beziehungsgeflechtes nötig. Dazu bietet „Univariat" mehrere Hilfsmittel. Diese sind zweierlei Art:

❒ Ausgabe von Mittelwerten oder Mittelwertdifferenzen zwischen verschiedenen Gruppen.

- *Deskriptive Statistik.* Das ist möglich in der Dialogbox „Univariat: Optionen" über die Option „Deskriptive Statistiken". Diese führt zu einer Tabelle mit den Mittelwerten, Standardabweichungen und Fallzahlen für jede Faktorstufenkombination.
- *Mittelwerte anzeigen für.* Ist ein Auswahlfeld der Dialogbox „Univariat: Optionen", in dem man ebenfalls bestimmen kann, für welche Faktoren und Faktorkombinationen man Mittelwerte ausgegeben wünscht. Man überträgt sie dazu aus der Liste „Faktoren und Interaktionen zwischen Faktoren". Anders als bei „Deskriptive Statistik" kann man auch die Mittelwerte für die Gruppen der einzelnen Faktoren sowie den Gesamtmittelwert anfordern. Zusätzlich werden hier „Standardfehler" sowie Ober- und Untergrenzen von „Konfidenzintervallen" (Voreinstellung: 95%-Sicherheit) für die Mittelwerte

berechnet. Post hoc Tests können auch im Dialogfeld „Univariat: Optionen" angefordert werde (Kontollkästchen „Haupteffekte vergleichen" auswählen).

- *Kontraste.* Werden in der Dialogbox „Univariat: Kontraste" Vergleichsgruppen definiert, erscheinen dieselben Angaben in etwas anderer Form im Output.

❒ Signifikanztests für paarweise Mittelwertvergleiche. Sogenannte „*Post hoc-Tests*" können an zwei Stellen aufgerufen werden.

- *Haupteffekt vergleichen.* Drei Verfahren zum Post Hoc Gruppenvergleich (LSD, Bonferroni, Sidak) sind in der Dialogbox „Univariat: Optionen" verfügbar. Man muss dazu die Faktoren, für die der Signifikanztest durchgeführt werden soll, in das Fenster „Mittelwerte anzeigen für:" übertragen. Danach ist das Auswahlkästchen „Haupteffekte vergleichen" anzuklicken. Aus der Liste „Anpassung des Konfidenzintervalls" wählen Sie aus den drei verfügbaren Verfahren das gewünschte aus und bestätigen mit „Weiter".
- *Post hoc.* Hauptsächlich werden paarweise Mittelwertvergleiche aber in der Dialogbox „Univariat: Post-Hoc Mehrfachvergleiche für beobanchtete Mittelwert" aufgerufen, die sich beim Anklicken der Schaltfläche „Post-Hoc" im Dialogfenster „Univariat" öffnet. Werden Post Hoc-Tests durchgeführt, erscheinen neben dem eigentlichen Signifikanztest die Differenz der Mittelwerte zwischen den Vergleichsgruppen, deren Standardfehler und die Ober- und Untergrenze eines 95%-Konfidenzintervalls in der Ausgabe.

Multiple Vergleiche Post Hoc. Die Post Hoc Tests von „Univariat: Post-Hoc-Mehrfachvergleiche" sind vollkommen identisch mit den in Kapitel 15 ausführlich besprochenen Test des Menüs „Einfaktorielle Varianzanalyse". Sie werden daher hier nicht besprochen (⇨ Kap. 15.3). Der einzige Unterschied besteht darin, dass man mehrere Faktoren gleichzeitig auswählen kann. Es finden immer aber auch hier nur Vergleiche zwischen den Gruppen *eines* Faktors statt, also einfaktorielle Analysen. (Wie oben dargestellt, können die drei ersten Verfahren auch unter „Optionen" aufgerufen werden).

Kontraste zwischen a priori definierten Gruppen (Schaltfläche „Kontraste"). Auch Vergleiche von Gruppen über a priori definierte Kontraste entsprechen im Prinzip dem in Kap. 15.4 für die einfaktorielle Varianzanalyse geschilderten Verfahren. Jedoch ist „Univariat" bei der Definition von Kontrasten über die Menüs nicht so flexibel (mit der Syntax dagegen sind alle Möglichkeiten offen), sondern bietet einige häufig benutzte Kontraste zur Auswahl an. Diese sind:

- *Abweichung.* Vergleicht die Mittelwerte aller Faktorstufen (außer der Referenzkategorie) mit dem Gesamtmittelwert. Der Gesamtmittelwert ist allerdings das ungewogene arithmetische Mittel aller Faktorstufen (was bei ungleicher Besetzung der Zellen nicht dem wirklichen Gesamtmittelwert der Stichprobe entspricht).
- *Einfach.* Vergleicht die Mittelwerte aller Faktorstufen (außer der Referenzkategorie) mit dem Mittelwert der Referenzkategorie. Wenn das Design eine Kontrollgruppe enthält, ist diese als Referenzkategorie zu empfehlen.
- *Differenz.* Vergleicht den Mittelwert jeder Faktorstufe mit dem ungewogenen (!) arithmetischen Mittel der Mittelwerte *aller* vorherigen Faktorstufen. (Die

erste Faktorstufe hat keine vorherige, daher werden f-1 Vergleiche durchgeführt, wobei f = Zahl der Faktorstufen ist.)

- *Helmert.* Umgekehrt. Vergleicht den Mittelwert jeder Faktorstufe mit dem ungewogenen (!) arithmetischen Mittel der Mittelwerte aller folgenden Faktorstufen.
- *Wiederholt.* Vergleicht den Mittelwert jeder Faktorstufe (außer der letzten) mit dem Mittelwert der folgenden Faktorstufe.
- *Polynomial.* Vergleicht den linearen, quadratischen etc. Effekt. Diese Kontraste werden verwendet, um polymoniale Trends zu schätzen.

Hinweis. Alle Vergleiche beziehen sich immer nur auf die Stufen eines Faktors, sind also einfaktoriell. U.U. ist die Reihenfolge der Stufen wichtig, weil bei einigen Verfahren mehrere Stufen zusammengefasst werden. Bei den Verfahren „Abweichung" und „Einfach" wird außerdem mit *Referenzkategorien* gearbeitet. Es kann entweder die „Erste" oder die „Letzte" (Voreinstellung) Faktorstufe als Referenzkategorie gewählt werden. Auch dafür ist die Anordnung der Faktorstufen wichtig.

Abb. 16.7. Dialogbox „Univariat: Kontraste" mit geöffneter Auswahlliste

Das Vorgehen sei für den Faktor SCHUL2 (Modell ohne GESCHL und ALT) mit dem Verfahren „Einfach" und der Referenzkategorie „Letzte" demonstriert. Um diesen Kontrast zu definieren, gehen Sie wie folgt vor:

▷ Vollziehen zunächst alle bereits beschriebenen Schritte zur Anforderung der Varianzanalyse.

▷ Klicken Sie auf „Kontraste". Die Dialogbox „Univariat: Kontraste" öffnet sich (⇨ Abb. 16.7).

▷ Markieren Sie im Feld „Faktoren" den Faktor SCHUL2.

▷ Klicken Sie in der Gruppe „Kontrast ändern" auf den Pfeil neben dem Feld „Kontrast:". Wählen Sie aus der sich öffnenden Liste „Einfach".

▷ Markieren Sie den Optionsschalter „Letzte".

▷ Klicken Sie auf „Ändern". Die Bezeichnung in der Klammer hinter dem Faktornamen ändert sich in „Einfach".
▷ Bestätigen Sie mit „Weiter" und „OK".

Tabelle 16.5. Multipler Gruppenvergleich mittels apriori Kontrast

Kontrastergebnisse (K-Matrix)

Schulbildung umkodiert Einfacher Kontrast [a]			Abhängige Variable NETTOEINKOMMEN
Niveau 1 vs. Niveau 3	Kontrastschätzer		-724,961
	Hypothesenwert		0
	Differenz (Schätzung - Hypothesen)		-724,961
	Standardfehler		149,132
	Sig.		,000
	95% Konfidenzintervall für die Differenz	Untergrenze	-1018,849
		Obergrenze	-431,072
Niveau 2 vs. Niveau 3	Kontrastschätzer		-533,494
	Hypothesenwert		0
	Differenz (Schätzung - Hypothesen)		-533,494
	Standardfehler		141,433
	Sig.		,000
	95% Konfidenzintervall für die Differenz	Untergrenze	-812,211
		Obergrenze	-254,778

a. Referenzkategorie = 3

Testergebnisse

Abhängige Variable: NETTOEINKOMMEN

Quelle	Quadratsumme	df	Mittel der Quadrate	F	Sig.
Kontrast	18639014,06	2	9319507,028	12,579	,000
Fehler	165221541,7	223	740903,775		

Das Hauptergebnis finden Sie in Tabelle 16.5. Unser Faktor SCHUL2 hat drei Faktorstufen „Hauptschüler" (Stufe 1), Mittelschüler" (Stufe 2) und „Abiturienten" (Stufe 3). Die Mittelwerte dieser Stufen sind uns bekannt. Sie betragen: Stufe 1 1137,06, Stufe 2 1328,52 und Stufe 3 1862,02. Beim Verfahren „Einfach" werden die Mittelwerte der Faktorstufen mit dem der Referenzkategorie verglichen. Wir haben „Letzte" ausgewählt, also „Abiturienten". Demnach werden die Mittelwerte der beiden anderen Kategorien mit dem Mittelwert dieser Stufe verglichen. Die Ergebnisse dieser Vergleiche stehen in der Zeile „Kontrastschätzer". Z.B. beträgt die Differenz zwischen Stufe 1 und Stufe 3: 1137,06 – 1862,02 = –724,96. Es werden außerdem der Standardfehler und die obere und untere Grenze eines 95%-Konfidenzintervalls angegeben. Da 0 nicht in diesem Intervall liegt, kann es als gesichert angesehen werden, dass tatsächlich eine Differenz zwischen diesen Gruppen besteht. Dasselbe besagt der Wert 0,000 für Signifikanz (da die Irrtumswahrscheinlichkeit $\alpha < 0,05$). Wenn nicht mit Hilfe der Syntax anders definiert, wird immer davon ausgegangen, dass gegen die Nullhypothese getestet werden soll. Das ist hier auch der Fall. In der Tabelle schlägt sich das in „Hypothesenwert“ 0 nieder.

Weiter gehört zur Ausgabe die Tabelle „Testergebnisse“. Aus dieser kann man entnehmen, ob sich das durch die Kontraste definierte Gesamtmodell signifikant von der Annahme fehlender Zusammenhänge unterscheidet. Das ist hier der Fall, was wir am Wert 0,000 in der Spalte „Signifikanz“ erkennen (obwohl zwischen der Teilstufe 1 und 2, wie oben zu sehen, kein signifikanter Zusammenhang besteht).

Die anderen Berechnungsarten (außer Polynominal) sind in Tabelle 16.6 demonstriert.

Tabelle 16.6. Multipler Gruppenvergleich mittels apriori Kontrast nach verschiedenen Verfahren

		Abweichung		**Differenz**		**Helmert**		**Wiederholt**	
Stufe	Mittelwerte	Vergleichsstufen	Differenz	Vergleichsstufen	Differenz	Vergleichsstufen	Differenz	Vergleichsstufen	Differenz
I Hauptschule	1771,39	I vs Mittelwert	-305,48	II vs I	191,47	I vs (II+III)	-458,21	I vs III	-191,47
II Mittelschule	2396,58	II vs Mittelwert	-114,01	III vs (I+II)	629,23	II vs III	-533,49	II vs III	-533,49
III Abitur	2240,56								
Gesamt	2136,17								

Weitere Optionen.

- *Signifikanzniveau.* Durch Veränderung des Wertes im Eingabekästchen „Signifikanzniveau“ (Voreinstellung 0,05) verändert man das Signifikanzniveau sämtlicher abgerufener Signifkanztest, sofern sie nicht selbst den exakten α-Wert ausgeben (Schärfe, Bildung homogener Gruppen), und gleichzeitig das Sicherheitsniveau, das der Berechnung von Ober- und Untergrenzen von Konfidenzintervallen zugrunde gelegt wird.
- *Parameterschätzer.* Gibt die Parameter für die Terme einer Regressionsgleichung aus. Das ist möglich, weil im allgemeinen linearen Modell die Varianzanalyse als Regressionsanalyse mit Dummvariablen berechnet wird. Die Regressionsgleichung enthält dann den Mittelwert der Referenzkategorie als Konstante. Die Differenz zwischen dem Mittelwert dieser Referenzkategorie und dem Mittelwert der jeweilig anderen ergibt die Parameter aller anderen Terme. Da in diesen Termen der x-Wert immer 1 bei genau der betrachteten Kategorie annimmt und bei allen andern 0, ist das Ergebnis immer genau der Mittelwert der jeweils betrachteten Kategorie.
- *Matrix Konstrastkoeffizienten.* Gibt mehrere Matrizen mit den in dem Modell verwendeten Kontrastkoeffizienten aus. Ist dann als Ausgangspunkt von Belang, wenn man eigene Modelle mit eigenen Kontrastkoeffizienten über die Syntax definieren will.
- *Allgemeine schätzbare Funktionen.* Gibt eine Kontrastmatrix für die verwendeten Terme aus.

- *Diagnostikfeatures*. Fast alle anderen Optionen dienen der Überprüfung der Voraussetzung homogener Varianz in den Vergleichsgruppen. *Homogenitätstest* führt den an andere Stelle bereits besprochenen „Levene-Test“ durch. Die Diagramme „Streubreite vs. mittleres Niveau“ (⇨ Kap. 9.3.1) und „Residuen-Diagramm“ dienen demselben Zweck.
- *Unzureichende Anpassung*. Der Test sollte keine signifikante Abweichung vom Modell ausweisen. (Probleme ⇨ Kap. 13.1)

Speichern. Über die Schaltfläche „Speichern“ gelangt man in eine Dialogbox, in der man festlegen kann, dass bestimmte Werte als neue Variable gespeichert werden sollen. Gewählt werden können in der Gruppe „Vorhergesagte Werte“ nicht standardisierte Werte, gewichtete Werte (falls Gewichtung vorgenommen wurde) und Standardfehler, in der Gruppe „Residuen“ können nicht standardisierte, standardisierte (Residuen, geteilt durch den Standardirrtums) und studentisierte Residuen (Residuen geteilt durch ihren geschätzte Standardabweichung) angefordert werden. Studentisierte Residuen gelten als angemessener. „Ausgeschlossen“ liefert für die Fälle das Residuum, das entstehen würde, wenn der betreffende Fall bei der Berechnung der Regressionsgleichung ausgeschlossen würde. In der Gruppe „Diagnose“ steht die Cook-Distanz zur Verfügung, ein Maß, das angibt, wie stark sich die Residuen aller Fälle ändern würden, wenn der betrachtete Fall ausgeschlossen würde. Daneben der „Hebewert“, ein Maß für den relativen Einfluss des speziellen Wertes auf die Anpassungsgüte des Modells. Bei kleineren Stichproben, in welchen Ausreißer das Ergebnis stark beeinflussen, sucht man mit Hilfe dieser Werte solche einflussreichen Werte und eliminiert sie gegebenenfalls. Ein Wert nahe Null signalisiert geringen Einfluss, je weiter der Wert von Null abweicht, desto kritischer ist der entsprechende Fall zu beurteilen. Schließlich kann die „Koeffizientenstatistik“ in einer eigenen neuen (SPSS-Daten-)Datei gespeichert werden.

Gewichten. In der Dialogbox „Univariat“ kann eine Gewichtung vorgenommen werden. Dazu muss vorher eine Gewichtungsvariable gebildet sein. Diese wird dann aus der Variablenliste in die das Feld „WLS – Gewichtung“ übertragen. Durch die Gewichtung können Fälle von der Analyse ganz ausgeschlossen (Wert 0) werden oder mit geringerem oder größerem Gewicht in die Analyse eingehen (je nach relativer Größe des Wertes in der Gewichtungsvariablen).

17 Korrelation und Distanzen

Zur Messung der Stärke und Richtung des Zusammenhangs zwischen zwei Variablen werden *Korrelationskoeffizienten* berechnet. In Kap. 10.4 werden eine Reihe von Zusammenhangsmaßen bzw. Korrelationskoeffizienten erläutert, so dass hier zur Darstellung und Anwendung des Menüs „Korrelation" nur ergänzende Erörterungen erforderlich sind.

Das Menü „Korrelation" erlaubt es, bivariate (⇨ Kap. 17.1) und partielle Korrelationskoeffizienten (⇨ Kap. 17.2) zu berechnen. In den Anwendungsbeispielen zur bivariaten und partiellen Korrelation werden einige makroökonomische Datenreihen (Zeitreihen) für die Bundesrepublik im Zeitraum 1960 bis 1990 genutzt (Datei MAKRO.SAV). Untersuchungsobjekte bzw. Fälle für Variablenwerte sind also die Jahre von 1960 bis 1990.

In Kap. 17.3 werden Distanz- und Ähnlichkeitsmaße behandelt.

17.1 Bivariate Korrelation

Theoretische Grundlagen. Das Messkonzept der (bivariaten) Korrelation lässt sich gut mit Hilfe eines *Streudiagramms* (englisch scatterplot) veranschaulichen, in dem die beiden Variablen x und y Achsen eines Koordinatensystems bilden. x/y-Wertekombinationen von Untersuchungsobjekten (Fällen) bilden eine Punktwolke im Koordinatensystem (= Streudiagramm). Jeder Streupunkt entspricht einem Fall der Datendatei. Aus der Form der Punktwolke ergeben sich Rückschlüsse auf die Stärke und Richtung des Zusammenhangs der Variablen. In der folgenden Abb. 17.1 werden einige typische Formen dargestellt.

In Abb. 17.1 a) wird ein positiver Zusammenhang der Variablen y und x sichtbar: Mit dem Anstieg von x wird tendenziell auch y größer. Der Zusammenhang ist stark bis mittelstark: die Punkte um eine in die Punktwolke legbare Gerade zur Darstellung der Richtung des Zusammenhangs streuen eng um eine derartige Gerade. Ein berechneter Korrelationskoeffizient wird den positiven Zusammenhang durch ein positives Vorzeichen und die Stärke des Zusammenhangs durch die absolute Höhe des Koeffizienten ausweisen. Da die Punkte eng um eine in die Punktwolke legbare Gerade streuen, wird der Korrelationskoeffizient relativ hoch sein [nahe dem (absoluten) maximalen Wert 1].

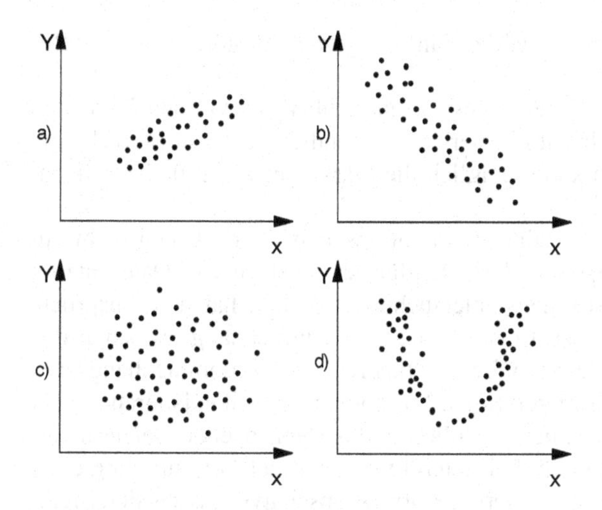

Abb. 17.1. Beispiele für Streudiagramme

In Abb. 17.1 b) besteht ein negativer und mittelstarker Zusammenhang zwischen x und y. Ein berechneter Korrelationskoeffizient wird ein negatives Vorzeichen haben. Der Korrelationskoeffizient wird (absolut) relativ groß sein, da die Werte eng um eine durch die Punktwolke legbare Gerade streuen.

In Abb. 17.1 c) hat die Punktwolke keine Richtung. Die beiden Variablen stehen in keinem statistischen Zusammenhang. Der Korrelationskoeffizient hat einen Wert von Null bzw. nahe Null.

In Abb. 17.1 d) wird ein enger nichtlinearer Zusammenhang zwischen y und x deutlich. Da Korrelationskoeffizienten die Stärke eines *linearen* Zusammenhangs messen, kann die Höhe des berechneten Korrelationskoeffizienten den tatsächlich bestehenden engen Zusammenhang aber nicht zum Ausdruck bringen. Eine Ermittlung eines Korrelationskoeffizienten für die (ursprünglichen) Werte von x und y verletzt eine Bedingung für die Anwendung: das Bestehen eines linearen Zusammenhangs. Dieses Beispiel zeigt wie wichtig es ist, zusammen mit der Berechnung von Korrelationskoeffizienten auch Streudiagramme zu erstellen (⇨ Kap. 32.10). Gelingt es, durch eine Transformation der Variablen den Zusammenhang der Variablen zu linearisieren (z.B. durch Logarithmierung der Variablen), so wird eine Anwendung eines Korrelationskoeffizienten auf die transformierten Variablenwerte sinnvoll.

Es muss davor gewarnt werden, aus der mit Hilfe eines Korrelationskoeffizienten gemessenen oder anhand eines Streudiagramms grafisch veranschaulichten statistischen Korrelation zwischen zwei Variablen auf das Bestehen eines Kausalzusammenhangs zu schließen. Zwei voneinander unabhängige Variable y und x können eine statistische Korrelation ausweisen, weil z.B. eine dritte Variable z sowohl auf y als auch x wirkt und sich dadurch beide in gleicher Richtung verändern. Bei Vorliegen einer statistisch gemessenen Korrelation ohne Vorliegen eines Kausalzusammenhangs spricht man von *Scheinkorrelation.* Ein in der Literatur gern zitiertes Beispiel für eine Scheinkorrelation ist der gemessene positive und in mittlerer Größenordnung liegende Korrelationskoeffizient für den Zusammenhang zwischen der Anzahl der Geburten und der Zahl der gezählten Störche in einer Region.

Die Begründung für das Vorliegen eines Zusammenhangs zwischen Variablen sollte theoretisch bzw. durch Plausibilitätserklärung fundiert sein. Die Berechnung eines Korrelationskoeffizienten kann lediglich die Stärke eines begründeten linearen Zusammenhangs messen.

Häufig beschränkt man sich bei einer Korrelationsanalyse von Daten nicht auf das Messen des Zusammenhangs der Variablen für den vorliegenden Datensatz im Sinne einer deskriptiven statistischen Untersuchung, sondern hat den Anspruch, allgemeinere Aussagen darüber zu treffen, ob ein Zusammenhang zwischen den Variablen besteht oder nicht. Dabei wird ein theoretischer Zusammenhang zwischen den Variablen im universelleren Sinne für eine tatsächlich existierende oder theoretisch gedachte Grundgesamtheit postuliert und der vorliegende Datensatz als eine Stichprobe aus der Grundgesamtheit interpretiert. Mit der Formulierung einer derartigen stichprobentheoretisch fundierten Korrelationsanalyse lassen sich Signifikanzprüfungen (⇨ Kap. 13.2) für die Höhe des Korrelationskoeffizienten vornehmen. Damit soll es ermöglicht werden, zwischen den Hypothesen des Bestehens und Nichtbestehens einer Korrelation zu diskriminieren. Man sollte dabei aber stets bedenken, dass die Bedeutung einer Korrelation durch ihre Höhe bedingt ist. Eine geringe Korrelation hat trotz einer hohen Signifikanz i.d.R. nur einen kleinen Stellenwert.

Das Untermenü „Bivariat" von „Korrelation" erlaubt die Berechnung drei verschiedener Korrelationskoeffizienten (*Pearson*, *Kendall-Tau-b* und *Spearman*), die unter unterschiedlichen Anwendungsbedingungen (⇨ Kap. 10.4) gewählt werden können.

Der Korrelationskoeffizient nach Pearson setzt eine metrische Skala beider Variablen voraus und misst Richtung und Stärke des linearen Zusammenhangs der Variablen. Der von SPSS berechnete Korrelationskoeffizient nach Pearson ist wie folgt definiert (⇨ auch Kap. 10.4.3).

$$r_{x,y} = \frac{\frac{1}{n-1}\sum(x-\bar{x})(y-\bar{y})}{\sqrt{\frac{1}{n-1}\sum(x-\bar{x})^2}\sqrt{\frac{1}{n-1}\sum(y-\bar{y})^2}} \qquad (17.1)$$

Der Ausdruck $\frac{1}{n-1}\sum(x-\bar{x})(y-\bar{y})$ ist die geschätzte Kovarianz der Variablen x und y und misst die Stärke und Richtung des linearen Zusammenhangs zwischen den Variablen in Form eines nicht normierten Maßes. Die Ausdrücke

$$\sqrt{\frac{1}{1-n}\sum(y-\bar{y})^2} \text{ sowie } \sqrt{\frac{1}{n-1}\sum(y-\bar{y})^2}$$

sind die geschätzten Standardabweichungen s_x und s_y der Variablen. Der Korrelationskoeffizient r_{xy} ist also der Quotient aus Kovarianz und den Standardabweichungen der beiden Variablen. Er ist die mit den Standardabweichungen der beiden Variablen normierte Kovarianz. Die Normierung stellt sicher, dass der Korrelationskoeffizient im Falle eines vollkommenen (mathematischen) Zusammenhangs maximal den Wert eins annimmt.

Der Korrelationskoeffizient nach Pearson hat folgende Eigenschaften:

- Er hat je nach Richtung des Zusammenhangs ein positives oder negatives Vorzeichen.
- Er ist dimensionslos.
- Ein Vertauschen der Variablen berührt nicht den Messwert.
- Er kann absolut maximal 1 und minimal 0 werden.
- Er misst die Stärke eines linearen Zusammenhangs.

Soll statistisch getestet werden, ob ein linearer Zusammenhang zwischen den Variablen x und y für die Grundgesamtheit besteht, also die Hypothese geprüft werden, ob der unbekannte Korrelationskoeffizient der Grundgesamtheit - hier ρ genannt - sich signifikant von Null unterscheidet - so bedarf es spezieller Annahmen. Unter der Voraussetzung, dass die gemeinsame (bivariate) Verteilung der Variablen normalverteilt ist und die vorliegenden Daten aus dieser per Zufallsauswahl entnommen worden sind, hat die Prüfgröße (⇨ Kap 13.1)

$$t = r_{x,y}\sqrt{\frac{n-2}{1-r^2}} \qquad (17.2)$$

für den Fall $\rho = 0$ eine Student´s t-Verteilung mit $n-2$ Freiheitsgraden. Aus einer tabellierten t-Verteilung[1] lässt sich unter der Vorgabe einer Irrtumswahrscheinlichkeit von z.B. 5 % ($\alpha = 0{,}05$) für die Anzahl der Freiheitsgrade in Höhe von $n-2$ ein „kritischer“ t-Wert ablesen. Ist der empirisch berechnete Wert (absolut) kleiner als der „kritische“, so wird die Hypothese H_0, $\rho = 0$ (kein Zusammenhang zwischen den Variablen), angenommen. Ist er (absolut) größer, so wird die Alternativhypothese H_1 (es besteht ein Zusammenhang) angenommen. Die Alternativhypothese wird dabei je nach Erwartung über die Richtung des Zusammenhangs unterschiedlich formuliert. Hat man keinerlei Erwartung über die Richtung des Zusammenhangs, gilt H_1: $\rho \neq 0$. Es handelt sich dann um einen zweiseitigen Test. Erwartet man, dass die Variablen sich in gleicher Richtung verändern, so wird der positive Zusammenhang mit H_1: $\rho > 0$ formuliert. Bei Erwartung eines negativen Zusammenhangs gilt entsprechend H_1: $\rho < 0$. In diesen Fällen handelt es sich um einseitige Tests.

Anwendungsbeispiel. Im folgenden Beispiel soll untersucht werden, wie stark der private Konsum (CPR) mit der Höhe des verfügbaren Einkommens (YVERF) und dem Zinssatz (ZINS) korreliert. Abb. 17.2 zeigt einen Ausschnitt aus der Datei MAKRO.SAV im Dateneditor. Erwartet wird, dass die Korrelation von CPR und YVERF positiv und sehr hoch und die von CPR und ZINS negativ und eher mittelmäßig stark ist.

Zur Berechnung der Korrelationskoeffizienten gehen Sie wie folgt vor:

▷ Wählen Sie per Mausklick die Befehlsfolge „Analysieren“, „Korrelation ▷“, „Bivariat...“. Es öffnet sich die in Abb. 17.3 dargestellte Dialogbox.

▷ Übertragen Sie die zu korrelierenden Variablen aus der Quellvariablenliste in das Feld „Variablen:“ (hier: CPR, YVERF und ZINS).

---

[1] Die Tabelle ist auf den Internetseiten zum Buch verfügbar.

- ▷ Wählen Sie den gewünschten Korrelationskoeffizienten aus (hier: Pearson).
- ▷ Wählen Sie aus, ob Sie einen einseitigen oder zweiseitigen Signifikanztest durchführen wollen (hier: einseitig, da eine Erwartung über die Richtung der Zusammenhänge besteht).
- ▷ Wählen Sie, ob signifikante Korrelationen markiert werden sollen.
- ▷ Falls das Untermenü „Optionen..." aktiviert werden soll, wird es angeklickt. Falls nicht, wird mit Klicken der Schaltfläche „OK" die Berechnung gestartet.

	jahr	bsp	cpr	yverf	zins	lq	inflat	alq	m1
1	60	860	444,9	486,9	6,3	60,1	.	1,3	51,07
2	61	896	471,9	519,0	5,9	62,4	5,1	,9	58,71
3	62	938	498,5	545,3	6,0	63,9	4,1	,7	63,35
4	63	963	512,3	568,8	6,1	64,9	3,1	,9	67,76
5	64	1026	539,7	607,8	6,2	64,5	3,0	,8	73,04
6	65	1080	576,7	656,5	6,8	65,3	3,7	,7	78,52
7	66	1111	594,6	672,0	7,8	66,4	3,5	,7	79,61
8	67	1108	601,4	676,9	7,0	66,1	1,4	2,1	87,92
9	68	1172	630,1	720,9	6,7	64,7	2,3	1,5	93,47

Abb. 17.2. Dateneditor mit makroökonomischen Daten

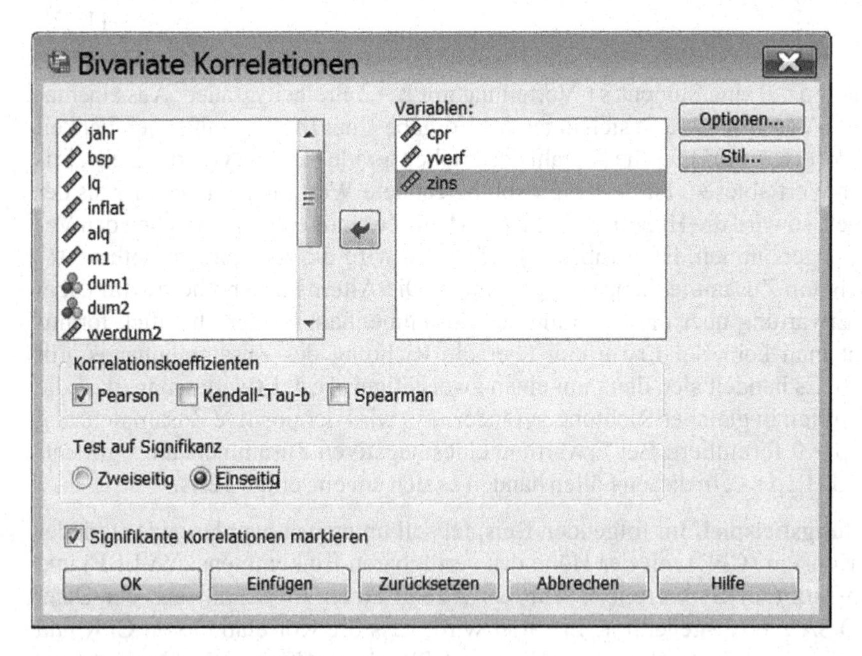

Abb. 17.3. Dialogbox „Bivariate Korrelationen"

Wahlmöglichkeiten.

① *Korrelationskoeffizienten.* Es kann der nach Pearson, Kendall-Tau-b sowie Spearman gewählt werden (⇨ Kap. 10.4).

② *Test auf Signifikanz.* Man kann sich entweder ein einseitiges oder ein zweiseitiges Signifikanzniveau angeben lassen.

③ *Signifikante Korrelationen markieren.* In der Ausgabe werden diese durch Sternchen gekennzeichnet.

④ *Optionen.* Anklicken von [Optionen...] (⇨ Abb. 17.3) öffnet die in Abb. 17.4 dargestellte Dialogbox. Sie enthält zwei Auswahlgruppen:

❑ *Statistik.*

- *Mittelwerte und Standardabweichungen.* Berechnung der arithmetischen Mittel sowie der Standardabweichungen.
- *Kreuzproduktabweichungen und Kovarianzen.* Ausgabe der Kreuzprodukte der Abweichungen vom arithmetischen Mittelwert sowie der Kovarianzen.

❑ *Fehlende Werte.*

- *Paarweiser Fallausschluss.* Fälle mit fehlenden Werten werden nur für die jeweiligen Variablenpaare, nicht aber für die gesamte Liste der zu korrelierenden Variablen, ausgeschlossen. Diese Option führt dazu, dass bei fehlenden Werten die Korrelationskoeffizienten einer Variablenliste auf der Basis unterschiedlicher Fälle berechnet werden und daher nur eingeschränkt vergleichbar sind.
- *Listenweiser Fallausschluss.* Es werden die Fälle aller zu korrelierenden Variablen ausgeschlossen, sofern bei Variablen fehlende Werte auftreten. Es ist sorgfältig zu prüfen, ob eventuell ein systematischer Zusammenhang zwischen fehlenden Werten und Werten der Untersuchungsvariablen besteht. Nur wenn ein derartiger Zusammenhang nicht erkennbar ist, werden die ermittelten Korrelationskoeffizienten den Zusammenhang der Variablen unverzerrt widerspiegeln.

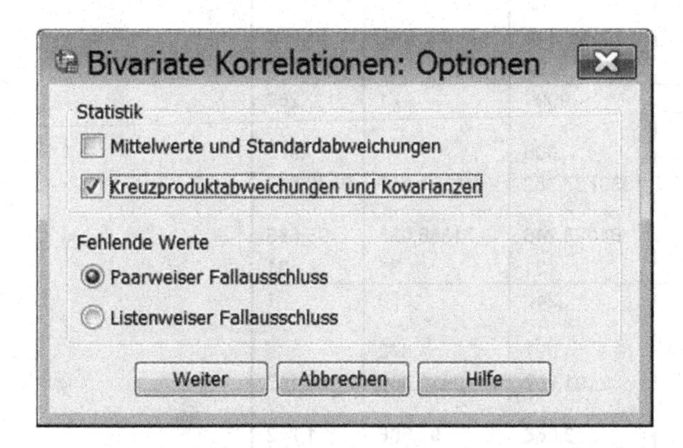

Abb. 17.4. Dialogbox „Bivariate Korrelation: Optionen“

Die in Abb. 17.3 und 17.4 gewählten Einstellungen führen zur Ausgabe in Tabelle 17.1. In der ersten Zeile für eine Variable werden die Korrelationskoeffizienten aufgeführt. Danach wird das einseitige Signifikanzniveau der Korrelationskoeffizienten ausgegeben. Dieses gibt an, mit welcher Irrtumswahrscheinlichkeit die H_0-Hypothese (es besteht kein Zusammenhang zwischen den Variablen) abgelehnt wird. Es folgen die Quadratsummen und Kreuzprodukte der Abweichungen vom Mittelwert, die Kovarianz und die Fallanzahl N. N ist in diesem Beispiel trotz der gewählten Option „Paarweiser Ausschluss“ 31, da für die gewählten Variablen keine Werte fehlen.

Die Höhe der Korrelation zwischen dem privaten Konsum (CPR) und dem verfügbaren Einkommen (YVERF) entspricht mit $r_{cpr,yverf} = 0{,}999$ der Erwartung eines sehr hohen Korrelationskoeffizienten mit positivem Vorzeichen. Das Signifikanzniveau P = 0,000 gibt an, dass mit dieser Irrtumswahrscheinlichkeit die H_0-Hypothese (es besteht kein Zusammenhang zwischen CPR und YVERF) abgelehnt und damit die H_1-Hypothese (es besteht ein positiver Zusammenhang) angenommen werden kann. Für CPR und ZINS wird mit dem Ergebnis $r_{cpr,zins} = 0{,}240$ die Hypothese eines erwarteten negativen Zusammenhangs nicht bestätigt. Das ermittelte Signifikanzniveau P = 0,097 liegt über der bei statistischen Tests üblichen Höhe von 5 % ($\alpha = 0{,}05$). Insofern wäre die H_0-Hypothese (es besteht kein Zusammenhang) beizubehalten. Bevor aber eine derartige Schlussfolgerung gezogen wird, sollte überlegt und geprüft werden, ob der korrelative Zusammenhang falsch gemessen wird, da der starke Einfluss von YVERF auf CPR den tatsächlichen Zusammenhang eventuell verdeckt. Die partielle Korrelation in Kap. 17.2 wird eine Klärung ermöglichen.

Tabelle 17.1. Ergebnisausgabe der bivariaten Korrelation

Korrelationen

		cpr	yverf	zins
cpr	Korrelation nach Pearson	1	,999**	,240
	Signifikanz (1-seitig)		,000	,097
	Quadratsummen und Kreuzprodukte	1568974,200	1830757,382	2191,967
	Kovarianz	52299,140	61025,246	73,066
	N	31	31	31
yverf	Korrelation nach Pearson	,999**	1	,269
	Signifikanz (1-seitig)	,000		,072
	Quadratsummen und Kreuzprodukte	1830757,382	2141581,155	2870,569
	Kovarianz	61025,246	71386,038	95,686
	N	31	31	31
zins	Korrelation nach Pearson	,240	,269	1
	Signifikanz (1-seitig)	,097	,072	
	Quadratsummen und Kreuzprodukte	2191,967	2870,569	53,157
	Kovarianz	73,066	95,686	1,772
	N	31	31	31

**. Die Korrelation ist auf dem Niveau von 0,01 (1-seitig) signifikant.

Das Menü „Bivariate Korrelation“ ermöglicht auch die Berechnung von Rangkorrelationskoeffizienten. Dabei stehen Kendall-Tau-b sowie der Korrelationskoeffizient nach Spearman zur Auswahl (⇨ Kap. 10.4). Rangkorrelationskoeffizienten werden berechnet, wenn entweder mindestens eine der beiden zu korrelierenden Variablen ordinalskaliert ist oder aber bei Vorliegen von metrischen Variablen ein statistischer Signifikanztest durchgeführt werden soll, aber die Voraussetzung einer bivariaten Normalverteilung nicht erfüllt ist.

Exakte Tests. Sowohl für den Korrelationskoeffizienten nach Pearson als auch nach Spearman lassen sich für kleine Fallzahlen exakte Signifikanztests durchführen. Diese erhält man mit der Prozedur Kreuztabellen (⇨ Kap. 10, Kap. 36).

17.2 Partielle Korrelation

Theoretische Grundlagen. Man kann im Allgemeinen erwarten, dass der Zusammenhang zwischen zwei Variablen x und y durch den Einfluss weiterer Variablen beeinflusst wird. So kann z.B. der Einfluss einer dritten Variable z der Grund dafür sein, dass x und y statistisch korreliert sind, obwohl tatsächlich kein Zusammenhang zwischen ihnen besteht (Scheinkorrelation). Denkbar ist umgekehrt auch, dass ein tatsächlich bestehender Zusammenhang zwischen x und y durch den Einfluss von z statistisch verdeckt wird, so dass der Korrelationskoeffizient $r_{x,y}$ einen Wert nahe Null annimmt. Eine Scheinkorrelation oder verdeckte Korrelation kann mit Hilfe der partiellen Korrelation aufgedeckt werden. Eine partielle Korrelation entspricht dem Versuch, den korrelativen Zusammenhang zwischen x und y bei Konstanz der Variablen z zu messen. Damit wird eine Analogie zur Kreuztabellierung von Variablen unter Berücksichtigung von Kontrollvariablen deutlich. Im Unterschied zur Kreuztabellierung kann die Kontrolle nur statistisch unter der Voraussetzung linearer Beziehungen erfolgen: Es wird die Stärke des linearen Zusammenhangs zwischen x und y bei statistischer Eliminierung des linearen Effekts von z sowohl auf x als auch auf y gemessen.

Werden in zwei linearen Regressionsansätzen (⇨ Kap. 18)

$$y = a_1 + b_1 z + e_1 \tag{17.3}$$

$$x = a_2 + b_2 z + e_2 \tag{17.4}$$

sowohl die Variable y als auch x durch z vorhergesagt (erklärt), so sind

$$e_1 = y - (a_1 + b_1 z) \tag{17.5}$$

$$e_2 = x - (a_2 + b_2 z) \tag{17.6}$$

die Residualwerte, die jeweils die vom Einfluss der Variable z „bereinigten" Variablen x bzw. y darstellen. Der partielle Korrelationskoeffizient zwischen x und y wird häufig mit $r_{yx,z}$ bezeichnet. Er entspricht dem bivariaten Korrelationskoeffizienten nach Pearson zwischen den Variablen e_1 und e_2 ($r_{e_1 e_2}$). In diesem Beispiel handelt es sich um eine partielle Korrelation erster Ordnung, da nur der Einfluss einer Variable z konstant gehalten (kontrolliert) wird. Ermittelbar sind in analoger Weise partielle Korrelationen höherer Ordnung, wenn zwei oder mehr Variablen z_1, z_2 etc. in ihrer Wirkung auf x und y statistisch eliminiert werden, um die Stärke des Zusammenhangs zwischen y und x bei Kontrolle weiterer Variablen zu messen.

Auch partielle Korrelationskoeffizienten können auf statistische Signifikanz geprüft werden. Unter der Voraussetzung einer multivariaten Normalverteilung kann die H_0-Hypothese (partielle Korrelationskoeffizient der Grundgesamtheit $\rho = 0$) mit Hilfe folgender Prüfgröße

$$t = r\sqrt{\frac{n-\theta-2}{1-r^2}} \tag{17.7}$$

geprüft werden. Die Prüfgröße ist t-verteilt mit $n-\theta-2$ Freiheitsgraden. In der Gleichung ist r der partielle Korrelationskoeffizient, n die Anzahl der Fälle und θ die Ordnung des Korrelationskoeffizienten. Ist der empirische t-Wert gleich bzw. kleiner als ein (gemäß der Freiheitsgrade und einer vorgegebenen Irrtumswahrscheinlichkeit α) aus einer tabellierten t-Verteilung[2] entnehmbarer kritischer t-Wert, so wird die H_0-Hypothese (kein Zusammenhang zwischen den Variablen) angenommen. Für den Fall, dass der empirische t-Wert den kritischen übersteigt, wird die H_0-Hypothese abgelehnt und damit die H_1-Hypothese (es besteht ein Zusammenhang) angenommen.

Anwendungsbeispiel. Das in Kap. 17.1 gewonnene Ergebnis einer positiven, aber nicht signifikanten Korrelation zwischen den Variablen CPR (privater Konsum) und ZINS (Zinssatz) entsprach nicht der Erwartung. Es soll nun mittels Berechnung eines partiellen Korrelationskoeffizienten zwischen CPR und ZINS bei Kontrolle des Einflusses der Variablen YVERF (verfügbares Einkommen) geprüft werden (= Korrelationskoeffizient erster Ordnung), ob das unplausible Ergebnis ein Resultat einer verdeckten Korrelation ist. Dazu gehen Sie wie folgt vor:

▷ Durch Mausklicken wird die Befehlsfolge „Analysieren" „Korrelation ▷„ „Partiell..." aufgerufen. Es öffnet sich die in Abb. 17.5 dargestellte Dialogbox. Übertragen Sie aus der Quellvariablenliste die zu korrelierenden Variablen CPR und ZINS in das Feld „Variablen:".

▷ Übertragen Sie die Kontrollvariable YVERF in das Feld „Kontrollvariablen:".

▷ Wählen Sie, ob ein einseitiger oder zweiseitiger Signifikanztest vorgenommen werden soll.

▷ Wählen Sie, ob das Signifikanzniveau angezeigt werden soll.

▷ Falls weitere optionale Berechnungen durchgeführt werden sollen, muss die Schaltfläche [Optionen...] angeklickt werden. Falls nicht, wird mit „OK" die Berechnung gestartet.

---

[2] Die Tabelle ist auf den Internetseiten zum Buch verfügbar.

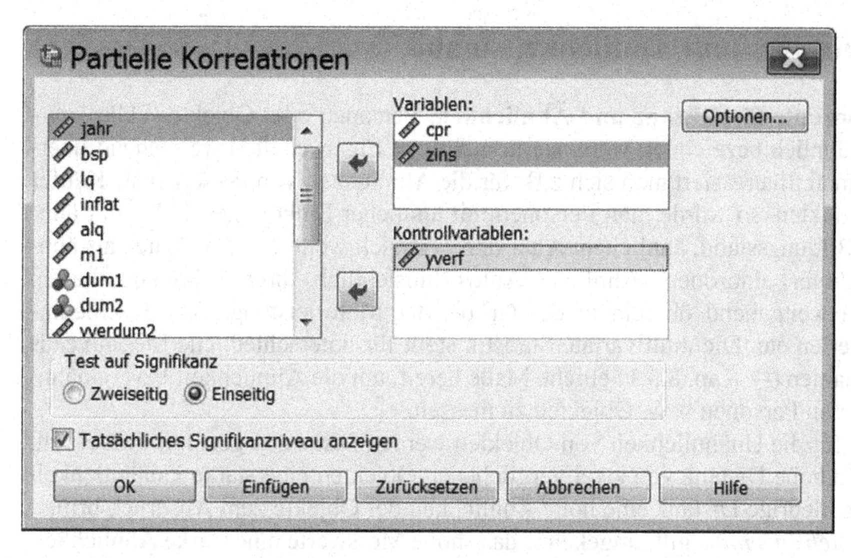

Abb. 17.5. Dialogbox „Partielle Korrelationen"

Das in Tabelle 17.2 dargestellte Ergebnis ist Resultat der gewählten Einstellungen. Es ergibt sich mit $r = -0{,}595$ das erwartete Ergebnis, dass CPR und ZINS mit mittlerer Stärke negativ korreliert ist, wenn die Haupteinflussvariable YVERF kontrolliert wird. Die Anzahl der Freiheitsgrade (englisch degrees of freedom) beträgt df $= n - \theta - 2 = 31 - 1 - 2 = 28$. Mit „Signifikanz (einseitig)" = 0,000 ist die Irrtumswahrscheinlichkeit so gering, dass die H_0-Hypothese (kein Zusammenhang zwischen den Variablen) zugunsten der H_1-Hypothese (negativer Zusammenhang) abgelehnt wird.

Wahlmöglichkeiten. Es bestehen die gleichen Optionen wie bei der bivariaten Korrelation (⇨ Kap. 17.1).

Tabelle 17.2. Ergebnisausgabe partieller Korrelation

Korrelationen

Kontrollvariablen			cpr	zins
yverf	cpr	Korrelation	1,000	-,595
		Signifikanz (einseitig)	.	,000
		Freiheitsgrade	0	28
	zins	Korrelation	-,595	1,000
		Signifikanz (einseitig)	,000	.
		Freiheitsgrade	28	0

17.3 Distanz- und Ähnlichkeitsmaße

Messkonzepte für Distanz und Ähnlichkeit. Personen oder Objekte (Fälle) werden als ähnlich bezeichnet, wenn sie in mehreren Eigenschaften weitgehend übereinstimmen. Interessiert man sich z.B. für die Ähnlichkeit von Personen als Käufer von Produkten, so würde man Personen mit ähnlicher Einkommenshöhe, mit ähnlichem Bildungsstand, ähnlichem Alter und eventuell weiteren Merkmalen als ähnliche Käufer einordnen. Ähnliche Autos hinsichtlich ihrer Fahreigenschaften stimmen weitgehend überein in der Größe, der Motorleistung, den Beschleunigungswerten etc. Die multivariate Statistik stellt für unterschiedliche Messniveaus der Variablen (⇨ Kap. 8.3.1) etliche Maße bereit, um die Ähnlichkeit bzw. Unähnlichkeit von Personen bzw. Objekten zu messen.

Maße für die Unähnlichkeit von Objekten werden *Distanzen* genannt. Dabei gilt, dass eine hohe Distanz von zwei verglichenen Objekten eine starke Unähnlichkeit und eine niedrige Distanz eine hohe Ähnlichkeit der Objekte zum Ausdruck bringt. Für *Ähnlichkeitsmaße* gilt umgekehrt, dass hohe Messwerte eine starke Ähnlichkeit der Objekte ausweisen. Alle Distanz- und Ähnlichkeitsmaße beruhen auf einem Vergleich von jeweils zwei Personen bzw. Objekten unter Berücksichtigung von mehreren Merkmalsvariablen.

Es gibt aber auch Ähnlichkeitsmaße für Variablen. Als zwei ähnliche Variable werden Variable definiert, die stark zusammenhängen. Daher handelt es sich bei den Ähnlichkeitsmaßen um Korrelationskoeffizienten bzw. um andere Zusammenhangsmaße.

Je nach Art der Daten bietet SPSS für eine Messung der Distanz oder der Ähnlichkeit eine Reihe von unterschiedlichen Maßen an. Für intervallskalierte Variablen und für binäre Variablen (Variablen mit nur zwei Merkmalswerten: 0 = eine Eigenschaft ist nicht vorhanden, 1 = eine Eigenschaft ist vorhanden) gibt es jeweils eine Reihe von Distanz- und Ähnlichkeitsmaßen. Liegen die Daten in Form von Häufigkeiten von Fällen vor, so kann aus zwei Distanzmaßen ausgewählt werden (⇨ Übersicht in Tabelle 17.3).

Distanz- und Ähnlichkeitsmaße werden als Eingabedaten für die Clusteranalyse verwendet (⇨ Kap. 22).

Für jede der in Tabelle 17.3 aufgeführten fünf Gruppen von Maßen sollen nun exemplarisch mittels kleiner Beispiele die Definitionskonzepte der Maße erläutert werden. Auf der Basis dieser Erläuterungen kann man sich bei Bedarf sehr leicht Kenntnisse über alle anderen Maße beschaffen, wenn man über das SPSS-Hilfesystem das Befehlssyntaxhandbuch (Command Syntax Reference) von SPSS aufruft. Es öffnet sich dann automatisch Acrobat-Reader (sofern das Programm installiert ist) zum Lesen des Handbuchs. Man wähle dort „PROXIMITIES" sowie den Unterabschnitt „MEASURE Subcommand". In weiteren Unterabschnitten kann man sich über die Distanz- und Ähnlichkeitsmaße für die verschiedenen Datentypen informieren.

Tabelle 17.3. Übersicht über Distanz- und Ähnlichkeitsmaße für unterschiedliche Daten

Maß	**Distanzmaße**			**Ähnlichkeitsmaße**	
Art der Daten:	Intervallskala	Häufigkeiten	binär	Intervallskala	binär
Anzahl der Maße:	6	2	7	2	20

Distanzmaße für intervallskalierte Variablen. Zur Berechnung der Distanz (Unähnlichkeit) von Objekten wird meistens die *Euklidische Distanz* gewählt. Zunächst soll das Konzept der Euklidischen Distanz für den Fall von nur zwei Variablen y und x als geometrische Distanz im zweidimensionalen x/y-Koordinantensystem erläutert werden. Das Quadrat der Distanz zwischen den Punkten A und B in Abb. 17.6 links errechnet sich nach dem Satz von Pythagoras ($c^2 = a^2 + b^2$): $\text{Distanz}^2_{AB} = (x_A - x_B)^2 + (y_A - y_B)^2$.

Die Euklidische Distanz (EUCLID) zwischen zwei Objekten A und B im zweidimensionalen x/y-Variablenraum ist die Quadratwurzel aus der quadrierten Distanz:

$$\text{EUCLID(A,B)} = \sqrt{(x_A - x_B)^2 + (y_A - y_B)^2} \tag{17.8}$$

Die City-Block(Manhatten-)Distanz[3] (CITYB) summiert die absoluten Differenzen der Variablenwerte von Objekt A und B (⇨ Abb. 17.6 rechts):

$$\text{CITYB(A,B)} = |x_A - x_B| - |y_A - y_B| \tag{17.9}$$

Für mehr als zwei Variablen erhöht sich lediglich die Dimension des durch die Variablen aufgespannten Raumes.

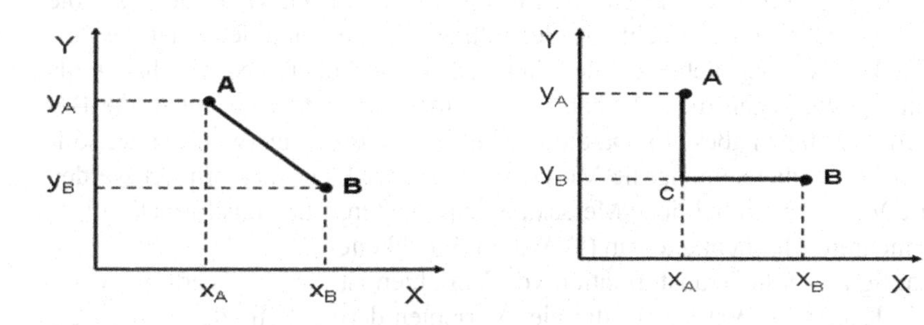

Abb. 17.6. Distanzen zwischen den Punkten A und B im x/y-Raum: Euklidische Distanz (links), City-Block-Distanz (rechts)

Im Folgenden soll die Euklidische Distanz zwischen einigen Hamburger Stadtteilen am Beispiel von vier Variablen berechnet werden.

Tabelle 17.4 enthält für einige Hamburger Stadtteile (= Objekte bzw. Fälle) vier metrische (intervallskalierte) Variable, die als Indikatoren für die soziale Struktur (Anteil der Arbeiter in %, Mietausgaben je Person in DM) einerseits sowie der ur-

---

[3] Um in Manhatten von A nach B zu kommen muss man entsprechend Abb. 17.6 rechts die Strecke ACB nehmen, d.h. einen Häuserblock umgehen.

banen Verdichtung (Bevölkerungsdichte, Anteil der Gebäude mit bis zu zwei Wohnungen in %) andererseits dienen (Datei ALTONA.SAV).

Bezeichnet man (wie im Syntax Handbuch) die Variablen eines Ortsteils mit x_i und die Variablen des Vergleichsortteils mit y_i, wobei der Index i die Variable angibt, so berechnet sich die Euklidische Distanz EUCLID(x,y) zwischen den Ortsteilen Flottbek (x) und Othmarschen (y) auf der Basis der vier Merkmale (i = 1,2,3,4) wie folgt:

$$\text{EUCLID}(x,y) = \sqrt{\sum_i (x_i - y_i)^2} = \qquad (17.10)$$

$$\sqrt{(9{,}4-7{,}3)^2 + (385{,}9-471{,}7)^2 + (53{,}2-25{,}6)^2 + (78{,}1-77{,}7)^2} = 90{,}16$$

Berechnet man auf diese Weise die Distanz zwischen den Ortsteilen Flottbek und Ottensen 1, so ergibt sich EUCLID(x,y) = 205,72. Damit wird ausgewiesen, dass die Ortsteile Flottbek und Othmarschen sich hinsichtlich der vier Variablen weniger unterscheiden als die Ortsteile Flottbek und Ottensen 1. Aus Gleichung 17.8 kann man erkennen, dass kleine Unterschiede in den Messwerten der Variablen für die Vergleichsobjekte zu einer kleinen und hohe Unterschiede zu einer großen Distanz führen.

Auch alle anderen wählbaren Maße beruhen auf Differenzen in den Werten der Variablen für die jeweils zwei verglichenen Objekte. Das Maß Block (City-Block- bzw. Manhatten-Distanz) z.B. entspricht der Summe der absoluten Differenzen der Variablenwerte der Vergleichsobjekte (⇨ Gleichung 17.9 und Abb. 17.6 rechts).

Anhand des Beispiels wird deutlich, dass die Distanzmaße vom Skalenniveau der gemessenen Variablen abhängen. Ob z.B. die Arbeiterquote in % oder in Dezimalwerten gemessen wird, hat für die Einflussstärke (das Gewicht) der Variable bei der Distanzberechnung erhebliche Bedeutung. Da die Variablen Miete je Person sowie Bevölkerungsdichte auf der Zahlenskala ein höheres Niveau haben als die Arbeiterquote, gehen diese Variablen mit einem höheren Gewicht in die Berechnung des Distanzmaßes ein. Da dieses aber in der Regel unerwünscht ist, sollten vor der Distanzberechnung die Messwerte der Variablen transformiert werden um für die Variablen einheitliche Messskalen zu erhalten. Zur Transformation bietet SPSS mehrere Möglichkeiten an (⇨ Wahlmöglichkeiten).

Eine häufig gewählte Transformation von Variablen ist die in z-Werte (⇨ Gleichung 8 in Kap. 8.5). Werden für die vier Variablen der Ortsteile des Hamburger Bezirks Altona (Datei ALTONA.SAV) die z-Werte berechnet, so ergeben sich für vier ausgewählte Ortsteile die in Tabelle 17.5 aufgeführten Werte.

Die Euklidische Distanz EUCLID(x,y) zwischen den Ortsteilen Flottbek (x) und Othmarschen (y) auf der Basis der z-Werte der vier Variablen i (i = 1,2,3,4) ergibt

$$\text{EUCLID}(x,y) = \sqrt{\sum_i (x_i - y_i)^2} = \qquad (17.11)$$

$$\sqrt{(-1{,}45412 - -1{,}58592)^2 + (1{,}1584 - 2{,}18224)^2 + (-0{,}53367 - -0{,}93670)^2 + (1{,}05165 - 1{,}03968)^2}$$
$$=1{,}108.$$

Für die Euklidische Distanz zwischen Flottbek und Ottensen 1 ergibt sich 4,090. (Zu den weiteren verfügbaren Maßen ⇨ Syntaxhandbuch).

Tabelle 17.4. Variable für Hamburger Ortsteile (ALTONA.SAV)

Stadtteil	Arbeiter	Miete/Person	BVG-Dichte	Bis 2 Wohng.
Flottbek	9,4	385,9	53,2	78,1
Othmarschen	7,3	471,7	25,6	77,7
Lurup	41,7	220,8	54,9	76,3
Ottensen 1	51,6	227,6	159,6	13,6

Tabelle 17.5. Z-Werte der Variablen in Tabelle 17.4

Stadtteil	ZARBEIT	ZMJEP	ZBJEHA	ZG2W
Flottbek	-1,45412	1,15840	-0,53367	1,05165
Othmarschen	-1,58592	2,18224	-0,93670	1,03968
Lurup	0,57306	-0,81171	-0,50884	0,99776
Ottensen 1	1,19439	-0,73056	1,02005	-0,87960

Distanzmaße für Häufigkeiten. In Tabelle 17.6 ist für die Städte A, B und C die Anzahl von drei verkauften Produkten einer Firma je 10 Tsd. Einwohner aufgeführt [fiktives Beispiel, für die Städte A und B bzw. für die drei Produkte werden in eckigen Klammern auch die Zeilen- und Spaltensummen der Häufigkeiten aufgeführt (Zeilen- und Spaltensummen einer 2*3-Matrix) und in runden Klammern für jede Zelle der 2*3-Matrix erwartete Häufigkeiten gemäß des Distanzmaßes der Gleichung 17.12]. Auf der Basis dieser Daten soll die Ähnlichkeit und damit die Unähnlichkeit (Distanz) von Städten hinsichtlich des Absatzes der drei Produkte im Paarvergleich gemessen werden.

Tabelle 17.6. Absatzhäufigkeiten von Produkten in Städten

Stadt	Produkt 1	Produkt 2	Produkt 3	Summe
Stadt A	20 (16)	25 (32)	35 (32)	[$n_A = 80$]
Stadt B	10 (14)	35 (28)	25 (28)	[$n_B = 70$]
Summe	[$n_1 = 30$]	[$n_2 = 60$]	[$n_3 = 60$]	[$n = 150$]
Stadt C	20	32	28	

Die wählbaren Maße beruhen auf dem Chi-Quadrat-Maß zur Prüfung auf Unterschiedlichkeit von zwei Häufigkeitsverteilungen (⇨ Kap. 30.2.2). In der Gleichung 17.12 sind $E(x_i)$ und $E(y_i)$ erwartete Häufigkeiten unter der Annahme, dass die Häufigkeiten von zwei Objekten unabhängig voneinander sind. Die erwartete Häufigkeit einer Zelle i der 2*3-Matrix berechnet sich wie folgt: Zeilensum-me$_i$*Spaltensumme$_i$/Gesamtsumme. Für die erwartete Häufigkeit z.B. der ersten Zelle der Matrix (i = 1: Stadt A und Produkt 1) ergibt sich: $n_A * n_1 / n = 30 * 80/150 = 16$. Bezeichnet man (wie im Syntax Handbuch) die Häufigkeiten der Variablen i einer Stadt mit x_i und die Häufigkeiten der Variablen i der Vergleichsstadt mit y_i so berechnet sich Chi-Quadrat(x,y) (zu Chi-Quadrat ⇨ Kap. 30.2.2) für die Städte A (x) und B (y) auf der Basis der aufgeführten Variablen (i = 1,2,3) wie folgt:

$$CHISQ(x,y) = \sqrt{\sum_i \frac{(x_i - E(x_i))^2}{E(x_i)} + \sum_i \frac{(y_i - E(y_i))^2}{E(y_i)}} \quad (17.12)$$

$$= \sqrt{\frac{(20-16)^2}{16} + \frac{(25-32)^2}{32} + \frac{(35-32)^2}{32} + \frac{(10-14)^2}{14} + \frac{(35-28)^2}{28} + \frac{(25-28)^2}{28}} = 2{,}455$$

(Zu einem weiteren verfügbaren Maß ⇨ Syntaxhandbuch im Hilfesystem).

Distanzmaße für binäre Variablen. In Tabelle 17.7 sind beispielhaft für drei Personen fünf Variablen aufgeführt. Die Variable FUSSBALL, TENNIS, SEGELN, AUTOR und SKI erfassen, ob ein Interesse für die Sportarten Fußball, Tennis, Segeln, Autorennen bzw. Skifahren besteht. Die Variablen sind binäre Variablen: der Merkmalswert 0 bedeutet, dass bei einer Person das Merkmal nicht und der Wert 1, dass das Merkmal vorhanden ist. Aus den Daten erschließt sich z.B., dass die Person A kein Interesse für Fußball und Autorennen wohl aber ein Interesse für Tennis, Segeln und Skifahren hat.

Tabelle 17.7. Binäre Merkmale von Personen

Person	Fußball	Tennis	Segeln	Autor	Ski
Person A	0	1	1	0	1
Person B	0	1	1	0	0
Person C	0	0	1	1	1

Vergleicht man die Werte der fünf Variablen für die Personen A und B, so lässt sich die in Tabelle 17.8 dargestellte 2*2-Kontingenztabelle mit Häufigkeiten des Auftretens von Übereinstimmungen bzw. Nichtübereinstimmungen aufstellen. Bei zwei Variablen (TENNIS und SEGELN) besteht eine Übereinstimmung hinsichtlich eines Interesses an den Sportarten (a =2), bei zwei Variablen (FUSSBALL und AUTOR) besteht eine Übereinstimmung im Nichtinteresse an den Sportarten (d =2), bei keiner ein Interesse von Person B und nicht von Person A (c =0) und bei einer Sportart (SKI) ist es umgekehrt (b =1).

Tabelle 17.8. Kontingenztabelle für Person A und B (Variablenwerte in Tabelle 17.7)

Person A	Person B	
	Merkmalswert 1	Merkmalswert 0
Merkmalswert 1	a (= 2)	b (= 1)
Merkmalswert 0	c (= 0)	d (=2)

Alle Distanzmaße für binäre Variable beruhen auf den Häufigkeiten der in Abb. 17.8 dargestellten 2*2-Kontingenztabelle. Für die Euklidische Distanz ergibt sich

$$BEUCLID(x,y) = \sqrt{b+c} = \sqrt{1+0} = \sqrt{1} = 1\,. \quad (17.13)$$

Auf die Aufführung der Formeln aller anderen Distanzmaße für binäre Variablen soll hier aus Platzgründen verzichtet werden. (Zu den weiteren verfügbaren Maßen ⇨ Syntaxhandbuch im Hilfesystem).

Ähnlichkeitsmaße für intervallskalierte Variablen. Hierbei handelt es sich um Korrelationsmaße. Im voreingestellten Fall wird der Korrelationskoeffizient gemäß Gleichung 17.1 berechnet (Zu einem weiteren verfügbaren Maß ⇨ Syntaxhandbuch im Hilfesystem).

Ähnlichkeitsmaße für binäre Variablen. Alle diese Maße stützen sich (wie auch die Distanzmaße) auf die Häufigkeiten einer in Tabelle 17.8 dargestellten 2*2-Kontingenztabelle. Das voreingestellte Maß nach Russel und Rao berechnet sich für die Daten in Tabelle 17.7 als

$$RR = \frac{a}{a+b+c+d} = \frac{2}{2+1+0+2} = \frac{2}{5} = 0{,}4 \quad (17.14)$$

(Zu weiteren verfügbaren Maßen ⇨ Syntaxhandbuch im Hilfesystem).

Anwendungsbeispiel. Das Menü „Distanzen“ erlaubt es, verschiedene Maße für die Ähnlichkeit oder Unähnlichkeit von jeweils zwei verglichenen Personen bzw. Objekten (Fällen) zu berechnen.

Die mit dem Menü berechneten Ähnlichkeits- oder Distanzmaße können als Eingabedaten einer Clusteranalyse oder einer multidimensionalen Skalierung dienen.

Die Berechnung von Distanzen bzw. Ähnlichkeiten soll am Beispiel von Ortsteilen des Hamburger Stadtbezirks Altona erläutert werden (Datei ALTONA.SAV). Die Datei enthält vier Variable (ARBEIT, BJEHA, G2W und MJEP sowie die Z-Werte dieser Variablen; siehe Tabelle 17.4 und 17.5 mit den zugehörigen Erläuterungen). Da die Vorgehensweise unabhängig vom Typ des Distanz- bzw. des Ähnlichkeitsmaßes ist, können wir uns auf ein Beispiel beschränken (Euklidische Distanz zwischen Ortsteilen). Aus oben erörterten Gründen erfolgt die Berechnung auf der Basis von z-Werten. Dazu gehen Sie nach Öffnen der Datei ALTONA.SAV wie folgt vor:

▷ Klicken Sie die Befehlsfolge „Analysieren“ „Korrelation ▷„„ „Distanzen...“ zum Öffnen der in Abb. 17.7 dargestellten Dialogbox. Übertragen Sie aus der Quellvariablenliste die Variablen ZARBEIT, ZBJEHA, ZG2W und ZMJEP in das Feld „Variablen:“.

▷ Übertragen Sie die Variable OTNR (= Ortsname) in das Feld „Fallbeschriftung“. Beachten Sie, dass die Fallbeschriftungsvariable zum Ausweis der Fallnummer im Output eine String-Variable sein muss.

▷ Nun wählen Sie, ob Sie Distanzen (bzw. Ähnlichkeiten) zwischen Fällen (hier: Fälle, ist voreingestellt) oder zwischen Variablen berechnen wollen.

▷ Danach wählen Sie durch Anklicken des entsprechenden Optionsschalters, ob Sie „Unähnlichkeiten“ (= Distanz, ist voreingestellt) oder „Ähnlichkeiten“ berechnen wollen. Durch Klicken auf „Maße…“ öffnet sich die in Abb. 17.8 dargestellte Dialogbox. Nun ist der zu verarbeitende Datentyp (Intervall, Häufigkeiten oder Binär) auszuwählen (hier: Intervall, ist voreingestellt). Dann kann durch Öffnen einer Dropdown-Liste (dazu ▾ anklicken) das gewünschte Maß gewählt werden (hier: Euklidische Distanz, ist voreingestellt).

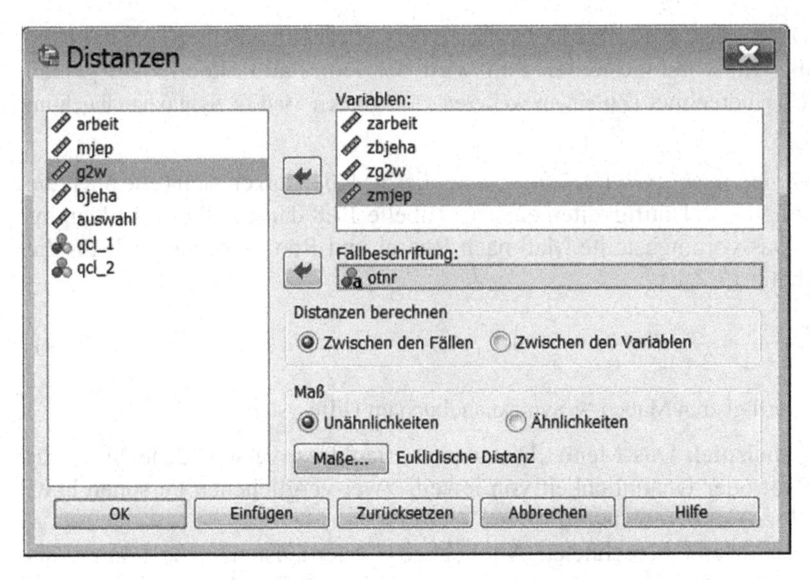

Abb. 17.7. Dialogbox „Distanzen“

Vor der Berechnung der Distanzen können die Variablen transformiert werden. Dafür kann aus mehreren Möglichkeiten gewählt werden.

Wahlmöglichkeiten.

① *Distanzen berechnen.* Es kann die Distanz bzw. die Ähnlichkeit zwischen den Fällen oder zwischen den Variablen berechnet werden (⇨ Abb. 17.7).

② *Messniveau.* Es kann entweder ein Unähnlichkeits- (= Distanz-) oder ein Ähnlichkeitsmaß berechnet werden (⇨ Abb. 17.7).

③ *Schaltfläche Maße.* Nach Anklicken der Schaltfläche „Maße...“ (Abb. 17.7) öffnet die in Abb. 17.8 dargestellte Dialogbox. Sie enthält mehrere Auswahlgruppen:

❑ *Maß.*

- *Intervall.* Wird gewählt, wenn man Maße für metrische intervallskalierte Daten berechnen will. Aus einer Dropdown-Liste wird das gewünschte Maß gewählt.
- *Häufigkeiten.* Wird gewählt, wenn die Daten im Daten-Editor Häufigkeiten von Fällen sind. Ein gewünschtes Maß ist auszuwählen.
- *Binär.* Wird gewählt, wenn man Maße für binäre Daten berechnen will. Binäre Variable haben nur zwei Werte. Ein gewünschtes Maß ist auszuwählen. Man muss angeben, welche Werte der Binärvariable für das Vorhandensein oder nicht Vorhandensein einer Eigenschaft stehen. Üblicherweise kodiert man die Binärvariablen gemäß der Standardeinstellung („Vorhanden“ = 1, „Nicht vorhanden“ = 0).

- *Werte transformieren.* Die für die Distanzmessung gewählten Variablen können vor der Distanzberechnung transformiert werden:
  - *Standardisieren.* Es gibt mehrere Möglichkeiten, die Variablen hinsichtlich ihres Werteniveaus zu vereinheitlichen:
    - *z-Werte.* Eine Transformation in z-Werte geschieht gemäß Gleichung 8.8 in Kap. 8.5 (⇨ Tabelle 17.5).
    - *Bereich –1 bis 1.* Zu dieser Transformation ⇨ Gleichung 24.7 in Kap. 24 im Internet).
    - *Bereich 0 bis 1.* Von jedem Wert einer Variablen wird der kleinste Wert abgezogen und dann wird durch die Spannweite (größter minus kleinster Wert) dividiert.
    - *Maximale Größe von 1.* Jeder Wert einer Variablen wird durch den größten Variablenwert dividiert.
    - *Mittelwert 1.* Jeder Wert einer Variablen wird durch den Mittelwert der Variable dividiert.
    - *Standardabweichung 1.* Jeder Wert einer Variablen wird durch die Standardabweichung der Variable dividiert.
  - *Nach Variablen.* Die oben aufgeführten Transformationen werden für die Variablen durchgeführt.
  - *Nach Fällen.* In diesem Fall werden die oben aufgeführten Transformationen für Fälle durchgeführt. Für die Transformation wird die Datenmatrix transponiert, d.h. um 90 Grad gedreht, so dass die Fälle zu Variablen und die Variablen zu Fällen werden.
- *Maße transformieren.* Hier kann man wählen, ob die berechneten Distanz- oder Ähnlichkeitsmaße transformiert werden sollen:
  - *Absolutwerte.* Die Distanz- bzw. Ähnlichkeitsmaße werden ohne ihr Vorzeichen ausgegeben.
  - *Vorzeichen ändern.* Ein berechnetes Maß mit einem negativen (positiven) Vorzeichen erhält in der Ergebnisausgabe ein positives (negatives) Vorzeichen.
  - *Auf Bereich 0-1 skalieren.* Von jedem Distanzwert wird der kleinste Wert abgezogen und dann wird durch die Spannweite (kleinster minus größter Wert) dividiert.

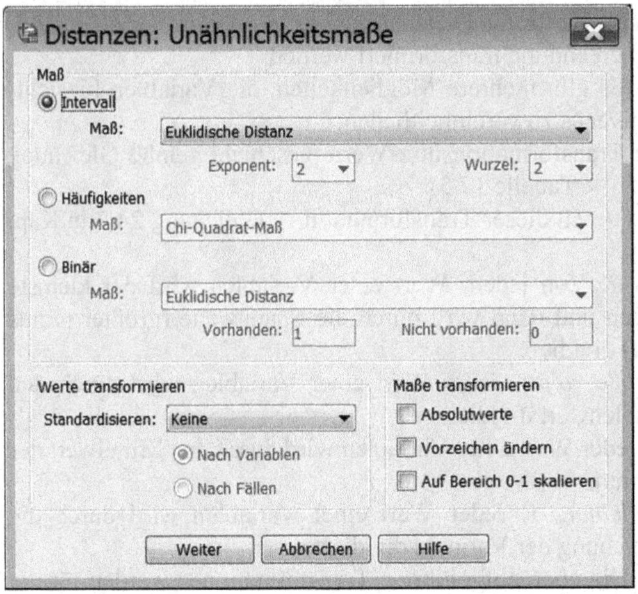

Abb. 17.8. Dialogbox „Distanzen: Unähnlichkeitsmaße“

Tabelle 17.9 zeigt die Ergebnisausgabe einer Distanzberechnung gemäß den Einstellungen in den Dialogboxen der Abb. 17.7 und 17.8. Um Platz zu sparen, wird die Distanzmatrix auf die vier in Tabellen 17.4 und 17.5 aufgeführten Ortsteile beschränkt (Auswahl mit dem Menü Daten, Fälle). Die berechneten Euklidischen Distanzen in Höhe von 1,108 zwischen Flottbek und Othmarschen einerseits (⇨ Gleichung 17.11) und die zwischen diesen Ortsteilen und Ottensen 1 in Höhe von 4,090 und 4,871 andererseits weisen deutlich aus, dass sich Flottbek und Othmarschen hinsichtlich der betrachteten Variablen stark ähnlich sind und Flottbek bzw. Othmarschen und Ottensen 1 sich stark unterscheiden.

Tabelle 17.9. Ergebnisausgabe: Euklidische Distanzen zwischen Ortsteilen

Näherungsmatrix

	Euklidisches Distanzmaß			
	10:Ottensen 1	17:Flottbek	18:Othmarschen	19:Lurup
10:Ottensen 1	,000	4,090	4,871	2,501
17:Flottbek	4,090	,000	1,108	2,827
18:Othmarschen	4,871	1,108	,000	3,716
19:Lurup	2,501	2,827	3,716	,000

Dies ist eine Unähnlichkeitsmatrix

18 Lineare Regression

18.1 Theoretische Grundlagen

18.1.1 Regression als deskriptive Analyse

[illegible]

(18.1)

[illegible]

18 Lineare Regression

18.1 Theoretische Grundlagen

18.1.1 Regression als deskriptive Analyse

Lineare Abhängigkeit. Im Gegensatz zur Varianzanalyse und der Kreuztabellierung mit dem Chi-Quadrat-Unabhängigkeitstest befasst sich die *lineare Regression*[1] mit der Untersuchung und Quantifizierung von Abhängigkeiten zwischen metrisch skalierten Variablen (Variablen mit wohl definierten Abständen zwischen Variablenwerten). Wesentliche Aufgabe ist dabei, eine lineare Funktion zu finden, die die Abhängigkeit einer Variablen – der *abhängigen Variablen* – von einer oder mehreren *unabhängigen Variablen* quantifiziert. Ist eine abhängige Variable y nur von einer unabhängigen Variablen x bestimmt, wird die Beziehung in einer *Einfachregression* untersucht. Werden mehrere unabhängige Variablen, z.B. x_1, x_2 und x_3, zur Bestimmung einer abhängigen Variablen y herangezogen, spricht man von einer *Mehrfach-* oder *multiplen Regression.* Die lineare Regression kann in einfachster Form als beschreibendes, deskriptives Analysewerkzeug verwendet werden. In Abb. 18.1 wird in einem Streudiagramm (⇨ Kap. 32.10) die Abhängigkeit des makroökonomischen privaten Konsums (CPR) der Haushalte der Bundesrepublik vom verfügbaren Einkommen (YVERF) im Zeitraum 1960 bis 1990 dargestellt (Datei MAKRO.SAV). Es ist ersichtlich, dass es sich bei dieser Abhängigkeit um eine sehr starke und lineare Beziehung handelt. Bezeichnet man den privaten Konsum (die abhängige Variable) mit y und das verfügbare Einkommen (die unabhängige Variable) mit x, dann lässt sich für Messwerte i = 1,2,...,n der Variablen die Beziehung zwischen den Variablen durch die lineare Gleichung

$$\hat{y}_i = b_0 + b_1 x_i \qquad (18.1)$$

beschreiben. Dabei ist $\hat{y}_i$ (sprich y_i Dach) der durch die Gleichung für gegebene x_i vorhersagbare Wert für y_i und wird *Schätzwert* bzw. *Vorhersagewert* von y_i genannt. Dieser ist vom Beobachtungswert y_i zu unterscheiden. Nur für den Fall, dass ein Punkt des Streudiagramms auf der Regressionsgeraden liegt, haben $\hat{y}_i$ und y_i den gleichen Wert. Die Abweichung $e_i = (y_i - \hat{y}_i)$ wird *Residualwert* genannt. Die Koeffizienten b_0 und b_1 heißen *Regressionskoeffizienten.*

[1] Eine didaktisch hervorragende Darstellung bietet Backhaus u.a. (2015).

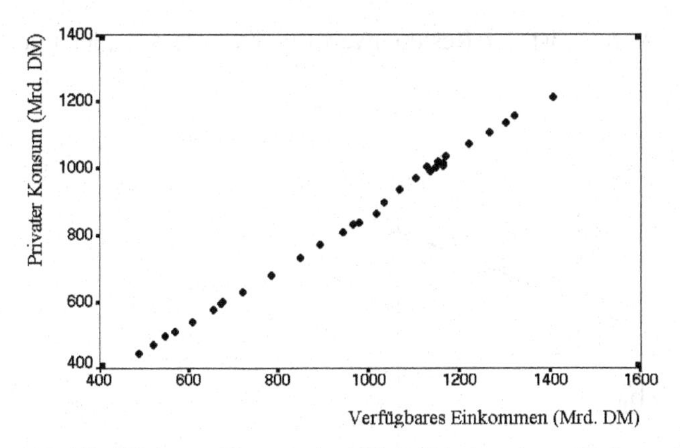

Abb. 18.1. Privater Konsum in Abhängigkeit vom verfügbaren Einkommen, 1960-1990

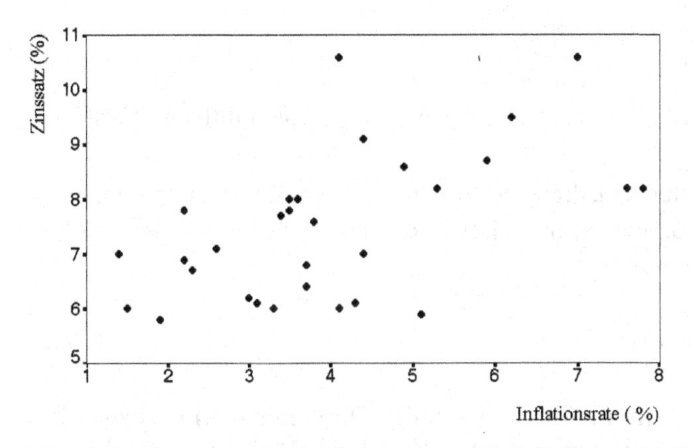

Abb. 18.2. Zinssatz in Abhängigkeit von der Inflationsrate, 1961-1990

Auch in Abb. 18.2 wird eine lineare Beziehung zwischen zwei Variablen – der Zinssatz hängt von der Höhe der Inflationsrate ab – sichtbar. Im Vergleich zur Abb. 18.1 wird aber deutlich, dass die Beziehung zwischen den Variablen nicht besonders eng ist. Die Punkte streuen viel stärker um eine in die Punktwolke legbare Regressionsgerade. Daher geht es in der linearen Regression nicht nur darum, die Koeffizienten b_0 und b_1 der obigen linearen Gleichung numerisch zu bestimmen. Mit Hilfe eines statistischen Maßes ist auch zu bestimmen wie gut die gewonnene lineare Gleichung geeignet ist, die Werte der abhängigen Variablen vorherzusagen. Dies gelingt umso besser, je enger die Punkte des Streudiagramms um die durch die Gleichung beschriebene Gerade liegen. Das Maß zum Ausweis dieser Vohersagegüte der Regressionsgleichung heißt *Bestimmtheitsmaß*.

Methode der kleinsten Quadrate. Die Berechnung der Regressionskoeffizienten basiert auf der *Methode der kleinsten Quadrate*, die im Folgenden für den Fall einer Einfachregression ansatzweise erläutert werden soll. In Abb. 18.3 wird nur ein Punkt aus dem Streudiagramm der Abb. 18.2 dargestellt. Die senkrechte Abweichung zwischen dem Beobachtungswert y_i und dem mit Hilfe der Regressionsgleichung vorhergesagten Wert $\hat{y}_i$ ist der Residualwert (englisch *error*), hier mit e_i bezeichnet.

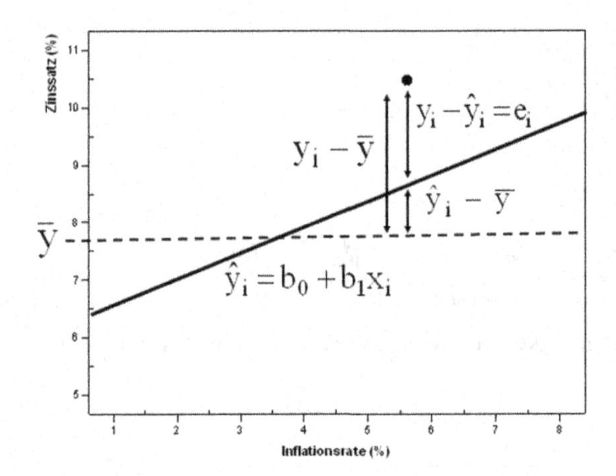

Abb. 18.3. Abweichungen eines Beobachtungswertes y_i vom mittleren Wert $\bar{y}$

Die Methode der kleinsten Quadrate bestimmt die Regressionskoeffizienten b_0 und b_1 derart, dass die Summe der quadrierten Residualwerte für alle Beobachtungen i ein Minimum annimmt:

$$\sum_{i=1}^{n} e_i^2 = \sum_{i=1}^{n} (y_i - \hat{y}_i)^2 = \text{Minimum} \tag{18.2}$$

Ergebnis der Minimierung (mit Hilfe der partiellen Differentiation) sind zwei Bestimmungsgleichungen für die Koeffizienten $b_0$und b_1 (Die Summenbildung in den Formeln erfolgt jeweils über i = 1 bis n, wobei n die Zahl der beobachteten Wertepaare ist. Der Index i wird zur Vereinfachung im Folgenden weggelassen):

$$b_0 = \frac{\sum y \sum x^2 - \sum x \sum xy}{n \sum x^2 - (\sum x)^2} \tag{18.3}$$

$$b_1 = \frac{n \sum xy - \sum x \sum y}{n \sum x^2 - (\sum x)^2} \tag{18.4}$$

Definition des Bestimmtheitsmaßes. Die Abb. 18.3 dient auch zur Erläuterung des Bestimmtheitsmaßes. In Abb. 18.3 wird exemplarisch ein Beobachtungswertepaar i näher beleuchtet und die Abweichung des y_i-Wertes von seinem Mittelwert $\bar{y}$ betrachtet. Die Abweichung $y_i - \bar{y}$ wird in Abb. 18.3 durch die Regressionsgerade in $y_i - \hat{y}_i$ und $\hat{y}_i - \bar{y}$ zerlegt. Da mittels der Regressionsgleichung die Variation der abhängigen Variable y statistisch durch die Variation der unabhängigen Variable x vorhergesagt bzw. statistisch „erklärt“ werden soll, kann die Abweichung $y_i - \bar{y}$ als (durch die Variable x) zu erklärende Abweichung interpretiert werden. Diese teilt sich in die nicht erklärte $y_i - \hat{y}_i$ (= Residualwert e_i) und die erklärte Abweichung $\hat{y}_i - \bar{y}$ auf. Es gilt also für jedes beobachtete Wertepaar i:

Zu erklärende Abweichung = nicht erklärte Abweichung + erklärte Abweichung

$$(y_i - \bar{y}) \quad = \quad (y_i - \hat{y}_i) \quad + \quad (\hat{y}_i - \bar{y}) \tag{18.5}$$

Weitere durch die Methode der kleinsten Quadrate für lineare Regressionsgleichungen bedingte Eigenschaften sind der Grund dafür, dass nach einer Quadrierung der Gleichung und Summierung über alle Beobachtungswerte i auch folgende Gleichung gilt (bei Weglassen des Index i):

$$\sum(y-\bar{y})^2 = \sum(y-\hat{y})^2 + \sum(\hat{y}-\bar{y})^2 \tag{18.6}$$

Damit erhält man eine Zerlegung der zu erklärenden Gesamtabweichungs-Quadratsumme in die nicht erklärte Abweichungs-Quadratsumme und die (durch die Regressionsgleichung) erklärte Abweichungs-Quadratsumme.

Das Bestimmtheitsmaß R^2 ist definiert als der Anteil der (durch die Variation der unabhängigen Variablen) erklärten Variation an der gesamten Variation der abhängigen Variablen:

$$R^2 = \frac{\sum(\hat{y}-\bar{y})^2}{\sum(y-\bar{y})^2} \tag{18.7}$$

Unter Verwendung von (18.6) gilt auch:

$$R^2 = \frac{\sum(y-\bar{y})^2 - \sum(y-\hat{y})^2}{\sum(y-\bar{y})^2} = 1 - \frac{\sum(y-\hat{y})^2}{\sum(y-\bar{y})^2} \tag{18.8}$$

Anhand dieser Gleichungen lassen sich die Grenzwerte für R^2 aufzeigen. R^2 wird maximal gleich 1, wenn $\sum(y-\hat{y})^2 = 0$ ist. Dieses ist gegeben, wenn für jedes Bebachtungspaar i $y = \hat{y}$ ist, d.h. dass alle Beobachtungspunkte des Streudiagramms auf der Regressionsgeraden liegen und damit alle Residualwerte gleich 0 sind. R^2 nimmt den kleinsten Wert 0 an, wenn $\sum(\hat{y}-\bar{y})^2 = 0$ bzw. gemäß Gleichung 18.8 $\sum(y-\bar{y})^2 = \sum(y-\hat{y})^2$ ist. Diese Bedingung beinhaltet, dass die nicht erklärte Variation der gesamten zu erklärenden Variation entspricht, d.h. die Regressionsgleichung erklärt gar nichts. Damit ist als Ergebnis festzuhalten:

$$0 \le R^2 \le 1 \tag{18.9}$$

Für den Fall nur einer erklärenden Variablen x gilt $R^2 = r_{yx}^2$. Im Falle mehrerer erklärender Variable gilt auch $R^2 = r_{y\hat{y}}^2$.

18.1.2 Regression als stochastisches Modell

Modellannahmen. In der Regel hat die lineare Regression ein anspruchsvolleres Ziel als die reine deskriptive Beschreibung von Zusammenhängen zwischen Variablen mittels einer linearen Gleichung. In der Regel interessiert man sich für den

Zusammenhang zwischen der abhängigen und den unabhängigen Variablen im allgemeineren Sinne. Die per linearer Regression untersuchten Daten werden als eine Zufallsstichprobe aus einer realen bzw. bei manchen Anwendungsfällen hypothetischen Grundgesamtheit aufgefasst. Die Grundlagen des *stichprobentheoretischen* bzw. *stochastischen Modells* der linearen Regression sollen nun etwas genauer betrachtet werden. Anschließend wird im nächsten Abschnitt anhand eines Anwendungsbeispiels aus der Praxis ausführlich auf Einzelheiten eingegangen.

Für die Grundgesamtheit wird postuliert, dass ein linearer Zusammenhang zwischen abhängiger und unabhängiger Variable besteht und dieser additiv von einer Zufallsvariable überlagert wird. So wird beispielsweise als Ergebnis theoretischer Analyse postuliert, dass der makroökonomische Konsum der Haushalte im Wesentlichen linear vom verfügbaren Einkommen und vom Zinssatz abhängig ist. Daneben gibt es eine Vielzahl weiterer Einflussgrößen auf den Konsum, die aber jeweils nur geringfügig konsumerhöhend bzw. konsummindernd wirken und in der Summe ihrer Wirkung als zufällige Variable interpretiert werden können. Bezeichnet man den Konsum mit y_i, das verfügbare Einkommen mit $x_{1,i}$ und den Zinssatz mit $x_{2,i}$ sowie die Zufallsvariable mit ε_i (epsilon) für einen Beobachtungsfall i, dann lässt sich das theoretische Regressionsmodell für die Grundgesamtheit wie folgt formulieren:[2]

$$y_i = \beta_0 + \beta_1 x_{1,i} + \beta_2 x_{2,i} + \varepsilon_i \qquad (18.10)$$

Die Variable y_i setzt sich somit aus einer systematischen Komponente $\hat{y}_i (= \beta_0 + \beta_1 x_{1,i} + \beta_2 x_{2,i})$ und einer zufälligen (stochastischen) *Fehlervariable* ε_i zusammen.

Die abhängige Variable y wird durch die additive Überlagerung der systematischen Komponente mit der Zufallsvariable ε ebenfalls zu einer zufälligen Variablen, im Gegensatz zu den erklärenden Variablen x_1 und x_2, die als nicht-stochastische Größen interpretiert werden müssen.

Der Regressionskoeffizient β_1 gibt für die Grundgesamtheit an, um wie viel der Konsum steigt, wenn bei Konstanz des Zinssatzes das verfügbare Einkommen um eine Einheit steigt. Daher bezeichnet man ihn auch als *partiellen* Regressionskoeffizienten. Analog gibt β_2 an, um wie viel der Konsum sinkt bei Erhöhung des Zinssatzes um eine Einheit und Konstanz des verfügbaren Einkommens.

Damit die Methode der kleinsten Quadrate zu bestimmten gewünschten Schätzeigenschaften (beste lineare unverzerrte Schätzwerte, englisch BLUE) führt sowie Signifikanzprüfungen für die Regressionskoeffizienten durchgeführt werden können, werden für die Zufallsfehlervariable ε_i folgende Eigenschaften ihrer Verteilung vorausgesetzt:

- ❒ $E(\varepsilon_i) = 0$ für $i = 1,2,3,\cdots$ (18.11)

  Der (bedingte) Erwartungswert (E), d. h. der Mittelwert der Verteilung von ε ist für jede Beobachtung der nicht-stochastischen Werte x_i gleich 0.

- ❒ $E(\varepsilon_i^2) = \sigma_\varepsilon^2 =$ konstant für $i = 1,2,3,...$ (18.12)

[2] Parameter der Grundgesamtheit werden üblicherweise mit griechischen Buchstaben benannt.

Die Varianz der Verteilung der Zufallsvariable σ_ε^2 ist für jede Beobachtung der nicht-stochastischen Werte x_i konstant. Sie ist damit von der Höhe der erklärenden Variablen unabhängig. Ist diese Bedingung erfüllt, so besteht *Homoskedastizität* der Fehlervariablen. Ist die Bedingung nicht erfüllt, spricht man von *Heteroskedastizität.*

- ❒ $E(\varepsilon_i, \varepsilon_j) = 0$ für $i = 1,2,...$ und $j = 1,2,3, ...$ für $i \neq j$ (18.13)

  Die Kovarianz der Zufallsvariable ist für verschiedene Beobachtungen i und j gleich 0, d.h. die Verteilungen der Zufallsvariable für i und für j sind unabhängig voneinander. Ist die Bedingung nicht erfüllt, besteht *Autokorrelation* der Fehlervariable ε: ε_i und ε_j korrelieren.

- ❒ ε_i ist für gegebene Beobachtungen $i = 1,2,3...$ normalverteilt. Diese Voraussetzung ist nur dann erforderlich, wenn Signifikanzprüfungen der Regressionskoeffizienten durchgeführt werden sollen. (18.14)

In Abb. 18.4 a werden die Annahmen des klassischen linearen Regressionsmodells für den Fall einer erklärenden Variablen x veranschaulicht. Die Verteilung der Fehlervariablen ε_i ist für alle Werte der unabhängigen Variablen x_i unabhängig normalverteilt und hat den Mittelwert 0. In Abb. 18.4 b wird im Vergleich zur Abb. 18.4 a sichtbar, dass die Varianz der Fehlervariable ε_i mit zunehmendem Wert der erklärenden Variablen x_i größer wird und damit Heteroskedastizität vorliegt.

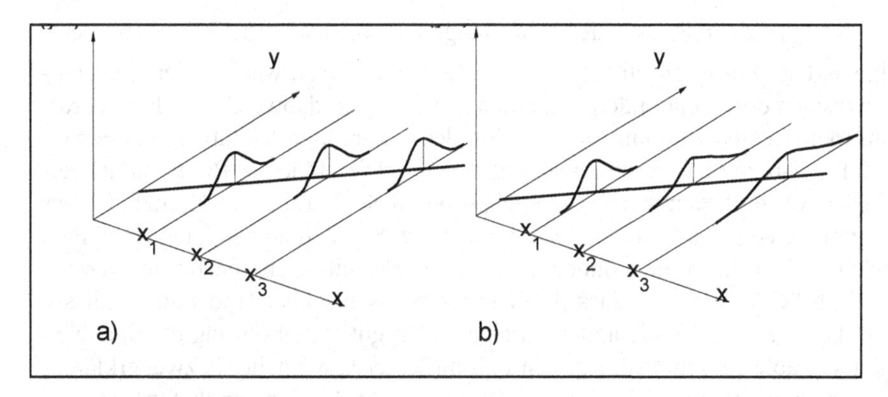

Abb. 18.4. Das lineare Regressionsmodell mit einer abhängigen Variable: a) Homoskedastizität, b) Heteroskedastizität.

Das stichprobentheoretisch fundierte Modell der linearen Regression geht davon aus, dass für gegebene feste Werte der unabhängigen Variablen x_i der Wert der abhängigen Variablen y_i zufällig ausgewählt wird. Bei den empirischen Beobachtungswerten der Variable y_i handelt es sich also um Realisationen einer Zufallsvariablen. Wird eine Stichprobe gezogen, dann sind die für diese Stichprobe ermittelten Regressionskoeffizienten Schätzwerte für die unbekannten Regressionskoeffizienten der Grundgesamtheit. Zur Unterscheidung werden sie mit b bezeichnet (⇨ Gleichung 18.1). Unter der Vorstellung wiederholter Stichprobenziehungen haben die Regressionskoeffizienten b eine normalverteilte Wahrscheinlichkeitsverteilung.

Sie wird *Stichprobenverteilung der Regressionskoeffizienten* genannt. Im folgenden werden sowohl die Regressionskoeffizienten der Stichprobenverteilung als auch eine konkrete Realisierung dieser in einer bestimmten Stichprobe mit den gleichen Symbolen bezeichnet, da sich die Bedeutung aus dem Kontext ergibt. Für die Schätzwerte der Regressionskoeffizienten gilt folgendes (hier nur dargestellt für die Koeffizienten b_1 und b_2 in Gleichung 18.1):

- $E(b_k) = \beta$ für $k = 1{,}2$ (18.15)
  Der Mittelwert [Erwartungswert (E)] der Stichprobenverteilung von b entspricht dem Regressionskoeffizienten der Grundgesamtheit. Es handelt sich um erwartungstreue, unverzerrte Schätzwerte.

- $$\sigma_{b_1}^2 = \frac{1}{\sum(x_1 - \bar{x}_1)^2(1 - R_{x1,x2}^2)}\sigma_\varepsilon^2 \quad (18.16)$$

  $$\sigma_{b_2}^2 = \frac{1}{\sum(x_2 - \bar{x}_2)^2(1 - R_{x2,x1}^2)}\sigma_\varepsilon^2 \quad (18.17)$$

  Die Varianz $\sigma_{b_i}^2$ der normalverteilten Stichprobenverteilung von b_i ist von der Variation der jeweiligen Erklärungsvariable x_j ($j = 1, 2$), der Varianz der Fehlervariable ε (σ_ε^2) sowie der Stärke des linearen Zusammenhangs zwischen den beiden erklärenden Variablen (gemessen in Form der Bestimmtheitsmaße $R_{x1,x2}^2$ bzw. $R_{x2,x1}^2$) abhängig. Aus den Gleichungen 18.16 sowie 18.17 kann man entnehmen, dass mit wachsendem Bestimmtheitsmaß – also wachsender Korrelation zwischen den erklärenden Variablen – die Standardabweichung des Regressionskoeffizienten zunimmt. Korrelation der erklärenden Variablen untereinander führt also zu unsicheren Schätzergebnissen. Die Höhe der Regressionskoeffizienten variiert dann stark von Stichprobe zu Stichprobe. Im Grenzfall eines Bestimmtheitsmaßes in Höhe von 1 wird die Standardabweichung unendlich groß. Die Koeffizienten können mathematisch nicht mehr bestimmt werden. Praktisch heißt das aber, dass die Variablen austauschbar sind und damit sowohl die eine als auch die andere alleine gleich gut zur Erklärung der unabhängigen Variable geeignet ist. Für den Fall nur einer bzw. mehr als zwei erklärenden Variablen sind die Gleichungen 18.16 bzw. 18.17 sinngemäß anzuwenden: Bei nur einer erklärenden Variable entfallen in den Formeln die Bestimmtheitsmaße $R_{x1,x2}^2$ bzw. $R_{x2,x1}^2$. Bei mehr als zwei erklärenden Variablen erfassen die Bestimmtheitsmaße den linearen Erklärungsanteil aller weiteren erklärenden Variablen. Der Sachverhalt einer hohen Korrelation zwischen den erklärenden Variablen wird mit *Multikollinearität* bezeichnet (⇨ Kollinearitätsdiagnose sowie Kap. 18.4.4).

- Da die Varianz der Fehlervariablen σ_ε^2 unbekannt ist, wird sie aus den vorliegenden Daten (interpretiert als Stichprobe aus der Grundgesamtheit) geschätzt. Ein unverzerrter Schätzwert für die Varianz ist (das Dach kennzeichnet einen Schätzwert)

$$\hat{\sigma}_{\varepsilon}^{2} = \frac{\sum (y - \hat{y})^{2}}{n - m - 1} = \frac{\sum e^{2}}{n - m - 1} \tag{18.18}$$

Dabei ist $\sum e^2$ die Summe der quadrierten Residualwerte, n der Stichprobenumfang, d.h. die Anzahl der Beobachtungen i in den vorliegenden Daten und m die Anzahl der erklärenden Variablen. Die Differenz $n - m - 1$ wird Anzahl der Freiheitsgrade (englisch degrees of freedom: df) genannt, weil bei n Beobachtungen für die Variablen durch die Schätzung von m+1 Koeffizienten (einschließlich des konstanten Gliedes) $n - m - 1$ Werte nicht vorherbestimmt sind. In unserem Beispiel zur Erklärung des Konsums durch das verfügbare Einkommen und den Zinssatz beträgt df = 28, da n = 31 und m = 2 ist. Wird $\hat{\sigma}_{\varepsilon}^{2}$ in Gleichung 18.16 bzw. 18.17 für σ_{ε}^{2} eingesetzt, erhält man Schätzwerte für die Varianzen der Regressionskoeffizienten: $\hat{\sigma}_{b_1}^{2}$ sowie $\hat{\sigma}_{b_2}^{2}$.

Die Wurzel aus $\hat{\sigma}_{\varepsilon}^{2}$ wird Standardfehler der Schätzung (standard error) oder auch Standardabweichung des Residualwertes genannt.

Testen von Regressionskoeffizienten. Die in der Praxis vorherrschende Anwendungsform des Testens von Regressionskoeffizienten bezieht sich auf die Frage, ob für die Grundgesamtheit der Variablen ein (linearer) Regressionszusammenhang angenommen werden darf oder nicht.

Ausgehend vom in Gleichung 18.10 formulierten Beispiel wäre zu prüfen, ob die Regressionskoeffizienten der Grundgesamtheit β_1 gleich 0 (kein linearer Zusammenhang) oder positiv (positiver linearer Zusammenhang) und β_2 gleich 0 (kein linearer Zusammenhang) oder negativ (negativer linearer Zusammenhang) sind. Die Hypothese, dass kein Zusammenhang besteht, wird als H_0-Hypothese und die Alternativhypothese als H_1-Hypothese bezeichnet (⇨ Kap. 13.1). In formaler Darstellung:

$$H_0: \beta_1 = 0 \qquad H_1: \beta_1 > 0 \tag{18.19}$$

$$H_0: \beta_2 = 0 \qquad H_1: \beta_2 < 0 \tag{18.20}$$

Besteht über das Vorzeichen des Regressionskoeffizienten keinerlei Erwartung, lautet die Alternativhypothese $H_1 : \beta \neq 0$. In diesem Fall spricht man von einem zweiseitigen Test im Vergleich zu obigen einseitigen Tests.

Ausgangspunkt des Testverfahrens ist die Stichprobenverteilung von b. Unter der Voraussetzung, dass die Annahmen (18.11) bis (18.14) zutreffen, hat der standardisierte Stichproben-Regressionskoeffizient b (bei Verwendung des Schätzwertes der Standardabweichung)

$$t = \frac{b - \beta}{\hat{\sigma}_b} \tag{18.21}$$

eine t-Verteilung (auch *Student-Verteilung* genannt) mit $n - m - 1$ Freiheitsgraden (df). Dabei ist n der Stichprobenumfang und m die Anzahl der erklärenden Variablen. Unter der Hypothese H_0 $(\beta = 0)$ ist die Variable

$$t = \frac{b}{\hat{\sigma}_b} \tag{18.22}$$

die t-verteilte Prüfverteilung mit $df = n - m - 1$. Bei Vorgabe einer Irrtumswahrscheinlichkeit α (z.B. $\alpha = 0{,}05$) und der Anzahl der $df = n - m - 1$ kann aus einer tabellierten t-Verteilung[3] ein kritischer Wert für t (t_{krit}) entnommen werden, der den Annahmebereich und den Ablehnungsbereich für die Hypothese H_0 trennt (⇨ Kap. 13.1). Aus der vorliegenden Stichprobe ergibt sich mit dem Regressionskoeffizienten b_{emp} sowie der Standardabweichung $\hat{\sigma}_b$ ein empirischer Prüfverteilungswert

$$t_{emp} = \frac{b_{emp}}{\hat{\sigma}_b} \tag{18.23}$$

Je nachdem, ob t_{emp} in den Ablehnungsbereich für H_0 ($t_{emp} > t_{krit}$) oder Annahmebereich für H_0 ($t_{emp} < t_{krit}$) fällt, wird entschieden, ob der Regressionskoeffizient mit der vorgegebenen Irrtumswahrscheinlichkeit α signifikant von 0 verschieden ist oder nicht.

Vorhersagewerte und ihre Standardabweichung. Für bestimmte Werte der erklärenden Variablen (z.B. $x_{1,0}$ und $x_{2,0}$) lassen sich Vorhersagewerte aus der Schätzgleichung gemäß Gleichung 18.24 bestimmen.

$$\hat{y}_0 = b_0 + b_1 x_{1,0} + b_2 x_{2,0} \tag{18.24}$$

Bei dieser sogenannten Punktschätzung ist der Schätzwert sowohl für den durchschnittlichen Wert als auch für einen individuellen Wert von y für $x_{1,0}$ und $x_{2,0}$ identisch (zur Erinnerung: für jeweils gegebene Werte der erklärenden Variablen hat y eine Verteilung mit dem Mittelwert $\bar{y}$). Anders sieht es aber bei einer Intervallschätzung analog der Schätzung von Konfidenzintervallen aus. Der Grund liegt darin, dass in diesen beiden Fällen die Varianzen des Schätzwertes verschieden sind. Aus Vereinfachungsgründen wird der Sachverhalt im Folgenden für den Fall nur einer erklärenden Variablen x erläutert.

Die Varianz des durchschnittlichen Schätzwertes $\hat{y}$ für einen Wert x_0 ergibt sich gemäß folgender Gleichung:

$$\sigma_{\hat{y}}^2 = \left[\frac{1}{n} + \frac{(x_0 - \bar{x})^2}{\sum (x - \bar{x})^2} \right] \sigma_\varepsilon^2 \tag{18.25}$$

Aus Gleichung 18.25 ist ersichtlich, dass bei gegebenem Stichprobenumfang n, gegebener Variation der Variablen x sowie gegebenem σ_ε^2 die Varianz $\sigma_{\hat{y}}^2$ mit zunehmender Abweichung des Wertes x_0 von $\bar{x}$ größer wird. Der Schätzwert $\hat{\sigma}_{\hat{y}}^2$ ergibt sich durch Einsetzen von $\hat{\sigma}_\varepsilon^2$ gemäß Gleichung 18.18 in 18.25.

[3] Die Tabelle ist auf den Internetseiten zum Buch verfügbar.

Die Varianz des individuellen Schätzwertes $\hat{y}$ für einen Wert x_0 ist größer, da die Varianz von y (die annahmegemäß derjenigen der Zufallsvariable ε entspricht) hinzukommt. Addiert man σ_ε^2 zu $\sigma_{\hat{y}}^2$ in Gleichung 18.25 hinzu, so ergibt sich nach Ausklammern

$$\sigma_{\hat{y}}^2 = \left[1 + \frac{1}{n} + \frac{(x_0 - \bar{x})^2}{\sum (x - \bar{x})^2}\right] \sigma_\varepsilon^2 \tag{18.26}$$

Analog zur Berechnung von Konfidenzintervallen für die Parameter β der Grundgesamtheit, lassen sich Intervallschätzungen sowohl für den Mittelwert $\hat{y}$ (⇨ Gleichung 18.38) als auch für individuelle Werte $\hat{y}_{ind}$ bestimmen. Dabei wird auch hier für σ_ε^2 der Schätzwert gemäß Gleichung 18.18 eingesetzt.

18.2 Praktische Anwendung

18.2.1 Berechnen einer Regressionsgleichung und Ergebnisinterpretation

Regressionsgleichung berechnen. Im Folgenden sollen alle weiteren Erläuterungen zur linearen Regression praxisorientiert am Beispiel der Erklärung (Vorhersage) des Konsums (CPR) durch andere makroökonomische Variablen vermittelt werden (Datei MAKRO.SAV).

In einem ersten Schätzansatz soll CPR gemäß der Regressionsgleichung 18.10 durch YVERF (verfügbares Einkommen) und ZINS (Zinssatz) erklärt (vorhergesagt) werden. Dabei sollen die Hypothesen über die Vorzeichen der Regressionskoeffizienten gemäß Gleichungen 18.19 und 18.20 geprüft werden. In einem zweiten Schätzansatz soll zusätzlich die Variable LQ (Lohnquote) in das Regressionsmodell eingeschlossen werden. Die Hypothese lautet, dass mit höherem Anteil der Löhne und Gehälter am Volkseinkommen der Konsum zunimmt, weil man erwarten darf, dass die durchschnittliche Konsumquote aus Löhnen und Gehältern höher ist als aus den Einkommen aus Unternehmertätigkeit und Vermögen.

Zur Durchführung der linearen Regression gehen Sie wie folgt vor:

- ▷ Klicken Sie die Befehlsfolge “Analysieren“, „Regression ▷ „, „Linear...“
  Es öffnet sich die in Abb. 18.5 dargestellte Dialogbox „Lineare Regression“.
- ▷ Wählen Sie aus der Quellvariablenliste die abhängige (zu erklärende) Variable CPR aus und übertragen Sie diese in das Eingabefeld „Abhängige Variable. “
- ▷ Wählen Sie aus der Quellvariablenliste die erklärenden (unabhängigen) Variablen YVERF und ZINS aus und übertragen diese für „Block 1 von 1“ (für die erste Schätzgleichung) in das Eingabefeld „Unabhängige Variable(n):“. Falls keine weiteren Schätzgleichungen mit anderen erklärenden Variablen bzw. anderen Verfahren („Methode“) berechnet werden sollen, kann man die Berechnung mit „OK“ starten.
- ▷ Zur gleichzeitigen Berechnung der zweiten Schätzgleichung wählen Sie mit Nächste „Block 2 von 2“ und übertragen aus der Quellvariablenliste die gewünschte zusätzliche unabhängige Variable LQ. Weitere Schätzansätze könnten

mit weiteren „Blöcken“ angefordert werden. Mit Vorherige kann man zu vorherigen „Blöcken“ (Schätzansätzen) schalten und mit Nächste wieder zu nachfolgenden.

▷ Je nach Bedarf können Sie andere bzw. weitere optionale Einstellungen auswählen: Aus dem Auswahlfeld „Methode:“ können andere Verfahren zum Einschluss der unabhängigen Variablen in die Regressionsgleichung gewählt werden (hier: für beide Blöcke „Einschluss“). Die Methode „Einschluss“ ist die Standardeinstellung und bedeutet, dass alle gewählten unabhängigen Variablen in einem Schritt in die Regressionsgleichung eingeschlossen werden (⇨ Kap. 18.2.6 zu den verfügbaren anderen Methoden).

„Fallbeschriftungen“ ermöglicht es, eine Variable zur Fallidentifizierung zu übertragen. Für die mit der Schaltfläche „Diagramme“ in Abb. 18.5 anforderbaren Streudiagrammen können im Diagramm-Editorfenster mit Hilfe des Symbolschalters einzelne Fälle im Daten-Editor aufgesucht werden. Bei Verwenden einer Fallbeschriftungsvariablen dient ihr Variablenwert zur Identifizierung eines Falles, ansonsten die Fallnummer.

Mittels der Schaltflächen „Statistiken...“, „Diagramme...“, „Speichern...“ und „Optionen...“ können Unterdialogboxen aufgerufen werden, die weitere ergänzende Spezifizierungen für die Berechnung ermöglichen. Unten wird darauf ausführlich eingegangen. Mit „OK“ wird die Berechnung gestartet.

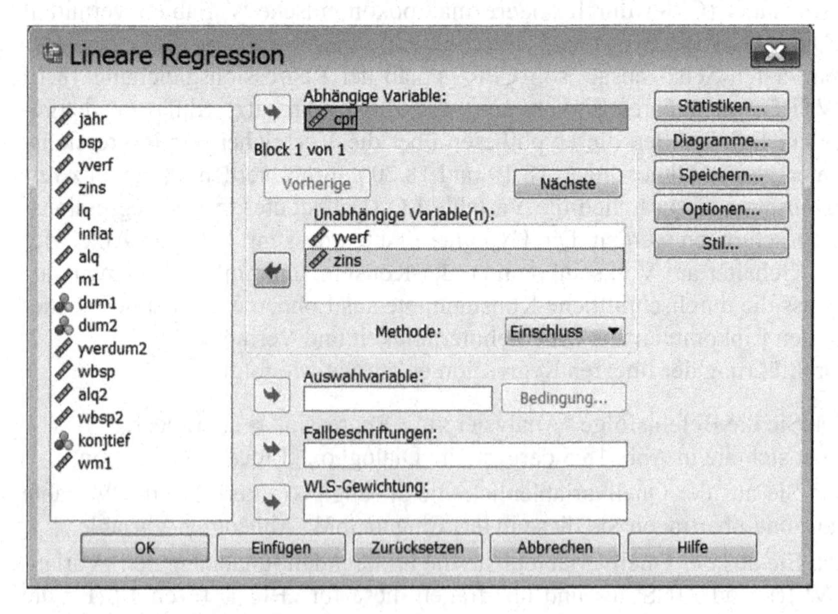

Abb. 18.5. Dialogbox „Lineare Regression“

Die folgenden Ergebnisausgaben beruhen auf den Einstellungen in Abb. 18.5 (ohne Aufruf von „Statistiken...“, „Diagramme...“, „Speichern...“, “Optionen...“).[4]

[4] Mit Ausnahme der letzten beiden Spalten der Tabelle 18.1 zur Kollinearitätsstatistik“. Diese erscheinen nur, wenn man mittels „Statistiken…“ eine „Kollinearitätsdiagnose“ anfordert.

Regressionskoeffizienten. In Tabelle 18.1 werden die Regressionskoeffizienten der beiden Regressionsmodelle sowie Angaben zu Signifikanzprüfungen der Koeffizienten aufgeführt. Modell 1 enthält als erklärende Variablen YVERF und ZINS (siehe Block 1 in Abb. 18.5) und Modell 2 enthält zusätzlich die Variable LQ (Block 2). In der Spalte „Regressionskoeffizient B" werden die (nicht standardisierten) Regressionskoeffizienten für die in der ersten Spalte genannten Variablen aufgeführt. Demnach lautet die Schätzgleichung für das erste Modell

$$\hat{CPR}_i = 51{,}767 + 0{,}862 * YVERF_i - 5{,}313 * ZINS_i \tag{18.27}$$

Diese Schätzgleichung erlaubt es, bei gegebenen Werten für die beiden erklärenden Variablen, den Schätzwert der zu erklärenden Variablen (Vorhersagewert) zu berechnen. Die Vorzeichen der erklärenden Variablen entsprechen den Erwartungen. In der Spalte „Standardfehler" werden die Schätzwerte für die Standardabweichungen der Regressionskoeffizienten [vergl. Gleichungen 18.16 und 18.17 in Verbindung mit 18.18] aufgeführt. In der Spalte „T" sind die empirischen t-Werte gemäß Gleichung 18.23 als Quotient aus den Werten in Spalte „Regressionskoeffizient B" und Spalte „Standardfehler" aufgeführt. Geht man für den Signifikanztest der Regressionskoeffizienten (bei der hier einseitigen Fragestellung) von einer Irrtumswahrscheinlichkeit in Höhe von 5 % aus ($\alpha = 0{,}05$), dann lässt sich für df (Freiheitsgrade) = $n - m - 1 = 28$ aus einer tabellierten t-Verteilung[5] ein $t_{krit} = 1{,}7011$ entnehmen. Wegen $t_{emp} > t_{krit}$ (für absolute Werte) sind bei einer Irrtumswahrscheinlichkeit von 5 % alle Regressionskoeffizienten im ersten Modell signifikant von 0 verschieden (im Modell 2 ist LQ nicht signifikant). In der Spalte „Sig." (Signifikanz) wird diese Information auf andere Weise von SPSS bereitgestellt, so dass sich das Entnehmen von t_{krit} aus Tabellen für die t-Verteilung erübrigt. „Sig." ist die Wahrscheinlichkeit, bei Ablehnung von H_0 (keine Abhängigkeit), eine falsche (irrtümliche) Entscheidung zu treffen. Da für alle Regressionskoeffizienten die „Sig."-Werte kleiner als die zu wählende Irrtumswahrscheinlichkeit in Höhe von $\alpha = 0{,}05$ sind, ergibt sich auch so, dass die Koeffizienten signifikant sind.

Beta-Koeffizienten. In der Spalte „Beta" (Tabelle 18.1) werden die Beta-Koeffizienten (es sind standardisierte Regressionskoeffizienten) für die beiden Erklärungsvariablen aufgeführt. Beta-Koeffizienten würden sich als Regressionskoeffizienten ergeben, wenn vor der Anwendung der linearen Regression alle Variablen standardisiert (in z-Werte transformiert) würden. Bezeichnet man mit $\bar{x}$ das arithmetische Mittel und mit s die Standardabweichung einer Variablen x, so wird

$$z = \frac{x - \bar{x}}{s} \tag{18.28}$$

die standardisierte Variable genannt. Mit der Standardisierung werden die Abweichungen der Messwerte der Variablen von ihrem Mittelwert in Standardabweichungen ausgedrückt. Sie sind dann dimensionslos. Der Mittelwert einer standardisierten Variablen beträgt 0 und die Standardabweichung 1. Im Unterschied zu den Regressionskoeffizienten, sind die Beta-Koeffizienten deshalb von der Dimen-

[5] Die Tabelle ist auf den Internetseiten zum Buch verfügbar.

sion der erklärenden Variablen unabhängig und daher miteinander vergleichbar. Es zeigt sich, dass der absolute Beta-Koeffizient für das verfügbare Einkommen den für den Zinssatz bei weitem übersteigt. Damit wird sichtbar, dass das verfügbare Einkommen als bedeutsamste Variable den weitaus größten Erklärungsbeitrag liefert. Aus den unstandardisierten Regressionskoeffizienten für die beiden Variablen ist dieses nicht zu erkennen. Aufgrund der Größenverhältnisse dieser Regressionskoeffizienten könnte man das Gegenteil vermuten. Allerdings darf bei dieser vergleichenden Beurteilung der relativen Bedeutung der Variablen zur statistischen Erklärung nicht übersehen werden, dass auch die Beta-Koeffizienten durch Multikollinearität nicht unabhängig voneinander und insofern in ihrer Aussagekraft eingeschränkt sind.

Um Beta-Koeffizienten zu berechnen, müssen die Variablen aber vor der Regressionsanalyse nicht standardisiert werden. Sie können für eine erklärende Variable wie folgt berechnet werden:

$$\text{beta}_k = b_k \frac{s_k}{s_y} \tag{18.29}$$

wobei b_k der Regressionskoeffizient s_k die Standardabweichung der erklärenden Variablen x_k und s_y die Standardabweichung der zu erklärenden Variable y bedeuten.

Tabelle 18.1. Regressionskoeffizienten und Kollinearitätstatistik

Koeffizienten[a]

Modell		Nicht standardisierte Koeffizienten		Standardisierte Koeffizienten	T	Sig.	Kollinearitätsstatistik	
		Regressions koeffizient B	Standard fehler	Beta			Toleranz	VIF
1	(Konstante)	51,767	10,561		4,902	,000		
	yverf	,862	,007	1,007	127,646	,000	,928	1,078
	zins	-5,313	1,355	-,031	-3,920	,001	,928	1,078
2	(Konstante)	-18,077	45,006		-,402	,691		
	yverf	,844	,013	,986	64,897	,000	,237	4,219
	zins	-7,031	1,704	-,041	-4,127	,000	,557	1,797
	lq	1,424	,893	,028	1,594	,123	,176	5,669

a. Abhängige Variable: cpr

Bestimmtheitsmaß. Die Ergebnisausgabe in Tabelle 18.2 gehört zur Standardausgabe einer Regressionsschätzung (entspricht der Wahl von „Anpassungsgüte des Modells“ in der Dialogbox „Statistiken“). In der Spalte „R-Quadrat“ wird für beide Modelle das Bestimmtheitsmaß R^2 angegeben. Mit 0,9984 ist der Wert für Modell 1 nahezu 1, so dass fast die gesamte Variation von CPR durch die Variation von YVERF und ZINS erklärt wird. Man spricht von einem guten „Fit“ der Gleichung. „R“ ist die Wurzel aus R^2 und hat somit keinen weiteren Informationsgehalt. „Korrigiertes R-Quadrat“ ist ein Bestimmtheitsmaß, das die Anzahl der erklärenden Variablen sowie die Anzahl der Beobachtungen berücksichtigt. Aus der Definitionsgleichung für R^2 gemäß Gleichung 18.8 wird deutlich, dass mit zunehmender Anzahl der erklärenden Variablen bei gegebenem $\sum(y-\bar{y})^2$ der Ausdruck $\sum(y-\hat{y})^2$ kleiner und somit R^2 größer wird. Daher ist z.B. ein $R^2 = 0{,}90$ bei zwei erklärenden Variablen anders einzuschätzen als bei zehn. Des Weiteren ist ein Wert für R^2 basierend auf z.B. 100 Beobachtungen positiver zu sehen als bei 20. Das korrigierte Bestimmtheitsmaß versucht dieses zu berücksichtigen. Es wird von SPSS wie folgt berechnet (m = Anzahl der erklärenden Variablen, n = Zahl der Beobachtungsfälle):

$$R^2_{korr} = R^2 - \frac{m}{n-m-1}(1-R^2) = 0{,}9983 \tag{18.30}$$

Das korrigierte R^2 ist kleiner als R^2 und stellt für vergleichende Beurteilungen von Regressionsgleichungen mit unterschiedlicher Anzahl von Erklärungsvariablen bzw. Beobachtungswerten ein besseres Maß für die Güte der Vorhersagequalität der Regressionsgleichung dar.

„Standardfehler des Schätzers" ist die Standardabweichung des Schätzfehlers und entspricht dem Schätzwert (durch ein Dach gekennzeichnet) der Standardabweichung von ε_i gemäß Gleichung 18.18:

$$\hat{\sigma}^2_\varepsilon = \sqrt{\frac{\sum(y-\hat{y})^2}{n-m-1}} = \sqrt{\frac{\sum e^2}{n-m-1}} = \sqrt{\frac{2536{,}568}{31-2-1}} = 9{,}518 \tag{18.31}$$

Er ist auch ein Maß für die Güte der Vorhersagequalität der Gleichung. Er zeigt an, wie stark y um die Regressionsgrade streut. Er ist im Unterschied zum korrigierten R^2 aber abhängig von der Maßeinheit der abhängigen Variablen.

Tabelle 18.2. Bestimmtheitsmaß und Standardfehler des Schätzers

Modellzusammenfassung

Modell	R	R-Quadrat	Korrigiertes R-Quadrat	Standardfehler des Schätzers
1	,999[a]	,9984	,9983	9,5180
2	,999[b]	,9985	,9984	9,2664

a. Einflußvariablen : (Konstante), zins, yverf

b. Einflußvariablen : (Konstante), zins, yverf, lq

Varianzzerlegung und F-Test. In Tabelle 18.3 werden (hier nur für Modell 1) unter der Überschrift „ANOVA" Informationen zur varianzanalytischen Prüfung des Regressionsmodells mit dem F-Test bereitgestellt.[6] Auch bei dieser Ergebnisausgabe handelt es sich um eine Standardausgabe einer Regressionsschätzung (entspricht der Wahl von „Anpassungsgüte des Modells" in der Dialogbox „Statistiken"). Es wird gemäß Gleichung 18.6 in der Spalte „Quadratsumme" die Zerlegung der Gesamt-Variation $\sum(y-\bar{y})^2 = 1568974{,}2$ („Gesamt") der zu erklärenden Variable in die durch die Regressionsgleichung erklärte Variation $\sum(\hat{y}-\bar{y})^2 = 1566437{,}632$ („Regression") und die nicht erklärte Variation

6 Zum F-Test der Varianzanalyse (⇨ Kap. 15.1).

$\sum(y-\hat{y})^2 = 2536{,}568$ („Nicht standardisierte Residuen") angeführt. Durch Division der Werte der Spalte „Quadratsumme" durch die der Spalte „df" (= Anzahl der Freiheitsgrade) entstehen die Werte in der Spalte „Mittel der Quadrate", die durchschnittlichen quadrierten Abweichungen. Die Freiheitsgrade für das „Mittel der Quadrate" von „Regression" beträgt m = 2 und von „Residuen" n-m-1 = 28 (m= Anzahl der erklärenden Variablen und n = Anzahl der Fälle). Der Quotient aus der durchschnittlichen erklärten Variation (Varianz) und durchschnittlichen nicht erklärten Variation folgt asymptotisch einer F-Verteilung mit $df_1 = m$ und $df_2 = n - m - 1$ Freiheitsgraden.

$$F_{emp} = \frac{\sum(y-\bar{y})^2 / m}{\sum(y-\hat{y})^2 / (n-m-1)} = \frac{1566437{,}632 / 2}{2536{,}568 / (31-2-1)} = 8645{,}589 \qquad (18.32)$$

Analog dem Signifikanztest für Regressionskoeffizienten wird bei Vorgabe einer Irrtumswahrscheinlichkeit α geprüft, ob das empirisch erhaltene Streuungsverhältnis (F_{emp} in Gleichung 18.32) gleich oder größer ist als das gemäß einer F-Verteilung zu erwartende kritische (F_{krit}). Aus einer tabellierten F-Verteilung[7] kann man für $\alpha = 0{,}05$ und $df_1 = 2$ und $df_2 = 28$ entnehmen: $F_{krit} = 3{,}34$. Da $F_{emp} = 8645{,}589 > F_{krit} = 3{,}34$, wird die H_0-Hypothese – die Variablen x_1 und x_2 leisten keinen Erklärungsbeitrag (formal: $\beta_1 = 0$ und $\beta_2 = 0$) – abgelehnt mit einer Irrtumswahrscheinlichkeit von 5 %. „Sig." = 0,00" in Tabelle 18.3 weist (ähnlich wie bei dem t-Test) den gleichen Sachverhalt aus, da das ausgewiesene Wahrscheinlichkeitsniveau kleiner ist als die gewünschte Irrtumswahrscheinlichkeit. Im Vergleich zum t-Test wird deutlich, dass der F-Test nur allgemein prüft, ob mehrere Erklärungsvariablen gemeinsam einen regressionsanalytischen Erklärungsbeitrag leisten, so dass sich das Testen einzelner Regressionskoeffizienten auf Signifikanz nicht erübrigt. Der F-Test kann auch interpretiert werden als Signifikanzprüfung, ob R^2 gleich 0 ist.

---

[7] Die Tabelle ist auf den Internetseiten zum Buch verfügbar.

Tabelle 18.3. Zerlegung der Varianz und F-Test

ANOVA[b]

Modell		Quadratsumme	df	Mittel der Quadrate	F	Sig.
1	Regression	1566437,632	2	783218,816	8645,589	,000[a]
	Nicht standardisierte Residuen	2536,568	28	90,592		
	Gesamt	1568974,200	30			

a. Einflußvariablen : (Konstante), zins, yverf

b. Abhängige Variable: cpr

Ergebnisvergleich von Modell 1 und Modell 2. Für die zweite Regressionsgleichung, die sich durch Hinzufügen der Variable LQ auszeichnet, können folgende typische Gesichtspunkte herausgestellt werden (⇨ Tabelle 18.1):

- Der Regressionskoeffizient für die Variable LQ hat wie aus makroökonomischer Sicht erwartet ein positives Vorzeichen. Aber der Regressionskoeffizient ist nicht signifikant von 0 verschieden bei einer Irrtumswahrscheinlichkeit von 5 % („Sig.“ = 0,123 > 0,05).
- Typischerweise verändern sich mit der zusätzlichen Variablen die Regressionskoeffizienten („B“) und auch die Standardabweichungen („Standardfehler“) und damit die „T“-Werte bzw. „Sig.“-Werte der anderen Variablen. Dieses liegt daran, dass die Variable LQ mit den anderen erklärenden Variablen korreliert. Die Standardabweichungen („Standardfehler“) der Regressionskoeffizienten werden größer. Dieses dürfte auch nicht überraschend sein, da es nur zu plausibel ist, dass mit zunehmender Korrelation der erklärenden Variablen die einzelne Wirkung einer Variablen auf die abhängige Variable nicht mehr scharf isoliert werden kann und daraus unsichere Schätzungen resultieren. Auch aus Gleichung 18.16 und 18.17 wird der Sachverhalt für den Fall von zwei erklärenden Variablen sichtbar. Nur für den in der Praxis meist unrealistischen Fall keiner Korrelation zwischen den erklärenden Variablen tritt dieser Effekt nicht auf. Das andere Extrem einer sehr starken Korrelation zwischen den erklärenden Variablen als *Multikollinearität* bezeichnet führt zu Problemen (⇨ Kollinearitätsdiagnose und Kap. 18.4.4).
- Das korrigierte R^2 wird größer und der Standardfehler des Schätzers wird kleiner (⇨ Tabelle 18.2). Das Einbeziehen der Variable LQ führt insofern zu einem leicht verbesserten „Fit“ der Regressionsgleichung.

WLS-Gewichtung (⇨ Abb. 18.5). Hier kann durch Übertragen einer Gewichtungsvariablen eine gewichtete lineare Regressionsanalyse durchgeführt werden (⇨ Kap. 2.7).

18.2.2 Ergänzende Statistiken zum Regressionsmodell (Schaltfläche „Statistiken“)

Durch Klicken der Schaltfläche „Statistiken...“ in der Dialogbox „Lineare Regression“ (⇨ Abb. 18.5) wird die in Abb. 18.6 dargestellte Dialogbox geöffnet. Man kann nun zusätzliche statistische Informationen zu der Regressionsgleichung anfordern. Zum Teil dienen diese Informationen dazu, die Modellannahmen der linearen Regression zu überprüfen.

Abb. 18.6. Dialogbox „Lineare Regression: Statistiken"

Voreingestellt sind „Schätzungen" und „Anpassungsgüte des Modells" mit denen standardmäßig die Regressionskoeffizienten sowie Angaben zur Schätzgüte gemäß Tabelle 18.2 und 18.3 ausgegeben werden. Durch Anklicken weiterer Kontrollkästchen werden ergänzende Berechnungen ausgeführt. Nach Klicken von „Weiter" kommt man wieder auf die höhere Dialogboxebene zurück und kann die Berechnungen mit „OK" starten. Im Folgenden werden alle Optionen anhand des ersten Modells unter Verwendung des Regressionsverfahrens „Einschluss" aufgezeigt.

Konfidenzintervalle. Unter der Vorgabe, dass das Regressionsmodell den Modellvoraussetzungen entspricht (vergl. Gleichungen 18.11 bis 18.14), können für die unbekannten Regressionskoeffizienten der Grundgesamtheit Konfidenzintervalle (auch Mutungs- oder Erwartungsbereiche genannt) bestimmt werden. Da die Schätzwerte der Regressionskoeffizienten t-verteilt sind mit $n-m-1$ Freiheitsgraden (vergl. die Ausführungen zu Gleichung 18.21), lässt sich ein mit einer Wahrscheinlichkeit von $1-\alpha$ bestimmtes Konfidenzintervall wie folgt ermitteln (zu Konfidenzbereichen ⇨ Kap. 8.4):

$$b \pm t_{\frac{\alpha}{2}} \hat{\sigma}_b^2 \tag{18.33}$$

Die Höhe von $1-\alpha$ kann man festlegen. Voreingestellt ist $1-\alpha = 95$ %. Die Ergebnisse werden i.d.R. rechts an die Tabelle für die Ergebnisausgabe der Koeffizienten angehängt (⇨ Tabelle 18.1). Tabelle 18.4 ist die separate Ausgabe für ein 95 %-Konfidenzintervall des 1. Modells.

Tabelle 18.4. 95 %-Konfidenzintervall (Option „Statistiken")

Koeffizienten[a]

Modell		95,0% Konfidenzintervalle für B	
		Untergrenze	Obergrenze
1	(Konstante)	30,133	73,401
	yverf	,848	,876
	zins	-8,089	-2,536

a. Abhängige Variable: cpr

Für die hier berechnete Regressionsgleichung ist df = n-m-1 = 31-2-1 = 28. Für α = 0,05 (zweiseitige Betrachtung) ergibt sich bei df = 28 aus einer tabellierten t-Verteilung[8] $t_{\alpha/2}$ = 2,0484. Das in Tabelle 18.4 ausgewiesene 95 %-Konfidenzintervall für die Variable ZINS errechnet sich dann gemäß Gleichung 18.33 wie folgt: Untergrenze = -5,313 - 2,0484*1,355 = - 8,089 und Obergrenze = -5,313 + 2,0484*1,355 = - 2,536 (der Regressionskoeffizient b = -5,313 und sein Standardfehler $\hat{\sigma}_b$ =1,355 stehen in Tabelle 18.1). Man kann also erwarten, dass (bei wiederholten Stichproben) mit einer Wahrscheinlichkeit von 95 % das unbekannte β der Grundgesamtheit in den berechneten Grenzen liegt.

Kovarianzmatrix. Im oberen Teil der Tabelle 18.5 stehen für das Modell 1 die Korrelationskoeffizienten der Regressionskoeffizienten. Im unteren Teil stehen die Varianzen bzw. Kovarianzen der Regressionskoeffizienten: z.B. ist 4,56E – 05 die wissenschaftliche Schreibweise für $4{,}56 * 10^{-5} = 0{,}0000456$ und diese Varianz ist das Quadrat der in Tabelle 18.1 aufgeführten Standardabweichung des Regressionskoeffizienten von YVERF (= 0,006753 aufgerundet zu 0,007).

Tabelle 18.5. Kovarianzmatrix der Regressionskoeffizienten (Option „Statistiken")

Korrelation der Koeffizienten[a]

Modell			zins	yverf
1	Korrelationen	zins	1,000	-,269
		yverf	-,269	1,000
	Kovarianzen	zins	1,837	-,002
		yverf	-,002	4,560E-5

a. Abhängige Variable: cpr

Änderung in R-Quadrat. Diese Option gibt für den hier betrachteten Fall der Anwendung der Methode „Einschluss" nur Sinn, wenn wie zu Beginn unseres Beispiels für ein zweites Modell (definiert im Block 2) eine oder auch mehrere zusätzliche Erklärungsvariable in das Modell einfließen. Es wird dann in einem partiellen F-Test geprüft, ob der Einschluss einer oder auch mehrerer Variable R^2 signifikant erhöht (⇨ Kap. 18.2.6).

8 Die Tabelle ist auf den Internetseiten zum Buch verfügbar.

Deskriptive Statistik. Es werden das arithmetische Mittel („Mittelwert"), die Standardabweichung sowie die Fallzahl für alle Variablen der Regressionsgleichung ausgegeben.

Teil- und partielle Korrelationen. Die Ergebnisausgabe wird rechts an die Tabelle zur Ausgabe der Regressionskoeffizienten (⇨ Tab. 18.1) gehängt. In Tabelle 18.6 ist nur der angehängte Teil für Modell 1 dargestellt. In der Spalte „Nullter Ordnung" stehen die bivariaten Korrelationskoeffizienten zwischen CPR und den Variablen YVERF sowie ZINS und in der Spalte „Partiell" die partiellen Korrelationskoeffizienten des gleichen Zusammenhangs bei Konstanthaltung der jeweils anderen erklärenden Variablen (⇨ Tabelle 17.2 in Kap. 17.2).

Tabelle 18.6. Teil- und partielle Korrelationskoeffizienten der Option „Statistiken"

Koeffizienten[a]

Modell		Korrelationen		
		Nullter Ordnung	Partiell	Teil
1	yverf	,999	,999	,970
	zins	,240	-,595	-,030

a. Abhängige Variable: cpr

Kollinearitätsdiagnose. Die von SPSS ausgegebenen statistischen Informationen zur Kollinearitätsdiagnose (⇨ Tabelle 18.7 und die Maße „Toleranz" und „VIF", die bei Wahl dieser Option der Tabelle 18.1 angehängt werden) dienen zur Beurteilung der Stärke der Multikollinearität, d.h. der Abhängigkeit der erklärenden Variablen untereinander (⇨ Kap. 18.4.4). Toleranz ist ein Maß für die Stärke der Multikollinearität. Toleranz für z.B. die Variable ZINS wird wie folgt berechnet: für die Regressionsgleichung $\mathrm{ZINS} = b_1 + b_2 * \mathrm{YVERF}$ wird R^2 berechnet. Als Toleranz für ZINS ergibt sich $1 - R^2$. Wären in der Regressionsgleichung zur Erklärung von CPR weitere erklärende Variablen enthalten, so wären diese ebenfalls in der Regressionsgleichung für ZINS als erklärende Variablen einzuschließen. Hat eine Variable eine kleine Toleranz, so ist sie fast eine Linearkombination der anderen erklärenden Variablen. Ist „Toleranz" kleiner 0,01, wird eine Warnung ausgegeben und die Variable nicht in die Gleichung aufgenommen. Sehr kleine Toleranzen können zu Berechnungsproblemen führen. Aus den Gleichungen 18.16 und 18.17 können wir erkennen, dass die Varianz eines Regressionskoeffizienten von der Toleranz $1 - R^2_{x_1,x_2}$ bzw. $1 - R^2_{x_2,x_1}$ abhängig ist. Da VIF (Variance Inflation Factor) der Kehrwert der Toleranz ist [VIF = 1/Toleranz = 1/(1-R^2)], kann man erkennen, dass mit zunehmendem VIF (sinkender Toleranz) die Varianz der Regressionskoeffizienten steigt. Sie nimmt proportional zu VIF zu (daher der Name Variance Inflation Factor). Multikollinearität beeinträchtigt also die Schätzergebnisse. Steigende Multikollinearität führt zu ungenaueren Schätzwerten für die Regressionskoeffizienten.

Aus den Eigenwerten (⇨ Tabelle 18.7) einer berechneten Matrix aus den Daten der Erklärungsvariablen leitet sich ein *Konditionsindex* ab.

Ausgehend von der Matrix der unabhängigen Variablen mit Einsen für die Konstante der Regressionsgleichung werden die drei Spalten der Matrix (Konstante, yverf und zins) als Vektoren betrachtet. Diese werden in Vektoren mit gleicher Länge transformiert, so dass eine neue Matrix (nennen wir sie **X**) mit drei Vektoren gleicher Länge entsteht. Die Eigenwerte (EW) in Tabelle 18.7 sind die Eigenwerte der Matrix $\mathbf{X}^T\mathbf{X}$ (mit $\mathbf{X}^T$ als transponierte Matrix **X**).

Die drei „Dimensionen" sind die Hauptkomponenten (orthogonale Dimensionen) der Matrix **X**, geordnet nach der Höhe der Eigenwerte. Der Konditionsindex einer Dimension i wird wie folgt berechnet: $\sqrt{\frac{EW_{max}}{EW_i}}$. Für die Dimension 2 z.B. ergibt sich $\sqrt{\frac{2{,}941}{0{,}044}} = 8{,}174$. In den Spalten „Varianzanteile" der Tabelle 18.7 wird angezeigt, wie die Varianz der drei Regressionskoeffizienten (Konstante, yverf sowie zins) anteilsmäßig den drei Dimensionen zugeordnet werden kann. Durch Betrachtung der Konditionsindices im Zusammenhang mit den Varianzanteilen kann man die Höhe der Multikollinearität analysieren und beurteilen.[9]

Als Faustregel gilt, dass bei einem *Konditionsindex* zwischen 10 und 30 moderate bis starke und über 30 sehr starke Multikollinearität vorliegt. Für unser Regressionsmodell kann man feststellen, dass keine sehr starke Multikollinearität vorliegt.

Tabelle 18.7. Kollinearitätsdiagnose (Option „Statistiken")

Kollinearitätsdiagnose[a]

				Varianzanteile		
Modell	Dimension	Eigenwert	Konditionsindex	(Konstante)	yverf	zins
1	1	2,941	1,000	,00	,01	,00
	2	,044	8,174	,08	,99	,12
	3	,015	13,981	,91	,01	,88

a. Abhängige Variable: cpr

Durbin-Watson. Die Ergebnisausgabe wird rechts an die Tabelle zur Ausgabe der „Modellzusammenfassung" angehängt (⇨ Tabelle 18.2). In Tabelle 18.8 wird nur der angehängte Teil für Modell 1 mit der Durbin-Watson-Teststatistik aufgeführt.

Tabelle 18.8. Durbin Watson-Statistik (Option „Statistiken")

Modellzusammenfassung[b]

Modell	Durbin-Watson-Statistik
1	,752[a]

a. Einflußvariablen : (Konstante), zins, yverf

b. Abhängige Variable: cpr

9 In Belsley, D. A., E. Kuh, and R. E. Welsch (1980) findet man ausführliche Erläuterungen.

Diese Teststatistik erlaubt es zu prüfen, ob Autokorrelation der Residualwerte besteht oder nicht (vergl. Gleichung 18.13). Autokorrelation der Residualwerte spielt vorwiegend bei Regressionsanalysen von Zeitreihen eine Rolle. Man nennt sie dann auch serielle Korrelation. Auch bei räumlicher Nähe von Untersuchungseinheiten sollte auf Autokorrelation geprüft werden (spatial correlation). Bei Bestehen von Autokorrelation der Residualwerte sind zwar die Schätzwerte für die Regressionskoeffizienten unverzerrt, nicht aber deren Standardabweichungen. Konsequenz ist, dass die Signifikanztests fehlerbehaftet und somit nicht aussagekräftig sind. Autokorrelation der Residualwerte ist häufig eine Folge einer Fehlspezifikation der Regressionsgleichung. Zwei Gründe sind dafür zu unterscheiden:

- ❑ Die (lineare) Gleichungsform ist falsch.
- ❑ Es fehlt eine wichtige erklärende Variable in der Gleichung (⇨ Kap. 18.4.1).

Der Durbin-Watson-Test beschränkt die Prüfung auf eine Autokorrelation 1. Ordnung, d.h. der Residualwert ε_i ist positiv (oder negativ) vom Residualwert der vorherigen Beobachtung ε_{i-1} abhängig. Formal lässt sich das auch mittels einer linearen Gleichung so ausdrücken:

$$\varepsilon_i = \rho\, \varepsilon_{i-1} + \zeta_i \tag{18.34}$$

wobei ρ eine Konstante und ζ_i eine Zufallsvariable ist. Eine Prüfung auf Autokorrelation der Residualwerte mit dem Durbin-Watson-Test ist ein Test um zwischen den Hypothesen

$$H_0: \rho = 0 \qquad \text{und} \qquad H_1: \rho \neq 0 \tag{18.35}$$

zu diskriminieren. Die Durbin-Watson-Prüfgröße d ist wie folgt definiert:

$$d = \frac{\sum_{i=2}^{n} (e_i - e_{i-1})^2}{\sum_{i=1}^{n} e_i^2} \tag{18.36}$$

Die Prüfgröße kann zwischen 0 und 4 schwanken. Besteht keine Korrelation aufeinanderfolgender Residualwerte ($\rho = 0$), so liegt die Prüfgröße nahe bei 2. Besteht eine positive Autokorrelation, so liegen e_i und e_{i-1} nahe beieinander mit der Konsequenz, dass d kleiner 2 wird. Besteht negative Korrelation, so folgen auf positiven e-Werten negative und umgekehrt. Konsequenz ist, dass d größer als 2 wird. Demnach besteht bei einer Prüfgröße d wesentlich kleiner 2 eine positive ($\rho > 0$) und bei d wesentlich größer 2 eine negative ($\rho < 0$) Autokorrelation. Durch Vergleich des empirisch erhaltenen d mit von Durbin und Watson vorgelegten tabellierten Werten kann für eine vorgegebene Irrtumswahrscheinlichkeit α auf Autokorrelation der Residualwerte getestet werden. Aus der von Durbin und Watson vorgelegten Tabelle[10] sind für die Anzahl der Beobachtungen n, die Anzahl der erklärenden Reihen m sowie der Irrtumswahrscheinlichkeit α jeweils eine kritische Untergrenze d_u sowie eine kritische Obergrenze d_o ablesbar. In Tabelle 18.9 sind fünf Entscheidungsbereiche in Abhängigkeit von d niedergelegt. Ist d kleiner als

---

[10] Die Tabelle ist auf den Internetseiten zum Buch verfügbar.

d_u oder größer als $4 - d_u$, so besteht positive bzw. negative Autokorrelation. Im Indifferenzbereich kann keine sichere Entscheidung getroffen werden.

Tabelle 18.9. Bereiche der Durbin-Watson-Statistik d

H_0 ablehnen = positive Autokorrelation	Indifferenz-bereich	H_0 annehmen = keine Autokorrelation	Indifferenz-bereich	H_0 ablehnen = negative Autokorrelation

0 d_u d_o 2 4-d_o 4-d_u 4

Da Autokorrelation der Residualwerte eine schwerwiegende Verletzung der Modellvoraussetzungen ist, wird auch häufig d_o bzw. $4 - d_u$ als kritischer Wert zur Abgrenzung des Annahme- oder Ablehnungsbereichs gewählt. Insofern wird der Indifferenzbereich gleichfalls als Ablehnungsbereich für H_0 gewählt.

Aus Tabelle 18.8 ergibt sich d = 0,752. Für n = 31, m = 2 und $\alpha = 0{,}05$ ergibt sich aus der Durbin-Watson-Tabelle d_u = 1,30 und d_o = 1,57. Damit fällt die Prüfgröße in den Ablehnungsbereich für H_0: mit einer Irrtumswahrscheinlichkeit von 5 % wird die Hypothese H_0 (es besteht keine Autokorrelation der Residualwerte) verworfen. Es liegt demnach also eine positive Autokorrelation der Residualwerte vor. Mit diesem Ergebnis besteht Anlass, den Regressionsansatz hinsichtlich der Vollständigkeit der erklärenden Variablen sowie der Kurvenform zu überprüfen.

Eine positive Autokorrelation der Residualwerte kann auch grafisch verdeutlicht werden. Dazu wurden folgende Schritte unternommen: mittels der Option „Speichern" der Dialogbox „Lineare Regression" wurden die (unstandardisierten) Residualwerte RES_1 dem Datensatz hinzugefügt (⇨ Kap. 18.2.4). Dann wurde die um ein Jahr zeitverzögerte Residualgröße Residual_Vorperiode gebildet [mit Hilfe des Menüs „Transformieren" und der Lag-Funktion von „Berechnen...", Residual_Vorperiode = LAG(RES_1)]. Im letzten Schritt wurde ein einfaches Streudiagramm erzeugt (⇨ Kap. 32.10), das optisch die positive Abhängigkeit der Residualwerte im Jahr t vom Residualwert im Jahr t-1 verdeutlicht (⇨ Abb. 18.7). Berechnet man den bivariaten Korrelationskoeffizienten für RES_1 und Residal_Vorperiode mittels der Befehlsfolge „Analysieren", „Korrelation ⊳", „Bivariat...", so ergibt sich ein Wert von 0,612.

Mit der Wahl der Durbin-Watson-Statistik werden in einer Tabelle (⇨ Tabelle 18.10) auch Ergebnisse für die Schätzwerte bzw. Vorhersagewerte $\hat{y}_i$ [vergl. Gleichung 18.27] sowie für die Residualwerte e_i ausgegeben. Dabei wird zwischen nicht standardisierten und standardisierten Werten (d.h. in z-Werte transformierte Werte, ⇨ Gleichung 8.8 in Kap. 8.5) unterschieden. Es werden jeweils das Minimum, das Maximum, das arithmetische Mittel und die Standardabweichung aufgeführt.

Fallweise Diagnose. Je nach Wahl können die Residualwerte e_i entweder für alle Fälle oder nur für die Fälle mit Ausreißern in einer Tabelle aufgelistet werden. In beiden Fällen werden sie dann sowohl standardisiert (d.h. in z-Werte transformiert, ⇨ Gleichung 8.8 in Kap. 8.5) als auch nicht standardisiert ausgegeben. Außerdem werden die abhängige Variable und deren Vorhersagewert ausgegeben. Ausreißer liegen außerhalb eines Standardabweichungsbereichs um den Mittelwert von e_i ($\bar{e} = 0$) (voreingestellt ist der Bereich ± 3*Standardabweichungen).

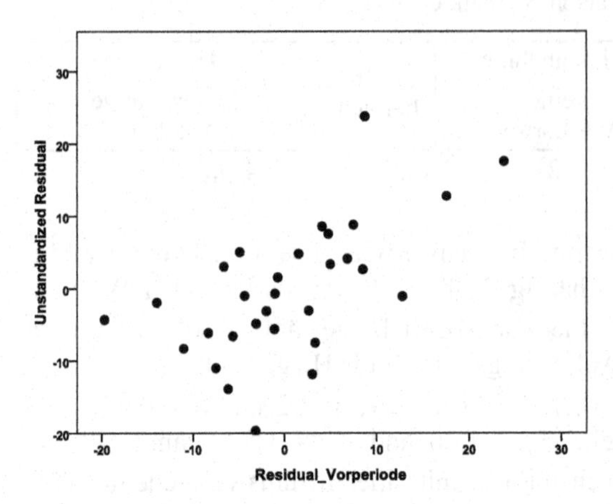

Abb. 18.7. Positive Autokorrelation der Residualwerte

Tabelle 18.10. Weitere Ergebnisausgabe von „Durbin-Watson“ (Option „Statistiken“)

Residuenstatistik[a]

	Minimum	Maximum	Mittelwert	Standardabweichung	N
Nicht standardisierter vorhergesagter Wert	437,996	1222,980	837,792	228,5051	31
Nicht standardisierte Residuen	-19,6758	23,8007	,0000	9,1952	31
Standardisierter vorhergesagter Wert	-1,750	1,686	,000	1,000	31
Standardisierte Residuen	-2,067	2,501	,000	,966	31

a. Abhängige Variable: cpr

18.2.3 Ergänzende Grafiken zum Regressionsmodell (Schaltfläche „Diagramme“)

Durch Anklicken der Schaltfläche „Diagramme···“ in der Dialogbox „Lineare Regression“ (⇨ Abb. 18.5) können verschiedene Grafiken zu der Regressionsgleichung angefordert werden. Die Grafiken beziehen sich auf die Residual- und Vorhersagewerte in verschiedenen Varianten. Diese erlauben es, einige Modellvoraussetzungen bezüglich der Residualvariablen zu überprüfen (⇨ Kap. 18.4). Das Regressionsgleichungsmodell kann nur dann als angemessen betrachtet werden, wenn die empirischen Residualwerte e_i ähnliche Eigenschaften haben wie die Residualwerte ε_i des Modells. Unter anderem werden auch Residual- und Vorhersagewerte unter Ausschluss einzelner Fälle bereitgestellt. Damit wird es möglich, den Einfluss von nicht recht in das Bild passenden Fällen („Ausreißer“) für das Regressionsmodell zu bewerten.

Abb. 18.8 zeigt die (Unter-)Dialogbox „Diagramme“ mit einer Einstellung, die im Folgenden erläutert wird.

Streudiagramm 1 von 1. In der Quellvariablenliste der Dialogbox stehen standardmäßig folgende Variablen, die zur Erstellung von Streudiagrammen (Scatterplots) genutzt werden können. Die mit einem * beginnenden Variablen sind temporär.

- DEPENDNT: abhängige Variable y.
- *ZPRED: Vorhersagewerte $\hat{y}_i$, in standardisierte Werte (z-Werte) transformiert.
- *ZRESID: Residualwerte e_i, in standardisierte Werte (z-Werte) transformiert.
- *DRESID: Residualwerte e_i bei Ausschluss (deleted) des jeweiligen Falles i bei Berechnung der Regressionsgleichung.
- *ADJPRED: Vorhersagewerte $\hat{y}_i$ bei Ausschluss (deleted) des jeweiligen Falles i bei Berechnung der Regressionsgleichung.
- *SRESID: Die Residualwerte e_i, dividiert durch den Schätzwert ihrer Standardabweichung, wobei diese je nach der Distanz zwischen den Werten der unabhängigen Variablen des Falles und dem Mittelwert der unabhängigen Variablen von Fall zu Fall variiert. Diese studentisierten Residuen geben Unterschiede in der wahren Fehlervarianz besser wieder als die standardisierten Residuen.
- *SDRESID: Studentisiertes Residuum bei Ausschluss (deleted) des jeweiligen Falles i bei Berechnung der Regressionsgleichung.

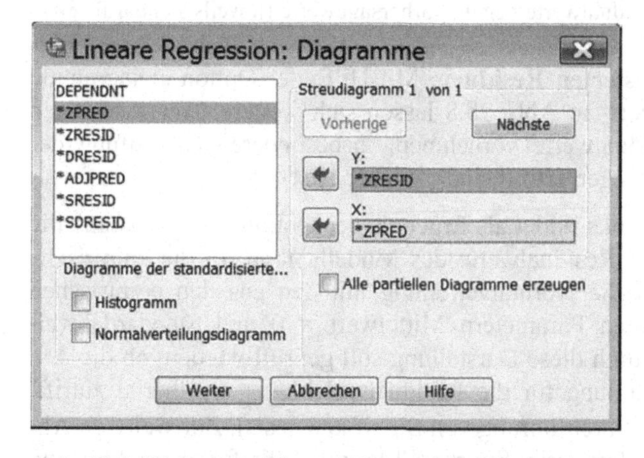

Abb. 18.8. Dialogbox „Lineare Regression: Diagramme“

Diese Variablen können in Streudiagrammen dargestellt werden, indem sie in die Felder für die y- bzw. x-Achse übertragen werden. Abb. 18.9 ist z.B. ein Ergebnis der Einstellungen in Abb. 18.8 für das Modell 1. Ein derartiges Streudiagramm kann Hinweise dafür geben, ob die Bedingung der Homoskedastizität erfüllt ist oder nicht (vergl. Gleichung 18.12). Aus dem Streudiagramm gewinnt man nicht den Eindruck, dass die Streuung der Residualwerte systematisch mit der Höhe der Vorhersagewerte variiert, so dass es gerechtfertigt erscheint, von Homoskedastizität auszugehen. Andererseits wirkt die Punktwolke aber auch nicht wie zufällig. Damit werden die im Zusammenhang mit einer Prüfung auf Autokorrelation aufgetretenen

Zweifel hinsichtlich der Kurvenform oder der Vollständigkeit des Regressionsmodells bezüglich wichtiger Erklärungsvariable verstärkt. Das Modell ist nicht hinreichend spezifiziert. Es ist zu vermuten, dass eine oder mehrere wichtige Erklärungsvariable fehlen. Eine sinnvolle Ergänzung zu den Streudiagrammen der Abb. 18.9 sind Streudiagramme, in denen die Residualwerte gegen die erklärenden Variablen geplottet werden. Dabei können auch erklärende Variable eingeschlossen sein, die bisher nicht im Erklärungsansatz enthalten waren. Derartige Streudiagramme und weitere lassen sich erzeugen, wenn die Residualwerte mit „Speichern" dem Datensatz hinzugefügt werden (⇨ Kap. 18.2.4).

Im Rahmen des Untermenüs „Diagramme" können weitere Streudiagramme nach Klicken von „Weiter" angefordert werden.

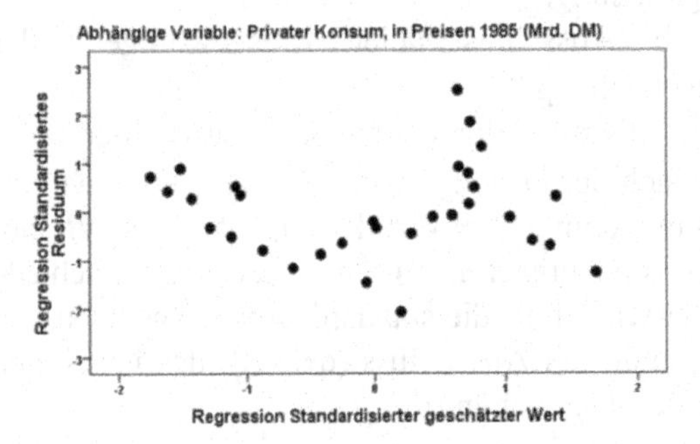

Abb. 18.9. Streudiagramm Residualwerte gegen Vorhersagewerte (jeweils standardisiert)

Diagramme der standardisierten Residuen. Mit Hilfe der Option „Diagramme der standardisierten Residuen" in Abb. 18.8 lassen sich weitere Untersuchungen der (standardisierten) Residualwerte vornehmen, insbesondere zur Prüfung der Frage, ob die Modellbedingungen erfüllt sind (⇨ Kap. 18.4).

① *Histogramm.* Abb. 18.10 links bildet als Ergebnis der Option „Histogramm" die Häufigkeitsverteilung der Residualwerte des Modells 1 ab. In die empirische Häufigkeitsverteilung ist die Normalverteilung mit den aus den empirischen Residualwerten bestimmten Parametern Mittelwert = 0 und Standardabweichung = 0,966 gelegt. Durch diese Darstellung soll geprüft werden, ob die Annahme einer Normalverteilung für die Residualvariable ε_i annähernd zutrifft (eine Voraussetzung zur Durchführung von Signifikanztests). Zur weiteren Absicherung kommt der Kolmogorov-Smirnov-Test mit Lilliefors-Korrektur und der Shapiro-Wilk-Test (⇨ Kap. 9.3.2) sowie das mit diesen erzeugte QQ-Diagramm (⇨ Abb. 18.10 rechts und Kap. 32.17) in Frage. Dafür muss aber vorher die Residualvariable e_i als RES_1 gespeichert werden (⇨ Kap. 18.2.4).

Unser Demonstrationsbeispiel hat nur 31 Fälle, so dass es schwer fällt, allein auf Basis des Histogramms eine sichere Aussage darüber zu treffen, ob die Residualwerte e_i normal verteilt sind. Da die Abweichungen der empirischen e_i-Werte von der Normalverteilung aber auch im QQ-Diagramm nicht sehr gravierend sind, wird die Annahme einer Normalverteilung der Zufallsvariable ε_i gestützt. Auch die Tests stützen die Normalverteilungsannahme.

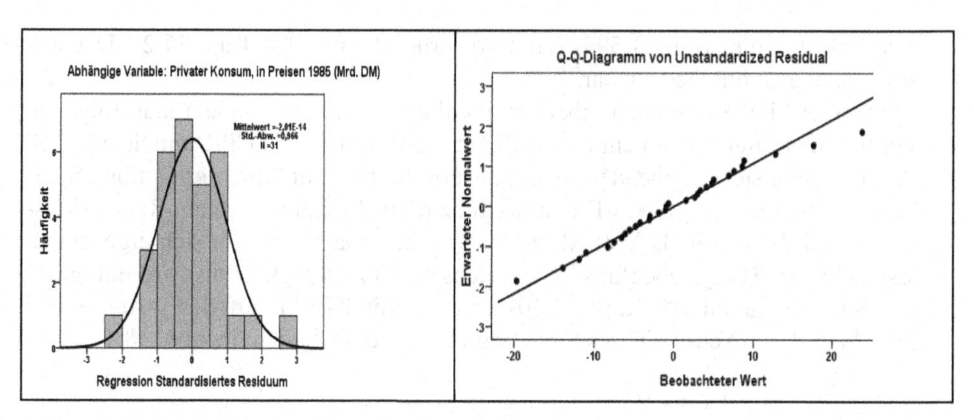

Abb. 18.10. Häufigkeitsverteilung der Residualwerte

② *Normalverteilungsdiagramm.* Abb. 18.11 hat die gleiche Aufgabenstellung wie Abb. 18.10: es soll festgestellt werden, ob die Residualwerte gravierend von der Normalverteilung abweichen. In dem Diagramm sind die bei Vorliegen einer Normalverteilung (theoretischen) und die empirischen kumulierten Häufigkeiten einander gegenübergestellt. Auch diese Darstellung bestätigt, dass die Abweichung von der Normalverteilung nicht gravierend ist (⇨ P-P-Diagramme in Kap. 32.17).

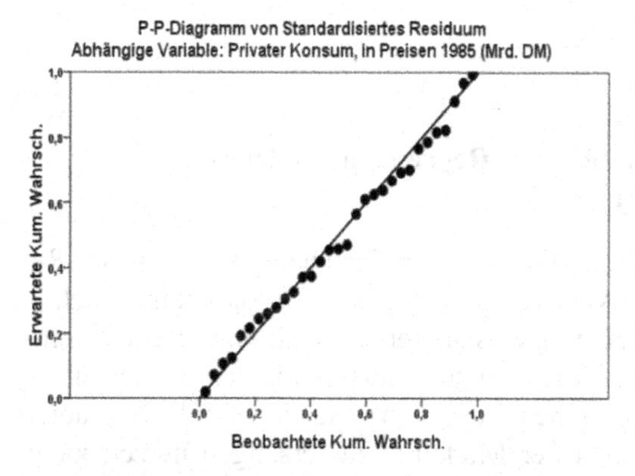

Abb. 18.11. P-P-Normalverteilungsdiagramm der standardisierten Residualwerte

Alle partiellen Diagramme erzeugen. Wird diese Option gewählt, so werden alle Streudiagramme erstellt, die partiellen Korrelationskoeffizienten entsprechen (⇨ Kap. 17.2). Diese Streudiagramme sind ein hilfreiches Mittel zur Prüfung der Frage, ob unter Berücksichtigung aller anderen erklärenden Variablen ein linearer Zusammenhang besteht (⇨ Kap. 18.4.1). Auch ist das Diagramm wertvoll, um zu sehen, ob eventuell „Ausreißer" einen starken Einfluss auf den partiellen Regressionskoeffizienten haben könnten.

In Abb. 18.12 ist als Beispiel für das Modell 1 CPR in Abhängigkeit von ZINS bei Eliminierung des linearen Effektes von YVERF sowohl aus CPR als auch aus ZINS dargestellt. Sichtbar wird eine negative Korrelation zwischen CPR und ZINS mittlerer Stärke, die ja auch im partiellen Korrelationskoeffizienten zwischen den

Variablen in Höhe von $-0{,}5952$ zum Ausdruck kommt (⇨ Kap. 17.2). Der Zusammenhang ist durchaus linear.

Abb. 18.12 ließe sich auch (aber umständlicher) erzeugen, indem man folgende Schritte unternimmt: in einem ersten Regressionsansatz wird CPR mittels YVERF erklärt und die sich ergebenden Residualwerte RES_1 mit Hilfe der Option „Speichern“ (⇨ Kap. 18.2.4) dem Datensatz hinzufügt. In einem zweiten Regressionsansatz wird ZINS mittels YVERF erklärt (vorhergesagt) und die sich ergebenden Residualwerte RES_2 ebenfalls dem Datensatz hinzugefügt. Dann wird ein einfaches Streudiagramm (⇨ Kap. 32.10) erzeugt mit RES_1 auf der y-Achse und RES_2 auf der x-Achse. Dieses Streudiagramm entspricht dem in Abb. 18.12.

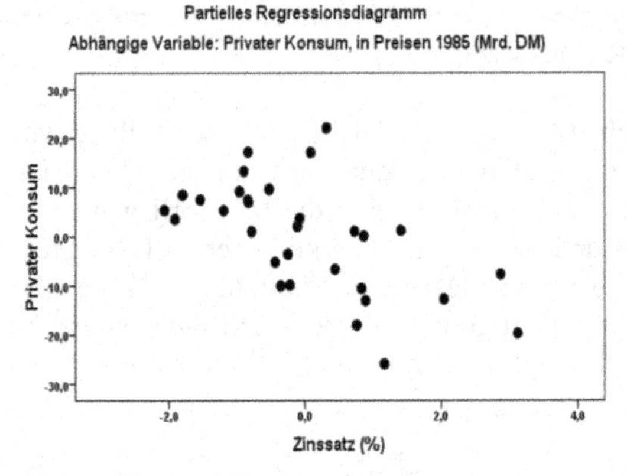

Abb. 18.12. Partielles Streudiagramm

18.2.4 Speichern von neuen Variablen des Regressionsmodells (Schaltfläche „Speichern“)

Durch Klicken auf die Schaltfläche „Speichern...“ in der Dialogbox „Lineare Regression“ (⇨ Abb. 18.5) wird die in Abb. 18.13 dargestellte Dialogbox geöffnet.

Es lassen sich dann eine ganze Reihe im Zusammenhang mit einer Regressionsgleichung berechenbarer Variablen anfordern und zu den Variablen des Datensatzes hinzufügen. Der Sinn ist darin zu sehen, dass man anschließend die Variablen für umfassende Prüfungen hinsichtlich der Modellvoraussetzungen nutzen kann. Des Weiteren dienen einige der Variablen dazu, zu prüfen, in welchem Maße „Ausreißer-Fälle“ Einfluss auf die berechneten Ergebnisse haben. Fälle mit „ungewöhnlichen“ Werten können identifiziert und ihr Einfluss auf die Ergebnisse sichtbar gemacht werden.

Die angeforderten und der Datei hinzugefügten Variablen erhalten automatisch Variablennamen, die im Folgenden erläutert werden. Sie enden jeweils mit einer an einen Unterstrich angehängten Ziffer. Die Ziffer gibt an, die wievielte Variable des Variablentyps dem Datensatz hinzugefügt worden ist. Beispielsweise bedeutet PRE_3, dass dem Datensatz inzwischen die dritte Variable PRE (die eines Vorhersagewertes) hinzugefügt worden ist. Sobald mindestens eine Variable zur Speicherung angefordert wird, wird eine mit „Residuenstatistik“ überschriebenen Tabelle ausgegeben. In dieser Tabelle werden das Minimum, das Maximum, der Mittelwert, die Standardabweichung sowie die Anzahl der Fälle N für alle Variablen der Bereiche „Vorhergesagter Wert“, „Residuen“ und „Distanz“ aufgeführt.

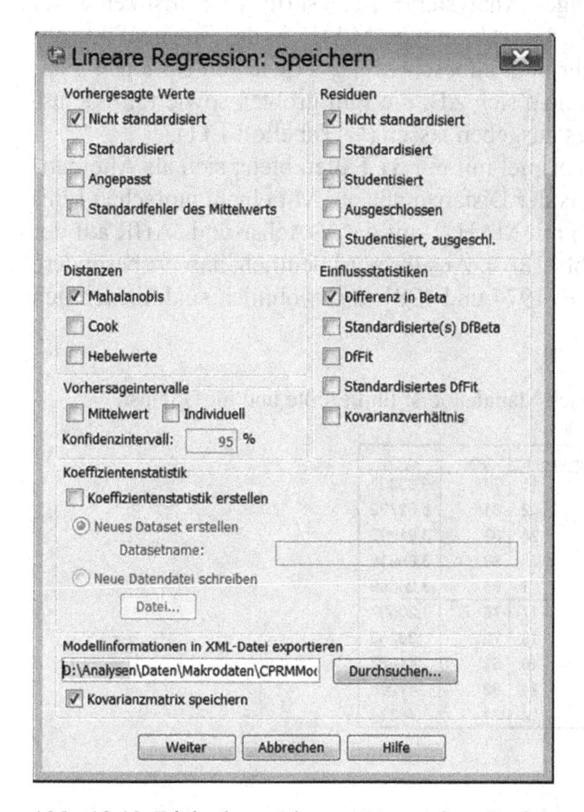

Abb. 18.13. Dialogbox „Lineare Regression: Speichern“

Folgende Variablen (⇨ Abb. 18.13) können dem Datensatz hinzugefügt werden. (In Klammern werden die jeweiligen Namen mit ihrer Beschriftung aufgeführt) :

① *Vorhergesagte Werte*

- *Nicht standardisiert.* Nicht standardisierte vorhergesagte Werte $\hat{y}_i$ („PRE_“ , „Unstandardized Predicted Value“).
- *Standardisiert.* Standardisierte (in z-Werte transformierte) vorhergesagte Werte („ZPR_“, „Standardized predicted Value“).
- *Angepasst.* Vorhersagewert bei Ausschluss des jeweiligen Falles i bei Berechnung der Regressionsgleichung („ADJ_“ , „Adjusted Predicted Value“).
- *Standardfehler des Mittelwerts.* Standardfehler des mittleren Vorhersagewerts $\hat{y}_i$ („SEP_“, „Standard Error of Predicted Value“, ⇨ Gleichung 18.25).

② *Distanzen.*

- *Mahalanobis.* Dieses Distanzmaß misst, wie stark ein Fall vom Durchschnitt der anderen Fälle hinsichtlich der erklärenden Variablen abweicht. Ein hoher Distanzwert für einen Fall i signalisiert, dass dieser hinsichtlich der erklärenden Variablen ungewöhnlich ist (Ausreißer) und damit eventuell einen hohen Einfluss auf die Modellergebnisse hat („MAH_“, „Mahalanobis Distance“).

Mit Hilfe der Befehlsfolge „Analysieren“, „Deskriptive Statistiken“, ▷„, „Explorative Datenanalyse“, Übertragen von MAH_ in das Eingabefeld „abhängige Variablen“ und Jahr in „Fallbeschriftung“ sowie den Optionen „Statistik...“, „Ausreißer“ kann man sich z.B. die fünf größten sowie fünf kleinsten Werte des Distanzmaßes ausgeben lassen (⇨ Tabelle 18.11).

Für unser Anwendungsbeispiel mit nur 31 Fällen bietet sich als Alternative eine Grafik zum Ausweis der Distanzmaße an. Mit einem einfachen Liniendiagramm (⇨ Kap. 32.7) mit MAH_1 auf der Y-Achse und JAHR auf der X-Achse erhält man die Abb. 18.14. Aus ihr wird deutlich, dass insbesondere die Daten der Jahre (= Fälle) 1974 und 1981 ungewöhnlich sind hinsichtlich der erklärenden Variablen.

Tabelle 18.11. Distanzmaß nach Mahalanobis: fünf größte und fünf kleinste

Extremwerte

			Fallnummer	jahr	Wert
MAH_1	Größte Werte	1	15	74	5,93362
		2	22	81	5,62722
		3	28	87	3,91993
		4	29	88	3,89916
		5	1	60	3,26889
	Kleinste Werte	1	17	76	,20597
		2	13	72	,36233
		3	10	69	,44637
		4	24	83	,47206
		5	12	71	,48334

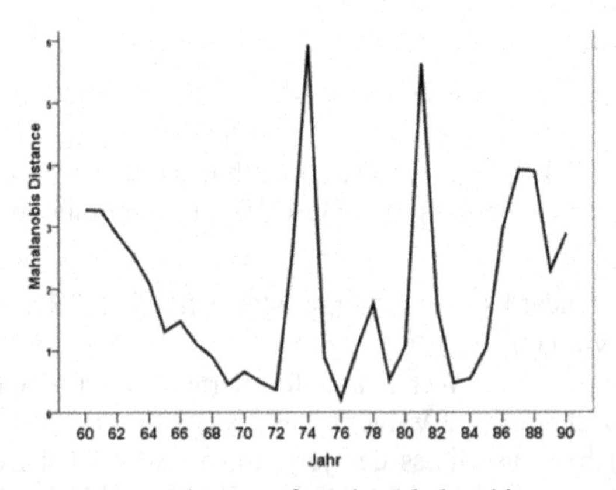

Abb. 18.14. Distanzmaß nach Mahalanobis

- *Nach Cook.* (“COO_”, “Cooks´s Distance”). Durch den Vergleich der Residualwerte („Nicht standardisiert“ und „Ausgeschlossen“) kann man ermessen, wie stark ein Fall auf Ergebnisse Einfluss nimmt. Nicht sehen kann man aber daran, in welchem Ausmaß der Ausschluss eines Falles bei der Berechnung der Regressionsgleichung Wirkungen auf die Residualwerte aller anderen Fälle hat. Diese Information wird durch das Distanzmaß nach Cook vermittelt. Das Distanzmaß ist wie folgt definiert:

$$C_i = \frac{\sum_{j=1}^{n} (\hat{y}_j^{(i)} - \hat{y}_j)^2}{(m+1)\hat{\sigma}_\varepsilon^2} \tag{18.37}$$

wobei $\hat{y}_j^{(i)}$ der Vorhersagewert für den Fall j ist, wenn die Regressionsgleichung bei Ausschluss des Falles i berechnet wurde, m ist die Anzahl der zu erklärenden Variablen und $\hat{\sigma}_\varepsilon^2$ ist der Schätzwert für die Varianz der Residualvariable (⇨ Gleichung 18.18). Das Maß C_i wird Null, wenn für alle Fälle j die $\hat{y}_j^{(i)}$ nicht von den $\hat{y}_j$ abweichen. Bestehen hohe Abweichungen, wird C_i groß. Große Werte des Maßes weisen demnach Fälle aus, die hohen Einfluss auf die Ergebnisse haben. Werden die der Datei hinzugefügten Werte von C_i für alle Jahre (Fälle) in einer Liniengrafik dargestellt, so zeigt sich, dass in den Jahren 1975, 1981, 1983 und 1990 die Werte besonders hoch sind. Man kann davon ausgehen, dass die Daten dieser Jahre den größten Einfluss auf die Regressionsergebnisse haben.

- *Hebelwerte (Leverage).* Ein Maß für den Einfluss, den eine Beobachtung i auf die Anpassung einer Regressionsgleichung besitzt. Der Wert für den Hebelwirkungseffekt ergibt sich aus der Mahalanobis-Distanz, dividiert durch $n-1$ („LEV_“, „Centered Leverage Value“).

③ *Vorhersageintervalle.*
Analog zu den Konfidenzbereichen für Regressionskoeffizienten (⇨ Gleichung 18.33) können Konfidenzbereiche für die Vorhersagewerte bestimmt werden. Da sich die Varianzen der durchschnittlichen und individuellen Vorhersagewerte bei gegebenen Werten der erklärenden Variablen unterscheiden (⇨ Gleichungen 18.25 und 18.26), weichen auch die Berechnungen für die Konfidenzintervalle voneinander ab.

- *Mittelwert.* Intervallschätzwerte (d.h. ein unterer und ein oberer Grenzwert) für das durchschnittliche $\hat{y}_i$. Ein mit einer Wahrscheinlichkeit $1-\alpha$ bestimmtes Konfidenzintervall für einen Fall i ergibt sich als

$$\hat{y}_i \pm t_{\alpha/2,n-m-1} * \hat{\sigma}_{\hat{y}} \tag{18.38}$$

wobei $t_{\alpha/2,n-m-1}$ der t-Wert aus einer tabellierten t-Verteilung[11] (für die zweiseitige Betrachtung) bei $n-m-1$ Freiheitsgraden und $\hat{\sigma}_{\hat{y}}$ der Schätzwert für die Standardabweichung des Schätzfehlers ist (⇨ Gleichung 18.25). Das Konfidenzniveau (die Wahrscheinlichkeit) für das Konfidenzintervall kann durch Eingabe bestimmt werden. Voreingestellt ist 95 % (= $1-\alpha$). Es kann ein anderer %-Wert eingegeben werden. Für $n-m-1 = 28$ entspricht $1-\alpha$ = 0,95 $t_{0,025,28}$ = 2,0484. („LMCI“, „95% L CI for cpr mean“ und „UMCI”, “95% U CI for cpr mean” für unsere Regressionsgleichung, L = lower = untere Wert, U = upper = obere Wert, M = mean = Mittelwert und CI = Confidence interval).

[11] Die Tabelle ist auf den Internetseiten zum Buch verfügbar.

- *Individuell.* Ein Konfidenzintervall wird analog zu Gleichung 18.38 bestimmt. Im Unterschied dazu wird der Schätzwert für die Standardabweichung gemäß Gleichung 18.26 für die Berechnung verwendet.(„LICI", „95% L CI for cpr individual" und „UICI", „95 % U CI for cpr individual" für unsere Regressionsgleichung, I = individual, L, U und CI wie oben).

④ *Residuen*

- *Nicht standardisiert.* Die Residualwert e_i („RES_", "Unstandardized Residual").
- *Standardisiert.* Standardisierte (in z-Werte transformierte) Residualwerte. Die Residualwerte e_i werden durch ihre Standardabweichung dividiert („ZRE-", „Standardized Residual").
- *Studentisiert.* Die Residualwerte e_i, dividiert durch den Schätzwert ihrer Standardabweichung, wobei diese je nach der Distanz zwischen den Werten der unabhängigen Variablen des Falles i und dem Mittelwert der unabhängigen Variablen von Fall zu Fall variiert („SRE_", „Studentized Residual").
- *Ausgeschlossen.* Residualwert bei Ausschluss des jeweiligen Falles i bei Berechnung der Regressionsgleichung („DRE_", „Deleted Residual").
- *Studentisiert, ausgeschl.* Studentisierte Residuen bei Ausschluss des jeweiligen Falles i bei Berechnung der Regressionsgleichung („SDR_", „Studentized Deleted Residual").

Werden die nicht standardisierten Residuen und diejenigen, die sich bei Ausschluss des jeweiligen Falles (= Jahres) bei Berechnung der Regressionsgleichung ergeben, einander gegenübergestellt, zeigt sich, dass die Unterschiede sehr gering sind.

⑤ *Einflussstatistiken* (Maße zur Identifizierung einflussreicher Fälle).

- *Differenz in Beta.* Differenz in den Regressionskoeffizienten bei Ausschluss des jeweiligen Falles i bei Berechnung der Regressionsgleichung. Für jede erklärende Variable sowie das konstante Glied der Gleichung wird ein Variablennamen bereitgestellt („DFB0_" für das konstante Glied mit Label „DFBETA Intercept", „DFB1_" für die erste erklärende Variable, „DFB2_" für die zweite erklärende Variable usw.).
- *Standardisierte(s) DfBeta.* Obige DfBeta-Werte werden standardisiert (in z-Werte transformiert). („SDB0_" mit Label „Standardized Dfbeta Intercept" für das konstante Glied, „SDB1_" für die erste erklärende Variable usw. wie oben).
- *DfFit.* Differenz im Vorhersagewert eines jeweiligen Falles i bei Ausschluss dieses Falles bei Berechnung der Regressionsgleichung („DFF_", „ DFFIT"). Es zeigt sich, dass der Schwankungsbereich der Differenz zwischen ± 2 Prozentpunkte liegt. Die Daten in den Jahren 1975, 1981 und 1990 haben einen relativ starken Einfluss.
- *Standardisiertes DfFit:* Die DfFit-Werte standardisiert (in z-Werte transformiert). („SDF_", „Standardized DFFIT").
- *Kovarianzverhältnis (Covariance ratio).* Die Kovarianz bei Ausschluss des jeweiligen Falles i dividiert durch die Kovarianz ohne Ausschluss des Falles i. Wenn der Quotient dicht bei 1 liegt, beeinflusst der weggelassene Fall die Varianz-Kovarianz-Matrix nur unwesentlich („COV_", „COVRATIO").

⑥ *Koeffizientenstatistik.* Es werden die Regressionskoeffizienten sowie weitere zu diesen Schätzergebnissen gehörende Informationen entweder in die SPSS-Arbeitsdatei oder eine .SAV-Datei ausgegeben.

⑦ *Modellinformationen in XML-Datei exportieren.* Mit dieser Option können Modellinformationen in eine .xml-Datei (Extensible Markup Language) exportiert (gespeichert) werden.[12] Mit der Befehlsfolge „Extra", Scoring-Assistent" kann mittels dieser Modelldatei eine Vorhersage der abhängigen Variable CPR für „neue" Daten[13] mit den unabhängigen Variablen YVERF und ZINS (und ohne CPR) vorgenommen werden. In Kap. 19.2 (⇨ „Scoren neuer Daten") wird diese Anwendung erläutert.

18.2.5 Optionen für die Berechnung einer Regressionsgleichung (Schaltfläche „Optionen")

Die in Abb. 18.15 dargestellte Dialogbox „Lineare Regression: Optionen..." erscheint, wenn man in der Dialogbox „Lineare Regression" (⇨ Abb. 18.5) auf „Optionen" klickt. In ihr lassen sich verschiedene Modalitäten für die Berechnung der Regressionsgleichung wählen:

❑ *Kriterien für schrittweise Methode.* Die Auswahlmöglichkeiten beziehen sich auf die anderen Verfahren zum Einschluss von unabhängigen Variablen in die Regressionsgleichung (Alternativen zur „Methode: Einschluss"). Daher werden diese unten im Zusammenhang mit den anderen Verfahren erläutert (⇨ Kap. 18.2.6).

❑ *Konstante in Gleichung einschließen.* Die Berechnung der Gleichung einschließlich des konstanten Gliedes ist die übliche und daher voreingestellte Variante. Nur in seltenen Ausnahmefällen macht die Restriktion, das konstante Glied gleich Null zu setzen, einen Sinn.

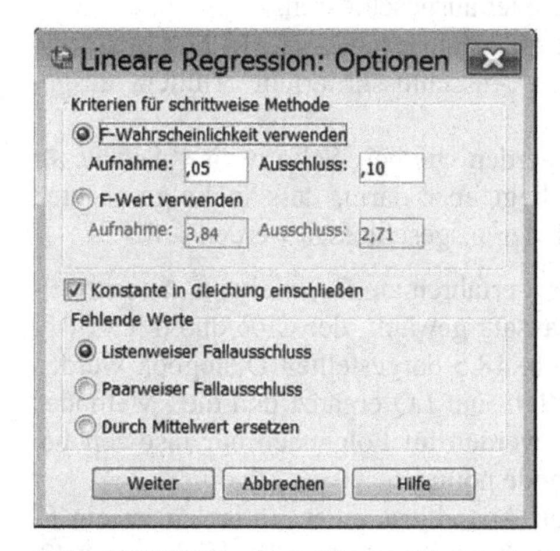

Abb. 18.15. Dialogbox „Lineare Regression: Optionen"

[12] Wir haben die .xml-Datei CPRModell genannt und sie in einem Verzeichnis gespeichert (⇨ Abb. 18.13).

[13] Für Daten, die nicht zur Berechnung des Modells genutzt wurden.

❑ *Fehlende Werte.* Die Option „Listenweiser Fallausschluss“ ist die Voreinstellung und bedeutet, dass die Berechnungen nur auf Fälle basieren, die für alle Variablen des Regressionsmodells gültige Werte haben. Bei Wahl der Option „Paarweiser Fallausschluss“ werden die als Basis aller Berechnungen dienenden Korrelationskoeffizienten für gültige Werte von jeweiligen Variablenpaaren kalkuliert. Bei der Option „Durch Mittelwert ersetzen“ werden fehlende Werte von Variablen durch das arithmetische Mittel dieser substituiert (zu Ausreißer und fehlenden Werten ⇨ Kap. 18.4.5).

18.2.6 Verschiedene Verfahren zum Einschluss von erklärenden Variablen in die Regressionsgleichung („Methode“)

Variablen können auf unterschiedliche Weise in die Regressionsgleichung eingeschlossen werden. Möglich sind die folgenden Verfahren, die im Auswahlfeld „Methode“ der Dialogbox „Lineare Regression“ wählbar sind (⇨ Abb. 18.5):

❑ *Einschluss.* Alle erklärenden Variablen werden in einem Schritt in die Gleichung einbezogen.

❑ *Schrittweise.* Die erklärenden Variablen werden schrittweise in die Gleichung aufgenommen. Die Reihenfolge richtet sich nach einem bestimmten Aufnahmekriterium, dessen Schwellenwerte man in der in Abb. 18.15 dargestellten Dialogbox festlegen kann. Werden schrittweise weitere Variablen aufgenommen, so wird nach jedem Schritt geprüft, ob die bislang in der Gleichung enthaltenen Variablen aufgrund eines Ausschlusskriteriums wieder ausgeschlossen werden sollen.

❑ *Ausschluss.* Diese Methode kann nur nach Einsatz eines anderen Verfahrens in einem ersten Block zum Zuge kommen. Zunächst werden alle erklärenden Variablen eingeschlossen. Mit „Ausschluss“ werden die erklärenden Variablen, die ein Ausschlusskriterium erfüllen, wieder ausgeschlossen.

❑ *Rückwärts.* Zunächst werden alle Variablen eingeschlossen. In Folgeschritten werden Variablen, die ein bestimmtes Ausschlusskriterium erfüllen, ausgeschlossen.

❑ *Vorwärts.* Die erklärenden Variablen werden wie bei „Schrittweise“ Schritt für Schritt einbezogen. Der Unterschied liegt aber darin, dass in Folgeschritten nicht geprüft wird, ob eine Variable wieder ausgeschlossen werden soll.

Im Folgenden werden die Grundlagen der Verfahren am Beispiel von „Schrittweise“ erläutert. Dazu wird ein Regressionsansatz gewählt, der CPR durch YVERF, ZINS und LQ erklären soll. In der in Abb. 18.5 dargestellten Dialogbox werden die erklärenden Variablen YVERF und ZINS um LQ ergänzt und die „Methode“ „Schrittweise“ gewählt. Ergebnistabellen werden im Folgenden nur insoweit besprochen als es zum Verständnis der Methode nötig ist.

Grundlage für die Aufnahme- bzw. den Ausschluss einer Variablen ist ein F-Test in Anlehnung an die Ausführungen im Zusammenhang mit Gleichung 18.32. Dieser sogenannte partielle F-Test prüft, ob durch die Aufnahme einer zusätzlichen erklärenden Variablen das Bestimmtheitsmaß R^2 signifikant erhöht wird. Dieses entspricht der Prüfung, ob die zusätzliche Variable einen signifikant von Null verschiedenen Regressionskoeffizienten hat. Analog wird getestet, ob durch den Ausschluss eine Variable R^2 signifikant sinkt. Dieser Test kann auch angewendet werden für den Fall, dass in einem Schritt mehrere zusätzliche Variablen in die Regressionsgleichung aufgenommen (oder ausgeschlossen) werden sollen.

Die Prüfgröße ist

$$F = \frac{\Delta R^2 / k}{(1 - R^2)/(n - m - 1)} \tag{18.39}$$

wobei ΔR^2 die Veränderung (Differenz) von R^2 bei Aufnahme (oder Ausschluss) einer (oder mehrerer) zusätzlichen erklärenden Variable, n der Stichprobenumfang, m die Anzahl der erklärenden Variablen und k die Anzahl der zusätzlich aufgenommenen (bzw. ausgeschlossenen) erklärenden Variablen ist. Unter der Nullhypothese (keine Veränderung von R^2) ist die Prüfgröße F-verteilt mit $df_1 = k$ und $df_2 = n - m - 1$ Freiheitsgraden. Durch Vergleich des aus Gleichung 18.39 erhaltenen empirischen F mit dem bei Vorgabe einer Irrtumswahrscheinlichkeit α und der Anzahl der Freiheitsgrade entnehmbaren F-Wert aus einer F-Tabelle[14], kann die H_0-Hypothese angenommen oder abgelehnt werden. Bei einer Irrtumswahrscheinlichkeit von 5 % ($\alpha = 0{,}05$) und $df_1 = k = 1$ und $df_2 = n - m - 1 = 31 - 3 - 1 = 27$, ergibt sich ein kritischer Wert $F_{krit} = 4{,}22$. Ist der empirische F-Wert nach Gleichung 18.39 kleiner als F_{krit}, so wird die Hypothese H_0 (keine signifikante Erhöhung von R^2 durch die zusätzliche Variable) angenommen, sonst abgelehnt. Alternativ kann auch die Wahrscheinlichkeit für den empirischen erhaltenen F-Wert mit der vorzugebenden Irrtumswahrscheinlichkeit verglichen werden. Die Vergleichskriterien für die Aufnahme und für den Ausschluss von erklärenden Variablen in die Regressionsgleichung können in der (Unter-) Dialogbox „Optionen" (⇨ Kap. 18.2.5) festgelegt werden.

Dieser F-Test zur Prüfung einer signifikanten Differenz von R^2 entspricht einem t-Test zur Prüfung der Signifikanz des Regressionskoeffizienten einer zusätzlichen Variable, da $t^2 = F$ ist.

In der Ausgabetabelle mit der Überschrift „Ausgeschlossene Variablen" (Tabelle 18.12) ist das Ergebnis der Regressionsgleichung hinsichtlich der nicht in die Regressionsgleichung aufgenommenen Variablen zu sehen. Im Anwendungsbeispiel wird im ersten Schritt die Variable YVERF eingeschlossen und ZINS sowie LQ ausgeschlossen (Modell 1) und dann im nächsten Schritt zusätzlich die Variable ZINS eingeschlossen (Modell 2).

Die Variable LQ wird (wie aus Tabelle 18.12 hervorgeht) nicht in das Modell eingeschlossen, weil das Einschlusskriterium (hier: Wahrscheinlichkeit des F-Wertes für die Aufnahme <= 0,05, ⇨ Abb. 18.15) für die Aufnahme nicht erreicht wird. Für die nicht in die Gleichung einbezogene Variable LQ (ausgeschlossene Variable) wird $t = 1{,}594$ ausgewiesen. Demnach ist $F = t^2 = 2{,}54$. Dieser F-Wert ist kleiner als $F_{krit} = 4{,}22$ und fällt insofern in den Annahmebereich für H_0. Daher wird LQ nicht in die Gleichung aufgenommen. Man kann dieses Ergebnis auch anhand des angegebenen Wertes für „Signifikanz" ablesen. Der Wert von „Signifikanz" beträgt im Modell 2 0,123. Da dieser Wert die Irrtumswahrscheinlichkeit

[14] Die Tabelle ist auf den Internetseiten zum Buch verfügbar.

von 5 % (α = 0,05) übersteigt, wird die Variable LQ als nicht signifikant erkannt und deshalb nicht in das Modell eingeschlossen.

Tabelle 18.12. Ergebnisausgabe für die schrittweise Regression (Ausschnitt)

Ausgeschlossene Variablen[c]

Modell		Beta In	T	Sig.	Partielle Korrelation	Kollinearitätsstatistik
						Toleranz
1	zins	-,031[a]	-3,920	,001	-,595	,928
	lq	-,018[a]	-1,046	,304	-,194	,294
2	lq	,028[b]	1,594	,123	,293	,176

a. Einflußvariablen im Modell: (Konstante), yverf

b. Einflußvariablen im Modell: (Konstante), yverf, zins

c. Abhängige Variable: cpr

Die Kriterien zur Aufnahme und zum Ausschluss einer Variablen in die Gleichung können alternativ festgelegt werden (⇨ Abb. 18.15):

❒ *F-Wahrscheinlichkeit verwenden.* Eine Variable wird in die Gleichung aufgenommen, wenn die Wahrscheinlichkeit ihres F-Wertes kleiner ist als der in Abb. 18.15 eingetragene Aufnahmewert. Sie wird ausgeschlossen, wenn ihr F-Wahrscheinlichkeitswert größer ist als der in der Abbildung eingetragene Ausschlusswert. Der eingetragene Aufnahmewert muss kleiner als der Ausschlusswert sein.

❒ *F-Wert verwenden.* Eine Variable wird aufgenommen, wenn ihr F-Wert größer ist als der in Abb. 18.15 eingetragene Aufnahme-F-Wert und ausgeschlossen, wenn er kleiner ist als der eingetragene F-Ausschlusswert.

18.3 Verwenden von Dummy-Variablen

In einer linearen Regression kann man zusätzlich zu metrischen auch kategoriale Variablen zur Erklärung einer metrischen Variablen verwenden. Dazu werden Hilfsvariablen, sogenannte Dummy-Variablen (0/1-Variablen), gebildet.[15] Die Anzahl der benötigten Dummy-Variablen für eine kategoriale Variable beträgt Anzahl der Kategorien minus 1. In Tabelle 18.13 ist für eine kategoriale Variable mit drei Kategorien – diese seien A, B und C genannt – dargestellt, wie die zwei Dummy-Variablen D_1 und D_2 kodiert werden. Das Regressionsmodell der Gleichung 18.10 erweitert sich bei Einbeziehen der kategorialen Erklärungsvariable wie folgt:

$$y_i = \beta_0 + \beta_1 x_{1,i} + \beta_2 x_{2,i} + \beta_3 D_{1,i} + \beta_4 D_{2,i} + \varepsilon_i \qquad (18.40)$$

[15] Wird eine kategoriale Variable als unabhängige Variable verwendet (ohne sie vorher in 0/1-Dummy-Variable zu kodieren), wird diese in der Regressionsprozedur fälschlich wie eine metrische Variable behandelt.

Für einen Fall i ergeben sich durch Einsetzen der Werte für die Dummy-Variablen gemäß Tabelle 18.13, je nach Kategorie der kategorialen Variablen für den Fall i, folgende Vorhersagewerte für die metrische Variable y_i:

Für Kategorie A: $\hat{y}_i = b_0 + b_1 x_{1,i} + b_2 x_{2,i} + b_3$ (18.41 a)

Für Kategorie B: $\hat{y}_i = b_0 + b_1 x_{1,i} + b_2 x_{2,i} + b_4$ (18.41 b)

Für Kategorie C: $\hat{y}_i = b_0 + b_1 x_{1,i} + b_2 x_{2,i}$ (18.41 c)

Der Koeffizient b_3 entspricht dem durchschnittlichen Anstieg des Vorhersagewertes (bei einem positiv geschätzten Koeffizienten) für die Fälle mit Kategorie A der kategorialen Variable gegenüber allen Fällen mit Kategorie C und der Koeffizient b_4 (bei einem positiv geschätzten Koeffizienten) dem durchschnittlichen Anstieg des Vorhersagewertes für die Fälle mit Kategorie B gegenüber allen Fällen mit Kategorie C. Die Fälle mit der Kategorie C für die kategoriale Variable stellen gegenüber den Fällen mit den Kategorien A oder B Vergleichsfälle dar (Kategorie C ist Referenzkategorie).

Tabelle 18.13. Die Kodierung von Dummy-Variablen

Kategoriale Variable	D_1	D_2
Kategorie A	1	0
Kategorie B	0	1
Kategorie C	0	0

Im Rahmen unseres Anwendungsbeispiels soll die Hypothese geprüft werden, ob die durch das OPEC-Kartell in den 70er Jahren verursachten schockartigen Preiserhöhungen für Rohöl den privaten Konsum der Haushalte beeinflusst haben. Es erscheint nicht unplausibel, dass durch die außerordentliche Situation, die über die zukünftige wirtschaftliche Entwicklung verunsicherten Verbraucher mit erhöhtem Sparen und damit kleinerem Konsum bei gegebener Höhe des verfügbaren Einkommens und Zinses reagiert haben. Durch Erweitern des Regressionsmodells um eine Dummy-Variable soll diese Hypothese getestet werden. Verbunden ist damit auch die Frage, ob sich das bisherige Erklärungsmodell, das Schwächen hinsichtlich der Erfüllung von Modellvoraussetzungen zeigt, verbessert. Die Jahre der beiden „Ölkrisen" waren 1973-75 sowie 1978-79. Die Dummy-Variable D_1, die die Hypothese prüfen soll, erhält in 1973-75 und 1978-79 den Wert 1 und in allen anderen Jahren den Wert 0. Die Gleichung des Modells lautet nun:

$$CPR_i = \beta_0 + \beta_1 YVERF_i + \beta_2 ZINS_i + \beta_3 D_{1,i} + \varepsilon_i \quad (18.42)$$

Die beiden zu prüfenden Alternativ-Hypothesen sind: H_0: $\beta_3 = 0$ und H_1: $\beta_3 < 0$. Wenn also die Verbraucher auf die „Ölschocks" in ihrem Konsumverhalten reagiert haben, sollte in den Jahren der „Ölkrise" der Konsum um β_3 kleiner sein als man es im Vergleich zu den anderen Jahren aufgrund der Höhe von YVERF und ZINS erwarten kann. Das Ergebnis der Regressionsanalyse bezüglich der Regressionskoeffizienten ist in Tab. 18.14 zu sehen.

Der geschätzte Regressionskoeffizient $b_3 = -6{,}513$ bedeutet, dass in den Jahren der „Ölkrise" der private Konsum durchschnittlich um ca. 6,5 Mrd. DM kleiner gewesen ist als aufgrund der Höhe des verfügbaren Einkommens und des Zinses zu erwarten war. Es zeigt sich damit, dass das Vorzeichen für die Variable erwartungsgemäß negativ ist. Aber der Regressionskoeffizient ist statistisch nicht gesichert („Sig." = 0,196 > α = 0,05). Die Hypothese H_1 hat keine empirische Stützung erfahren. Weitere statistische Resultate werden hier nicht referiert. Es ist aber festzuhalten, dass auch weitere statistische Prüfungen des Modells zeigen, dass die Variable D_1 nicht geeignet ist, das Regressionsmodell zu verbessern. Damit bleibt die Spezifizierung des Modells weiterhin unbefriedigend.

Tabelle 18.14. Regressionskoeffizienten: Modell mit der Dummy-Variablen D_1

Koeffizienten[a]

Modell		Nicht standardisierte Koeffizienten		Standardisierte Koeffizienten		
		Regressions koeffizient B	Standardfehler	Beta	T	Sig.
1	(Konstante)	47,751	10,851		4,400	,000
	yverf	,862	,007	1,008	129,250	,000
	zins	-4,695	1,416	-,027	-3,315	,003
	D1	-6,513	4,907	-,011	-1,327	,196

a. Abhängige Variable: cpr

Eine Dummy-Variable kann auch verwendet werden, um einen „Strukturbruch" zu erfassen, der sich in der Veränderung eines Regressionskoeffizienten im Schätzungszeitraum ausdrückt. Das folgende Beispiel, das substanzwissenschaftlich fiktiven Charakter hat, soll diese Möglichkeit demonstrieren. Angenommen wird, dass es gute Gründe dafür gibt, dass ab den 80er Jahren die Konsumquote aus zusätzlichem verfügbarem Einkommen, also der Regressionskoeffizient für YVERF, angestiegen ist. Um diesen Bruch im Verhalten der Verbraucher zu erfassen, wird eine Dummy-Variable D_2 eingeführt, die ab 1980 den Wert 1 und vorher den Wert 0 hat. Eine weitere Hilfsvariable, hier YVERFD2 genannt, wird per „Transformieren" und „Berechnen" erzeugt. Sie ist definiert als YVERFD2 = YVERF $*$ D_2. Der Regressionsansatz lautet nun:

$$CPR_i = \beta_0 + \beta_1 YVERF_i + \beta_2 ZINS_i + \beta_3 YVERFD2_i + \varepsilon_i \tag{18.43}$$

Aus der Gleichung ergibt sich, dass für die Jahre bis einschließlich 1979 der Koeffizient β_1 das Verbrauchsverhalten bezüglich des verfügbaren Einkommens erfasst (wegen $D_2 = 0$ ist auch YVERFD2 = 0). Das neue Verbrauchsverhalten bezüglich der Einkommensverwendung ab 1980 wird hingegen durch ($\beta_1 + \beta_3$) erfasst (wegen $D_2 = 1$ ist YVERFD2 = YVERF). In der folgenden Tabelle 18.15 wird ein Ausschnitt aus der Ergebnisausgabe für die Regressionsgleichung 18.43 aufgeführt.

Der Regressionskoeffizient der Hilfsvariable YVERFD2 beträgt 0,013 und ist auch statistisch gesichert. Tatsächlich ist aber die Erhöhung der Konsumquote so geringfügig, dass von einem Strukturbruch wohl keine Rede sein kann. Auch ist zu verzeichnen, dass das Modell sich durch die Einführung der Hilfsvariablen nicht wesentlich verbessert. Es ist auch möglich, explizit einen Test auf Vorliegen eines Strukturbruchs durchzuführen. Darauf kann hier aber nicht eingegangen werden.

Tabelle 18.15. Regressionskoeffizienten: Modell mit der Dummy-Variablen D_2

Koeffizienten[a]

Modell		Nicht standardisierte Koeffizienten		Standardisierte Koeffizienten	T	Sig.
		Regressions koeffizient B	Standardfehler	Beta		
1	(Konstante)	61,871	9,495		6,516	,000
	yverf	,838	,009	,979	92,257	,000
	zins	-4,387	1,189	-,026	-3,690	,001
	yverfD2	,013	,004	,035	3,383	,002

a. Abhängige Variable: cpr

Der Einsatz von Dummy-Variablen in der Variante D_1 und D_2 kann auch kombiniert werden. Immer sollte man sich aber sorgfältig versichern, ob die Verwendung einer zusätzlichen erklärenden Variablen wirklich sinnvoll ist. Ziel sollte sein, ein Modell mit möglichst wenigen erklärenden Variablen zu bilden, da dann sowohl eine Interpretation als auch Prognose mit dem Modell einfacher ist.

18.4 Prüfen auf Verletzung von Modellbedingungen

Überprüfungen der Modellannahmen des Regressionsmodells basieren auf der Analyse der empirischen Residualwerte e_i. Basis für diese Vorgehensweise ist der Sachverhalt, dass für ein angemessenes Regressionsmodell die empirischen Residualwerte e_i ähnliche Eigenschaften haben sollen wie ε_i in der Grundgesamtheit (⇨ Gleichungen 18.11 bis 18.14). Bei den Überprüfungen bedient man sich swohl der grafischen Analyse als auch statistischer Testverfahren. Im Folgenden soll auf einige wichtige Aspekte eingegangen werden.

18.4.1 Autokorrelation der Residualwerte und Verletzung der Linearitätsbedingung

Autokorrelation der Residualwerte spielt vorwiegend bei Regressionsanalysen von Zeitreihen eine Rolle (⇨ Durbin-Watson, Kap. 18.2.2). Besteht Autokorrelation, so liegt eine sehr ernst zu nehmende Verletzung einer Modellvoraussetzung vor. Autokorrelation der Residualwerte ist häufig eine Folge einer Fehlspezifikation der Regressionsgleichung. Dabei sind zwei Gründe zu unterscheiden:

① *Es wird eine falsche Gleichungsform angenommen.*
In der folgenden Abb. 18.16 soll gezeigt werden, dass eine falsche Gleichungsform Autokorrelation als Artefakt generiert.

Aus der Teilabbildung a) wird sichtbar, dass ein offensichtlich nichtlinearer Zusammenhang zwischen y und einer erklärenden Variablen x, der fälschlicherweise mittels einer linearen Gleichung erfasst werden soll, ein Muster der Residualwerte erzeugt, das nicht zufällig ist. Die Residualwerte e sind positiv autokorreliert: ein z.B. hoher positiver Residualwert für den Fall i führt für den Fall i + 1 ebenso zu einem hohen positiven Residualwert.

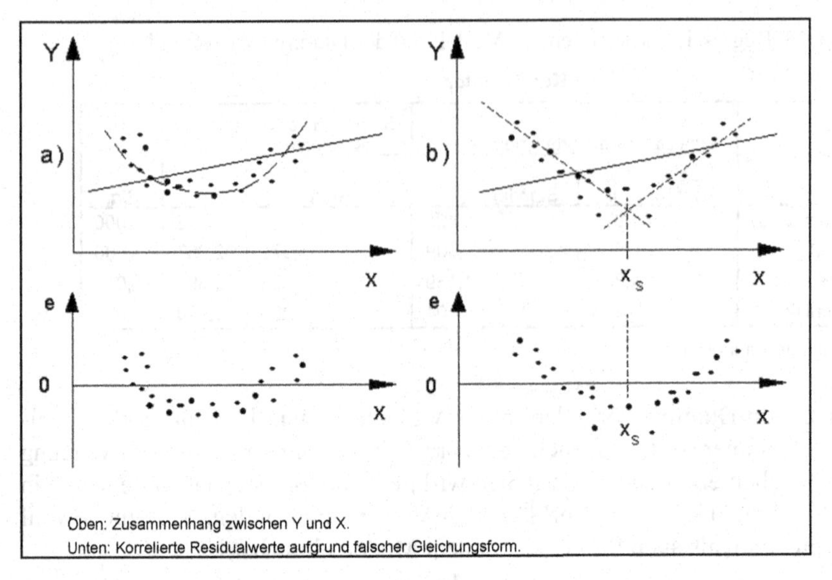

Abb. 18.16. Beispiele für entstehende Autokorrelation bei falscher Gleichungsform.

Zur Vermeidung dieses Problems bietet es sich an, die Variablen zu transformieren. In diesem Beispiel ist es sinnvoll, beide Variablen zu logarithmieren. In logarithmischer Darstellung wird der Zusammenhang linear, so dass für logarithmierte Werte eine lineare Regressionsanalyse vorgenommen werden kann und die Autokorrelation verschwindet. Für andere nichtlineare Zusammenhänge zwischen den Variablen müssen andere Transformationsformen gewählt werden.

Manchmal ist die Art des Zusammenhangs zwischen Variablen auch aus theoretischen Herleitungen bekannt. Dann bietet es sich an, auf dieser Basis eine Linearisierung durch Transformation der Variablen zu gewinnen. In Teilabbildung b) der Abb. 18.16 ist ebenfalls eine falsche Gleichungsform die Ursache für methodisch erzeugte Autokorrelation: Ein linearer Zusammenhang zwischen y und x ist zwar vorhanden, aber an einer Stelle von x ändert sich die Steigung des Zusammenhangs. Man spricht von einem „Strukturbruch" (⇨ Kap. 18.3). Hier ist es hilfreich, den Zusammenhang der Variablen für Teilbereiche linear zu erfassen. Dabei ist es möglich, mittels einer Hilfsvariablen (Dummy-Variable) beide lineare Teilstücke in einem Regressionsansatz zu schätzen (⇨ Kap. 18.3).

Aus der Abb. 18.16 wird deutlich, dass mit Hilfe von Streudiagrammen für die Residualwerte Fehlspezifikationen infolge einer falschen Gleichungsform aufgedeckt werden können. Hat man mehrere erklärende Variablen, kann man zunächst einmal in einem Streudiagramm die Residualwerte e_i mit den Vorhersagewerten $\hat{y}_i$ auf der x-Achse darstellen. Ergänzt werden kann eine derartige Darstellung durch Streudiagramme mit jeweils den einzelnen erklärenden Variablen auf der x-Achse des Diagramms. Mit SPSS lässt sich dieses technisch ohne Mühe realisieren, indem bei der Berechnung der Regressionsgleichung zunächst die Residualwerte mittels der Option „Speichern" dem Datensatz hinzugefügt werden und dann per „Grafiken", „Streudiagramm" die Grafik erstellt wird.

② *Es fehlt mindestens eine wichtige erklärende Variable in der Gleichung.*
Auch fehlende erklärende Variable können Ursache für methodisch produzierte Autokorrelation sein. Um derartiges aufzudecken, macht es Sinn, die Residualwerte eines Regressionsansatzes mit Variablen, die vielleicht aus Signifikanzgründen bislang nicht in die Gleichung aufgenommen worden sind, auf der x-Achse in Streudiagrammen darzustellen. Falls es systematische Beziehungen zwischen den Residualwerten und einer bislang nicht aufgenommenen Variablen gibt, sollte man diese aufnehmen, um zu sehen, ob dadurch die Autokorrelation der Residualwerte verschwindet.

Zur Frage, ob Autokorrelation in den Residualwerten vorliegt, ist ein Test nach Durbin und Watson üblich (⇨ Durbin-Watson-Test in Kap. 18.2.2).

18.4.2 Homo- bzw. Heteroskedastizität

In Abb. 18.17 sind vier Muster des Verlaufs der Residualwerte e_i in Beziehung zu einer erklärenden Variable x in einem Streudiagramm dargestellt. In Teilabbildung a) wird ersichtlich, dass die Streuung der Residualwerte mit wachsendem Wert der erklärenden Variablen in etwa konstant bleibt. Dieses ist ein Indikator dafür, dass die Modellvoraussetzung der Homoskedastizität erfüllt ist (⇨ Gleichung 18.12). Im Vergleich zeigen die Teilabbildungen b), c) und d), dass die Residualwerte sich mit wachsendem Wert von x systematisch verändern. Man kann dann davon ausgehen, dass Heteroskedastizität der Residualwerte vorliegt.

Im Fall des starken Verdachts für das Vorliegen von Heteroskedastizität kann man versuchen, durch Transformation von Variablen diesen Mangel zu tilgen. Dabei kann man sich folgender Leitlinien bedienen:

- ❑ Ist σ_ε^2 proportional zu $\mu_{y/x}$ (dem Mittelwert von y bei gegebenem x), dann sollte die Transformation $\sqrt{y}$ probiert werden (nur für positive Werte von x möglich).
- ❑ Ist σ_ε proportional zu $\mu_{y/x}$, dann sollte eine Logarithmierung von y versucht werden.
- ❑ Ist σ_ε proportional zu $(\mu_{y/x})^2$, ist die Transformation 1/y angebracht.
- ❑ Wenn y eine Quote oder eine Rate ist, wird die Transformation in arc sin (Inverse einer Sinusfunktion) empfohlen.

Mit Hilfe von „Grafiken" und „Streudiagramm" lassen sich leicht Streudiagramme zur Prüfung der per „Speichern" dem Datensatz hinzugefügten Variablen auf Homoskedastizität herstellen.

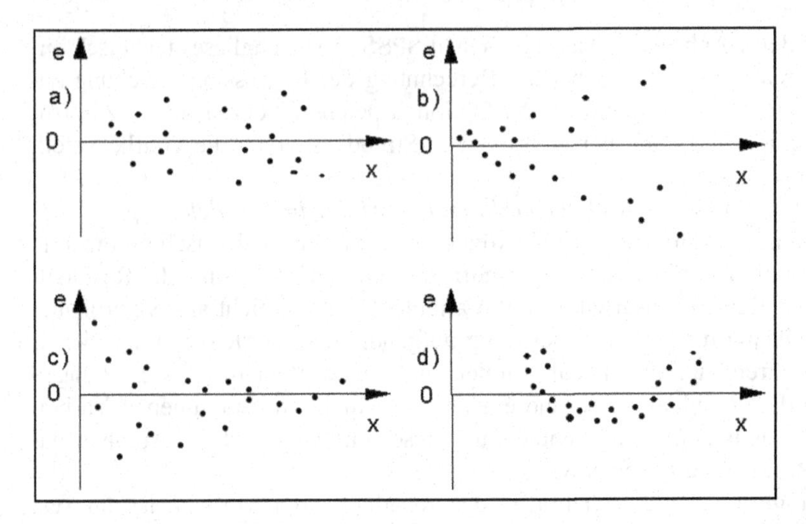

Abb. 18.17. Beispiele für Beziehungen zwischen Residualwerten und einer erklärenden Variable

18.4.3 Normalverteilung der Residualwerte

Ist die Modellbedingung der Normalverteilung verletzt, dürfen die statistischen Signifikanzprüfungen nicht mehr vorgenommen werden. Daher sollte man bei Verletzung der Normalverteilungsbedingung nach Möglichkeiten suchen, diese zu beheben. Auch hier kann eine Variablentransformation helfen. Bei schiefer Verteilung der Residualwerte kann man folgende Leitlinien zur Transformation der Variablen zu Rate ziehen:

- ❑ Bei positiver Schiefe ist häufig eine logarithmische Transformation der y-Variablen hilfreich.
- ❑ Bei negativer Schiefe wird eine quadratische Transformation empfohlen.

Die Prozedur Regression bietet per Option „Diagramme" die Möglichkeit zur grafischen Darstellung der Residualwerte im Vergleich zur Normalverteilung. Im Menü „Explorative Datenanalyse" können Tests auf Normalverteilung der Residualwerte vorgenommen werden (⇨ Kap. 9.3.2).

18.4.4 Multikollinearität

Multikollinearität, also eine Korrelation der erklärenden Variablen, kann verschiedene Grade annehmen (⇨ Kollinearitätsdiagnose in Kap. 18.2.2). Sind zwei erklärende Variablen vollständig (mathematisch) miteinander verbunden, lassen sich die Regressionskoeffizienten nicht mehr mathematisch bestimmen. Dieser Fall ist andererseits aber kein Problem, da sowohl die eine als auch die andere Variable gleich gut als Erklärungsvariable geeignet ist. Problematischer wird es, wenn - was in der Praxis auch viel häufiger vorkommt - zwar kein mathematisch vollständiger Zusammenhang zwischen den Variablen besteht, aber ein sehr hoher. Folge ist, dass die Regressionskoeffizienten von Stichprobe zu Stichprobe stark fluktuieren. Schon kleine Veränderungen in den Daten (z.B. Ausschließen von Fällen) können die Regressionskoeffizienten gravierend verändern. Auch sind die Standardfehler der Regressionskoeffizienten hoch. Des Weiteren sind die Betakoeffizienten (⇨ Kap. 18.2.1) nicht mehr aussagekräftig. In solchen Fällen ist zu überlegen, ob aus den sehr hoch korrelierenden erklärenden Variablen nicht eine zusammenfassende Indexvariable konstruiert werden kann, die im Regressionsansatz als Erklärungsvariable Verwendung findet. Mit der Extraktion einer Hauptkomponente im Rahmen der Faktorenanalyse (⇨ Kap. 27) für die stark korrelierenden Variable kann man eine derartige Variable herstellen. Entfernen einer Variablen ist keine Lösung, da dieses zu verzerrten Regressionskoeffizienten für die anderen Variablen führt.

18.4.5 Ausreißer und fehlende Werte

Ausreißer. Fälle mit ungewöhnlichen Werten für erklärende Variablen können einen starken Einfluss auf die Ergebnisse der Regressionsanalyse nehmen. In Streudiagrammen zur Darstellung des Zusammenhangs zwischen der abhängigen und einer erklärenden Variable erscheinen solche Fälle als „Ausreißer“, die dem generellen Muster des sichtbaren Zusammenhangs nicht entsprechen. SPSS bietet eine Fülle von Hilfen an, den Einfluss und die Bedeutung von „Ausreißern“ zu beurteilen (⇨ Kap. 18.2.3 und 18.2.4).

Fehlende Werte. Bei fehlenden Werten von Variablen in Datensätzen sollte man mit Vorsicht walten. Zunächst sollte man prüfen, ob das Muster der fehlenden Werte zufällig ist oder ob es einen Zusammenhang zu der Variablen mit fehlenden Werten oder anderen Variablen des Erklärungsmodells gibt. Bei Nichtzufälligkeit sollten Regressionsergebnisse unter Vorbehalt interpretiert werden. Im schlimmsten Fall sind die Daten für eine Analyse sogar unbrauchbar. Konzentrieren sich die Fälle mit fehlenden Werten auf wenige Variablen, muss man sich überlegen, ob man nicht besser auf diese Variablen verzichtet. Bei Wahl der Option „Fallweiser Ausschluss“ besteht die Gefahr, dass zu viele Fälle ausgeschlossen werden, so dass zu wenig übrig bleiben. Bei Wahl der Option „Paarweiser Ausschluss“ besteht andererseits die Gefahr, dass aufgrund jeweils anderer Fälle und verschiedener Fallzahlen Inkonsistenzen entstehen.

19 Automatische lineare Modellierung

19.1 Einführung

Zielsetzung. Mit dieser Prozedur kann man auf einfache und schnelle Weise eine lineare Regressionsgleichung (⇨ Gleichung 18.10) zur Vorhersage einer metrischen (abhängigen) Variablen Y erstellen. Im Unterschied zur Regressionsanalyse in Kap. 18 geht es aber nicht darum, mit Hilfe von erklärenden (unabhängigen) Variablen ein gutes empirisches *Erklärungsmodell* für eine metrische (abhängige) Variable zu bilden. Für ein Erklärungsmodell ist eine erklärende Variable aus theoretischen Überlegungen über den Zusammenhang zur abhängigen Variable zu spezifizieren, um anschließend im regressionsanalytischen Modellzusammenhang zu prüfen, ob der Zusammenhang signifikant ist und wie bedeutsam dieser empirisch ist.

Bei der automatischen linearen Modellierung hat die Zielsetzung einen anderen Anspruch: es soll ein möglichst gutes *Vorhersagemodell* für eine metrische (abhängige) Variable erstellt werden. Das Verfahren richtet sich damit weniger an den forschenden Wissenschaftler an der Universität und in anderen Forschungseinrichtungen mit der Zielsetzung der Erkenntnisgewinnung, sondern mehr an den Praktiker, z.B. in der Marktforschung, der schnell ein möglichst gutes Vorhersagemodell benötigt, um es dann für „neue“ Daten (Daten, die nicht zur Schätzung der Parameter des Modells genutzt wurden) einsetzen zu können. Unabhängige Variablen (auch Prädiktoren genannt) können metrische und kategoriale Variablen (in Form von Dummy-Variablen ⇨ Kap. 18.3) sein. Man spricht bei Anwenden eines Vorhersagemodells auf neue Daten auch von Scoren der Daten.[1]

Die Prozedur automatische lineare Modellierung ist den Datenanalyseverfahren des maschinellen Lernens und Data Mining zugehörig und diese Bereiche werden im Marketing von IBM SPSS mit der Bezeichnung Predictive Analytics angesprochen.

Ein gutes Vorhersagemodell zeichnet sich dadurch aus, dass es für „neue“ Daten gute Vorhersagewerte liefert. Beim Bilden eines Modells besteht die Gefahr, dass es sich zu gut an die Daten anpasst, mit denen es berechnet worden ist (es einen zu guten Fit hat). Man spricht dann von Overfitting: das Modell angewendet auf „neue“ Daten ist für Vorhersagen ungeeignet. Overfitting entsteht, wenn das Modell mehr als nötig Erklärungs- und Dummy-Variablen aufnimmt, es also mehr zu schätzende Parameter enthält, als für eine gute Vorhersagequalität erforderlich ist. Daher strebt man an, mög-

---

[1] Ein Vorhersagewert wird auch als score bezeichnet.

lichst „einfache" Modelle zu bilden.[2] Man spricht auch von „sparsamem" Modellen: sie sind sparsam mit der Anzahl der zu schätzenden Parameter.

Zur Bildung eines guten Modells bietet die automatische lineare Modellierung einige im Folgenden erläuterte Verfahren an.

Automatische Datenaufbereitung. Wählt man diese Option, werden für die unabhängigen Variablen Transformationen vorgenommen mit dem Ziel, die Vorhersagequalität des Modells zu erhöhen. Im Einzelnen werden dann folgende automatisierte Datenaufbereitungsprozesse durchgeführt.

- *Transformieren von Datums- und Zeitvariablen.* Jede Datumsvariable bzw. Zeitvariable wird in eine neue stetige Variable derart transformiert, dass sie die vergangene Zeit in Monaten bzw. Stunden angibt.
- *Ändern des Messniveaus von Variablen.* Hat eine metrische Variable weniger als fünf verschiedene Messwerte, wird sie in eine ordinalskalierte Variable gewandelt. Hat eine ordinalskalierte Variable mehr als zehn verschiedene Werte, wird sie in eine metrische gewandelt.

  Weitere Transformationen für eine metrische Erklärungsvariable X, die eventuell geeignet sind, die Vorhersagequalität des Modells zu verbessern, müssen vom Anwender selber vorgenommen werden. So könnte man z.B. prüfen, ob durch eine logarithmische Transformation ($X^{transf} = \log(X)$) oder durch Quadrieren ($X^{transf} = X^2$) eine eventuell besser geeignete Variable entsteht, die abhängige Variable Y vorherzusagen. Auch einen Einschluss von Interaktionseffekten muss der Anwender selbst vorbereiten (⇨ Kap.20.2, Erweitern des Models durch Interaktionseffekte)
- *Umgehen mit Ausreißern und fehlenden Werten.* Ausreißer von metrischen unabhängigen Variablen (Werte, die außerhalb des Bereichs von drei Standardabweichungen vom Mittelwert liegen) werden auf den Wert des 3-Standardabweichungsbereichs gesetzt. Fehlende Werte für unabhängige nominalskalierte Variablen werden durch den Modus, für ordinalskalierte durch den Median und für metrische durch den Mittelwert ersetzt. Das Ersetzen von fehlenden Werten nennt man Imputation.
- *Zusammenfassen von Kategorien erklärender Variablen.* Wie in Kap. 18.3 erläutert, können kategoriale Variable in eine Regressionsgleichung als Erklärungsvariable aufgenommen werden, in dem vorher für die Kategorien Dummy-Variable (0/1-Variable) gebildet werden. Hat eine Variable z.B. 6 Kategorien, müssen 5 Dummy-Variable gebildet werden. Da man für ein Vorhersagemodell typischer Weise meistens viele kategoriale Erklärungsvariable verfügbar hat, führt die Aufnahme von kategorialen erklärenden Variablen mit vielen Kategorien zu einer Aufblähung des Modells und man gerät damit schnell in Konflikt zur Zielsetzung, ein „einfaches" Modell zu bilden. Daher wird mittels einer ANOVA mit Mehrfachvergleichen (⇨ Kap. 15) geprüft, ob durch Zusammenfassen von Kategorien einer kategorialen Variable eventuell die Anzahl der Kategorien und damit die Anzahl der Dummy-Variablen für

[2] Dieses Grundprinzip der Modellbildung wird Occam´s razor genannt. Gerne wird in diesem Zusammenhang auch ein Zitat von Albert Einstein genannt: „So einfach wie möglich, aber nicht einfacher".

diese Variable verringert werden kann, ohne eine wesentliche Einbuße hinsichtlich der Vorhersagequalität des Modells in Kauf zu nehmen.

Alternative Modellbildungsverfahren. Es kann aus unterschiedlichen Methoden zur Bildung eines Vorhersagemodells gewählt werden. Für jede Methode kann mit verschiedenen Verfahren zur Vorgehensweise beim Einschließen von Erklärungs- bzw. Dummy-Variablen in das Modell gearbeitet werden und jedes Variableneinschlussverfahren erlaubt es, aus verschiedenen Prüfkriterien für den Einschluss bzw. Ausschluss von Variablen zu wählen. Die unterschiedlichen Verfahren führen i.d.R. zu unterschiedlichen Modellen bei gleichwertiger Vorhersagequalität.[3] Tabelle 19.1 gibt einen Überblick über die Verfahren (ohne das Verfahren, das Statistics Server voraussetzt).

Im sogenannten *Standardmodell* wird *eine* Regressionsgleichung so berechnet, wie wir es aus Kap. 18 kennen. Alternativ können moderne Methoden des Maschinellen Lernens bzw. des Data Mining, *Boosting* oder *Bagging* genutzt werden. Beide Methoden haben gemeinsam, dass sie mehrere Vorhersagemodelle (mehrere Regressionsgleichungen) erzeugen. Man nennt diese ein *Ensemble-Modell.* Aus den Vorhersagewerten des Ensembles werden durch Mittelwertbildung Vorhersagewerte für die Datendatei berechnet.

Für außerordentlich große Datendateien wird ein weiteres Verfahren bereitgestellt.

Tabelle 19.1. Wahlmöglichkeiten für die Modellbildung

Modell erstellen	Variable/Modell auswählen	Prüfkriterium für Variableneinschluss*
Standard	Alle	-
	Schrittweise vorwärts	AICC, F, R^2_{korr}, ASE
	Beste Untergruppen	AICC, R^2_{korr}, ASE
Boosting	Alle	-
	Schrittweise vorwärts	AICC, F, R^2_{korr}, ASE
	Beste Untergruppen	AICC, R^2_{korr}, ASE
Bagging	Alle	-
	Schrittweise vorwärts	AICC, F, R^2_{korr}, ASE
	Beste Untergruppen	AICC, R^2_{korr}, ASE

* Bzw. Variablenausschluss

① D*as Standardmodell.* Bei diesem Verfahren wird wie mit der Prozedur lineare Regression (⇨ Kap. 18) *eine* Regressionsgleichung berechnet. In Tabelle 19.1 sind die Variableneinschlussverfahren, die sich z.T. von denen der linearen Regression unterscheiden, sowie die möglichen Prüfkriterien für den Einschluss (bzw. Ausschluss) einer unabhängigen Variablen in das Modell aufgeführt (⇨ unten).

[3] Unterschiedliche Modelle in Sinne anderer im Modell enthaltenen unabhängigen Variablen.

Das Standardmodell ist im Vergleich zum Nutzen der Verfahren Boosting oder Bagging weniger rechenintensiv.

② *Boosting*. Es werden aus der vorliegenden Datendatei nacheinander mehrere lineare Regressionsmodelle berechnet. Nach Berechnen der ersten Gleichung werden die Residualwerte e_i ($e_i = Y_i - \hat{Y}_i$) berechnet (⇨ Kap. 18.1.1). Für die anschließende Berechnung des zweiten Regressionsmodells werden die Datenfälle mit absolut hohen Residualwerten stärker gewichtet im Vergleich zu Fällen mit geringen Residualwerten. Diese Verfahrensweise setzt sich fort in einer Sequenz von Modellberechnungen, wobei bei jeder Modellberechnung die Fälle mit hohen Residualwerten des Vorgängermodells stärker gewichtet werden.[4] Auf diese Weise „lernt" das Verfahren, Fälle mit schlechten Vorhersagen bei der Modellbildung mehr zu beachten, um ein besseres Vorhersagemodell zu erhalten. Auf diese Weise entsteht eine Reihe von Vorhersagemodellen (ein Ensemble). Anschließend wird für jeden Datenfall aus den Vorhersagewerten des Ensembles je nach Wahl entweder der Mittelwert oder der Median bestimmt.

③ *Bagging*. Bagging ist eine Abkürzung für *Bootstrapaggregation*. Bootstrap ist eine Resampling-Methode: aus der vorliegenden Datendatei werden nacheinander viele Stichproben (Bootstrapstichproben genannt) gezogen. Dabei wird das Stichprobenmodell mit Zurücklegen genutzt. In eine Bootstrap-Stichprobe kann ein Datenfall der Datendatei also mehrfach gezogen werden. Der Stichprobenumfang einer Bootstrap-Stichprobe entspricht dabei dem Stichprobenumfang der Ausgangsdaten. Für jede Bootstrap-Stichprobe wird ein lineares Regressionsmodell berechnet. Auf diese Weise entsteht ein Set von Vorhersagemodellen, ein Ensemble.

Wie beim Verfahren Bootstrap wird für jeden Datenfall aus den Vorhersagewerten des Ensembles je nach Wunsch entweder der Mittelwert oder der Median als Vorhersagewert des Verfahrens bestimmt. Wie man intuitiv nachvollziehen kann, wird durch die Mittelwertbildung die Streuung der Vorhersagewerte im Vergleich zum Standardmodell verringert und auf diese Weise kann man ein besseres Vorhersagemodell erhalten.

④ *Modell für extrem große Datenblätter erstellen*. Diese Modellberechnungsmethode ist nur für die Version IBM SPSS Statistics Server verfügbar. Sie ist für außerordentliche große Datendateien vorgesehen.

Alternative Verfahren zum Einschluss von unabhängigen Variablen. Wie bei der linearen Regression kann man zwischen zwei auch dort möglichen Verfahren wählen oder aber auch ein neues.

❑ *Alle Einflussvariablen einschließen*. Diese Option wird man i.d.R. nicht nutzen wollen, da dies der Bildung eines „einfachen" Modells entgegensteht.

❑ *Schrittweise Vorwärts*. Dieses voreingestellte Modellbildungsverfahren entspricht für das Auswahlkriterium F-Statistik dem Verfahren „Schrittweise" der linearen Regression (⇨ Gleichung 18.39 und die Ausführungen in Kap. 18.2.6). Zu diesem Verfahren gibt es hier drei weitere wählbare alternative Prüfkriterien (⇨ Tabelle 19.1 und unten) für die Prüfung, ob eine erklärende

[4] SPSS geht etwas anders vor (⇨ Text „Automatische Lineare Modelle" im Internet).

bzw. Dummy-Variable in die Gleichung aufgenommen oder eine wieder entfernt werden soll. Bei jedem dieser Schritte wird geprüft, ob gemäß dem gewählten Prüfkriterium eine Variable in die Gleichung aufgenommen werden soll und wenn ja, ob anschließend eine Variable wieder aus der Gleichung entfernt werden soll.

- *Beste Untergruppen.* Die Option „Schrittweise vorwärts" findet nicht unbedingt das beste Modell, weil nicht alle möglichen Modelle mit unterschiedlichen Kombinationen von Einflussvariablen in einem Modell geprüft werden. Beste Untergruppen vergleicht eine größere Anzahl von alternativen Modellen und entwickelt eine Anzahl von besten alternativen Regressionsmodellen, die eine ähnliche Vorhersagequalität haben. Diese Option erfordert eine längere Rechenzeit. Auch bei diesem Verfahren kann aus mehreren Prüfkriterien für die Aufnahme/Entfernung von Einflussvariablen gewählt werden (⇨ Tabelle 19.1).

Alternative Prüfkriterien zur Auswahl der erklärenden Variablen. Für alle Modellbildungsverfahren ist die wichtigste Frage: welche unabhängigen bzw. Dummy-Variable sollen in die Regressionsgleichung aufgenommen werden und welche nicht, damit ein gutes Vorhersagemodell entsteht.

- *Informationskriterium AICC.* AICC steht für corrected Akaike information criterion. Es ist ein Modellauswahlkriterium, das einen Kompromiss herstellt zwischen den Zielen, einerseits einen guten Fit des Vorhersagemodells zu bekommen, aber andererseits Overfitting zu vermeiden. Ohne auf die informationstheoretische Begründung für das Maß AICC einzugehen, kann mit der Formel zur Definition des Maßes (⇨ Gleichung 19.1) für eine mit der Methode der kleinsten Quadrate geschätzten linearen Regressionsgleichung der Kompromiss verdeutlicht werden. Einerseits: je größer die Anzahl k der zu schätzenden Parameter (Regressionskoeffizienten der erklärenden Variablen einschließlich der Dummy-Variablen sowie der Konstante), umso kleiner wird der durchschnittliche quadratische Fehler $\frac{1}{n}\sum_{i=1}^{n} e_i^2$ und damit auch AICC (⇨ Ausführungen zum Bestimmtheitsmaß in Kap. 18.2.1). Andererseits: mit größerer Parameteranzahl wird (wegen 2k in Gleichung 19.1) AICC größer (wirkt wie eine Strafe für zusätzliche Parameter). Der zweite Term in Gleichung 19.1 enthält einen Korrekturwert des Modellauswahlmaßes AIC für kleine Stichproben.[5] Bei jedem Prüfungsschritt, ob eine Erklärungs- oder Dummy-Variable in die Gleichung aufgenommen oder eine wieder entfernt werden soll, wird geprüft, ob AICC kleiner wird.

$$AICC = n\ln\left(\frac{1}{n}\sum_{i=1}^{n} e_i^2\right) + 2k\frac{n}{n-k-1} \qquad (19.1)$$

n = Stichprobenumfang (Anzahl der Datenfälle)
e_i = Residualwert
k = Anzahl der zu schätzenden Parameter

[5] Der Korrekturwert entspricht dem Bruch im zweiten Term von AICC. Es wird empfohlen AICC auch für große Stichproben anzuwenden, da mit wachsendem n der Korrekturwert gegen 1 geht und sich AICC dem Maß AIC nähert.

ln = natürlicher Logarithmus.

- *F-Statistik.* Mittels F-Test wird geprüft, ob eine unabhängige Variable in das Modell aufgenommen (bzw. entfernt) wird. Zur Erläuterung verweisen wir auf die Ausführungen in Kap. 18.2.6.
- *Korrigiertes R-Quadrat.* Das Maß R^2_{korr} (⇨ Gleichung 18.30 in Kap. 18.2.1) beruht auch auf dem Anspruch, eine Balance zwischen einem gutem Fit und Vermeiden von Overfitting zu finden (⇨ Gleichung 18.30 und die Ausführungen zum Bestimmtheitsmaß). Es wird geprüft, ob bei Einschluss (bzw. Entfernung) einer Variablen R^2_{korr} größer wird.
- *Kriterium zur Verhinderung übermäßiger Anpassung ASE* (Average squared error, durchschnittlicher quadratischer Fehler $\frac{1}{T}\sum_{i=1}^{T} e_i^2$). Die vorliegenden Datenfälle werden vor Berechnung der Regressionsgleichung zufällig zu ca. 2/3 zu 1/3 in Lern- und Testdaten aufgeteilt. Die Berechnung des Modells basiert auf Fällen der Lerndaten, die Berechnung von ASE auf den T Fällen der Testdaten. Es wird geprüft, ob bei Einschluss (bzw. Entfernung) einer Variablen ASE kleiner wird.

19.2 Praktische Anwendung

Vorgehen bei der Modellbildung. In unserem Anwendungsbeispiel verwenden wir Daten von relativ neuen Chevrolet-Modellen des amerikanischen Autokonzerns GM mit unterschiedlichen Ausstattungen (Datei AUTOPREISE.SAV, ⇨ Datenverzeichnis im Anhang). Ziel ist es, den Gebrauchtwagenpreis für ein relativ neues Chevrolet-Modell mit bestimmter Ausstattung und gegebenem Tachostand möglichst gut vorherzusagen. Ein ähnliches Vorhersagemodell basierend auf einer noch größeren Anzahl von unabhängigen Variablen (z.B. einschließlich des Alters des Fahrzeugs) könnte z.B. für ein Internetportal zu Gebrauchtfahrzeugpreisen für Autos nützlich sein.

Nach Öffnen der Datei AUTOPREISE.SAV gehen wir wie folgt vor:[6]

▷ Wir klicken die Befehlsfolge "Analysieren", „Regression ▷ „Automatische lineare Modellierung...“· Es öffnet sich die entsprechende Dialogbox (⇨ Abb. 19.1). Die Messniveau-Warnmeldung wird angezeigt, wenn das Messniveau für mindestens eine Variable der Datendatei nicht bekannt ist.[7]

▷ Wir übertragen die abhängige Variable PREIS in das Eingabefeld „Ziel:“.

▷ Wir übertragen alle anderen (unabhängigen) Variablen in das Eingabefeld „Prädiktoren (Eingaben)“. Wenn die Datenfälle für die Analyse gewichtet werden sollen, ist eine Gewichtungsvariable in das Feld „Analysegewichtung:“ zu übertragen.

---

[6] Es wird davon ausgegangen, dass Sie die Option „Benutzerdefinierte Feldzuweisungen“ gewählt haben (⇨ „Vordefinierte Rollen“ in Kap. 3). Die Messniveau-Warnmeldung wird angezeigt, wenn das Messniveau für mindestens eine Variable (ein Feld) im Datenblatt unbekannt ist. Da sich das Messniveau auf die Berechnung der Ergebnisse für diese Prozedur auswirkt, müssen alle Variablen ein definiertes Messniveau aufweisen.

[7] Näheres dazu ⇨ Kap 3.

▷ Auf der Registerkarte „Erstellungsoptionen" ist das „Element" „Ziele" (⇨ Abb. 19.2) voreingestellt. Wir belassen die Voreinstellung „Standardmodell erstellen". Die Nutzung der Verfahren Boosting und Bagging für dieses Anwendungsbeispiel finden Sie in den „Ergänzungen" auf den Internetseiten zu unserem Buch.

- Für das Element „Basis" (⇨ Abb. 19.3) ist „Daten automatisch vorbereiten" voreingestellt. Wir belassen diese Voreinstellung. Ebenso belassen wir das voreingestellte Konfidenzintervall von 95 % für die Koeffizientenschätzung.
- Für das Element „Modellauswahl" (⇨ Abb. 19.4) belassen wir die Voreinstellung. Damit wird ein Standardmodell mit dem Variableneinschlussverfahren „Schrittweise vorwärts" und dem Prüfkriterium AICC für den Variableneinschluss berechnet (⇨ Tabelle 19.1).

  Wird als Prüfkriterium F-Statistik" gewählt, kann man andere P-Werte als die voreingestellten für den Einschluss bzw. den Ausschluss von Variablen wählen (⇨ Kap. 18.2.6).

  Mit den nur für „Schrittweise vorwärts" wählbaren Optionen „Maximale Anzahl von Effekten im endgültigen Modell anpassen" bzw. „Maximale Schrittanzahl anpassen" kann man die Anzahl der Einflussvariablen (einschließlich der Dummy-Variablen) sowie die Anzahl der Schritte bei der Aufnahme von Variablen beschränken. Die Beschränkung der Anzahl von Einflussvariablen kann man z.B. für eine zweite Berechnung dazu nutzen, die in einer ersten Berechnung als wenig wichtig angezeigte Einflussvariable nicht ins Modell aufzunehmen.

  Die Verwendung der Modell-Auswahlmethode „Beste Untergruppen" für dieses Anwendungsbeispiel finden Sie in den „Ergänzungen" auf den Internetseiten zu unserem Buch.
- Das Element „Ensembles" wird nur im Fall der Nutzung von Boosting oder Bagging genutzt.
- Das Element „Erweitert" ermöglicht, einen Startwert für eine Zufallsauswahl zu generieren.

▷ Auf der Registerkarte „Modelloptionen" (⇨ Abb. 19.5) kann festgelegt werden, ob die Vorhersagevariable $\hat{Y}$ den Variablen in der Datendatei hinzugefügt werden soll und/oder ob das Modell als XML-Datei (Extensible Markup Language) gespeichert werden soll. Wir verändern den voreingestellten Variablennamen „VorhergesagterWert" in Prog_Standard, wählen als Namen der Exportdatei „AutopreiseModell" und den gewünschten Ordner zum Speichern der Datei. Die XML-Datei wird in einer Winzip-Datei komprimiert und gespeichert. Unten zeigen wir, wie diese Datei zum Scoren genutzt wird.

▷ Mit „Ausführen" wird die Prozedur gestartet.

Ergänzende Hinweise. Durch Wählen auf der Leiste [Sortieren: Keine] der Registerkarte „Felder" oberhalb der Variablenliste kann man mit „Sortieren:" die Reihenfolge der Variablen in der Liste bestimmen („Keine", „Alphanumerisch",

„Messung“). Ebenso mit den Schaltern: (aufsteigend) und (absteigend). Mit dem Schalter kann man zwischen Variablennamen und Variablenlabel wechseln. Die Schalter unterhalb der Variablenliste ermöglicht es, alle Variablen, nur die kategorialen oder nur die metrischen Variablen zu markieren, um sie anschließend mit dem Pfeilschalter in das Eingabefeld „Prädiktoren (Eingaben)“ zu übertragen.

Die Ergebnisse. In Abb. 19.6 ist das Ergebnis im Ausgabefenster als Modellobjekt zu sehen. Es enthält Information zur Modellerstellung und zur Anpassungsgüte. „Genauigkeit“ zeigt mit $R^2_{korr} = 0{,}963$ (wird per Quickinfo bei Mauszeiger auf den Balken angezeigt) einen sehr guten Fit des Modells an. AICC ist ein Maß zum Vergleichen der Vorhersagequalität von unterschiedlichen Modellen. AICC = 4612,016 kann mit AICC-Werten anderer Modelle verglichen werden. Ein Modell mit kleinerem AICC-Wert ist als besseres Modell zu bewerten.

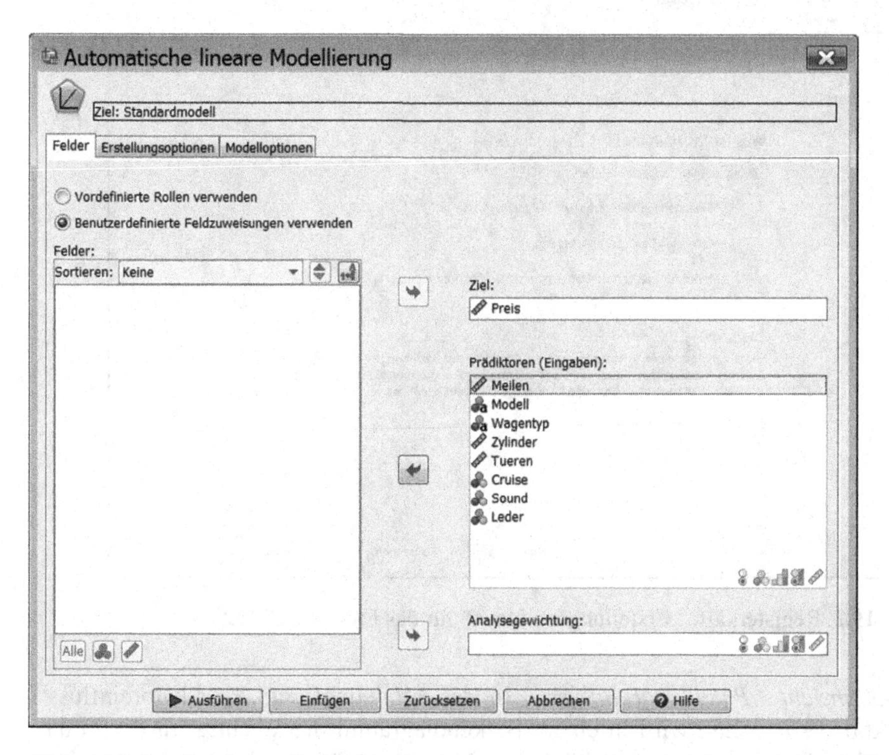

Abb. 19.1. Registerkarte „Felder“

Doppelklicken auf das Modellobjekt öffnet die Modellansicht.[8] In dieser wird eine Reihe von Modellansichten präsentiert. Klickt man auf eine der Miniaturansichten im linken Teil der Ansicht, wird diese damit ausgewählte Ansicht angezeigt.

[8] Zu den Befehlen in der Modellanzeige ⇨ „Ergänzungen“ auf den Internetseiten zum Buch. zu-Kap. 24.2.

Modellansicht „Automatische Datenvorbereitung“. In dieser Modellansicht wird aufgeführt, welche Variablentransformationen im Rahmen der Datenvorbereitung vorgenommen wurden (⇨ Abb. 19.7 links). Die metrischen Variablen ZYLINDER und TUEREN sind wegen der wenigen Ausprägungen dieser Variablen in ordinalskalierte transformiert worden. Für die metrische Variable MEILEN wurden Ausreißer auf ± 3 Standardabweichungen vom Mittelwert ersetzt. Für die kategorialen Variablen MODELL und WAGENTYP sind in den entsprechenden transformierten Variablen Kategorien zusammengefasst worden. Welche der Kategorien zusammengefasst wurden, kann man sich in der Tabelle der Regressionskoeffizienten (⇨ Abb. 19.9) per Mauszeiger als Quickinfo anzeigen lassen.

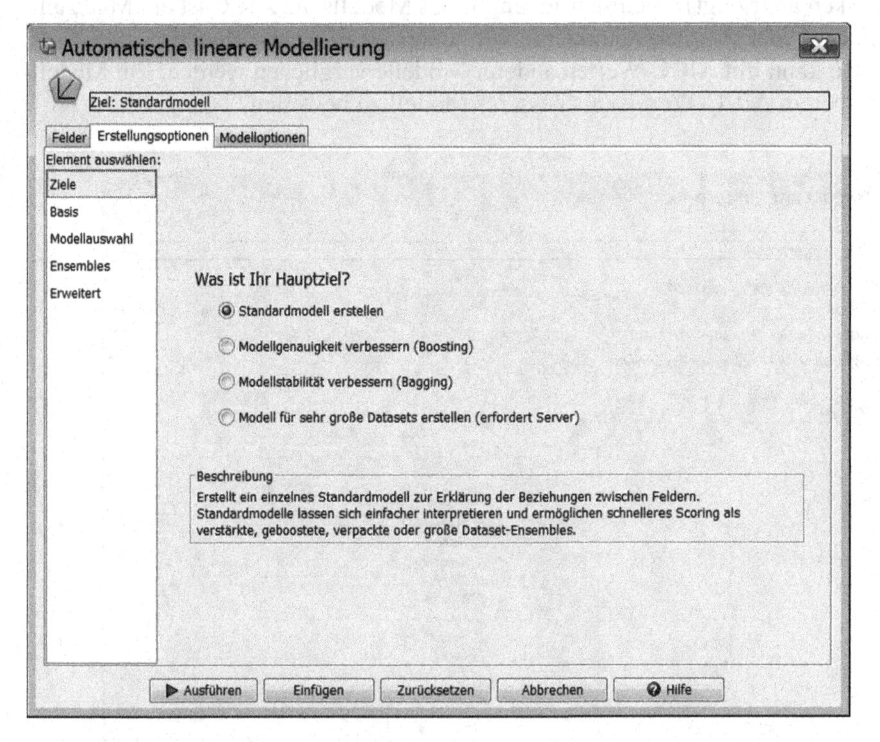

Abb. 19.2. Registerkarte „Erstellungsoptionen“ für das Element „Ziele“

Modellansicht „Prädikatoreinfluss“. In der Modellansicht „Prädikatoreinfluss“ (⇨ Abb. 19.7 rechts) wird in einem Balkendiagramm die Wichtigkeit der in das Modell aufgenommenen unabhängigen Variablen für die Vorhersagefähigkeit vergleichend dargestellt. In das Modell wurden in der Reihenfolge der Wichtigkeit die Variablen MODELL, MEILEN; WAGENTYP und SOUND aufgenommen.

Geht man mit dem Mauszeiger auf den Balken einer Variablen, so wird per Quickinfo das quantitative Maß der Wichtigkeit angezeigt. Für die Variable MODELL z.B. beträgt es 0,93. Um das Maß zu berechnen, wird im ersten Schritt für jede in das Modell aufgenommene Variable ermittelt, wie stark $\sum_{i=1}^{n} e_i^2$ absinkt, wenn die Variable aus dem Modell entfernt wird. Im zweiten Schritt wird für jede Variable ihr Anteil an den aufaddierten $\Delta\sum_{i=1}^{n} e_i^2$ aller Variable im Modell als Maß der Wichtigkeit berechnet.

Unterhalb der Grafik wird eine Leiste mit der Skala der Wichtigkeit von 0 bis 1 angezeigt. Auf dieser befinden sich links und rechts Schieberegler, mit der man die Variablen in der Grafik ein- und ausblenden kann. Dazu geht man mit dem Mauszeiger auf einen der Schieberegler, hält ihn mit der linken Maustaste fest und zieht ihn in die gewünschte Richtung. In der hier gezeigten Leiste ist der linke Schieberegler von „Sound“ zu „Wagentyp transformed“ nach rechts verschoben, so dass in der Grafik die Variable SOUND ausgeblendet wird.

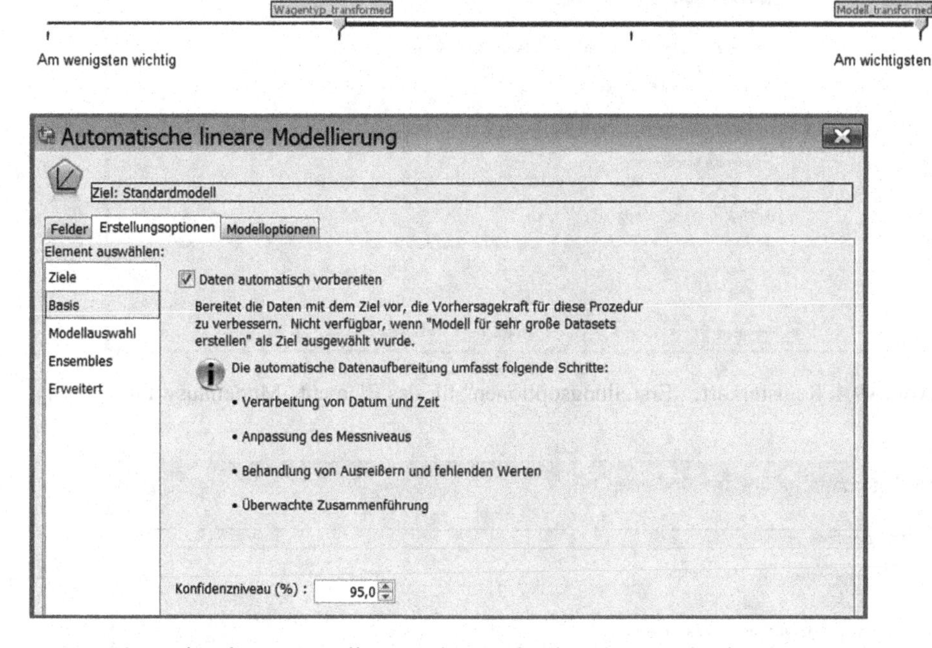

Abb. 19.3. Registerkarte „Erstellungsoptionen“ für das Element „Basis“

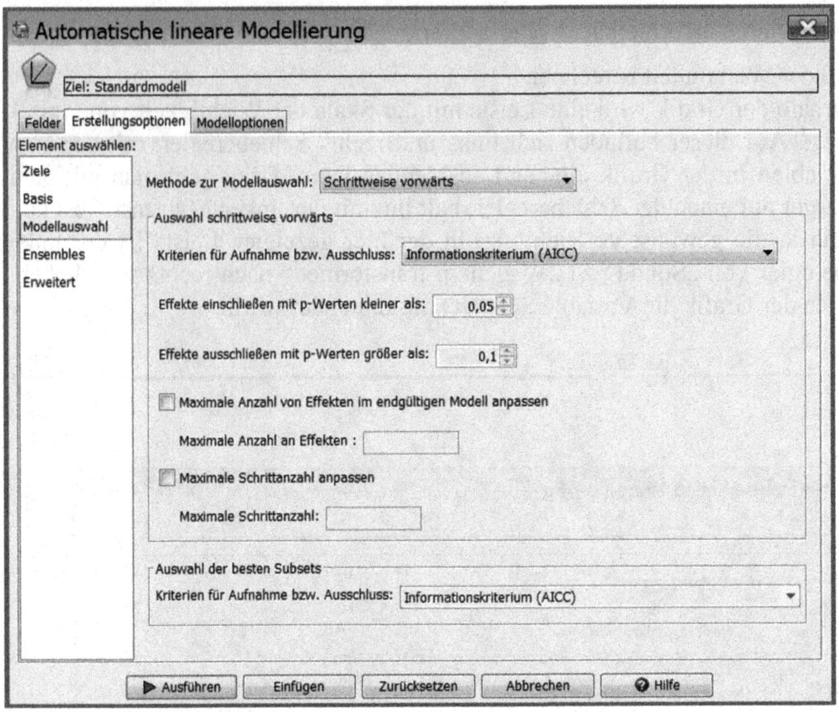

Abb. 19.4. Registerkarte „Erstellungsoptionen“ für das Element „Modellauswahl“

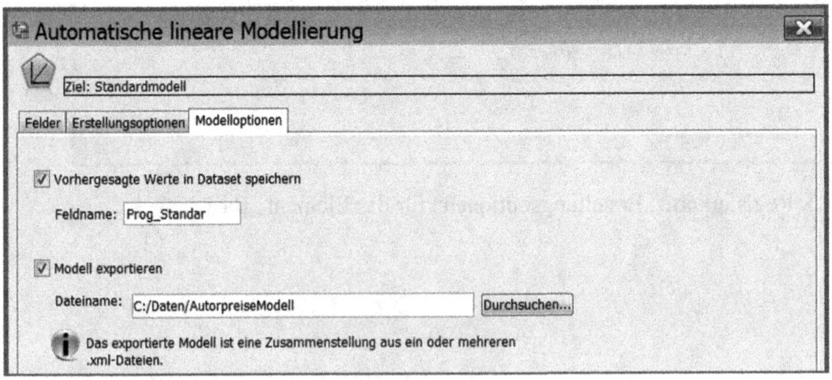

Abb. 19.5. Registerkarte „Modelloptionen“

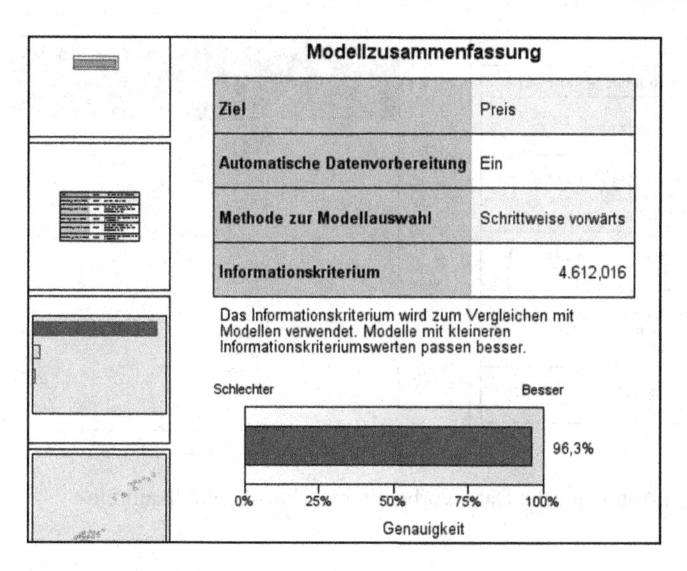

Abb. 19.6. Ergebnis im Ausgabefenster

Modellansicht „Vorhergesagt/Beobachtet“. In dieser Modellansicht (hier nicht wiedergegeben) werden in einem gruppierten Streudiagramm (⇨ Kap. 32.10.1) die empirischen und vorhergesagten Preise dargestellt. Es zeigt sich, dass die Streupunkte (auch für die Modelle mit hohen Preisen) mehr oder weniger auf einer 45 °-Linie liegen.

Modellansicht „Residuen“. In dieser Modellansicht (hier nicht wiedergegeben) werden in einem Histogramm und PP-Diagramm (⇨ Kap. 18.2.3 und 32.17) die studentisierten Residuen (⇨ Kap. 18.2.4) mit einer Normalverteilung verglichen. Es zeigen sich Abweichungen von der Normalverteilung. Das P-P-Diagramm wird angezeigt, wenn man mit der Maus auf den Dropdownschalter von Stil: Histogramm (gelegen auf der unteren Leiste) klickt und dann das P-P-Diagramm wählt.

Modellansicht „Ausreißer“. In dieser Modellansicht (hier nicht wiedergegeben) werden Datenfälle mit hoher Cook-Distanz angezeigt (⇨ Kap. 18.2.4).

Feld	Rolle	Durchgeführte Aktionen
(Meilen_transformed)	Prädiktor	Ausreißer entfernen
(Modell_transformed)	Prädiktor	Zerstreute Kategorien für maximale Zuordnung mit Ziel zusammenführen
(Tueren_transformed)	Prädiktor	Messniveau von kontinuierlich zu ordinal ändern
(Wagentyp_transformed)	Prädiktor	Zerstreute Kategorien für maximale Zuordnung mit Ziel zusammenführen
(Zylinder_transformed)	Prädiktor	Messniveau von kontinuierlich zu ordinal ändern

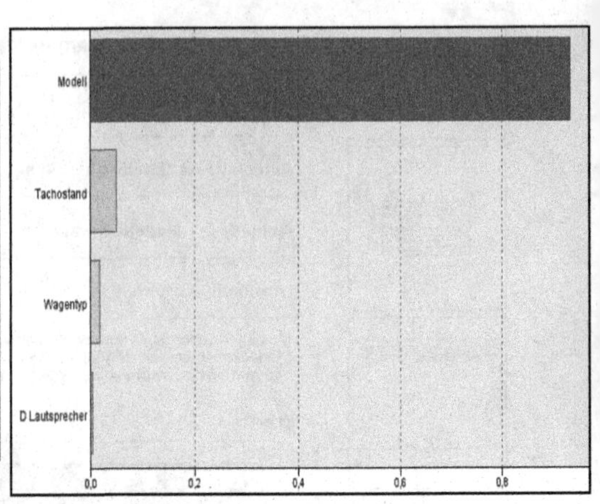

Abb. 19.7. Modellansicht „Automatische Datenvorbereitung" (links), „Prädikatoreinfluss" (rechts)

Modellansicht „Effekte". In dieser Modellansicht wird die ANOVA-Tabelle der linearen Regression (⇨ Tabelle 18.3 und den zugehörigen Text) in einer grafischen und tabellarischen Form dargestellt. In der Grafik (⇨ Abb. 19.8 links) werden die in das Modell aufgenommenen unabhängigen Variable in der Rangfolge ihrer Wichtigkeit (von oben nach unten) aufgeführt. Die Breite der Balken spiegelt die Höhe des „Sig."-Werts eines t-Tests (⇨ Kap. 18.1.2) zur Prüfung auf Signifikanz (je kleiner „Sig.", umso breiter). Geht man mit dem Mauszeiger auf einen der Balken, dann werden per Quickinfo das Maß der Wichtigkeit sowie der Signifikanz-Wert angezeigt. Alle unabhängigen Variablen sind hochsignifikant: sie haben einen „Sig"-Wert kleiner als 0,005. Bitte beachten Sie: da wir bei der Modellbildung als Kriterium hinsichtlich des Einschlusses einer unabhängigen Variable in das Modell AICC und nicht den F-Test gewählt haben, hätte es sein können, dass auch nicht signifikante Variable im Modell enthalten sind. Umgekehrt ist es auch denkbar, dass eine per F-Test signifikante Variable nicht aufgenommen wird.

Wie in der grafischen Darstellung zur Wichtigkeit der unabhängigen Variablen, befindet sich unterhalb der Grafik eine Skala mit Schiebereglern (⇨ oben). Des Weiteren gibt es dort eine Skala mit einem Schieberegler zur Höhe der Signifikanz. Zieht man den Regler nach links zu kleineren Signifikanzwerten, werden die Variablen ausgeblendet, deren Signifikanzwerte unterschritten wird.

Klickt man auf den Dropdownschalter von Stil: Diagramm (gelegen auf der unteren Leiste) und wählt „Tabelle", wird im Hauptfenster der Modellansicht die aus Kap. 18 bekannte ANOVA-Tabelle angezeigt (⇨ Abb. 19.8 rechts). Klickt man auf den Pfeilschalter von Korrigiertes Modell ▶, klappt die Tabelle auf und es werden auch für jede unabhängige Variable die Quadratsumme, Freiheitsgerade (degrees of freedom df) etc. ausgewiesen. Auch zur Tabelle gibt es die beiden Skalen mit Schiebereglern. Mit diesen kann man Variable bzw. Dummy-Variable in der Tabelle ein- und ausblenden.

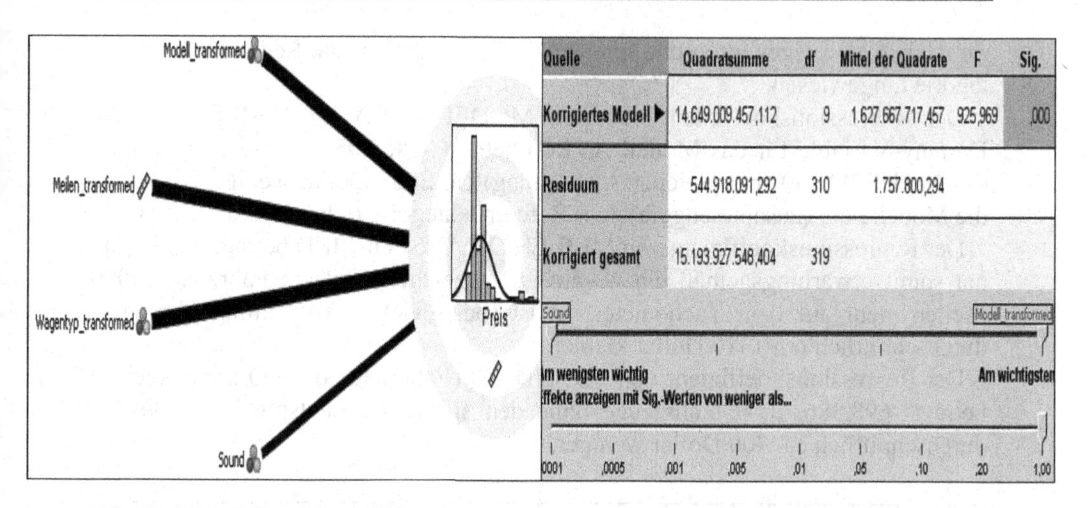

Abb. 19.8. Modellansicht „Effekte", Diagramm (links), Tabelle (rechts)

Modellansicht „Koeffizienten". Die Regressionskoeffizienten der Variable werden in einer grafischen und tabellarischen Darstellung präsentiert. In der Grafik (hier nicht wiedergegeben) sind (nach der Konstanten) die unabhängigen Variablen in der Reihenfolge ihrer Wichtigkeit von oben nach unten dargestellt. Die Dummy-Variablen für die Kategorien der unabhängigen Variablen sind zur Unterscheidung mit Nummern (beginnend mit 0) versehen. Positive Vorzeichen der Koeffizienten sind blau und negative orange dargestellt. Die Breite der Balken spiegelt die Höhe der Signifikanz (je kleiner „Sig.", desto breiter der Balken). Geht man mit dem Mauszeiger auf das Symbol für das Messniveau einer Variablen (oder Dummy-Variablen), wird in einem Quickinfo das Label der Variablen angezeigt. Zeigt z.B. der Mauszeiger auf der Dummy-Variablen MODELL_ TRANSFORMED = 4, wird angezeigt, dass es sich um die per automatische Datenvorbereitung zusammengefassten Modelle Impala und Monte Carlo handelt. Geht man mit der Maus auf einen der Verbindungsbalken, werden der Regressionskoeffizient, die Signifikanz und das Maß der Wichtigkeit eingeblendet.

Klickt man auf den Dropdownschalter von Stil: Diagramm und wählt „Tabelle", werden die Regressionskoeffizienten mit weiteren zugehörigen Informationen in Tabellenform angezeigt. Klicken auf den Pfeilschalter von Koeffizient ▶ verbreitert die Tabelle und ergänzt sie um den Standardfehler, den t-Wert und das Konfidezintervall der Regressionskoeffizienten (⇨ Abb. 19.9).

Geht man mit der Maus auf die Variablen bzw. Dummy-Variablen der kategorialen Variablen, werden in einer Quickinfo Erläuterungen zu den in der Datenvorbereitung transformierten Variablen angezeigt. Es wird angezeigt, um welche Kategorien es sich bei den nummerierten Dummy-Variablen handelt und welche Kategorien zusammengefasst worden sind (die Modelle Classic und Cobalt sowie Impala und Monte Carlo sind zusammengefasst, ebenso die Wagentypen Fließheck und Limousine). Bei der Dummy-Variable MODELL_TRANSFORMED = 5 handelt es sich um die zusammengefassten Modelle Classic und Cobalt. Diese Kategorie der Variable MODELL_TRANSFORMED ist als Referenzkategorie gewählt worden (⇨ Kap 18.3). Der Regressionskoeffizient einer Referenzkategorie wird mit 0 ausgewiesen und in einer Fußnote wird auf die Redundanz der Kategorie hingewiesen.

Der Regressionskoeffizient von z.B. MODELL_TRANSFORMED = 0 (die Dummy-Variable für das Modell AVEO) beträgt -2863,052. Dies bedeutet, dass das Modell AVEO (bei gleicher Ausstattung) ca. 2863 Dollar weniger kostet als die Modelle der (zusammengefassten) Referenzkategorie (Classic und Cobalt).

Der Regressionskoeffizient von MEILEN_TRANSFORMED beträgt -0,131 und hat somit erwartungsgemäß ein negatives Vorzeichen. Hat ein Fahrzeug 10000 Meilen mehr auf dem Tachometer, so ist (bei gleicher Ausstattung) der Preis durchschnittlich um 1310 Dollar kleiner.

Der Regressionskoeffizient von SOUND = 0 (Fahrzeuge ohne D Lautsprecher) beträgt -698,386, d. h. Fahrzeuge ohne den speziellen Lautsprechertyp kosten durchschnittlich ca. 700 Dollar weniger.

Terme im Modell	Koeffizient ▼	Standardfehler	t	Sig.	95% Konfidenzintervall. Unterer Bereich	Oberer Bereich	Wichtigkeit
Konstanter Term	16.529,321	253,883	65,106	,000	16.029,770	17.028,872	
Modell_transformed=0	-2.863,052	269,151	-10,637	,000	-3.392,646	-2.333,458	0,933
Modell_transformed=1	-936,362	244,390	-3,831	,000	-1.417,234	-455,489	0,933
Modell_transformed=2	23.192,325	486,419	47,680	,000	22.235,224	24.149,425	0,933
Modell_transformed=3	3.135,274	251,205	12,481	,000	2.640,992	3.629,557	0,933
Modell_transformed=4	6.392,377	258,771	24,703	,000	5.883,207	6.901,547	0,933
Modell_transformed=5	0,000[a]						0,933
Meilen_transformed	-0,131	0,009	-14,419	,000	-0,149	-0,113	0,049
Wagentyp_transformed=0	4.517,312	628,166	7,191	,000	3.281,305	5.753,320	0,016
Wagentyp_transformed=1	-256,976	201,476	-1,275	,203	-653,409	139,458	0,016
Wagentyp_transformed=2	0,000[a]						0,016
Sound=0	-698,386	230,638	-3,028	,003	-1.152,199	-244,573	0,002
Sound=1	0,000[a]						0,002

a Dieser Koeffizient ist auf null eingestellt, da er redundant ist

Abb. 19.9. Modellansicht „Koeffizienten“

Modellansicht „Geschätzte Mittel“. In Diagrammen wird der Zusammenhang zwischen der geschätzten abhängigen Variable PREIS und den unabhängigen Variablen veranschaulicht. In Abb. 19.10 links ist beispielhaft der Zusammenhang zwischen dem geschätztem PREIS und den gefahrenen MEILEN (einer metrischen Variable) dargestellt. Der Zusammenhang besteht für ein gleiches Modell, für einen gleichen Wagentyp mit gleichem Lautsprechertyp.

In Abb. 19.10 rechts ist der Zusammenhang mit der kategorialen Variable MODELL dargestellt. Auch dieser Zusammenhang gilt für gleiche andere unabhängige Variablen.

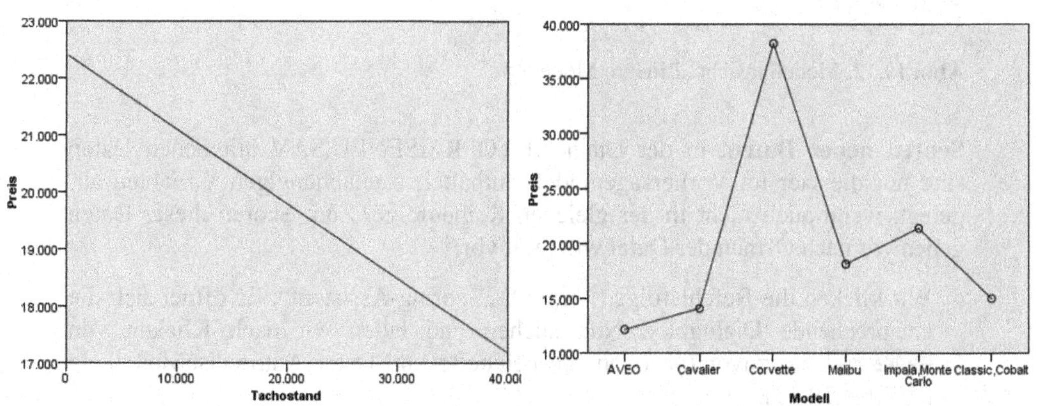

Abb. 19.10. Modellansicht „Geschätzte Mittelwerte“: Tachostand (links), Modell (rechts)

Modellansicht „Übersicht über Modellerstellung“. In dieser Modellansicht wird für die gewählte Methode „Schrittweise vorwärts“ und das gewähltem Prüfkriterium AICC ausgewiesen wie sich dieses verringert, wenn nach Aufnahme der unabhängigen Variablen MODELL_TRANSFORMED in das Vorhersagemodell die anderen unabhängigen Variablen (in der Reihenfolge ihrer Wichtigkeit) aufgenommen werden.

		Schritt			
		1	2	3	4
Informationskriterium		4.808,879	4.678,633	4.619,212	4.612,016
Effekt	Modell_transformed	✓	✓	✓	✓
	Meilen_transformed		✓	✓	✓
	Wagentyp_transformed			✓	✓
	Sound				✓

Die Modellerstellungsmethode ist "Schrittweise vorwärts" mit dem "Informationskriterium".
Ein Häkchen bedeutet, dass sich der Effekt bei diesem Schritt im Modell befindet.

Abb. 19.11. Modellansicht „Übersicht über Modellerstellung“

Modellansicht „Lineare Modelle“. In dieser letzten Modellansicht ist ein Protokoll des Modells angelegt. Analog der Verzeichnisstruktur von Windows können die Verzeichnisse wie „Felder“, „Erstellungsoptionen“ etc. bzw. Unterverzeichnisse geöffnet oder geschlossen werden.

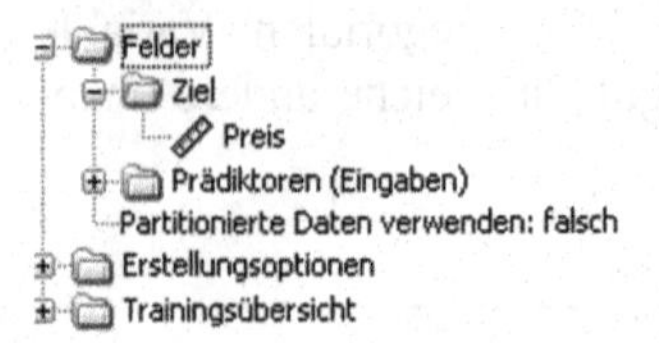

Abb. 19.12. Modellansicht „Lineare Modelle“

Scoren neuer Daten. In der Datei AUTOPREISENEU.SAV mit neuen Daten sind nur die vier im Vorhersagemodell enthaltenen unabhängigen Variablen abgelegt, wenn auch nicht in der gleichen Reihenfolge. Zum Scoren dieser Daten gehen wir nach Öffnen der Datei wie folgt vor:[9]

▷ Wir klicken die Befehlsfolge "Extras“, „Scoring-Assistent“. Es öffnet sich die entsprechende Dialogbox. Nun suchen und laden wir nach Klicken von Durchsuchen... die zuvor (⇨ oben) gespeicherte xml-Datei AutopreiseModell.zip (⇨ Abb. 19.13).

▷ Klicken auf Weiter > öffnet jeweils die nächste Dialogbox. In der ersten werden die Variablennamen zur Kontrolle aufgeführt. In der weiteren kann man den vorgeschlagenen Namen „PredictedValue“ für die Vorhersagevariable ändern.

▷ Klicken auf Fertigstellen beendet die Prozedur.

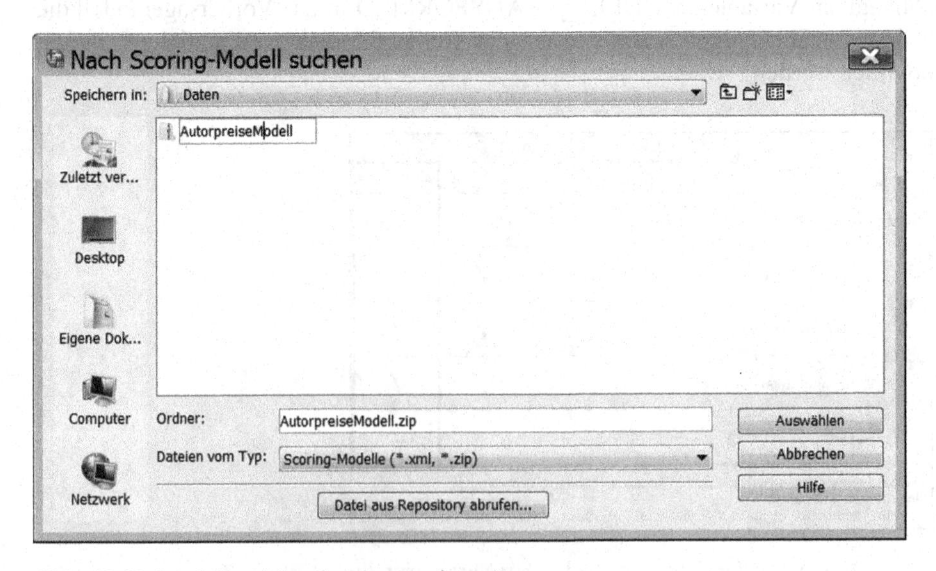

Abb. 19.13. Modellansicht „Scoring-Assistent“

[9] Es wird davon ausgegangen, dass Sie die Option „Benutzerdefinierte Feldzuweisungen“ gewählt haben (⇨ „Vordefinierte Rollen“ in Kap. 3).

20 Ordinale Regression

20.1 Theoretische Grundlagen

[illegible]

20 Ordinale Regression

20.1 Theoretische Grundlagen

Die Daten. Bei der linearen Regression sind die abhängige Variable y und auch die unabhängigen Variablen (Einflussvariablen) x_1, x_2 etc. metrische Variablen (⇨ Kap. 18.1). Ergänzend können auch kategoriale Einflussvariablen in ein Regressionsmodell aufgenommen werden. Dafür müssen diese zuvor in binäre Variablen (auch Dummy-Variablen genannt) transformiert werden (⇨ Kap. 18.3).

In den Wirtschafts- und Sozialwissenschaften und in vielen anderen Fachdisziplinen hat man es aber häufig mit ordinalskalierten Variablen zu tun. Bei den Werten einer ordinalskalierten Variablen handelt es sich um Kategorien, die in einer Rangfolge stehen, wobei aber die Abstände zwischen den Werten von Kategorien nicht vergleichbar sind (⇨ Kap. 8.3.1).

Ein Beispiel für eine ordinalskalierte Variable ist die Variable POL2 in der Datei ALLBUS90.SAV. Sie erfasst das politische Interesse von Befragten mit den Antwortkategorien bzw. kodierten Messwerten 1 = überhaupt nicht, 2 = wenig, 3 = mittel, 4 = stark und 5 = sehr stark.[1]

In der Abb. 20.1 links ist die prozentuale Häufigkeitsverteilung der Variable POL2 als Liniendiagramm zu sehen, jeweils getrennt für Männer und Frauen. Man sieht deutlich, dass Männer sich im Vergleich zu Frauen mehr für Politik interessieren: die Häufigkeitsverteilung der Männer liegt im Vergleich zu derjenigen der Frauen nach rechts verschoben. In Abb. 20.1 rechts sind die kumulierten prozentualen Häufigkeiten von POL2 getrennt für Männer und Frauen als Liniendiagramm dargestellt. Die Linie für die Männer liegt unterhalb der für die Frauen,[2]weil in den Kategorien der wenig an Politik Interessierten die Männer weniger häufig vorkommen als Frauen. Auch bei dieser Darstellungsform wird der Zusammenhang zwischen POL2 und GESCHL deutlich.

---

[1] Die Variable POL2 entspricht der Variable POL mit dem Unterschied, dass in POL das Politikinteresse für die Werte 1 (= sehr stark) bis 5 (= überhaupt nicht) abnimmt und in POL2 für die Werte 1 (= überhaupt nicht) bis 5 (= sehr stark) zunimmt. Wir haben diese Variante gewählt, da sie dem allgemeinen Verständnis entspricht, dass ein zunehmender Wert einem größeren Politikinteresse entspricht. Für die ordinale Regression ist es ohne Bedeutung, da bei den beiden Varianten sich lediglich die Vorzeichen der geschätzten Koeffizienten unterscheiden.

[2] Bei der letzten Kategorie „sehr stark" sind natürlich sowohl für Männer und Frauen die kumulierten relativen Häufigkeiten 100 %. Auch in Tabelle 20.2 ist zu sehen, dass die kumulierten prozentualen Häufigkeiten der Männer kleiner sind als die der Frauen.

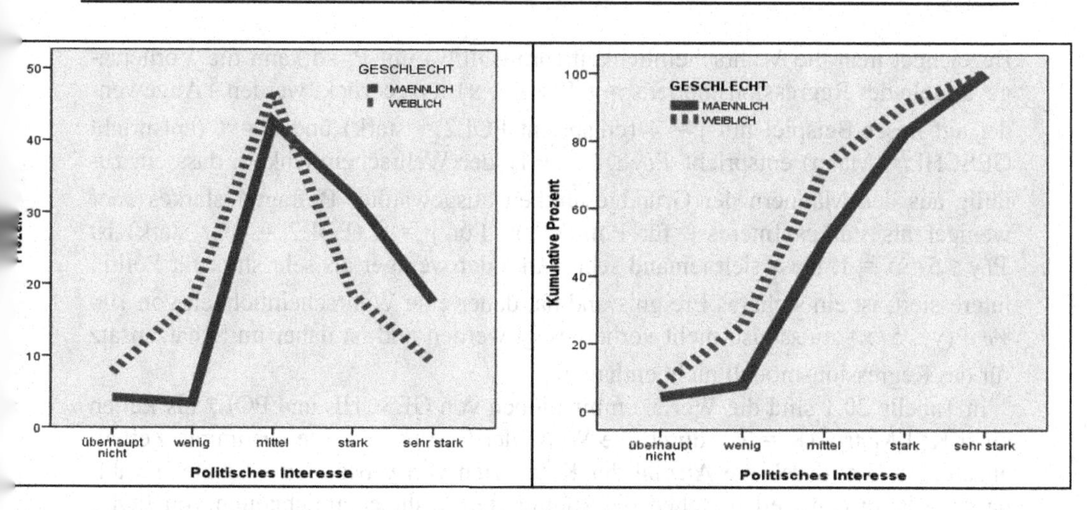

Abb. 20.1. Prozentuale und kumulierte prozentuale Häufigkeiten der Variable POL2

Das Modell der ordinalen Regression.[3] In einer ordinalen Regression wird versucht, den in Tabelle 20.1 und Abb. 20.1 erkennbaren Zusammenhang zwischen einer ordinalskalierten abhängigen Variable y (hier: POL2) und einer kategorialen unabhängigen Variablen (hier: GESCHL) in einer Regressionsgleichung zu modellieren. Meistens wird man jedoch (wie bei einer linearen Regression) mehrere Einflussvariablen (allgemein mit x_1, x_2, x_3 etc. benannt) in die Gleichung aufnehmen und mittels Signifikanztests prüfen, ob ein statistisch nachweisbarer Zusammenhang besteht. Neben binären Variablen - wie die Variable GESCHL (mit 1 = männlich, 2 = weiblich) - können auch kategoriale Variablen mit mehr als zwei Kategorien in Form von Dummy-Variablen in das Modell aufgenommen werden. Auch metrische Variablen können Einflussvariablen sein, dann aber kategorisiert oder als Kovariate.

Die empirischen prozentualen Häufigkeiten von POL2 (die Daten des ALLBUS werden per Stichprobe erhoben) haben ihre Entsprechung in prozentuale Häufigkeiten der statistischen Grundgesamtheit (der Bevölkerung in der Bundesrepublik im Alter ab 18 Jahren). Diese Häufigkeiten können als Wahrscheinlichkeiten interpretiert werden. Die zu Abb. 20.1 entsprechende Darstellung für die Grundgesamtheit mit kumulierten Wahrscheinlichkeiten ist eine grafische Darstellung der Vorhersagevariablen eines ordinalen Regressionsmodells.[4] Das Modell der ordinalen Regression knüpft an die kumulierten Wahrscheinlichkeiten an, weil die aus dem Regressionsmodell gewonnenen Erkenntnisse unabhängig von der gewählten Kategorisierung der Vorhersagevariablen sein sollten. Wenn man zwei oder mehr Kategorien der ordinalskalierten Variable zusammenfasst, so sollten die aus den Modellergebnissen gewonnenen Erkenntnisse über die Wirkung von Einflussvariablen die gleichen sein.

---

[3] Zu der hier präsentierten Begründung der Modellgleichungen der ordinalen Regression gibt es ein alternatives Modell, in dem eine latente (nicht messbare) metrische Variable y* linear von Einflussvariablen abhängig ist. Auf den Internetseiten zum Buch bieten wir dazu einen Text an.

[4] Dieser Modelltyp mit kumulierten Wahrscheinlichkeiten wurde von McKelvey und Zavoina (1975) und McCullagh (1980) entwickelt und ist mit SPSS schätzbar. Es gibt andere Modelltypen, die nicht von SPSS geschätzt werden können (⇨ Long).

Bezeichnet man die Wahrscheinlichkeit (probability) mit P, so kann die Vorhersagevariable des Regressionsmodells mit $P(y \leq j/x)$ ausgedrückt werden.[5] Angewendet auf unser Beispiel mit j = 4 (entspricht POL2 = stark) und x = 1 (entspricht GESCHL = Mann) entspricht $P(y \leq 4/x=1)$ der Wahrscheinlichkeit, dass ein zufällig aus den Männern der Grundgesamtheit ausgewählter Befragter starkes oder weniger als starkes Interesse für Politik hat. Für j = 5 (POL2 = sehr stark) ist $P(y \leq 5/x) = 1$. Dass sich jemand sehr stark oder weniger als sehr stark für Politik interessiert, ist ein sicheres Ereignis und hat daher eine Wahrscheinlichkeit von 100 %. $P(y \leq 5/x)$ muss also nicht vorhergesagt werden und ist daher im Schätzansatz für das Regressionsmodell nicht enthalten.

In Tabelle 20.1 sind die Wertekombinationen von GESCHL und POL2 als Zellen einer K*J-Matrix (K = 2 = durch die Werte der Einflussvariable bestimmte Zeilenanzahl, J = 5 = durch die Anzahl der Kategorien von y bestimmte Spaltenanzahl) dargestellt. In den Zellen stehen die kumulierten Wahrscheinlichkeiten von POL2 untergliedert für die Werte der Einflussvariable GESCHL. So entspricht z.B. $P(y \leq 3/x=2) = P(\text{POL} \leq \text{mittel/GESCHL} = \text{weiblich})$ der *bedingten* Wahrscheinlichkeit, dass eine zufällig aus den Frauen ausgewählte Befragte ein mittleres oder weniger als ein mittleres Interesse für Politik hat. Für unser Beispiel mit zunächst einer kategorialen (binären) Einflussvariable x hat die Vorhersagevariable $P(y \leq j/x)$ die in Tabelle 20.1 aufgeführten möglichen Werte.

Hat man weitere Einflussvariable, so vergrößert sich die Matrix der Vorhersagewerte. Die Matrix vergrößert sich natürlich dann stark, wenn man metrische Einflussvariable mit vielen Ausprägungen in das Modell aufnimmt. Intuitiv kann man verstehen, dass die Schätzung eines guten Vorhersagemodells nur dann gelingen kann, wenn die Zellen der Matrix hinreichend Fallhäufigkeiten haben. Daraus ergibt sich, dass man möglichst wenige metrische Variable in das Modell aufnehmen und man generell hinreichend Fälle in der Datendatei haben sollte.

Tabelle 20.1. Bedingte kumulierte Wahrscheinlichkeiten für POL2

	y = 1	y =2	y =3	y = 4	y = 5
x = 1	$P(y \leq 1/x=1)$	$P(y \leq 2/x=1)$	$P(y \leq 3/x=1)$	$P(y \leq 4/x=1)$	$P(y \leq 5/x=1)$
x = 2	$P(y \leq 1/x=2)$	$P(y \leq 2/x=2)$	$P(y \leq 3/x=2)$	$P(y \leq 4/x=2)$	$P(y \leq 5/x=2)$

Hat man die Koeffizienten des Regressionsmodells geschätzt und Schätzergebnisse für die kumulierten Wahrscheinlichkeiten gewonnen, dann lassen sich daraus leicht die geschätzten nicht kumulierten Wahrscheinlichkeiten gemäß folgender Gleichungen berechnen:

$$P(y=1/x) = P(y \leq 1/x) \quad (20.1\text{ a})$$
$$P(y=2/x) = P(y \leq 2/x) - P(y \leq 1/x) \quad (20.1\text{ b})$$
$$P(y=3/x) = P(y \leq 3/x) - P(y \leq 2/x) \quad (20.1\text{ c})$$
$$P(y=4/x) = P(y \leq 4/x) - P(y \leq 3/x) \quad (20.1\text{ d})$$

[5] Es handelt sich um eine bedingte Wahrscheinlichkeit: der Wahrscheinlichkeit für ein Ereignis y unter den durch x definierten Bedingungen.

$P(y = 5/x) \quad = 1 - P(y \leq 4/x).$ (20.1 e)

Gleichung 20.1 f fasst die in den Gleichungen 20.1 a bis 20.1 d dargestellten Zusammenhänge allgemein zusammen.

$P(y = j/x) \quad = P(y \leq j/x) - P(y \leq j\text{-}1/x)$ (20.1 f)

In einer ordinalen Regressionsgleichung wird die zu schätzende Vorhersagevariable $P(y \leq j/\mathbf{x})$ *nichtlinear* mit den Einflussvariablen x_1, x_2, x_3 etc. verknüpft.[6]

Auf den ersten Blick ähnlich wie bei einer linearen Regressionsgleichung (⇨ Kap. 18.1.2) werden die Einflussvariable auf der rechten Seite der Gleichung als eine Linearkombination formuliert.[7]

$$\alpha_j - \beta_1 x_1 - \beta_2 x_2 - \beta_3 x_3 \qquad (20.2)$$

α_j = Sogenannte Schwellenparameter für jede Kategorie j der Variable y.

β_1, β_2, β_3 = Regressionskoeffizienten der Einflussvariablen (Lageparameter).

x_1, x_2, x_3 = unabhängige Variable (Einflussvariable).

Die in Gleichung 20.2 formulierte rechte Seite der Regressionsgleichung unterscheidet sich von der Gleichung einer linearen Regression:

- ❒ α_j ist eine Konstante, die für jede Kategorie j der Variable y (außer der letzten) definiert und als Koeffizient zu schätzen ist. Ähnlich wie die berechnete (geschätzte) Konstante einer linearen Regressionsgleichung entsprechen sie der linken Seite der Regressionsgleichung für $x_1 = 0$, $x_2 = 0$ sowie $x_3 = 0$. Wie auch bei einer linearen Regression, sind diese Koeffizienten für die Interpretation und Bewertung der Modellergebnisse von untergeordneter Bedeutung. Sie werden zur Berechnung der Vorhersagewerte der Wahrscheinlichkeiten $P(y \leq j/\mathbf{x})$ benötigt.
- ❒ Die Vorzeichen der β-Koeffizienten sind negativ. Ein Anstieg einer Einflussvariable x führt demgemäß zu einer kleineren kumulierten Wahrscheinlichkeit $P(y \leq j/\mathbf{x})$ für jede Kategorie j der Variable y (außer natürlich der letzten, denn die ist 100 %). Wie man aus Tabelle 20.1 und Abb. 20.1 erkennen kann, bedeuten kleinere kumulierte Häufigkeiten einer Verteilung eine Verschiebung der (nicht kumulierten) Häufigkeitsverteilung in Richtung größerer y-Werte. Ein geschätzter positiver β-Koeffizient führt also zu einem höheren y. Hat hingegen der geschätzte β-Koeffizient ein negatives Vorzeichen, dann werden die kumulierten Wahrscheinlichkeiten größer (minus minus ergibt plus) und die (nicht kumulierte) Verteilung wird in Richtung kleinerer y-Werte verschoben. Ein geschätzter negativer Regressionskoeffizient verringert also y. Da in Abb. 20.1 rechts die kumulierten Wahrscheinlichkeiten der Männer unterhalb der der Frauen liegt, kann man also einen geschätzten positiven Regressionskoeffizienten für männliche Befragte erwarten.

---

[6] Zur Kennzeichnung, dass die Bedingung durch mehr als eine Einflussvariable gegeben ist, wird x fett dargestellt.

[7] Wir beschränken uns beispielhaft auf drei Einflussvariablen.

Für die β-Koeffizienten im Regressionsmodell wird im Unterschied zu den α-Koeffizienten unterstellt, dass sie von den Kategorien j der Variable y unabhängig sind: für jede Kategorie j ist der β-Koeffizient einer Einflussvariablen gleich. Damit ergeben sich für die in Gleichung 20.2 formulierte Linearkombination für die Kategorien j parallele Verläufe. Wegen dieser Annahme wird das ordinale Regressionsmodell auch als „parallel regression model" bezeichnet.

Diese Annahme des Modells sollte mit einem Signifikanztest geprüft werden. Der Test kann im Rahmen der Prozedur zur ordinalen Regression angefordert werden (⇨ Kap. 20.2). Ist diese Annahme nicht erfüllt, verliert das Modell seine Gültigkeit.

Bei der Formulierung der Regressionsgleichung zur Abbildung der Abhängigkeitsbeziehung zwischen $P(y \le j/\mathbf{x})$ und der in Gleichung 20.2 dargestellten Linearkombination der Einflussvariablen werden zwei grundlegende Aspekte berücksichtigt. Erstens: Die per Regressionsgleichung geschätzten Wahrscheinlichkeiten für $P(y \le j/\mathbf{x})$ dürfen nur Werte zwischen 0 und 1 annehmen. Zweitens: Es ist plausibel, dass die Einflussstärke einer Einflussvariablen x auf $P(y \le j/\mathbf{x})$ nicht unabhängig von der jeweiligen Höhe von $P(y \le j/\mathbf{x})$ ist. Ist $P(y \le j/\mathbf{x})$ klein, so wird eine Einflussvariable einen relativ starken Einfluss haben und mit wachsender Höhe von $\Pr(y > j/\mathbf{x})$ wird die Einflussstärke abnehmen.

Daher kommt eine lineare Regressionsgleichung nicht in Frage. Der Zusammenhang muss nichtlinear formuliert werden. Für die nichtlineare Beziehung kann aus verschiedenen Gleichungsvarianten gewählt werden (⇨ Linkfunktionen).

Das Logit-Modell. Zunächst wollen wir uns mit der populärsten Modellvariante befassen, die eine hohe Nähe zur binären logistischen Regression[8] und gegenüber den anderen Varianten einen großen Vorzug hinsichtlich der Interpretierbarkeit von Modellergebnissen hat.

Zur Formulierung der nichtlinearen Abhängigkeit der Vorhersagevariable $P(y \le j/\mathbf{x})$ von den Einflussvariablen wird die (kumulative) logistische

Verteilungsfunktion $F_{Log}(z) = \dfrac{e^z}{1+e^z} = \dfrac{1}{1+e^{-z}}$ genutzt.[9]

Für die Linearkombination $z = \alpha_j - \beta_1 x_1 - \beta_2 x_2 - \beta_3 x_3$ ergibt sich

$$P(y \le j/\mathbf{x}) = F_{Log}(z) = F_{Log}(\alpha_j - \beta_1 x_1 - \beta_2 x_2 - \beta_3 x_3) \tag{20.3 a}$$

$$P(y \le j/\mathbf{x}) = \frac{1}{1+e^{-(\alpha_j - \beta_1 x_1 - \beta_2 x_2 - \beta_3 x_3)}} \tag{20.3 b}$$

In Abb. 20.2 wird der S-förmige Verlauf der logistischen Verteilungsfunktion (Logit) dargestellt. Er zeigt, dass für beliebige Werte von z (= Linearkombination der Ein-

---

[8] Zur logistischen Regression sei auf die didaktisch hervorragende Darstellung in Backhaus u.a. (2011) verwiesen.

[9] e ist die Eulersche Zahl ($\cong$ 2,71828) und ist die Basis des natürlichen Logarithmus.

flussvariable) die Funktionswerte $F_{Log}(z)$ und damit die vorherzusagenden Wahrscheinlichkeiten $Pr(y \leq j/\mathbf{x})$ in das Intervall (0,1) transformiert werden.

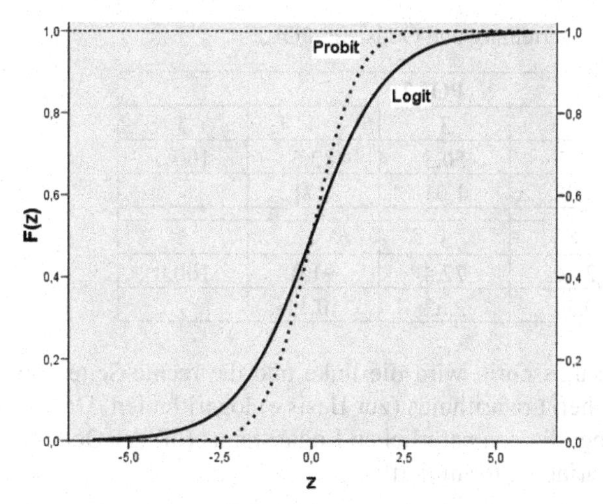

Abb. 20.2. Die Verteilungsfunktionen Logit und Probit

Die zu $P(y \leq j/\mathbf{x})$ komplementäre Wahrscheinlichkeit ist $P(y > j/\mathbf{x}) = 1 - P(y \leq j/\mathbf{x})$. Ist also z.B. $P(y \leq 3/\mathbf{x}) = 0{,}8$, so beträgt $P(y > 3/\mathbf{x}) = 1 - P(y \leq 3/\mathbf{x}) = 0{,}2$.

Die Gleichung 20.3 b lässt sich bei Einbeziehen der komplementären Wahrscheinlichkeit algebraisch zu Gleichung (20.4) umformen.[10]

$$\frac{P(y \leq j/\mathbf{x})}{1 - P(y \leq j/\mathbf{x})} = \frac{P(y \leq j/\mathbf{x})}{P(y > j/\mathbf{x})} = \text{Odds}(y \leq j/\mathbf{x}) = e^{\alpha_j - \beta_1 x_1 - \beta_2 x_2 - \beta_3 x_3} \tag{20.4}$$

Der Quotient $P(y \leq j/\mathbf{x})/P(y > j/\mathbf{x})$ wird als Chance (englisch odds) bezeichnet, ein Ausdruck, den man im Zusammenhang mit Gewinnchancen bei Wetten kennt. Beträgt z.B. $P(y \leq 3/x = 1) = 0{,}8$, so ist die Chance $P(y \leq 3/x = 1)/P(y > 3/x = 1) = 0{,}8/0{,}2 = 4$, also 4 zu 1: die Chance, dass bei zufälliger Auswahl eines Mannes aus den männlichen Befragten, dieser ein mittleres oder weniger als ein mittleres Interesse für Politik hat, beträgt 4 zu 1.

Zur Veranschaulichung von Chancen (Odds) sind in Tabelle 20.2 die empirischen kumulierten prozentualen Häufigkeitsverteilungen von POL2 sowie die daraus berechneten (kumulierten) Odds für Männer und Frauen erfasst. Mit wachsender kumulierter prozentualer Häufigkeit (Kumul. %) werden die Odds (Kumul. Odds) größer. Dieses gilt sowohl für Männer als auch für Frauen. Vergleicht man die Odds beider Verteilungen, so zeigt sich, dass diese bei den Frauen größer sind als bei den

[10] Aus (20.3 b) folgt bei Verwendung von z: $1 - P(y \leq j/\mathbf{x}) = 1 - \frac{1}{1+e^{-z}} = \frac{e^{-z}}{1+e^{-z}}$. Daher ist

$$\frac{P(y \leq j/\mathbf{x})}{1 - P(y \leq j/\mathbf{x}} = \frac{1}{1+e^{-z}} * \frac{1+e^{-z}}{e^{-z}} = \frac{1}{e^{-z}} = e^{z}.$$

Männern. Der Grund: Die kumulierten prozentualen Häufigkeiten sind bei den Frauen höher als bei den Männern.

Tabelle 20.2. Kumulierte Häufigkeitsverteilung und Odds von POL2

Männer	**POL2**				
	1	2	3	4	5
Kumul. %	4,2	7,7	50,3	82,5	100.0
Kumul. Odds	0,04	0,08	1,01	4,71	-
Frauen	1	2	3	4	5
Kumul. %	7,7	25,6	72,4	91,0	100,0
Kumul. Odds	0,08	0,34	2,62	10,11	-

In einem weiteren Umformulierungsschritt wird die linke und die rechte Seite von Gleichung 20.4 mit dem natürlichen Logarithmus (zur Basis e) logarithmiert. Daraus ergibt sich eine lineare Gleichung, die den natürlichen Logarithmus (ln) der Odds in Abhängigkeit von den Einflussvariablen formuliert:[11]

$$\ln\left[\frac{P(y \le j/\mathbf{x})}{1-P(y \le j/\mathbf{x})}\right] = \ln \text{Odds}(y \le j/\mathbf{x}) = \alpha_j - \beta_1 x_1 - \beta_2 x_2 - \beta_3 x_3 \qquad (20.5)$$

Die Koeffizienten der Gleichung werden mittels der Maximum Likelihood-Methode geschätzt (⇨ Schätzmethode). Sind die lnOdds gemäß Gleichung 20.5 durch Anwendung des Schätzverfahrens bestimmt und durch Entlogarithmierung die Odds, so kann die geschätzte Wahrscheinlichkeit wie folgt ermittelt werden:[12]

$$P(y \le j/\mathbf{x}) = \text{Odds}(y \le j/\mathbf{x})/(1+\text{Odds}(y \le j/\mathbf{x})) \qquad (20.6)$$

Setzt man in Gleichung 20.4) die zu $P(y \le j/\mathbf{x})$ komplementäre Wahrscheinlichkeit ein und bildet den Kehrwert, so ergibt sich[13]

$$\frac{P(y > j/\mathbf{x})}{1-P(y > j/\mathbf{x})} = \text{Odds}(y > j/\mathbf{x}) = e^{-(\alpha_j - \beta_1 x_1 - \beta_2 x_2 - \beta_3 x_3)} \qquad (20.7)$$

Aus dieser Gleichung kann man im Vergleich mit der Gleichung 20.4 erkennen, dass sich die in dieser Weise definierten Chancen (Odds) nur durch entgegengesetzte Vorzeichen der Koeffizienten auszeichnen.

Linkfunktionen. Die mathematische Funktion, die die linke Seite der linearen Gleichung 20.5 als Funktion von $P(y \le j/\mathbf{x})$ beschreibt, wird Linkfunktion (kurz Link)

---

[11] Der Logarithmus der Chancen (Odds) wird Logits genannt. Der Wertebereich der Logits liegt zwischen $-\infty$ und $+\infty$.

[12] Aus Gleichung 20.4 folgt in abkürzender Schreibweise: P = (1-P)*Odds = Odds – P*Odds. Aus P + P*Odds = Odds folgt P*(1+Odds) = Odds und P = Odds/(1+Odds).

[13] Einsetzen der komplementären Wahrscheinlichkeit ergibt bei Verwenden von z $(1-P(y > j/\mathbf{x}))/P(y > j/\mathbf{x}) = e^z$. Der Kehrwert ist $P(y > j/\mathbf{x})/(1-P(y > j/\mathbf{x})) = 1/e^z = e^{-z}$.

genannt. Der Link überführt die nichtlineare Beziehung zwischen $P(y \leq j/\mathbf{x})$ und den Einflussvariablen (in der Linearkombination gemäß Gleichung 20.2) in eine lineare Gleichung. In einer abstrakteren Formulierung kann man Gleichung 20.5 auch so schreiben:

$$\text{Link}_{\text{Logit}}[P(y \leq j/\mathbf{x})] = \alpha_j - \beta_1 x_1 - \beta_2 x_2 - \beta_3 x_3 \qquad (20.8)$$

mit $\text{Link}_{\text{Logit}}[P(y \leq j/\mathbf{x})] = \ln\left[\frac{P(y \leq j/\mathbf{x})}{1 - P(y \leq j/\mathbf{x}}\right]$.

Anstelle des Links auf der Basis einer (kumulativen) logistischen Verteilungsfunktion kann eine mit SPSS gerechnete ordinale Regression optional auch mit anderen Funktionen verknüpft werden. Dabei handelt es sich auch um Verteilungsfunktionen, die einen ähnlichen S-förmigen Verlauf haben und sicher stellen, dass erstens die mit Hilfe der Regressionsgleichung geschätzten Wahrscheinlichkeiten $P(y \leq j/x)$ nicht aus dem Intervall (0,1) fallen und zweitens der Zusammenhang nichtlinear ist.

Logit ist in SPSS der Standardlink. Daneben ist der Probit-Link die bekannteste Linkfunktion. Sie beruht auf der Verteilungsfunktion der Standardnormalverteilung, hier mit F_{NV} bezeichnet. Analog zu Gleichung 20.3 a für die logistische Verteilungsfunktion F_{Log} gilt für den auf der Verteilungsfunktion der Standardnormalverteilung F_{NV} basierenden Probit-Link:

$$P(y \leq j/\mathbf{x}) = F_{NV}(z) = F_{NV}(\alpha_j - \beta_1 x_1 - \beta_2 x_2 - \beta_3 x_3) \qquad (20.9)$$

In der Formulierung für die Linkfunktion in Analogie zur Gleichung 20.8 folgt

$$\text{Link}_{NV}[P(y \leq j/\mathbf{x})] = \alpha_j - \beta_1 x_1 - \beta_2 x_2 - \beta_3 x_3 \qquad (20.10)$$

mit $\text{Link}_{NV}[P(y \leq j/\mathbf{x})] = F_{NV}^{-1}(P(y \leq j/\mathbf{x})$, wobei F^{-1} die Inverse der Verteilung F ist.

Die Unterschiede im Verlauf der Verteilungsfunktionen für den Logit- und Probit-Link sind in Abb. 20.2 zu sehen. Die mit dem Logit-Link berechneten β-Koeffizienten sind um ca. das 1,7-fache größer. Die Schlussfolgerungen hinsichtlich der Bedeutung der Einflussvariablen werden dadurch aber nicht berührt. Zudem unterscheiden sich die in praktischen Arbeiten berechneten Wahrscheinlichkeiten nur geringfügig.

Das ordinale Regressionsmodell mit dem Logit-Link ist auch als proportional odds model bekannt.[14]

Wie schon erwähnt, bietet der Logit-Link einen gravierenden Vorteil bei der Interpretation der Regressionsmodellergebnisse: Wie wir aus Gleichung 20.5 wissen, wirken die Einflussvariable (über Vorzeichen und Höhe der Regressionskoeffizien-

[14] Vergleicht man zwei Fälle bzw. Gruppen A und B, die sich nur durch einen Unterschied in der Höhe *einer* Einflussvariable unterscheiden (A: x_0 und B: $x_0 + \Delta x$), so beträgt das Verhältnis der Chancen der beiden Fälle (Gruppen) $\text{Odds}(y \leq j/x_0 + \Delta x)^B / \text{Odds}(y \leq j/x_0)^A = e^{-\beta \Delta x}$. Dieses Chancenverhältnis ist für alle Kategorien j gleich groß, also unabhängig von j, ⇨ Gleichung 20.16 mit $\Delta x = 1$.

ten) linear auf den Logarithmus der Odds. Bei der Interpretation der Ergebnisse unseres Anwendungsbeispiels kommen wir darauf zurück.
Tabelle 20.3 gibt über alle verfügbaren Linkfunktionen eine Übersicht. In der letzten Spalte werden Empfehlungen von SPSS zur Auswahl einer Linkoption gegeben.

Tabelle 20.3. Die wählbaren Links (Verteilungsfunktionen) in SPSS

Link	Mathematische Funktion[1]	Anwendungsempfehlung
Logit	$\ln(\gamma_j/(1-\gamma_j))$	Gleichmäßige Verteilung von y
log-log komplementär	$\ln(-\ln(1-\gamma_j)$	Höhere Werte von y wahrscheinlicher
log-log negativ	$-\ln(-\ln(\gamma_j))$	Niedrigere Werte y wahrscheinlicher
Probit	$F_{NV}^{-1}(\gamma_j)$	y* ist normalverteilt
Inverse Cauchy	$\tan(\pi(\gamma_j-0{,}5))$	y* hat viele Extremwerte

[1] $\gamma_j = P(y \le j/\mathbf{x})$, F_{NV}^{-1} = Inverse Verteilungsfunktion der Standardnormalverteilung

Die Schätzmethode. Da die Interpretation einiger Teile der Ergebnisse einer gerechneten ordinalen Regression ein gewisses Grundverständnis der Maximum Likelihood-Methode voraussetzt, wollen wir hierauf kurz eingehen.

Die Zielsetzung besteht darin, die α- und β-Koeffizienten derart aus den empirischen Daten zu bestimmen, dass für das angenommene Modell die empirischen Daten die maximale Wahrscheinlichkeit (*Likelihood* genannt) haben.

Es sei p_i die Wahrscheinlichkeit, bei einer Stichprobenziehung eines Falles i einen Wert von y_i (zusammen mit den Werten eines Variablensets **x**) zu erhalten. Die Höhe von p_i hängt davon ab, welchen Wert y_i in der Ziehung i hat: Es ist $p_i = P(y_i = 1/\mathbf{x})$ für $y_i = 1$, $p_i = P(y_i = 2/\mathbf{x})$ für $y_i = 2$ etc. Für die letzte Kategorie J ist $p_i = P(y_i = J/\mathbf{x})$ für $y_i = J$. Allgemein gilt $p_i = P(y_i = j/\mathbf{x})$ für $y_i = j$.

Geht man bei einem Stichprobenumfang in Höhe von n von unabhängigen Stichprobenziehungen i aus, so ist die Wahrscheinlichkeit für das Erhalten der n y_i-Werte (zusammen mit den Werten eines Variablensets **x**) in der Stichprobe das Produkt der n Einzelwahrscheinlichkeiten:[15]

$$L = p_1 * p_2 * p_3 \ldots * p_n = \prod_{i=1}^{n} p_i \tag{20.11 a}$$

Setzt man die unterschiedlichen Wahrscheinlichkeiten $p_i = P(y_i = j/\mathbf{x})$ für $y_i = j$ in die Gleichung 20.11a ein und definiert J Dummy-Variable d_{ij} für die Kategorien von y derart, dass $d_{ij} = 1$ wenn $y_i = j$ und $d_{ij} = 0$ wenn $y_i \neq j$ ist, so ergibt sich

$$L = \prod_{i=1}^{n} P(y_i = 1/\mathbf{x})^{d_{i1}} * P(y_i = 2/\mathbf{x})^{d_{i2}} \ldots * P(y_i = J/\mathbf{x})^{d_{iJ}} \quad \text{bzw.} \tag{20.11 b}$$

$$L = \prod_{j=1}^{J} \prod_{i=1}^{n} P(y_i = j/\mathbf{x})^{d_{ij}} \tag{20.11 c}$$

Setzen wir für $P(y_i = j/\mathbf{x})$ den Ausdruck gemäß Gleichungen 20.1 f ein, so ergibt sich

[15] Zur Darstellung von eines aus Produkten bestehenden Terms verwenden wir das Symbol Π. Es wird analog dem bekannteren Summenzeichen Σ benutzt.

$$L = \prod_{j=1}^{J} \prod_{i=1}^{n} \left(P(y_i \leq j/\mathbf{x}) - P(y_i \leq j-1/\mathbf{x}) \right)^{d_{ij}} \qquad (20.11\ d)$$

Ersetzen wir analog Gleichung 20.3 a eine (kumulative) Verteilungsfunktion F, so ergibt sich Gleichung 20.11 e:

$$L = \prod_{j=1}^{J} \prod_{i=1}^{n} \left(F(\alpha_j - \beta_1 x_1 - \beta_2 x_2 - \beta_3 x_3) - F(\alpha_{j-1} - \beta_1 x_1 - \beta_2 x_2 - \beta_3 x_3)\right)^{d_{ij}}$$

Logarithmieren der Gleichung ergibt für LL = lnL Gleichung 20.11 f:

$$LL = \sum_{j=1}^{J} \sum_{i=1}^{n} d_{ij} \ln\left[F(\alpha_j - \beta_1 x_1 - \beta_2 * x_2 - \beta_3 x_3) - F(\alpha_{j-1} - \beta_1 x_1 - \beta_2 * x_2 - \beta_3 x_3)\right]$$

Die α- und β-Koeffizienten sollen in Gleichung 20.11 e derart bestimmt werden, dass L, die *Likelihood*, ein Maximum annimmt. Anstelle L kann man zur einfacheren mathematischen Lösung auch LL, die *Log-Likelihood*, maximieren. Je besser die Daten dem Modell entsprechen, umso größer ist die Likelihood bzw. Log-Likelihood. Die Maximierungsaufgabe vollzieht sich in einem iterativen Lösungsverfahren. Ausgehend von Startwerten für die Koeffizienten werden diese schrittweise angepasst, um LL zu vergrößern.

Zur Konstruktion eines Signifikanztests wird LL mit -2 multipliziert. Daher bedeutet ein Maximieren von LL ein Minimieren von -2LL.

20.2 Praktische Anwendungen

Die Aufgabenstellung. Im Folgenden soll mit einem Modell der ordinalen Regression untersucht werden, in welcher Weise und in welchem Maße das Geschlecht (GESCHL) und das Bildungsniveau (SCHUL2) das politische Interesse (POL2) bestimmen (Datei ALLBUS90.SAV). Wir gehen von den Hypothesen aus, dass sich Männer mehr für Politik interessieren als Frauen (Abb. 20.1 und Tabelle 20.2 sprechen dafür) und dass ein höherer Bildungsabschluss mit höherem Politikinteresse verbunden ist.

Die Variable GESCHL ist eine kategoriale Variable mit zwei Kategorien (1 = männlich, 2 = weiblich) und SCHUL2 eine kategoriale Variable mit drei Kategorien (1 = Hauptschule, 2 = Mittelschule, 3 = Fachhochschulr./Abitur).

Die Variablen GESCHL und SCHUL2 definieren zusammen mit der Variable POL2 eine K*J-Matrix (K = 6 Zeilen und J = 5 Spalten). In Abb. 20.10 („Zelleninformationen") ist sie dargestellt. Die Zeilen entsprechen 6 verschiedenen Fallgruppen (auch Kovariatenmuster genannt), die Spalten die Höhe des Politikinteresses.

Wie bei einer linearen Regression kann man kategoriale Variable in die ordinale Regressionsgleichung aufnehmen, in dem man Dummy-Variable (0/1-Variablen) bildet (⇨ Kap 18.3). Der Anwender braucht sich im Unterschied zur linearen Regression aber nicht darum zu kümmern, da SPSS für den Rechenvorgang automatisch interne Dummy-Variablen bildet. Tabelle 20.4 zeigt wie SPSS die Dummy-Variablen D_1, D_2 und D_3 kodiert.[16]

Daraus ergibt sich bei einem Logit-Link folgende Modellgleichung:

$$\frac{P(y \le j/\mathbf{x})}{1-P(y \le j/\mathbf{x})} = \text{Odds}(y \le j/\mathbf{x}) = e^{\alpha_j - \beta_1 D_1 - \beta_2 D_2 - \beta_3 D_3} \tag{20.12 a}$$

Diese Gleichung wird durch Logarithmierung zur linearen Schätzgleichung :

$$\ln \frac{P(y \le j/\mathbf{x})}{1-P(y \le j/\mathbf{x})} = \ln \text{Odds}(y \le j/\mathbf{x}) = \alpha_j - \beta_1 D_1 - \beta_2 D_2 - \beta_3 D_3 \tag{20.12 b}$$

Tabelle 20.4. Bildung von Dummy-Variablen für die kategorialen Variablen

GESCHL	D_1
1	1
2	0

SCHUL2	D_2	D_3
1	1	0
2	0	1
3	0	0

Schätzwerte für β-Koeffizienten gibt es für die kategorialen Variablen, bei der eine Dummy-Variable mit 1 kodiert ist. Sie quantifizieren den Unterschied in der Höhe der logarithmierten Odds im Vergleich zu einer Gruppe (= Referenzgruppe), bei der die Dummy-Variable mit 0 kodiert ist.

Durch Einsetzen der kodierten Werte für die Dummy-Variablen gemäß Tabelle 20.4 in Gleichung 20.12 a ergeben sich die Odds (⇨ Tabelle 20.5) für die durch GESCHL und SCHUL2 definierten 6 Gruppen (für das Kovariatenmuster).

Tabelle 20.5. Die Odds der Gruppen

SCHUL2	GESCHL	
	Männer	Frauen
Hauptschule	$\text{Odds}(y \le j/x) = e^{\alpha_j - \beta_1 - \beta_2}$	$\text{Odds}(y \le j/\mathbf{x}) = e^{\alpha_j - \beta_2}$
Mittelschule	$\text{Odds}(y \le j/x) = e^{\alpha_j - \beta_1 - \beta_3}$	$\text{Odds}(y \le j/\mathbf{x}) = e^{\alpha_j - \beta_3}$
Fachh./Abitur	$\text{Odds}(y \le j/x) = e^{\alpha_j - \beta_1}$	$\text{Odds}(y \le j/\mathbf{x}) = e^{\alpha_j}$

Die Vorgehensweise. Zur Berechnung gehen wir wie folgt vor:

- ▷ Wir klicken die Befehlsfolge "Analysieren", „Regression", „Ordinal...".
  Es öffnet sich die in Abb. 20.3 links dargestellte Dialogbox „Ordinale Regression".
- ▷ Aus der Quellvariablenliste übertragen wir die Variable POL2 in das Eingabefeld „Abhängige Variable".
- ▷ Die erklärenden (unabhängigen) Variablen GESCHL und SCHUL2 übertragen wir in das Eingabefeld „Faktor(en)". Für dieses Eingabefeld kommen nur katego-

[16] Für Dummy-Variablen verwenden wir das Symbol D. Die Kategorie einer Variable mit dem größten Variablenwert wird Referenzkategorie (GESCHL = 2 sowie SCHUL2 = 3).

riale Variablen in Frage. Das Eingabefeld „Kovariate(n)“ dient zur Eingabe von metrischen Einflussvariablen (⇨ Erweitern des Modells um eine metrische Einflussvariable).

▷ Je nach Bedarf kann man durch Klicken auf die Schaltflächen am unteren Rand der Dialogbox „Ordinale Regression“ Unterdialogboxen öffnen und in diesen weitere Spezifizierungen vornehmen.

Wir klicken auf die Schaltfläche „Optionen…“ und öffnen damit die Unterdialogbox Ordinale Regression: Optionen“ (⇨ Abb. 20.3 rechts). Die im Feld „Iterationen“ möglichen Spezifizierungen betreffen die Berechnung der Koeffizienten des Regressionsmodells mit Hilfe der Maximum Likelihood-Methode. Ausgehend von Startwerten werden die Koeffizienten in iterativen Schritten bestimmt. Wir belassen die Standardeinstellungen.

Im Feld „Konfidenzintervall“ kann man die Höhe eines Konfidenzintervalls für die zu schätzenden Koeffizienten festlegen (⇨ Kap. 8.4). Wir übernehmen die Standardeinstellung „95 %“.

Im Eingabefeld von „Delta“ kann man angeben, welcher Wert zu den Zellen der durch die Variablen definierten Matrix (⇨ Tabelle 20.10) mit einer Häufigkeit von 0 addiert werden soll. Hier kann man eine positive Zahl kleiner als 1 angeben.[17]

„Toleranz für Prüfung auf Singularität“ betrifft die Frage, wie stark die Einflussvariablen voneinander abhängig sind. Man kann einen Wert aus der Dropdownliste auswählen

In „Link:“ kann man aus den in der Dropdownliste fünf angebotenen Links (⇨ Tabelle 20.3 rechts) einen gewünschten auswählen. Wir belassen die Standardeinstellung „Logit“ und wählen damit eine logistische Verknüpfungsfunktion. Mit „Weiter“ verlassen wir die Unterdialogbox.

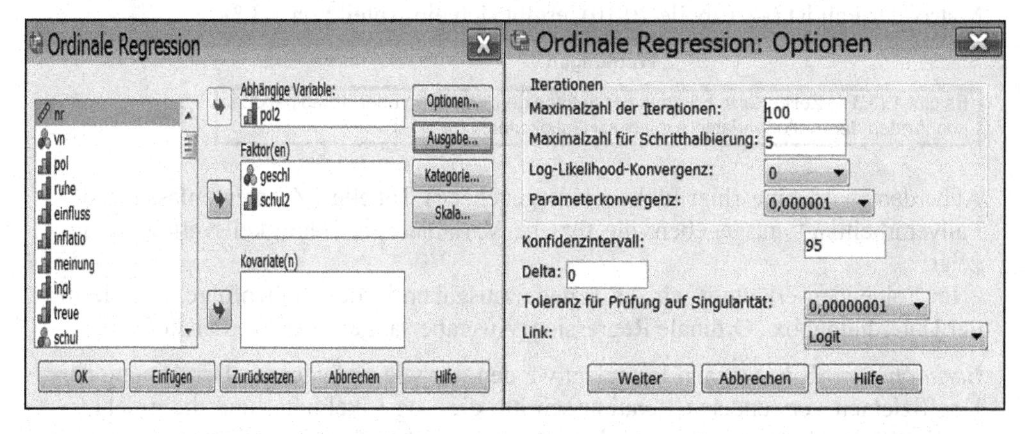

Abb. 20.3. Die Dialogboxen „Ordinale Regression“ und „Ordinale Regression: Optionen“

[17] Wir haben darauf verzichtet.

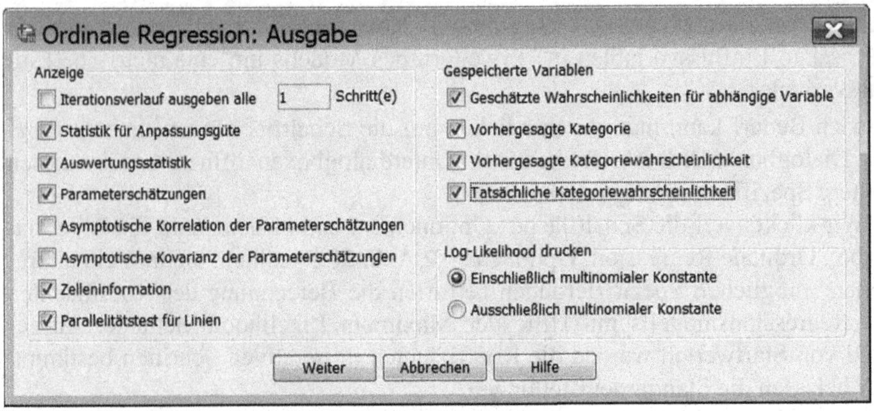

Ordinale Regression: Ausgabe

Anzeige
- [ ] Iterationsverlauf ausgeben alle 1 Schritt(e)
- [x] Statistik für Anpassungsgüte
- [x] Auswertungsstatistik
- [x] Parameterschätzungen
- [ ] Asymptotische Korrelation der Parameterschätzungen
- [ ] Asymptotische Kovarianz der Parameterschätzungen
- [x] Zelleninformation
- [x] Parallelitätstest für Linien

Gespeicherte Variablen
- [x] Geschätzte Wahrscheinlichkeiten für abhängige Variable
- [x] Vorhergesagte Kategorie
- [x] Vorhergesagte Kategoriewahrscheinlichkeit
- [x] Tatsächliche Kategoriewahrscheinlichkeit

Log-Likelihood drucken
- (•) Einschließlich multinomialer Konstante
- ( ) Ausschließlich multinomialer Konstante

Weiter | Abbrechen | Hilfe

Abb. 20.4. Die Dialogbox „Ordinale Regression: Ausgabe"

▷ Nun öffnen wir die Unterdialogbox „Ordinale Regression: Ausgabe" durch Klicken auf die Schaltfläche „Ausgabe". In dieser kann man festlegen, welche von den möglichen Ausgabetabellen im Ausgabefenster angezeigt und ob neue Variablen in den Daten-Editor zur Aufnahme in die Arbeitsdatei übertragen werden sollen. Abb. 20.4 zeigt unsere Auswahl. Mit „Weiter" wird die Unterdialogbox verlassen.

▷ Mit Klicken auf „OK" wird die Berechnung der ordinalen Regression gestartet.

Die Berechnungsergebnisse.
Warnung. Standardmäßig wird als Erstes ein Warnhinweis über die Anzahl der „Null-Häufigkeiten" in Zellen der K*J-Matrix, die durch die Variablen GESCHL, SCHUL2 und POL2 definiert sind, ausgegeben Da dies in einer von 30 Zellen der Matrix der Fall ist (⇨ Tabelle 20.10), ergibt sich ein Anteil von 3,3 %.

Warnungen

Es gibt 1 (3,3%) Zellen (also Niveaus der abhängigen Variablen über Kombinationen von Werten der Einflußvariablen) mit Null-Häufigkeiten.

Außerdem wird eine (hier nicht wiedergegebene) Tabelle „Zusammenfassung der Fallverarbeitung" ausgegeben, die für alle Variablen die Häufigkeitsverteilung anzeigt.

Im Folgenden erläutern wir die Ergebnisausgaben in der Reihenfolge, wie sie in der Unterdialogbox „Ordinale Regression: Ausgabe" angefordert werden können.

Iterationsprotokoll. Es kann festgelegt werden, für wie viele der zur Berechnung der Koeffizienten verwendeten Iterationsschritte die Log-Likelihood und die geschätzten Koeffizienten ausgegeben werden sollen. Wir haben darauf verzichtet.

Informationen zur Modellgüte. In Tabelle 20.6 wird mit -2Log-Likelihood (-2LL) die mit -2 multiplizierte Log-Likelihood (LL) gemäß Gleichung 20.10 f unter Verwendung der geschätzten Koeffizienten für zwei Modellstufen aufgeführt: erstens für das Modell mit $D_1 = 0$, $D_2 = 0$ und $D_3 = 0$, d.h. nur den α-Schätzwerten („Nur konstanter Term", auch *Null-Modell* genannt: $-2LL_0$) und für das endgültige Modell einschließlich der β-Schätzwerte („Final", auch *vollständiges Modell* genannt:

$-2LL_v$). Je größer der Abstand zwischen den beiden Werten ist, umso mehr „Einflusskraft" haben die Einflussvariablen. Darauf beruht ein Signifikanztest (der Likelihood-Ratio-Test) mit den Alternativhypothesen[18]

H_0: $\beta_1 = \beta_2 = \beta_3 = 0$ und H_1: $\beta_1, \beta_2, \beta_2 \neq 0$.

Dieser Test ist ein sogenannter Omnibustest. Er prüft, ob die drei Einflussvariablen insgesamt „Einflusskraft" haben und ist insofern mit dem F-Test der linearen Regression zu vergleichen. Hat das Modell „Einflusskraft", so muss in einem zweiten Schritt geprüft werden (analog dem t-Test der linearen Regression), welche der einzelnen Einflussvariablen „Einflusskraft" hat (welche der β-Koeffizienten signifikant von Null verschieden sind).

Die Differenz der beiden -2LL-Werte ($-2LL_0$ - $2LL_v$) hat bei Gültigkeit der H_0-Hypothese asymptotisch eine Chi-Quadratverteilung. Diese hat eine Anzahl von Freiheitsgraden, die dem Unterschied in der Anzahl der geschätzten Parameter beider Modellstufen entspricht, in unserem Fall also 3 (im Nullmodell werden 4 α_j-Koeffizienten geschätzt und im vollständigen Modell zusätzlich 3 β-Koeffizienten). Bei einem angenommenen Signifikanzniveau $\alpha = 0{,}05$ und Freiheitsgrade in Höhe von 3 kann man aus einer Chi-Quadrat-Tabelle[19] einen kritischen Wert von 7,81473 entnehmen. Da $-2LL_0 - 2LL_v = 159{,}5 - 86{,}803 = 72{,}697$ = Chi-Quadrat > 7,81473 ist, wird die H_0-Hypothese bei Festlegung einer Irrtumswahrscheinlichkeit von 5 % abgelehnt. Zu diesem Ergebnis kommt man auch über den in Tabelle 20.6 angegebenen Wert von „Sig." 0,000. Da dieser Wert unterhalb des festgelegten Signifikanzniveaus von $\alpha = 0{,}05$ liegt, wird die H_0-Hypothese verworfen. Das Modell mit den Einflussvariablen hat also „Einflusskraft".

Tabelle 20.6. Informationen zur Modellgüte

Information zur Modellanpassung

Modell	-2 Log-Likelihood	Chi-Quadrat	Freiheitsgrade	Sig.
Nur konstanter Term	159,500			
Final	86,803	72,697	3	,000

Verknüpfungsfunktion: Logit.

Statistik für Anpassungsgüte. In der Zeile „Pearson" der Tabelle 20.7 wird der Chi-Quadratwert für einen Anpassungstest nach Pearson (auch Goodness of Fit Test genannt, ⇨ Kap. 30.2.2) angeführt. Der Anpassungstest prüft, wie gut die empirischen und die durch das Regressionsmodell vorhergesagten Fallhäufigkeiten in den Zellen der durch die Variablen definierten K*J-Matrix übereinstimmen. Die erwarteten (vorhergesagten) Fallhäufigkeiten ergeben sich aus dem Produkt der durch das Modell berechneten Wahrscheinlichkeit p_{kj} für die Zelle kj (Zeile k und Spalte j) der

[18] Zu Signifikanztests ⇨ Kap. 13.1.

[19] Die Tabelle ist auf den Internetseiten zum Buch verfügbar.

Matrix und der empirischen Häufigkeit der durch Zeile k definierten Gruppe ($e_{kj} = p_{kj*} n_k$).[20] Das Maß wird wie folgt definiert und berechnet:

$$\text{Pearson} = \sum_{k=1}^{6}\sum_{j=1}^{5}\frac{(n_{kj} - e_{kj})^2}{e_{kj}} = \sum_{k=1}^{6}\sum_{j=1}^{5}\frac{(n_{kj} - p_{kj} * n_k)^2}{p_{kj*} n_k} = 14{,}021 \qquad (20.13)$$

n_{kj} = Empirische Häufigkeit in der Zelle kj (Zeile k und Spalte j der Matrix)

e_{kj} = Erwartete Häufigkeit in der Zelle kj (Zeile k und Spalte j der Matrix)

n_k = Summierte Häufigkeit in der Zeile k der Matrix.

p_{kj} = Geschätzte Wahrscheinlichkeit für Zelle kj (Zeile k und Spalte j der Matrix).

In der Tabelle „Zelleninformationen" (⇨ Tabelle 20.10) sind die beobachteten und erwarteten Häufigkeiten für die Zellen der Matrix angeführt. Für jede Zelle wird das Quadrat der Differenz der Häufigkeiten durch die erwartete Häufigkeit dividiert. Das Maß Chi-Quadrat ist die Summe der so berechneten Werte. Das Chi-Quadratmaß hat bei Gültigkeit der H_0-Hypothese (keine Abweichungen zwischen den empirischen und erwarteten Häufigkeiten) asymptotisch eine Chi-Quadratverteilung. Für die Matrix mit K Zeilen und J Spalten berechnet sich die Anzahl der Freiheitsgrade als K*(J-1) minus Anzahl der geschätzten Parameter (im Beispiel ergibt sich (6*4 - 7 = 17). Aus einer Chi-Quadrattabelle[21] mit 17 Freiheitsgraden kann man bei einem Signifikanzniveau von $\alpha = 0{,}05$ einen kritischen Wert in Höhe von 27,5871 ablesen. Da 14,021 < 27,5871 ist, wird die H_0-Hypothese angenommen, dass Abweichungen sich nur durch Zufallseinfluss ergeben. Man kommt auch zu diesem Schluss, wenn man den „Sig."-Wert = 0,666 mit dem Signifikanzniveau α vergleicht ($\alpha = 0{,}05 < 0{,}666$). Der Test kommt also zum Ergebnis, dass eine gute Modellanpassung besteht. Zu beachten ist aber, dass gemäß einer Faustformel der Chi-Quadrat-Anpassungstest nur dann zuverlässig ist, wenn in keiner Zelle der Matrix die Anzahl der erwarteten Zellhäufigkeiten < 1 und in nicht mehr als 20 % der Zellen < 5 ist. Ein Blick auf Tabelle 20.10 zeigt uns, dass diese Bedingungen nicht erfüllt sind. Das liegt daran, dass die Anzahl der verfügbaren Datenfälle in ALLBUS90.SAV für diesen Test zu klein ist. Da die Anwendungsvoraussetzung für den Anpassungstest nicht erfüllt ist, ist das Ergebnis einer guten Modellanpassung statistisch nicht gesichert.

Mit „Abweichung" in der zweiten Zeile der Tabelle 20.7 wird eine Prüfgröße für einen zweiten Test hinsichtlich der Anpassungsgüte des Modells bereitgestellt. Die Prüfgröße wird wie folgt definiert und berechnet:

$$\text{Abweichung} = 2\sum_{k=1}^{6}\sum_{j=1}^{5} n_{kj} \ln\left(\frac{n_{kj}}{p_{kj} * n_k}\right) = 13{,}494 \qquad (20.14)$$

[20] Wir verzichten im Folgenden darauf, die Schätzwerte für Wahrscheinlichkeiten und Koeffizienten des Modells durch ein Dach zu kennzeichnen (aus dem Kontext ergibt sich ob Schätzwerte gemeint sind).

[21] Die Tabelle ist auf den Internetseiten zum Buch verfügbar.

Das Maß hat unter der H_0-Hypothese ebenfalls asymptotisch eine Chi-Quadratverteilung. Die Anzahl der Freiheitsgrade entsprechen denen bei dem Anpassungstest nach Pearson. Da oben die Anwendung eines Chi-Quadrat-Tests erläutert worden ist, brauchen wir dieses hier nicht zu wiederholen. Dieser Test kommt auch zum Ergebnis einer guten Modellanpassung. Es gilt aber auch hier die Einschränkung, dass für diesen Test die Fallzahlen für die erwarteten Häufigkeiten nicht so klein sein sollten.

Tabelle 20.7. Anpassungsgüte

Anpassungsgüte

	Chi-Quadrat	Freiheitsgrade	Sig.
Pearson	14,021	17	,666
Abweichung	13,494	17	,703

Verknüpfungsfunktion: Logit.

Auswertungsstatistik. In der Tabelle 20.8 werden sogenannte „Pseudo-R-Quadrat"-Maße verschiedener Autoren angeführt, die globale Maße der Modellgüte sind. R^2 kennt man aus der linearen Regression (⇨ Kap. 18) als Maß der Güte der Anpassung der mit einem linearen Regressionsmodell vorhergesagten y-Werte an die empirischen y-Werte: R^2 misst den Anteil der durch das Modell erklärten Varianz an der gesamten Varianz von y. Mit den Pseudo-R-Quadrat-Maßen werden von der Grundidee ähnliche Maße bereitgestellt. Die Maße basieren auf einen Vergleich der Likelihood bzw. der Log-Likelihood der beiden Modellstufen, die wir schon im Zusammenhang mit dem Iterationsprotokoll kennen gelernt haben: dem Nullmodell (L_0 bzw. LL_0) und dem vollständigen Modell (L_v bzw. LL_v).

Nur das Maß von Nagelkerke kann den Wert 1 erreichen, weil es das R^2 von Cox und Snell auf den maximal erreichbaren Wert $1 - L_0^{2/n}$ normiert. Daher dient dieses Maß häufig zur Beurteilung des Modellfits. Allgemein gelten Werte zwischen 0,2 und 0,4 als akzeptabel, oberhalb von 0,4 als gut. Insofern hat unser Modell einen akzeptablen, aber keinen besonders guten Fit.

$$R^2_{C\&S} = 1 - \left(\frac{L_0}{L_v}\right)^{\frac{2}{n}} = 0{,}222 \tag{20.15 a}$$

$$R^2_N = \frac{R^2_{C\&S}}{R^2_{C\&S,max}} = \frac{R^2_{C\&S}}{1-(L_0)^{2/n}} = 0{,}237 \tag{20.15 b}$$

$$R^2_{McF} = 1 - \frac{LL_v}{LL_0} = 0{,}09 \tag{20.15 c}$$

C&S = Cox und Snell
N = Nagelkerke
McF = McFadden
L_0 = Likelihood des Nullmodells (nur α-Schätzwerte)
L_v = Likelihood des vollständigen Modells (einschließlich Schätzwerte für β)
LL_0 = Log-Likelihood des Nullmodells (nur α-Schätzwerte)
LLv = Log-Likelihood des vollständigen Modells (einschließlich Schätzwerte für β)

n = Anzahl der Fälle.

Tabelle 20.8. Auswertungsstatistik

Pseudo R-Quadrat

Cox und Snell	,222
Nagelkerke	,237
McFadden	,090

Verknüpfungsfunktion: Logit.

Parameterschätzer. In der Spalte „Schätzer" der Tabelle 20.9 stehen die berechneten Koeffizienten der Regressionsgleichung. Die als „Schwelle" bezeichneten Koeffizienten sind die Schätzwerte der α_j-Koeffizienten für die Kategorien j der Variable y (j = 1 bis 4). Rein formal sind es die Werte für die geschätzten logarithmierten Odds (⇨ Gleichung 20.12 b) für $D_1 = 0$, $D_2 = 0$ und $D_3 = 0$.

Die als „Lage" bezeichneten Koeffizienten sind die Schätzwerte der β-Koeffizienten der drei Dummy-Variablen D_1, D_2 und D_3 (⇨ Tabelle 20.9).

Zunächst wollen wir die Wirkungsrichtung der Einflussvariablen auf das Interesse für Politik beleuchten. Diese können wir anhand der Vorzeichen der Koeffizienten erkennen. Das positive Vorzeichen für $D_1 = 1$ (GESCHL = 1 = männlich) bedeutet, dass Männer im Vergleich zur Vergleichsgruppe der Frauen ($D_1 = 0$, GESCHL = 2 = weiblich) ein höheres Politikinteresse haben. Das negative Vorzeichen für D_2 (SCHUL2 = 1 = Hauptschule) und für $D_3 = 1$ (SCHUL2 = 2 = Mittelschule) bedeutet, dass im Vergleich zur Referenzgruppe $D_3 = 0$ (SCHUL2 = 3 = Fachhochschulr./Abitur) das Politinteresse für Befragte mit Hauptschulabschluss bzw. mit Mittlerer Reife kleiner ist. Diese Ergebnisse stimmen mit unseren Erwartungen überein.

Nun wollen wir die Stärke der Wirkung der Einflussvariablen beurteilen. Hierbei kommt der Vorzug des Logit-Links zum Tragen.

Gemäß den Gleichungen in Tabelle 20.5 lassen sich unter Verwendung der geschätzten Parameter (⇨ Tabelle 20.9) die Chancen (Odds) für ein Politikinteresse der Gruppen berechnen. So ergeben sich z.B. für Männer und für Frauen mit Hauptschulabschluss für ein mittleres bzw. kleineres ($y \le 3$) Politikinteresse:

$$\text{Odds}(y \le 3 / \text{Männer} - \text{Hauptschule}) = e^{\alpha_3 - \beta_1 - \beta_2} = e^{-0{,}126 - 1{,}209 + 1{,}956} = e^{0{,}621} = 1{,}8608$$

$$\text{Odds}(y \le 3 / \text{Frauen} - \text{Hauptschule}) = e^{\alpha_3 - \beta_2} = e^{-0{,}126 + 1{,}956} = e^{1{,}830} = 6{,}2339$$

Aus der größeren (6,2339/1,8608 = 3,3501-fachen) Chance (Odds) der Frauen folgt, dass diese ein kleineres Politikinteresse haben als die Männer (⇨ Text in Zusammenhang mit Tabelle 20.2).

Dieses für Befragte mit Hauptschulabschluss gezeigte Ergebnis für $y \le 3$ kann verallgemeinert werden. Wir setzen die Chance (Odds) der Männer ($D_1 = 1$) und der Frauen ($D_1 = 0$) hinsichtlich ihres Politikinteresses in Relation. Damit erhalten wir das Chancenverhältnis (Odds ratio) für ein Politikinteresse von Männer zu Frauen. Unter Verwendung von den in Tabelle 20.5 aufgeführten Gleichungen für die Odds und Einsetzen der Koeffizientenschätzwerte (⇨ Tabelle 20.9) ergibt sich für Befragte mit Hauptschulabschluss (das gleiche Ergebnis erhält man auch, wenn man die anderen Bildungsabschlüsse als Basis zur Herleitung nutzt):

$$\frac{P(y \leq j/\text{Männer})}{1-P(y \leq j/\text{Männer})} \Big/ \frac{P(y \leq j/\text{Frauen})}{1-P(y \leq j/\text{Frauen})} = \frac{e^{\alpha_j - \beta_1 - \beta_2}}{e^{\alpha_j - \beta_2}} = e^{(\alpha_j - \beta_1 - \beta_2)-(\alpha_j - \beta_2)} \qquad (20.16)$$

$$\frac{P(y \leq j/\text{Männer})}{1-P(y \leq j/\text{Männer})} \Big/ \frac{P(y \leq j/\text{Frauen})}{1-P(y \leq j/\text{Frauen})} = e^{-\beta_1} = e^{-1{,}209} = 0{,}2985.$$

Aus dem Wert 0,2985 ergibt sich, dass (bei gleichem Bildungsabschluss) die geschätzte Chance für ein Politikinteresse der Männer gleich bzw. kleiner als eine Kategorie j etwa 30 % so groß ist wie die der Frauen, also deutlich kleiner und unabhängig von der Höhe von j. Man kann die Interpretation des Ergebnisses vielleicht noch verständlicher machen, wenn wir das aus Gleichung 20.6 gewonnene Ergebnis nutzen. Demnach gilt

$$\frac{P(y > j/\text{Männer})}{1-P(y > j/\text{Männer})} \Big/ \frac{P(y > j/\text{Frauen})}{1-P(y > j/\text{Frauen})} = e^{-(-\beta_1)} = e^{1{,}209} = 3{,}3501.$$

Die Chance, dass (unter sonst gleichen Bedingungen, d.h. hier gleichen Bildungsabschlüssen) Männer im Vergleich zu Frauen ein größeres Politikinteresse haben als Kategorie j, beträgt 3,3501 : 1. Das Politikinteresse der Männer im Vergleich zu dem der Frauen (bei gleichem Bildungsabschluss) ist also höher und dieses wird mit dem Chancenverhältnis quantifiziert.

Zur vergleichenden Quantifizierung des Politikinteresses für unterschiedliche Bildungsabschlüsse wollen wir (wegen der aus unserer Sicht besseren Verständlichkeit) die Ergebnisse gemäß Gleichung 120.6 interpretieren.

Es ergibt sich das Chancenverhältnis für Befragte mit Hauptschulabschluss zu Befragten mit Mittlerer Reife (bei gleichem Geschlecht) in analoger Betrachtung:

$$\frac{P(y > j/\text{Hauptschule})}{1-P(y > j/\text{Hauptschule})} \Big/ \frac{P(y > j/\text{Mittelschule})}{1-P(> j/\text{Mittelschule})} = e^{-(-\beta_2+\beta_3)} = e^{-(1{,}956-1{,}245)} = 0{,}491.$$

Das Verhältnis der Chancen, dass sich Befragte mit Hauptschulabschluss im Vergleich zu Befragten mit Mittlerer Reife ein größeres Interesse für Politik als Kategorie j haben, beträgt demnach 0,491 : 1. Man kann natürlich auch umgekehrt die Chance der Befragten mit Mittlerer Reife in Relation zur Chance der Befragten mit Hauptschulabschluss betrachten. Diese Relation (Odds ratio) beträgt 1/0,491 = 2,111 : 1.

Zur Ermittlung der Chancenrelation der Befragten mit Fachhochschulreife/Abitur (bei gleichem Geschlecht) zu Befragten mit Hauptschulabschluss ergibt sich in analoger Betrachtung:

$$\frac{P(y > j/\text{Fach.-Abitur})}{1-P(y > j/\text{Fach.-Abitur})} \Big/ \frac{P(y > j/\text{Hauptschule})}{1-P(y > j/\text{Hauptschule})} = e^{-(-\beta_2)} = e^{1{,}956} = 7{,}071$$

Die Chance, dass sich (bei gleichem Geschlecht) Befragte mit Fachhochschulreife/Abitur im Vergleich zu Befragten mit Hauptschulabschluss mehr für Politik interessieren als Kategorie j beträgt demnach 7,07 :1.

Schließlich ergibt sich analog

$$\frac{P(y > j/\text{Fach.-Abitur})}{1 - P(y > j/\text{Fach.-Abitur})} \Big/ \frac{P(y > j/\text{Mittelschule})}{1 - P(> j/\text{Mittelschule})} = e^{-(\beta_3)} = e^{1{,}245} = 3{,}473.$$

Mit der Berechnung der Chancenrelationen für ein Politikinteresse ist gezeigt worden, wie die Ergebnisse einer ordinalen Regression zur parametrischen Quantifizierung der Zusammenhänge zwischen einer ordinalskalierten abhängigen Variable und den unabhängigen Einflussvariablen dienen.

Nun wollen wir zeigen, wie mit den geschätzten Koeffizienten und den Werten der Einflussvariablen die Wahrscheinlichkeiten für ein Politikinteresse berechnet werden können.

Beispielhaft wollen wir die Wahrscheinlichkeit dafür berechnen, dass ein männlicher Befragter (D_1 = GESCHL = 1) mit Hauptschulabschluss (D_2 = SCHUL2 = 1) sich stark für Politik interessiert (y = POL2 = 4). Wie man aus dem Daten-Editor entnehmen kann, entsprechen diese Daten dem 1. Fall.

Gemäß Gleichung 3b ergibt sich für $y \leq 4$:

$$P(y \leq 4/\mathbf{x}) = \frac{1}{1 + e^{-(\alpha_4 - \beta_1 D_1 - \beta_2 D_2 - \beta_3 D_3)}} \tag{20.17}$$

Für $D_1 = 1$, $D_2 = 1$ und $D_3 = 0$ (= männlicher Befragter mit Hauptschulabschluss) ergibt sich durch Einsetzen der geschätzten Koeffizienten (⇨ Tabelle 20.9):

$$P(y \leq 4/\mathbf{x}) = \frac{1}{1 + e^{-(1{,}602 - 1{,}209 + 1{,}956)}} = \frac{1}{1 + e^{-2{,}349}} = 0{,}9129.$$

Analog ergibt sich für $y \leq 3$[22]

$$P(y \leq 3/\mathbf{x}) = \frac{1}{1 + e^{-(-0{,}126 - 1{,}209 + 1{,}956)}} = \frac{1}{1 + e^{-0{,}621}} = 0{,}6504.$$

Aus Gleichung 1d folgt

$$P(y = 4/\mathbf{x}) = P(y \leq 4/\mathbf{x}) - P(y \leq 3/\mathbf{x}) = 0{,}9129 - 0{,}6504 = 0{,}2624.$$

Berechnet man in gleicher Weise die Wahrscheinlichkeit dafür, dass eine Frau mit einem Hauptschulabschluss sich stark für Politik interessiert, so erhält man 0,1105.

Diese Berechnungen muss man nicht selbst vornehmen, da man sich die Wahrscheinlichkeiten als neue Variable (EST4_1) in den Daten-Editor geben lassen kann.

In Tabelle 120.9 werden in der Spalte „Wald“ die Werte einer Prüfgröße (⇨ Gleichung 20.19) für einen Signifikanztest der Regressionskoeffizienten bereitgestellt. Unter der H_0-Hypothese $\beta = 0$ hat die Prüfgröße Wald asymptotisch eine Chi-Quadratverteilung mit einem Freiheitsgrad. Einer Chi-Quadratverteilungstabelle[23] kann man für ein Signifikanzniveau von $\alpha = 0{,}05$ und einem Freiheitsgrad einen kritischen Wert von 3,84146 entnehmen. Da für alle drei β-Schätzwerte die Wald-Prüfgröße größer ist als der kritische Wert, wird die H_0-Hypothese zu Gunsten der

[22] Alternativ kann man die Wahrscheinlichkeit auch mit Hilfe der Gleichung 20.6 berechnen: Aus $\text{Odds}(y \leq 3/\text{Männer} - \text{Hauptschule}) = 1{,}8608$ folgt $P(y \leq 3/\mathbf{x}) = \text{Odds}/(1 + \text{Odds}) = 1{,}8608/2{,}8608 = 0{,}6504$.

[23] Die Tabelle ist auf den Internetseiten zum Buch verfügbar.

H_1-Hypothese abgelehnt. Diese Schlussfolgerung ergibt sich auch, wenn man den „Sig.“- Wert eines Koeffizienten mit dem Signifikanzniveau $\alpha = 0{,}05$ vergleicht (0,000 < 0,05). Die geschätzten Regressionskoeffizienten der drei Dummy-Variablen D_1, D_2 und D_3 sind demgemäß von Null verschieden. Auch für die α-Koeffizienten kann man diesen Signifikanztest durchführen. Wir sehen, dass der Koeffizient für POL2 = 3 nicht signifikant ist. Dieses ist aber nicht so bedeutsam.

$$\text{Wald-Prüfgröße} = \left(\frac{b}{\sigma_b}\right)^2 \tag{20.18}$$

b = Schätzwert für einen β-Koeffizienten

σ_b = geschätzter Standardfehler von b

Schließlich wird in der letzten Spalte das angeforderte 95 %-Konfidenzintervall für die Regressionskoeffizient ausgewiesen. Es basiert auf der Standardnormalverteilung.

Tabelle 20.9. Geschätzte Parameter

Parameterschätzer

		Schätzer	Standard fehler	Wald	Freiheits grade	Sig.	Konfidenzintervall 95%	
							Untergrenze	Obergrenze
Schwelle	[pol2 = 1]	-3,831	,355	116,737	1	,000	-4,526	-3,136
	[pol2 = 2]	-2,580	,297	75,679	1	,000	-3,162	-1,999
	[pol2 = 3]	-,126	,262	,230	1	,632	-,639	,388
	[pol2 = 4]	1,602	,279	32,883	1	,000	1,054	2,149
Lage	[geschl=1]	1,209	,232	27,169	1	,000	,755	1,664
	[geschl=2]	0[a]	.	.	0	.	.	.
	[schul2=1]	-1,956	,294	44,323	1	,000	-2,531	-1,380
	[schul2=2]	-1,245	,319	15,244	1	,000	-1,870	-,620
	[schul2=3]	0[a]	.	.	0	.	.	.

Verknüpfungsfunktion: Logit.

a. Dieser Parameter wird auf Null gesetzt, weil er redundant ist.

Asymptotische Korrelation der Parameterschätzer. Man kann sich die Matrix der Parameterschätzer-Korrelationen ausgeben lassen. Da der normale Anwender damit wenig anfangen kann, verzichten wir auf eine Besprechung.

Asymptotische Kovarianz der Parameterschätzer. Auch hierauf wollen wir mit dem gleichen Argument nicht eingehen.

Zelleninformationen. Tabelle 20.10 zeigt die durch die Werte der Variablen POL2, GESCHL und SCHUL2 definierte Matrix. In der Zeile „Beobachtet“ werden die empirischen Häufigkeiten, in der Zeile „Erwartet“ die auf der Grundlage der mit Hilfe der Regressionsgleichung berechneten Wahrscheinlichkeit und in der Zeile “Peason-Residuen“ die standardisierte Differenz von beobachteter und erwartete Häufigkeit angezeigt.

Aus der ersten Zeile der Tabelle können wir durch Aufsummierung entnehmen, dass $n_1 = 70$ der Männer einen Hauptschulabschluss haben. Multiplizieren wir die oben berechnete Wahrscheinlichkeit (= p_{14}) für ein starkes politisches Interesse (j = 4) für diese Gruppe mit dieser Häufigkeit, so ergibt sich in der Zelle der Matrix mit dem Zellenindex kj= 14 (1. Zeile, 4. Spalte) der Wert der erwarteten Häufigkeit ($e_{14} = p_{14*}n_1 = 18{,}368 = 0{,}2624*70$).

Tabelle 20.10. Zelleninformationen

Zelleninformation

Häufigkeit

GESCHLECHT	Schulbildung umkodiert		Politisches Interesse: überhaupt nicht	wenig	mittel	stark	sehr stark
MAENNLICH	Hauptschule	Beobachtet	5	2	39	18	6
		Erwartet	3,062	6,582	35,884	18,368	6,104
		Pearson-Residuen	1,133	-1,876	,745	-,100	-,044
	Mittelschule	Beobachtet	1	1	13	13	6
		Erwartet	,747	1,727	13,761	12,229	5,535
		Pearson-Residuen	,296	-,568	-,266	,275	,216
	Fachh/Abi	Beobachtet	0	2	6	15	12
		Erwartet	,225	,549	6,518	13,600	14,108
		Pearson-Residuen	-,476	1,975	-,225	,486	-,727
WEIBLICH	Hauptschule	Beobachtet	9	18	40	7	2
		Erwartet	10,100	16,401	38,993	8,399	2,107
		Pearson-Residuen	-,372	,446	,231	-,512	-,074
	Mittelschule	Beobachtet	2	9	20	7	3
		Erwartet	2,871	5,667	22,370	7,843	2,249
		Pearson-Residuen	-,533	1,508	-,743	-,335	,515
	Fachh/Abi	Beobachtet	1	1	12	13	7
		Erwartet	,722	1,672	13,539	12,364	5,703
		Pearson-Residuen	,331	-,533	-,539	,227	,596

Verknüpfungsfunktion: Logit.

Um die Differenzen zwischen beobachteter und erwarteter Häufigkeit in den einzelnen Zellen der Matrix vergleichbar zu machen, werden die Differenzen standardisiert, in dem diese durch die Standardabweichung dividiert werden. Für die Zelle kj = 14 ist $n_{14} = 18$, $e_{14} = 18{,}368$, $n_1 = 70$ und $p_{14} = 0{,}2624$.[24] Das Pearson-Residuum für Zelle kj = 14 ergibt:

$$\text{Pearson Residuum} = \frac{n_{kj} - e_{kj}}{\sqrt{n_k p_{kj}(1-p_{kj})}} = \frac{18-18{,}369}{\sqrt{70*0{,}2624(1-0{,}264)}} = -0{,}099 = -0{,}10$$

n_{kj} = Empirische Häufigkeit in der Zelle kj (Zeile k und Spalte j der Matrix)

e_{kj} = Erwartete Häufigkeit in der Zelle kj (Zeile k und Spalte j der Matrix

n_k = Summierte Häufigkeit in der Zeile k der Matrix

p_{kj} = Geschätzte Wahrscheinlichkeit für Zelle kj (Zeile k und Spalte j der Matrix).

[24] Die Wahrscheinlichkeit p_{14} haben wir oben als $P(y = 4/\mathbf{x})$ berechnet.

Parallelitätstest für Linien. Mit diesem Test kann geprüft werden, ob die Annahme des Modells, gleiche β-Koeffizienten einer Einflussvariablen für alle J-1 = 4 Regressionsgleichungen, erfüllt ist (parallel regression: in Abb. 20.2 vier auf der z-Achse parallel verschobene S-Kurven). Zur Ausführung des Tests werden für die J-1 = 4 Kategorien von y separate Regressionsgleichungen geschätzt und es wird mit einem Test geprüft, ob die H_0-Hypothese (alle β-Koeffizienten sind gleich) erfüllt ist. In der Zeile „Nullhypothese" der Tabelle 20.11 ist der mit -2 multiplizierte Wert der Log-Likelihood für die ordinale Regressionsgleichung aufgeführt. Diesen Wert haben wir schon in Tabelle 20.6 in der Zeile „Final" kennengelernt. In der Zeile „Allgemein" der Tabelle 20.11 ist der entsprechende Wert für eine Schätzung aufgeführt, bei der die Restriktion gleiche β-Koeffizienten einer Einflussvariablen für die J-1 Regressionsgleichungen aufgehoben ist. Unter Gültigkeit der H_0-Hypothese kann man erwarten, dass die Modellanpassung an die Daten (der Fit) bei ungleichen β-Koeffizienten sich nicht stark verbessert, d.h. -2Log-Likelihood sich nicht stark verkleinert. Analog zum im Zusammenhang mit der Tabelle 20.6 besprochenen Vorgehen, wird auch hier ein Likelihood-Ratio-Test durchgeführt, um zwischen der H_0-Hypothese (alle J-1 β-Koeffizienten einer Einflussvariable sind gleich) und der H_1-Hypothese (die β-Koeffizienten sind nicht gleich) eine Entscheidung zu treffen. Die Differenz der -2Log-Likelihood-Werte hat bei Gültigkeit von H_0 asymptotisch eine Chi-Quadratverteilung. Diese hat eine Anzahl von Freiheitsgraden, die der Differenz der in beiden Modellen zu schätzenden Koeffizienten entspricht (anstelle 12 unter der H_1-Hypothese sind unter der H_0-Hypothese nur 3 β-Koeffizienten zu schätzen). Der Chi-Quadratwert in Höhe von 8,026 (= 86,803 - 78,777) wird bei einem Signifikanzniveau α = 0,05 mit einem Chi-Quadratwert aus einer Tabelle[25] verglichen (= 16,9190 bei α = 0,05 und 9 Freiheitsgraden). Weil 8,026 < 16,9190 ist, wird die H_0-Hypothese angenommen. Man sieht es auch auf andere Weise: „Sig." = 0,531 > α = 0,05. Die Modellvoraussetzung „parallel regression" ist demnach erfüllt.

Wenn die Modellvoraussetzung nicht erfüllt ist, kann man einen anderen Link ausprobieren. Auch ist eine Zusammenfassung von Kategorien eventuell hilfreich. Wenn auch dieses nichts bringt, bleibt die Möglichkeit eine multinomiale logistische Regression anzuwenden.[26]

Tabelle 20.11. Parallelitätstest für Linien

Parallelitätstest für Linien[a]

Modell	-2 Log-Likelihood	Chi-Quadrat	Freiheitsgrade	Sig.
Nullhypothese	86,803			
Allgemein	78,777	8,026	9	,531

Die Nullhypothese gibt an, daß die Lageparameter (Steigungkoeffizienten) über die Antwortkategorien übereinstimmen.

a. Verknüpfungsfunktion: Logit.

25 Die Tabelle ist auf den Internetseiten zum Buch verfügbar.

26 Gegenüber einer ordinalen Regression hat diese Methode den Nachteil, dass ein Vielfaches an Koeffizienten geschätzt werden muss und die Ergebnisse schwieriger zu interpretieren sind.

Geschätzte Wahrscheinlichkeiten für abhängige Variable. Fordert man diese an, werden die mit dem Modell geschätzten Wahrscheinlichkeiten P(y = j/**x**) als Variable in den Daten-Editor übertragen. Für jede Kategorie j von y wird eine Variable mit dem Namen ESTj_ übertragen. Für die erste angeforderte Schätzung wird an ESTj_eine 1 angehängt, für jede weitere wird die Nummerierung um 1 erhöht. Diese Vorgehensweise besteht auch bei den anderen in den Daten-Editor zu übernehmenden Variablen.

Im ersten Datenfall im Daten-Editor haben wir einen Mann mit Hauptschulabschluss (GESCHL = 1 und SCHUL2 = 1). Für einen derartigen Fall haben wir oben die Wahrscheinlichkeit, sich stark für Politik zu interessieren (POL = 4) in Höhe von 0,2624 berechnet. Diesen Wert finden wir in der ersten Datenzeile für die Variable EST4_1.[27] Auch allen anderen Männern mit gleichem Bildungsabschluss (mit Fällen gleichen Kovariatenmusters) wird diese Wahrscheinlichkeit zugeordnet.

Vorhergesagte Kategorie. Mit der Variable PRE_ wird die mit dem Modell vorhergesagte Kategorie j von y in den Daten-Editor übertragen. Es wird die Kategorie j vorhergesagt, die die höchste vorhergesagte Wahrscheinlichkeit hat. Da für Männer mit Hauptschulabschluss EST3_1 = 0,5126 ist (z.B. im 1. Fall), wird für diese Gruppe die Kategorie 3 (POL2 = mittel) vorhergesagt (PRE_1 = 3). Diese Vorhersage ist jedoch für den 1. Fall falsch, da für diesen POL2 = 1 ist

In Tabelle 20.12 ist das Ergebnis einer Kreuztabellierung von POL2 und PRE_1 zu sehen (auch Klassifikationsmatrix genannt). Man erkennt, dass die Vorhersagequalität in Bezug auf die Vorhersage der Kategorien j der Variable y unzureichend ist. Die Kategorien 1, 2 und 4 werden in keinem einzigen Fall vorhergesagt. In nicht einmal der Hälfte der Fälle (124 + 12) wird eine richtige Kategorie vorhergesagt.

Um das Modell in der Vorhersagequalität zu verbessern, wäre zu überlegen, welche weiteren Einflussvariablen man in das Modell aufnehmen könnte. Wegen der dann größeren Anzahl der zu schätzenden Koeffizienten und auch der dann größeren K*J-Matrix sollte aber der Stichprobenumfang möglichst größer werden, damit die Fallhäufigkeiten in den Zellen nicht zu klein werden. Eine weitere Möglichkeit zur Verbesserung der Vorhersagequalität des Modells könnte auch sein, Kategorien von POL2 zusammen zu fassen.

Maßstab für den Wert des Modells darf aber nicht allein die Vorhersagequalität für Kategorien von y sein. Ein wichtiger Wert des Modells liegt in der Quantifizierung der Einflussstärke der Einflussvariablen.

[27] Wenn in „Bearbeiten", „Optionen" „Daten" vier Dezimalstellen als „Anzeigeformat für neue numerische Variablen" eingestellt ist.

Tabelle 20.12. Kreuztabelle zur Beurteilung der Vorhersagequalität für y

Vorhergesagte Antwortkategorie * Politisches Interesse, umkodiert Kreuztabelle

Anzahl

		Politisches Interesse					
		überhaupt nicht	wenig	mittel	stark	sehr stark	Gesamt
Vorhergesagte Antwortkategorie	mittel	18	31	124	58	24	255
	sehr stark	0	2	6	15	12	35
Gesamt		18	33	130	73	36	290

Vorhergesagte Kategorienwahrscheinlichkeit. In PCP_ wird die Wahrscheinlichkeit für die vorhergesagte Kategorie j in den Daten-Editor übertragen. Diese Wahrscheinlichkeit entspricht der höchsten Wahrscheinlichkeit ESTj_ (im ersten Datenfall ist PCP_1 = EST3_1 = 0,5126).

Tatsächliche Kategorienwahrscheinlichkeit. In ACP_ wird die vorhergesagte Wahrscheinlichkeit für die tatsächliche Kategorie j in den Daten-Editor übertragen (da im ersten Datenfall POL2 = 1 ist, ist ACP_ 1 = EST1_1= 0,437).

Log-Likelihood drucken. Für die Ausgabe der Log-Likelihood kann man wählen, ob diese ein- oder ausschließlich der multinomialen Konstante (Multinomialkoeffizient) erfolgen soll. Die multinomiale Konstante (Kernel genannt) einer multinomialen Verteilung kann in Analogie zum Binomialkoeffizienten einer Binomialverteilung gesehen werden. Die Wahlmöglichkeit ist ein Service für Anwender, die auch mit anderen Programmpaketen arbeiten (in denen die Log-Likelihood ohne Konstante ausgegeben wird) und die somit Vergleichsmöglichkeiten erhalten. Ohne Kernel ergibt sich $-2LL_0$ = 803,729 und $-2LL_v$= 731,032. Aus diesen berechnet sich $R^2_{McF} = 1 - \frac{LL_v}{LL_0} = 1 - \frac{-365{,}52}{-401{,}86} = 0{,}09$.

Erweitern des Modells durch Interaktionseffekte. Wenn man davon ausgeht, dass zwei Einflussvariable x_1 und x_2 nicht nur jede für sich isoliert auf die abhängige Variable y einwirken, sondern das gemeinsame Zusammentreffen eine weitere Wirkung hat, so hat man es mit einem sogenannten Interaktionseffekt zu tun. Ein derartiger Interaktionseffekt wird modelliert, indem man zusätzlich zu x_1 und x_2 auch das Produkt $x_1 * x_2$ als Einflussvariable in das Modell aufnimmt.

Hat man mehr als zwei Einflussvariablen, dann gibt es Interaktionseffekte auf mehreren Stufen, je nachdem, wie viele Variablen einbezogen werden. Hat man z.B. drei Einflussvariablen x_1, x_2 und x_3, so lassen sich auf der ersten Stufe die Interaktionseffekte $x_1 * x_2$, $x_1 * x_3$ und $x_2 * x_3$ als 2-fache Interaktionen in das Modell aufnehmen. Auf der zweiten Stufe kann man den 3-fachen Interaktionseffekt $x_1 * x_2 * x_3$ in das Modell aufnehmen. Bei mehr als drei Einflussvariablen erhöht sich die Zahl der Stufen der Interaktionseffekte entsprechend.

Nun wollen wir für unser Beispiel untersuchen, ob es Interaktionseffekte für die Variablen GESCHL und SCHUL2 gibt.

Interaktionseffekte kategorialer Variable unterscheiden sich etwas von denen metrischer Variable wegen der Bildung von Dummy-Variablen. Die Variablen GESCHL und SCHUL2, die im Modell mit den Dummy-Variablen D_1, D_2 und D_3 erfasst sind

(⇨ Tabelle 20.4), werden nun um die Dummy-Variablen $D_4 = D_1{*}D_2$ und $D_5 = D_1{*}D_3$ ergänzt. Aus der Tabelle 20.4 ergeben sich durch die Produktbildung $D_1{*}D_2$, dass $D_4 = 1$ der Gruppe GESCHL = 1 und SCHUL2 = 1 und durch die Produktbildung $D_1{*}D_3$, dass $D_5 = 1$ der Gruppe GESCHL = 1 und SCHUL2 = 2 entspricht. Alle anderen Wertekombinationen ergeben 0 und erscheinen in der Tabelle mit den Parameterschätzwerten (⇨ Tabelle 20.13) als redundant. Die Schätzgleichung lautet nun:

$$\ln\left[\frac{P(y \le j/\mathbf{x})}{1-P(y \le j/\mathbf{x})}\right] = \ln \text{Odds}(y \le j/\mathbf{x}) = \alpha_j - \beta_1 D_1 - \beta_2 D_2 - \beta_3 D_3 - \beta_4 D_4 - \beta_5 D_5 \quad (20.19)$$

Ausgehend von der Übertragung der Variable POL2, GESCHL und SCHUL2 in die Felder „Abhängige Variable“ und „Faktor(en)“ in unserem ersten Beispiel, klicken wir nun auf die Schaltfläche „Kategorie…“ und öffnen damit die Unterdialogbox „Ordinale Regression: Kategorie“. Die voreingestellte Option „Haupteffekte“ im Feld „Modell bestimmen“ verändern wir in „Anpassen“. Nun übertragen wir mit dem Pfeil ➡ die Variablen geschl und schul2 aus dem Feld „Faktoren/Kovariate“ in das Feld „Kategorien-Modell“. Damit haben wir die beiden Variablen einzeln als „Haupteffekte“ in das Modell aufgenommen. Mit Klicken von ▾ öffnen wir eine Dropdownliste, die mehrere Auswahloptionen für die Modellierung anbietet. Wir wählen „Alle-2-fach“. Damit diese Auswahl zum Tragen kommt, markieren und wählen wir nun im Feld „Faktoren/Kovariten“ die beiden Variablen geschl und schul2 gemeinsam (Strg-Taste) und übertragen diese zusammen in das Feld „Modell kategorisieren“. Sie erscheinen nun dort als Produkt (⇨ Abb. 20.5 links). Mit „Weiter“ kommen wir zur Dialogbox „Ordinale Regression“ zurück und starten mit OK“ die Berechnungen. Die Ergebnisse sehen wir in Tabelle 20.13.

Wir wollen hier nur sehr kurz auf die Berechnungsergebnisse eingehen, da diese sich grundsätzlich nicht von den schon für das erste Modell besprochenen unterscheiden. In der Tabelle mit den geschätzten Parametern (⇨ Tabelle 20.13) erscheinen nun zusätzlich zu unserem bisherigen Modell die Produkte geschl1=1*schul2=1 und geschl=1*schul2=2 als Interaktionseffekte mit Parameterschätzwerten für die Dummy-Variablen D_4 und D_5. Alle anderen Wertekombinationen des Produkts von GESCHL und SCHUl2 sind redundant. Der Interaktionseffekt geschl1=1*schul2=1 bildet die Gruppe der Männer mit Hauptschulabschluss ab, der Interaktionseffekt geschl=1*schul2=2 die Männer mit Mittlerer Reife.

Da für beide Interaktionseffekte „Sig“ > $\alpha = 0{,}05$ ist, sind die Interaktionseffekte nicht signifikant. Daher werden wir sie wieder aus dem Modell entfernen.

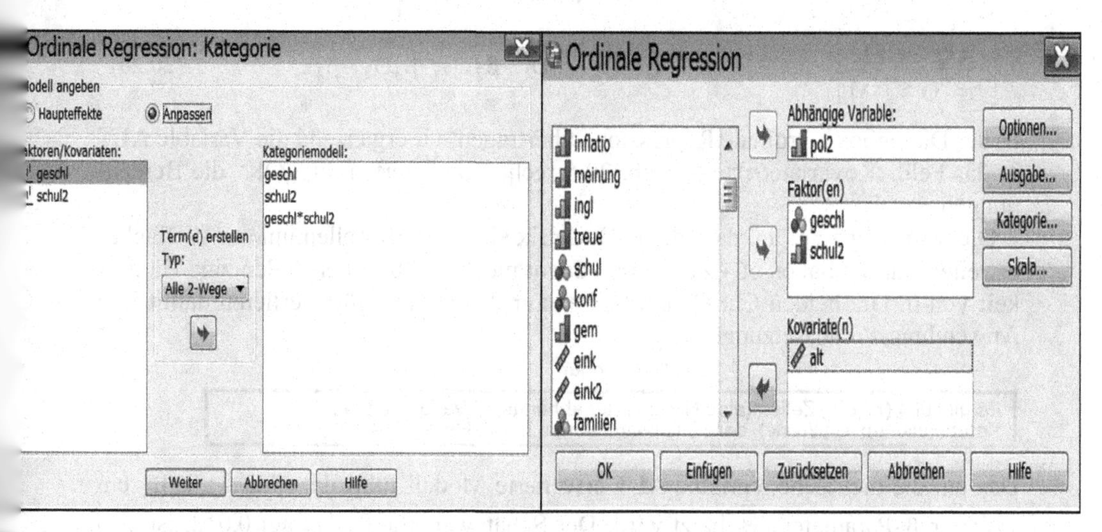

bb. 20.5. Die Dialogboxen „Ordinale Regression: Kategorie“ und „Ordinale Regression“

Tabelle 20.13. Geschätzte Koeffizienten für ein Modell mit Interaktionseffekten

Parameterschätzer

		Schätzer	Standardfehler	Wald	Freiheitsgrade	Sig.	Konfidenzintervall 95% Untergrenze	Konfidenzintervall 95% Obergrenze
Schwelle	[pol2 = 1]	-4,100	,420	95,239	1	,000	-4,923	-3,276
	[pol2 = 2]	-2,842	,369	59,471	1	,000	-3,564	-2,120
	[pol2 = 3]	-,351	,321	1,196	1	,274	-,980	,278
	[pol2 = 4]	1,362	,339	16,111	1	,000	,697	2,028
Lage	[geschl=1]	,748	,446	2,815	1	,093	-,126	1,622
	[geschl=2]	0a	.	.	0	.	.	.
	[schul2=1]	-2,251	,408	30,465	1	,000	-3,051	-1,452
	[schul2=2]	-1,616	,445	13,182	1	,000	-2,488	-,744
	[schul2=3]	0a	.	.	0	.	.	.
	[geschl=1] * [schul2=1]	,568	,550	1,064	1	,302	-,511	1,646
	[geschl=1] * [schul2=2]	,737	,625	1,391	1	,238	-,488	1,962
	[geschl=1] * [schul2=3]	0a	.	.	0	.	.	.
	[geschl=2] * [schul2=1]	0a	.	.	0	.	.	.
	[geschl=2] * [schul2=2]	0a	.	.	0	.	.	.
	[geschl=2] * [schul2=3]	0a	.	.	0	.	.	.

Verknüpfungsfunktion: Logit.

a. Dieser Parameter wird auf Null gesetzt, weil er redundant ist.

Erweitern des Modells um eine metrische Einflussvariable. Da die beiden Einflussvariablen GESCHL und POL2 kategoriale Variable sind, wollen wir nun das Modell zur Veranschaulichung mit einer metrischen Einflussvariablen erweitern. Pragmatisch haben wir uns für die Variable ALT (Alter) entschieden, obwohl wir aus Hypothesensicht eigentlich dafür keine Begründung sehen. Für das um die metrische Variable x ergänzte Modell ergibt sich folgende Gleichung:

$$\ln\left[\frac{P(y \le j/\mathbf{x})}{1-P(y \le j/\mathbf{x})}\right] = \ln \text{Odds}(y \le j/\mathbf{x}) = \alpha_j - \beta_1 D_1 - \beta_2 D_2 - \beta_3 D_3 - \beta_4 x \tag{20.20}$$

In der Dialogbox „Ordinale Regression" übertragen wir ergänzend die Variable ALT in das Feld „Kovariate(n)" (⇨ Abb. 20.5 rechts) und starten mit „OK" die Berechnungen.

Die Warnung zeigt an, dass die K*J-Matrix sich von 30 Zellen um ein Vielfaches erweitert hat. Es haben 664 Zellen und damit mehr als 70 % der Zellen eine Häufigkeit von 0. Die beiden Chi-Quadrat-Tests zur Anpassungsgüte verlieren damit ihre Anwendungsvoraussetzungen.

Warnungen

Es gibt 664 (72,6%) Zellen (also Niveaus der abhängigen Variablen über Kombinationen von Werten der Einflußvariablen) mit Null-Häufigkeiten.

Das um die metrische Variable ALT erweiterte Modell führt dazu, dass mit β_4 ein weiterer β-Parameter geschätzt wird. Der Schätzwert für β_4 beträgt 0,012, ist also positiv (⇨ Tabelle 20.14). Dieses bedeutet, dass mit wachsendem Alter, bei sonst gleicher Einflussvariablenstruktur (d.h. gleicher Gruppenangehörigkeit), das Politikinteresse zunimmt. Da aber „Sig" = 0,068 größer ist als das übliche Signifikanzniveau in Höhe von $\alpha = 0,05$, ist dieser Einfluss des Alters auf das Politikinteresse nicht gesichert. Man wird eine Einflussvariable, deren Einfluss statistisch nicht gesichert ist, i.d.R. nicht in das Modell aufnehmen.

Tabelle 20.14. Geschätzte Parameter

Parameterschätzer

		Schätzer	Standard fehler	Wald	Freiheits grade	Sig.	Konfidenzintervall 95% Untergrenze	Konfidenzintervall 95% Obergrenze
Schwelle	[pol2 = 1]	-3,339	,436	58,699	1	,000	-4,193	-2,485
	[pol2 = 2]	-2,111	,393	28,804	1	,000	-2,882	-1,340
	[pol2 = 3]	,357	,379	,887	1	,346	-,385	1,098
	[pol2 = 4]	2,104	,398	27,958	1	,000	1,324	2,883
Lage	alt	,012	,007	3,323	1	,068	-,001	,026
	[geschl=1]	1,212	,233	27,075	1	,000	,755	1,669
	[geschl=2]	0[a]	.	.	0	.	.	.
	[schul2=1]	-2,145	,317	45,896	1	,000	-2,766	-1,525
	[schul2=2]	-1,284	,320	16,088	1	,000	-1,912	-,657
	[schul2=3]	0[a]	.	.	0	.	.	.

Verknüpfungsfunktion: Logit.

a. Dieser Parameter wird auf Null gesetzt, weil er redundant ist.

Das Modell skalieren. Das Modell der ordinalen Regression kann aus einem Modell für eine latente (nicht beobachtbare) metrische Variable y* entwickelt werden. In diesem Modell wird die Abhängigkeit der latenten Variable y* von den Einflussvariablen x_1, x_2 etc. und einer Zufallsvariable ε wie in einer linearen Regression modelliert:

$$y^* = \beta_0 + \beta_1 x_1 + \beta_2 x_2 + \beta_3 x_3 + \varepsilon \tag{20.21}$$

Durch Schwellenwerte (cut points, thresholds) wird die nicht beobachtbare Variable y* zur beobachteten ordinalen Variablen y. Auf den Internetseiten zum Buch bieten wir dazu einen Text an.

Das Modell einer latenten Variablen ist eine Interpretationsmöglichkeit, aber keine Voraussetzung für das Modell der ordinalen Regression.

Für das Standardmodell der ordinalen Regression in der Interpretation des Modells einer latenten Variable y* wird eine konstante Varianz der Fehlervariable ε für verschieden Werte der unabhängigen Variable unterstellt.

In der Theorie *allgemeiner* linearer Modelle ist die Annahme einer konstanten Varianz der Fehlervariablen ε ein Spezialfall. Durch Nutzung der Unterdialogbox „Ordinale Regression: Skala“ können allgemeine Modelle unter der Annahme einer ungleichen Varianz für Werte von Einflussvariablen (z.B. von durch Dummy-Variablen definierten Gruppen) berechnet werden. Hierauf wollen wir aus Platzgründen aber nicht eingehen.

21 Modelle zur Kurvenanpassung

21.1 Modelltypen und Kurvenformen

Bei der Statistikprozedur „Kurvenanpassung" geht es um die Frage der besten Vorhersage einer Variable y durch eine andere Variable x. Dabei sind zwei grundlegend verschiedene Modelltypen anwendbar:

- *Regressionsmodell.* Die Entwicklung einer Variable y wird durch eine Erklärungsvariable x vorhergesagt. In Ergänzung der linearen Regressionsanalyse steht hier die Frage der Auswahl einer besten Kurvenform zur Vorhersage von y im Mittelpunkt der Analyse.
- *Zeitreihenmodell.* Die Entwicklung einer Variable y (eine Zeitreihe) wird im Zeitablauf analysiert und durch die Zeitvariable x „vorhergesagt". Auch hier geht es um die Frage, welche Kurvenform zur Vorhersage am besten geeignet ist.

Tabelle 21.1. Gleichungen der Modelle zur Kurvenanpassung

Modell	Gleichung	Gleichung linearisiert
Linear	$y = b_0 + b_1 x$	
Logarithmisch	$y = b_0 + b_1 \ln(x)$	
Invers	$y = b_0 + b_1 / x$	
Quadratisch	$y = b_0 + b_1 x + b_2 x^2$	
Kubisch	$y = b_0 + b_1 x + b_2 x^2 + b_3 x^3$	
Zusammengesetzt	$y = b_0 (b_1)^x$	$\ln(y) = \ln(b_0) + \ln(b_1) x$
Power	$y = b_0 x^{b_1}$	$\ln(y) = \ln(b_0) + b_1 \ln(x)$
S-förmig	$y = e^{(b_0 + b_1 / x)}$	$\ln(y) = b_0 + b_1 / x$
Wachstumsfunktion	$y = e^{(b_0 + b_1 x)}$	$\ln(y) = b_0 + b_1 x$
Exponentiell	$y = b_0 e^{b_1 x}$	$\ln(y) = b_0 + b_1 x$
Logistisch	$y = 1/[1/c + b_0 (b_1)^x]$	$\ln(1/y - 1/c) = \ln(b_0) + \ln(b_1) x$

b_0, b_1, b_2, b_3 = zu schätzende Koeffizienten

x = unabhängige Variable oder die Zeit mit x = 0,1,2,...

ln = natürlicher Logarithmus (zur Basis $e \approx 2{,}7183$)

c = oberer Grenzwert des logistischen Modells

Für beide Modelltypen kann aus elf Kurvenformen ausgewählt werden. Die Gleichungen der Kurvenformen sind in Tabelle 21.1 aufgeführt. Sofern eine Gleichung nicht direkt geschätzt werden kann (weil sie nichtlinear ist), wird in der rechten Spalte die (lineare) Schätzungsform aufgeführt. Die Schätzmethode zur Bestimmung der Koeffizienten b_0 bis b_3 ist in allen Fällen die Methode der kleinsten Quadrate (⇨ Kap. 18.1.1). Für das logistische Modell kann zur Schätzung der Koeffizienten ein oberer Grenzwert c für die Variable y vorgegeben werden. Dieser muss größer als der maximale Wert von y sein. Verzichtet man auf die Vorgabe, so wird 1/c = 0, d.h. c = unendlich gesetzt.

21.2 Modelle schätzen

Zur Erläuterung sollen für die Entwicklung der Arbeitslosenquote in der Bundesrepublik von 1960-90 beispielhaft zwei Trendkurven ausgewählt und angepasst werden (Datei MAKRO.SAV). Nach Öffnen der Datei gehen Sie wie folgt vor:

▷ Wählen Sie die Befehlsfolge „Analysieren", „Regression", „Kurvenanpassung...". Es öffnet sich die in Abb. 21.1 dargestellte Dialogbox „Kurvenanpassung".
▷ Aus der Quellvariablenliste wird die Variable ALQ (Arbeitslosenquote) durch Markieren und Klicken auf den Pfeilschalter in das Feld „Abhängige Variable(n)" übertragen.
▷ Da die Arbeitslosenquote nicht durch eine Erklärungsvariable im Sinne eines Regressionsmodells, sondern durch die Zeit in einem Trendmodell vorhergesagt werden soll, wird als „Unabhängige Variable" der Optionsschalter „Zeit" markiert.[1] Bei Markierung des Optionsschalters „Variable" müsste man eine erklärende Variable eines Regressionsmodells in das Variablenfeld übertragen.
▷ Aus den verfügbaren Modellen werden nun „Kubisch" und „Logistisch" ausgewählt. Für das logistische Modell wird „Obergrenze" auf 10 festgelegt.

[1] Diese Option betrifft die Zeit in einem Zeitreihenmodell. In unserem Beispiel sind die Datenfälle Jahre. Bei der Berechnung der Modellgleichungen wird für die Zeitvariable für den 1. Datenfall der Wert 1, für den 2. der Wert 2 usw. angenommen. Für die Daten der Jahre 1960-90 hat die Zeitvariable also Werte von 1 bis 31.

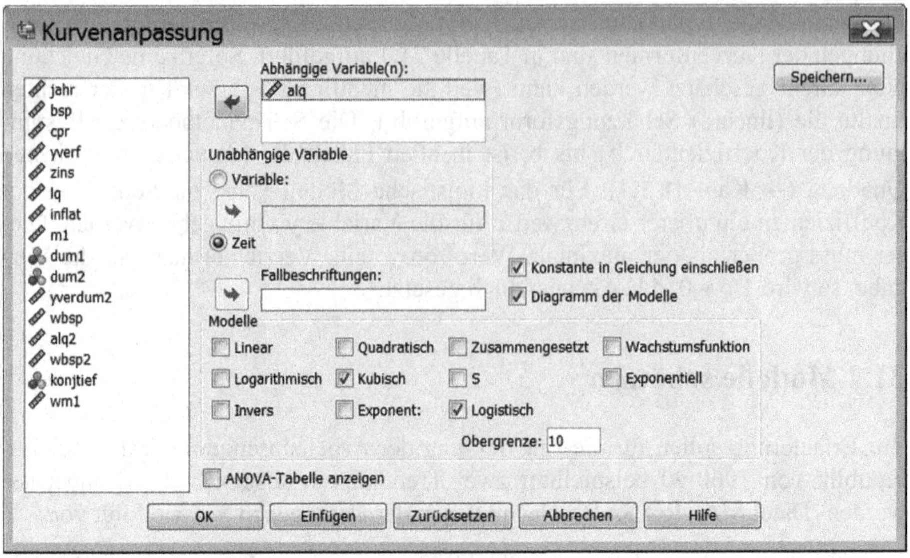

Abb. 21.1. Dialogbox „Kurvenanpassung“

In Tabelle 21.2 werden die Ergebnisse der Kurvenanpassung dokumentiert. Es bedeuten:

- ❑ *Gleichung.* Es werden die Modelle „Kubisch“ und „Logistisch“ zur Kurvenanpassung für die Zeitreihe verwendet.
- ❑ *R-Quadrat.* Entspricht dem Bestimmtheitsmaß R^2 (⇨ Kap. 18.1.1). Das kubische Modell hat mit $R^2 = 0{,}904$ einen höheren Anteil der erklärten Varianz als das logistische. Der Grund ist darin zu sehen, dass durch die Schätzung von vier Koeffizienten gegenüber von zwei eine bessere Anpassung erreicht wird. Zwischen dem Vorteil einer besseren Anpassung und dem Nachteil eines komplexeren Modells infolge der größeren Anzahl von zu schätzenden Koeffizienten ist im Einzelfall abzuwägen. Bei der Wahl einer Anpassungskurve, die für Prognosen verwendet werden soll, sollte man sich nicht allein auf R^2 stützen, sondern sich auch davon leiten lassen, welche Kurve aus theoretischen Erwägungen zu bevorzugen ist. Ebenfalls ist es bei der Entscheidung für ein Modell hilfreich, die Residualwerte - die Abweichungen der beobachteten Werte von den geschätzten Werten von y - zu untersuchen.
- ❑ *F.* Der empirische F-Wert für einen varianzanalytischen F-Test (⇨ ANOVA-Tabelle und Kap. 18.2.1).
- ❑ *Freiheitsgrade 1 und 2.* Die Anzahl der Freiheitsgrade für den F-Test im kubischen Modell ist um zwei kleiner, da zwei Koeffizienten mehr zu schätzen sind.
- ❑ *Sig.* Signifikanzniveau für den F-Test (⇨ Kap. 18.2.1).
- ❑ *Parameterschätzer.* Die geschätzten Koeffizienten des Modells (die Konstante und die b_j-Koeffizienten mit $j = 1,2,3$).

Die Vorhersagegleichungen der Modelle lauten:

Kubisch: $y = 2{,}550 - 0{,}730x + 0{,}069x^2 - 0{,}001x^3$

Logistisch: $y = 1/[1/10 + 2{,}803(0{,}846)^x]$

Tabelle 21.2. Zusammenfassende Modellergebnisse

Modellzusammenfassung und Parameterschätzer

Abhängige Variable:Arbeitslosenquote (%)

	Modellzusammenfassung					Parameterschätzer			
Gleichung	R-Quadrat	F	Freiheitsgrade 1	Freiheitsgrade 2	Sig.	Konstante	b1	b2	b3
Kubisch	,904	85,218	3	27	,000	2,550	-,730	,069	-,001
Logistisch	,814	127,303	1	29	,000	2,803	,846		

Wahlmöglichkeiten:

① *Konstante in Gleichung einschließen.* Es wird ein konstantes Glied in der Gleichung geschätzt. Diese Voreinstellung kann durch Mausklick deaktiviert werden.

② *ANOVA-Tabelle anzeigen.* Für jedes Modell wird eine zusammenfassende Tabelle zur varianzanalytischen Prüfung des Zusammenhangs der beiden Variablen ausgegeben. Sie entspricht der aus der Regressionsanalyse bekannten Tabelle (⇨ Tabelle 18.3 in Kap. 18.2.1).

③ *Diagramm der Modelle.* In einer Grafik werden die Wertekombinationen der y- und x-Variable in einem Streudiagramm dargestellt (⇨ Kap. 32.10).

④ *Speichern von vorhergesagten und Residualwerten.* Für jedes der geschätzten Modelle können bis zu vier bei der Modellschätzung entstehende neue Variablen zur weiteren Verarbeitung gespeichert werden. Zur Speicherung wird auf die Schaltfläche „Speichern" geklickt. Es öffnet sich dann die in Abb. 21.2 dargestellte Dialogbox „Kurvenanpassung: Speichern".

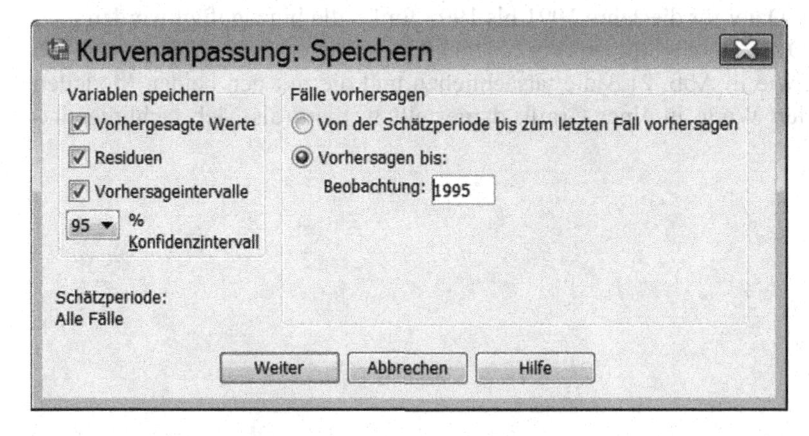

Abb. 21.2. Dialogbox „Kurvenanpassung: Speichern"

In zwei Gruppen stehen folgende Auswahloptionen bereit:

- *Variablen speichern.* Es können folgende Variable den Daten im Daten-Editor hinzugefügt werden:
  - *Vorhergesagte Werte.* Die Vorhersagewerte (Schätzwerte) des Modells.
  - *Residuen.* Abweichungen zwischen tatsächlichen und Vorhersagewerten.
  - *Vorhersageintervalle.* Es kann zwischen dem 95- (voreingestellt), 90- und 99-%-Konfidenzintervall für die vorhergesagten Werte gewählt werden.
- *Fälle vorhersagen.* Zur Vorhersage von Werten kann man zwischen folgenden Optionen wählen:
  - *Von der Schätzperiode bis zum letzten Fall vorhersagen.* Die Vorhersagewerte werden für die Fälle berechnet, die für die Schätzung der Gleichung zu Grunde gelegt worden sind. Mit der Befehlsfolge „Daten", „Fälle auswählen..." kann aus den verfügbaren Fällen eine Auswahl für die Schätzung erfolgen.
  - *Vorhersagen bis:* Diese Option steht nur für das Zeitreihenmodell zur Verfügung. Mit ihr kann der Vorhersagezeitraum über das Ende der Zeitreihe hinaus verlängert werden.

    Für das Beispiel zur Vorhersage der Arbeitslosenquote wurde diese Option gewählt und in das Eingabefeld „Jahr" 1995 eingegeben. Diese Jahresangabe ist möglich, da vorher für die Datei MAKRO.SAV mit der Befehlsfolge „Daten", „Datum definieren" die Datenfälle als Jahreszeitreihen mit 1960 als erstem Wert definiert worden sind. Für undatierte Daten würde anstelle des Namens „Jahr" für das Eingabefeld „Beobachtung" erscheinen und man müsste 36 in das Eingabefeld eingeben.

    Die definierte Datumsvariable bestimmt, welche Art Eingabefeld erscheint um das Ende der Vorhersageperiode anzugeben.

Der Datei werden acht Datenreihen hinzugefügt. FIT_1 und FIT_2 sind die Vorhersagewerte, ERR_1 und ERR_2 die Residualabweichungen, LCL_1 und LCL_2 die unteren (lower confidence limit), UCL_1 und UCL_2 die oberen (upper confidence limit) Konfidenzgrenzen für das kubische und logistische Modell.

Es sind der Datei für die Jahre 1991 bis 1995 fünf Fälle hinzugefügt worden.

Die der Datei hinzugefügten Variablen können weiterverarbeitet werden. So können z.B. wie in Abb. 21.3 die tatsächlichen und die mit den beiden Modellen vorhergesagten Werte in einer Grafik dargestellt werden (als Mehrfachliniendiagramm).

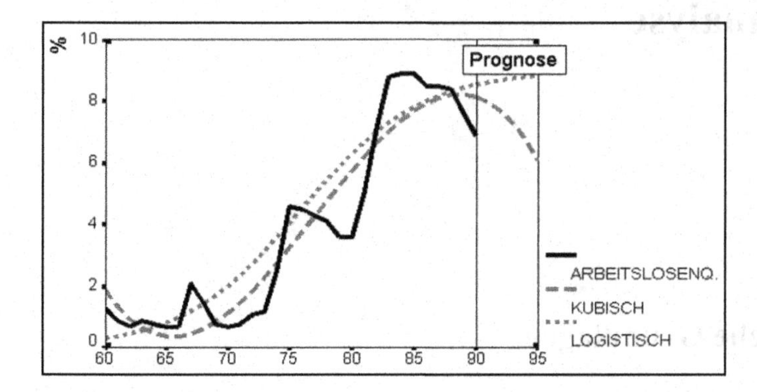

Abb. 21.3. Arbeitslosenquote: empirische und geschätzte Trendwerte mit einer Prognose ab 1991

22 Clusteranalyse

22.1 Theoretische Grundlagen

Einführung. Bei der Clusteranalyse[1] handelt es sich um eine Reihe von multivariaten statistischen Methoden und Verfahren mit der Zielsetzung, Objekte bzw. Personen (Fälle der Datendatei), für die mehrere Merkmale (Variable) vorliegen, derart in Gruppen (Cluster) zusammen zu fassen, dass in einem Cluster hinsichtlich der Variablen möglichst gleichartige bzw. ähnliche Objekte (Fälle) enthalten sind. Die Zielsetzung möglichst Cluster mit homogenen Objekten zu erhalten impliziert, dass die gebildeten Cluster sich möglichst stark voneinander unterscheiden sollen (heterogen sind). Man bezeichnet diese Aufgabe auch als Segmentierung.

Die Clusteranalyse gehört zu den explorativen Verfahren[2] der Datenanalyse: die Aufgabenstellung ist das Finden von in den Daten verborgenen Cluster mit guter Trennung von einander sowie möglichst homogenen Objekten in jedem Cluster der gefundenen Clusterlösung. Mit Abb. 22.1 soll diese Aufgabenstellung beispielhaft für 26 Hamburger Stadtteile und den Fall von nur zwei betrachteten Analysevariablen (Anteil der Arbeiter an den Erwerbstätigen sowie die Bevölkerungsdichte je ha) verdeutlicht werden. Man kann hinsichtlich einer guten Clustertrennung drei Cluster, hinsichtlich der weiteren Zielsetzung möglichst homogene Cluster zu bilden, aber auch vier Cluster in den Daten entdecken. Das Beispiel verdeutlicht den explorativen Charakter der Analyse und auch, dass das Ergebnis der Clusteranalyse entscheidend von den verwendeten Analysedaten abhängt. Wählt man weitere Variable, so entstehen i.d.R. andere Cluster (⇨ das Beispiel in Kap. 22.2.1 und 22.2.2). Daher sollte man sich gut überlegen, welche Analysevariablen für eine Clusterbildung sinnvoll sind.

Die Clusteranalyse findet in vielen Bereichen Anwendung. So werden z.B. im Marketing Städte (oder andere regionale Gebiete) in möglichst homogene Gruppen zusammengefasst zum Testen von unterschiedlichen Marketingstrategien für vergleichbare Absatzregionen. Oder es werden Personen auf der Basis erhobener Merkmalsvariable über Einkommen, Bildung, Interessen und Einstellungen etc. zu Käuferschichten (Marktsegmenten) geclustert, die im Marketing unterschiedlich angesprochen werden sollen. In der Mediaforschung werden Personen, deren Sendungsvorlieben, Sehgewohnheiten und weitere Merkmale erhoben wurden, zu Zuschauertypen (z.B. „Informationsorientierte", „Kulturorientierte", „TV-Abstinenzler" etc.) zusammengefasst.

---

[1] Eine didaktisch hervorragende Einführung in die Grundlagen bietet Backhaus u.a. (2015).

[2] Nach sprachlichen Konventionen im Data Mining ist es ein nicht lernendes Verfahren.

Neben dieser primären Form der Anwendung einer Clusteranalyse (auch *objektorientierte* genannt) kann die Clusteranalyse auch für das Clustern von Variablen eingesetzt werden. Dann besteht die Aufgabe darin, ähnliche Variable (korrelierte Variable) in einer Datendatei in Gruppen (Cluster) zusammen zu fassen.

Es gibt eine Reihe von Methoden und Verfahren zum Auffinden von Cluster in Daten. Das Datenanalysesystem SPSS bietet drei grundlegende Verfahren an: die Two-Step-Clusteranalyse, die Clusterzentrenanalyse (K-Means) und die (agglomerative) hierarchische Clusteranalyse.

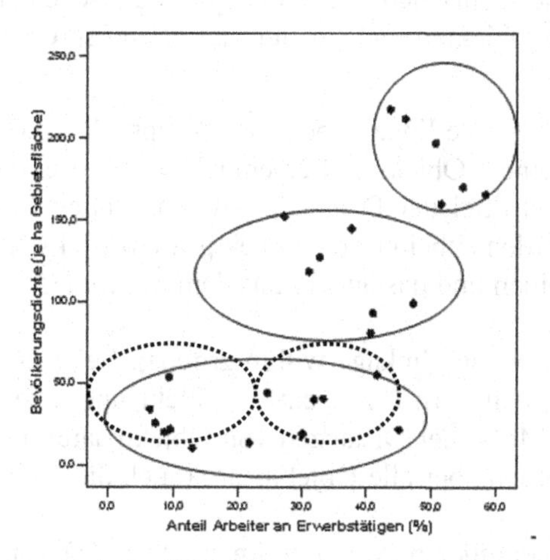

Abb. 22.1. Drei bzw. vier Cluster in Daten für 26 Hamburger Stadtteile

Hierarchische Clusteranalyse. Hierbei handelt es sich um eine Gruppe von Verfahren. Sie eignen sich nicht für eine hohe Fallanzahl, da sie hohe Anforderungen an Speicherplatz und Rechenzeit voraussetzen. Für die hierarchische Clusteranalyse können sowohl metrische als auch nichtmetrische Daten genutzt werden. Sie kann auch für das Clustern von Variablen verwendet werden.

Mit Ausnahme des Verfahrens nach Ward (⇨ Ward-Methode) ist allen Verfahren der hierarchischen Clusteranalyse gemeinsam, dass die Clusterbildung auf der Grundlage von Ähnlichkeits- oder Distanzmaßen (⇨ Kap. 17.3) erfolgt. Objekte mit hoher Ähnlichkeit bzw. kleiner Distanz werden zu Cluster zusammengefasst. Zu Beginn bildet jedes Objekt ein Cluster.[3] Daher wird als erstes ein Ähnlichkeits- oder ein Distanzmaß (je nachdem, welches Maß bei der Art der Daten sinnvoll ist) zwischen allen Objekten berechnet. Insofern bildet eine Matrix der Distanzen bzw. Ähnlichkeiten die Grundlage für die Fusion von Objekten zu Cluster (⇨ Tabelle 17.9 für ein Beispiel einer Euklidischen Distanz). Nun werden die Objektpaare zu einem Cluster zusammengefasst, die die größte Ähnlichkeit (bzw. alternativ die kleinste Distanz) zueinander haben. In den weiteren Stufen des Verfahrens werden entweder wieder zwei Objekte (mit größter Ähnlichkeit bzw. kleinster Distanz) zu einem Cluster vereinigt, es wird einem schon gebildetem Cluster ein Objekt hinzugefügt oder es werden zwei in vorherigen Stufen gebildete Cluster zu einem größe-

[3] Diese Vorgehensweise zeichnet eine agglomerative hierarchische Clusteranalyse aus, im Unterschied zur diversiven, bei der zu Beginn alle Objekte ein Cluster bilden.

ren Cluster vereinigt. In der letzten Stufe sind schließlich alle Objekte in einem einzigen Cluster enthalten. Auf diese Weise entstehen Stufen (Hierarchien) der Clusterbildung (= agglomeratives Clustern). Auf jeder Stufe des Verfahrens wird wie zu Beginn eine Matrix der Ähnlichkeiten (bzw. Distanzen) ermittelt und dann auf Basis dieser fusioniert. Dieses erfordert, dass auf jeder Stufe des Verfahrens die Ähnlichkeiten (bzw. Distanzen) zwischen Objekten und Cluster sowie zwischen Clusterpaaren neu berechnet werden müssen. Daher ist das Verfahren nicht für große Dateien geeignet.

Die verschiedenen Verfahren der hierarchischen Clusteranalyse unterscheiden sich darin, wie die Distanzen zwischen Objekten und Cluster und zwischen Clusterpaaren berechnet werden.

- ❑ *Verlinkung zwischen den Gruppen* (average linkage between groups). Die Distanz zwischen zwei Clustern (bzw. einem Objekt und einem Cluster) berechnet sich als ungewogenes arithmetische Mittel der Distanzen zwischen allen Objektpaaren der beiden Cluster. Es werden dabei nur die Objektpaare berücksichtigt, bei denen ein Objekt aus dem einen und das andere aus dem anderen Cluster kommt.
- ❑ *Verlinkung innerhalb der Gruppen* (average linkage within groups). Bei dieser Methode wird die Distanz zwischen Clustern (bzw. einem Objekt und einem Cluster) ebenfalls als arithmetische Mittel der Distanzen von Objektpaaren berechnet. Im Unterschied zu oben werden aber alle Objektpaare (auch die innerhalb der beiden Cluster) einbezogen.
- ❑ *Nächstgelegener Nachbar* (nearest neighbor bzw. single linkage). Als Distanz zwischen zwei Clustern (bzw. einem Objekt und einem Cluster) wird die Distanz zwischen zwei Objekten der beiden Cluster gewählt, die am kleinsten ist.
- ❑ *Entferntester Nachbar* (complete linkage). Als Distanz zwischen zwei Clustern (bzw. einem Objekt und einem Cluster) wird die Distanz zwischen zwei Objekten der beiden Cluster gewählt, die am größten ist.
- ❑ *Zentroid-Clustering.* Die Distanz zwischen zwei Clustern (bzw. einem Objekt und einem Cluster) wird auf jeder Stufe als Distanz zwischen den Zentren der Clusterpaare berechnet. Das Zentrum (Zentroid) eines Clusters ist durch die arithmetischen Mittel der Variablen für die Objekte innerhalb eines Clusters gegeben. Das Zentrum eines Clusters kann man sich als ein fiktives Objekt des Clusters vorstellen, das zum Repräsentanten des Clusters wird. Zur Berechnung des Zentrums von zwei vereinigten Clustern wird das gewichtete arithmetische Mittel der Zentren der individuellen Cluster berechnet. Dabei wird mit der Größe der Cluster (Anzahl der Objekte in den Clustern) gewichtet.
- ❑ *Median-Clustering.* Hier handelt es sich um eine Variante des Zentroid-Clustering. Der Unterschied liegt darin, dass bei der Berechnung des Zentrums keine Gewichtung vorgenommen wird (ein einfaches arithmetisches Mittel der Zentren entspricht dem Median der Zentren).
- ❑ *Ward-Methode.* Im Unterschied zu den anderen Methoden werden bei jedem Schritt nicht die Clusterpaare mit der kleinsten Distanz (bzw. größten Ähnlichkeit) fusioniert. Es werden vielmehr Cluster (bzw. Cluster und Objekte) mit dem Ziel vereinigt, den Zuwachs für ein Maß der Heterogenität eines Clusters zu minimieren. Als Maß für die Heterogenität wird die Summe der quadrierten

Euklidischen Distanzen (auch Fehlerquadratsumme genannt) der Objekte zum Zentrum des Clusters (Zentroid) gewählt. Auf jeder Stufe wird also das Clusterpaar fusioniert, das zum kleinsten Zuwachs der Fehlerquadratsumme im neuen Cluster führt.

Die Methoden Linkage zwischen den Gruppen, Linkage innerhalb der Gruppen, Nächstgelegener Nachbar sowie Entferntester Nachbar können sowohl für Distanz- als auch Ähnlichkeitsmaße verwendet werden. Zentroid-Clustering und Median-Clustering sind nur für die quadrierte Euklidische Distanz sinnvoll.

K-Means-Cluster (Clusterzentrenanalyse). Dieses Clusterverfahren eignet sich nur für metrische Variablen. Es verwendet als Distanzmaß die Euklidische Distanz (⇨ Kap. 17.3). Im Unterschied zu den hierarchischen Methoden ist bei diesem Verfahren die Anzahl k der zu bildenden Cluster vorzugeben. Das Verfahren hat dann die Aufgabe, eine optimale Zuordnung der Objekte zu den k Cluster vorzunehmen (im Sinne der kleinsten Distanz eines Objekts zu einem Clusterzentrum). Dieses geschieht in iterativen Schritten.

Zunächst wird eine Anfangslösung erzeugt, in dem k zufällig ausgewählte Objekte die anfänglichen k Cluster bilden. Ausgehend von dieser Anfangslösung werden alle anderen Objekte einem dieser k Cluster zugeordnet. Die Zuordnung erfolgt nach der kleinsten Euklidischen Distanz: ein Objekt wird also dem Cluster zugeordnet zu dem die kleinste Distanz besteht. Im nächsten Schritt wird analog dem Zentroid-Verfahren das jeweilige Zentrum der k Cluster berechnet. Nun wird der Euklidische Abstand eines jeden Objekts zu den k Clusterzentren berechnet und es werden die Objekte den Clustern zugeordnet, zu denen ein Objekt die kleinste Distanz hat. Dieser Schritt impliziert, dass Objekte (im Unterschied zu hierarchischen Verfahren), die einem Cluster zugeordnet sind, diesem Cluster wieder entnommen und einem anderen Cluster zugeordnet werden können. Nach dieser Umordnung der Objekte werden die Zentren der Cluster erneut berechnet und die Objekte erneut umgruppiert. Diese iterativen Schritte setzen sich fort bis eine optimale Clusterlösung gefunden wird. Mit diesem Verfahren wird (wie im Modellansatz von Ward) die Streuungsquadratsumme innerhalb der Cluster minimiert.

Der Vorteil dieser Clustermethode gegenüber dem hierarchischen Clustern besteht darin, dass sie nicht so viel Hauptspeicherplatz (RAM) benötigt und schneller ist und daher auch bei sehr großen Datensätzen angewendet werden kann. Der Grund dafür ist, dass keine Distanzen zwischen allen Paaren von Fällen berechnet werden müssen. Diesem Vorteil stehen aber Nachteile gegenüber: die Anzahl der Cluster muss vor Anwendung des Verfahrens bekannt sein; es ist im Vergleich zur hierarchischen weniger flexibel, da bei dieser je nach Messniveau der Variablen mehrere Distanz- oder Ähnlichkeitsmaße zur Auswahl stehen.

Zweckmäßig ist es, mit einer hierarchischen Methode zunächst die Anzahl der Cluster zu bestimmen (⇨ Kap. 22.2.1) und dann mit der Clusterzentrenanalyse (⇨ Kap. 22.2.2) die Clusterlösung zu verbessern. Bei sehr großen Dateien bietet es sich dabei an, die Anzahl der Cluster anhand einer Zufallsstichprobe des großen Datensatzes zu bestimmen.

Two-Step-Clusteranalyse. Es handelt sich um ein Verfahren, dass gegenüber den anderen beiden Verfahren Vorteile hat (⇨ Chiu u.a. zum Algorithmus des Verfahrens).

Vorzüge des Verfahrens.

- Es können gleichzeitig sowohl metrische als auch kategoriale Variablen verwendet werden.
- Die optimale Anzahl der Cluster kann vom Verfahren bestimmt werden (optional).
- Das Verfahren ist für sehr große Datendateien geeignet. Die Rechenzeit steigt linear sowohl mit der Fallzahl als auch mit der Anzahl der Variablen an (Skalierbarkeit).
- Es können Ausreißerfälle separiert werden (optional).

Die zwei Stufen des Verfahrens. Wie der Name des Verfahrens sagt, vollzieht sich das Clustern der Fälle in zwei Stufen, einer Vorcluster- und einer Clusterstufe (⇨ Abb. 22.2 für den Fall von zwei Variablen):

- In der ersten Stufe werden die Fälle sequentiell abgearbeitet und es werden nach und nach viele Sub-Cluster[4] mit jeweils sehr ähnlichen Fällen gebildet. Dafür ist nur ein Datendurchlauf nötig. Auf der Basis eines speziellen Distanzmaßes (⇨ unten) wird bei jedem eingelesenen Datenfall entschieden, ob dieser Fall einem schon gebildeten Sub-Cluster mit ähnlichen Fällen zugeordnet (wenn seine Distanz zum ähnlichsten Sub-Cluster kleiner ist als ein anfänglicher Schwellenwert)[5] oder ob ein neues Sub-Cluster gebildet wird. Nach und nach wird eine Datenstruktur in Form eines Baumes aufgebaut mit einer Knotenebene an der Wurzel des Baumes, einer zweiten nachfolgenden Zwischenebene mit Knoten sowie einer dritten Endknotenebene (die Blätter des Baumes).[6] Die Fälle durchlaufen die Knoten des Baums, beginnend in der Wurzelebene und werden über die Knoten der Zwischenebene bis zu einem Blatt geführt. In den Blättern werden jeweils ähnliche Objekte zu einem Sub-Cluster zusammengefasst. In der Wurzelebene werden bis zu maximal 8 Knoten eingerichtet. Werden diese ausgeschöpft, so werden Knoten dieser Ebene gesplittet und in die zweite Baumebene platziert. Da von jedem Elternknoten maximal 8 Kinderknoten erzeugt werden, können auf der zweiten Ebene maximal 64 (8*8) Knoten entstehen. Diese Knotenbildung setzt sich zur Bildung der maximal dritten, der Blattebene des Baums fort. Davon können maximal 512 (8*8*8) entstehen (⇨ Abb. 22.3).[7] Wird beim Aufbau der Baumstruktur die maximale Anzahl der Blattknoten (der Sub-Cluster) ausgeschöpft und überschreitet nun ein eingelesener Datenfall den Distanz-Schwellenwert, so kann kein weiteres Blatt für ein neues Sub-Cluster

---

[4] Gemäß der Voreinstellung maximal 512.

[5] Der Schwellenwert ist voreingestellt und kann vom Anwender verändert werden (⇨ Abb. 22.15).

[6] Dieses speicherplatzeffiziente Verfahren basiert auf dem Algorithmus BIRCH (Balanced Iterative Reducing and Clustering using Hierarchies, ⇨ Zhang u.a.). Dieser erzeugt einen so genannten Cluster Feature Tree, der in modifizierter Form verwendet wird.

[7] Maximal drei Knotenebenen mit maximal 8 Kinderknoten je Elternknoten entspricht der Voreinstellung. Da für Ausreißer ein Knoten reserviert wird, entstehen 8 + 64 + 512 + 1 = 585 Knoten (davon maximal 512 Sub-Cluster ohne Ausreißercluster). Man kann diese Voreinstellungen ändern (⇨ Abb. 22.15).

angelegt werden. In dieser Situation wird durch Anheben des Schwellenwertes für die Distanz der Baum umstrukturiert. Fälle, die bisher in zwei unähnliche Sub-Cluster eingruppiert sind, werden nun zu einem Sub-Cluster zusammengefasst.

Die Knoten auf den Ebenen unterhalb der Blattebene des Baumes dienen dazu, einen eingelesenen Fall schnell einem passenden Blattknoten (Sub-Cluster) mit ähnlichen Fällen zuzuordnen. Dieses wird möglich, weil für die Knoten so genannte Cluster-Feature-Statistiken zur Charakterisierung der Fälle berechnet werden (in der Abb. 22.3 durch ein Summenzeichen stilisiert). Mit jedem den Knoten durchlaufenden Fall werden die CFs aktualisiert. Als CF eines Knotens werden verbucht: die Anzahl der durchgelaufenen Fälle, für jede metrische Variable die Summe sowie die Summe der quadrierten Merkmalswerte der Fälle und für jede kategoriale Variable die Häufigkeit jeder Kategorie für die Fälle (⇨ Chiu u.a., SPSS Inc., The SPSS TwoStep Clustercomponent, Zhang u.a. zur ausführlicheren Darstellung). Auf diese Weise können hohe Fallzahlen speicherplatzeffizient verarbeitet werden.

In dieser Phase des Vorclustern der Objekte (Fälle) in Sub-Cluster können optional Fälle als Ausreißer (irreguläre Fälle, die nicht in die Cluster passen, auch noise bzw. Rauschen in den Daten genannt) in einem spezifischen Sub-Cluster zusammengefasst werden (⇨ Abb. 22.4 für eine beispielhafte Darstellung).

Der entstehende Baum (CF-Tree) kann von der Reihenfolge der Fälle in der Datendatei beeinflusst werden. Deshalb sollte man mit Hilfe von Zufallszahlen die Reihenfolge der Fälle in der Eingabedatei zufällig anordnen.[8]

- ❑ In der zweiten Stufe werden die Sub-Cluster (ohne das Ausreißer-Cluster) mittels eines Verfahrens der agglomerativen hierarchischen Clusteranalyse (⇨ oben) zu den eigentlichen Endclustern fusioniert. Die hierarchische Clusteranalyse kann für diese Stufe verwendet werden (ohne ein Problem hinsichtlich Speicherplatzbedarf und Rechenzeit zu erhalten), weil nun die Sub-Cluster Fälle (Objekte) des Cluster-Verfahrens sind und die Anzahl dieser im Vergleich zu der Anzahl der Datenfälle nur klein ist.

  Ausgehend von dem Distanzmaß (⇨ Das Distanzmaß) werden die Sub-Clusterpaare zu Cluster zusammengefasst, die zur kleinsten Erhöhung der Distanz führen. Diese Fusionen von Sub-Cluster werden so lange fortgeführt bis die vom Anwender gewünschte Clusteranzahl k erreicht wird.

Der Anwender kann aber auch eine maximale Clusteranzahl k anfordern und damit eine automatische Clusteranzahlbestimmung einleiten (⇨ unten).[9]

---

[8] Eine zufällige Anordnung der Fälle kann man auf folgende Weise erreichen: Mit „Transformieren", Berechnen" wird eine Zielvariable (z.B. mit dem Namen „Zufall") mit der Funktion „RV.Uniform" (mit Angabe 1 für „min" und der Fallanzahl in der SPSS-Datei für „max" in der Funktionsgruppe „Zufallszahlen" generiert. Anschließend werden die Fälle mit „Daten", „Fälle sortieren" nach der im vorherigen Schritt generierten Zufallsvariable „Zufall" sortiert.

[9] Per Syntax kann eine Unter- und Obergrenze für die Clusteranzahl angefordert werden.

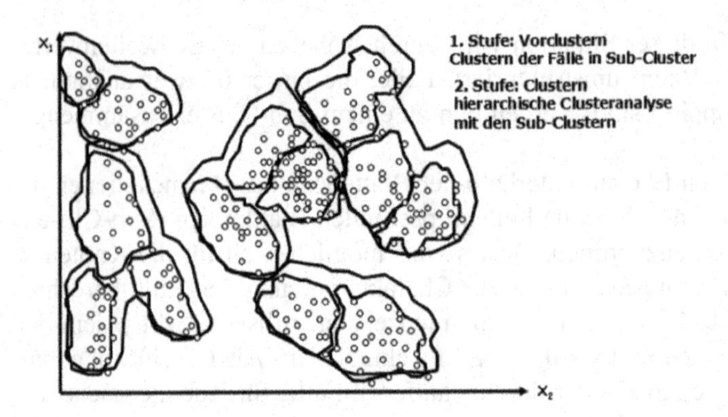

Abb. 22.2. Zwei Stufen des Clusterverfahrens[10]

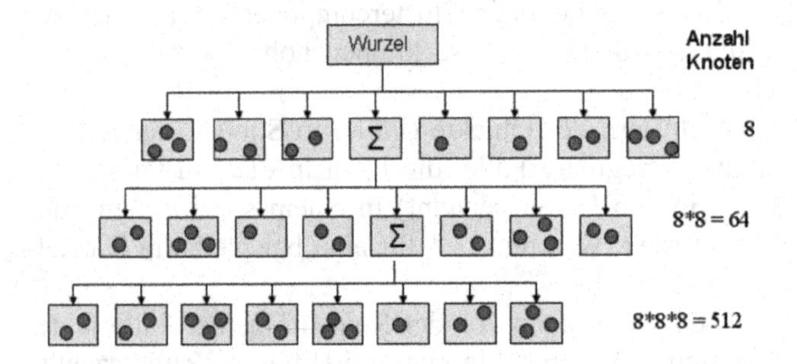

Abb. 22.3. Ein Cluster Feature Tree in schematischer Darstellung[10]

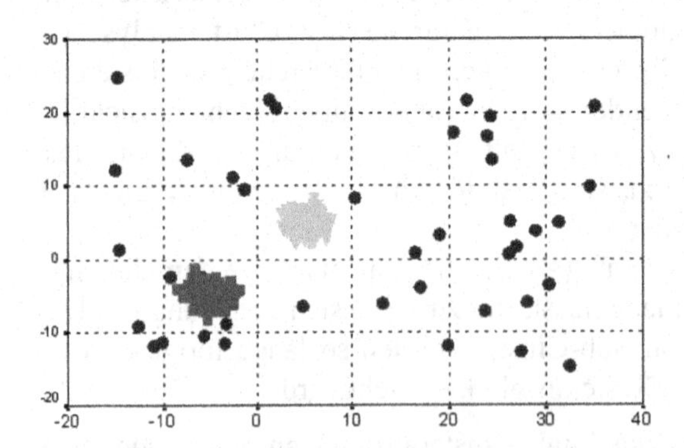

Abb. 22.4. Zwei Cluster und Ausreißer in den Daten[10]

Das Distanzmaß. Für den Fall, dass alle Variablen metrisch sind, kann die Euklidische Distanz (⇨ Kap. 17.3) oder ein auf der Log-Likelihood beruhendes Maß gewählt werden.[11] Wenn man gemischte Variablen hat, d.h. sowohl metrische als

[10] Darstellung mit freundlicher Genehmigung in Anlehnung an eine PowerPointfolie von Dr. Alfred Bäumler (SPSS GmbH Software München).

[11] Die Fusion der Sub-Cluster auf der Basis der Euklidischen Distanz unterscheidet sich nicht vom oben beschriebenen Verfahren der agglomerativen hierarchischen Clusteranalyse.

auch kategoriale, so steht nur die Option Log-Likelihood zur Verfügung. Die Log-Likelihood basiert auf einem wahrscheinlichkeitstheoretischen Modellansatz für die Clusterbildung (⇨ Chiu u.a.).

Die Grundidee für das wahrscheinlichkeitstheoretische Clustermodell ist, die Wahrscheinlichkeit (Likelihood), dass die vorliegenden Daten einem definierten Clustermodell entsprechen, zu maximieren. Das Modell formuliert die zu maximierende Funktion als die für alle Variablen gemeinsame Wahrscheinlichkeitsdichte für die Daten und schätzt die Parameter des Modells mit der Maximum-Likelihood-Schätzmethode.

Dafür werden für die Analyse unabhängige multivariate Verteilungen der Variablen angenommen. Für die metrischen Variablen werden unabhängige Normalverteilungen und für die kategorialen Variablen unabhängige multinominale Verteilungen unterstellt. Die Wahrscheinlichkeit (Likelihood) wird in Form der logarithmierten Wahrscheinlichkeit, der Log-Likelihood, gemessen.

Das Erreichen des Maximums der (logarithmierten) Wahrscheinlichkeitsfunktion (und damit maximaler Log-Likelihood) bedeutet, dass es keine andere Zuordnung der Fälle zu den Clustern des Modells gibt, die - gemessen am Kriterium der maximalen Wahrscheinlichkeit - besser ist. Aus dem Modellansatz ergibt sich als Maß für die Distanz zwischen Sub-Clusterpaaren die Verringerung der Log-Likelihood bei einer Fusion von Sub-Clusterpaaren.[12] Eine Fusion von Sub-Clusterpaaren auf der Basis der kleinsten Distanz bedeutet, dass die Paare fusioniert werden sollen, die am wenigsten die Wahrscheinlichkeit der Zuordnung der Fälle zu Sub-Cluster vermindern.

Für metrische Variablen lässt sich mit Hilfe des Signifikanztests für Korrelationskoeffizienten nach Pearson prüfen, ob sie voneinander unabhängig sind (⇨ Kap. 17.1). Für kategoriale Variable ist eine Prüfung der Unabhängigkeit möglich mit dem Chi-Quadrat-Unabhängigkeitstest (⇨ Kap. 10.3). Für metrische und kategoriale Variable dient zur Prüfung der Unabhängigkeit der t-Test (⇨ Kap. 14.3.2). Mit dem Kolmogorov-Smirnov-Test könnte man die Normalverteilungsannahme prüfen (⇨ Kap. 9.3.2). Eventuell sollte man metrische Variablen transformieren, um eine Annäherung an die Normalverteilung zu erzielen. So kann man z.B. durch Logarithmierung einer Variablen mit einer linkssteilen Verteilung eine Annäherung an die Normalverteilung erzielen.

Hinsichtlich des Testens auf Normalverteilung bzw. auf Unabhängigkeit ist allerdings einschränkend zu beachten, dass bei großen Fallzahlen diese Tests i.d.R. zur Ablehnung der H_0-Hypothese führen, so dass diese Tests bei großen Fallzahlen nicht sinnvoll sind (⇨ die Hinweise in Kap. 13.1).

Von SPSS Inc. wird aus Untersuchungen berichtet, dass die Two-Step-Clusteranalyse ein robustes Verfahren ist, d.h. nicht sehr empfindlich auf eine Verletzung der Annahmen reagiert und daher in der i.d.R. brauchbare Cluster-Ergebnisse ermöglicht (⇨ SPSS Inc., The SPSS TwoStep Clustercomponent).

Automatische Bestimmung der Anzahl der Cluster. Da die Two-Step-Clusteranalyse in der zweiten Stufe die agglomerative hierarchische Clusteranalyse nutzt, werden Sequenzen von Clusterlösungen berechnet (von der vom Anwender be-

[12] Für eine genauere Definition insbesondere für Cluster mit nur einem Fall s. Chiu u.a. und SPSS Inc., TwoStep Cluster Algorithms.

stimmten Obergrenze k bis zu einem einzigen Cluster mit allen Sub-Clustern, ⇨ oben).

Die Anzahl der Cluster in der endgültigen Lösung wird in zwei Schritten bestimmt. Im ersten Schritt wird für jede Clusterlösungssequenz ein vom Anwender gewähltes Modellauswahlkriterium (Gütekriterium) [entweder BIC (Bayes Informationcriterion) oder AIC (Akaike Informationcriterion)] berechnet und darauf basierend wird eine Obergrenze für die optimale Clusteranzahl ermittelt. Danach wird mit einem zweiten Auswahlkriterium die Lösung verbessert.

Die Gütemaße AIC und BIC sind definiert als[13]

AIC = -2*Log-Likelihood + 2*Zahl der zu schätzenden Parameter (1)

BIC = -2*Log-Likelihood + ln(Zahl der Fälle)*Zahl der zu schätzenden Parameter (2)

Aus den Formeln ergibt sich, dass sich die beiden Gütemaße durch die zu -2*Log-Likelihood addierten Ausdrücke unterscheiden. Ohne die addierten Ausdrücke messen AIC und BIC die (in logarithmierter Form und mit -2 multiplizierte) maximale Likelihood einer Clusterlösung. Die addierten Ausdrücke dienen als Korrekturausgleich analog dem korrigierten R^2 der linearen Regression (⇨ 17.2). Eine Clusterlösung mit k Cluster im Vergleich zu Lösungen mit k-1, k-2, k-3, ... Cluster ist komplexer (passt sich den Daten besser an und hat mehr zu schätzende Parameter) und hat natürlicherweise eine größere Log-Likelihood (d.h. ein kleineres AIC bzw. BIC wegen des Multiplikationsfaktors Faktors -2 in Gleichungen 1 bzw. 2). Als Gütemaß für die Bestimmung der optimalen Clusteranzahl kommt daher die Log-Likelihood nicht in Frage. Sowohl AIC als auch BIC enthalten daher einen addierten Korrekturausgleich, dessen Höhe von der Anzahl der zu schätzenden Parameter des Modells (von der Komplexität des Modells) abhängt.

In Simulationsstudien hat sich ergeben, dass die Clusterlösung mit dem kleinsten BIC (bzw. AIC) zu einer zu hohen Clusteranzahl führt. Der Nachteil des Ansteigens von BIC (bzw. AIC) bei kleiner werdender Clusteranzahl wiegt den Vorteil einer einfacheren Clusterlösung mit kleinerer Clusteranzahl nicht auf. Daher wird bei der automatischen Bestimmung der Clusteranzahl nicht die Clusterlösung mit dem kleinsten BIC-(bzw. AIC-)Wert gewählt. Es wird zunächst die Clusterlösung gewählt, bei der die kleinste BIC-Erhöhung (bzw. AIC-) *relativ* zur BIC-Erhöhung im letzten Fusionsschritt (der Fusion aller Objekte zu einem einzigen Cluster) – hier R_1 genannt - am niedrigsten ist.[14] Von dieser Clusterlösung ausgehend wird im Zuge weiterer Sub-Clusterfusionen ein zweites Auswahlkriterium, das an die Distanzänderung anknüpft, zur Festlegung der optimalen Lösung genutzt. Mit jedem Fusionsschritt wird das Distanzmaß größer. Die größte Distanzerhöhung *relativ* zur Distanzerhöhung des vorhergehenden Fusionsschrittes (hier R_2 genannt) bestimmt die optimale Clusteranzahl[15].

Die automatische Bestimmung der Clusterauswahl benötigt praktisch kaum zusätzliche Rechenzeit.

---

[13] Für eine detaillierte Darstellung s. SPSS Inc., TwoStep Cluster Algorithms.

[14] R_1 = ΔBIC(bei einem Fusionsschritt)/ΔBIC(im letzten Schritt zur Fusion aller Objekte in ein Cluster) (⇨ Tabelle 22.7).

[15] R_2 = ΔDistanz(bei einem Fusionsschritt)/ΔDistanz(im vorherigen Fusionsschritt). Ein hoher Wert von R_2 bedeutet, dass bei diesem Fusionsschritt die Distanz einen Sprung macht. Für eine detaillierte Darstellung s. SPSS Inc., TwoStep Cluster Algorithms.

22.2 Praktische Anwendung

22.2.1 Anwendungsbeispiel zur hierarchischen Clusteranalyse

Es sollen Ortsteile in Hamburg geclustert werden. Dafür werden die schon in Kap. 17.3 zur Berechnung von Distanzen verwendeten Daten über Ortsteile im Hamburger Bezirk Altona genutzt (Datei ALTONA1.SAV). Es handelt sich dabei um vier metrische (intervallskalierte) Variable, die als Indikatoren für die soziale Struktur und für die Verdichtung anzusehen sind: Anteil der Arbeiter in %, Mietausgaben je Person, Bevölkerungsdichte, Anteil der Gebäude mit bis zu zwei Wohnungen. Wegen des ungleichen Werteniveaus dieser Variablen werden zur Distanzmessung die in z-Werte transformierte Variable (ZARBEIT, ZMJEP, ZBJEHA, ZG2W) verwendet (⇨ Kap. 17.3).

Als Clusterverfahren soll das Zentroid-Verfahren mit der quadratischen Euklidischen Distanz als Distanzmaß eingesetzt werden. Als Ergebnis erweist sich, dass eine Clusterung der Ortsteile Altonas in drei Cluster eine gute Lösung darstellt. Da aber die Ergebnisausgaben dieses Beispiels mit insgesamt 26 Ortsteilen sehr groß sind, beschränken wir uns hier auf die Darstellung der letzten beiden Cluster (es handelt sich um die letzten 11 Fälle der Datei ALTONA.SAV; die in der Datei ALTONA1.SAV gespeichert sind). Nach Öffnen der Datei ALTONA1.SAV gehen Sie wie folgt vor:

- ▷ Wählen Sie die Befehlsfolge „Analysieren", „Klassifizieren ▷„ „Hierarchische Cluster...". Es öffnet sich die in Abb. 22.5 dargestellte Dialogbox.
- ▷ Übertragen Sie die Variablen ZARBEIT, ZMJEP, ZBJEHA, ZG2W aus der Quellvariablenliste in das Feld „Variable(n)". Um die Clusterung auf Basis der z-Werte vorzunehmen, kann man prinzipiell hier auch die Originalvariable ARBEIT, MJEP, BJEHA und ZG2W übertragen und dann im Dialogfeld „Hierarchische Clusteranalyse: Methode" im Feld „Werte transformieren" z-Werte anfordern. Hier verbietet sich diese Vorgehensweise, weil die Clusterung nur für 11 Fälle der Datei ALTONA.SAV dargestellt wird.
- ▷ Zur Fallbeschriftung in der Ergebnisausgabe übertragen Sie die Variable OTNR (Ortsteilname) in das Eingabefeld „Fallbeschriftung".
- ▷ Im Feld „Cluster" wählen Sie „Fälle", da die Ortsteile geclustert werden sollen.
- ▷ Klicken Sie nun auf die Schaltfläche „Methode". Es öffnet sich die in Abb. 22.6 dargestellte Dialogbox. Wählen Sie nun die gewünschte Cluster-Methode für den zu verarbeitenden Datentyp aus. In diesem Anwendungsfall werden metrische Variablen zugrunde gelegt und als Clusterverfahren soll das Zentroid-Verfahren für quadratische Euklidische Distanzen eingesetzt werden. Da aus oben genannten Gründen die z-Werte der Variablen in das Feld „Variable(n)" der Abb. 22.5 übertragen wurden, wird folglich die Standardeinstellung „keine" für „Standardisieren" gewählt.

Die in Abb. 22.5 und 22.6 gewählten Einstellungen führen zu folgenden Ergebnissen. In Tabelle 22.1 ist die Ergebnisausgabe „Zuordnungsübersicht" zu sehen. In einzelnen Schritten wird in der Spalte „Zusammengeführte Cluster" aufgezeigt, welche Ortsteile bzw. Cluster (d.h. schon zusammengeführte Ortsteile) jeweils in einzelnen Schritten zu einem neuen Cluster zusammengeführt werden. Im ersten

Schritt wird Fall 3 (Othmarschen) und Fall 8 (Blankenese 2) zu einem Cluster zusammengeführt. Dieses Cluster behält den Namen des Falles 3. Im Schritt 2 und 3 werden zum Cluster 3 (Othmarschen und Blankenese 2) die Fälle 7 (Blankenese 1) und 6 (Nienstedten) hinzugefügt. Im Schritt 4 werden die Fälle 9 (Iserbrook) und 10 (Sülldorf) zusammengeführt etc. Im vorletzten Schritt sind die 11 Ortsteile in zwei Cluster aufgeteilt (Othmarschen, Blankenese 2, Blankenese 1, Nienstedten, Flottbek und Rissen einerseits sowie Bahrenfeld 3, Osdorf, Iserbrook, Lurup, und Sülldorf andererseits). Im zehnten Schritt werden dann diese beiden zu einem Cluster zusammengeführt, so dass alle Fälle ein Cluster bilden.

Abb. 22.5. Dialogbox „Hierarchische Clusteranalyse“

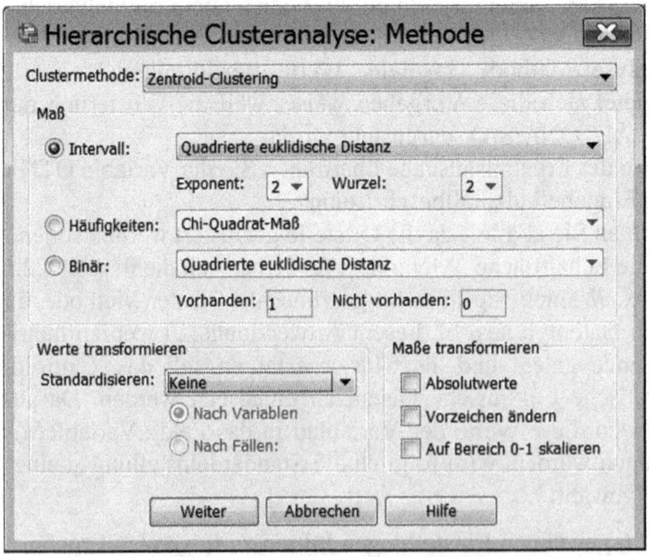

Abb. 22.6. Dialogbox „Hierarchische Clusteranalyse: Methode“

In der Spalte „Koeffizienten“ wird die quadratische Euklidische Distanz aufgeführt. Diese entspricht in den Schritten, in denen zwei Ortsteile zusammengeführt werden (Schritt 1 und Schritt 4) der Distanz zwischen diesen Ortsteilen. Nach einer Fusion von Ortsteilen zu einem Cluster wird die Distanzmatrix neu berechnet. Bei Anwendung des Zentroid-Verfahrens geschieht dieses auf der Basis des Zentroids des Clusters (⇨ Kap. 17.3). Der Koeffizient steigt von Schritt zu Schritt zunächst kontinuierlich an und macht von Schritt 9 auf 10 einen großen Sprung. Diese Sprungstelle kann als Indikator für die sinnvollste Clusterlösung dienen. Danach ist es sinnvoll, die Clusterlösung im neunten Schritt zu wählen, die die elf Ortsteile in zwei (oben aufgeführte) Cluster ordnet.

In den Spalten „Erstes Vorkommen des Clusters“ und „Nächster Schritt“ wird dargelegt, in welchen Schritten es zur Fusion von Fällen und Clustern zu schon bestehenden Clustern kommt. So wird z.B. in Schritt 1 (in dem Fall 3 und 8 fusioniert werden) angeführt, dass in Schritt 2 diesem Cluster ein Fall bzw. Cluster (nämlich Fall 7) hinzugefügt wird. In Schritt 2 wird – wie oben ausgeführt – dem Cluster 3 (bestehend aus Fall 3 und 8) der Fall 7 hinzugefügt. Daher wird unter „Cluster 1“ verbucht, dass das Cluster 3 in Schritt 1 entstanden ist. In „Nächster Schritt“ wird Schritt 3 aufgeführt, weil dem Cluster 3 (nunmehr bestehend aus Fall 3, 8 und 7) in Schritt 3 der Fall 6 hinzugefügt wird.

Tabelle 22.1. Ergebnisausgabe „Zuordnungsübersicht“

Zuordnungsübersicht

Schritt	Zusammengeführte Cluster		Koeffizienten	Erstes Vorkommen des Clusters		Nächster Schritt
	Cluster 1	Cluster 2		Cluster 1	Cluster 2	
1	3	8	,037	0	0	2
2	3	7	,086	1	0	3
3	3	6	,249	2	0	8
4	9	10	,269	0	0	6
5	1	5	,341	0	0	6
6	1	9	,448	5	4	9
7	2	11	,532	0	0	8
8	2	3	,900	7	3	10
9	1	4	1,175	6	0	10
10	1	2	6,421	9	8	0

Im vertikalen *Eiszapfendiagramm* (Tabelle 22.2) werden die Clusterlösungen der einzelnen Hierarchiestufen grafisch dargestellt. Im Fall nur eines Clusters sind natürlich alle 11 Ortsteile vereinigt. Bei zwei Clustern sind Nienstedten, Blankenese 1 und 2, Othmarschen, Rissen und Flottbek einerseits sowie Lurup, Sülldorf, Iserbrook, Osdorf und Bahrenfeld 3 andererseits in den Clustern vereinigt. Im Fall von drei Clustern bildet Lurup und im Fall von 4 Clustern Rissen und Flottbek ein weiteres Cluster.

Wahlmöglichkeiten.

① *Statistik.* Nach Klicken auf die Schaltfläche „Statistiken...“ (⇨ Abb. 22.5) öffnet sich die in Abb. 22.7 dargestellte Dialogbox. Neben der Zuordnungsübersicht (⇨ Tabelle 22.1) kann eine Distanzmatrix (“Ähnlichkeitsmatrix“) angefordert werden (⇨ Kap. 17.3). In „Cluster-Zugehörigkeit“ kann neben „Keine“ aus folgenden Alternativen gewählt werden:

- *Einzelne Lösung*. Die Anzahl der Cluster ist im Eingabefeld einzugeben. Es wird dann für jede Clusterlösung die Zugehörigkeit der Objekte zu den Clustern ausgegeben.
- *Bereich von Lösungen.* In den Eingabefeldern ist anzugeben, für welche der Clusterlösungen die Clusterzugehörigkeit der Objekte ausgegeben werden soll.

Tabelle 22.2. Ergebnisausgabe „Vertikales Eiszapfendiagramm"

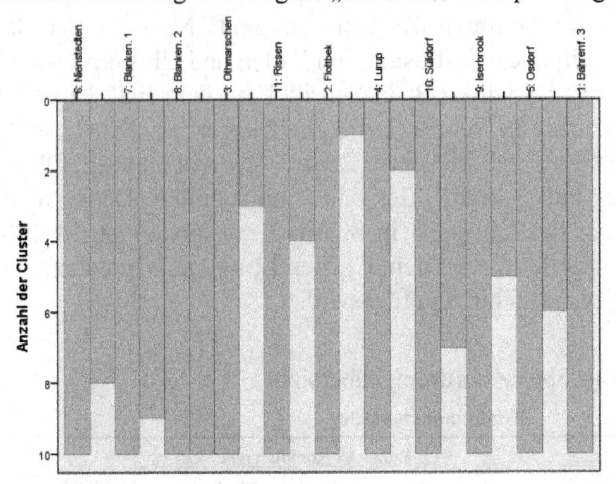

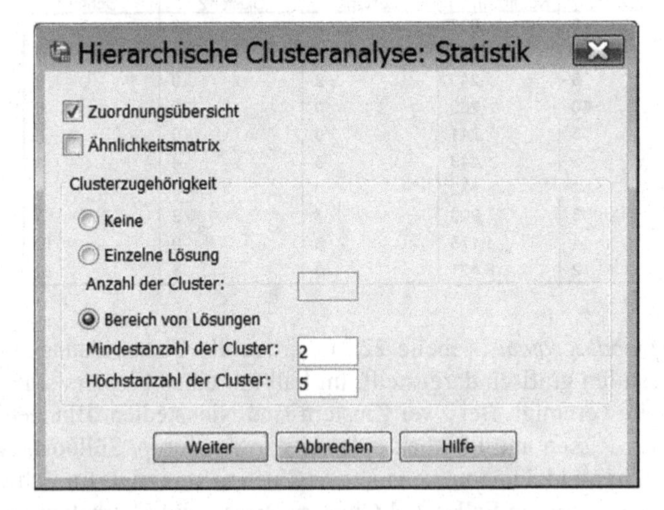

Abb. 22.7. Dialogbox „Hierarchische Clusteranalyse: Statistik"

② *Diagramm.* Nach Klicken der Schaltfläche „Diagramm..." (⇨ Abb. 22.5) wird die in Abb. 22.8 dargestellte Dialogbox geöffnet. In „Eiszapfen" kann „Alle Cluster" (Standardeinstellung), „Angegebener Clusterbereich" oder „keine" angefordert werden. Für einen angefordeten Clusterbereich sind eine Start- und Stopeingabe sowie die Schrittweite anzugeben. Das Diagramm kann „vertikal" oder „"Horizontal" ausgerichtet werden. Im in Abb. 22.8 gezeigten Fall wird ein Eiszapfendiagramm für alle Clusterlösungen von 1 bis 5 Cluster ausgegeben.

Abb. 22.8. Dialogbox „Hierarchische Clusteranalyse: Diagramme“

Es kann auch ein *Dendrogramm* angefordert werden. Das Dendrogramm wird in Tabelle 22.3 gezeigt. Aus dem Dendrogramm kann man für die einzelnen Schritte sehen, welche Fälle bzw. Cluster zusammengeführt werden und welche Höhe die Distanz-Koeffizienten in den jeweiligen Clusterlösungen der Schritte haben. Die Koeffizienten werden dabei nicht wie in Tabelle 22.1 in absoluter Größe grafisch abgebildet, sondern in eine Skala mit dem Wertebereich von 0 bis 25 transformiert. Auch im Dendrogramm kann man den großen Sprung (im 9. Schritt von 5 auf 25) in der Höhe des Koeffizienten erkennen und somit den Hinweis erhalten, dass eine 2er-Clusterlösung sinnvoll ist.

③ *Methode.* Klicken auf die Schaltfläche „Methode...“ (⇨ Abb. 22.5) öffnet die in Abb. 22.6 dargestellte Dialogbox. Man kann aus der Dropdown-Liste von „Cluster-Methode“ eine Methode auswählen (zu den Methoden ⇨ Kap. 22.1). Außerdem kann das Maß für die Distanzmessung gewählt und bestimmt werden ob die Variablen und/oder das Distanzmaß transformiert werden sollen. Da diese Möglichkeiten mit denen des Untermenüs „Distanzen“ von „Korrelation“ übereinstimmen, kann auf die Darstellung in Kapitel 17.3 verwiesen werden.

④ *Speichern.* Klicken auf die Schaltfläche „Speichern...“ (⇨ Abb. 22.5) öffnet die in Abb. 22.9 dargestellte Dialogbox. Man kann hier auswählen, ob keine, für einen bestimmten Bereich von Clusterlösungen oder für eine bestimmte Clusterlösung (z.B. 2 Cluster in Abb. 22.9) die Clusterzugehörigkeit der Fälle gespeichert werden soll. Damit entsprechen diese Möglichkeiten denen im Untermenü „Statistik“ (⇨ Abb. 22.7). Der Unterschied besteht nur darin, dass hier die Clusterzugehörigkeit unter einem Variablennamen (CLU2_ in unserem Fall) den Variablen in der SPSS-Arbeitsdatei hinzugefügt wird, während im Untermenü „Statistik" die Clusterzugehörigkeit der Fälle im Ausgabefenster (Viewer) erfolgt.

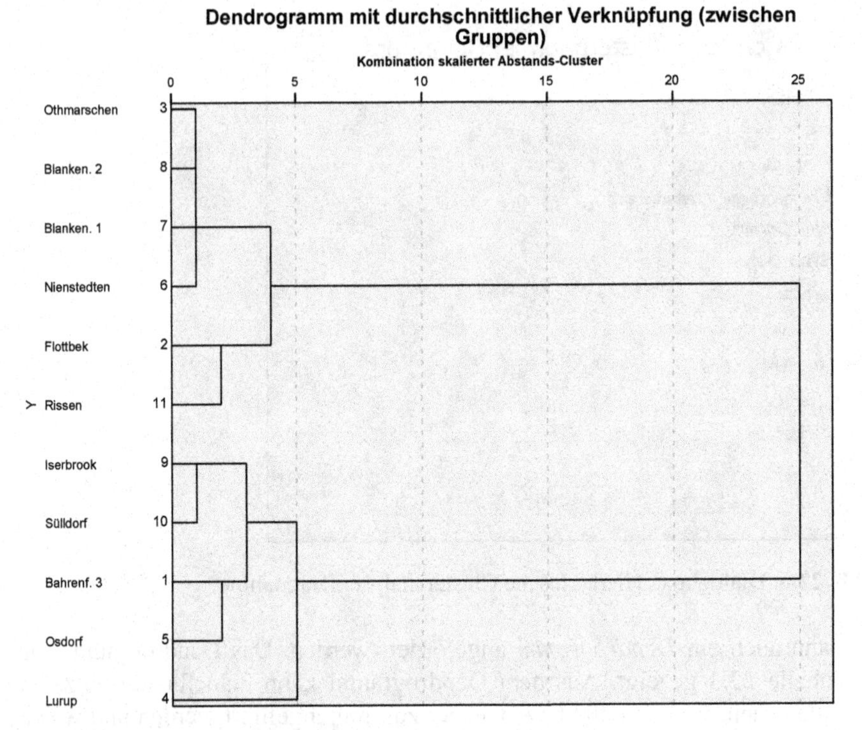

Tabelle 22.3. Ergebnisausgabe „Dendrogramm"

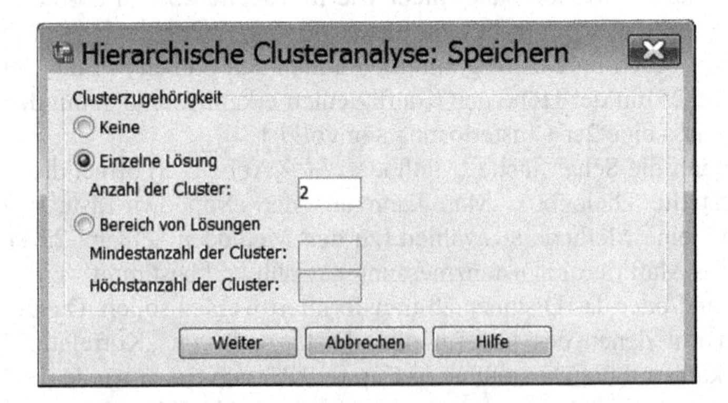

Abb. 22.9. Dialogbox „Hierarchische Clusteranalyse: Speichern"

22.2.2 Anwendungsbeispiel zur Clusterzentrenanalyse (K-Means-Cluster)

Die Clusterzentrenanalyse soll auf die in Kap. 22.2.1 dargestellte Clusterung von Ortsteilen im Hamburger Stadtbezirk Altona angewendet werden. Aus der Anwendung der hierarchischen Clusterung bei Verwendung des Zentroid-Verfahrens hat sich ergeben, dass man die Ortsteile Altonas sinnvoll in drei Cluster ordnen kann (aus Gründen einer knappen und übersichtlichen Darstellung wurden in Kap. 22.2.1 aber nur für einen Teil der Fälle die Ergebnisse für zwei Cluster dargelegt). Deshalb werden für die Clusterzentrenanalyse drei Cluster gewählt. Da die Clusterzentrenanalyse im Vergleich zur hierarchischen Clusterung das Ergebnis der Clusterbildung optimiert, kann auch überprüft werden, ob das in Kap. 22.2.1 erzielte Ergebnis sich verbessert. Zur Clusterung der Ortsteile gehen Sie nach Öffnen der Datei ALTONA.SAV wie folgt vor:

▷ Wählen Sie die Befehlsfolge „Analysieren", „Klassifizieren ▷", „K-Means-Cluster...". Es öffnet sich die in Abb. 22.10 dargestellte Dialogbox.

▷ Übertragen Sie die Variablen ZARBEIT, ZMJEP, ZBJEHA, ZG2W aus der Quellvariablenliste in das Feld „Variablen". Es handelt sich dabei um die z-Werte der vier oben genannten Variablen. Diese wurden mit dem Menü „Deskriptive Statistiken" (⇨ Kap. 8.5) erzeugt.

▷ Zur Fallbeschriftung in der Ergebnisausgabe übertragen Sie die Variable OTNR (Ortsteilname) in das Eingabefeld „Fallbeschriftung:".

▷ Im Feld „Anzahl der Cluster" ersetzen wir die voreingestellte „2" durch „3", um drei Cluster zu erhalten.

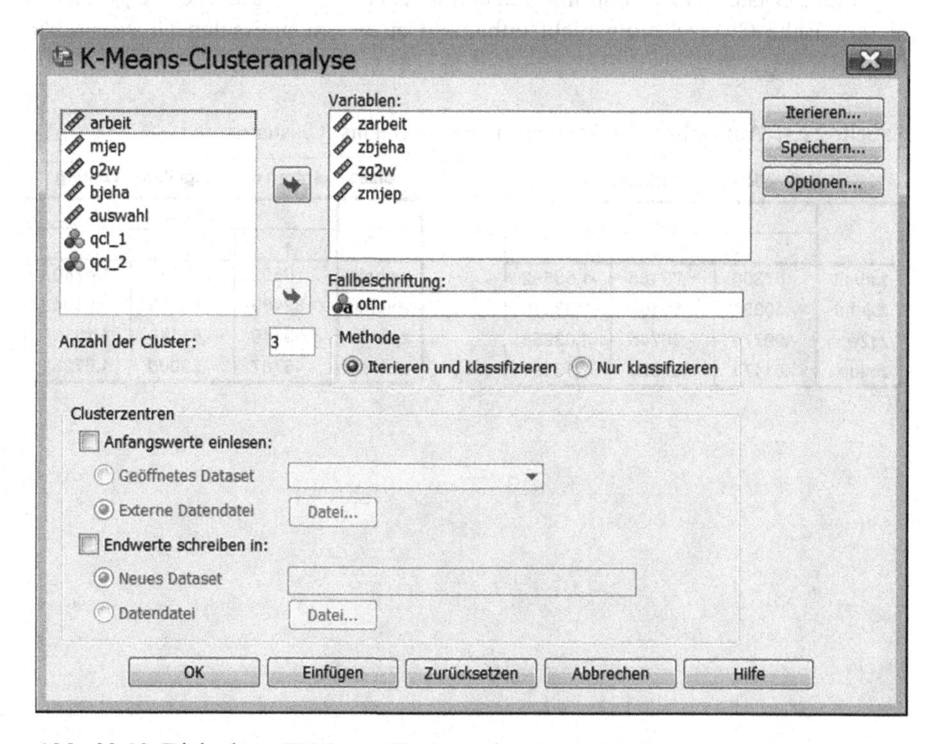

Abb. 22.10. Dialogbox „K-Means-Clusteranalyse"

Die in Abb. 22.10 gewählten Einstellungen führen zu folgenden Ergebnisausgaben. In Tabelle 22.4 links werden die anfänglichen und rechts die Clusterzentren (Zentroide) der endgültigen Clusterlösung aufgeführt. Das Clusterzentrum eines Clusters wird durch die vier Durchschnittswerte der vier Variablen (hier: z-Werte der Variablen) aller im Cluster enthaltenen Fälle (Ortsteile) bestimmt. Als anfängliche Clusterlösung werden von SPSS einzelne Fälle gewählt. Daher handelt es sich z.B. bei dem Zentrum des ersten Clusters mit den Variablenwerten (0,57306, -0,50884, 0,99776, -81171) um den Ortsteil Lurup (⇨ Tabelle 22.4). In iterativen Schritten wird die endgültige Clusterlösung erreicht. Die sieben Ortsteile des ersten Clusters (Bahrenfeld 1 bis 3, Lurup, Osdorf, Iserbrook, Sülldorf) haben im Durchschnitt folgende Werte für die vier Variablen ZARBEIT bis ZMJEP: (0,00552, -0,82489, 0,69149,-0,46787). Diese Durchschnittswerte definieren das Zentrum dieses Clusters (⇨ Tabelle 22.4 rechts).

Im Iterationsprotokoll (⇨ Tabelle 22.5 links) wird die Änderung in den Clusterzentren aufgeführt. Eine weitere Tabelle zeigt die Anzahl der Fälle der Cluster (⇨ Tabelle 22.5 rechts).

Hat man in der in Abb. 22.10 dargestellten Dialogbox anstelle „Iterieren und Klassifizieren" „Nur Klassifizieren" gewählt, so erhält man als Ausgabeergebnisse nur die auf der rechten Seite der Tabellen 22. 4 und 22.5 gezeigten Ergebnisse.

Als Ergebnis der Clusterlösung zeigt sich, dass die Lösung der Clusterzentrenanalyse sich leicht von der der hierarchischen Clusterlösung unterscheidet. Die Ortsteile Bahrenfeld 1 und Bahrenfeld 2 sind in der Clusterzentrenanalyse zusammen mit Bahrenfeld 3 etc. zusammengefasst. In der hierarchischen Clusterlösung sind diese Ortsteile nicht alle im gleichen Cluster enthalten. Dieses zeigt, dass die hierarchische Clusterlösung nicht unbedingt zu einem optimalen Clusterergebnis führt.

Tabelle 22.4. Anfängliche (links) und endgültige (rechts) Clusterzentren

Anfängliche Clusterzentren

	Cluster		
	1	2	3
zarbeit	,57306	,70485	-1,58592
zbjeha	-,50884	1,86408	-,93670
zg2w	,99776	-,95745	1,03968
zmjep	-,81171	-,67090	2,18224

Clusterzentren der endgültigen Lösung

	Cluster		
	1	2	3
zarbeit	,00552	,67734	-1,47400
zbjeha	-,82489	,86436	-,91042
zg2w	,69149	-,88144	1,10305
zmjep	-,46787	-,52000	1,67251

Tabelle 22.5. Iterationsprotokoll (links) und Fälle je Cluster (rechts)

Iterationsprotokoll[a]

Iteration	Änderung in Clusterzentren		
	1	2	3
1	,796	1,014	,526
2	,000	,000	,000

a. Konvergenz wurde aufgrund geringer oder keiner Änderungen der Clusterzentren erreicht. Die maximale Änderung der absoluten Koordinaten für jedes Zentrum ist ,000. Die aktuelle Iteration lautet 2. Der Mindestabstand zwischen den anfänglichen Zentren beträgt 3,081.

Anzahl der Fälle in jedem Cluster

Cluster	1	7,000
	2	13,000
	3	6,000
Gültig		26,000
Fehlend		,000

Wahlmöglichkeiten.

① *Clusterzentren.* Standardmäßig wählt SPSS als anfängliche Clusterlösung einzelne Fälle. Man kann aber den in iterativen Schritten sich vollziehenden Prozess des Auffindens der endgültigen optimalen Clusterlösung abkürzen, indem man in einer Datei Anfangswerte für Clusterzentren bereitstellt. Außerdem kann man die Clusterzentren der endgültigen Lösung in einer SPSS-Datei speichern, entweder in einer Arbeitsdatei „"Neues Datenblatt") oder einer .SAV-Datei („Datendatei", ⇨ Abb. 22.10).

② *Iterieren.* Der Iterationsprozess des Auffindens einer optimalen endgültigen Lösung kann hier beeinflusst werden, indem man die Anzahl der Iterationsschritte sowie das Konvergenzkriterium vorgibt. Das Konvergenzkriterium bestimmt, wann die Iteration abbricht. Nach Klicken der Schaltfläche „Iterieren..." (⇨ Abb. 22.10) wird die in Abb. 22.11 dargestellte Dialogbox geöffnet. Das Gewünschte kann eingetragen werden. Die Fälle werden der Reihe nach dem jeweils nächsten Clusterzentrum zugewiesen. Wenn „Gleitende Mittelwerte verwenden" gewählt wird, so wird das Zentrum nach jedem hinzugefügten Fall aktualisiert, ansonsten erst nachdem alle Fälle hinzugefügt wurden.

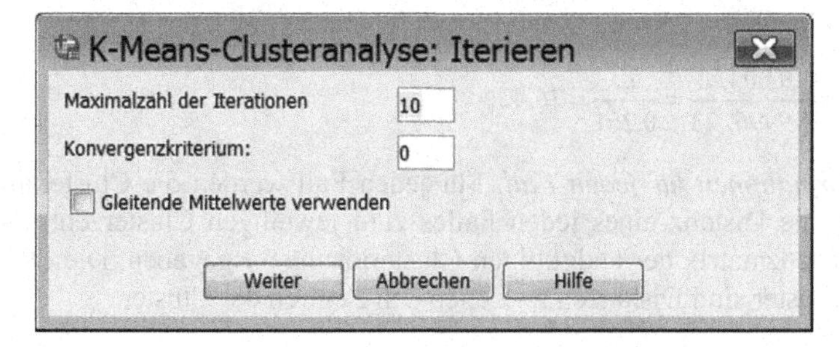

Abb. 22.11. Dialogbox „K-Means-Clusteranalyse: Iterieren"

③ *Speichern.*. Klicken auf die Schaltfläche „Speichern..." (⇨ Abb. 22.10) öffnet die in Abb. 22.12 dargestellte Dialogbox. Durch Anklicken von „Cluster-Zugehörigkeit" wird mit der Variable QCL_1 die endgültige Clusterzugehörigkeit der Fälle und mit QCL_2 die Distanz der Fälle vom jeweiligen Clusterzentrum in der SPSS-Arbeitsdatei gespeichert.

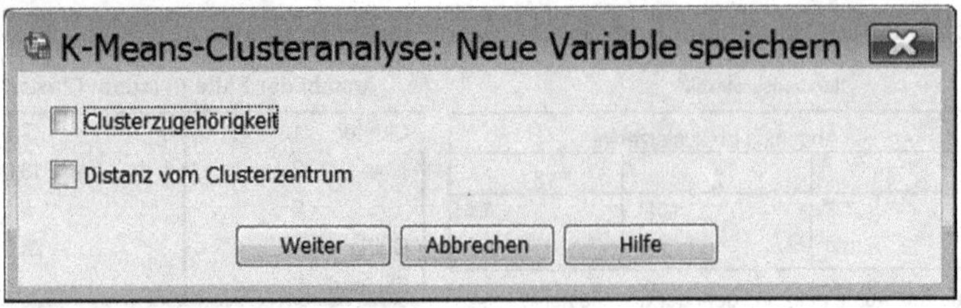

K-Means-Clusteranalyse: Neue Variable speichern

Clusterzugehörigkeit

Distanz vom Clusterzentrum

Weiter Abbrechen Hilfe

Abb. 22.12. Dialogbox „K-Means-Clusteranalyse: Neue Variable speichern"

④ *Optionen.* Anklicken der Schaltfläche „Optionen..." (⇨ Abb. 22.10) öffnet die in Abb. 22.13 dargestellte Dialogbox. Man kann hier die Vorgehensweise bei Vorliegen von fehlenden Werten sowie zusätzliche statistische Informationen anfordern:

- ❑ *Anfängliche Clusterzentren.* Dieses ist die Standardeinstellung und erzeugt die in Tabelle 22.4 links dargelegten Clusterzentren der Anfangslösung.
- ❑ *ANOVA-Tabelle.* Optional kann eine varianzanalytische Zerlegung der Varianz der einzelnen Variablen angefordert werden (Ausgabe siehe Tabelle 22.6). Analog der Gleichung 15.3 in Kap. 15.1 wird die gesamte Variation einer Variablen[16] $\sum_{i=1}^{26}(x_i - \bar{x})^2 = 25$ (Zahlen für die Variable ZARBEIT) in die Variation innerhalb der Cluster $\sum_{i=1}^{7}(x_{i,1} - \bar{x}_1)^2 + \sum_{i=1}^{13}(x_{i,2} - \bar{x}_2)^2 + \sum_{i=1}^{6}(x_{i,3} - \bar{x}_3)^2 = 5{,}9996$ und zwischen den Clustern $\sum_{k=1}^{3} n_k(x_k - \bar{x})^2 = 19{,}004$ zerlegt. Unter Berücksichtigung der Anzahl der Freiheitsgrade für die Variation zwischen den Gruppen (= Clusteranzahl minus 1 = 3 – 1 = 2) und für die Variation innerhalb der Cluster (= Fallzahl minus Clusteranzahl = 26 – 3 = 23) ergibt sich gemäß Gleichung 15.11:

$$F = \frac{s_{\text{zwischen}}}{s_{\text{innerhalb}}} = \frac{19{,}004/2}{5{,}9996/23} = \frac{9{,}5}{0{,}261} = 36{,}42$$

- ❑ *Cluster-Informationen für jeden Fall.* Für jeden Fall werden die Clusterzugehörigkeit, die Distanz eines jeden Falles zum jeweiligen Clusterzentrum und eine Distanzmatrix der endgültigen Clusterlösung ausgegeben. Die Distanzen der Cluster sind Distanzen zwischen den Zentren der Cluster.

---

16 Z-transformierte Variable haben eine Varianz = 1, d.h. $\frac{1}{n-1}\sum_{i=1}^{n}(x_i - \bar{x})^2 = 1$. Für n = 26 folgt $\sum_{i=1}^{26}(x_i - \bar{x})^2 = 25$.

Tabelle 22.6. Ergebnisausgabe: Varianzzerlegung

ANOVA

	Cluster		Fehler			
	Mittel der Quadrate	df	Mittel der Quadrate	df	F	Sig.
zarbeit	9,500	2	,261	23	36,420	,000
zbjeha	9,724	2	,241	23	40,290	,000
zg2w	10,374	2	,185	23	56,111	,000
zmjep	10,916	2	,138	23	79,227	,000

Die F-Tests sollten nur für beschreibende Zwecke verwendet werden, da die Cluster so gewählt wurden, daß die Differenzen zwischen Fällen in unterschiedlichen Clustern maximiert werden. Dabei werden die beobachteten Signifikanzniveaus nicht korrigiert und können daher nicht als Tests für die Hypothese der Gleichheit der Clustermittelwerte interpretiert werden.

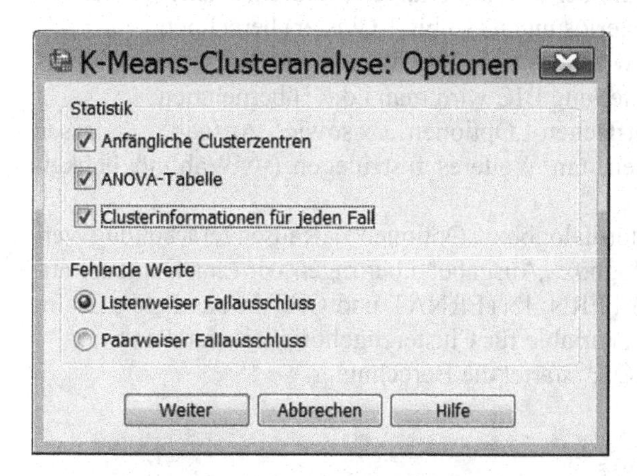

Abb. 22.13. Dialogbox „K-Means-Clusteranalyse: Optionen“

22.2.3 Anwendungsbeispiel zur Two-Step-Clusteranalyse

Es sollen Kunden einer Telefongesellschaft in Kundengruppen segmentiert werden (Datei TELCOM.SAV).[17] Als Variable sind sowohl metrische (die Dauer der Gespräche in Sekunden von drei Gesprächsklassen: ORT, FERN, INTERNAT) als auch kategoriale Variable (TARIF_ORT mit den beiden Ortstarifen Pauschal und Zeitabhängig sowie TARIF_FERN mit den beiden Ferngesprächstarifen Normal und Rabatt) vorhanden. Die Gesprächsdauer hat für alle drei Gesprächsklassen eine linkssteile Verteilung. Um die Modellvoraussetzungen der Normalverteilung annähernd zu erfüllen, werden diese Variablen logarithmiert (Name der Variable: Voranstellen von Lg).[18]

Nach Öffnen der Datei TELCOM.SAV gehen Sie wie folgt vor:

▷ Wählen Sie die Befehlsfolge „Analysieren“, „Klassifizieren ▷“, “Two-Step-Clusteranalyse...“. Es öffnet sich die in Abb. 22.14 dargestellte Dialogbox.

[17] Die Datei beruht auf Daten von SPSS Training (SPSS GmbH Software München).

[18] Da der Logarithmus für 0 nicht definiert ist, wird beim Logarithmieren 0 durch 1 ersetzt.

▷ Übertragen Sie die Variablen TARIF_ORT, TARIF_FERN aus der Quellvariablenliste in das Feld „Kategoriale Variablen" und die Variablen LGORT, LGFERN und LGINTERNAT in das Feld „Stetige Variablen". Als Distanzmaß steht die Option „Euklidisch" nicht zur Verfügung, da hier für die Clusteranalyse gemischte (kategoriale und metrische) Variablen genutzt werden.

▷ Im Feld „Anzahl stetiger Variablen" werden 3 Variablen als „Zu standardisieren" und 0 als „Als standardisiert angenommen" angezeigt. Damit ist die z-Transformation gemeint (⇨ Kap. 8.5). Man standardisiert, um stetige Variable in ihrer Messskala vergleichbar zu machen.

▷ Im Feld „Anzahl der Cluster" besteht die Wahl zwischen „Automatisch ermitteln" und „Feste Anzahl angeben". Meistens wird man die automatische Bestimmung der Clusteranzahl bevorzugen. Dafür gibt man eine Obergrenze an (hier: 15). In der zweiten Stufe des (agglomerativen hierarchischen) Clusterprozesses werden daher 15 Clusterlösungen (15 bis 1 Cluster) berechnet.

▷ Im Feld „Clusterkriterium" wird ein Auswahlmaß zum Bestimmen der Clusteranzahl gewählt. Die Voreinstellung BIC wird man i.d.R. übernehmen.

▷ Mit Klicken auf die Schaltflächen „Optionen..." sowie „Ausgabe..." lassen sich Unterdialogfelder öffnen, um Weiteres festzulegen (⇨ Wahlmöglichkeiten).

Wir wählen auf der Unterdialogbox „Optionen" „Rauschverarbeitung verwenden". Auf der Unterdialogbox „Ausgabe" übertragen wir (zur Demonstration) die metrische Variablen FERN, INTERNAT und ORT in das Feld „Evaluierungsfelder:" und wählen „Variable für Clusterzugehörigkeit erstellen".

▷ Klicken von „Weiter" und „OK" startet die Berechnung.

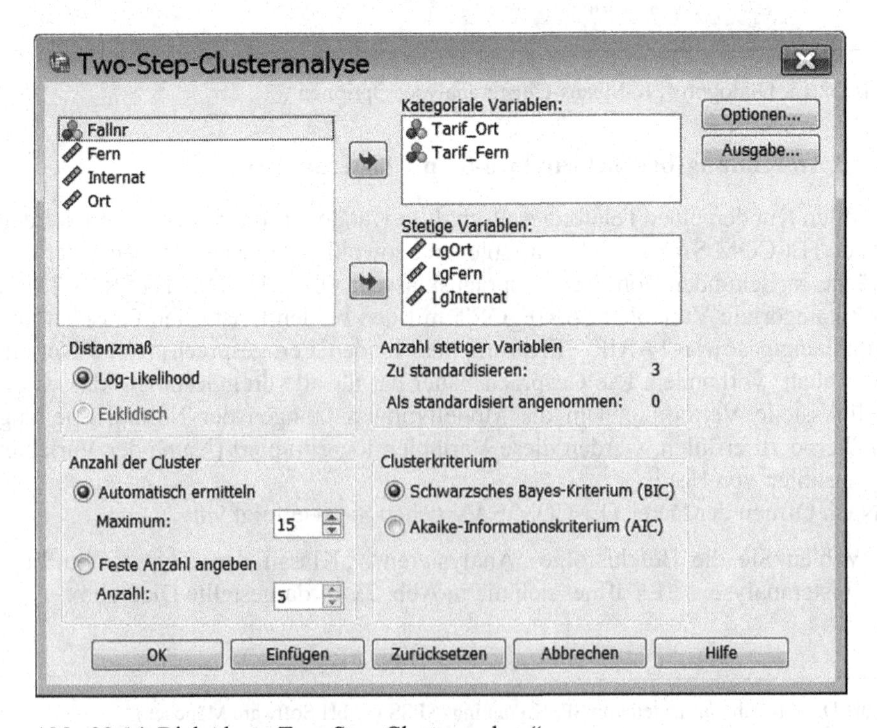

Abb. 22.14. Dialogbox „Two-Step-Clusteranalyse"

Wahlmöglichkeiten. Mit den Schaltflächen „Optionen“ und „Ausgabe“ auf der Hauptdialogbox kann man Unterdialogboxen für weitere Festlegungen anfordern.[19]

① *Optionen.* Klicken auf die Schaltfläche „Optionen“ (⇨ Abb. 22.14) öffnet die entsprechende Unterdialogbox (⇨ Abb. 22.15). Mit der Option „Rauschverarbeitung verwenden“ kann man anfordern, ob in der ersten Cluster-Stufe Ausreißer (noise, Rauschen in den Daten) ausgesondert werden sollen (⇨ Abb. 22.4). Es ist möglich, den voreingestellten Wert von 25 Prozent zu ändern. Mit einer Angabe x % wird festgelegt, dass maximal x % der Fälle im Blattknoten des CF-Baums mit der größten Fallzahl nicht in die Cluster einbezogen werden. Wir wählen die Voreinstellung. Im Feld „Speicherzuweisung“ kann man die voreingestellten 64 MB Speicherzuweisung für den Clusteralgorithmus verändern.

Im Feld „Standardfaktisierung von stetigen Variablen“ kann man die Variablen, die schon standardisiert sind, von der Variablenliste „Zu standardisieren:“ in die Variablenliste „Als standardisiert angenommen:“ übertragen.

Klicken auf die Schaltfläche „Erweitert >>“ ergänzt die Dialogbox in Abb. 22.15 um einen Bereich am unteren Rand. Hier kann man die Voreinstellungen zum Aufbau des CF-Baums verändern. „Schwellenwert für anfängliche Distanzänderung“ bezieht sich auf den zu Beginn der Baumerstellung anfänglichen Schwellenwert, der darüber befindet, ob ein den Baum durchlaufender Fall in einem ähnlichen Blatt landet oder ob der Fall sich zu stark von den Fällen in einem Blatt unterscheidet, so dass ein neuer Blattknoten gebildet werden muss. „Höchstzahl der Verzweigungen (pro Blattknoten)“ bezieht sich auf die Knoten in den Ebenen des Baums. Voreingestellt ist, dass von jedem Elternknoten 8 Kinderknoten abgehen. „Maximale Baumtiefe (Ebenen)“ bezieht sich auf die Höchstzahl der Knotenebenen des Baums. Voreingestellt ist 3 (⇨ Abb. 22.15). Für die jeweils gewählten Angaben wird die Anzahl der Knoten des CF-Baums angezeigt.[20]

Die Option „Aktualisierung des Clustermodells“ ermöglicht es, ein in früheren Analysen erzeugtes Clustermodell zu importieren und mit neuen Daten (die natürlich aus der gleichen Grundgesamtheit stammen müssen) zu aktualisieren. Die Eingabedatei enthält den CF-Baum im XML-Format (⇨ näheres im Hilfesystem). Im XML-Format (Extensible Markup Lenguage) kann ein Clusteranalysemodell gespeichert werden (siehe unten).

② *Ausgabe.* Klicken auf die Schaltfläche „Ausgabe“ (⇨ Abb. 22.14) öffnet die entsprechende Unterdialogbox (⇨ Abb. 22.16).

Im Feld „Diagramme und Tabellen im Modelviewer“ kann man festlegen, ob und welche der nicht für die Clusteranalyse genutzten Variable für das Ergebnis in der Modellanzeige als Charakterisierungsvariablen („Evaluierungsfelder“) verwendet werden sollen. Nutzt man diese Option, dann werden in der Ergebnisausgabe der Modellanzeige für jedes Cluster die Mittelwerte der metrischen

---

[19] Ab SPSS-Version 18 werden die Ergebnisse in Form eines Modellobjekts und einer Modellanzeige präsentiert. Die Schaltfläche „Diagramme...“ entfällt und nun gibt es die Schaltfläche „Ausgabe...“.

[20] Siehe dazu die Erläuterungen zur Two-Step Clusteranalyse in Kap. 22.1.

und die Häufigkeitsverteilungen kategorialer Evaluierungsvariable aufgeführt. Mittels dieser zusätzlichen Daten können die Cluster noch besser beschrieben werden.

Mit Wählen der Option „Variable für Clusterzugehörigkeit erstellen“ im Feld „Arbeitsdatendatei“ wird den Variablen der SPSS-Arbeitsdatei eine Variable hinzugefügt. Diese Variable enthält für jeden Fall die Clusterzugehörigkeitsnummer. Ausreißerfälle erhalten den Wert –1. Der Name dieser Variablen lautet TSC_ mit einer angehängten Zahl.

Im Feld „XML-Dateien“ gibt es zwei Optionen. Das endgültige Clustermodell und der CF-Baum sind zwei Arten von Ausgabedateien, die im XML-Format exportiert werden können. Der Name der Datei ist anzugeben. Der aktuelle Stand des Cluster-Baums kann gespeichert und später mit neuen Daten aktualisiert werden.

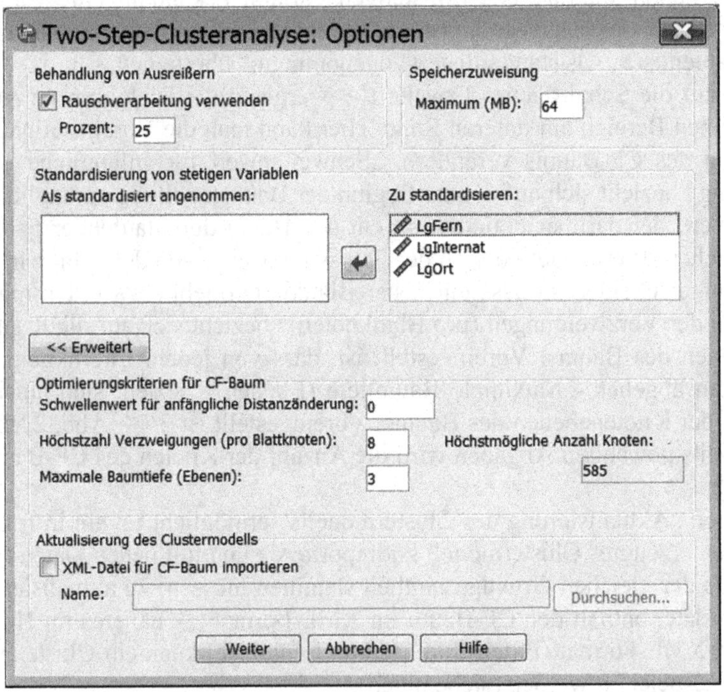

Abb. 22.15. Dialogbox „Two-Step-Clusteranalyse: Optionen“

Two-Step-Clusteranalyse: Ausgabe

Ausgabe
- [ ] Pivot-Tabellen
- [x] Diagramme und Tabellen im Modellviewer

Als Evaluierungsfelder angegebene Variablen können optional im Modellviewer als Clusterdeskriptoren angezeigt werden.

Variablen: Fallnr

Evaluierungsfelder: Fern, Internat, Ort

Arbeitsdatendatei
- [x] Variable für Clusterzugehörigkeit erstellen

XML-Dateien
- [ ] Endgültiges Modell exportieren

Name: Durchsuchen...
- [ ] CF-Baum exportieren

Name: Durchsuchen...

Weiter Abbrechen Hilfe

Abb. 22.16. Dialogbox „Two-Step-Clusteranalyse: Ausgabe“

Das Ergebnis der Clusteranalyse im Ausgabefenster in Form eines Modellobjekts (⇨ Abb. 22.17) zeigt in der „Modellzusammenfassung“, dass die Analyse auf 5 Variable („Input“) basiert und dass 5 Cluster gebildet worden sind. In der darunter liegenden grafischen Darstellung wird die Cluster-Qualität als mittelmäßig beurteilt (Maß „Silhouetten-Kohäsions- und Trennungsmesswert = 0,5).

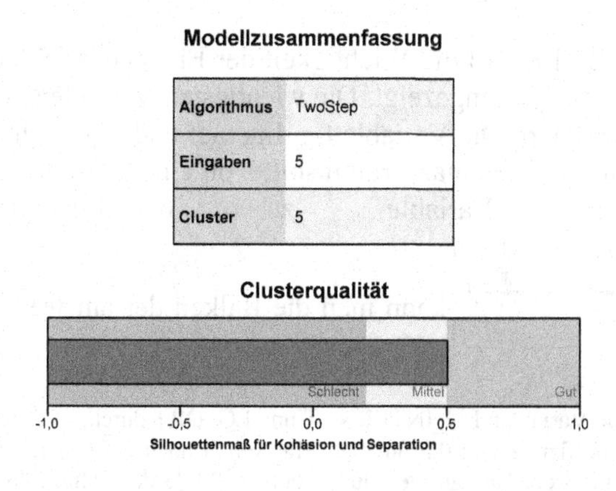

Modellzusammenfassung

Algorithmus	TwoStep
Eingaben	5
Cluster	5

Abb. 22.17. Das Modellobjekt im Ausgabefenster

Doppelklickt man auf das Modellobjekt, öffnet sich die Modellanzeige, die mehrere grafisch aufbereitetet Ergebnisse enthält, die sogenannten Modellansichten. Im linken Fenster wird wieder „Modellzusammenfassung“ gezeigt. Geht man mit dem Mauszeiger auf den Balken, wird für die Clusterlösung ein durchschnittlicher Silhouetten-Koeffizient in Höhe von 0,5 ausgewiesen. Der Koeffizient misst, wie eng ein Fall eines jeden Clusters zu diesem Cluster bzw. zum nächstgelegenen Cluster liegt.

Im linken Fenster der Modellanzeige kann man per Dropdownschalter auf der unteren Leiste zwischen zwei Ansichten wählen: Ansicht: Modellzusammenfassung Zurücksetzen und Ansicht: Cluster Zurücksetzen. Je nach Wahl von „Modellzusammenfassung“ oder „Cluster“ werden im rechten Fenster z.T. unterschiedliche Modellansichten gezeigt. Diese werden wir nun nacheinander behandeln.

① *Die Modellansichten von „Modellzusammenfassung“.* Die auch wählbaren Modellansichten „Zellverteilung“ und „Clustervergleich“ sind nur bei der Modellansicht „Cluster“ verfügbar.

❑ *Cluster-Größen.* In Abb. 22.18 werden in einem Kreisdiagramm und einer Tabelle Informationen zu der Größe (Fallzahlen) der 5 Cluster angezeigt. Geht man mit der Maus auf eines der Kreissegmente, so werden der Clustername und die Anzahl der Fälle im Cluster angezeigt.

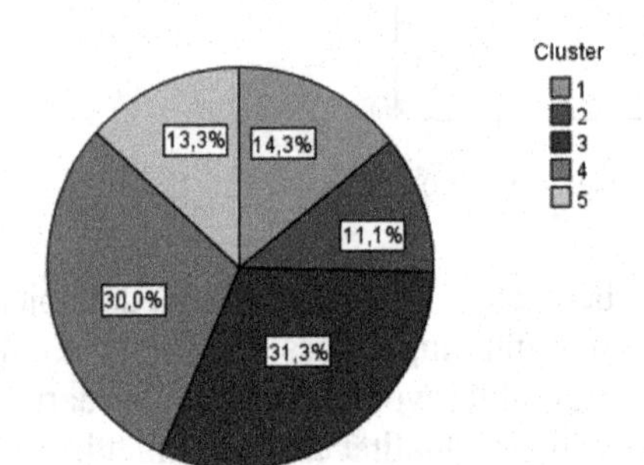

Größe des kleinsten Clusters	162 (11,1%)
Größe des größten Clusters	456 (31,3%)
Größenverhältnis: Größtes Cluster/Kleinstes Cluster	2,81

Abb. 22.18. Die Größe der Cluster

❑ *Prädiktoreinfluss.* In Abb. 22.19 wird die Wichtigkeit der Eingabevariablen für das Ergebnis der Clusteranalyse angezeigt. Die wichtigsten Variable sind LgFern, Tarif_Fern und Tarif_Ort. Die Variable Lg_Internat und LgOrt sind wenig bzw. nicht bedeutsam, so dass man prüfen sollte, ob eine Clusteranalyse ohne diese Variable zu befriedigenden sen kommt.[21] Mit den Schiebeschaltern LgOrt LgFern kann man die Balken der am wenig

21 Führt man die Clusteranalyse ohne die Variablen LG_INTERNAT und LG_ORT durch, so steigt der durchschnittliche Silhouetten- Koeffizient von 0,5 auf 0,9. Man erhält auch 5 Cluster, die sich aber deutlicher voneinander abgrenzen. Das größte Cluster enthält 70 % der Fälle. Führt man die Clusteranalyse nur mit TARIF_FERN und TARIF_ORT durch, so steigt der durchschnittliche Silhouetten- Koeffizient auf den höchstmöglichen Wert 1. Man erhält 4 klar abgegrenzte Cluster. Aber dies ist nur scheinbar eine bessere Clusterlösung, da in der 5er-Clusterlösung ein Cluster mit Kunden ohne internationale Gespräche gefunden worden ist.

wichtigsten (bzw. wichtigsten) Variablen in der Grafik ein- bzw. ausblenden.

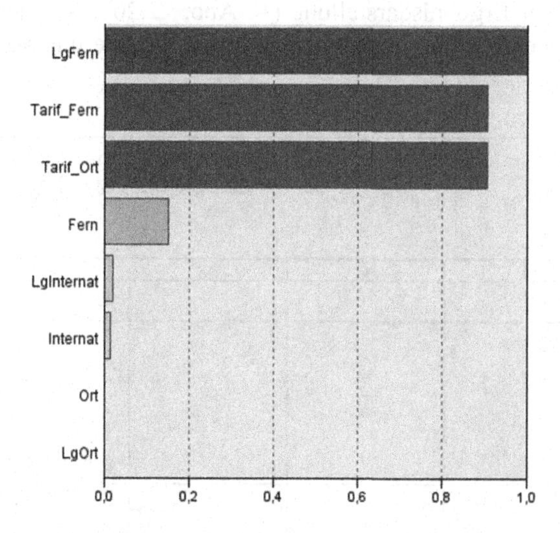

Abb. 22.19. Die Bedeutsamkeit der Inputvariablen

② *Die Modellansichten von „Cluster".* Mit Wählen der Modellansicht „Cluster" erscheint im linken Fenster (im Hauptfenster) der Modellansicht die in Abb. 22.20 gezeigte tabellarische Darstellung von Informationen zu der ermittelten Clustern. In den Spalten der Tabelle werden die Cluster mit den Namen 1 bis 5 (geordnet nach der Größe) und in den Zeilen der Gruppe „Eingabe" die fürs Clustern genutzte Variablen aufgeführt. Die Wichtigkeit der Variablen für die Clusterbildung wird durch Farbschattierungen angezeigt: je dunkler umso wichtiger ist die Variable.

In die Felder der Zeilen „Beschriftung" und „Beschreibung" kann man Texte zur Charakterisierung der Cluster eintippen. Klickt man auf Zurücksetzen, so wird die Tabelle auf ihren ursprüngliche Stand zurückgesetzt und Eintragungen in den beiden ersten Zeilen werden nach einem Warnhinweis gelöscht. Die Zeile „Größe" weist die absoluten und prozentualen Fallanzahlen im Cluster aus.

Geht man mit dem Mauszeiger auf ein Variablenfeld eines Clusters, so wird die Wichtigkeit der Variable angezeigt und auch für kategoriale Variable die Kategorie mit der größten Häufigkeit und für metrische Variable der Mittelwert.

Die im rechten Fenster wählbaren Modellansichten „Cluster-Größen" und „Bedeutsamkeit der Prädiktoren" entsprechen den für die Modellansichten von „Modellzusammenfassung".

Klicken auf den Schalter Anzeigen am unteren Rand des Hauptfensters öffnet die in Abb. 22.21 dargestellte Dialogbox. Auf dieser kann man festlegen was in der im linken Fenster (Hauptfenster) gezeigten Ansicht „Cluster" (⇨ Abb. 22.20) dargestellt werden soll. Standardmäßig sind „Eingaben", „Clusterbeschreibungen" sowie „Clustergrößen" gewählt und auch in Abb. 22.20 zu sehen. Entfernt man die Häkchen für diese Auswahlmöglichkeiten und klickt „OK", werden die entsprechenden Zeilen in der Ergebnisdarstellung entfernt.

Wählt man „Evaluierungsfelder", so werden die in der Unterdialogbox „Ausgabe" (⇨ Abb. 22.16) gewählten Evaluierungsvariable aktiv geschaltet. Klickt man nun auf „OK", wird in der Ergebnisdarstellung (⇨ Abb. 22.20) nach der Gruppe „Eingaben" die Gruppe „Evaluierungsfelder" mit den Evaluierungsvariablen in den Zeilen eingefügt.

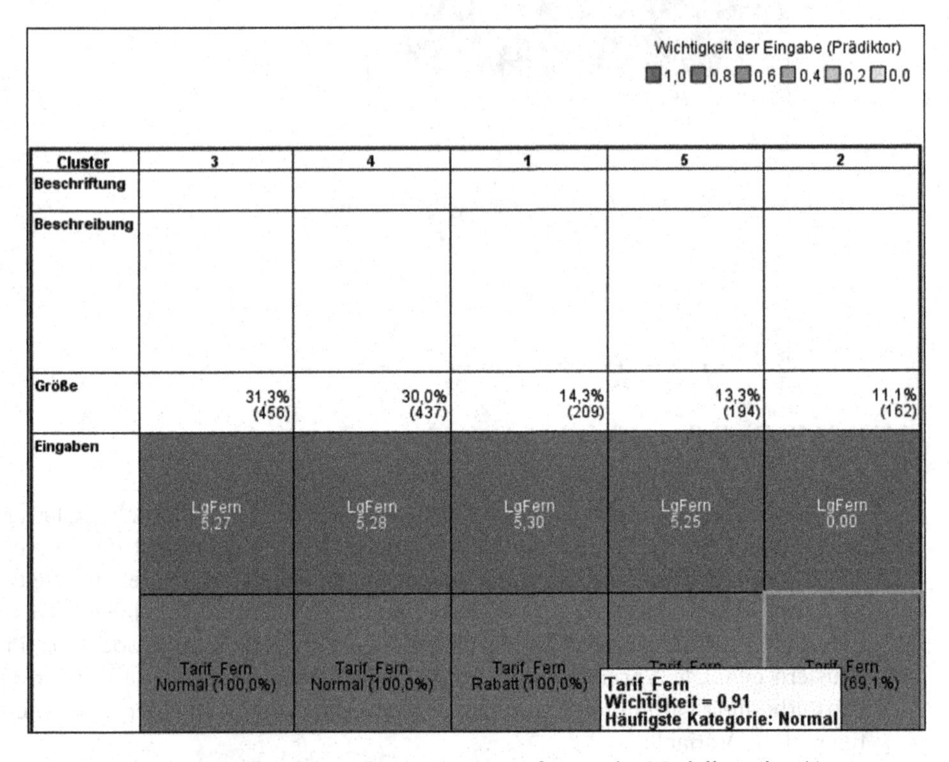

Abb. 22.20. Die Modellansicht „Cluster" im Hauptfenster der Modellanzeige (Ausschnitt)

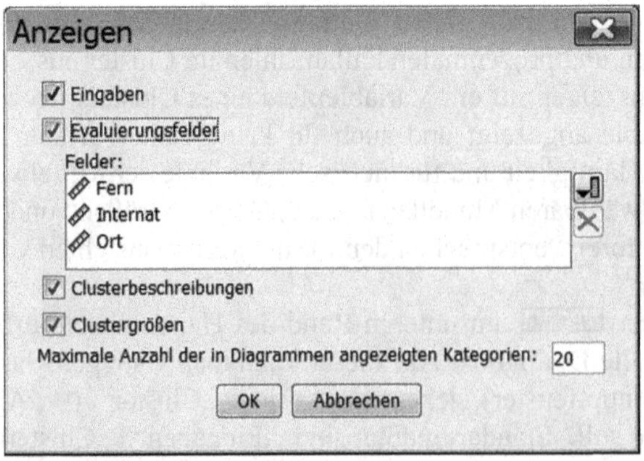

Anzeigen

☑ Eingaben
☑ Evaluierungsfelder
Felder:
Fern
Internat
Ort
☑ Clusterbeschreibungen
☑ Clustergrößen
Maximale Anzahl der in Diagrammen angezeigten Kategorien: 20
OK Abbrechen

Abb. 22.21. Dialogbox Anzeigen

Aus den Informationen zu den Clustern ergibt sich, dass die Telefonkunden in den Cluster 3, 4, 1 und 5 sich hauptsächlich darin unterscheiden, welchen Tarif sie für Fern- und Ortsgespräche haben. Die Unterschiede in der Gesprächsdauer sind nicht gravierend. Cluster 3: Ferngespräche = „Normal", Ortsgespräche = „zeitabhängig"; Cluster 4: Ferngespräche = „Normal", Ortsgespräche = „Pauschalgebühr", Cluster 1: Ferngespräche = „Rabatt", Ortsgespräche = „zeitabhängig", Cluster 5: Ferngespräche = „Rabatt", Ortsgespräche = „Pauschalgebühr"; Cluster 2: Ferngespräche: beide Tarife, Ortsgespräch: beide Tarife und im Unterschied zu Cluster 3, 4, 1 und 5 keine internationalen sowie keine Ferngespräche.

- *Symbole.* Nach Wählen der Modellansicht „Cluster" erscheint im linken Fenster der Modellansicht eine Symbolleiste mit Symbolen zum Verändern der Darstellung der Ergebnisausgabe.

  Vertauschen („Transponieren") der Zeilen und Spalten des Ergebnisses.

  Symbole zum Bestimmen der Reihenfolge der Variablen („Eingaben"): .

  Sortieren der Variablen nach ihrer Gesamt-Wichtigkeit.

  Sortieren der Variablen nach ihrer Wichtigkeit in einem Cluster.

  Sortieren der Variablen nach ihrem Namen.

  Sortieren der Variablen nach der Reihenfolge in der Dialogbox.

  Symbole zum Bestimmen der Reihenfolge der Cluster: .

  Sortieren der Cluster nach ihrer Größe.

  Sortieren der Cluster nach ihrer Clusternummer („Namen").

  Sortieren der Cluster nach ihrer Beschriftung.

  Symbole zum Bestimmen der gezeigten Informationen: .

  In den Zellen werden Clusterzentren angezeigt (=Ausgangsanzeige).

  In den Zellen wird die absolute Verteilung der Variable gezeigt.

  In den Zellen wird die relative Verteilung der Variable gezeigt.

  In den Zellen für die Variablen wird nur der Variablennamen gezeigt.

- *Zellenverteilung.* Wir wählen die Ansicht „Cluster" im linken Fenster und „Zellenverteilung" im rechten der Fenster der Modellansicht. Wählt man nun mit der Maus eine Zelle der Ergebnisausgabe (eine Variable und ein Cluster), so wird im rechten Fenster die „Zellverteilung" dargestellt. In Abb. 22.22 links ist die Verteilung der metrischen Variable LGFERN für das Cluster 3 zu sehen, in Abb. 22.22 rechts die der kategorialen Variable TARIF_FERN. In unserer Darstellung ist die Darstellungsvariante der absoluten Verteilung gewählt (auch wählbar durch Klicken auf das Symbols). Die Verteilungen der Variablen im Cluster 3 und für alle Daten (mit geringerer Farbtiefe) werden als Histogramm bzw. als Balkendiagramm dargestellt, so dass man auf einen Blick Unterschiede zwischen Cluster 3 und allen Fällen sieht.

  Wählt man anstelle einer Zelle der Ergebnisausgabe ein Cluster durch Klicken auf die oberste Zeile mit der Clusternummer, so wird für das gewählte Cluster die in Abb. 22.23 gezeigte Darstellung für das Cluster angezeigt.

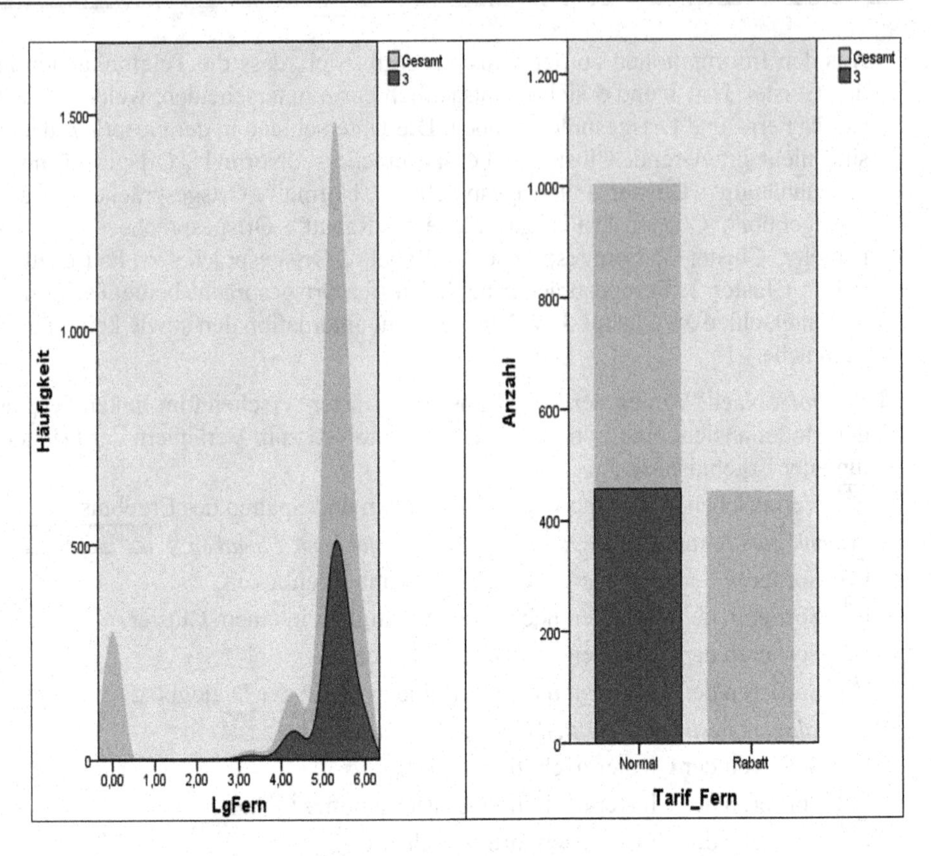

Abb. 22.22. Modellanzeige: Zellverteilung für eine metrische (links) und kategoriale Variable (rechts)

- *Clustervergleich.* Wir wählen die Ansicht „Cluster“ im linken Fenster und „Clustervergleich“ im rechten Fenster der Modellansicht. Nun Klicken wir auf die Zeile „Cluster“ (bei transponierter Darstellung Spalte) zunächst auf das Cluster 3 und dann mit Festhalten „Strg“-Taste auf das Cluster 4. In der Abb. 22.23 ist das Ergebnis des Clustervergleichs zu sehen.

  Für metrische Variablen wird die Verteilung der Variablen in den Clustern in Boxplots (Mediane und Quartile) vergleichend gegenübergestellt. Der Median aller Datenfälle wird durch einen senkrechten Strich angezeigt.

  Für kategoriale Variablen werden die Häufigkeit der Kategorien und die Anzahl der Fälle sowie deren prozentuale Verteilung angezeigt. Unterschiedlich Fallzahlen werden durch unterschiedliche Größen des Kreises ausgewiesen.

  Geht man mit der Maus auf ein Quadrat im Boxplot einer Variablen, so wird der Median des entsprechenden Clusters angezeigt. Geht man auf eine waagerechte Linie, werden die Quantile und geht man auf die senkrechte Linie, so wird der Median aller Datenfälle angezeigt.

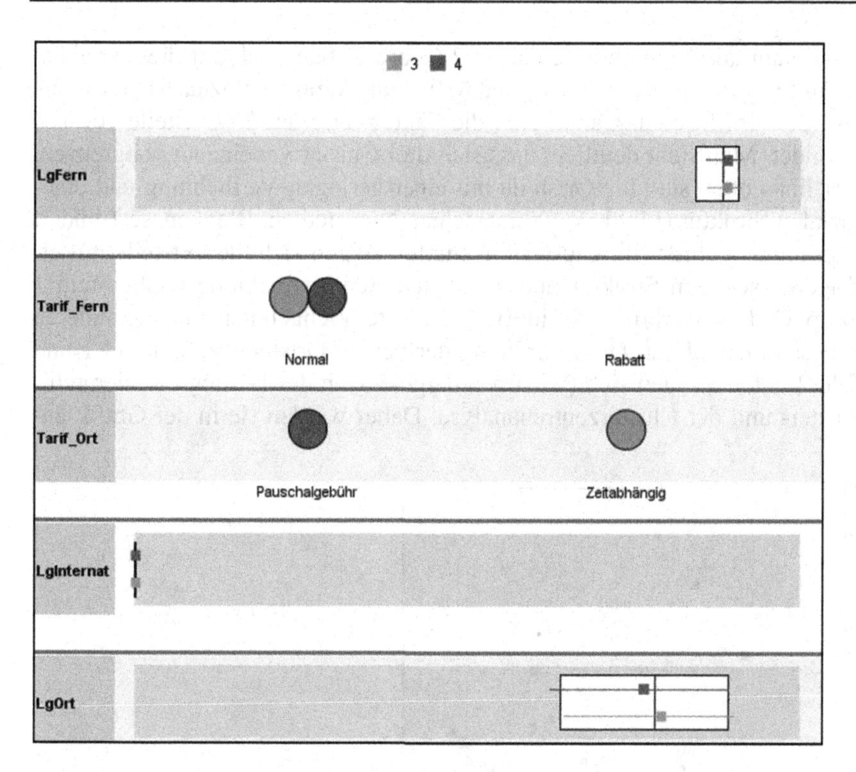

Abb. 22.23. Modellanzeige: Vergleich der Cluster 3 und 4

22.2.4 Vorschalten einer Faktorenanalyse

Die für eine Clusteranalyse verwendeten Variablen sind in der Regel korreliert (das gilt auch für die Variablen ARBEIT, MJEP, G2W und BJEHA im Beispiel für das Clustern von Hamburger Stadtteilen, ⇨ Kap. 22.2.1 und 22.2.2). Dieses ist nicht unproblematisch, wenn Distanzen als Inputvariable für die Clusteranalyse berechnet werden. Eine Faktorenanalyse (⇨ Kap. 27) für alle 182 Ortsteile Hamburgs mit den vier Variablen hat gezeigt, dass sich hinter den Variablen zwei Dimensionen verbergen, die man als soziale Struktur und Verdichtung bezeichnen könnte. Daher sollte man bei Durchführung einer Clusteranalyse überlegen und prüfen, ob man der Clusteranalyse eine Faktorenanalyse vorschalten sollte. Zur Veranschaulichung ist die Faktorenanalyse zur Extraktion von zwei Faktoren mit der Hauptkomponentenmethode und anschließender Varimax-Rotation auf den Datensatz der Datei ALTONA.SAV angewendet worden. Eine anschließende hierarchische Clusteranalyse der Faktorwerte nach der Zentroid-Methode mit der quadratischen Euklidischer Distanz ist zu einer Clusterlösung gekommen, die der K-Means-Clusteranalyse angewendet auf die z-Werte der Ausgangsvariablen entspricht. Auch die K-Means-Clusteranalyse für die Faktoren kommt zu diesem Ergebnis. Das Vorliegen von nur zwei Dimensionen erleichtert die Interpretation der Clusterlösung. Wegen der Zweidimensionalität lassen sich die Cluster grafisch anschaulich darstellen.

Abb. 22.24 ist ein Streudiagramm für die Faktorwerte der beiden Faktoren. Faktor 1 (score 1) lädt hoch auf die Variablen G2W (mit negativem Vorzeichen) und

BJEHA und kann als Verdichtung, Faktor 2 (score 2) lädt hoch auf die Variablen ARBEIT (mit negativem Vorzeichen) und MJEP und kann als Sozialstruktur interpretiert werden. Im Streudiagramm sind die Faktorwerte der 26 Ortsteile von Altona abgebildet. Man sieht deutlich, dass sich drei Cluster voneinander abgrenzen. Im Cluster links oben sind die Ortsteile mit einer geringen Verdichtung und einer hohen sozialen Struktur (Flottbek, Othmarschen, Nienstedten, Blankenese 1 und 2, Rissen) zusammengefasst. Im Cluster links unten zeigen sich die Ortsteile mit einer niedrigeren sozialen Struktur und einer kleineren Verdichtung (Bahrenfeld 1 bis 3, Lurup, Osdorf, Iserbrook, Sülldorf). Im Cluster rechts unten sind die anderen Ortsteile zusammengefasst. Die Zuordnung der beiden Ortsteile Bahrenfeld 1 und Bahrenfeld 2 unterscheiden sich (wie oben dargelegt) in der Lösung der hierarchischen Cluster- und der Clusterzentrenanalyse. Daher werden sie in der Grafik angezeigt.

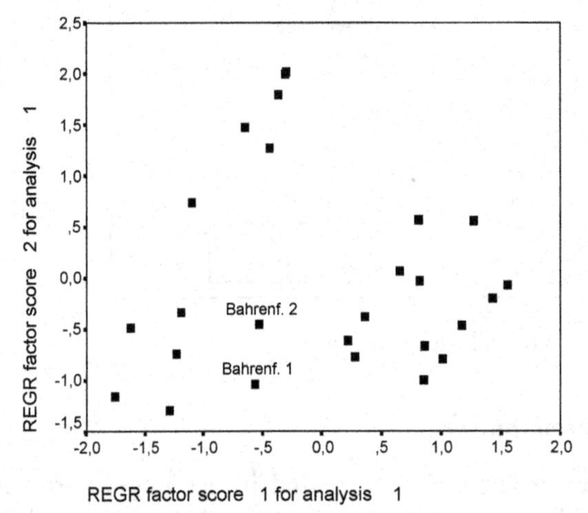

Abb. 22.24. Streudiagramm der Faktorwerte

7 Diskriminanzanalyse

7.1 Theoretische Grundlagen

23 Diskriminanzanalyse

23.1 Theoretische Grundlagen

Bei der multivariaten statistischen Methode der Diskriminanzanalyse[1] geht es um die Vorhersage der Gruppenzugehörigkeit von Personen oder Objekten (Datenfälle) durch mehrere metrische (unabhängige) Variablen. Es kann sich dabei um zwei oder auch mehrere Gruppen handeln.

Das Verfahren vollzieht sich in zwei Stufen. In der ersten Stufe wird ein Analysemodell entwickelt und geprüft, ob und welche metrische Variable sich zur Vorhersage einer Gruppenzugehörigkeit der Datenfälle (zur Gruppentrennung) eignen. In dieser Analysestufe ist die Gruppenzugehörigkeit der Datenfälle bekannt (in Form einer Gruppierungsvariablen). Wenn die Analyse ergibt, dass sich das Modell zur Vorhersage der Gruppenzugehörigkeit eignet, kann das Modell dazu dienen, für Datenfälle mit unbekannter Gruppenzugehörigkeit, aber bekannten Werten der metrischen Variablen, eine Gruppenzuordnung vorzunehmen. Die Zuordnung von Datenfällen zu Gruppen (Klassen genannt) wird als *Klassifikation* bezeichnet.[2]

Die Entwicklung eines Modells der Linearen Diskriminanzanalyse setzt voraus, dass in den Gruppen die metrischen Variablen normalverteilt und die Varianzen sowie Kovarianzen der Variablen gleich groß sind. Ob diese Modellvoraussetzungen annähernd erfüllt sind, sollte man prüfen.

Mit einem Beispiel aus dem Bereich der Medizin soll das statistische Verfahren zunächst für den Zwei-Gruppenfall erläutert werden. Zur Diagnose von Lebererkrankungen wie der viralen Hepatitis dienen Leberfunktionstests. Dabei spielen Messergebnisse zu verschiedenen Enzymen eine besondere Rolle. Bei der Diagnose von Lebererkrankungen hat sich gezeigt, dass es nicht möglich ist anhand der Daten nur einer der Enzymvariablen klare Anhaltspunkte dafür zu gewinnen, ob ein Patient eine bestimmte Lebererkrankung hat (z. B. eine virale Hepatitis). Vielmehr ist man zu der Erkenntnis gekommen, dass sich aus der Kombination von Werten mehrerer Enzymvariablen bessere Belege für eine Diagnose ergeben. Zu der Frage, welche der Variablen dafür besonders bedeutsam sind und in welcher Wertekombination der verschiedenen Variablen, kann die Diskriminanzanalyse einen Beitrag leisten.

Der Grundgedanke der Diskriminanzanalyse soll zunächst durch eine grafische Darstellung erläutert werden. Dabei werden Daten aus der Datei LEBER.SAV

---

[1] Es handelt sich hier um die Lineare Diskriminanzanalyse. Eine didaktisch hervorragende Darstellung bietet Backhaus u.a. (2015).

[2] Die Diskriminanzanalyse gehört daher zu den Klassifikationsverfahren.

verwendet[3]. Für 218 Fälle von Lebererkrankungen wird in der Variable GRUP1 die Lebererkrankung erfasst (1 = virale Hepatitis, 2 = andere Lebererkrankung). Mit den Variablen AST, ALT, OCT und GIDH werden Messwerte für vier Enzyme erfasst und mit LAST, LALT, LOCT und LGIDH die logarithmierten Messwerte. Um der Modellvoraussetzung der Normalverteilung annähernd zu genügen, werden anstelle der Originalmesswerte die logarithmierten Messwerte verwendet.

Für die folgende grafische Darstellung beschränken wir uns auf zwei der vier metrischen Variablen: LAST und LALT. In Abb. 23.1 sind die 218 Krankheitsfälle in einem Streudiagramm mit den beiden Variablen LAST und LALT dargestellt. Durch eine unterschiedliche Markierung der Fälle im Streudiagramm werden die beiden Gruppen (virale Hepatitis und andere Lebererkrankungen) sichtbar. Es zeigt sich deutlich, dass die beiden Gruppen im Streudiagramm überlappende Punktwolken mit voneinander verschiedenen Zentren bilden. Die Aufgabe der Diskriminanzanalyse besteht darin, mit Hilfe der metrischen Variablen die beiden Gruppen möglichst gut zu trennen. Aus der Grafik wird ersichtlich, dass weder die Variable LAST noch die Variable LALT allein gut zur Trennung der Gruppen geeignet ist, weil sich die Punktwolken überlappen. Eine beispielhaft in das Streuungsdiagramm eingezeichnete Trennlinie für die Variable LALT mit einem (beispielhaft angenommenen) Trennwert $LALT_{Tr}$ zeigt, dass eine derartige Trennung unbefriedigend ist, weil die Überlappung der Verteilungen beträchtlich ist. Werden die Punkte im Streudiagramm senkrecht auf die LALT-Achse projiziert, so werden die Verteilungen der Variable LALT für die beiden Gruppen abgebildet.

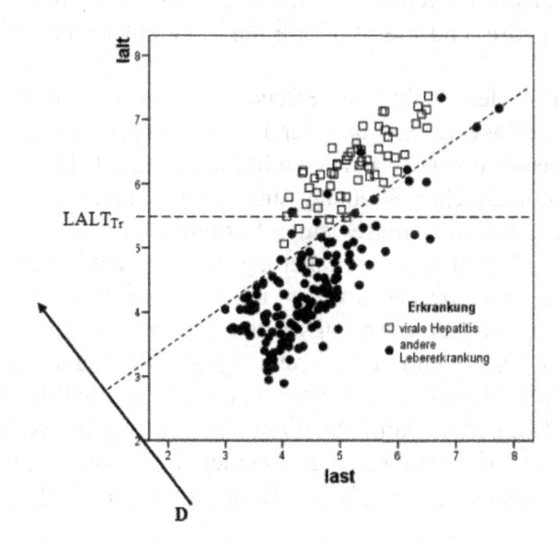

Abb. 23.1. Überlappende Punktwolken im Streudiagramm

[3] Die Datei LEBER.SAV wurde uns freundlicherweise von Prof. Dr. Berg vom Universitätskrankenhaus Eppendorf in Hamburg zur Verfügung gestellt. Die Daten entstammen der Literatur (Plomteux, Multivariate Analysis of an Enzymic Profile for the Differential Diagnosis of Viral Hepatitis. In: Clinical Chemistry, Vol. 26, No. 13, 1980, S. 1897-1899).

In Abb. 23.2 werden diese Verteilungen idealisiert als Normalverteilungen mit gleicher Streuung und gleichen Fallzahlen in den Gruppen dargestellt: Wegen der Überlappung beider Verteilungen kann ein zufriedenstellende Trennung beider Gruppen mit Hilfe eines Trennwertes von LALT nicht gelingen.

Die Trennung der beiden Gruppen gelingt wesentlich besser, wenn die von links unten nach rechts oben verlaufende Trennlinie in Abb. 23.1 gewählt wird. Mit einer derartigen Trennung wird für die Punktwolke aller 218 Fälle ein neues Koordinatensystem gewählt. Die im Winkel von neunzig Grad zur Trennlinie stehende D-Achse bildet die Grundachse des neuen Koordinatensystems.[4] Die Messwerte auf der D-Achse ergeben sich aus einer Linearkombination der Messwerte der Variablen LALT und LAST gemäß Gleichung 23.1. Diese Gleichung, die einer Regressionsgleichung ähnelt, nennt man eine (kanonische) Diskriminanzfunktion. Die Messwerte D_i eines Falles i heißen Diskriminanzwerte. Die Koeffizienten b_1 und b_2 sind die Gewichte der Linearkombination und werden Diskriminanzkoeffizienten genannt. Durch die Höhe dieser Koeffizienten der Diskriminanzfunktion wird die Steigung der D-Achse bestimmt.[5]

$$D_i = b_0 + b_1 LALT_i + b_2 LAST_i \qquad (23.1)$$

Die Koeffizienten der Gleichung – und hier liegt der Unterschied zu einer Regressionsgleichung – sollen derart bestimmt werden, dass die Werte von D_i möglichst gut die beiden im Datensatz enthaltenen Gruppen (Fälle mit viraler Hepatitis bzw. einer anderen Lebererkrankung) trennen. Projiziert man in Abb. 23.1 die Punkte des Streudiagramms senkrecht auf die D-Achse, so wird klar, dass große Werte von D die Fälle einer viralen Hepatitis und kleine Werte die Fälle einer anderen Lebererkrankung ausweisen.

Durch eine senkrechte Projektion der Punkte des Streudiagramms auf die D-Achse wird eine der Abb. 23.2 analoge Darstellung der Häufigkeitsverteilungen der beiden Gruppen mittels der Diskriminanzwerte D erstellt (hier ebenfalls idealisiert durch Normalverteilungen mit gleicher Streuung und gleichen Fallzahlen). Aus Abb. 23.3 kann man erkennen, dass auch diese beiden Verteilungen sich überlagern. Im Unterschied zu Abb. 23.2 ist die Überlagerung aber wesentlich reduziert. Dieses bedeutet, dass die Trennung der Gruppen mit Hilfe der Diskriminanzfunktion (einer Linearkombination der Ursprungsmesswerte) besser gelingt als mit den Ursprungswerten. Im Idealfall gelingt die Trennung ohne Überlappung der beiden Verteilungen. Möglicherweise noch besser als im dargelegten Fall von zwei Enzymvariablen (den unabhängigen Variablen) gelingt die Trennung der beiden Gruppen, wenn alle vier Enzymvariablen einbezogen werden. Bezeichnet man die vier logarithmierten Enzymvariablen mit x_1 bis x_4, lautet die lineare Diskriminanzfunktion:

$$D_i = b_0 + b_1 x_{1,i} + b_2 x_{2,i} + b_3 x_{3,i} + b_4 x_{4,i} \qquad (23.2)$$

[4] Abweichend von unserer Darstellung geht die Diskriminanzachse D durch den Ursprung des durch die Variablen aufgespannten Raumes.

[5] Die Relation b_1 / b_2 bestimmt die Steigung der D-Achse. Die Höhe von b_0 beeinflusst hingegen nur die Lage des Nullpunkts auf der D-Achse.

Wenn die Koeffizienten der Diskriminanzfunktion bekannt sind, kann die Funktion zur Vorhersage der Gruppenzugehörigkeit (virale Hepatitis liegt vor oder nicht) für einen nicht im Datensatz enthaltenen Krankheitsfall benutzt werden. Dafür müssen die Werte der vier Variablen erhoben und in die Gleichung eingesetzt werden. Damit eine Zuordnung in eine der beiden Gruppen anhand der Höhe des für eine Person i berechneten Wertes von D_i möglich wird, muss ein kritischer Wert für D (ein Trennwert) bestimmt werden oder - wie es bei SPSS der Fall ist - die Zuordnung auf andere Weise vorgenommen werden (⇨ Gleichung 23.5).

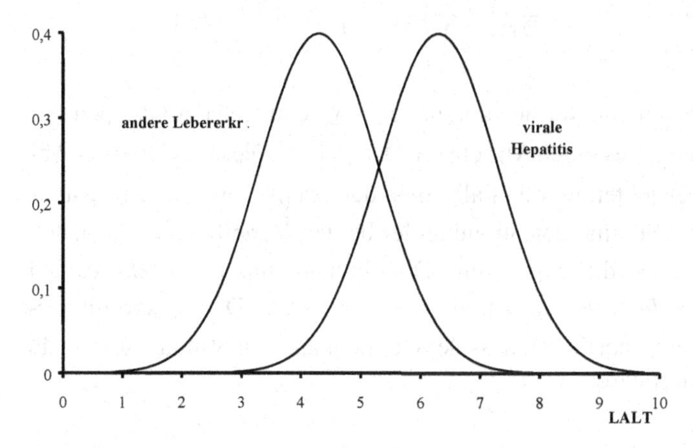

Abb. 23.2. Häufigkeitsverteilungen der beiden Gruppen auf der LALT-Achse

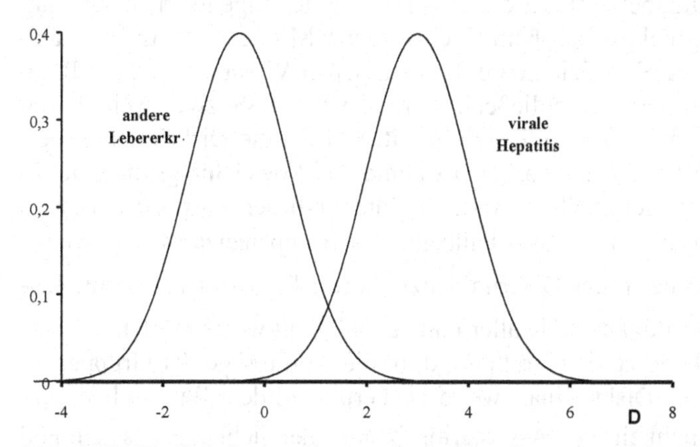

Abb. 23.3. Häufigkeitsverteilungen der beiden Gruppen auf der D-Achse

Aus Abb. 23.3 kann man intuitiv erfassen, unter welchen Bedingungen eine Trennung der beiden Gruppen mit Hilfe einer Diskriminanzfunktion besonders gut gelingt (d. h. die beiden Verteilungen sich möglichst wenig überlappen): die Mittelwerte der beiden Gruppen $\overline{D}_1$ bzw. $\overline{D}_2$ (die Gruppenzentroide) sollten möglichst weit auseinander liegen und die Streuungen der beiden Verteilungen möglichst klein sein. Gemäß dieser beiden Zielsetzungen wird die Lage der D-Achse bestimmt (und damit die Diskriminanzkoeffizienten b). Das Optimierungskriterium zur Bestimmung der Diskriminanzkoeffizienten knüpft somit an das statistische Konzept der Varianzanalyse an (⇨ Kap. 15).

Die gesamte Streuung der Diskriminanzwerte D_i lässt sich aufteilen in die Streuung (gemessen als Summe der Abweichungs-Quadrate vom Mittelwert = SAQ) zwischen den beiden Gruppen und innerhalb der beiden Gruppen (mit Fallzahlen n_1 und n_2)(⇨ Gleichung 15.3 in Kap. 15.1):

$$SAQ_{Total} = SAQ_{zwischen} + SAQ_{innerhalb} \quad (23.3)$$

$$\sum_{i=1}^{n}(D_i - \overline{D})^2 = \left[n_1(\overline{D}_1 - \overline{D})^2 + n_2(\overline{D}_2 - \overline{D})^2\right] + \left[\sum_{i=1}^{n_1}(D_{1,i} - \overline{D}_1)^2 + \sum_{i=1}^{n_2}(D_{2,i} - \overline{D}_2)^2\right]$$

$SAQ_{zwischen}$ erfasst die Streuung, die sich durch die Abweichungen der Gruppenmittelwerte $\overline{D}_1$ bzw. $\overline{D}_2$ vom gesamten Mittelwert $\overline{D}$ ergeben. Diese quadrierten Abweichungen werden (gewichtet mit den Fallzahlen der Gruppen n_1 bzw. n_2) summiert. $SAQ_{innerhalb}$ ist die Summe der Streuung der beiden Verteilungen (gepoolte). $SAQ_{zwischen}$ wird auch als die durch die Diskriminanzfunktion *erklärte* und $SAQ_{innerhalb}$ als die *nicht erklärte* Streuung bezeichnet. Die Diskriminanzkoeffizienten werden derart bestimmt, dass der Quotient aus den Streuungen gemäß Gleichung 23.4 maximiert wird.

$$\frac{SAQ_{zwischen}}{SAQ_{innerhalb}} = Max! \quad (23.4)$$

Diese Maximierungsaufgabe läuft auf die Bestimmung des Eigenwerts einer Matrix hinaus und soll hier nicht weiter betrachtet werden.[6] Mit der Lösung der Maximierungsaufgabe sind die Koeffizienten b der metrischen Variablen in ihren Relationen zueinander bestimmt. Anschließend werden von SPSS zwei weitere Berechnungsschritte vorgenommen. Im ersten Schritt werden die Diskriminanzkoeffizienten derart normiert, dass die Varianz (Summe der Abweichungsquadrate dividiert durch die Anzahl der Freiheitsgrade df) innerhalb der Gruppen eins wird ($SAQ_{innerhalb} / df = 1$ mit df = n - k, n = Fallzahl, k = Gruppenanzahl). Im zweiten Schritt wird die Konstante in der Diskriminanzfunktion b_0 derart bestimmt, dass der Mittelwert der Diskriminanzwerte aller Fälle gleich Null wird ($\overline{D} = 0$).

Die Zuordnung der Fälle zu den Gruppen (d. h. die Vorhersage der Gruppenzugehörigkeit) mit Hilfe der Diskriminanzwerte D_i beruht auf dem Bayesschen Theorem. Die Wahrscheinlichkeit P (= A-posteriori-Wahrscheinlichkeit), dass ein Fall mit einem Diskriminanzwert $D_i = d$ (d sei ein konkreter Wert) zur Gruppe G gehört (im Zwei-Gruppenfall ist G = 1,2; im k-Gruppenfall ist G = 1, 2, ...k), wird berechnet durch:

$$P(G / D_i = d) = \frac{P(D_i = d / G) * P(G)}{\sum_{i=1}^{k} P(D_i = d / G) * P(G)} \quad (23.5)$$

---

6 Zur mathematischen Darstellung ⇨ Backhaus u.a. (2011) und Eckey u.a. (2002), S. 309 ff.

$P(G)$ ist die Wahrscheinlichkeit dafür, dass ein Fall zur Gruppe G $(G = 1, 2, ... k)$ gehört (= A-priori-Wahrscheinlichkeit. Bezogen auf das Beispiel für $G = 1$: die Wahrscheinlichkeit, dass ein an der Leber Erkrankter eine virale Hepatitis hat). $P(D_i = d/G)$ ist die bedingte Wahrscheinlichkeit des Auftretens eines Diskriminanzwertes $D_i = d$ bei bekannter Gruppenzugehörigkeit G. $P(D_i = d/G)$ wird wie folgt geschätzt: Es wird die quadrierte Distanz nach Mahalanobis eines Falles vom Zentrum (Zentroid) einer Gruppe G bestimmt und ihre Wahrscheinlichkeit mit Hilfe der Dichtefunktion der Normalverteilung berechnet (⇨ Backhaus u. a. und Eckey u.a. S. 337 f. und S. 351 ff.).

Ein Fall wird der Gruppe G zugeordnet, für die die geschätzte Wahrscheinlichkeit $P(G/D_i = d)$ am größten ist.

23.2 Praktische Anwendung

Diskriminanzanalyse für zwei Gruppen. Für das in Kap. 23.1 benutzte Beispiel soll nun unter Einschluss aller vier metrischen Enzymvariablen (LALT, LAST, LOCT und LGIDH) eine Diskriminanzanalyse durchgeführt werden. Nach Laden der Datei LEBER.SAV gehen Sie wie folgt vor:

▷ Wählen Sie per Mausklick die Befehlsfolge „Analysieren", „Klassifizieren ▷", „Diskriminanzanalyse". Es öffnet sich die in Abb. 23.4 dargestellte Dialogbox.

▷ Übertragen Sie die Variable GRUP1, die die Gruppenzuordnung der Fälle enthält (1 = virale Hepatitis, 2 = andere Lebererkrankung), in das Feld „Gruppenvariable".

▷ Klicken auf die Schaltfläche „Bereich definieren..." öffnet die in Abb. 23.5 dargestellte Dialogbox zur Festlegung des Wertebereichs der Gruppenvariablen. In die Eingabefelder „Minimum" und „Maximum" sind die Werte der Gruppenvariable zur Definition der Gruppen einzutragen (hier: 1 und 2). Anschließend klicken Sie die Schaltfläche „Weiter".

▷ Übertragen Sie die Variablen LALT, LAST, LOCT und LGIDH in das Eingabefeld „Unabhängige Variable(n)". Die Voreinstellung „Unabhängige Variablen zusammen aufnehmen" wird beibehalten.

  In das Eingabefeld „Auswahlvariable" kann man eine Variable übertragen, die die Datenfälle der Datei in Lern- und Testdaten unterteilt.[7]

▷ Mit Klicken der Schaltfläche „OK" wird die Berechnung gestartet.

In Tabelle 23.1 wird der Eigenwert der diskriminanzanalytischen Aufgabenstellung aufgeführt. Er entspricht dem maximalen Optimierungskriterium gemäß Gleichung 23.4 ($\frac{SAQ_{zwischen}}{SAQ_{innerhalb}} = 1{,}976$).[8] Der Eigenwert ist ein Maß für die Güte der Trennung der Gruppen. Ein hoher Wert spricht für eine gute Trennung. Da wir es

[7] Zum Konzept dieser Unterteilung der Datenfälle ⇨ Registerkarte „Partitionen" in Kap. 24.2.

[8] Speichert man die Diskriminanzwerte und rechnet eine Varianzanalyse (einfaktorielle ANOVA) mit Dis1_1 als abhängige Variable und GRUP1 als Faktor, erhält man die Aufteilung von SAQ_{Total} in $SAQ_{innerhalb}$ und $SAQ_{zwischen}$.

mit einer Diskriminanzanalyse für zwei Gruppen zu tun haben, gibt es nur eine Diskriminanzfunktion, so dass diese Funktion die gesamte Varianz erfasst.

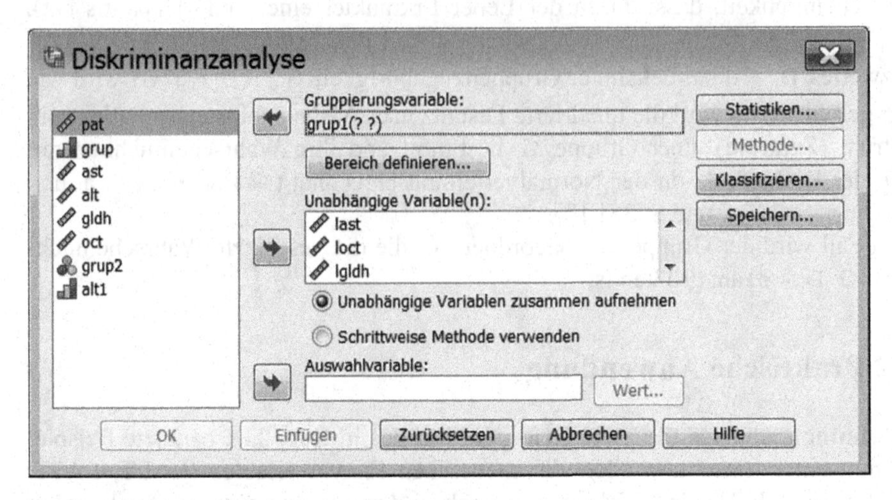

Abb. 23.4. Dialogbox „Diskriminanzanalyse"

Diskriminanzanalyse: Bereich definieren
Minimum: 1
Maximum: 2
Weiter Abbrechen Hilfe

Abb. 23.5. Dialogbox „Diskriminanzanalyse: Bereich definieren"

Mit dem kanonischen Korrelationskoeffizienten wird ein Maß aufgeführt, das die Stärke des Zusammenhangs zwischen den Diskriminanzwerten D_i und den Gruppen zum Ausdruck bringt. Er entspricht dem eta der Varianzanalyse (⇨ Kap. 15.1). Im hier dargestellten Zwei-Gruppenfall entspricht eta dem Pearson-Korrelationskoeffizienten zwischen der Diskriminanzvariablen D_i und der Gruppenvariablen GRUP1.

$$\text{eta} = \sqrt{\frac{\text{SAQ}_{\text{zwischen}}}{\text{SAQ}_{\text{Total}}}} = \sqrt{\frac{\text{erklärte Streuung}}{\text{gesamte Streuung}}} = 0{,}815 \qquad (23.6)$$

Tabelle 23.1. Eigenwert der Diskriminanzanalyse

Eigenwerte

Funktion	Eigenwert	% der Varianz	Kumulierte %	Kanonische Korrelation
1	1,976[a]	100,0	100,0	,815

a. Die ersten 1 kanonischen Diskriminanzfunktionen werden in dieser Analyse verwendet.

In Tabelle 23.2 wird das Maß Wilks´ Lambda (Λ) zusammen mit einem Chi-Quadrat-Test aufgeführt. Wilks´ Lambda ist das gebräuchlichste Maß für die Güte der Trennung der Gruppen mittels der Diskriminanzfunktion. Da

$$\Lambda = \frac{SAQ_{innerhalb}}{SAQ_{Total}} = \frac{\text{nicht erklärte Streuung}}{\text{gesamte Streuung}} = 0{,}336 \tag{23.7}$$

gilt, wird deutlich, dass ein kleiner Wert für eine gute Trennung der Gruppen spricht. Etwa 34 % der Streuung wird nicht durch die Gruppenunterschiede erklärt. Aus den Gleichungen 23.6 und 23.7 ergibt sich, dass Wilks´ Lambda und eta^2 zueinander komplementär sind, da sie sich zu eins ergänzen ($\Lambda + eta^2 = 1$).
Durch die Transformation

$$\chi^2 = -\left[n - \frac{m+k}{2} - 1\right]\ln(\Lambda) = -(218 - \frac{4+2}{2} - 1) * \ln(0{,}336) = 233{,}4 \tag{23.8}$$

wird Wilks´ Lambda (Λ) bei Gültigkeit der Hypothese H_0 (die beiden Gruppen unterscheiden sich nicht) in eine annähernd chi-quadratverteilte Variable mit df = m(k-1) Freiheitsgraden überführt (n = Fallanzahl, m = Variablenanzahl, k = Gruppenanzahl). Mit einem Chi-Quadrat-Test kann geprüft werden, ob sich die Gruppen signifikant voneinander unterscheiden oder nicht. Bei einem Signifikanzniveau von 5 % ($\alpha = 0{,}05$) und df = 4 ergibt sich aus einer tabellierten Chi-Quadrat-Verteilung[9] ein kritischer Wert in Höhe von 9,49. Da der empirische Chi-Quadratwert mit 233,4 (⇨ Tabelle 23.2) diesen übersteigt, wird die H_0-Hypothese abgelehnt und die Alternativhypothese (die Gruppen unterscheiden sich) angenommen. Diese Schlussfolgerung ergibt sich auch daraus, dass der Wert von „Signifikanz" in Tabelle 23.2 kleiner ist als $\alpha = 0{,}05$.

Tabelle 23.2. Wilks´ Lambda

Wilks' Lambda

Test der Funktion(en)	Wilks-Lambda	Chi-Quadrat	df	Signifikanz
1	,336	233,400	4	,000

In Tabelle 23.3 werden standardisierte Diskriminanzkoeffizienten ausgegeben. Die relative Höhen der (nicht standardisierten) absoluten Diskriminanzkoeffizienten (⇨ Gleichung 23.2) zu einander sind kein Maßstab für die Frage wie stark der relative Einfluss einer metrischen Variablen für die Gruppentrennung ist. Der Grund: die Höhe des Diskriminanzkoeffizienten einer metrischen Variablen wird von ihrer Messskala beeinflusst. Analog den Beta-Koeffizienten in der Regressionsanalyse (⇨ Kap. 18.2.1) werden deshalb standardisierte Diskriminanzkoeffizienten gemäß folgender Gleichung berechnet:

$$b_{x_j}^{standardisiert} = b_{x_j} s_{x_j}^{innerhalb} \tag{23.9}$$

9 Die Tabelle ist auf den Internetseiten zum Buch verfügbar.

Der standardisierte Koeffizient $b_{x_j}^{standardisiert}$ einer Variablen x_j ergibt sich durch Multiplikation des unstandardisierten Koeffizienten b_{x_j} mit der Standardabweichung der Variablen innerhalb der Gruppen $s_{x_j}^{innerhalb}$ ($s_{x_j}^{innerhalb} = \sqrt{SAQ_{x_j, innerhalb}/df}$ mit df =n-k; $(s_{x_j}^{innerhalb})^2$ steht in der Diagonale der Kovarianz-Matrix innerhalb der Gruppen, die in der in Abb. 23.6 dargestellten Dialogbox angefordert werden kann).[10]

Die in Tabelle 23.3 aufgeführten standardisierten Diskriminanzkoeffizienten zeigen, dass die Variablen LALT und LAST den größten Einfluss auf die Diskriminanzwerte haben.[11] Da hohe Diskriminanzwerte eine virale Hepatitis und niedrige eine andere Lebererkrankung anzeigen (⇨ Abb. 23.1 und Tabelle 23.5), wird aufgrund der Vorzeichen der Koeffizienten der Variablen LALT und LAST deutlich, dass hohe Werte von LALT und niedrige Werte von LAST mit dem Vorliegen einer viralen Hepatitis verbunden sind. Der Koeffizient von LOCT ist mit 0,066 so klein, dass zu fragen ist, ob man diese Variable überhaupt berücksichtigen sollte (⇨ dazu auch die Ausführungen zu Tabelle 23.9). Damit wird deutlich, dass eine Diskriminanzanalyse auch leistet, geeignete und weniger geeignete Variablen für die Gruppentrennung zu identifizieren.

Tabelle 23.3. Standardisierte Diskriminanzkoeffizienten

Standardisierte kanonische Diskriminanzfunktionskoeffizienten

	Funktion
	1
last	-,554
lalt	1,411
lgldh	-,362
loct	,066

Die Strukturkoeffizienten (⇨ Tabelle 23.4) bieten ebenfalls Informationen über die (relative) Bedeutung der Variablen für die Diskriminanzfunktion. Das aus den standardisierten Diskriminanzkoeffizienten gewonnene Bild hinsichtlich ihres Beitrags zur Gruppentrennung wird bestätigt.

Bei den in Tab. 23.5 aufgeführten Gruppen-Zentroiden handelt es sich um die durchschnittlichen Diskriminanzwerte der beiden Gruppen: $\overline{D}_1 = 2{,}352$ (virale Hepatitis) und $\overline{D}_2 = -0{,}833$ (andere Lebererkrankung).

[10] Für z.B. die Variable LAST: $b_{LAST} = -0{,}7192$ (Tabelle 23.8), $(s_{LAST}^{innerhalb})^2 = 0{,}5934$ (Kovarianz-Matrix). $b_{LAST}^{standardisiert} = -b_{LAST} * s_{LAST}^{innerhalb} = -0{,}7192 * \sqrt{0{,}5934} = -0{,}554$ (Tabelle 23.3).

[11] Analog der Interpretation von standardisierten Koeffizienten einer Regressionsgleichung (⇨ Kap.18.2.1) gilt auch hier, dass die relative Größe der absoluten standardisierten Koeffizienten wegen Multikollinearität nur Anhaltspunkte für die relative Bedeutung der Variablen geben.

Tabelle 23.4. Strukturmatrix

Struktur-Matrix

	Funktion
	1
lalt	,850
last	,344
loct	,231
lgldh	,067

Gemeinsame Korrelationen innerhalb der Gruppen zwischen Diskriminanzvariablen und standardisierten kanonischen Diskriminanzfunktionen. Variablen sind nach ihrer absoluten Korrelationsgröße innerhalb der Funktion geordnet.

Tabelle 23.5. Gruppen-Zentroide

Funktionen bei den Gruppen-Zentroiden

	Funktion
grup1	1
virale Hepatitis	2,352
andere Lebererkrankung	-,833

Nicht-standardisierte kanonische Diskriminanzfunktionen, die bezüglich des Gruppenmittelwertes bewertet werden

Wahlmöglichkeiten. Durch Klicken von Schaltflächen (⇨ Abb. 23.4) können weitere Ergebnisausgaben etc. angefordert werden:

① *Statistiken.* Klicken auf die Schaltfläche „Statistiken" öffnet die in Abb. 23.6 dargestellte Dialogbox. Es können folgende Berechnungen angefordert werden:

❑ *Deskriptive Statistik.*

- *Mittelwert.* Es werden Mittelwerte und Standardabweichungen der metrischen Variablen ausgegeben.
- *Univariate ANOVA.* Für jede der metrischen Variablen wird ein varianzanalytischer F-Test auf Gleichheit der Mittelwerte für die Gruppen durchgeführt (⇨ Kap. 15.1). Die Testgröße F ist gemäß Gleichung 15.11 der Quotient aus der Varianz (SAQ dividiert durch die Anzahl der Freiheitsgrade df) der metrischen Variablen zwischen und innerhalb der Gruppen. Bei einem Signifikanzniveau von $\alpha = 0{,}05$ besteht wegen $0{,}168 > 0{,}05$ bei der Variable LGLDH keine signifikante Differenz der Mittelwerte der beiden Gruppen (⇨ Tabelle 23.6). Dieses bedeutet aber nicht unbedingt, dass diese Variable aus dem Diskriminanzalysemodell ausgeschlossen werden sollte. Eine Variable, die alleine keine diskriminierende Wirkung hat, kann simultan mit anderen Variablen sehr wohl dafür einen Beitrag leisten (⇨ dazu die Überlegungen zu Abb. 23.1). Umgekehrt gilt natürlich für signifikante Variable (z.B. LOCT), dass sie nicht unbedingt geeignet sein müssen.

Tabelle 23.6. Varianzanalytischer F-Test

Gleichheitstest der Gruppenmittelwerte

	Wilks-Lambda	F	df1	df2	Signifikanz
last	,810	50,610	1	216	,000
lalt	,412	308,444	1	216	,000
lgldh	,991	1,911	1	216	,168
loct	,905	22,686	1	216	,000

- *Box'M.* Mit diesem auf logarithmierte Determinanten der Kovarianz-Matrizen basierenden F-Test[12] (⇨ Tabelle 23.7) wird eine Voraussetzung der Anwendung der Diskriminanzanalyse geprüft: gleiche Kovarianz-Matrizen der Gruppen (d.h. gleiche Varianzen und Kovarianzen der Variablen im Gruppenvergleich). Da „Signifikanz" mit 0,000 < 0,05 ist, wird bei einem Signifikanzniveau von 5 % die Hypothese gleicher Kovarianz-Matrizen abgelehnt. Das Ergebnis des Box-M-Tests ist aber sehr von der Stichprobengröße (den Fallzahlen) abhängig. Auch ist der Test anfällig hinsichtlich der Abweichung der Variablen von der Normalverteilung. Um zu erreichen, dass die Variablen in den Gruppen annähernd normalverteilt sind, haben wir die Variablen logarithmiert.

  Wegen der angesprochenen Schwächen des Box-M-Tests sollte man nicht auf das Box-M-Testergebnis vertrauen. Zur Prüfung der Annahme gleicher Kovarianz-Matrizen der Gruppen wird empfohlen, die Kovarianz-Matrix auszugeben (⇨ Dialogbox „Diskriminanzanalyse: Statistik" in Abb. 23.6) und diese hinsichtlich der Höhe und der Vorzeichen der Kovarianzen im Gruppenvergleich zu prüfen. Die $x_i x_j$-Kovarianz (bzw. Varianz) der einen Gruppe sollte die der anderen Gruppe um nicht mehr als das 10-fache übersteigen und die Vorzeichen sollten sich nicht unterscheiden.

Tabelle 23.7. Box-M-Test

Log-Determinanten

grup1	Rang	Log-Determinante
virale Hepatitis	4	-6,216
andere Lebererkrankung	4	-4,427
Gemeinsam innerhalb der Gruppen	4	-4,726

Die Ränge und natürlichen Logarithmen der ausgegebenen Determinanten sind die der Gruppen-Kovarianz-Matrizen.

Textergebnisse

Box-M		35,531
F	Näherungswert	3,453
	df1	10
	df2	52147,178
	Signifikanz	,000

Testet die Null-Hypothese der Kovarianz-Matrizen gleicher Grundgesamtheit.

12 Zur mathematischen Darstellung ⇨ Eckey u.a. (2003), S. 375 ff.

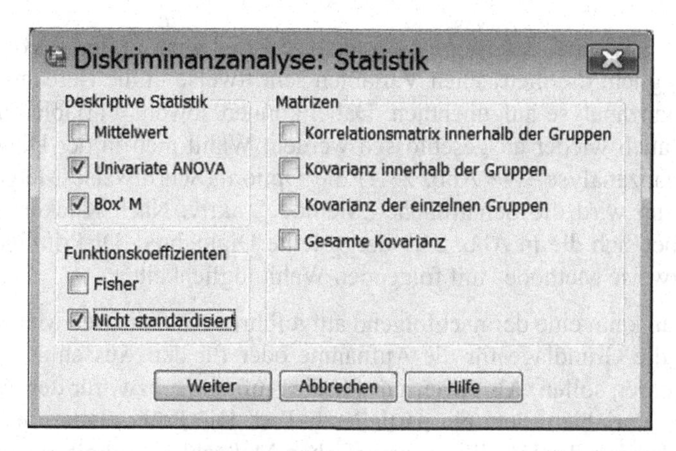

Abb. 23.6. Dialogbox "Diskriminanzanalyse: Statistik"

- *Funktionskoeffizienten.* Es handelt sich hierbei um die Koeffizienten von Diskriminanzfunktionen.
  - *Fisher.* Es werden die Koeffizienten der Klassifizierungsfunktionen nach R. A. Fisher ausgegeben (⇨ Backhaus u. a.). Sie werden von SPSS aber nicht für die Klassifikation verwendet.
  - *Nicht standardisiert.* Die nicht standardisierten Diskriminanzkoeffizienten (⇨ Tabelle 23.8) sind Grundlage zur Berechnung der Diskriminanzwerte für einzelne Fälle. Analog einer Regressionsgleichung errechnen sich die Diskriminanzwerte durch Einsetzen der Werte der metrischen Variablen in die Diskriminanzfunktion 23.2:

$$D_i = -5{,}0699 - 0{,}7192 * LAST_i + 1{,}9341 * LALT_i - 0{,}5219 * LGLDH_i + 0{,}0667 * LOCT_i$$

  Für den ersten Datenfall z.B. ergibt sich (⇨ Tabelle 23.10):

$$D_1 = -5{,}0699 - 0{,}7192 * 5{,}4638 + 1{,}9341 * 6{,}3645 - 0{,}5219 * 2{,}3026$$
$$+0{,}0667 * 6{,}1247 = 2{,}5208 = 2{,}521$$

- *Matrizen.* Es werden Korrelationskoeffizienten und Kovarianzen (jeweils für innerhalb der Gruppen, für einzelne Gruppen und für insgesamt) der Variablen berechnet und in Matrizenform dargestellt.

Tabelle 23.8. Nicht-standardisierte Diskriminanzkoeffizienten

Kanonische Diskriminanzfunktionskoeffizienten

	Funktion
	1
last	-,719
lalt	1,934
lgldh	-,522
loct	,067
(Konstant)	-5,070

Nicht-standardisierte Koeffizienten

② *Methode.* Ähnlich wie bei der Regressionsanalyse ist es auch in der *Diskriminanzanalyse* möglich, die metrischen Variablen schrittweise in die Berechnung einer Diskriminanzanalyse aufzunehmen. Dabei können sowohl Variablen aufgenommen als auch wieder ausgeschlossen werden. Wählt man in der Dialogbox „Diskriminanzanalyse" (⇨ Abb. 23.4) die Option „Schrittweise Methode verwenden", dann wird die Schaltfläche „Methode" aktiv. Nach Klicken von „Methode" öffnet sich die in Abb. 23.7 dargestellte Dialogbox „Diskriminanzanalyse: Schrittweise Methode" mit folgenden Wahlmöglichkeiten:

❑ *Methode.* Man kann eine der nachfolgend aufgeführten statistischen Maßzahlen wählen, die Grundlage für die Aufnahme oder für den Ausschluss von Variablen werden sollen. Als Kriterium für die Aufnahme bzw. für den Ausschluss einer Variablen dient ein partieller F-Test. Die Prüfvariable für den F-Test ist dabei mit der jeweiligen statistischen Maßzahl verknüpft, wie hier nur am Beispiel von Wilks´ Lambda näher erläutert werden soll.

- *Wilks´ Lambda.* Bei jedem Schritt wird jeweils die Variable aufgenommen, die Wilks´ Lambda (Λ) gemäß Gleichung 23.7 am meisten verkleinert. Die Prüfvariable des partiellen F-Tests zur Signifikanzprüfung für die Aufnahme einer zusätzlichen Variablen (bzw. den Ausschluss einer Variablen) berechnet sich gemäß Gleichung 23.10 (n = Fallanzahl, m = Variablenanzahl, k = Gruppenanzahl, Λ_m = Wilks´ Lambda bei Einschluss von m metrischen Variablen, Λ_{m+1} = bei Einschluss oder Ausschluss einer weiteren Variablen).

  Die Variable LOCT wird nicht in das Modell aufgenommen (⇨ Tabelle 23.9).

  In der Dialogbox kann man unter „Kriterien" die Grenzwerte von F für die Aufnahme und den Ausschluss festlegen. Voreingestellte Werte sind 3,84 und 2,71. Alternativ kann man anstelle von F-Werten Wahrscheinlichkeiten vorgeben. Voreingestellte Werte sind $\alpha = 0{,}05$ und $\alpha = 0{,}1$.

$$F = \left(\frac{n-k-m}{k-1}\right)\left(\frac{1-\Lambda_{m+1}/\Lambda_m}{\Lambda_{m+1}/\Lambda_m}\right) \tag{23.10}$$

- *Nicht erklärte Varianz.* Bei jedem Schritt wird jeweils die Variable aufgenommen, die $SAQ_{innerhalb}$ (= nicht erklärte Streuung) am meisten verringert.
- *Mahalanobis-Distanz.* Dieses Distanzmaß misst, wie weit die Werte der metrischen Variablen eines Falles vom Mittelwert aller Fälle abweichen. Bei jedem Schritt wird jeweils die Variable aufgenommen, die den Abstand am meisten verkleinert.
- *Kleinster F-Quotient.* Es wird bei jedem Schritt ein F-Quotient maximiert, der aus der Mahalanobis-Distanz zwischen den Gruppen berechnet wird.
- *Rao V.* Es handelt sich um ein Maß für die Unterschiede zwischen Gruppenmittelwerten. Bei jedem Schritt wird die Variable aufgenommen, die zum größten Rao V führt. Der Mindestanstieg von V für eine aufzunehmende Variable kann festgelegt werden.

❑ *Kriterien.* Hier werden Grenzwerte für den partiellen F-Test festgelegt (s.o.). Sie können entweder die Option „F-Wert verwenden" oder „F-Wahrscheinlichkeit verwenden“ wählen. Die voreingestellten Werte können verändert werden. Mit einer Senkung des Aufnahmewertes von F (bzw. Erhöhung der Aufnahmewahrscheinlichkeit) werden mehr Variable aufgenommen und mit einer Senkung des Ausschlusswertes (bzw. Erhöhung der Ausschlusswahrscheinlichkeit) weniger Variablen ausgeschlossen.

- ❑ *Anzeige.*
  - *Zusammenfassung der Schritte.* Nach jedem Schritt werden Statistiken für alle (ein- und ausgeschlossenen) Variablen angezeigt.
  - *F für paarweise Distanzen.* Es wird eine Matrix paarweiser F-Quotienten für jedes Gruppenpaar angezeigt. Dieses Maß steht in Verbindung zur Methode „Kleinster F-Quotient“.

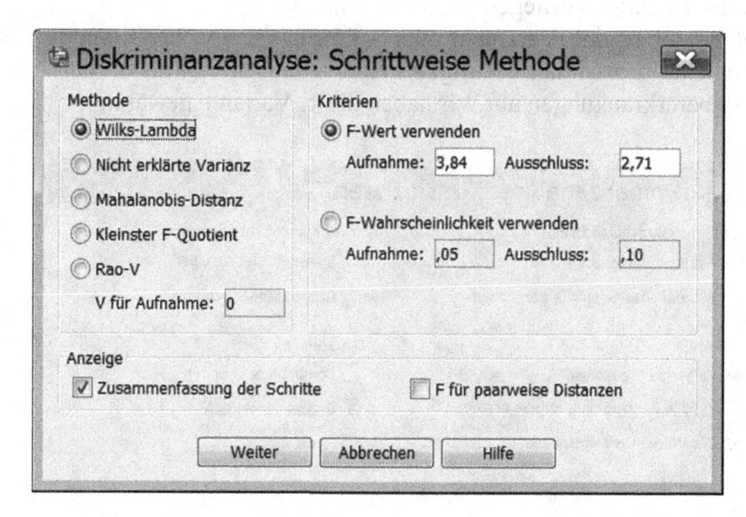

Abb. 23.7. Dialogbox „Diskriminanzanalyse: Schrittweise Methode"

Tabelle 23.9. Ergebnisausgabe: Schrittweise Methode

Aufgenommene/Entfernte Variablen[a,b,c,d]

		Wilks-Lambda							
						Exaktes F			
Schritt	Aufgenommen	Statistik	df1	df2	df3	Statistik	df1	df2	Signifikanz
1	lalt	,412	1	1	216,000	308,444	1	216,000	,000
2	last	,352	2	1	216,000	198,261	2	215,000	,000
3	lgldh	,336	3	1	216,000	140,834	3	214,000	,000

Bei jedem Schritt wird die Variable aufgenommen, die das gesamte Wilks-Lambda minimiert.

a. Maximale Anzahl der Schritte ist 8.

b. Minimaler partieller F-Wert für die Aufnahme ist 3.84.

c. Maximaler partieller F-Wert für den Ausschluß ist 2.71.

d. F-Niveau, Toleranz oder VIN sind für eine weitere Berechnung unzureichend.

③ *Klassifizieren.* Nach Klicken von „Klassifizieren“ (⇨ Abb. 23.4) öffnet sich die in Abb. 23.8 dargestellte Dialogbox. Es bestehen folgende Wahlmöglichkeiten:

❑ *A-priori-Wahrscheinlichkeit.* Die A-priori-Wahrscheinlichkeit P(G) in Gleichung 23.5 kann vorgegeben werden:

- *Alle Gruppen gleich.* Im Fall von z. B. zwei Gruppen wird P(G) = 50 v.H. für beide Gruppen (G = 1,2) vorgegeben (= Voreinstellung).
- *Aus der Gruppengröße berechnen.* Hier wird die Wahrscheinlichkeit P(G) durch den Anteil der Fälle in der Gruppe G an allen Fällen berechnet. Im Beispiel ist für die 1. Gruppe (virale Hepatitis) P(G = 1) = 57/218 = 26,147 %, da in der Datei LEBER.SAV von 218 Fällen 57 Fälle mit viraler Hepatitis vorliegen.

Welche der beiden Varianten man wählt, hängt von der Kenntnis über die allgemeine prozentuale Häufigkeit einer viralen Hepatitis an den betrachteten Lebererkrankungen ab. Wir haben die 1. Variante gewählt.

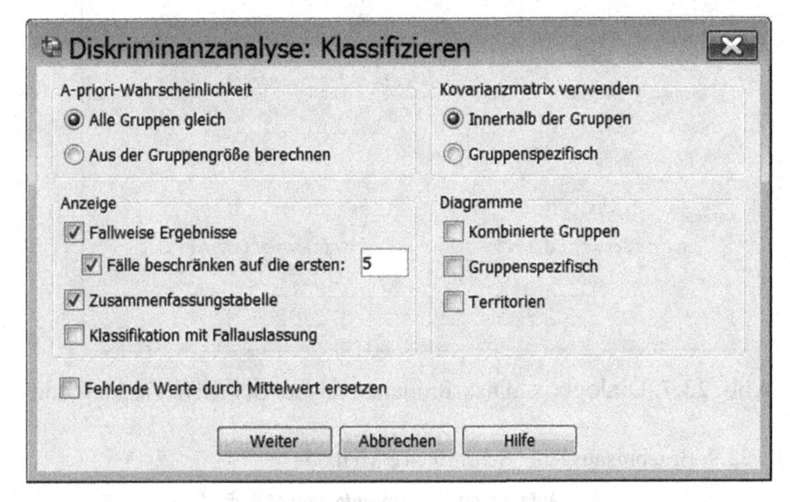

Abb. 23.8. Dialogbox „Diskriminanzanalyse: Klassifizieren"

❑ *Anzeige.*

- *Fallweise Ergebnisse.* Die Ergebnisausgabe kann auf eine vorzugebende Anzahl von (ersten) Fällen beschränkt werden. In. Tabelle 23.10 ist das Ausgabeergebnis für die ersten 5 Fälle zu sehen. Standardmäßig werden in der Ausgabe Informationen zur „höchsten“ und „zweithöchsten“ Gruppe gegeben. Da es sich hier um einen Zwei-Gruppen-Fall handelt, werden in der „höchsten“ Gruppe Informationen zu Fällen mit viraler Hepatitis und in der „zweithöchsten“ Gruppe zu Fällen mit anderen Lebererkrankungen gegeben. In den ersten 5 Fällen stimmt die mit dem Diskriminanzgleichungsmodell vorhergesagte Gruppe mit der tatsächlichen Gruppe überein. In der letzten Spalte wird der Diskriminanzwert aufgeführt. Für den ersten Fall beträgt dieser 2,521.

$P(D_i > d / G = g) = P(D_i > 2{,}521 / G = 1) = 0{,}866$ ist die (bedingte) Wahrscheinlichkeit des Auftretens eines Diskriminanzwerts größer als der des ersten Falls bei Annahme der Zugehörigkeit zur ersten Gruppe ($G = 1$).
Da die A-posteriori-Wahrscheinlichkeit (vergl. Gleichung 23.5) für den ersten Fall mit $P(G = 1 / D_i = 2{,}521) = 0{,}996$ größer ist als $P(G = 2 / D_i = 2{,}521) = 0{,}004$ führt das Modell zur Vorhersage der Zugehörigkeit zur ersten Gruppe (virale Hepatitis) und damit zur richtigen Zuordnung. Die für beide Gruppen aufgeführte (quadrierte) Distanz nach Mahalanobis misst den Abstand der einzelnen Fälle vom Zentrum der jeweiligen Gruppe. Auch an dem kleineren Abstand für die „Höchste Gruppe" kann man erkennen, dass der erste Fall dieser Gruppe zugeordnet werden sollte.

Tabelle 23.10. Ergebnisausgabe: Fallweise Ergebnisse

Fallweise Statistiken

			Höchste Gruppe					Zweithöchste Gruppe			Diskriminanzwerte
				P(D>d | G=g)							
	Fallnummer	Tatsächliche Gruppe	Vorhergesagte Gruppe	p	df	P(G=g | D=d)	Quadrierter Mahalanobis-Abstand zum Zentroid	Gruppe	P(G=g | D=d)	Quadrierter Mahalanobis-Abstand zum Zentroid	Funktion 1
Original	1	1	1	,866	1	,996	,029	2	,004	11,244	2,521
	2	1	1	,378	1	,906	,777	2	,094	5,304	1,470
	3	1	1	,421	1	,925	,648	2	,075	5,662	1,547
	4	1	1	,733	1	,982	,116	2	,018	8,087	2,011
	5	1	1	,888	1	,996	,020	2	,004	11,060	2,493

- *Zusammenfassungstabelle.* In Tabelle 23.11 werden die vorhergesagte und die tatsächlichen Gruppenzugehörigkeit der Fälle in einer Matrix (Klassifikationsmatrix genannt) dargestellt. Insgesamt werden 11 bzw. 5 v.H. (11 von 218) der Fälle (ein Fall viraler Hepatitis und 10 Fälle anderer Lebererkrankungen) durch das Diskriminanzmodell fehlerhaft zugeordnet (= Fehlerquote). Im Vergleich zu der hier angenommenen A-priori-Wahrscheinlichkeit von 50 v.H. für die Gruppenzuordnung ist die Trefferquote (= korrekte Zuordnungsquote) von 95 v.H. durch das Modell beträchtlich.

Tabelle 23.11. Übersicht über das Klassifizierungsergebnis

Klassifizierungsergebnisse[a]

			Vorhergesagte Gruppenzugehörigkeit		
		grup1	virale Hepatitis	andere Lebererkrankung	Gesamt
Original	Anzahl	virale Hepatitis	56	1	57
		andere Lebererkrankung	10	151	161
	%	virale Hepatitis	98,2	1,8	100,0
		andere Lebererkrankung	6,2	93,8	100,0

a. 95,0% der ursprünglich gruppierten Fälle wurden korrekt klassifiziert.

- *Klassifikation mit Fallauslassung.* Die Tabelle 23.1 wird um Ergebnisse einer Kreuzvalidierung ergänzt. In der hier verwendeten speziellen Variante einer Kreuzvalidierung[13] beruht die Vorhersage der Gruppenzugehörigkeit eines jeden Datenfalles i auf dem unter Ausschluss dieses Datenfalles erstellten Analysemodells.

❑ *Fehlende Werte durch Mittelwert ersetzen.* Ob man von dieser Option Gebrauch machen soll, sollte man sich gut überlegen.

❑ *Kovarianzmatrix verwenden.* Für die Berechnung des Analysemodells wird angenommen, dass die Kovarianz-Matrizen der Gruppen sich nicht unterscheiden (⇨ Modellvoraussetzungen in Kap. 23.1). Für die darauf basierende Klassifikation kann man die Option „Gruppenspezifisch" wählen.[14]

Bei Wahl von „Gruppenspezifisch" können sich die Ergebnisse im Vergleich zu „Innerhalb der Gruppen" unterscheiden.

❑ *Diagramme.* Es werden für die Diskriminanzwerte D_i Häufigkeitsverteilungen in Form von Histogrammen oder Streudiagrammen erstellt.

- *Kombinierte Gruppen.* Eine Grafik wird nur für den Fall mehrerer Diskriminanzfunktionen erstellt (⇨ Abb. 23.11).
- *Gruppenspezifisch.* In Abb. 23.9 (entspricht Abb. 23.3) ist das Ergebnis zu sehen. Für jede Gruppe wird eine Häufigkeitsverteilung grafisch dargestellt. Die Überlagerung beider Häufigkeitsverteilungen ist deutlich sichtbar.
- *Territorien.* Diese Grafik hat nur im Fall von mehr als zwei Gruppen Bedeutung.

[13] Diese Variante der Kreuzvalidierung wird Leave-one-out-Kreuzvalidierung genannt. Zur Methode der Kreuzvalidierung ⇨ Registerkarte „Partitionen" in „Ergänzungen" auf der Internetseite zu diesem Buch.

[14] Für eine mathematische Darstellung ⇨ Eckey u.a. (2002), S. 351 ff.

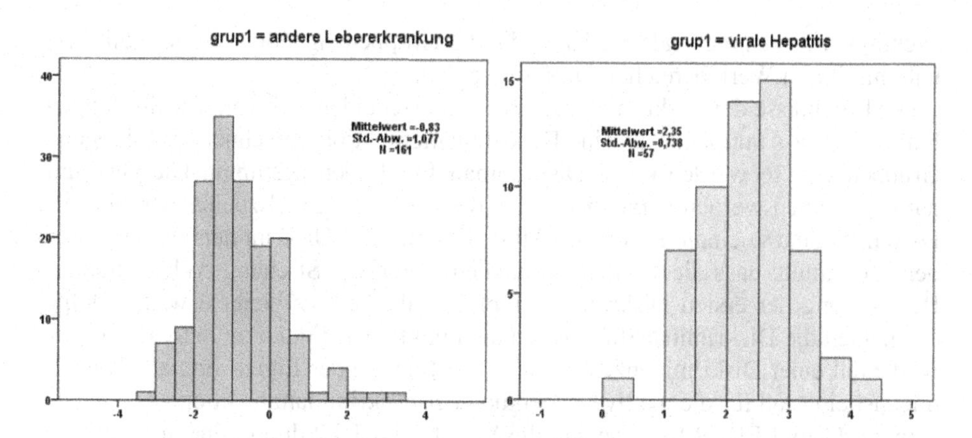

Abb. 23.9. Häufigkeitsverteilungen der Diskriminanzwerte für beide Gruppen

④ *Speichern.* Nach Klicken der Schaltfläche „Speichern“ (⇨ Abb. 23.4) öffnet sich die in Abb. 23.10 dargestellte Dialogbox. Es können die zu speichernden Variablen durch Klicken auf die entsprechenden Kontrollkästchen gewählt werden. Der Datei werden mit der Variable Dis_ die vorhergesagte Gruppenzugehörigkeit, mit Dis1_ der Wert der Diskriminanzfunktion und mit Dis1_1 bzw. Dis2_2 die Wahrscheinlichkeiten der Gruppenzugehörigkeit hinzugefügt. Des Weiteren kann das Modell in einer XML-Datei (Extensible Markup Language) in einem Verzeichnis gespeichert werden (⇨ Abb. 23.10) und zur Klassifikation „neuer“ Daten genutzt werden (⇨ Klassifizieren neuer Daten).

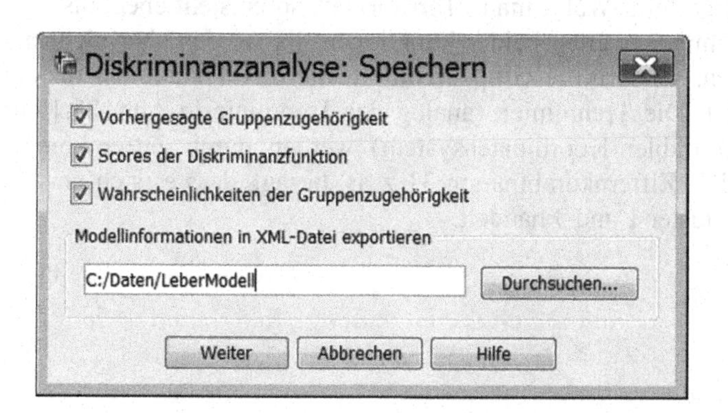

Abb. 23.10. Dialogbox „Diskriminanzanalyse: Speichern"

Klassifizieren neuer Daten. Mit der Befehlsfolge „Extras“, „Scoring-Assistent“ kann die gespeicherte XML-Datei (hier: LeberModell) zur Vorhersage der Gruppen und ihren Wahrscheinlichkeiten für „neue“ Datenfälle (Datei mit Daten der „unabhängigen“ Variablen aber ohne Gruppenzugehörigkeit) genutzt werden. In Kap. 19.2 wird gezeigt, wie man dabei vorgeht (⇨ Scoren neuer Daten).

Diskriminanzanalyse für mehr als zwei Gruppen. Liegen in dem Datensatz mehr als zwei Gruppen vor, so geht man bei der Durchführung der Analyse analog zum Zwei-Gruppenfall vor. In der in Abb. 23.4 dargestellten Dialogbox muss ebenfalls die entsprechende Variable, die die Gruppenzugehörigkeit der Fälle festhält, mit ihrem Wertebereich aufgeführt werden.

Die Ergebnisse der Diskriminanzanalyse unterscheiden sich vom Zwei-Gruppen-Fall darin, dass nun mehr als eine Diskriminanzfunktion berechnet wird. Liegen k Gruppen vor, so werden k – 1 Diskriminanzfunktionen bestimmt. Die Diskriminanzfunktionen werden derart bestimmt, dass sie orthogonal zueinander sind (die D-Achsen sind zueinander rechtwinklig). Eine zweite Diskriminanzfunktion wird derart ermittelt, dass diese einen maximalen Anteil der Streuung erklärt, die nach Bestimmung der ersten Diskriminanzfunktion als Rest verbleibt usw. Im Output erscheinen die Diskriminanzfunktionen als Funktion 1, Funktion 2 etc. Der Eigenwertanteil einer Diskriminanzfunktion an der Summe der Eigenwerte aller Funktionen ist ein Maß für die relative Bedeutung der Diskriminanzfunktion.

In der Datei LEBER.SAV enthält die Variable GRUP2 drei Gruppen (virale Hepatitis, chronische Hepatitis, andere Lebererkrankungen). Es werden zwei Diskriminanzfunktionen berechnet. Mit Ausnahme einer Grafik wird hier aus Platzersparnisgründen auf die Wiedergabe der Ergebnisse der Diskriminanzanalyse verzichtet. In Abb. 23.11 ist ein Koordinatensystem mit den Werten beider Diskriminanzfunktionen als Achsen zu sehen. In diesem Koordinatensystem sind analog der Abb. 23. 1 die einzelnen Fälle der Datei dargestellt. Durch die Vergabe unterschiedlicher Symbole für die drei Gruppen wird deutlich, dass die drei Gruppen voneinander getrennte Punktwolken bilden. Die Lage einer jeden Punktwolke wird durch den Gruppenmittelpunkt (Zentroid) bestimmt. Diese Grafik wird angefordert, wenn in der Dialogbox 23.9 in „Diagramme“ „Kombinierte Gruppen“ gewählt wird. Wählt man „Gruppenspezifisch“, so wird für jede Gruppe eine entsprechende Grafik dargestellt. Wählt man „Territorien“, so entsteht ebenfalls eine Grafik mit den Diskriminanzwerten beider Funktionen. Es werden aber nicht die Fälle der drei Gruppen, sondern die Gruppenmittelwerte und Trennlinien für die drei Cluster abgebildet. Die Trennlinien (analog der Trennlinie in Abb. 23.1 für zwei Cluster im 2-Variablen-Koordinatensystem) werden durch Ziffernkombinationen dargestellt. Die Ziffernkombination 31 z. B. besagt, dass es sich um die Trennlinie zwischen Cluster 1 und 3 handelt.

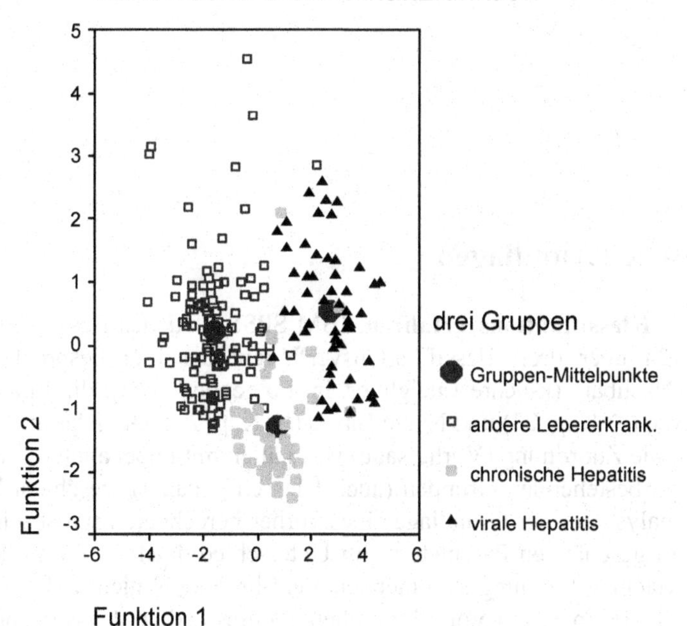

Abb. 23.11. Punktwolken im Diskriminanzraum

24 Nächstgelegener Nachbar

24.1 Theoretische Grundlagen

Das Verfahren als Klassifikationsverfahren. IBM SPSS Statistics Base verfügt seit der Version 24 über drei Klassifikationsverfahren: das hier besprochene „Nächstgelegener Nachbar" (k-nearest neighbor, im Folgenden kNN), die Lineare Diskriminanzanalyse (⇨ Kap. 23) und Naive Bayes (⇨ Kap. 25). Die Klassifikation von Fällen, d.h. die Zuordnung (Vorhersage) von Fällen mit unbekannter Gruppenzugehörigkeit zu bestehenden Gruppen (auch Klassen genannt), geschieht bei der Diskriminanzanalyse auf der Grundlage eines vorher berechneten statistischen Analysemodells mit geschätzten Parametern. Im Unterschied dazu beruht das aus dem Bereich des Machine Learning stammenden Verfahren kNN nicht auf einem statistischen Modell. Hierin ist ein Vorteil zu sehen, da hinsichtlich der verwendeten Daten keine Modellvoraussetzungen erfüllt sein müssen.[1]

Das Klassifikationsverfahren kNN findet nicht nur im sozial- und wirtschaftswissenschaftlichen Bereich Anwendung. Auch in vielen anderen Bereichen wie z.B. der Bioinformatik (z.B. Erkennen von Tumortypen) und Technik (z.B. Handschriftenerkennung, Spamfilter) wird es genutzt.

Mit Hilfe von Daten zum Prüfen von Kreditanträgen (Kreditscoring genannt) (Datei KREDIT.SAV)[2] soll das Grundprinzip des Verfahrens erläutert werden. In der Datei sind für 1000 in der Vergangenheit von einer Bank vergebene Kredite mehrere Variable zu diesen und den Kreditantragstellern enthalten. In der Zielvarablen KRISIKO[3] (kodiert als 1 = ja und 0 = nein) ist erfasst, ob ein Kreditrisiko besteht (ob der Kredit ordnungsgemäß zurückgezahlt werden konnte oder nicht). Die Aufgabe des Klassifikationsverfahrens besteht darin, mit Hilfe der weiteren Variablen in der Datei vorherzusagen, ob für einen beantragten Kredit ein Rückzahlungsrisiko besteht oder nicht. In Abb. 24.1 sind in einem Streudiagramm beispielhaft für die in der Datei enthaltenen Variablen LAUFZEIT (Kreditlaufzeit) und HOEHE (Kredithöhe) für einige ausgewählte Kreditdatenfälle dargestellt. Durch eine unterschiedliche Markierung der Streupunkte wird ersichtlich, ob der Kredit ordnungsgemäß zurückgezahlt wurde oder nicht.

---

[1] Zu den Modellvoraussetzungen der Linearen Diskriminanzanalyse ⇨ Kap. 23.1. Weitere Vorteile sind die Einfachheit und Verständlichkeit sowie das Einbeziehen auch kategorialer Variablen.

[2] Quelle: ⇨ Datenverzeichnis.

[3] KRISIKO (Kreditrisiko) entspricht der umkodierten Variable KREDIT. Bei den Daten handelt sich um eine geschichtete Stichprobe von Kreditfällen (die Fälle mit KRISIKO = 1 sind überpräsentiert) einer süddeutschen Regionalbank in den 70er Jahren: In 30 % der Fälle konnte der Kredit nicht ordnungsgemäß zurückgezahlt werden. Tatsächlich liegt diese Quote viel niedriger.

Das Verfahren sucht für einen Fall i, der einer Gruppe (Klasse) der Zielvariable zugeordnet werden soll, im ersten Schritt die Anzahl von k Nachbarn des betrachteten Falls. Die Anzahl k ist vom Anwender des Verfahrens vorzugeben bzw. kann durch SPSS in einem optimierenden Analyseschritt gefunden werden. Nachbarn sind die Fälle, die dem betrachteten Fall am ähnlichsten sind. Die Ähnlichkeit wird dabei durch ein Distanzmaß bestimmt. Ähnliche Fälle sind die Fälle mit der kleinsten Distanz. SPSS bietet die Auswahl zwischen der Euklidischen und der Stadt-Block- (City- bzw. Manhatten-)Distanz[4] (⇨ Kap. 17.3).

Für unser Beispiel ist k = 5 gewählt. Für den Fall i sind in Abb. 24.1 die 5 Nachbarfälle mit der kleinsten Euklidischen Distanz (entspricht der Verbindungsstrecke)[5] ersichtlich. Im zweiten Schritt wird gezählt, wie viele der k Nachbarn zu den untersuchten Gruppen gehören. Der betrachtete Fall wird der Gruppe zugeordnet, die bei den Nachbarn am häufigsten vorkommt (Mehrheitsentscheidung). In unserem Bespiel gehören drei der fünf Nachbarn der Gruppe KRISIKO = 0 (nein) und zwei der Gruppe KRISIKO = 1 (ja) an. Daher wird dieser Fall i der Gruppe KRISIKO = nein zugeordnet. In diesem Fall entspricht diese Vorhersage auch der tatsächlichen Klassenzugehörigkeit.

Die Klassenzuordnung eines Falles i ist von der Höhe von k abhängig, da ein anderer Wert von k die Mehrheit für eine der Klassen verändern kann. Daher besteht eine Aufgabe des kNN-Verfahrens darin, die Höhe von k so bestimmen, dass daraus ein gutes Klassifikationsergebniss resultiert.

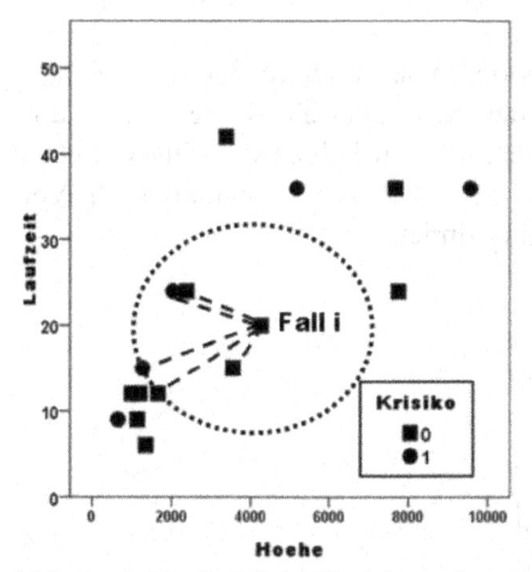

Abb. 24.1. Fünf nächste Nachbarn eines Falles i

Wird das Klassifikationsverfahren auf Fälle mit bekannter Klassenzugehörigkeit angewendet, lässt sich der Klassifikationserfolg überprüfen. Der Klassifikationserfolg (hohe Trefferquote bzw. kleine Fehlerquote) soll hier mittels der Klassifikationsmatrix in Tabelle 24.1, entsprechend unserem Beispiel bei einer binären Zielvariablen (zwei Klassen), dargestellt werden. Alle untersuchten gültigen Fälle n tei-

---

4 Insbesondere für den Fall „gemischter" Variablen (metrische und kategoriale) werden in der Literatur andere Ähnlichkeitsmaße vorgeschlagen (P. Cunnigham, S. J. Delany (2007).

5 Alle Punkte auf dem dem Kreisrand haben die gleiche Distanz zum Fall i.

len sich auf in die Teilhäufigkeiten n_{rp} (richtig positiv), n_{fn} (falsch negativ), n_{fp} (falsch positiv) und n_{rn} (richtig negativ). Die Summe der Fälle n_{rp} + n_{rn} werden durch die Klassifikation richtig zugeordnet, d.h. werden richtig als KRISIKO = ja (= Fälle richtig positiv) bzw. KRISIKO = nein (= Fälle richtig negativ) erkannt. In den Fällen n_{fn} und n_{fp} werden die untersuchten Fälle einer falschen Klasse zugeordnet. Daraus ergibt sich die Trefferquote TQ

$$TQ = \frac{n_{rp} + n_{rn}}{n} \tag{24.1}$$

und die Fehlerquote FQ

$$FQ = 1 - TQ = \frac{n_{fn} + n_{fp}}{n} \tag{24.2}$$

Wie in unserem Beispiel wird es häufig so sein, dass man eher daran interessiert ist, eine hohe Trefferquote für die richtig positiv klassifizierten Fälle zu erhalten, da die Kosten einer fehlerhaften Klassifikation für positive Fälle wesentlich höher sind als für negative Fälle. Die Trefferquote für die richtig positiv klassifizierten Fälle ergibt sich als[6]

$$TQ_{rp} = \frac{n_{rp}}{n_{rp} + n_{fn}} \tag{24.3}$$

SPSS orientiert sich bei der Berechnung des optimalen k an der kleinsten Fehlerquote gemäß Gleichung 24.2. Steht aber für den Anwender eine hohe Trefferquote für die positiven Fälle bei Inkaufnahme einer größeren Fehlerquote insgesamt im Mittelpunkt, bietet SPSS keine Hilfe an. Man muss dann sehen, ob man durch Versuch und Irrtum eine zufriedenstellende Lösung findet.

Tabelle 24.1. Die Klassifikationsmatrix

Tatsächliches Risiko	Vorhergesagtes Risiko	
	Ja	Nein
Ja	n_{rp}	n_{fn}
Nein	n_{fp}	n_{rn}

Das Klassifikationsverfahren hat die Aufgabe, Fälle mit unbekannter Klassenzugehörigkeit den Gruppen der Zielvariable richtig zu zuordnen. Die Berechnung der Treffer- bzw. Fehlerquote für klassifizierte Fälle mit bekannter Klassenzugehörigkeit erlaubt es, die Güte einer Klassifikation zu beurteilen und ist daher wichtiger Bestandteil für das Entwickeln eines guten kNN-Klassifikationsmodells.

In der Regel wird man im Unterschied zur bisherigen Darstellung mehr als zwei Variable nutzen, um die Distanz eines Falles zu seinen k Nachbarn zu bestimmen.

6 Sie wird auch Sensivität genannt (⇨ Kap. 32.18).

Aus der Konzeption des kNN-Verfahrens ergeben sich insofern drei zu lösende Frage- bzw. Aufgabenstellungen bei der Entwicklung eines guten Modells:

- Wie hoch sollte k sein, um für die Daten eine möglichst hohe Trefferquote (bzw. kleine Fehlerquote) für die richtige Klassifikation zu bekommen? Je nach Höhe von k kann ja derselbe Fall eine unterschiedliche Mehrheit für eine der Klassen bekommen.
- Welche der verfügbaren und in Frage kommenden Variablen sollen in die Distanzberechnung einbezogen werden? Einbeziehen von Variablen mit keinem Zusammenhang zur Zielvariablen (irrelevante Variablen) kann den Erfolg der Klassifikation beträchtlich mindern. Sie sollten also außen vor bleiben. Es sollten also für den Klassifikationserfolg (hohe Treffer- bzw. kleine Fehlerquote) relevante (prädiktive) Variable selektiert werden.
- Des Weiteren sollten relevante Variable mit unterschiedlich starkem Zusammenhang zur Zielvariablen mit unterschiedlichem Gewicht in die Distanzberechnung einfließen. Für die Klassifikation wichtige Variablen sollen ein höheres Gewicht erhalten als weniger wichtige Variablen. Das Bestimmen dieser Wichtigkeitsgewichte ist daher eine weitere Aufgabe des kNN-Algorithmus[7].

Die Euklidische Distanz bzw. die Stadtblock-Distanz zwischen einem Fall i und Fall k für die Variablen x_1, x_2, x_3 … x_m bei Gewichtung der einzelnen Variablen mit den Wichtigkeitsgewichten g_h (h = 1 bis m) berechnet sich wie folgt:

$$\text{EUCLID(i,k)}=\sqrt{g_1(x_{1,i}-x_{1,k})^2+g_2(x_{2,i}-x_{2,k})^2+....+g_m(x_{m,i}-x_{m,k})^2} \quad (24.4)$$

$$\text{Stadt-Block(i,k)} = g_1\left|x_{1,i}-x_{1,k}\right|+g_2\left|x_{2,i}-x_{2,k}\right|+....+g_m\left|x_{m,i}-x_{m,k}\right| \quad (24.5)$$

Für die drei Aufgabenstellungen sind Lösungen in Form von optimierenden Analyseprozessen entwickelt worden. Wir erläutern die in SPSS enthaltenen Lösungen im Zusammenhang mit der praktischen Anwendung.[8]

Die Bestimmung der k Nachbarn mit der kleinsten Distanz erfordert, dass alle Fälle im Hauptspeicher des Rechners gehalten werden. Für jeden Fall mit unbekannter Klassenzugehörigkeit muss die Distanz zu allen Fällen mit bekannter Klassenzugehörigkeit berechnet werden. Bei hohen Fallzahlen entstehen insofern hohe Anforderungen an Speicherbedarf und Rechengeschwindigkeit.[9] Des Weiteren erhöhen sich diese Anforderungen durch die Bestimmung des optimalen k und das Selektieren von relevanten (prediktiven) Variablen.

In unserem Anwendungsbeispiel hat die Zielvariable KRISIKO nur zwei Gruppen (Klassen). Das Verfahren kann natürlich auch für mehr als zwei Gruppen angewendet werden.

---

[7] Diese Analyseverfahren zum Auffinden eines optimalen k, der relevanten Variablen und deren Gewichte für die Distanzberechnung begründen die Zuordnung des Verfahrens kNN zum Machine Learning.

[8] Ein Überblick über verschiedene Verfahren bieten P. Cunnigham, S. J. Delany (2007).

[9] Um die Anforderungen an Hauptspeicher und Rechengeschwindigkeit zu reduzieren sind Verfahren entwickelt worden um die Anzahl der Vergleichsfälle für einen Fall auf wichtige zu reduzieren.

Das Verfahren zur Prognose einer metrischen Variable. Das Verfahren kNN kann auch für eine Vorhersage des Wertes einer metrischen Zielvariable genutzt werden. Es wird dann eine Alternative zur Anwendung der linearen Regression (⇨ Kap. 18).

Ist die Zielvariable eine metrische Variable y, so wird das Verfahren in analoger Weise als Prognoseverfahren angewendet. In ersten Schritt werden die k nächsten Nachbarn eines Falles i mit bekannten metrischen Werten y gesucht. Im zweiten Schritt wird dem Fall der mittlere Wert der metrischen Zielvariable der k Nachbarn als Prognosewert $\hat{y}_i$ zugeordnet. Als SPSS-Anwender kann man wählen, ob für den mittleren Wert das arithmetische Mittel oder der Median (⇨ Kap. 8.3.1) genommen werden soll. Auch hier besteht wie bei der Anwendung als Klassifikationsverfahren ein Problem der Optimierung sowohl von k als auch der in die Distanzberechnung einzubeziehenden Variablen. Der Prognoseerfolg wird anhand des mittleren quadratischen Fehlers MSE (mean square error) gemessen.

$$MSE = \frac{1}{n}\sum_{i=1}^{n}(y_i - \hat{y})^2 \qquad (24.6)$$

24.2 Praktische Anwendung

Diesen Teil finden Sie in den „Ergänzungen" auf den Internetseiten zum Buch.

25 Naive Bayes

25.1 Theoretische Grundlagen

Neben den Verfahren der Diskriminanzanalyse (⇨ Kap. 23) und des Nächstgelegenen Nachbarn (⇨ Kap. 24), verfügt das Basissystem von SPSS Statistics mit Naive Bayes seit der SPSS Version 24 über ein weiteres Klassifikationsverfahren.

Wie insbesondere in Kap. 23 dargestellt, versucht ein Klassifikationsverfahren mit repräsentativen Daten aus der Vergangenheit ein prädiktives Klassifikationsmodell zu entwickeln, um bei Anwendung für neue (nicht für die Bildung des Modells verwendete) Datenfälle Vorhersagen für eine Zielvariable zu machen.[1]

Neben der Klassifikation bietet die Prozedur Naive Bayes eine weitere Funktion: sie kann zum Selektieren (Filtern) von Prädiktoren (Variablen mit Einfluss auf eine Zielvariable) eingesetzt werden. Für die Aufgabe der Klassifikation wird die Selektionsaufgabe in einem vorausgehenden Schritt (im Englischen anschaulich preprocessing genannt) durchgeführt, so dass nur Variable mit Einfluss in das Klassifikationsverfahren aufgenommen werden. Man kann die Funktion des Filterns von Prädiktoren aber auch unabhängig von einer Klassifikationsaufgabe als vorausgehenden Analyseschritt für andere prädiktive Modelle nutzen.

Naive Base zum Klassifizieren von Datenfällen. Die Zuordnung von Datenfällen zu einer Gruppe (einer Klasse) beruht auf dem berühmten wahrscheinlichkeitstheoretischen Theorem von Thomas Bayes (1701 – 1761). Im Verfahren Naive Bayes wird die bedingte Wahrscheinlichkeit der Zugehörigkeit zu einer Klasse aus den Daten geschätzt und ein Datenfall der Klasse zugeordnet, für die die größte Wahrscheinlichkeit berechnet wird.

Treten zwei zufällige Ereignisse A und B mit den Wahrscheinlichkeiten (probability) P(A) und P(B) auf, so ergibt sich nach dem Bayes Theorem[2]

$$P(A/B) = \frac{P(B/A)\,P(A)}{P(B)} \tag{25.1}$$

P(A/B) Die Wahrscheinlichkeit von A unter der Bedingung, dass B eingetreten ist
P(B/A) Die Wahrscheinlichkeit von B unter der Bedingung, dass A eingetreten ist
P(B) Die Wahrscheinlichkeit für das Ereignis B.

---

[1] Im in Kap. 23 verwendeten Beispiel geht es darum, auf der Basis von Blutprobendaten von Patienten mittels eines Klassifikationsmodells Vorhersagen über eine mögliche Erkrankung an einer viralen Hepatitis zu machen.

[2] In dieser Form findet man das Theorem in vielen Lehrbüchern der Statistik.

Besteht das Ereignis A aus k sich einander ausschließenden Ereignissen A_i mit jeweiliger Wahrscheinlichkeit $P(A_i)$ und berücksichtigt man, dass dann $P(B)=P(B/A_1)P(A_1) + P(B/A_2)P(A_2) + \cdots + P(B/A_k)P(A_k)$ gilt (totale Wahrscheinlichkeit genannt), so lässt sich Gleichung 25.1 wie folgt schreiben

$$P(A_i/B) = \frac{P(B/A_i)\,P(A_i)}{P(B)} \tag{25.2}$$

$$P(A_i/B) = \frac{P(B/A_i)\,P(A_i)}{P(B/A_1)P(A_1)+P(B/A_2)P(A_2)+\cdots+P(B/A_k)P(A_k).} \tag{25.3}$$

Aus der Gleichung 25.3 ergibt sich ein gewisses Umkehren von Wahrscheinlichkeitsaussagen: aus bekannten Wahrscheinlichkeiten $P(B/A_i)$ auf der rechten Seite der Gleichung lässt sich die interessierende (aber unbekannte) Wahrscheinlichkeit $P(A_i/B)$ auf der linken Seite berechnen. Man nennt die bedingte Wahrscheinlichkeit $P(A_i/B)$ auf der linken Seite der Gleichung Aposteriori-Wahrscheinlichkeit und die Wahrscheinlichkeit $P(A_i)$ auf der rechten Seite Apriori-Wahrscheinlichkeit.

Die Verwendung des in Gleichung 25.3 formulierten Theorems für das Verfahren Naive Bayes soll nun mit Hilfe der in Kap. 24 genutzten Daten zur Kreditvergabe einer Bank an Kunden erläutert werden (Datei KREDIT.SAV).[3] In den Daten ist in der Variable KRISIKO erfasst, ob ein in der Vergangenheit vergebener Kredit zurückgezahlt worden ist (KRISIKO = 0) oder nicht (KRISIKO = 1). Außerdem sind in der Datei eine ganze Reihe von Daten über die Kreditnehmer und über die Kredite enthalten. Wir beschränken uns hier zunächst auf die kategorialen (binären) Variablen ZMORAL1 (bisherige Zahlungsmoral, mit 1 = früher zögernde Kreditführung, kritisches Konto und 2 = Kredite einwandfrei abgewickelt) sowie LAUFKONTO1 (bestehendes laufende Konto bei der Bank, mit 1 = kein Konto, kein Kontostand, Debetsaldo und 2 = Kontostand positiv, Konto seit mind. 1 Jahr).

In Kap. 25.2 werden wir für die Anwendung von Naive Bayes viele Prädiktoren aus der Datei einbeziehen. Aus Vereinfachungsgründen lassen wir hier außer Acht, dass es sich bei KREDIT.SAV um eine geschichtete Stichprobe handelt: Die Anzahl der Fälle mit KRISIKO = 1 hat mit 300 einen Anteil von 30 % an der Gesamtanzahl der Fälle in Höhe von 1000. Tatsächlich ist der Anteil der vergebenen Kredite, die der Bank nicht zurückgezahlt worden ist, natürlich viel kleiner.[4]

Wir wollen die bedingte Wahrscheinlichkeit nach dem Verfahren Naive Bayes für den Datenfall 1 (FALLNR 1) in der Datei KREDIT.SAV berechnen und damit auch aufzeigen, welcher Klasse (Kredit zurückgezahlt oder nicht) der Fall 1 zugeordnet wird. In diesem Datenfall gilt ZMORAL1 = 2 und LAUFKONTO1 = 1. Für diese beiden Bedingungen soll die bedingte Wahrscheinlichkeit für Scheitern von vergebenen Krediten geschätzt werden. Um die Gleichung 25.3 für unser Vorha-

[3] Eine Beschreibung der Variablen der Datei finden Sie in „Ergänzungen" auf den Internetseiten zum Buch.

[4] Für das Erstellen von manchen prädiktiven Modellen (im Bereich der Wirtschaft als Data Mining bezeichnet und in anderen Bereichen Maschinelles Lernen) gehört es zum bewährtem Vorgehen (beste Praxis), mit geschichteten Stichproben zu arbeiten. Bei einer einfachen Stichprobe wäre die Anzahl der Fälle mit dem interessierenden Zielvariablenwert (hier KRISIKO = 1) zu klein, um ein gutes Modell zu entwickeln.

ben entsprechend umzuformulieren und um nicht so lange Variablennamen nutzen zu müssen, kürzen wir die Zielvariable KRISIKO mit y sowie die Prädiktoren ZMORAL1 mit zm und LAUFKONTO1 mit lk ab. In die neue Gleichung setzen wir (dem Ziel entsprechend) y = 1 und (der Bedingung entsprechend) zm = 2 und lk = 1 ein.[5]

Dann lautet die neue Gleichung

$$P(y = 1/zm = 2, lk = 1) = \frac{P(zm = 2, lk = 1/y = 1)\,P(y = 1)}{P(zm = 2, lk = 1/y = 1)\,P(y = 1) + P(zm = 2, lk = 1/y = 0)\,P(y = 0)} \quad (25.4)$$

Man sieht, dass in Gleichung 25.4 die Bedingung B durch (zm = 2, lk = 1) und das Ereignis A_i durch y = 1 abgebildet wird und dass wir es nun mit zwei sich einander ausschließenden Ereignissen zu tun haben (k = 2).

Das Verfahren heißt naiv, weil für die Berechnung der Wahrscheinlichkeit gemäß Gleichung 25.4 angenommen wird, dass die Prädiktoren (hier ZMORAL1 und LAUFKONTO1), deren Variablenwerte die Bedingungen für das Eintreten der Wahrscheinlichkeit bilden, voneinander unabhängig sind.

Nach dem Unabhängigkeitssatz der Wahrscheinlichkeitstheorie gilt für zwei voneinander unabhängige Ereignisse A und B für das gleichzeitige Eintreffen beider Ereignisse

$$P(AundB) = P(A)P(B) \quad (25.5)$$

Für unser Beispiel folgt bei dieser Unabhängigkeitsannahme, dass P(zm,lk/y) = P(zm/y)*P(lk/y) ist.

Um die Daten für die Berechnungen zu erhalten, haben wir die Datei KREDIT.SAV mit SPSS geöffnet und die Zielvariable KRISIKO mit den Prädiktoren ZMORAL1 und LAUFKONTO1 kreuztabelliert (⇨ Kap. 10.1). In Tabelle 25.1 ist das Ergebnis zu sehen.

Aus den Daten in der Tabelle 25.1 ergeben sich folgende relative Häufigkeiten, die als Wahrscheinlichkeiten (Anzahl der für ein zufälliges Ereignis günstigen Fälle/Anzahl der für das Ereignis möglichen Fälle) interpretiert werden.

Tabelle 25.1. Kreuztabelle der Variablen KRISIKO, ZMORAL1 und LAUFKONTO1

Laufkonto1 * Krisiko * Zmoral1 Kreuztabelle

Anzahl

Zmoral1			Krisiko 0	Krisiko 1	Gesamt
1	Laufkonto1	1	21	47	68
		2	15	6	21
	Gesamt		36	53	89
2	Laufkonto1	1	282	193	475
		2	382	54	436
	Gesamt		664	247	911
Gesamt	Laufkonto1	1	303	240	543
		2	397	60	457
	Gesamt		700	300	1000

[5] Das und-Zeichen in der Formel ist hier durch ein Komma ersetzt, um Platz zu sparen.

$P(zm = 2/y = 1) = (193 + 54)/300 = 0{,}823$
$P(lk = 1/y = 1) = (47 + 193)/300 = 0{,}800$
$P(y = 1) = 300/1000 = 0{,}300$
$P(zm = 2/y = 0) = (282 + 382)/700 = 0{,}949$
$P(lk = 1/y = 0) = (21 + 282)/700 = 0{,}433$
$P(y = 0) = 700/1000 = 0{,}700$

Wir berechnen nun zunächst die einzelnen Terme oberhalb und unterhalb des Bruchstrichs der Gleichung 25.4 und dann das Ergebnis für den ganzen Bruch. Für den Term im Zähler von Gleichung 25.4 ergibt sich:

$$P(zm = 2, lk = 1/y = 1)P(y = 1) =$$
$$P(zm = 2/y = 1)P(lk = 1/y = 1)P(y = 1) = 0{,}823*0{,}8*0{,}3 = 0{,}201$$

Der erste Term unterhalb des Bruchstrichs entspricht dem oberhalb des Bruchstrichs. Für den zweiten Term unterhalb des Bruchstrichs ergibt sich

$$P(zm = 2, lk = 1/y = 0)P(y = 0) =$$
$$P(zm = 2/y = 0)P(lk = 1/y = 0)P(y = 0) = 0{,}949*0{,}433*0{,}7 = 0{,}2854$$

Fasst man die einzelnen Ergebnisse zusammen, so ergibt sich:

$$P(y = 1/zm = 2, lk = 1) = \frac{0{,}201}{0{,}201 + 0{,}2854} = 0{,}413$$

Da wir es in unserem Beispiel nur mit zwei (sich einander ausschließenden) Klassen zu tun haben erhält man

$$P(y = 0/zm = 2, lk = 1) = 1 - 0{,}413 = 0{,}587.$$

Da für den Fall 1 die Aposteriori-Wahrscheinlichkeit für die Klasse KRISIKO = 0 größer ist als für die Klasse KRISIKO = 1, wird dieser Fall der (falschen) Klasse KRISIKO = 0 zugeordnet (wie man in der Datei KREDIT.SAV sehen kann).

Wendet man das Verfahren Naive Bayes für die Daten in der Datei KREDIT.SAV für KRISIKO und ZMORAL1 und LAUFKONTO1 an, so werden die hier manuell berechneten Wahrscheinlichkeitswerte als PredictedProbability_1 und PredictedProbability_2 in der Datendatei ausgewiesen. Die den Datenfällen zugewiesene Zuordnung zur Klasse erscheint dort als PredictedValue.

Die Annahme der Unabhängigkeit der Variablen ist eher unrealistisch. Um dies zu prüfen, haben wir für die Variable ZMORAL1 und LAUFKONTO1 – getrennt für die zwei Gruppen von KRISIKO - einen Chi-Quadrat-Unabhängigkeitstest durchgeführt (⇨ Kap. 10.3). Die in Tabelle 25.2 ausgewiesenen Ergebnisse für den exakten Test nach Fischer zeigen nur bei einseitiger Betrachtung (⇨ Kap. 13.1), dass die H_0-Hypothese der Unabhängigkeit der beiden Variablen bei einer Irrtumswahrscheinlichkeit von $\alpha = 0{,}05$ nur für KRISIKO = 1 abzulehnen ist [„Exakte Signifikanz (1-seitig)" < 0,05]. Bei zweiseitiger Betrachtung wird die Hypothese der Unabhängigkeit nicht abgelehnt.

Es hat sich trotz der (naiven) Annahme der Unabhängigkeit in der Praxis gezeigt, dass man mit dem Verfahren recht gute Ergebnisse erzielt, insbesondere dann, wenn man das Verfahren für große Fallzahlen anwendet. Es ist unmittelbar einleuchtend, dass nur bei hohen Fallzahlen die berechneten relativen Häufigkeiten als approximative Schätzungen von Wahrscheinlichkeiten dienen können. Auch sollten die analysierten Daten repräsentativ für die dahinter stehende Grundgesamtheit sein. Aber die relativ guten Praxiserfahrungen mit Naive Bayes sind auch dadurch bedingt, dass für die Zuordnung eines Falles zu einer Klasse (hier KRISIKO = 1 oder 0) nach der relativen Höhe der geschätzten Aposteriori-Wahrscheinlichkeiten für die Klassen erfolgt. Ein Fall wird der Klasse zugeordnet (wie oben beispielhaft gezeigt), für die die höchste Aposteriori-Wahrscheinlichkeit berechnet wird. Für die Zuordnung eines Falles zu einer Klasse ist also die genaue Höhe der berechneten Wahrscheinlichkeit nicht wichtig, sondern nur, für welche Klasse die höchste Wahrscheinlichkeit berechnet wird. Wenn man an guten Schätzwerten für die Wahrscheinlichkeiten für die Kategorien der Zielvariablen interessiert ist, dann ist Naive Base wenig geeignet.[6]

Tabelle 25.2. Chi-Quadrat-Unabhängigkeitstest für ZMORAL1 und LAUFKONTO1

Chi-Quadrat-Tests

Krisiko		Wert	df	Asymptotische Signifikanz (zweiseitig)	Exakte Signifikanz (2-seitig)	Exakte Signifikanz (1-seitig)
0	Chi-Quadrat nach Pearson	3,501[a]	1	,061		
	Kontinuitätskorrektur[b]	2,884	1	,089		
	Likelihood-Quotient	3,461	1	,063		
	Exakter Test nach Fisher				,083	,045
	Zusammenhang linear-mit-linear	3,496	1	,062		
	Anzahl der gültigen Fälle	700				
1	Chi-Quadrat nach Pearson	3,031[c]	1	,082		
	Kontinuitätskorrektur[b]	2,408	1	,121		
	Likelihood-Quotient	3,376	1	,066		
	Exakter Test nach Fisher				,091	,055
	Zusammenhang linear-mit-linear	3,021	1	,082		
	Anzahl der gültigen Fälle	300				

a. 0 Zellen (0,0%) haben eine erwartete Häufigkeit kleiner 5. Die minimale erwartete Häufigkeit ist 15,58.

b. Wird nur für eine 2x2-Tabelle berechnet

c. 0 Zellen (0,0%) haben eine erwartete Häufigkeit kleiner 5. Die minimale erwartete Häufigkeit ist 10,60.

Naive Base wird z.B. für Suchmaschinen eingesetzt. Die Vorschläge einer Suchmaschine in Reaktion auf Tippfehlern bei Sucheingaben sollen bei einigen Suchmaschinen auf die Verwendung von Naive Bayes beruhen. Der Erfolg von Naive Bayes bei dieser Aufgabenstellung liegt wohl insbesondere daran, dass sich das Verfahren auf Millionen von Datenfällen für Sucheingaben stützt. Auch für das Filtern von Spam-Mails wird das Verfahren genutzt.

Hat man in seiner Datendatei mehr als zwei Klassen für die Zielvariable und mehrere Prädiktoren, so werden die Berechnungen in analoger Weise vorgenommen.

Wie in dem Beispiel gezeigt, müssen für Naive Bayes alle Variablen ein kategoriales Messniveau haben. Das bedeutet, dass metrische Variablen vor Verwendung als Prädiktoren durch Klassenbildung in kategoriale gewandelt werden müssen (⇨ Kap. 5.3).

[6] Daher spielt Naive Bayes im Kreditwesen für das sogenannte Kreditscoring (z.B. bei der Schufa) wohl keine Rolle.

Naive Base zum Selektieren von Prädiktoren. Wie schon oben ausgeführt, kann die Prozedur auch zum Selektieren (Filtern) von Prädiktoren für andere prädiktive Modelle mit kategorialer Zielvariabler y genutzt werden. Wenn man das Verfahren Naive Base zum Klassifizieren verwendet, bietet es sich an, auch die Filterfunktion zu nutzen. Es sollen ja nur Variable zum Klassifizieren genutzt werden, die für die zu berechnenden bedingten Wahrscheinlichkeiten einen prädiktiven Einfluss haben (wichtig sind). Nutzt man nicht prädiktive Variablen, so kann man keine guten Klassifikationsergebnisse erwarten. Im Englischen gibt es dazu den passenden Spruch: garbage in, garbage out.[7] Auch in der Praxis hat sich gezeigt, dass die Klassifikationsergebnisse mit einer größer werdenden Anzahl von Prädiktoren tendenziell schlechter werden. Außerdem wird bei Anwendung des Verfahrens Naive Bayes bei einer kleineren Anzahl von Prädiktoren Rechenzeit und Speicherplatz gespart. Des Weiteren vereinfacht es die Anwendung eines Klassifikationsmodells auf neue Daten.

Bei Anwendung des Klassifikationsverfahrens Nächster Nachbar (⇨ Kap. 24) auf die Daten der Datei KREDIT.SAV, haben wir auf andere Weise Prädiktoren gefiltert und dann diese zum Klassifizieren genutzt. Man kann nun nach Verfügbarkeit von Naive Base diese Prozedur verwenden, um Prädiktoren aus einer großen Anzahl von kategorialen Variablen zu selektieren, um dann diese für das Klassifikationsverfahren Nächster Nachbar zu nutzen.

Zum Filtern von kategorialen Prädiktoren mit SPSS könnte man auch an den Chi-Quadrat-Unabhängigkeitstest denken (⇨ Kap. 10.3). Mit dem Test kann man prüfen, ob zwischen der kategorialen Zielvariable und potentiellen kategorialen Prädiktoren ein Zusammenhang besteht. Man bekäme für jeden potentiellen Prädiktor ein Testergebnis und könnte Variablen mit signifikantem Zusammenhang zur Zielvariablen anschließend für die Klassifikation mit Naive Base nutzen. Aber mit einer solchen Vorgehensweise handelt man sich einen gravierenden Nachteil ein: es wird ein möglicher multivariater Zusammenhang der Prädiktoren vernachlässigt. Man ist bei dieser Vorgehensweise nicht davor geschützt, dass man zwei oder auch mehrere in hohem Zusammenhang stehende Prädiktoren für die Klassifikation einsetzt. Die Folge ist, dass mehr Prädiktoren für die Klassifikation verwendet werden als nötig. Man würde damit tendenziell die Güte der Klassifikationsergebnisse mindern.

Die in die Prozedur Naive Base integrierte Selektion von Prädiktoren nutzt in sehr spezieller Weise das Verfahren Naive Bayes, um dem möglichen multivariaten Zusammenhang der Prädiktoren Rechnung zu tragen.[8]

Das Verfahren läuft sequentiell in mehreren Stufen ab, wobei in jeder Stufe einer in der vorhergehenden Stufe gefilterten Untergruppe von Prädiktoren ein Prädiktor hinzugefügt wird. Zu Beginn des Verfahrens ist die Untergruppe mit Prädiktoren leer. Für jeden einzelnen potentiellen Prädiktor, der in einer Verfahrensstufe nicht in der Untergruppe enthalten ist, wird das Verfahren Naive Base zusammen mit

[7] Übersetzt: Müll rein, Müll raus.

[8] Mit SPSS Statistics Version 24 gibt es eine weitere Prozedur zum Selektieren von Prädiktoren (⇨ Kap. 26). Aber diese hat den angesprochenen Mangel der Nichtberücksichtigung eines möglichen Zusammenhangs der Prädiktoren. Zum Filtern von Prädiktoren gibt es im Bereich des Maschinellen Lernens eine Vielzahl weiterer Ansätze, die aber nicht in SPSS Base verfügbar sind.

den Prädiktoren in der Untergruppe angewendet. Anschließend wird einer dieser potentiellen Prädiktoren nach einem Auswahlkriterium ausgewählt und der Untergruppe der Prädiktoren hinzugefügt. In der nächsten Stufe wiederholt sich diese Vorgehensweise, bis alle potentiellen Prädiktoren berücksichtigt worden sind.

Für das Auswahlkriterium wird das wahrscheinlichkeitstheoretische Konzept der Likelihood genutzt: die Parameter des Vorhersagemodells sollen mit maximaler Wahrscheinlichkeit den Daten entsprechen.[9] Daher wird in den einzelnen Analysestufen der Prädiktor gesucht, der dem Kriterium maximaler Likelihood entspricht. Wie auch bei anderen prädiktiven Modellen, wird das Suchen nach der maximalen Likelihood (L) durch das Finden der größten Log-Likelihood (LL = log(L)) ersetzt.[10] Das Auswahlkriterium ist die größte durchschnittliche Log-Likelihood der potentiellen Prädiktoren. Zur Erläuterung knüpfen wir an unser Beispiel mit den Variablen von KREDIT.SAV an. Es sei angenommen, dass die Variablen LAUFKONTO1 (lk) und ZMORAL1 (zm) in vorherigen Stufen in eine Untergruppe aufgenommen worden sind [⇨ in Tabelle 25.4 ist dies in der Untergruppe („Teilmenge“) 2 der Fall]. Nun wird geprüft, welche der weiteren Variable in dieser Berechnungsstufe der Untergruppe hinzugefügt werden soll. Dazu wird für jede noch nicht in der Untergruppe enthaltenen Variablen zusammen mit LAUFKONTO1 (lk) und ZMORAL1 (zm) Naive Base angewendet und die durchschnittliche Log-Likelihood berechnet. Die durchschnittliche Log-Likelihood ($LL_\emptyset$) für z.B. die zu prüfende Variable lz (zusammen mit den Variablen lk und zm) für die Datenfälle i (mit i = 1 bis n) berechnet sich wie folgt:[11]

$$LL_\emptyset = \frac{1}{n}\log L = \frac{1}{n}\sum_1^n \ln P(y_i/lk_i, zm_i, lz_i) \qquad (25.5)$$

Auch für die weiteren, noch nicht in der Untergruppe enthaltenen, potentiellen Prädiktoren wird Naive Base in dieser Stufe angewendet und das Auswahlkriterium gemäß Gleichung 25.5 berechnet. Der Prädiktor, der am meisten $LL_\emptyset$ erhöht, wird der Untergruppe hinzugefügt. Ergebnis dieser schrittweisen Vorgehensweise ist eine Reihe von sequentiell gebildeten Untergruppen der Prädiktoren. Diese Untergruppen unterscheiden sich dadurch, dass die Prädiktoren in einer Untergruppe die Prädiktoren der zuvor gebildeten Untergruppe enthält sowie den in einer Stufe hinzugefügten. Aus den in den sequentiellen Stufen gebildeten Untergruppen von Prädiktoren wird zum Abschluss die beste Untergruppe ausgewählt. Auch dazu dient das Kriterium der größten durchschnittlichen Log-Likelihood ($LL_\emptyset$) bzw. ein etwas modifiziertes Kriterium als Auswahlkriterium.

Von SPSS wird das Auswahlkriterium $LL_\emptyset$ zum Finden der besten Untergruppe genutzt, wenn (wie in der modernen Datenanalyse üblich) die zu analysierenden Datenfälle in einer Datei in Trainings – und Testdaten unterteilt werden.[12] Für jede Untergruppe wird $LL_\emptyset$ für die Testdaten berechnet. Anschließend werden die Untergruppen nach der Höhe von $LL_\emptyset$ geordnet. Die Prädiktoren der Untergruppe mit dem höchsten $LL_\emptyset$ werden für die Klassifikation genutzt.

---

9 In Kap. 20.1 wird darauf eingegangen. Im Unterschied dazu, handelt es sich hier aber um ein Maximierungsproblem unter Nebenbedingungen.

10 In Kap. 20.1 wird auf das Konzept der Likelihood und Log- Likelihood eingegangen.

11 Diese Untergruppe entspricht der 3. Untergruppe in Tabelle 25.4.

12 In Kap. 24.2 wird darauf ausführlicher eingegangen.

Verzichtet man auf die Aufteilung in Trainings- und Testdaten, so wird ein Auswahlkriterium in modifizierter Form für die Auswahl genutzt. Das Auswahlkriterium wird in Anlehnung an das Modellauswahlkriterium BIC modifiziert (⇨ Gleichung 2 in Kap. 22.1):

$$LL_{\emptyset m} = -LL_{\emptyset} + \frac{1}{2}k\frac{\log n}{n} \quad (25.6)$$

k = Anzahl der Prädiktoren im Modell
n = Anzahl der Datenfälle

Der gemäß Gleichung 25.5 addierte Term in Gleichung 25.6 soll der zusätzlichen Aufnahme eines weiteren Prädiktors in das Vorhersagemodell entgegen wirken: $LL_{\emptyset m}$ wird kleiner, wenn k größer wird.[13] Der addierte Term in Gleichung 25.6 entspricht dem Konzept einer „Strafe" für das Aufnehmen eines weiteren Prädiktors in ein Modell.

25.2 Praktische Anwendung

Die Prozedur Naive Base kann optional für folgende Anwendungsfälle genutzt werden:

- ❒ Selektieren von Prädiktoren mit anschließendem Klassifizieren einer kategorialen Zielvariable.
- ❒ Nur Selektieren von Prädiktoren.
- ❒ Klassifizieren einer kategorialen Zielvariable ohne vorheriges Selektieren von Prädiktoren.

Diese Anwendungsfälle werden im Folgenden erläutert.

25.2.1 Selektieren von Prädiktoren mit anschließendem Klassifizieren

Die Befehle in der Syntaxdatei. Die Prozedur Naive Bayes in SPSS Version 24 ist leider nicht dialoggestützt und daher nicht im Menü „Analysieren" enthalten. Man muss die Anwendung mit Hilfe der Syntax durchführen.[14] Wir vermuten, dass in nächsten Versionen des Programms eine menügestützte Anwendung eingeführt werden wird. Wegen der Syntaxnutzung werden wir hier die Nutzung der Prozedur nicht in allen Einzelheiten erläutern.[15] Wenn in einer neuen Version von SPSS die Dialogunterstützung verfügbar ist, werden wir die dialoggestützte Nutzung von Naive Bayes ausführlicher in einem Ergänzungstext auf den Internetseiten zu unserem Buch bereitstellen.

In unserem Anwendungsbeispiel nutzen wir Daten der Datei KREDIT.SAV. Wie oben angesprochen, handelt es sich bei den Daten von KREDIT.SAV um eine geschichtete Stichprobe. In dieser sind 30 % „schlechte" und 70 % „gute" Kredite

---

[13] Gewählt wird wie im Fall von Trainings- und Testdaten die Untergruppe mit höchstem $LL_{\emptyset m}$.

[14] Es ist wohl das erste Mal seit Einführung der dialoggestützten Anwendung, dass eine neue Prozedur nur mittels Syntax genutzt werden kann. Auch für die in Version 24 eingeführte Prozedur SELECTPRED (Selektieren von Prädiktoren ⇨ Kap. 26) gilt dies.

[15] Mit Hilfe der Befehlssyntaxreferenz können Sie leicht die Analyse modifizieren. Sie finden diese in der Hilfe von SPSS (den Abschnitt NAIVEBASE aufsuchen).

(erfasst in der Zielvariablen KREDITRISIKO). Bei der Entwicklung von Klassifikationsmodellen mit zwei Klassen im Bereich des Data Mining arbeitet man meistens mit Dateien, in denen die Anzahl der Fälle für beide Klassen etwa gleich groß ist. Eine Möglichkeit, dies zu erreichen, ist Folgende: Man geht von den Fällen der Klasse mit der kleineren Fallanzahl aus (z.B. Fälle „schlechter" Kredite im Kreditwesen, Fälle von Kündigungen eines Telekommunikationsunternehmens). Diesen Fällen wird durch Zufallsauswahl aus der anderen Klasse eine etwa gleich große Anzahl von Fällen hinzugefügt. Vorteil dieser Vorgehensweise ist, dass die Fälle, die hauptsächlich interessieren (z.B. Kunden mit Kündigungsabsichten), bei der Modellentwicklung besser berücksichtigt werden. Diesem Vorteil steht ein Nachteil gegenüber: die Fallzahl der Datendatei für die Modellentwicklung wird erheblich kleiner. Da es hier um ein Demonstrationsbeispiel geht, verzichten wird auf dieses Vorgehen.

In Kap. 24 haben wir die Daten der Datei KREDIT.SAV schon einmal für die Entwicklung eines Klassifikationsmodelles genutzt. Hier wie dort nutzen wir die per Umkodierungen modifizierten Variablen wie z.B. ZMORAL1 anstelle von ZMORAL.[16] Der Grund ist, dass die Häufigkeiten der Kategorien der kategorialen Originalvariablen sehr klein sind, so dass die Anwendung von Naive Bayes nicht zu guten Ergebnissen führt.[17]

Wir teilen (wie in der modernen Datenanalyse üblich) die Datenfälle per Zufallsauswahl in Trainings- und Testdaten auf. Mittels der Trainingsdatenfälle (auch Lerndaten genannt) wird das Klassifikationsmodell geschätzt. Die Testdaten dienen dazu, dies zu unterstützen[18] und, um die Güte der Vorhersagen zu beurteilen. Üblich ist eine Aufteilung in ca. 70 % Trainings- und ca. 30 % Testdaten. Mit „Daten", „Fälle auswählen" öffnen wir die gleichnamige Dialogbox, und wählen „Zufallsstichprobe" und tragen in das Eingabekästchen von „Umfang der Stichprobe", „ungefähr" 70 ...% aller Fälle" ein. Die entstehende Variable filter_$ nennen wir in TRAINING (mit 1 = Trainings- und 0 = Testdaten) um.[19]

Mit dieser Vorbereitung gehen wir wie folgt vor:

▷ Wir öffnen die Datei KREDIT.SAV.

▷ Mit „Datei öffnen", Auswählen von „Syntax..." öffnen wir den Syntaxeditor (das Fenster für die Eingabe und das Bearbeiten von Syntaxbefehlen). Wir tippen nun die folgenden Befehle ein.[20]

```
** Anwenden von Naive Bayes für Kredit.sav

NAIVEBAYES krisiko BY laufkonto1 TO beruf1 WITH laufzeit, hoehe, alter
```

16 Im Internet finden Sie in den „Ergänzungen" die Beschreibung der Variablen in der Datei KREDIT.SAV sowie der Umkodierungen.

17 Typischerweise kommt es zu unstabilen Modelllösungen. So führt z.B. eine Änderung der Anzahl der Klassen der metrischen Variablen zu stark unterschiedlichen Ergebnissen.

18 Wie oben angesprochen, werden die Testdaten zum Auswählen der besten Untergruppe genutzt.

19 Die Datei KREDIT.SAV enthält schon die von uns generierte Variable TRAININING. Zur Reproduktion unserer Ergebnisse sollten Sie diese nutzen.

20 Sie können aber auch unsere Syntaxdatei Kredit_NBayes.sps nutzen, die im Archiv SPSSDaten.exe enthalten ist. Dieses können Sie von den Internetseiten zum Buch herunterladen.

```
/EXCEPT VARIABLES = fallnr TO laufkonto, zmoral, verwendg, sparkonto TO ratenhoehe, buerge TO vermoegen, weitkredite TO gastarb
/TRAININGSAMPLE Variable = training
/CRITERIA BINS = 3
/SAVE PREDVAL PREDPROB
/OUTFILE MODEL= 'D:\Analysen\NaiveBayes\Kredit_NBayes.xml'.
```

▷ Mit „Ausführen", „Alle" wird die Prozedur gestartet.

Erläuterungen zu den Befehlszeilen. Mit * beginnende Zeilen sind erläuternde Texte. Man könnte diese Zeilen auch weglassen. NAIVEBAYES ist der Aufruf der Prozedur. Es folgt die Zielvariable krisiko (= y). Nach dem Schlüsselwort BY folgen die gewünschten kategorialen Variablen als potentielle Prädiktoren. Mehrere nacheinander folgende Variable in der Datei können mit dem Schlüsselwort TO angeführt werden. Nach dem Schlüsselwort WITH folgen die gewünschten potentiellen stetigen Prädiktoren.

Mit dem Unterbefehl /EXCEPT VARIABLES = werden in der Datei enthaltene Variable aus der Analyse ausgeschlossen.

Mit dem Unterbefehl /CRITERIA BINS = kann man festlegen, in wie viele Klassen die metrischen Variable temporär transformiert werden sollen, damit sie dann als kategoriale Variable von NAIVE Bayes genutzt werden können. Wir haben 3 gewählt.

Der Unterbefehl /SAVE PREDVAL PREDPROB dient dazu, die vorhergesagte Klassenzuordnung (predict value) für KRISIKO sowie mit PREDPROB (predict probability) die entsprechende bedingte Wahrscheinlichkeit in die Arbeitsdatei KREDIT.SAV einzubringen.

Mit dem Unterbefehl /OUTFILE MODEL = wird eine xml-Datei[21] (mit dem angegebenen Namen auf dem genannten Laufwerk sowie Verzeichnis) gespeichert. Die xml-Datei ist eine spezielle Datei, die das Modell enthält. Mit ihr kann das Modell auf neue Daten angewendet werden (⇨ unten).

Die Prozedur berechnet anhand der Trainingsdaten die Untergruppen mit ihren Prädiktoren. Mit den Testdaten wird dann die „beste" Untergruppe ausgewählt. Anschließend erfolgt die Berechnung des Klassifikationsmodells mit den ausgewählten Prädiktoren und dann die Klassifikation. Für die Klassifikation der Testdaten wird die Variable KRISIKO nicht benötigt, da das gewonnene Klassifikationsmodell auf die Testdaten angewendet wird.

Die Ergebnisse. In Tabelle 25.3 wird die Anzahl der Fälle für die Trainingsdaten aufgeführt.

In Tabelle 25.4 sind die in den einzelnen sequentiellen Schritten gebildeten Untergruppen („Teilmenge") der potentiellen Prädiktoren zu sehen. Ausgehend von einer leeren Untergruppe, gibt es 16 Untergruppen. Eine Untergruppe enthält die Prädiktoren der vorherigen Untergruppe plus den jeweils hinzugefügten Prädiktor (Spalte „Hinzugefügter Prädiktor"). Die dritte Untergruppe z.B. enthält also LAUFKONTO1, ZMORAL1 und LAUFZEIT.

Das Kriterium zur Auswahl der „besten" Untergruppe, die durchschnittliche Log-Likelihood für die Testdaten $LL_{\varnothing}$ ist für jede Untergruppe in der Spalte „Test-

[21] XML ist eine Abkürzung von extensible markup language.

datenkriterium“ (ohne das negatives Vorzeichen)] aufgeführt.[22] Mit jeder Untergruppe (d.h. jeweils mit einem zusätzlichen Prädiktor) wird $LL_{\emptyset}$ (ohne das negative Vorzeichen) zunächst kleiner und steigt ab der 11. Untergruppe. Die Untergruppe 10 hat demnach die größte durchschnittliche Log-Likelihood für die Testdaten (wegen Weglassen des negativen Vorzeichen der kleinste Wert). Für die Trainingsdaten ist die durchschnittliche Log-Likelihood in der Spalte „Gemittelte Log-Likelihood“ zu sehen. Auch hier sieht man, dass mit zunehmendem Einbeziehen weiterer Prädiktoren $LL_{\emptyset}$ größer wird. In der Spalte „Rang“ ist die Rangfolge der Höhe des Kriteriums zur Auswahl der besten Untergruppe aufgeführt. Die in der Untergruppe 10 enthaltenen Variablen (LAUFKONTO1 bis HOEHE in Tabelle 25.4) sind die ermittelten Prädiktoren für das Klassifikationsmodell. In der Tabelle 25.5 werden diese Prädiktoren nochmals genannt: Von 16 potentiellen Prädiktoren sind 10 ausgewählt worden.

Tabelle 25.3. Zusammenfassung der Fallverarbeitung.

Zusammenfassung der Fallverarbeitung

		N	Prozent
Krisiko	0	490	69,6%
	1	214	30,4%
Gültig		704	100,0%
Ausgeschlossen		0	
Gesamt		704	

Tabelle 25.4. Sequenz der Untergruppen potentieller Prädiktoren

Zusammenfassung der Teilmenge

Teilmenge	Hinzugefügte r Prädiktor	Rang	Testdatenkrit erium	Gemittelte Log-Likelihood
0	(Anfängliche Teilmenge)[a]			
1	Laufkonto1	16	,528	-,560
2	Zmoral1	15	,528	-,545
3	Laufzeit	13	,518	-,537
4	Buerge1	14	,519	-,530
5	Sparkonto1	3	,500	-,522
6	Ratenhoehe1	5	,503	-,517
7	Wohnenseit1	7	,507	-,514
8	Wohnung1	2	,499	-,512
9	Alter	6	,505	-,510
10	Hoehe	1	,498	-,509
11	Beruf1	4	,503	-,508
12	Beschzeit1	9	,509	-,508
13	Bishkredite1	8	,508	-,509
14	Weitkredite1	10	,510	-,509
15	Verwendg1	11	,512	-,511
16	Vermoegen1	12	,517	-,517

a. Die anfängliche Teilmenge ist leer.

---

[22] Das negative Vorzeichen entsteht durch das Logarithmieren. Wenn man ohne Trainings- und Testdaten arbeitet, erscheint in der Ausgabetabelle anstelle „Testdatenkriterium“ „Pseudo-BIC“.

Aus der Klassifikationstabelle (⇨ Tabelle 25.6) kann man den Erfolg der Klassifikation für die Zielvariable y (hier KRISIKO mit den Werten 1 und 0) ablesen. Die Klassifikationstabelle wird sowohl für die Trainings- als auch Testdaten ausgewiesen. Da das Modell mit den Trainingsdaten berechnet wird und es dann für die Klassifikation der Testdaten (im Sinne neuer Daten) genutzt wird, hat man einen Beleg für die Güte der Klassifikation.[23]

In diesem Beispiel richtet sich das Interesse vor allem auf die Vorhersage für KRISIKO = 1 („schlechte" Kredite). Für die Testdaten wird in 45,3 % der Fälle ein Scheitern des Kredits vorhergesagt. Diese Quote übersteigt die durchschnittliche Quote in Höhe von 29,1 % in den Testdaten.

Tabelle 25.5. Ausgewählte Prädiktoren

Ausgewählte Prädiktoren

	Einflußvariablen2
Kategorial	Buerge1 Laufkonto1 Ratenhoehe1 Sparkonto1 Wohnenseit1 Wohnung1 Zmoral1
Metrisch	Alter Hoehe Laufzei

Tabelle 25.6. Klassifikationstabelle

Klassifikation

Beispiel	Beobachtet	Vorhergesagt 0	1	Prozent korrekt
Trainingsdaten	0	427	63	87,1%
	1	116	98	45,8%
	Gesamt-Prozentsatz	77,1%	22,9%	74,6%
Testdaten	0	184	26	87,6%
	1	47	39	45,3%
	Gesamt-Prozentsatz	78,0%	22,0%	75,3%

Abhängige Variable: Krisiko

Der Arbeitsdatei KREDIT.SAV sind drei Variable hinzugefügt worden. PredictedValue gibt die vorhergesagte Klasse für KRISIKO an. PredictedProbability_1 enthält die vorhergesagte Wahrscheinlichkeit für KRISIKO = 0 („guter" Kredit) und PredictedProbability_2 die Gegenwahrscheinlichkeit. Da z.B. im 1. Kreditfall PredictedProbability_2 mit 0,707 größer ist als 0,5,[24] wird dieser Fall als ein „schlechter" Kredit vorhergesagt (PredictedValue = 1). Tatsächlich ist auch KRISIKO = 1.

[23] Für die Klassifikation der Testdaten wird die Zielvariable KRISIKO nicht benötigt. Einschränkend hinsichtlich der Validierung der Klassifikation mittels der Testdaten ist aber, dass die Testdaten für die Auswahl der Gruppe der Prädiktoren genutzt worden sind.

[24] Bzw. größer ist als PredictedProbability_1.

Man muss die von SPSS vorgenommene Zuordnung eines Kreditfalles zu einer Klasse nicht übernehmen. Wenn die PredictedProbability-Werte nahe bei 0,5 liegen (wie z.B. im 15. Kreditfall), dann ist man wohl eher gut beraten, diese Kreditfälle als Kredite mit unsicherem Kreditrisiko zu beurteilen. So könnte man für die eigene Bewertung der Kreditrisiken z.B. eine Mindestgröße von 0,7 für PredictedProbability_1 (ein sogenanntes „cut off") festlegen.

Das Vorhersagemodell ist auch von der Klassenbildung für die metrischen Variablen abhängig. Verändert man die Klassenbildung der metrischen Variable mittels des Unterbefehls /CRITERIA BINS =, kommt man zu anderen Ergebnissen. Durch unterschiedliche Vorgaben für BINS kann man versuchen, zu einem guten Modell zu kommen. Andererseits ist unser Datensatz KREDIT.SAV vermutlich für die Anwendung von Naive Base zu klein, um ein zufriedenstellendes Modell zu entwickeln.

Klassifizieren neuer Daten. Mittels des in NBayes_Kredit.xml gespeicherten Modells, kann man für neue Daten (Daten mit den Prädiktoren des Modells, aber ohne die Zielvariable y) eine Klassifikation vornehmen. In Kap. 19.2 wird beschrieben, wie man dabei vorgeht.

25.2.2 Optionen: Selektieren von Prädiktoren, Klassifizieren ohne Selektieren

Nur Selektieren von Prädiktoren. Möchte man mit Naive Bayes nur die Selektionsfunktion nutzen, dann wird die in Kap. 25.2.1 aufgeführte Syntax um folgenden den Unterbefehl ergänzt:

/PRINT CLASSIFICATION = NO

Klassifizieren ohne Selektieren. Wenn man die Prozedur ohne eine Selektion der Prädiktoren anwenden möchte, wird die in Kap. 25.2.1 aufgeführte Syntax um folgenden Unterbefehl ergänzt:

/SUBSET NOSELECTION.

20 Selektieren von Prädiktoren

20.1 Einführung

[illegible]

26 Selektieren von Prädiktoren

26.1 Einführung

Seit der Version 24 von SPSS Statistics stehen im Basissystem zwei Verfahren für das Selektieren von Prädiktoren aus einer großen Anzahl von Variablen für die Verwendung in prädiktiven Modellen (Vorhersagemodellen) zur Verfügung: das hier besprochene Verfahren (im Folgenden mit VarSelect abgekürzt) und das in die Prozedur Naive Bayes integrierte (⇨ Kap. 25).

Die Prozeduren sind nützlich in Anwendungsbereichen, in denen es um eine möglichst schnelle Erarbeitung einer Modellvorhersage geht. In wissenschaftlichen Anwendungsbereichen, in denen es zur Erkenntnisgewinnung und um die Entwicklung von Erklärungsmodellen geht, wird man diese Prozeduren wohl eher nicht nutzen wollen. Dort wird man als Prädiktoren Variable wählen, die aus theoretischen Gründen einen Einfluss auf die Zielvariable vermuten lassen und dies durch Testen von Hypothesen prüfen.

Der Zweck einer Vorselektion von Prädiktoren aus einer großen Anzahl von Variablen ist, dass nur Variable mit prädiktiver Wirkung (für die Vorhersage wichtige Variable) in ein Vorhersagemodell aufgenommen werden sollten. Nimmt man unwichtige Variablen als Prädiktoren in ein Modell auf, verschlechtert sich meistens die Vorhersagequalität eines Modells.

VarSelect kann einerseits mehr als Naive Base, hat aber andererseits im Vergleich einen gravierenden Nachteil. VarSelect kann auch für eine metrische Zielvariable y eines Modells (z.B. für eine linearen Regression, ⇨ Kap. 18) Prädiktoren (sowohl metrische als auch kategoriale) selektieren. Naive Base kann dies nur für eine kategoriale Zielvariable (z.B. für eine Diskriminanzanalyse, ⇨ Kap. 23). Hinzu kommt, dass metrische Prädiktorvariablen vorher per Klassifizieren in kategoriale transformiert werden müssen, um für eine Selektion in Frage zu kommen. Der Nachteil von VarSelect gegenüber Naive Bayes besteht darin, dass die Selektion nicht im multivariaten Zusammenhang der potentiellen Prädiktoren vorgenommen wird. Es wird für jede einzelne Variable isoliert betrachtet, ob sie mit der Zielvariable in einem Zusammenhang steht. Da dieser Nachteil schwer wiegt, sollte man eventuell Naive Bayes für eine Sektion von Prädiktoren für eine kategoriale Zielvariable bevorzugen.

Der Nutzen von VarSelect wird darin gesehen, dass man bei einer Datenkonstellation, in der man es mit Hunderten oder gar mit Tausenden Variablen zu tun hat, schnell Prädiktoren selektieren kann. Die Selektion verläuft in zwei Stufen. Die erste Stufe stellt eine Vorprüfung („Screening“) dar. Darin werden alle Variable automatisch aussortiert, die von vornerein ungeeignet sind: Variable mit nur Konstanten, mit nur fehlenden Werten und Variable mit der Fallnummer. Außerdem werden Fälle mit fehlenden Werten der Zielvariablen aussortiert. In dieser Stufe der Vorselektion („Screening“) kann der Anwender zudem Bedingungen für das Aussortieren definieren. Variable mit > a % fehlenden Werten; kategoriale Variable mit einer Kategorie, die mehr als b % der Fälle an den Gesamtfällen hat und/oder Kategorien haben, die > c % an den Gesamtfällen haben; metrische Variablen, die eine Standardabweichung < d % haben oder/und die einen absoluten Variationskoeffizient (Standardabweichung/Mittelwert) < e%. Die Werte a, b, c, d, und e gibt der Anwender vor.

In der zweiten Stufe des Selektionsverfahrens wird mittels statistischer Tests für jede einzelne (nach der Vorprüfung verbliebene) Variable geprüft, ob sie mit der Zielvariable im Zusammenhang steht. Welcher statistische Test dabei benutzt wird, hängt sowohl vom Variablentyp der Zielvariable (metrisch oder kategorial) ab als auch vom Typ der geprüften Variablen.

Statistische Tests für eine metrische Zielvariable. Für die Selektion von Prädiktoren für eine metrische Zielvariable aus verfügbaren Variablen werden folgende Berechnungen vorgenommen:

- *Bivariater Korrelationskoeffizient nach Bravais-Pearson.* Für jede, der zur Auswahl stehendenden metrische Variablen, wird der Koeffizient berechnet und auf Signifikanz geprüft (⇨ Gleichung 17.2 in Kap 17.1).
- *Varianzanalytischer F-Test.* Für jede, der zur Auswahl stehendenden kategorialen Variablen, wird der Test angewendet und auf Signifikanz geprüft (⇨ Gleichung 15.11 in Kap. 15.1).

Signifikante Variablen werden als Prädiktoren ausgewählt.

Statistische Tests für eine kategoriale Zielvariable. Für die Selektion aus verfügbaren Variablen erfolgen folgende Berechnungen:

- *Chi-Quadrat-Test nach Pearson.* Für jede, der zur Auswahl stehenden kategorialen Variablen, wird die Prüfvariable berechnet und auf Signifikanz geprüft (⇨ Gleichung 10.2 in Kap. 10.3).
- *Varianzanalytischer F-Test.* Für jede, der zur Auswahl stehendenden metrischen Variablen, wird der Test angewendet und auf Signifikanz geprüft (Gleichung 15.11 in Kap. 15.1).

Signifikante Variable werden als Prädiktoren selektiert.

Anstelle des *Chi-Quadrat-Test nach Pearson* können optional auch folgende Tests vom Anwender gewählt werden

- *Likelihood Ratio Chi-Quadrat-Test* (⇨ Gleichung 10.4 in Kap. 10.3).
- *Cramers V* (⇨ Gleichung 10.9 in Kap. 10.4.1).
- *Lambda* (⇨ Gleichung 10.13 in Kap. 10.4.1).

26.2 Praktische Anwendung

Die Befehle in der Syntaxdatei. VarSelect kann man in der SPSS-Version 24 nicht dialoggestützt per Menü „Analysieren“ nutzen. Man muss mit Hilfe der Syntax arbeiten.[1] Wenn in späteren SPSS-Versionen eine dialoggestützte Anwendung eingeführt wird, werden wir auf den Internetseiten unseres Buches einen entsprechenden Text bereitstellen.[2]

In unserem Anwendungsbeispiel beschränken wir uns auf den Fall einer kategorialen Zielvariablen. Hat man Daten mit einer metrischen Zielvariablen, kann man die in unserem Beispiel genutzten Befehle in der Syntax übernehmen. Man muss natürlich die Variablennamen austauschen, insbesondere unsere kategoriale Zielvariable durch eine metrische ersetzen.

Wir nutzen die Daten der Datei KREDIT.SAV, die auch schon in den Kapiteln 24 und 25 genutzt worden sind. Die Datei enthält neben der hier interessierenden Zielvariable KRISIKO (1 = Kredit nicht ordnungsgemäß und 0 = Kredit zurück gezahlt) weitere Variable, die sowohl den Kredit betreffen (wie z.B. die Kredithöhe) als auch die Kreditnehmer (wie z.B. die Zahlungsmoral).[3]

In Kap. 24 und 25 haben wir mit Kategorien von kategorialen Variablen durch Umkodierungen zusammengefasst, um zu stabilen Modellergebnissen für die Klassifikation zu kommen. Hier nutzen wir die Originalvariablen, um auch die Stufe zur Vorauswahl von Variablen (Preprocessing) zu zeigen.

Zur Durchführung der Analyse gehen wir nach Öffnen der Datei KREDIT.SAV wie folgt vor

▷ Mit „Datei öffnen“, Auswählen von „Syntax...“, öffnen wir den Syntax-Editor (ein Fenster für die Eingabe und Bearbeitung von Syntaxbefehlen). Wir tippen nun die folgenden Befehle ein.[4]

```
** Anwenden von Select Predict für Kredit.sav

SELECTPRED krisiko BY laufkonto, zmoral, verwendg, sparkonto TO ratenhoehe, buerge TO vermoegen, weitkredite TO gastarb WITH laufzeit, hoehe, alter
 /EXCEPT VARIABLES = fallnr TO fokusfall, Laufkonto1 TO Training
 /SCREENING PCTEQUAL = 85 PCTMISSING = 35
 /CRITERIA SHOWUNSELECTED= 10.
```

▷ Mit „Ausführen“, „Alle“ wird die Prozedur gestartet.

Erläuterungen zu den Befehlszeilen. Mit * beginnende Zeilen sind erläuternde Texte. Man könnte diese Zeile auch weglassen. SELECTPRED ist der Aufruf der Prozedur. Es folgt die Zielvariable krisiko (= y). Man kann für in der Datei aufeinanderfolgende Variable das Schlüsselwort TO nutzen. Nach dem Schlüsselwort BY werden die kategorialen und nach

---

[1] Wie auch bei der Prozedur Naive Bayes.

[2] Hier können wir hier nicht auf alle Details der Syntaxbefehle der Prozedur eingehen. Man kann leicht mit Hilfe der Befehlssyntaxreferenz die Analyse ergänzen. Sie finden diese in der Hilfe von SPSS (den Abschnitt für SELECTPRED aufsuchen).

[3] Eine Beschreibung der Variablen der Datei KREDIT.SAV finden Sie in „Ergänzungen“ auf den Internetseiten zu unserem Buch.

[4] Sie können sich aber auch unsere Syntaxdatei Kredit_SelectPred.sps nutzen, die im Archiv SPSSDaten.exe enthalten ist. Diese können Sie von den Internetseiten zum Buch herunterladen.

dem Schlüsselwort WITH die metrischen Variable aufgeführt, die in die Analyse eingeschlossen werden sollen. Mit dem Unterbefehl /EXCEPT VARIABLES = werden alle dort genannten Variablen aus der Analyse ausgeschlossen. Der Unterbefehl /SCREENING ermöglicht es, mit dem Schlüsselwort PCTEQUAL = eine Obergrenze für den Anteil gleicher Werte zu bestimmen. Wir haben diesen auf 85 % festgelegt. Das Schlüsselwort PCTMISSING = 35 führt dazu, dass eine Variable maximal 35 % fehlende Werte haben darf, um nicht aus der Analyse ausgeschlossen zu werden.

Der Unterbefehl /CRITERIA mit dem Schlüsselwort SHOWUNSELECTED = 10 legt fest, dass bis zu 10 nicht signifikante Variable im Output erscheinen sollen.[5]

Die Ergebnisse. In Tabelle 26.1 ist das Ergebnis der Vorprüfung („Screening") zu sehen. Die Variablen BUERGE (1 = keine, 2 = Mitantragsteller, 3 = Bürge) und GASTARB (1 = ja, 2 = nein) werden aus der Analyse ausgeschlossen, da ca. 96 % der Kreditantragsteller Ausländer waren und ca. 91 % keinen Bürgen hatten, die Vorgabe für den Anteil in einer Variable aber höchstens 85 % betragen soll.

Tabelle 26.2 sind zur Prüfung der Unabhängigkeit mit der Zielvariable KRISIKO für die kategorialen Variablen die Ergebnisse eines Chi-Quadrat-Tests und für die metrischen Variablen der F-Test aufgeführt. In beiden Fällen werden die Variable nach der Höhe des Chi-Quadratwertes bzw. dem Wert des F-Testes in eine Rangordnung gebracht. Zunächst werden die Variablen angeführt, die in einem signifikantem Zusammenhang zur Zielvariable stehen und dann diejenigen, bei denen das nicht der Fall ist. Die Irrtumswahrscheinlichkeit ist standardmäßig auf $\alpha = 0{,}05$ gesetzt, sie kann auf dem Unterbefehl /CRITERIA verändert werden. Die „Unkorrigierte Signifikanz" bedeutet, dass bei der Berechnung der Signifikanz einer Variable nicht berücksichtigt ist, dass mehrfache Signifikanztests durchgeführt werden.

In Tabelle 26.3 werden die ausgewählten Variablen nochmals aufgelistet. Von den 19 in Frage kommende Variablen sind 11 als Prädiktoren ausgewählt worden.

Tabelle 26.1. Ausgeschlossene Prädiktoren

Ausgeschlossene Prädiktoren

		Einflußvariablen2
Kategorial	Konstante Fälle > 85	Buerge Gastarb

Die Screening-Prüfungen werden in der angezeigten Reihenfolge durchgeführt. Jeder Prädiktor wird bei der Prüfung gemeldet, die er nicht besteht.

[5] Unser Beispiel nutzt nicht alle Unterbefehle und Schlüsselworte der Prozedur. Mit Hilfe der Command Syntaxreference in der Hilfe von SPSS können Sie herausfinden, was möglich ist.

Tabelle 26.2. Die ausgewählten und nicht ausgewählten Prädiktoren

Zusammenfassung der Prädiktoren

Einflussvariable		Rang	Unkorrigierte Signifikanz	Pearson-Chi-Quadrat		F		
				Wert	df	Wert	df1	df2
Ausgewählt	Laufkonto	1	,000	123,721	3			
	Zmoral	2	,000	61,691	4			
	Laufzeit	3	,000			48,334	1	998
	Sparkonto	4	,000	36,099	4			
	Hoehe	5	,000			24,483	1	998
	Vermoegen	6	,000	23,720	3			
	Wohnung	7	,000	18,674	2			
	Verwendg	8	,000	33,356	9			
	Beschzeit	9	,001	18,368	4			
	Weitkredite	10	,002	12,839	2			
	Alter	11	,004			8,384	1	998
Nicht ausgewählt	Ratenhoehe	12	,140	5,477	3			
	Telefon	13	,249	1,330	1			
	Bishkredite	14	,445	2,671	3			
	Beruf	15	,597	1,885	3			
	Wohnzeit	16	,862	,749	3			
	Personen	17	,924	,009	1			

Tabelle 26.3. Ausgewählte Prädiktoren

Ausgewählte Prädiktoren

	Einflußvariablen2
Kategorial	Beschzeit Laufkonto Sparkonto Vermoegen Verwendg Weitkredite Wohnung Zmoral
Metrisch	Alter Hoehe Laufzeit

27 Faktorenanalyse

27.1 Theoretische Grundlagen

[illegible]

Mögliche Ziele einer Faktorenanalyse können sein:

[illegible]

[illegible]

[illegible]

27 Faktorenanalyse

27.1 Theoretische Grundlagen

Oftmals kann man davon ausgehen, dass sich eine Menge miteinander korrelierter Beobachtungsvariablen (auch als Observablen oder Indikatoren bezeichnet) auf eine kleinere Menge latenter Variablen (Faktoren) zurückführen lässt. Bei der Faktorenanalyse handelt es sich um eine Sammlung von Verfahren, die es erlauben, eine Anzahl von Variablen auf eine kleinere Anzahl von Faktoren oder Komponenten zurückzuführen.[1]

Mögliche Ziele einer Faktorenanalyse können sein:

❒ *Aufdeckung latenter Strukturen.* Es sollen hinter den Beobachtungsvariablen einfachere Strukturen entdeckt und benannt werden.

❒ *Datenreduktion.* Die Messwerte der Variablen sollen für die weitere Analyse durch die geringere Zahl der Werte der dahinterstehenden Faktoren ersetzt werden.

❒ *Entwicklung und Überprüfung eines Messinstruments.* Die Faktorenanalyse dient dazu, ein mehrteiliges Messinstrument (z.B. Test) auf Eindimensionalität zu prüfen oder von in dieser Hinsicht unbefriedigenden Teilinstrumenten zu bereinigen.

In jedem dieser Fälle kann entweder explorativ (ohne vorangestellte Hypothese) oder konfirmatorisch (Überprüfung einer vorangestellten Hypothese) verfahren werden.

Eine Faktorenanalyse vollzieht sich in folgenden Schritten:

① Vorbereitung einer Korrelationsmatrix der Beobachtungsvariablen (mitunter auch Kovarianzmatrix).

② Extraktion der Ursprungsfaktoren (zur Erkundung der Möglichkeit der Datenreduktion).

③ Rotation zur endgültigen Lösung und Interpretation der Faktoren.

④ Eventuelle Berechnung der Faktorwerte für die Fälle und Speicherung als neue Variable.

---

[1] Wir besprechen hier die R-Typ Analyse. Diese untersucht Korrelationen zwischen Variablen. Die weniger gebräuchliche Q-Typ Analyse dagegen untersucht Korrelationen zwischen Fällen und dient zur Gruppierung der Fälle, ähnlich der Clusteranalyse.

Unterschiede zwischen den verschiedenen Verfahren ergeben sich in erster Linie bei den Schritten ② und ③. Sowohl für die Extraktion als auch die Rotation existieren zahlreiche Verfahren, die zu unterschiedlichen Ergebnissen führen.

Wichtige Differenzen bestehen darin, ob:

- *Unique* Faktoren angenommen werden oder nicht (⇨ unten).
- Eine *rechtwinklige* (orthogonale) oder eine *schiefwinklige* (oblique) Rotation vorgenommen wird. Ersteres unterstellt unkorrelierte, letzteres korrelierte Faktoren.

Der Kern des Verfahrens besteht in der Extraktion der Faktoren. Diese geht von der Matrix der Korrelationen zwischen den Variablen aus. In der Regel werden die Produkt-Moment-Korrelations-Koeffizienten zugrunde gelegt. Daraus ergibt sich als Voraussetzung: Vorhandensein mehrerer *normalverteilter, metrisch skalierter, untereinander korrelierte* Merkmalsvariablen X_j (j=1,...,m). Ergebnis ist: Eine geringere Zahl *normalverteilter, metrisch skalierter, nicht unmittelbar beobachtbarer* (und bei der in der Regel verwendeten orthogonalen Lösung untereinander nicht korrelierter) Variablen (Faktoren) F_p (p=1,...,k), mit deren Hilfe sich der Datensatz einfacher beschreiben lässt.

Es wird unterstellt, dass sich die beobachteten Variablen X_j als lineare Kombination der Faktorwerte F_p ausdrücken lassen (Fundamentaltheorem der Faktorenanalyse).

Der Variablenwert X_j eines Falles lässt sich aus den Faktorwerten errechnen:

$$X_j = A_{j1}F_1 + A_{j2}F_2 + ... + A_{jk}F_k \tag{27.1}$$

F_p = gemeinsame (common) Faktoren der Variablen (p = 1...k)
A_{jp} = Konstanten des Faktors p der Variablen j

Oder, da die Faktorenanalyse mit standardisierten Werten (kleine Buchstaben stehen für die standardisierten Werte) arbeitet:

$$z_j = a_{j1}f_1 + a_{j2}f_2 + ... + a_{jk}f_k \tag{27.2}$$

Die Koeffizienten a_{jp} werden als *Faktorladungen* bezeichnet.

Man unterscheidet in der Faktorenanalyse drei Arten von Faktoren:

- *Allgemeiner Faktor (general factor).* Die Ladungen sind für alle Variablen hoch.
- *Gemeinsamer Faktor (common factor).* Die Ladungen sind für mindestens zwei Variablen hoch.
- *Einzelrestfaktor (unique factor).* Die Ladung ist nur für eine Variable hoch.

Allgemeine Faktoren sind ein Spezialfall der gemeinsamen Faktoren. Sie interessieren nur bei einfaktoriellen Lösungen, wie sie z.B. bei der Konstruktion eindimensionaler Messinstrumente angestrebt werden. Einzelrestfaktoren sind Faktoren, die speziell nur eine Variable beeinflussen. Sie reduzieren den Erklärungswert eines Faktorenmodells (Fehlervarianz). Die Extraktionsverfahren unterscheiden sich u.a. darin, ob sie Einzelrestfaktoren in ihr Modell mit einbeziehen oder nicht. Von zentraler Bedeutung sind die gemeinsamen Faktoren. Ihr Wirken soll die Daten der Variablen erklären.

Werden Einzelrestfaktoren berücksichtigt, ändern sich die Gleichungen:

$$X_j = A_{j1}F_1 + A_{j2}F_2 + ... + A_{jk}F_k + U_j \quad (27.3)$$

Bei standardisierten Werten gilt für die Variable j:

$$z_j = a_{j1}f_1 + a_{j2}f_2 + ... + a_{jk}f_k + u_j \quad (27.4)$$

u_j = der Einzelrestfaktor (unique factor) der Variable j.

Die Berechnung der Koeffizienten (Faktorladungen) a_{jp} (j = 1,...,m; p = 1,...,k) stellt das Hauptproblem der Faktorenanalyse dar.

Umgekehrt können die Faktoren als eine lineare Kombination der beobachteten Variablen angesehen werden:

Generell gilt für die Schätzung des Faktors p aus m Variablen:

$$F_p = w_{1p}x_1 + w_{2p}x_2 + ... + w_{mp}x_m \quad (27.5)$$

w_{jp} = Factor-score Koeffizient des Faktors p der Variablen j

In der Regel werden hier wieder nicht die Rohdaten, sondern z-transformierte Daten verwendet. Entsprechend wäre dann die Gleichung anzupassen.

27.2 Anwendungsbeispiel für eine orthogonale Lösung

27.2.1 Die Daten

Zur Illustration wird ein fiktives Beispiel verwendet, das einerseits sehr einfach ist, da es nur zwei Faktoren umfasst, andererseits den Voraussetzungen einer Faktorenanalyse in fast idealer Weise entspricht.

Entgegen den normalen Gegebenheiten einer Faktorenanalyse seien uns die zwei Faktoren bekannt. Es handele sich um F1 (sagen wir Fleiß) und F2 (sagen wir Begabung). Beobachtbar seien sechs Variablen, z.B. die Ergebnisse von sechs verschiedenen Leistungstest V1 bis V6. Die Ergebnisse dieser Tests hängen von beiden Faktoren ab, sowohl von Begabung als auch von Fleiß, dies aber in unterschiedlichem Maße. (Zur besseren Veranschaulichung bei den graphischen Darstellungen wird hier allerdings – entgegen dem, was man in der Realität üblicherweise antrifft – die Variable V1 bis auf den Einzelrestfaktor mit dem Faktor F1 und die Variable V2 bis auf den Einzelrestfaktor mit dem Faktor F2 gleichgesetzt.) Schließlich wird jeder Wert einer Variablen auch noch von einem für diese Variable charakteristischen Einzelrestfaktor beeinflusst.

Die Beziehungen zwischen Faktoren, Einzelrestfaktoren und Variablen seien uns bekannt. Sie sind in den folgenden Gleichungen ausgedrückt:

$$V_1 = 0{,}8 \cdot F_1 + 0 \cdot F_2 + U_1$$
$$V_2 = 0{,}72 \cdot F_1 + 0{,}08 \cdot F_2 + U_2$$
$$V_3 = 0{,}56 \cdot F_1 + 0{,}24 \cdot F_2 + U_3$$

$$V_4 = 0{,}24 \cdot F_1 + 0{,}56 \cdot F_2 + U_4$$
$$V_5 = 0{,}08 \cdot F_1 + 0{,}72 \cdot F_2 + U_5$$
$$V_6 = 0 \cdot F_1 + 0{,}8 \cdot F_2 + U_6$$

Tabelle 27.1. Beispieldatensatz LEISTUNG.SAV

Fall	F1	F2	U1	U2	U3	U4	U5	U6	V1	V2	V3	V4	V5	V6
1	1	1	0,6	0,2	0,8	0,2	0,2	0,2	1,4	1	1,6	1	1	1
	-1,342	-1,342							-1,109	-1,680	-1,320	-1,845	-1,719	-1,505
2	1	2	0,4	0,2	0,2	0,2	0,6	0,4	1,2	1,08	1,24	1,56	2,12	2
	-1,342	-0,447							-1,334	-1,591	-1,827	-1,113	-0,456	-0,526
3	1	3	0,6	0,6	0,6	0,4	0,8	0,6	1,4	1,56	1,88	2,32	3,04	3
	-1,342	0,447							-1,109	-1,053	-0,926	-0,121	0,580	0,453
4	1	4	0,2	0,6	0,8	0,4	0,2	0,8	1	1,64	2,32	2,88	3,16	4
	-1,342	1,342							-1,559	-0,963	-0,306	0,611	0,716	1,432
5	2	1	0,2	0,8	0,4	0,4	0,4	0,2	1,8	2,32	1,76	1,44	1,28	1
	-0,447	-1,342							-0,660	-0,202	-1,095	-1,270	-1,403	-1,505
6	2	2	0,6	0,4	0,6	0,2	0,6	0,2	2,2	2	2,2	1,8	2,2	1,8
	-0,447	-0,447							-0,211	-0,560	-0,457	-0,800	-0,366	-0,722
7	2	3	0,2	0,4	0,6	0,6	0,8	0,2	1,8	2,08	2,44	2,76	3,12	2,6
	-0,447	0,447							-0,660	-0,470	-0,137	0,454	0,671	0,061
8	2	4	0,2	0,6	0,4	0,2	0,2	0,8	1,8	2,36	2,48	2,92	3,24	4
	-0,447	1,342							-0,660	-0,157	-0,081	0,663	0,806	1,432
9	3	1	0,6	0,2	0,4	0,2	0,6	0,4	3	2,44	2,32	1,48	1,56	1,2
	0,447	-1,342							0,688	-0,067	-0,306	-1,218	-1,088	-1,309
10	3	2	0,8	0,8	0,8	0,4	0,2	0,6	3,2	3,12	2,96	2,24	1,88	2,2
	0,447	-0,447							0,913	0,694	0,595	-0,225	-0,727	-0,330
11	3	3	0,2	0,2	0,4	0,6	0,8	0,6	2,6	2,6	2,8	3	3,2	3
	0,447	0,447							0,239	0,112	0,370	0,767	0,761	0,453
12	3	4	0,4	0,6	0,2	0,8	0,6	0,6	2,8	3,08	2,84	3,76	3,72	3,8
	0,447	1,342							0,463	0,650	0,426	1,760	1,347	1,236
13	4	1	0,2	0,6	0,4	0,8	0,4	0,8	3,4	3,56	2,88	2,32	1,44	1,6
	1,342	-1,342							1,137	1,187	0,482	-0,121	-1,223	-0,918
14	4	2	0,6	0,8	0,6	0,6	0,6	0,8	3,8	3,84	3,32	2,68	2,36	2,4
	1,342	-0,447							1,587	1,501	1,102	0,349	-0,186	-0,135
15	4	3	0,2	0,4	0,6	0,2	0,6	0,8	3,4	3,52	3,56	2,84	3,08	3,2
	1,342	0,447							1,137	1,143	1,439	0,558	0,652	0,649
16	4	4	0,2	0,6	0,8	0,4	0,8	0,6	3,4	3,8	4	3,6	4	3,8
	1,342	1,342							1,137	1,456	2,059	1,551	1,662	1,236

Die einzelnen Variablen werden von den Faktoren unterschiedlich stark bestimmt, wie stark ergibt sich aus den Koeffizienten der Gleichungen (den Faktorladungen). V1 wird z.B. sehr stark von F1 (Faktorladung/Gewicht = 0,8), aber gar nicht von

F2 (Faktorladung = 0) beeinflusst. Außerdem – wie alle Variablen – durch einen Einzelrestfaktor. Auch V2 und V3 werden überwiegend durch F1 bestimmt, aber z.T. auch von F2. Umgekehrt ist es bei den Variablen V6 bis V4

Auf Basis dieser Beziehungen wurde eine Datendatei für 16 Fälle erstellt. Sie wurde wie folgt gebildet. Die Faktoren 1 (Fleiß) und 2 (Begabung) sind metrisch skaliert und können nur die Messwerte 1, 2, 3 und 4 annehmen. Diese sind für die einzelnen Fälle bekannt. Sie wurden uniform verteilt, das heißt sind je vier Mal vorhanden.[2] Die Faktoren sind völlig unkorreliert. Das wird dadurch erreicht, dass je vier Fälle auf dem Faktor 1 die Werte 1, 2 usw. haben, die vier Fälle mit demselben Wert auf Faktor 1, aber auf Faktor 2 je einmal den Wert 1, 2, 3 und 4 zugewiesen bekommen. Es werden zusätzlich für jeden Fall Werte für die Unique-Faktoren (d.h. für jede Variable einer) eingeführt. Sie sollen untereinander und mit den Faktoren unkorreliert sein. Am ehesten lässt sich dieses durch zufällige Zuordnung erreichen. Diesen Faktoren wurden mit der SPSS-Berechnungsfunktion TRUNC(RV.UNIFORM(1,5)) ganzzahlige Zufallszahlen zwischen 1 und 4 zugeordnet.

Nachdem die Faktorwerte bestimmt waren, konnten die Werte für die Variablen (V1 bis V6) mit den angegebenen Formeln berechnet werden. Die Ausgangswerte für die Faktoren und die daraus berechneten Werte der Variablen sind in Tabelle 27.1 enthalten. Die oberen Zahlen in den Zellen geben jeweils die Rohwerte, die unteren die z-Werte wieder. (Die z-Werte sind mit den Formeln für eine Grundgesamtheit und nicht, wie in SPSS üblich, für eine Stichprobe berechnet.) Die Rohdaten der Variablen sind als Datei LEISTUNG.SAV gespeichert.

Bei einer echten Analyse sind natürlich nur die Werte der Fälle auf den Variablen bekannt. Aus ihnen lässt sich eine Korrelationsmatrix für die Beziehungen zwischen den Variablen berechnen. Diese dient als Ausgangspunkt der Analyse. Die Analyse des Beispieldatensatzes müsste idealerweise folgendes leisten: Extraktion zweier Faktoren, diese müssten inhaltlich als Fleiß und Begabung interpretiert werden können; weiter Rekonstruktion der Formeln für die lineare Beziehung zwischen Faktoren und Variablen (d.h. in erster Linie: Ermittlung der richtigen Faktorladungen), Ermittlung der richtigen Faktorwerte für die einzelnen Fälle. Dies würde bei einer so idealen Konstellation wie in unserem Beispiel perfekt gelingen, wenn keine Einzelrestfaktoren vorlägen. Wirken Einzelrestfaktoren, kann die Rekonstruktion immer nur näherungsweise gelingen, die Einzelrestfaktoren selbst sind nicht rekonstruierbar.

27.2.2 Anfangslösung: Bestimmen der Zahl der Faktoren

Tabelle 27.2 zeigt die Korrelationsmatrix zwischen den Variablen (V1 bis V6). Ihr kann man bereits entnehmen, dass zwei Gruppen von Variablen (V1 bis V3 und V4 bis V6) existieren, die untereinander hoch korrelieren, d.h. eventuell durch einen Faktor ersetzt werden könnten. Allerdings fasst die Faktoranalyse nicht ein-

[2] Dies entspricht nicht der Voraussetzung der Normalverteilung, ist aber eine vernachlässigbare Verletzung der Modellvoraussetzungen.

fach Gruppen von Variablen zusammen, sondern isoliert die dahinterliegende latente Faktorenstruktur.

Tabelle 27.2. Korrelationsmatrix

	v1	v2	v3	v4	v5	v6
v1	1	,933	,829	,360	,068	,010
v2	,933	1	,911	,577	,268	,245
v3	,829	,911	1	,728	,511	,484
v4	,360	,577	,728	1	,901	,886
v5	,068	,268	,511	,901	1	,935
v6	,010	,245	,484	,886	,935	1

Eine Faktorenanalyse muss dazu folgende Aufgabe lösen: Zu ermitteln sind die (unkorrelierten) Faktoren f_p (p = 1,...,k), deren Varianz *nacheinander* jeweils maximal ist. Die Varianz des Faktors f_p (s_p^2) ergibt sich aus der Summe der quadrierten Faktorladungen zwischen dem jeweiligen Faktor f_p und den Variablen x_j:

$$s_p^2 = a_{11}^2 + ... + a_{mk}^2 \tag{27.6}$$

Die Ermittlung des ersten Faktors bedeutet die Lösung einer Extremwertaufgabe mit einer Nebenbedingung, die des zweiten Faktors eine Extremwertaufgabe mit zwei Nebenbedingungen etc. Diese wird in der Mathematik über die Eigenvektoren/Eigenwerte einer Korrelationsmatrix gelöst. Die Faktorladungen lassen sich direkt aus den Eigenvektoren/Eigenwerten einer Korrelationsmatrix berechnen.

Allerdings entstehen zwei Probleme:

- Bei dieser Berechnung spielt die Diagonale der Korrelationsmatrix eine wesentliche Rolle. In ihr sind die Korrelationskoeffizienten der Variablen mit sich selbst durch die *Kommunalitäten* zu ersetzen. Die Kommunalität ist die durch die Faktoren erklärte Varianz einer Variablen. Bei Verwendung standardisierter Werte (Modell der Hauptkomponentenmethode) beträgt sie maximal 1. Bei Verwendung eines Modells, das keine Einzelrestfaktoren annimmt, ist die Kommunalität immer auch 1 und eine Lösung kann unmittelbar berechnet werden. Werden Einzelrestfaktoren angenommen, müssen dagegen die Kommunalitäten (die durch die gemeinsamen Faktoren erklärte Varianz) geringer ausfallen. Zur Faktorextraktion wird daher von der *reduzierten Korrelationsmatrix* ausgegangen. Das ist die Korrelationsmatrix, in welcher in der Diagonalen anstelle der Werte 1 die Kommunalitäten eingesetzt werden. Diese sind aber zu Beginn der Analyse nicht bekannt. Sie können nur aus den Faktorladungen gemäß Gleichung 27.7 (entspricht den Korrelationskoeffizienten zwischen Faktoren und Variablen) berechnet werden, die aber selbst erst aus der Matrix zu bestimmen sind. Es werden daher zunächst geschätzte Kommunalitäten eingesetzt und die Berechnung erfolgt iterativ, d.h. es werden vorläufige Lösungen berechnet und so lange verbessert, bis ein vorgegebenes Kriterium erreicht ist.

❒ Die anfängliche Lösung ist immer eine Lösung, die den formalen mathematischen Kriterien entspricht, aber – wenn es sich nicht um eine Einfaktorlösung handelt – gewöhnlich keine Lösung, die zu inhaltlich interpretierbaren Faktoren führt. Es existiert eine Vielzahl formal gleichwertiger Lösungen. Durch eine Rotation soll eine auch inhaltlich befriedigende Lösung gefunden werden. Deshalb ist für die Klärung der meisten Aufgaben der Faktorenanalyse erst die rotierte Lösung relevant. Allerdings ändern sich die Kommunalitäten nicht durch Rotation. Daher kann für die Auswahl der Zahl der Faktoren die Ausgangslösung herangezogen werden.

Zur Faktorextraktion stehen verschiedene Verfahren zur Verfügung, die mit unterschiedlichen Algorithmen arbeiten und bei entsprechender Datenlage zu unterschiedlichen Ergebnissen führen. Wir demonstrieren das *Hauptachsen–Verfahren*, das gebräuchlichste Verfahren. Die Eigenschaften der anderen in SPSS verfügbaren Verfahren werden anschließend kurz erläutert.

Das Hauptachsenverfahren geht in seinem Modell vom Vorliegen von Einzelrestfaktoren aus. Es ist daher ein iteratives Verfahren. Wie bei allen iterativen Verfahren erfolgt die Faktorextraktion in folgenden Schritten:

① Schätzung der Kommunalitäten.
② Faktorextraktion (d.h. Berechnung der Faktorladungsmatrix).
③ Berechnung der Kommunalitäten anhand der Faktorladungen.
④ Vergleich von geschätzten und berechneten Kommunalitäten.

- Falls annähernde gleich: Ende des Verfahrens.
- Ansonsten: Wiederholung ab Schritt ②.

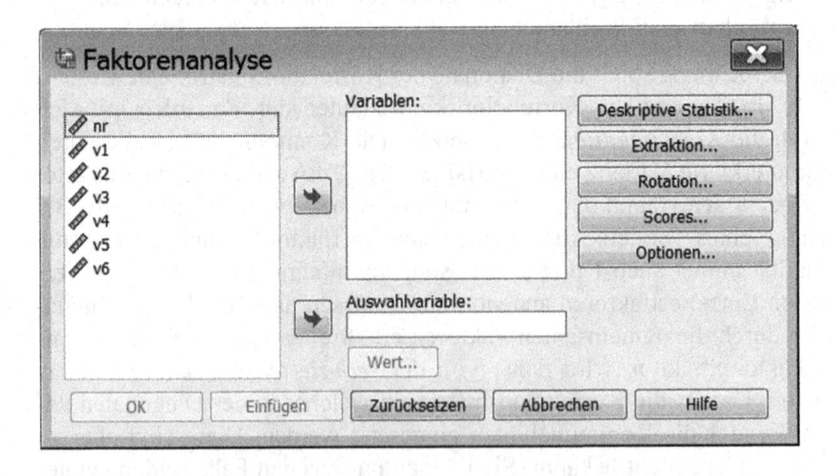

Abb. 27.1. Dialogbox „Faktorenanalyse"

Als Schätzwerte für die Kommunalitäten kann zunächst jeder beliebige Wert zwischen 0 und 1 eingesetzt werden. Man kennt allerdings die mögliche Untergrenze. Sie ist gleich der quadrierten multiplen Korrelation zwischen der betrachteten Variablen und allen anderen im Set. Diese wird daher häufig bei den Anfangslösungen als Schätzwert für die Kommunalität in die Diagonale der Korrelationsmatrix eingesetzt (R^2-Kriterium). So auch in diesem Verfahren und als Voreinstellung in SPSS bei allen Verfahren (außer der Hauptkomponentenanalyse). Die auf diese Weise veränderte Korrelationsmatrix nennt man *reduzierte Korrelationsmatrix*.

Um eine Ausgangslösung für unser Beispiel zu erhalten, gehen Sie wie folgt vor:

▷ Wählen Sie die Befehlsfolge „Analysieren", „Dimensionsreduktion" und „Faktorenanalyse". Es öffnet sich die Dialogbox „Faktorenanalyse" (⇨ Abb. 27.1).
▷ Übertragen Sie die Variablen V1 bis V6 aus der Quellvariablenliste in das Feld „Variablen:".
▷ Klicken Sie auf die Schaltfläche „Extraktion". Es öffnet sich die Dialogbox „Faktorenanalyse: Extraktion" (⇨ Abb. 27.2).

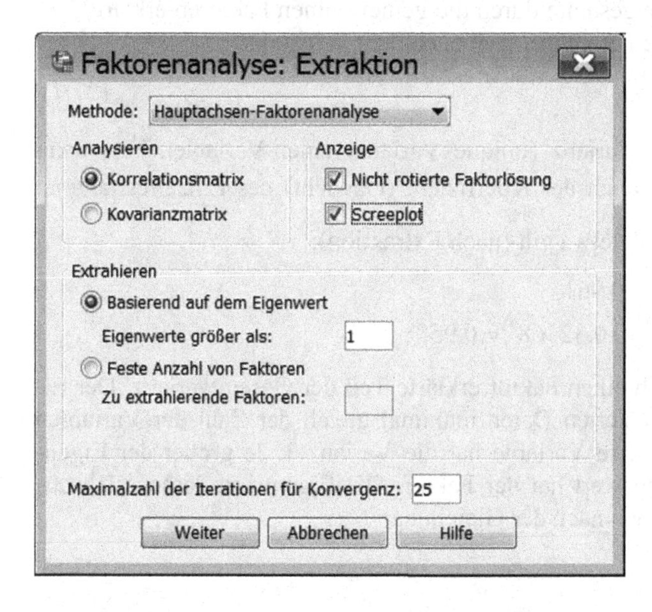

Abb. 27.2. Dialogbox „Faktorenanalyse: Extraktion"

▷ Klicken Sie auf den Pfeil neben dem Auswahlfenster „Methode:", und wählen Sie aus der sich öffnenden Liste „Hauptachsen-Faktorenanalyse".
▷ Klicken Sie auf die Kontrollkästchen „Nicht rotierte Faktorlösung" und „Screeplot" in der Gruppe „Anzeigen". Dadurch werden die anfänglichen Faktorladungen und eine unten besprochene Grafik angezeigt.
▷ Bestätigen Sie mit „Weiter" und „OK".

Tabelle 27.3 enthält einen Teil der Ausgabe. Die Faktorenmatrix gibt die Faktorladungen der einzelnen Variablen an (bei einer Zwei-Faktoren-Lösung). Da wir noch keine Schlusslösung vorliegen haben, wären diese irrelevant, wenn sich daraus nicht die *Kommunalitäten* und die *Eigenwerte* errechnen ließen. Letztere sind für die Bestimmung der Zahl der Faktoren von Bedeutung.

Tabelle 27.3. Anfängliche Faktorladungen und Kommunalitäten

Faktorenmatrix

	Faktor	
	1	2
v1	,649	,734
v2	,807	,561
v3	,911	,316
v4	,924	-,324
v5	,763	-,593
v6	,740	-,630

Kommunalitäten

	Anfänglich	Extraktion
v1	,939	,961
v2	,957	,966
v3	,926	,930
v4	,953	,958
v5	,929	,933
v6	,924	,944

Die *Kommunalität,* d.h. die gesamte durch die gemeinsamen Faktoren erklärte Varianz jeweils einer Variablen errechnet sich nach der Gleichung:

$$h_j^2 = a_{j1}^2 + a_{j2}^2 + ... + a_{jk}^2 \qquad (27.7)$$

Der unerklärte Anteil der Varianz (unique Varianz) einer Variablen j ist dann $1 - h_j^2$. Daraus ergibt sich auch der Koeffizient (Gewicht) des Einzelrestfaktors: $\sqrt{1 - h_j^2}$. Für die Variable V1 etwa gilt (nach Extraktion):

$h_1^2 = 0{,}64941^2 + 0{,}73429^2 = 0{,}961$.

Und für V4: $h_4^2 = 0{,}92391^2 + -0{,}32368^2 = 0{,}958$.

Der *Eigenwert* ist der durch einen Faktor erklärte Teil der Gesamtvarianz. Der Eigenwert kann bei standardisierten Daten maximal gleich der Zahl der Variablen sein. Denn jede standardisierte Variable hat die Varianz 1. Je größer der Eigenwert, desto mehr Erklärungswert hat der Faktor. Die Eigenwerte lassen sich aus den Faktorladungen errechnen nach der Gleichung:

$$\lambda_p = a_{1p}^2 + a_{2p}^2 + ... + a_{mp}^2 \qquad (27.8)$$

Für Faktor 1 etwa gilt (bei einer Zwei-Faktorenlösung):

$$\lambda_1 = 0{,}649^2 + 0{,}807^2 + 0{,}911^2 + 0{,}924^2 + 0{,}763^2 + 0{,}740^2 = 3{,}886$$

Der Anteil der durch diesen Faktor erklärten Varianz an der Gesamtvarianz beträgt bei m Variablen:

$\frac{1}{m}\sum_{j=1}^{m} a_{j1}^2$, im Beispiel etwa für Faktor 1: $(1/6) \cdot 3{,}886 = 0{,}647$ oder 64,7%.

Sie sehen im zweiten Teil der Tabelle 27.4 „Summen von quadrierten Faktorladungen für Extraktion" in der Spalte „Gesamt" den Eigenwert 3,886 für Faktor 1. Das sind 64,674 % von der Gesamtvarianz 6, wie Sie aus der Spalte „% der Varianz" entnehmen können. Die beiden für die Extraktion benutzten Faktoren erklären zusammen 94,884 % der Gesamtvarianz. Wir haben also insgesamt ein sehr erklärungsträchtiges Modell vorliegen.

Tabelle 27.4. Erklärte Gesamtvarianz

Erklärte Gesamtvarianz

Faktor	Anfängliche Eigenwerte			Summen von quadrierten Faktorladungen für Extraktion		
	Gesamt	% der Varianz	Kumulierte %	Gesamt	% der Varianz	Kumulierte %
1	3,938	65,629	65,629	3,886	64,764	64,764
2	1,857	30,943	96,572	1,807		94,884
3	,075	1,252	97,824			
4	,072	1,202	99,026			
5	,037	,618	99,645			
6	,021	,355	100,000			

Allerdings werden anfänglich immer so viele Faktoren extrahiert, wie Variablen vorhanden sind. Alle Analyseverfahren – auch die hier verwendete Hauptachsen-Methode – bestimmen die anfängliche Lösung und die Zahl der Faktoren nach der *Hauptkomponentenmethode*. Bis dahin handelt es sich noch um keine Faktorenanalyse im eigentlichen Sinne, denn es wird lediglich eine Anzahl korrelierter Variablen in eine gleich große Anzahl unkorrelierter Variablen transformiert.

Es muss also nach dieser vorläufigen Lösung bestimmt werden, von wie vielen Faktoren die weiteren Lösungsschritte ausgehen sollen. Die vorliegende Lösung basiert deshalb auf zwei Faktoren, weil wir in der Dialogbox „Faktorenanalyse: Extraktion" (⇨ Abb. 27.2) in der Gruppe „Extrahieren" die Voreinstellung „Eigenwerte größer als: 1" nicht verändert haben. Die anfängliche Lösung (vor weiteren Iterationsschritten) mit noch 6 Faktoren sehen wir im ersten „Anfängliche Eigenwerte" überschriebenen Teil der Tabelle 27.4. Dort sehen wir für den Faktor 1 den Eigenwert 3,938, für den Faktor 2 1,857, den Faktor 3 0,075 usw. Da der Eigenwert ab Faktor 3 kleiner als 1 war, wurden für die weitere Analyse nur 2 Faktoren benutzt.

Es sind allerdings mehrere Kriterien für die Bestimmung der Zahl der Faktoren gängig:

- *Kaiser-Kriterium.* Das voreingestellte Verfahren, nach dem Faktoren mit einem Eigenwert von mindestens 1 ausgewählt werden. Dem liegt die Überlegung zugrunde, dass jede Variable bereits eine Varianz von 1 hat. Jeder ausgewählte Faktor soll mindestens diese Varianz binden.
- *Theoretische Vorannahme* über die Zahl der Faktoren.
- Vorgabe eines *prozentualen Varianzanteils* der Variablen, der durch die Faktoren erklärt wird:
  - Anteil der Gesamtvarianz oder
  - Anteil der Kommunalität.
- *Scree-Test* (⇨ unten).
- *Residualmatrix-Verfahren.* Es wird so lange extrahiert, bis die Differenz zwischen der Korrelationsmatrix und der reduzierten Korrelationsmatrix nicht mehr signifikant ist.
- Jeder Faktor, auf dem eine Mindestzahl von Variablen hoch lädt, wird extrahiert.

Ein Scree-Plot ist die Darstellung der Eigenwerte in einem Diagramm, geordnet in abfallender Reihenfolge. Dabei geht man davon aus, dass die Grafik einem Berg ähnelt, an dessen Fuß sich Geröll sammelt. Entscheidend ist der Übergang vom Geröll zur eigentlichen Bergflanke. Diese entdeckt man durch Anlegen einer Geraden an die untersten Werte. Faktoren mit Eigenwerten oberhalb dieser Geraden werden einbezogen. Die Grundüberlegung ist, dass Eigenwerte auf der Geraden noch als zufällig interpretiert werden können. In unserem Beispiel (⇨ Abb. 27.3) liegen die Faktoren F3 bis F6 auf einer (ungefähren) Geraden, die das Geröll am Fuß des Berges markiert, während zu Faktor 2 und 1 eine deutliche Steigung eintritt. Daher würden wir auch nach diesem Kriterium eine Zwei-Faktorenlösung wählen.

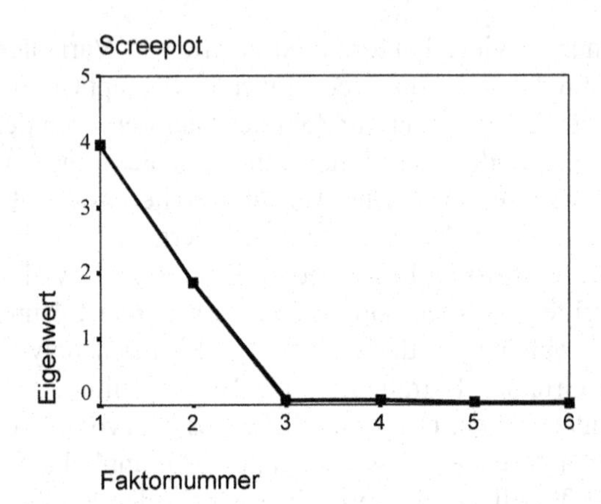

Abb. 27.3. Scree-Plot

Die Zahl der Faktoren für die iterative Lösung kann man steuern, indem man in der Dialogbox „Faktorenanalyse: Extraktion" (⇨Abb. 27.2) in der Gruppe „Extrahieren" die Voreinstellung „Eigenwerte größer als:" einen anderen Eigenwert als 1 einsetzt oder per Optionsschalter „Anzahl der Faktoren" und Eingabe einer Zahl die Zahl der Faktoren genau festlegt.

Verfügbare Extraktionsmethoden. SPSS bietet eine Reihe von Extraktionsmethoden. Die Methoden unterscheiden sich in dem Kriterium, das sie benutzen, eine gute Übereinstimmung (good fit) mit den Daten zu definieren. Sie werden hier kurz erläutert:

❒ *Hauptkomponenten (principal component)*. Diese Analyse geht von der Korrelationsmatrix aus, mit den ursprünglichen Werten 1 in der Diagonalen. Die Berechnung erfolgt ohne Iteration.

❒ *Hauptachsen-Faktorenanalyse.* Verfährt wie die Hauptkomponentenanalyse, ersetzt aber die Hauptdiagonale der Korrelationsmatrix durch geschätzte Kommunalitäten und rechnet iterativ.

❒ *Ungewichtete kleinste Quadrate (unweighted least squares).* Produziert für eine fixierte (vorgegebene) Zahl von Faktoren eine factor-pattern Matrix, die die Summe der quadrierten Differenzen zwischen der beobachteten und der reproduzierten Korrelationsmatrix (ohne Berücksichtigung der Diagonalen) minimiert.

- *Verallgemeinerte kleinste Quadrate (generalized least squares).* Minimiert dasselbe Kriterium. Aber die Korrelationen werden invers gewichtet mit der Uniqueness (der durch die Faktoren nicht erklärten Varianz). Variablen mit hoher Uniqueness $1-h_j^2$ wird also weniger Gewicht gegeben. Liefert auch einen χ^2-Test für die Güte der Anpassung. (Problematik wie Nullhypothesentest ⇨ Kap. 13.1).
- *Maximum Likelihood.* Produziert Parameterschätzungen, die sich am wahrscheinlichsten aus der beobachteten Korrelationsmatrix ergeben hätten, wenn diese aus einer Stichprobe mit multivariater Normalverteilung stammen. Wieder werden die Korrelationen invers mit der Uniqueness gewichtet. Dann wird ein iterativer Algorithmus verwendet. Liefert auch einen χ^2-Test für die Güte der Anpassung.
- *Alpha-Faktorisierung.* Man sieht die Variablen, die in die Faktoranalyse einbezogen werden, als eine Stichprobe aus dem Universum von Variablen an. Man versucht einen Schluss auf die G.
- *Image-Faktorisierung.* Guttman hat eine andere Art der Schätzung der common und unique Varianzanteile entwickelt. Die wahre Kommunalität einer Variablen ist nach dieser Theorie gegeben durch die quadrierte multiple Korrelation zwischen dieser Variablen und allen anderen Variablen des Sets. Diesen common part bezeichnet er als partial image.

27.2.3 Faktorrotation

Außer in speziellen Situationen (z.B. bei Einfaktorlösungen) führt die Anfangslösung der Faktorextraktion selten zu inhaltlich sinnvollen Lösungen, formal dagegen erfüllt die Lösung die Bedingungen. Das liegt daran, dass die Faktoren sukzessive extrahiert werden. So wird beim Hauptkomponenten- und Hauptachsenverfahren die Varianz der Faktoren über *alle* Variablen *nacheinander* maximiert. Daher korrelieren die Faktoren mit *allen* Variablen möglichst hoch. Deshalb tendiert der erste Faktor dazu, ein genereller Faktor zu sein, d.h. er lädt auf jeder Variablen signifikant. Alle anderen Faktoren dagegen neigen dazu bipolar zu werden, d.h. sie laden auf einem Teil der Variablen positiv, auf einem anderen negativ. Bei einer Zweifaktorsituation – wie in unserem Beispiel – lässt sich das anhand des Faktordiagramms für die unrotierte Lösung (⇨ Abb. 27.4) besonders gut verdeutlichen.

Sie erhalten dieses auf folgendem Weg: Klicken Sie in der Dialogbox “Faktorenanalyse” (⇨ Abb. 27.1) auf die Schaltfläche “Rotation”. Es öffnet sich die Dialogbox “Faktorenanalyse: Rotation”(⇨ Abb. 27.5). Wählen Sie dort das Kontrollkästchen “Ladungsdiagramm(e)” aus.

Das Faktordiagramm (Abb. 27.4.) ist für Zwei-Faktorenlösungen leicht zu lesen. Es enthält zwei Achsen (die senkrechte und waagrechte Linien durch die Ursprünge: 0,0), die die Faktoren darstellen. Bei orthogonalen Lösungen sind sie rechtwinklig angeordnet. In diesem Achsenkreuz sind die einzelnen Variablen durch

Punkte repräsentiert. Variablen, die nahe beieinander liegen, korrelieren untereinander hoch. Je stärker eine Variable von einem Faktor beeinflusst wird, desto näher liegt der Punkt an dessen Achse. Liegt er zum Ende der Achse, bedeutet dies, dass er alleine von diesem beeinflusst wird.

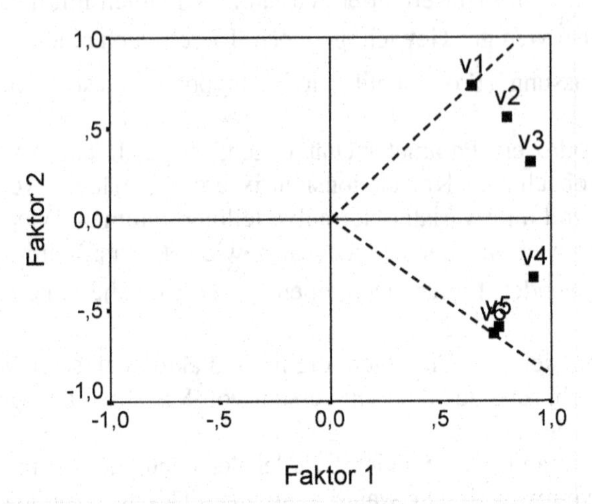

Abb. 27.4. Faktordiagramm

Da uns bekannt ist, dass die Variablen V1 bis V3 stark auf dem Faktor 1 laden, V1 sogar (bis auf die Wirkung des Einzelrestfaktors) mit diesem identisch ist, müsste bei der inhaltlich richtigen Lösung die Achse des Faktors 1 durch V1 laufen. Analog gilt dasselbe für die Variablen V4 bis V6 und den Faktor 2. Die zweite Achse müsste durch V6 laufen. Offensichtlich ist das nicht der Fall, sondern die Achse des Faktors 1 (es ist die horizontale Linie in der Mitte der Grafik) verläuft genau in der Mitte zwischen den Punktwolken hindurch. Das ist nach dem oben Gesagten über die Ermittlung des Faktors 1 verständlich. Er wird ja zunächst alleine ermittelt, und zwar als der Faktor, der die Varianz aller Variablen maximiert. Er muss also in der Mitte aller Variablenpunkte liegen.

Die richtige Achsenlage kann man aber erreichen, indem man die Achsen um einen bestimmten Winkel φ (Phi) um ihren Ursprung rotiert. Die Drehung φ erfolgt gegen den Uhrzeigersinn. Algebraisch bedeutet das: die Faktorladungsmatrix wird mit Hilfe einer *Transformationsmatrix* umgerechnet. In der Abbildung sind entsprechende Achsen gestrichelt eingezeichnet (sie werden nicht in dieser Weise von SPSS ausgegeben).

Dazu werden grundsätzlich zwei verschiedene Verfahren verwandt:

❒ *Orthogonale (rechtwinklige) Rotation.* Es wird unterstellt, dass die Faktoren untereinander nicht korrelieren. Die Faktorachsen verbleiben bei der Drehung im rechten Winkel zueinander.

❒ *Oblique (schiefwinklige) Rotation.* Es wird eine Korrelation zwischen den Faktoren angenommen. Entsprechend deren Größe werden die Achsen in schiefem Winkel zueinander rotiert.

Wiederum stehen mehrere Verfahren zur Verfügung, Die Methoden unterscheiden sich im benutzten Algorithmus und dem Kriterium, das sie benutzen, eine gute Übereinstimmung (good fit) mit den Daten zu definieren. Alle gehen nach irgendeinem Maximierungs- bzw. Minimierungskriterium vor und verfahren iterativ.

Die endgültige Lösung sollte sachlich bedeutsame (meaningful) Faktoren enthalten und eine einfache Struktur aufweisen. Thurstone hat einige verbreitet angewendete Regeln für eine Einfachstruktur entwickelt. Danach gilt für die Faktorladungsmatrix:

- Einzelne Variablen korrelieren möglichst nur mit einem Faktor hoch, mit allen anderen schwach (nur eine hohe Ladung in jeder Zeile der Faktorenmatrix).
- Einzelne Faktoren korrelieren möglichst entweder sehr hoch oder sehr niedrig mit den Variablen (keine mittelmäßige Ladung in den Spalten der Faktorenmatrix ⇨ Tabelle 27.3).

In der Praxis lautet die Frage: Wie können wir bei einer gegebenen Zahl von Faktoren und einem festen Betrag der durch die Faktoren erklärten Varianz (oder dem festen Betrag der gesamten Kommunalitäten) die Reihen und/oder Spalten der Faktorladungsmatrix vereinfachen? Vereinfachen der Reihen heißt: In jeder Reihe sollen so viele Werte wie möglich nahe 0 sein. Vereinfachen der Spalten heißt: Jede Spalte soll so viele Werte wie möglich nahe 0 aufweisen. Beides führt zur gleichen vereinfachten Struktur. Und geometrisch ausgedrückt heißt das: 1. Viele Punkte sollten nahe den Endpunkten der Achsen liegen. 2. Eine große Zahl der Variablen soll nahe dem Ursprung liegen (nur bei mehr als zwei Faktoren). 3. Nur eine kleine Zahl von Punkten sollte von beiden Achsen abseits bleiben.

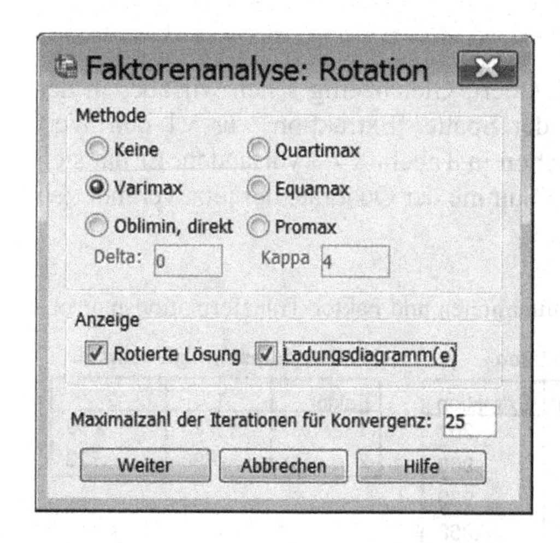

Abb. 27.5. Dialogbox "Faktorenanalyse: Rotation"

Die Rotation beeinflusst nicht die Korrelationsmatrix. Sie beeinflusst zwar die Faktorladungen, aber nicht die Kommunalitäten, d.h. den durch die Faktoren erklärten Varianzanteil einer Variablen (es ändert sich nur deren Verteilung auf die Faktoren). Vor allem ändert sie nicht den Eigenwert der Lösung insgesamt. Aber es ändern sich die durch die einzelnen Faktoren erklärten Varianzanteile (Eigenwerte). Daher ist die Anfangslösung für die Bestimmung der Zahl der Faktoren und die Beurteilung der Qualität des Modells geeignet, nicht aber zur Bestimmung inhaltlich interpretierbarer Faktoren und der Faktorladungen.

Wir führen für unser Beispiel eine Rotation nach dem am häufigsten benutzen Rotationsverfahren, der Varimax-Methode durch. Dazu verfahren Sie wie folgt:

▷ Führen Sie zunächst in der Dialogbox "Faktorenanalyse" (⇨ Abb. 27.1) wie oben die Auswahl der Variablen und "Faktorenanalyse: Extraktion" (⇨ Abb. 27.2) die Auswahl der Extraktionsmethode durch.
▷ Klicken Sie in der Dialogbox "Faktorenanalyse" auf die Schaltfläche "Rotation". Es öffnet sich die Dialogbox "Faktorenanalyse: Rotation" (⇨ Abb. 27.5).
▷ Wählen Sie in der Gruppe "Methode" den Optionsschalter "Varimax".
▷ Wählen Sie in der Gruppe "Anzeigen" die Kontrollkästchen "Rotierte Lösung" und "Ladungsdiagramm(e)".
▷ Bestätigen Sie mit "Weiter" und "OK".

Es werden jetzt die wichtigsten Teile des Outputs besprochen. Lassen Sie sich bitte nicht davon irritieren, dass SPSS jetzt den von uns als F2 benannten Faktor als Faktor 1 identifiziert und F2 als Faktor 2. Tabelle 27.5 enthält auf der linken Seite das wichtigste Ergebnis, die rotierte Faktorenmatrix.

Die rotierte Faktorenladungsmatrix ist aus der anfänglichen Faktorenladungsmatrix durch Rotation entstanden. Die Umrechnungsfaktoren sind in der Faktortransformations-Matrix angegeben.

So ergibt sich z.B. die Faktorladung für V1 und den Faktor 1 aus:

$$(0{,}649 \cdot 0{,}723) + (0{,}734 \cdot -0{,}690) = -0{,}037$$

Die Faktorladungen haben sich also geändert. Gleichzeitig sehen wir aber in der rechten Tabelle "Kommunalitäten" in der Spalte "Extraktion" für V1 den Wert 0,961. Das ist derselbe Wert, den wir schon in Tabelle 27.3 vorfanden. Er hat sich nicht geändert, obwohl er sich durch die Summe der Quadrate der jetzt veränderten Faktorladungen ergibt.

Tabelle 27.5. Rotierte Faktormatrix, Kommunalitäten und Faktor-Transformationsmatrix

Rotierte Faktorenmatrix

	Faktor	
	1	2
v1	-,037	,980
v2	,196	,963
v3	,441	,858
v4	,892	,404
v5	,961	,097
v6	,970	,056

Kommunalitäten

	Anfänglich	Extraktion
v1	,939	,961
v2	,957	,966
v3	,926	,930
v4	,953	,958
v5	,929	,933
v6	,924	,944

Faktor-Transformationsmatrix

Faktor	1	2
1	,723	,690
2	-,690	,723

Tabelle 27.6. Erklärte Gesamtvarianz

Erklärte Gesamtvarianz

Faktor	Anfängliche Eigenwerte			Summen von quadrierten Faktorladungen für Extraktion			Rotierte Summe der quadrierten Ladungen		
	Gesamt	% der Varianz	Kumulierte %	Gesamt	% der Varianz	Kumulierte %	Gesamt	% der Varianz	Kumulierte %
1	3,938	65,629	65,629	3,886	64,764	64,764	2,895	48,248	48,248
2	1,857	30,943	96,572	1,807	30,120	94,884	2,798	46,637	94,884
3	,075	1,252	97,824						
4	,072	1,202	99,026						
5	,037	,618	99,645						
6	,021	,355	100,000						

Extraktionsmethode: Hauptachsen-Faktorenanalyse.

Tabelle 27.6 gibt die Eigenwerte der Faktoren und die Summe der Eigenwerte wieder. Sie ist in den ersten beiden Teilen identisch mit Tabelle 27.4. Neu ist der dritte, der die Eigenwerte nach der Faktorenrotation zeigt. Hier sehen wir deutliche Unterschiede. Vor der Rotation erklärte der erste Faktor mit ca. 65 % den größten Anteil der Varianz, der zweite dagegen nur ca. 30 %. Nach der Rotation erklären beide Faktoren praktisch gleich viel. Dies entspricht auch der Konstruktion unseres Beispiels. Insgesamt erklären aber beide Modelle einen gleich großen Anteil der Gesamtvarianz, nämlich 94,884 %.

Dem rotierten Ladungsdiagramm (Faktordiagramm im gedrehten Faktorbereich ⇨ Abb. 27.6) sieht man die Rotation auf den ersten Blick nicht an, denn die Faktorachsen werden aus technischen Gründen wie in der nicht-rotierten Matrix dargestellt. Statt der Achsen sind aber die Ladungspunkte rotiert, was auf dasselbe hinauskommt. Tatsächlich gehen jetzt die beiden Faktorachsen fast genau durch die Variablen V1 bzw. V6, wie es nach der Konstruktion unseres Beispiels sein muss.

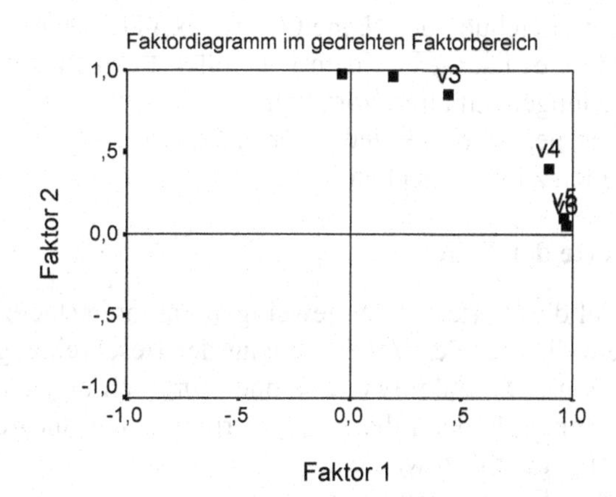

Abb. 27.6. Rotiertes Ladungsdiagramm

Für die inhaltliche Interpretation der Faktoren zieht man gewöhnlich *Leitvariablen* heran. Das sind Variablen, die auf diesem Faktor besonders hoch laden. An ihrem Inhalt erkennt man am ehesten die Bedeutung des Faktors. In unserem Beispiel lädt V6 besonders hoch auf Faktor 1, nämlich 0,97. Dagegen lädt V1 besonders hoch auf Faktor 2, nämlich 0,98. Da wir aus der Konstruktion wissen, dass V6 eine Variable ist, die Begabung misst, dagegen V1 eine, die Fleiß misst, würden wir Faktor 1 am bestem als "Begabung", Faktor 2 als "Leistung" bezeichnen. (Es ist also aufgrund der Rotationsrichtung genau umgekehrt, wie wir die Faktoren bei der Konstruktion des Beispiels benannt hatten.) Für die inhaltliche Interpretation kann es nützlich sein, in der Dialogbox "Faktorenanalyse: Optionen" die Kontrollkästchen "Sortiert nach Größe" und "Unterdrücken von Absolutwerten kleiner als" (mit einem Betrag zwischen 0 und 1, Voreinstellung 0,1) auszuwählen. Man sieht dann in der Tabelle "Rotierte Faktormatrix" besser, welche Variablen auf welchen Faktoren hoch laden.

Verfügbare Methoden für die orthogonale Rotation. SPSS bietet insgesamt fünf Rotationsmethoden an, davon drei für orthogonale, zwei für oblique Rotation. Die ersteren werden hier kurz erläutert.

- *Varimax.* Sie versucht, die Zahl der Variablen mit hohen Ladungen auf einem Faktor zu minimieren. Hier werden die *Spalten* der Faktorladungsmatrix simplifiziert. Ein einfacher Faktor ist einer bei dem in der Matrix der Faktorladungen in der Spalte annähernd die Werte 1 oder 0 auftreten. Dazu müssen die quadrierten Ladungen in der Spalte maximiert werden (daher der Name Varimax = Maximierung der Varianz der quadrierten Faktorladungen).
- *Quartimax.* Das Verfahren minimiert die Zahl der zur Interpretation der Variablen notwendigen Faktoren. Das Verfahren sucht nach einer Simplifizierung der *Reihen* der Matrix. Dies ist der Fall, wenn:

$$\sum_{j=1}^{m}\sum_{p=1}^{k} a_{jp}^{4} \rightarrow \text{maximum} \qquad (27.9)$$

  (Wegen der vierten Potenz in der Gleichung der Name Quartimax.) Der Mangel des Verfahrens besteht darin, dass es häufig in einem generellen Faktor resultiert mit mittleren und hohen Ladungen auf allen Variablen.
- *Equamax.* Ein Kompromiss zwischen Varimax und Quartimax. Das Verfahren versucht Reihen und einige Spalten zu vereinfachen.

27.2.4 Berechnung der Faktorwerte der Fälle

Häufig ist es sinnvoll, für jeden Fall die Werte auf den jeweiligen Faktoren (factor scores) zu berechnen. Insbesondere dient es der Vereinfachung der Beschreibung einer Analyseeinheit (Datenreduktion). Die Faktorwerte können für nachfolgende Analysen verwendet werden. Im Prinzip können die Faktorwerte als eine lineare Kombination der Werte der Variablen geschätzt werden.

Für den z-Wert des Falles i auf dem Faktor p ergibt sich:

$$\hat{f}_{ip} = \sum_{j=1}^{m} w_{jp} z_{ij} \qquad (27.10)$$

z_{ij} = standardisierter Wert der Variablen j für den Fall i

w_{jp} = Factor-score Koeffizient für die Variable j und den Faktor p.

Wie die Faktorladungen zur Berechnung der Variablenwerte als Gewichte benötigt werden, so werden umgekehrt zur Berechnung der Faktorwerte die *Factor-score-Koeffizienten* benötigt.

Aber nur bei der Hauptkomponentenanalyse können diese unter Verwendung der rotierten Faktorenmatrix genau berechnet werden. Bei allen anderen Methoden handelt es sich um über multiple Regression (⇨ Kap. 18) geschätzte Werte.

SPSS bietet drei Verfahren zur Schätzung von Faktorwerten an, die zu unterschiedlichen Ergebnissen führen. Alle drei führen zu standardisierten Faktorwerten (Mittelwert 0, Standardabweichung 1).

❐ *Regression (Voreinstellung).* Die Faktorwerte können korrelieren, selbst wenn die Faktoren orthogonal geschätzt wurden.
❐ *Bartlett.* Auch hier können die Faktorwerte korrelieren.
❐ *Anderson-Rubin.* Eine modifizierte Bartlett-Methode, bei der die Faktoren unkorreliert sind und eine Standardabweichung von 1 haben.

Zur Illustration arbeiten wir mit der Regressionsmethode.

SPSS gibt die *factor-score Koeffizienten* in der Tabelle "Koeffizientenmatrix der Faktorscores (Faktorwerte)" aus (⇨ Tabelle 27.7).

Wenn Sie diese Matrix erhalten möchten und die Faktorwerte der Datendatei hinzugefügt werden sollen, gehen Sie wie folgt vor:

▷ Klicken Sie in der Dialogbox "Faktorenanalyse" (⇨ Abb. 27.1) auf die Schaltfläche "Scores". Die Dialogbox "Faktorenanalyse: Faktorscores" (⇨ Abb. 27.7) öffnet sich.
▷ Wählen Sie dort "Koeffizientenmatrix der Faktorscores anzeigen".
▷ Wählen Sie "Als Variablen speichern".
▷ Wählen Sie in der Gruppe "Methode" eine Methode (hier: "Regression").
▷ Bestätigen Sie mit "Weiter" und "OK".

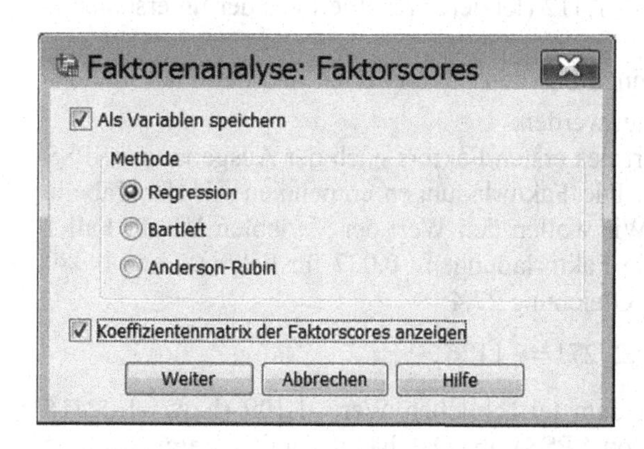

Abb. 27.7. Dialogbox "Faktorenanalyse: Faktorscores"

Im Output finden Sie die angeforderte Matrix (⇨ Tabelle 27.7), und der Datenmatrix werden die Faktorwerte der einzelnen Fälle (hier bezeichnet als "fact1_1" und "fact2_1") angehängt. Für Fall 1 berechnet das Programm z.B. fact1_1 = -1,41212 und fact2_1 = -1,20271.

Tabelle 27.7. Koeffizientenmatrix der Faktorwerte

	Faktor	
	1	2
v1	-,152	,428
v2	-,142	,491
v3	,087	,140
v4	,427	-,056
v5	,261	-,024
v6	,342	-,065

Aus den jetzt verfügbaren Informationen ist es möglich, die Werte der Fälle, sowohl für die Variablen als auch die Faktoren, zu rekonstruieren, aus den Variablenwerten auch die Korrelationsmatrix. Allerdings wird wegen des Schätzcharakters der extrahierten Parameter dieses nur näherungsweise gelingen. Je stärker die Übereinstimmung mit den Ausgangswerten, desto besser die Lösung.

Die Faktorwerte der Fälle ergeben sich aus den Factor-score-Koeffizienten und den z-Werten der Variablen nach 27.9.

Der Wert des Faktors 1 des Falles 1 ist demnach:

$$f_{11} = -0{,}152 \cdot -1{,}109 + -0{,}142 \cdot -1{,}680 + 0{,}087 \cdot -1{,}320 + 0{,}427 \cdot -1{,}845 + 0{,}261 \cdot -1{,}719 + 0{,}342 \cdot -1{,}505$$
$$= -1{,}459\,.$$

Dies stimmt wegen der Ungenauigkeiten bei der Schätzung der Parameter nicht genau mit unserem Ausgangswert von –1,342 überein und auch nicht mit dem durch SPSS ermittelten Wert von –1,412 (letzteres resultiert aus der unterschiedlichen Berechnung der z-Werte).

Die z-Werte der Variablen können aus den Faktorwerten und den Faktorladungen nach Gleichung 27.2 berechnet werden.

Für Fall 1 z.B. beträgt der Wert des ersten Faktors nach der Ausgabe von SPSS -1,41212, für Faktor 2 -1,20271. Die Faktorladungen entnehmen wir der Tabelle der "rotierten Faktorenmatrix". Wir wollen den Wert der Variablen V1 für Fall 1 berechnen. Für diese betragen die Faktorladungen –0,037 für Faktor 1 und 0,980 für Faktor 2. Demnach ist gemäß Gleichung 27.4:

$$z_{11} = -0{,}037 \cdot 1{,}41212 + 0{,}980 \cdot -1{,}20271 = -1{,}126\,.$$

Das weicht natürlich etwas von dem tatsächlichen Wert -1,109 (bzw. -1,07415 nach der Berechnungsmethode von SPSS) ab. Das hängt damit zusammen, dass uns der Wert des Einzelrestfaktors unbekannt ist. Aus der Kommunalität von 0,961 für die Variable V1 können wir das Gewicht des Einzelrestfaktors nach der oben angegebenen Formel berechnen. Es beträgt $\sqrt{1-0{,}961} = 0{,}197$. Der Einzelrestfaktor beeinflusst also mit diesem Gewicht den z-Wert der Variablen. Das so berechnete Gewicht des Einzelrestfaktors entspricht recht genau dem von uns im Beispiel vorgegebenen Wert von 0,2.

Der z-Wert kann in den Rohwert der Variablen transformiert werden, wenn Mittelwert und Standardabweichung der entsprechenden Variablen bekannt sind. Das ist – anders als in der Realität – in unserem konstruierten Beispiel der Fall. Für die Variable V1 betragen sie 2,39 und 0,89. Daraus ergibt sich für V1 für den Fall 1:

$$V_{11} = 2{,}39 + (-1{,}126 \cdot 0{,}89) = 1{,}34\,.$$

Der tatsächliche Ausgangswert V1 in unserem Beispiel war 1,4.

Auch die Tabelle "Reproduzierte Korrelationen" (Tabelle 27.8) gibt Auskunft über die Güte des Modells. Um diese zu erhalten, müssen Sie zunächst in der Dialogbox "Faktorenanalyse"(⇨ Abb. 27.1) auf die Schaltfläche "Deskriptive Statistik" klicken. In der sich öffnenden Dialogbox "Faktorenanalyse: Deskriptive Statistiken" (⇨ Abb. 27.12) wählen Sie in der Gruppe "Korrelationsmatrix" die Option "Reproduziert".

In der Tabelle sehen Sie im oberen Teil zunächst auf Basis des Modells reproduzierten Korrelationskoeffizienten. Im unteren Teil "Residuum" können Sie ablesen, wie stark diese von den ursprünglichen Korrelationen abweichen, z.B. weicht der Korrelationskoeffizient zwischen den Variablen V1 und V2 um $-0{,}003$, also minimal, vom ursprünglichen Korrelationskoeffizienten 0,936 ab. Bei einer guten Lösung sollten möglichst alle Residuen nahe Null liegen. Die Fußnote "a." gibt Auskunft, dass in dieser Tabelle kein einziges Residuum einen kritischen Wert von 0,05 überschreitet. Die Diagonale des oberen Teils der Tabelle enthält außerdem die reproduzierten Kommunalitäten.

Tabelle 27.8. Reproduzierte Korrelationen

Reproduzierte Korrelationen

		v1	v2	v3	v4	v5	v6
Reproduzierte Korrelation	v1	,961[a]	,936	,824	,362	,060	,018
	v2	,936	,966[a]	,912	,563	,282	,243
	v3	,824	,912	,930[a]	,740	,508	,476
	v4	,362	,563	,740	,958[a]	,897	,888
	v5	,060	,282	,508	,897	,933[a]	,938
	v6	,018	,243	,476	,888	,938	,944[a]
Residuum[b]	v1		-,003	,005	-,003	,009	-,008
	v2	-,003		-,001	,013	-,014	,002
	v3	,005	-,001		-,012	,004	,008
	v4	-,003	,013	-,012		,004	-,001
	v5	,009	-,014	,004	,004		-,003
	v6	-,008	,002	,008	-,001	-,003	

Extraktionsmethode: Hauptachsen-Faktorenanalyse.

a. Reproduzierte Kommunalitäten

b. Residuen werden zwischen beobachteten und reproduzierten Korrelationen berechnet. Es liegen 0 (,0%) nicht redundante Residuen mit absoluten Werten größer 0,05 vor.

27.3 Anwendungsbeispiel für eine oblique (schiefwinklige) Lösung

Zur Illustration einer schiefwinkligen Rotation wird ebenfalls ein fiktives Beispiel verwendet. Es enthält dieselben zwei Faktoren und 6 Variablen wie das Beispiel für die orthogonale Lösung. Der Unterschied besteht lediglich darin, dass für eine Korrelation der beiden Faktoren gesorgt wurde. Um dieses besser gewährleisten zu können, wurde die Zahl der Fälle auf 80 erhöht, je 20 pro Ausprägung 1, 2, 3, 4 auf dem Faktor 1. Um eine Korrelation der Faktoren zu erreichen, wurde aber nicht für eine gleiche Verteilung der Werte des Faktors 2 gesorgt, sondern die Verteilung wurde je nach Ausprägung auf Faktor 1 verändert nach dem Schema:

Faktor 1	Faktor 2
Wert	**Häufigkeit · Wert**
1	7 ·1, 6 · 2, 4 · 3 und 3 · 4
2	6 · 1, 7 · 2, 4 · 3 und 3 · 4
3	6 · 4, 7 · 3, 4 · 2 und 3 · 1
4	3 · 1, 4 · 2, 6 · 3 und 7 · 4

Die so erzeugten Faktoren korrelieren mit r = 0,276 miteinander. Die Variablenwerte wurden nach denselben Formeln aus den Faktorwerten und den Einzelrestfaktoren berechnet. Die Daten sind in der Datei "LEISTUNG2.SAV" gespeichert.

Am besten lässt sich die oblique Rotation wieder anhand von Faktorendiagrammen illustrieren. Nehmen wir an, wir führen für den neuen Datensatz dieselbe Faktorenanalyse wie im obigen Beispiel durch, also "Hauptachsen-Faktorenanalyse" mit der Rotationsmethode "Varimax" und lassen uns für die rechtwinklig rotierte Lösung ein Faktordiagramm ausgeben. Dann bekommen wir ein Ergebnis wie in Abb. 27.8.

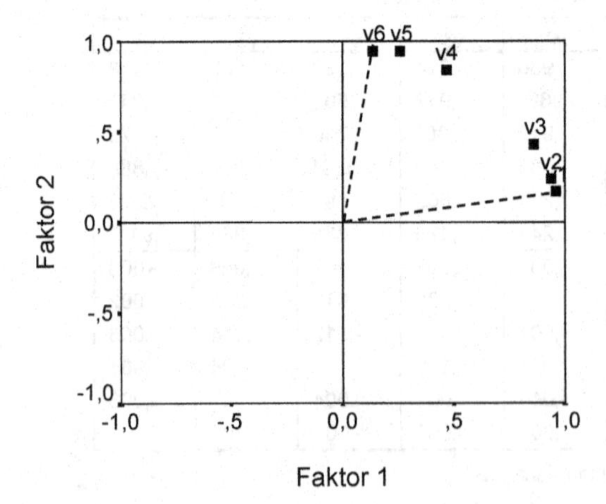

Abb. 27.8. Faktordiagramm für eine nach "Varimax" rotierte Lösung

Da wir aus der Bildung unseres Beispiels wissen, dass die Variablen V1 bzw. V6 bis auf die Einzelrestfaktoren genau den Faktoren 1 und 2 entsprechen, sehen wir, dass dieses Diagramm nicht ganz der Realität entspricht (hier stimmt die Bezeichnung der Achsen mit der von uns festgelegten überein). Auch nach der Rotation liegen die Punkte für V1 und V6 nicht auf den Achsen. Beide liegen von den Achsen etwas nach innen versetzt. Die Achsen würden durch diese Punkte führen, wenn man den Winkel zwischen den Achsen etwas verändern würde, wie es die gestrichelten Linien andeuten (also nicht rechtwinklig rotieren). Wie der Winkel zu verändern ist, bleibt dem Augenmaß des Anwenders vorbehalten.

SPSS stellt für die schiefwinklige Rotation zwei Verfahren zur Verfügung:

❒ *Oblimin, direkt.* Bei diesem obliquen Verfahren wird die Schiefe durch einen Parameter δ (Delta) kontrolliert. Voreingestellt ist δ = 0. Das ergibt die schiefste mögliche Lösung. Die größte zulässige Zahl beträgt 0,8. Positive Werte sollten aber nicht verwendet werden. Negative Werte unter 0 führen zu zunehmend weniger schiefwinkligen Rotationen. Als Faustregel gilt, dass ca. bei –5 die Lösung nahezu orthogonal ausfällt (in unserem Beispiel eher früher).

❒ *Promax.* Eine schiefwinklige Rotation, die schneller als "Oblimin direkt" rechnet und daher für größere Datenmengen geeignet ist. Steuert die Schiefe über einen künstlichen Parameter Kappa. Voreingestellt ist ein Kappa von 4. Kappawerte sind positive Werte ab dem Mindestwert 1 bis maximal 9999. Unter 4 wird der Winkel der Achsen weiter, über 4 enger.

Wir benutzen zur Illustration die Methode "Oblimin, direkt". Einige Versuche ergaben, dass δ = –2,1 zu einer recht guten Lösung führt. Diese erhalten Sie wie folgt:

▷ Laden Sie LEISTUNG2, wählen Sie die Variablen v1 bis v6 aus. Wählen Sie als Extraktionsmethode „Hauptachsen-Faktorenanalyse" aus.

▷ Wählen Sie in der Dialogbox "Faktorenanalyse: Rotation" (⇨ Abb. 27.5) in der Gruppe "Methode" den Optionsschalter "Oblimin, direkt".

▷ Tragen Sie in das Eingabefeld "Delta:" den Wert –2,1 ein.

Sie werden feststellen, dass SPSS bei der Voreinstellung (für die Maximalzahl der Iterationen) kein Ergebnis erzeugt und der Lauf mit der Fehlermeldung "Die Rotation konnte nicht mit 25 Iterationen konvergieren" abbricht.

▷ Ändern Sie deshalb im Eingabefeld "Maximalzahl der Iterationen für Konvergenz" die Zahl auf 50.

▷ Wählen Sie zusätzlich im Feld „Anzeige" die Optionen „Rotierte Lösung" und „Ladungsdiagramme" aus.

Das Faktordiagramm des Ergebnisses zeigt Abb. 27.9. Wiederum sind aus technischen Gründen nicht die Winkel zwischen den Achsen verändert (diese stehen nach wie vor senkrecht zueinander), sondern die Punktewolken sind entsprechend verschoben. Jedenfalls liegen jetzt V1 und V6 fast auf den Achsen der Faktoren 2 und 1. Bei Verwendung von Promax würde ein Kappa von ca. 1,6 das beste Ergebnis zeigen.

Auch die Ausgabe der obliquen Modelle unterscheidet sich etwas von der orthogonaler Modelle. Beide Arten von Modellen basieren auf derselben Korrelationsmatrix. Beide extrahieren für die Anfangsfaktoren die gleiche orthogonale Faktorlösung (in der Faktormatrix). Entsprechend unterscheiden sich weder die Kommunalitäten, noch die anfänglichen Eigenwerte der Faktoren. In der Tabelle "erkläre Gesamtvarianz" werden im letzten Teil der Tabelle für die rotierte Lösung bei obliquen Modellen zwar die Eigenwerte der Faktoren, aber nicht ihr Prozentanteil an der Erklärung der Gesamtvarianz ausgegeben, weil bei schiefwinkligen Lösungen hierfür die genaue Basis fehlt.

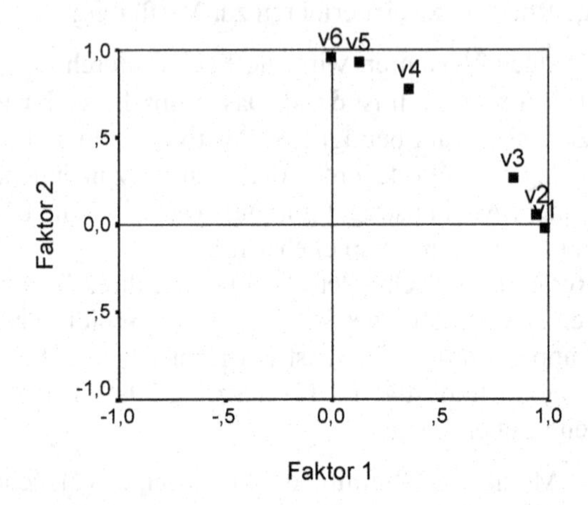

Abb. 27.9. Faktordiagramm für die rotierte Lösung "Oblimin direkt" $\delta = -2,1$

Der Hauptunterschied tritt bei den endgültigen Faktoren nach der Rotation auf. Bei orthogonalen Lösungen erscheint die "Rotierte Faktormatrix". Sie enthält die Faktorladungen. Diese sind sowohl Regressionskoeffizienten für die Gleichungen, in denen Variablenwerte aus den Faktorwerten geschätzt werden, als auch Korrelationskoeffizienten zwischen Faktoren und Variablen. Bei obliquen Lösungen werden dagegen zwei Tabellen ausgegeben. Die erste heißt *"Mustermatrix"*. Sie enthält die Regressionskoeffizienten, d.h. gibt nur die direkten Wirkungen der Faktoren auf die Variable wieder, nicht die indirekten. Sie sind als Gewichte bei der Schätzung der Variablenwerte relevant. Die zweite heißt *"Strukturmatrix"*. Sie gibt die Korrelation zwischen Faktoren und Variablen an, also die direkte und indirekte Wirkung.

Wir sehen z.B. in der Mustermatrix, dass der direkte Beitrag des Faktors 2 zur Variablen V1 negativ ist, nämlich –0,033. Alle Beiträge, direkte und indirekte zusammen, dagegen sind, wie man der Strukturmatrix entnimmt, positiv, nämlich 0,301.

Tabelle 27.9. Muster-, Strukturmatrix und Korrelationsmatrix für die Faktoren bei obliquer Rotation

Mustermatrix[a]

	Faktor	
	1	2
v1	,988	-,033
v2	,949	,045
v3	,841	,260
v4	,365	,774
v5	,132	,928
v6	,003	,956

a. Die Rotation ist in 29 Iterationen konvergiert.

Strukturmatrix

	Faktor	
	1	2
v1	,977	,301
v2	,964	,365
v3	,929	,544
v4	,626	,897
v5	,445	,973
v6	,326	,957

Korrelationsmatrix für Faktor

Faktor	1	2
1	1,000	,338
2	,338	1,000

Da die Faktoren korreliert sind, liefert die oblique Lösung zusätzlich auch eine “Korrelationsmatrix für Faktor” genannte Tabelle, in der Korrelationskoeffizienten zwischen den Faktoren angegeben sind (⇨ Tabelle 27.9 rechts). Die hier extrahierten Faktoren korrelieren 0,338, was deutlich über den durch unsere Konstruktion gegeben “wahren Korrelationkoeffizienten” von 0,276 liegt.

27.4 Ergänzende Hinweise

27.4.1 Faktordiagramme bei mehr als zwei Faktoren

Normalerweise wird man eher Datensätze haben, bei denen mehr als zwei Faktoren extrahiert werden. Bei Anforderung von “Ladungsdiagrammen” gibt das Programm dann ein dreidimensionales “Faktordiagramm im rotierten Raum” mit den ersten drei Faktoren als Achsen aus. Abb. 27.10 zeigt ein solches Diagramm für die Daten einiger Variablen zur Kennzeichnung von Stadtteileigenschaften, die für Hamburg erhoben wurden (Datei: VOLKSZ1). Es ist eine Hauptkomponentenanalyse mit Varimaxrotation durchgeführt worden, die zu vier Faktoren führte. Die ersten drei sind im Diagramm aufgenommen. Solche dreidimensionalen Diagramme sind häufig schwer zu lesen. Dann ist es zu empfehlen, sie in mehrere zweidimensionale Faktordiagramme umzuwandeln.

- ▷ Doppelklicken Sie dazu auf das dreidimensionale Diagramm. Dann öffnet sich der “Diagramm-Editor”.
- ▷ Wählen Sie “Bearbeiten” und “Eigenschaften”. Es öffnet sich die Dialogbox “Eigenschaften”.
- ▷ Klicken Sie auf das Register “Variablen”. Es öffnet sich die entsprechende Registerkarte. Dort steht auf der linken Seite eine Spalte mit den Komponenten. Auf der rechten Seite ist jeweils angegeben, auf welcher Achse der Grafik diese eingetragen ist.

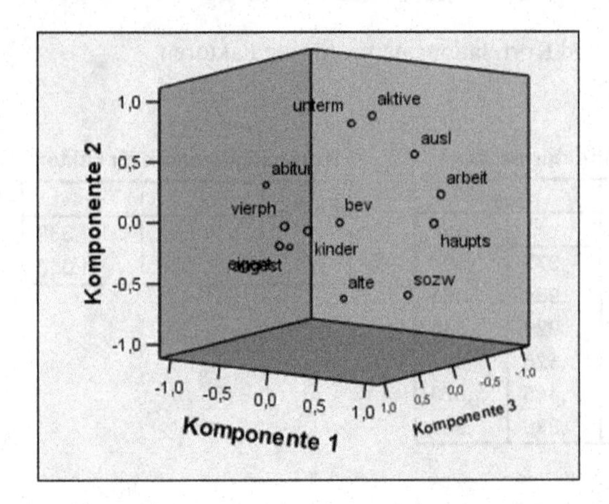

Abb. 27.10. Dreidimensionales Faktordiagramm im rotierten Raum

⊳ Sie können dies ändern, indem Sie auf das Feld rechts neben der Komponente klicken und die jeweils gewünschte Achse auswählen. Eine zweidimensionale Darstellung bekommen Sie, indem Sie die Achsenbezeichnung einer Komponente markieren und in der Auswahlliste, die sich durch Klicken auf den Pfeil am rechten Rand öffnet „ausschließen" auswählen.

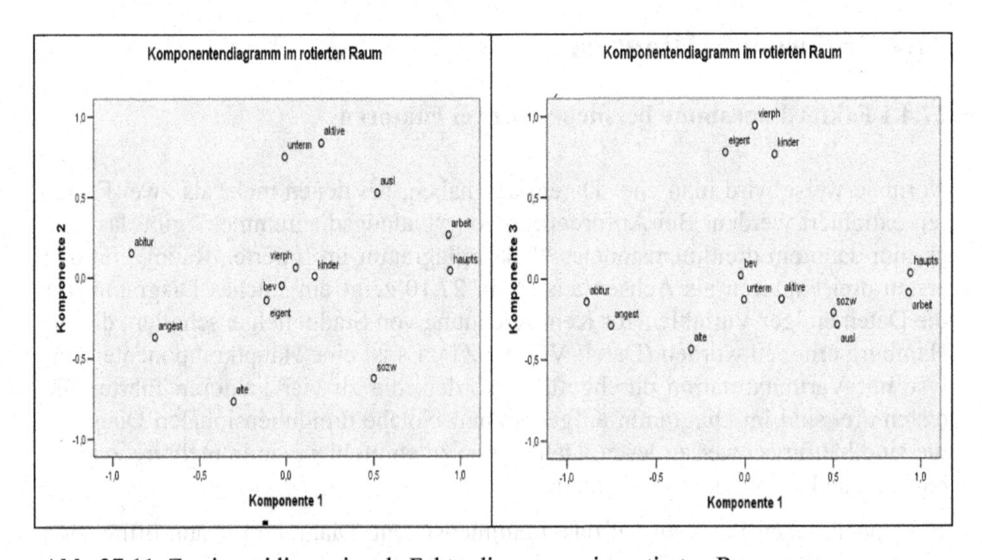

Abb. 27.11. Zwei zweidimensionale Faktordiagramme im rotierten Raum

⊳ Bestätigen Sie mit "OK", und schließen Sie den Editor.

In Abb. 27.11 ist dies für zwei der im Beispiel sechs möglichen Kombinationen dargestellt.

Noch anschaulicher kann es sein, wenn die bivariaten Punktdiagramme für alle Paare der ausgewählten Faktoren in einem Matrixdiagramm dargestellt werden

(⇨ Kap. 32.10.3). Dazu müsste aber mit den vorher gespeicherten Faktorwerten gearbeitet werden.

27.4.2 Deskriptive Statistiken

Klickt man in der Dialogbox "Faktorenanalyse" auf die Schaltfläche "Deskriptive Statistik", öffnet sich die Dialogbox "Faktorenanalyse: Deskriptive Statistiken" (⇨ Abb. 27.12).

Dort kann eine Reihe weiterer Statistiken angefordert werden. In der Gruppe *"Statistik"* können folgende Kontrollkästchen markiert werden:

- ❒ *Anfangslösung* (Voreinstellung). Gibt die anfängliche Kommunalitäten und, in der Tabelle "erklärte Gesamtvarianz", die anfänglichen Eigenwerte aus.
- ❒ *Univariate deskriptive Statistiken.* Es werden für die Variablen Mittelwerte, Standardabweichungen und Fallzahlen ausgegeben.

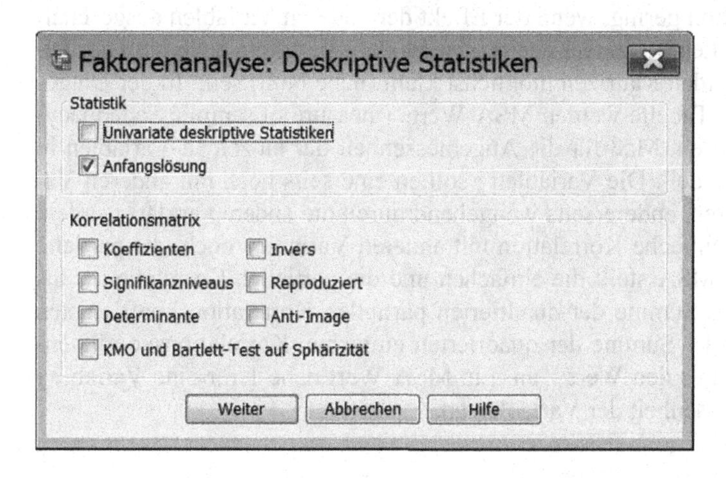

Abb. 27.12. Dialogbox "Faktorenanalyse: Deskriptive Statistiken"

Die Optionen der Gruppe *"Korrelationsmatrix"* dienen zum größten Teil der Diagnostik, d.h., es geht darum, ob die Voraussetzungen für eine Faktorenanalyse gegeben sind. Das ist nur dann der Fall, wenn erstens die Variablen zumindest mit einem Teil der anderen Variablen korrelieren, zweitens die Variablen möglichst vollständig durch die anderen Variablen erklärt werden. Die Qualität der Lösung ergibt sich dagegen u.a. aus dem Grad der Übereinstimmung zwischen Ausgangswerten und Schätzwerten (ersichtlich z.B. aus der reproduzierten Korrelationsmatrix oder Residuen ⇨ Tabelle 27.8). In der Gruppe "Korrelationsmatrix" gibt es folgende Wahlmöglichkeiten:

- ❒ *Koeffizienten.* Ergibt die Korrelationsmatrix der Variablen.
- ❒ *Signifikanzniveaus.* Einseitige Signifikanzniveaus der Korrelationskoeffizienten in der Korrelationsmatrix der Variablen. Wird diese zusätzlich zu Koeffizienten

angewählt, erscheinen sie im unteren Teil einer Tabelle, in deren oberen Teil die Korrelationskoeffizienten stehen.

- *Determinante*. Die Determinante der Korrelationskoeffizientenmatrix. Wird gewöhnlich unter der Korrelationsmatrix angegeben.
- *Invers*. Die Inverse der Matrix der Korrelationskoeffizienten.
- *Reproduziert*. Die aus den Faktorlösungen geschätzte Korrelationsmatrix. Residuen, d.h. die Differenzen zwischen geschätzten und beobachteten Korrelationskoeffizienten werden im unteren Teil ebenfalls angezeigt. Die Diagonale enthält die reproduzierten Kommunalitäten.
- *Anti-Image*. Ergibt eine Doppeltabelle. Die obere enthält die Matrix *der Anti-Image-Kovarianzen*. Das sind die negativen Werte der partiellen Kovarianzen. Die untere Teiltabelle zeigt die Matrix der Anti-Image-Korrelationen. Darunter versteht man die negativen Werte der partiellen Korrelationskoeffizienten. Beide können als Test für die Strenge der Beziehungen zwischen den Variablen verwendet werden. Wenn die Variablen gemeinsame Faktoren teilen, ist die partielle Korrelation gering, wenn der Effekt der anderen Variablen ausgeschaltet wird. Also sollten bei einem geeigneten Modell die Werte außerhalb der Diagonale in den beiden Matrizen möglichst klein (nahe Null) sein. In der Diagonalen der unteren Tabelle werden MSA-Werte (measure of sampling adequacy) angezeigt. Das ist ein Maß für die Angemessenheit der einzelnen Variablen in einem Faktorenmodell. Die Variablen i sollten einerseits hoch mit anderen Variablen j korrelieren, andererseits weitgehend durch die anderen erklärt werden. Daher sollte die einfache Korrelation mit anderen Variablen hoch, die partielle aber gering sein. MSA stellt die einfachen und die partiellen Korrelationen ins Verhältnis. Ist die Summe der quadrierten partiellen Korrelationskoeffizienten im Vergleich zu der Summe der quadrierten einfachen Korrelationskoeffizienten gering, nimmt es den Wert 1 an. Ein MSA-Wert nahe 1 für eine Variable j zeigt die Angemessenheit der Variablen an.

$$MSA_j = \frac{\sum r_{ij}^2}{\sum r_{ij}^2 + \sum a_{ij}} \tag{27.11}$$

r_{ij} = einfacher Korrelationskoeffizient zwischen zwei Variablen i und j

a_{ij} = partieller Korrelationskoeffizient zwischen zwei Variablen i und j.

- *KMO und Bartlett-Test auf Sphärizität*.
  - *Kaiser-Meyer-Olkin Maß* (KMO). Während sich MSA gemäß Gleichung 27.11 immer auf die Beziehung zwischen zwei Variablen beschränkt, prüft MSO die Angemessenheit der Daten, indem es die Beziehungen zwischen allen Variablen heranzieht. Es prüft, ob die Summe der quadrierten partiellen Korrelationskoeffizienten zwischen Variablen im Vergleich zu der Summe der quadrierten Korrelationskoeffizienten zwischen den Variablen insgesamt klein ist. Die partiellen Korrelationskoeffizienten sollten insgesamt klein sein, denn sie entsprechen dem (durch die Faktoren) nicht erklärten Teil der Varianz, die einfachen dagegen hoch.

Die Berechnung erfolgt nach der Formel:

$$\text{KMO} = \frac{\sum\sum r_{ij}^2}{\sum\sum r_{ij}^2 + \sum\sum a_{ij}} \quad (27.12)$$

Korrelationen von Variablen mit sich selbst werden nicht berücksichtigt. Daher ist $i \neq j$. KMO kann Werte zwischen 0 und 1 annehmen. Kleine Werte geben an, dass die partiellen Korrelationskoeffizienten groß sind. Dann ist die Variablenauswahl ungeeignet. Werte unter 0,5 gelten als inakzeptabel, von 0,5 bis unter 0,6 als schlecht, von 0,6 bis unter 0,7 als mäßig, von 0,7 bis unter 0,8 als mittelprächtig, von 0,8 bis unter 0,9 als recht gut und über 0,9 als fabelhaft.

- *Bartlett-Test auf Sphärizität.* Er prüft, ob die Korrelationskoeffizienten der Korrelationsmatrix insgesamt signifikant von 0 abweichen (das ist relevant, wenn die Daten einer Stichprobe entstammen). Denn sinnvoll ist eine Faktorenanalyse nur dann, wenn zwischen den Variablen und zumindest einigen anderen Variablen tatsächlich Korrelationen existieren. Ergebnis ist ein Chi-Quadrat-Wert. Bei einer signifikanten Abweichung von der Einheitsmatrix (einer Matrix mit ausschließlich Korrelationskoeffizienten = 0), gelten die Voraussetzungen für eine Faktorenanalyse als gegeben. (zu den Grenzen solcher Tests ⇨ Kap. 13.1). Beide Tests ergeben, dass unsere Daten für eine Faktorenanalyse geeignet sind (⇨ Tabelle 27.10).

Tabelle 27.10. KMO- und Bartlett-Test für LEISTUN1.SAV

KMO- und Bartlett-Test

Maß der Stichprobeneignung nach Kaiser-Meyer-Olkin.		,836
Bartlett-Test auf Sphärizität	Ungefähres Chi-Quadrat	699,756
	df	15
	Signifikanz nach Bartlett	,000

27.4.3 Weitere Optionen

❒ *Faktorenanalyse Extraktion* (⇨ Abb. 27.2). Außer den bereits besprochenen sind noch folgende Optionen relevant:

- *Kovarianzmatrix.* Die Auswahl dieser Option in der Gruppe “Analysieren” bewirkt, dass die Faktorenextraktion von der Kovarianzmatrix und nicht von der Korrelationsmatrix ausgeht.
- *Maximalzahl der Iterationen die Konvergenz.* Durch Ändern des Wertes in diesem Eingabefeld (Voreinstellung: 25) bestimmt man, wie viele Iterationsschritte maximal durchgeführt werden. Um die Rechenzeit zu reduzieren, sollte man die Zahl klein halten. Führt die Berechnung bei der angegebenen Zahl der Iterationen nicht zu einem Ergebnis, muss sie heraufgesetzt werden.

❐ *Faktorenanalyse: Optionen.* Durch Anklicken der Schaltfläche „Optionen" in der Dialogbox „Faktorenanalyse" öffnet sich die Unterdialogbox „Faktorenanalyse: Optionen". Dort können Sie die folgenden Einstellungen vornehmen:

- *Fehlende Werte".* Hier wird die Behandlung der fehlenden Werte während der Analyse festgelegt. Möglich sind: *"Listenweiser Fallausschluss", "Paarweiser Fallausschluss", "Durch Mittelwert ersetzen"* (ein fehlender Wert wird durch den Mittelwert aller anderen Fälle ersetzt).
- *Anzeigeformat für Koeffizienten.*
  - *Sortiert nach Größe.* Sortiert die Faktorenmatrix-, die Mustermatrix und die Strukturmatrix so, dass jeweils die Variablen, die auf demselben Faktor hoch laden, zusammen stehen.
  - *Kleine Koeffizienten unterdrücken- Absolutwert unter:* (Voreinstellung: 0,1). In denselben Matrizen werden keine Werte, die unter dem angegebenen Wert liegen, ausgewiesen. (Mögliche Werte können zwischen 0 und 1 betragen.)

28 Reliabilitätsanalyse

28 Reliabilitätsanalyse

Das Menü „Reliabilitätsanalyse“ dient zur Konstruktion und Überprüfung sogenannter *Summated Rating- oder (Likert-) Skalen.* Das sind Messinstrumente, die mehrere gleichwertige Messungen additiv zusammenfassen. Wie die Messungen entstehen, ist gleichgültig: Ob es um mehrere Fragen (Items) geht oder ob mehrere Richter dasselbe beurteilen etc. (dies sind alles Variablen). Und es ist auch gleichgültig, auf wen oder was sich die Messungen beziehen, auf Individuen, Objekte, Partikel etc. (Fälle). Der Sinn dieser Zusammenfassung mehrerer gleichwertiger Messungen besteht darin, die Zuverlässigkeit (Reliabilität) der Messung einer Variablen zu erhöhen. Bei im Prinzip nur sehr ungenau messbaren Sachverhalten (z.B. Einstellungen) ist die (ungewichtete oder gewichtete) Summe (oder der Durchschnitt) der Werte mehrerer gleichwertiger Messungen ein besserer Schätzwert des „wahren Wertes“ als das Ergebnis einer einzigen Messung.

So misst z.B. die bekannte A-Skala die Variable „Autoritarismus“ dadurch, dass Probanden zu 13 Aussagen (Statements) auf einer 6-stufigen Rating-Skala Stellung beziehen (⇨ v. Freyhold, Für die Verarbeitung wurden die Antworten allerdings in eine 7-stufige Skala transformiert mit dem Wert 7 für starke Zustimmung, 1 für starke Ablehnung und 4 bei ausweichenden Antworten). Ein solches Statement samt zugehöriger Ratingskala war Folgendes:

Nicht auf Gesetz und Verfassung kommt es an, sondern einzig und allein auf den Menschen	Zustimmung			Ablehnung		
	stark	mittel	schwach	schwach	mittel	stark
	+3	+2	+1	-1	-2	-3

Die Werte dieser einzelnen Stellungnahmen werden zu einem Gesamtwert (Totalscore) aufsummiert. (Überwiegend wird als Teilmessinstrument eine solche mehrstufige Ratingskala verwendet und als Messniveau mindestens Intervallskalenniveau angenommen. Man kann aber auch vom Ordinalskalenniveau ausgehen, sollte dann aber mit rangtransformierten Daten arbeiten. Auch dichotome z.B. Ja/Nein Messungen sind möglich. Für die letztgenannten Fälle stehen einige spezielle Auswertungsvarianten zur Verfügung).

Man geht davon aus, dass sich ein gemessener Wert aus dem „wahren Wert“ w und einem „Fehler“ e zusammensetzt nach der Formel:

$$X = w + e$$

Dann gibt die Zuverlässigkeit (Reliabilität) an, wie genau im Durchschnitt in einer Population der beobachtete Wert dem „wahren Wert“ entspricht. Der entsprechende Reliabilitätskoeffizient wird in der klassischen Form definiert als:

$R = 1 - \frac{\sigma_e^2}{\sigma_o^2}$, wobei σ_e^2 = Fehlervarianz und σ_o^2 = Varianz der beobachteten Werte.

Die „wahren" Werte sind in der Regel unbekannt, daher kann die Zuverlässigkeit eines Messinstruments auch faktisch nicht durch Vergleich der Messwerte mit den wahren Werten geprüft werden. Anstelle dessen tritt die Konsistenzzuverlässigkeit, d.h. ein Instrument gilt dann als umso zuverlässiger, je stärker die Ergebnisse der verschiedenen Teilmessungen übereinstimmen.

Summated Rating-Skalen sollen also die Zuverlässigkeit der Messung erhöhen. Und das Menü „Reliabilitätsanalyse" unterstützt deren Nutzung auf zweierlei Weise:

- *Konstruieren der Skala* durch Auswahl geeigneter Teilmessinstrumente (Items) aus einem vorläufigen Itempool mit Hilfe der Itemanalyse.
- *Überprüfen der Zuverlässigkeit der Skala.*

28.1 Konstruieren einer Likert-Skala: Itemanalyse

Die Konstruktion einer Likert-Skala beginnt mit dem Sammeln eines Pools geeigneter Items. Die Items sollen dieselbe Variable messen und im Prinzip gleich schwer sein, d.h. denselben Mittelwert und dieselbe Streuung aufweisen. Außerdem sind trennscharfe Items von Vorteil, d.h. solche, deren Werte in der Population hinreichend streuen und bei denen extreme Fälle möglichst stark differierende Ergebnisse erbringen. Das Ganze wird häufig unter dem Begriff „Konsistenzzuverlässigkeit" zusammengefasst. Es sind aber unterschiedliche strenge Modelle der Zuverlässigkeit in Gebrauch. Im einfachsten und verbreitetsten Falle wird lediglich eine hohe Korrelation zwischen den einzelnen Items verlangt.[1]

Dies so entstandene, vorläufige sehr umfangreiche, Messinstrument wird bei einer Testpopulation angewandt. Aufgrund der dabei gewonnenen Ergebnisse werden z.T. in mehreren Schritten die geeignetesten Items des Pools für eine wesentlich kürzere Endfassung des Instruments ausgewählt. Dabei macht man sich die Tatsache zu Nutze, dass im Prinzip ein Instrument umso zuverlässiger wird, je mehr Messungen es zusammenfasst. Das Gesamtergebnis des Ausgangspools kann daher als geeigneter Prüfpunkt für die Qualität der Einzelmessungen (Items) herangezogen werden.

Beispiel. Die 13 Items der A-Skala sollen auf Basis der Ergebnisse einer Testpopulation von 32 Personen noch einmal auf ihre Qualität überprüft werden (Datei A-SKALA-ITEMS.SAV). Die Items werden in einer Analyse auf ihre Brauchbarkeit unterzogen. Verschiedene Verfahren werden im Folgenden erörtert.

Item-zu-Totalscore-Korrelation und Cronbachs Alpha. Als Hauptkriterium für die Brauchbarkeit eines Items gilt die Korrelation der Messwerte dieses Items mit denen der Gesamtmessung (Totalscore). Sie wird erfasst durch die Item-zu-Total-

[1] In Wissenschaften wie der Psychologie oder den Sozialwissenschaften sind höhere Ansprüche auch kaum zu realisieren, so auch in unserem Beispiel.

score- oder die Item-zu-Rest-Korrelation. Ähnliches erkennt man, berechnet man einen Zuverlässigkeitskoeffizienten (z.B. Cronbachs Alpha) unter Ausschluss des geprüften Items und vergleicht man dessen Wert mit dem Ergebnis unter Einschluss des Items.

Zu weiteren Prüfungen kann man die Korrelationsmatrix und deskriptive Statistiken (Mittelwerte Streuungsmaße) der Items heranziehen.

Um eine Itemanalyse durchzuführen, gehen Sie wie folgt vor:

▷ Laden Sie die Datei A-SKALA-ITEMS.SAV.
▷ Wählen Sie die Befehlsfolge „Analysieren", „Skala" und „Reliabilitätsanalyse". Die Dialogbox „Reliabilitätsanalyse" öffnet sich (⇨ Abb. 28.1).
▷ Übertragen Sie die zu analysierenden Variablen (hier S2 bis S17) in das Feld „Items".
▷ Klicken Sie auf die Schaltfläche „Statistiken". Die Dialogbox „Reliabilitätsanalyse: Statistik" öffnet sich (⇨ Abb. 28.2).
▷ Wählen Sie im Feld „Deskriptive Statistiken für" die Option „Skala, wenn Item gelöscht".
▷ Bestätigen Sie mit „Weiter" und „OK". Das Ergebnis sehen Sie in Tabelle 28.1.

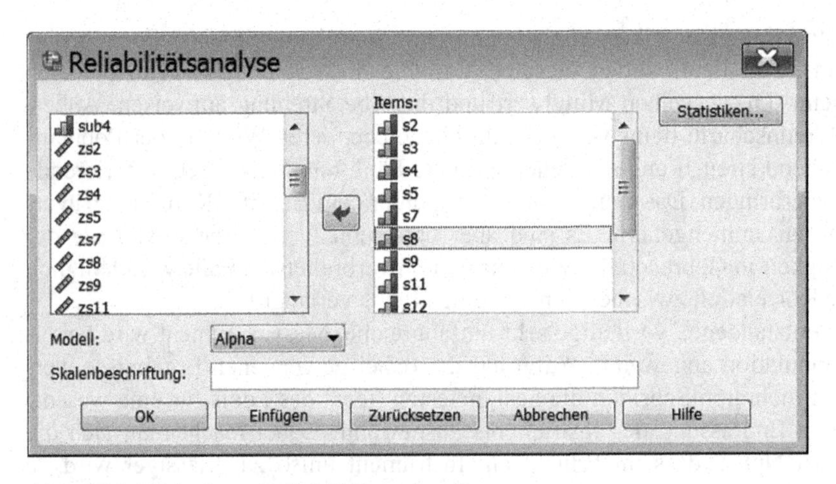

Abb. 28.1. Dialogbox „Reliabilitätsanalyse"

Für die Itemanalyse sind die Spalten „Korrigierte Item-Skala-Korrelation" und „Cronbachs Alpha, wenn Item weggelassen" am wichtigsten. Ersteres ist der Item zu Rest-Korrelationskoeffizient. Diese schwanken zwischen 0,1366 und 0,7447. Am besten sind Items mit hohem Koeffizient, also hier etwa S4, S8 und S11. Ganz schlecht ist S2 mit sehr geringem Koeffizient. Cronbachs Alpha ist eigentlich ein Koeffizient zur Beurteilung der Reliabilität der Gesamtskala. Wird allerdings der Koeffizient der Gesamtskala damit verglichen, wie er ausfiele, wenn das Statement gestrichen würde, gibt dies auch Aufschluss über die Qualität des Statements. Und zwar ist ein Statement dann besonders schlecht, wenn sich die Gesamtreliabilität verbessert. Man würde es dann streichen. In unserem Beispiel würde sich die Streichung jedes der Statements auf Alpha negativ auswirken, außer S2. Wird dieses gestrichen, verbessert sich die Gesamtreliabilität von 0,8535 auf 0,8599. Man sollte dieses Statement auf jeden Fall streichen.

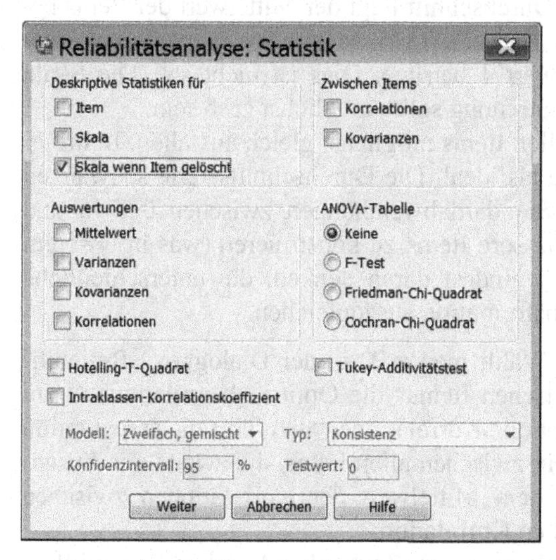

Abb. 28.2. Dialogbox „Reliabilitätsanalyse: Statistik"

Tabelle 28.1. Ergebnisausgabe einer Reliabilitätsanalyse

Item-Skala-Statistiken

	Skalenmittelwert, wenn Item weggelassen	Skalenvarianz, wenn Item weggelassen	Korrigierte Item-Skala-Korrelation	Cronbachs Alpha, wenn Item weggelassen
Statement2	26,63	164,048	,137	,860
Statement3	25,69	142,028	,498	,845
Statement4	26,25	143,935	,744	,832
Statement5	25,63	141,339	,485	,846
Statement7	25,13	132,629	,618	,836
Statement8	25,28	129,370	,738	,826
Statement9	26,50	157,806	,535	,848
Statement11	26,47	146,322	,745	,834
Statement12	26,63	156,242	,485	,847
Statement13	24,31	140,931	,467	,848
Statement14	25,97	155,902	,342	,852
Statement16	26,22	144,434	,516	,843
Statement17	25,69	135,512	,591	,838

Zur Prüfung weiterer Kriterien, insbesondere des Kriteriums gleicher Schwere der Items kann man verschiedene deskriptive Statistiken heranziehen.

Mittelwerte und Streuungen der Items. Betrachten wir als nächstes Mittelwerte und Streuungen der Statements.

Hierzu wählen wir im Fenster „Reliabilitätsanalyse: Statistik" im Feld „Deskriptive Statistiken für" die Option „Item" und im Feld „Auswertung" die Optionen „Mittelwert", „Varianzen". Ersteres liefert Mittelwerte und Standardabweichungen für die einzelnen Items. Letzteres dagegen den Durchschnitt der Mittelwerte und den Durchschnitt der Varianzen aller Items sowie weitere Kennzahlen wie Minimum und Maximum aller Mittelwerte und aller Varianzen. Betrachten wir erst die Durchschnittswerte. Im Durchschnitt liegt der Mittelwert der Items bei 2,1563, der Durchschnitt der Varianzen bei 2,7515. Ideal wäre es, wenn bei einer 7-stufigen Skala der Durchschnittswert 4 betrüge. Dies ist nicht so. (Die Skala deckt die Variable schlecht ab.) Die Streuung sollte möglichst groß sein.

Vor allem aber sollte beides bei allen Items möglichst gleich ausfallen. In dieser Hinsicht sind die Items alles andere als ideal. Die Durchschnittswerte schwanken zwischen 1,4063 und 3,7188, die Standardabweichungen zwischen 0,5796 und 4,7974. Falls es nicht möglich ist, bessere Items zu konstruieren (was in unserem Beispiel der Fall ist), sollte man zumindest daran denken, die unterschiedliche Schwere der Items durch eine z-Transformation auszugleichen.

Korrelationen und Kovarianzen. Wählt man z.B. in der Dialogbox „Reliabilitätsanalyse: Statistik“ im Feld „Zwischen Items“ die Option „Korrelationen“, im Feld „Auswertung“ ebenfalls die Option „Korrelationen“, so führt die erste Option zur Ausgabe einer Korrelationsmatrix zwischen allen Items, die zweite zur Ausgabe zusammenfassender Werte wie dem Mittelwert der Korrelationen zwischen Items und der höchsten und niedrigsten Korrelation.

Am besten inspiziert man zuerst die zusammenfassenden Angaben. Die mittlere Korrelation zwischen den Variablen ist 0,3265. Dies ist ein ausreichender Wert. Allerdings schwanken die Korrelationen zwischen –0,0086 (Minimum) und 0,7956 (Maximum). Das weckt den Verdacht, dass zumindest ein Item nicht in die Skala passt. Die nähere Inspektion der Korrelationsmatrix weist Statement 2 als problematisch aus. Es korreliert mit den anderen Statements insgesamt sehr niedrig.

28.2 Reliabilität der Gesamtskala

Reliabilität stellt eine ganze Reihe von Verfahren zur Prüfung der Qualität der Gesamtskala zur Verfügung:

- *Verschiedene Reliabilitätskoeffizienten.* Dies sind Maße, die den Grad der Korrelation der Items untereinander schätzen. Ein Wert von 1 steht für perfekte Reliabilität, von 0 für vollständig fehlende. Es existiert keine Konvention für die Höhe des Reliabilitätskoeffizienten, ab dem eine Skala als hinreichend zuverlässig angesehen wird. Mindestwerte von 0,7 oder 0,8 werden häufig empfohlen.
- *Verschiedene Arten der Varianzanalyse.* Sie dienen der Überprüfung der Frage, ob die Schwankung der Messergebnisse zwischen den Items als noch zufallsbedingt angesehen werden können.
- *Verschiedene weitere Tests.* Dienen der Überprüfung verschiedener weiterer Kriterien wie Gleichheit der Mittelwerte und Additivität der Skala.

Dabei werden unterschiedliche Aspekte der Zuverlässigkeit und Modelle mit unterschiedliche strengen Bedingungen getestet. Wir legen – wie üblich – den Schwerpunkt auf die klassischen Reliabilitätskoeffizienten.

28.2.1 Reliabilitätskoeffizienten-Modell

Die zur Berechnung der Zuverlässigkeit der Gesamtskala ausgewählten Reliabilitätskoeffizienten fordert man in der Dialogbox „Reliabilitätsanalyse“ über die Auswahlliste „Modell“ an. Zur Wahl stehen:

Cronbachs Alpha. Der heute gebräuchlichste Reliabilitätskoeffizient ist Cronbachs Alpha. Sie erhalten ihn, wenn im Fenster „Reliabilitätsanalyse“ im Auswahlfeld „Modell“ „Alpha“ ausgewählt ist (Voreinstellung). Es handelt sich um eine Schätzung der Reliabilität, die auf der Korrelation *aller* Items untereinander beruht, nach der Formel:

$$\alpha = \frac{a}{a-1} \cdot \left[1 - \frac{a}{a+2b}\right]$$

a = Zahl der Items

b = Die Summe der Korrelationskoeffizienten zwischen den Items.

Im Beispiel führt dessen Anforderung zu folgender Ausgabe:

Reliabilitätsstatistiken

Cronbachs Alpha	Anzahl der Items
,854	13

Alpha fällt mit 0,8535 gut aus. Nach diesem Kriterium ist die Skala hinreichend zuverlässig.

Split Half. Dies ist das klassische Verfahren. Die Skala wird in zwei Hälften geteilt und die Gesamtscores der Skalenhälften werden miteinander korreliert. Wählt man dieses Modell, ergibt sich folgende Ausgabe mit mehreren Koeffizienten:

Reliabilitätsstatistiken

Cronbachs Alpha	Teil 1	Wert	,760
		Anzahl der Items	7
	Teil 2	Wert	,695
		Anzahl der Items	6
	Gesamtzahl der Items		13
Korrelation zwischen Formen			,796
Spearman-Brown-Koeffizient	Gleiche Länge		,886
	ungleiche Länge		,887
Guttmans Split-Half-Koeffizient			,874

Korrelation zwischen Formen ist der Split-Half-Zuverlässigkeitskoeffizient, der die Korrelation zwischen den beiden Skalenhälften wieder gibt (= 0,7956). Da aber ja jeweils nur die Hälfte der Items in jeder Teilskala ist, unterschätzt dieser Koeffizient die Zuverlässigkeit des Gesamtinstruments. Das wird bei *Spearman-Brown* berücksichtig gemäß der Formel:

$$r_n = \frac{n \cdot r}{1+(n-1)r}, \text{ wobei n = Zahl der Items}$$

Da die Skala mit 13 Items eine ungerade Zahl von Items umfasst, ist die Variante für ungleiche Längen zuständig (Spearman-Brown ungleiche Länge). Der Wert beträgt 0,8876. *Guttmans Koeffizient* (Guttman Split-half), eine andere korrigierte Variante, beträgt 0,8742.

Außerdem ist getrennt für jede Hälfte ein Alpha berechnet (Alpha für Teil 1 bzw. 2). Das kann man benutzen, um die Gleichwertigkeit der Hälften zu beurteilen. Für die erste beträgt es 0,7598, für die zweite 0,6952. Die erste Hälfte ist also etwas besser gelungen.

Guttman. Dieses Modell berechnet eine Serie von 6 durch Guttman für unterschiedliche Varianten des Modells entwickelte Reliabilitätskoeffizienten. Der Koeffizient mit dem höchsten Wert gibt die Mindestreliabilität der Skala an.

Reliabilitätsstatistiken

Lambda	1	,788
	2	,869
	3	,854
	4	,874
	5	,852
	6	,926
Anzahl der Items		13

In der Beispielsausgabe beträgt der höchste Wert Lambda 6 = 0,9258. Er gibt nach Guttman die wahre Reliabilität der Skala an.

Die beiden folgenden Tests wie auch die anschließenden erwähnten Statistik-Optionen stellen sehr hohe Anforderungen an das Messinstrument. Diese sind im humanwissenschaftlichen Bereich nur selten zu erfüllen, daher werden diese Tests selten verwendet.

Parallel. Es wird ein Modell mit bestimmten Annahmen erstellt und geprüft, ob die Daten mit diesen Annahmen übereinstimmen (goodness of fit) und zugleich ein korrigierter Reliabilitätskoeffizient berechnet. Dieses Modell beruht auf relativ strengen Annahmen der Äquivalenz, nämlich der Annahme gleicher wahrer Varianz im Set der gemessenen Fälle und gleicher Irrtumsvarianz über die verschiedenen Messungen.

Test der Anpassungsgüte des Modells

Chi-Quadrat	Wert	204,903
	df	89
	Sig.	,000
Log der Determinante von	Matrix ohne Nebenbedingungen	2,511
	Matrix mit Nebenbedingungen	10,264

Unter der Annahme eines parallelen Modells

Zuverlässigkeitsstatistik

Gesamtvarianz	2,751
Wahre Varianz	,852
Fehlervarianz	1,900
Gemeinsame Inter-Item-Korrelation	,309
Reliabilität der Skala	,854
Reliabilität der Skala (unverzerrt)	,863

Entscheidend ist hier das Ergebnis eines Chi-Quadrat-Tests, der die Übereinstimmung der Daten mit den Modellannahmen prüft. Ist dies gegeben, darf kein signifikantes Ergebnis auftreten. Die Ergebnisausgabe zeigt aber, dass die Daten diesem

Modell nicht gut entsprechen. Die durch den Chi-Quadrat-Test ermittelten Abweichungen sind signifikant.

Streng parallel. Es wird ein noch strengeres Modell angenommen (zusätzlich Annahme gleicher Mittelwerte der Items) und ebenfalls die Übereinstimmung getestet. Der Output entspricht im Aufbau dem des parallelen Modells. Zusätzlich wird der gemeinsame Mittelwert (Common Mean) der Items geschätzt. Die Ergebnisse unterscheiden sich dagegen, insbesondere wird durch die strengeren Annahmen die Reliabilität etwas niedriger eingeschätzt.

Hinweis. Die Auswahl der Modelle wirkt sich auch auf die Ausgabe bei der Anforderung von Optionen aus den Gruppen „Deskriptiven Statistiken" und „Auswertung" aus. Beim Modell „Split-Half" werden bei Anforderung von „Auswertung", „Korrelationen" auch die entsprechenden Werte für die beiden Skalenhälften ausgegeben, ebenso beim Modell Guttman. Dasselbe gilt bei „Deskriptive Statistik" für „Skala". Bei den Modellen „Guttmann", „Parallel" und „Streng parallel" enthält die Ausgabetabelle bei der Option „Skala wenn Item gelöscht" in der letzten Spalte statt „Alpha wenn Item gelöscht", „Squared multiple Korrelation". Beim Modell „Split-Half" werden bei Anforderung von „Auswertung", „Mittelwert" und „Varianzen" die Werte auch für die Skalenhälften ausgegeben, ebenso beim Modell Guttman.

28.2.2 Weitere Statistik-Optionen

In der Dialogbox „Reliabilitätsanalyse: Statistik" können weitere Statistiken angefordert werden. Neben deskriptiven Statistiken für Items und Skalen sowie den Korrelationen bzw. Kovarianzen zwischen den Items, sind es folgende:

ANOVA Tabellen.[2] Hier werden drei Arten von Tests angeboten, die prüfen, ob sich die Mittelwerte der Items signifikant unterscheiden:

- *F-Test.* Es wird eine Varianzanalyse für wiederholte Messung durchgeführt. Dies ist das klassische Vorgehen, setzt aber mindestens intervallskalierte Daten voraus. Ist dies nicht gegeben, sollte einer der beiden anderen Tests verwendet werden.
- *Friedman Chi-Quadrat.* Chi-Quadrat nach Friedman und Konkordanzkoeffizient nach Kendall. Ersteres ersetzt F für Rangdaten.
- *Cochrans Chi-Quadrat.* Für dichotomisierte Daten. Cochrans Q ersetzt in der ANOVA-Tabelle das F.

Weitere Statistiken sind:

- *Hotellings T-Quadrat.* Ein weiterer multivariater Test zur Überprüfung der Hypothese, dass alle Items der Skala den gleichen Mittelwert haben.
- *Tukeys Additivitätstest.*[3]

---

[2] Idealerweise unterscheiden sich die Mittelwerte der Messungen nicht. Da im Basismodul von SPSS keine Varianzanalyse bei Messwiederholung angeboten wird, kann man diese Prozedur aus „Reliability" auch allgemein für diese verwenden.

[3] Eine etwas ausführliche Darstellung finden Sie auf den Internetseiten zum Buch (⇨ Anhang B).

Schließlich steht noch ein weiteres Auswahlkästchen zur Verfügung:

- *Interklassen-Korrelationskoeffizient.* Diese sind für eine spezielle Variante von Skalierungsverfahren vorgesehen, bei denen Richter „Judges" Urteile zu bestimmten Tatbeständen abgeben. So verwendet die Thurstone Methode der gleich erscheinenden Intervalle bei der Itemauswahl Richterurteile. Korrelationskoeffizienten in Klassen bieten ein Maß für den Grad der Übereinstimmung der Richterurteile. In den dazugehörigen Auswahllisten können drei Modelle („Einfach, zufällig, Zweifach, zufällig, Zweifach, gemischt) mit zwei Typen („Konsistenz" und „Absolute Übereinstimmung") kombiniert werden. „Absolut" wählt man, wenn man daran interessiert ist, ob die Einstufungen der Richter identisch sind, „Konsistenz", wenn es nur darum geht, ob ihre Einstufungen gut miteinander korrelieren. „Zweifach, zufällig" würde man wählen, wenn sowohl die Richter als auch die beurteilten Subjekte als Zufallsauswahl aus einer Grundgesamtheit angesehen werden können, geht es dagegen um ganz bestimmte Richter, wäre ein „zweifach gemischtes" Modell zu wählen, hat man nur Einstufungen, ohne zu wissen, von welchem Richter sie kommen, verwendet man „einfach, zufällig". um zu prüfen, ob die Korrelation zwischen den verschiedenen Einzelmessungen hoch genug ist. Die wird einmal für die Einzelmessungen, zum zweiten für die Mittelwerte der Messungen durchgeführt. Bei den Zweifach-Modellen ist der Korrelationskoeffizient für die „durchschnittlichen Maße" identisch mit Cronbachs Alpha.

29 Multidimensionale Skalierung

29.1 Theoretische Grundlagen

[illegible]

29 Multidimensionale Skalierung

29.1 Theoretische Grundlagen

Grundkonzept. Das Verfahren der Multidimensionalen Skalierung (MDS)[1] wird in erster Linie als ein exploratives Verfahren angewendet. Analysedaten sind Ähnlichkeits- bzw. Unähnlichkeitsmaße (Distanzmaße)[2] von Paaren von Objekten (⇨ Kap. 17.3), die sich u.a. aus Urteilsbildungen von Personen ergeben. Die Aufgabe der MDS besteht darin, die Objekte als Punkte in einem möglichst niedrigdimensionalen (zwei- bzw. höchstens dreidimensionalen) Koordinatensystem (die Achsen werden Dimensionen genannt) darzustellen. Dabei sollen die Abstände zwischen den Objekten im Koordinatensystem so gut wie möglich den Ähnlichkeiten (bzw. Unähnlichkeiten) der Objekte entsprechen. Ähnliche Objektpaare sollen also nahe beieinander liegen und unähnliche einen hohen Abstand haben (⇨ Abb. 29.6 für ein Beispiel). Man interpretiert die Konstruktion einer derartigen räumlichen Darstellung von Objekten (auch Konfiguration genannt) als Abbildung des Wahrnehmungsraums von Personen. Diesem liegt die Vorstellung zugrunde, dass Personen bei Ähnlich(Unähnlich)keitsurteilen sich an nicht messbaren Kriterien (Dimensionen) orientieren. Eine MDS stellt sich die Aufgabe, diese Dimensionen aufzudecken.

Ein Beispiel aus der Marktforschung soll zur Erläuterung und für die praktische Anwendung dienen. Ausgangsdaten sind Urteile von einzelnen Verbrauchern (Versuchspersonen) über die Ähnlichkeitseinschätzung von 11 Zahncrememarken (Objekten). Die Daten werden dadurch gewonnen, dass einige Verbraucher für jede Kombination von Markenpaaren eine Einschätzung der Ähnlichkeit der Marken aus ihrer persönlichen Verbrauchersicht abgeben und auf einer Ratingskala mit den Werten von z.B. 1 bis 9 einordnen (Ratingverfahren). Dabei soll 1 eine sehr hohe und 9 eine sehr schwache Ähnlichkeit bedeuten (bzw. 1 sowie 9 bedeuten eine sehr kleine bzw. sehr hohe Unähnlichkeit bzw. Distanz). Auf diese Weise erhält man für jeden der Verbraucher eine Matrix von Unähnlichkeitsmaßen (Distanzmaßen) für alle Markenpaarkombinationen. Bei 11 Marken muss jeder der Verbraucher insgesamt 55 Ähnlichkeitsurteile fällen.[3]

---

[1] Eine didaktisch hervorragende Darstellung bietet Backhaus u.a. (2015).

[2] Man nennt derartige Maße auch Proximitäten. Dazu gehören auch Korrelationskoeffizienten.

[3] Bei einer alternativen Datenerhebungsmethode werden die 55 Paarvergleiche nach der Ähnlichkeit in eine Rangordung von 1 bis 55 gebracht (1 = am ähnlichsten, 55 = am unähnlichsten). Das Markenpaar mit dem Rangplatz 1 erhält die Kodierung 1 und das Markenpaar mit dem Rangplatz 55 die Kodierung 55. Beide Formen der Datenerhebung führen zu einer quadratischen und symmetrischen Datenmatrix. Die Vorgehensweise bei einer MDS mit SPSS unterscheidet sich daher

Bei diesen Formen der Messung von Ähnlichkeiten von Objekten entstehen ordinalskalierte Daten (die Messwerte bilden eine Rangordnung, die Abstände der Messwerte haben keine Aussagekraft). Zur Auswertung derartiger Daten wird eine nichtmetrische (ordinale) MDS herangezogen.

In Abb. 29.1 ist die quadratische und symmetrische (daher sind nur Werte unterhalb der Diagonalen eingetragen) Matrix mit den Unähnlichkeitsmesswerten für die Markenpaare als Datenmatrix von SPSS zu sehen Datei (ZAHNPASTEN.SAV).[4] Der Messwert von z.B. 8,5 für das Markenpaar Meridol und Signal bedeutet, dass die Marken sich wenig ähnlich sind. Der Messwert 2,7 für das Markenpaar Signal und Colgate hingegen weist aus, dass die Marken als ähnlich eingeschätzt worden sind.

Die Messdaten sind für das einfachste Modell der MDS aufbereitet: Die in jeder Zelle der Matrix enthaltenen Distanzmaße sind Mittelwerte der für die einzelnen Verbraucher gewonnenen Unähnlichkeitsdaten.

Um die Zielrichtung einer MDS zu konkretisieren, werfen wir nun einen Blick auf die SPSS-Ergebnisausgabe (die Lösungskonfiguration einer nichtmetrischen MDS) in Abb. 29.6. Die von den Verbrauchern eingeschätzten Ähnlichkeiten der Objekte sind durch ihre Abstände in einem zweidimensionalen Koordinatensystem mit den Achsen Dimension 1 und Dimension 2 dargestellt. Da es sich hier um ordinalskalierte Daten handelt, ist die Rangordnung der Abstände in der Grafik so gut wie möglich der Rangordnung der Ähnlichkeitsmesswerte in der Datenmatrix angepasst worden. Wenn die Anpassung der Abstände an die Daten gut gelingt, wird das Beziehungsgeflecht der Ähnlichkeiten (Unähnlichkeiten) der Objekte durch die räumliche Darstellung leichter überschaubar und im Sinne der Abbildung eines Wahrnehmungsraumes interpretierbar. Im Koordinatensystem nahe beieinander liegende Marken (z.B. Signal und Colgate) zeigen deren hohe Ähnlichkeit (und damit auch Austauschbarkeit) und voneinander entfernt liegende Marken (z.B. Signal und Meridol) zeigen das Ausmaß ihrer Unähnlichkeit aus Verbrauchersicht.

Gütemaße. Wir bezeichnen im Folgenden mit ∂_{ij} die Unähnlichkeitsmaße in der Datenmatrix und mit d_{ij} die Abstände (Distanzen)[5] der Objekte in der Konfiguration für die Objektpaare i und j. Bei der Ermittlung einer Lösungskonfiguration (d.h. bei einer Anpassung der Rangordnung von d_{ij} an die von ∂_{ij} durch Verschieben der Punkte) werden die Distanzen d_{ij} tatsächlich nicht direkt an die Unähnlichkeitsmaße (Distanzen) ∂_{ij} angepasst, sondern an eine Hilfsvariable $\hat{d}_{ij}$ (sie

nicht. Werden die Daten mit einer weiteren Erhebungsmethode, dem Ankerpunktverfahren, erhoben, so entsteht eine asymmetrische Datenmatrix, die eine spezielle Vorgehensweise bei einer MDS mit SPSS erfordert (⇨ Kap. 29.2.2).

[4] SPSS verlangt in der Datenmatrix für die MDS Unähnlichkeitsmaße (Distanzmaße). Enthält die Datenmatrix Ähnlichkeitsmaße oder Merkmalsvariable der Objekte, so müssen diese vorher in Distanzmaße transformiert werden. Merkmalsvariable können in der Dialogbox „Multidimensionale Skalierung" („Distanzen aus Daten erzeugen") oder auch ebenso wie Ähnlichkeitsmaße im Menü Distanzen (⇨ Kap. 17.3) transformiert werden. Ähnlichkeitsmaße können auch per Syntax transformiert werden.

[5] Sie werden als Euklidische Distanzen berechnet (⇨ Kap. 17.3).

wird Disparität genannt). Da für alle Objektpaare i und j die Werte von $\hat{d}_{ij}$ die gleiche Rangordnung bekommen[6] wie die Unähnlichkeitsmesswerte ∂_{ij}, entspricht eine Anpassung der Abstände von d_{ij} an die Disparitätswerte $\hat{d}_{ij}$ einer ordinalen Anpassung an ∂_{ij}. Die Werte von $\hat{d}_{ij}$ werden im Prozess des Lösungsverfahren der MDS außerdem so festgelegt, dass die Abweichungen von d_{ij} so klein wie möglich sind. Abweichungen von d_{ij} von $\hat{d}_{ij}$ sind Ausdruck einer mangelnden Anpassung der Distanzen in der Konfiguration an die Unähnlichkeitsmaße. Darauf basieren die Stressmaße[7], die die Güte der Lösungskonfiguration (gemessen an der perfekten Lösung) messen. Das Stressmaß zur Beurteilung der Anpassungsgüte einer Konfiguration nach Kruskal ist wie folgt definiert:

$$S = \frac{\sum_{i<j} (d_{ij} - \hat{d}_{ij})^2}{\sum_{i<j} d_{ij}^2} \tag{29.1}$$

Je größer die Abweichungen zwischen d_{ij} und $\hat{d}_{ij}$ sind (d.h. je schlechter die Anpassung der Lösungskonfiguration an die Unähnlichkeitsdaten ist), umso höher wird das Stressmaß. Der Ausdruck im Nenner dient der Normierung. Für den Fall $d_{ij} = \hat{d}_{ij}$ für alle Objektpaare wird S gleich Null (eine perfekte Lösung).

Von Kruskal sind Stresswertbereiche für S gemäß Tabelle 29.1 zur Beurteilung der Güte von MDS-Lösungen als Richtlinie vorgeschlagen worden. Diese sollte man nur als Anhaltspunkte zu Rate ziehen, da S auch von der Anzahl der Objekte und der Anzahl der Dimensionen abhängig ist.

Tabelle 29.1. Stresswertbereiche zur Gütebeurteilung einer MD-Lösung

$S \geq 0{,}2$	Schlechte Übereinstimmung
$0{,}2 \geq S \geq 0{,}1$	Befriedigende Übereinstimmung
$0{,}1 \geq S \geq 0{,}05$	Gute Übereinstimmung
$0{,}05 \geq S \geq 0{,}025$	Hervorragende Übereinstimmung
$0{,}025 \geq S \geq 0{,}00$	Perfekte Übereinstimmung

Ein weiteres Gütemaß ist RSQ (entspricht R^2 in der Regressionsanalyse). Dieses wird unten bei der Erläuterung der Ausgabe des Anwendungsbeispiels erklärt.

Festlegen der Anzahl der Dimensionen. Bevor der Anpassungsprozess im Lösungsverfahren der MDS beginnt, muss die Anzahl der Dimensionen der Konfiguration durch den Anwender bestimmt werden. Es ist klar, dass sich mit einer höheren Anzahl von Dimensionen eine bessere Anpassung der Abstände in der Lö-

6 In der Sprache der Mathematik: $\hat{d}_{ij}$ ergibt sich durch monotone Transformation (d.h. eine Transformation ohne Änderung der Reihenfolge der Werte) von ∂_{ij}. Bei metrischen Daten werden lineare Transformationen vorgenommen: $\hat{d}_{ij} = a + b\partial_{ij}$ bei intervall- und $\hat{d}_{ij} = b\partial_{ij}$ bei rationalskalierten Daten.

7 Stress = Standardized residual sum of squares.

sungskonfiguration an die Unähnlichkeitsmaße erreichen lässt (d.h. mit einer höheren Dimension wird der Stresswert kleiner). Es soll aber unter der Nebenbedingung einer möglichst guten Anpassung die kleinstmögliche Anzahl von Dimensionen gewählt werden. Man sollte daher bei der praktischen Arbeit die MDS mit unterschiedlicher Anzahl von Dimensionen durchführen, um die beste Lösung zu bekommen.

Das Lösungsverfahren. Das Stressmaß (im Programm SPSS allerdings ein leicht modifiziertes nach Young, S-Stress genannt) dient auch dazu, ausgehend von einer festgelegten Anzahl von Dimensionen und einer ausgewählten Startkonfiguration (d.h. einer Anfangsverteilung der Objekte im Lösungsraum), sich der perfekten Lösung in iterativen Berechnungsschritten zu nähern. Dabei werden mit einem hier nicht erläuterten Algorithmus in einem iterativen Optimierungsprozess die Objekte Schritt für Schritt im Konfigurationsraum verschoben, um die Abstände in der Konfiguration den Unähnlichkeitsmaßen anzupassen. In dem Lösungsverfahren wird der Stresswert also Schritt für Schritt verkleinert (minimiert).

Unterschiedliche Modelle der MDS. In den meisten Anwendungen wird - wie oben dargelegt – eine (quadratische und symmetrische) Matrix von Unähnlichkeitsmaßen bzw. Distanzen von Objektpaaren analysiert. Beruhen die Unähnlichkeitsdaten auf Befragungen mehrerer Personen, so werden Durchschnitte gebildet zur Herstellung der zu analysierenden Matrix. Dabei wird unterstellt, dass die Messwerte der verschieden Personen vergleichbar sind. Je nach Datenlage kann eine nichtmetrische oder metrische MDS angewendet werden. Die Praxis der MDS hat gezeigt, dass sich metrische und nichtmetrische MDS-Lösungen angewendet auf metrische Daten kaum unterscheiden. Daher wird vorwiegend die nichtmetrische MDS eingesetzt.

SPSS kann aber auch Modellvarianten bearbeiten. Diese sollen mit ihren spezifischen Datenkonstellationen und ihren Besonderheiten und Annahmen in Kap. 29.2.2 im Zusammenhang mit der SPSS-Anwendung nur kurz behandelt werden.

29.2 Praktische Anwendung

29.2.1 Ein Beispiel einer nichtmetrischen MDS

In Abb. 29.1 sind die durchschnittlichen Unähnlichkeitsmaßzahlen von Befragten zur vergleichenden Bewertung von 11 Zahncrememarken als Analysedatenmatrix von SPSS für Windows zu sehen (Datei ZAHNPASTEN.SAV). Insgesamt gibt es 55 Ähnlichkeitsurteile, da jeweils immer Paare von Zahncremen mit einer Ratingskala von 1 bis 9 bewertet werden. Nur die Zellen unterhalb der Diagonale enthalten Werte, da es sich um eine quadratische und symmetrische Datenmatrix handelt. Die Diagonalwerte haben den Wert 0 (alternativ könnten diese auch einen fehlenden Wert anzeigen).

Bevor Sie das Verfahren MDS starten, sollten Sie sicherstellen, dass im Menü „Optionen“ (Aufruf durch die Befehlsfolge „Bearbeiten, „Optionen“) im Register „Allgemein“ für die Variablenliste „Datei“ eingeschaltet ist. Mit der Einstellung „Alphabetisch“ werden die Ergebnisse falsch.

	marke	signal	blendax	meridol	aronal	elmex	colgate	odol	sensodyn	oralb	perlweis	naturewh
1	Signal	,0	.	.	.	.	.	.	.	.	.	.
2	Blendax	3,3	,0	.	.	.	.	.	.	.	.	.
3	Meridol	8,5	8,0	,0	.	.	.	.	.	.	.	.
4	Aronal	7,0	7,4	3,9	,0	.	.	.	.	.	.	.
5	Elmex	2,2	2,4	6,9	6,8	,0	.	.	.	.	.	.
6	Colgate	2,7	1,6	7,0	7,2	1,8	,0	.	.	.	.	.
7	Odol	4,1	4,2	8,4	8,1	2,0	2,3	,0	.	.	.	.
8	Sensodyne	7,0	5,0	5,0	7,0	6,0	5,0	7,6	,0	.	.	.
9	Oral B	2,6	2,0	7,8	8,2	3,0	2,0	6,6	6,9	,0	.	.
10	Perl Weiss	9,5	9,4	9,2	9,2	9,3	8,6	8,7	8,2	8,5	,0	.
11	Naturel White	9,4	9,6	9,0	9,1	9,4	8,0	9,5	8,0	9,2	1,3	,0

Abb. 29.1. Matrix der Unähnlichkeitsdaten in der Datenansicht von SPSS für Windows

Zur Durchführung der MDS gehen Sie nach Öffnen der Datei ZAHNPASTEN.SAV wie folgt vor:

▷ Wählen Sie per Mausklick die Befehlsfolge "Analysieren", "Skala“ und „Multidimensionale Skalierung (ALSCAL)“. Es öffnet sich die in Abb. 29.2 dargestellte Dialogbox.

▷ Übertragen Sie die Variablen aus der Quellvariablenliste in das Feld "Variablen" (hier die Zahncrememarken). Achten Sie darauf, dass alle Variablen in der gleichen Reihenfolge wie in der Analysedatenmatrix in das Feld „Variablen“ übertragen werden, da sonst falsche Lösungen entstehen.

▷ Im Feld „Distanzen“ sind die Optionen „Daten sind Distanzen“ und die „Form“ (der Analysedatenmatrix) „Quadratisch und symmetrisch“ voreingestellt und werden so belassen.

▷ Klicken der Schaltfläche „Modell“ öffnet die in Abb. 29.4 dargestellte Unterdialogbox. Im Feld „Messniveau“ ist die gewünschte Option „Ordinal“ voreingestellt. Für den Fall, dass gleiche Werte (Bindungen bzw. ties) in der Datenmatrix enthalten sind, kann man die Option „gebundene Beobachtungen lösen“ wählen (man nimmt dann an, dass die Werte Intervalle repräsentieren). Als „Skalierungsmodell“ ist die hier passende Option „Euklidische Distanz“ schon voreingestellt. Für „Konditionalität“ (der zu analysierenden Datenmatrix) ist mit „Matrix“ die hier richtige Auswahl ebenfalls voreingestellt. Dabei geht es um die Frage, welche Werte in der Datenmatrix vergleichbar sind. Auch für die Anzahl der „Dimensionen“ wird die Voreinstellung „Minimum 2“ sowie „Maximum 2“ übernommen. Mit Klicken von „Weiter“ kommt man zur Dialogbox zurück.

▷ Klicken auf die Schaltfläche „Optionen“ öffnet die in Abb. 29.5 dargestellte Unterdialogbox. Wir wählen in „Anzeige“ die Option „Gruppendiagramme“. Im Feld „Kriterien“ sind Voreinstellungen für den in iterativen Schritten ablaufenden Prozess der MDS-Lösungsfindung zu sehen. „S-Stress-Konvergenz“ besagt, dass das iterative Lösungsverfahren abgebrochen wird, wenn die Verringerung des S-Stresswertes nach Young kleiner wird als 0,001. Auch wenn der S-Stresswert kleiner als 0,005 wird, stoppt das Berechnungsverfahren. Es sind maximal 30 Iterationsschritte voreingestellt. Diese Vorgaben kann man durch Überschreiben ändern. Wir übernehmen die Voreinstellungen. Mit „Weiter“ kommt man zur Dialogbox zurück und mit „OK“ startet man die MDS.

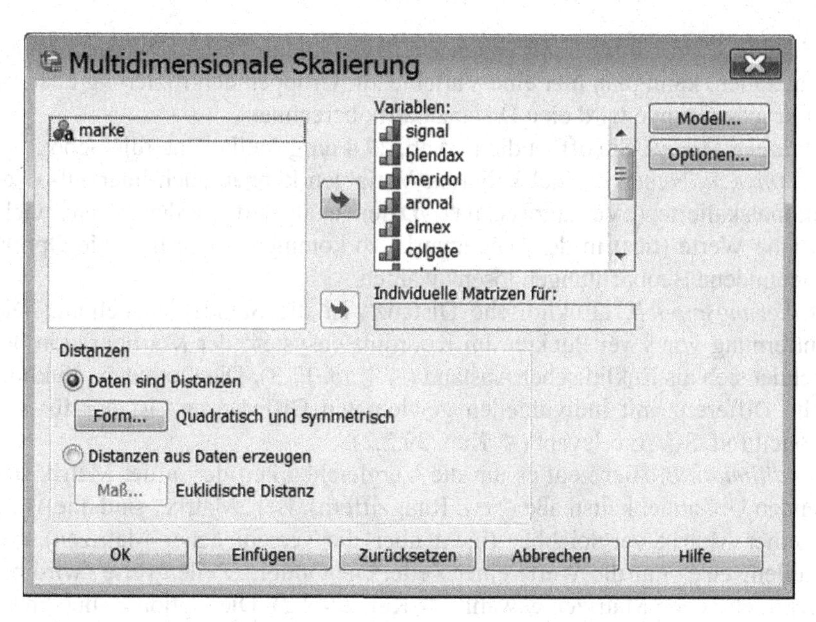

Abb. 29.2. Dialogbox „Multidimensionale Skalierung"

Wahlmöglichkeiten

① *Distanzen.*

❑ *Daten sind Distanzen.* Die Schaltfläche „Form…" öffnet eine Unterdialogbox (⇨ Abb. 29.3) zur Angabe der Form der zu analysierenden Datenmatrix. „Quadratisch und symmetrisch" entspricht unserem Beispiel. Die anderen Optionen („Quadratisch und asymmetrisch" sowie „Rechteckig") sind für Modellvarianten der MDS bzw. für andere Datenmatrizen relevant (⇨ Kap. 29.2.2).

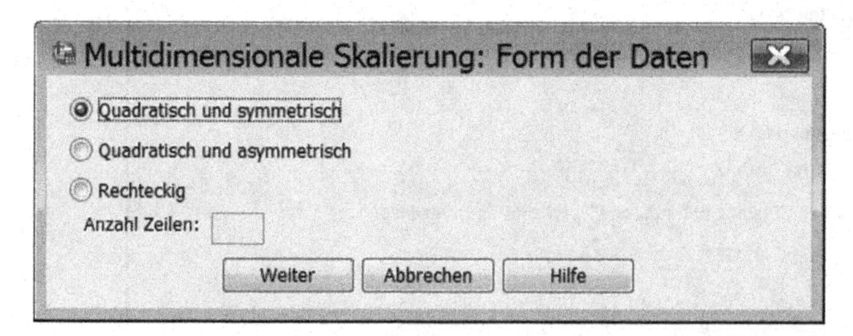

Abb. 29.3. Dialogbox „Multidimensionale Skalierung: Form der Daten"

❑ *Distanzen aus Daten erzeugen.* Die Schaltfläche „Maß" öffnet eine Unterdialogbox zum Transformieren von Variablen. Wenn in der Datei Eigenschaftsvariablen von Objekten vorliegen (diese können metrisch, binär oder auch Häufigkeitsdaten sein), dann können diese hier in Distanzen (d.h. Unähnlichkeitswerte) transformiert werden. Da das Menü „Distanzen" auch diese Möglichkeit bietet, sei auf Kapitel 17.3 verwiesen.

② *Individuelle Matrizen für.* Falls Eigenschaftsvariable in Distanzen transformiert werden sollen, kann man hier eine Variable zur Gruppenidentifizierung übertragen. Für jede Gruppe wird eine Distanzmatrix berechnet.

③ *Schaltfläche Modell.* Sie öffnet die in Abb. 29.4 dargestellte Unterdialogbox.

- ❑ *Messniveau.* Neben ordinalskalierten Variablen können auch intervall- oder rationalskalierte („Verhältnisskala") Daten analysiert werden. Wenn viele gleiche Werte (ties) in der Datenmatrix vorkommen, sollte man die Option „Gebundene Beobachtungen lösen" wählen.
- ❑ *Skalierungsmodell.* „Euklidische Distanz" ist die Standardeinstellung. Die Entfernung von zwei Punkten im Koordinatensystem der Konfiguration berechnet sich als Euklidischer Abstand (⇨ Kap. 17.3). Die Optionen „Euklidische Differenz mit individuellen gewichteten Differenzen" ist nur für das Modell INDSCAL relevant (⇨ Kap. 29.2.2).
- ❑ *Konditionalität.* Hier geht es um die Vergleichbarkeit der in der Matrix stehenden Unähnlichkeitsmaße (bzw. Rangziffern). Bei „Matrix" sind alle Werte einer Matrix vergleichbar (nicht aber die verschiedener Matrizen), bei „Zeilenweise" nur die Werte einer Zeile. Die Option „Zeilenweise" wird bei asymmetrischen Matrizen gewählt (⇨ Kap. 29.2.2). Die Option „Unbedingt" ist zu wählen, wenn bei Messwiederholungen die Distanzen aller Matrizen vergleichbar sind.
- ❑ *Dimensionen.* Man wählt hier die Anzahl der Achsen der Konfigurationslösung.

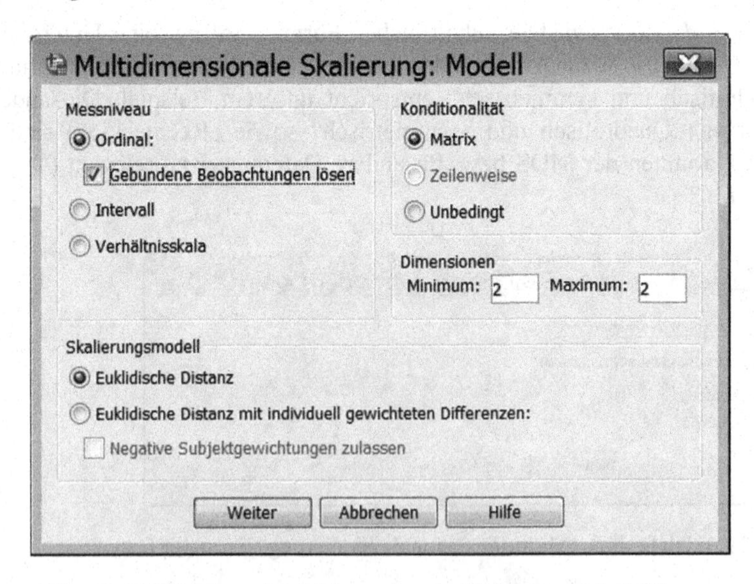

Abb. 29.4. Dialogbox „Multidimensionale Skalierung: Modell"

④ *Schaltfläche Optionen.* Sie öffnet die Unterdialogbox in Abb. 29.5.

- ❑ *Anzeige.* Man kann aus den angebotenen Optionen für die Ergebnisausgabe auswählen. „Gruppendiagramme" sollte man immer wählen.
- ❑ *Kriterien.* Hier kann man wählen, wann der Iterationsprozess abgebrochen werden soll.

- *Distanzen kleiner als als fehlend behandeln*. Als Standardeinstellung ist die Ziffer 0 als fehlender Wert eingetragen. Man kann diese Voreinstellung überschreiben.

In Tabelle 29.2 ist ein erster Teil der Ergebnisausgabe zu sehen.[8] Nach sieben Iterationsschritten wird das Optimierungsverfahren zur Erzielung einer MDS-Konfiguration abgebrochen, da die Verringerung des Stresswertes nach *Young* kleiner als der voreingestellte Grenzwert von 0,005 ist. Für die MDS-Lösung wird ein Stresswert nach Young in Höhe von 0,09722 erzielt. Der Stresswert nach *Kruskal* beträgt 0,10492. Gemäß den Güterichtlinien in Tabelle 29.1 wird damit eine gute Anpassung der Distanzen in der Konfiguration an die Ähnlichkeitsmaße erreicht.

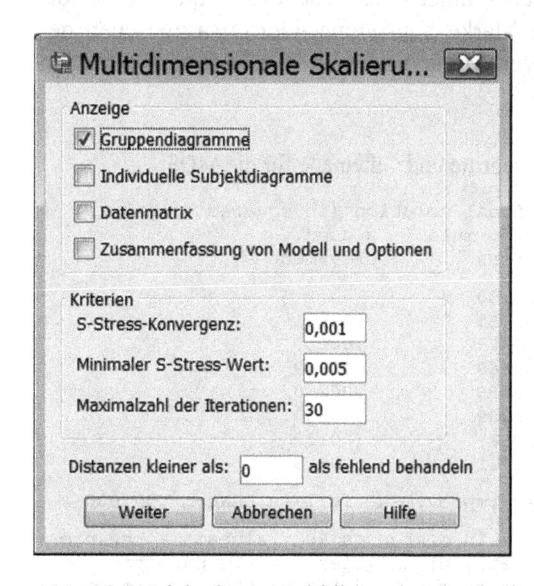

Abb. 29.5. Dialogbox „Multidimensionale Skalierung: Optionen“

Als ein weiteres Gütemaß wird RSQ = 0,9626 (entspricht R^2 in der Regressionsanalyse) ausgeben, das die gute Anpassung bestätigt. Es handelt sich dabei um das Quadrat des Korrelationskoeffizienten (⇨ Kap. 17) zwischen den Disparitäten $\hat{d}_{ij}$ und den (euklidischen) Distanzen d_{ij}. Damit wird ausgewiesen, dass in der Lösungskonfiguration 96,26 % der Variation von d_{ij} der Variation der Unähnlichkeitsmaße ∂_{ij} entsprechen. Anschließend werden für jede Marke die Koordinaten (diese sind z-transformiert) im zweidimensionalen Lösungsraum aufgeführt.

In Abb. 29.6 ist die Lösungskonfiguration zu sehen. Die Grafik ist gestaucht dargestellt: eine Einheit auf der waagerechten Achse in cm gemessen entspricht nicht einer Einheit auf der senkrechten Achse. Dadurch sind auch die Abstände zwischen den Marken verzerrt dargestellt. Durch Kopieren der Grafik z.B. in Word

8 Die Ausgabe erscheint als Text und ist auf dem Bildschirm kaum zu lesen weil die Textfarbe auf grau eingestellt ist. Markieren Sie den Text und wählen Sie die schwarze Farbe.

und verändern der Höhe der Grafik im Vergleich zur Breite kann man dieses korrigieren.

Die Konfiguration zeigt, wie eine Marke im Vergleich zu anderen wahrgenommen wird. Die Abstände zwischen den Marken zeigen die Ähnlichkeit der Marken aus der Sicht der Verbraucher. Kleine Abstände weisen eine hohe Ähnlichkeit und damit Austauschbarkeit aus Verbrauchersicht aus. Die Marken Odol, Oral B, Signal, Colgate und Blendax liegen alle relativ eng beieinander in einem Cluster und werden als ähnlich eingeschätzt. Weitere Cluster bilden einerseits die Marken Aronal und Meridol (Marken mit zahnmedizinischem Anspruch) und die Marken Perlweiss und Nature White (Zahnweißwirkung, Entfernen von Raucherbelag). Die Marken eines Clusters haben hohe Abstände zu den Marken eines anderen Clusters und zeigen damit, dass die Verbraucher unterschiedliche Produktprofile bei der Ähnlichkeitseinschätzung sehen. Die Marke Sensodyne liegt etwa zwischen den Markencluster mit Blendax und anderen Marken sowie dem Cluster mit den Marken Meridol und Aronal.

Tabelle 29.2. Ergebnisausgabe: Iterationsschritte und Gütemaße für die MDS

```
Iteration history for the 2 dimensional solution (in squared distances)
                  Young's S-stress formula 1 is used.
                Iteration       S-stress          Improvement

                    1           ,15180
                    2           ,11659              ,03521
                    3           ,10809              ,00850
                    4           ,10369              ,00439
                    5           ,10109              ,00260
                    6           ,09939              ,00169
                    7           ,09817              ,00122
                    8           ,09722              ,00095

Iterations stopped because S-stress improvement is less than   ,001000

Stress and squared correlation (RSQ) in distances RSQ values are the pro-
portion of variance of the scaled data (disparities) in the partition
(row, matrix, or entire data) which is accounted for by their correspond-
ing distances. Stress values are Kruskal's stress formula 1.

For  matrix  Stress  =   ,10492       RSQ =  ,95623

Configuration derived in 2 dimensions Stimulus Coordinates

                           Dimension
Stimulus    Stimulus         1        2
Number       Name

     1     signal       1,0534     ,2993
     2     blendax      1,0380     ,1614
     3     meridol      -,4422   -1,6177
     4     aronal       -,0762   -1,4653
     5     elmex        ,8052    -,2440
     6     colgate       ,3126     ,0996
     7     odol         1,0212     ,6922
     8     sensodyn     -,2037    -,5566
     9     oralb         ,7563     ,7293
    10     perlweis    -2,0465    1,0573
    11     naturewh    -2,2181     ,8446
```

In der Regel wird man versuchen, die gefundenen Dimensionen im Sinne des Wahrnehmungsraumes von Verbrauchern zu interpretieren. Da eine MDS-Lösung nur die relative Lage der Marken zueinander im Lösungsraum bestimmt, ist eine Drehung der Achsen zulässig[9] und zur Erleichterung der Interpretation häufig hilfreich. Man wird die Achsen für eine Interpretation so drehen, dass vom Koordinatenschnittpunkt am weitesten entfernt liegende Objekte bzw. Objektcluster auf bzw. nahe an den Achsen liegen. Nun kann man versuchen aus der Kenntnis der Objekte (bzw. Objektcluster), den Achsen eine Bedeutung zu geben. Hier soll zur Demonstration eine Interpretation versucht werden.

Da die Marken Meridol und Aronal auch eine zahnmedizinische Wirkung (Gesunderhaltung des Mundraumes, Schutz vor ungesunden Bakterien) versprechen und auch die Marke Sensodyne eine zahngesunderhaltende Wirkung verspricht (Schutz vor Schmerzgefühl an den Zähnen), könnte man die senkrechte (bzw. um ca. 45 Grad nach rechts gedrehte) Achse als „Gesunderhaltung" im Wahrnehmungsraum von Verbrauchern deuten. Aronal und Meridol werden relativ stark mit einer medizinischen Wirkung im Vergleich zu den anderen Marken wahrgenommen. Die Marken Perlweiss und Nature White stehen für eine stark reinigende Wirkung, so dass es nahe liegt, die waagerechte (bzw. um ca. 45 Grad nach rechts gedrehte) Achse als „Reinigungskraft" im Wahrnehmungsraum zu deuten. Der Reinigungseffekt dieser Marken wird sehr stark wahrgenommen im Vergleich zu den Marken im Cluster mit Blendax und den anderen Marken. Perlweiss und Nature White haben auf der senkrechten Achse den höchsten Abstand zu Aronal und Meridol. Die Marken Perlweiss und Nature werden aus der Wahrnehmung „Gesunderhaltung" am wenigsten gut eingeschätzt. Dieses könnte man damit erklären, dass die stark reinigende Wirkung auch ein gewisses Risiko birgt, den Zahnschmelz zu schädigen.

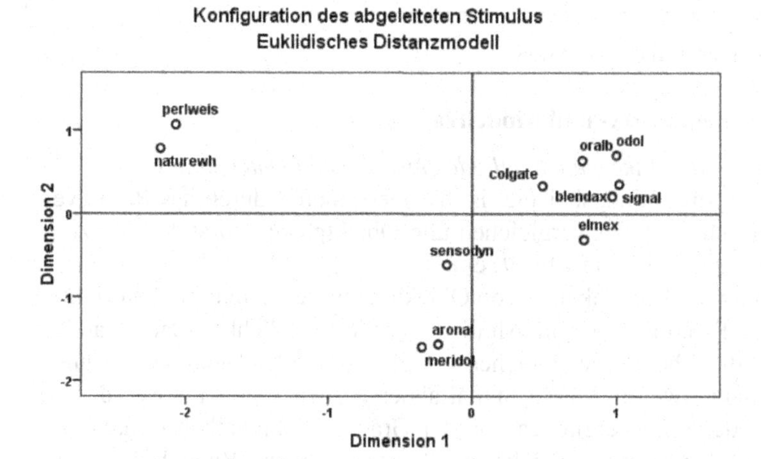

Abb. 29.6. MDS-Lösungskonfiguration für 11 Zahncrememarken

[9] Dieses ist bedingt durch die Darstellung von Euklidischen Distanzen in der Konfiguration.

Standardmäßig werden einige ergänzende Grafiken erzeugt. Das hier nicht aufgeführte Diagramm mit der Überschrift „Streudiagramm mit linearer Anpassung" ist in unserem Beispiel irrelevant, da ordinale Daten analysiert werden und daher eine nichtlineare (nämlich monotone) Transformation der Daten erfolgt (⇨ Fußnote 5). In den Streudiagrammen in Abb. 29.7 sind auf den waagerechten Achsen die Unähnlichkeitsmaße (Beobachtungen genannt) und auf der senkrechten die Distanzen (linke Grafik) sowie die Disparitäten (rechte Grafik) dargestellt. Jeder Punkt (insgesamt 55) in einem Diagramm ist ein Objektpaar. Verbindet man die Punkte in der rechten Grafik, so entsteht eine monoton ansteigende Kurve, da die Rangordnung der Werte beider Variablen sich entsprechen (in der SPSS-Ausgabe heißt die Grafik „Transformations-Streudiagramm", üblich ist der Name Shephard-Diagramm). Für die Grafik auf der linken Seite stellt man sich am besten vor, dass die rechte Grafik sie überlagert. Dann kann man erkennen, in welchem Maße es (senkrechte) Abweichungen zwischen der tatsächlichen und der gewünschten perfekten Anpassung der Konfiguration an die Daten gibt.

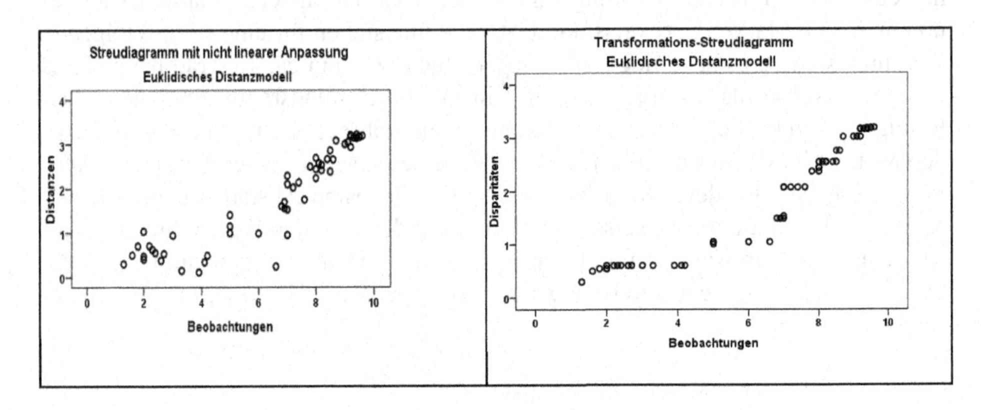

Abb. 29.7. Ergänzende Grafiken zur MDS

29.2.2 MDS bei Datenmatrix- und Modellvarianten

MDS bei einer durch die Ankerpunktmethode entstandenen Datenmatrix.
In unserem obigen Anwendungsbeispiel ist die Datenmatrix durch das Ratingverfahren entstanden. Die Urteiler vergleichen alle Objektpaare und stufen die Ähnlichkeit auf einer Skala (z.B. von 1 bis 9) ein.

Bei der Messung von Ähnlichkeiten von Objekten mit dem Ankerpunktverfahren geht man bei der Bestimmung von Ähnlichkeiten (Unähnlichkeitsdaten) anders vor. Jedes Objekt dient bei Paarvergleichen jeweils als Vergleichsobjekt. Für unser Beispiel: Wählt man etwa die Marke Signal als ersten Ankerpunkt, so wird diese Marke mit den anderen 10 verglichen und der Grad der Ähnlichkeit (Unähnlichkeit) in eine Rangfolge gebracht, um Rangplätze zu vergeben (Rang 1 = am ähnlichsten, Rang 10 = am unähnlichsten). Die Rangziffern sind die Kodierungswerte. Nächster Ankerpunkt wäre dann Blendax. Nun vergleicht man Blendax mit den anderen Marken und vergibt wieder Rangplätze von 1 bis 10 usw. Auf diese Weise entsteht für jede Urteilsperson eine 11*11-Matrix (mit 0 in der Diagonalen). Bei diesem Bewertungsverfahren wird in der Regel eine asymmetrische Matrix entstehen, da bei dem Vergleich von Ankerpunkt-Marke i mit Marke j und bei dem Vergleich von Ankerpunkt-Marke j mit Marke i sich unterschiedliche Rangplätze ergeben können. Zudem handelt es sich um eine konditionale Matrix, bei der nur die Werte eines Ankerpunkts (d.h. jeweils die einer Zeile) vergleichbar sind. Wenn z.B. 20 Personen an diesem Verfahren der Datenerhebung beteiligt sind, dann werden im Dateneditor die 20 11*11-Matrizen nacheinander ohne Leerzeile eingegeben. In der Diagonalen kann der Wert 0 eingetragen werden.

Bei der Auswertung einer derartigen Datenmatrix mit SPSS wählt man in der Unterdialogbox „Multidimensionale Skalierung: Form" (⇨ Abb. 29.3) die Option „quadratisch und asymmetrisch" und in der Dialogbox „Multidimensionale Skalierung: Modell" (⇨ Abb. 29.4) für „Konditionalität" „Zeilenweise".

MDS bei Messwiederholungen (RMDS).
Als Daten werden ebenfalls Unähnlichkeitsmaße untersucht. Im Unterschied zur einfachen MDS werden die Messdaten einzelner Personen aber nicht durch Durchschnittsbildung aggregiert, sondern alle Datenmatrizen von Ähnlichkeitsurteilern sind Datengrundlage der MDS. Es wird dabei unterstellt, dass die Ähnlichkeitsmaße verschiedener Personen vergleichbar sind (gleicher Wahrnehmungsraum). Die Datenmatrizen werden in der SPSS-Datenmatrix hintereinander eingegeben. In unserem Beispiel nähme die erste Matrix wie bei der einfachen MDS die Zeilen 1 bis 11 ein. In Zeile 12 bis 22 schließt sich die 2. Matrix an usw. Die Optionen für „Form" und „Modell" sind die gleichen wie bei der einfachen MDS (für den Fall, dass die Distanzen aller Matrizen vergleichbar sind, ist die Option „Unbedingt" zu wählen). SPSS erkennt die neue Datenkonstellation. Es wird mit den Standardeinstellungen eine Konfiguration erstellt. Im Unterschied zur einfachen MDS werden zu jeder Matrix Stresswerte ausgegeben. Es kann nun geprüft werden, ob die unterschiedlichen Stresswerte mit der Annahme einer Konfiguration (eines Wahrnehmungsraumes) kompatibel ist.

MDS bei Messwiederholungen bei individueller Gewichtung (INDSCAL).
Diese Modellvariante der MDS gestattet es, analog der MDS mit Messwiederholungen, mehrere individuelle Matrizen von Unähnlichkeitsmaßen (bzw. Distanzen) zu analysieren (die Anordnung der Daten im Dateneditor ist wie im Fall von RMDS). Dabei wird unterstellt, dass die unterschiedlichen Ähnlichkeitsurteilsbildungen einzelner Personen zwar aus einem allen gemeinsamen Wahrnehmungsraum kommen, aber durch unterschiedliche individuelle Gewichtungen der Dimensionen entstehen.

Wenn z.B. alle Urteilspersonen einen gemeinsamen Wahrnehmungsraum für Automobile haben (mit den Dimensionen Wirtschaftlichkeit und Prestige), dann ist vorstellbar, dass die individuelle Gewichtung der einzelnen Dimensionen bei der Urteilsbildung verschieden ist. Bei dieser MDS wird einerseits aus den Daten eine gemeinsame Konfiguration wie im Fall einer einfachen MDS erzeugt. Andererseits werden auch für jeden einzelnen Urteilsgeber individuelle Konfigurationen erstellt. Die individuellen Konfigurationen ergeben sich aber im Unterschied zum Modell bei Messwiederholungen durch eine individuelle Gewichtung der Achsen der gemeinsamen Konfiguration. Eine individuelle Konfiguration entsteht durch Dehnung bzw. Stauchung der Achsen der gemeinsamen Konfiguration (durch Multiplikation der Koordinaten mit individuellen Gewichten).

In der Dialogbox „Multidimensionale Skalierung: Modell" (⇨ Abb. 29.4) wird für Skalierungsmodell" die Option „Euklidische Distanz mit individuell gewichteten Differenzen" gewählt (Konditionalität „Matrix" wird beibehalten). In der Dialogbox von „Form" (⇨ Abb. 29.3) wird die Voreinstellung „quadratisch und symmetrisch" übernommen.

Modell der multidimensionalen Entfaltung (MDU) (Unfolding).
In den bisher besprochenen Modellvarianten werden quadratische Matrizen (auch die per Ankerpunktmethode gewonnene Matrix ist quadratisch) mit Ähnlichkeitsurteilen von Objektpaaren analysiert. Die Matrizen haben sowohl in den Zeilen als auch in den Spalten Objekte (Objekt*Objekt). Es können aber auch rechteckige Matrizen analysiert werden. In diesen stehen in den Zeilen Urteilspersonen und in den Spalten Objekte (Subjekt*Objekt). Diese rechteckigen Matrizen entstehen durch das Untersuchungsdesign. Diese Datenmatrizen sind zeilenkonditional. In der Dialogbox „Form" wird „rechteckig" (im Fall von Messwiederholungen, d.h. mehreren Matrizen, gibt man die Anzahl der Zeilen der Matrix an) und in der Dialogbox „Modell" wird für Konditionalität „Zeilenweise" gewählt.

In der Lösungskonfiguration werden die Objekte zusammen mit den Subjekten in einer Konfiguration dargestellt. Die dargestellten Subjekte sind dabei als „Idealpunkte" der Subjekte hinsichtlich der betrachteten Objekte zu interpretieren (z.B. das ideale Auto, die ideale Zeitschrift etc. eines Subjekts).

30. Nicht-parametrische Tests

30.1 Einführung und Überblick

30 Nicht parametrische Tests

30.1 Einführung und Überblick

Nicht parametrische versus parametrische Tests. Nicht parametrische Tests (auch verteilungsfreie oder annahmefreie Tests genannt) ist ein Sammelbegriff für eine Reihe von statistischen Tests für ähnliche Anwendungsbedingungen. Sie kommen grundsätzlich in folgenden Situationen zur Anwendung:

- Die zu testende Variable hat eine Nominal- oder Ordinalskala. In diesen Fällen dürfen parametrische Tests, wie z.B. der t-Test zur Prüfung auf eine Differenz von Mittelwerten zweier Verteilungen, der Test eines Korrelationskoeffizienten auf Signifikanz u.ä. nicht angewendet werden.
- Die zu testende Variable hat ein metrisches Skalenniveau (Intervall- oder Rationalskala). Aber die Datenlage gibt Anlass für die Annahme, dass die statistische Prüfvariable nicht normalverteilt ist. Dies gilt insbesondere bei kleinem Stichprobenumfang oder wenn die zu testende Variable in der Grundgesamtheit nicht normalverteilt ist. Auch wenig zuverlässige Messungen metrischer Variablen und Ausreißer in den Daten sind ein Grund für die Bevorzugung nicht parametrischet Tests.

Derartige Situationen sind bei Verwendung statistischer Methoden besonders im Bereich der Medizin, Biologie, Psychologie und Pädagogik und auch den Sozialwissenschaften anzutreffen.

Nicht parametrische Tests werden verteilungsfreie und zuweilen besser auch annahmefreie Tests genannt, weil sie nur wenig einschränkende Annahmen über zugrundeliegende Verteilungen der Testvariablen benötigen. Der Grund ist, dass die Verteilungen der Prüfgröße (der Teststatistik) unabhängig sind von den Verteilungen der Testvariablen aus der die Stichproben kommen. Nicht parametrische Tests sind daher weniger restriktiv bezüglich ihrer Anwendungsvoraussetzungen als parametrische Tests. So wird z.B. für den parametrischen t-Test auf Prüfung einer Differenz von Mittelwerten vorausgesetzt, dass die zwei Zufallsstichproben aus Grundgesamtheiten mit Normalverteilungen stammen, die eine gleiche Varianz haben.

Dem Vorteil wenig restriktiver Anwendungsvoraussetzungen und des Vermeidens falscher Annahmen steht aber ein Nachteil gegenüber: Bei gleichem Stichprobenumfang haben nicht parametrische Tests eine kleinere Teststärke als parametrische (Teststärke = $1-\beta$ = eine falsche H_0-Hypothese abzulehnen).

Nicht parametrische Tests nominalskalierter Testvariablen basieren auf Häufigkeiten der Variablen und die für ordinalskalierte oder metrische meist auf Rangordnungen der Messdaten. Daher sind sie robuster als parametrische. Ein Verwenden von Rängen anstelle der Messwerte einer metrischen Variablen beinhaltet aber einen Verlust von Informationen. Dies bedingt eine kleinere Teststärke eines nicht parametrischen Tests. Aber dies gilt einschränkend natürlich nur dann, wenn die Normalverteilungsannahme für parametrische Tests auch richtig ist.

Die Logik und die Vorgehensweise nicht parametrischer Tests unterscheidet sich nicht von der für parametrische Tests (⇨ Kap. 13.1). Die Besonderheit besteht darin, dass vom Grundsatz her für die Tests exakte Wahrscheinlichkeiten berechnet werden können: Die Wahrscheinlichkeitsverteilung der statistischen Prüfgröße entspricht bei Gültigkeit von H_0 entweder einer bekannten theoretischen Verteilung (z.B. der Binomialverteilung) oder sie kann durch Anwenden von Sätzen und Modellen der Wahrscheinlichkeitstheorie berechnet werden. Daher ist sie unabhängig von der Verteilung der Grundgesamtheit aus der die Stichprobe stammt. Bei parametrischen Tests wird hingegen zugrunde gelegt (angenommen), dass die Verteilung der Prüfgröße einer theoretischen Verteilung (z.B. der Normalverteilung) entspricht bzw. die Testvariable wegen des zentralen Grenzwertsatzes der Statistik normalverteilt ist. Hier besteht die Gefahr, den Test unter einer falschen Annahme über die Verteilung der Prüfgröße durchzuführen.

Bei großen Stichproben ist die Berechnung der Wahrscheinlichkeitsverteilung der Prüfgröße jedoch so aufwändig, dass auch spezifische Algorithmen im Computereinsatz daran scheitern. Da aber die Wahrscheinlichkeitsverteilung der Prüfgröße sich mit wachsendem Stichprobenumfang (asymptotisch) einer theoretischen Verteilung (meistens einer Standardnormal- oder einer Chi-Quadratverteilung) annähert, wird dies für Signifikanztests bei nicht zu kleinen Stichproben genutzt.

Bei kleinen Stichproben sollte man die per Ergänzungsmodul „Exact Tests" bereitgestellten exakten Tests nutzen (⇨ unten und Kap. 36). Man kann aber auch tabellierte Prüfverteilungen nutzen (zu finden im Anhang von Lehrbüchern zu nicht parametrischen Tests).

Als Leitlinie zur Beantwortung der Frage, ob ein parametrischer oder nicht parametrischer Test verwendet werden soll, kann Folgendes gelten:

- ❑ Sind die Anwendungsvoraussetzungen für die Verwendung eines parametrischen Tests erfüllt (metrische Variable, Normalverteilung), so sollte man diesen verwenden, da er bezüglich der beiden Hypothesen trennschärfer ist (eine höhere Teststärke hat). Das bedeutet, dass in höherem Maße der parametrische Test zu richtigen Ergebnissen hinsichtlich der Annahme bzw. Ablehnung der H_0-Hypothese führt, wenn sie richtig bzw. falsch ist.
- ❑ Wenn parametrische Tests mangels Erfüllung der Anwendungsvoraussetzungen nicht zur Anwendung kommen können, so sollte ein nicht parametrischer Test eingesetzt werden. Bei Verwendung eines parametrischen Tests besteht die Gefahr, dass ein falsches Testergebnis resultiert.

Man sollte bei der Planung des Designs einer Studie auch daran denken, dass ein höherer Stichprobenumfang die Teststärke nicht parametrischer Tests erhöht.

Unterscheidungskriterien für nicht parametrische Tests. Die Tests unterscheiden sich durch die Anzahl der verwendeten Stichproben, durch den Variablentyp der Testvariable (metrisch, ordinal, nominal) und die Frage, ob die verwendeten Stichproben unabhängig voneinander sind oder nicht. Bei der Anzahl der Stichproben werden ein, zwei oder mehr als zwei (allgemein k) Stichproben unterschieden.

Stichproben sind unabhängig voneinander, wenn die Messwerte einer Stichprobe unabhängig von den Messwerten der anderen Stichprobe sind. Bei den die Stichproben unterscheidenden Merkmalskategorien handelt es sich häufig um sozio-demografische kategoriale Variable wie Alters-, Bildungs-, Einkommensgruppen, Geschlecht u.ä. (auch allgemein als Faktor mit zwei bzw. k Faktorstufen bezeichnet). Wird beispielsweise eine Zufallsstichprobe von Befragten erhoben zur Messung von Meinungen zu verschiedenen Themen, so können die beiden Befragtengruppen Männer und Frauen in der Stichprobe als voneinander unabhängige Einzelstichproben aufgefasst werden. Mit einem Test kann dann geprüft werden, ob in der Grundgesamtheit die beiden Gruppen sich hinsichtlich einer Meinung unterscheiden oder nicht.

Den Daten für zwei Stichproben kann anstelle eines Modells von Stichproben aus Grundgesamtheiten auch ein Untersuchungsdesign zugrunde liegen, bei dem zwei Gruppen (eine Versuchs- und eine Kontrollgruppe) gebildet werden. Personen (Probanden) der Versuchsgruppe erhalten eine „Behandlung“[1] (englisch treatment) zur Prüfung auf Wirksamkeit. Die Zuordnung von Probanden zur Versuchs- bzw. Kontrollgruppe (und damit zur „Behandlung“ bzw. „Nichtbehandlung“) erfolgt zufällig (sinngemäß für k Gruppen). Die Aussagekraft derartiger Tests beschränkt sich aber auf die Teilnehmer der Studie und erlaubt meistens keine Aussagen für die Grundgesamtheiten (Lehmann, 1975).

Abhängige bzw. verbundene (englisch matched, paired) Stichproben entstehen in der Regel in dem oben angesprochenen Untersuchungsdesign. Damit aber die Messung der Wirksamkeit einer „Behandlung“ nicht durch andere Einflussgrößen gestört bzw. überlagert wird, werden im 2-Stichprobenfall (im k-Stichprobenfall sinngemäß) der Experiment- bzw. der Kontrollgruppe jeweils eine Person (oder ein Objekt) aus einem Paar von Personen (bzw. Objekten) zufällig zugeordnet. Die Paare werden derart bildet, dass sich ein Paar hinsichtlich wichtiger sonstiger relevanter Einflussfaktoren nicht unterscheidet (englisch matching).

Damit sollen andere wichtige Einflussfaktoren kontrolliert (konstant gehalten) werden. Geht es z.B. darum, den Lernerfolg einer neuen Lehrmethode für ein Fach zu prüfen, so werden Schülerpaare derart ausgewählt, dass sich ein Paar nicht hinsichtlich relevanter Einflussfaktoren auf das Lernergebnis (wie Fleiß, Intelligenz etc.) unterscheidet. Bei einem derartigen Stichprobenkonzept hat man es mit einer verbundenen Stichprobe zu tun, da der Lernerfolg eines Schülers in einer Gruppe nicht mehr unabhängig ist von dem eines Schülers in der anderen Gruppe. Welche Person eines Paares jeweils in die Experiment- oder Kontrollgruppe kommt wird ausgelost.

---

[1] „Behandlung“ ist hier in einem abstrakten Sinn gemeint: Es kann sich um eine medizinische Behandlung oder um eine andere Maßnahme bzw. um die Wirkung einer Faktoreinflussgröße handeln.

Um eine zweite Form verbundener Stichproben handelt es sich, wenn bei gleichen Personen (oder Objekten) die interessierende Variable mehrfach gemessen wird (also zeitlich nacheinander). Soll beispielsweise geprüft werden, ob ein spezielles Augentraining die Sehfähigkeit verbessert, so wird die Sehfähigkeit bei einer Gruppe von Personen (einer Stichprobe) vor und nach dem Training gemessen. Bei diesem Untersuchungsdesign spricht man auch vom Vortest-Nachtest-Design.

Eine ganz besondere Form verbundener Stichproben liegt vor, wenn beispielsweise jeweils mehrere Mitglieder einer Familie (z.B. Ehepaare, Eltern und Kinder) in Befragungen einbezogen werden. Meinungsäußerungen von Ehepartnern und von Eltern und Kindern sind nicht voneinander unabhängig.

Die k-Stichproben-Tests erlauben zu prüfen, ob es Unterschiede zwischen mehreren Verteilungen aus denen die k Stichproben kommen gibt oder nicht. Es wird dabei aber nicht aufgedeckt, zwischen welchen der k Verteilungen diese Unterschiede bestehen. Dafür bedarf es ergänzender paarweiser Vergleiche (⇨ Kap. 30.4.1). Auch bei k Stichproben kann es sich um unabhängige oder verbundene Stichproben handeln.

Überblick über die Tests in SPSS. Aus der Übersicht in Tabelle 30.1 kann man entnehmen, welche nicht parametrischen Tests von SPSS bereitgestellt werden. Es wird im Überblick kurz angeführt, welchen Testzweck die einzelnen Tests haben, welcher Variablentyp für die Testvariable erforderlich ist, um wieviel Stichproben es sich handelt und ob es sich um ein Design von unabhängigen oder verbundenen Stichproben handelt.[2]

Wichtiger Hinweis. Bei Nutzung der Tests kann der Anwender auch eine Testvariable eines anderen Variablentyps nutzen als den, der für den Test vorausgesetzt wird (⇨ Tabellen 13.3 und 30.1), da SPSS die Testvariable temporär in den vorausgesetzten Variablentyp transformiert oder der Anwender die Transformation auf den Dialogboxen steuern kann. Die zulässigen Variablentypen für einen Test werden im Variablenfeld „Testvariable“ auf der Registerkarte „Variablen“ der Dialogbox „Nicht parametrische Tests ...“ mit Symbolen angezeigt.

Exakte Tests. Für etliche nicht parametrische Tests wird (wie bei parametrischen) für die Verteilung der Prüfgröße eine theoretische Verteilung (meistens Normal oder Chi-Quadratverteilung) angenommen. Dies ist angemessen, weil die Prüfgröße sich mit wachsendem Stichprobenumfang (asymptotisch) einer theoretischen Verteilung (= Prüfverteilung) nähert. Aber nicht immer sind die Voraussetzungen dafür gegeben (meist bei zu kleinem Stichprobenumfang), dass die Verteilung der Prüfgröße hinreichend durch eine theoretische Verteilung approximiert werden darf. SPSS bietet daher in Ergänzung zum Basissystem das Modul „Exact Tests“ an (⇨ Kap. 36).

---

[2] In Kap. 13.2 wird eine Einordnung nicht parametrischer Tests in die Theorie statistischen Testens gegeben. Dort gibt es einen etwas ausführlicheren tabellarischen Vergleich. Eine umfangreiche Behandlung aller nicht parametrischer Tests finden Sie in dem PDF-Dokument „Exact Tests“ auf den Internetseiten von IBM (in „Statistics 24 Product Documentation“, “Manuals“, „Language Englisch“ (⇨ Kap. 1)).

Tabelle 30.1. Übersicht über nicht parametrische Tests von SPSS

Testname	Variablenlenyp[1]	Testzweck	Anzahl der Stichproben[2]	Stichprobendesign[3]
1. Chi-Quadrat	n	Stichprobe aus für H_0 erwarteter Verteilung?	1	-
2. Binomial	d	Stichprobe aus Verteilung mit Anteilswert gemäß H_0?	1	-
3. Sequenz	d	Reihenfolge der Variablenwerte zufällig?	1	-
4. Kolmogorov-Smirnov	m	Stichprobe aus für H_0 erwarteter Verteilung?	1	-
5. Wilcoxon	o	Stichprobe aus GG mit Median gemäß H_0?	1	-
6. Mann-Whitney U	o	2 Stichpr. aus Verteilungen mit gleicher zentralen Lage?	2	u
7. Moses	o	2 Stichproben aus GG mit gleicher Spannweite?	2	u
8. Kolmogorov-Smirnov Z	o	2 Stichproben aus gleicher Verteilung?	2	u
9. Wald-Wolfowitz	o	2 Stichproben aus gleicher Verteilung?	2	u
10. Hodges-Lehmann	o	Differenz von Medianen schätzen	2	u
11. Kruskal-Wallis H	o	k Stichproben aus gleicher Verteilung?	k	u
12. Median	o	Stichproben aus Verteilungen mit gleichem Median?	2 bzw. k	u
13. Jonckheere-Terpstra	o	k Stichproben aus Verteilungen mit Trend?	k	u
14. Wilcoxon	o	Unterscheiden sich die „Behandlungen"?	2	v
15. Vorzeichen	o	Unterscheiden sich die „Behandlungen"?	2	v
16. McNemar	d	Unterscheiden sich die „Behandlungen"?	2	v
17. Rand-Homogenität	o	Unterscheiden sich die „Behandlungen"?	2	v
18. Hodges-Lehmann	o	Differenz von Medianen schätzen	2	v
19. Friedman	o	Unterscheiden sich die „Behandlungen"?	k	v
20. Kendall´s W	o	Unterscheiden sich die „Behandlungen"?	k	v
21. Cochran Q	d	Unterscheiden sich die „Behandlungen"?	k	v

1. n = nominal, o = ordinal, d = dichotom, m = metrisch, 2. k = mehr als zwei, 3. u = unabhängig, v = verbunden, GG = Grundgesamtheit

Nach Installation des Moduls „Exact Tests haben bis SPSS Statistics 17 die Dialogboxen zu den nicht parametrischen Tests die Schaltfläche „Exakt...". Durch Klicken auf „Exakt kann man die Dialogbox „Exakte Tests" öffnen und zwischen zwei Verfahren zur Durchführung exakter Tests wählen (⇨ Kap. 36).
n den SPSS-Versionen ab 18 fehlt in den neu gestalteten Dialogboxen die Schaltfläche „Exakt...". Daher muss man zur Durchführung exakter Tests auf die alten Dialogboxen zurückgreifen (Befehlsfolge „Ausführen", „Nichtpametrische Tests", „Alte Dialogfelder").[3]

Bei Zweifeln hinsichtlich der Nutzung der asymptotischen Tests raten wir, die exakten Tests zu verwenden.

Neue Benutzeroberfläche und Ergebnisausgabe in der Modellanzeige. Die parametrischen Tests werden ab SPSS Statistics 18 in neuen Dialogboxen aufgerufen und die Ergebnisse werden in grafischer Form in einem Modellanzeigefenster dargestellt (Prozedur NPTESTS). Daneben kann man aber auch noch auf die „alten" Dialogboxen zurückgreifen und erhält dann noch die früheren Ergebnisdarstellungen (Prozedur NPAR TESTS). Dazu wählt man bei der Auswahl nicht parametrischer Test „alte Dialogfelder". Die Nutzung mittels der alten Fassung finden Sie in „Ergänzungen" auf den Internetseiten zum Buch. Für exakte Tests (⇨ Kap. 36) muss man - wie schon oben erwähnt – die „alten" Dialogfelder verwenden.

Auffällig ist noch ein weiterer Unterschied der neuen Dialogboxen zu den der alten und den anderer Statistikprozeduren: Durch Rechtsklick mit der Maus auf eine Variable in den Dialogboxen erhält man keine Informationen über diese.

Vordefinierte Rollen. Mit Hilfe der Rollenzuweisung in der Variablenliste des SPSS-Editors lässt sich die Durchführung der Tests zum Teil automatisieren. Wir werden diese Funktion nicht nutzen.[4]

Nach Aufrufen von „Analysieren", „Nicht parametrische Test" öffnet sich eventuell (wenn einige oder alle Messniveaus der Variablen in der Variablenansicht des Editors als „Unbekannt" deklariert sind) die in Abb. 30.0 gezeigte Warndialogbox. Die Messniveau-Warnmeldung kommt, wenn das Messniveau für mindestens eine Variable (ein Feld) im Datenblatt unbekannt ist. Da sich das Messniveau auf die Berechnung der Ergebnisse für diese Prozedur auswirkt, müssen alle Variablen ein definiertes Messniveau aufweisen.[5]

Da die grundlegenden Dialogboxen für alle Tests gleich bzw. ähnlich sind, werden wir diese nur für den Test auf Binomialverteilung ausführlich darstellen (⇨ Kap. 30.2.1). Für alle folgenden Tests werden wir uns dazu möglichst kurz fassen und auf Kap. 30.2.1 verweisen.

---

[3] Hier nicht verfügbar sind der Wilcoxon-Test für eine Stichprobe sowie die Hodges-Lehman-Schätzungen für unabhängige und verbundene Stichproben.

[4] Um die Nutzung der (voreingestellten) vordefinierten Rollen auszuschalten klicken wir die Befehlsfolge „Bearbeiten", „Optionen". Auf der Registerkarte „Allgemein" der Dialogbox „Optionen" wählen wir unter „Rollen" die Option „Benutzerdefinierte Zuweisungen verwenden" (⇨ Kap. 3).

[5] Ausführlicher in Kap. 3.

Messniveau

Für diese Prozedur ist ein geeignetes Messniveau wichtig. Das Messniveau ist für mindestens ein Feld im Dataset unbekannt. Diese Felder können manuell zugewiesen werden. Alternativ können sie automatisch über das Durchsuchen der Daten zugewiesen werden.

Daten durchsuchen | Manuell zuweisen... | Abbrechen | Hilfe

Abb. 30.0. Dialogbox „Messniveau“

Ergebnisausgabe im Modellanzeigefenster. Im Ausgabefenster der neuen Präsentation nicht parametrischer Tests erscheint zunächst ein erstes Ergebnis in grafisch aufbereiteter Form (als Modellobjekt). Doppelklickt man darauf öffnet sich das Modellanzeigefenster. In diesem kann man sich weitere in graphischer Form aufbereitete Modellansichten des Ergebnisses anzeigen lassen. Diese können auch exportiert und gedruckt werden (ausführlicher zur Modellanzeige ⇨ „Die Analyseergebnisse“ in Kap. 24.2 im Internet). Sobald man in die Modellanzeige klickt, wird das Ergebnis im Ausgabefenster schraffiert dargestellt.

Am unteren Rand der in zwei Fenster aufgeteilten Modellanzeige sind Leisten mit Dropdownschaltern zu sehen. Durch Klicken auf einen Schalter öffnen sich Ergebnisansichten aus denen man auswählen kann. Je nach Analyse zeigen sich unterschiedliche Ergebnisansichten.

Die folgende Leiste zeigt beispielhaft die beiden Leisten des in Kap. 30.2.2 beschriebenen Chi-Quadratanpassungstests. In diesem Beispiel ist auf der Leiste im linken Fenster keine weitere Ansicht verfügbar. In der Leiste im rechten Fenster gibt es neben der „Stichproben-Testansicht“ in „Ansicht“ noch die „Ansicht“ „Informationen zu kategorialen Feldern“.

Bei der Darstellung der Ergebnisse für die jeweiligen Tests werden wir uns auf die wichtigsten Ansichten beschränken.

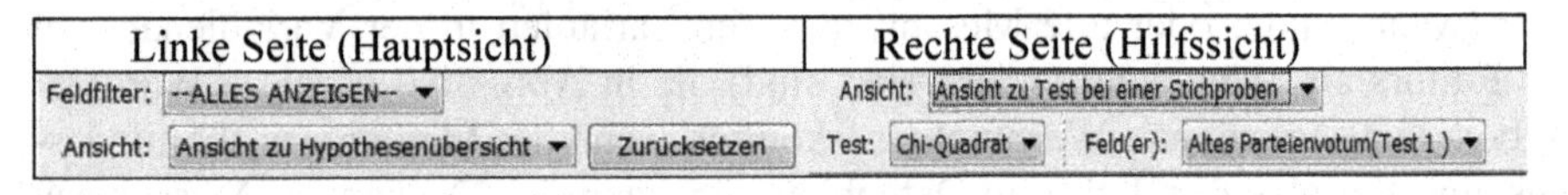

30.2 Tests für eine Stichprobe

Die ersten drei der 1-Stichproben-Tests sind Tests zur Prüfung, ob die Stichprobendaten aus einer spezifischen Verteilung stammen oder nicht (Anpassungs- bzw. Goodness-of-Fit-Tests). Unterschiede bestehen im Typ der zu testende Variablen (dichotom, kategorial, metrisch).

30.2.1 Test auf Binomialverteilung

Eine Binomialverteilung ist eine Wahrscheinlichkeitsverteilung für eine diskrete Zufallsvariable mit nur zwei Werten (binäre bzw. dichotome Variable). Mit Hilfe der Binomialverteilung lässt sich testen, ob ein prozentualer Häufigkeitsanteil für eine binäre Variable in der Stichprobe mit dem entsprechenden Anteilswert π in der Grundgesamtheit vereinbar (H_0) ist oder nicht (H_1).

Bei hinreichend großem Stichprobenumfang (kleinere Anzahl von n_1 oder $n_2 > 25$) wird die Binomialverteilung durch eine Normalverteilung approximiert (mit Stetigkeitskorrektur). Der Test kann dann vereinfachend mittels der standardnormalverteilten Variable Z vorgenommen werden.

Beispiel. Das folgende Beispiel bezieht sich auf Befragungsdaten der Arbeitsgruppe Wahlforschung an der ehemaligen Hamburger Hochschule für Wirtschaft und Politik zur Vorhersage der Wahlergebnisse für die Bürgerschaft der Freien und Hansestadt Hamburg im Herbst 1993 (Datei WAHLEN2.SAV). Es soll geprüft werden, ob der Männeranteil in der Stichprobe mit dem in der Grundgesamtheit vereinbar ist (H_0: $\pi_0 = 0{,}483$) oder nicht (H_1). Der Männeranteil aller Wahlberechtigten im Jahr 1993 für die Hamburger Bürgerschaft beträgt 48,3 %. Nach Öffnen der Datei WAHLEN2.SAV gehen wir wie folgt vor:[6]

▷ Wir wählen die Befehlsfolge „Analysieren“, „Nicht parametrische Tests ▷“; „Eine Stichprobe···“. Es öffnet sich dann die in Abb. 30.1 wiedergegebene Dialogbox „Nicht parametrische Test bei einer Stichprobe“ mit der Registerkarte „Ziel“. Wir nutzen diese Registerkarte nicht, da sie für die Nutzung vordefinierten Rollen für Variable vorgesehen ist.

▷ Auf der Registerkarte „Variablen“ (⇨ Abb. 30.2) ist „Benutzerdefinierte Feldzuweisungen verwenden“ eingeschaltet. Wir übertragen die Testvariable GESCHL aus der Quellvariablenliste in das Eingabefeld „Testvariable:“ Sollen für weitere Variablen Tests durchgeführt werden, so sind auch diese zu übertragen.

▷ Wir wählen nun die Registerkarte „Einstellungen“ (⇨ Abb. 30.3). Auf dieser lassen sich durch Wählen von drei „Elementen“ („Test auswählen“, „Testoptionen“, „Benutzerdefiniert fehlende Werte“) verschiedene Einstellungen vornehmen.

Für die voreingestellte Option „Test auswählen“ wählen wir „Tests anpassen“. Nun kann man auf der Registerkarte „Einstellungen“ den gewünschten Test anklicken. Wir wählen „Beobachtete und hypothetische Binärwahrscheinlichkeit vergleichen (Test auf Binomialverteilung)“.

Klicken auf die nun aktiv geschaltete Schaltfläche „Optionen..“ öffnet die Unterdialogbox „Binomialoptionen“ (⇨ Abb. 30.4). In das Eingabefeld „Hypothetischer Anteil“ wird der Anteilswert für die Grundgesamtheit 0,483 (entspricht der H_0-Hypothese) in dezimaler Form eingegeben.

Zur Berechnung eines Konfidenzintervalls für den Anteil der Männerquote wählen wir „Clopper-Pearson (exakt)“. In „Erfolg für kategoriale Variable definieren“ wählen wir die Option „Erfolgswerte festlegen“ und tragen in das Eingabefeld „Erfolgswerte“ eine 2 ein, da die Männer der Variable GESCHL mit dem Wert 2 kodiert ist. Mit „OK“ schließen wir ab.

Der Test auf Binomialverteilung kann auch für eine metrische Variable durchgeführt werden. In das Feld „Benutzerdefinierter Trennwert“ ist dann ein Trennwert einzutragen. Beispielsweise lässt sich die Variable ALTER durch „Trennwert“ = 40 in eine dichotome Variable verwandeln: bis einschließlich 40

[6] Es wird davon ausgegangen, dass Sie die Option „Benutzerdefinierte Feldzuweisungen“ gewählt haben (⇨ „Vordefinierte Rollen“ in Kap. 30.1 und Kap. 3).

haben alle Befragten den gleichen Variablenwert und ab 41 einen anderen Wert (alternativ kann der Mittelpunkt als Trennwert gewählt werden).

- Auf der Registerkarte des Elements „Testoptionen" (⇨ Abb. 30.5 links) kann man das Signifikanzniveau und die Breite des Konfidenzintervalls festlegen. Des Weiteren kann man bestimmen, ob fehlende Werte kategorialer Variable test- oder listenweise ausgeschlossen werden sollen. Wir belassen die Voreinstellungen.
- Auf der Registerkarte „Benutzerdefiniert fehlende Werte" (⇨ Abb. 30.5 rechts) kann man bestimmen wie mit benutzerdefinierten fehlenden Werten für kategoriale Variable umgegangen werden soll. Wir belassen die Voreinstellung.

▷ Klicken von „Ausführen" startet die Berechnung.

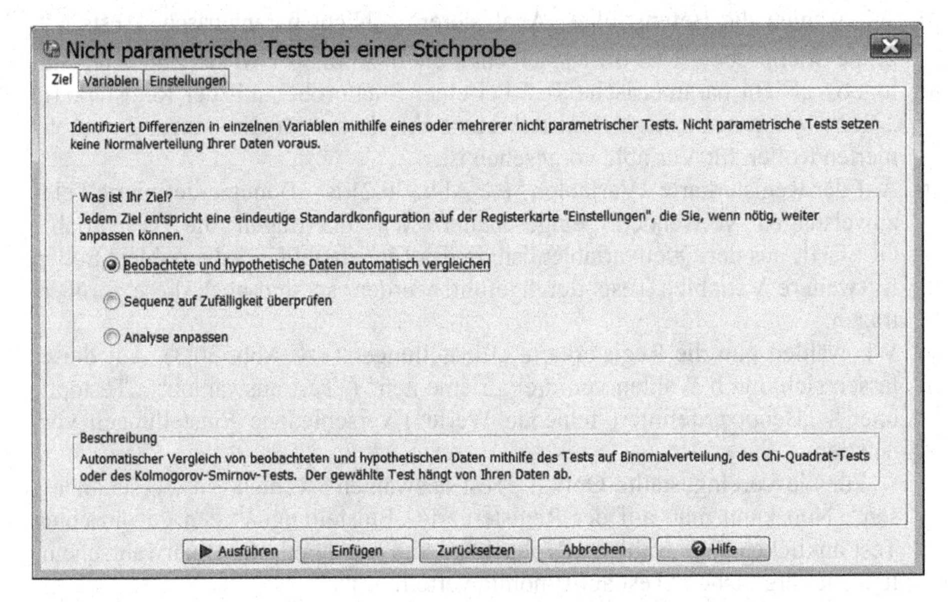

Abb. 30.1. Dialogbox „Nicht parametrische Tests bei einer Stichprobe (Registerkarte: Ziel)"

In Abb. 30.6 a) bis c) ist das Ergebnis des Tests auf Binomialverteilung zu sehen. Abb. 30.6 a) zeigt das Ergebnis im Ausgabefenster als ein Modellobjekt. Es entspricht der „Ansicht zu Hypothesenübersicht" im linken Fenster der Modellanzeige.[7] H_0 wird beibehalten. Durch Doppelklicken auf das Modellobjekt öffnet sich die Modellanzeige. In Abb. 30.6 b) oben ist die Aufteilung der Stichprobe in Männer und Frauen gemäß der H_0-Hypothese (Männeranteil = 48,3 %) und der Daten in der Stichprobe („Beobachtet") in gestapelten Balkendiagrammen gegenübergestellt. Geht man mit der Maus über die Balken, so werden in einem Quickinfo die empirischen bzw. hypothetischen Anteilswerte der Geschlechter eingeblendet. In Abb. 30.6 b) unten ist das Testergebnis detaillierter zu sehen. Von den 525 Personen in der Stichprobe sind 246 Männer (= Prüfgröße, „Teststatistik"). Weil der Männeranteil in der Stichprobe

[7] Der für „Sig" angeführte Wert in Höhe von 268,000 ist falsch (richtig: 0,268).

(= 0,469) kleiner ist als π = 0,50 wird ein einseitiger (linksseitiger) Test durchgeführt (H_1: π_1 < 0,483). Wegen des großen Stichprobenumfangs wird die „Sig“-Wahrscheinlichkeit mittels (approximativer) Standardnormalverteilung berechnet [$P(z \leq -0{,}618) = 0{,}268$]. Ergebnis ist, dass unter der H_0-Hypothese eine Wahrscheinlichkeit von 0,268 [„Asymptotische Sig. (1-seitigiger Test“)] besteht, dass die Männerquote gleich bzw. kleiner als die beobachtete ist. Bei einem Signifikanzniveau von 5 % ($\alpha = 0{,}05$) wird wegen 0,268 > 0,05 die Hypothese H_0 beibehalten.

In Abb. 30.6 c) ist in der „Ansicht zu Konfidenzintervallübersicht“ des linken Fensters der Modellanzeige das gewählte 95%-Konfidenzintervall des Männeranteils nach der Berechnungsmethode von Clopper-Peason zu sehen. Das Konfidenzintervall schließt den Männeranteil der Grundgesamtheit (0,483) ein.

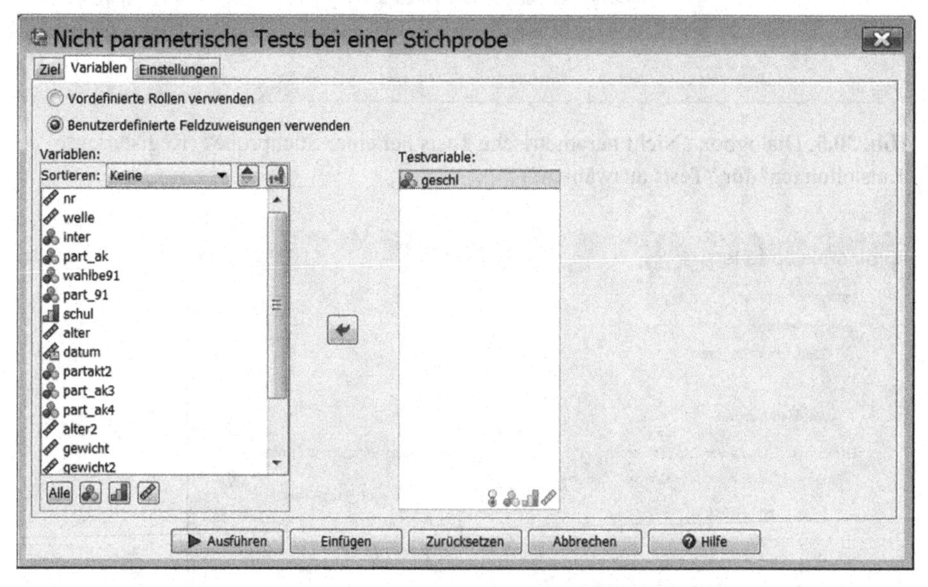

Abb. 30.2. Dialogbox „Nicht parametrische Tests bei einer Stichprobe (Registerkarte: Variablen)”

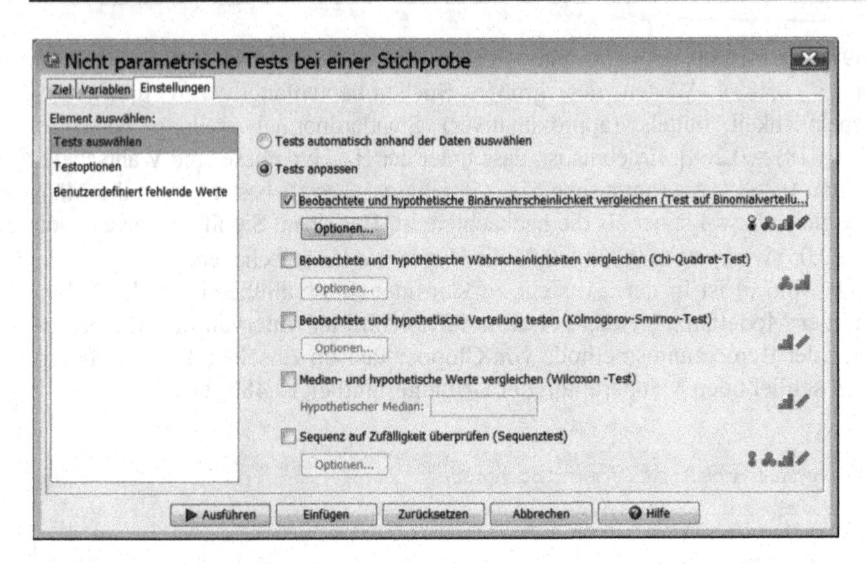

Abb. 30.3. Dialogbox „Nicht parametrische Tests bei einer Stichprobe“ (Registerkarte “Einstellungen” für “Tests auswählen”)”

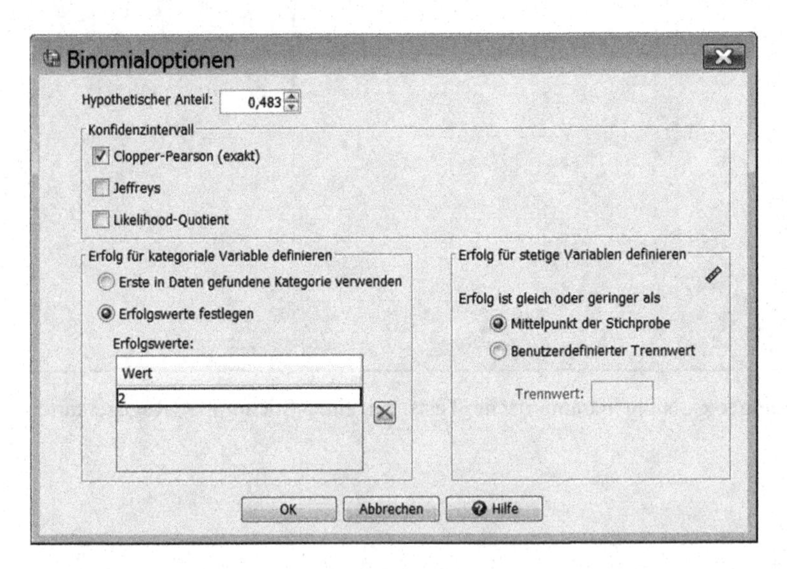

Abb. 30.4. Unterdialogbox „Binomialoptionen“

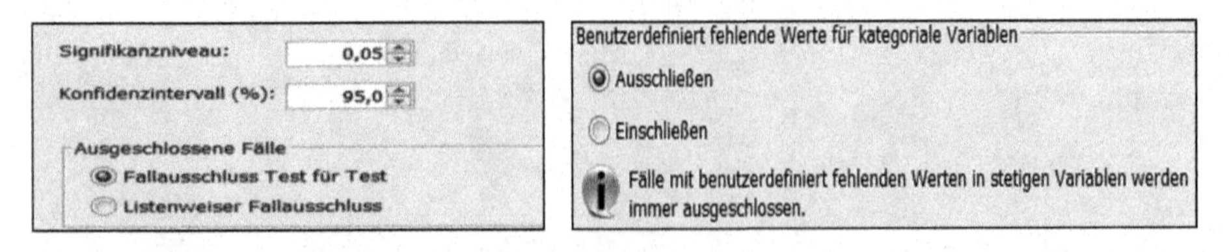

Abb. 30.5. Registerkarte “Einstellungen” der Dialogbox „Nicht parametrische Tests bei einer Stichprobe“ für die “Elemente” “Testoptionen” (links) und “Benutzerdefinierte fehlende Werte” (rechts)

a) Im Ausgabefenster

Hypothesentestübersicht

	Nullhypothese	Test	Sig.	Entscheidung
1	Die durch Geschlecht = (männlich) and (weiblich) definierten Kategorien treten mit den Wahrscheinlichkeiten 0,483 und 0,517 auf.	Test auf Binomialverteilung bei einer Stichprobe	268,000	Nullhypothese beibehalten

Asymptotische Signifikanzen werden angezeigt. Das Signifikanzniveau ist ,05.

b) In der Modellansicht („Ansicht zu Test bei einer Stichprobe")

Test auf Binomialverteilung bei einer Stichprobe

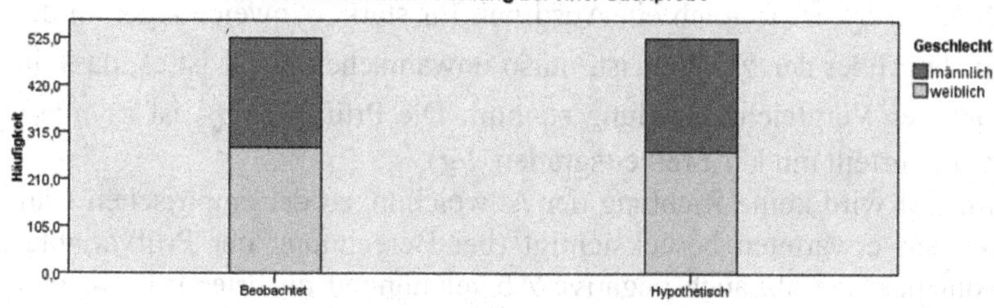

Gesamtanzahl	525
Teststatistik	246,000
Standardfehler	11,450
Standardisierte Teststatistik	-,618
Asymptotische Sig. (1-seitiger Test)	,268

1. Alternativ wird vermutet, dass der Anteil der Datensätze in der Erfolgsgruppe kleiner ist als die hypothetische Erfolgswahrscheinlichkeit.

c) In der Modellansicht („Ansicht zu Konfidenzintervallübersicht")

Konfidenzintervallübersicht

Konfidenzintervalltyp	Parameter	Schätzung	95% Konfidenzintervall	
			Unterer	Oberer
Erfolgsrate der Binomialverteilung einer Stichprobe (Clopper-Pearson)	Wahrscheinlichkeit (Geschlecht= männlich).	,469	,425	,512

Abb. 30.6. Ergebnis des Binomialverteilungs-Tests

30.2.2 Chi-Quadrat-Test (Anpassungstest)

Der Chi-Quadrat-Test ist im Zusammenhang mit der Kreuztabellierung behandelt worden (⇨ Kap. 10.3). Dort geht es um die Frage, ob zwei kategoriale Variable voneinander unabhängig sind oder nicht (Chi-Quadrat-Unabhängigkeitstest).

Hier geht es um die Frage, ob sich eine kategoriale Variable einer Stichprobe in ihrer Häufigkeitsverteilung signifikant von erwarteten Häufigkeiten in der Grund-

gesamtheit unterscheidet. Die erwarteten Häufigkeiten können gleichverteilt sein oder einer anderen Verteilung folgen.
Werden mit n_i die empirischen und mit e_i die erwarteten Häufigkeiten einer Kategorie bezeichnet, so ergibt sich für die Prüfgröße Chi-Quadrat (die Summierung erfolgt über die Kategorien i = 1 bis k (im Beispiel ist k = 6)

$$\chi^2 = \sum_{i=1}^{k} \frac{(n_i - e_i)^2}{e_i} = 25{,}008 \tag{30.1}$$

Aus der Formel wird ersichtlich, dass die Testgröße χ^2 umso größer wird, je stärker die Abweichungen zwischen beobachteten und erwarteten Häufigkeiten sind. Ein hoher Wert für χ^2 ist folglich ein Ausdruck für starke Abweichungen in den Verteilungen. Je größer der χ^2-Wert ist, umso unwahrscheinlicher ist es, dass die Stichprobe aus der Vergleichsverteilung stammt. Die Prüfgröße χ^2 ist asymptotisch chi-quadratverteilt mit k-1 Freiheitsgraden (Fg).

Bei diesem Test wird keine Richtung der Abweichungen der empirischen Häufigkeiten von den erwarteten berücksichtigt (bei Berechnung der Prüfvariablen werden sowohl positive als auch negative Abweichungen quadriert). Es handelt sich daher um einen zweiseitigen Test.

Für den (asymptotischen) Chi-Quadrat-Test sollten folgende Anwendungsbedingungen (Faustformel) beachtet werden: Im Falle von Fg = 1 sollte $e_i \geq 5$ für alle Kategorien i sein. Für Fg > 1 sollte $e_i \leq 5$ für nicht mehr als 20 % der Kategorien i und $e_i \geq 1$ für alle i sein. Sind diese Bedingungen nicht erfüllt, so sollte man Exact Tests nutzen (⇨ „Exakte Tests" in Kap. 30.1 und Kap. 36).

Beispiel. Die in Kap 30.2.1 verwendete Datei WAHLEN2.SAV wird auch hier genutzt. Die Verteilung der Variable PART_91 in der Stichprobe mit den Werten 1 bis 7 (für die Parteien SPD, CDU, Grüne/GAL, F.D.P., Republikaner und Sonstige; der Wert 6 kommt nicht vor) soll mit den tatsächlichen Wahlergebnissen in 1991 für diese Parteien verglichen und getestet werden, ob sich ein signifikanter Unterschied in den Verteilungen ergibt. Ergibt sich ein signifikanter Unterschied, so könnte das als ein Indikator dafür gesehen werden, dass die Stichprobe nicht hinreichend repräsentativ ist. Die Hypothese H_0 lautet also, die Stimmenverteilung auf die Parteien in der Stichprobe entspricht (bis auf Zufallsabweichungen) dem Ergebnis der Bürgerschaftswahl. Entsprechend lautet die H_1-Hypothese, dass die Verteilungen signifikant unterschiedlich sind.

Nach Öffnen der Datei WAHLEN2.SAV gehen wir weitgehend wie in Kap. 30.2.1 beschrieben vor:[8]

Auf der Registerkarte „Variablen" (⇨ Abb. 30.2) übertragen wir die Variable PART_91 in „Testvariable". Auf der Registerkarte „Einstellungen" (⇨ Abb. 30.3) wählen wir die Option „Tests anpassen" und „Beobachtete und hypothetische Wahrscheinlichkeiten vergleichen (Chi-Quadrat-Test)".

Klicken von „Optionen" öffnet die Unterdialogbox „Chi-Quadrat-Test: Optionen" (⇨ Abb. 30.7): Wir wählen „Erwartete Wahrscheinlichkeit anpassen". Es

---

[8] Es wird davon ausgegangen, dass Sie die Option „Benutzerdefinierte Feldzuweisungen" gewählt haben (⇨ „Vordefinierte Rollen" in Kap. 30.1 und Kap. 3).

öffnet sich nun die erste Eingabezeile zur Eingabe von Daten für „Erwartete Wahrscheinlichkeiten:“. Die Option „Alle Kategorien haben die gleiche Wahrscheinlichkeit“ wäre zu wählen wenn die gemäß der Hypothese H_0 erwarteten Häufigkeiten für die Kategorien der Variablen (hier die Parteien) gleich sind (eine Gleichverteilung vorliegt).

In die Eingabezeilen von „Erwartete Wahrscheinlichkeiten:“ werden Zeile für Zeile in der Spalte „Kategorie“ der kodierte Variablenwert der Kategorie (der Partei) und in der Spalte „Relative Häufigkeit“ die gemäß der H_0-Hypothese zu erwartende Häufigkeit der Kategorie eingetragen. Die in der Abb. 30.7 sichtbaren Eintragungen ergeben sich daraus, dass bei der Bürgerschaftswahl 1991 die SPD (kodiert = 1) 48,0 %, die CDU (kodiert = 2) 35,1 %, die Grünen/GAL (kodiert = 3) 7,2 %, die FDP (kodiert = 4) 5,4 %, die Republikaner (kodiert = 5) 1,2 % und Sonstige (kodiert = 7) 3,1 % Stimmenanteile erhalten haben. Hat man sich bei schon eingegebenen Werten vertan, so kann man sie überschreiben. Mit dem Schalter ☒ kann eine markierte Zeile gelöscht werden. Mit Klicken von „OK“ wird die Dateneingabe abgeschlossen.

Klicken von „Ausführen“ startet die Berechnung.

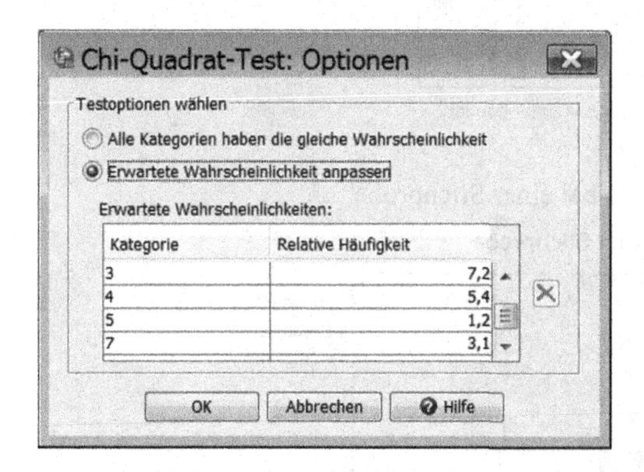

Abb. 30.7. Dialogbox „Chi-Quadrat-Test: Optionen“

In Abb. 30.8 a) und b) sind die wichtigsten Ergebnisse des Chi-Quadrat-Tests zu sehen. Doppelklicken auf das Ergebnis im Ausgabefenster (⇨ Abb. 30.8 a) öffnet das Modellanzeigefenster. In Abb. 30.8 b) werden in einem gruppierten Balkendiagramm die empirischen und die hypothetischen Häufigkeiten für die Parteien einander gegenübergestellt. Geht man mit der Maus auf die Balken, so werden für die Parteien die empirischen und hypothetischen Häufigkeiten eingeblendet. Die unter H_0 zu erwartende Häufigkeit ergibt sich durch Multiplikation der Fallanzahl mit dem Stimmenanteil für eine Partei.

Die Fußnote in Abb. 30.8 b) zeigt an, dass die erwarteten Häufigkeiten den Wert 5 nicht unterschreiten, so dass man wohl auf das asymptotische Testergebnis vertrauen kann.

Für eine gegebene Anzahl von Freiheitsgraden (Fg) und einem Signifikanzniveau α (Irrtumswahrscheinlichkeit die H_0-Hypothese abzulehnen, obwohl sie richtig ist) lassen sich aus einer Chi-Quadrat-Verteilungstabelle[9] kritische Werte für χ^2 entnehmen. Für sechs Kategorien in unserem Beispiel ist Fg = 5. Bei einem Signifikanzniveau von $\alpha = 0{,}05$ (5 % Irrtumswahrscheinlichkeit) und Fg = 5, ergibt sich aus einer tabellierten Chi-Quadrat-Verteilung $\chi^2_{krit} = 11{,}07$. Der empirische Wert von χ^2 fällt in den Ablehnungsbereich der H_0-Hypothese, da er mit 25,008 größer ist als der kritische. „Asymptotische Sig. (2-seitiger Test" (= 0,000) ist die Wahrscheinlichkeit bei Fg = 5 ein $\chi^2_{emp} \geq 25{,}008$ zu erhalten. Auch daraus ergibt sich, dass bei einem Signifikanzniveau von 5 % ($\alpha = 0{,}05$) die H_0-Hypothese abzulehnen ist (0,05 > 0,000). Die Stimmenverteilung auf die Parteien in der Stichprobe entspricht demnach nicht der tatsächlichen für 1991.

a) Im Ausgabefenster

Hypothesentestübersicht

	Nullhypothese	Test	Sig.	Entscheidung
1	Die Kategorien von Altes Parteienvotum treten mit den angegebenen Wahrscheinlichkeiten auf.	Chi-Quadrat-Test bei einer Stichprobe	,000	Nullhypothese ablehnen

Asymptotische Signifikanzen werden angezeigt. Das Signifikanzniveau ist ,05.

b) In der Modellansicht („Ansicht zu Tests bei einer Stichprobe")

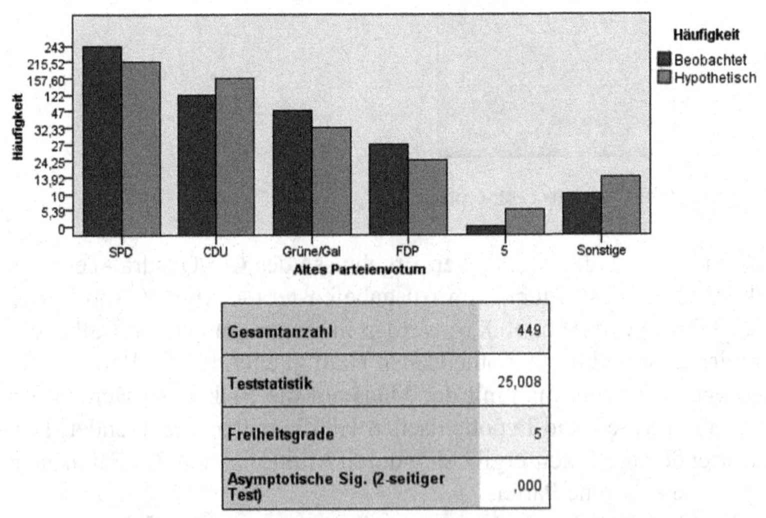

Gesamtanzahl	449
Teststatistik	25,008
Freiheitsgrade	5
Asymptotische Sig. (2-seitiger Test)	,000

1. Es sind 0 Zellen (0%) mit erwarteten Werten kleiner als 5 vorhanden. Der kleinste erwartete Wert ist 5,388.

Abb. 30.8. Ergebnis des Chi-Quadratanpassungstests

[9] Die Tabelle ist auf den Internetseiten zum Buch verfügbar.

30.2.3 Kolmogorov-Smirnov-Test für eine Stichprobe

Wie der oben behandelte Chi-Quadrat-Test und der Binomial-Test hat auch der Kolmogorov-Smirnov-Test für eine Stichprobe die Aufgabe zu prüfen, ob die Verteilung einer Stichprobenvariablen die einer theoretischen Verteilung entspricht oder nicht (Anpassungstest). Der Kolmogorov-Smirnov-Test ist im Unterschied zum Chi-Quadrat-Test und zum Binomial-Test für metrische Variablen anwendbar.

Zu beachten ist, dass für den Test die Parameter der theoretischen Verteilung (also Mittelwert und Standardabweichung der Grundgesamtheit für den Fall der Prüfung auf Normalverteilung) bekannt sein sollten. Wird der Test ohne Übergabe von Grundgesamtheitsparametern angewendet, so werden diese aus den Daten geschätzt. Aber dadurch verliert der Test an Trennschärfe (Teststärke). Da in der Regel die Parameter unbekannt sind, sollte man zur Prüfung auf Normalverteilung den Kolmogorov-Smirnov-Test mit der Lilliefors-Korrektur (KS-Test mit Lillieforsschranken) verwenden (⇨ Kap. 9.3.2). Bei der Lilliefors-Korrektur wird für jede theoretische Verteilung eine spezifische Tabelle mit kritischen Werten zur Prüfung auf Signifikanz genutzt. In der Version 24 von SPSS Statistics wird hier nun auch die Liliefors-Korrektur angewendet.

Dieser Test basiert auf den Vergleich der kumulierten empirischen und kumulierten erwarteten (theoretischen) Häufigkeitsverteilung. Die größte absolute Differenz $|D|_{max}$ zwischen beiden kumulierten Verteilungen und der Stichprobenumfang n gehen in die Prüfgröße Z_{KS} nach Kolmogorov-Smirnov ein ($Z_{KS} = \sqrt{n} * |D|_{max}$).[10] Aus Tabellen kann man für einen gegebenen Stichprobenumfang n kritische Werte für $|D|_{max}$ bei einem vorgegebenem Signifikanzniveau entnehmen (Siegel und Castellan (1988)).

Für kleine Stichproben kann der exakte Test genutzt werden (⇨ „Exakte Tests" in Kap. 30.1 und Kap. 36).

Beispiel. Für die Befragung zur Wahlprognose für die Bürgerschaftswahl im Herbst 1993 (Datei WAHLEN2.SAV, ⇨ Kap. 30.2.1) soll geprüft werden, ob das Alter der Befragten vereinbar ist mit der Hypothese H_0: Die Stichprobe stammt aus einer Grundgesamtheit mit normalverteiltem Alter (es wird hier ignoriert, dass die Grundgesamtheit der Wahlberechtigten tatsächlich nicht normalverteilt ist).

Nach Öffnen der Datei WAHLEN2.SAV gehen wir weitgehend wie in Kap. 30.2.1 beschrieben vor.[11]

Auf der Registerkarte „Felder" (⇨ Abb. 30.2) übertragen wir die Variable ALTER in „Testvariable". Auf der Registerkarte „Einstellungen" (⇨Abb. 30.3) wählen wir „Tests anpassen" und „Beobachtete und hypothetische Wahrscheinlichkeiten testen (Kolmogorov-Smirnov-Test)".

Die Einstellungen zu „Testoptionen" und „Benutzerdefiniert fehlende Werte" auf der Registerkarte „Einstellungen" belassen wir (⇨ Abb. 30.5).

[10] Wie die Formel zeigt, ist die Verteilung der Prüfgröße unabhängig von der Verteilung der metrischen Variablen. Daher handelt es sich um einen verteilungsfreien Test.

[11] Es wird davon ausgegangen, dass Sie die Option „Benutzerdefinierte Feldzuweisungen" gewählt haben (⇨ „Vordefinierte Rollen" in Kap. 30.1 und Kap. 3).

Klicken der Schaltfläche „Optionen" öffnet die entsprechende Unterdialogbox (⇨ Abb. 30.9). Wir wählen die Normalverteilung als Vergleichsverteilung. Auch die Gleich-, die Poisson- oder Exponentialverteilung sind als Vergleichsverteilungen möglich. Klicken von „Ausführen" startet die Berechnung.

In Abb. 30.10 a) und b) ist das Ergebnis des Tests zu sehen. In der Modellanzeige (erhalten durch Doppelklicken auf das Ergebnis im Ausgabefenster) ist die Häufigkeitsverteilung von ALTER zu sehen (⇨ Abb. 30.10 oben). Das durchschnittliche Alter der Befragten beträgt 51 Jahre mit einer Standardabweichung von 18,481. Mit „Extremste Differenzen" wird bei „Positiv" $|D|_{max}$ = 0,076 angeführt (⇨ Abb. 30.10 b) unten). Die größte negative Abweichung beträgt –0,042.

Die zweiseitige (asymptotische) Wahrscheinlichkeit beträgt P = 0,000. Bei einem Signifikanzniveau von 5 % (α = 0,05) wird wegen 0,000 < 0,05 die Hypothese H_0 (das Alter ist normalverteilt) abgelehnt.

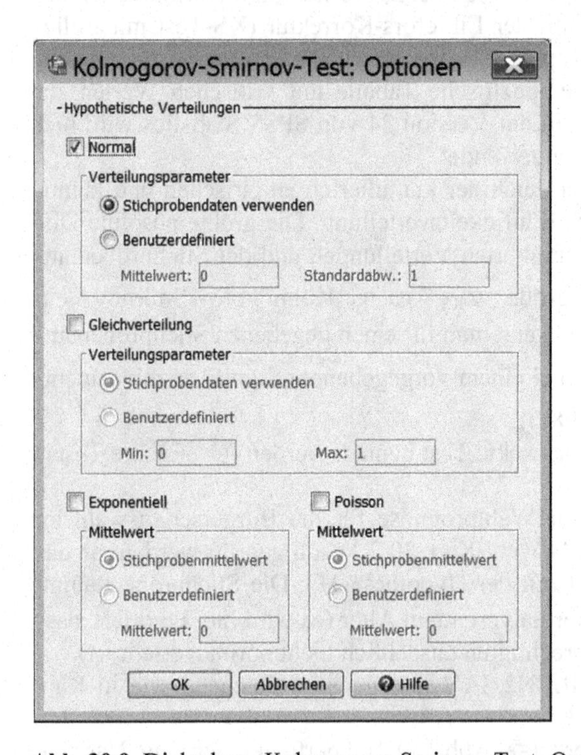

Abb. 30.9. Dialogbox „Kolmogorov-Smirnov-Test: Optionen"

a) Im Ausgabefenster

Hypothesentestübersicht

	Nullhypothese	Test	Sig.	Entscheidung
1	Die Verteilung von Alter ist normal mit Mittelwert 51 und Standardabweichung 18,481.	Kolmogorov-Smirnov-Test bei einer Stichprobe	,000[1]	Nullhypothese ablehnen

Asymptotische Signifikanzen werden angezeigt. Das Signifikanzniveau ist ,05.

[1]Lilliefors korrigiert

b) In der Modellansicht („Ansicht zu Test bei einer Stichprobe")

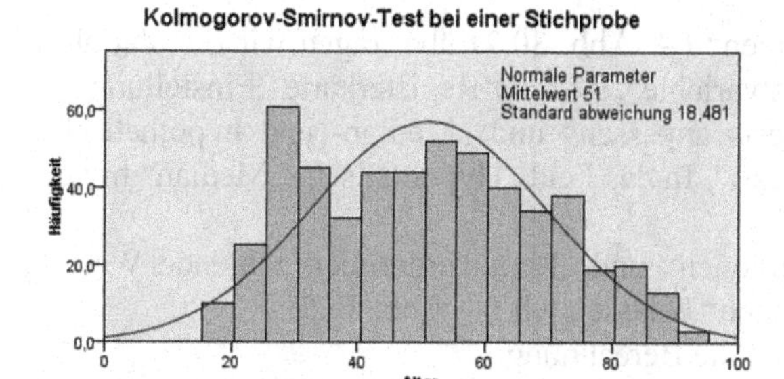

Gesamtanzahl		529
Extremste Differenzen	Absolut	,076
	Positiv	,076
	Negativ	-,042
Teststatistik		,076
Asymptotische Sig. (2-seitiger Test)		0[1]

[1] Lilliefors korrigiert

Abb. 30.10. Ergebnis des Kolmogorov-Smirnov-Tests

30.2.4 Wilcoxon-Test für eine Stichprobe

Der Wilcoxon-Vorzeichen-Rang-Test für eine Stichprobe ermöglicht es zu prüfen, ob die Stichprobe aus einer Grundgesamtheit mit einem bestimmten Median stammt (Hypothese H_0). Er kann genutzt werden wenn die Voraussetzungen eines t-Tests zum Testen auf den Mittelwert μ einer Verteilung nicht erfüllt sind (normalverteilte Stichprobenverteilung, metrische Testvariable, ⇨ Kap. 13.1).

Bei diesem Test werden die Differenzen der Messwerte zum Median der H_0-Hypothese gebildet. Für die Höhe der absoluten Differenzen wird eine Rangfolge gebildet und mit Rangziffern versehen, wobei Differenzen in Höhe von 0 weggelassen werden und bei Bindungen Durchschnittsrangziffern gebildet werden. Die Prüfgröße (Teststatistik) ist die Summe dieser Rangziffern für die Differenzen mit positivem Vorzeichen. Für nicht zu kleine Stichproben ($n > 20$) wird genutzt, dass die standardisierte Prüfgröße approximativ einer Standardnormalverteilung entspricht. Da dieser Test nicht in „Alte Dialogfelder" enthalten ist, kann für kleine Stichproben kein exakter Test angefordert werden. Für kleine Stichproben sollte man deshalb tabellierte Prüfverteilungen nutzen (im Anhang von Lehrbüchern).

Beispiel. Wir wollen prüfen, ob die Stichprobe der Datei WAHLEN2.SAV (⇨ Kap 30.2) eine Zufallsauswahl aus der Grundgesamtheit aller Wahlberechtigten in 1993 mit einem Median des Alters in Höhe von 45 Jahren ist (H_0: Median = 45).

Nach Öffnen der Datei WAHLEN2.SAV gehen wir weitgehend wie in Kap. 30.2.1 beschrieben vor:[12]

Auf der Registerkarte „Variablen" (⇨ Abb. 30.2) übertragen wir die Variable ALTER in das Eingabefeld „Testvariable". Auf der Registerkarte „Einstellungen" (⇨ Abb. 30.3) wählen wir „Tests anpassen" und „Median- und hypothetische Werte vergleichen (Wilcoxon-Test)". In das Feld „Hypothetischer Median" tragen wir 45 ein.

Die Einstellungen zu „Testoptionen" und „Benutzerdefiniert fehlende Werte" auf der Registerkarte „Einstellungen" belassen wir (⇨ Abb. 30.5).

Klicken von „Ausführen" startet die Berechnung.

In Abb. 30.11 a) und b) sind die Ergebnisse zu sehen. Abb. 30.11 a) zeigt das Ergebnis im Ausgabefenster. Die Hypothese H_0 wird abgelehnt. Doppelklicken auf das Ergebnis öffnet die Modellanzeige. Abb. 30.11 b) links zeigt das Histo-gramm von ALTER. Es werden der hypothetische (45) und der empirische (51) Median in der Grafik angezeigt.

a) Im Ausgabefenster

Hypothesentestübersicht

	Nullhypothese	Test	Sig.	Entscheidung
1	Der Median von Alter ist gleich 45.	Wilcoxon-Vorzeichenrang test bei einer Stichprobe	,000	Nullhypothese ablehnen

Asymptotische Signifikanzen werden angezeigt. Das Signifikanzniveau ist ,05.

b) In der Modellansicht („Stichprobentestansicht")

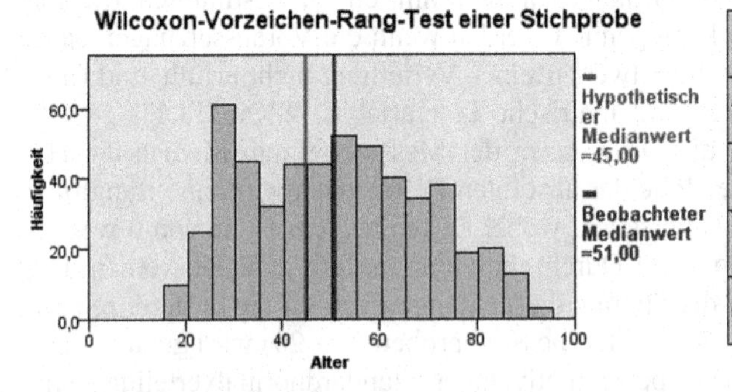

Gesamtanzahl	529
Teststatistik	88.800,500
Standardfehler	3.388,080
Standardisierte Teststatistik	6,525
Asymptotische Sig. (zweiseitiger Test)	,000

Abb. 30.11. Ergebnis des Wilcoxon-Tests

In Abb. 30.11 b) rechts wird der Stichprobenumfang („Gesamtzahl"), der empirische Wert der Prüfgröße („Teststatistik"), der Standardfehler der Teststatistik, die standardisierte Teststatistik sowie das asymptotische zweiseitige Signifikanzniveau angeführt. Bei Verwenden der Standardnormalverteilung als (approximative)

[12] Es wird davon ausgegangen, dass Sie die Option „Benutzerdefinierte Feldzuweisungen" gewählt haben (⇨ „Vordefinierte Rollen" in Kap. 30.1 und Kap. 3).

Prüfverteilung ergibt sich eine „Sig"-Wahrscheinlichkeit von 0,000 [P(z ≥ 6,525) = 0,000]. Da „Sig." = 0,000 < α = 0,05 wird H_0 abgelehnt zu Gunsten von H_1.

30.2.5 Sequenz-Test

Der Sequenz-Test (Runs-Test) prüft, ob die Reihenfolge der Werte einer binären Variablen in einer Stichprobe (und damit die Stichprobe) zufällig ist (H_0-Hypothese). Er kann zur Vorprüfung der Frage dienen, ob vorliegende Daten als Zufallsstichprobe angesehen werden können.

Im folgenden Beispiel für eine Stichprobe mit einem Umfang von 20 sei eine (dichotome) Variable mit nur zwei Ausprägungen (hier dargestellt als + und −) in einer Reihenfolge gemäß Tabelle 30.4 erhoben. Diese Stichprobe hat eine Sequenz (runs) von 8, da achtmal gleiche (positive bzw. negative) Werte aufeinander folgen.

Tabelle 30.4. Beispiel für acht Sequenzen bei einem Stichprobenumfang von 20

++	- - -	+	- -	+ + + +	-	+ + +	- - - -
1	2	3	4	5	6	7	8

Wären die Merkmalswerte „+" bzw. „-" z.B. Zahl bzw. Wappen bei 20 aufeinander folgenden Würfen mit einer Münze, so kann die Sequenz der Stichprobe Hinweise hinsichtlich der „Fairness" der Münze geben, die durch Feststellung einer „Wappen-Quote" in der Stichprobe von ca. 50 % verdeckt bleiben würde. Die Erfassung von Sequenzen beschränkt sich nicht auf schon im Stadium der Messung dichotomer Variablen, da Messwerte von Variablen in dichotome verwandelt werden können, indem festgehalten wird, ob die Messwerte kleiner oder größer als ein bestimmter Messwert (z.B. der Median) sind.

Die Stichprobenverteilung der Anzahl von Sequenzen (= Prüfgröße) kann berechnet werden. Für große Stichproben (kleinste Fallanzahl der Binärvariablenwerte > 20) wird genutzt, dass die Prüfgröße approximativ standardnormalverteilt ist. Für kleine Stichproben sollte man exakte Signifikanzwerte berechnen (⇨ „Exakte Tests" in Kap. 30.1 und Kap. 36) oder tabellierte Prüfverteilungen nutzen (zu finden im Anhang von Lehrbüchern).

Beispiel. Es soll getestet werden, ob die Stichprobe für die Wahlprognose (Datei WAHLEN2.SAV, ⇨ Kap. 30.2.1) zufällig ist. Als Testvariable wird die Variable ALTER gewählt. Nach Öffnen der Datei WAHLEN2.SAV gehen wir weitgehend wie in Kap. 30.2.1 vor:[13]

Auf der Registerkarte „Variablen" (⇨ Abb. 30.2) übertragen wir die Testvariable ALTER in „Testvariable:". Sollen für weitere Variablen Tests durchgeführt werden, so sind auch diese zu übertragen.

Auf der Registerkarte „Einstellungen" (⇨ Abb. 30.3) wählen wir „Tests anpassen" und „Sequenz auf Zufälligkeit überprüfen (Sequenztest)".

Die Einstellungen zu „Testoptionen" und „Benutzerdefiniert fehlende Werte" auf der Registerkarte „Einstellungen" belassen wir (⇨ Abb. 30.5).

[13] Es wird davon ausgegangen, dass Sie die Option „Benutzerdefinierte Feldzuweisungen" gewählt haben (⇨ „Vordefinierte Rollen" in Kap. 30.1 und Kap. 3).

Klicken auf die Schaltfläche „Optionen...“ öffnet die entsprechende Unterdialogbox (⇨ Abb. 30.12).

- Ist die Testvariable kategorial und dichotom (binär), so wählt man „Es sind nur zwei Kategorien in der Stichprobe vorhanden“. Ist sie kategorial aber nicht binär, so wählt man „Daten in zwei Kategorien umkodieren“ und gibt zum Dichotomisieren einen Variablenwert einer Kategorie in das Eingabefeld für „Wert“ ein.
- Ist die Testvariable metrisch wie in unserem Fall, so kann man als „Trennwert“ zum Dichotomisieren den „Stichprobenmedian“, den „Stichprobenmittelwert“ oder einen eigenen Wert („Benutzerdefiniert“) angeben. Wir wählen „Stichprobenmedian“. Dadurch erhält die Variable ALTER zur Ermittlung der Sequenz nur zwei Merkmalsausprägungen: kleiner als der Median und größer bzw. gleich dem Median.

Klicken von „Ausführen“ startet die Berechnung.

In Abb. 30.13 a) und b) ist das Ergebnis des Tests zu sehen. Das Ergebnis im Ausgabefenster zeigt an, dass H_0 abgelehnt wird. Doppelklicken darauf öffnet die Modellansicht. In Abb. 30.13 b) links wird in einer Grafik veranschaulicht, dass die Anzahl der Sequenzen in der Stichprobe deutlich unterhalb der für H_0 zu erwartenden Verteilung liegt. Bei einem Stichprobenumfang in Höhe von 529 werden 158 Sequenzen (= Prüfgößenwert) ermittelt. Der Median beträgt 51 Jahre. Die standardisierte Prüfgröße beträgt -9,354. Bei Verwenden der Standardnormalverteilung als (approximative) Prüfverteilung ergibt sich eine zweiseitige „Sig“-Wahrscheinlichkeit in Höhe von 0,000 [$P(z \leq -9{,}354) = 0{,}000$]. Die Anzahl der Sequenzen ist derart niedrig, dass die H_0-Hypothese (die Reihenfolge der Befragten ist zufällig) abgelehnt wird (wegen Irrtumswahrscheinlichkeit $\alpha = 0{,}05 > 0{,}000$).

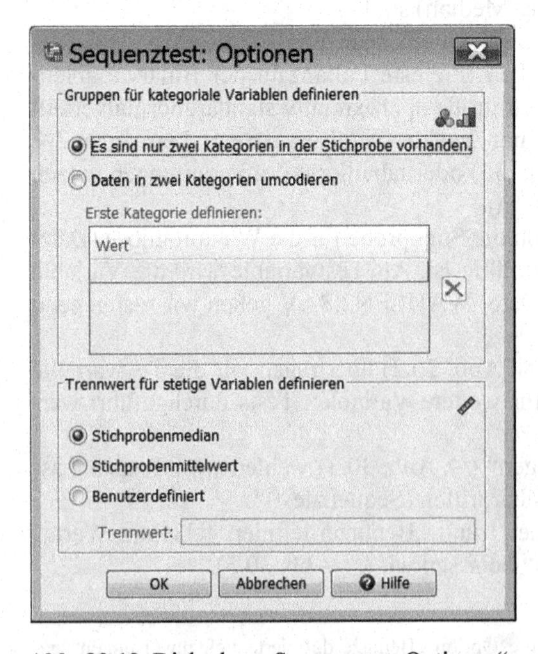

Abb. 30.12. Dialogbox „Sequenztest. Optionen“

a) Im Ausgabefenster

Hypothesentestübersicht

	Nullhypothese	Test	Sig.	Entscheidung
1	Die Sequenz der mit Alter<= 51 und >51 definierten Werte ist zufällig.	Sequenztest bei einer Stichprobe	,000	Nullhypothese ablehnen

Asymptotische Signifikanzen werden angezeigt. Das Signifikanzniveau ist ,05.

b) In der Modellansicht („Stichproben-Testansicht")

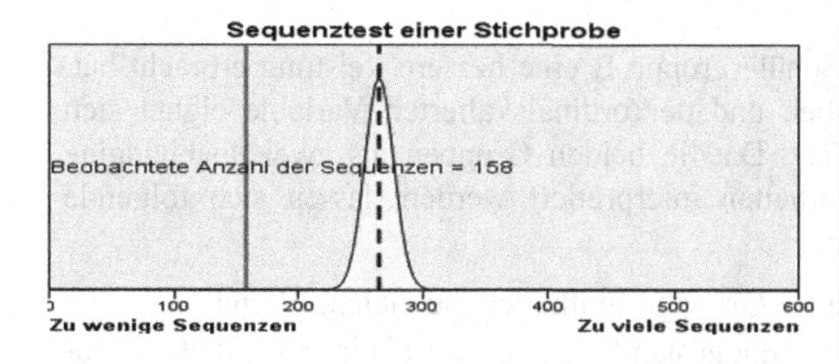

Gesamtanzahl	529
Teststatistik	158,000
Standardfehler	11,487
Standardisierte Teststatistik	-9,354
Asymptotische Sig. (zweiseitiger Test)	,000

Abb. 30.13. Ergebnis des Sequenz-Tests

30.3 Tests für 2 unabhängige Stichproben

Die folgenden Tests prüfen, ob eine Variable in zwei unabhängigen Stichproben aus der gleichen Grundgesamtheit (H_0) stammt oder nicht (H_1). Sie unterscheiden sich darin, dass sie sich hinsichtlich möglicher Unterschiede auf verschiedene Aspekte der Verteilungen beziehen. Die Tests können zu unterschiedlichen Ergebnissen führen.

Der in Kap. 30.4.3 behandelte Median-Test kann auch für 2 Stichproben angewendet werden.

Der zu untersuchende SPSS-Datensatz hat n Zeilen (= Fälle) mit zwei Variablen: der Testvariable und einer nominalskalierten Variable mit 2 Kategorien (= Gruppenvariable).

30.3.1 Mann-Whitney U-Test

Dieser Test ist eine Alternative zum parametrischen t-Test zur Prüfung, ob ein Unterschied zwischen zwei Mittelwerten von Verteilungen besteht (Unterschied in zentraler Lage), wenn die Voraussetzungen für den t-Test nicht erfüllt sind (Verteilungen nicht normalverteilt mit gleicher Varianz).

Der Test prüft auf Unterschiede hinsichtlich der zentralen Lage von Verteilungen. Voraussetzung für den Mann-Whitney-Test ist, dass die getestete Variable mindestens ordinalskaliert ist. Bei dem Test werden nicht die Messwerte der Variablen, sondern deren Rangplätze zugrunde gelegt.

An einem Beispiel sei das Test-Verfahren zunächst erläutert. Es werden zwei Schülergruppen A und B eines Jahrgangs mit unterschiedlichen Methoden in Mathematik unterrichtet. Schülergruppe B mit $n_1 = 5$ Schülern wird mit einer neuen Methode und die Kontroll-Schülergruppe A mit $n_2 = 4$ Schülern mit der herkömmlichen Methode unterrichtet. Zum Abschluss des Experiments werden Klausuren geschrieben. In der Tabelle 30.3 sind die Ergebnisse für beide Gruppen in erreichten Punkten aufgeführt.

Tabelle 30.3. Erreichte Leistungsergebnisse für zwei Testgruppen

A	21	14	10	24	
B	17	22	18	23	26

Geprüft werden soll, ob die Schülergruppe B eine bessere Leistung erbracht hat. Wegen der kleinen Stichproben und der ordinalskalierten Variable eignet sich hierfür der Mann-Whitney-Test. Da die beiden Gruppen als zwei unabhängige Stichproben aus Grundgesamtheiten interpretiert werden, lassen sich folgende Hypothesen gegenüberstellen:

- ❑ H_0: Die Variable hat in beiden Grundgesamtheiten die gleiche Verteilung.
- ❑ H_1: Die Variable ist in der Grundgesamtheit B größer als in A (einseitige Fragestellung).

Zur Prüfung der Nullhypothese werden die Messwerte beider Stichproben (in aufsteigender Reihenfolge) in eine gemeinsame Rangordnung bei Aufzeichnung der Gruppenherkunft gebracht (⇨ Tabelle 30.4). Aus der Reihenfolge von Werten aus den beiden Gruppen wird eine Prüfgröße U nach folgendem Verfahren ermittelt: Es wird zunächst gezählt, wie viele Messwerte aus der Gruppe A vor jedem Messwert aus der Gruppe B liegen. U ist die Anzahl der Messwerte aus der Gruppe A, die insgesamt vor den Messwerten der Gruppe B liegen. Vor dem Messwert 17 der Gruppe B liegen 2 der Gruppe A. Für den Messwert 18 der Gruppe B gilt gleiches. Vor dem Messwert 22 der Gruppe B liegen drei Messwerte der Gruppe A usw. Durch Addition erhält man die Prüfgröße

$$U = 2 + 2 + 3 + 3 + 4 = 14. \tag{30.2}$$

Tabelle 30.4. Rangordnung der Leistungsergebnisse

Messwerte	10	14	17	18	21	22	23	24	26
Gruppe	A	A	B	B	A	B	B	A	B
Rangziffer	1	2	3	4	5	6	7	8	9

Nach gleichem Schema kann gezählt werden wie viele Messwerte der Gruppe B vor den Messwerten der Gruppe A liegen. Es ergibt sich

$$U' = 0 + 0 + 2 + 4 = 6. \tag{30.3}$$

Wegen $U' = n_1 * n_2 - U$ und $U = n_1 * n_2 - U'$ lässt sich der eine Wert aus dem des anderen leicht ermitteln. Der mögliche untere Grenzwert für U ist 0: alle Werte von A liegen vor den Werten von B. Insofern sprechen große Werte von U für die Ablehnung der Hypothese H_0. Die Stichprobenverteilung von U ist unter der Hypothese H_0 berechenbar. Für sehr kleine Stichproben ($n_1, n_2 < 8$) gibt es Tabellen (im Anhang von Lehrbüchern zu nicht parametrischen Tests). Aus diesen kann man die Wahrscheinlichkeit (für H_0 ein U gleich/kleiner als das empirisch bestimmte U zu erhalten) entnehmen.

Für unser Beispiel mit $n_1 = 4$, $n_2 = 5$ und U = 14 ergibt sich eine einseitige Wahrscheinlichkeit von P = 0,2063. Wenn das Signifikanzniveau auf $\alpha = 0{,}05$ festgelegt wird, kann die Hypothese H_0 nicht abgelehnt werden, da 0,2063 > 0,05 ist.

Für große Stichproben ist die standardisierte Testgröße U approximativ standardnormalverteilt. Für kleine Stichproben wird auch die exakte Signifikanz berechnet bzw. kann mit Hilfe von Exact Tests (⇨ „Exakte Tests" in Kap. 30.1 und Kap. 36) berechnet werden.

Von *Wilcoxon* ist für gleiche Anwendungsbedingungen ein äquivalenter Test vorgeschlagen worden (rank-sum test). Der Test von Wilcoxon ordnet ebenfalls die Werte der zusammengefassten Stichproben nach der Größe. Dann werden Rangziffern vergeben: der kleinste Wert erhält die Rangziffer 1 der nächstgrößte die Rangziffer 2 usw. (⇨ Tabelle 30.4). Schließlich werden für die Fälle einer jeden Gruppe die Rangziffern addiert. Wenn beide Gruppen die gleiche Verteilung haben, so sollten sie auch ähnliche Rangziffernsummen haben. Im obigen Beispiel ergibt sich für Gruppe A eine Rangsumme in Höhe von 16 und für B eine in Höhe von 29. Da die Rangziffernsummen in die Größen U bzw. U′ überführt werden können, führen beide Tests zum gleichen Ergebnis.
Nicht unproblematisch ist es, wenn Mitglieder der beiden Gruppen gleiche Messwerte haben (englisch *ties*). Wäre z.B. der größte Messwert der Gruppe B auch 24, so wären für diese Fälle zwei Rangfolgen (zuerst A oder zuerst B) möglich mit unterschiedlichen Ergebnissen für die Höhe von U. Diesen Sachverhalt muss das Testverfahren natürlich berücksichtigen. Im Fall gleicher Messwerte wird zur Ermittlung von Rangziffernsummen das arithmetische Mittel der Rangordnungsplätze als Rangziffer vergeben: z.B. würden beim Messwert 24 für beide Gruppen die Rangordnungsplätze 8 und 9 belegt werden und der Mittelwert 8,5 als Rangziffer zugeordnet.

Beispiel. Mittels Daten der Datei ALLBUS90.SAV soll geprüft werden, ob Männer und Frauen sich in der Bewertung eines „Seitensprungs" unterscheiden (H_1) oder nicht (H_0). Die Befragungen von Männern und Frauen können als zwei unabhängige Stichproben angesehen werden. Die Messwerte „1" bis „4" der ordinalskalierten Variable TREUE erfassen die Antworten „sehr schlimm" bis „gar nicht schlimm" auf die Frage nach der Bedeutung eines „Seitensprungs". Zum Testen der Hypothese mit dem Mann-Whitney U-Test gehen Sie nach Öffnen der Datei ALLBUS90.SAV wie folgt vor:[14]

▷ Klicken der Befehlsfolge „Analysieren", „Nicht parametrische Tests ▷", „Unabhängige Stichproben···" öffnet die entsprechende Dialogbox (⇨ Abb. 30.1).

[14] Es wird davon ausgegangen, dass Sie die Option „Benutzerdefinierte Feldzuweisungen" gewählt haben (⇨ „Vordefinierte Rollen" in Kap. 30.1 und Kap. 3). Die Vorgehensweise wird hier etwas verkürzt dargestellt (ausführlicher ⇨ Kap. 30.2.1).

▷ Registerkarte „Variablen“ (⇨ Abb. 30.14): Wir übertragen die Testvariable TREUE in das Eingabefeld „Testvariable:“ und die Variable GESCHL in „Gruppen:“.

▷ Wir wählen die Registerkarte „Einstellungen“. Sie wird in der Abbildung ausnahmsweise mit der englischsprachigen Oberfläche gezeigt, da auf der deutschen die Beschriftungen für zwei Tests fehlen (⇨ Abb. 30.15): Wir wählen Customize tests“ („Tests anpassen“) und „Mann-Whitney-U (2 samples)“.

Die Einstellungen zu „Testoptions“ und „User-Missing Values“ auf der Registerkarte „Einstellungen“ („Settings“) belassen wir (⇨ Abb. 30.5).

▷ Klicken von „Ausführen“ startet die Berechnung.

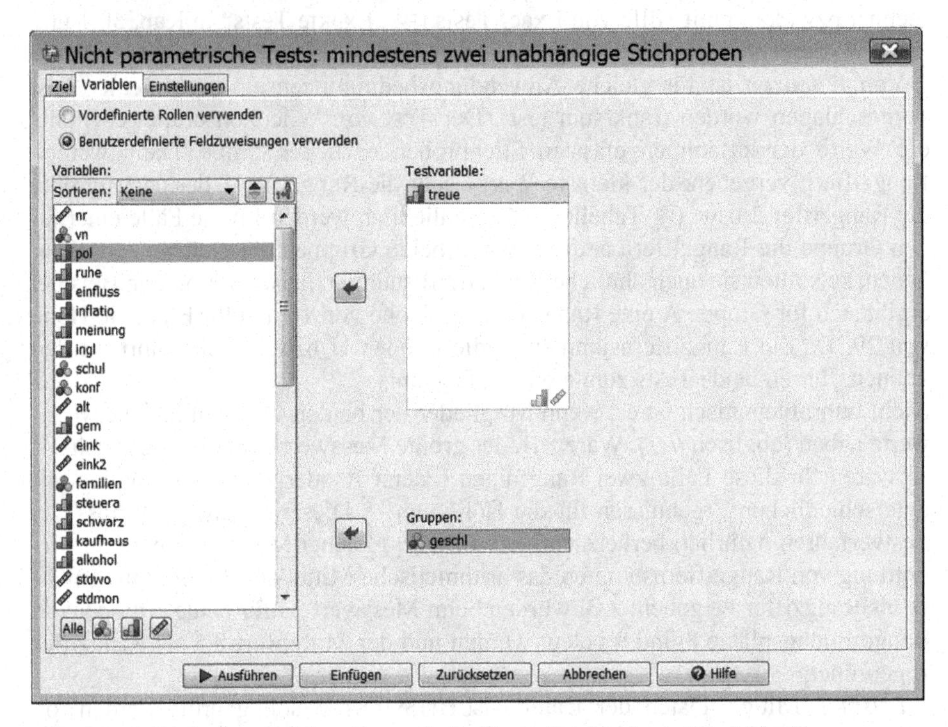

Abb. 30.14. Dialogbox „Nicht parametrische Tests: Registerkarte :Variablen”

Abb. 30.16 a) und b) zeigt die Ergebnisausgabe. Doppelklicken auf das Ergebnis im Ausgabefenster öffnet die Modellanzeige. In Balkendiagrammen werden die Häufigkeiten von TREUE angezeigt. Von insgesamt 153 gültigen Fällen gibt mit 74 männliche und 79 weibliche Befragte. „Mittlerer Rang“ zeigt für jede Gruppe die durchschnittliche Rangziffernsumme gemäß Wilcoxon an.

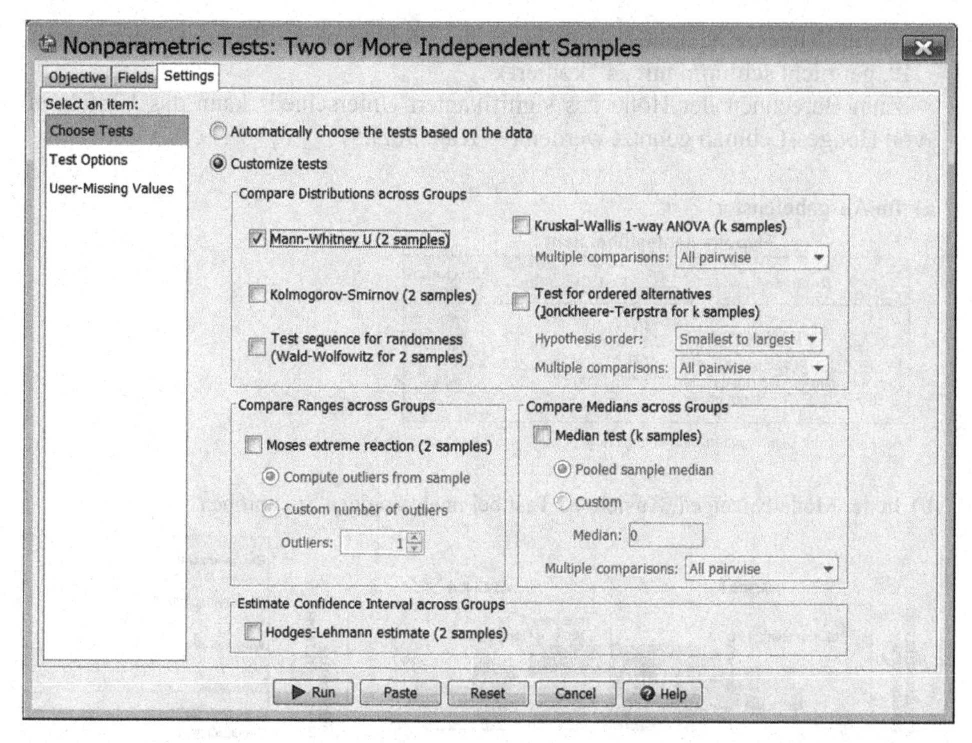

Abb. 30.15. Dialogbox „Nicht parametrische Tests: Registerkarte "Einstellungen" (Settings) für "Test auswählen" ("Choose Tests")"

„Mann-Whitney-U" (= 2234,5) ist die Prüfgröße des Tests. „Wilcoxon-W" = 5394,5 die entsprechende Rangziffernsumme. Dafür ist die Gruppe mit dem kleinsten Kodierungswert der Gruppenvariable (hier 1 = männlich) die „Kontrollgruppe").

Da für große Stichproben ($n_1 + n_2 \geq 30$) die Verteilung der Prüfgröße U durch eine Standardnormalverteilung approximiert werden kann, wird mit z = -2,609 der standardisierte empirische Prüfgrößenwert angegeben. Dem z-Wert entspricht die zweiseitige Wahrscheinlichkeit von 0,009 [P ≤ -2,609) = 0,0045]. Der in der „Hypothesentestübersicht" angegebene Wert für „Sig" in Höhe von 9,000 ist falsch (richtig: 0,009).

Da diese Wahrscheinlichkeit kleiner ist als ein für den Test angenommenes 5-%- Signifikanzniveau ($\alpha = 0{,}05$), wird die H_0-Hypothese einer gleichen zentralen Tendenz beider Verteilung abgelehnt. Die Einstellung von Männer und Frauen ist demnach verschieden.

Der Test kann auch für die einseitige Fragestellung (H_1-Hypothese: Frauen bewerten einen Seitensprung als schlimmer als Männer) angewendet werden. Da für den asymptotischen Test die Standardnormalverteilung verwendet wird, kann für den einseitigen Test der zweiseitige Signifikanzwert halbiert werden (= 0,0045).

Entsprechend der H_1-Hypothese für einen einseitigen Test ist die durchschnittliche Rangziffernsumme für Frauen kleiner als die für Männer. Kleinere Rangziffern implizieren eine höhere Ablehnung eines Seitensprungs (sehr schlimm ist mit „1“, gar nicht schlimm mit „4“ kodiert).

Zum Berechnen der Höhe des signifikanten Unterschieds kann das Verfahren von Hodges-Lehman genutzt werden (⇨ Kap. 30.3.5).

a) Im Ausgabefenster

Hypothesentestübersicht

	Nullhypothese	Test	Sig.	Entscheidung
1	Die Verteilung von VERHALTENSBEURTEILUNG: SEITENSPRUNG ist über die Kategorien von GESCHLECHT, BEFRAGTE<R> identisch.	Mann-Whitney-U-Test bei unabhängigen Stichproben	9,000	Nullhypothese ablehnen

Asymptotische Signifikanzen werden angezeigt. Das Signifikanzniveau ist ,05.

b) In der Modellanzeige („Ansicht zu Test bei unabhängigen Stichproben“)

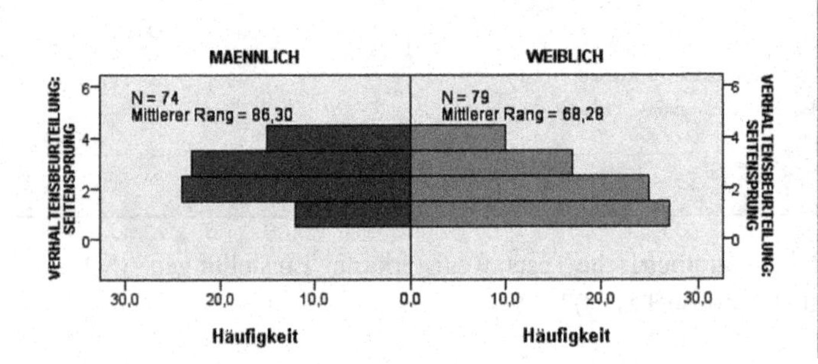

Gesamtanzahl	153
Mann-Whitney-U	2.234,500
Wilcoxon-W	5.394,500
Teststatistik	2.234,500
Standardfehler	263,916
Standardisierte Teststatistik	-2,609
Asymptotische Sig. (zweiseitiger Test)	,009

Abb. 30.16. Ergebnis des Mann-Whitney U-Tests

30.3.2 Kolmogorov-Smirnov Z-Test

Dieser Test hat die gleichen Anwendungsvoraussetzungen wie der Mann-Whitney U-Test: zwei unabhängige Zufallsstichproben und das Messniveau der Variable ist mindestens ordinalskaliert.

Im Vergleich zum Mann-Whitney U-Test prüft der Test jegliche Abweichungen der Verteilungen (zentrale Lage, Streuung etc.; deshalb auch *Omnibus*-Test genannt). Soll lediglich geprüft werden, ob sich die zentrale Lage der Verteilungen unterscheidet, so sollte der Mann-Whitney U-Test bevorzugt werden.

Analog zum Kolmogorov-Smirnov-Test für den 1-Stichprobenfall (⇨ Kap. 30.2.3) basiert die Prüfgröße auf der maximalen absoluten Differenz ($|D|_{max}$) zwischen den kumulierten relativen Häufigkeiten der beiden Stichprobenverteilungen. Wenn die Hypothese H_0 gilt (die Verteilungen unterscheiden sich nicht) so kann man erwarten, dass die kumulierten relativen Häufigkeiten beider Verteilungen nicht stark voneinander abweichen. Ist $|D|_{max}$ größer als unter der Hypothese H_0 zu erwarten ist, so wird H_0 abgelehnt.

Bei kleinen Stichproben sollte man den exakten Test nutzen (⇨ „Exakte Tests“ in Kap. 30.1 und Kap. 36).

Beispiel. Wie im Anwendungsbeispiel zum Mann-Whitney-U-Test soll geprüft werden, ob Männer und Frauen sich in ihrer Einstellung zur Treue unterscheiden (Datei ALLBUS90.SAV, Testvariable TREUE, Gruppenvariable GESCHL).

Zur Anwendung des Kolmogorov-Smirnov Z-Tests im 2-Stichprobenfall wird analog zur Durchführung des Mann-Whitney U-Tests (⇨ Kap. 30.3.1) vorgegangen, aber „Kolmogorov-Smirnov Z-Test (2 Stichproben)“ gewählt.[15]

Abb. 30.17 zeigt die Ergebnisausgaben des Tests. In einer Grafik wird die Häufigkeitsverteilung der Testvariable TREUE dargestellt, untergliedert nach dem Geschlecht (⇨ Abb. 30.17 b) links). Als größte absolute Differenz $|D_{max}|$ der Abweichungen der kumulierten Häufigkeiten beider Verteilungen wird 0,180 ausgewiesen. Aus der Differenz ergibt sich nach Kolmogorov und Smirnov gemäß Gleichung 30.4 für die Prüfgröße $Z_{KS} = 1{,}11$.

$$Z_{KS} = |D_{max}|\sqrt{\frac{n_1 n_2}{n_1 + n_2}} = 0{,}18\sqrt{\frac{74 * 79}{74 + 79}} = 1{,}11 \qquad (30.4)$$

Von Smirnov sind Tabellen entwickelt worden, in denen den z-Werten zweiseitige Wahrscheinlichkeiten zugeordnet sind. Dem Wert z = 1,11 entspricht die zweiseitige Wahrscheinlichkeit 0,17. Der im Ausgabefenster („Hypothesentestübersicht“) abgegebene Wert in Höhe von 170 ist falsch (richtig: 0,17).

Eine maximale absolute Differenz gemäß der bestehenden kann demnach mit einer Wahrscheinlichkeit von 17 % auftreten. Legt man das Signifikanzniveau auf $\alpha = 0{,}05$ fest, so kann wegen 0,17 > 0,05 die Hypothese H_0 (es gibt keinen Unterschied in der Einstellung zur Treue) nicht abgelehnt werden.

Führt man aber einen exakten Test mit dem Monte Carlo-Verfahren durch, so ergibt sich eine (2-seitige) Signifikanz = 0,038 (⇨ Tabelle 30.17 c). Demgemäß würde die Hypothese H_0 abgelehnt werden. Hier zeigt sich, dass man nicht immer auf die Ergebnisse asymptotischer Tests vertrauen kann.

a) Im Ausgabefenster

Hypothesentestübersicht

	Nullhypothese	Test	Sig.	Entscheidung
1	Die Verteilung von VERHALTENSBEURTEILUNG: SEITENSPRUNG ist über die Kategorien von GESCHLECHT, BEFRAGTE<R> identisch.	Kolmogorov-Smirnov-Test bei unabhängigen Stichproben	170,000	Nullhypothese beibehalten

Asymptotische Signifikanzen werden angezeigt. Das Signifikanzniveau ist ,05.

[15] Es wird davon ausgegangen, dass Sie die Option „Benutzerdefinierte Feldzuweisungen“ gewählt haben (⇨ „Vordefinierte Rollen“ in Kap. 30.1 und Kap. 3). Die Vorgehensweise wird hier etwas verkürzt dargestellt (ausführlicher ⇨ Kap. 30.2.1).

b) In der Modellanzeige („Ansicht zu Test bei unabhängigen Stichproben“)

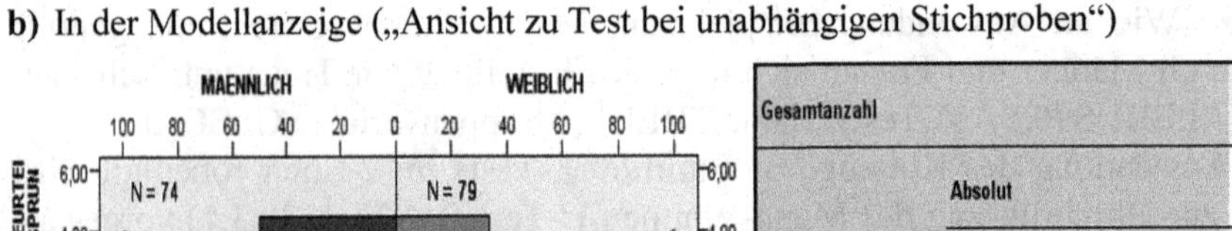

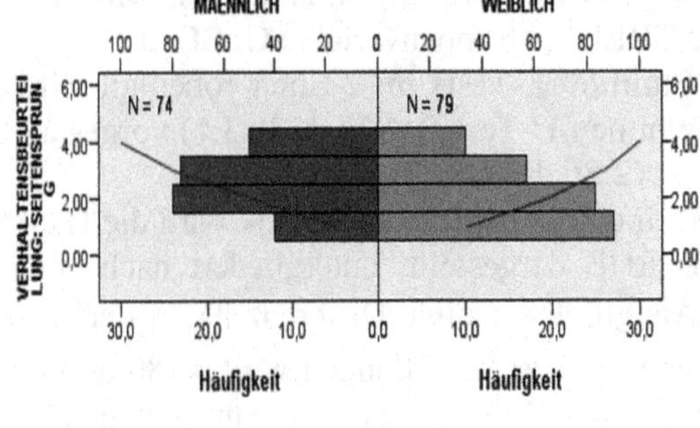

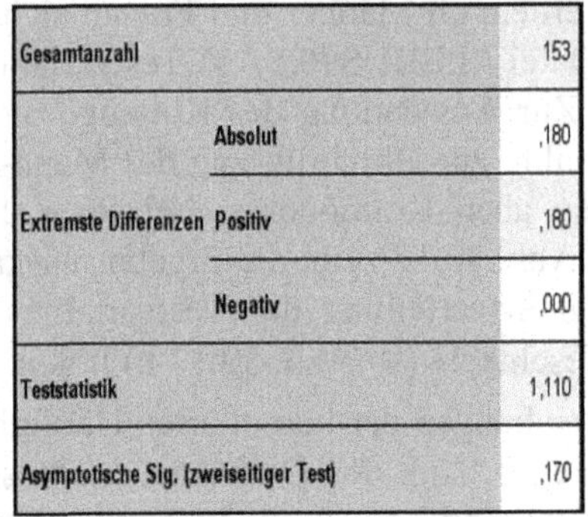

Gesamtanzahl		153
Extremste Differenzen	Absolut	,180
	Positiv	,180
	Negativ	,000
Teststatistik		1,110
Asymptotische Sig. (zweiseitiger Test)		,170

c) Exakter Test

Statistik für Test[a]

		treue
Extremste Differenzen	Absolut	,180
	Positiv	,180
	Negativ	,000
Kolmogorov-Smirnov-Z		1,110
Asymptotische Signifikanz (2-seitig)		,170
Exakte Signifikanz (2-seitig)		,038
Punkt-Wahrscheinlichkeit		,005

a. Gruppenvariable: geschl

Abb. 30.17. Ergebnis des Kolmogorov-Smirnov Z-Tests für zwei Stichproben

30.3.3 Wald-Wolfowitz-Test

Der Wald-Wolfowitz-Test testet die H_0-Hypothese - beide Stichproben stammen aus gleichen Grundgesamtheitsverteilungen - gegen die Hypothese verschiedener Verteilungen in jeglicher Form (zentrale Lage, die Streuung etc., deshalb auch *Omnibus*-Test genannt). Er ist insofern eine Alternative zum Kolmogorov-Smirnov Z-Test. Vorausgesetzt werden mindestens ein ordinales Skalenniveau sowie zwei unabhängige Stichproben. Der Test eignet sich aber nicht gut für Testvariable mit vielen gleichen Werten.

Analog zum Mann-Whitney U-Test (⇨ Kap. 30.3.1) werden die Messwerte beider Stichproben in eine gemeinsame aufsteigende Rangordnung gebracht, wobei mit dem kleinsten Wert begonnen wird. Dann wird, analog zum Sequenz-Test für eine Stichprobe (⇨ Kap. 30.2.5), die Anzahl der Sequenzen gezählt (= Prüfgröße). Es handelt sich also um einen Sequenz-Test in Anwendung auf den 2-Stichprobenfall.

Am Beispiel zur Erläuterung des Mann-Whitney U-Tests (⇨ Tabelle 30.3) kann dieses gezeigt werden. Die Anzahl der Sequenzen beträgt 6 (⇨ Tabelle 30.5). Im Fall von Bindungen (gleiche Messwerte in beiden Gruppen) wird der Mittelwert der Ränge gebildet.

Tabelle 30.5. Beispiel zur Ermittlung von Sequenzen

Messwerte	10	14	17	18	21	22	23	24	26
Gruppe	A	A	B	B	A	B	B	A	B
Sequenz	1.	1.	2.	2.	3.	4.	4.	5.	6.

Für kleine Stichprobengrößen (n_1, $n_2 < 20$) wird ein einseitiges exaktes Signifikanzniveau berechnet. Für große Stichproben wird genutzt, dass die Prüfvariable asymptotisch eine Standardnormalverteilung hat.

Beispiel. Das in Kap. 30.3.1 genutzte Beispiel zu Einstellung zur Treue eignet sich nicht für den Test, weil die Variable TREUE nur vier Werte hat und es deshalb zu viele Bindungen (englisch *ties*) gibt.

Es wird das obige Datenbeispiel genommen (⇨ Tabellen 30.3 und 30.5, Datei MATHE.SAV mit den Variablen PUNKTE und METHODE).
Die Vorgehensweise entspricht der in Kap. 30.3.1 erläuterten.[16] Nach Öffnen der Datei MATHE.SAV wird im Unterschied dazu auf der Registerkarte „Variablen“ (⇨ Abb. 30.14) die Testvariable PUNKTE und die Gruppenvariable METHODE übertragen, auf der Registerkarte „Einstellungen“ („Settings“) (⇨ Abb. 30.15) wird der Test „Sequenz auf Zufälligkeit überprüfen (Wald-Wolfowitz-Test für zwei Stichproben)“ gewählt.

In Tabelle 30.18 a) und b) ist die Ergebnisausgabe zu sehen. Abb. 30.18 a) zeigt das Ergebnis als Modellobjekt im Ausgabefenster. Die Hypothese H_0 (kein Unterschied in den Lehrmethoden) wird beibehalten. In Abb. 30.18 b) links (erhält man durch Doppelmausklick auf das Modellobjekt) wird die Häufigkeitsverteilung von PUNKTE vergleichend gegenübergestellt. In Abb. 30.18 b) rechts wird die Fallzahl beider Gruppen („Gesamtanzahl“ = 9), die Prüfgröße („Teststatistik“ = 6) sowie die standardisierte Teststatistik (z = 0,763) angeführt. Neben der asymptotischen „Sig“-Wahrscheinlichkeit (0,777) wird (wegen kleiner Stichprobe) auch die exakte zweiseitige angezeigt (0,786). Der in der „Hypothesentestübersicht“ angegebene Wert für „Sig.“ in Höhe von 786 ist falsch (richtig: 0,786).

Da „Exakte Sig. (zweiseitiger Test)“ mit 0,786 größer ist als α =0,05, wird H_0 (kein Unterschied in den Mathematik-Lehrmethoden) beibehalten.

a) Im Ausgabefenster

Hypothesentestübersicht

	Nullhypothese	Test	Sig.	Entscheidung
1	Die Verteilung von punkte ist über die Kategorien von methode identisch.	Wald-Wolfowitz-Sequenztest bei unabhängigen Stichproben	786,000[1]	Nullhypothese beibehalten

Asymptotische Signifikanzen werden angezeigt. Das Signifikanzniveau ist ,05.

[1]Für diesen Test wird die exakte Signifikanz angezeigt.

[16] Es wird davon ausgegangen, dass Sie die Option „Benutzerdefinierte Feldzuweisungen“ gewählt haben (⇨ „Vordefinierte Rollen“ in Kap. 30.1 und Kap. 3). Die Vorgehensweise wird hier etwas verkürzt dargestellt (ausführlicher ⇨ Kap. 30.2.1).

b) Im Modellanzeigefenster („Ansicht zu Test unabhängiger Stichproben“)

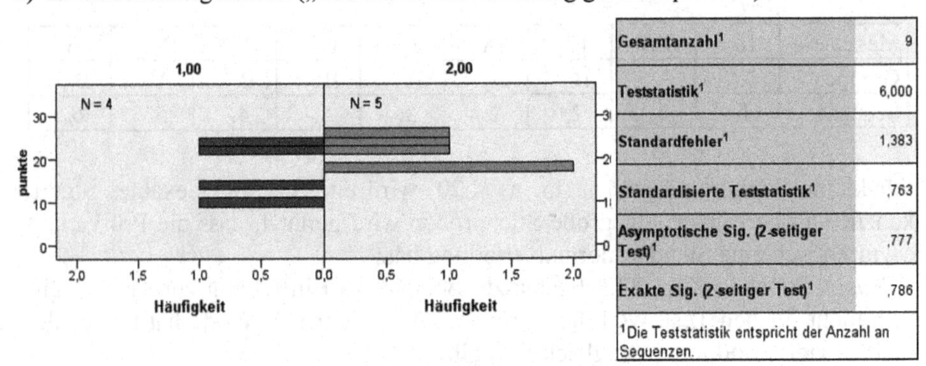

Gesamtanzahl[1]	9
Teststatistik[1]	6,000
Standardfehler[1]	1,383
Standardisierte Teststatistik[1]	,763
Asymptotische Sig. (2-seitiger Test)[1]	,777
Exakte Sig. (2-seitiger Test)[1]	,786

[1] Die Teststatistik entspricht der Anzahl an Sequenzen.

Abb. 30.18. Ergebnis des Wald-Wolfowitz-Tests

30.3.4 Moses-Test bei extremer Reaktion

Auch dieser Test prüft für eine mindestens ordinalskalierte Variable die Hypothese, ob beide Stichproben aus einer gleichen Grundgesamtheitsverteilung stammen (H_0) oder nicht (H_1). Hier richtet sich das Interesse aber auf eventuelle Unterschiede an den Rändern der Verteilung und damit auf Unterschiede in der Streuung. Daher eignet sich dieser Test insbesondere dann, wenn man bei experimentellen Studien erwartet, dass unter bestimmten Testbedingungen manche Personen stark in einer Weise und andere Personen stark in einer entgegengesetzten Weise reagieren, die zentrale Tendenz der Verteilung aber eventuell unberührt bleibt. Ein Test wie der von Mann-Whitney zur Prüfung auf unterschiedliche zentrale Tendenz wäre nicht geeignet, die Unterschiede zu erkennen. Insofern kann der Test auch als Ergänzung zu dem von Mann-Whitney verwendet werden.

Die Messwerte von zwei Vergleichsgruppen A und B (z.B. Kontroll- und Experimentgruppe) werden in eine gemeinsame aufsteigende Rangfolge gebracht und erhalten Rangziffern. Bei Bindungen wird der Durchschnitt der Ränge als Rangziffern vergeben. Unter der H_0-Hypothese (die Stichproben A und B kommen aus gleichen Grundgesamtheiten) kann man erwarten, dass sich die Messwerte der beiden Gruppen gut mischen. Unter der Hypothese H_1 (die Stichproben stammen aus unterschiedlichen Grundgesamtheiten bzw. unter den Testbedingungen haben die Testpersonen reagiert) kann man für die Experimentgruppe sowohl relativ mehr höhere als auch niedrigere Messwerte erwarten. Der Test von Moses prüft, ob sich die Spannweite der (gemeinsamen) Rangziffern (höchste minus kleinste plus eins) der Probanten der Kontrollgruppe (= Prüfgröße) von der der Experimentgruppe unterscheidet. Es wird die exakte einseitige Wahrscheinlichkeit berechnet.

Da der Test sensitiv auf Ausreißer reagiert, sollte dies berücksichtigt werden.

Beispiel. Es soll geprüft werden, ob sich die Einstellung zur Treue (hinsichtlich ihrer Streuung) bei jungen (18-29-jährige) und älteren (über 59-jährige) Befragten unterscheidet (Datei ALLBUS90.SAV). Vermutet wird, dass bei älteren eine höhere Streuung in der Einstellung zur Treue besteht (H_1-Hypothese). Testvariable ist TREUE und ALT5 ist die Altersgruppenvariable.

Zur Durchführung des Tests gehen wir wie in Kap. 30.3.1 erläutert vor.[17] Wie dort wird auf der Registerkarte „Variablen“ die Variable TREUE in „Testfelder“ und im Unterschied dazu die Variable ALT5 in „Gruppen“ übertragen (⇨ Abb. 30.14).

Auf der Registerkarte „Einstellungen“ („Settings“) (⇨ Abb. 30.15) wählen wir „Test auf Extremreaktionen nach Moses“. Optional kann gewählt werden in welcher Form Ausreißer berücksichtigt werden sollen. Wir wählen „Ausreißer aus Stichprobe berechnen“ (⇨ Abb. 30.19).

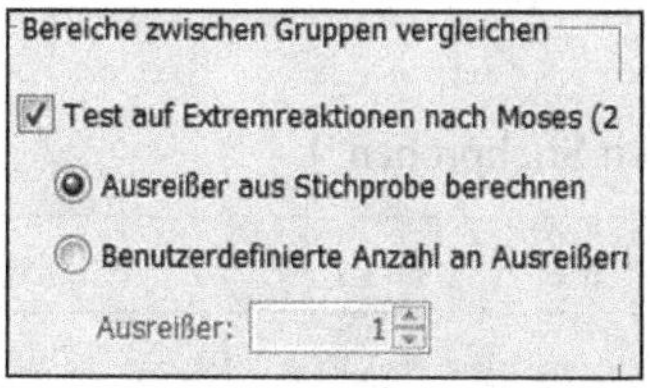

Bereiche zwischen Gruppen vergleichen
Test auf Extremreaktionen nach Moses (2
Ausreißer aus Stichprobe berechnen
Benutzerdefinierte Anzahl an Ausreißern
Ausreißer: 1

Abb. 30.19. Dialogbox Nicht parametrische Tests: mindesten zwei unabhängige Stichproben (Registerkarte „Einstellungen“ mit Element „Test auswählen“), Ausschnitt

Abb. 30.20 a) und b) zeigt die Ergebnisausgabe. Die Modellanzeige wird durch Doppelklicken auf das Modellobjekt im Ausgabefenster geöffnet. In einem gruppierten Boxplot (⇨ Kap. 32.13) wird der Median und die Streuung der Messwerte beider Gruppen einander vergleichend gegenübergestellt. Der Median von TREUE ist bei den >59jährigen kleiner als bei den 18-29jährigen[18] und die Streuung größer (die Kastenlänge eines Boxplots entspricht dem mittleren Quartilsabstand).

Es wird das exakte Signifikanzniveau für die einseitige Fragestellung berechnet. Die Spannweite und das Signifikanzniveau wird auch bei Ausschluss von Extremwerten bzw. Ausreißern („getrimmte Kontrollgruppe“) aufgeführt. Als Testergebnis kann festgehalten werden, dass die H_1-Hypothese (die Messwerte der Variable TREUE der >59Jährigen haben eine höhere Streuung als die der 18-29jährigen) angenommen wird, da der Wert von „Signifikanz“ (0,00 bzw. 0,021) kleiner ist als ein vorgegebenes Signifikanzniveau von z.B. 5 % ($\alpha = 0{,}05$). Der in der Hypothesentestübersicht angegebene Wert in Höhe von 21 ist falsch (richtig: 0,21).

[17] Es wird davon ausgegangen, dass Sie die Option „Benutzerdefinierte Feldzuweisungen“ gewählt haben (⇨ „Vordefinierte Rollen“ in Kap. 30.1 und Kap. 3). Die Vorgehensweise wird hier etwas verkürzt dargestellt (ausführlicher ⇨ Kap. 30.2.1).

[18] Der Messwert 1 von TREUE steht für „sehr schlimm“ und 4 für „gar nicht schlimm“.

a) Im Ausgabefenster

Hypothesentestübersicht

	Nullhypothese	Test	Sig.	Entscheidung
1	Der Bereich von VERHALTENSBEURTEILUNG: SEITENSPRUNG ist über die Kategorien von Alter identisch.	Test der Extremreaktionen nach Moses bei unabhängigen Stichproben	21,000[1]	Nullhypothese ablehnen

Asymptotische Signifikanzen werden angezeigt. Das Signifikanzniveau ist ,05.

[1] Für diesen Test wird die exakte Signifikanz angezeigt.

b) In der Modellanzeige („Ansicht zu Test bei unabhängigen Stichproben")

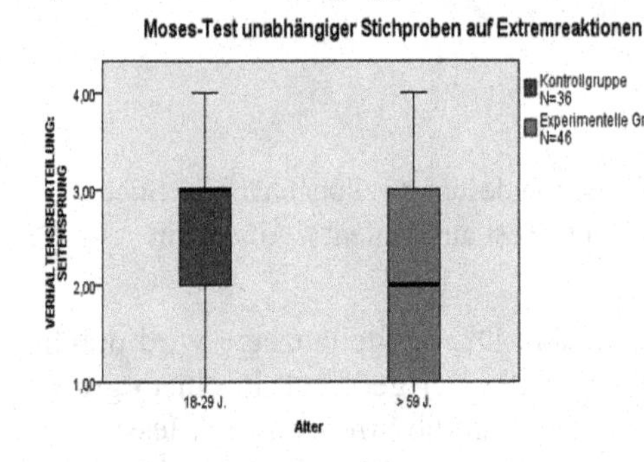

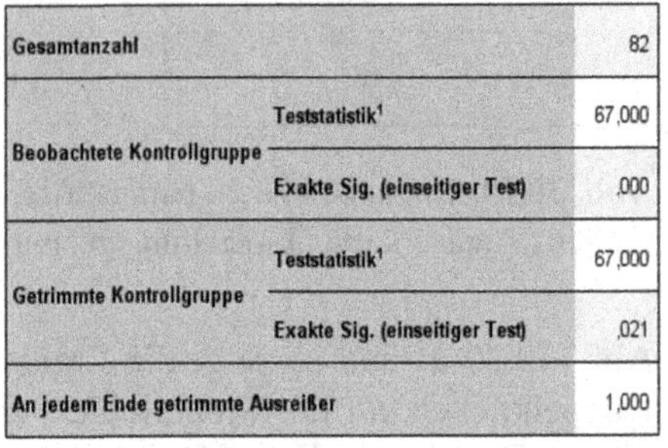

Gesamtanzahl		82
Beobachtete Kontrollgruppe	Teststatistik[1]	67,000
	Exakte Sig. (einseitiger Test)	,000
Getrimmte Kontrollgruppe	Teststatistik[1]	67,000
	Exakte Sig. (einseitiger Test)	,021
An jedem Ende getrimmte Ausreißer		1,000

[1] Die Teststatistik ist die Spannweite.

Abb. 30.20. Ergebnis des Moses-Tests

30.3.5 Hodges-Lehman-Schätzung für unabhängige Stichproben

Bei diesem nicht parametrischen Verfahren handelt es sich nicht um einen statistischen Test, sondern um die Ermittlung einer nicht parametrischen Punkt- und Bereichsschätzung für die Differenz einer Variablen X, die aus zwei unabhängigen Stichproben stammt ($\Delta = X_B - X_A$). Vorausgesetzt wird, dass die Variable X symmetrische Verteilungen haben.

Ein Test wie der Mann-Whitney U-Test testet auf Signifikanz eines Unterschiedes (einer Differenz) der zentralen Lage von zwei Verteilungen. Offen bleibt dabei, ob eine signifikante Differenz auch so groß ist, dass sie von praktischem Interesse ist. Man sollte sich immer im Klaren sein, dass es auch vom Stichprobenumfang abhängt, ob in einem Test ein Unterschied als statistisch signifikant getestet wird oder nicht.

Mit dem Hodges-Lehmann-Schätzer wird die Höhe der Differenz Δ geschätzt. Mit dieser lässt sich bewerten, ob eine statistisch signifikante Differenz von praktischem Interesse ist. Ergänzt wird die Punktschätzung einer Differenz durch die Schätzung eines Konfidenzintervalls für die Differenz.

Im ersten Schritt zur Bestimmung des Hodges-Lehmann-Schätzers werden Differenzen $\Delta_{ij} = x_{Bi} - x_{Aj}$ derart gebildet, dass von jedem Wert von x_{Bi} jeder Wert von x_{Aj} abgezogen wird. Bei m Messwerten von x_B und n von x_A ergeben sich m*n Differenzen. Im zweiten Schritt werden diese Differenzen nach der Größe in aufsteigender Reihenfolge geordnet. Im dritten Schritt wird der Median dieser Differenzenreihe als Punktschätzer für die Differenz der Variable beider Grundgesamtheiten bestimmt. Der Hodges-Lehman-Schätzer ist ein Schätzwert für die Differenz der Mediane der Grundgesamtheiten aus der die Stichproben stammen.

Am Beispiel der im Mann-Whitney U-Test verwendeten Daten zu Klausurergebnissen soll das Verfahren erläutert werden (Tabelle 30.3 in Kap. 30.3.1). Die erste Differenz ergibt sich als $\Delta_{11} = x_{B1} - x_{A1} = 17 - 21 = -4$, die zweite als $\Delta_{12} = x_{B1} - x_{A2} = 17 - 14 = 3$, die dritte als $\Delta_{13} = x_{B1} - x_{A3} = 17 - 10 = 7$, die vierte als $\Delta_{14} = x_{B1} - x_{A4} = 17 - 24 = -7$, die fünfte als $\Delta_{21} = x_{B2} - x_{A1} = 22 - 21 = 1$ usw. Werden alle m*n = 5*4 = 20 Differenzen nach der Größe in eine Rangreihe 1 bis 20 geordnet, so ergibt sich folgende Rangreihe:

-7, -6, -5, -4, -3, -2, -1, 1, 2, <u>3, 4</u>, 5, 7, 8, 8, 9, 12, 12,13,16

Der Median ist der Mittelwert der Differenzen auf Rang 10 und 11: (3 +4)/2 = 3,5. Der Schätzwert der Differenz $\hat{\Delta}$ nach Hodges-Lehman beträgt also 3,5. Er ist der beste unverzerrte Schätzwert für die Differenz der Mediane beider Grundgesamtheiten.

Zur Berechnung eines Konfidenzintervalls (einer Bereichsschätzung) sei auf die Fachliteratur verwiesen [Lehmann (1975)].

Beispiel. Es soll geschätzt werden, wie groß der Unterschied in der Einstellung zur Treue zwischen jungen (18-29jährige) und älteren (> 59jährige) Befragten ist.

Nach Laden der Datei ALLBUS90.SAV gehen Sie weitgehend wie beim Mann-Whitney U-Test (⇨ Kap. 30.3.1) vor.[19]

Auf der Registerkarte „Variablen“ (⇨ Abb. 30.14) übertragen wir die Variable TREUE in Testfelder“ und die Variable ALT5 in „Gruppen“. Auf der Registerkarte „Einstellungen“ („Settings“ ⇨ Abb. 30.15) wählen wir „Test anpassen“ („ Cusromize tests) und „Hodges-Lehman-Schätzung (2 Stichproben)“.

In Abb. 30.21 ist das Ergebnis zu sehen. Auch in der Modellanzeige erscheint das gleiche Ergebnis. Der Schätzwert für die Differenz der Mediane der beiden Verteilungen beträgt 1. Das 95 %- Konfidenzintervall reicht von 0 bis 1, schließt als auch eine Differenz von 0 ein. Man muss hier wohl auch in der Bewertung des Ergebnisses einbeziehen, dass die Skala von TREUE nur von 1 („sehr schlimm“) bis 4 (gar nicht schlimm“) reicht.

Konfidenzintervallübersicht

Konfidenzintervalltyp	Parameter	Schätzung	95% Konfidenzintervall	
			Unterer	Oberer
Mediandifferenz unabhängiger Stichproben nach Hodges-Lehman	Differenz zwischen Medianen von VERHALTENSBEURTEILUNG: SEITENSPRUNG in Kategorien von GESCHLECHT, BEFRAGTE<R>.	,000	,000	1,000

Abb. 30.21. Ergebnis der Hodges-Lehman-Schätzung

[19] Es wird davon ausgegangen, dass Sie die Option „Benutzerdefinierte Feldzuweisungen“ gewählt haben (⇨ „Vordefinierte Rollen“ in Kap. 30.1 und Kap. 3). Die Vorgehensweise wird hier etwas verkürzt dargestellt (ausführlicher ⇨ Kap. 30.2.1).

30.4 Tests für k unabhängige Stichproben

30.4.1 Grundlegendes

Bei diesen Tests wird in Erweiterung der Fragestellung für den Fall von zwei unabhängigen Gruppen geprüft, ob es Unterschiede in den Verteilungen zwischen k Gruppen gibt (H_1) oder nicht (H_0). Die übliche parametrische Methode für eine derartige Fragestellung ist der F-Test der einfaktoriellen Varianzanalyse. Voraussetzung dafür ist, dass die Messwerte metrisch und unabhängig voneinander aus normalverteilten Grundgesamtheiten mit gleichen Varianzen stammen.

Wenn die untersuchte Variable ordinalskaliert ist oder die Annahme von Normalverteilungen fragwürdig ist, sind die folgenden nicht parametrischen Tests einsetzbar.

Der zu untersuchende SPSS-Datensatz hat n Zeilen (= Fälle) und zwei Variable: Die Testvariable und eine nominalskalierte Variable mit k Kategorien (= Gruppenvariable). Die Anzahl der Fälle je Gruppe kann unterschiedlich sein.

Wird H_0 wird abgelehnt, so wird damit nur offen gelegt, dass sich mindestens zwei Verteilungen der k Gruppen voneinander unterscheiden. Möchte man wissen, welche Verteilungen der k Gruppen sich unterscheiden, so muss man wie in der Varianzanalyse in einem weiteren Schritt der Analyse dies in Form von vergleichenden 2-Stichprobentests (post hoc Mehrfachvergleiche ⇨ Kap. 15.4 und 16.3) prüfen. Die vergleichenden 2-Stichprobentests sind nur dann zulässig, wenn für den Test auf Unterschiede in k Verteilungen (Gesamttest) die Hypothese H_0 abgelehnt wird.

Damit das Signifikanzniveau α für alle Tests eingehalten wird, muss für die Einzelvergleiche das Signifikanzniveau α angepasst werden.

Bei diesen Vergleichen werden von SPSS zwei Varianten für Mehrfachvergleiche angeboten bei denen die Einhaltung des Signifikanzniveau α auf unterschiedliche Weise sichergestellt wird.

In der ersten Variante („Alle paarweise“) wird mittels 2-Stichprobentest jede Gruppe mit allen anderen verglichen. Dafür werden testspezifische Prüfgrößen (Teststatistiken) verwendet. Für den Kruskal-Wallis-Test z.B. ist die 2-Stichproben-Teststatistik die Differenz der durchschnittlichen Rangziffern der beiden verglichenen Gruppen, also beim Vergleich von Gruppe 1 und Gruppe 2 $\bar{R}_1$ - $\bar{R}_2$.[20] Bei k Gruppen gibt es bei einem Vergleich einer Gruppe mit jeder anderen insgesamt k*(k-1)/2 Vergleiche. SPSS wendet hier zur Einhaltung von α das Verfahren von Bonferroni an. Bei diesem wird α zu gleichen Teilen auf alle 2-Stichprobenvergleichstests verteilt. Das angepasste (englisch adjusted) Signifikanzniveau α^* für die Vergleichstests ergibt dann: $\alpha^* = \frac{\alpha}{k(k-1)/2}$. Anstelle die für die einzelnen Vergleiche ermittelten P-Werte („Sig.“-Wahrscheinlichkeiten) mit α^* zu vergleichen kann man für die Testentscheidung äquivalent auch P* = [k(k-1)/2]*P mit α vergleichen. P* wird in der Ergebnisausgabe als „angep. Sig.“ ausgewiesen. Wenn P* größer als 1 ist, so wird im SPSS-Ergebnis 1 ausgewiesen.

---

20 Für die testspezifischen Prüfgrößen der 2-Stichprobentests aller Test ⇨ Algorithmen, Nonparametric Tests Algorithms, Pairwise Multiple Comparisons.

In der zweiten Variante für Mehrfachvergleiche („Schrittweise Step down") wird bei den Vergleichen stufenweise vorgegangen. In der ersten Stufe wird nach einem testspezifischen Kriterium eine aufsteigende Rangfolge der Gruppen gebildet. Für den Kruskal-Wallis-Test z.B. erfolgt die Rangfolgenbildung mittels der durchschnittlichen Rangziffer der Gruppen.[21] In der zweiten Stufe wird mittels 2-Stichprobentest geprüft, ob Gruppe 1 sich von Gruppe 2 unterscheidet. Wird H_0 nicht abgelehnt wird geprüft, ob sich Gruppe 2 (und damit folglich auch Gruppe 1) von Gruppe 3 unterscheidet. Wird H_0 nicht abgelehnt, so wird geprüft, ob sich Gruppe 3 (und damit auch Gruppe 1 und 2) von Gruppe 4 unterscheidet. Diese sequenzielle Prüfung wird solange fortgesetzt bis die Hypothese H_0 abgelehnt wird. Ergebnis ist, dass sich aus den k Gruppen zwei homogene Untergruppen bilden, die sich unterscheiden. Vorteil dieser Vorgehensweise ist, dass die Anzahl der 2-Stichprobentests im Vergleich zur ersten Variante („Alle paarweise") kleiner ist.

Häufig will man nur die Experimentgruppen mit einer Kontrollgruppe vergleichen. Der Vorteil ist, dass dann weniger 2-Stichprobentests vorgenommen werden müssen und α^* dann weniger klein wird. SPSS bietet dafür keine Hilfe an. Man muss diese Prüfungen selber vornehmen (⇨ Bortz u.a. 1990).

30.4.2 Kruskal-Wallis H-Test

Der Kruskal-Wallis H-Test eignet sich gut zur Prüfung auf eine unterschiedliche zentrale Lage von Verteilungen (auf unterschiedliche Mediane). Er entspricht einer einfaktoriellen Varianzanalyse für Rangziffern. Die Messwerte für die k Stichproben bzw. Gruppen werden in eine gemeinsame (aufsteigende) Rangordnung gebracht. Aus diesen Daten wird die Prüfgröße H wie folgt berechnet:

$$H = \frac{12}{n(n+1)} \sum_{j=1}^{k} n_j (\overline{R}_j - \overline{R})^2 = \frac{12}{n(n+1)} \sum_{j=1}^{k} R_j^2 / n_j - 3(n+1) \qquad (30.5)$$

$\overline{R}_j$ = Durchschnitt der Rangziffern in der Stichprobe (Gruppe) j
R_j = Summe der Rangziffern in der Stichprobe (Gruppe) j
$\overline{R}$ = Durchschnitt der gemeinsamen Rangziffern aller k Stichproben (Gruppen)
n_j = Stichprobenumfang der Stichprobe (Gruppe) j
k = Anzahl der Stichproben (Gruppen)
n = Stichprobenumfang summiert über alle Gruppen.

Aus der ersten Formel in Gleichung 30.5 ist zu erkennen, dass die Prüfgröße H umso größer wird, je stärker sich die durchschnittliche Rangziffer einer jeden Stichprobe (Gruppe) j sich vom gemeinsamen Durchschnitt aller unterscheidet.

Für den Fall von Bindungen (englisch ties) wird die Gleichung mit einem Korrekturfaktor korrigiert (⇨ Bortz/Lienert/Boehnke, S. 223).

Die Prüfgröße H ist für nicht sehr kleine Stichproben ($n_j > 5$ bzw. für $k = 3$ mindestens für eine Stichprobe $n_j > 8$) approximativ chi-quadratverteilt mit k-1 Freiheitsgraden.

Für kleine Stichproben sollte man den exakten Test nutzen (⇨ „Exakte Tests" in Kap. 30.1 und Kap. 36).

---

[21] Für die anderen Tests ⇨ Algorithmen, Nonparametric Tests Algorithms, Stepwise Stepdown Multiple Comparisons.

Beispiel. Mit Daten der Datei ALLBUS90.SAV soll untersucht werden, ob sich die Einstellung zur Treue in einer Partnerschaft (Variable TREUE) von vier Altersgruppen in der zentralen Lage der Verteilungen unterscheiden (H_0) oder nicht (H_1).

Die Personen verschiedener Altersgruppen (Variable ALT3 mit den 4 Altersgruppen 18-29, 30-44, 45-59 und größer als 59 Jahre) können als vier unabhängige Stichproben angesehen werden. Zum Testen der Hypothese wird weitgehend wie beim Mann-White U-Test vorgegangen (⇨ Kap. 30.3.1).[22]

Auf der Registerkarte „Variablen“ (⇨ Abb. 30.14) wird die Testvariable TREUE in „Testvariable“ und die Gruppenvariable ALT3 in „Gruppen“ übertragen und auf der Registerkarte „Einstellungen“ („Settings“) (⇨ Abb. 30.15) wird „Test anpassen“ („Customize tests“) und „Kruskal-Wallis 1-way ANOVA (k samples)“ gewählt.

Möchte man post hoc Mehrfachvergleiche anfordern, so kann man zwischen [Mehrfachvergleiche: Alle paarweise] und [Mehrfachvergleiche: Schrittweise Step...] wählen. Wir wählen „Alle paarweise“.

In Abb. 30.22 a) und b) ist die Ergebnisausgabe des Tests zu sehen. Die Modellanzeige erhält man durch Doppelklicken auf das Ergebnis im Ausgabefenster.

In einem gruppierten Boxplotdiagramm wird die Variable TREUE für die Altersgruppen dargestellt. Man sieht, dass der Median von TREUE für die 18-29-jährigen 3 und für die anderen Altersgruppen 2 beträgt. Fährt man mit der Maus über den Balken des Boxplots z.B. der 18-29jährigen (der 1. Stichprobe), so wird der durchschnittliche Rang $\bar{R}_1 = 4$ angezeigt. Für die anderen Altersgruppen ist der durchschnittliche Rang kleiner. Ein Unterschied in der Einstellung zur Treue ist also zwischen den Altersgruppen zu erkennen.

Diese Unterschiede werden aber als nicht signifikant getestet. Der Wert der approximativ chi-quadratverteilten Prüfgröße H ist mit 5,805 kleiner als ein aus einer Chi-Quadrat-Tabelle für $k-1=3$ Freiheitsgrade (FG) bei einer Irrtumswahrscheinlichkeit von $\alpha = 0,05$ entnehmbarer kritischer Wert von 7,82. Demnach wird die Hypothese H_0 (es gibt für die Altersgruppen keinen Unterschied in der Einstellung zur Treue) angenommen. Diese Schlussfolgerung ergibt sich auch aus dem angegebenem Signifikanzniveau 0,121 („Asymptotische Signifikanz“), das die mit $\alpha = 0,05$ vorgegebene Irrtumswahrscheinlichkeit übersteigt. Der in der „Hypothesenübersicht“ angegebene Wert in Höhe von 121,000 ist falsch (richtig: 0,121)

Da die Hypothese H_0 nicht abgelehnt wird, werden die angeforderten post hoc Mehrvergleiche nicht ausgeführt.[23]

---

[22] Es wird davon ausgegangen, dass Sie die Option „Benutzerdefinierte Feldzuweisungen“ gewählt haben (⇨ „Vordefinierte Rollen“ in Kap. 30.1 und Kap. 3.1). Die Vorgehensweise wird hier etwas verkürzt dargestellt (ausführlicher ⇨ Kap. 30.2.1).

[23] Zu Mehrfachvergleichen allgemein ⇨ Kap. 30.4.1. Mehrfachvergleiche ähneln sich im Prinzip, zu einem Anwendungsbeispiel ⇨ Kap. 30.4.3.

a) Im Ausgabefenster

Hypothesentestübersicht

	Nullhypothese	Test	Sig.	Entscheidung
1	Die Verteilung von VERHALTENSBEURTEILUNG: SEITENSPRUNG ist über die Kategorien von ALTER identisch.	Kruskal-Wallis-Test bei unabhängigen Stichproben	,121	Nullhypothese beibehalten

Asymptotische Signifikanzen werden angezeigt. Das Signifikanzniveau ist ,05.

b) In der Modellanzeige („Testansicht unabhängige Stichproben")

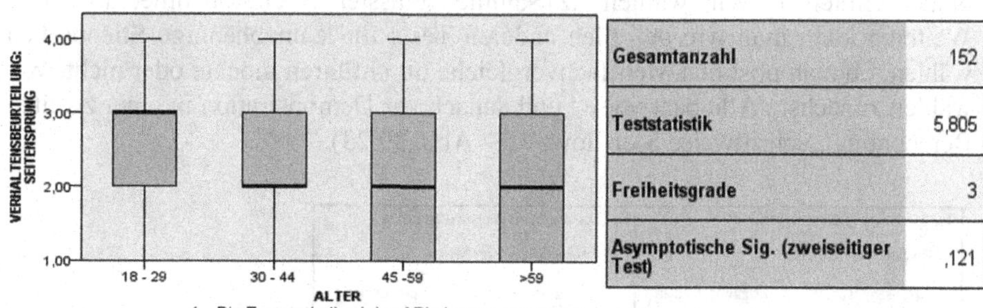

Gesamtanzahl	152
Teststatistik	5,805
Freiheitsgrade	3
Asymptotische Sig. (zweiseitiger Test)	,121

1. Die Teststatistik wird auf Bindungen angepasst.
2. Mehrfachvergleiche wurden nicht durchgeführt, weil der Gesamttest keine signifikanten Unterschiede zwischen Stichproben aufweist.

Abb. 30.22. Ergebnis des Kruskal-Wallis H-Tests

30.4.3 Median-Test

Auch der Median-Test verlangt, dass die Testvariable mindestens ordinalskaliert ist. Geprüft wird, ob die Verteilungen der k verschiedenen Gruppen eine unterschiedliche Lage (zentrale Tendenz, unterschiedliche Mediane) haben. Insofern unterscheidet er sich in der Aufgabenstellung nicht vom Kruskal-Wallis-Test (⇨ Kap. 30.3.2). Der Test kann auch für zwei Gruppen angewendet werden.

Der Test nutzt nur Informationen über die Höhe eines jeden Beobachtungswertes im Vergleich zum gemeinsamen Median. Daher ist er im Vergleich zum Kruskal-Wallis-Test allgemeiner. Er sollte nur dann dem Kruskal-Wallis-Test vorgezogen werden, wenn die Messwerte der Testvariable unzuverlässig sind.
Bei diesem Testverfahren wird zunächst für die Messwerte aller k Stichproben (Gruppen) der gemeinsame Median bestimmt. Im nächsten Schritt wird jeder Messwert als kleiner bzw. größer als der gemeinsame Median eingestuft und für alle k Gruppen werden die Häufigkeiten des Vorkommens von kleiner bzw. größer als der Median ausgezählt. Es entsteht somit für die k Gruppen eine $2*k$-Häufigkeitstabelle.

Für $k = 2$ und kleinere Fallzahlen wird mit Fischer's exact Test die genaue Wahrscheinlichkeit berechnet. Für $n > 30$ wird aus der zweidimensionalen Häufigkeitstabelle eine Chi-Quadrat-Prüfgröße ermittelt und für $k-1$ Freiheitsgrade ein approximativer Chi-Quadrat-Test durchgeführt (⇨ Kap. 10.3).

Beispiel. Das folgende Anwendungsbeispiel (Datei ALLBUS90.SAV, Testvariable TREUE, Gruppenvariable ALT3) ist das gleiche wie in Kap. 30.4.2: Es soll geprüft werden, ob die Einstellung zur Treue sich für verschiedene Altersgruppen unterscheiden (H_1) oder nicht (H_0). Zum Testen der Hypothesen geht man weitgehend wie in Kap. 30.4.1 vor.[24]

Auf der Registerkarte „Variablen" (⇨ Abb. 30.14) werden die Variable TREUE in „Testvariable" und ALT3 in „Gruppen" übertragen.
Auf der Registerkarte „Einstellungen" (⇨ Abb. 30.15) wird „Test anpassen" (für diesen Test kann man die deutschsprachige Oberfläche nutzen) und dann aber „Mediantest (k Stichproben)" gewählt.

Bei diesem Test kann man für den gemeinsamen Median wählen ob er aus der Stichprobe ermittelt werden soll („Zusammengefasster Stichprobenmedian") oder ob man einen eigenen angibt, weil man ihn aus einer anderen Quelle kennt („Benutzerdefiniert"). Wir wählen „Zusammengefasster Stichprobenmedian". Des Weiteren kann man wie bei allen anderen Tests für k unabhängige Stichproben wählen, ob man post hoc Mehrfachvergleiche durchführen möchte oder nicht. Wir wählen zunächst „Alle paarweise" und danach zur Demonstration in einer zweiten Berechnung „Schrittweise Step down" (⇨ Abb. 30.23).[25]

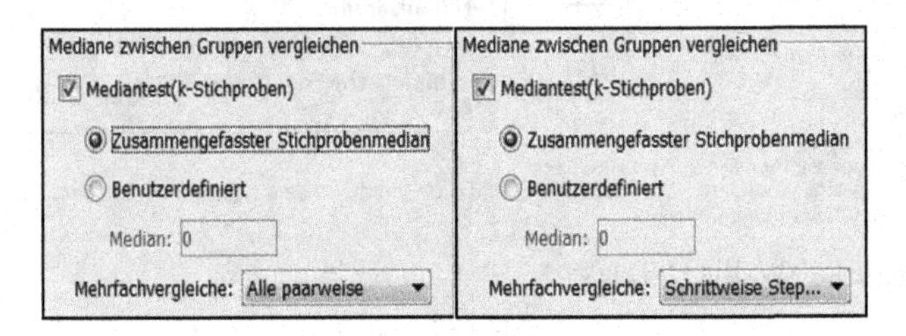

Abb. 30.23. Wahlmöglichkeiten beim Median-Test

In Abb. 30.24 a) bis d) ist die Ergebnisausgabe dargestellt. Durch Doppelklicken auf das Ergebnis im Ausgabefenster wird die Modellanzeige geöffnet.
Die Darstellung in Abb. 30.24 b) erhält man, wenn man auf der unteren Leiste im rechten Fenster der Modellansicht in der Drop-down-Liste „Ansicht:" die Auswahl Ansicht: Testansicht unabhängiger Stichproben wählt.

Wie beim Kruskal-Wallis-Test wird die Variable TREUE in einem gruppierten Boxplot dargestellt. Der gemeinsame Median beträgt 2. Nur der Median der 18-29-jährigen weicht mit 3 von diesem ab. Fährt mit dem Mauszeiger über den Balken eines Boxplots, so wird die Fallanzahl angezeigt.

Mit „Teststatistik" = 8,334 wird der ermittelte empirische Chi-Quadrat-Wert ausgewiesen. Für $k - 1 = 3$ Freiheitsgrade und einem Signifikanzniveau von 5 % (α = 0,05) ergibt sich aus einer Chi-Quadrat-Tabelle[26] ein kritischer Wert von 7,82. Da der empirische Wert größer ist als der kritische, wird die Hypothese H_0 (die Einstellung zur Treue ist unabhängig vom Alter) abgelehnt. Dieses Testergebnis ergibt sich einfacher auch daraus, dass die von SPSS ausgewiesene

---

[24] Es wird davon ausgegangen, dass Sie die Option „Benutzerdefinierte Feldzuweisungen" gewählt haben (⇨ „Vordefinierte Rollen" in Kap. 30.1 und Kap. 3). Die Vorgehensweise wird hier etwas verkürzt dargestellt (ausführlicher ⇨ Kap. 30.2.1).

[25] Zu Mehrfachvergleichen allgemein ⇨ Kap. 30.4.1.

[26] Die Tabelle ist auf den Internetseiten zum Buch verfügbar.

„Asymptotische Signifikanz“ = 0,04 kleiner ist als die gewählte in Höhe von α = 0,05.

Dieser Test kommt zu einem anderen Ergebnis als der Kruskal-Wallis-Test (⇨ Kap. 30.4.2).

Hat man post hoc Mehrvergleiche in Form „Alle paarweise“ angefordert und wählt in „Ansicht“ Ansicht: Paarweise Vergleiche, so ist in der Modellansicht das in Abb. 30.24 c) gezeigte Ergebnis für post hoc Mehrfachvergleiche bei Auswahl von „Alle paarweise“ zu sehen. In der Grafik links werden die Altersgruppen als „Knoten“ in einem „Abstandsnetzwerkdiagramm“ dargestellt. Zu jeder Altersgruppe wird (wie auch schon im Boxplot zu sehen) der Median angezeigt. Die Abstände der Knoten entsprechen den Unterschieden der Altersgruppen hinsichtlich der Variable TREUE. Gelbe Verbindungslinien zwischen Knoten entsprechen signifikanten Unterschieden zwischen den entsprechenden Altersgruppen, schwarze nicht signifikante. Fährt man mit dem Mauszeiger über eine der Verbindungslinien der Knoten, so wird die angepasste Signifikanz der beiden Altersgruppen angezeigt.

In der Tabelle in Abb. 30.24 c) wird jede Altersgruppe mit allen anderen verglichen. Nur für den Vergleich der 18-29jährigen mit den >59jährigen ist „Angep. Sig“ = 0,04 kleiner als α = 0,05.[27] Für diese Altersgruppen wird ein signifikanter Unterschied in der Einstellung zur Treue ausgewiesen.

Hat man post hoc Mehrfachvergleiche in Form von „Schrittweise Stepdown“ angefordert und wählt in „Ansicht“ Ansicht: Homogene Untergruppen, so ist in der Modellansicht das in Abb. 30.24 d) gezeigte Ergebnis zu sehen.

In der homogenen „Untergruppe 1“ sind die 30-44, die 45-59 und die >59jährigen und in der homogenen „Untergruppe 2“ nur die 18-29jährigen enthalten. Die Einstellung zur Treue weicht hinsichtlich des Medians in den beiden Untergruppen von einander ab (Untergruppe 1 = 2 und Untergruppe 2 = 3).[28] Dieser Unterschied wird aber als nicht signifikant ausgewiesen [„Angepasste Sig. (2-seitiger Test) = 0,082 > α = 0,05]. Der im Gesamttest ausgewiesene Unterschied in der Einstellung zur Treue wird also bei Anwenden der Mehrfachvergleichsvariante „Homogene Untergruppen“ – im Unterschied zu „Alle Paarweise“ - nicht bestätigt. Dies zeigt, dass unterschiedliche Verfahren zu unterschiedlichen Ergebnissen kommen können. Beim Mehrfachvergleich „Alle Paarweise“ wird die Altersgruppe der >59jährigen mit der der 18-29jähigen und beim Mehrfachvergleich „Homogene Untergruppen“ wird die der 18-29jähigen (Untergruppe 2) mit der aller anderen Gruppen (Untergruppe 1) verglichen.

[27] Zur „Angep. Sig“ ⇨ Kap. 30.4.1.

[28] Die Unterschiede sind auch im Boxplot zu sehen (⇨ Abb.30.24 b).

a) Im Ausgabefenster

Hypothesentestübersicht

	Nullhypothese	Test	Sig.	Entscheidung
1	Die Mediane von VERHALTENSBEURTEILUNG: SEITENSPRUNG sind über doe Kategorien von ALTER identisch.	Mediantest bei unabhängigen Stichproben	40,000	Nullhypothese ablehnen

Asymptotische Signifikanzen werden angezeigt. Das Signifikanzniveau ist ,05.

b) In der Modellanzeige („Ansicht zu Test bei unabhängiger Stichproben")

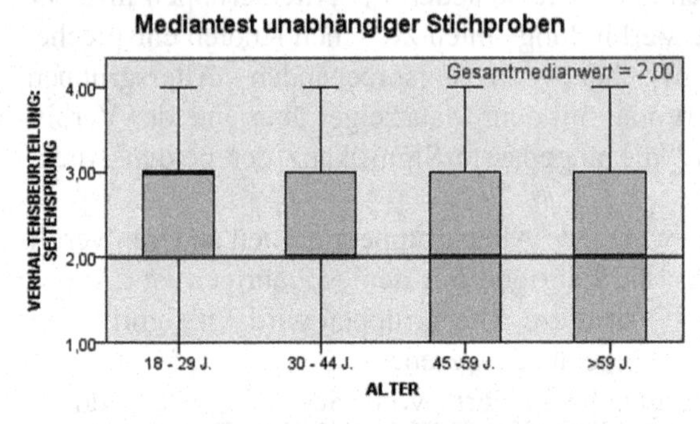

Gesamtanzahl	152
Median	2,000
Teststatistik	8,334
Freiheitsgrade	3
Asymptotische Sig. (zweiseitiger Test)	,040

c) In der Modellansicht („Paarweise Vergleiche")

Paarweise Vergleiche von ALTER

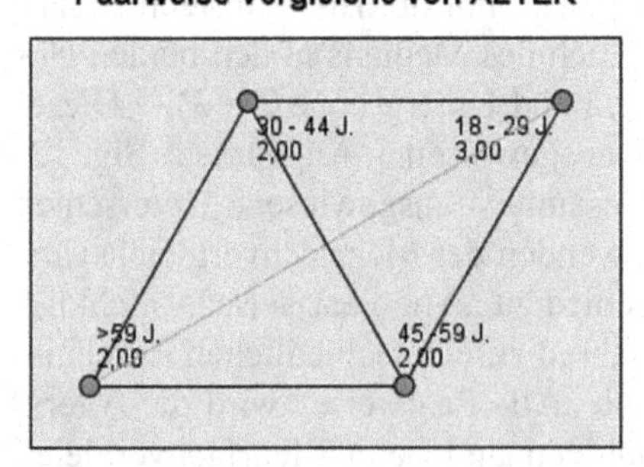

Jeder Knoten zeigt den Stichprobenmedianwert ALTER.

Jeder Knoten enthält den Stichprobenmedian ALTER.

Stichprobe1-Stichprobe2	Test-statistik	Sig.	Angep. Sig.
30 - 44 -45 -59	,438	,508	1,000
30 - 44 ->59	4,930	,026	,158
30 - 44 -18 - 29	,159	,690	1,000
45 -59->59	1,693	,193	1,000
45 -59-18 - 29	1,355	,244	1,000
>59-18 - 29	7,370	,007	,040

Jede Zeile testet die Nullhypothese, dass die Verteilungen von Stichprobe 1 und Stichprobe 2 gleich sind.
Asymptotische Signifikanzen (2-seitige Tests) werden angezeigt. Das Signifikanzniveau ist ,05.
Signifikanzwerte werden von der Bonferroni-Korrektur für mehrere Tests angepasst.

d) In der Modellansicht („Homogene Untergruppen“)

Homogene Untergruppen auf der Basis von VERHALTENSBEURTEILUNG: SEITENSPRUNG

		Untergruppe	
		1	2
Stichprobe[1]	30 - 44 J.	2,000	
	45 -59 J.	2,000	
	>59 J.	2,000	
	18 - 29 J.		3,000
Teststatistik		5,004	[2]
Sig. (2-seitiger Test)		,082	
Angepasste Sig. (2-seitiger Test)		,082	

Homogene Untergruppen beruhen auf asymptotischen Signifikanzen. Das Signifikanzniveau ist ,05.

[1]Jede Zelle zeigt den Stichprobenmedianwert VERHALTENSBEURTEILUNG: SEITENSPRUNG.

[2]Berechnung nicht möglich, weil die Untergruppe nur eine Stichprobe enthält.

Abb. 30.24. Ergebnis des Median-Tests

30.4.4 Jonckheere-Terpstra-Test

Weder der Kruskal-Wallis- noch der Median-Test sind geeignet, Annahmen über die Richtung eines Unterschiedes in der zentralen Lage der k Verteilungen (in den Medianen) zu prüfen. Es sind zweiseitige Tests. In manchen Untersuchungen hat man die Situation, dass für mehrere Gruppen simultan geprüft werden soll, ob eine Rangfolge (ein Trend) in der zentralen Lage der k Verteilungen (in den Medianen) besteht, weil dies der H_1-Hypothese entspricht.

In unserem Anwendungsbeispiel zum Kruskal-Wallis-Test (bzw. Median-Test) haben wir geprüft, ob die Einstellung zur Treue für verschiedene Altersgruppen gleich (H_0) oder unterschiedlich (H_1) ist. Die Ergebnisse der beiden Tests sind widersprüchlich. Geht man aber davon aus, dass mit wachsendem Alter die Einstellung zur Treue sich in eine Richtung verändert (je höher das Alter, umso größer wird die Wertschätzung von Treue), kann man mit dem Jonckheere-Terpstra-Test eine bessere Trennschärfe zum Testen auf Unterschiede bei den Altersgruppen in der Einstellung zur Treue erzielen. Ein anderes Beispiel dafür wäre, wenn für mehrere Versuchsgruppen die Wirkung eines Medikaments mit jeweils einer höheren Dosis geprüft wird.

Für kleine Stichproben sollte der exakte Test gewählt werden (⇨ „Exakte Tests“ in Kap. 30.1 und Kap. 36). Für nicht zu kleine Stichproben wird genutzt, dass die standardisierte Testgröße approximativ einer Standardnormalverteilung entspricht.

Beispiel. Es wird das gleiche Beispiel wie für den Kruskal-Wallis- und Median-Test verwendet (⇨ Kap. 30.4.2 und Kap. 30.4.3, Datei ALLBUS90.SAV, Testvariable TREUE, Gruppenvariable ALT3). Man geht auch wie in Kap. 30.4.1 beschrieben vor.[29]

Wie dort wird auf der Registerkarte „Variablen“ die Variable TREUE in „Testvariable“ und ALT3 in „Gruppen“ übertragen.

Auf der Registerkarte „Einstellungen“ wird „Test anpassen“ und im Unterschied zu Kap. 30.4.1 wird „Test nach geordneten Alternativen (Jonckheere-Terpstra-Test für k Stichproben)“ gewählt. Auf der Registerkarte „Einstellungen“ kann man für die „Hypothesenreihenfolge:“ „Klein nach groß“ oder „Groß nach klein“ wählen. Wir wählen „Groß nach klein“ weil gemäß der Kodierung ein kleinerer Wert von TREUE eine höhere Wertschätzung von Treue bedeutet. Man kann des Weiteren einstellen, ob man „Mehrfachvergleiche“ (entweder „Alle paarweise“ oder „Schrittweise Step down“) anfordern möchte oder nicht (⇨ Abb. 30.25).[30] Wir wählen „Keine“.

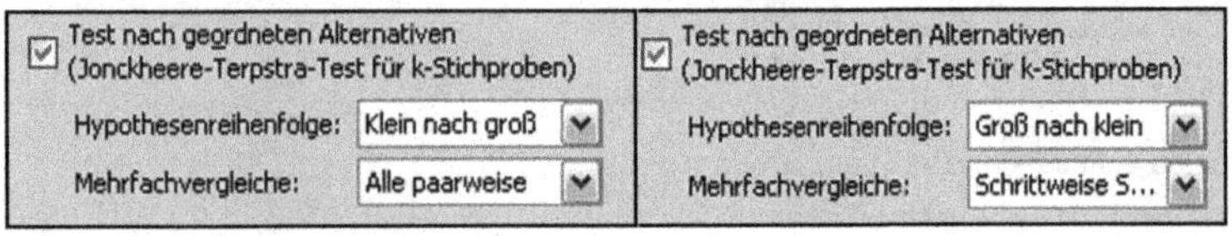

Test nach geordneten Alternativen
(Jonckheere-Terpstra-Test für k-Stichproben)
Hypothesenreihenfolge: Klein nach groß
Mehrfachvergleiche: Alle paarweise

Test nach geordneten Alternativen
(Jonckheere-Terpstra-Test für k-Stichproben)
Hypothesenreihenfolge: Groß nach klein
Mehrfachvergleiche: Schrittweise S...

Abb. 30.25. Auswahlmöglichkeiten für den Jockheere-Terspstra-Test

In Abb. 30.26 ist die Ergebnisausgabe dargestellt. Das hier nicht gezeigte gruppierte Boxplot entspricht dem in Abb. 30.22.

Da der Wert von „Asymptotische Signifikanz (2-seitig)“ mit 0,019 kleiner ist als ein vorzugebendes Signifikanzniveau von z.B. $\alpha = 0{,}05$ wird die H_1-Hypothese (mit steigendem Alter wächst die Wertschätzung von Treue) angenommen.[31] Das Ergebnis des Kruskal-Wallis-Tests wird nicht und das des Median-Tests wird bestätigt. Da der Test eine einseitige Hypothese prüft und für den asymptotischen Test die Standardnormalverteilung nutzt, ist der „Sig“-Wert für den einseitigen Test die Hälfte des ausgewiesenen zweiseitigen.

Weil der Jonckheere-Terpstra-Test bei Vorliegen eines Trends (H_1) besser geeignet ist, Unterschiede in der Einstellung zur Treue „zu entdecken“ sollte man ihn gegenüber den anderen beiden Tests bevorzugen.

Ergänzend ist anzumerken dass ein im Rahmen einer Kreuztabellierung angeforderter Chi-Quadrattest einen Zusammenhang zwischen TREUE und ALT3 nicht bestätigt, aber der Test „Zusammenhang linear-mit-linear“ sich als signifikant erweist (⇨ Kap. 10.3 und Kap. 36). Diesen Test sollte man als Alternative berücksichtigen.

---

[29] Es wird davon ausgegangen, dass Sie die Option „Benutzerdefinierte Feldzuweisungen“ gewählt haben (⇨ „Vordefinierte Rollen“ in Kap. 30.1 und Kap. 3). Die Vorgehensweise wird hier etwas verkürzt dargestellt (ausführlicher ⇨ Kap. 30.2.1).

[30] Zu Mehrfachvergleichen allgemein ⇨ Kap. 30.4.1 und zu einem Anwendungsbeispiel ⇨ Kap. 30.4.3.

[31] Der in der Hypothesentestübersicht“ angegebene Wert für „Sig“ in Höhe von 19,000 ist falsch (richtig: 0.019).

Hypothesentestübersicht

	Nullhypothese	Test	Sig.	Entscheidung
1	Die Verteilung von VERHALTENSBEURTEILUNG: SEITENSPRUNG ist über die Kategorien von ALTER identisch.	Jonckheere-Terpstra-Test nach geordneten Alternativen bei unabhängigen Stichproben	19,000	Nullhypothese ablehnen

Asymptotische Signifikanzen werden angezeigt. Das Signifikanzniveau ist ,05.

Gesamtanzahl	152
Teststatistik	3.593,500
Standardfehler	291,217
Standardisierte Teststatistik	-2,352
Asymptotische Sig. (2-seitiger Test)	,019

Abb. 30.26. Ergebnis des Jonckheere-Terpstra-Tests

30.5 Tests für 2 verbundene Stichproben

Bei diesen Tests möchte man prüfen, ob eine „Behandlung" (eine Maßnahme oder eine Bedingung, englisch treatment) wirksam ist (H_1) oder nicht (H_0) und bildet zwei verbundene (matched, gepaarte) Stichprobengruppen: eine Experiment- und eine Kontrollgruppe (matched bzw. paired samples, Parallelstichproben). Alternativ kann es sich auch um ein Untersuchungsdesign mit Zweifachmessungen bei Personen (Objekten) einer Stichprobe handeln (vor der „Behandlung" – nach der „Behandlung"), ⇨ Kap. 30.1).

Die Grundhypothese H_0 postuliert, dass keine Unterschiede zwischen den beiden Gruppen bestehen. Mit dieser Hypothese wird die Wirkung einer Maßnahme (z.B. die Wirksamkeit eines Medikaments oder der Erfolg einer neuen Lehr- oder Lernmethode) empirisch nicht bestätigt. Die Gegenthese H_1 geht von der Wirksamkeit aus (⇨ Kap. 30.4.1).

Der zu untersuchende SPSS-Datensatz hat n Zeilen (= Fälle) mit zwei Variablen. Diese enthalten die Messwerte der zwei Parallelstichproben bzw. „Vorher – Nachher"-Messungen einer Stichprobe. Die Anzahl der Fälle der Parallelstichproben ist gleich.

30.5.1 Wilcoxon-Test für verbundene Stichproben

Der Test (Wilcoxon signed ranks test) eignet sich, wenn Unterschiede in der zentralen Lage von Verteilungen geprüft werden sollen. Der Test beruht auf Rängen von absoluten (ohne Vorzeichenbeachtung) Differenzen der Variablenwerte der beiden Gruppen. Der Wilcoxon-Test ist dem Vorzeichen(Sign)-Test (⇨ Kap. 30.5.2) vorzuziehen, wenn die Differenzen aussagekräftig sind.

Zur Anwendungsdemonstration wird ein Beispiel aus dem Bereich der Pädagogik gewählt. Zur Überprüfung einer neuen Lehrmethode werden Schülerpaare gebildet, die sich hinsichtlich ihres Lernverhaltens und ihrer Lernfähigkeiten gleichen. Eine Schülergruppe mit jeweils einem Schüler der Paare wird nach der herkömmlichen Lehrmethode (Methode A genannt) und die andere Gruppe mit dem zweiten Schüler der Paare nach der neuen (Methode B genannt) unterrichtet. Die Lernergebnisse wurden bei Leistungstests in Form von erreichten Punkten erfasst und als Variable METH_A und METH_B in der Datei LEHRMETH.SAV gespeichert (⇨ Ausschnitt in Abb. 30.27). Geprüft werden soll, ob die beiden Methoden sich unterscheiden oder nicht.

Die Variablen sind streng genommen ordinalskaliert, wobei aber die Differenzen von Variablenwerten eine Aussagekraft haben.

	nr	meth_a	meth_b	meth_c
1	1	11	14	9
2	2	15	13	17
3	3	12	14	13
4	4	14	15	16
5	5	12	14	15
6	6	13	13	17

Abb. 30.27. Ausschnitt aus der Datei LEHRMETH.SAV

Bei dem Testverfahren werden im ersten Schritt Differenzen der Messwerte für die Paare berechnet. Im nächsten Schritt werden die absoluten Differenzen (also ohne Vorzeichenbeachtung) beider Gruppen in eine gemeinsame (aufsteigende) Rangziffernreihenordnung gebracht. Haben Paare gleiche Messwerte, so werden diese Fälle aus der Analyse ausgeschlossen. Schließlich werden diesen Rangziffern die Vorzeichen der Differenzen zugeordnet. Die Prüfgröße entspricht der Summe der Rangziffern der Differenzen mit positivem Vorzeichen.

Unter der Hypothese H_0 (kein Unterschied der beiden Methoden) kann man erwarten, dass aufgetretene große Differenzen sowohl durch die Methode A als auch durch die Methode B bedingt sind. Man kann erwarten, dass die Summe positiver und negativer Rangziffern sich tendenziell zu Null addieren. Unter H_1 wäre dementsprechend zu erwarten, dass sich die Summen unterscheiden. Von Wilcoxon liegen Tabellen vor, aus denen man für die Prüfgröße (die kleinere der Rangziffernsummen) für ein vorgegebenes Signifikanzniveau von z.B 5 % ($\alpha = 0{,}05$) kritische Werte entnehmen kann (Siegel und Castellan (1988)). Bei kleinen Stichproben kann ein exakter Test durchgeführt werden (⇨ „Exakte Tests" in Kap. 30.1 und Kap. 36). Für große Stichproben ($n > 20$) wird genutzt, dass die standardisierte Prüfgröße approximativ einer Standardnormalverteilung entspricht.

Beispiel. Zum Testen, ob die Lehrmethoden A und B (Datei LEHRMETH.SAV) unterschiedlichen Erfolg haben oder nicht, kann der Wilcoxon-Test wie folgt angewendet werden:[32]

▷ Die Befehlsfolge „Analysieren", „Nicht parametrische Tests ▷"; „Mindestens zwei verbundene Stichproben…".öffnet die entsprechende Dialogbox.

▷ Registerkarte „Variablen" (⇨ Abb. 30.28): Wir übertragen die Variablen METH_A und METH_B in „TestVariable".

▷ Registerkarte „Einstellungen" (⇨ Abb. 30.29): Wir wählen „Test anpassen" und „Wilcoxon-Test mit zugeordneten Paaren (2 Stichproben)".

Die Einstellungen zu „Testoptionen" und „Benutzerdefiniert fehlende Werte" auf der Registerkarte „Einstellungen" belassen wir (⇨ Abb. 30.5).

▷ Klicken von „Ausführen" startet die Berechnung.

32 Es wird davon ausgegangen, dass Sie die Option „Benutzerdefinierte Feldzuweisungen" gewählt haben (⇨ „Vordefinierte Rollen" in Kap. 30.1 und Kap. 3). Die Vorgehensweise wird hier etwas verkürzt dargestellt (ausführlicher ⇨ Kap. 30.2.1).

In Abb. 30.30 a) und b) ist die Ergebnisausgabe des Tests zu sehen. Doppelklicken auf das Ergebnis im Ausgabefenster öffnet die Modellanzeige. In einem Balkendiagramm werden die Anzahl der positiven („N = 13“) und negativen („N = 6“) Differenzen veranschaulicht. Die Anzahl der Bindungen (Differenz = 0) beträgt 1.

Die Prüfgröße hat den Wert 131, die Summe der Rangziffern mit positivem Vorzeichen. Aus der Tabelle von Wilcoxon (Siegel, Castellan (1988)) ergibt sich z.B. für ein Signifikanzniveau von 5 % (bei einem zweiseitigen Test) und für n = 19 ein kritischer Wert von 46 für die kleinere Rangziffernsumme. Da der empirische Wert mit 59 diesen übersteigt, wird die Hypothese H_0 angenommen. Die Differenz der Rangziffernsummen ist nicht hinreichend groß, um einen Unterschied der Methoden zu begründen.

Es werden der standardisierte Prüfgrößenwert (= 1,483) sowie das (gemäß der Standardnormalverteilung) zugehörige zweiseitige Signifikanzniveau (= 0,138) ausgegeben.[33] Da dieses (zweiseitige) Signifikanzniveau $\alpha = 0{,}05$ übersteigt, kann auch hieraus der Schluss gezogen werden, dass die Hypothese H_0 (keine signifikanten Unterschiede der Lehrmethoden) beibehalten wird.

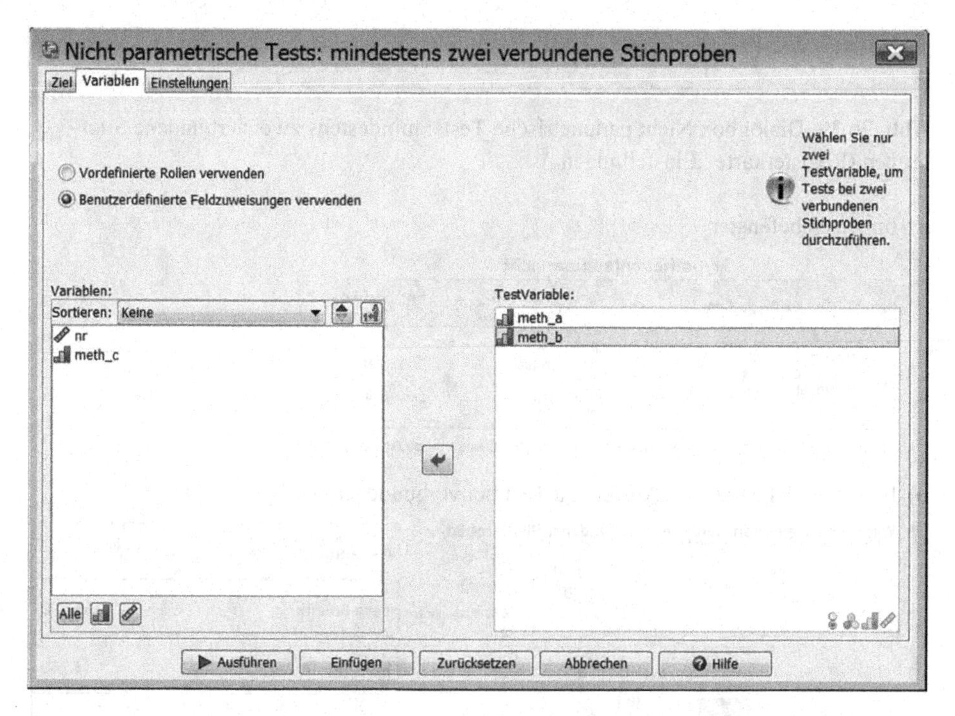

Abb. 30.28. Dialogbox Nicht parametrische Tests: mindestens zwei verbundene Stichproben (Registerkarte „Variablen“)

[33] Der in der „Hypothesentestübersicht“ für „Sig.“ angeführte Wert in Höhe von 138,000 ist falsch (richtig: 0,138).

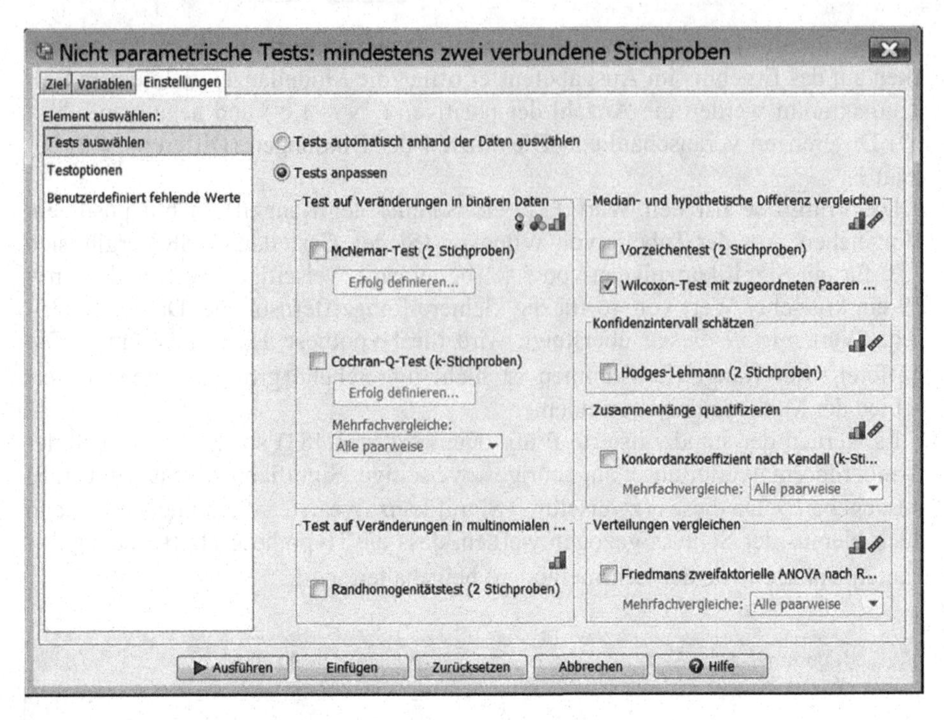

Abb. 30.29. Dialogbox Nicht parametrische Tests: mindestens zwei verbundene Stichproben (Registerkarte „Einstellungen")

a) Im Ausgabefenster

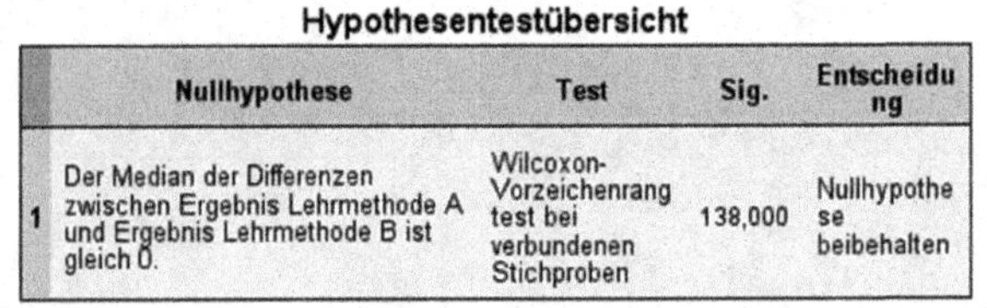

Hypothesentestübersicht

	Nullhypothese	Test	Sig.	Entscheidung
1	Der Median der Differenzen zwischen Ergebnis Lehrmethode A und Ergebnis Lehrmethode B ist gleich 0.	Wilcoxon-Vorzeichenrangtest bei verbundenen Stichproben	138,000	Nullhypothese beibehalten

Asymptotische Signifikanzen werden angezeigt. Das Signifikanzniveau ist ,05.

b) In der Modellanzeige („Ansicht zu Test bei verbundenen Stichproben")

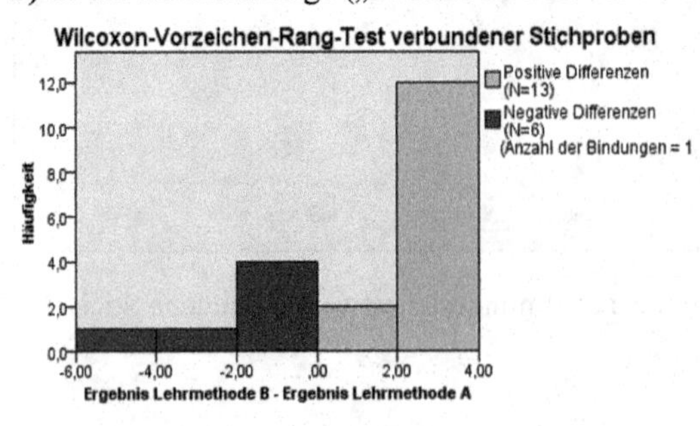

Gesamtanzahl	20
Teststatistik	131,000
Standardfehler	24,269
Standardisierte Teststatistik	1,483
Asymptotische Sig. (zweiseitiger Test)	,138

Abb. 30.30. Ergebnis des Wilcoxon-Tests

30.5.2 Vorzeichen-Test

Der Vorzeichen-Test (englisch sign test) prüft wie der Wilcoxon-Test (⇨ Kap. 30.5.1) auf eine unterschiedliche zentrale Lage von zwei Verteilungen. Er stützt sich (wie der Wilcoxon-Test ⇨ Kap. 30.5.1) auf Differenzen von Messwerten zwischen Stichprobenpaaren. Im Unterschied zum Wilcoxon-Test gehen nur die Vorzeichen der Differenzen, nicht aber die Größen der Differenzen in Form von Rangziffern in das Testverfahren ein. Dieser Test ist dem von Wilcoxon vorzuziehen, wenn (bedingt durch die Datenlage) die Höhe der Differenzen nicht aussagekräftig ist.

Gezählt werden die Anzahl der positiven und die der negativen Differenzen. Fälle, bei denen die Differenzen der Paare gleich Null sind, werden nicht in das Testverfahren einbezogen.

Unter der Hypothese H_0 [keine Wirkung einer „Behandlung" (Maßnahme bzw. Aktivität)] ist zu erwarten, dass die Paare mit positiven und negativen Vorzeichen etwa gleich sein werden. Die Prüfgröße entspricht der Anzahl positiver Differenzen. Die Wahrscheinlichkeit für die Häufigkeit positiver Vorzeichen der Differenzen kann mit Hilfe der Binomialverteilung mit dem Parameter $\pi = 0{,}5$ und der Stichprobengröße n berechnet werden. Für große Fallzahlen ($n > 25$) wird die Binomialverteilung durch die Normalverteilung approximiert. SPSS gibt in diesen Fällen (wie bei dem Wilcoxon-Test) den z-standardisierten Prüfgrößenwert sowie die (gemäß der Standardnormalverteilung) zugehörige asymptotische zweiseitige Wahrscheinlichkeit an.

Beispiel. Zur Durchführung des Vorzeichen-Tests wird das gleiche Beispiel wie für den Wilcoxon-Test verwendet (Datei LEHRMETH.SAV). Man geht auch vor wie beim Wilcoxon-Test (⇨ Kap. 30.5.1).[34]

Wie dort werden auf der Registerkarte „Variablen" (⇨ Abb. 30.28) die Variablen METH_A und METH_B in „TestVariable:" übertragen. Auf der Registerkarte „Einstellungen" (⇨ Abb. 30.29) wird „Test anpassen" und „Vorzeichentest (2 Stichproben)" geklickt. Mit „Ausführen wird der Test gestartet. Man erhält die in Abb. 30.31 a) und b) dargestellten Ergebnisse.

Abb. 30.31 a) zeigt das Ergebnis (in Form eines Modellobjekts) im Ausgabefenster. Die Hypothese H_0 wird beibehalten. Doppelklicken auf das Modellobjekt öffnet die Modellanzeige. In Abb. 30.31 b) links wird in einem Balkendiagramm die Häufigkeit der Differenzen der Messwerte dargestellt (13 positive, 6 negative). Die Anzahl der Bindungen (Differenz der Messwerte = 0) beträgt 1. In Abb. 30.31 b) rechts werden die Fallzahl (n = 20), der Wert der Prüfgröße (= 13) sowie die standardisierte Prüfgröße (= 1,376) angeführt. Die zweiseitige „Sig"-Wahrscheinlichkeit für das Auftreten von 13 positiven und 6 negativen Vorzeichen bei berücksichtigten 19 Differenzen wird mit 0,167 („Exakte Signifikanz") angegeben.[35] Bei einem Signifikanzniveau von 5 % ($\alpha = 0{,}05$) für den Test wird die Hypothese H_0 angenommen, da $0{,}167 > 0{,}05$ ist. Die asymptotische Signifi-

[34] Es wird davon ausgegangen, dass Sie die Option „Benutzerdefinierte Feldzuweisungen" gewählt haben (⇨ „Vordefinierte Rollen" in Kap. 30.1 und Kap. 3). Die Vorgehensweise wird hier etwas verkürzt dargestellt (ausführlicher ⇨ Kap. 30.2.1).

[35] Der in der „Hypothesentestansicht" für „Sig." angegebene Wert in Höhe von 167,000 ist falsch (richtig: 0,167).

kanz weicht mit 0,169 geringfügig ab. Das Testergebnis entspricht dem von Wilcoxon.

a) Im Ausgabefenster

Hypothesentestübersicht

	Nullhypothese	Test	Sig.	Entscheidung
1	Der Median der Differenzen zwischen Ergebnis Lehrmethode A und Ergebnis Lehrmethode B ist gleich 0.	Vorzeichentest bei verbundenen Stichproben	167,000[1]	Nullhypothese beibehalten

Asymptotische Signifikanzen werden angezeigt. Das Signifikanzniveau ist ,05.

[1] Für diesen Test wird die exakte Signifikanz angezeigt.

b) In der Modellanzeige („Ansicht zu Test bei verbundenen Stichproben")

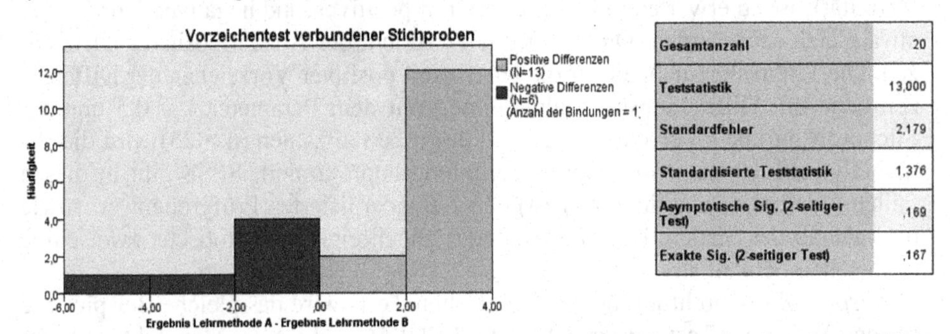

Gesamtanzahl	20
Teststatistik	13,000
Standardfehler	2,179
Standardisierte Teststatistik	1,376
Asymptotische Sig. (2-seitiger Test)	,169
Exakte Sig. (2-seitiger Test)	,167

1. Der exakte p-Wert wird anhand der binomialen Verteilung berechnet, weil 25 oder weniger Fälle vorhanden sind.

Abb. 30.31. Ergebnis des Vorzeichen-Tests

30.5.3 McNemar-Test

Der McNemar-Test eignet sich besonders für ein Vortest-Nachtest-Design für eine dichotome Testvariable.

Anhand eines Beispiels sei der Test erklärt. Um zu prüfen, ob zwei Aufgaben den gleichen Schwierigkeitsgrad haben, können diese nacheinander Probanden zur Lösung vorgelegt werden. Das Ergebnis kann in Form von Häufigkeiten in einer 2∗2-Kreuztabelle festgehalten werden. Die Häufigkeiten n_{12} und n_{21} in Tabelle 30.6 erfassen die Häufigkeiten im Lösungserfolg beim Wechsel der Aufgaben. Je weniger sich diese Häufigkeiten unterscheiden, um so wahrscheinlicher ist es, dass H_0 (durch den Wechsel der Aufgaben tritt keine Veränderung im Lösungserfolg ein)[36] zutrifft. Unter H_0 ist zu erwarten, dass sich die Häufigkeiten im Lösungserfolg bei Wechsel der zu lösenden Aufgaben in etwa ausgleichen. Dann kann man für die entsprechenden Zellen der Tabelle eine Häufigkeit von $(n_{12} + n_{21})/2$ erwarten.

---

[36] Bzw. die Aufgaben haben einen gleichen Schwierigkeitsgrad.

Mit Hilfe der Binomialverteilung kann die Wahrscheinlichkeit, eine Häufigkeitsverteilung wie die empirische bzw. stärker von H_0 abweichend zu erhalten, exakt berechnet werden. Für große Stichproben ($n_1 + n_2 > 25$) wird der asymptotische Chi-Quadrattest mit Stetigkeitskorrektur und einem Freiheitsgrad verwendet (⇨ Kap. 10.3).

Für die Berechnung der Testgröße $\chi 2$ wird die unter H_0 zu erwartete Häufigkeit $(n_{12} + n_{21})/2$ in die Gleichung 10.2 eingesetzt.

Tabelle 30.6. Kreuztabelle zur Erfassung von Änderungen in den Häufigkeiten

	Aufgabe 2		**Summe**
Aufgabe 1	gelöst	nicht gelöst	
gelöst	n_{11}	n_{12}	$n_{1.}$
nicht gelöst	n_{21}	n_{22}	$n_{2.}$
Summe	$n_{.1}$	$n_{.2}$	$n_{..}$

	nr	aufg1	aufg2	aufg3
1	1	1	0	1
2	2	0	0	0
3	3	1	0	1
4	4	0	0	1
5	5	1	0	0
6	6	1	0	1

Abb. 30.32. Ausschnitt aus der Datei TESTAUFG.SAV

Beispiel. Zur Anwendungsdemonstration werden Daten der ausschnittsweise in Abb. 30.32 zu sehenden Datei TESTAUFG.SAV verwendet.

In der Datei sind Lösungsresultate für von Studierenden bearbeitete Testaufgaben erfasst. Die Variablen AUFG1 und AUFG2 sind kategoriale Variable mit dichotomen Ausprägungen: Der Variablenwert „1" steht für „Aufgabe gelöst" und „0" für „Aufgabe nicht gelöst". Nach Öffnen der Datei TESTAUFG.SAV gehen wir wie in Kap. 30.5.1 vor:[37]

Auf der Registerkarte „Variablen" (⇨ Abb. 30.28) übertragen wir die Variablen AUFG1 und AUFG2 in „Testvariable". Auf der Registerkarte „Einstellungen" (⇨ Abb. 30.29) wählen wir „Test anpassen" und „McNemar-Test (2 Stichproben)".

Die Einstellungen zu „Testoptionen" und „Benutzerdefiniert fehlende Werte" auf der Registerkarte „Einstellungen" belassen wir (⇨ Abb. 30.5).

Klicken auf die Schaltfläche „Erfolg definieren…" öffnet die entsprechende Dialogbox (⇨ Abb. 30.33): Wir wählen „Werte in Erfolgskategorie zusammenfassen" und tragen für Erfolg den Wert 1 ein (1 = Aufgabe gelöst). Mit „OK" wird die Eingabe abgeschlossen und klicken von „Ausführen" startet die Berechnung.

[37] Es wird davon ausgegangen, dass Sie die Option „Benutzerdefinierte Feldzuweisungen" gewählt haben (⇨ „Vordefinierte Rollen" in Kap. 30.1 und Kap. 3). Die Vorgehensweise wird hier etwas verkürzt dargestellt (ausführlicher ⇨ Kap. 30.2.1).

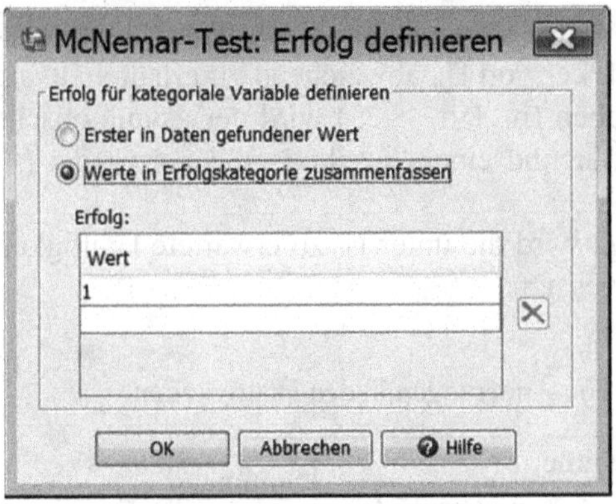

McNemar-Test: Erfolg definieren

Erfolg für kategoriale Variable definieren

Erster in Daten gefundener Wert

Werte in Erfolgskategorie zusammenfassen

Erfolg:

Wert

1

OK Abbrechen Hilfe

Abb. 30.33. Dialogbox „McNemar-Test: Erfolg definieren"

In Abb. 30.34 a) und b) ist das Ergebnis zu sehen. Die Modellanzeige erhält man durch Doppelklicken auf das Ergebnis im Ausgabefenster. In der Modellanzeige werden in einer Grafik in den Feldern mit der Wertekombination „gelöst – nicht gelöst" der 2*2-Kreztabelle die empirischen und gemäß H_0 zu erwartenden Häufigkeiten in gruppierten Balkendiagrammen dargestellt. Die erwarteten Häufigkeiten ergeben sich als $(n_{12} + n_{21})/2 = (8 + 3)/2 = 5{,}5$.

Die Wahrscheinlichkeit wird wegen der kleinen Fallzahl ($n < 25$) sowohl als exakte Wahrscheinlichkeit auf der Basis einer Binomialverteilung ausgegeben als auch als asymptotischer Chi-Quadrat-Test. „Teststatistik" = 1,455 ist der berechnete χ^2-Wert.

Ergebnis ist, dass die H_0-Hypothese (kein Unterschied im Schwierigkeitsgrad der Aufgaben) angenommen wird, da die angeführte zweiseitige Wahrscheinlichkeit („Exakte Signifikanz") in Höhe von 0,227 das Signifikanzniveau von 5 % ($\alpha = 0{,}05$) übersteigt.[38]

a) Im Ausgabefenster

Hypothesentestübersicht

	Nullhypothese	Test	Sig.	Entscheidung
1	Die Verteilungen unterschiedlicher Werte über Testaufgabe 1 und Testaufgabe 2 sind für die angegebenen Kategorien gleich wahrscheinlich.	McNemar-Test bei verbundenen Stichproben	227,000[1]	Nullhypothese beibehalten

Asymptotische Signifikanzen werden angezeigt. Das Signifikanzniveau ist ,05.

[1] Für diesen Test wird die exakte Signifikanz angezeigt.

[38] Der in der Hypothesentestübersicht" angeführte Wert für „Sig." in Höhe von 227,000 ist falsch. (richtig: 0,227).

b) In der Modellanzeige („Ansicht zu Test bei verbundenen Stichproben“)

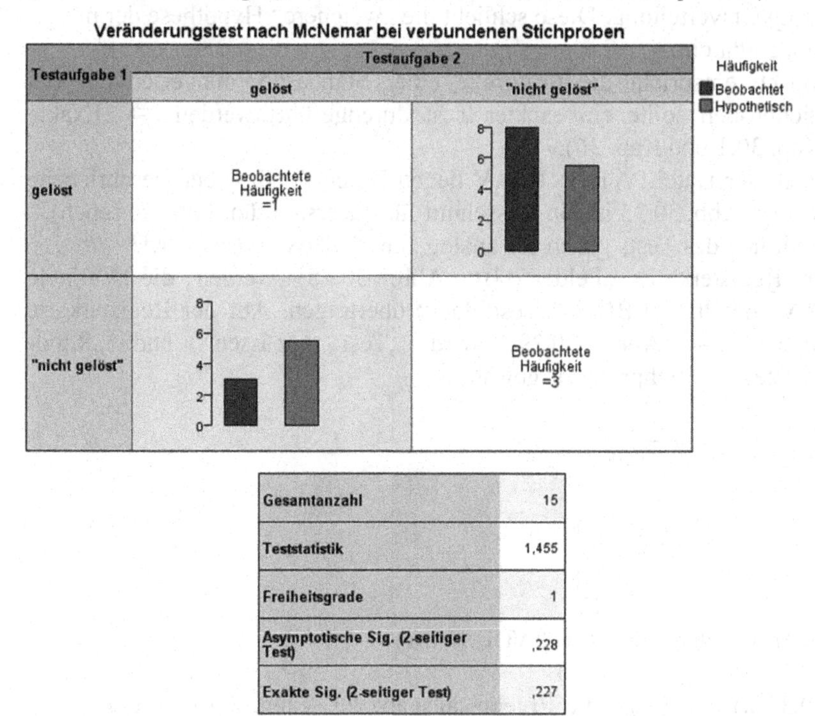

Gesamtanzahl	15
Teststatistik	1,455
Freiheitsgrade	1
Asymptotische Sig. (2-seitiger Test)	,228
Exakte Sig. (2-seitiger Test)	,227

1. Der exakte p-Wert wird anhand der binomialen Verteilung berechnet, weil 25 oder weniger Datensätze vorhanden sind.

Abb. 30.34. Ergebnis des McNemar-Tests

30.5.4 Rand-Homogenitäts-Test

Er ist eine Verallgemeinerung des McNemar-Tests. Anstelle von zwei (binären) Kategorien der kategorialen Testvariablen werden mehr als zwei Kategorien berücksichtigt. Dabei muss es sich um geordnete Kategorien handeln (Variable mit Ordinalskala).

Im Fall eines McNemar-Tests besteht z.B. folgende Datenkonstellation: Ein Arzt verabreicht 25 Personen ein Präparat zur Erhöhung der allgemeinen Leistungsfähigkeit. Zur Prüfung der Wirksamkeit verabreicht er im Abstand von drei Monaten ein Placebo. Die Testvariable hat die binären Kategorien „Wirkung“ - „keine Wirkung“ (kodiert mit „1“ und „0“). Im hier vorliegenden Fall hat die Testvariable hingegen drei Kategorien: „keine Wirkung“, „geringe Wirkung“ und „starke Wirkung“ (kodiert mit „1“, „2“ und „3“). Die Daten der gemeinsamen Häufigkeitsverteilung beider Verteilungen kann dann in Form in einer 3*3-Kreuztabelle dargestellt werden.

Anstelle des „Vortest – Nachtest“-Designs kann der Test auch in einer Studie mit einer Experimental- und einer Kontrollgruppe erfolgen.

Dieser Test unterstellt für H_0 die strengere Hypothese der Symmetrie der gemeinsamen Häufigkeitsverteilung. Diese schließt die „weichere" Hypothese der marginalen Homogenität ein.[39]

Asymptotisch entspricht die Prüfgröße einer Standardnormalverteilung. Bei kleinen Stichproben sollte ein exakter Test durchgeführt werden (⇨ „Exakte Tests" in Kap. 30.1 und Kap. 36).

Beispiel. In der Datei PATIENT.SAV liegen Daten für die oben beschriebene Situation vor (in Abb. 30.35 ist ein Ausschnitt für die ersten fünf Fälle zu sehen). Zur Durchführung des Tests gehen Sie analog zum Wilcoxon-Test vor.[40]

Auf der Registerkarte „Felder" (⇨ Abb. 30.28) werden die Variable PRAEPARA und PLACEBO in „Testfelder" übertragen. Auf der Registerkarte „Einstellungen" (⇨ Abb. 30.29) wird „Test anpassen" und „Rand-Homogenitätstest (2 Stichproben)" gewählt.

	patient	praeparat	placebo
1	1	1	2
2	2	2	1
3	3	3	2
4	4	2	1
5	5	3	1

Abb. 30.35. Ausschnitt aus der Datei PATIENT.SAV

In Abb. 30.36 a) und b) ist die Ergebnisausgabe zu sehen. Anstelle einer 2*2-Kreuztabelle der Häufigkeiten wie für den McNemar-Test ergibt sich eine 3*3-Kreuztabelle (⇨ Abb. 30.36 b).

Außerhalb der Diagonalen der 3*3-Häufigkeitstabelle gibt es 15 Fälle. Der empirische Wert der Prüfgröße („Teststatistik") beträgt 35 und der z-standardisierte 2,4. Gemäß der Standardnormalverteilung ergibt sich eine 2-seitige Wahrscheinlichkeit („Asymptotische Signifikanz" = 0,016), die kleiner ist als ein vorzugebendes Signifikanzniveau von z.B. $\alpha = 0{,}05$.[41] Es kann daher von der Wirksamkeit des Präparats ausgegangen werden.

---

[39] Eine Symmetrieannahme bedeutet, dass die Häufigkeiten n_{ij} und n_{ji} in der gemeinsamen Häufigkeitstabelle in etwa gleich sind. Gleiche marginale Verteilungen bedeuten, dass die Randverteilungen $n_{i.}$ und $n_{.j}$ sich nicht groß unterscheiden.

[40] Es wird davon ausgegangen, dass Sie die Option „Benutzerdefinierte Feldzuweisungen" gewählt haben (⇨ „Vordefinierte Rollen" in Kap. 30.1 und Kap. 3). Die Vorgehensweise wird hier etwas verkürzt dargestellt (ausführlicher ⇨ Kap. 30.2.1).

[41] Der in der Hypothesentestübersicht" angeführte Wert für „Sig." In Höhe von 16,000 ist falsch (richtig: 0,016).

a) Im Ausgabefenster

Hypothesentestübersicht

	Nullhypothese	Test	Sig.	Entscheidung
1	Die Verteilungen von verschiedenen Werten über praeparat und placebo sind gleich wahrscheinlich.	Randhomogenitätstest bei verbundenen Stichproben	16,000	Nullhypothese ablehnen

Asymptotische Signifikanzen werden angezeigt. Das Signifikanzniveau ist ,05.

b) In der Modellanzeige („Ansicht zu Test bei verbundenen Stichproben")

Rand-Homogenitätstest verbundener Stichproben

praepara	placebo: keine Wirkung	placebo: geringe Wirkung	placebo: starke Wirkung
keine Wirkung	Beobachtete Häufigkeit =5	0 1 2 3 4 5	0 1 2 3 4 5
geringe Wirkung	0 1 2 3 4 5	Beobachtete Häufigkeit =5	0 1 2 3 4 5
starke Wirkung	0 1 2 3 4 5	0 1 2 3 4 5	Beobachtete Häufigkeit =0

Gesamtanzahl	25
Teststatistik	35,000
Standardfehler	2,291
Standardisierte Teststatistik	2,400
Asymptotische Sig. (zweiseitiger Test)	,016

Abb. 30.36. Ergebnis des Rand-Homogenitäts-Test

30.5.5 Hodges-Lehman-Schätzung für verbundene Stichproben

Die Hodges-Lehman-Schätzung für verbundene Stichproben ist die Entsprechung der für unabhängige Stichproben (⇨ Kap. 30.3.5).

Am Beispiel der ersten vier Fälle der Variable METH_A und METH_B der Datei LEHRMETH.SAV (⇨ Abb. 30.27) sei das Schätzverfahren erklärt. Im ersten Schritt werden die Paardifferenzen Δ_i = METH_B$_i$ – METH_A$_i$ gebildet:

$\Delta_1 = 14 - 11 = 3$, $\Delta_2 = 13 - 15 = -2$, $\Delta_3 = 14 - 12 = 2$, $\Delta_4 = 15 - 14 = 1$.

Im zweiten Schritt werden n*(n+1)/2 Paare von aufeinander folgenden Differenzen i, j derart gebildet, dass $i \leq j$ ist:

(3 3), (3 -2), (3 2), (3 1), (-2 -2), (-2 2), (-2 1), (2 2), (2 1), (1 1). Im dritten Schritt werden die Mittelwerte dieser Paare gebildet:

3, 0,5, 2,5, 2, -2, 0, -0,5, 2, 1,5, 1 und in eine aufsteigende Rangfolge gebracht:

-2, -0,5, 0, 1, 1, 1,5, 2, 2, 2,5, 3. Der Schätzwert nach Hodges-Lehman ist der Median dieser gemittelten Differenzen. Er beträgt 1,25.

Beispiel. In Kap. 30.5.1 wurde per Wilcoxon-Test mittels der Daten der Datei LEHRMETH.SAV geprüft, ob die Lehrmethode B erfolgreicher ist als die Methode B. Ergebnis ist, dass sie nicht signifikant erfolgreicher ist. Auch der Vorzeichen-Test kommt zu diesem Ergebnis.

Nun soll der Hodges-Lehmann-Schätzung die Differenz der Leistungsergebnisse der Methoden B und A für alle Fälle der Datei LEHRMETH.SAV geschätzt werden.

Wir gehen wie in Kap. 30.5.1 beschrieben vor. Auf der Registerkarte „Einstellungen" (⇨ Abb. 30.29) wird aber anstelle des Wilcoxon-Tests „Hodges-Lehman (2 Stichproben)" gewählt.

In Abb. 30.37 ist das Ergebnis in Form eines Konfidenzintervall-Überblicks zu sehen. Der Schätzwert für die Differenz der bei den Lehrmethoden B und A erreichten Punkte beträgt 1. Das 95%-Konfidenzintervall schließt eine Differenz von 0 ein. Daraus wird ersichtlich, dass die Differenz nicht signifikant ist.

Konfidenzintervallübersicht

Konfidenzintervalltyp	Parameter	Schätzung	95% Konfidenzintervall	
			Unterer	Oberer
Mediandifferenz verbundener Stichproben nach Hodges-Lehman	Median der Differenzen zwischen Ergebnis Lehrmethode A und Ergebnis Lehrmethode B.	1,000	-,500	2,000

Abb. 30.37. Ergebnis der Hodges-Lehman-Schätzung

30.6 Tests für k verbundene Stichproben

Bei diesen Testverfahren geht es um die simultane Prüfung von Unterschieden in den Verteilungen zwischen drei und mehr verbundenen (gepaarten, englisch matched) Gruppen (⇨ Kap. 30.1). In der Regel stammen die Daten aus experimentellen Untersuchungen in denen die Wirksamkeit mehrere „Behandlungen" (englisch treatments)[42] simultan vergleichend bzw. bei Einschluss einer Kontrollgruppe geprüft werden soll.

Der zu untersuchende SPSS-Datensatz hat n Zeilen (= Fälle) mit k Variablen. Die Variablen enthalten die Messwerte der k Parallelgruppen bzw. der k zeitlich nacheinander erfolgenden „Behandlungen" (also Mehrfachmessungen) einer Gruppe.

Jede Parallelgruppe (bzw. jede Messung) entspricht einer „Behandlung". Die k Gruppen haben je einen Umfang von n. Wichtig ist, dass die Zuordnung der Personen (Objekte) zur „Behandlung" zufällig ist. Alternativ werden an n Personen

[42] „Behandlung" ist hier in einem abstrakten Sinn gemeint. Es kann sich um eine medizinische Behandlung oder um andere Maßnahmen bzw. eine Einflussgröße handeln.

(Objekten) k „Behandlungen“ (Messungen) vorgenommen. Eine derartige Datenkonstellation wird auch Blockdesign genannt.

Die H_0-Hypothese lautet, dass die „Behandlungen“ sich nicht unterscheiden. Gemäß H_1 hat mindestens eine der k „Behandlungen“ eine Wirkung. Analog zu den Tests für k unabhängige Stichproben können auch bei diesen Tests Gruppenvergleiche in Form von 2-Stichprobentests vorgenommen werden. Für diese muss das Signifikanzniveau auf α^* angepasst werden um das für alle Tests vorgegebene Signifikanzniveau α einzuhalten. Auch für diese Tests kann der Anwender zwischen zwei Varianten wählen (⇨ Kap. 30.4.1).

30.6.1 Friedman-Test

Der Friedman-Test[43] prüft für k (mehr als zwei) verbundene Stichproben (Parallelstichproben), ob sie hinsichtlich ihrer zentralen Tendenz (ihrer Mediane) aus gleichen Grundgesamtheiten stammen (H_0) oder nicht (H_1).[44] Er entspricht einer zweifaktoriellen Varianzanalyse für Rangziffern (mit einem „Block“- und einem „Behandlungs“-Effekt).

Der Test wird am Beispiel der Prüfung von drei Lehrmethoden auf den Lernerfolg von drei Studentengruppen erläutert (⇨ Datei LEHRMETH.SAV, Abb. 30.27). In Tabelle 30.7 werden die Messwerte der ersten vier Zeilen aus der Datei LEHRMETH.SAV angeführt.

Die drei Stichprobengruppen wurden aus Sets (auch Blöcke genannt)[45] von jeweils drei Schülern mit gleicher Fähigkeiten, gleicher Lernmotivation u.ä. zusammengestellt, um den Erfolg der Lehrmethoden eindeutiger zu messen. Die Zuordnung der Studenten eines Sets zur Lehrmethode (zur „Behandlung“, englisch treatment) erfolgt zufällig.

Im Testverfahren werden für jedes Set der Datenmatrix für die Messwerte (aufsteigende) Rangziffern vergeben. Bei gleichen Messwerten wird die Rangziffer nach dem durchschnittlichen Rang vergeben. Unter der Hypothese H_0 (kein Unterschied im Erfolg der Methoden) verteilen sich die Rangziffern auf die drei Spalten („Behandlungen“) der Datenmatrix zufällig, so dass sich auch die spaltenweise aufsummierten Rangziffernsummen R_j (j = 1,2,3) kaum unterscheiden bzw. sich kaum von ihrem Mittelwert $\overline{R} = n(k+1)/2$ unterscheiden. Der Friedman-Test prüft, ob sich die durchschnittlichen Rangziffernsummen R_j der j Gruppen signifikant voneinander unterscheiden.

---

43 Er ist vom Nobelpreisträger für Wirtschaftswissenschaften Milton Friedman 1937 veröffentlicht worden.

44 Für H_1 wird angenommen, dass sich mindestens zwei Gruppen in den Medianen unterscheiden.

45 Der Begriff Block stammt aus der Anwendung des Verfahrens bei landwirtschaftlichen Versuchen. Parzellen mit z. B. unterschiedlicher Düngung auf einer Ackerfläche wurden Blöcke genannt. Man nennt das Untersuchungsdesign auch randomisiertes Blockdesign.

Zum Testen dient folgende Prüfgröße:

$$F = \frac{12}{nk(k+1)} \sum_{j=1}^{k} (R_j - \bar{R})^2 = \frac{12}{nk(k+1)} \sum_{j=1}^{k} R_j^2 - 3n(k+1) \quad (30.6)$$

R_j = Summe der Rangziffern in der Behandlungsgruppe j
$\bar{R}$ = Durchschnitt der R_j (für j = 1 bis k, = n(k+1)/2)
n = Stichprobengröße pro Set (Zeilenanzahl)
k = Anzahl der „Behandlungen" (Spaltenanzahl)

Aus der ersten Formel für die Prüfgröße ist zu erkennen, dass (positive oder negative) Abweichungen der Rangziffernsumme R_j einer Gruppe j vom Durchschnitt der Rangziffernsummen aller Gruppen $\bar{R}$ den Wert der Prüfgröße erhöhen.
Die Prüfgröße ist asymptotisch chi-quadratverteilt mit k-1 Freiheitsgraden. Bei Bindungen wird ein Korrekturfaktor berücksichtigt. Bei kleinen Stichproben sollte ein exakter Test durchgeführt werden (⇨ „Exakte Tests" in Kap. 30.1 und Kap. 36).

Tabelle 30.7. Messwerte und Rangziffern der ersten vier Sets der Datei LEHRMETH

Methode / Set	**Meth. A**		**Meth. B**		**Meth. C**	
	Messwert	*Rangziffer*	*Messwert*	*Rangziffer*	*Messwert*	*Rangziffer*
Set 1	11	2	14	1	9	3
Set 2	15	2	13	3	17	1
Set 3	12	3	14	1	13	2
Set 4	14	3	15	2	16	1
....	.....		....		....	
Summe:		R_1		R_2		R_3

Zum Testen der Hypothesen (haben die Lehrmethoden A, B und C unterschiedlichen Erfolg oder nicht) geht man nach Öffnen der Datei LEHRMETH.SAV weitgehend vor wie in Kap. 30.5.1.[46]

Auf der Registerkarte „Variablen" (⇨ Abb. 30.28) werden die Variablen METH_A, METH_B und METH_C in „TestVariable:" übertragen.

Auf der Registerkarte „Einstellungen" (⇨ Abb. 30.29) wird „Test anpassen" und „Friedmans zweifaktorielle ANOVA nach Rang (k Stichproben)" gewählt. Für optionale Mehrfachvergleiche kann „Alle paarweise" oder „Schrittweise Step Down" gewählt werden (Mehrfachvergleiche: Alle paarweise | Mehrfachvergleiche: Schrittweise S...). Wir wählen „keine".[47]

In Abb. 30.38 a) und b) ist die Ergebnisausgabe zu sehen. Doppelklicken auf das Ergebnis im Ausgabefenster öffnet die Modellanzeige. In Balkendiagrammen

---

[46] Es wird davon ausgegangen, dass Sie die Option „Benutzerdefinierte Feldzuweisungen" gewählt haben (⇨ „Vordefinierte Rollen" in Kap. 30.1 und Kap. 3). Die Vorgehensweise wird hier etwas verkürzt dargestellt (ausführlicher ⇨ Kap. 30.2.1).

[47] Zu Mehrfachvergleichen allgemein ⇨ Kap. 30.4.1 und zu einem Anwendungsbeispiel ⇨ Kap. 30.4.3.

werden für jede Gruppe (Lehrmethode) die Häufigkeiten der Rangziffern dargestellt und die durchschnittliche Rangziffer aufgeführt.

Der empirische Wert der Prüfgröße beträgt 10,347. Wird für den Test ein Signifikanzniveau von 5 % ($\alpha = 0{,}05$) gewählt, so wird die H_0-Hypothese abgelehnt, da 0,006 < 0,05 ist.[48]

a) Im Ausgabefenster

Hypothesentestübersicht

	Nullhypothese	Test	Sig.	Entscheidung
1	Die Verteilungen von Ergebnis Lehrmethode A, Ergebnis Lehrmethode B and Ergebnis Lehrmethode C sind identisch.	Friedmans zweifaktorielle Varianzanalyse nach Rang bei verbundenen Stichproben	6,000	Nullhypothese ablehnen

Asymptotische Signifikanzen werden angezeigt. Das Signifikanzniveau ist ,05.

b) In der Modellansicht („Ansicht zu Test bei verbundenen Stichproben")

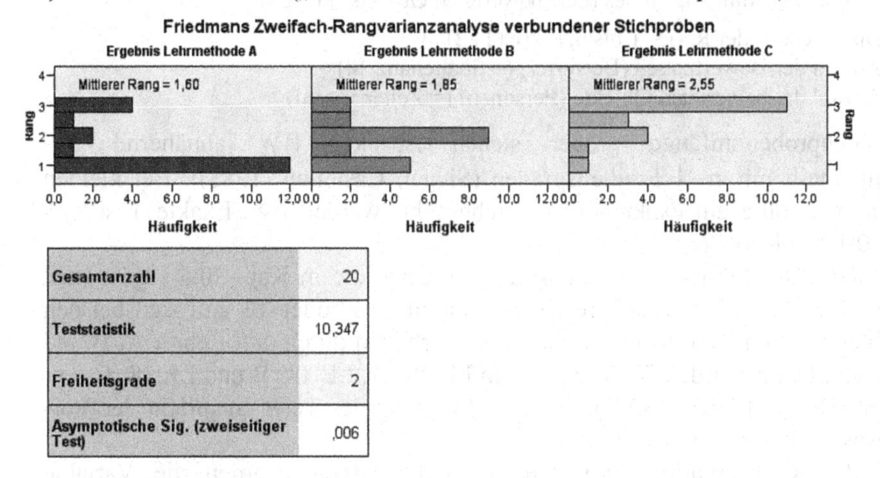

Gesamtanzahl	20
Teststatistik	10,347
Freiheitsgrade	2
Asymptotische Sig. (zweiseitiger Test)	,006

Abb. 30.38. Ergebnis des Friedman-Tests

30.6.2 Kendall's W-Test

Der Test ist dem von Friedman äquivalent. Er beruht auf dem Koeffizient der Konkordanz W nach Kendall. W ist ein Maß für die Stärke des Zusammenhangs von mehr als zwei ordinalskalierten Variablen. W misst, in welchem Maße Rangziffern von k Bewertungen über gleiche Dinge übereinstimmen. Er dient dazu, die Höhe der Übereinstimmung von Rankings von Gutachtern/Juroren zu bewerten.

Es sei angenommen, drei Lehrer A, B und C bewerten die Klassenarbeit von 20 Schülern. Für die Klassenarbeiten der Schüler entsteht für jeden Lehrer eine Rangfolge in Form von Rangziffern, wobei für die beste Arbeit die Rangziffer 1 verge-

---

48 Der in der „Hypothesentestansicht" angeführte Wert für „Sig." in Höhe von 6.000 ist falsch (richtig: 0,006).

ben wird. Zur Bestimmung des Maßes W werden zunächst für jeden Schüler die Rangziffern aller drei Lehrer summiert. Aus diesen Summen wird das Ausmaß einer unterschiedlichen Bewertung deutlich. Bewerten alle drei Lehrer die Arbeiten gleich, so hat der beste Schüler von allen Lehrern die Rangziffer 1, der zweitbeste die Rangziffer 2 usw. erhalten. Daraus ergeben sich für die besten drei Schüler die Rangziffersummen 3, 6, 9 usw. Die Unterschiedlichkeit [in Abweichung vom Durchschnitt dieser Rangziffernsummen (= k(n+1)/2)] ist demgemäß ein Maß für die Übereinstimmung der Bewertung. In Gleichung 30.7 ist die Prüfgröße W definiert. Die Summe der quadratischen Abweichungen der Rangziffernsumme der Bewerteten i vom Mittelwert dieser, gemessen an der bei vollkommener Übereinstimmung der Bewertung (= $k^2(n^3\text{-}n)/12$), bestimmt die Höhe von W. W wächst mit der Höhe der Übereinstimmung bei der Rangziffernvergabe. W kann zwischen 1 (vollkommene Übereinstimmung) und 0 liegen.

$$W = \frac{12}{k^2(n^3-n)}\sum_{i=1}^{n}(R_i-\bar{R})^2 = \frac{1}{k^2(n^3-n)}\left[12\sum_{i=1}^{n}R_i^2 - 3k^2n(n+1)^2\right] \qquad (30.7)$$

R_i = Summe der Rangziffern des (der) bewerteten Objekts (Person) i
$\bar{R}$ = Durchschnitt der R_i (i = 1 bis n, = k(n+1)/2)
k = Anzahl der Bewertungen (Bewerter) (= Spaltenanzahl)
n = Anzahl der bewerteten Objekte (Personen) (= Zeilenanzahl)

Für Stichprobenumfänge größer sieben ist $k(n-1)W$ annähernd chiquadratverteilt mit $n-1$ Freiheitsgraden (Siegel, Castellan (1988)). Bei kleinen Stichproben sollte ein exakter Test durchgeführt werden (⇨ „Exakte Tests" in Kap. 30.1 und Kap. 36).

Beispiel. Zur praktischen Demonstration werden die in Kap. 30.5.1 genutzten Daten (⇨ Abb. 30.27) in anderer Interpretation verwendet. Es soll sich bei den Variablen jetzt um Bewertungen von Schülerarbeiten durch drei Lehrer A, B und C handeln. Dafür wurden die Variablen in LEHR_A, LEHR_B und LEHR_C umbenannt (Datei LEHRER.SAV). Die Durchführung des Tests entspricht der Vorgehensweise in Kap. 30.5.1.[49]

Auf der Registerkarte „Variablen" (⇨ Abb. 30.28) werden die Variable LEHR_A, LEHR_B und LEHR_C in „Testvariable" übertragen.

Auf der Registerkarte „Einstellungen" (⇨ Abb. 30.29) wird „Test anpassen" und „Konkordanz-Koeffizient nach Kendall (k Stichproben)" gewählt. Wie beim Friedman-Test kann man Mehrfachvergleich anfordern. Wir verzichten hier darauf.[50]

In Abb. 30.39 ist nur ein Teil der Ergebnisausgabe des Tests zu sehen. Die Ergebnisse unterscheiden sich von den für den Friedman-Test (⇨ Abb. 30.38) nur dadurch, dass zusätzlich Kendalls W (= 0,259) angeführt wird. Wir verzichten daher auf eine erneute Darstellung mit Erläuterungen. Da „Signifikanz" mit 0,006

---

49 Es wird davon ausgegangen, dass Sie die Option „Benutzerdefinierte Feldzuweisungen" gewählt haben (⇨ „Vordefinierte Rollen" in Kap. 30.1 und Kap. 3). Die Vorgehensweise wird hier etwas verkürzt dargestellt (ausführlicher ⇨ Kap. 30.2.1).

50 Zu Mehrfachvergleichen allgemein ⇨ Kap.30.4.1 und zu einem Anwendungsbeispiel ⇨ Kap. 30.4.3.

kleiner ist als das gewählte Signifikanzniveau von z.B. 5 % (α = 0,05), wird die Hypothese H_0 - die Bewertungen stimmen überein - abgelehnt.[51]

Hypothesentestübersicht

	Nullhypothese	Test	Sig.	Entscheidung
1	Die Verteilungen von lehr_a, lehr_b and lehr_c sind identisch.	Konkordanzkoeffizient nach Kendall bei verbundenen Stichproben	6,000	Nullhypothese ablehnen

Asymptotische Signifikanzen werden angezeigt. Das Signifikanzniveau ist ,05.

Abb. 30.39. Ergebnis des Kendall W-Tests

30.6.3 Cochran Q-Test

Dieser Test entspricht dem McNemar-Test für zwei verbundene Stichproben (⇨ Kap. 30.5.3) mit dem Unterschied, dass er für mehr als zwei dichotome Variablen (z.B. „1" = Erfolg einer Maßnahme bzw. Wirkung eines Einflusses, „0" = kein Erfolg, keine Wirkung) angewendet werden kann. Geprüft wird, ob sich die Anteile am Erfolg einer „Behandlung" in den Gruppen unterscheiden (H_1) oder nicht (H_0).

Die Prüfgröße Q wird (ausgehend von der n*k-Datenmatrix) aus den Häufigkeiten des Eintretens von „Erfolg" ermittelt. Q ist wie folgt definiert:

$$Q = \frac{(k-1)k\sum_{j=1}^{k}(S_j - \bar{S})^2}{k\sum_{i=1}^{n} Z_i - \sum_{i=1}^{n} Z_i^2} = \frac{(k-1)\left[k\sum_{j=1}^{k} S_j^2 - (\sum_{j=1}^{k} S_j)^2\right]}{k\sum_{i=1}^{n} Z_i - \sum_{i=1}^{n} Z_i^2} \qquad (30.8)$$

S_j = Spaltensumme der Behandlungsgruppe j (Häufigkeit von „1" in Spalte j)
$\bar{S}$ = Durchschnitt der S_j (j = 1 bis k)
Z_i = Zeilensumme des Sets i (Häufigkeit von „1" in Spalte i)
k = Anzahl der „Behandlungen" (Variablen, Anzahl der Spalten der Datenmatrix)
n = Stichprobengröße je Gruppe (Anzahl der Zeilen der Datenmatrix)

Wie man aus der ersten Formel für Q entnehmen kann, beruht die Prüfgröße (Teststatistik) auf den Abweichungen der Spaltensummen (= Häufigkeiten) für „Erfolg" vom Durchschnitt. Q ist asymptotisch chi-quadratverteilt mit $k-1$ Freiheitsgraden (für $k > 3$ und $nk > 23$). Bei kleinen Stichproben sollte ein exakter Test durchgeführt werden (⇨ „Exakte Tests" in Kap. 30.1 und Kap. 36).

Beispiel. Das folgende Beispiel verwendet die Daten aus der in Abb. 30.32 ausschnittsweise dargestellten Datei TESTAUFG.SAV. In den Variablen AUFG1, AUFG2 und AUFG3 ist erfasst, ob drei verschiedene Aufgaben von Studenten gelöst worden sind oder nicht. Gelöst ist mit 1 und nicht gelöst mit 0 kodiert. Zur

[51] Der in der Hypothesentestansicht angeführte Wert für „Sig." in Höhe von 6,000 ist falsch (richtig: 0,006).

Anwendung des Tests geht man weitgehend wie beim Wilcoxon-Test für verbundene Stichproben vor (⇨ Kap. 30.5.1) vor.[52]
Auf der Registerkarte „Variablen" (⇨ Abb. 30.28) werden die Variablen AUFG1, AUFG2 und AUFG3 in „TestVariable" übertragen. Auf der Registerkarte „Einstellungen" (⇨ Abb. 30.9) wird „Test anpassen" und „Cochrans Q-Test (k Stichproben)" gewählt.

Wie beim McNemar-Test öffnet Klicken auf die Schaltfläche [Erfolg definieren...] eine Dialogbox zum Definieren des Erfolgs. Wir gehen wie in Kap. 30.5.3 beschrieben vor. Wie bei allen Tests für k Gruppen kann man Mehrfachvergleiche anfordern.[53] Hier verzichten wir darauf. Da der Test keine Unterschiede feststellt, würde aber auch bei Anfordern von Mehrfachvergleichen keine Ausgabe erfolgen.

Die Darstellung der Mehrfachvergleiche für den Cochran-Q-Test unterscheidet sich nicht von der für andere Tests.

In Abb. 30.40 a) und b) wird die Ergebnisausgabe dargestellt. Doppelklicken auf das Ergebnis im Ausgabefenster öffnet die Modellanzeige. In gestapelten Balkendiagrammen werden für die drei Variablen die Häufigkeiten des Auftretens der Werte „1" (= Aufgabe gelöst) und „0" (= Aufgabe nicht gelöst) dargestellt.

Die Prüfgröße Cochrans Q („Teststatistik") hat den Wert 5,167. Da das ausgegebene Signifikanzniveau mit 0,076 größer ist als ein z.B. mit 5 % ($\alpha = 0{,}05$) gewähltes, wird die Hypothese H_0 (der Lösungserfolg und somit der Schwierigkeitsgrad der Aufgaben unterscheiden sich nicht) beibehalten.[54]

a) Im Ausgabefenster

Hypothesentestübersicht

	Nullhypothese	Test	Sig.	Entscheidung
1	Die Verteilungen von Testaufgabe 1, Testaufgabe 2 and Testaufgabe 3 sind für die angegebenen Kategorien identisch.	Cochran-Q-Test bei verbundenen Stichproben	76,000	Nullhypothese beibehalten

Asymptotische Signifikanzen werden angezeigt. Das Signifikanzniveau ist ,05.

b) In der Modellanzeige („Ansicht für Test bei verbundenen Stichproben")

Cochran-Q-Test verbundener Stichproben

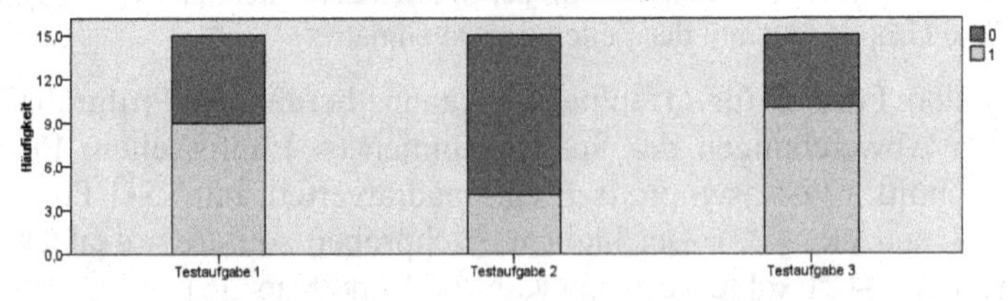

52 Es wird davon ausgegangen, dass Sie die Option „Benutzerdefinierte Feldzuweisungen" gewählt haben (⇨ „Vordefinierte Rollen" in Kap. 30.1 und Kap. 3). Die Vorgehensweise wird hier etwas verkürzt dargestellt (ausführlicher ⇨ Kap. 30.2.1).

53 Zu Mehrfachvergleichen allgemein ⇨ Kap. 30.4.1 und zu einem Anwendungsbeispiel ⇨ Kap. 30.4.3.

54 Der in der „Hypothesentestansicht" angeführte Wert für „Sig." in Höhe von 76,000 ist falsch (richtig: 0,076).

Gesamtanzahl	15
Teststatistik	5,167
Freiheitsgrade	2
Asymptotische Sig. (zweiseitiger Test)	,076

1. Mehrfachvergleiche wurden nicht durchgeführt, weil der Gesamttest keine signifikanten Unterschiede zwischen Stichproben aufweist.

Abb. 30.40. Ergebnis des Cochran Q-Tests

31 Simulation

31.1 Einführung

Grundlegendes. Diese Prozedur ermöglicht die Anwendung der Monte Carlo Methode für Vorhersagemodelle, die auf unsicheren Daten basieren. Damit wird es möglich, Unsicherheit in den Vorhersageergebnissen zu veranschaulichen.

Am Beispiel des Modells der linearen Regression (⇨ Kap. 18) soll dies etwas näher erläutert werden. Sind eine oder auch mehrere erklärende Variablen (Prädiktoren) mit Unsicherheit behaftet, so ist die per Regressionsgleichung berechnete abhängige (vorhergesagte) Variable ebenfalls unsicher. Um herauszuarbeiten wie sich die unsicheren Daten der erklärenden Variable auf die vorhergesagte abhängige Variable auswirken können, werden die unsicheren Daten der erklärenden Variablen durch simulierte Werte ersetzt. Zur Gewinnung dieser simulierten Werte wird für eine vorliegende unsichere Datenvariable aus einem für diese Prozedur vorhandenem Angebot von Wahrscheinlichkeitsverteilungen eine am besten passende gewählt (z.B. eine Dreiecksverteilung). Anschließend wird aus dieser Verteilung per Zufallsauswahl ein Wert gezogen. Dieser bildet den simulierten Wert für die unsichere erklärende Variable. Mit diesem simulierten Wert wird anschließend mit Hilfe der Regressionsgleichung der Wert der abhängigen Variablen berechnet. Dieser Vorgang wird anschließend z.B. 100000fach wiederholt, so dass sich ein Verteilungsbild für die vorhergesagte Variable ergibt. Damit wird es möglich, hinsichtlich der vorhergesagten Variable Wahrscheinlichkeitsaussagen zu machen.

Durch deskriptive Maße sowie durch Verteilungsdiagramme wird der Wertebereich der simulierten abhängigen Variable veranschaulicht.

Es handelt sich bei der Prozedur also nicht um ein statistisches Verfahren. Es kann für einige statistische Verfahren ergänzend genutzt werden, ist aber auch völlig unabhängig von statistischen Verfahren einsetzbar. Es dient dazu, die durch unsichere Inputdaten bedingte Unsicherheit von vorhergesagten Werten eines Vorhersagemodells darzustellen. Es kann insofern zur Risikoanalyse und auch für „What-If"- Analysen genutzt werden.

Die Prozedur ist für folgende Anwendungssituationen einsetzbar:

- ❑ Ein mit SPSS berechnetes und als xml-Datei gespeichertes Modell wird simuliert.[1] In Statistics Base ist dies z.B. möglich für die lineare Regression, die or-

---

[1] Eine xml-Datei (eine Datei mit der Endung xml, = extensible markup language) enthält die Gleichungen des Modells. In Kap. 19.2 wird gezeigt, wie man für ein in einer xml-Datei gespeicher-

dinale Regression und die Diskriminananalyse. Voraussetzung für diese Anwendung ist, dass die Datendatei mit der das Modell berechnet wurde im Daten-Editor geöffnet ist.

- Der Nutzer gibt eine eigene Modellgleichung mit numerischen Koeffizienten (oder auch mehrere Gleichungen in Form eines Gleichungssystems) in eine Dialogbox der Prozedur ein. Nun kann mit vom Anwender bereitgestellten realen oder hypothetischen Daten eine Simulation durchgeführt werden.
- Für die genannten Simulationsszenarien können die Ergebnisse in einem Simulationsplan gespeichert werden. Dieses Simulationsmodell kann aufgerufen werden und erneut mit anderen Annahmen über die Verteilung von unsicheren unabhängigen Variablen oder mit modifizierten Gleichungen simuliert werden.
- Es können ohne Vorhersagemodell Daten simuliert werden. Dafür muss der Anwender Wahrscheinlichkeitsverteilungen vorgeben oder diese aus seinen Daten berechnen lassen.

Die vier genannten Anwendungskonstellationen werden in Kap. 31.2 mit Beispielen erläutert.

Unterstützte Modelle und statistische Verteilungen Die Prozedur Simulation unterstützt folgende mit IBM SPSS Statistics Base (oder IBM SPSS Modeler) erstellten Modelle (gespeichert als XML-Datei oder PMML in einem ZIP-Archiv): Lineare und ordinale Regression, Diskriminanzanalyse, Clusterzentren- und Two-Step Clusteranalyse. Außerdem werden weitere xml-Modelle aus anderen SPSS-Modulen unterstützt, unter anderen die binäre und multinomiale logistische Regression und Cox Regression.

Zur Bestimmung von simulierten Werten für die Einflussvariablen eines prädiktiven Modells nutzt SPSS eine Reihe von statistische Verteilungen: Bernoulli-, Beta-, Binomial-, Kategorial-, Exponential-, Gamma-, Lognormal-, negative Binomial-Verteilung für Fehler und für Versuche, Normal-, Poisson-, Bereichs-, Dreiecks-, Gleich- und Weibull-Verteilung.

Der Anwender kann sich zur Vorbereitung der Simulation die am besten für die eigenen Daten passende Verteilung berechnen lassen oder er kann diese auch aus den verfügbaren Verteilungen auswählen und diese mit Parametern versorgen. Des Weiteren kann er auch zur Simulation eines Modells für Einflussvariable einen festen Wert vorgeben.

31.2 Praktische Anwendung

Um den Buchumfang nicht noch mehr wachsen zu lassen und weil wir vermuten, dass diese Prozedur nur für eine Minderheit unserer Leser von Interesse ist, stellen wir dieses Kapitel (mit Unterkapiteln) in den „Ergänzungen“ auf den Internetseiten zum Buch bereit.

tes Modell Vorhersagen einer unabhängigen Variablen für neue unabhängige Variable durchführt.

32 Grafiken erstellen per Diagrammerstellung

32.1 Einführung und Überblick

Grafiken werden vorwiegend im Menü „Grafik“ erzeugt. Aber einige Grafiktypen sind über das Menü „Analysieren“ zugänglich.

Grafiken im Menü „Grafik“. Das Menü „Grafik bietet drei verschiedene Grafikprozeduren an, die sich in ihrer Anwendung unterscheiden:

- ❑ **„Diagrammerstellung“.** Mit der Befehlsfolge „Grafik“, „Diagrammerstellung...“ öffnet man die Dialogbox „Diagrammerstellung“. Dort wählt man auf der Registerkarte „Galerie“ zuerst einen Grafiktyp, z.B. Balken. Die verfügbaren Balkendiagramme werden nun in Form von Symbolen angezeigt. Das Symbol der gewünschten Grafik (z.B. ein einfaches Balkendiagramm) zieht man auf eine Zeichenfläche. Dort wird in einer Diagrammvorschau ein Prototyp der Grafik mit Ablagefeldern für Variablen dargestellt. Um das Balkendiagramm mit Daten zu versorgen, zieht man z.B. zur Darstellung von Häufigkeiten eine kategoriale Variable aus der Quellvariablenliste auf das Ablagefeld für die x-Achse. Diese Grafikprozedur deckt eine breite Palette von Grafiktypen ab.

  Diese Grafikprozedur beruht auf GPL (Graphics Production Language). Nutzer der Befehlssyntax stehen mit GPL weitere Grafiktypen und -optionen zur Verfügung.[1]
- ❑ **„Auswahl der Diagrammtafelvorlage“.** Mit der Befehlsfolge „Grafik“, „Auswahl der Diagrammtafelvorlage“ öffnet man die Dialogbox „Auswahl der Diagrammtafelvorlage“. Mit deren Hilfe können - wie schon der Name andeutet – Grafikvorlagen zum Erstellen von Grafiken (z.B. für ein Kreisdiagramm) verwendet werden. Etliche Grafikvorlagen sind in SPSS integriert und damit verfügbar.

  Die meisten der verfügbaren Grafiken sind auch im Menü “Diagrammerstellung“ enthalten. Aber es gibt auch einige neue Grafiken.

  Die Attraktivität dieses Grafikkonzeptes liegt darin, dass ein Anwender sich mit Hilfe des zusätzlichen Programms SPSS Visualization Designer eigene Grafikvorlagen für seine spezifischen Zwecke fertigen kann.

  Neu ist ein Einstieg in Grafikvorlagen für geografische Karten.

---

[1] Auf GPL gehen wir nicht ein. Im GPL Reference Guide for Visualization for IBM SPSS Visualization Designer (⇨ Handbücher in Kap. 1) und im SPSS-Hilfesystem finden sich Erläuterungen und Beispiele. Für ergänzende Informationen ⇨ L. Wilkinson (2005).

„Alte Dialogfelder". Mit der Befehlsfolge „Grafik", „Alte Dialogfelder" öffnet man eine Auswahlliste von Grafiktypen. Auf Dialogboxen werden die Grafiken spezifiziert.

Grafiken im Menü „Analysieren". Neben den im Menü „Diagramme" enthaltenen Grafiken, gibt es im Menü „Analysieren" einige weitere Grafiktypen.

Es sind „P-P-Diagramme" und „Q-Q-Diagramme" (im Menü „Deskriptive Statistiken"), Diagramme für Zeitreihen („Sequenz"- „Autokorrelations"- und „Kreuzkorrelationsdiagramme" im Menü „Vorhersage"), „Qualitätsregelkarten"- und „Pareto-Diagramme" im Menü „Qualitätskontrolle" und die „ROC-Kurve".

Darüber hinaus erlauben etliche statistische Prozeduren im Menü „Analysieren" (z.B. „Häufigkeiten" im Menü „Deskriptive Statistik") das Erzeugen von Diagrammen.

Gestalten des Layout. Das Überarbeiten von Grafiken zur Layoutgestaltung unterscheidet sich zwischen den mit den Menüs „Diagrammerstellung" und „Analysieren" erstellten Grafiken einerseits und den mit der „Grafiktafel-Vorlagenauswahl" erzeugbaren. Die Layoutgestaltung von Grafiken der ersten Gruppe wird im „Diagramm-Editor", die der zweiten Gruppe im „Grafiktafel-Editor" vorgenommen.

Was in welchem Kapitel? In diesem Kapitel 32 wird auf die per Menü „Diagrammerstellung" und die per Menü „Analysieren" erzeugbaren Diagramme eingegangen, mit Ausnahme der Grafiken in den Menüs „Qualitätskontrolle" (Qualitätsregelkarten- und Pareto-Diagramme) und „Vorhersage" (Sequenz-, Autokorrelations- und Kreuzkorrelationsdiagramme). Diese sind aus Platzgründen in den „Ergänzungen" auf den Internetseiten zum Buch zu finden.

Das Überarbeiten dieser Grafiken im „Diagramm-Editor" zu einer für Präsentationen geeigneten Form (Layoutgestaltung) wird in Kapitel 33 behandelt.

In Kap. 34 wird das Konzept zum Erstellen von Grafiken per Grafikmenü „Auswahl der Diagrammtafelvorlage" erläutert. Einen Überblick über die verfügbaren Grafiken, deren Nutzung (auch von geografischen Karten) sowie der Layoutgestaltung im „Grafiktafel-Editor" finden Sie aus Platzgründen in „Ergänzungen" auf den Internetseiten zum Buch.

Auch das Erstellen von Grafiken der im Menü „Alte Dialogfelder" enthaltenen Grafiken ist in „Ergänzungen" auf den Internetseiten zum Buch enthalten.

Tabelle 32.1 zeigt diese Zuordnungen in einer Übersicht.

Kurzform der Darstellung. Die Vorgehensweise zum Erstellen von Diagrammen per Menü „Diagrammerstellung" gleicht sich in den ersten Schritten. Diese wird im Folgenden am Beispiel eines gruppierten Balkendiagramms näher erläutert. Es soll die Häufigkeitsverteilung der Schulbildung der Befragten gruppiert nach Geschlecht dargestellt werden (ALLBUS90.SAV). Zum Erstellen von Grafiken wird mit der Befehlsfolge „Grafik", „Diagrammerstellung" die Dialogbox „Diagrammerstellung" aufgerufen. Dort wird zunächst ein bestimmter Diagrammtyp bestimmt (im Beispiel „Balken") und danach eine Diagrammvariante aus den für den Diagrammtyp verfügbaren ausgewählt (hier ein gruppiertes Balkendiagramm), welche auf die Zeichenfläche der Diagrammvorschau platziert wird. Anschließend werden Variablen aus der Quellvariablenliste auf Variablenablagefelder (bzw. –zonen) in der Diagrammvorschau gezogen (im Beispiel die Variable SCHUL auf das Feld „X-Achse?" und GESCHL auf das Feld für eine Gruppierungsvariable „Clustervariable X: Farbe festlegen"). Um diese Vorgehensweise nicht bei jedem Demonstrationsbeispiel zu wiederholen, werden wir beim ersten Beispiel (dem gruppierte Balkendiagramm in Kap. 32.2.1) die einzelnen Schritte ausführlich darlegen. Für die weiteren Beispiele werden wir eine Kurzform wählen, die durch eine graue Schattierung hervorgehoben wird. Für ein gruppiertes Balkendiagramm z.B. sieht diese Kurzform wie folgt aus:

Befehlsfolge: „Grafik", „Diagrammerstellung"
Registerkarte: „Galerie"
Diagrammtyp: „Balken"
Diagrammvariante: gruppiertes Balkendiagramm
X-Achse?: SCHUL
Clustervariable auf X: Farbe festlegen: GESCHL

Tabelle 32.1. Grafiken erstellen und bearbeiten in Kapiteln bzw. auf Internetseiten

Kapitel	Inhalte
32.2-32.15	Per Grafikmenü „Diagrammerstellung" und „Galerie" erstellen
32.16	Per Grafikmenü „Diagrammerstellung" und „Grundelemente" erstellen
32.17 - 32.18	Per Menü „Analysieren" erstellen (Ausnahme: Grafiken in den Menüs „Qualitätskontrolle" und „Vorhersage")
33	Layout von per „Diagrammerstellung" und „Analysieren" erstellten Grafiken gestalten
34	Per Grafikmenü „Auswahl der Diagrammtafelvorlage" erstellen
Internet	Per „Alte Dialogfelder" erstellen Per Menü „Analysieren" erstellen (für Grafiken in den Menüs „Qualitätskontrolle" und „Vorhersage") Per „Auswahl der Diagrammtafelvorlage" erstellen: geografische Karten, verfügbare Grafiken und Karten, Grafiken überarbeiten

32.2 Balkendiagramme

Balkendiagramme können in verschiedenen Varianten erstellt werden. Gemeinsam ist allen Varianten, dass auf der X-Achse die Kategorien einer kategorialen Variablen (z.B. der Bildungsabschluss wie Hauptschule etc.) abgebildet werden. Auf der Y-Achse kann entweder die Häufigkeit der Kategorien oder für jede Kategorie eine statistische Auswertung einer zweiten metrischen Variable (z.B. der Mittelwert des Einkommens) abgebildet werden.

Gruppierte Balkendiagramme unterscheiden sich von den einfachen dadurch, dass mehrere Fallgruppen (z.B. Männer und Frauen) bei der Darstellung der Balken auf der X-Achse unterschieden werden.

3-D-Balkendiagramme werden (im Unterschied zur üblichen 2-D-Darstellung im Y-X-Achsensystem) in einem Y-X-Z-Achsensytem dargestellt, wobei sowohl die X-Achse als auch die Z-Achse mit einer kategorialen Variablen belegt wird. Sie können ebenfalls als einfaches oder als gruppiertes Balkendiagramm erstellt werden.

Bei gestapelten Balkendiagrammen erscheinen die Gruppen als Stapel der Balken. Man kann sie sowohl für ein Y-X-Achsen- (gestapeltes Balkendiagramm) als auch für ein Y-X-Z-Achsensystem (gestapeltes 3-D-Balkendiagramm) nutzen.

Im Folgenden werden wir einige typische Balkendiagramme als Demonstrationsbeispiele erläutern. Andere Varianten sind unschwer aus diesen Beispielen ableitbar.

Eine Sonderform bilden Fehlerbalkendiagramme. Daher werden wir diese in einem separaten Abschnitt behandeln.

32.2.1 Gruppiertes Balkendiagramm

Beispiel. Im Folgenden sollen in einem Balkendiagramm die prozentualen Häufigkeiten von höchsten Schulabschlüssen (Variable SCHUL) für Männer und Frauen (Variable GESCHL) vergleichend dargestellt werden (Datei ALLBUS90.SAV). Klicken Sie auf

▷ „Grafik", „Diagrammerstellung..."

Es öffnet sich die in Abb. 32.1 dargestellte Dialogbox.

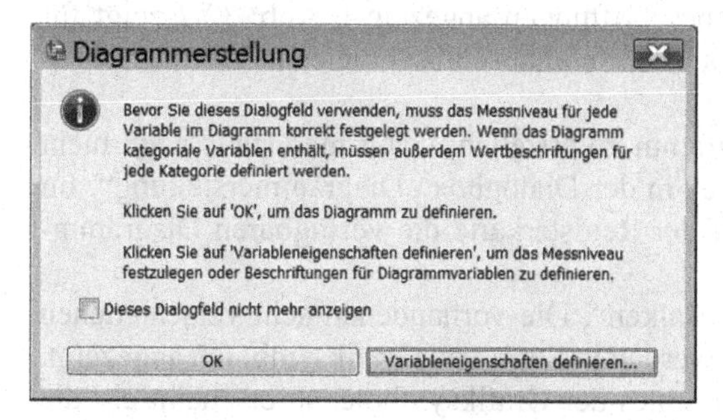

Abb. 32.1. Dialogbox „Diagrammerstellung"

Der Text auf der Dialogbox erläutert, dass zum Erstellen von Diagrammen für die verwendeten Variablen das richtige Messniveau (⇨ Kap. 8.3.1) definiert sein muss. Eine metrische Variable muss als metrisch (angezeigt durch das Symbol), eine kategoriale Variable als ordinal (angezeigt durch das Symbol) oder nominal (angezeigt durch das Symbol) deklariert sein. Ist das Messniveau bislang nicht richtig deklariert, gibt es drei Möglichkeiten, dies zu ändern. Erstens: In der Spalte „Messniveau" der „Variablenansicht" des Daten-Editors (⇨ Abb. 2.9) kann man das Messniveau dauerhaft anpassen. Zweitens: Mittels der Dialogbox „Variableneigenschaften definieren" (⇨ Abb. 3.6 mit den dazugehörenden Erläuterungen). Sie öffnet sich, wenn man in der Dialogbox „Diagrammerstellung" der Abb. 32.1 auf den Schalter „Variableneigenschaften definieren…" klickt[2]. Beendet man dort die Definition von Variablen mit „OK", so öffnet sich die in Abb. 32.2 dargestellte Dialogbox „Diagrammerstellung". Ist eine Umdefinition des Messni-

[2] Diese Möglichkeit existiert aber nicht mehr, wenn man in der Dialogbox der Abb. 32.1 das Auswahlkästchen „Dieses Dialogfeld nicht mehr anzeigen" markiert hat. Dann erscheint die Dialogbox in Abb. 32.2 sofort nach der Befehlsfolge „Diagramme", „Diagrammerstellung...".

veaus nicht nötig, wählt man in der Dialogbox der Abb. 32.1 sofort „OK" und gelangt in die Dialogbox Abb. 32.2).

Drittens: Eine komfortable Möglichkeit zur Anpassung (aber nur temporär) besteht in der Quellvariablenliste der Dialogbox „Diagrammerstellung" (⇨ Abb. 32.2). Dort wird durch die Symbole , oder angezeigt, ob für eine Variable ein metrisches, ordinales oder nominales Messniveau deklariert worden ist.

Stimmt das Messniveau einer Variablen nicht, klickt man mit der rechten Maustaste auf die entsprechende Variable in der Quellvariablenliste. Dann öffnet sich ein Kontextmenü (⇨ Abb. 32.3), in dem die Messniveaus „Nominal", „Ordinal" und „Metrisch" aufgelistet sind. Das aktuell definierte Messniveau wird dabei mit einem dicken schwarzen Punkt angezeigt. Klicken auf ein anderes Messniveau führt zu einer Änderung des Messniveaus.

In dem Kontextmenü kann man sich des Weiteren durch die Wahl von „Variablenbeschreibung" über eine ausgewählte Variable informieren (es werden die Variablenlabel sowie die Variablenwerte mit ihren Wertelabeln angezeigt) sowie die Variable sortieren (nach Alphabet, Reihenfolge in der Datei oder Messniveau).

Unterhalb der Quellvariablenliste befindet sich das – nicht beschriftete - Feld „Kategorien:" (⇨ Abb. 32.2). Auch hier kann man sich über kategoriale Variablen informieren (es werden die Wertebeschriftungen angezeigt). Abb. 32.2 zeigt für die markierte Variable SCHUL (höchster Schulabschluss) die erste Wertebeschriftung.

Um das gewünschte Balkendiagramm zu erstellen, wählt man (falls noch nicht der Fall) die Registerkarte „Galerie" in der Dialogbox „Diagrammerstellung". Im Feld „Auswählen aus" werden auf der Registerkarte die verfügbaren Diagrammtypen angezeigt (⇨ Abb. 32.2).

Wir wählen den Diagrammtyp „Balken". Die vorhandenen acht verschiedenen Varianten von Balkendiagrammen werden in Form von Grafiksymbolen angezeigt. Geht man mit dem Mauszeiger auf eines der Grafiksymbole, so erscheint ein die Grafikvariante benennender Text. Durch Doppelklicken[3] auf das Symbol für ein gruppiertes Balkendiagramm wird diese Balkendiagrammvariante auf die Zeichenfläche der Diagrammvorschau übertragen. Auf dieser werden für die beiden Achsen des Balkendiagramms (blau umrandete) Ablagefelder für Variablen sowie ein Ablagefeld „Clustervariable auf X: Farbe festlegen" für die Gruppierungsvariable angezeigt (⇨ Abb. 32.4 links). Zu beachten ist (wie wir bei diesem ersten Beispiel sehen), dass nicht in jedem Fall auf jedes Ablagefeld der Achsen eine Variable gezogen werden muss. Wandelt sich der blaue Text im Ablagefeld einer Achse in schwarz und zeigt eine statistische Auswertung an (z.B. mit „Anzahl" die absolute Häufigkeit), so muss die Achse nicht mit einer Variable belegt werden.[4] Auf der Zeichenfläche in der Diagrammvorschau wird sichtbar, welche Form das Diagramm annehmen wird. Dabei werden in der Diagrammvorschau aber nur fiktive und nicht die echten Daten benutzt.

[3] Alternativ: Mit gedrückter linker Maustaste die Grafikvariante auf die Zeichenfläche ziehen oder mit der rechten Maustaste auf das Diagrammsymbol klicken und im Kontextmenü „Diagramm auf Zeichenfläche kopieren" wählen.

[4] Man sieht es auch an der aktiv oder noch nicht aktiv geschalteten Schaltfläche „OK".

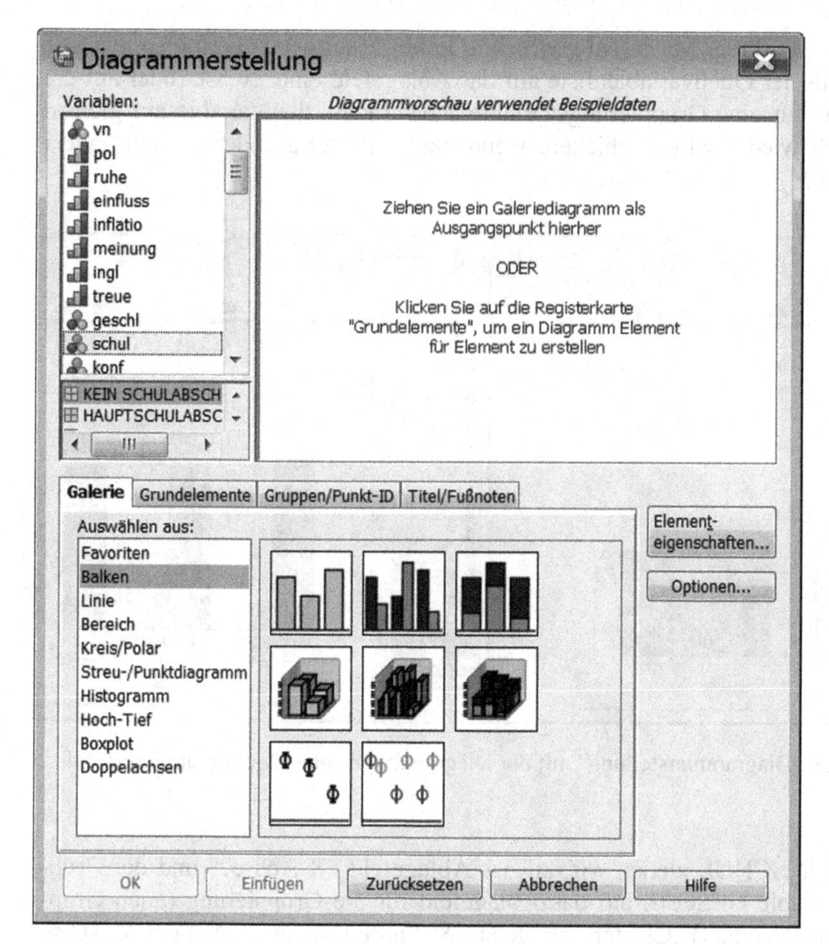

Abb. 32.2. Dialogbox „Diagrammerstellung" bei aktiver Registerkarte „Galerie"

Abb. 32.3. Kontextmenü bei der Wahl einer kategorialen Variable in der Quellvariablenliste

Das Übertragen eines Grafiksymbols auf die Zeichenfläche bewirkt auch die Öffnung der in Abb. 32.5 links gezeigten Dialogbox „Elementeigenschaften". Mit Hilfe dieser Dialogbox kann man – wie unten ausführlich beschrieben wird – die voreingestellten Eigenschaften der verschiedenen Grafikelemente (z.B. die Balken und die Achsen des Diagramms) verändern. Falls man diese Dialogbox geschlossen hat, kann man sie durch Klicken auf die Schaltfläche „"Elementeigenschaften..." in der Dialogbox „Diagrammerstellung" (⇨ Abb. 32.2) wieder öffnen. (Für das Beispiel wird diese Dialogbox zunächst nicht benötigt und deshalb geschlossen.)

Durch Ziehen mit der Maus (bei gedrückter linker Maustaste) übertragen wir eine Variable aus der Quellvariablenliste auf das Ablagefeld einer Achse (oder auf die Ablagezone für eine Gruppierungsvariable).[5] Man kann die Variable auf gleiche Weise auch wieder zurückschieben, wenn man sich vertan oder es sich anders überlegt hat.[6]

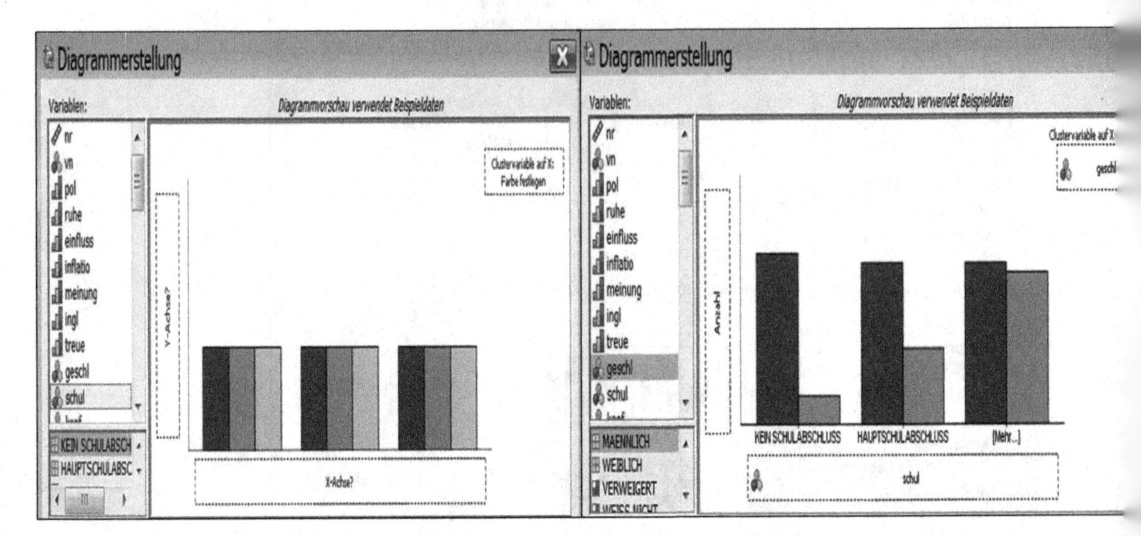

Abb. 32.4. Dialogbox „Diagrammerstellung“ mit der Diagrammvorschau für ein gruppiertes Balkendiagramm

Die Variable SCHUL ziehen wir auf das Ablagefeld „X-Achse?“ und die Gruppierungsvariable GESCHL auf das Ablagefeld für die Gruppierung (auch Gruppierungszone genannt) „Clustervariable auf X: Farbe festlegen“. Auf der Y-Achse in der Diagrammvorschau wird nun mit „Anzahl“ die absolute Häufigkeit der Befragten ausgewiesen (⇨ Abb. 32.4 rechts). Diese Voreinstellung für kategoriale Variablen wird auch in der Dialogbox „Elementeigenschaften“ im Feld „Statistik“ angezeigt, wenn im Feld „Eigenschaften bearbeiten von:“ „Balken 1“ markiert ist (⇨ Abb. 32.5 links).

Nun wollen wir die voreingestellten absoluten in prozentuale Häufigkeiten verändern. Dazu wählen wir in der Dialogbox „Elementeigenschaften“ (falls nicht schon gewählt) im Feld „Eigenschaften bearbeiten von:“ das Grafikelement „Balken 1“ (⇨ Abb. 32.5 links) und öffnen durch Klicken auf ▾ die Dropdownliste „Statistik“, die für die Art der Häufigkeiten der auf der X-Achse abgebildeten kategorialen Variablen oder für den Wert bzw. für statistische Auswertungen (Maß-

---

[5] Alternativ: Mit der Maus die Variable in der Quellvariablenliste markieren, dann mit der rechten Maustaste ein Kontextmenü öffnen und „Kopieren“ wählen, anschließend mit der Maus das Ablagefeld einer Achse wählen, mit rechter Maustaste ein Kontextmenü öffnen und „Einfügen“ wählen.

[6] Alternativ: Mit dem Befehl „Löschen“ bzw. „Ausschneiden“ im Kontextmenü entfernen oder auf das Ablagefeld klicken und anschließend die Entf-Taste drücken.

zahlen bzw. Kennzahlen) einer auf der Y-Achse abgebildeten Variablen eine Reihe von Auswahlmöglichkeiten bietet[7] (⇨ Tabelle 32.2).

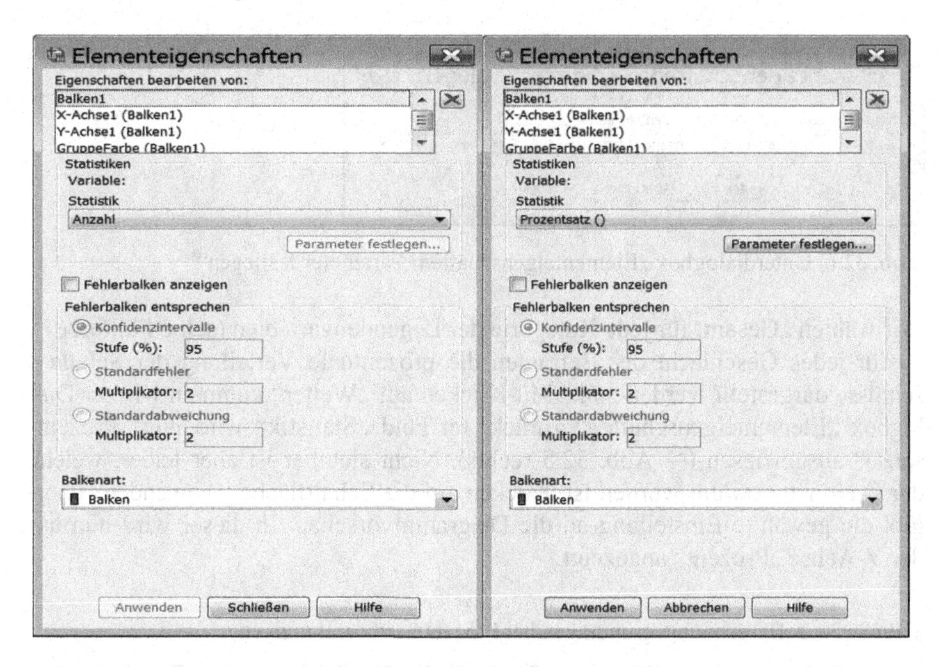

Abb. 32.5. Dialogbox „Elementeigenschaften“ mit markiertem Datengrafikelement „Balken 1“

Tabelle 32.2. Optionen für „Statistik“

Wert bzw. statistische Auswertung einer Variablen auf der Y-Achse	Häufigkeiten einer Variablen auf der X-Achse
Wert, Mittelwert, Median, Gruppenmedian, Modalwert, Minimum, Maximum, Gültige N, Summe, kumulierte Summe, Perzentil (?), G-Perzentil (?), Standardabweichung, Varianz, Prozentsatz kleiner als (?), Prozentsatz größer als (?), Anzahl kleiner als (?), Anzahl größer als (?), Prozentsatz im Bereich (?,?), Anzahl im Bereich (?,?)	Anzahl, Kumulierte Anzahl, Prozentsatz (?), Kumulierter Prozentsatz

Wir wählen „Prozentsatz (?)“ und aktivieren dadurch die Schaltfläche „Parameter festlegen…“. Das in Klammern gesetzte Fragezeichen symbolisiert, dass man dieses durch einen Parameterwert ersetzen muss. Klicken auf die Schaltfläche „Parameter festlegen…“ öffnet die in Abb. 32.6 dargestellte Unterdialogbox „Elementeigenschaften: Parameter festlegen“. Klicken auf ▾ öffnet eine Dropdown-

[7] Soll der Wert oder eine statistische Auswertung einer Variablen auf der Y-Achse abgebildet werden, muss natürlich erst eine Variable auf das Ablagefeld „Y-Achse?“ der Y-Achse gezogen werden.

liste mit in Tabelle 32.3 aufgeführten Auswahlmöglichkeiten, die sich darin unterscheiden, welche Fallzahl bei der Prozentwertberechnung im Nenner steht.

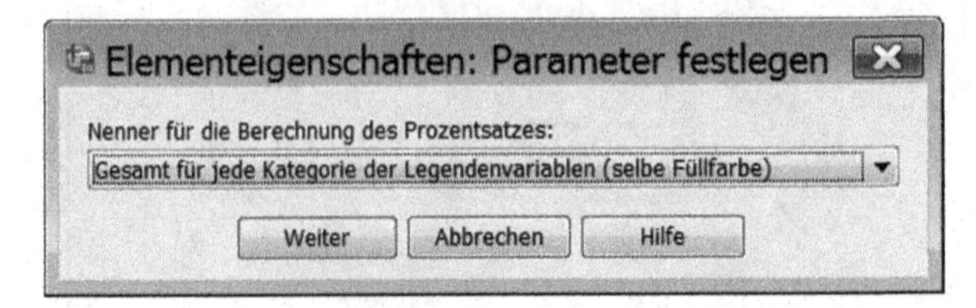

Abb. 32.6. Unterdialogbox „Elementeigenschaften: Parameter festlegen"

Wir wählen „Gesamt für jede Kategorie der Legendenvariablen (selbe Füllfarbe)", da für jedes Geschlecht der Befragten die prozentuale Verteilung der Schulabschlüsse dargestellt werden soll.[8] Mit Klicken auf „Weiter" kommen wir zur Dialogbox „Elementeigenschaften" zurück. Im Feld „Statistik" wird nun „Prozentsatz()" ausgewiesen (⇨ Abb. 32.5 rechts). Nicht sichtbar ist aber leider, welche der Optionen gewählt worden ist. Klicken auf die Schaltfläche „Anwenden" übergibt die gewählte Einstellung an die Diagrammvorschau. In dieser wird nun auf der Y-Achse „Prozent" angezeigt.

Tabelle 32.3. Berechnungsgrundlagen bei Prozentwertberechnungen

Auswahloptionen für Prozentwertberechnungen	**Basis (Nenner) der Prozentwertberechnung**
Gesamtergebnis	Gesamtzahl aller Fälle[1]
Gesamt für jede X-Achsen-Kategorie	Gesamtzahl der Fälle einerAchsenkategorie[2]
Gesamt für jede Kategorie der Legendenvariablen (selbe Füllfarbe)	Gesamtzahl der Fälle einer Gruppe [3]
Gesamt für Feld[4]	Gesamtzahl der Fälle in einem Feld[4]

[1] Die Summe aller Grafikelemente in allen Feldern des Diagramms ergibt 100 %.
[2] Die Summe der Grafikelemente in einer Kategorie der X-Achse ergibt 100 %.
[3] Die Summe der Grafikelemente mit der gleichen Farbe (dem gleichen Muster) ergibt 100 %.
[4] Diese Option gibt es nur bei der Diagrammerstellung in Feldern (⇨ Kap. 32.4). Die Summe der Grafikelemente in einem Feld ergibt 100 %.

Die Dialogbox „Elementeigenschaften" ermöglicht weitere Festlegungen:

- ❑ *Fehlerbalken anzeigen.* Wählt man Fehlerbalken, so kommt die Meldung „Die Berechnungsgrundlage für die Prozentsätze wurde auf den Gesamtwert zurückgesetzt". Eine Fehlerbalkendarstellung ist also mit der von uns gewünschten Darstellung nicht vereinbar.

  Eine Fehlerbalkendiagrammdarstellung ist insbesondere dann interessant, wenn auf der Y-Achse eine metrische Variable abgebildet wird. In Kap. 32.3 gehen wir auf Fehlerbalkendiagramme mit ihren verschiedenen Formen ein.

[8] Bei dieser Prozentwertberechnung steht die Anzahl der Befragten Männer bzw. Frauen im Nenner des Bruches.

- *Balkenart*. Neben den Balken kann man „Doppel-T“ und „Stab“ wählen. Wenn man eine dieser Varianten wählt und mit „Anwenden“ an die Diagrammvorschau übergibt, wird dieses in der Diagrammvorschau sichtbar.

Mit dem Schalter ☒ auf der Dialogbox „Elementeigenschaften“ kann man Grafikelemente löschen. Klickt man auf diesen Schalter, dann wird ein vorher markiertes Grafikelement gelöscht. In der Diagrammvorschau verschwindet das Grafikelement. Diese Funktionalität wird man wohl besonders dann nutzen, wenn man sich ein Diagramm aus Grundelementen zusammenstellt (⇨ Kap. 32.16).

Mit Hilfe der Dialogbox „Elementeigenschaften“ lassen sich auch an den anderen im Feld „Eigenschaften bearbeiten von:“ angezeigten Grafikelemente Veränderungen vornehmen (⇨ Abb. 32.5).

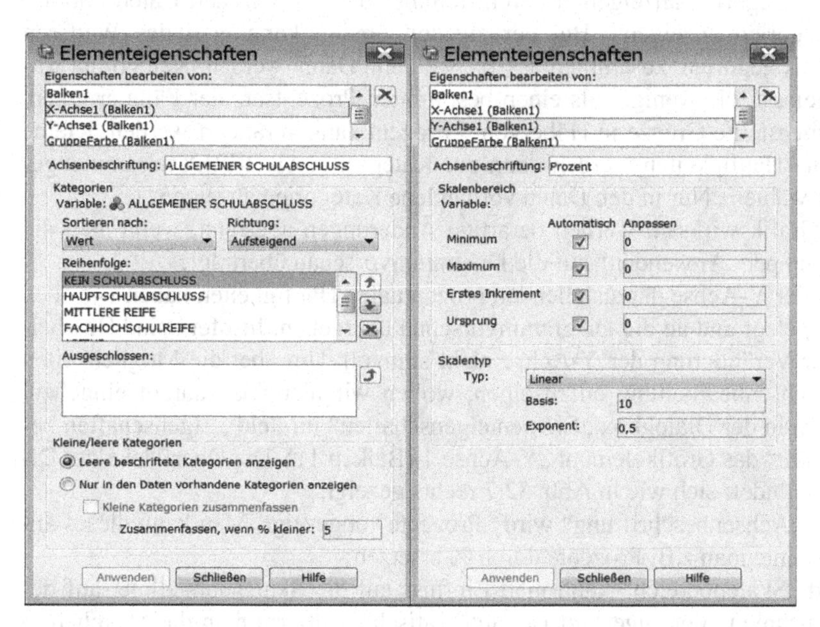

Abb. 32.7. Dialogbox „Elementeigenschaften“: markiertes Grafikelement „X-Achse 1 (Balken 1)“ (links) und markiertes Grafikelement „Y-Achse 1 (Balken 1)“ (rechts)

Wir wollen uns jetzt ansehen, welche Veränderungsmöglichkeiten sich für die X-Achse bieten. Dazu klicken wir in der Dialogbox „Diagrammelemente“ im Feld „Eigenschaften bearbeiten von:“ auf „X-Achse 1 (Balken 1)“. Die neue Oberfläche der Dialogbox ist in Abb. 32.7 links zu sehen. Im Feld „Achsenbeschriftung“ wird das Variablenlabel ALLGEMEINER SCHULABSCHLUSS von SCHUL angezeigt. Man kann den Text verändern.

Im Feld „Kategorien“ kann man die Reihenfolge der Kategorien von SCHUL auf der X-Achse verändern und des Weiteren auch Kategorien ausschließen. Die Reihenfolge kann gemäß den Variablenwerten, den Variablenbeschriftungen[9] (in auf- oder in absteigender Reihenfolge) oder auch benutzerdefiniert (anpassen) bestimmt werden. Im Feld „Reihenfolge“ wird die aktuell eingestellte Reihenfolge

---

[9] In alphabetischer Reihenfolge.

der Kategorien angezeigt. Eine benutzerdefinierte Reihenfolge ist nur im Fall nominalskalierte Variablen zu empfehlen. Dazu markiert man einen Wert bzw. sein Label im Feld „Reihenfolge“ und kann ihn mit ▲ bzw. ▼ nach oben bzw. unten verschieben. Wir belassen die Reihenfolge in aufsteigender Sortierung nach den Variablenwerten.

Mit dem Schalter ✖ kann man auch im Feld „Reihenfolge:“ markierte Kategorien von der Darstellung ausschließen, wenn sie nicht in der Grafik erscheinen sollen. Die ausgeschlossene Kategorie verschwindet dann aus dem Feld „Reihenfolge:“ und erscheint im Feld „Ausgeschlossen:“. Mit dem Schalter ⤴ kann man ausgeschlossene Kategorien auch wieder einbeziehen.

Im Feld „Kleine/Leere Kategorien“ hat man die Wahl zwischen „Leere beschriftete Kategorien anzeigen“ (Voreinstellung) und „Nur in den Daten vorhandene Kategorien anzeigen“. Bei der zweiten Option kann man des Weiteren „Kleinere Kategorien zusammenfassen“ wählen. Dann werden Kategorien zusammengefasst, die weniger als einen bestimmten Prozentsatz der Fälle erfassen. Die voreingestellte Grenze in Höhe von 5 Prozent kann verändert werden. Kleine prozentuale Häufigkeiten werden dann zur Kategorie „ANDERE“ zusammengefasst. Wir wählen „Nur in den Daten vorhandene Kategorien anzeigen“.

In der Grafik wirksam werden derartige Änderungen aber erst, wenn man die Änderungen per „Anwenden“ auf die Diagrammvorschau überträgt.

Die auf der Y-Achse darzustellenden prozentualen Häufigkeiten haben wir oben schon festgelegt und an die Diagrammvorschau übergeben. Insofern sind Bearbeitungen zur Veränderung der Y-Achse nicht sinnvoll. Um aber die Möglichkeiten einer Y-Achsenbearbeitung aufzuzeigen, wollen wir hier doch darauf eingehen. Wir wählen in der Dialogbox „Elementeigenschaften“ im Feld „Eigenschaften bearbeiten von:“ das Grafikelement „Y-Achse 1 (Balken 1)“. Die Oberfläche der Dialogbox verändert sich wie in Abb. 32.7 rechts gezeigt.

Im Feld „Achsenbeschriftung“ wird „Prozente“ angezeigt. Man kann dieses ändern, so könnte man z.B. Prozente durch % ersetzen.

Im Feld „Skalenbereich“ kann man Einfluss auf die Skalendarstellung auf der Y-Achse nehmen. Voreingestellt ist „automatisch“. Entfernt man das Häkchen in einem der Kontrollkästchen, so kann man im Eingabefeld „Anpassen“ eine gewünschte Eingabe für die Achsenskalierung vornehmen.

Im Feld „Skalentyp“ kann man die Voreinstellung „Linear“ ändern. Zur Auswahl stehen „Logarithmisch“, „Logarithmisch (sicher)“ und „Potenzfunktion“. Derartige Spezifizierungen machen nur Sinn, wenn man auf der Y-Achse eine metrische Variable abbildet.

Bei der Wahl einer logarithmischen Skala ist die Basis des Logarithmus mit 10 voreingestellt. Man kann aber auch eine andere Basis vorgeben. Bei der Wahl von „Logarithmisch (sicher)“ ist die Berechnung des logarithmierten Wertes modifiziert, so dass auch für den Datenwert 0 und für negative Datenwerte logarithmierte Werte bestimmt werden können.[10] Wählt man „Potenzfunktion“, so ist als Exponent 0,5 voreingestellt, was dem Ziehen der Quadratwurzel aus den Datenwer-

---

[10] Die Formel für die sichere Log-Transformation lautet: sign(x)*log(1 + abs(x)). Bei einem Achsenwert von –99 führt die Transformation beispielsweise zum folgenden Ergebnis: sign(-99) * log(1 + abs(-99)) = -1 * log(1 + 99) = -1 * 2 = -2.

ten entspricht. Nimmt man Veränderungen für die Y-Achse vor, so werden diese – wie alle Veränderungen – erst nach Klicken auf die Schaltfläche „Anwenden“ in der Diagrammvorschau der Dialogbox „Eigenschaften“ wirksam. Wir belassen es bei den Voreinstellungen.

Nun wollen wir uns ansehen, welche Veränderungen man für das (die Gruppierung betreffende) Grafikelement „Gruppefarbe“ vornehmen kann. Wählt man in der Dialogbox „Elementeigenschaften“ dieses Grafikelement, so entspricht die Oberfläche der Dialogbox der Abb. 32.7 links, mit dem Unterschied, dass hier eine andere kategoriale Variable, nämlich GESCHL, bearbeitet werden kann. Die möglichen Spezifizierungen für kategoriale Variable haben wir schon oben besprochen.

Um der Grafik einen Titel sowie Fußnoten hinzuzufügen, wählen wir in der Dialogbox „Diagrammerstellung“ (⇨ Abb. 32.2) die Registerkarte „Titel/Fußnoten“. In der unteren Hälfte der Dialogbox ist nun diese Registerkarte geöffnet (⇨ Abb. 32.8). Wenn man Titel bzw. Fußnoten wünscht, so klickt man auf die entsprechenden Kontrollkästchen. Wir möchten die Grafik mit zwei Titel und zwei Fußnoten versehen und wählen diese Kontrollkästchen. In der Diagrammvorschau werden ein erster und zweiter Titel mit T1 und T2 und eine erste und zweite Fußnote mit F1 und F2 angezeigt.[11] In der Dialogbox „Elementeigenschaften“ sind die zusätzlich angeforderten Grafikelemente im Feld „Eigenschaften bearbeiten von:“ um die Grafikelemente “Titel 1“, „Titel 2“, „Fußnote 1“ und „Fußnote 2“ ergänzt. Wird eine dieser weiteren Grafikelemente (z.B. „Titel 1“) markiert, dann erscheint auf der Dialogbox ein Texteingabefeld. Hier kann man einen Text eingeben. Auf diese Weise kann man Titel und Fußnoten mit Texten versorgen. Man kann dort auch Codes für Datum und Zeit eingeben.[12] Mit „Anwenden“ erfolgt die Übergabe an die Diagrammvorschau. Die Texte werden aber erst nach der Generierung des Diagramms sichtbar.

Das Layout einer Grafik kann man nach dem Erstellen im Diagramm-Editor überarbeiten. Dort kann man auch eine Grafik alternativ zum hier beschriebenen Verfahren mit Titeln und Fußnoten versorgen (⇨ 32.2.1).

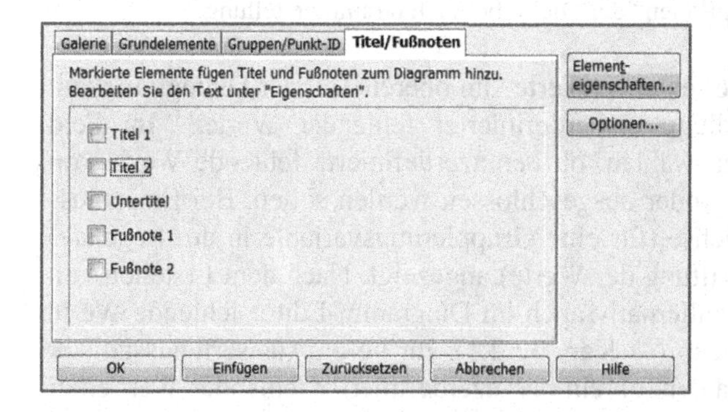

Abb. 32.8. Registerkarte „Titel/Fußnoten“ der Dialogbox „Diagrammerstellung“

[11] Wählt man Untertitel, so wird dieses in der Diagrammvorschau mit U angezeigt.

[12] So finden Sie Zugang zu den verfügbaren Codes: In der Hilfe „Titel hinzufügen“ suchen, Anzeigen lassen von „Hinzufügen und Bearbeiten von Titeln“, auf der angezeigten Seite öffnen von „So können Sie den Titel- bzw. Fußnotentext bearbeiten“.

Klickt man in der Dialogbox „Diagrammerstellung“ (⇨ Abb. 32.2) auf die Schaltfläche „Optionen...“, öffnet sich die Unterdialogbox „Optionen“ (⇨ Abb. 32.9) in der man wahlweise weitere Festlegungen vornehmen kann.

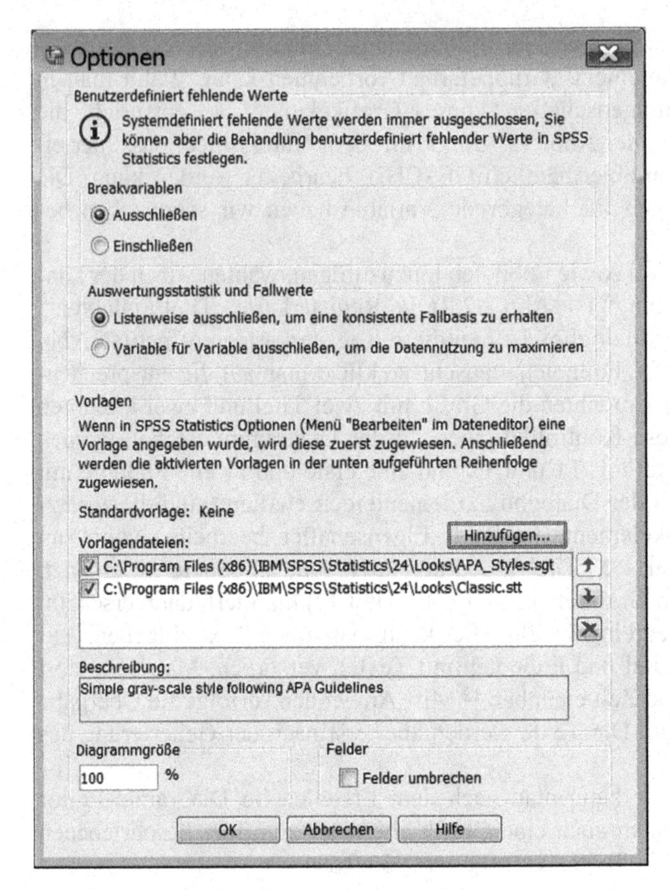

Abb. 32.9. Unterdialogbox „Optionen“ der Dialogbox „Diagrammerstellung“

Das Feld „Benutzerdefinierte fehlende Werte“ im oberen Teil der Dialogbox dient der Festlegung der Behandlung nutzerdefinierter fehlender Werte.[13] Im Feld „Break-Variablen“ kann man wählen, ob benutzerdefinierte fehlende Werte von Variablen im Diagramm ein- oder ausgeschlossen werden sollen. Bei Einschluss werden auf der Kategorienachse (für eine Gruppierungsvariable in der Legende) die fehlenden Werte (Beschriftung der Werte) angezeigt. Nach dem Erstellen von Diagrammen kann man aber alternativ auch im Diagramm-Editor fehlende Werte aus dem Diagramm ausblenden (⇨ Kap. 32.2.1). Im Feld „Auswertungsstatistik und Fallwerte“ kann man wählen, ob ein benutzerdefinierter fehlender Wert einer Variable für einen Fall zum Ausschluss des gesamten Falles („Listenweise“) führen soll oder nur zum Ausschluss des Falles bei Statistiken für die Variablen, für die der Wert fehlt.

[13] Systemdefinierte fehlende Werte werden immer ausgeschlossen.

Im Feld „Vorlagen“ im unteren Teil der Dialogbox hat man die Möglichkeit, die Eigenschaften eines schon früher im Diagramm-Editor bearbeiteten und als Vorlage gespeicherten Diagramms auf ein zu erstellendes Diagramm zu übertragen. Mit Klicken auf die Schaltfläche „Hinzufügen“ öffnet sich die Dialogbox „Vorlagendateien suchen“. Nun kann man das Verzeichnis mit seiner Vorlagendatei suchen und die dort gespeicherte Vorlagendatei wählen. Der Name der gewählten Datei erscheint dann zusammen mit einem Kontrollkästchen im Feld „Vorlagendateien:“. Man kann dort mehrere Vorlagendateien ablegen und für die aktuell bearbeitete Grafik durch das Markieren des Kontrollkästchens vor der gewünschten Datei die entsprechende Vorlage auswählen. In Abb. 32.9 ist die auf dem Laufwerk C im Pfad für das SPSS-Programm im Verzeichnis Looks gespeicherte Vorlagendatei APA-Styles.SGT als Vorlagendatei gewählt.[14]

In Feld „Diagrammgröße“ kann man durch Änderung des Prozentwertes die Größe des Diagramms gegenüber der Standardgröße (100%) verändern. Die Option „Felder umbrechen“ bezieht sich auf Diagramme in Feldern (⇨ Kap. 32.4).

Nun soll ergänzend kurz die Registerkarte „Gruppen/Punkt-ID“ (⇨ Abb. 32.10) der Dialogbox „Diagrammerstellung“ mit ihren Optionen besprochen werden. Sie dient in erster Linie dazu, dem Diagramm Ablageflächen für hinzuzufügende Variable auf der Zeichenfläche zu schaffen. Es können aber auch bereits vorhandene Ablageflächen für Gruppierungs- oder Feldvariable gelöscht werden.

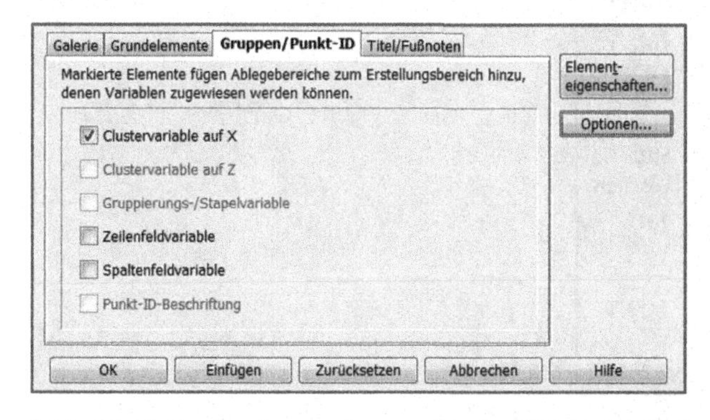

Abb. 32.10. Registerkarte „Gruppen/Punkt-ID“ der Dialogbox „Diagrammerstellung“

Das Erstellen eines gruppierten Balkendiagramms wird auf der Registerkarte durch das Häkchen für „Clustervariable auf X“ angezeigt. Löscht man das Häkchen, so wird in der Diagrammvorschau die Gruppierungszone „Clustervariable auf X: Farbe festlegen“ gelöscht. Hat man die Diagrammerstellung mit einem einfachen Diagramm begonnen und möchte man ein gruppiertes erstellen, dann kann man umgekehrt durch Klicken auf das Kontrollkästchen „Clustervariable auf X“

[14] Ist keine Vorlagendatei gewählt bzw. vorhanden, so wird standardmäßig die auf der Registerkarte „Diagramme“ in der Dialogbox „Optionen“ (aufrufbar durch die Befehlsfolge „Bearbeiten“, „Optionen“) gewählte Diagrammvorlage als Diagrammvorlage verwendet (in Abb. 32.9 ist es die im SPSS-Programmunterverzeichnis Looks gespeicherte Vorlage APA_Style.sgt). Auch im Diagramm-Editor kann man alternativ die Diagrammeigenschaften einer Diagrammvorlage auf ein erstelltes Diagramm übertragen („Datei“, „Diagrammvorlage zuweisen…“ ⇨ Kap. 32.1).

die Gruppierungszone „Clustervariable auf X: Farbe festlegen“ einfügen. In manchen Fallsituationen kann man einem Diagramm durch Klicken auf „Clustervariable auf Z“ eine weitere Gruppierungsvariable hinzufügen (⇨ Kap. 32.2.2).

Die auf der Registerkarte „Gruppen/Punkt-ID“ wählbaren Optionen „Zeilenfeldvariable“ und „Spaltenfeldvariable“ werden im Zusammenhang mit der Erstellung von Balkendiagrammen in Feldern erläutert (⇨ Kap. 32.4). Die Option „Punkt-ID-Beschriftung“ ist für alle Streudiagramme nützlich und wird im Zusammenhang mit der Erstellung eines gruppierten Streudiagramms besprochen (⇨ Kap. 32.10). Auch für Boxplotdiagramme (⇨ Kap. 32.13) und für Doppelachsendiagramme mit Streupunkten (⇨ Kap. 32.14.2) kann die Option „Punkt-ID-Beschriftung“ verwendet werden.

Zum Abschluss soll auf das zur Dialogbox „Diagrammerstellung“ gehörende Kontextmenü hingewiesen werden (⇨ Abb. 32.11). Man öffnet es, indem man mit der rechten Maustaste auf die Zeichenfläche der Diagrammvorschau oder spezifisch (wie hier geschehen) auf das Ablagefeld für die Gruppierungsvariable „Clustervariable auf X: Farbe festlegen“ klickt. Je nachdem, welche dieser beiden Varianten man wählt und welchen Diagrammtyp man erstellen möchte, sind unterschiedliche Befehle des Kontextmenüs aktiv geschaltet.

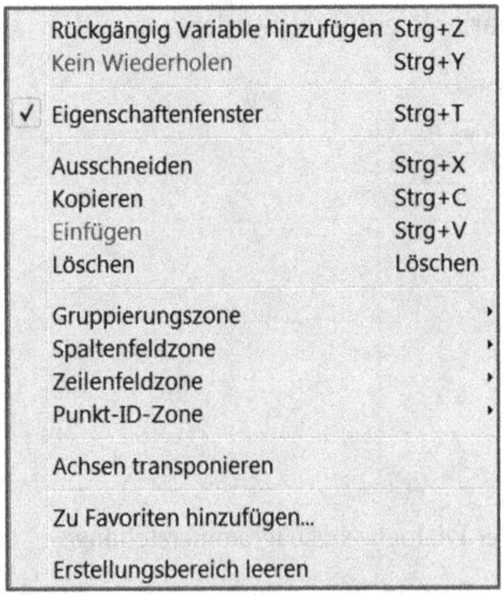

Abb. 32.11. Kontextmenü der Dialogbox „Diagrammerstellung“

Wählen von „Gruppierungszone“, „Bearbeiten“ öffnet z.B. die in Abb. 32.12 gezeigte Dialogbox. In dieser kann man die Gruppenunterscheidung (also hier der Balken für Männer und Frauen) von „Farbe“ in „Muster“ und die Gruppenanordnung von „Clustervariable auf X“ auf „Stapel“ verändern.

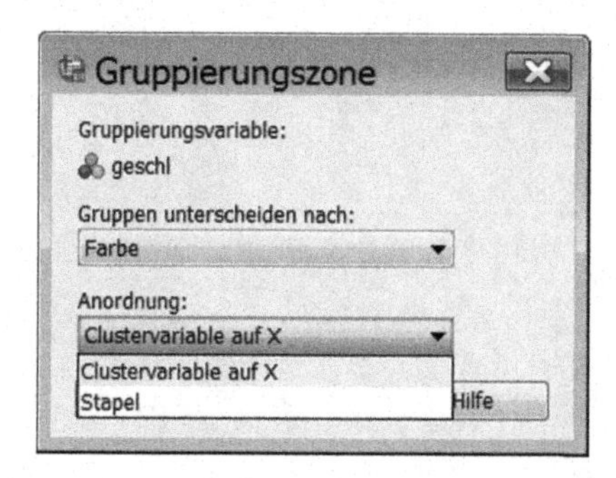

Abb. 32.12. Dialogbox „Gruppierungszone“

Wählt man im Kontextmenü „Zu Favoriten hinzufügen...“, öffnet sich die Dialogbox „Zu Favoriten hinzufügen“. Hier kann man einen Namen für die favorisierte (häufig verwendete) Grafik angeben. Sie erscheint dann als Grafiksymbol, wenn man in der Dialogbox „Diagrammerstellung“ im Feld „Auswählen aus:“ „Favoriten“ wählt. Zeigt man mit dem Mauszeiger auf das Grafiksymbol, so erscheint der für die favorisierte Grafik gewählte Name. Möchte man einen Favoriten löschen, dann klickt man mit der rechten Maustaste auf das entsprechende Grafiksymbol und wählt im Kontextmenü „Aus Favoriten löschen“.

Mit weiteren Befehlen des Kontextmenüs kann man die Achsen des Balkendiagramms um 90 Grad drehen („Achsen transponieren“) oder die Zeichenfläche der Diagrammvorschau leeren. Zum Leeren der Zeichenfläche wird man aber wohl i.d.R. auf die Schaltfläche „Zurücksetzen“ der Dialogbox „Diagrammerstellung“ klicken.

Man kann in manchen Fallsituationen eine Gruppierung, d.h. eine Break-Variable, löschen („Gruppierungszone entfernen“) bzw. auch eine hinzufügen („Gruppierungszone hinzufügen“).

Mit Klicken von „OK“ in der Dialogbox „Diagrammerstellung“ wird die Diagrammerstellung abgeschlossen. In Abb. 32.13 ist das erstellte und anschließend im Diagramm-Editor überarbeitete gruppierte Balkendiagramm zu sehen.

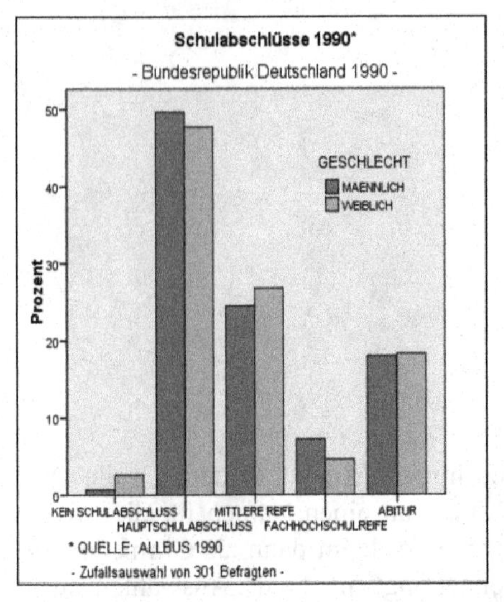

Abb. 32.13. Gruppiertes Balkendiagramm (im Diagramm-Editor überarbeitet)

32.2.2 3-D-Diagramm mit metrischer Variable auf der Y-Achse

Beispiel. Im Folgenden soll ein dreidimensionales Balkendiagramm erzeugt werden. Auf der Y-Achse soll der Median des Einkommens (Variable EINK), auf der X-Achse die Gemeindegröße (Variable GEM1: Gemeindegröße mit 3 Einwohnergrößenklassen in Tsd. Einwohner) und auf der Z-Achse der höchste Schulabschluss (Variable SCHUL2) der Befragten dargestellt werden (Datei ALLBUS90.SAV). Die Vorgehensweise in Kurzform (⇨ Kap. 32.2.1):

Befehlsfolge: „Grafik", „Diagrammerstellung"
Registerkarte: „Galerie"
Diagrammtyp: „Balken"
Diagrammvariante: Einfache 3-D-Balken
Y-Achse?: EINK
X-Achse?: GEM1
Z-Achse?: SCHUL2

In Abb. 32.14 links sehen wir die Diagrammvorschau. Standardmäßig (voreingestellt) wird auf der Y-Achse der Mittelwert als statistische Auswertung für die metrische Variable EINK angezeigt.

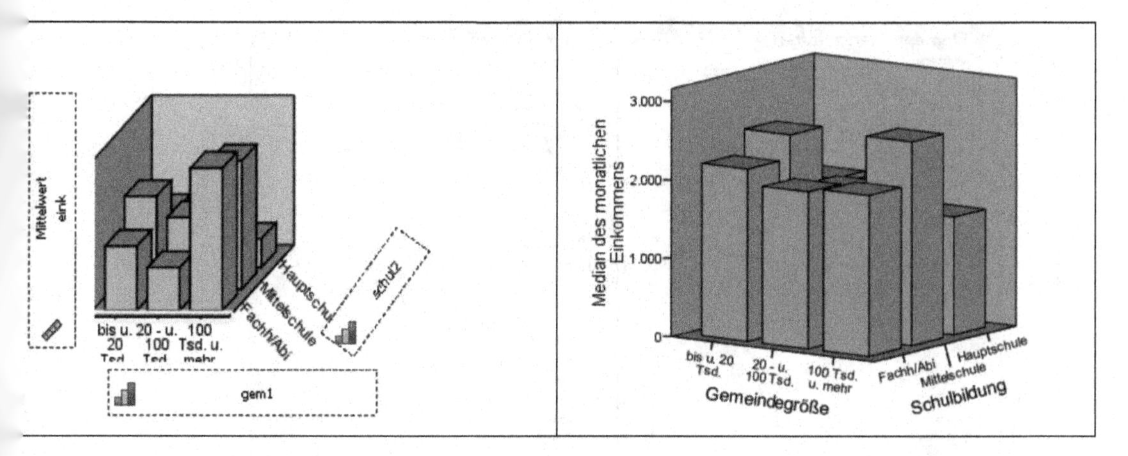

Abb. 32.14. Einfaches 3-D Balkendiagramm: Diagrammvorschau (links) und Ergebnis (rechts)

In der Dialogbox „Elementeigenschaften“ markieren wir das Datengrafikelement „Balken 1“ und verändern die angezeigte Statistik „Mittelwert“ in „Median“ (⇨ Abb. 32.15 links und rechts). Mit „Anwenden“ übertragen wir diese Einstellung auf die Diagrammvorschau.

Sowohl für die X-Achse als auch die Z-Achse wählen wir in der Dialogbox „Elementeigenschaften“ im Feld „Kleine/leere Kategorien“ die Option „Nur in den Daten vorhandene Kategorien anzeigen“.

Mit Klicken von „OK“ in der Dialogbox „Diagrammerstellung“ wird die Diagrammerstellung abgeschlossen. In Abb. 32.14 rechts ist das erstellte und im Diagramm-Editor überarbeitete Diagramm zu sehen.

Bevor man das einfache 3-D-Diagramm mit „OK“ generiert, kann man dieses auch durch bis zu zwei Gruppierungsvariable ergänzen. Dieses soll nun beispielhaft gezeigt werden. Wir wollen aus der bisher als einfaches 3-D-Diagramm geplanten Grafik ein gruppiertes 3-D-Diagramm erstellen. Dafür sollen zwei Gruppierungsvariable hinzugefügt werden.

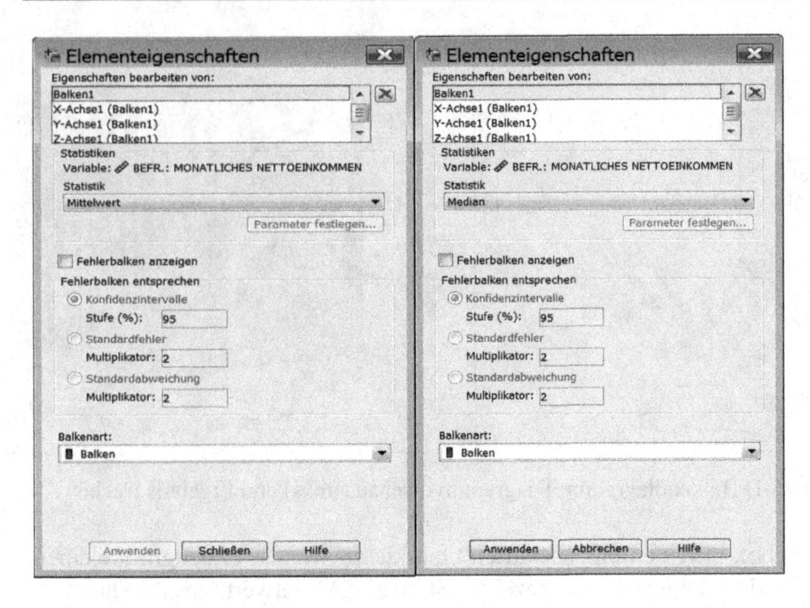

Abb. 32.15 Dialogbox „Elementeigenschaften“: markiertes Datengrafikelement „Balken 1“ mit „Statistik“ „Mittelwert“ (links) sowie „Statistik“ „Median“ (rechts)

Ausgehend von der Diagrammvorschau in Abb. 32.14 links öffnen wir in der Dialogbox „Diagrammerstellung“ durch Klicken auf „Gruppen/ID-Punkt“ diese Registerkarte (⇨ Abb. 32.10). Wir wählen dort die Optionen „Clustervariable auf X“ und „Clustervariable auf Z“. In der Diagrammvorschau werden dadurch die zwei Ablagefelder „Clustervariable auf X: Farbe festlegen“ und „Clustervariable auf Z: Muster festlegen“ für Gruppierungsvariable hinzugefügt (⇨ Abb. 32.16 links).

Alternativ kann man das auch mit Hilfe des Kontextmenüs erzielen. Man klickt mit der rechten Maustaste auf die Zeichenfläche der Diagrammvorschau. Im sich öffnenden Kontextmenü wird der Befehl „Gruppierungszone“, “Hinzufügen“ gewählt. Für eine weitere Gruppierung wird dieses noch einmal wiederholt.

Jetzt ziehen wir die Variable GESCHL auf das Ablagefeld „Clustervariable auf X: Farbe festlegen“ und die Variable ALT4 (mit den Variablenwerten „bis 40“ und „größer 40“ Jahre) auf das Ablagefeld „Clustervariable auf Z: Muster festlegen“ (⇨ Abb. 32.16 rechts).

In der Diagrammvorschau werden die Balken für Männer und für Frauen durch unterschiedliche Farben und die Balken für die Altersgruppen durch unterschiedliche Muster gekennzeichnet.

Eine Bearbeitung kann erfolgen, indem man in der Dialogbox „Elementeigenschaften“ die hinzugefügten Diagrammelemente „GruppeFarben (Balken 1)“ bzw. „GruppeMuster (Balken 1)“ im Feld „Eigenschaften bearbeiten von:“ markiert und gewünschte Spezifizierungen vornimmt.

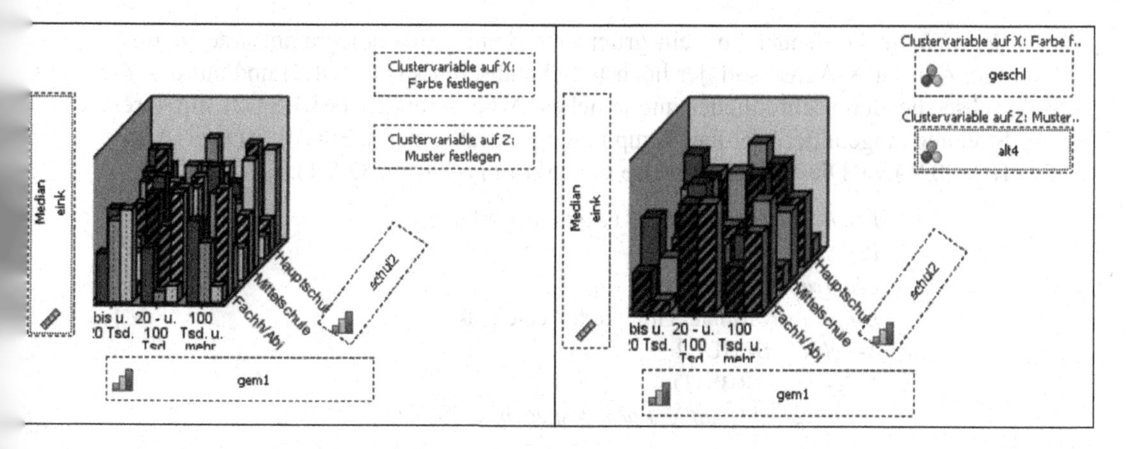

Abb. 32.16. Gruppiertes 3-D Balkendiagramm: Diagrammvorschau ohne (links) und mit Gruppierungsvariablen (rechts) in Ablagefeldern

Mit Hilfe des Kontextmenüs (oder der Registerkarte „Gruppen/Punkt-ID") kann man Gruppierungsvariable auch wieder entfernen.

Abb. 32.17 zeigt das im Diagramm-Editor überarbeitete gruppierte 3-D-Balkendiagramm.

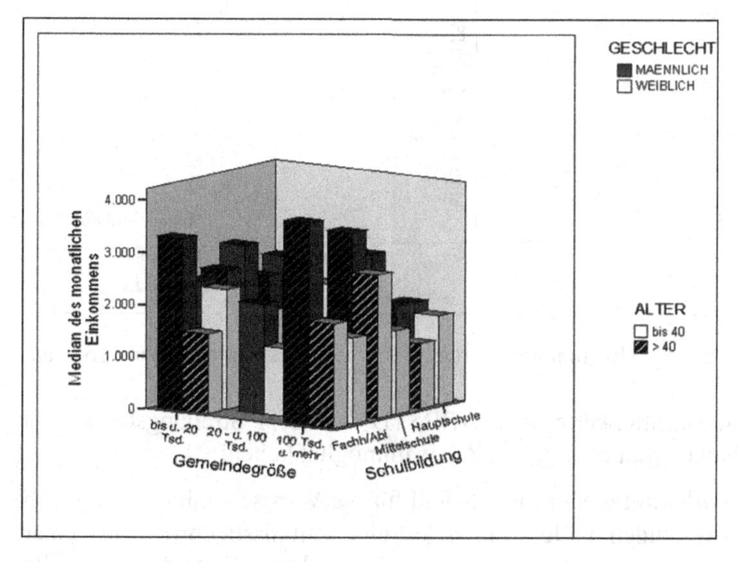

Abb. 32.17. Das überarbeitete gruppierte 3-D-Balkendiagramm

32.3 Fehlerbalkendiagramme

Ein Fehlerbalkendiagramm hat die Aufgabe, für jede Kategorie einer kategorialen Variablen die Streuung einer metrischen Variablen um ihren durchschnittlichen Wert zu visualisieren. Dabei kann aus unterschiedlichen Durchschnitts- und Streuungsmaßen gewählt werden.

Beispiel. Im Folgenden soll ein gruppiertes Fehlerbalkendiagramm erzeugt werden. Auf der X-Achse soll der höchste Schulabschluss (SCHUL2) und auf der Y-Achse die durchschnittlichen monatlichen Arbeitsstunden (ARBSTD) mit ihrer Streuung abgebildet werden. Gruppierungsvariable sei GESCHL (Datei ALLBUS90.SAV). Die Vorgehensweise in Kurzform (⇨ Kap. 32.2.1):

> *Befehlsfolge*: „Grafik", „Diagrammerstellung"
> *Registerkarte*: „Galerie"
> *Diagrammtyp*: „Balken"
> *Diagrammvariante*: Gruppierte Fehlerbalken
> *X-Achse?:* SCHUL2
> *Y-Achse?:* ARBSTD
> *Clustervariable auf X: Farbe festlegen:* GESCHL

Für ARBSTD auf der Y-Achse wird als voreingestellte statistische Auswertung der Mittelwert ausgewiesen (⇨ Abb. 32.18 links).

In der Dialogbox „Elementeigenschaften" sind für das Datengrafikelement „Punkt 1" die Auswahlmöglichkeiten zu sehen (⇨ Abb. 32.19 links).

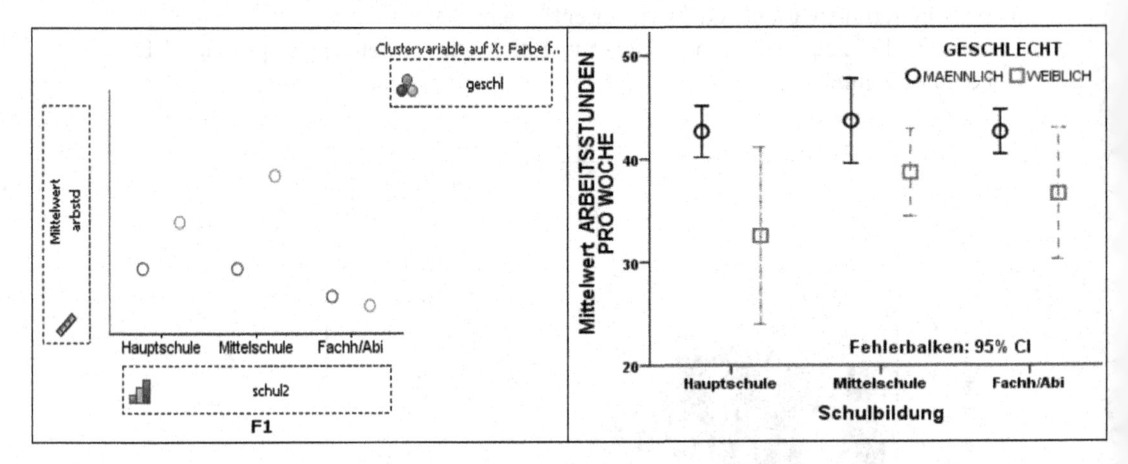

Abb. 32.18. Gruppiertes Fehlerbalkendiagramm: Diagrammvorschau (links) und Ergebnis (rechts)

Zur Darstellung des Mittelwertes von ARBSTD und dem Streuungsbereich in Form von Fehlerbalken gibt es folgende Auswahlmöglichkeiten:

- ❑ *Konfidenzintervalle* (mit einem Eingabefeld für die Wahrscheinlichkeit $1-\alpha$ in %). Die auszuwertenden Fälle werden als eine Zufallsstichprobe aus einer Grundgesamtheit interpretiert. Ein Konfidenzintervall (zu Konfidenzintervalle ⇨ Kap. 8.4) gibt an, in welchen Grenzen der unbekannte Mittelwert für die Arbeitsstunden der Grundgesamtheit mit einer (vorzugebenden) Wahrscheinlichkeit in Höhe von $1-\alpha$ erwartet werden kann. Voreingestellt ist 95 % ($1-\alpha = 0{,}95$) (kann im Eingabefeld „Niveau (%)" geändert werden). Ein $1-\alpha$-Konfidenzintervall ergibt sich als

$$\bar{x} \pm t_{\alpha/2,\mathrm{Fg}} \frac{s}{\sqrt{n}} \qquad (32.1)$$

$\overline{x}$ = Mittelwert der metrischen Variable der Stichprobe
s = Standardabweichung der metrischen Variable der Stichprobe
n = Stichprobenumfang (gültige Fallzahl).
Fg = Freiheitsgrade = n-1
$t_{\alpha/2,Fg}$ = t-Wert der t-Verteilung (entspricht Wahrscheinlichkeit $1-\alpha$ bei Fg = n-1)

Da die Stichprobenverteilung des Mittelwerts einer t-Verteilung folgt, wird über den Multiplikator $t_{\alpha/2,Fg}$ in Gleichung 32.1 die Höhe der vom Anwender gewünschten Wahrscheinlichkeit $1-\alpha$ realisiert. Bei einer Stichprobengröße von z.B. 101 entspricht einer Wahrscheinlichkeit in Höhe von 95 % ($1-\alpha$ = 0,95) $t_{\alpha/2=0{,}025,Fg=100} = 1{,}984$. Je nach Höhe des Stichprobenumfangs n wird für die vom Anwender gewünschte Wahrscheinlichkeit $1-\alpha$ der entsprechende $t_{\alpha/2,Fg}$-Wert für die Berechnung des Konfidenzintervalls verwendet.

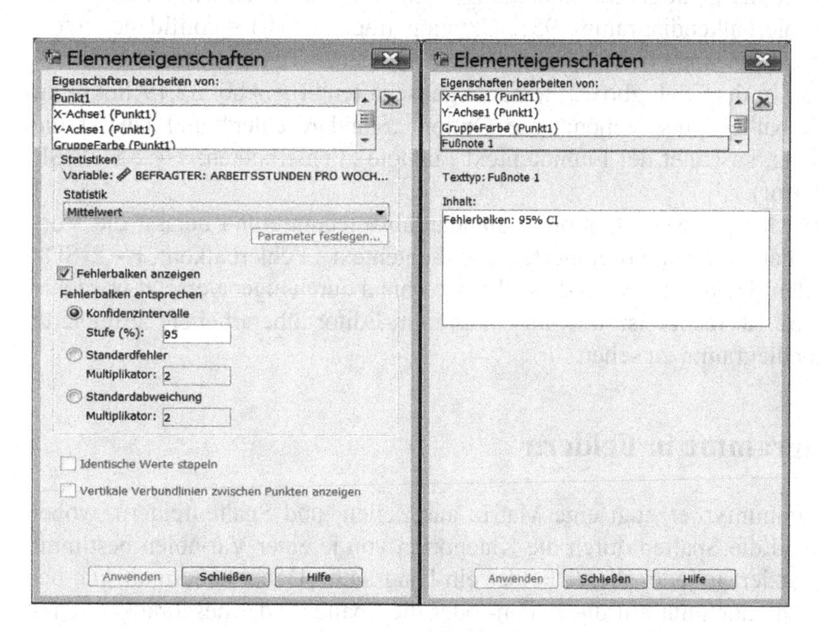

Abb. 32.19. Dialogbox „Elementeigenschaften": markiertes Datengrafikelement „Punkt 1" (links) bzw. „Fußnote 1" (rechts)

- *Standardfehler* (mit einem Eingabefeld für einen „Multiplikator", d.h. den in Formel 32.1 enthaltenen t-Wert der t-Verteilung). Auch bei dieser Option wird ein Konfidenzintervall für den unbekannten Mittelwert dargestellt. Der t-Wert ist aber mit der Eingabe festgelegt und entspricht gemäß den obigen Ausführungen je nach Größe von n (Stichprobenumfang) unterschiedlichen Wahrscheinlichkeiten. Bei großen Stichproben allerdings nähert sich die t-Verteilung der Normalverteilung. In dieser ist einem bestimmten t nur eine Wahrscheinlichkeit zugeordnet, z.B. entspricht einem t-Wert von 1,96 die Wahrscheinlichkeit 95 %. Wenn man (was gewöhnlich der Fall sein wird) für alle Gruppen das Konfidenzintervall mit der gleichen Wahrscheinlichkeit berechnen möchte, so sollte man diese Variante nur bei großen Stichproben für alle Gruppen verwenden.

- *Standardabweichung* (mit einem Eingabefeld für einen „Multiplikator"). Es wird ein Streuungsbereich um den Mittelwert gemäß Gleichung 32.2 durch Festlegen des Multiplikators t (der einer Wahrscheinlichkeitshöhe entspricht) dargestellt: Dies ist ein Maß für die Höhe der Streuung in der Stichprobe, nicht aber für den Stichprobenfehler. Es verringert sich daher nicht mit wachsender Stichprobengröße.

$$\bar{x} \pm t * s \tag{32.2}$$

Wir übernehmen die Voreinstellungen (Konfidenzintervalle mit $1-\alpha = 0{,}95$).

Das Diagramm erhält das Grafikelement „Fußnote 1", in der Diagrammvorschau als „F1" zu sehen (⇨ Abb. 32.18 links). Markieren wir das Grafikelement „Fußnote 1" in der Dialogbox „Elementeigenschaften", so sehen wir, dass im Feld „Inhalt" „Fehlerbalkendiagramm: 95% CI" eingetragen ist (CI = confidence interval) (⇨ Abb. 32.19 rechts). Man kann dort einen eigenen Text eintragen.

Wählt man in der Dialogbox „Elementeigenschaften" (⇨ Abb. 32.19 links) im Feld „Fehlerbalken entsprechen:" die Option „Standardfehler" und belässt die Voreinstellung, so lautet der Fußnotentext Fußnote „Fehlerbalken: +/- 2 SE" (SE = Standarderror).

Wählt man hingegen die Option „Standardabweichung" und belässt die Voreinstellung, dann ist der voreingestellte Fußnotentext „Fehlerbalken: +/- 2 SD" (SD = Standarddeviation). Auch diese Texte können durch eigene ersetzt werden.

In Abb. 32.18 rechts ist das im Diagramm-Editor überarbeitete gruppierte Fehlerbalkendiagramm zu sehen.

32.4 Diagramme in Feldern

Dieser Diagrammtyp erzeugt eine Matrix aus Zeilen- und Spaltenfeldern, wobei die Zeilen und die Spalten durch die Kategorien von je einer Variablen bestimmt sind, und platziert in jedes dieser Felder ein Diagramm. Dabei kann man sich bei der Darstellung auch nur auf die Zeilen- oder die Spaltenfelder beschränken. Dieser Diagrammtyp lässt sich für alle Diagrammarten erstellen. Wir demonstrieren ihn mit Hilfe eines einfachen Balkendiagramms.

Beispiel. Wir wollen das politische Interesse (POL) der Befragten, differenziert nach der Schulbildung (SCHUL2) und nach dem Geschlecht (GESCHL), vergleichend in Form einfacher Balkendiagramme in Feldern darstellen (Datei ALLBUS90.SAV). Die Vorgehensweise in Kurzform (⇨ Kap. 32.2.1):

> *Befehlsfolge*: „Grafik", „Diagrammerstellung"
> *Registerkarte*: „Galerie"
> *Diagrammtyp*: „Balken"
> *Diagrammvariante*: Einfache Balken

Um ein einfaches Balkendiagramm in Feldern zu erstellen, öffnen wir in der Dialogbox „Diagrammerstellung" die Registerkarte „Gruppen/Punkt-ID" (⇨ Abb. 32.10) und wählen dort „Zeilenfeldvariable" und „Spaltenfeldvariable". In der Diagrammvorschau wird nun oben für die Spalten und auf der rechten Seite für die Zeilen der Felder der Matrix jeweils ein Ablagefeld „Feld ?“ angezeigt (⇨ Abb. 32.20 links).

Auf das Ablagefeld der X-Achse ziehen wir die Variable POL, auf das Zeilenfeld-Ablagefeld die Variable GESCHL und auf das Spaltenfeld-Ablagefeld die Variable SCHUL2 (⇨ Abb. 32.20 rechts).

In der Dialogbox „Elementeigenschaften“ verändern wir die angezeigte Statistik „Anzahl“ (absolute Häufigkeiten) für das Datengrafikelement „Balken 1“ in „Prozentsatz“ (zur Abbildung der prozentualen Häufigkeit). Dazu öffnen wir die Dropdownliste „Statistik“ durch Klicken auf ▾ und wählen in der Liste „Prozentsatz (?)“. Klicken auf die Schaltfläche „Parameter festlegen...“ öffnet eine Dropdownliste mit den verfügbaren Optionen. Wir wählen „Gesamt für Feld“. Diese Auswahl legt fest, was bei der Prozentwertberechnung im Nenner stehen soll (⇨ Tabelle 32.3). Wir wählen „Gesamt für Feld“, da so die Unterschiede im politischen Interesse je nach Bildungsabschluss und Geschlecht am besten zum Ausdruck kommen. Mit „Weiter“ und „Anwenden“ wird die Auswahl übertragen.

Für das Grafikelement „X-Achse 1 (Balken 1)“ wählen wir im Feld „Kleine/Leere Kategorien“ die Option „Nur in den Daten vorhandene Kategorien anzeigen“.

Mit Klicken von „OK“ in der Dialogbox „Diagrammerstellung“ wird die Diagrammerstellung abgeschlossen. Abb. 32.21 zeigt das im Diagramm-Editor überarbeitete einfache Balkendiagramm in Feldern.

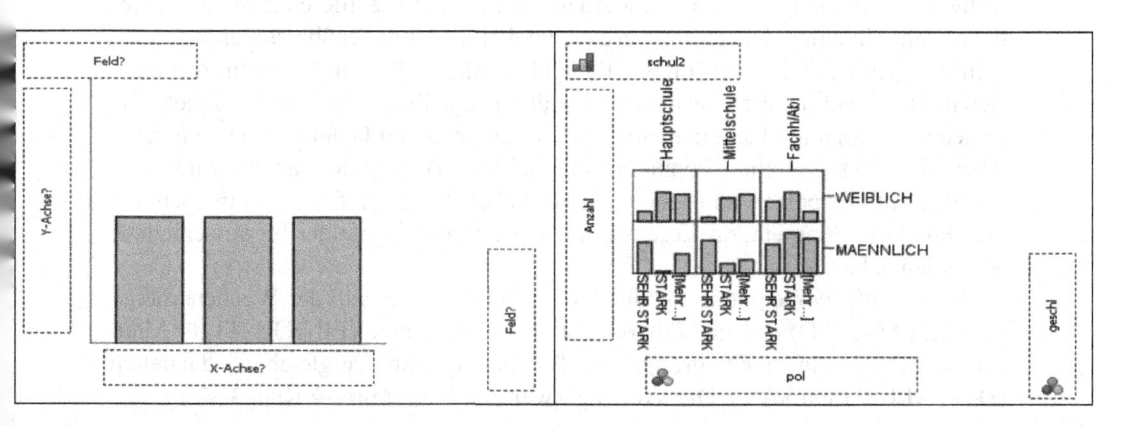

Abb. 32.20. Einfaches Balkendiagramm in Feldern: Diagrammvorschau ohne (links) und mit (rechts) Variablen in den Ablagefeldern

Wenn die Anzahl der Kategorien der Spaltenvariablen groß ist, werden die Grafiken in den Feldern sehr klein. Um dieses zu umgehen, kann man in der Dialogbox „Optionen“ das Auswahlkästchen „Felder umbrechen“ markieren (⇨ Abb. 32.9).

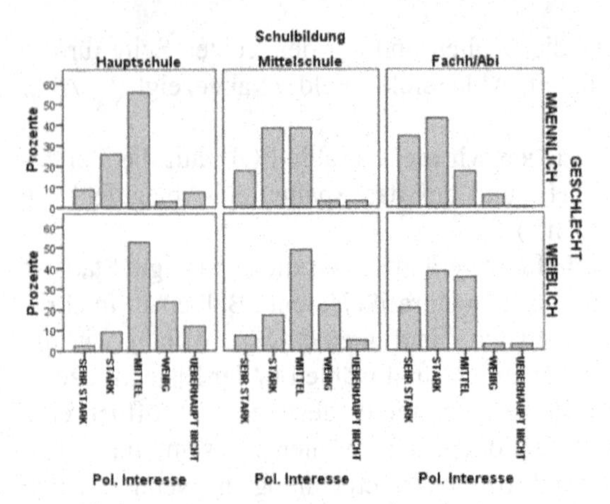

Abb. 32.21. Einfaches Balkendiagramm in Feldern (im Diagramm-Editor überarbeitet)

32.5 Darstellen von Auswertungsergebnissen verschiedener Variablen

Hat man z.B. Monats- oder Wochenabsatzzahlen (Fälle) verschiedener Jahre in seiner Arbeitsdatei, wobei die Daten eines jeden Jahres in einer separaten Variable erfasst sind, so kann man statistische Kennzahlen für die metrischen Daten (z.B. Mittelwert, Median, Summe, Standardabweichung, Perzentile etc.) der verschiedenen Jahre in einem Diagramm vergleichend einander gegenüberstellen.

Im Folgenden wollen wir diese Möglichkeit für ein Balkendiagramm demonstrieren. Diese Möglichkeit der vergleichenden Darstellung von Auswertungen verschiedener Variablen kann man auch bei einigen anderen Diagrammtypen nutzen. Aber für Histogramme, Populationspyramiden, Boxplotdiagramme und Diagramme mit Doppelachsen ist sie nicht verfügbar. Hoch-Tief-Diagramme nehmen eine Sonderstellung ein, da diese explizit separaten Ablagefelder für verschiedene Variablen haben.

Beispiel. Wir wollen zunächst die durchschnittliche Anzahl der Wochenarbeitsstunden (ARBSTD) und das Einkommen je Arbeitsstunde (EINKJEST) für Männer und Frauen in einem gruppierten Balkendiagramm vergleichend darstellen (Datei ALLBUS90.SAV). Die Vorgehensweise in Kurzform (⇨ Kap. 32.2.1):

Befehlsfolge: „Grafik“, „Diagrammerstellung“
Registerkarte: „Galerie“
Diagrammtyp: „Balken“
Diagrammvariante: Gruppierte Balken

Wir ziehen die Variable ARBSTD auf das Ablagefeld für die Y-Achse. Standardmäßig wird für diese metrische Variable der Mittelwert als statistische Auswertung angezeigt. Danach ziehen wir die zweite Variable EINKJEST auf den oberen Bereich des Ablagefeldes der Y-Achse. Sobald man den oberen Bereich des Ablagefeldes berührt und dort ein ✚ erscheint legt man die Variable ab. Es öffnet sich die Unterdialogbox „Zusammenfassungsgruppe erstellen“ (⇨ Abb. 32.22 links). Diese informiert über Zusammenfassungen von Variablen und zeigt in einer Grafik, dass auf der Y-Achse des Diagramms eine „AUSWERTUNG" (ein statistisches Auswertungsergebnis) der Variablenwerte (in unserem Beispiel der Mittelwert) für jede Variable abgebildet wird. Auf der X-Achse wird eine mit „INDEX" bezeichnete kategoriale Pseudovariable abgebildet, deren Kategorien die beiden Variablen ARBSTD und EINKJEST bilden (⇨ Abb. 32.22 rechts). Wir bestätigen die Einstellung mit „OK", Die Variable GESCHL ziehen wir auf das Ablagefeld für die Gruppierungsvariable „Clustervariable auf X: Farben festlegen".

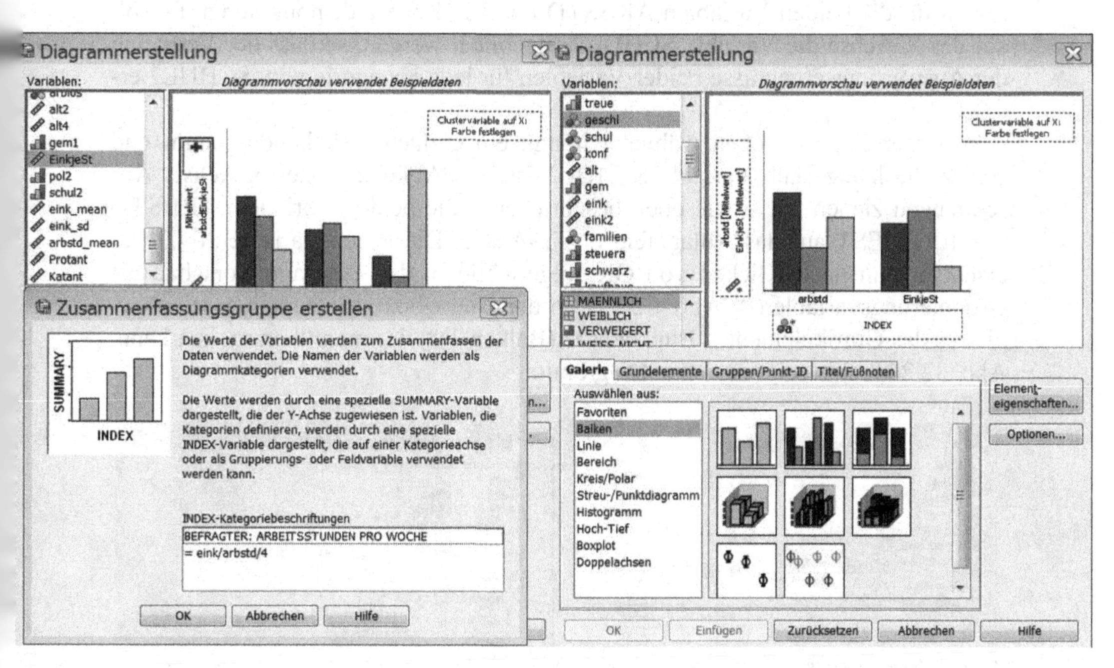

Abb. 32.22. Dialogbox „Diagrammerstellung" zur vergleichenden Darstellung von Auswertungsergebnissen für zwei Variable

In Abb. 32.23 links ist die Dialogbox „Elementeigenschaften" mit markiertem Grafikelement „Balken 1" zu sehen. Im Feld „Statistik" wird als statistische Auswertung „Mittelwert", die Voreinstellung für metrische Variablen, angezeigt. Die mit ▾ geöffnete Dropdownliste von „Variablen:" zeigt an, dass diese Auswertung sowohl für ARBSTD als auch für EINKJEST Variablen gewählt ist. Diese Auswertungsstatistik kann man in eine andere ändern. Dazu wählt man erst in „Variablen:" die Variable, für die man die Auswertung ändern möchte und öffnet anschließen mit ▾ die Dropdownliste von „Statistik". Aus der angebotenen Liste von Auswertungen (⇨ Kap. 32.2.1) kann man die gewünschte Auswahl treffen. Es ist auch möglich, für die Variablen verschiedene Auswertungsergebnisse auf der Y-Achse abzubilden. Mit „Zuweisen" müssen geänderte Einstellungen an die Diagrammvorschau übertragen werden.

Abb. 32.23 rechts zeigt die Dialogbox „Elementeigenschaften" mit markiertem Grafikelement „X-Achse 1 (Balken 1)". Im Feld „Kategorien" wird die kategoriale Pseudovariable „INDEX" mit ihren Kategorien „arbstd" und „einkjest" aufgeführt. Die Reihenfolge der Variablen auf der X-Achse kann man mir den Schaltern bzw. verändern. Auch kann man markierte Variable mit dem Schalter wieder entfernen. In das Eingabefeld „Achsenbeschriftung:“ kann man einen Text eingeben.

Abb. 32.24 links zeigt die erstellte Grafik. Die Variablen auf der X-Achse werden mit ihrem Label angezeigt. Im Diagramm-Editor kann man diese Bezeichnungen ändern. Wir haben hier darauf verzichtet.

Nun wollen wir eine andere vergleichende Darstellung von Auswertungsergebnissen für die beiden Variablen ARBSTD und EINKJEST demonstrieren. Es soll auf der X-Achse die Variable SCHUL2 abgebildet werden, so dass der Vergleich der Auswertungsergebnisse beider Variablen für jede Kategorie von SCHUL2 erfolgt.

Im Unterschied zu oben wählen wir nun ein einfaches Balkendiagramm und ziehen die kategoriale Variable SCHUL2 auf das Ablagefeld der X-Achse. Anschließend ziehen wir – wie oben beschrieben – die beiden Variablen ARBSTD und EINKJEST auf das Ablagefeld der Y-Achse. Die Pseudovariable „INDEX“ erscheint nun nach Klicken von OK folgerichtig in der Diagrammvorschau als Gruppierungsvariable (⇨ Abb. 32.25). In der Dialogbox „Elementeigenschaften“ gibt es das Grafikelement „GruppeFarbe (Balken 1)“, das man überarbeiten kann. Abb. 32.24 rechts zeigt das neue Diagramm.

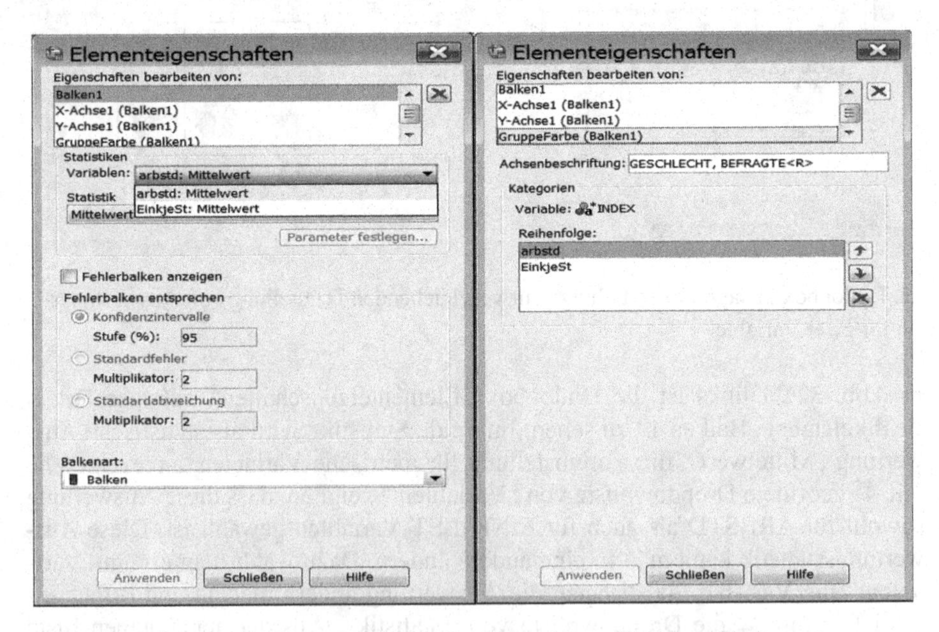

Abb. 32.23 Dialogbox „Elementeigenschaften“: markiertes Datengrafikelement „Balken 1“ (links) bzw. „GruppeFarbe (Balken 1)“ (rechts)

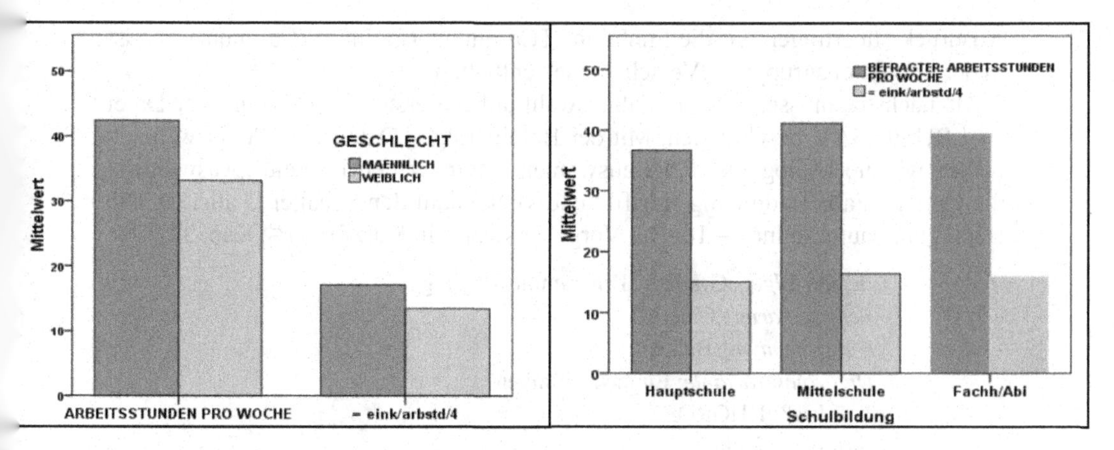

Abb. 32.24. Die im Grafik-Editor überarbeiteten Balkendiagramme

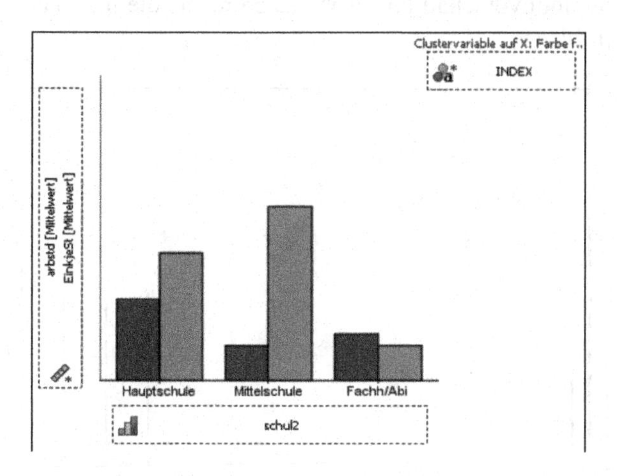

Abb. 32.25. Diagrammvorschau zum Vergleich von Auswertungsergebnissen für zwei Variable

32.6 Diagramm zur Darstellung der Werte einzelner Fälle

Eventuell möchte man die Werte einzelner Fälle in einer Grafik darstellen. Dafür eignet sich insbesondere ein einfaches Balkendiagramm.

Beispiel. In unserem Demonstrationsbeispiel wollen wir die Anzahl der Haushaltsmitglieder (HHGROE) für die ersten 10 Fälle der Datei ALLBUS90.SAV in einem Balkendiagramm darstellen. Dazu benötigt man eine Variable, die die Fallnummer erfasst. Gibt es bisher in der Datei keine Fallnummervariable, so lässt sich diese leicht erstellen.[15] Mit der Befehlsfolge „Transformieren“, „Variable berechnen…“ öffnen wir die Dialogbox „Variable berechnen“ (⇨ Abb. 5.1). In dieser tragen wir als „Zielvariable“ FALLNR ein. In das Eingabefeld „Numerischer

[15] In der Datei ALLBUS90.SAV mit 301 Fällen gibt es zwar die Variable NR. Diese erfasst aber die Fallnummern des ursprünglichen ca. 3000 Fälle enthaltenen Datensatzes des ALLBUS 1990. Aus dieser wurde für unsere Zwecke eine Zufallsstichprobe gezogen.

Ausdruck“ übertragen wir die Funktion „$Casenum“ (Fallnr = $Casenum). Sie ist in der „Funktionsgruppe:“ „Verschiedene“ enthalten.

Als nächstes müssen wir die Fallauswahl auf die ersten 10 Fälle unserer Datei ALLBUS90.SAV beschränken. Mit der Befehlsfolge „Daten“, „Fälle auswählen“ öffnen wir die Dialogbox „Fälle auswählen“. Wir wählen im Feld „Auswählen“ die Option „Falls Bedingung zutrifft“ und klicken auf den Schalter „Falls…“. Die Bedingung lautet fallnr <= 10. Die Vorgehensweise in Kurzform (⇨ Kap. 32.2.1):

Befehlsfolge: „Grafik“, „Diagrammerstellung“
Registerkarte: „Galerie“
Diagrammtyp: „Balken“
Diagrammvariante: Einfaches Balken
Y-Achse?: HHGROE
X-Achse?: Fallnr

Abb. 32.26 links zeigt die Diagrammvorschau und Abb. 32.26 rechts die im Diagramm-Editor überarbeitete Grafik.

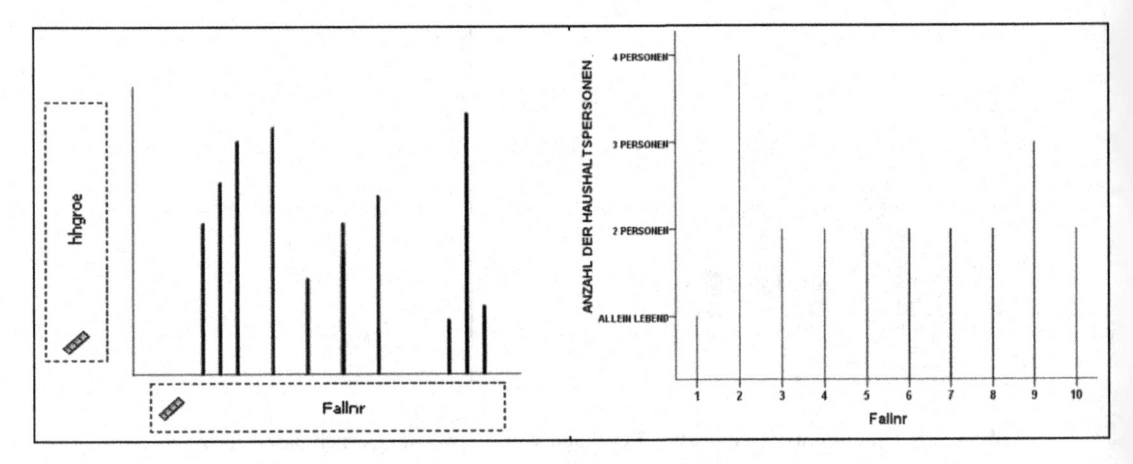

Abb. 32.26. Einfaches Balkendiagramm: Diagrammvorschau (links) und Ergebnis (rechts)

32.7 Liniendiagramm

Liniendiagramme eignen sich insbesondere für Zeitreihendaten. Ein einfaches Liniendiagramm bildet den Verlauf einer Datenreihe und ein mehrfaches den Verlauf mehrerer Datenreihen ab.

Beispiel. Wir wollen Aktienkurse von drei Automobilunternehmen im Zeitverlauf darstellen.

In Abb. 32.27 ist ein Ausschnitt der dafür genutzten Daten der Datei AKTIE.SAV im Dateneditor zu sehen. Die Aktienkursnotierungen von drei Automobilfirmen (BMW, Daimler-Benz, Porsche) und von drei Brauereien (Haacke-Beck, Henninger, Holsten) sind täglich (für sechs Tage jeder Woche) in drei Variablen erfasst: Die Variable HOCH notiert den Tageshöchst-, die Variable TIEF den Tagestiefst- und die Variable SCHLUSS den Tagesschlusskurs.

	woche	Tag	untern	branche	hoch	tief	schluss
1	14.	1	1	1	873	850	860
2	14.	2	2	1	880	860	869
3	14.	3	3	1	880	820	853
4	14.	4	4	2	640	640	640
5	14.	5	5	2	600	590	597
6	14.	6	6	2	545	540	543
7	15.	1	1	1	880	860	870
8	15.	2	2	1	878	870	873
9	15.	3	3	1	880	853	870
10	15.	4	4	2	642	636	640
11	15.	5	5	2	625	615	620
12	15.	6	6	2	555	548	550
13	16.	1	1	1	890	873	880

Abb. 32.27. Daten der Datei AKTIE.SAV im Daten-Editor

Für jede Woche wollen wir den durchschnittlichen Aktienschlusskurs der Automobilunternehmen in einem Mehrfachliniendiagramm darstellen. Da die Datei auch die Aktienkurse von Brauereien enthält, beschränken wir die Fallauswahl auf die Unternehmen der Automobilbranche („Daten", „Fälle auswählen", „Falls" Branche = 1). Die Vorgehensweise in Kurzform (⇨ Kap. 32.2.1):

Befehlsfolge: „Grafik", „Diagrammerstellung"
Registerkarte: „Galerie"
Diagrammtyp: „Linie"
Diagrammvariante: Mehrere Linien
Y-Achse?: SCHLUSS
X-Achse?: WOCHE
Farbe festlegen: UNTERN

Abb. 32.28 links zeigt die Diagrammvorschau. In der Dialogbox „Elementeigenschaften" (⇨ Abb. 32.29 links) ist das Grafikdatenelement „Linie 1" markiert. Im Auswahlfeld „Statistik" wird der Mittelwert angezeigt (die Voreinstellung für metrische Variable), die für unsere Darstellung richtig ist. Man kann sich optional nach Markieren des Auswahlkästchens „Fehlerbalken" verschiedene Arten von Fehlerbalken anzeigen lassen (⇨ Kap. 32.3) und im Feld „Interpolation" (Art der Verbindungslinien zwischen den Datenpunkten) verschiedene Formen wählen (wir belassen die Voreinstellung „Gerade"). Für fehlende Werte kann man eine Interpolation anfordern.

Für das Grafikelement „GruppeFarbe (Linie 1)" wählen wir im Feld „Kleine/leere Kategorien" die Option „Nur in den Daten vorhandene Kategorien anzeigen" damit in der Legende die Kategorien der Brauereien nicht erscheinen (⇨ Abb. 32.29 rechts).

Für das Grafikelement „Y-Achse 1 (Linie 1)" schalten wir im Feld „Skalenbereich" die Option „Automatisch" für Minimum aus und tragen stattdessen im Feld „Benutzerdefiniert" den Wert 840 als Minimum ein.

In Abb. 32.28 rechts ist die im Diagramm-Editor überarbeitete Grafik zu sehen.

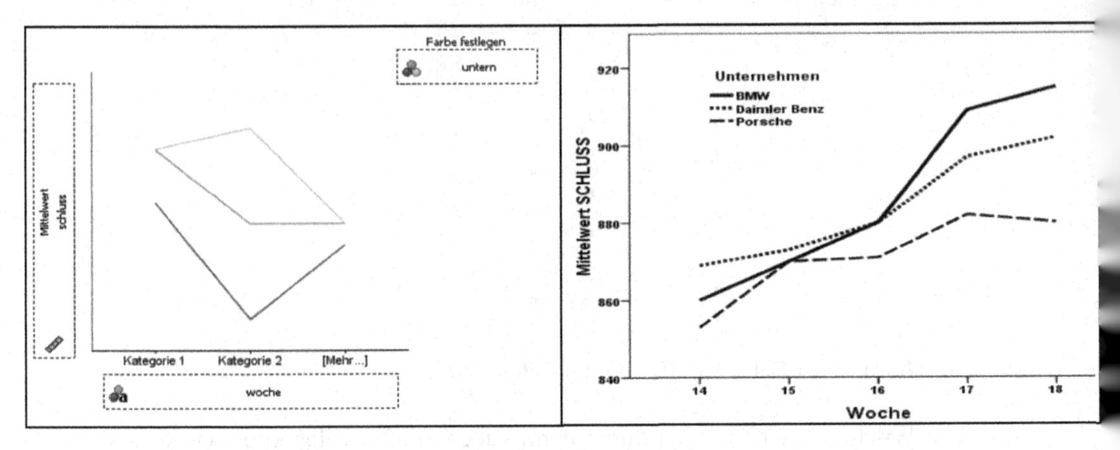

Abb. 32.28. Mehrfachliniendiagramm: Diagrammvorschau (links) und Ergebnis (rechts)

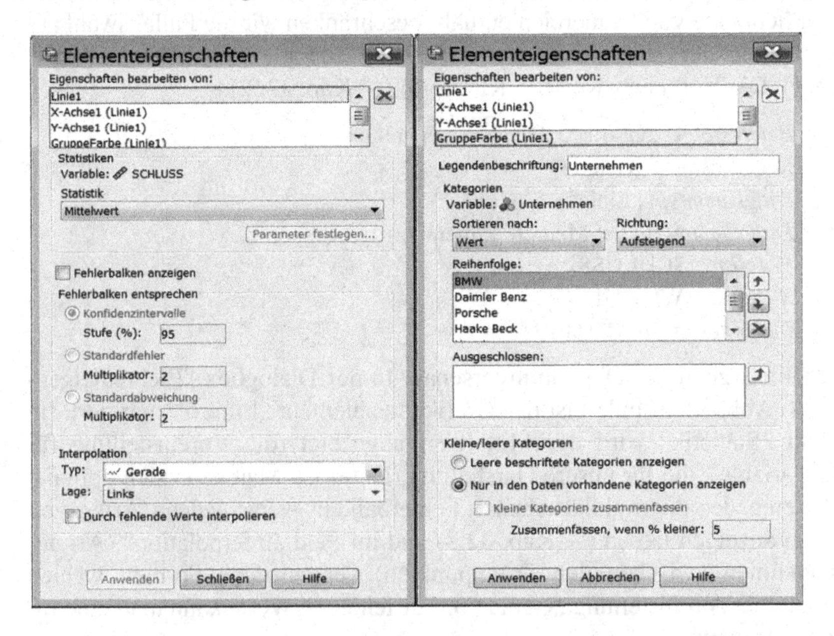

Abb. 32.29. Dialogbox „Elementeigenschaften“ mit markiertem Grafikelement „Linie 1“ (links) und markiertem Grafikelement „GruppeFarbe (Linie 1)“ (rechts)

32.8 Flächendiagramm

Flächendiagramme können analog zu den Balkendiagrammen als einfache oder als gestapelte erstellt werden. In gestapelten werden die unterschieden Fallgruppen als übereinander gelegte Flächen dargestellt. Analog zu den Balkendiagrammen können auf der Y-Achse die Häufigkeit (absolut oder in Prozent) oder eine statistische Auswertung einer metrischen Variable abgebildet werden.

Beispiel. Wir wollen die wöchentlichen Arbeitsstunden (ARBSTD“) von Männern und Frauen (GESCHL) in einem Flächendiagramm veranschaulichen (Datei ALLBUS90.SAV, alle Fälle). Die Vorgehensweise in Kurzform (⇨ Kap. 32.2.1):

Befehlsfolge: „Grafik“, „Diagrammerstellung“
Registerkarte: „Galerie“
Diagrammtyp: „Bereich“
Diagrammvariante: Gestapelte Flächen
X-Achse?: ARBSTD2
Stapel: Farbe festlegen: GESCHL

Auf der Y-Achse wird mit „Anzahl“ die absolute Häufigkeit ausgewiesen (⇨ Abb. 32.30 links). Wir wollen die Häufigkeit in Prozent verändern. In der Dialogbox „Elementeigenschaften“ wird bei markiertem Grafikelement „Fläche 1“ im Feld „Statistik“ die auf der Y-Achse angezeigte „Anzahl“ ausgewiesen. Wir wählen „Prozentsatz (?)“. Klicken auf „Parameter festlegen…“ öffnet die Unterdialogbox „Elementeigenschaften: Parameter festlegen“ (⇨ Abb. 32.6). Wir wählen die Option „Gesamt für jede Kategorie der Legendenvariablen“ (⇨ Tabelle 32.3). Abb. 32.30 rechts zeigt das im Grafik-Editor überarbeite Diagramm.

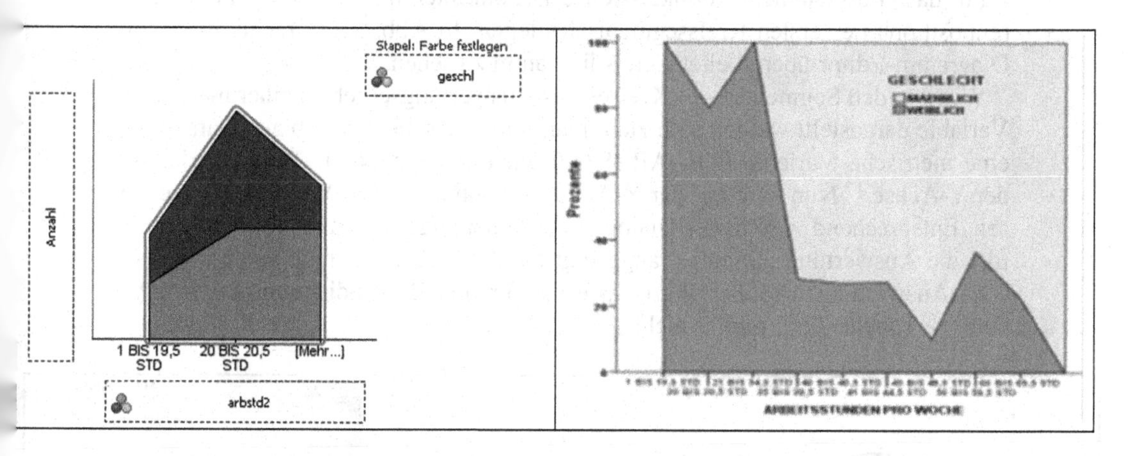

Abb. 32.30. Gestapeltes Flächendiagramm: Diagrammvorschau (links) und Ergebnis (rechts)

32.9 Kreis-/Polardiagramme

Analog zu den Balkendiagrammen gibt es zwei Versionen in der Darstellung. Bei der ersten kann man die Häufigkeiten (absolut oder prozentual) der Kategorien einer kategorialen Variablen als Kreissegmente abbilden. Bei der zweiten wird für jede Kategorie der kategorialen Variablen eine Auswertung einer zweiten metrischen Variablen vorgenommen und das Ergebnis dieser Auswertung in den Segmenten abgebildet. Im Unterschied zu Balkendiagrammen gibt es aber nur zwei Optionen für die Auswertung der metrischen Variable: Summe und Wert.[16]

Beispiel. Die prozentuale Verteilung der Schulabschlüsse (SCHUL der Datei ALLBUS90.SAV) der Befragten soll in einem Kreisdiagramm dargestellt werden.

[16] Es scheint keinen Unterschied zwischen diesen Optionen zu geben.

Die Vorgehensweise in Kurzform (⇨ Kap. 32.2.1):

Befehlsfolge: „Statistik", „Diagrammerstellung"
Registerkarte: „Galerie"
Diagrammtyp: „Kreis/Polar"
Diagrammvariante: Kreisdiagramm
X-Achse?: SCHUL

Das „Winkelvariable?" genanntes Ablagefeld auf der Y-Achse wird standardmäßig in „Anzahl" verändert (⇨ Abb. 32.31 links). Diese Anzeige findet sich auch im Feld „Statistik" der Dialogbox „Elementeigenschaften", wenn das Grafikelement „Polarintervall 1" markiert ist (⇨ Abb. 32.32 links). Wir verändern diese Einstellung in Prozent, indem wir für „Statistik" „Prozentsatz (?)" wählen, den Schalter „Parameter festlegen" klicken und „Gesamtergebnis" wählen (⇨ Tabelle 32.3).

Für das Grafikelement „Winkel-Achse 1 (Polarintervall 1)" kann man die „Uhrenposition" des ersten Kreissegments festlegen. In Abb. 32.31 rechts ist das im Diagramm-Editor überarbeitete Kreisdiagramm zu sehen.

Wenn in den Segmenten des Kreises das Auswertungsergebnis einer metrischen Variable dargestellt werden soll, zieht man im Unterschied zur obigen Darstellung eine metrische Variable (z.B. ARBSTD) auf das Ablagefeld „Winkelvariable?" der Y-Achse.[17] Nun wird auf der Y-Achse die Summe dieser Variablen ausgewiesen. Entsprechend wird in der Dialogbox „Elementeigenschaften" im Feld „Statistik" die Auswertung „Summe" angezeigt (⇨ Abb. 32.32 rechts). Andere statistische Auswertungen (außer Wert), wie sie für den Balkendiagramme verfügbar sind (⇨ Tabelle 32.2) gibt es nicht.

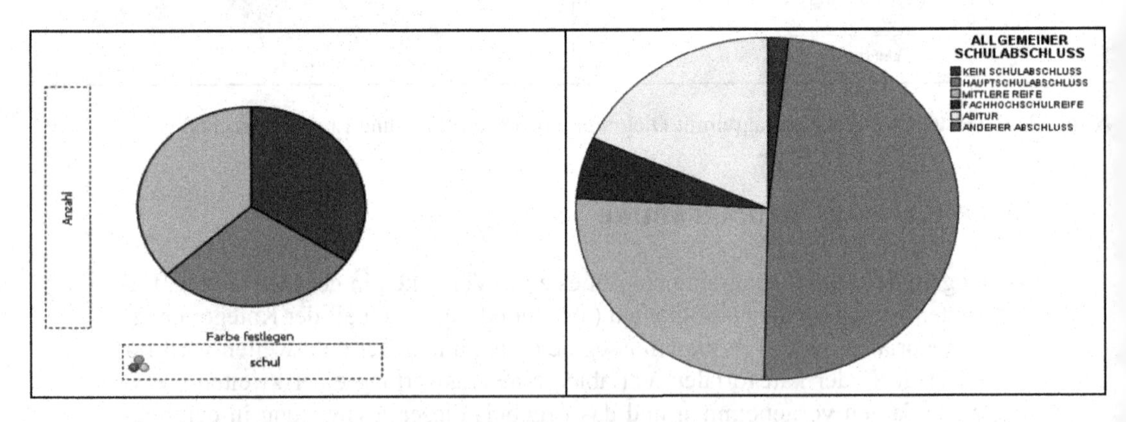

Abb. 32.31. Kreisdiagramm: Diagrammvorschau (links) und Ergebnis (rechts)

32.10 Streu-/Punktdiagramme

In einem einfachen Streudiagramm werden die Werte von zwei metrischen Variablen in einem Y-X-Achsensystem als Punkte dargestellt. Jeder Punkt im Streudi-

[17] Man kann auch mehrere Variable auf das Feld ziehen (⇨ Kap. 32.5).

agramm entspricht einem Fall. Aus der Form der Punktwolke lässt sich erkennen, ob und in welcher Stärke und in welcher Richtung eine korrelative Beziehung zwischen den Variablen besteht (⇨ Kap. 17.1).

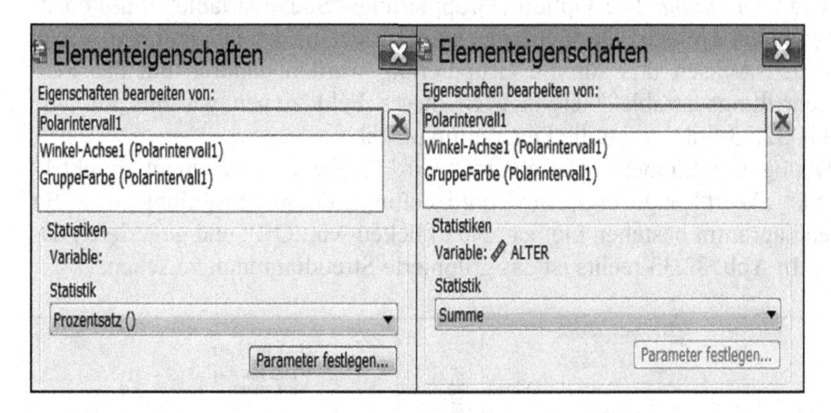

Abb. 32.32. Dialogbox „Elementeigenschaften": markiertes Datengrafikelement „Polarintervall 1" bei einer Darstellung von prozentualen Häufigkeiten (links) von Summen einer metrischen Variablen in den Kreissegmenten (rechts)

Durch unterschiedliche Farbgebung bzw. Musterung der Punkte für verschiedene Gruppen (z.B. für Männer und Frauen) entsteht ein gruppiertes Streudiagramm.

In einem 3-D-Streudiagramm werden die Werte von drei metrischen Variablen in einem Y-X-Z-Achsensystem als Punkte dargestellt. Werden verschiedene Fallgruppen durch Farbgebung bzw. Musterung der Punkte unterschieden, so entsteht ein gruppiertes 3-D-Streudiagramm. Insofern unterscheiden sich diese Varianten bei der Erstellung der Diagramme nur wenig, so dass man sich diese unschwer erschließen kann.

32.10.1 Gruppiertes Streudiagramm mit Punkt-ID-Beschriftung

Beispiel. In unserem Demonstrationsbeispiel für ein gruppiertes Streudiagramm sollen auf der X-Achse die Variable ARBSTD (Wochenarbeitsstunden) und auf der Y-Achse die Variable EINK (monatliches Nettoeinkommen) abgebildet werden. Durch eine unterschiedliche Farbgebung der Streupunkte soll der Zusammenhang zwischen Einkommen und Arbeitszeit jeweils auch für Männer und Frauen (GESCHL) verdeutlicht werden. Des Weiteren soll man für jeden Punkt des Streudiagramms erkennen können, ob der Befragte über 40 Jahre alt ist oder nicht (ALT4 der Datei ALLBUS90.SAV). Die Vorgehensweise in Kurzform (⇨ Kap. 32.2.1):

Befehlsfolge: „Grafik", „Diagrammerstellung"
Registerkarte: „Galerie"
Diagrammtyp: „Streu-/Punktdiagramm…"
Diagrammvariante: Gruppiertes Streudiagramm
X-Achse?: ARBSTD
Y-Achse?: EINK
Farbe festlegen: GESCHL

Um die Punkte des Streudiagramms mit einer Punkt-ID (identification) für die Variable ALT4 zu versehen, öffnen wir in der Dialogbox „Diagrammerstellung" die Registerkarte „Gruppen/Punkt-ID" (⇨ Abb. 32.10) und wählen dort „Punkt-ID-Beschriftung". (*Achtung:* Die Option „Gruppierungs-/Stapelvariable" muss ebenfalls eingeschaltet bleiben) Die Variablenablagefelder in der Diagrammvorschau für die beiden Achsen und für die Gruppierung werden dadurch um das Feld „Punktbeschriftungsvariable?" ergänzt. In dieses Feld ziehen wir die Variable ALT4. Abb. 32.33 links zeigt die Diagrammvorschau.

In der Dialogbox „Elementeigenschaften" wird für das Grafikelement „Punkt 1" in „Statistik" „Wert" angezeigt, die Voreinstellung. Diese Einstellung muss für unser Streudiagramm bestehen bleiben. Nun klicken wir „OK" und generieren das Diagramm. In Abb. 32.33 rechts ist das gruppierte Streudiagramm zu sehen.

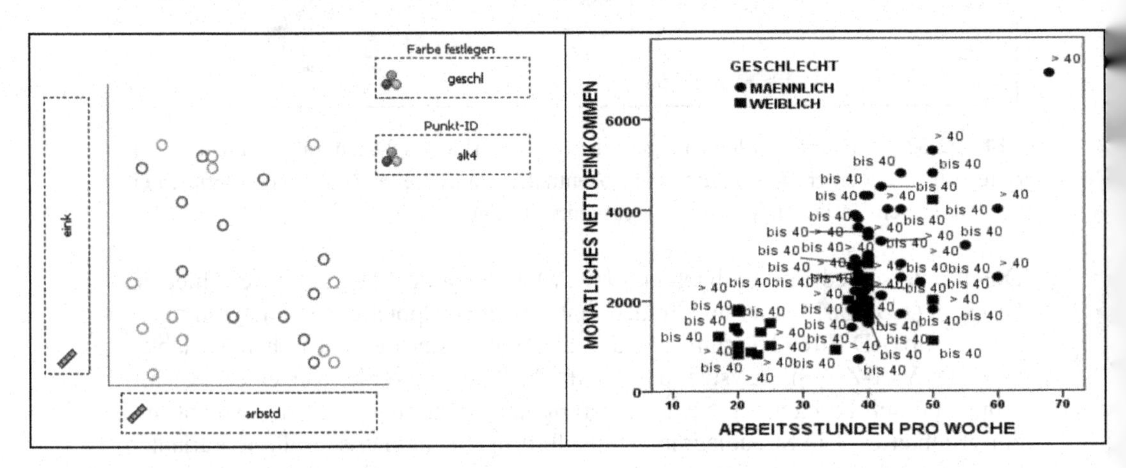

Abb. 32.33. Gruppiertes Streudiagramm mit Punkt-ID-Beschriftung: Diagrammvorschau (links) und Ergebnis (rechts)

32.10.2 Überlagertes Streudiagramm

Beispiel. Wir wollen die Variablenpaare ZINS-INFLAT (Zinssatz-Inflationsrate), ZINS-WM1 (Zinssatz-Wachstumsrate der Geldmenge M1) und INFLAT-WM1 (Inflationsrate-Wachstumsrate der Geldmenge M1) in einem überlagerten Streudiagramm darstellen (Datei MAKRO.SAV). Die Vorgehensweise in Kurzform (⇨ Kap. 32.2.1):

> *Befehlsfolge*: „Grafik", „Diagrammerstellung"
> *Registerkarte*: „Galerie"
> *Diagrammtyp*: „Streu-/Punktdiagramm..."
> *Diagrammvariante*: einfaches Streudiagramm

Wir ziehen die Variable ZINS auf das Ablagefeld der Y-Achse. Danach ziehen wir die Variable INFLAT auf den oberen Bereich des Ablagefeldes für die Y-Achse. Sobald man nun den oberen Bereich des Ablagefeldes berührt und dort das rot umrandete ✚ erscheint legen wir die Variable ab (⇨ Abb. 32.22). Beide Variablen liegen dann auf dem Ablagefeld. Durch ein Sternzeichen neben dem Symbol metrischer Variablen wird dies symbolisiert.

Nun setzen wir diese Vorgehensweise für die X-Achse fort. Wir ziehen die erste Variable WM1 auf das Ablagefeld der X-Achse. Dann ziehen wir die zweite Variable INLAT auf das Ablagefeld derart, dass wir dabei den linken Bereich des Ablagefeldes berühren. Wenn dort das rot umrandete ✚ erscheint, legen wir die Variable ab. In der Diagrammvorschau sehen wir, dass die Ablagefelder beider Achsen mit je zwei Variablen belegt sind und zudem das Gruppierungsfeld „Farbe festlegen" durch „Variablenpaare" belegt ist (⇨ Abb. 32.34 links). Diese Variablenpaare sind die Y-X-Paare: ZINS-INLAT, ZINS-WM1, INFLAT-WM1 und INFLAT-INFLAT. Die letzte dieser Paarungen ist ohne Informationswert und soll natürlich nicht im Diagramm erscheinen.

Wenn in der Dialogbox „Elementeigenschaften" das Grafikelement „Punkt 1" markiert ist, erscheinen im Feld „X-Y Paare:" die Variablenpaare (⇨ Abb. 32.35 links). Um das Paar INFLAT-INFLAT zu entfernen, markieren wir dieses und klicken auf ☒ (mit „Anwenden" bestätigen). Nun gibt es nur noch die Variablenpaare, die auch erwünscht sind (⇨ Abb. 32.35 rechts).

Ein Rechtsklick auf „Variablenpaare" öffnet ein Kontextmenü. In diesem wählen wir „Gruppierungszone" mit der Option „Bearbeiten". Es öffnet sich die Unterdialogbox „Gruppierungszone" (Abb. 32.36). In dieser kann man wählen ob die Y-X-Paare durch eine verschiedene Farbe oder ein verschiedenes Muster unterschieden werden sollen. Wir wählen „Muster".

Abb. 32.34 rechts zeigt das im Diagramm-Editor überarbeitete überlagerte Streudiagramm.

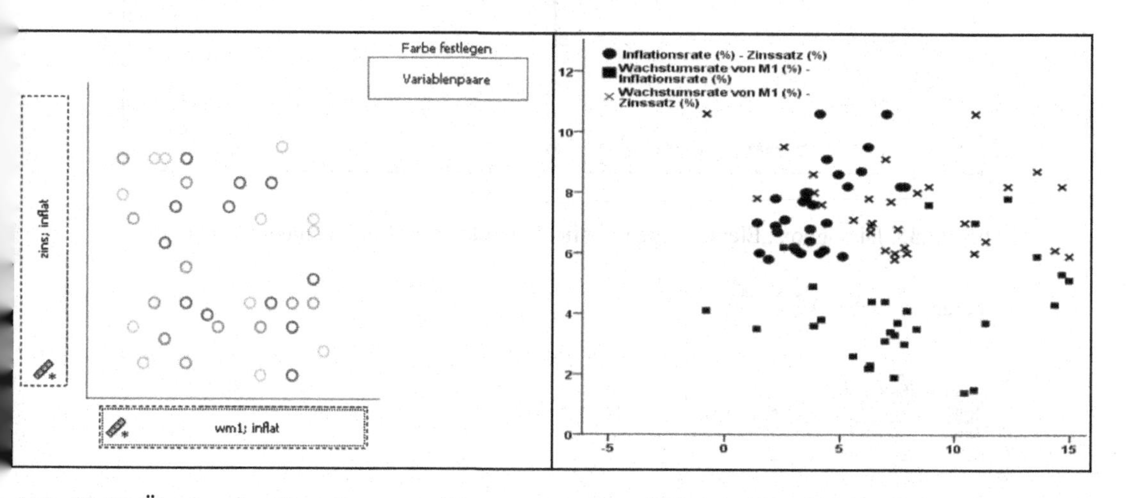

Abb. 32.34. Überlagertes Streudiagramm: Diagrammvorschau (links) und Ergebnis (rechts)

32.10.3 Streudiagramm-Matrix

Beispiel. Wir wollen die Variablen INFLAT (Inflationsrate), ZINS (Zinssatz) und WM1 (Wachstumsrate der Geldmenge M1) der Datei MAKRO.SAV in einer Streudiagramm-Matrix darstellen.

Die Vorgehensweise in Kurzform (⇨ Kap. 32.2.1):

> *Befehlsfolge*: „Grafik“, „Diagrammerstellung“
> *Registerkarte*: „Galerie“
> *Diagrammtyp*: „Streu-/Punktdiagramm…“
> *Diagrammvariante*: Streudiagramm-Matrix

Wir ziehen die Variablen INFATION, ZINS und WM1 nacheinander auf das Ablagefeld „Streumatrix?“ (⇨ Abb. 32.37 links). In Abb. 32.37 rechts ist das Diagramm zu sehen.

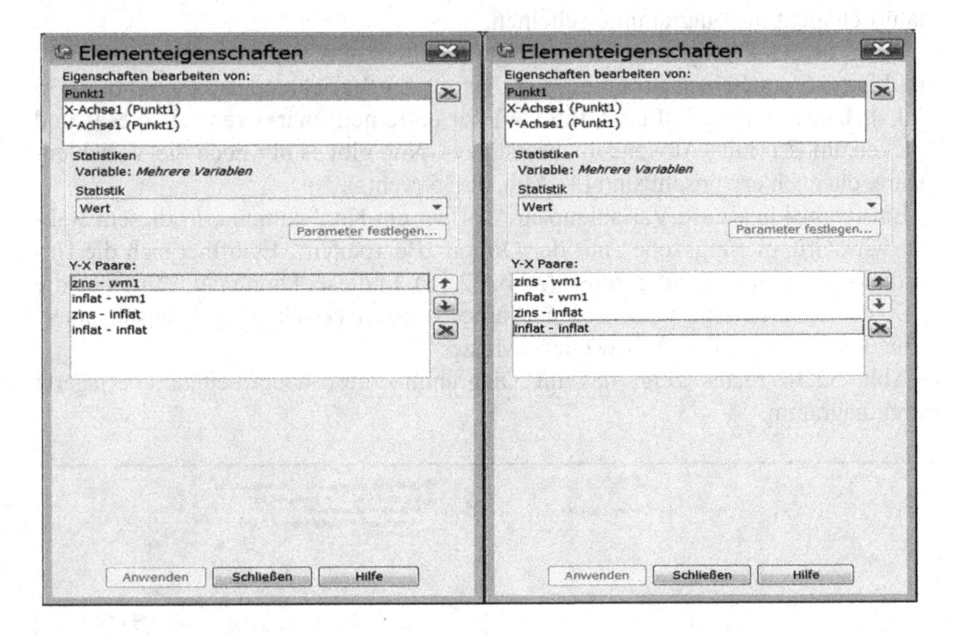

Abb. 32.35. Dialogbox „Elementeigenschaften“: markiertes Grafikelement „Punkt 1“

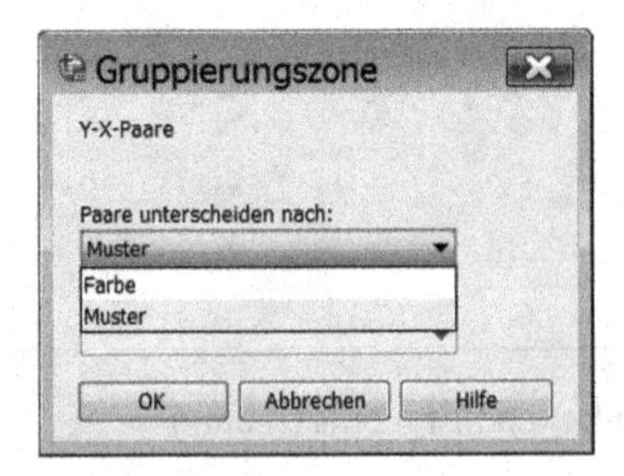

Abb. 32.36. Dialogbox Gruppierungszone

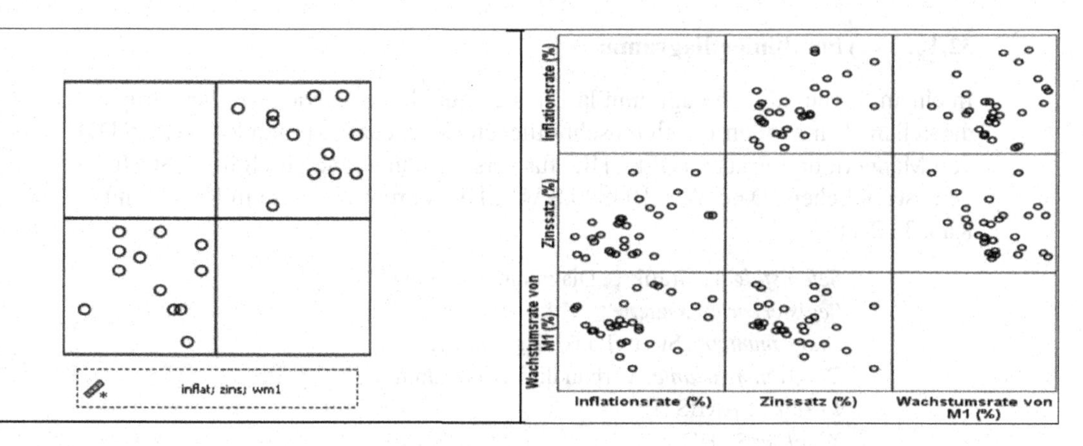

Abb. 32.37. Streudiagramm-Matrix: Diagrammvorschau (links) und Ergebnis (rechts)

32.10.4 Punktsäulendiagramm

In einem Punktdiagramm wird die Verteilung einer einzelnen, zumeist metrischen Variablen angezeigt. Für jeden Wert der Variable werden alle Fälle in Form von übereinander gestapelten Punkten angezeigt. Diese Diagramme werden auch Dichtediagramme genannt.

Beispiel. Die Verteilung der Arbeitsstunden (ARBSTD) soll in einem Punktsäulendiagramm dargestellt werden (Datei ALLBUS90.SAV). Die Vorgehensweise in Kurzform (⇨ Kap. 32.2.1):

Befehlsfolge: „Grafik", „Diagrammerstellung"
Registerkarte: „Galerie"
Diagrammtyp: „Streu-/Punktdiagramm…"
Diagrammvariante: Punktsäulen
X-Achse?: ARBSTD

Abb. 32.38 links zeigt die Diagrammvorschau und Abb. 32.38 rechts das überarbeitete Punktsäulendiagramm.

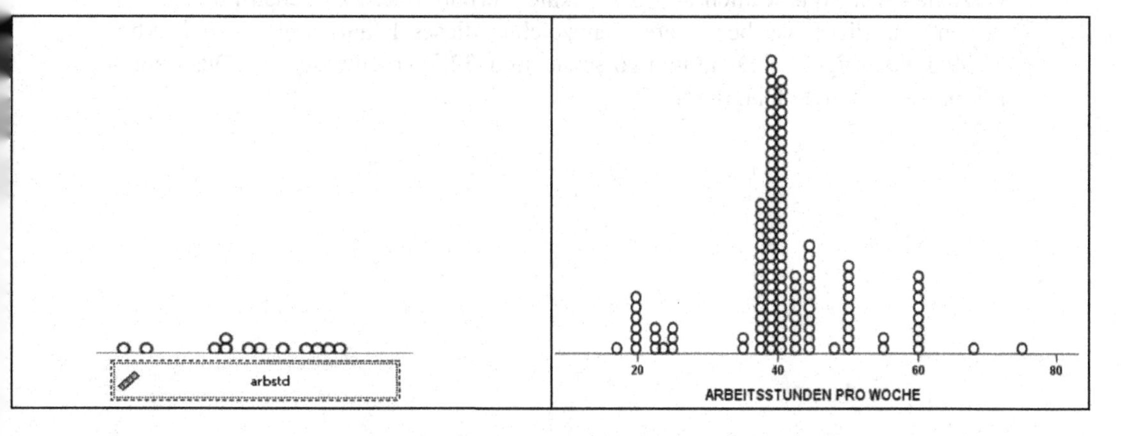

Abb. 32.38. Punktsäulendiagramm: Diagrammvorschau (links) und Ergebnis (rechts)

32.10.5 Verbundliniendiagramm

In einem Verbundliniendiagramm lassen sich gut Unterschiede zwischen Gruppen darstellen. Wir wollen die durchschnittlichen Wochenarbeitsstunden (ARBSTD) von Männern und Frauen (GESCHL) für verschiedene Schulabschlüsse (SCHUL) veranschaulichen (Datei ALLBUS90.SAV). Die Vorgehensweise in Kurzform (⇨ Kap. 32.2.1):

> *Befehlsfolge*: „Grafik“, „Diagrammerstellung“
> *Registerkarte*: „Galerie“
> *Diagrammtyp*: „Streu-/Punktdiagramm…“
> *Diagrammvariante*: Verbundliniendiagramm
> *Y-Achse*: ARBSTD
> *X-Achse*: SCHUL
> *Farbe festlegen*: GESCHL

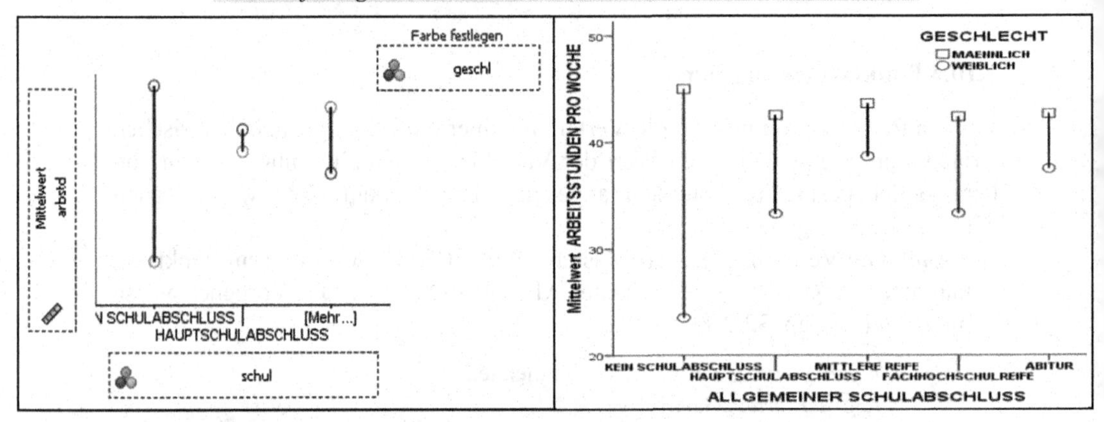

Abb. 32.39. Verbundliniendiagramm: Diagrammvorschau (links) und Ergebnis (rechts)

In der Dialogbox „Elementeigenschaften“ kann man für das Grafikelement „Punkt 1“ eine andere statistische Auswertung als den voreingestellten Mittelwert wählen. Optional kann man sich Fehlerbalken anzeigen lassen (⇨ Kap. 32.3). Darauf verzichten wir. Wir wählen aber „Vertikale Verbundlinien zwischen Punkten anzeigen“, da diese das besondere Kennzeichen dieses Diagrammtyps sind. Abb. 32.39 links zeigt die Diagrammvorschau und 32.39 rechts das im Diagramm-Editor überarbeitete Diagramm.

32.11 Histogramme

32.11.1 Einfaches Histogramm

Beispiel. Die Einkommensverteilung soll in einem Histogramm dargestellt werden (Variable EINK der Datei ALLBUS90.SAV). Die Vorgehensweise in Kurzform (⇨ Kap. 32.2.1):

> *Befehlsfolge*: „Grafik“, „Diagrammerstellung“
> *Registerkarte*: „Galerie“
> *Diagrammtyp*: „Histogramm“
> *Diagrammvariante*: Einfaches Histogramm
> *X-Achse?*: EINK

Auf der Y-Achse erscheint die Beschriftung „Histogramm“ (voreingestellt). Dies bedeutet, dass die absolute Häufigkeiten der Variablenkategorien (im Beispiel der Einkommensklassen) abgebildet wird. In der Dialogbox „Elementeigenschaften“ ändern wir dieses, um stattdessen Prozentwerte anzuzeigen. Wir markieren „Balken1“ und wählen in der Auswahlliste „Statistik“ „Histogrammprozent“. Des Weiteren fordern wir dort das Abbilden einer Normalverteilungskurve an, indem wir das entsprechende Auswahlkästchen markieren. In Abb. 32.40 links ist die Diagrammvorschau und in Abb. 32.40 rechts das Diagramm zu sehen.

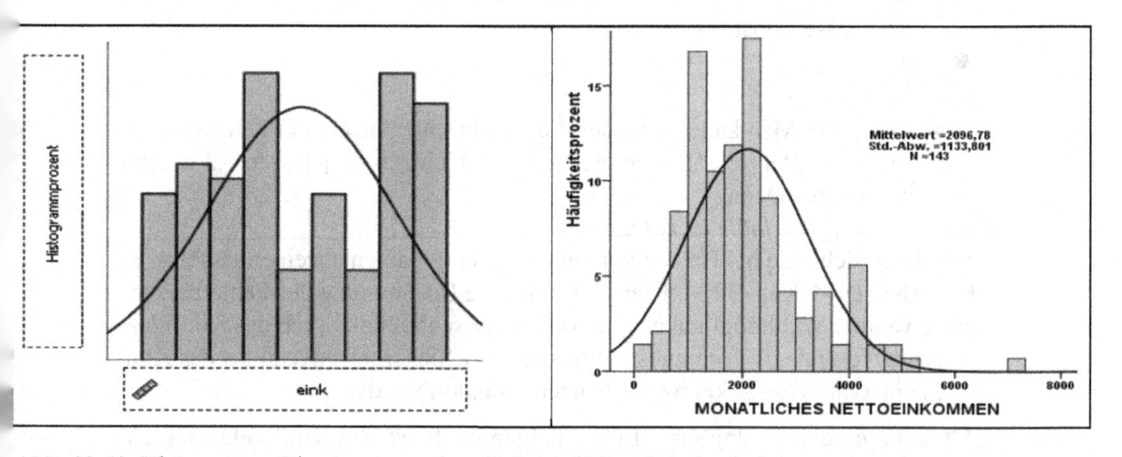

Abb. 32.40. Histogramm: Diagrammvorschau (links) und Ergebnis (rechts)

32.11.2 Populationspyramide

Populationspyramiden für metrische Variablen entsprechen um 90 Grad gedrehten Histogrammen (⇨ Kap. 32.11.1), die für Gruppen vergleichend dargestellt werden. Für kategoriale Variablen entsprechen sie um 90 Grad gedrehten Balkendiagrammen (⇨ Kap. 32.2.1), die für Gruppen vergleichend gegenübergestellt werden.

Beispiel. In unserem Beispiel soll in einer Populationspyramide zum Vergleich die Verteilung der Arbeitsstunden (ARBSTD) von Männern und Frauen (GESCHL) dargestellt werden (Datei ALLBUS90.SAV).

Die Vorgehensweise in Kurzform (⇨ Kap. 32.2.1):

> *Befehlsfolge*: „Grafik“, „Diagrammerstellung“
> *Registerkarte*: „Galerie“
> *Diagrammtyp*: „Histogramm“
> *Diagrammvariante*: Populationspyramide
> *Verteilungsvariable?*: ARBSTD
> *Teilungsvariable?*: GESCHL

Abb. 32.41 links zeigt die Diagrammvorschau.

In der Dialogbox „Elementeigenschaften“ kann das Grafikelement „Pyramide 1“, je nachdem, ob die Verteilungsvariable eine metrische (wie in unserem Beispiel) oder eine kategoriale Variable ist, mit folgenden Optionen überarbeitet werden (⇨ Abb. 32.42 links).

❑ *Die Verteilungsvariable ist metrisch.*

- *Normalverteilungskurve anzeigen.* Wie bei Histogrammen kann man zusätzlich eine Normalverteilungskurve anzeigen lassen.
- *Erste Klasse verankern.* Es geht hier um den Startwert der ersten Klasse
  - *Automatisch.* Standardmäßig enthält die erste Klasse die niedrigsten Datenwerte. Die Verankerung wird dabei so gesetzt, dass sich die Klassengrenzen bei geeigneten Werten befinden.
  - *Benutzerdefinierter Wert für Anker.* Hier kann man den Startwert der ersten Klasse selbst festlegen.
- *Klassengrößen.*
  - *Automatisch.*
  - *Anpassen.* Man kann entweder die gewünschte Anzahl der Klassen („Anzahl der Intervalle“) oder die Breite der einzelnen Klassen („Intervallbreite“) festlegen.

❑ *Die Verteilungsvariable ist kategorial.*
Man kann sich, wie bei Balkendiagrammen, Fehlerbalken anzeigen lassen (zu Fehlerbalken ⇨ Kap. 32.3). Hier gibt es für die Bestimmung der Fehlerbalken keine weitere Wahlmöglichkeit, sie werden ausschließlich durch das Konfidenzintervall festgelegt. Voreingestellt ist ein 95 % Sicherheitsniveau für das Konfidenzintervall. Dieses kann vom Nutzer verändert werden.

Wählt man in der Dialogbox „Elementeigenschaften“ das Grafikelement „Y-Achse (Pyramide 1)“, dann kann man wählen, ob der Skalenbereich „Automatisch“ oder benutzerdefiniert („Anpassen“) bestimmt werden soll. Außerdem kann man als „Skalentyp“ auch nichtlineare Transformationen für die Variablenskala wählen (⇨ Abb. 32.42 rechts).

In Abb. 32.41 rechts ist die im Dateneditor überarbeite Populationspyramide zu sehen. Es werden für die Klassen der Wochenarbeitsstunden die absoluten Häufigkeiten dargestellt. Eine Option zur Darstellung der prozentualen Häufigkeiten gibt es nicht.

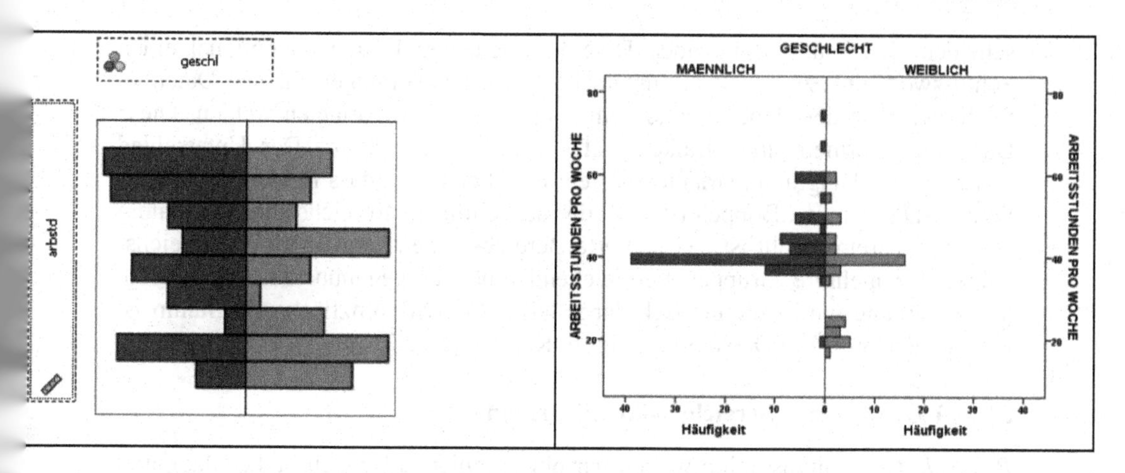

Abb. 32.41. Populationspyramide: Diagrammvorschau (links) und Ergebnis (rechts)

32.12 Hoch-Tief-Diagramme

Der Grafiktyp der Hoch-Tief-Diagramme umfasst verschiedene Diagramme, bei denen auf der Y-Achse der Datenbereich zwischen zwei Werten einer Variablen, einem Höchst- und einem Tiefstwert, angezeigt wird. Wahlweise kann man einen Schlusswert in das Diagramm einbeziehen. Diese Art der Diagramme eignet sich insbesondere zur Darstellung von Börsenwerten.

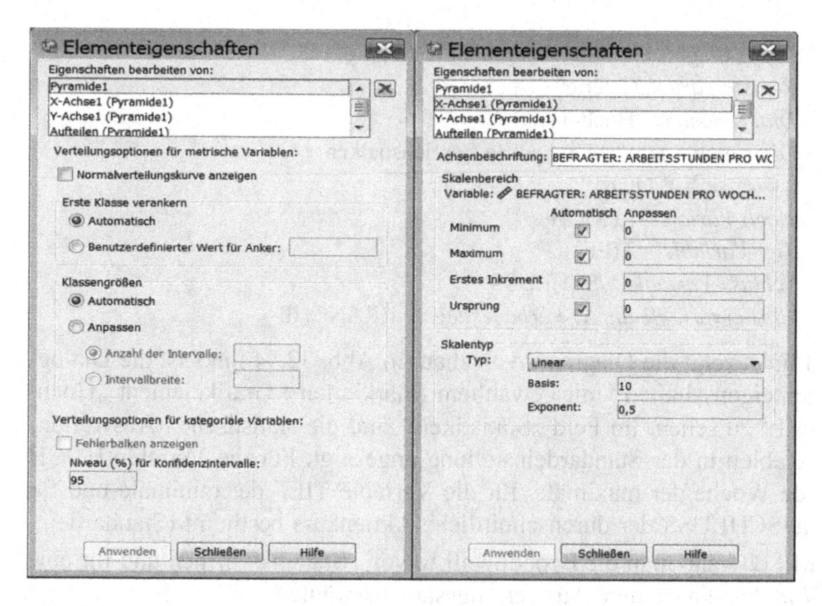

Abb. 32.42. Dialogbox „Elementeigenschaften": markiertes Gafikelement „Pyramide 1" (links) sowie "Y-Achse 1 (Pyramide 1)" (rechts)

Bei den ersten Diagrammvarianten handelt es sich um Balkendiagramme. Die Diagrammvarianten „Hoch-Tief-Schluss" und „Einfache Bereichsbalken" unterscheiden sich kaum. Bei beiden Diagrammvarianten kann man optional einen Schlusswert einbeziehen sowie unterschiedliche Darstellungen für den Datenbereich zwischen dem Höchst- und dem Tiefstwert einer Variablen wählen. Diese Darstellungsformen sind „Balken", „Doppel-T" oder „Stab". Der Unterschied zwischen den Diagrammvarianten besteht lediglich darin, dass für das Hoch-Tief-Schluss-Diagramm „Doppel-T" und für das einfache Bereichsbalkendiagramm „Balken" voreingestellt ist. „Gruppierte Bereichsbalken" ermöglich es, Bereichsbalken für mehrere Gruppen vergleichend einander gegenüberzustellen. Diese dritte Variante wird exemplarisch dargestellt. Das Differenzflächendiagramm ist eine Sonderform. Die Darstellung folgt in Kapitel 32.12.2.

32.12.1 Gruppiertes Bereichsbalkendiagramm

Beispiel. Zur Demonstration wollen wir ein gruppiertes Bereichsbalkendiagramm zur vergleichenden Darstellung von Aktienkursen der Automobil- und der Brauereibranche nutzen. In Abb. 32.27 ist ein Ausschnitt der Datei AKTIE.SAV im Dateneditor zu sehen. Für jeden Tag einer Woche (z.B. für die 14.) sind die Aktienkursnotierungen in drei Variablen erfasst: Die Variable HOCH notiert den Tageshöchst-, die Variable TIEF den Tagestiefst- und die Variable SCHLUSS den Tagesschlusskurs.[18]

Vereinfachend haben wir in unsere Datei nur die Kurse von drei Automobilfirmen (BMW, Daimler-Benz, Porsche) und von drei Brauereien (Haacke-Beck, Henninger, Holsten) aufgenommen. Die Vorgehensweise in Kurzform (⇨ Kap. 32.2.1):

Befehlsfolge: „Grafik", „Diagrammerstellung"
Registerkarte: „Galerie"
Diagrammtyp: „Hoch-Tief"
Diagrammvariante: Gruppierte Bereichsbalken
X-Achse?: WOCHE
Hoch-Variable?: HOCH
Tief-Variable?: TIEF
Schluss-Variable?: SCHLUSS
Clustervariable auf X: Farbe festlegen: BRANCHE

Abb. 32.43 links zeigt die Diagrammvorschau. In Abb. 32.44 links ist die Dialogbox „Elementeigenschaften" mit gewähltem (markiertem) Grafikelement „Hoch-Tief-Schluß 1" zu sehen. Im Feld „Statistiken" sind die statistischen Auswertungen der Variablen in der Standardeinstellung angezeigt. Für die Variable HOCH wird für jede Woche der maximale, für die Variable TIEF der minimale und für die Variable SCHLUSS der durchschnittliche Aktienkurs bestimmt (Standardeinstellung). Mit ▾ kann man die Dropdownliste von „Statistik" öffnen und für eine gewählte Variable eine andere Auswertungsstatistik wählen.

---

[18] Beachten Sie bitte, dass der Schlusskurs in den Grenzen des Höchst- und Tiefstkurses liegen muss.

Die voreingestellte „Balkenart:" „Balken" (⇨ Abb. 32.44 links) haben wir in „ I Doppel-T" verändert und den voreingestellten „Punktstil für Schließen" „O Kreis" belassen (⇨ Abb. 32.44 rechts).

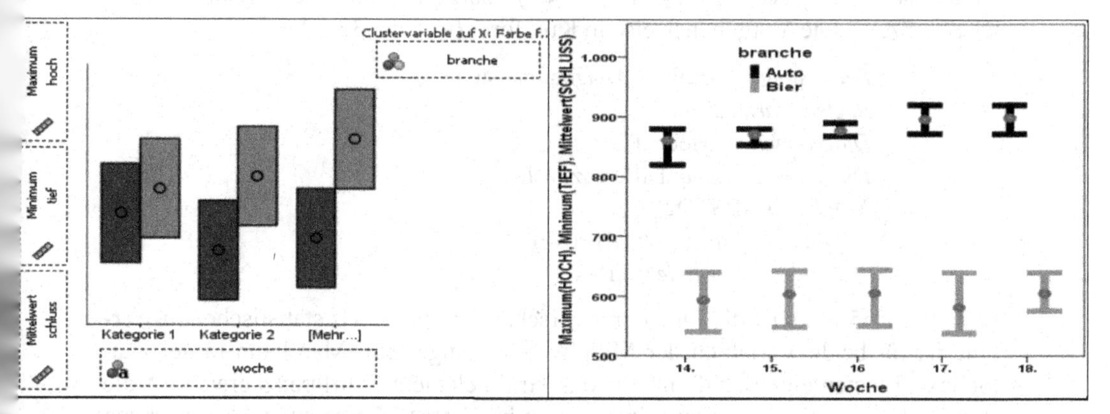

Abb. 32.43. Gruppiertes Bereichsbalkendiagramm: Diagrammvorschau (links) und Ergebnis (rechts)

Abb. 32.43 rechts zeigt das im Diagramm-Editor überarbeitete gruppierte Bereichsbalkendiagramm. Die obere Kante eines Doppel-T-Balkens zeigt den höchsten, die untere Kante den niedrigsten Tageskurs und der Kreis auf den Balken gibt den durchschnittlichen Tagesschlusskurs für jede Woche an.

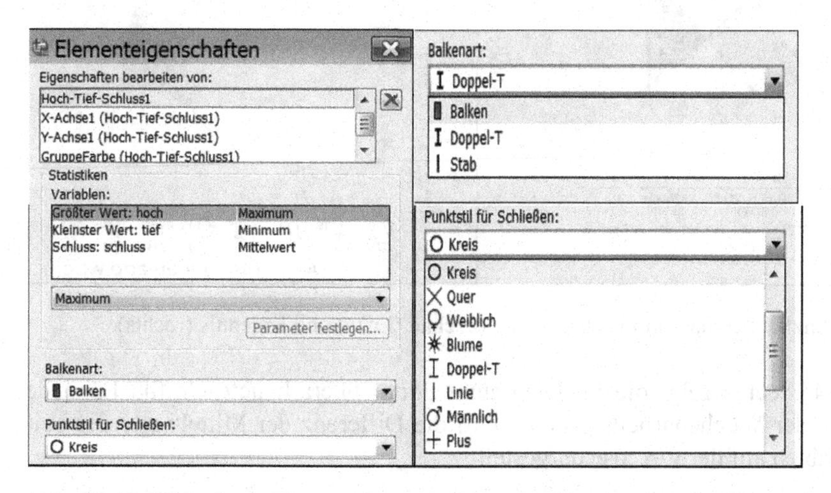

Abb. 32.44. Dialogbox „Elementeigenschaften": markiertes Datengrafikelement (links), Optionen für „Balkenart" sowie für „Punktstil für Schließen" (rechts)

32.12.2 Differenzflächendiagramm

Das Differenzflächendiagramm ist eine Sonderform der Hoch-Tief-Diagramme. Es werden auf der Y-Achse die Differenzen der statistischen Auswertungsergebnisse zweier Variablen als Flächen dargestellt. Durch Farbgebung wird deutlich, welche der Variablen das höhere Auswertungsergebnis hat.

Beispiel. Im Folgenden sollen für die Kategorien der Variablen Wochenarbeitsstunden (ARBSTD2) die Differenzen zwischen dem durchschnittlichen Haushaltseinkommen pro Haushaltsmitglied (HHEINPRO) und dem durchschnittlichen Nettoeinkommen des Befragten (EINK) dargestellt werden (Datei ALLBUS90.SAV). Die Vorgehensweise in Kurzform (⇨ Kap. 32.2.1):

Befehlsfolge: „Grafik", „Diagrammerstellung"
Registerkarte: „Galerie"
Diagrammtyp: „Hoch-Tief"
Diagrammvariante: Differenzflächen
X-Achse: ARBSTD2
1. Y-Achsen-Variable?: HHEINPRO
2. Y-Achsen-Variable?: EINK

In Abb. 32.45 links ist die Diagrammvorschau zu sehen. Als statistische Auswertung ist für beide Variablen der Mittelwert voreingestellt. Man kann in der Dialogbox „Elementeigenschaften" für das Grafikelement „Differenzbereich 1" die statistische Auswertung ändern, indem man in „Statistik" eine andere Auswertung wählt (⇨ Tabelle 32.2). Dabei kann die statistische Auswertung für die beiden Variablen auch verschieden sein. Wir haben die Standardeinstellung belassen.

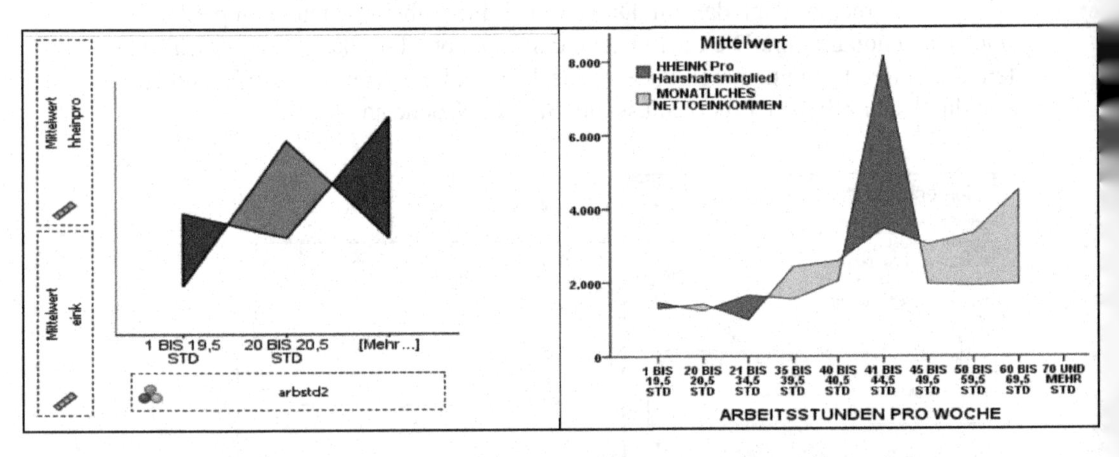

Abb. 32.45. Differenzflächendiagramm: Diagrammvorschau (links) und Ergebnis (rechts)

Abb. 32.45 rechts zeigt die im Diagramm-Editor überarbeitete Grafik. Für jede Kategorie der Wochenarbeitsstunden wird die Differenz der Mittelwerte der beiden Variablen auf der y-Achse dargestellt.

32.13 Boxplotdiagramm

Ein Boxplot-Diagramm bildet für jede auf der X-Achse dargestellte Kategorie einer kategorialen Variable auf der Y-Achse zusammenfassende statistische Maßzahlen (1. Quartil, Median = 2. Quartil, 3. Quartil) zur Charakterisierung der Verteilung einer metrischen Variable ab. Des Weiteren werden Ausreißer und Extremwerte (Minimum, Maximum) ausgewiesen. Daher eignet sich das Diagramm auch zur Identifizierung von Ausreißern.

Ein einfaches und ein gruppiertes Boxplotdiagramm unterscheiden sich darin, dass im gruppierten durch eine weitere kategoriale Variable Fallgruppen (z.B. Männer und Frauen) unterschieden werden. Eine weitere Variante ist das 1-D-Boxplot. In diesem wird lediglich die Verteilung der metrischen Variable dargestellt, ein Gruppenvergleich findet nicht statt.

Beispiel. Wir wollen in einem gruppierten Boxplot für verschiedene Schulabschlüsse (SCHUL2) Verteilungscharakteristiken der monatlichen Einkommen (EINK) vergleichend für Männer und Frauen (GESCHL) darstellen (Datei ALLBUS90.SAV). Die Vorgehensweise in Kurzform (⇨ Kap. 32.2.1):

Befehlsfolge: „Grafik“, „Diagrammerstellung“
Registerkarte: „Galerie“
Diagrammtyp: „Boxplot“
Diagrammvariante: Gruppierter Boxplot
X-Achse?: SCHUL2
Y-*Achse*?: EINK
Clustervariable auf X: Farbe festlegen: GESCHL

In der Dialogbox „Elementeigenschaften“ gibt es zwar das Grafikdatenelement „Box 1“, aber bei diesem Grafikelement kann man (bezüglich des Boxplots) keine Veränderungen vornehmen.

Abb. 32.46 links zeigt die Diagrammvorschau und 32.46 rechts das im Diagramm-Editor überarbeitete Diagramm.

Die untere Kante der Kästchen (Boxen) im Diagramm zeigt den 25-Prozentwert (25. Perzentil = 1. Quartil), die waagerechte Linie innerhalb der Kästen den Median (auch Zentralwert bzw. 50-Prozentwert oder 50. Perzentil bzw. 2. Quartil genannt) und die obere Kante den 75. Prozentwert (75. Perzentil = 3. Quartil). Daher liegen innerhalb der Kästchen 50 % der Fälle. Das Boxplot ermöglicht auch den Vergleich der Mediane der untersuchten Gruppen.

Aus einem Boxplot kann man auch Erkenntnisse über die Schiefe der Verteilung gewinnen. Dazu vergleicht man die Abstände des Medianwertes von der oberen (1. Quartil) und unteren Kante (3. Quartil) der Boxen. Aus Abb. 32.46 rechts ist z.B. zu erkennen, dass die Verteilung der Nettoeinkommen der männlichen Befragten mit Fachhochschule/Abitur im mittleren Einkommensbereich schief, nämlich linkssteil ist. Der Abstand des Medianwertes vom 1. Quatil ist viel kleiner als vom 3. Quartil.

Von der unteren und oberen Kästchenkante sind senkrechte Linien mit Querbalken gezogen. Mit diesen Linien werden die größten und kleinsten Werte (ausgenommen Extremwerte und Ausreißer) eingegrenzt. Da diese Linien im angelsächsischen Sprachraum whiskers[19] genannt werden, hat sich für das Diagramm auch der Ausdruck *Box-and-Whisker-Plot* eingebürgert.

[19] Die Backenhaare von Katzen heißen whiskers.

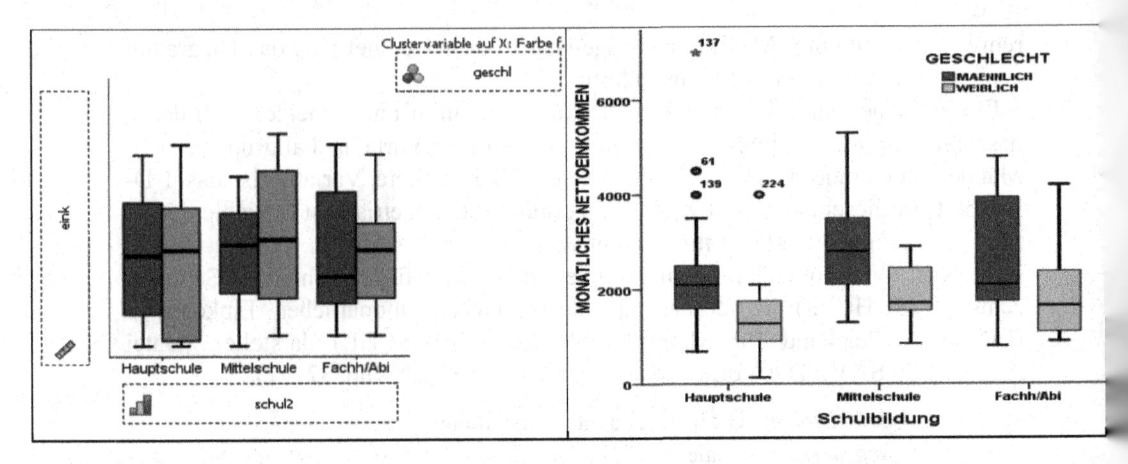

Abb. 32.46. Gruppiertes Boxplotdiagramm: Diagrammvorschau (links) und Ergebnis (rechts)

Des Weiteren werden zwei Arten von entlegenen Fällen gezeigt. *Extremwerte* sind Fälle, die mehr als drei Kästchenlängen vom oberen bzw. unteren Kästchenrand entfernt liegen. Diese sind mit einem Stern (∗) gekennzeichnet. *Ausreißer* sind Fälle, die 1,5 bis 3 Kästchenlängen vom oberen bzw. unteren Kästchenrand entfernt liegen. Diese sind mit einem Kreis (∘) gekennzeichnet.
Die Ausreißer und Extremwerte werden mit der Fallnummer beschriftet. So sieht man z.B., dass der Befragte mit der Fallnummer 137 über ein sehr hohes Einkommen verfügt, obwohl er keinen höheren Schulabschluss hat.

Man kann diese voreingestellte Fallnummeridentifizierung der Extremwerte und Ausreißer durch die Anzeige eines Merkmals einer weiteren Variable ersetzen. Dieses geschieht, indem man in der Dialogbox „Diagrammerstellung“ auf der Registerkarte „Gruppen/Punkt-ID“ (⇨ Abb. 32.10) die Option „Punkt-ID-Beschriftung“ wählt. In der Diagrammvorschau wird dann ein Ablagefeld für eine Fallidentifizierungsvariable hinzugefügt (⇨ gruppiertes Streudiagramm mit Punkt-ID in Kap. 32.10.1). Auf diese kann man dann die Variable ziehen, deren Werte zur Beschriftung der Ausreißer und Extremwerte benutzt werden sollen.

32.14 Doppelachsendiagramme

Für diesen Diagrammtyp mit einem Y-X-Achsensystem bei doppelter Y-Achse werden zwei Varianten angeboten: mit einer kategorialen sowie einer metrischen Variable auf der X-Achse. Für beide Varianten wollen wir ein Beispiel zeigen.

32.14.1 Mit zwei Y-Achsen und kategorialer X-Achse

Beispiel. Für die Befragten soll, differenziert nach Schulabschlüssen (SCHUL2), das mittlere Haushaltseinkommen pro Haushaltsmitglied (HHEINPRO) einerseits als Mittelwert und andererseits als Median dargestellt werden (Datei ALLBUS90.SAV).

Die Vorgehensweise in Kurzform (⇨ Kap. 32.2.1):

> *Befehlsfolge*: „Grafik“, „Diagrammerstellung“
> *Registerkarte*: „Galerie“
> *Diagrammtyp*: „Doppelachsen“
> *Diagrammvariante*: Zwei Y-Achsen mit kategorialer X-Achse
> *X-Achse?*: SCHUL2
> *Y-Achse*? (links): HHEINPRO
> *Y-Achse?* (rechts): HHEINPRO

Für beide Achsen wird als statistische Auswertung der Mittelwert angezeigt, die Standardauswertung für metrische Variablen. Für die Abbildung der Auswertung von HHENPRO auf der linken Y-Achse werden Balken und für die der rechten Y-Achse Linien genutzt. Diese Zuordnung erkennt man, wenn man in der Dialogbox „Elementeigenschaften“ die Grafikelemente „Balken 1“ bzw. „Linie 2“ markiert. Ist „Balken 1“ gewählt und damit markiert, wird im Feld „Zugewiesene Y-Achse:“ „Y-Achse 1“ ausgewiesen. Wird das Grafikelement „Linie 2“ gewählt, wird bei „Zugewiesene Y-Achse:“ „Y-Achse 2“ angezeigt (⇨ Abb. 32.48 links).

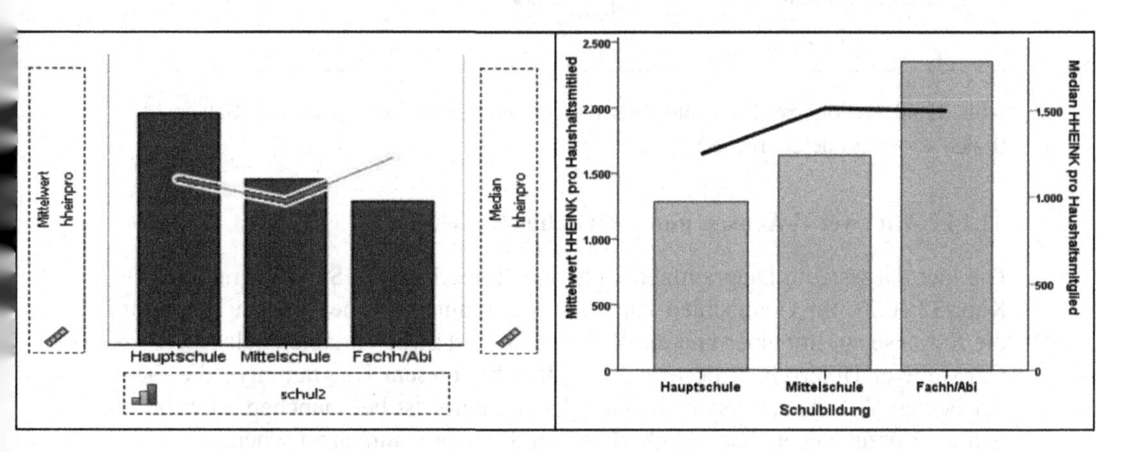

Abb. 32.47. Doppelachsendiagramm mit kategorialer X-Achse: Diagrammvorschau (links) und Ergebnis (rechts)

Um die statistische Auswertung von HHEINPRO für die rechte Y-Achse (Y-Achse 2) zu ändern, wählen wir das Grafikelement „Linie 2“ und wählen als „Statistik“ „Median“ und Klicken „Zuweisen“.

Abb. 32.47 links zeigt die Diagrammvorschau und 32.47 rechts das im Diagramm-Editor überarbeitete Diagramm.

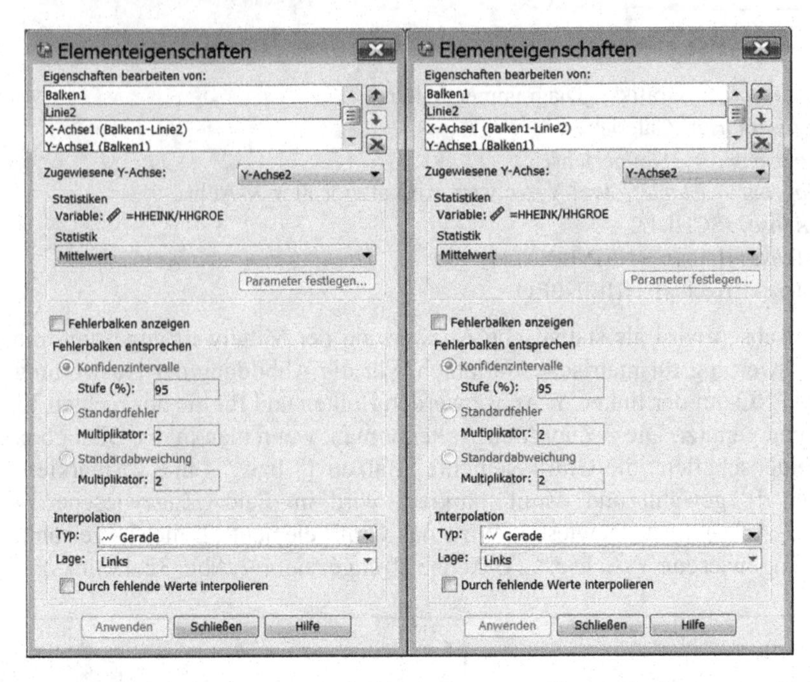

Abb. 32.48. Dialogbox „Elementeigenschaften": markiertes Grafikelement „Balken 1" (links) sowie „Linie 2" (rechts)

32.14.2 Mit zwei Y-Achsen und metrischer X-Achse

Die hier dargestellte Diagrammvariante ähnelt überlagerten Streudiagrammen (⇨ Kap. 32.10.2). Im Unterschied zum Streudiagramm kann bei diesem Diagramm die X-Achse nur mit einer und die Y-Achse nur mit zwei Variablen belegt werden. Ein weiterer Unterschied besteht darin, dass bei diesem Diagrammtyp die Skala der beiden Y-Achsen verschieden sein kann. Hierin ist bei manchen Anwendungen ein Vorzug gegenüber den überlagerten Streudiagrammen zu sehen.

Beispiel. Im Folgenden wollen wir den Zusammenhang zwischen der Beschleunigung (BESCHLEU) und dem Gewicht (GEWICHT) eines Autos sowie den zwischen der Pferdestärke (PS) und dem Gewicht (GEWICHT) darstellen (Datei CARS.SAV). Die Vorgehensweise in Kurzform (⇨ Kap. 32.2.1):

Befehlsfolge: „Grafik", „Diagrammerstellung"
Registerkarte: „Galerie"
Diagrammtyp: „Doppelachsen"
Diagrammvariante: Zwei Y-Achsen mit metrischer X-Achse
X-Achse?: GEWICHT
Y-Achse? (links): BESCHLEU
Y-Achse? (rechts): PS

Wählt (markiert) man in der Dialogbox „Elementeigenschaften" das Grafikelement „Punkt 1" (oder „Punkt 2"), so sieht man im Feld „Statistik", welche Variable auf der Y-Achse abgebildet wird und im Feld „Zugewiesene Y-Achse" welcher Y-Achse diese Variable zugeordnet ist. Ebenfalls wird ausgewiesen, dass standardmäßig die Werte der Variablen abgebildet werden. Diese Einstellung kann man verändern. Wir belassen die Voreinstellung.

Abb. 32.49 links zeigt die Diagrammvorschau und Abb. 32.49 rechts das im Diagramm-Editor überarbeitete Diagramm.

Für dieses Diagramm kann man eine dritte Variable (z.B. LAND) zur Fallidentifizierung nutzen (⇨ gruppiertes Streudiagramm mit Punkt-ID in Kap. 32.10.1).

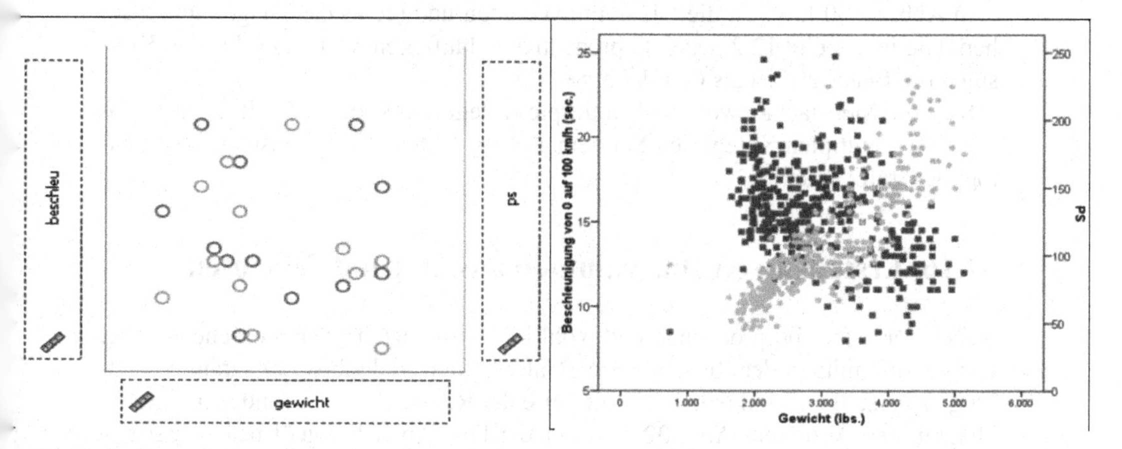

Abb. 32.49. Doppelachsendiagramm mit metrischer x-Achse: Diagrammvorschau (links) und Ergebnis (rechts)

32.15 Diagramm für Mehrfachantworten-Sets

In Kap. 12 wird beschrieben wie Mehrfachantworten kodiert und ausgewertet werden können. Zur Datenkodierung und deren Zusammenfassung in Mehrfachantwortensets werden zwei Verfahren unterschieden: multiple Kategorien und multiple Dichotomien. In beiden Fällen können die Mehrfachantworten in Form einer Häufigkeitsverteilung ausgewertet werden (wenn sie im Menü „Analysieren", „Mehrfachantworten" erstellt wurden). Hier soll gezeigt werden, wie man für Mehrfachantwortensets, die im Menü „Daten", „Mehrfachantworten-Sets definieren" erstellt wurden, auch eine grafische Darstellung erhalten kann.[20] Zur Demonstration soll ein Balkendiagramm erstellt werden.

Beispiel. Dazu verwenden wir das in Kap. 12 verwendete Beispiel zum Rauschgiftkonsum von Befragten (Datei RAUSCH.SAV). Nachdem das multiple Dichotomien-Set $Rausch für die Variable V70 bis v76 definiert ist (⇨ Kap. 12.6), kann die Grafik erstellt werden. In der Quellvariablenliste der Dialogbox „Diagrammerstellung" (⇨ 32.50 links) erscheint das definierte Set $Rausch als eine Variable mit dem Symbol ▯ (das Symbol für Mehrfachkategorien-Sets ist ▦).

Die Vorgehensweise in Kurzform (⇨ Kap. 32.2.1):

> *Befehlsfolge*: „Grafik", „Diagrammerstellung"
> *Registerkarte*: „Galerie"

[20] Definiert man das Mehrfachantworten-Set wie in Kap. 12.1 beschrieben, dann ist eine grafische Darstellung nicht möglich.

Diagrammtyp: „Balken“
Diagrammvariante: Einfache Balken
X-Achse?: $Rausch

Für die Y-Achse wird zunächst auf der Y-Achse die Voreinstellung „Anzahl“ (absolute Häufigkeit) angezeigt. Wir verändern die Auswertung in Prozentsatz (⇨ Kap. 32.2.1). Man kann auch andere Auswertungen wählen.

In Abb. 32.50 links ist die Diagrammvorschau und rechts das Diagramm zu sehen. Die in Tabelle 12.2 gezeigte prozentuale Häufigkeitsverteilung für den Konsum von Rauschgift ist als Grafik dargestellt.

Sind die Mehrfachantworten als multiple Kategorien kodiert, so bildet man analog einen multiplen Kategorien-Set gemäß Kap. 12.6 und kann anschließend analog die Grafik erstellen.

32.16 Erstellen von Diagrammen aus „Grundelementen“

Neben der bisher besprochenen und wohl i.d.R. vorzuziehenden Vorgehensweise, Diagramme mittels der Registerkarte „Galerie“ der Dialogbox „Diagrammerstellung“ zu erstellen, kann man auch mit Hilfe der Registerkarte „Grundelemente“ zu Diagrammen kommen. Abb. 32.51 zeigt die Dialogbox bei geöffneter Registerkarte „Grundelemente“. Dort werden Symbole für verschiedene Grafikachsentypen („Eindimensionale Koordinaten“, „Zweidimensionale Koordinaten“ etc.) und für verschiedene Datengrafikelemente (z.B. „Punkt“ für Streudiagramme, „Balken“ für Balkendiagramme etc.) aufgeführt. Aus diesen Grundelementen kann man sich ein Diagramm schrittweise zusammenstellen.

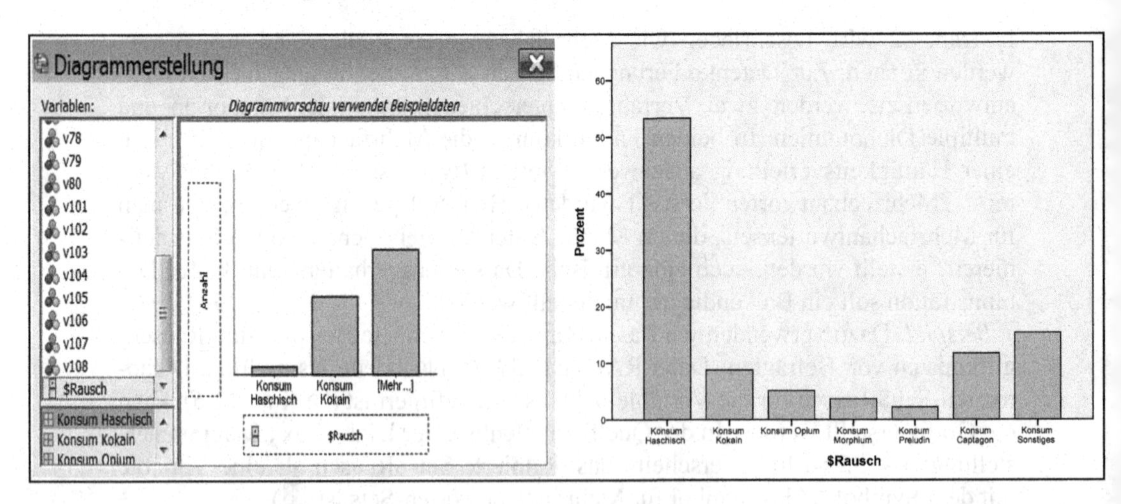

Abb. 32.50. Einfaches Balkendiagramm für $rausch: Diagrammvorschau (links) und Ergebnis (rechts)

Die Diagrammtypen und ihre Varianten, die man auf diese Weise erstellen kann, unterscheiden sich nicht von den per „Galerie“ erzeugbaren.

Durch Doppelklicken auf eines der Koordinatensymbole überträgt man diese Koordinaten auf die Zeichenfläche der Diagrammvorschau.[21] Dann werden die Datengrafikelemente aktiv geschaltet, die für den gewählten Koordinatentyp möglich sind. Doppelklicken auf ein Symbol für ein ausgewähltes (aktiv geschaltetes) Datengrafikelement überführt dieses auf die Zeichenfläche der Diagrammvorschau.[22] Das weitere Vorgehen entspricht der Grafikerstellung mittels der Registerkarte „Galerie".

Man kann in den meisten Fällen den Aufbau einer Grafik auch statt mit Übertragen eines Koordinatensymbols mit Übertragen eines Datengrafikelements auf die Zeichenfläche der Diagrammvorschau beginnen. Es wird dann automatisch ein passendes Koordinatensystem hinzugefügt.

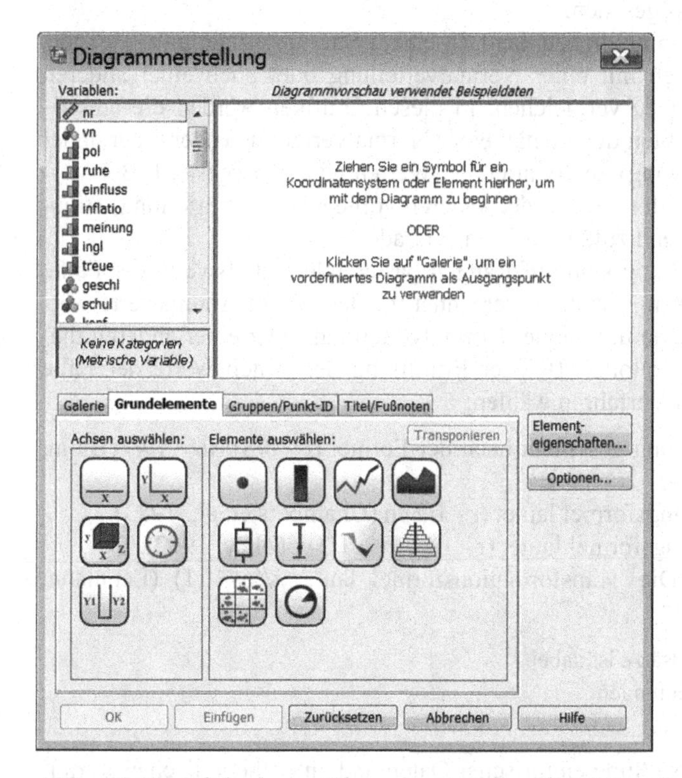

Abb. 32.51. Dialogbox „Diagrammerstellung": aktive Registerkarte „Grundelemente"

Hinweis. Alle folgenden Diagramme sind nicht im Menü „Diagramme", sondern im Menü „Analysieren" enthalten. Die Überarbeitung dieser Diagramme geschieht ebenfalls im Diagrammeditor (⇨ Kap. 33).

---

[21] Alternativ: Das Koordinatensymbol bei gedrückter linker Maustaste auf die Zeichenfläche ziehen.

[22] Alternativ: Das Datengrafikelementsymbol bei gedrückter linker Maustaste auf die Zeichenfläche ziehen.

32.17 P-P- und Q-Q-Diagramme

In der statistischen Datenanalyse kommt es häufig vor, dass man überprüfen möchte, ob die untersuchten Daten als Stichprobe aus einer normalverteilten Grundgesamtheit anzusehen sind. Bei der Regressionsanalyse z.B., aber auch anderen statistischen Modellen, ist es von Bedeutung, ob die Residualwerte normalverteilt sind oder nicht. An anderer Stelle haben wir bereits die Darstellung der Werte in einem Histogramm bzw. statistische Tests wie die von Shapiro Wilks bzw. Kolmogorov-Smirnov (Lilliefors) (⇨ Kap. 9.3.2) als Instrumente kennengelernt, diese Voraussetzung zu überprüfen. Manchmal möchte man auch prüfen, ob Daten einer anderen theoretischen Verteilung entsprechen. Die nun besprochenen Diagramme sind dazu vorgesehen.

P-P bzw. Q-Q-Diagramme dienen dazu, in einem Streuungsdiagramm die Verteilung empirischer Daten mit einer Normalverteilung oder auch einer anderen theoretischen Verteilung zu vergleichen. In diesen Grafiken werden die empirischen Werte einer Variablen den gemäß einer Normalverteilung (oder einer anderen theoretischen Verteilung) zu erwartenden Werten gegenübergestellt. Bei Vorliegen einer Normalverteilung (bzw. der anderen vorgegebenen Verteilung) streuen die Datenpunkte eng und zufällig um eine Gerade.

Grundlage der Darstellung sind auf Rängen basierende Anteilswerte der Fälle, die nach unterschiedlichen Verfahren berechnet werden. Diese Anteilswerte werden gegen die Anteilswerte unter einer Normalverteilung (oder einer anderen theoretischen Verteilung) geplottet. Bei der Ermittlung der Anteilswerte der Fälle kann man aus folgenden Verfahren wählen:

- ❑ *Blom.* Diese Berechnung geschieht nach der Formel (r - 3/8)/(n + 1/4) (Blom, 1958) (Voreinstellung).
- ❑ *Rankit.* Die Berechnungsformel lautet (r - 1/2)/n (Chambers et. al., 1983).
- ❑ *Tukey.* Die Berechnungsformel lautet (r - 1/3)/(n + 1/3) (Tukey, 1962).
- ❑ *Van der Waerden.* Die Transformationsformel lautet r/(n + 1) (Lehmann, 1975).

Für alle Berechnungsansätze ist dabei
n = Anzahl der Beobachtungen
r = Rangziffer, r = 1,....,n.

Zur vergleichenden Darstellung empirischer Daten und einer theoretischen Verteilung sind zwei Darstellungstypen verfügbar:

- ❑ *P-P-Diagramm.* Es werden die (auf Ränge basierenden) kumulierten Anteile der Fälle denen einer theoretischen Verteilung (z.B. Normalverteilung) gegenübergestellt.
- ❑ *Q-Q-Diagramm.* Bei dieser Grafik werden die Quantile der empirischen und der theoretischen Verteilung (z.B. Normalverteilung) einander gegenübergestellt.

Die für einen Vergleich verfügbaren Verteilungen sind in einer Übersicht in Tabelle 32.4 aufgeführt.

Tabelle 32.4. Vergleichsverteilungen für P-P- und Q-Q-Diagramme

Beta	Lognormal
Chi-Quadrat	Normalverteilung
Exponentiell	Pareto
Gamma	Student-T
Halb-Normalverteilung	Weibull
Laplace	Gleichverteilung
Logistisch	

Beispiel. Es soll geprüft werden, ob die linkssteile Verteilung des Nettoeinkommens der Befragten (EINK der Datei ALLBUS90.SAV) annähernd einer logarithmierten Normalverteilung entspricht.

PP-Diagramm. Man öffnet durch Klicken der Befehlsfolge

▷ „Analysieren", „Deskriptive Statistiken", „P-P-Diagramme"

die in Abb. 32.52 links dargestellte Dialogbox. Die Variable EINK wird in das Eingabefeld „Variablen" übertragen.

Im Auswahlfeld „Testverteilung" wird die theoretische Verteilung gewählt, mit der die Verteilung der empirischen Daten verglichen werden soll. Wir wählen Lognormal (alternativ hätte man auch „Normalverteilung" in Verbindung mit der Transformationsoption „Natürlicher Logarithmus" wählen können). Die Parameter der theoretischen Verteilung sollen aus den Daten geschätzt werden. Alternativ dazu können auch die Parameter der theoretischen Verteilung angegeben werden.

Folgende Optionen für eine Transformation der Variablen sind verfügbar:

- ❑ *Natürlicher Logarithmus.* Bei Wahl dieser Option wird die untersuchte Variable logarithmiert (zur Basis $e \approx 2{,}7183$).
- ❑ *Werte standardisieren.* Die untersuchte Variable x wird in Standardeinheiten transformiert gemäß der Transformation

  $\frac{x - \bar{x}}{s}$, wobei

  $\bar{x}$ = Mittelwert
  s = Standardabweichung

  Die resultierende standardisierte Variable hat einen Mittelwert von 0 und eine Standardabweichung von 1.
- ❑ *Differenz.* Diese Transformation ist für Zeitreihen von Bedeutung. Es wird die Differenz zu vorherigen Werten gebildet. Durch Angabe einer Zahl kann festgelegt werden, zu welchem vorhergehenden Wert die Differenz gebildet werden soll.
- ❑ *Saisonale Differenz.* Hat man Zeitreihen mit einer Saisonkomponente vorliegen und mit der Befehlsfolge „Daten", „Datum definieren" definiert (⇨ Kap. 5.9), so können Differenzen von Werten gleicher Saisonperiodenzugehörigkeit gebildet werden. Analog zu oben kann man angeben, zu welchem vorhergehenden Saisonperiodenwert die Differenz gebildet werden soll.

In „Formel für Anteilsschätzungen" kann man eine Berechnungsmethode für die Anteilswerte der Fälle wählen.

Außerdem kann gewählt werden, wie bei Rangbindungen (= gleiche Variablenwerte bei mehreren beobachteten Fällen, englisch: ties) vorgegangen werden soll.

Folgende Wahlmöglichkeiten bestehen:

- *Mittelwert* (Voreinstellung). Es wird der Mittelwert der Rangzahlen den Fällen als Rang zugewiesen.
- *Maximum*. Die höchste Rangzahl wird den Fällen als Rang zugewiesen.
- *Minimum*. Die kleinste Rangzahl wird den Fällen als Rang zugewiesen.
- *Bindungen willkürlich lösen.*. Während bei den bisher vorgestellten Verfahren gebundene Fälle als ein einziger Punkt im Diagramm dargestellt werden, wird hier jeder gebundene Fall durch einen eigenen Datenpunkt repräsentiert. Die Punkte für gebundene Fälle liegen in einer Reihe quer zur Geraden dicht beieinander.

In Abb. 32.52 rechts sind auf der Y-Achse die nach der Transformationsformel von Blom berechneten erwarteten kumulierten Häufigkeiten (gemäß einer Lognormalverteilung) und auf der X-Achse die empirischen kumulierten Häufigkeiten für das logarithmierte Einkommen dargestellt.

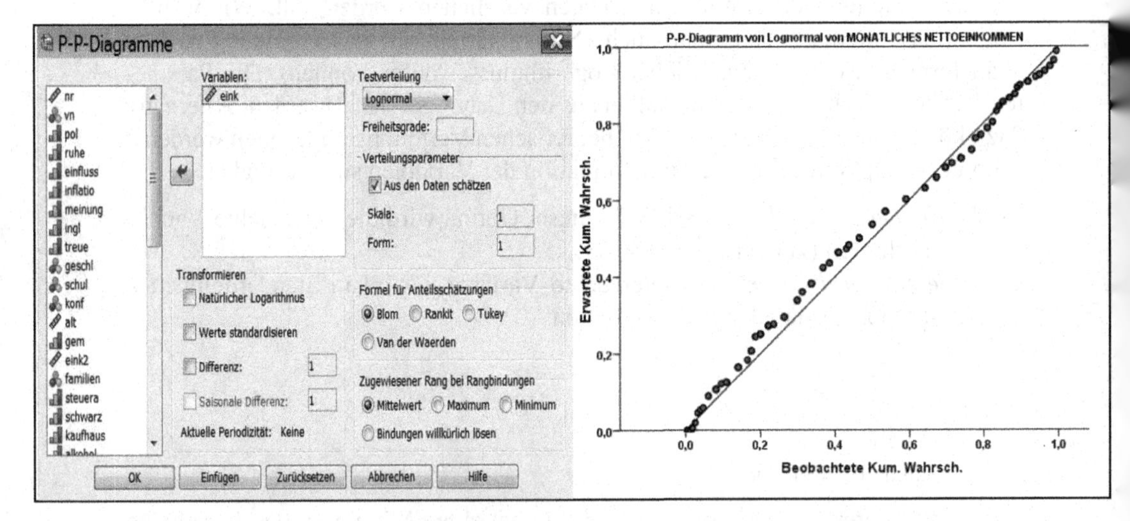

Abb. 32.52. P-P-Lognormalverteilungs-Diagramm für das Nettoeinkommen der Befragten

Es zeigt sich, dass die Abweichungen von der Geraden und damit von einer Lognormalverteilung erheblich sind. Dieses wird auch durch eine zweite, gleichzeitig erzeugte Grafik (⇨ Abb. 32.53) unterstrichen. Dort werden auf der Y-Achse die Abweichungen von der Geraden abgebildet, die eine Lognormalverteilung repräsentiert.

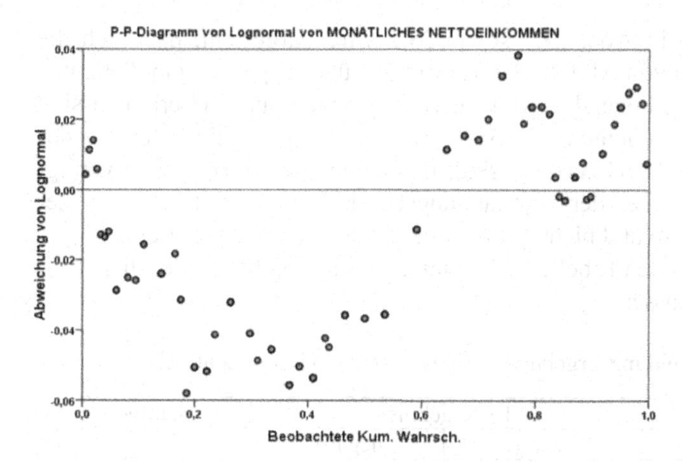

Abb. 32.53. Abweichungen vom P-P-Lognormalverteilungs-Diagramm für das Nettoeinkommen der Befragten

Q-Q-Diagramm. Man öffnet durch Klicken der Befehlsfolge

▷ „Analysieren", „Deskriptive Statistiken", „Q-Q-Diagramme"

eine Dialogbox, die der in Abb. 32.52 ähnelt. In der Dialogbox „Q-Q-Diagramme" bestehen die gleichen Wahlmöglichkeiten wie bei P-P- Diagrammen. Auf den Achsen werden die Quantile der empirischen und theoretischen Verteilung dargestellt.

32.18 ROC-Kurve

Theoretische Grundlagen. Insbesondere in der Medizin werden diagnostische Tests eingesetzt, um zu prüfen, ob Patienten eine bestimmte Erkrankung haben oder nicht. Die ROC-Kurve[23] ist ein Instrument, derartige Tests zu bewerten. Aber auch in anderen Bereichen findet die ROC-Kurve Anwendung.

Beispiel. Das für die Diskriminanzanalyse verwendete Beispiel zur Diagnose von viraler Hepatitis soll zur näheren Erläuterung dienen. Messwerte von Enzymen werden für einen diagnostischen Test für die Prüfung verwendet, ob Patienten an einer virale Hepatitis (virH) erkrankt sind oder nicht. In dem Beispiel werden für Patienten (neben anderen) Messwerte von Enzymen in der Variablen ALT erfasst. Zur diagnostischen Unterscheidung von an virH erkrankten und nicht an virH erkrankten Patienten muss ein Trennmesswert (⇨ $LALT_{krit}$ in Abb. 23.1)[24] von ALT festgelegt werden: Patienten mit ALT-Messwerten oberhalb dieses Trennwerts (Testergebnis positiv) werden als erkrankt und Patienten mit ALT-Messwerten unterhalb dieses Trennwerts (Testergebnis negativ) als nicht an virH

[23] ROC = Receiver Operating Characteristic. Der Begriff hat seine historische Wurzeln im 2. Weltkrieg, als Radargeräteoperatoren zu entscheiden hatten, ob ein Signal auf dem Bildschirm feindliche oder freundliche Schiffe bzw. Flugzeuge bedeutet und Messmethoden zur Unterstützung der Fähigkeit des Operator dieses zu unterscheiden entwickelt worden sind.

[24] Für die Diskriminanzanalyse wurden die Variablen logarithmiert, um annähernd die Modellvoraussetzung einer Normalverteilung zu erreichen.

erkrankt diagnostiziert. In Abb. 23.1 sowie 23.2 wird dargestellt, dass sich die Häufigkeitsverteilungen von ALT für beide Gruppen überlappen: es gibt Patienten mit über dem Trennwert liegenden ALT-Werten, die nicht an virH erkrankt sind und umgekehrt gibt es Patienten, die ALT-Messwerte haben, die unterhalb des Trennwert liegen und an virH erkrankt sind. Im Bereich der Überlappung versagt der Diagnosetest. Je kleiner der Überlappungsbereich, umso genauer kann der Test die an virH erkrankte und nicht erkrankte Patienten voneinander trennen.

In einer Vierfeldertabelle (Tabelle 32.5) kann man die Ergebnisse des diagnostischen Tests zusammenfassen.

Tabelle 32.5. Vierfeldertafel mit Ergebnissen eines Tests auf virale Hepatitis

An viraler Hepatitis erkrankt	Testergebnis		Summe
	positiv	negativ	
Ja	n_{rp}	n_{fn}	$n_{rp}+n_{fn}$
nein	n_{fp}	n_{rn}	$n_{fp}+n_{rn}$
Summe	$n_{rp}+n_{fp}$	$n_{fn}+n_{rn}$	n

n_{rp} = Anzahl richtig positiv n_{fp} = Anzahl falsch positiv

n_{fn} = Anzahl falsch negativ n_{rn} = Anzahl richtig negativ

Wird der Stichprobenumfang $n = n_{rp}+n_{fn}+n_{rn}+n_{fp}$ sehr groß, können die Anteile $n_{rp}/(n_{rp}+n_{fn})$ (Anteil richtig positiv getesteter Patienten an Erkrankten) und $n_{rn}/(n_{fp}+n_{rn})$ (Anteil richtig negativ getesteter Patienten an nicht Erkrankten) als Wahrscheinlichkeiten interpretiert werden. Diese Anteile werden Sensitivität und Spezifität genannt. Wird der Diagnosetrennwert verändert, dann verändern sich auch die Sensitivität und Spezifität. Erhöht man den ALT-Trennwert für den Diagnosetest, so wird die Sensitivität kleiner und die Spezifität größer. Umgekehrtes gilt für eine Senkung des Trennwerts.

In der ROC-Kurvendarstellung werden auf der Y-Achse eines Koordinatensystems die Stichprobenschätzwerte für die Sensitivität (= Anteil positiv getesteter an Erkrankten) und auf der X-Achse die für 1 minus Spezifität (= Anteil positiv getesteter an nicht Erkrankten) abgetragen. Trägt man die Sensitivitätswerte und 1 - Spezifitätswerte eines Tests für unterschiedliche Trennwerte des Tests als Punkte in das Koordinatensystem ein und verbindet diese Punkte, so entsteht die ROC-Kurve eines Diagnosetests. Da mit wachsender Sensitivität die Differenz 1 minus Sensitivität größer wird, hat die ROC-Kurve eine positive Steigung. Für einen guten (möglichst genauen) Test sollte die Kurve auf der Y-Achse möglichst weit oben beginnen und dann nach rechts oben streben. Je näher die ROC-Kurve an der 45-Grad-Linie liegt, umso ungenauer wird der Test. Vergleicht man z.B. zwei Tests, so zeigt sich der bessere (genauere) Test durch eine oberhalb der anderen liegende ROC-Kurve. Der Flächenanteil unterhalb der ROC-Kurve ist ein Maß für die Testgenauigkeit. Flächenanteilsgrößen größer als 0,9 gelten als ausgezeichnet, zwischen 0,80 und 0,90 als gut und zwischen 0,70 und 0,80 noch als akzeptabel.

Praktische Anwendung. Die Daten aus der Datei LEBER.SAV wurden für die Diskriminanzanalyse genutzt, um eine Diskriminanzfunktion zur Trennung von an viraler Hepatitis und anderen Lebererkrankungen erkrankten Patienten zu gewinnen. Aus den standardisierten Koeffizienten der Diskriminanzfunktion (⇨ Tabelle 21.3) ergab sich, dass die (logarithmierte) Variable ALT einen höheren Beitrag zur Trennung der Gruppen leistet als die (logarithmierte) Variable AST.

Im Folgenden sollen die ROC-Kurven der Enzym-Variablen ALT und AST ermittelt und die Trenngenauigkeit dieser Variablen für eine Diagnose von viraler Hepatitis verglichen werden. Nach Laden der Datei LEBER.SAV gehen Sie wie folgt vor:

- ▷ Wählen Sie per Mausklick die Befehlsfolge "Analysieren", "ROC-Kurve“. Es öffnet sich die in Abb. 32.54 links dargestellte Dialogbox.
- ▷ Übertragen Sie die Variablen ALT und AST aus der Quellvariablenliste in das Eingabefeld „Testvariable:".
- ▷ In das Eingabefeld „Zustandsvariable:“ wird die Variable GRUP1 (mit den Variablenwerten 1 für virale Hepatitis und 2 für andere Lebererkrankungen) übertragen sowie in das Eingabefeld „Wert der Zustandsvariablen“ eine 1 eingetragen. Im Feld „Anzeige“ werden alle Optionen angefordert. Mit „OK“ wird die Grafikerstellung gestartet.

In Abb. 32.54 rechts sind die beiden ROC-Kurven zu sehen. Da die ROC-Kurve für die Diagnosetestvariable ALT oberhalb der ROC-Kurve von AST liegt, wird hier deutlich, dass sie besser für eine Trennung beider Patientengruppen geeignet ist.

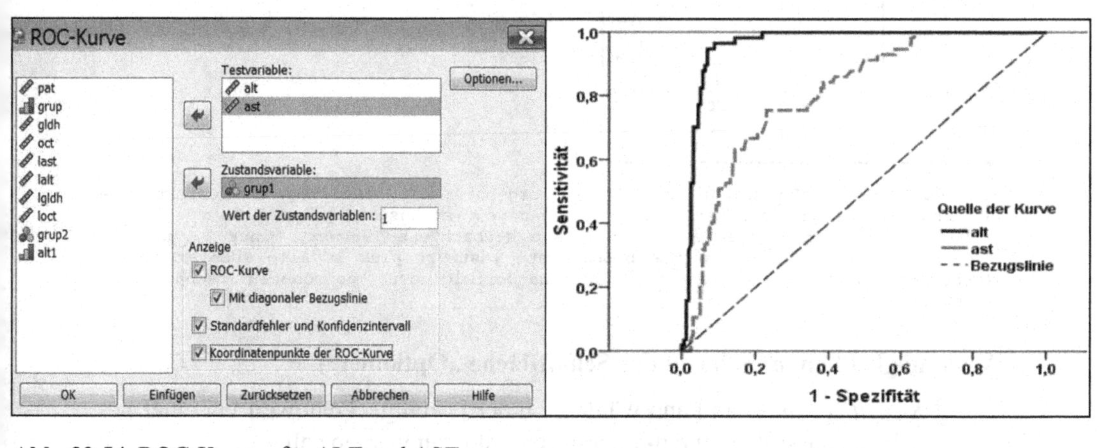

Abb. 32.54. ROC-Kurven für ALT und AST

Auch die in Tabelle 32.6 gezeigten Daten untermauern die obige Aussage. Der Flächenanteil für die Variable ALT ist mit 0,964 größer als der von AST und liegt nahe bei 1. Er weist damit ein exzellentes Ergebnis aus. In einem statistischen Test kann geprüft werden, ob der ausgewiesene Flächenanteil der ROC-Kurve sich signifikant vom Wert 0,5 (Hypothese H_0) unterscheidet. Die Spalte „Asymptotische Signifikanz“ weist einen Wert von 0,000 aus. Bei einem Test mit einem Signifikanzniveau von $\alpha = 0{,}05$ wird die H_0-Hypothese demnach abgelehnt (das wäre in diesem Beispiel auch bei höherem Signifikanzniveau der Fall). Das asymptotische 95-%-Konfidenzintervall führt zu demselben Ergebnis, weil es den Flächenwert 0,5 nicht einschließt.

In Tabelle 32.7 werden die Koordinatenpunkte der ROC-Kurve ausschnittsweise für verschiedene Trennwerte der Testgrößen ALT und AST gezeigt. Im Kommentar unterhalb der Tabelle gibt es dazu Erläuterungen.

Tabelle 32.6. Ausgabeergebnis zur Anzeige der Fläche unter der ROC-Kurve

Fläche unter der Kurve

Variable(n) für Testergebnis	Fläche	Standardfehler[a]	Asymptotische Signifikanz[b]	Asymptotisches 95% Konfidenzintervall	
				Untergrenze	Obergrenze
alt	,964	,012	,000	,940	,988
ast	,810	,031	,000	,750	,871

Bei der bzw. den Variable(n) für das Testergebnis: alt, ast liegt mindestens eine Bindung zwischen der positiven Ist-Zustandsgruppe und der negativen Ist-Zustandsgruppe vor. Die Statistiken sind möglicherweise verzerrt.

a. Unter der nichtparametrischen Annahme

b. Nullhypothese: Wahrheitsfläche = 0.5

Tabelle 32.7. Ausschnitt des Ausgabeergebnisses zur Anzeige der Koordinaten der ROC-Kurve für unterschiedliche Trennwerte der Testvariablen

Koordinaten der Kurve

Variable(n) für Testergebnis	Positiv, wenn größer oder gleich[a]	Sensitivität	1 - Spezifität
alt	17,00	1,000	1,000
	18,50	1,000	,994
	20,50	1,000	,988
	22,50	1,000	,975
	23,50	1,000	,969
...	...	...	...
	1209,50	,000	,012
	1920,50	,000	,006
	2299,00	,000	,000

Bei der bzw. den Variable(n) für das Testergebnis: alt, ast liegt mindestens eine Bindung zwischen der positiven und der negativen Ist-Zustandsgruppe vor.
a Der kleinste Trennwert ist der kleinste beobachtete Testwert minus 1, und der größte Trennwert ist der größte beobachtete Testwert plus 1. Alle anderen Trennwerte sind Mittelwerte von zwei aufeinanderfolgenden, geordneten beobachteten Testwerten.

Wahlmöglichkeiten (Klicken der Schaltfläche „Optionen“)

- *Klassifikation.* Man kann wählen, ob der jeweilige Trennwert bei einer positiven Klassifikation ein- oder ausgeschlossen werden soll.
- *Test-Richtung.* Man kann die Darstellung der ROC-Kurven um die Bezugslinie spiegeln.
- *Parameter für Standardfehler der Fläche.* Bei der Schätzung des Standardfehlers für die berechnete Fläche unter der ROC-Kurve kann aus zwei Methoden gewählt werden („Nichtparametrisch“ und „Bi-negativ exponentiell“). Außerdem kann man das Niveau des Konfidenzintervalls festlegen (Werte zwischen 50,1 % und 99,9 %).
- Fehlende Werte. Es kann aus zwei Optionen gewählt werden. Sie werden entweder aus- oder eingeschlossen

32.19 Sequenz-, Autokorrelations- und Kreuzkorrelationsdiagramme

Diese Diagramme werden mit der Befehlsfolge „Analysieren“, „Vorhersage“, aufgerufen. Sie finden diese in „Ergänzungen“ auf den Internetseiten im Buch.

32.20 Regelkarten- und Pareto-Diagramme

Diese Diagramme werden mit der Befehlsfolge „Analysieren“, „Qualitätskontrolle“ aufgerufen. Sie finden diese in „Ergänzungen“ auf den Internetseiten zum Buch.

33 Layout von Grafiken gestalten

33.1 Grundlagen der Grafikgestaltung im Diagramm-Editor

Hinweis. In diesem Kapitel wird auf das Gestalten von Grafiken eingegangen die per Menü „Diagrammerstellung“ oder „Analysieren“ erstellt werden (⇨ Kap. 32). Die Layoutgestaltung von im Menü „Grafiktafel-Vorlagenauswahl“ erzeugten Grafiken wird zusammen mit deren Erzeugung in Kap. 34 behandelt.

Nachdem man ein Diagramm erzeugt hat (⇨ Kap. 32), möchte man die Grafik für Präsentationszwecke ansprechender gestalten. Die Überarbeitung und Layoutgestaltung einer Grafik geschieht im Diagramm-Editor. Um diesen zu öffnen, doppelklickt man auf die im Ausgabefenster (Viewer) befindliche Grafik.[1] Die Grafik erscheint nun zur Bearbeitung im Diagramm-Editor (⇨ Abb. 33.1). Im Ausgabefenster bleibt die Grafik erhalten, wird aber schraffiert angezeigt. Wenn die Layoutgestaltung der Grafik im Diagramm-Editor abgeschlossen ist und das Fenster geschlossen wird, erscheint die überarbeitete Grafik im Ausgabefenster.

Es können mehrere Diagramm-Editor-Fenster mit je einer Grafik parallel geöffnet sein. Eine Begrenzung der Anzahl ist durch die Systemressourcen bedingt. Eventuell müssen Fenster geschlossen werden, um neue zu öffnen.

Sobald man durch Doppelklicken auf die Grafik im Ausgabefenster in den Diagramm-Editor wechselt, werden sowohl die Menüs als auch die Symbolleisten des Ausgabefensters durch die des Diagramm-Editors ersetzt (⇨ Abb. 33.1).

Im Folgenden wird zunächst das grundlegende Konzept der Grafiküberarbeitung erläutert, dann werden die Menüs und Symbole des Diagramm-Editors erklärt. An einigen Beispielen wird anschließend das Überarbeiten von Grafiken demonstriert.

---

[1] Alternativ: Grafik im Ausgabefenster Markieren und die Befehlsfolge „Bearbeiten“, „Objekt: SPSS-Diagramm“, „Öffnen“ wählen.

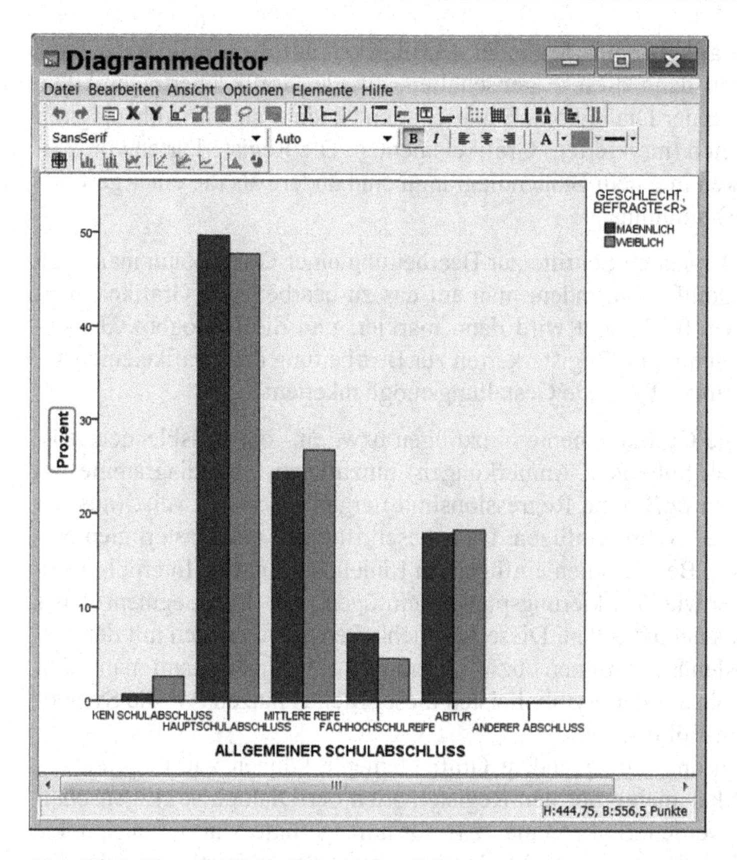

Abb. 33.1. Eine Grafik im Diagramm-Editor

Grundkonzept der Grafikgestaltung. Der größte Teil der Layoutgestaltung einer Grafik im Diagramm-Editor vollzieht sich prinzipiell in zwei Schritten:

- Zuerst wird ein Grafikelement (ein beliebiger Teil wie z.B. die Balken eines Balkendiagramms, die Beschriftung einer Achse, die Legende etc.), das man bearbeiten möchte, markiert und damit ausgewählt. Dieses geschieht, indem man auf das Grafikelement klickt.[2] Die Markierung wird durch eine Umrandung sichtbar. In Abb. 33.1 ist der Y-Achsentitel „Prozente" markiert.

  In Abb. 33.2 wird am Beispiel eines gruppierten Balkendiagramms ein Überblick über wesentliche Elemente einer Grafik gegeben.

- Nun klickt man auf das Symbol ▤ (alternativ: Befehlsfolge „Bearbeiten", „▤ Eigenschaften"). Die Dialogbox „Eigenschaften" öffnet sich. Diese enthält Registerkarten. Auf den Registerkarten kann man die gewünschten Eigen-

[2] Das Diagramm und die Achsen können auch über das Menü „Bearbeiten" ausgewählt werden. Oder man kann zur Auswahl von Elementen auf der Symbolleiste das Symbol für das entsprechende Element anklicken. Schließlich existiert auch noch die Möglichkeit der Markierungen mittels Lassoauswahl zur Markierung von Punkten in einem Streudiagramm ⇨ unten. Mehrere Grafikelemente kann man wählen, indem man die <Strg>-Taste festhält, während man die gewünschten Elemente nacheinander anklickt. Zur Auswahl von Grafikelementen, die sich auf Daten beziehen (Datenelemente) ⇨ unten.

schaften des Grafikelements festlegen. Mit Klicken auf die Schaltfläche „Anwenden“ werden dann diese Eigenschaften auf die Grafik übertragen.[3] Die Registerkarten in der Dialogbox „Eigenschaften“ ändern sich in Abhängigkeit von den gewählten (markierten) Grafikelementen. Die Registerkarten von z.B. gewählten Balken in einem Balkendiagramm sind andere als die einer gewählten Achse des Diagramms.

Diese beiden grundlegenden Schritte zur Bearbeitung einer Grafik kann man auch in einem Schritt durchführen, indem man auf das zu bearbeitende Grafikelement doppelklickt: das Grafikelement wird dann markiert und die Dialogbox „Eigenschaften“ öffnet sich mit den Registerkarten zur Bearbeitung des Grafikelements.

Darüber hinaus gibt es folgende Gestaltungsmöglichkeiten:

❒ Man kann einige Grafikelemente hinzufügen bzw. ein- oder ausblenden: z.B. Textfelder (Titel, Fußnoten, Anmerkungen) hinzufügen, Streudiagramme um Anpassungslinien (z.B. eine Regressionslinie) ergänzen, eine zweite (aus der ersten abgeleitete) Achse einfügen, Datenbeschriftungen und Rasterlinien ein- bzw. ausblenden, Bezugslinien einfügen, in Liniendiagrammen Interpolationsverbindungen sowie Markierungspunkte einfügen, ein Kreissegment eines Kreisdiagramms herausstellen. Diese Möglichkeiten eröffnen sich mit den Befehlen in den Menüs „Optionen“ bzw. „Elemente“. Alternativ kann man dafür auch die Symbole auf den Symbolleisten dieser Menüs nutzen (⇨ Die Symbole im Diagramm-Editor).

  Hinzugefügte und eingeblendete Grafikelemente können wie ursprünglich definierte Grafikelemente mit den Registerkarten der Dialogbox „Eigenschaften“ bearbeitet werden. So kann man z.B. für hinzugefügte Markierungspunkte eines Liniendiagramms andere Markierungspunktformen festlegen oder für eingeblendete Datenbeschriftungen eine andere Formatierung bestimmen.

  Natürlich können hinzugefügte oder eingeblendete Grafikelemente auch leicht wieder entfernt werden. Zum Entfernen eines hinzugefügten Grafikelements wird dieses markiert und mit der Befehlsfolge „Bearbeiten“, „Löschen“ entfernt.[4] Eingeblendete Grafikelemente werden per Befehl ausgeblendet.

❒ Man kann Achsen von zweidimensionalen Diagrammen um 90 Grad drehen (die zweiachsige Grafik transponieren). Der Befehl „Diagramm Transponieren“ ist im Menü „Optionen“ enthalten. Er kann auch per Symbol initiiert werden (⇨ unten).

❒ Man kann bei einigen Grafiken den Grafiktyp in einen anderen verwandeln. Natürlich ist eine Überführung in einen anderen Grafiktyp nur möglich, wenn in diesem die gleichen Daten dargestellt werden können (z.B. kann ein gruppiertes Balkendiagramm in ein gestapeltes Balken-, in ein Linien- oder ein Flächendiagramm gewandelt werden). Eine Umwandlung geschieht mittels der Registerkarte „Variablen“ der Dialogbox „Eigenschaften“ (⇨ Kap. 33.2 und Kap. 33.3)

---

[3] Man kann für ein gewähltes Grafikelement auch in mehreren Registerkarten Änderungen vornehmen, bevor man diese durch „Anwenden“ an die Grafik übergibt.

[4] Alternativ: Hinzugefügtes Grafikelement wählen (markieren) und die Taste <Entf> drücken.

- Man kann die Größe des äußeren Rahmens und die des Legendenrahmens verändern. Die Legende und auch Textfelder (Titel, Fußnoten und andere hinzugefügte Textfelder, nicht aber Achsentitel oder Achsenbeschriftungen) kann man auf eine andere Stelle verschieben. Dazu wird das Legenden- bzw. Textfeld mit der Maus gewählt (markiert). Die Auswahl wird durch eine Umrandung des Rahmens angezeigt. Nun fährt man mit der Maus über den Rahmen. Sobald sich der Mauszeiger verändert, kann man mit gedrückter linker Maustaste den Rahmen fassen und ihn durch Ziehen vergrößern oder den ganzen Rahmen auf eine andere Stelle ziehen[5] (⇨ Kap. 33.2).

Die für die Bearbeitung auswählbaren (markierbaren) Elemente eines Diagramms. In Abb. 33.2 sind am Beispiel eines gruppierten Balkendiagramms die für die Layoutgestaltung auswählbaren (markierbaren) Elemente einer Grafik dargestellt (nicht zu sehen sind die Elemente der Y-Achse, für die ebenfalls die Achse, die Beschriftung sowie der Achsentitel gewählt werden können). Zu beachten ist, dass dieses Beispiel nur ursprünglich definierte Grafikelemente enthält. Oben wurde schon erläutert, dass man weitere Grafikelemente hinzufügen bzw. einblenden kann (z.B. eine Datenbeschriftung, eine Anmerkung, Rasterlinien etc.). Auch die hinzugefügten bzw. eingeblendeten Grafikelemente können, wie die ursprünglich definierten, ausgewählt und bearbeitet werden. Die Auswahl erfolgt durch Anklicken mit der Maus. Nach der Auswahl (Markierung) wird die Dialogbox „Eigenschaften“ durch Klicken auf das Symbol angefordert (alternativ über das Menü mit der Befehlsfolge „Bearbeiten“, „Eigenschaften“). Auf den Registerkarten kann man nun die gewünschten Layoutmerkmale bestimmen. Mit „Anwenden“ werden diese auf die Grafik übertragen.

Regeln zum Auswählen (Markieren) von Datenelementen in einer Grafik. Datenelemente einer Grafik sind alle Teile der Grafik, die die Daten darstellen, also z.B. die Balken in einem Balkendiagramm, die Linien in einem Liniendiagramm, die Punkte in einem Streudiagramm.

- Wenn bislang kein Datenelement ausgewählt (markiert) ist, dann führt ein Klicken auf ein beliebiges Datenelement (z.B. auf einen der Balken in einem Balkendiagramm, auf einen der Punkte in einem Streudiagramm) zur Auswahl aller Datenelemente (aller Balken, aller Punkte).
- Wenn alle Datenelemente ausgewählt sind (z.B. alle Balken eines Balkendiagramms, alle Punkte in einem Streudiagramm), dann wird durch Klicken auf ein einzelnes Datenelement (auf einen einzelnen Balken, einen einzelnen Punkt) die Auswahl (Markierung) aller anderen Datenelemente (aller anderen Balken, aller anderen Punkte) aufgehoben. Nur das einzelne Datenelement, auf das man geklickt hat (der einzelne Balken bzw. Punkt), bleibt ausgewählt (markiert). Klickt man anschließend auf ein anderes einzelnes Datenelement, bleibt nur dieses ausgewählt (markiert). Sollen anschließend weitere einzelne Datenelemente (z.B. Balken, Punkte) ergänzend ausgewählt werden, klickt

[5] Die Größe des äußeren Rahmens der Grafik kann man auch über die Registerkarte "Diagrammgröße" der Dialogbox "Eigenschaften" verändern.

man mit gedrückter <Strg>-Taste nacheinander auf weitere einzelne Datenelemente.

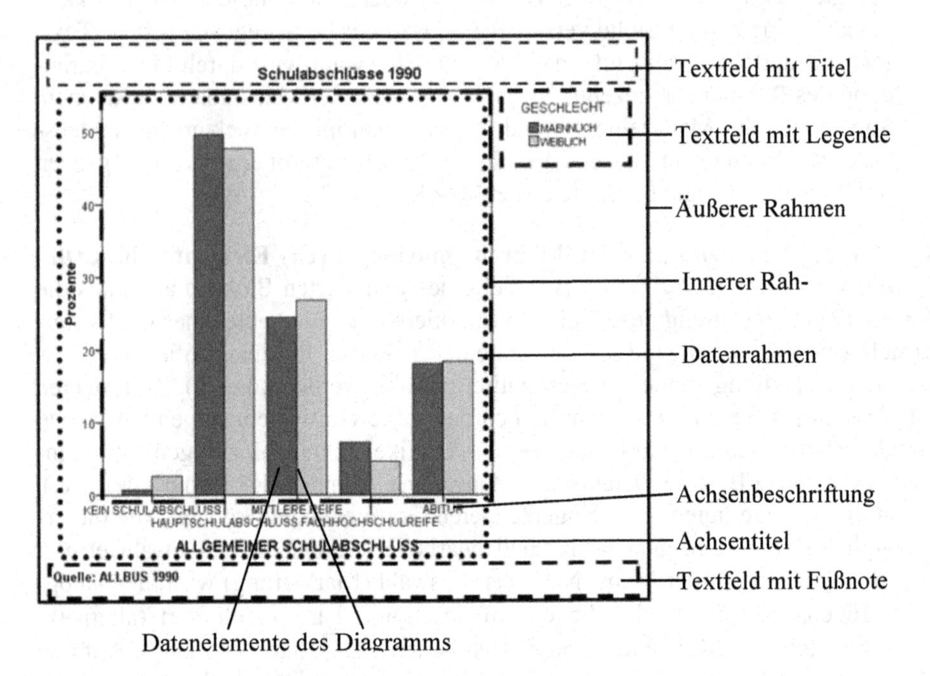

Abb. 33.2. Auswählbare Grafikelemente des Diagramms

❒ Hat man gruppierte Daten in den Grafiken vorliegen (z.B. in einem gruppierten Balkendiagramm, in einem gruppierten Streudiagramm), verändert sich die obige Regel.

Wenn alle Datenelemente ausgewählt sind (z.B. alle Balken eines Balkendiagramms, alle Punkte in einem Streudiagramm), wird durch Klicken auf ein Datenelement einer Gruppe (z.B. auf einen Balken der Gruppe der Männer, auf einen Punkt der Gruppe der Männer) die Auswahl (Markierung) aller Datenelemente der anderen Gruppen (die Balken der Frauen, die Punkte der Frauen) aufgehoben. Es sind dann nur die Datenelemente einer Gruppe ausgewählt. Klickt man nun auf ein Datenelement der anderen Gruppe, werden die Datenelemente dieser Gruppe ausgewählt.

Klickt man jedoch nach Auswahl einer Gruppe auf ein Datenelement dieser Gruppe (auf einen Balken, einen Punkt), so wird die Auswahl aller anderen Datenelemente dieser Gruppe aufgehoben. Nur das einzelne Datenelement, auf das man gerade geklickt hat, bleibt ausgewählt.

Zum Auswählen der Daten für eine Gruppe gibt es eine zweite Möglichkeit: Man wählt eine Gruppe, indem man diese in der Legende anklickt.

Drücken der <Esc>-Taste hebt eine Auswahl (Markierung) wieder auf. Diese Regel gilt nicht nur für Datenelemente, sondern auch für andere Grafikelemente.

Textbearbeitungsmodus ein-/ausschalten. Wird ein Textelement in einer Grafik (z.B. ein Achsentitel oder eine Achsenbeschriftung) angeklickt, dann wird das dazugehörige Textfeld gewählt/markiert (angezeigt durch eine Umrandung). Ein weiteres Klicken auf den Text im Textfeld führt in den Textbearbeitungsmodus. Dieser Modus wird durch einen blinkenden roten Mauszeiger signalisiert. In diesem Modus wird ein nicht horizontal positionierter Text (z.B. ein senkrechter Y-Achsentitel) in die Waagerechte gebracht. Im Textbearbeitungsmodus kann der Text verändert werden.

In diesem Modus können auch die im Menü „Bearbeiten" verfügbaren Befehle „Ausschneiden", „Kopieren", „Einfügen" genutzt werden (⇨ Menü „Bearbeiten" unten).

Mit der Eingabe-Taste wird die Textbearbeitung abgeschlossen und damit auch der Textbearbeitungsmodus verlassen. Auch mit der <Esc>-Taste kann der Textbearbeitungsmodus verlassen werden, Textänderungen werden dann aber nicht wirksam.

Die Menüs und deren Befehle im Diagramm-Editor.

① *Datei.* Mit dem Befehl „Diagrammvorlage speichern" kann man eine überarbeitete Grafik als Layoutvorlage für andere Grafiken nutzen. In der ersten sich öffnenden Dialogbox „Diagrammvorlage speichern" kann man per Anklicken von Kontrollkästchen für die verschiedenen Elemente einer Grafik auswählen, welche Layoutmerkmale in die Vorlage übernommen bzw. nicht übernommen werden sollen. Nach Klicken auf die Schaltfläche „Weiter" öffnet sich die Dialogbox „Vorlage speichern". Man wählt einen Ordner (Looks ist das Standardverzeichnis für Grafikvorlagen) und vergibt einen Dateinamen (Extension ist sgt).

Mit dem Befehl „Diagrammvorlage zuweisen" kann man die Layoutmerkmale einer Grafikvorlage auf eine neu erzeugte Grafik übertragen (alternativ ⇨ Kap. 32.2.1). Enthält die Vorlage Titel und Fußnoten, dann werden diese in die neue Grafik übernommen.[6]

Mit „Diagramm-XML exportieren" kann die Grafik in das XML-Format überführt werden.

② *Bearbeiten.* Die meisten der im Menü „Bearbeiten" enthaltenen Befehle können auch durch Klicken auf Symbole auf der Symbolleiste für Bearbeitungen initiiert werden. Daher verweisen wir auf die unten folgenden Erläuterungen zu den Symbolen.

Mit „Diagramm kopieren" wird die Grafik in die Zwischenablage von Windows kopiert. Von dort kann sie in eine Datei (z. B. des Textverarbeitungsprogramms MS Word) mit „Bearbeiten", „Einfügen" eingefügt werden (⇨ Kap. 35.7.1).

Die Befehle „Ausschneiden", „Kopieren" und „Einfügen" beziehen sich auf Textfelder (wie z.B. einen Achsentitel), in denen der darin enthaltene Text in

---

6 Ergänzend sei auch darauf hingewiesen, dass man mit dem Befehl „Optionen" im Menü „Bearbeiten" des Daten-Editors bzw. des Ausgabefensters auf der Registerkarte „Diagramme" einige Merkmale für seine Grafiken festlegen bzw. eine Grafikvorlage bestimmen kann (⇨ Kap. 35.5).

den Bearbeitungsmodus überführt worden ist (⇨ oben). Markiert man nun mit der Maus Zeichen des Textes, kann man wie mit einem Textverarbeitungsprogramm Textteile ausschneiden oder kopieren und dann an anderer Stelle einfügen (auch in andere Textfelder, die vorher in den Textbearbeitungsmodus überführt worden sind).

Mit den Befehlen „In den „Vordergrund“ und „In den Hintergrund“ kann man festlegen, ob Textfelder, die auf der Grafik liegen, in den Vorder- oder Hintergrund der Grafik gelegt werden sollen.

③ *Ansicht.* Hier kann man die Statusleiste des Diagramm-Editors (eine Zeile am unteren Rand) ein- und ausblenden. Weiter kann gewählt werden, welche der Symbolleisten des Diagramm-Editors ein- bzw. ausgeblendet werden sollen. Es gibt insgesamt vier Symbolleisten, jeweils eine für die Befehle der Menüs „Bearbeiten“, „Optionen“ und „Elemente“ und zusätzlich eine spezielle Formatsymbolleiste mit Symbolen zum Formatieren von Texten (Schriftart und -größe, Schriftfarbe, Absatzausrichtung, Farbe und Rahmen des Textfeldes).

Zum Formatieren von Texten sowie zur Farbwahl für Flächen und für Rahmen und Linien von Grafiken kann man also wahlweise entweder mit den Symbolen der Formatierungssymbolleiste oder mit den Registerkarten der Dialogbox „Eigenschaften“ arbeiten. (Beachten Sie, dass zum Formatieren von Texten der Text markiert sein muss, der Textbearbeitungsmodus aber nicht eingeschaltet sein darf.)

Die Schaltflächengröße der Symbole auf den Symbolleisten kann vergrößert und wieder verkleinert werden.

④ *Optionen.* Die meisten Befehle dieses Menüs dienen dazu, der Grafik zusätzlich Elemente hinzuzufügen, die nicht an die Daten gebunden sind (Bezugslinien, Gitterlinien, Texte, Legenden etc.). Alle Befehle (mit einer Ausnahme) können auch durch Klicken auf Symbole der Symbolleiste für „Optionen“ gestartet werden. Um Wiederholungen zu vermeiden, wird auf die entsprechenden Ausführungen zu den Symbolen verwiesen.

Der Befehl „Diagramme in der Diagonale einblenden“ für eine Streudiagramm-Matrix (⇨ Kap. 32.10.3) bewirkt, dass in der Diagonalen Histogramme der Variablen dargestellt werden.

⑤ *Elemente.* Mit den Befehlen in diesem Menü werden der Grafik an Daten gebundene Elemente hinzugefügt (Datenbeschriftung, Interpolationslinien etc.). Alle Befehle können auch durch Klicken auf Symbole der Symbolleiste für „Elemente“ gestartet werden. Wir verweisen auf die Ausführungen zu den Symbolen.

⑥ *Hilfe.* Das allgemeine Hilfe-Menü von SPSS für Windows.

Die Symbole im Diagramm-Editor. Die im Folgenden unter den Punkten ① bis ③ erläuterten Symbole auf den drei Symbolleisten des Diagramm-Editors (⇨ Abb. 33.1) starten die gleichen Funktionen wie die Befehle in den Menüs „Bearbeiten“, „Optionen“ und „Elemente“. Die Symbole in Punkt ④ dienen zum Formatieren von Texten in den Grafiken und erlauben es, Flächen, Rahmen sowie Linien mit Farben zu versehen. Sie ermöglichen es, Texte zu formatieren und Farben für Flächen, Rahmen und Linien zu bestimmen, die nach Wahl (Markierung) z.B. eines Textes und Klicken von (bzw. der Befehlsfolge „Bearbeiten“, „Eigenschaften“) zugänglich werden. (Man muss dann nicht mit den Registerkarten arbeiten.) Der Vorteil der Symbolverwendung liegt in der schnelleren Bedienung.

① *Symbole der Befehle im Menü „Bearbeiten“*

Befehl rückgängig machen.

Befehl wiederholen.

Aufrufen der Dialogobox „Eigenschaften“ zum Gestalten von gewählten (markierten) Grafikelementen.

Wählen (markieren) der X-Achse.

Wählen (markieren) der Y-Achse.

Ein Diagramm neu skalieren. Mit dieser Funktion kann man Grafiken, die in einem Y-X-Achsensytem abgebildet werden (zweidimensionale Balkendiagramme, Liniendiagramme, Streudiagramme etc.), hinsichtlich des im Diagramm darzustellenden Datenbereichs (Skalenbereichs) auf dem Achsensystems beschränken und somit einen Ausschnitt aus den Daten grafisch aufbereiten. Dazu wird der darzustellende Datenbereich (Skalenbereich) im Y-X-Achsensystem durch Umranden ausgewählt: Klickt man auf das Symbol und fährt über die Grafik, wandelt sich der Mauszeiger in das Symbol. Nun geht man auf eine ausgewählte Stelle in der Grafik und zieht (bei gedrückt gehaltener Maustaste) einen Rahmen um den gewünschten darzustellenden Datenbereich. Lässt man die linke Maustaste los, werden in einem eingeblendeten Fenster die Datenwerte des umrahmten Skalenbereichs für die beiden Achsen X und Y angezeigt. Klicken auf „OK“ generiert die Grafik für den gewählten Y-X-Skalenbereich. Will man den Modus verlassen, klickt man wieder auf das Symbol.

Ein Diagramm neu skalieren. Klicken auf das Symbol hebt die mit vorgenommene Skalierung der Grafik wieder auf.

Drehen des 3D-Diagramms.

Lassoauswahlmodus einschalten zum Auswählen (Markieren) von Punkten in Streudiagrammen. Klickt man auf das Symbol und fährt mit dem Mauszeiger auf die Grafik, wandelt sich der Mauszeiger in das Symbol. Durch Ziehen mit der Maus (bei gedrückter linker Maustaste) wird ein Lassorahmen um die Punkte gelegt, die gewählt (markiert) werden sollen. Klicken auf das Symbol hebt den Modus auf.

Gehen zum Fall. Geht im Daten-Editor zu diesem Fall. wenn in einer Grafik (z.B. in einem Streudiagramm) ein einzelner Fall ausgewählt (markiert) worden ist. Es können auch mehrere Fälle markiert und aufgesucht werden.

② *Symbole der Befehle im Menü „Optionen"*

Einfügen einer Bezugslinie für die X-Achse (vertikale Bezugslinie).

Einfügen einer Bezugslinie für die Y-Achse (horizontale Bezugslinie). Bezugslinien ermöglichen es, vertikale bzw. horizontale Linien in einer Grafik zu platzieren. Damit kann man spezielle Werte auf der Achse besonders hervorheben.

Einfügen einer Bezugslinie aus einer Gleichung in ein zweidimensionales Streudiagramm.

Hinweis. Für alle Bezugslinien gilt, dass mit ihrer Einfügung sich die Registerkarte „Bezugslinie" der Dialogbox „Eigenschaften" öffnet. Hier kann man die Lage (die Achsenposition) der vertikalen bzw. horizontalen Bezugslinien auf den Achsen sowie die Koeffizienten der Bezugslinie aus einer Gleichung verändern und eine Beschriftung für die Achsenposition bzw. Gleichung anfordern. Alternativ kann man eine vertikale oder horizontale Bezugslinie auch neu positionieren, indem man sie wählt (markiert) und (wenn der Mauszeiger sich ändert) bei gedrückter linker Maustaste auf die neue Achsenposition zieht. Die Lage von Bezugslinien für metrische Achsen kann mittels Registerkarte auch auf den Mittelwert oder den Median der Variablen festgelegt werden. Für die Bezugslinie aus einer Gleichung kann man eine Reihe von mathematischen Funktionen nutzen.[7]

Einfügen eines Textfeldes für einen Titel (kann auch beim Erstellen einer Grafik eingefügt werden ⇨ Kap. 32.2.1).

Einfügen eines Textfeldes für eine Anmerkung.

Einfügen eines Textfeldes zur Eingabe eines Textes. Der Unterschied zwischen einem „Textfeld" und einer „Anmerkung" besteht darin, dass ein „Textfeld" vergrößert werden kann.

Einfügen eines Textfeldes für eine Fußnote (kann auch beim Erstellen einer Grafik eingefügt werden ⇨ Kap. 32.2.1).

Hinweis. Für alle Textfelder gilt, dass sich mit dem Einfügen auf der Grafik ein Rahmen für das Textfeld öffnet. Ein roter blinkender Mauszeiger im Textfeld signalisiert, dass der Textbearbeitungsmodus aktiv ist und man einen Text eintippen kann. Durch Drücken der Eingabetaste wird der Textbearbeitungsmodus beendet. Optional hinzugefügte Textfelder können bearbeitet werden, wenn man sie (wie bei allen anderen Grafikelementen) mit der Maus wählt (markiert). Zur Veränderung des Textes im Textfeld muss der Textbearbeitungsmodus aktiviert werden (⇨ oben). Zur Formatierung des Textes (Schriftart, Schriftgröße, Textausrichtung etc.) und des Textfeldes (Rahmen, Füllfarbe) wird durch Klicken von die Dialogbox „Eigenschaften" geöffnet. Auf den Registerkarten der Dialogbox kann man dann gewünschte Spezifizierungen vornehmen. Formatierungen können auch mit den Symbolen der Symbolleiste für Formatierungen vorgenommen werden.

[7] Im Hilfesystem finden Sie unter dem Suchbegriff Gleichungssyntax detaillierte Informationen.

 Element klassifizieren/gruppieren. Man kann mit dieser Funktion ein zwei- oder dreidimensionales Streudiagramm so verändern, dass nicht mehr alle Datenfälle einzeln dargestellt werden (also jeder Fall als ein Punkt im Streudiagramm), sondern mehrere einzelne Datenfälle zu einer Gruppe (Klasse) zusammengefasst. Die Gruppen erscheinen dann in der Grafik als ein Datenelement in Form einer Markierung (einem besonders markierten Punkt). Eine Markierung in einem Streudiagramm entspricht dann der Anzahl der Fälle in der Gruppe. Entsprechend der Anzahl in der Gruppe wird der Markierung eine bestimmte Intensität einer Farbe oder eine Größe zugewiesen.

Diese Darstellungsform ist interessant, wenn das Streudiagramm viele Streupunkte enthält und man diese nicht einzeln unterscheiden kann.

Mit der Initiierung dieser Funktionalität wird auch die Registerkarte "Klassierung/Gruppierung" der Dialogbox „Eigenschaften" geöffnet. Hier kann man die Gruppierung für die Daten detaillierter festlegen. Für Streudiagramme kann man wählen, ob die Anzahl der Datenfälle in einer Gruppe durch die Größe oder eine unterschiedliche Farbintensität der Markierung für die Gruppe dargestellt werden soll. Für die Lage der Markierung kann man zwischen „Mittelpunkt" und „Zentroid" wählen. Auch die Anzahl der Datenfälle einer Gruppe/Klasse kann man für jede Achse individuell bestimmen. Wenn man auf der Registerkarte keine Auswahl vornimmt, wird eine Gruppierung für alle Achsen durchgeführt.

 Einblenden bzw. Ausblenden von Rasterlinien. Sollen Rasterlinien nur für eine der Achsen eingeblendet werden, muss diese Achse vorher markiert werden.

 Einfügen einer aus einer anderen Achse abgeleiteten Achse. Es wird eine zweite Achse eingefügt, auf der aus den Werten der ersten Achse abgeleitete Werte angezeigt werden.

Beispiel. In einem Diagramm wird auf einer Achse die metrische Variable Einkommen in DM ausgewiesen. Man kann dann eine zweite Achse hinzufügen, auf der die gleichen Beträge in EUR ausgewiesen werden. Beträgt z.B. der Umrechnungskurs DM EURO 2:1, dann steht dort, wo auf der DM-Achse ein Teilstrich für 2000 DM eingezeichnet ist, auf der EURO-Achse der Teilstrich mit dem abgeleiteten Wert 1000 EURO. Auf der Registerkarte „Abgeleitete Achse" der Dialogbox „Eigenschaften" kann man die Spezifizierungen vornehmen.

 Einblenden bzw. Ausblenden der Legende der Grafik.

 Transponieren des Diagramms (die Achsen in zweidimensionalen Grafiken um 90 Grad drehen).

 Bei gestapelten Balkendiagrammen (oder Flächendiagrammen) kann man wählen, ob die Höhe der Balken (Flächen) für eine Kategorie auf der X-Achse anhand einer berechneten Auswertung (z.B. der absoluten oder prozentualen Häufigkeit der Variable für die Kategorie) erfolgen oder auf ins-

gesamt 100 % skaliert werden soll.[8] Man kann mit dem Symbol zwischen diesen Darstellungsvarianten wechseln.

Hinweis. Alle der Grafik wahlweise hinzugefügten, nicht an Daten gebundenen Grafikelemente (Bezugslinien, Textfelder, Rasterlinien, abgeleitete Achse), können entfernt werden, indem man das Grafikelement wählt (markiert) und die <Entf>-Taste drückt. Alle Linien können auf der Registerkarte „Linien" der Dialogbox „Eigenschaften" gestaltet werden (Linienfarbe, -stil, -stärke). Die Farbgestaltung ist auch mittels des Symbols möglich.

③ *Symbole der Befehle im Menü „Elemente"*

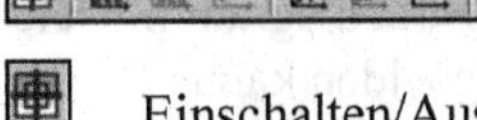

Einschalten/Ausschalten der Datenbeschriftung für Einzelwerte zur Beschriftung einzelner Punkte, insbesondere in Streudiagrammen. Durch Klicken auf das Symbol wird der Datenbeschriftungsmodus eingeschaltet. Der Mauszeiger wandelt sich in das Symbolzeichen, sobald man mit dem Mauszeiger über die Grafik fährt. Klickt man anschließend auf einen Punkt in einem Diagramm mit Einzelwerten, dann wird der Punkt beschriftet bzw. eine bestehende Beschriftung ausgeblendet.

Hat das Diagramm eine Punkt-ID-Beschriftung (⇨ Kap. 32.10.1), kann auf diese Weise die Beschriftung von Einzelpunkten mit der Wertebeschriftung der Beschriftungsvariablen aus- und auch wieder eingeblendet werden. Hat das Diagramm keine Punkt-ID-Beschriftung, wird der Punkt mit der Fallnummer beschriftet.

Um den Datenbeschriftungsmodus zu verlassen, wird wieder auf das Symbol in der Symbolleiste geklickt.

Einblenden/Ausblenden einer Datenbeschriftung (z.B. auf Balken, Histogrammen, für Punkte von Streudiagrammen).

Einblenden/Ausblenden von Fehlerbalken (für Fehlerbalkendiagramme).

Anzeigen von Markierungen in Linien und Bestimmen der Markierungsart. Auf der Registerkarte „Markierung" kann man Spezifizierungen für die Markierung vornehmen.

Einfügen einer Anpassungslinie (z.B. eine Regressionslinie) für alle Punkte in ein Streudiagramm. Auf der Registerkarte „Anpassungslinien" der Dialogbox „Eigenschaften" kann man aus verschiedenen Berechnungsmethoden für eine Anpassungslinie wählen und weitere Spezifizierungen vornehmen.

Einfügen einer Anpassungslinie (z.B. eine Regressionslinie) in ein Streudiagramm für die Streupunkte einer Gruppe. Auch hier dient die Registerkarte „Anpassungslinien" zum Spezifizieren.

Einfügen von Interpolationslinien in Diagramme, in denen Datenwerte durch Linien verbunden werden können (Liniendiagramme, Flächendia-

[8] Für ein Beispiel einer 100 %-Skalierung bei einem Flächendiagramm ⇨ Kap. 32.8.

gramme, 2D-Streudiagramme, Differenzflächendiagramme, die Schluss-Variable in Hoch-Tief-Diagrammen). Auf der Registerkarte „Interpolationslinien“ kann man aus verschiedenen Linienarten auswählen.

Einblenden/Ausblenden einer Verteilungskurve in ein Histogramm. Standardmäßig wird eine Normalverteilungskurve in ein Histogramm gelegt. Mit dem Klicken auf das Symbol öffnet sich die Registerkarte „Verteilungskurve“ der Dialogbox „Eigenschaften“. Hier kann man aus einer großen Anzahl von theoretischen Verteilungen eine gewünschte Verteilungskurve wählen. Parameter können bei den Hauptkurvenformen („Normal“, „Gleichverteilung“, „Exponentiell“ und Poisson“) entweder „automatisch“ oder „benutzerdefiniert“ zugewiesen werden. Bei Auswahl einer „anderen Kurve“ muss der Benutzer die Parameter eingeben.

Aus-/Einrücken eines Kreissegments.

Hinweis. Alle der Grafik wahlweise hinzugefügten datenbezogene Elemente (Datenbeschriftungen, Markierungen, Anpassungslinien, Interpolationslinien, Verteilungskurven) können entfernt werden, indem man das Grafikelement wählt (markiert) und die <Entf>-Taste drückt. Alle Linien können auf der Registerkarte „Linien“ der Dialogbox „Eigenschaften“ gestaltet werden (Linienfarbe, -stil, -stärke). Die Farbgestaltung ist auch mittels des Symbols möglich.

④ *Symbole zum Formatieren von Texten und zur Farbwahl für Flächen, Rahmen und Linien*

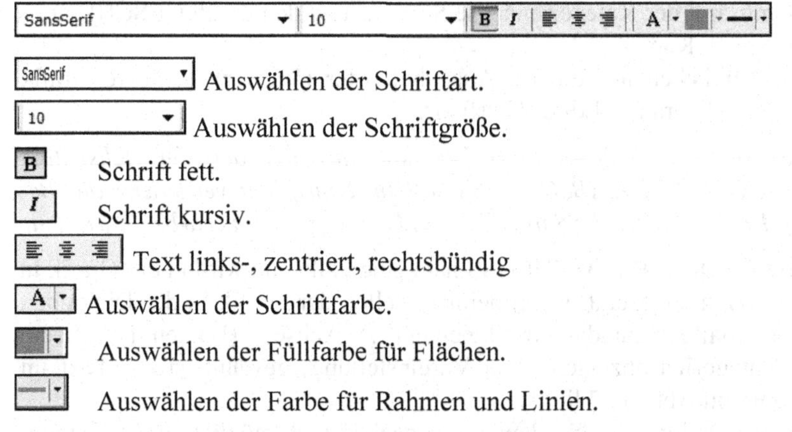

Auswählen der Schriftart.

Auswählen der Schriftgröße.

Schrift fett.

Schrift kursiv.

Text links-, zentriert, rechtsbündig

Auswählen der Schriftfarbe.

Auswählen der Füllfarbe für Flächen.

Auswählen der Farbe für Rahmen und Linien.

Hinweis. Bevor man ein Grafikelement (einen Text, eine Fläche, Linie etc.) formatiert, muss das Grafikelement gewählt (markiert) werden.

Alternativ zu den Befehlen in den Menüs bzw. zu den Symbolen auf den Symbolleisten kann man auch Befehle eines kontextabhängigen Menüs nutzen. Durch Klicken mit der rechten Maustaste auf die Grafik wird das Kontextmenü geöffnet. Die darin aufgeführten Befehle sind vom Grafiktyp abhängig (kontextabhängig). In Abb. 33.3 sehen wir das kontextabhängige Menü für ein gruppiertes Streudiagramm.

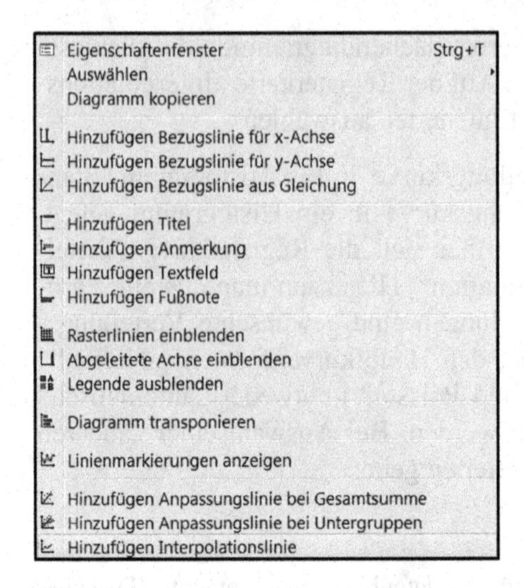

Abb. 33.3. Kontextmenü im Diagramm-Editor für ein gruppiertes Streudiagramm

33.2 Gestalten eines gruppierten Balkendiagramms

Layout gestalten. Beispielhaft soll nun die Überarbeitung des in Abb. 33.1 dargestellten gruppierten Balkendiagramms in mehreren Schritten demonstriert werden. Es handelt sich um ein aus den Daten von ALLBUS90.SAV erzeugtes gruppiertes Balkendiagramm mit der Kategorienachse SCHUL und den durch GESCHL definierten Gruppen (⇨ Kap. 32.2.1).

Durch Doppelklicken auf die im Ausgabefenster (Viewer) sichtbare Grafik wird diese in den Diagramm-Editor überführt.

① *Die Kategorie ANDERER ABSCHLUSS soll ausgeblendet, der Achsentitel ALLGEMEINER SCHULABSCHLUSS soll im Schriftbild verändert, die Beschriftung KEIN ABSCHLUSS in OHNE und die Legende überarbeitet werden.*

Die Kategorie ANDERER ABSCHLUSS hat keine Fälle und wird in der Grafik in Abb. 33.1 nur dann angezeigt, wenn beim Erstellen der Grafik in der Dialogbox „Elementeigenschaften" für das Grafikelement „X-Achse 1 (Balken 1)" „Leere beschriftete Kategorien anzeigen" (die Voreinstellung) gewählt ist (⇨ Text im Zusammenhang mit Abb. 32.7 links).

Hat man diese Option gewählt, dann ist es nachträglich möglich, diese Kategorie (aber auch jede andere) aus der Grafik auszublenden.[9] Durch Klicken auf die Achsenbeschriftung der X-Achse (z.B. auf ABITUR) der Grafik im Diagramm-Editor wird diese zur Bearbeitung ausgewählt. Die Auswahl des Grafikelements wird durch eine Markierung (Umrandung) sichtbar gemacht (Aufheben einer Markierung ist mit der <Esc>-Taste möglich). Klicken des Symbols ☰ (bzw. der Befehlsfolge „Bearbeiten", „☰ Eigenschaften") öffnet die Dialogbox „Eigenschaf-

[9] Werden in der Grafik Kategorien von benutzerdefinierten fehlenden Werten angezeigt, so können auch diese wieder ausgeblendet werden. Angezeigt werden sie, wenn man in der Unterdialogbox „Optionen" (⇨ Abb. 29.9) für diese im Feld „Break-Variablen" „Einschließen" wählt.

ten".[10] In dieser wird die Registerkarte „Kategorien" gewählt (⇨ Abb. 33.4. links). Im Feld „Variable" sollte ALLGEMEINER SCHULABSCHLUSS stehen. Wenn nicht, dann wählen wir diese Kategorie aus der Dropdownliste. Anschließend wird mit der Maus im Feld „Reihenfolge" die Kategorie ANDERER ABSCHLUSS markiert und mit einem Klick auf den roten Schalter aus dem Feld „Reihenfolge:" in das Feld „Ausgeschlossen:" übertragen. Nach Klicken der Schaltfläche „Anwenden" ist die Kategorie „ANDERER ABSCHLUSS" in der Grafik nicht mehr sichtbar. Auf derartige Weise kann man beliebig Kategorien aus einer Grafik aus-, aber auch wieder einblenden

Nach wie vor ist die Achsenbeschriftung auf der X-Achse gewählt und damit markiert (wenn nicht, dann wäre es jetzt nachzuholen). Durch einen Klick auf KEIN SCHULABSCHLUSS wird diese Beschriftung in ihrem Textfeld hervorgehoben und der Textbearbeitungsmodus aktiviert. Der rote blinkende Mauszeiger zeigt dieses an. Nun kann man den Text in OHNE verändern. Mit der Eingabetaste wird die Veränderung abgeschlossen. Der Textbearbeitungsmodus wird damit verlassen.[11]

Die Bezeichnungen für die Kategorien (Datenwertebeschriftungen) auf der X-Achse sind versetzt in zwei Zeilen aufgeführt. Durch die obige Kürzung der Beschriftung ist es eventuell möglich, diese in einer Zeile unterzubringen. In der Dialogbox „Eigenschaften" (falls schon geschlossen, bitte wieder öffnen) wählen wir die Registerkarte „Beschriftungen und Teilstriche" (⇨ Abb. 33.4 rechts). Für „Ausrichtung der Beschriftung" öffnen wir die Dropdownliste und wählen „Horizontal". Nach Klicken von „Anwenden" stehen die Beschriftungen der Kategorien zwar in einer Zeile, werden aber nur für jedes zweite Beschriftung angezeigt. Wir können andere Ausrichtungen der Beschriftung ausprobieren. Wir wählen wieder „Versetzt".

Nun klicken wir auf den Achsentitel ALLGEMEINER SCHULABSCHLUSS. Damit wird dieser gewählt und markiert (sichtbar durch die Umrandung). Ein zweiter Klick darauf überführt ihn in den Textbearbeitungsmodus. Wir ändern die Schreibweise des Titels in „Allgemeiner Schulabschluss". Mit der Eingabetaste wird diese Textänderung umgesetzt und der Bearbeitungsmodus aufgehoben. Wir wählen erneut den Achsentitel, rufen die Dialogbox „Eigenschaften" auf[12] und wählen die Registerkarte „Textstil". Die Schrift ändern wir in „Times New Roman", für „Muster" wählen wir „fett" und die „Mindestgröße" der Schrift setzen wir auf „11" (⇨ Abb. 33.5 links). Klicken auf die Registerkarte „Text-Layout" öffnet diese. Wir sehen hier, dass man die Ausrichtung des Achsentitels verändern kann. Wir belassen die zentrierte und horizontale Ausrichtung. Nun werden die für den Achsentitel durchgeführten Veränderungen mit Klicken auf „Anwenden" an die Grafik übergeben.[13]

---

[10] Alternativ und schneller: Ein Doppelklick auf die Achsenbeschriftung der X-Achse (z.B. auf ABITUR) markiert dieses Grafikelement und öffnet die Dialogbox „Eigenschaften" mit den für die Bearbeitung verfügbaren Registerkarten.

[11] Man kann den Textbearbeitungsmodus auch mit der <Esc>-Taste verlassen. Dann wird aber die Änderung des Textes nicht wirksam.

[12] Oder mit einem Doppelklick auf den Achsentitel.

[13] Die Textformatierungen lassen sich noch bequemer mit Hilfe der Symbole auf der Formatsymbolleiste durchführen (⇨ Kap. 33.1).

Wir wählen (markieren) nun den Legendentitel GESCHLECHT durch einen Klick darauf. Ein zweiter Klick führt in den Textbearbeitungsmodus. Wir löschen alle Textteile bis auf GESCHLECHT. Nochmaliges Wählen von GESCHLECHT und Klicken auf B überführt in Fettschrift.[14] Nun wählen wir das ganze Textfeld der Legende durch Klicken auf eine freie Stelle unterhalb des beschrifteten Teils. Die Auswahl wird durch eine Umrahmung des ganzen Legendentextfeldes sichtbar (hier nur der obere Rand:). Wir gehen mit der Maus auf den Rahmen. Sobald der Mauszeiger eine verdickte Stelle des Rahmens ( ) berührt verändert er sich zu einem Doppelpfeil. Nun können wir das Legendentextfeld durch Ziehen bei Festhalten der linken Maustaste verkleinern, vergrößern und insbesondere auf eine andere Stelle der Grafik ziehen. Wir ziehen das Textfeld mit der Legendenbeschriftung auf die freie Stelle im rechten oberen Bereich innerhalb des Datenrahmens der Grafik.[15] Unter Umständen wird durch das Ziehen die Grafikgröße verkleinert. Auf der Registerkarte „Diagrammgröße" der Dialogbox „Eigenschaften" (⇨ Abb. 33.4) lässt sich die Grafikgröße verändern.

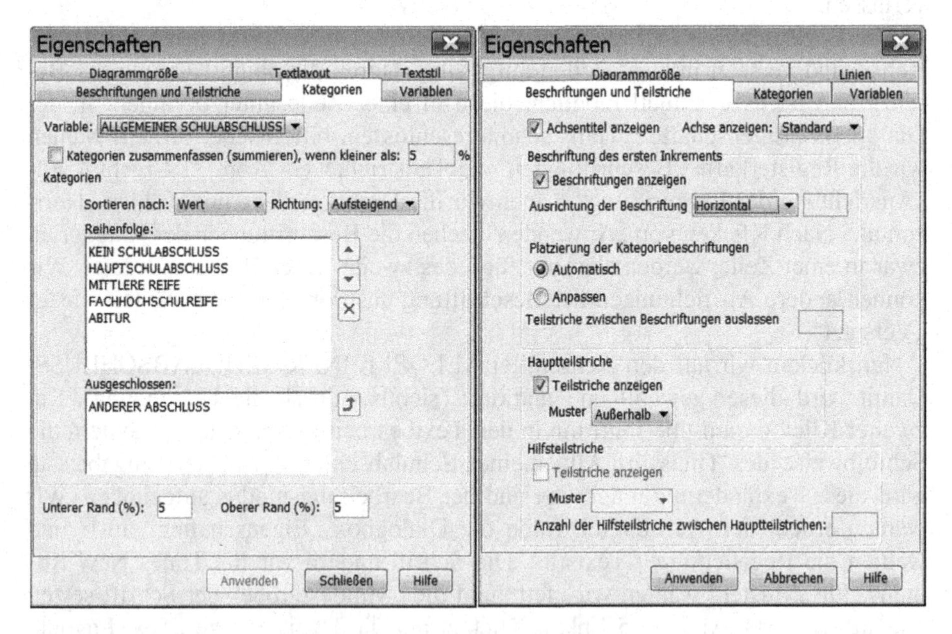

Abb. 33.4. Registerkarten „Kategorien" und „Beschriftungen und Teilstriche" der Dialogbox „Eigenschaften"

② *Die Balken sollen mit ihren prozentualen Häufigkeiten beschriftet werden.*

Mit Markieren der Balken und Klicken auf (alternativ: Befehlsfolge „Elemente", „ Datenbeschriftungen einblenden") wird die Beschriftung der Balken mit

---

[14] Beachten Sie, dass zum Formatieren von Texten der Text markiert sein muss, der Textbearbeitungsmodus aber nicht eingeschaltet sein darf.

[15] Es gibt für die Legende keine Registerkarte „Text-Layout" (wie beim Achsentitel), um die vertikale Ausrichtung der Legende zu verändern. Man kann aber die Legende verschieben, auch auf die Grafik.

den Prozentzahlen für die Häufigkeiten vorgenommen. Zudem ist die Registerkarte „Datenwertbeschriftungen" der Dialogbox „Eigenschaften" zur Überarbeitung geöffnet worden. Für „Beschriftungen" gibt es die Felder „Angezeigt" und „Nicht angezeigt". Voreingestellt ist, dass die Häufigkeiten der Schulabschlüsse in „Prozent" auf den Balken angezeigt werden. Man könnte nun die Balken zusätzlich mit den Beschriftungen der anderen Elemente versehen (hier Schulabschluss und Geschlecht). Will man das, überträgt man die entsprechenden Elemente aus dem Feld „Nicht angezeigt" mit dem Schalter [Schalter] in das Feld „Angezeigt". Wir verzichten hier darauf. Außerdem kann man die Lage der Beschriftung („Beschriftungsposition") sowie „Anzeigeoptionen" spezifizieren.

Die Beschriftung auf den Balken erscheint mit zwei Stellen hinter dem Komma und mit einem angehängten %-Zeichen. Um nur eine Stelle nach dem Komma auszuweisen und das %-Zeichen zu löschen, wird die Registerkarte „Zahlenformat" gewählt (⇨ Abb. 33.5 rechts). Wir setzen dort die „Dezimalstellen:" auf 1 und löschen das „Abschlusszeichen" %. Auf der Registerkarte „Text-Layout" kann man die Ausrichtung der Beschriftung spezifizieren. Wir belassen die Einstellungen. Auf der Registerkarte „Textstil" verändern wir die Schriftgröße auf 8. Mit „Anwenden" werden diese Einstellungen übertragen.

Hinweis. In früheren SPSS-Versionen konnte man mittels der Registerkarte „Zahlenformat" den Prozentzahlen auf der Y-Achse das Abschlusszeichen % anhängen sowie Dezimalstellen einfügen. Dies ist nun nicht mehr möglich.

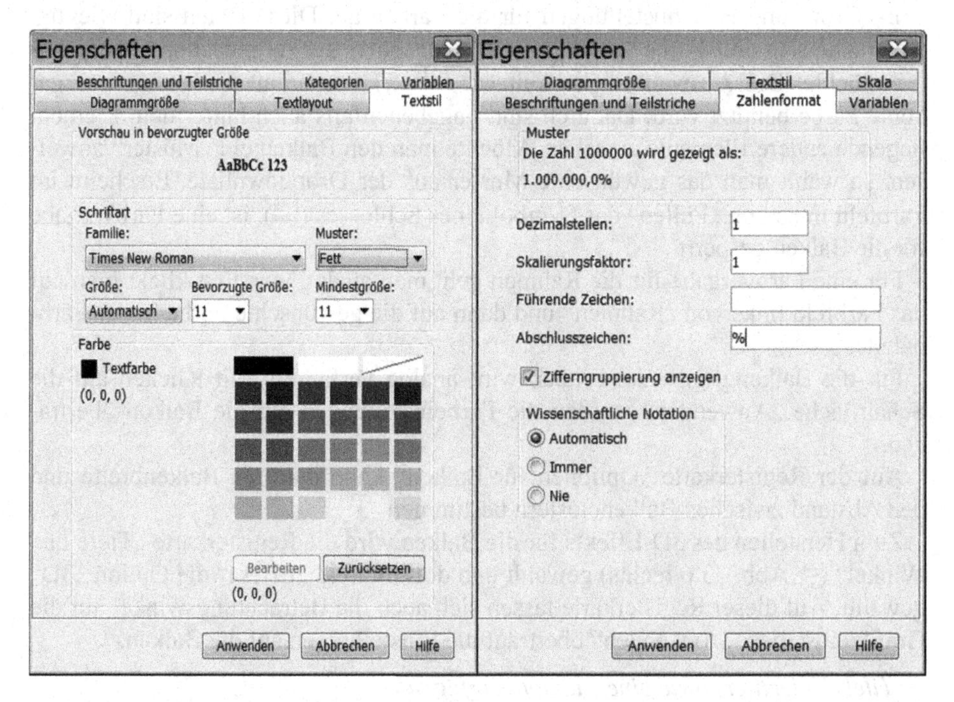

Abb. 33.5. Registerkarten „Textstil" und „Zahlenformat" der Dialogbox „Eigenschaften"

③ *Die Balken sollen andere Farben und einen 3D-Effekt erhalten.*

Da die Farben der Balken für die Gruppen Frauen und Männer verschieden bleiben sollen, darf bei einer Farbübertragung auf die Balken nur jeweils eine der beiden Balkengruppen ausgewählt (markiert) sein. Eine Auswahl (Markierung) von Balken nur für eine Gruppe kann auf zwei Wegen erfolgen. Zum einen kann durch einen Mausklick auf das Farbsymbol vor MAENNLICH bzw. WEIBLICH in der Legende die entsprechende Balkengruppe gewählt werden. Bei der zweiten Möglichkeit werden durch Mausklick auf einen beliebigen Balken zunächst alle Balken (die Balken beider Gruppen) gewählt (markiert). Mit einem zweiten Mausklick auf einen Balken einer Gruppe werden die Balken nur dieser Gruppe gewählt (markiert). (Will man des Weiteren nur einen bestimmten Balken aus einer Gruppe zum Gestalten auswählen, geschieht dieses mit einem dritten Mausklick auf den gewünschten Balken.)

Nach Auswahl (Markierung) der Balkengruppe der Männer wird durch Mausklick auf das Symbol die Dialogbox „Eigenschaften" aufgerufen und die Registerkarte „Füllung und Rahmen" gewählt (⇨ Abb. 33.6 links). Nun kann eine Farbe (eventuell auch ein Muster) für die Balken festgelegt werden. Des Weiteren kann man auch die Farbe und weitere Merkmale für die Balkenrahmen bestimmen. Um eine Füllfarbe für die Balken zu definieren, klickt man erst auf das Farbfeld links von „Füllen" und dann auf die gewünschte Farbe in der Farbpalette. Wir wählen dunkelblau. Die Zahlen unterhalb von „Füllen" im Feld „Farbe" geben die Rot-, Grün- und Blaueinstellungen für die Farben an. Diese Daten sind wichtig, wenn man sich eine Farbe selber „mischt" und später die Farbmischung wiederholen möchte. Die Auswahlmöglichkeit „Transparent" bedeutet, dass gar keine Farbe benutzt wird. Dadurch sind gegebenenfalls auch hinter dem Element liegende andere Elemente zu sehen. Möchte man den Balken ein „Muster" zuweisen, so wählt man das gewünschte Muster aus der Dropdownliste. Erscheint im Farbfeld links von „Füllen" das Symbol eines Schlosses (), ist eine Farbvergabe für die Balken gesperrt.

Für eine Farbvergabe für die Rahmen geht man analog vor: Erst klickt man auf das Farbfeld links von „Rahmen" und dann auf die gewünschte Farbe in der Farbpalette.

Für die Balkengruppe der Frauen wird analog verfahren. Mit Klicken auf die Schaltfläche „Anwenden" werden die Farbeinstellungen auf die Balken übertragen.

Auf der Registerkarte „Optionen für Balken" kann man die Balkenbreite und den Abstand zwischen Balkenclustern bestimmen.

Zum Herstellen des 3D-Effekts für die Balken wird die Registerkarte „Tiefe und Winkel" (⇨ Abb. 33.6 rechts) gewählt und dort im Feld „Effekt" die Option „3D" gewählt. Auf dieser Registerkarte lassen sich auch die Betrachtungswinkel auf die Grafik einstellen. „Anwenden" überträgt die Einstellungen auf die Balken.

④ *Titel, Untertitel sowie eine Fußnote einfügen.*

Titel, Untertitel und Fußnoten können schon bei Erzeugung der Grafik erstellt werden (⇨ Kap. 32.2.1).

Nachträglich wird ein Titel bzw. ein Untertitel durch Klicken auf das Symbol (alternativ: Befehlsfolge „Optionen“, „ Titel“) eingefügt. Oberhalb des Datenrahmens der Grafik (⇨ Abb. 33.2) erscheint ein Textfeld mit der Eintragung „Titel“. Der rote blinkende Mauszeiger signalisiert den Textbearbeitungsmodus. Man kann nun in dieses Feld den gewünschten Titel (hier: „Schulabschlüsse 1990*“) eingeben. Um einen zweiten Titel (für einen Untertitel) einzugeben, werden der Befehl zur Titeltextfeldgenerierung und eine anschließende Texteingabe wiederholt. Wir geben „– Bundesrepublik Deutschland –“ als Untertitel ein.

Wenn in der Grafik für hinzugefügte Titel und Fußnoten (oder für andere Grafikelemente) der Platz fehlt, kann man auf der Registerkarte „Diagrammgröße“ das Diagramm vergrößern und damit Platz zu schaffen. Hier kann man auch wieder Platz freigeben für den Fall, dass man ein hinzugefügtes Grafikelement wieder entfernt.

Um die Schrift des Titels (bzw. des Untertitels) zu formatieren, wird erst das Titeltextfeld (bzw. das zweite Titeltextfeld) durch Mausklick gewählt (markiert) und in der Dialogbox „Eigenschaften“ wird die Registerkarte „Textstil“ (⇨ Abb. 33.5 links) gewählt. Nun kann man die gewünschte Schriftart und weitere Merkmale der Schrift bestimmen.[16] „Anwenden“ schließt den Vorgang ab.

Man kann das Textfeld für den ersten Titel bzw. zweiten Titel (Untertitel) in gewissen Grenzen verschieben. Dazu muss das entsprechende Textfeld gewählt (markiert) sein. Man klickt mit der Maus auf den Rahmen des Textfeldes und (bei einer Veränderung des Mauszeigers zu Doppelpfeilen) zieht man bei Festhalten der linken Maustaste das Feld in die gewünschte Richtung. Allerdings kann das Titeltextfeld nur oberhalb des Datenrahmens der Grafik verschoben werden.

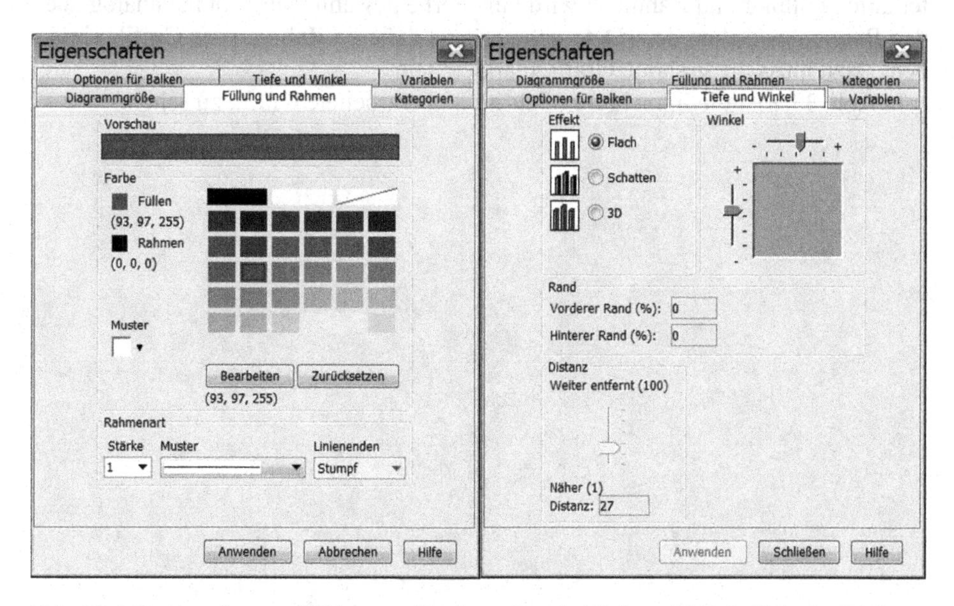

Abb. 33.6. Registerkarten „Füllung und Rahmen“ und „Tiefe und Winkel“ in der Dialogbox „Eigenschaften“

16 Oder man nutzt die Symbole auf der Formatierungssymbolleiste.

Nun soll die Grafik mit Fußnoten versehen werden. Mit dem Symbol (alternativ: Befehl „Optionen“, „ Fußnote“) wird analog den Texttitelfeldern ein Fußnotenfeld in der Grafik platziert. Dieses Feld liegt unterhalb des Datenrahmens. Der rote blinkende Mauszeiger bedeutet, dass der Textbearbeitungsmodus eingeschaltet ist. Man kann nun den Fußnotentext eingeben. Wir geben „*Quelle: ALLBUS 1990“ ein. Es ist möglich, eine zweite Fußnote einzubringen. Wir tun dieses und geben ein: „– Zufallsauswahl von 301 Befragten –“. Für jedes der Fußnotenfelder können wir Schriftart, Schriftgröße etc. mit Hilfe der Registerkarte „Textstil“ der Dialogbox „Eigenschaften“ bestimmen. Standardmäßig ist der Text im Fußnotentextfeld zentriert. Auf der Registerkarte „Text-Layout“ kann man für jedes der Textfelder im Feld „Ausrichtung“ die Lage des Fußnotentextes bestimmen. Wir wählen linksbündig (durch Anklicken eines nach links zeigenden Pfeiles).

⑤ *Rasterlinien einfügen und Farbgebungen für Grafikbereiche.*

Nun wollen wir der Grafik waagerecht verlaufende Rasterlinien hinzufügen. Wir wählen die Y-Achse durch anklicken von und klicken auf das Symbol für Gitterlinien.

Zum Abschluss verändern wir die Hintergrundfarbe für die Balken mit 3-D-Effekt und vergeben auch eine Farbe für den Bereich im Datenrahmen der Grafik (Rahmen um Achsentitel, Achsenbeschriftungen und Daten ⇨ Abb. 33.2). Für die Balkenhintergrundfarbe markiert man die Hintergrundflächen und wählt auf der Registerkarte „Füllung und Rahmen“ eine Farbe. Für die Farbe im Bereich des Datenrahmens geht man analog vor: der Rahmen wird markiert und auf der Registerkarte „Füllung und Rahmen“ wird eine Farbe gewählt. Man könnte analog auch den Bereich zwischen dem Datenrahmen und äußeren Rahmen der Grafik einfärben. Dazu muss die gesamte Grafik markiert sein.

In Abb. 33.7 ist die in mehreren Schritten überarbeitete Grafik zu sehen.

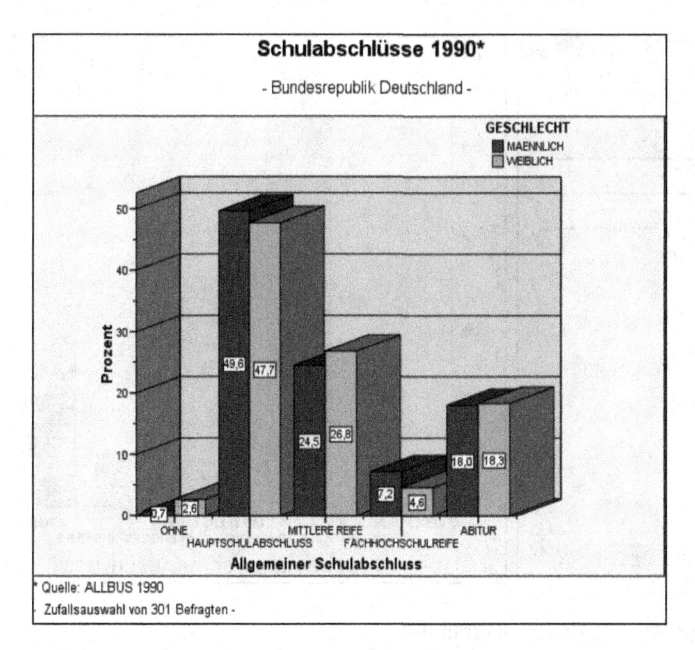

Abb. 33.7. Zur Präsentation überarbeitete Grafik in Abb. 33.1

Wandeln in einen anderen Grafiktyp. Man kann mit der Registerkarte „Variablen“ der Dialogbox „Eigenschaften“ den Diagrammtyp wechseln. Wir wechseln vom gruppierten Balkendiagramm zu einem gestapelten Balkendiagramm. In der Zeile „GESCHLECHT, BEFRAGTE“ klicken wir in der zweiten Spalte auf „X-Cluster“. Es öffnet sich eine Dropdownliste mit Auswahlmöglichkeiten, die man mit den Pfeilen nach oben bzw. unten einsehen kann. Wir wählen „Stapel“ und übertragen diese Einstellung mit „Anwenden“ auf das Diagramm. In Abb. 33.8 links ist die Registerkarte mit ihren Einstellungen und in Abb. 33.8 rechts das gestapelte Balkendiagramm zu sehen.[17]

Umwandlungen in andere Grafiktypen, wie in früheren SPSS-Versionen möglich (z.B. in ein Kreisdiagramm in Zeilenfelder), sind nun nicht mehr möglich.

[17] Skalieren auf 100 % geht nicht in unserer SPSS Version.

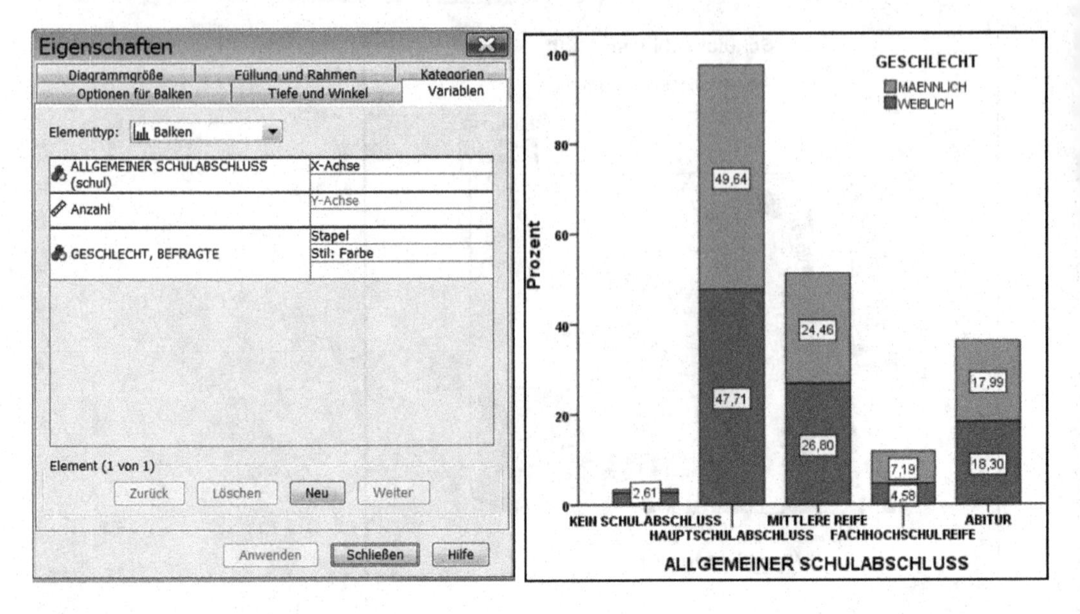

Abb. 33.8. Umwandeln in ein gestapeltes Balkendiagramm

33.3 Gestalten eines gruppierten Streudiagramms

Layout gestalten. Im Folgenden soll die Bearbeitung eines gruppierten Streudiagramms mit Punkt-ID-Beschriftung gezeigt werden, um für Streudiagramme spezifische sowie weitere Gestaltungsmöglichkeiten kennen zu lernen. Es soll der Zusammenhang zwischen dem Stundenverdienst (EINKJEST = EINKOM/ARBSTD/4)[18] und dem Alter (ALT) dargestellt werden, wobei Männer und Frauen (GESCHL) sowie die Wohngemeindegröße der Befragten (GEM1) unterschieden werden sollen (Datei ALLBUS90.SAV). Die Vorgehensweise in Kurzform ⇨ Kap. 32.2.1 und speziell bei gruppierten Streudiagrammen mit Punkt-ID-Beschriftung ⇨ Kap. 32.10.1):

Befehlsfolge: „Grafik“, „Diagrammerstellung“
Registerkarte: „Galerie“
Diagrammtyp: „Streu-/Punktdiagramm“
Diagrammvariante: Gruppiertes Streudiagramm
X-*Achse?*: ALT
Y-Achse?: EINKJEST
Farbe festlegen: GESCHL
Register: Gruppen/Punkt-ID
Option: Punkt-ID-Beschriftung
Punkt-ID: GEM1

---

[18] Vereinfachend haben wir mangels einer Stundenlohnvariable unterstellt, dass das monatliche Nettoeinkommen vollständig Entgelt für die Arbeitszeit ist.

Abb. 33.9 links zeigt die Diagrammvorschau und Abb. 33.9 rechts die noch nicht überarbeitete Grafik, so wie sie im Ausgabefenster erscheint. Durch einen Doppelklick auf die Grafik wird der Diagramm-Editor geöffnet.

Durch Markieren der Streupunkte und Klicken auf (alternativ: Befehlsfolge „Elemente", „Datenbeschriftung aus(ein-)blenden") kann die Punkt-ID-Beschriftung mit den Datenwerten von GEM1 aus- bzw. eingeblendet werden. Wir blenden sie aus, da wir später die Punkt-ID-Beschriftung für einzelne Streupunkte demonstrieren wollen.

Als Erstes sollen die Streupunkte etwas vergrößert und mit Farbe gefüllt werden. Für die Gruppe der Frauen sollen sie einen anderen Markierungstyp erhalten.

Durch Klicken auf einen der Streupunkte im Streudiagramm werden alle Punkte ausgewählt (markiert). Ein folgender Klick auf einen Streupunkt der Gruppe der Männer führt dazu, dass nur diese markiert bleiben.[19] Mit Klicken auf (alternativ: Befehlsfolge „Bearbeiten", „ Eigenschaften") wird die Dialogbox „Eigenschaften" geöffnet. Auf der Registerkarte „Markierung" (⇨ Abb. 33.10 links) wird durch das Symbol angezeigt, dass die markierten Streupunkte nicht mit einer Farbe gefüllt sind.

Um die Markierungspunkte für die Männer mit Farbe zu füllen, klicken wir erst auf die aktuelle Farbdefinition (keine Füllfarbe) links von „Füllen" im Feld „Farbe" und anschließend auf die gewünschte Farbe im Farbpalettenfeld. Wir wählen das tiefe dunkelblau. Für die Größe der Markierung wählen wir 6. Auch der Rahmen der Streupunkte soll die gleiche Farbe erhalten. Wir klicken zuerst auf die aktuelle Farbe links von „Rahmen" und dann auf die Farbe tiefes dunkelblau in der Farbpalette. Mit „Anwenden" übertragen wir alle gewählten Layoutmerkmale auf die Streupunkte.

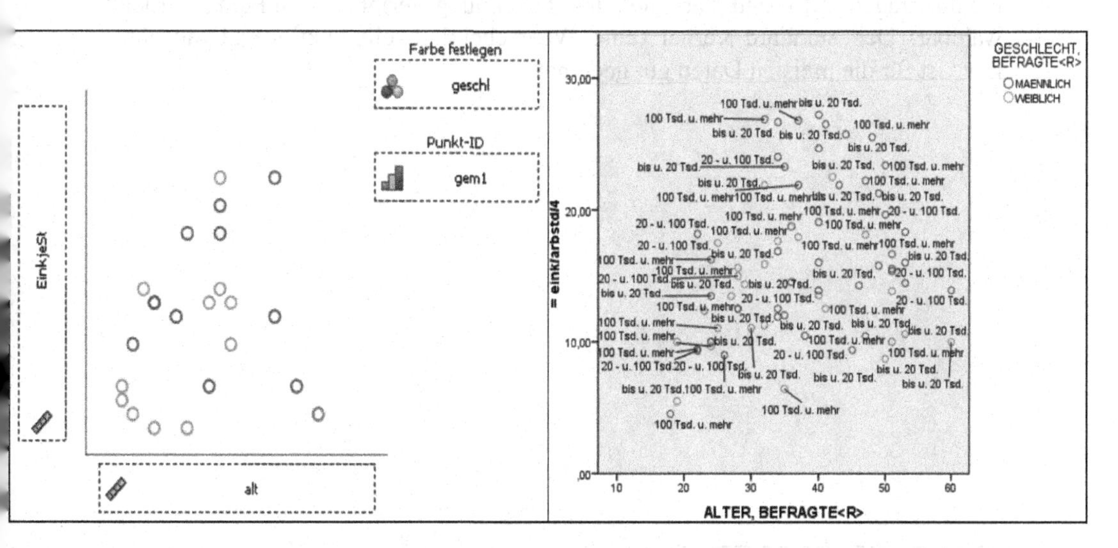

Abb. 33.9. Einfaches Streudiagramm zur Darstellung des Zusammenhanges zwischen Verdienst und Alter, unterschieden nach Geschlecht und Gemeindegröße

[19] Die Streupunkte für die Gruppe der Männer kann man auch wählen, indem man diese in der Legende wählt.

Nun sollen die Streupunkte für die Frauen verändert werden. Dazu müssen wir diese erst auswählen (markieren). Auf der Registerkarte „Markierung“ wählen wir als „Typ“ ein Quadrat mit der „Größe“ 6. Als Füllfarbe soll ein helles Rot gewählt werden. Um die Streupunkte mit dieser Farbe zu füllen, klicken wir im Feld „Farbe“ auf das momentan definierte ◩ im Kästchen „Füllen“ und anschließend auf die hellrote Farbe in der Farbpalette. Auch für den Rahmen wählen wir diese Farbe. Wir klicken auf die Farbe links von „Rahmen“ und dann auf die hellrote Farbe in der Farbpalette. Mit „Anwenden“ werden alle gewählten Merkmale auf die Grafik übertragen.

Als Nächstes sollen Anpassungslinien in die Punktwolken gelegt werden. Mit Klicken auf ▣ (alternativ: Befehlsfolge „Elemente“, „▣ Anpassungslinie bei Gesamtwert“) wird eine für alle Streupunkte berechnete Anpassungslinie in die Grafik eingefügt.[20] Gleichzeitig wird das Register „Anpassungslinie“ der Dialogbox „Eigenschaften“ (⇨ Abb. 33.10 rechts) geöffnet. Per Voreinstellung ist eine lineare Regressionslinie eingefügt worden. Auf der Registerkarte gibt es weitere Formen von Anpassungslinien. Wenn wir der Hypothese folgen, dass mit zunehmendem Alter der Verdienst steigt und dann ab einem gewissen Alter wieder sinkt, wählen wir am besten den Schalter für die Option „Loess“ (= locally weighted regression scatterplot smoothing method ⇨ Cleveland, Chambers et. al.). Bei diesem Verfahren wird eine iterativ gewichtete Methode der kleinsten Quadrate zur Anpassung an die Datenpunkte angewendet. Dadurch nimmt der Einfluss von Streupunkten auf die Glättung der Anpassungslinie an einem Punkt mit der Entfernung von diesem Punkt ab. Die Kurve wird für einen festgelegten Prozentsatz von Punkten angepasst. Standardmäßig sind es jeweils 50 %. Diese Voreinstellung erhöhen wir auf 70%. Mit „Anwenden“ wird diese Anpassungslinie übertragen.[21] Es sind Varianten des Berechnungsverfahrens im Feld „Kernel:“ wählbar. Der Standard-Kernel (eine Wahrscheinlichkeitsfunktion) „Epanechnikov“ ist für die meisten Daten gut geeignet.[22]

---

20 Als Legendentext wird R^2 Linear = 0,062 eingefügt.

21 Nun verschwindet der Legendentext für eine lineare Regressionslinie.

22 Für detaillierte Informationen geben Sie im Hilfesystem den Suchbegriff Anpassungslinien ein, lassen sich das Thema „Anpassungslinien“ anzeigen und öffnen auf der angezeigten Seite „Die Registerkarte Anpassungslinien“.

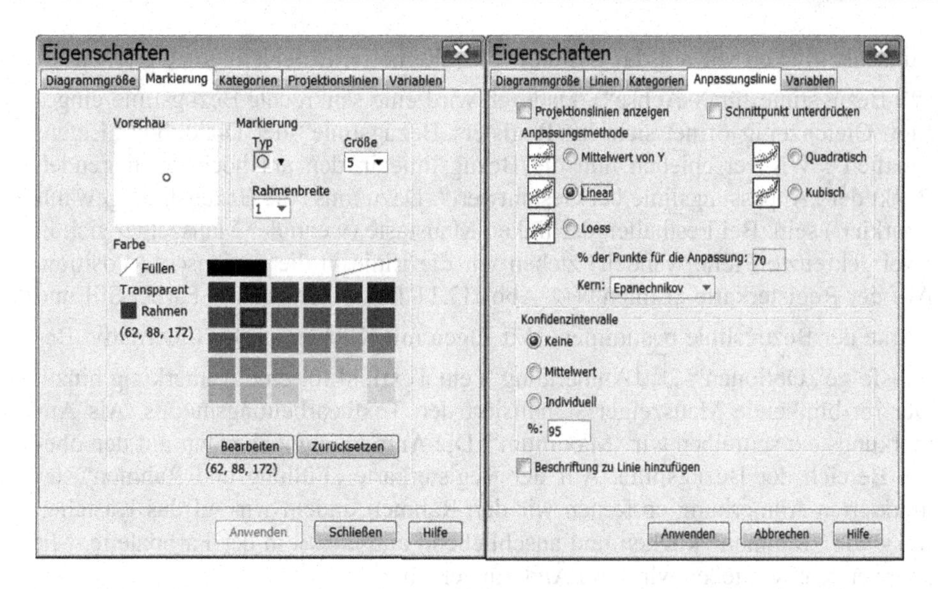

Abb. 33.10 Registerkarten „Markierung“ und „Anpassungslinie“ der Dialogbox „Eigenschaften“

Hat man die Anpassungslinie gewählt (markiert), kann man auf der Registerkarte „Linien“ der Dialogbox „Eigenschaften“ den „Stil“ und die „Stärke“ sowie weitere Merkmale der Linie festlegen. Wir wählen eine durchgezogene Linie in schwarzer Farbe mit der Stärke 2,5. Mit „Anwenden“ werden die gewählten Merkmale auf die Grafik übertragen. In der Grafik wird anhand der Anpassungslinie eine gewisse Tendenz im Sinne der oben angesprochenen Hypothese deutlich, wenn aber auch nicht so ganz überzeugend.

Wenn man die Anpassungslinie wieder entfernen möchte, wählt (markiert) man sie aus und drückt die <Entf>-Taste (alternativ: Befehlsfolge „Bearbeiten“, „Löschen“).

Nun sollen – für die Gruppe der Männer und der Frauen getrennt – Anpassungslinien in die Grafik eingefügt werden. Mit Klicken auf (alternativ: Befehlsfolge „Elemente“, „ Anpassungslinie bei Untergruppen“) wird dieses erreicht. Für beide Linien wählen wir ebenfalls als Anpassungsmethode „LOESS“ mit 70 im Eingabefeld „% der Punkte für die Anpassung“ und „Epanechnikov“ als Kernel-Funktion. Anschließend werden auf der Registerkarte „Linien“ der Dialogbox „Eigenschaften“ die Farbe, der Linienstil und die Linienstärke bestimmt. Dazu muss jeweils die entsprechende Anpassungslinie der Gruppe markiert und das Register „Linien“ der Dialogbox „Eigenschaften“ geöffnet werden. Wir wählen dort für Männer eine unterbrochene Linie in der Stärke 2. Für Frauen wählen wir eine andere Art von unterbrochener Linie, ebenfalls in der Stärke 2.

Als Nächstes wollen wir in die Grafik zwei Bezugslinien einfügen. Eine der Bezugslinien soll optisch herausstellen, in welchem Lebensalter der Verdienst für alle Befragten das Maximum erreicht. Die zweite soll den Mittelwert aller Verdienste anzeigen.

Zunächst klicken wir auf das Symbol (alternativ: Befehlsfolge „Optionen", „ Bezugslinie für X-Achse"). Dadurch wird eine senkrechte Bezugslinie eingefügt. Gleichzeitig öffnet sich das Register „Bezugslinie" der Dialogbox „Eigenschaften". Wir verschieben nun die Bezugslinie in den am höchsten liegenden Punkt der „Anpassungslinie bei Gesamtwert". Dazu muss die Bezugslinie gewählt (markiert) sein. Bei Festhalten der linken Maustaste (wenn der Mauszeiger sich in zwei gekreuzte Pfeile wandelt) ziehen wir die Linie in die gewünschte Position. Auf der Registerkarte „Linien" (⇨ Abb. 33.11 links) können wir Farbe, Stil und Stärke der Bezugslinie bestimmen. Wir fügen mit Klicken auf (alternativ: Befehlsfolge „Optionen", „ Anmerkung") ein Textfeld für eine Anmerkung hinzu. Der rot blinkende Mauszeiger signalisiert den Textbearbeitungsmodus. Als Anmerkungstext schreiben wir „Maximum". Die Anmerkung ziehen wir auf den oberen Bereich der Bezugslinie. Auf der Registerkarte „Füllung und Rahmen" der markierten Anmerkung entfernen wir den Rahmen, indem wir auf das Kästchen links von „Rahmen" klicken und anschließend auf in der Farbpalette. Mit „Anwenden" schließen wir diese Änderungen ab.

Die zweite Bezugslinie wird mit Klicken auf (alternativ: Befehlsfolge „Optionen", „ Bezugslinie für Y-Achse") eingefügt. Zugleich öffnet sich die Dialogbox „Eigenschaften". Dort gehen wir auf der Registerkarte „Bezugslinie". Im Feld „Achsenposition:" ist zunächst ein konkreter Wert eingetragen. Da wir diesen nicht verwenden wollen, sondern den Mittelwert, öffnen wir die Auswahlliste des Feldes „Setzen auf:" und wählen „Mittelwert". Mit „Anwenden" werden die Merkmale auf die Grafik übertragen.

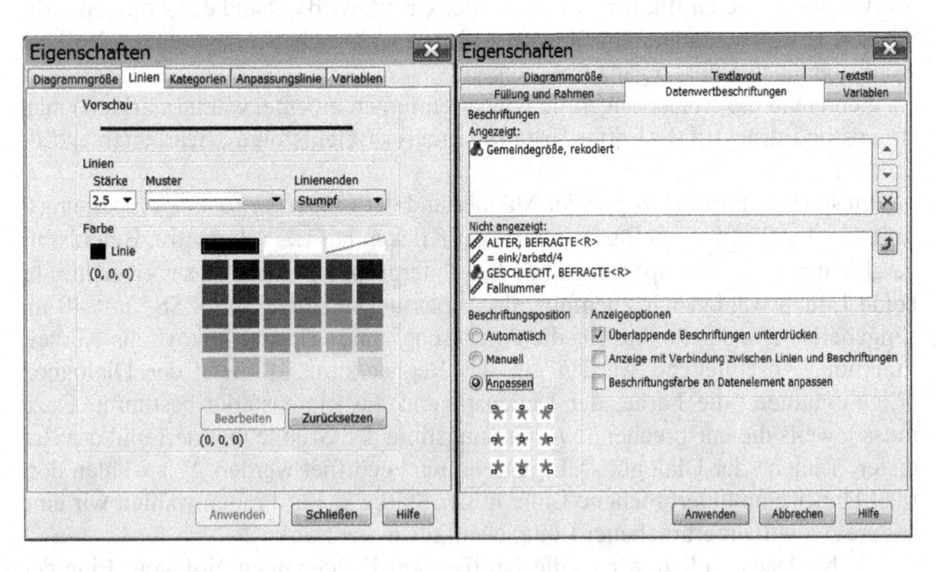

Abb. 33.11. Registerkarten „Linien" und „Datenwertbeschriftungen" der Dialogbox „Eigenschaften"

Auch für diese Achse werden Linienmerkmale bestimmt und eine Anmerkung mit dem Text „Mittelwert" hinzugefügt.

Nun soll gezeigt werden, wie man einzelne Punkte des Streudiagramms mit einer Fallbeschriftung versieht.[23] Wir klicken auf das Symbol (alternativ: Befehlsfolge „Elemente“, „Datenbeschriftungsmodus“). Der Mauszeiger wandelt sich in das Symbol dieses Befehls. Mit der Maus klicken wir nun auf den Punkt, der beschriftet werden soll. Da wir als Fallbeschriftungsvariable GEM1 (die Gemeindegrößenklasse) gewählt haben, wird der Punkt mit der Gemeindegrößenklasse des Falles beschriftet. Wenn keine Fallbeschriftungsvariable genutzt wird, wird mit der Fallnummer beschriftet. Solange der Fallbeschriftungsmodus eingeschaltet ist, kann man weitere Punkte durch Anklicken beschriften. Um den Fallbeschriftungsmodus auszuschalten, wird wieder auf geklickt. Möchte man die Fallbeschriftung für einen Streupunkt wieder entfernen, dann klickt man mit dem zu gewandelten Mauszeiger auf die Fallbeschriftung.

Doppelklickt man auf eine Fallbeschriftung, wird diese markiert und die Dialogbox „Eigenschaften“ mit ihren Registerkarten öffnet sich. Wir öffnen zunächst die Registerkarte „Datenwertebeschriftungen“ (⇨ Abb. 33.11 rechts). Wir sehen dort, dass für „Beschriften“ im Auswahlfeld „Angezeigt“ die Variable GEM1 mit ihrer Beschriftung enthalten ist. Im Feld „Nicht angezeigt:“ werden die weiteren Variablen mit ihren Beschriftungen sowie eine Fallnummervariable aufgeführt. Mit dem Schalter kann man markierte Variable aus diesem Feld in das Auswahlfeld „Angezeigt“ schieben, so dass man sich zusätzliche Datenwerte für die Streupunkte anzeigen lassen kann. Mit dem Schalter kann man umgekehrt im Feld „Angezeigt:“ markierte Variablen in das Feld „Nicht angezeigt:“ schieben. Wir belassen die Einstellungen. Auf der Registerkarte kann man des Weiteren Spezifizierungen für die „Beschriftungsposition“ und „Anzeigeoptionen“ vornehmen.

Standardmäßig wird die Fallbeschriftung mit einem Rahmen versehen. Man kann die Form der Beschriftung überarbeiten. Es kann z.B. die Schriftgröße verändert und der Rahmen farblich gestaltet werden. Um die Beschriftung zu überarbeiten, werden auf der Registerkarte „Textstil“ (⇨ Abb. 33.5 links) gewünschte Schriftmerkmale festlegt. Auf der Registerkarte „Füllung und Rahmen“ (⇨ Abb. 33.6 links) kann man Farbeinstellungen für den Rahmen bestimmen. Hier kann man auch festlegen, dass der Rahmen ausgeblendet werden soll. Dazu wird die momentan definierte Farbe Weiß in „Füllmuster“ belassen, auf die momentan definierte Farbe von „Rahmen“ geklickt und in der Farbpalette gewählt. „Anwenden“ schließt die Festlegungen ab.

Nun soll die Legende der Grafik überarbeitet werden. Es soll nur GESCHLECHT erscheinen, MAENNLICH wird durch „Männer“ und WEIBLICH durch „Frauen“ ersetzt. Auch die Legenden der Anpassungslinien der Gruppen werden überarbeitet. In diesen soll nur „Männer“, „Frauen“ und „Gesamt“ erscheinen. Des Weiteren sollen die Achsentitel geändert werden: Der Titel der Y-Achse soll „Stundenverdienst (DM)“ und derjenige der X-Achse „Alter“ lauten. Hinzugefügt werden sollen außerdem eine Überschrift mit dem Titeltext „Zusammenhang zwischen Stundenverdienst und Alter“ sowie eine linksbündige

[23] Falls die Punkt-ID-Beschriftung für alle Streupunkte noch eingeblendet ist, blendet man sie mit aus.

Fußnote in zwei Zeilen mit den Texten „Quelle: ALLBUS 1990“ und „– Zufallsauswahl von 301 Befragten –“. Alle diese Überarbeitungen betreffen Textfelder. Da in Kapitel 33.2. die Bearbeitung von Textfeldern erläutert worden ist, soll dieses hier nicht wiederholt werden.[24] Des Weiteren kann man die Grafik farblich gestalten. Probieren Sie dies einmal aus, insbesondere, was die Ihnen verfügbare Version tatsächlich leistet. In Abb. 33.12 ist die überarbeitete Grafik zu sehen.

Wandeln in einen anderen Grafiktyp. Nun soll gezeigt werden, dass man sowohl die Gruppierungs- als auch die Fallbeschriftungsvariable für die Bildung einer dritten Achse eines dreidimensionalen Streudiagramms verwenden kann. Außerdem wird gezeigt, wie man in dem dreidimensionalen Diagramm 3D-Rotationen vornimmt.

Bevor wir das dreidimensionale Diagramm erzeugen, entfernen wir die Anpassungslinien, indem wir die Linien wählen (markieren) und anschließend die <Entf>-Taste drücken.

Auf der Registerkarte „Variablen“ der Dialogbox „Eigenschaften“ klicken wir in der Zeile „Gemeindegröße, rekodiert (gem1)“ in der zweiten Spalte auf das leere Feld. Es öffnet sich eine Dropdownliste mit Auswahloptionen. Wir wählen „Z-Achse“ (⇨ Abb. 33.14 links). Mit „Anwenden“ erscheint das 3D-Diagramm. In Abb. 33.14 rechts ist die von uns erstellte 3D-Grafik zu sehen.

[24] Ergänzt sei hier, wie man mehrere Textzeilen in einer Fußnote (einem Titel) schreibt: Mit der Eingabetaste bei gedrückter Umschalt(shift-)taste gelangt man in die nächste Zeile.

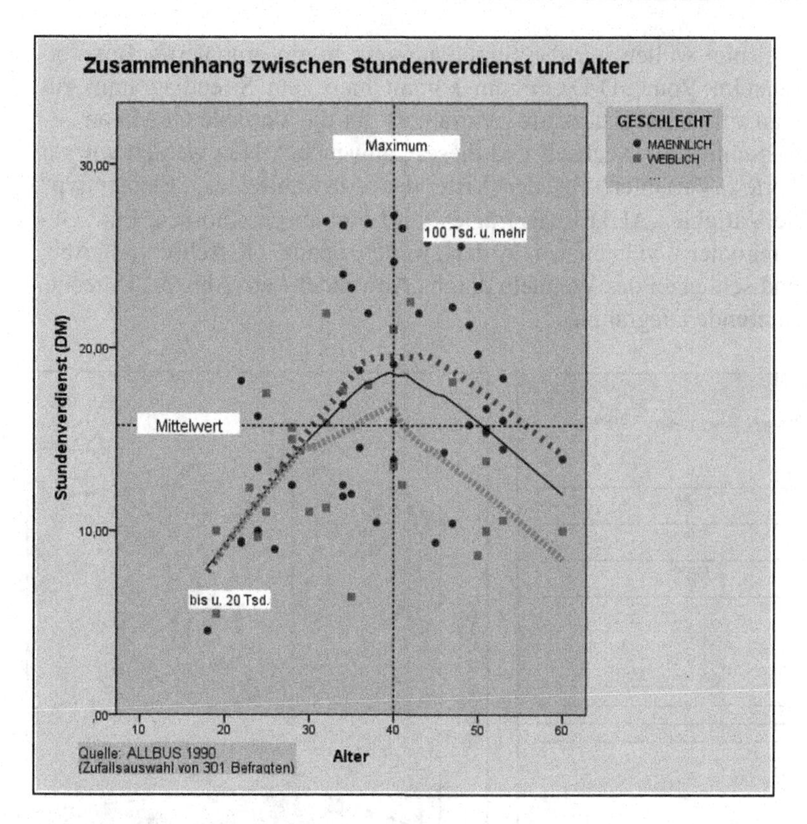

Abb. 33.12. Zur Präsentation überarbeitete Grafik der Abb. 33.9

Klickt man im 3D-Diagramm auf die Streupunkte oder deren Hintergrundflächen, öffnet sich die Dialogbox „Eigenschaften". Falls noch nicht aktiviert, wählen Sie die Registerkarte „3-D-Elemente". Mit dieser kann man die schattierten Rückwände und/oder den Rahmen ausblenden sowie die Grafik zoomen.

Klicken auf [icon] (alternativ: Befehlsfolge „Bearbeiten", „3D-Rotation") überführt die Grafik in den Rotationsmodus. Dies zeigt sich auch durch die Öffnung der Unterdialogbox „3D-Rotation (Abb. 33.13). Anstelle Koordinatenwerte einzugeben steuert man die Rotation einfacher mit der Maus.[25] Geht man mit der Maus auf die Grafik, verändert sich der Mauszeiger in eine Hand. Durch Festhalten der linken Maustaste und Ziehen kann man die Grafik beliebig drehen.

Eine 3D-Rotation ist auch für 3D-Balkendiagramme möglich.

3-D-Rotation
Vertikal: 10
Horizontal: 325
Zurücksetzen

Abb. 33.13. Unterdialogbox „3-D-Rotation"

[25] In unserer SPSS-Version funktioniert das nicht mehr.

Im nächsten Beispiel wollen wir das Streudiagramm in ein gruppiertes Boxplot-Diagramm wandeln. Vom 3D-Diagramm kommt man zum Streudiagramm zurück, indem man auf der Registerkarte „Variablen“ für die Variable GEM von „Z-Achse“ zu „Ausschließen“ wechselt und dieses „anwendet“. Nun wählen wir auf der Registerkarte „Variablen“ in der Liste des Auswahlfeldes „Elementtyp“ „ Box“. Die Variable „ALTER, Befragte“ wird nun ausgeschlossen. Für „Gemeindegröße, rekodiert“ wählen wir in der zweiten Spalte „X-Achse“ (⇨ Abb. 33.15 links) und schließen das Wandeln durch „Anwenden“ ab. Abb. 33.15 rechts zeigt das resultierende Diagramm.

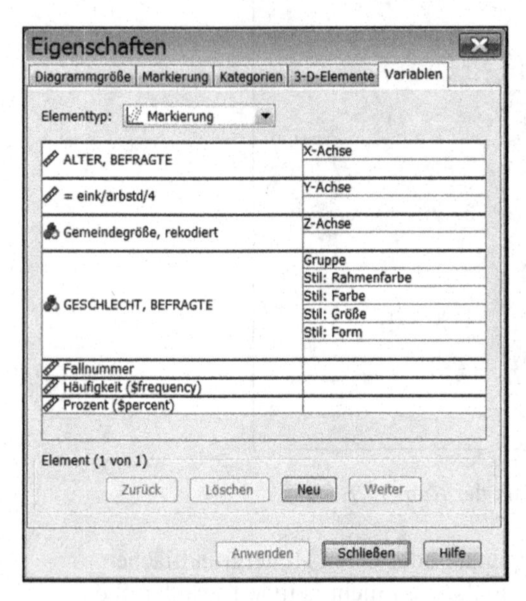

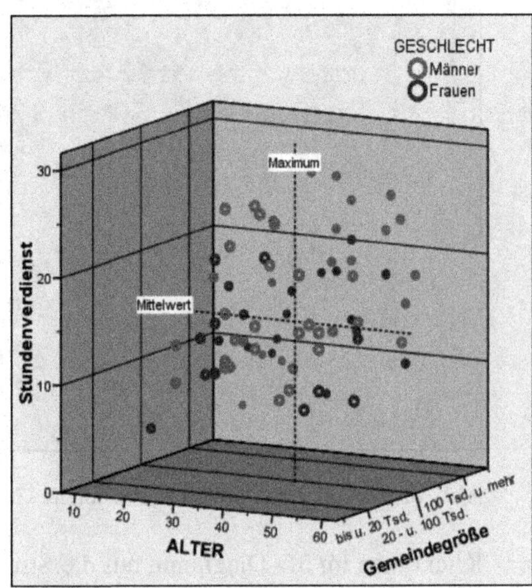

Abb. 33.14. Registerkarte „Variablen“ der Dialogbox „Eigenschaften“ und das 3D-Streudiagramm

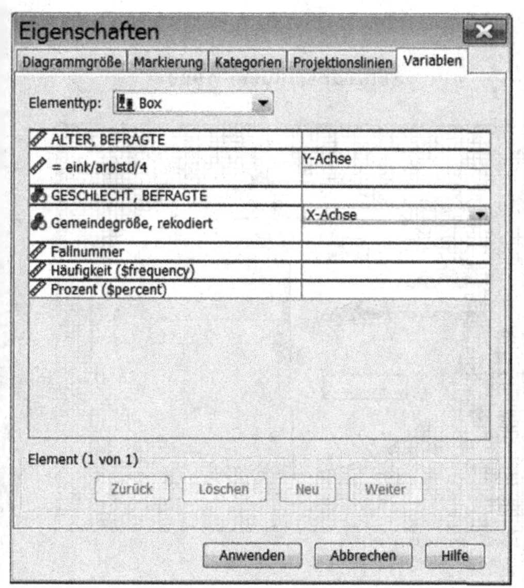

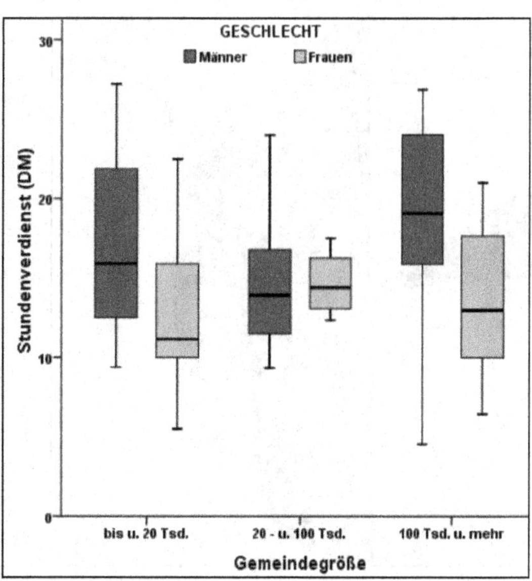

Abb. 33.15. Registerkarte „Variablen" der Dialogbox „Eigenschaften" und das Boxplotdiagramm

Man kann auch die Rolle der Variablen GESCHL und GEM1 im Diagramm vertauschen, indem man auf der Registerkarte „Variablen" für GESCHL die Z-Achse wählt und für GEM1 „Gruppe".

Wenn man wieder zum ursprünglichen 2D-Diagramm zurückkehren möchte, wählt man für GESCHL „Gruppe" und für GEM1 „Ausschließen".

33.4 Gestalten eines Kreisdiagramms

Mit der in der folgenden Kurzform dargestellten Vorgehensweise wird mit den Daten der Datei ALLBUS90.SAV ein Kreisdiagramm zur Abbildung der prozentualen Häufigkeiten der höchsten Schulabschlüsse der Befragten (SCHUL) erstellt.[26] Abb. 33.16 links zeigt das erstellte Kreisdiagramm.

Befehlsfolge: „Grafik", „Diagrammerstellung"
Registerkarte: „Galerie"
Diagrammtyp: „Kreis/Polar"
Diagrammvariante: Kreisdiagramm
X-Achse?: SCHUL

[26] Zur Erläuterung der Darstellung in Kurzform ⇨ Kap. 33.1. Zur Vorgehensweise speziell bei Kreisdiagrammen ⇨ Kap. 33.9.

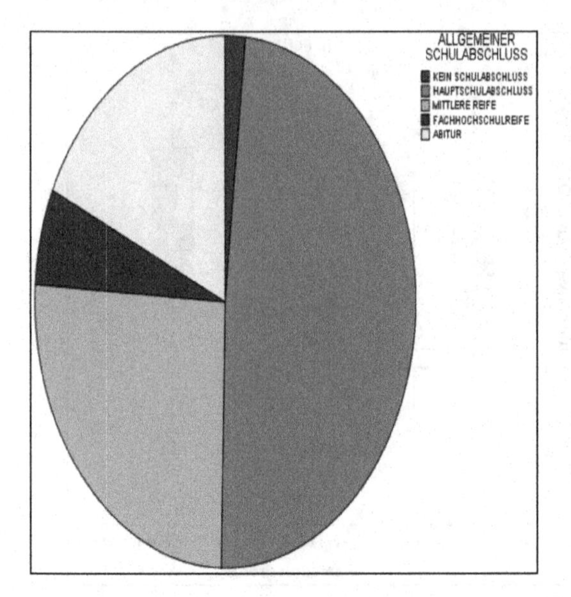

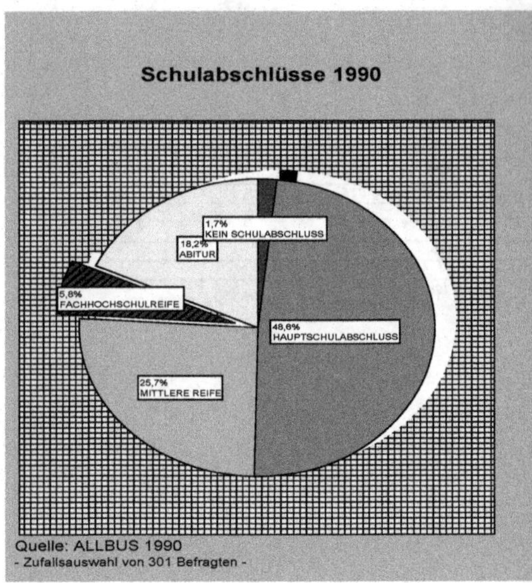

Abb. 33.16. Das erstellte und überarbeitete Kreisdiagramm

Das Kreissegment für den Abschluss FACHHOCHSCHULREIFE soll besonders hervorgehoben werden (durch Schraffieren und Herausstellen dieses Segments), die Legende der Grafik soll ausgeblendet und durch eine Beschriftung der Kreissegmente ersetzt werden, der Kreis soll einen Schatten werfen, der innere Rahmen soll mit einem Muster und mit Farbe versehen werden. Außerdem sollen eine Überschrift („Schulabschlüsse 1990") und Fußnoten (1. Fußnote: „Quelle: ALLBUS 1990", 2. Fußnote: „– Zufallsauswahl von 301 Befragten –") eingefügt werden.

Durch Doppelklicken auf die erstellte Grafik wird diese zum Bearbeiten in den Diagramm-Editor überführt. Doppelklicken auf eine beliebige Stelle des Kreises wählt (markiert) den ganzen Kreis und öffnet die Dialogbox „Eigenschaften" mit ihren Registerkarten. Um das Segment für die Kategorie FACHHOCHSCHULREIFE zu wählen (markieren), klicken wir auf dieses Segment. Mit Klicken auf das Symbol (alternativ: Befehle „Elemente", „ Kreissegment ausrücken") wird das gewählte Segment herausgerückt. Um das Segment zu schraffieren, wählen wir auf der Registerkarte „Füllung und Rahmen" (⇨ Abb. 33.6 links) aus der Dropdownliste des Auswahlkästchens „Muster" das Muster. Mit „Anwenden" wird dieses Muster auf das ausgewählte Kreissegment übertragen. (Mit der <Esc>-Taste heben wir die momentane Auswahl auf, solang noch keine Zuweisung erfolgt ist). Ein neuer Klick auf den Kreis wählt diesen erneut. Auf der Registerkarte „Tiefe und Winkel" (⇨ Abb. 33.17 links) wählen wir für im Feld „Effekt" die Option „Schatten" und übergeben mit „Anwenden" diese Einstellung an die Grafik.

Mit Klicken auf (alternativ: Befehle „Elemente", „ Datenbeschriftungen einblenden" werden die prozentualen Häufigkeiten der Schulabschlüsse auf die Kreissegmente platziert und zugleich die Registerkarte „Datenwertbeschriftungen" (Abb. 33.17 rechts) der Dialogbox „Eigenschaften" geöffnet. Wir Markieren

„ALL-GEMEINER SCHULABSCHLUSS“ im Feld „Nicht angezeigt:“ und verschieben diese Variable durch einen Klick auf den grünen Pfeil in das Feld „Angezeigt:“. Als „Beschriftungsposition“ wählen wir „Anpasse“ und klicken zusätzlich auf das Symbol „innerhalb“.[27] Nach Markieren der Zahlen der Wertebeschriftung tragen wir auf der Registerkarte „Zahlenformat“ in das Eingabekästchen „Dezimalstellen“ eine „1“ ein, um bei der Datenbeschriftung nur eine Dezimalstelle zu erhalten. Mit „Anwenden“ werden die Angaben an die Grafik überführt.

Mit Klicken auf (alternativ: Befehle „Optionen“, „ Legende ausblenden“) wird die Legende ausgeblendet.

Fügen Sie auf die oben angegebene Weise Titel und Fußnote hinzu.

Nun klicken wir auf eine Stelle neben den Kreis und wählen dadurch den Datenrahmen. Dieses wird durch eine Umrandung angezeigt. Auf der Registerkarte „Füllmuster und Rahmen“ öffnen wir die Dropdownliste von „Muster“, wählen das Muster und anschließend eine hellgrau Farbe aus, indem wir das Kästchen „Füllen“ markieren und in der Farbpalette auf die gewünschte Farbe klicken. Mit „Anwenden“ übertragen wir diese Einstellungen auf die Grafik. Anschließend wollen wir auch noch den Hintergrund der Grafik außerhalb des Datenrahmens gestalten. Dazu klicken wir auf eine freie Stelle außerhalb des Datenrahmens und wählen damit die ganze Grafik. Wir vergeben die hellblaue Farbe für die Grafik. Mit „Anwenden“ werden alle Merkmale übertragen.

In Abb. 33.16 rechts ist die überarbeitete Grafik zu sehen.

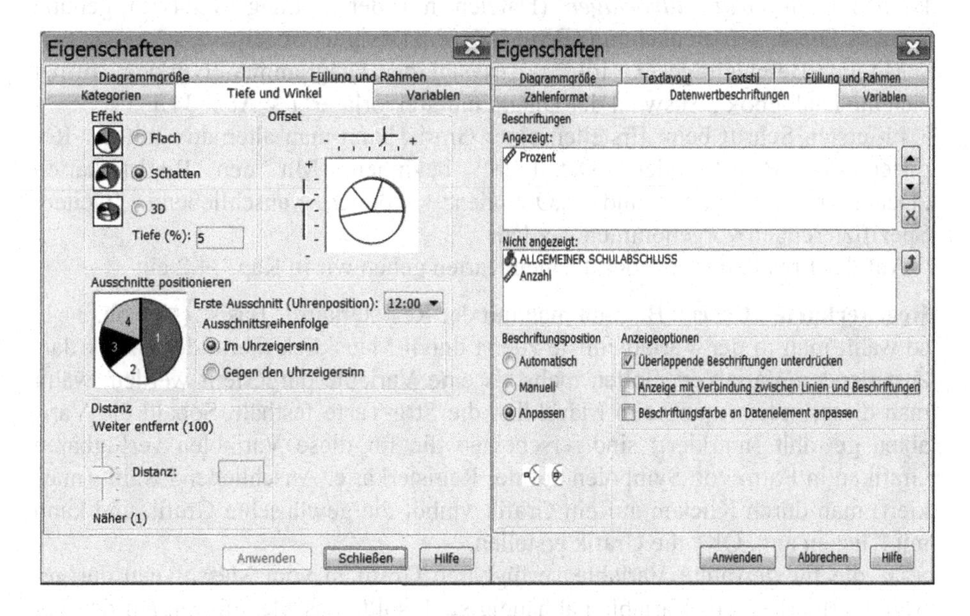

Abb. 33.17. Registerkarten „Tiefe und Winkel“ und „Datenwertbeschriftungen“

[27] Platziert man die Maus über dem Symbol, öffnet sich ein Textfeld, das die Bedeutung des Symbols erklärt.

34 Grafiken per Grafiktafel-Vorlagenauswahl

34.1 Grafiken erstellen

Bei diesem Konzept zum Erstellen und Gestalten von Grafiken handelt es sich um ein Verwenden von *Grafikvorlagen* (diese umfasst auch geografische Karten). Mehr als zwei Dutzend sind in SPSS integriert und für die Nutzung verfügbar. Weitere können mit IBM SPSS Viz Designer (einem separaten Softwareprodukt) weitgehend ohne Programmierkenntnisse erstellt, in SPSS importiert (Dateien mit der Endung .viztemplate) und genutzt werden. Anwender können sich auf diese Weise ihre Grafiken für ihre Bedürfnisse „maßschneidern". Aus dem Kreis der Anwender könnten auch neue Grafiktypen entstehen und für andere Nutzer verfügbar gemacht werden.

Die Layoutgestaltung geschieht in einem eigenem Grafikeditor, dem „Grafiktafel-Editor" (⇨ Kap. 34.3.1). Für eine Layoutgestaltung dieser Grafiken können auch *Grafikstilvorlagen* (Dateien mit der Endung .vizstyle) genutzt werden. Diese werden auch mit IBM SPSS Viz Designer erstellt.

Mit der Befehlsfolge „Grafik", „Auswahl der Diagrammtafelvorlage" öffnet sich die Dialogbox „Auswahl der Diagrammtafelvorlage" (⇨ Abb. 34.1).

Im ersten Schritt beim Erstellen einer Grafik kann man alternativ mit der Registerkarte „Basis" oder „Detailliert" beginnen. Mit den Registerkarten „Detailliert", „Titel" und „Optionen" können anschließend weitere Spezifizierungen vorgenommen werden.

Auf das Erstellen von geografischen Karten gehen wir in Kap. 34.2 ein.

Registerkarte „Basis". Beginnt man mit der Registerkarte „Basis" (⇨ Abb. 34.1) so wählt man in der Variablenliste zuerst durch Mausklick die in der Grafik darzustellenden Variablen. Sollen mehr als eine Variable dargestellt werden, wählt man diese, indem man beim Mausklick die Strg-Taste festhält. Sobald die Variablen gewählt (markiert) sind, erscheinen die für diese Variablen verfügbaren Grafiken in Form von Symbolen auf der Registerkarte. Anschließend wählt (markiert) man durch Klicken auf ein Grafiksymbol die gewünschte Grafik und kann mit Klicken auf „OK" die Grafik erstellen.

Da die für gewählte Variable verfügbaren Grafiken vom Messniveau der gewählten (markierten) Variablen abhängig sind, sollte das Messniveau auf der Registerkarte „Variablenansicht" des Daten-Editors richtig eingestellt sein. Ist dieses noch nicht geschehen, kann man durch einen rechten Mausklick auf die Variable in der Variablenliste ein Kontextmenü öffnen und temporär das richtige Messniveau der Variable wählen.[1]

In Abb. 34.1 haben wir in der Variablenliste der Registerkarte „Basis" die kategoriale Variable POL (politisches Interesse) und die metrische Variable ALT (Alter) Registerkarte" gewählt (markiert) (Datei ALLBUS90.SAV). Unterhalb der Quellvariablenliste wird dieses mit „Visualisierung von:" angezeigt. Die auf der Registerkarte „Basis" angezeigten Grafiksymbole zeigen, dass diese zwei Variablen in einer Reihe von Grafiktypen (Balken, Kreis, Linien, Boxplot etc.) dargestellt werden können.

Als Grafiktyp wählen wir zur Demonstration durch Anklicken des Symbols das Balkendiagramm.

Mit Hilfe der Dropdownliste Auswertung: Summe lässt sich die Auswertungsstatistik für die metrische Variable ALT von der Voreinstellung „Summe" auf eine andere ändern. Wir wählen „Mittelwert". Sollen keine weiteren Spezifizierungen für die Grafik vorgenommen werden, so erzeugt Klicken auf „OK" die Grafik. In Abb. 34.2 ist das (etwas überarbeitete) Balkendiagramm zu sehen. Die politisch überhaupt nicht Interessierten sind durchschnittlich wesentlich älter als die anderen Befragten.

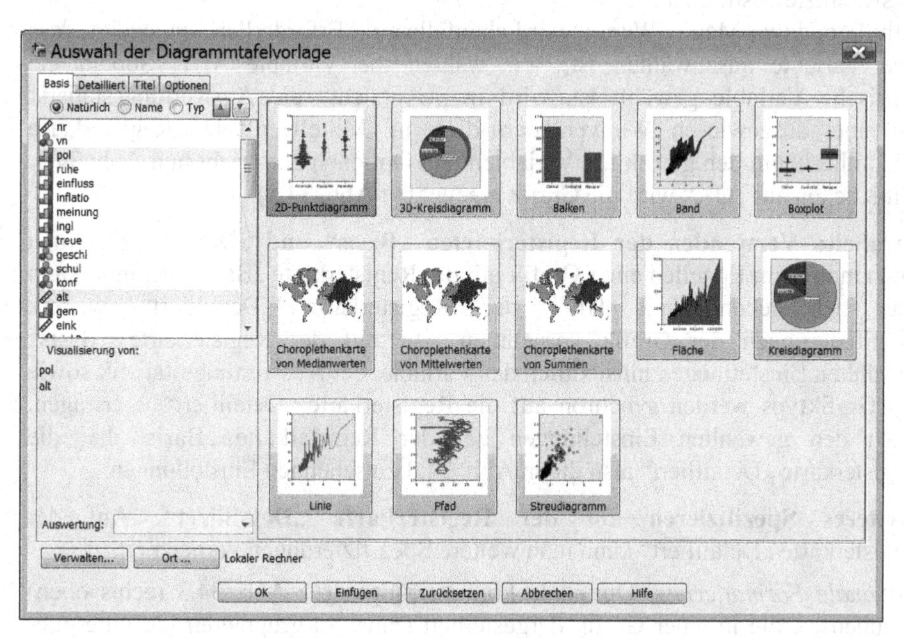

Abb. 34.1. Dialogbox „Auswahl der Diagrammtafelvorlage" mit Registerkarte „Basis"

Registerkarte „Detailliert". Beginnt man beim Erstellen der Grafik mit der Registerkarte „Detailliert" (⇨ Abb. 34.3), so kann man auch umgekehrt vorgehen. Im Dropdownmenü „Visualisierungstyp:" Auswählen... wählt man zuerst den gewünschten Grafiktyp und anschließend die Variablen.

[1] Das Messniveau von metrischen, nominal- und ordinalskalierten Variablen wird hier mit „stetig", „Set" und „Geordnetes Set" bezeichnet.

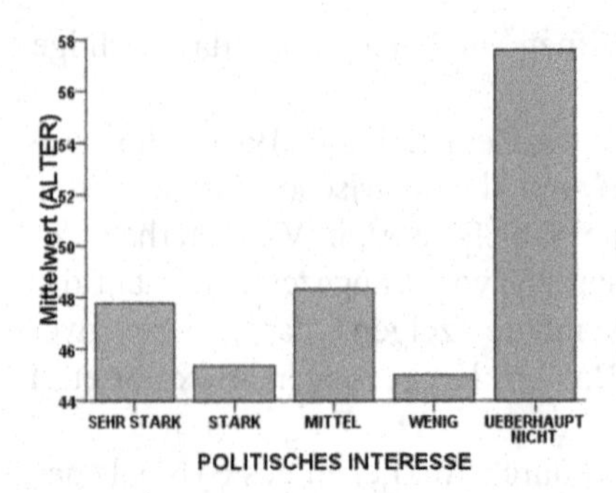

Abb. 34.2. Balkendiagramm zum Zusammenhang von Alter und politisches Interesse

Für unser Demonstrationsbeispiel wählen wir als Grafiktyp „Balken", da wir die in Abb. 34.2 gezeigte Grafik nun auf diesem zweiten Weg erstellen wollen. Im Dropdown-Menü „Kategorien:" wird mit „Erforderlich" (in roter Schrift) signalisiert, dass eine Variable zu wählen ist. Wir wählen die kategoriale Variable POL.

Mit [◉ Natürlich ○ Name ○ Typ ▲ ▼] kann man die Reihenfolge der Variablen in der Auswahlliste bestimmen.

Im Dropdown-Menü „Werte:" wird ebenfalls mit „Erforderlich" angezeigt, dass eine Variable auszuwählen ist. Wir wählen die Variable ALT. Sobald die metrische Variable gewählt ist, wird in „Übersicht" die Auswertungsstatistik „Summe" ausgewiesen. Wir verändern diese in „Mittelwert". Die Registerkarte „Detailliert" mit den gewählten Variablen und Optionen entspricht nun Abb. 34.3. Mit Klicken auf „OK" wird die Grafik erzeugt (⇨ Abb. 34.2).

Paralleles Verwenden der Registerkarten „Basis" und „Detailliert". Auch wenn man beim Erstellen einer Grafik mit der Registerkarte „Basis" beginnt, kann man anschließend mit Hilfe der Registerkarte „Detailliert" weitere Spezifizierungen der Grafik vornehmen. Die auf der Registerkarte „Basis" gewählten Einstellungen hinsichtlich der Variable, der Auswertungsstatistik sowie des Grafiktyps werden synchron auf die Registerkarte „Detailliert" übertragen. Nach den gewählten Einstellungen auf der Registerkarte „Basis" hat die Registerkarte „Detailliert" also die in Abb. 34.3 zu sehenden Einstellungen.

Weiteres Spezifizieren auf der Registerkarte „Detailliert". Auf der Registerkarte „Detailliert" kann man weitere Spezifizierungen vornehmen.

Optionale Formatierung. Optionale Formatierungen (⇨ Abb. 34.3 rechts oben) erlauben es, die in einer Grafik dargestellten Daten zu gruppieren (zu untergliedern). Je nach Grafik, ist die Möglichkeit für Gruppierungen verschieden. So ist z.B. bei einer Darstellung von Häufigkeiten in einem Kreisdiagramm eine Gruppenbildung, z.B. nach Männern und Frauen, nicht möglich. Auf der Registerkarte „Detailliert" bleibt in diesem Fall das Feld „Optionale Formatierung" leer. Bei einem Streudiagramm andererseits gibt es fünf Gruppierungsoptionen, die unter „Optionale Formatierung" angeboten werden. Für „Farbe:", „Form:", „Größe:", „Transparenz:" sowie „Datenbeschriftung:" werden Dropdownlisten zur Auswahl von Variablen für Gruppierungen der Daten angeboten. Die Gruppenzugehörigkeit der Streupunkte im Streudiagramm werden je nach

Nutzung der Optionen durch verschiedene Farben, Formen, Größen bzw. dunkle bis helle Farbstufen (bei Transparenz) dargestellt.

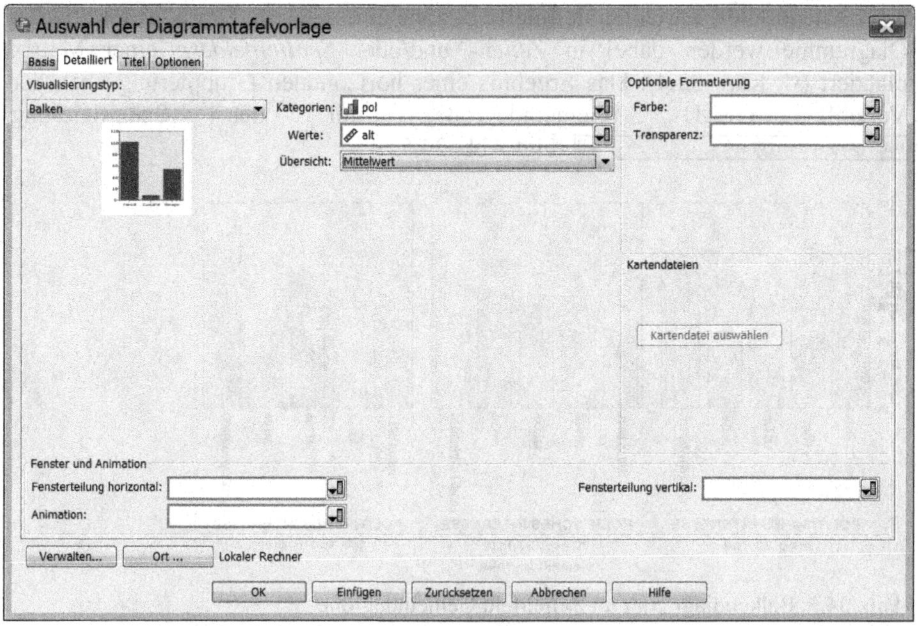

Abb. 34.3. Dialogbox „Auswahl der Diagrammtafelvorlage": Registerkarte „Detailliert"

In unserem Grafikbeispiel sind die Gruppierungsoptionen „Farbe" und Transparenz" verfügbar. Wir wollen für das Balkendiagramm nach dem Geschlecht der Befragten untergliedern. Dafür wählen wir in der Dropdownliste „Farbe" die Variable GESCHL (Farbe: geschl). Abb. 34.4 links zeigt die (leicht überarbeitete) Grafik. Die (leicht überarbeitete) Grafik mit der Spezifizierung  Transparenz: schul2 wird in Abb. 34.4 gezeigt.

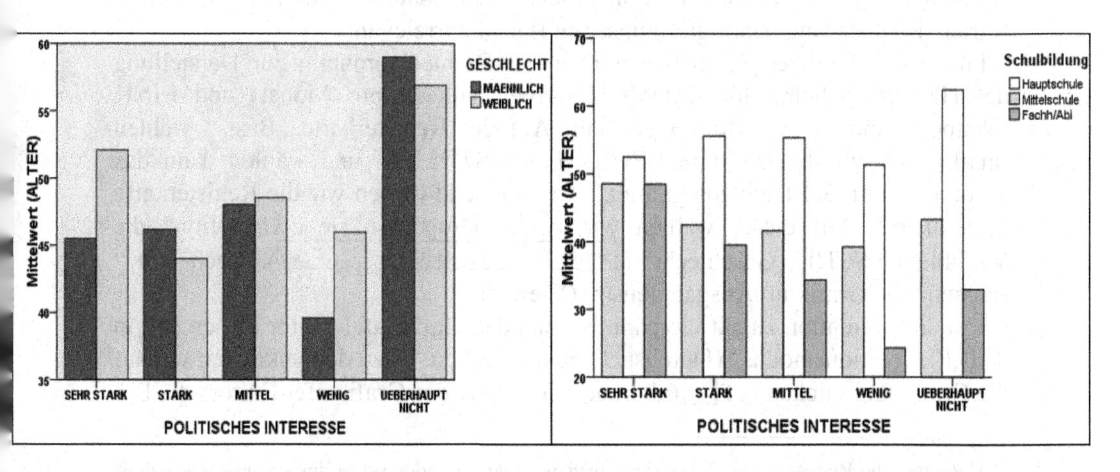

Abb. 34.4. Gruppiertes Balkendiagramm zum Zusammenhang von Alter und politisches Interesse

Fenster. Mit den Optionen „Fensterteilung horizontal:“ und/oder „Fensterteilung vertikal:“ kann man ebenfalls die Daten nach Gruppen untergliedern. Im Unterschied zur „Optimalen Formatierung“ wird jedoch für jede durch eine Kategorie einer kategorialen Variablen definierte Gruppe eine separate Grafik erstellt. Diese Diagramme werden dabei in *Zeilen-* und/oder *Spaltenfeldern* einer Matrix platziert (⇨ Kap. 32.4). Das Ergebnis einer horizontalen Gruppierung nach der Variable GEM1 (Gemeindegröße) mit der Spezifizierung Fensterteilung horizontal: gem1 zeigt Abb. 34.5.

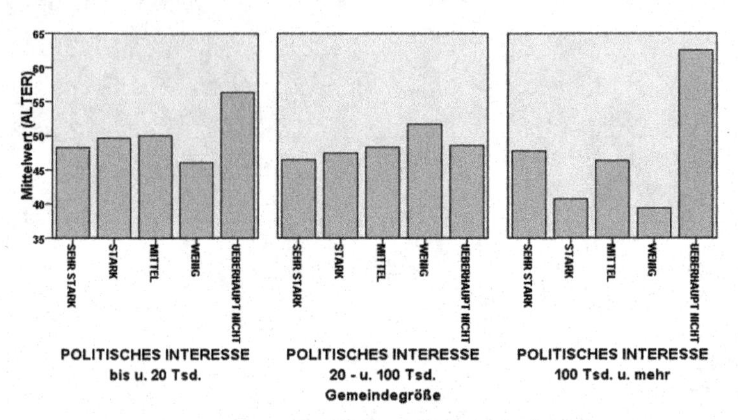

Abb. 34.5. Balkendiagramm im Zeilenfeld Gemeindegröße

Animation. Diese Option ermöglicht eine Gruppierung der Daten ähnlich wie bei Grafiken in Feldern: für jede durch Werte einer Variablen definierte Gruppe gibt es eine separate Grafik. Im Unterschied zu den Grafiken in Feldern wird aber jeweils immer nur für eine der Gruppen eine Grafik angezeigt. In der Animation kann man sich nun von der Grafik einer Gruppe zu der der nächsten begeben.

Als Gruppierungs(Animations-)variablen kann auch eine metrische Variable verwendet werden. Dann werden die Werte automatisch in Wertebereiche zusammengefasst.

Kartendateien. Wird zur Auswahl einer Kartendatei beim Erstellen einer Kartenvisualisierung benötigt. In unserem Beispiel irrelevant.

Für unser Demobeispiel haben wir ein 3D-Dichtediagranmm zur Darstellung der Häufigkeitsdichte für STDMON (Arbeitsstunden pro Monat) und EINK (Nettoeinkommen pro Monat) gewählt. Auf der Registerkarte „Basis“ wählen (markieren) wir die Variable EINKOM und STDMON und wählen dann das Symbol für ein 3D-Dichtediagramm.[2] Anschließend öffnen wir die Registerkarte „Detailliert“. Auf dieser wählen wir in der Dropdownliste „Animation“ die Variable GESCHL (Geschlecht) (Animation: geschl). Nach „OK“ erscheint die Grafik im Ausgabefenster (Viewer).

Um die Animation zu aktivieren muss man den Grafiktafel-Editor öffnen und in den „Explorationsmodus“ (Durchsuchemodus) gehen. Dazu doppelklicken wir auf die Grafik und klicken auf (alternativ: im Menü des Grafiktafel-Editors die Be-

[2] Alternativ: die Registerkarte „Detailliert“ öffnen, in der Dropdownliste links oben „3D-Dichte“ und in der Dropdownliste „X“ STDMON und in der für „Z“ EINK wählen.

fehlsfolge „Ansicht“, „Explorationsmodus“ wählen). Unterhalb der Grafik sieht man im Explorationsmodus die Schaltergruppe . Mit diesen Schaltern kann man die Animation steuern. Mit Klicken des rechten bzw. des linken Schalters geht man vorwärts bzw. rückwärts von einer Kategorie bzw. eines Wertebereich der Animationsvariable zur(m) nächsten. Je nach aktueller Kategorie (Wertebereich) wird die Grafik für diese Gruppierung angezeigt. Mit Klicken des mittleren Schalters werden die Werte der Animationsvariablen automatisch vom kleinsten zum größten durchlaufen und die dazugehörigen Grafiken für die jeweilige Gruppe angezeigt. Dadurch entsteht ein bewegtes Bild. Nochmaliges Klicken des mittleren Schalters stoppt die Animation.

In Abb. 34.6 ist links das 3D-Dichtediagramm für die Männer und rechts für die Frauen zu sehen.

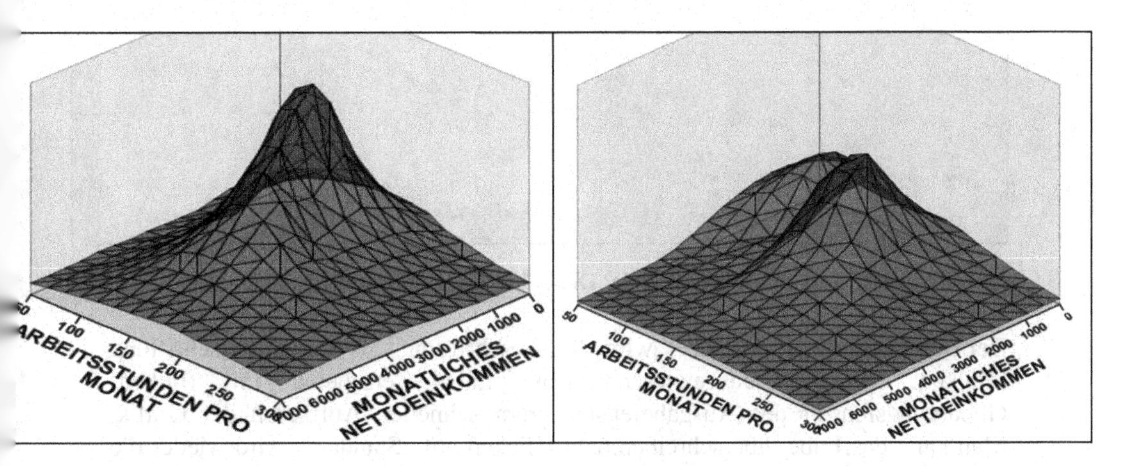

Abb. 34.6. 3D-Dichtediagramm: links für Männer, rechts für Frauen

Weiteres Spezifizieren auf der Registerkarte „Titel“. Nach Markieren des Optionsschalters „Benutzerdefinierte Titel verwenden“, kann man in die Eingabefelder für „Titel:“, „Untertitel:“ und „Fußnote:“ Texte eingeben.[3] „Zurücksetzen“ löscht die Texte. Die Texte werden auf alle nachfolgenden Grafiken angewendet.

Weiteres Spezifizieren auf der Registerkarte „Optionen“. Wir kommen hier auf unser Beispiel eines Balkendiagramms zur Darstellung des durchschnittlichen Alters für verschiedene Kategorien politischen Interesses, untergliedert nach dem Geschlecht, zurück (⇨ Abb. 34.4 links). Abb. 34.7 zeigt für dieses Beispiel die Registerkarte „Optionen“.

[3] Die Option „Standardtitel verwenden“ kann man nutzen, wenn in einer Grafikvorlage enthaltene Titel und Fußnoten verwendet werden sollen.

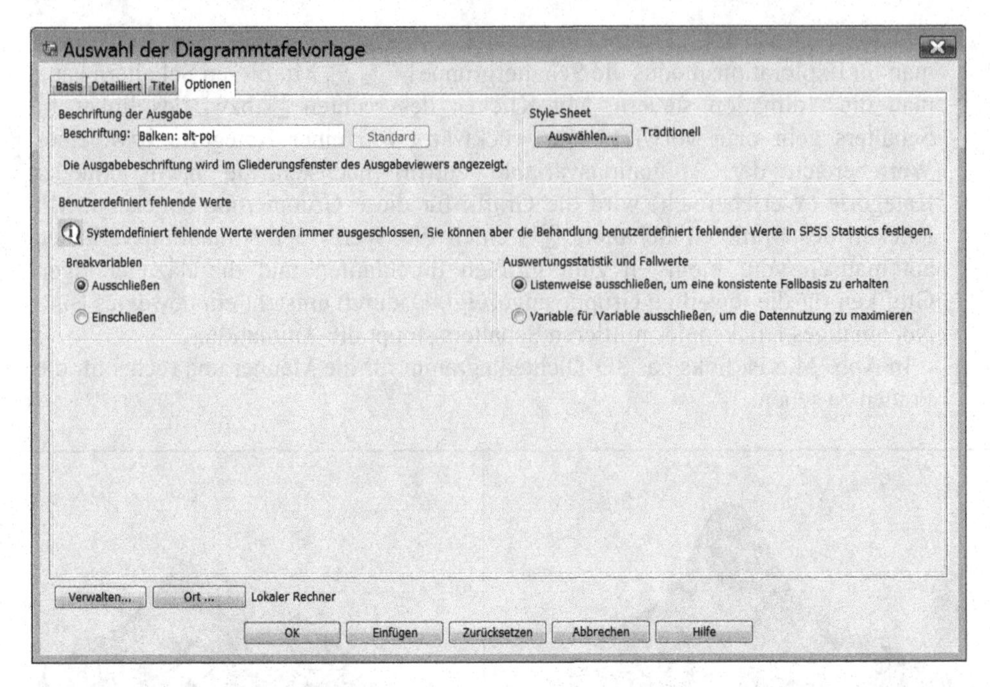

Abb. 34.7. Registerkarte „Optionen" der Dialogbox „Auswahl der Diagrammtafelvorlage"

Bei Beschriftung der Ausgabe" wird für „Beschriftung" als Standardbeschriftung „Balken: pol-alt" ausgewiesen. Das Label erscheint im (linken) Gliederungsfenster des Ausgabefensters zum schnellen Auffinden der Grafik. Man kann das Label überschreiben. Mit Klicken auf „Standard" wird wieder die Standardbeschriftung aktiviert.

Die Schaltfläche Auswählen... im Feld „Style-Sheet" öffnet die Dialogbox „Style-Sheet wählen" (⇨ Abb. 34.8). Im linken oberen Feld sind verschiedene Farbstile zur Auswahl verfügbar: „Blauer Mond", Karneval" etc.. Wählt man einen Farbstil, so wird für die unten auf der Registerkarte gezeigten Prototypen eines Balkendiagramms- und einer Landkarte die Farbgebung sichtbar (⇨ Abb. 34.8). Die Standardeinstellung für die Farbgebung ist „Traditionell".

Im Feld „Benutzerdefinierte fehlende Werte" kann man wählen wie diese in der Grafik behandelt werden sollen. Systemdefinierte fehlende Werte werden stets ausgeschlossen.

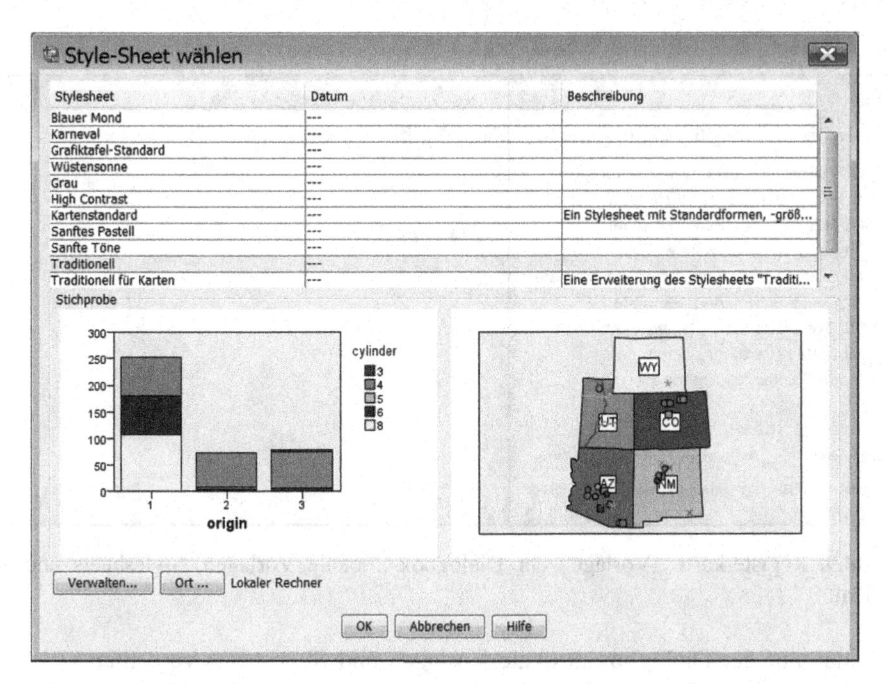

Abb. 34.8. Dialogbox „Style-Sheet wählen"

Break-Variablen. Hier kann man wählen ob fehlende Werte der Gruppierungsvariable ein- oder ausgeschlossen werden sollen.

Auswertungsstatistik und Fallwerte. Man kann hier aus den zwei Optionen wählen.

Schaltflächen Verwalten... **und** Ort... . Diese beiden Schaltflächen befinden sich auf allen Registerkarten der Dialogbox „Auswahl der Diagrammvorlage". Mit ihnen werden die lokal auf dem PC gehaltenen Grafikvorlagen sowie Grafikstilvorlagen gemanaged.

Verwalten. Klicken der Schaltfläche Verwalten... öffnet die Dialogbox „Lokale Vorlagen, Stylesheets und Karten verwalten". Bei aktiver Registerkarte „Vorlage" und Klicken der Schaltfläche ... importieren öffnet die Dialogbox „Öffnen" zum Importieren einer Grafikvorlage. Im Unterverzeichnis „template" des SPSS-Programmverzeichnisses sind einige Vorlagen gespeichert, die als Dateien angezeigt und gewählt werden können (⇨ Abb. 34.9 links). Durch Markieren und Klicken von Öffnen (hier beispielhaft: MI_pattern_frequency.viztemplate) werden sie als Symbol auf der Registerkarte „Lokale Vorlagen und Stylesheets verwalten" abgelegt (⇨ Abb. 34.9 rechts) und stehen dann auf den Registerkarten „Basis" bzw. „Detailliert" als Vorlage zur Verfügung. Mit ... importieren kann man von anderen Nutzern mit IBM SPSS Viz Designer erstellte Grafikvorlagen für die eigene Verwendung verfügbar machen.

Mit ... exportieren kann man eine auf der Registerkarte „Lokale Vorlagen und Stylesheets verwalten" als Symbol abgelegte Grafikvorlage in ein Verzeichnis auf dem PC verlagern. Mit Umbenennen... kann man einen anderen Namen vergeben und mit Löschen kann man die Verfügbarkeit der Grafikvorlage aufheben.

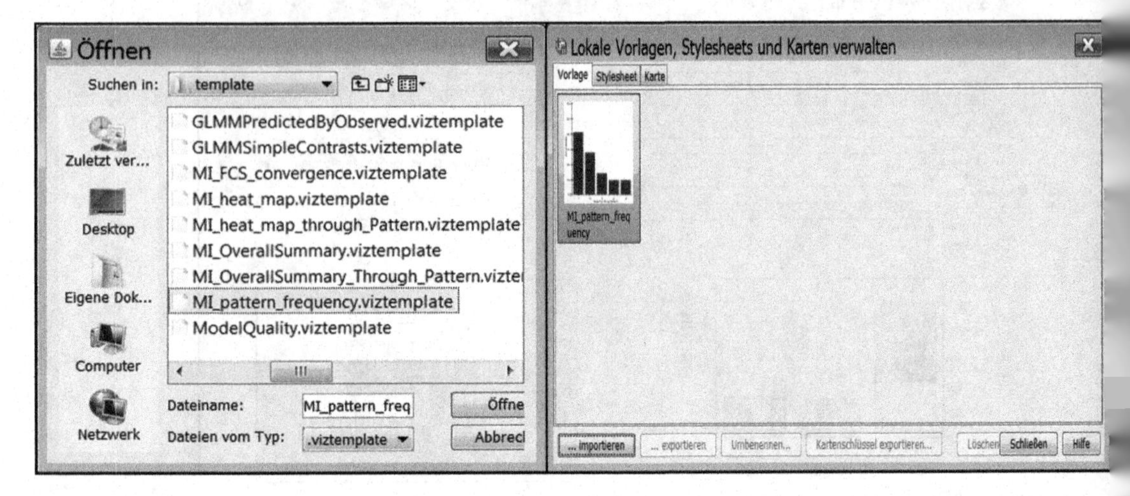

Abb. 34.9. Registerkarte „Vorlage" der Dialogbox „Lokale Vorlagen, Stylesheets und Karten verwalten"

Wählt man auf der Dialogbox „Lokale Vorlagen und Stylesheets verwalten" (⇨ Abb. 34.9 links) die Registerkarte „Stylesheet", so geschieht das Verwalten von Grafikstilvorlagen („…importieren", „...exportieren", „Umbenennen" und „Löschen") analog der Vorgehensweise für die Grafikvorlagen. Seit SPSS 21 sind Stilvorlagen für eine Farbgestaltung verfügbar (⇨ Weiteres Spezifizieren auf der Registerkarte „Optionen").

Ort. Klicken der Schaltfläche [Ort ...] bietet zwei Optionen hinsichtlich des Speicherorts der Grafikvorlagen und Grafikstilvorlagen: „Lokaler Rechner" und „Repository". „Repository" ist zentraler Speicherort in einem Unternehmen um Mitarbeitern einen gemeinsamen Zugriff auf Grafikvorlagen sowie Grafikstilvorlagen zu ermöglichen. Zur Nutzung bedarf es weiterer Komponenten (Predictive Enterprise Services sowie die Option Statistics Adapter).

34.2 Erstellen von geografischen Karten

34.3 Verfügbare Grafiken und Karten

34.4 Layout gestalten und Grafiken verändern

Diese drei Kapitel finden Sie in den „Ergänzungen" auf den Internetseiten zum Buch.

35 Verschiedenes

35.1 Drucken

Aus SPSS heraus ist es möglich, Inhalte von Ausgabefenstern, Syntaxfenstern, des Datenfensters, des Skriptfensters und von Grafikfenstern direkt auszudrucken. Auch der Inhalt von Hilfefenstern kann gedruckt werden. Gedruckt wird immer die Datei des aktiven Fensters.

SPSS für Windows bedient sich dabei der Druckerinstallationen von Windows. Deshalb muss zunächst unter Windows mindestens ein Drucker installiert sein. (Informieren Sie sich hierüber gegebenenfalls im Windows-Handbuch.) In den meisten Fällen wird man einen Drucker als Standarddrucker und einige weitere in Windows installieren und einrichten. Der Druckvorgang wird jeweils durch die Befehlsfolge „Datei", „Drucken" oder Anklicken des Drucksymbols gestartet. Danach vollzieht sich der Ablauf in den verschiedenen Fenstern etwas unterschiedlich. Im Skriptfenster wird der Druckbefehl ohne weitere Einstellungsmöglichkeiten direkt ausgeführt. Beim Drucken aus den anderen Fenstern erscheint eine Dialogbox, in der Sie den Drucker auswählen. Weiter kann die Zahl der ausgedruckten Exemplare bestimmt werden. Außerdem kann man festlegen, welcher Teil des Fensters ausgedruckt werden sollen. Im „Ausgabefenster stehen dazu die Optionsschalter „Alle angezeigten Ausgaben" bzw. „Alle" (zum Drucken der gesamten Datei, sofern Teile davon nicht ausgeblendet sind) und „Ausgewählte Ausgaben" bzw. „Auswahl" (nur markierter Output wird gedruckt) zur Verfügung.

Eine andere Möglichkeit besteht darin, sich mit der Befehlsfolge „Datei", „Seitenansicht" eine Vorschau auf das Druckergebnis anzeigen zu lassen und aus dieser den Ausdruck durch Anklicken der Schaltfläche „Drucken" zu starten. In der Seitenansicht kann man die Ausgabe vergrößert, verkleinert und zweiseitig betrachten.

35.2 Das Menü „Extras"

Im Menü „Extras" bietet SPSS eine Reihe (in den verschiedenen Fenstern leicht divergierende) Arbeitshilfen an. Der in Abb. 35.1 dargestellte Bildschirmausschnitt zeigt die Optionen, wie sie im Menü „Extras" des Ausgabe(Viewer)-Fensters erscheinen. Die drei Optionen, die sich auf „Autoskripts" beziehen und die Option „Hauptfenster" sind in anderen Fenstern nicht verfügbar. Im Dateneditor kommt dagegen die Option „Rechtschreibung" hinzu (nur aktiv bei Stringvariablen in der Datenansicht und den Spalten für Beschriftungen in der Variablenansicht).

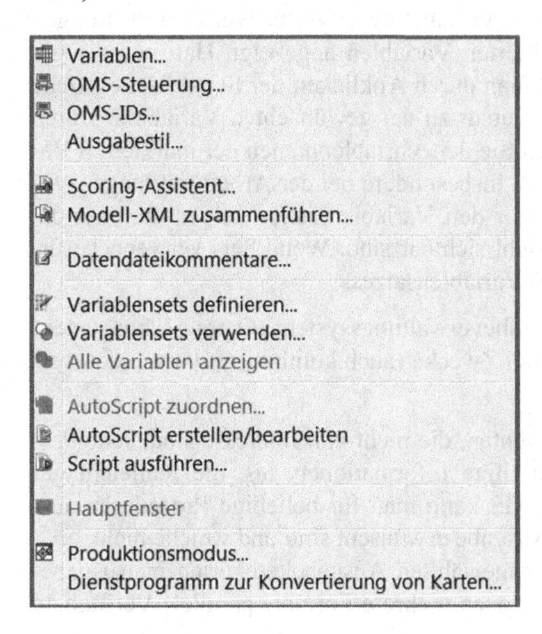

Abb. 35.1. Befehle im Menü Extras

Die Befehle sind, durch Querstriche getrennt, in Gruppen unterteilt. Hier werden nicht alle Optionen besprochen.

Variablen. Öffnet die in Abb. 35.2 dargestellte Dialogbox. (Dasselbe bewirkt das Anklicken von in der Symbolleiste.)

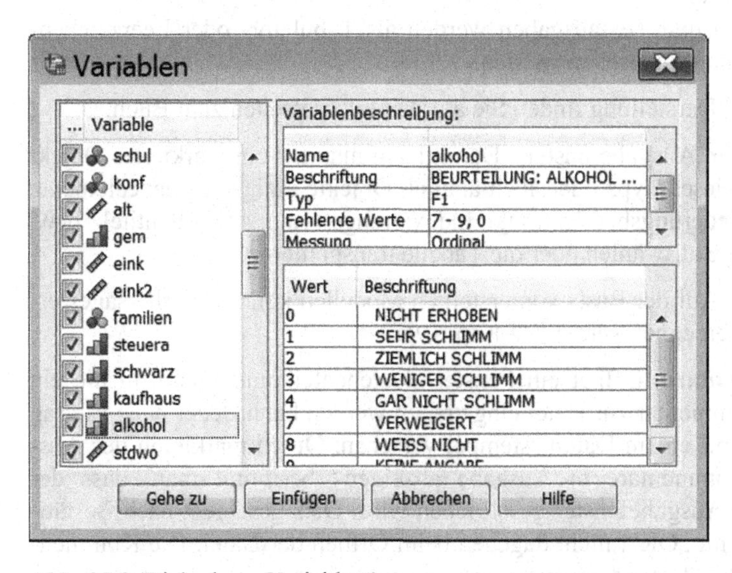

Abb. 35.2. Dialogbox „Variablen“

In dieser ist links die Liste aller Variablen des Datensatzes enthalten. Diese kann man in der üblichen Weise durchblättern. In der Gruppe „Variablenbeschreibung:“ werden Namen, Variablenbeschriftung, Variablentyp, Werte, Wertebeschriftungen und Missing-Werte der jeweils markierten Variablen angezeigt. Hat man die gewünschte Variable markiert, gelangt man durch Anklicken der Schaltfläche „Gehe zu“ im Datenfenster direkt mit dem Cursor zu der gewünschten Variablen. Durch Anklicken von „Einfügen“ übertragen Sie den Variablennamen der markierten Variablen in das Syntaxfenster. Beides ist insbesondere bei der Arbeit mit langen Variablenlisten nützlich. Die Häkchen vor den Variablennamen zeigen an, dass die Variablen in der gegenwärtigen Ansicht sichtbar sind. Wenn Sets verwendet werden, sind dies nur Teile des gesamten Variablensatzes.

OMS-Steuerung. SPSS hat ein Ausgabeverwaltungssystem (Output Management System, OMS). Dies kann für zweierlei Zwecke (auch kombiniert) verwendet werden:

- Bereinigen der Ausgabe von Elementen, die nicht von Interesse sind. Jede Prozedur gibt ja normalerweise vielfältige Informationen aus, die vielleicht gar nicht gewünscht sind. Mit dem OMS kann man für beliebige Prozeduren auswählen, welche Elemente in der Ausgabe erwünscht sind und welche nicht.
- Automatische Steuerung der so ausgewählten Ausgabekategorien in Ausgabedateien unterschiedlichen Formats (auch mehrere Formate parallel) Verfügbare Formate sind:
  - *SPSS-Datendateiformat (.sav).* Der Vorteil besteht darin, dass man die Ausgabe für weitere Anwendungen in SPSS nutzen kann.
  - *XML.* Modelle, Tabellen, Textausgaben und viele Diagramme können im XML-Format gespeichert werden.
  - *HTML.* Tabellen und Textausgaben werden im HTML-Format gespeichert, Standarddiagramme (nicht interaktive Diagramme) können als Bilddateien eingefügt werden.
  - *Text.* Tabellen und Textausgaben werden als Tabulator- oder Leerzeichengetrennter Text geschrieben werden.

Eine ausführlichere Darstellung finden Sie auf den Internetseiten zum Buch.

Ausgabestil. (nur im Ausgabefenster). Damit kann man für ein markiertes Objekt oder alle Objekte dieses Typs oder auch ähnlich Objekte einige Ausgabeelemente neu festlegen: Gliederungsbeschriftung, Indexierungsformat, Tabellentitel, bzw. eine Tabellenvorlage auswählen oder die Tabelle transponieren.

Scoring-Assistent. Auf der Basis von erstellten Modellen können Vorhersagewerte für neue Daten berechnet werden (⇨ Kap. 19).

Datendateikommentare. Öffnet ein Fenster „Datendateikommentare, in die ein beliebig langer Kommentar zur Datei eingetragen werden kann. Jeder neue Eintrag wird automatisch mit einem Datumsstempel versehen. Durch markieren des Auswahlkästchens „Kommentare in Ausgabe anzeigen“ bestimmt man, dass der Kommentar in das Ausgabefenster geschrieben wird. Dies geschieht nach Bestätigung der Eingabe mit „OK“, nicht dagegen beim Öffnen der Datei. Die Kommentare werden mit SPSS-Datendateien zusammen gespeichert.

(Variablen-)Sets definieren und verwenden. Die Optionen „Variablen-Sets definieren", „Variablen-Sets verwenden" und „Alle Variablen anzeigen" des Menüs „Extras" erleichtern den Umgang mit Dateien, die viele Variablen enthalten. Man kann damit festlegen, welche Variablen im Dateneditor und in den Quellvariablenlisten der Dialogboxen angezeigt werden (bis Version 15 gilt dies nur für die Quellvariablenlisten). Man wird damit übersichtliche Variablenlisten mit den Variablen zusammenstellen, die man für die jeweils anstehenden Analysen benötigt. (Eine detaillierte Darstellung finden Sie auf den Internetseiten zum Buch.)

Autoskript erstellen/bearbeiten (Nur im Ausgabefenster). Wenn Sie im Ausgabefenster ein Objekt markieren und im Menü „Extras" diese Option anwählen, öffnet sich der Skript-Editor mit dem zu diesem Objekt gehörigen Skript. Sie können dieses Skript bearbeiten oder ein neues erstellen.

Eine etwas ausführlichere Darstellung finden sie auf den Internetseiten zum Buchs.

Skript ausführen. Wenn Sie im Ausgabefenster ein Objekt markieren und in irgendeinem Fenster im Menü „Extras" diese Option anwählen, öffnet sich die Dialogbox „Skript ausführen", in der sie ein vorgefertigtes Skript auswählen und auf das ausgewählte Objekt anwenden können.

Eine etwas ausführlichere Darstellung finden sie auf den Internetseiten zum Buchs.

Hauptfenster. Nur in Syntax- und Ausgabefenstern vorhanden. Macht das „aktive" Syntax- oder Ausgabefenster zum Hauptfenster. (Ist nur aktiv, wenn das aktive Fenster nicht das Hauptfenster ist, die Ausgabe also normalerweise in ein anderes Fenster geleitet wird. Dieselbe Wirkung erreichen Sie durch Anklicken der Schaltfläche .)

Produktionsmodus. Für größere oder sich wiederholende Analysen kann es interessant sein, nicht mit Hilfe der Menüs oder des Syntaxfensters im sogenannten *Managermodus* zu arbeiten, sondern eine Stapeldatei von SPSS-Syntax-Befehlen aufzurufen und ablaufen zu lassen. Dazu arbeitet man im *Produktionsmodus.* Dort wird der Befehlsstapel ohne Kontrolle im Hintergrund abgearbeitet und das Ergebnis ausgegeben.

Für das Arbeiten im Produktionsmodus müssen Sie zunächst mindestens eine Befehlsdatei erstellen. Es ist gleichgültig, ob Sie das im Syntaxfenster von SPSS für Windows oder in einem Textverarbeitungsprogramm als ASCII-Datei durchführen. Die Befehle müssen in einer oder mehreren Syntaxdateien mit der Extension „SPS" gespeichert sein. Die Datei muss selbstverständlich in der ersten Befehlszeile eine Datendatei aufrufen.

In der Dialogbox „Produktionsmodus", die sich mit der Befehlsfolge „Extras" und „Produktionsmodus" geöffnet wird, können Sie dann bestimmen, welche Syntaxdateien abgearbeitet werden sollen und wo diese in welchem Format die Ergebnisse abgespeichert werden, bzw. dass sie gedruckt werden.

Eine ausführlichere Darstellung finden Sie in „Ergänzungen" auf den Internetseiten zum Buch.

Dienstprogramm zur Konvertierung von Karten. Damit können digitale geografische Karten, die im üblichen shape-Format vorliegen, in ein von SPSS genutztes Format (smz-Format) zum Erstellen von geografischen Karten konvertiert werden (⇨ Kap. 34.2 im Internet).

35.3 Menü „Erweiterungen“

Erweiterungen. Im Menü „Erweiterungen“ findet man über eine Internetverbindung einen komfortablen Zugang zu einer Sammlung von Programmerweiterungen in Form von SPSS-Syntax, R- oder Python-Programmen, die das Programmsystem um viele Analyse-, Dienst- und Grafikmöglichkeiten ergänzen (sie werden bundles genannt).

Klicken von „Erweiterungshub..“ öffnet die in Abb. 35.3 dargestellte Dialogbox „Erweiterungshub“ mit der Registerkarte „Untersuchen“. Hier kann man durch Klicken auf [Weitere Informationen...] sich über die Aufgabe einer gewählten Programmerweiterung informieren und durch Klicken von „Voraussetzungen“ über die Anforderungen für diese Anwendung. Auf der linken Seite der Dialogbox kann man durch Häkchen setzen vor angezeigten Programmerweiterungs-Kategorien und Klicken von [Anwenden] nach Programmerweiterungen suchen.

Um eine Programmerweiterung zu nutzen, wählt man diese aus und setzt ein Häkchen vor [✓ Erweiterung abrufen]. Nun wechselt man zur Registerkarte „Einstellungen“ und wählt dort die gewünschte Option. „Ausgewählte Erweiterungen herunterladen und installieren“ ist die Voreinstellung. Bei dieser Einstellung führt Klicken von OK und Akzeptieren der Lizenzvereinbarung zum Herunterladen und zur Installation.

Öffnet man die Registerkarte „Installiert“, werden die installierten Programmerweiterungen angezeigt. Klickt man hier auf [Weitere Informationen...], wird angezeigt, in welchem Menü die Programmerweiterung für die Nutzung zu finden ist. Hier kann man auch deinstallieren.

Der Befehle „Lokales Erweiterungsbundle installieren“ im Menü „Erweiterungen“ ermöglicht es, eine heruntergeladene, aber noch nicht installierte Erweiterung (die Datei hat Endung .spe), zu installieren.

„Dialogfelderstellung für Erweiterungen“ ermöglicht es, Dialogboxen für die Programmerweiterungen zu erstellen.

Extras. Merkwürdiger Weise enthält das Menü Erweiterungen ein Untermenü Extras, das früher unter Extras aufgeführte Menüpunkte beinhaltet.

- *Benutzerdefinierte Dialogfelder.* Zwei Optionen: Mit der ersten kann ein nutzerdefiniertes Dialogfeld erstellt für SPSS-Routinen in die Menüs eingefügt werden. Die zweite dient demselben Zweck, aber speziell zum Einbinden einer Programmerweiterung [einer Prozedur (bundles genannt)], die nicht Bestandteil des SPSS-Systems ist, sondern von Nutzern hauptsächlich in R oder Python programmiert wurde.
- *Erweiterungsbundles.* Mit zwei Optionen können Erweiterungsbundles erstellt und auch bearbeitet werden.

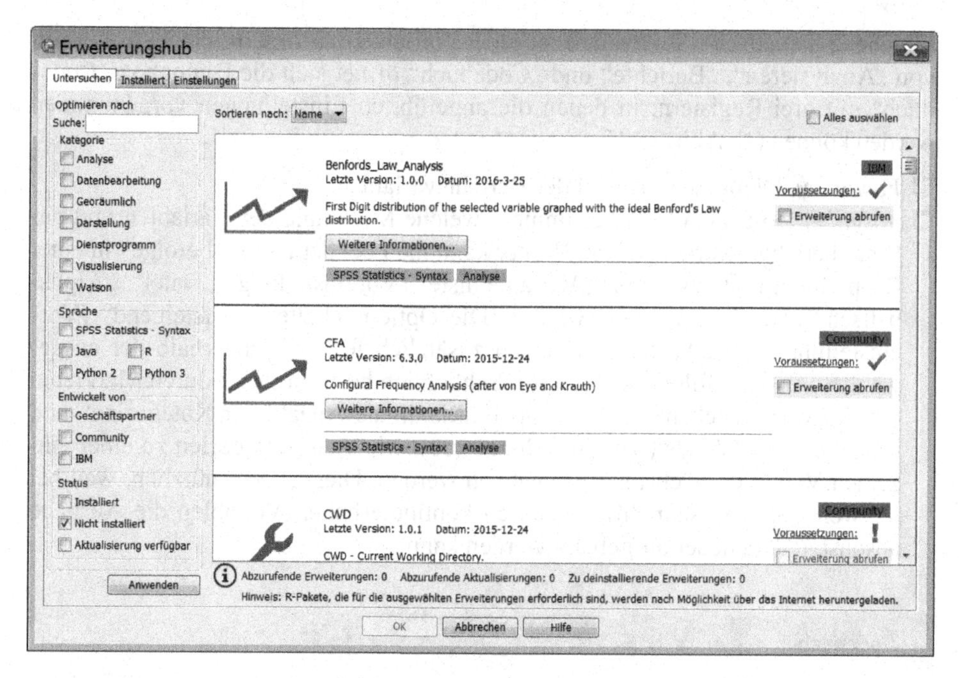

Abb. 35.3. Dialogbox „Erweiterungshub“

35.4 Datendatei-Informationen, Codebuch

Informationen über die in der Datei enthaltenen Variablen kann man auf verschiedene Weise erhalten, so im Menü „Extras“, „Variablen“. Die wichtigsten zwei Möglichkeiten finden sich aber im Untermenü „Datendatei-Informationen anzeigen“ des Menüs „Datei“ und im Untermenü „Codebuch“ von „Analysieren“, „Berichte“.

Datendatei-Informationen anzeigen. Beim Anklicken dieser Option im Menü „Datei“ wird ein Untermenü mit den Optionen „Arbeitsdatei“ und „Externe Datei“ geöffnet. Wählt man letzteres, werden in einem weiteren Auswahlfenster Pfad und Name der externen Datei eingegeben. Im „Ausgabefenster“ erscheinen zwei Tabellen.

Unter der Überschrift „Variablenbeschreibung“ wird eine vollständige Liste der Variablen mit den dazugehörigen Informationen wie Name, Variablenbeschriftung, Druck- und Schreibformat und fehlende Werte ausgegeben.

Die zweite Tabelle mit der Überschrift „Variablenwerte“ zeigt für alle Variablen neben dem Namen Werte und Wertebeschriftungen an. (eine detailliertere Darstellung finden Sie auf der Internetseite zum Buch)

Codebuch. Das Untermenü „Codebuch“ im Menü „Analysieren“, „Berichte“ erfüllt eine ähnliche Funktion. Allerdings sind hier zahlreiche Gestaltungsmöglichkeiten gegeben. So kann man diejenigen Variablen auswählen, für die man die Informationen wünscht, weiter kann man bestimmen welche Variablen- und Dateiinformationen in welcher Anordnung ausgegeben werden. Schließlich kann man verschiedene statistische Maßzahlen zu jeder Variablen anfordern. Nach Anklicken von „Analysieren“, „Berichte“ und „Codebuch“ öffnet sich die Dialogbox „Codebuch“ mit drei Registern, in denen die angeführten Einstellungen vorgenommen werden können (⇨ Abb. 35.4).

❒ *Variablen.* Dient zur Auswahl der Berichtsvariablen.

❒ *Ausgabe.* Dort kann man bestimmen, welche Merkmale der Variablen und der Datei berichtet werden sollen. Weiter kann man bei der „Ausgabefolge“ in einer Drop-Down Liste zwischen „Variablenliste“ (Voreinstellung), „Datei“, „Alphabetisch“ und „Messniveau“ wählen. Die Optionsschalter „Aufsteigend“ (Voreinstellung) und „Absteigend“ legen zusätzlich fest, wie innerhalb der ausgewählten Ausgabefolge sortiert wird. Schließlich bestimmt man durch Markieren des Auswahlkästchens in der Gruppe „Maximale Anzahl der Kategorien“ und Eingabe eines Wertes (Voreinstellung: 200), wie viele Kategorien zu einer einzelnen Variablen höchstens ausgegeben werden. Dies ist sehr nützlich, weil bei Verwendung von sehr differenzierten kontinuierlichen Variablen die Ausgabe ansonsten ungeheuer aufgebläht werden kann.

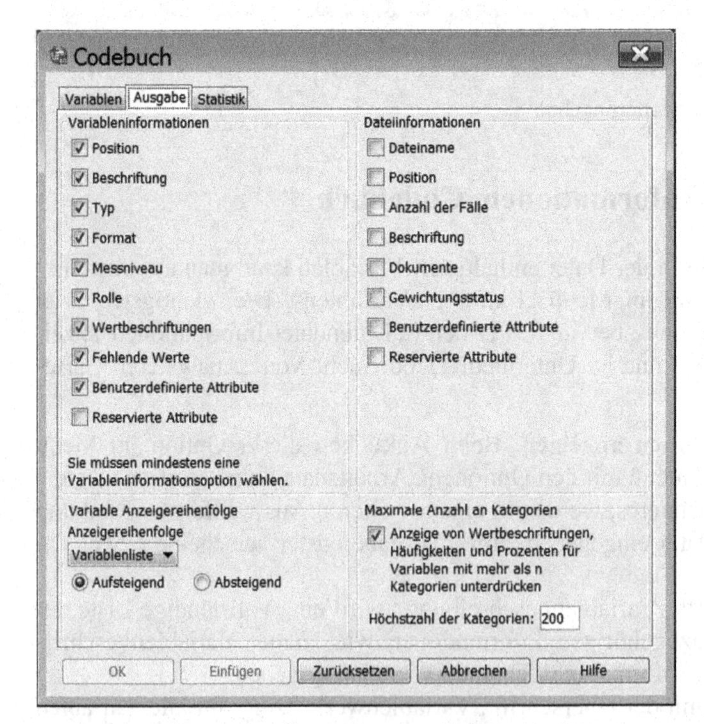

Abb. 35.4. Dialogbox „Codebuch“, Register „Ausgabe“

❒ *Statistik.* Auf diesem Registerblatt kann man wählen, welche statistischen Maßzahlen bei jeder Variablen mit ausgegeben werden. Hier macht sich die richtige Einstellung des Messniveaus im Register „Variablenansicht“ des Dateneditors bezahlt. Je nach Datenniveau stehen unterschiedliche Statistiken zur Verfügung. Für nominal- und ordinalskalierte Daten kann man „Häufigkeiten“

und/oder „Prozente“ markieren, für metrische Variablen „Mittelwerte“, „Standardabweichung“ und „Quartile“. (Voreingestellt sind alle.) Das Programm erkennt aufgrund der Angaben in der Variablenansicht das Messniveau und wählt die richtigen Statistiken aus. Eine detaillierte Darstellung finden Sie auf den Internetseiten zum Buch.

35.5 Anpassen von Menüs und Symbolleisten

In SPSS ist es möglich, Menüs und Symbolleisten nach eigenen Wünschen umzugestalten. Bei den Menüs heißt dies, neue Menüs oder Optionen einfügen (Befehlsfolge“ Ansicht” und “Menü-Editor...”). Den Symbolleisten können neue Symbole hinzugefügt werden. Es ist auch möglich zu bestimmen, in welchen Fenstern die Leisten angezeigt werden sollen. Schließlich können gänzlich neue Symbolleisten erstellt werden. (Befehlsfolge “Ansicht”, „Symbolleisten“ und „Anpassen”).

Eine ausführlichere Darstellung finden Sie auf den Internetseiten zum Buch.

35.6 Ändern der Arbeitsumgebung im Menü „Optionen“

Mit SPSS arbeiten Sie in einer bestimmten Arbeitsumgebung, die Sie teilweise gestalten können. Das betrifft zunächst die allgemeine Arbeitsumgebung, z.B. die Reihenfolge der Variablen in den Quellvariablenlisten, die Führung der Protokolldatei, die Anordnung der Fenster nach der Ausführung eines Befehls. Vor allem aber wird die Gestalt der verschiedenen Ausgaben beeinflusst, die Gestaltung der Ausgabe der Pivot-Tabellen, der Diagramme etc.

Diese Einstellungen können geändert werden. Wählen Sie dazu „Bearbeiten“, „Optionen...“. Es öffnet sich die Dialogbox „Optionen“ (⇨ Abb. 35.5). Sie enthält verschiedene Register. Auf jeder der Registerkarten können für einen speziellen Bereich Einstellungen verändert werden. Wir erläutern hier nur einige ausgewählte Einstellmöglichkeiten, die uns besonders wichtig erscheinen, und die auch bei den Beispielen im Buch verwendet wurden. (Eine detaillierte Darstellung finden Sie auf der Internetseite zum Buch)

Register „Allgemein“. Hier können Sie jetzt die Arbeitsumgebung nach Ihren Wünschen gestalten.

❒ *Variablenlisten.* In dieser Gruppe bestimmen Sie zweierlei:

- *Anzeigeform in der Quellvariablenliste.* Entweder werden dort die je nach Auswahl des Optionsschalters Namen der Variablen oder die Variablenbeschriftungen (Voreinstellung) angezeigt. Ersteres ist übersichtlicher, letzteres bei nichtssagenden Variablennamen informativer. Wir benutzen in der Regel die Einstellung „Namen“.
- *Variablensortierung in der Quellvariablenliste.* Variablen können in den Qellvariablenlisten der Dialogboxen entweder alphabetisch (Optionsschalter „Alphabetisch“, Voreinstellung) oder in der Reihenfolge, in der die Variablen in die Datei eingegeben wurden („Datei“) oder nach „Messniveau“ sortiert sein. Ersteres wird man bei langen unübersichtlichen Listen bevorzugen,

die zweite Option, wenn in kürzeren Dateien die Eingabesortierung eine sinnvolle Orientierung ermöglicht. Wir verwenden gewöhnlich „Datei“.

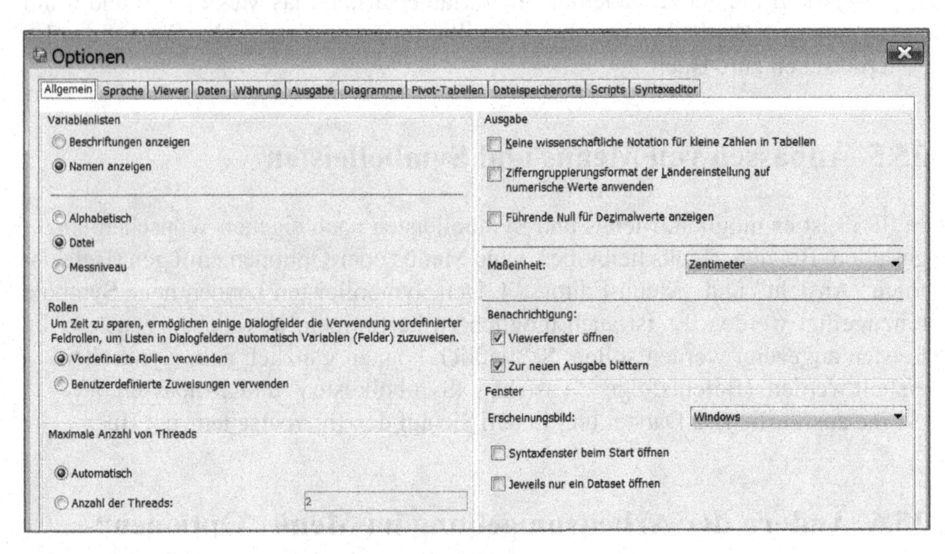

Abb. 35.5. Dialogbox „Optionen“ mit geöffnetem Register „Allgemein“

❒ **Register „Sprache“.** SPSS wird mehrsprachig ausgeliefert. In diesem Register kann man in einer Drop-Down Liste die gewünschte Sprache für die Ausgabe und die Benutzerschnittstelle auswählen. Voreinstellung ist Bei Auslieferung in Deutschland deutsch. Ist das nicht der Fall, wird man hier umstellen.

Register „Daten“.

❒ *Optionen für Transformieren und zusammenfügen.* In dieser Gruppe bestimmen Sie, ob Datentransformationen sofort ausgeführt werden („Werte sofort berechnen“) oder erst dann, wenn eine Operation gestartet wird, die diese benötigt („Werte vor Verwendung berechnen“).

❒ *Anzeigeformat für neue numerische Variablen.* In dieser Gruppe bestimmen Sie die Voreinstellung für die Anzeige neuer numerischer Variablen.

❒ Jahrhundertbereich für 2-stellige Jahreszahlen. Mit diesem Bereich reagiert SPSS auf das bekannte Problem mit der Jahrtausendwende. Man kann hier festlegen, wie zweistellige Jahreszahlen ergänzt werden sollen.

Register „Währung“ (⇨Abb. 3.2). In diesem Register kann man bis zu fünf Währungsformate definieren. Diese werden unter den in der Box links oben angezeigten Formatbezeichnungen „CCA“ (bedeutet Custom Currency A), „CCB“ usw. gespeichert.

Die dort definierten Währungsformate stehen für die Definition von Variablen im Register „Variablenansicht“ des “Daten-Editors“, Spalte „Typ“ zur Verfügung. Sie können dann durch Anklicken der Schaltfläche in der Spalte „Typ“ die Dialogbox „Variablentyp definieren“ öffnen und dort „Spezielle Währungen“ anwählen. Darauf öffnet sich eine Auswahlliste, aus der sie das erstellte Format zuweisen können.

Register „Viewer". Hier werden grundlegende Formatierungen des Ausgabenfensters festgelegt, u.a.

- *Anfänglicher Ausgabestatus.* In dieser Gruppe finden sich links 10 Symbole, die alle für die Ausgabe bestimmten bezeichnen. Diese können durch Anklicken des jeweiligen Symbols ausgewählt werden. Das ausgewählte Element wird in Feld „Objekt" angezeigt. Die Auswahl kann auch aus einer Liste erfolgen, die sich beim Anklicken des Pfeils neben dem Feld „Objekt" öffnet. Objekte sind: Log, Warnungen, Anmerkungen, Titel, Seitentitel, Pivot-Tabelle, Diagramm, Textausgabe, Baummodell und Modellanzeige. Für jeden dieser Objekttypen kann durch Anklicken des entsprechenden Optionsschalters festgelegt werden, ob Objekte dieses Typs nach Beendigung eines Laufs im Ausgabefenster angezeigt werden („Eingeblendet") oder nicht („Ausgeblendet"). Voreingestellt ist – mit Ausnahme von „Anmerkung" – eingeblendet. Dass ein Objekt ausgeblendet ist, heißt jedoch nicht, dass es im Lauf nicht erstellt wurde. Es wird nur nicht angezeigt. Im Ausgabefenster selbst kann es jederzeit eingeblendet werden. Außer für Log- kann auch die Ausrichtung („Linksbündig", „Zentriert" oder „Rechtsbündig") festgelegt werden (Voreinstellung: „Linksbündig").
- *Befehle im Log anzeigen.* Klickt man dieses Kontrollkästchen an, bewirkt das, dass vor dem Ergebnis einer Operation die Befehlssyntax dieser Operation angezeigt wird. Man kann diese z.B. dann verwenden, um eine Syntaxdatei zu erstellen.

Register „Beschriftung der Ausgabe". Hier wird festgelegt, wie Variablen bzw. Variablenwerte bei der Beschriftung der Ausgabe verwendet werden.

- *Variablen.* Für die Variablen kann man sich entweder den „Namen" oder die „Beschriftungen" oder aber beides („Namen und Beschriftungen") ausgeben lassen.
- *Werte.* Für die Werte kann man entweder die „Wert" oder die „Beschriftungen" oder beides („Werte und Beschriftungen") anzeigen lassen.
  Damit kann man die Lesbarkeit und den äußeren Eindruck der Tabellen und Überschriften nach Wunsch gestalten.
  - *Gliederungsbeschriftung.* In der oberen Gruppe legt man das für Objekte, insbesondere die Gliederungsansicht im linken Fenster des Ausgabefenster (Viewers) fest.
  - *Beschriftung für Pivot-Tabellen.* Die untere Gruppe dagegen bestimmt, wie Variablen und Werte bei der Beschriftung der Tabellen selbst verwendet werden.

Register „Pivot-Tabellen". In diesem Register werden weitere Eigenschaften der Pivot-Tabellen festgelegt.

- *Tabellenvorlage.* SPSS gibt per Voreinstellung den Pivot-Tabellen eine bestimmte Form. Diese kann später durch Bearbeitung verändert werden. U.a. ist das dadurch möglich, dass man eine der zahlreichen von SPSS mitgelieferten „Tabellenvorlagen" auswählt. Im Register „Pivot-Tabellen" können sie eine dieser mitgelieferten Tabellenansichten zur Standardansicht erklären. In der Gruppe „Tabellenvorlage" werden die verfügbaren Ansichten angezeigt.

Im Ausgabefenster (Viewer) kann man solche Standardtabellenvorlagen nach eigenen Wünschen überarbeiten und unter neuem Namen der Liste hinzufügen, evtl. auch in einem anderen Verzeichnis speichern (⇨ Kap. 4.1.5). Auch diese können als Tabellenvorlage benutzt werden.

Register „Diagramme".

❒ *Diagrammvorlage*. Generell kann man in diesem Register einige Merkmale der durch SPSS-Prozeduren erzeugten Diagramme festlegen. Man kann aber auch bestimmen, ob diese tatsächlich Verwendung finden oder durch eine andere, mitgelieferte Vorlage ersetzt werden.

Register „Dateispeicherstellen". Dort stellt man u.a. ein, aus welchen Ordnern die Dateien geöffnet bzw. wohin sie gespeichert werden sollen und ob eine Journaldatei erstellt werden soll. ‚In dieser werden die Syntaxbefehle einer Sitzung festgehalten und können später weiterverwendet werden.

Register „Skripts". Hier wird eingestellt, welche Datei die „globalen Prozeduren enthält", welche die „Autoskripts" enthält und welche davon aktiviert werden sollen.

35.7 SPSS-Ausgaben in andere Anwendungen übernehmen

Es gibt zwei Möglichkeiten, Objekte der SPSS-Ausgabe in eine andere Anwendung zu übernehmen:

❒ Kopieren und Einfügen die Zwischenablage (Clipboard) (⇨ Kap. 35.7.1 und 35.7.2).
❒ Als Datei exportieren (⇨ Kap. 35.7.3).

35.7.1 Übernehmen in ein Textprogramm (z.B. Word für Windows)

Tabellenoutput und Diagramme können Sie über die Zwischenablage von Windows entweder Text oder als Grafik (jeweils in verschiedenen Formaten) in ein Textverarbeitungsprogramm übertragen. Je nach Textverarbeitungsprogramm stehen zum Einfügen evtl. verschiedene Formate zur Verfügung. Wir beschreiben hier die Formate von Word für Windows (Version 97-2003, in der neusten Version reicht „Einfügen").

❒ **Einfügen**. Sie markieren einen Text, eine Tabelle oder ein Diagramm und übertragen das Objekt mit "Bearbeiten", "Kopieren" in die Windows-Zwischenablage. Sie fügen dort das Objekt mit der Befehlsfolge „Bearbeiten", „Einfügen" in die Datei ein. Es entsteht da ein weiter editierbarerText.

❒ **Inhalte einfügen**. Sie verfahren wie beschrieben. Beim Einfügen wählen Sie aber die Option „Inhalte einfügen". Es öffnet sich eine Dialogbox „Inhalte als Grafik einfügen". Texte können Sie dort in drei Textformaten einfügen (als formatierten Text/RTF, als unformatierten Text und als unformatierten Unicode Text). Tabellen können zusätzlich als Metadatei oder erweiterte Metadatei (beides Grafikdateien) eingefügt werden. Für das Einfügen der Diagramme stehen verschiedene Grafikformate zur Verfügung. In Word für Windows der angegebenen Version sind dies „Grafik“, „Bitmap“, „Geräteunabhängige Bitmap“, „Bild (Erweiterte Metadatei)“, „Bild (Erweiterte Metadatei)“ Bild(PNG) und Bild(JPEG). Wählen Sie eines der Formate aus. Die Bilder können in der Regel in Größe und Format geändert werden.

- **Übernehmen mehrerer Objekte zur gleichen Zeit.** Es können auch mehrere Objekte auf einmal übertragen werden. Dazu markieren Sie alle gewünschten Objekte im Gliederungsfenster wählen „Bearbeiten“, „Kopieren“. Damit übertragen Sie alle markierten Objekte in die Windows-Zwischenablage. Im Textverarbeitungsprogramm setzen Sie den Cursor auf die Einfügestelle und wählen „Einfügen“. Die Objekte werden im unter „Einfügen“ geschilderten Format Übernommen. Grafikobjekte und andere Objekte können nicht gemeinsam übertragen werden.

35.7.2 Übernehmen in ein Tabellenkalkulationsprogramm

Das Vorgehen beim Kopieren von Tabellen und Grafiken ist dasselbe, wie beim Textverarbeitungsprogramm beschrieben. Die zum Einfügen verfügbaren Formate hängen z.T. vom benutzten Tabellenkalkulationsprogramm ab.

35.7.3 Ausgabe exportieren

Befindet man sich im Ausgabefenster, steht im Menü „Datei“ die zusätzliche Option „Exportieren…“ zur Wahl. Damit ist es möglich auf einem weiteren Weg Objekte der Ausgabe von SPSS in andere Programme zu übertragen. Anders als beim Kopieren werden die Ausgabeobjekte nicht in eine bestehende Datei des anderen Programms eingefügt, sondern es wird eine Datei im Format des Exportprogramms erzeugt. Tabellen usw. werden auch so weit möglich in dieses Format übertragen. Beachten Sie aber die Einschränkungen, die dabei auftreten.

In der Dialogbox „Ausgabe exportieren“ (Abb. 35.6) gilt es eine Reihe von Einstellungen vorzunehmen.

Im Auswahlfeld „Zu exportierende Objekte“ bestimmt man, was im Einzelnen exportiert werden soll.

- *Alle.* Exportiert alle Objekte, auch unsichtbar geschaltete.
- *Alle sichtbaren.* Dasselbe, aber ohne die unsichtbar geschalteten. (⇨ Kap. 4.1.2).
- *Ausgewählt.* Nur markierte Objekte werden exportiert (⇨ Kap. 4.1.2).

Im Bereich „Dokument wird festgelegt, in welches Ausgabeformat exportiert wird und welche der für dieses Ausgabeformat verfügbaren Optionen genutzt werden.

Typ. Exportmöglichkeiten bestehen zu den im Folgenden erläuterten Formaten und den sie nutzenden Programmen. Zu bedenken ist dabei, dass einige dieser Programme keine Diagramme darstellen können. Die anderen stellen diese nicht im ihrem eigenen Format dar, sondern betten sie ein, sofern sie in einem geeigneten Bildformat vorliegen. Ist dies der Fall kann man im Unterdialogfenster „Optionen“ in einer Auswahlliste aus den verfügbaren Bilddateitypen das gewünschte auswählen. Dort können auch formatabhängig weitere Optionen eingestellt werden. An Formaten stehen zur Verfügung:

❐ **Word/RTF** (*.doc). Pivot-Tabellen werden mit sämtlichen Formatierungsattributen wie Zellenrahmen, Schriftarten, Hintergrundfarben usw. als Word-Tabellen exportiert. Textausgaben werden als formatierter RTF-Text exportiert. Textausgaben in SPSS werden immer mit einem nicht proportionalen Zeichensatz (mit festem Abstand) angezeigt und mit denselben Schriftartenattributen exportiert. Für die richtige Ausrichtung von durch Leerzeichen getrennten Textausgaben ist ein nicht proportionaler Zeichensatz (mit festem Abstand) erforderlich. Diagramme werden als PNG-Dateien eingebettet.

❐ **HTML** (*.htm). Pivot-Tabellen werden als HTML-Tabellen exportiert. Textausgaben werden als vorformatierter HTML-Text exportiert. Diagramme werden im eingestellten Bildformat in die HTML-Datei eingebettet. Man muss sie in einem geeigneten Format exportieren (z. B. PNG oder JPEG). Zusätzlich wird für jedes einzelne Diagramm eine eigene Datei im ausgewählten Bildformat erstellt.

❐ **Text** (*.txt). Es gibt drei verschiedene Varianten von Textdatei-Export (einfacher Text, UTF-8 und UTF-16). Pivot-Tabellen können als durch Tabulatoren getrennter Text oder als durch Leerzeichen getrennter Text exportiert werden (welche von den beiden Möglichkeiten benutzt werden soll und weitere Optionen legt man bei Bestimmung der Optionen fest). Alle Textausgaben werden in durch Leerzeichen getrenntem Format exportiert. Diagramme können nicht eingebettet werden. Sie werden jedes in eine eigene Datei des aktuell eingestellten Bildformats exportiert.

❐ **Excel** (*.xls). (97-2005, 2007 und höher, 2007 und höher, Makro-aktiviert). Die Zeilen, Spalten und Zellen von Pivot-Tabellen werden mit sämtlichen Formatierungsattributen wie Zellenrahmen, Schriftarten, Hintergrundfarben usw. als Excel-Zeilen, -Spalten und -Zellen exportiert. Textausgaben werden mit allen Schriftartattributen exportiert. Jede Zeile in der Textausgabe entspricht einer Zeile in der Excel-Datei, wobei der gesamte Inhalt der Zeile in einer einzelnen Zelle enthalten ist. Diagramme werden im PNG-Format aufgenommen. *Hinweis:* Da Excel für alle Tabellen eine einheitliche Spaltenbreite verwendet, kommen beim Übertragen unterschiedlicher Tabellenformate sehr unbefriedigende Ergebnisse zustande. Verwenden Sie diese Exportmöglichkeit am besten nur bei einheitlichem Tabellenformat.

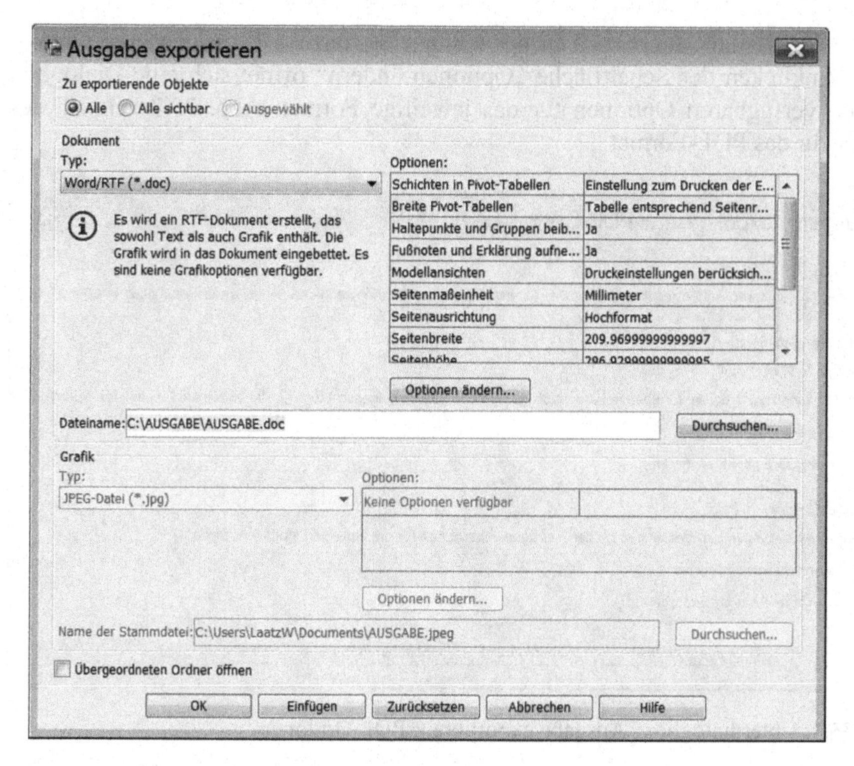

Abb. 35.6. Dialogbox „Ausgabe exportieren“

- ❒ **PowerPoint** (*.ppt). Pivot-Tabellen werden als Word-Dateien exportiert und auf separaten Folien in der PowerPoint-Datei eingebettet (je eine Pivot-Tabelle auf einer Folie). Sämtliche Formatierungsattribute der Pivot-Tabelle (z. B. Zellenrahmen, Schriftarten, Hintergrundfarben usw.) werden beibehalten. Textausgaben werden als formatierter RTF-Text exportiert. Textausgaben in SPSS werden immer mit einem nicht proportionalen Zeichensatz (mit festem Abstand) angezeigt und mit denselben Schriftartenattributen exportiert. Für die richtige Ausrichtung von durch Leerzeichen getrennten Textausgaben ist ein nicht proportionaler Zeichensatz (mit festem Abstand) erforderlich. Diagramme werden im TIFF-Format mit exportiert.
- ❒ **Ohne (nur Grafiken).** Es werden nur die Grafiken, also keine Tabellen und kein Text exportiert. Es kann zwischen folgenden Formaten gewählt werden: EPS, JPEG, TIFF, PNG und BMP. Unter Windows-Betriebssystemen ist außerdem das Format EMF (Enhanced Metafile, erweiterte Metadatei) verfügbar.
- ❒ **Portable Document Format** (*.pdf). Alle Ausgaben werden so exportiert, wie sie in der Druckvorschau/Seitenansicht angezeigt werden. Alle Formatierungsattribute bleiben erhalten. Hier gelten einige Besonderheiten. Das Gliederungsfenster des Ausgabe(Viewer)-Dokuments wird in der PDF-Datei in Lesezeichen konvertiert, um die Navigation zu erleichtern, falls die in den Optionen entsprechend eingestellt ist. Diagramme werden als Metadateien eingebettet.

Optionen. Für das jeweils angewählte Ausgabeformat sind auf der rechten Seite im Feld „Optionen“ in der linken Spalte die Merkmale angegeben, für die Optionen zur Verfügung stehen und in der rechten die dazu z.Z. ausgewählte Option. Durch Anklicken der Schaltfläche „Optionen ändern" öffnet sich eine Dialogbox mit den verfügbaren Optionen für das jeweilige Format. Abb. 35.7 zeigt dieses Fenster für das PDF-Format.

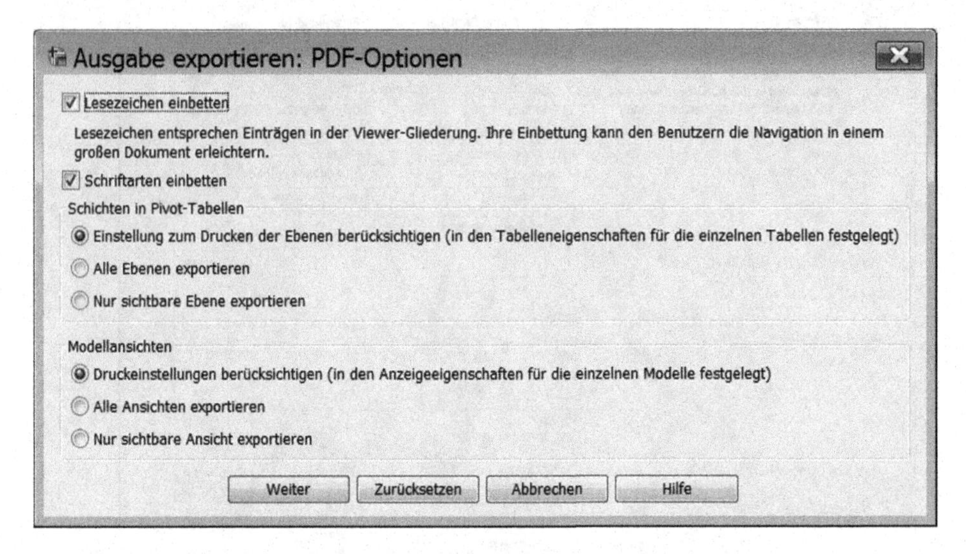

Abb. 35.7. Unterdialogbox„ Ausgabe exportieren: PDF-Optionen"

Hier gelten bei PDF-Dateien einige Besonderheiten. Das Gliederungsfenster des Ausgabe(Viewer)-Dokuments wird in der PDF-Datei in Lesezeichen konvertiert, um die Navigation zu erleichtern, falls die in den Optionen entsprechend eingestellt ist. Diagramme werden als Metadateien eingebettet.

In der Dialogbox Optionen findet man u.a. folgende Voreinstellungen: „Lesezeichen sind eingebettet", wodurch die Navigation im Gliederungsfenster ermöglicht wird, „Schriftarten sind einbettet", wodurch die Originalschrift erhalten bleibt (kann allerdings bei asiatischen Zeichen erheblichen Speicherplatz erfordern). Im letzten Falle kann man wählen, ob nur im Dokument verwendete Schriftzeichen oder alle eingebettet werden sollen. Bei Pivot-Tabellen kann entschieden werden, ob alle Schichten oder nur sichtbare Schichten exportiert werden bzw. die Einstellungen zum Drucken benutzt werden (Dies sind Merkmale, die im Ausgabe(Viewer)-Fenster mit Hilfe der Befehlsfolge „Datei", „Seite einrichten" festgelegt werden. Sie betreffen Merkmale wie Größe der Seite, hoch- bzw. Querformat und die Größe der Seitenränder). Weitere Ergänzungen sind mit der Befehlsfolge „Datei", „Seitenattribute" möglich. Sie betreffen Überschriften, Diagrammgröße und Abstand der Objekte. Eine PDF-Datei zu erstellen bedeutet praktisch, in eine Datei hinein zu drucken. Deshalb ist auch die Druckereinstellung von Bedeutung. Entscheidend ist die Auflösung des aktuellen Druckers. Wenn Sie in der Dialogbox „Seite einrichten" die Optionsschaltfläche „Drucker" anklicken, öffnet sich eine Dialogbox, in der sie den Drucker auswählen und je nach Druckertyp einige Einstellungen verändern können). Schließlich gibt es noch spezielle Optionsschalter, die den Export von Pivot-Tabellen steuern. Man kann entscheiden, ob in der

Tabelle selbst festgelegte Einstellungen zum Drucken der Ebene benutzt werden, ob alle Ebenen gedruckt oder ob nur sichtbare Ebenen gedruckt werden.

Grafik. Für alle Formate, die andere als eigene Diagrammtypen zulassen wird im Feld Grafik der Grafik-Typ ausgewählt. Diagramme lassen sich in folgende *Bilddateiformate* exportieren: JPEG (JPG), EMF-File (EMF), PNG, Postscript (EPS), Tagged Image File (TIFF), Windows Bitmap (BMP). Alle stehen aber nur dann zur Verfügung, wenn im Auswahlfenster „Export" die Option „Nur Diagramme" markiert ist. Welche zur Verfügung stehen hängt ansonsten vom ausgewählten Programm ab. Im Feld Grafik können wie beim Dokumenttyp die Optionen für den jeweiligen Grafiktyp geändert werden.

Dateiname. Im Feld „Dateiname:" legt man fest, in welches Verzeichnis und unter welchem Namen die Ausgabe exportiert werden soll.

35.8 Arbeiten mit mehreren Datenquellen

Es ist möglich, mehrere Dateneditorfenster gleichzeitig zu öffnen. Darin können dann mehrere verschiedene Dateien oder auch mehrmals die gleiche Datei geladen werden. Die zuletzt geladene Datei ist zunächst die Arbeitsdatei. Man kann zwischen den Dateien leicht wechseln, indem Sie auf eine beliebige Stelle im Fenster "Daten-Editor" der gewünschten Datenquelle klicken oder das Fenster "Daten-Editor" für diese Datenquelle aus dem Menü "Fenster" auswählen. Dadurch wird die ausgewählte Datei zur Arbeitsdatei. Alle Dateien bleiben geöffnet, bis sie ausdrücklich geschlossen werden. Beim Schließen der letzten *Datendatei verlassen Sie SPSS.*

Die Möglichkeit mehrere Dateien parallel zu öffnen, erleichtert viele Arbeiten. Es ist möglich, die Dateien schnell zu vergleichen, insbesondere erleichtert es aber das Kopieren und Übertragen von Daten und/oder Variablendefinitionen zwischen den Dateien. Damit ist auch das Zusammenführen von Dateien möglich, selbst wenn diese zunächst in unterschiedlichem Format (Tabellenkalkulationsblatt, Datenbankdatei etc.) vorliegen und nicht als SPSS-Datei gespeichert werden sollen. Oftmals führt dieser Weg einfacher und schneller zum Ziel als alternative Wege (Kopieren von Variablendefinitionen in der Variablenansicht des Dateneditors oder im Untermenü „Daten" „Variableneigenschaften definieren" bzw. „Dateneigenschaften kopieren" [Kap. 3.2], oder das Zusammenfügen von Dateien im Untermenü „Daten", „Dateien zusammenfügen" [Kap. 7.2], die aber insgesamt flexibler sind). *Hinweis:* Die im Folgenden geschilderten Funktionen des Arbeitens mit mehreren geöffneten Datenblättern benötigen sehr viel Platz im Arbeitsspeicher und viel Zeit. Für große Dateien sind sie nicht geeignet.

Die drei Hauptfunktionen sind:

- ❒ Übertragen von Variablendefinitionen
- ❒ Kopieren und Einfügen von Werten
- ❒ Kopieren und Einfügen von Werten und Variablendefinitionen

Diese Funktionen werden auf den Internetseiten zum Buch mit Beispielen erläutert.

36 Exakte Tests

Einführung. Exakte Tests können für die nichtparametrische Tests genutzt werden: Beim Chi-Quadrat-Unabhängigkeitstests im Zusammenhang mit Kreuztabellen (⇨ Kap. 10.3) und den weiteren in Kap. 30 behandelten nichtparametrischen Tests.

Sowohl der Chi-Quadratunabhängigkeitstests als auch die anderen nichtparametrische Tests verwenden mit wenigen Ausnahmen als Prüfverteilung für die aus empirischen Daten zu berechnende Prüfgröße (auch Teststatistik genannt) theoretischen Verteilungen wie die Chi-Quadratverteilung oder die Standardnormalverteilung . Bei diesem Vorgehen handelt es sich um Approximationen: die Prüfgröße entspricht annähernd einer theoretischen Verteilung. Dabei gilt: je größer der Stichprobenumfang n ist, umso besser ist die Approximation. Man spricht daher auch von asymptotischen Tests (⇨ Kap. 13.1)

Für den Chi-Quadratunabhängigkeitstest z.B. (⇨ Kap. 10.3) muss für die Approximation gewährleistet sein, dass der Stichprobenumfang nicht zu klein ist. Weiterhin muss eine „ausgewogene" Stichprobe vorliegen, d.h. die Zellenbesetzungen dürfen in allen Zellen der Kreuztabelle nicht zu klein und auch nicht konzentriert verteilt sein. Da diese Voraussetzungen in der empirischen Praxis nicht immer erfüllt sind, führt eine Anwendung asymptotischer Prüfverteilungen eventuell zu einem falschen Ergebnis, d. h. zur falschen Hypothesen-Entscheidung. Daher wird zur Anwendung von exakten Tests geraten.

Auch die anderen nichtparametrischen Tests in Kap. 30 stützen sich meist auf asymptotisch gültige theoretische Testverteilungen (Prüfverteilungen) für die Prüfgrößen und man führt insofern asymptotische Tests durch. Daher besteht das Risiko, dass bei kleinen Stichprobenumfängen fehlerhaft entschieden wird. Auch zu viele Bindungen (ties) sind problematisch für asymptotische Tests.

Will man Fehler hinsichtlich der Hypothesenentscheidung vermeiden, so muss man bei kleinen und/oder unausgewogenen Stichproben exakte Tests durchführen. Auch bei exakten Tests werden die in Kapitel 13.1 dargestellten Schritte durchgeführt. Aber im Unterschied zu oben stützt man sich bei den Testverteilungen nicht auf bekannte theoretische Verteilungen, sondern es werden die Wahrscheinlichkeitsverteilungen der Prüfgrößen eigens für die Datenkonstellation einer vorliegenden Stichprobe berechnet. Am auf Kreuztabellen basierenden Chi-Quadrat-Unabhängigkeitstest mit der Prüfgröße χ^2 (⇨ Gleichung 10.2) soll dieses beispielhaft erläutert werden. Im ersten Schritt wird die Prüfgröße χ^2 für alle denkbar möglichen Kreuztabellen berechnet, die die gleiche Zeilen- und Spaltenanzahl und die gleichen Randsummenhäufigkeiten haben wie die als Stichprobe vorliegende empirische Kreuztabelle. Im nächsten Schritt werden alle Tabellen identifiziert, deren

Prüfgröße χ^2 gleich bzw. größer ist als die der vorliegenden empirischen Tabelle. Die Häufigkeiten dieser Tabellen reflektieren noch stärkere Abweichungen von der H_0-Hypothese als die der empirischen Tabelle. Für jede dieser so bestimmten Tabellen wird dann die (hypergeometrische) Wahrscheinlichkeit ihres Auftretens berechnet. Die exakte Wahrscheinlichkeit P ergibt sich als Summe dieser Einzelwahrscheinlichkeiten. P ist also die Wahrscheinlichkeit, dass bei Geltung von H_0 der empirisch berechnete bzw. ein höherer Prüfgrößenwert zustande kommt. P wird - wie auch bei den asymptotischen Tests - mit dem Signifikanzniveau α verglichen. Bei $P > \alpha$ entscheidet man sich für die Hypothese H_0 und bei $P < \alpha$ für H_1.

Für die exakte Berechnung von P muss das auf das Basismodul aufsetzende Ergänzungsmodul „Exact Tests" installiert sein. Eine Ausnahme besteht für die in Tabelle 36.1 aufgeführten Datenkonstellationen. Bei diesen werden auch ohne das Modul „Exact Tests" exakte Test berechnet.

Die Berechnung der P-Werte ist rechenaufwendig. Im Fall eines Chi-Quadrat-unabhängigkeitstests bei einer z.B. 5*6-Tabelle hat man es mit ca. 1,6 Millionen verschiedenen Tabellen mit gleichen Randverteilungen wie die der vorliegende empirische Tabelle zu tun.

Bei sehr großen Kreuztabellen (viele Spalten und Zeilen) und bei relativ hohen Stichprobenumfängen ist die Berechnung der Prüfgrößenverteilung sowie der Wahrscheinlichkeit P für die Prüfgröße trotz der Verwendung spezieller Algorithmen im Modul Exact Tests sowohl aus Speicherplatz- als auch Rechenzeitgründen nicht möglich. SPSS bietet daher neben den asymptotischen Tests und der exakten Berechnung von P auch eine unverzerrte Schätzung des exakten Wertes von P mit Hilfe des Monte-Carlo-Verfahrens an. Bei diesem zweiten Verfahren exakter Tests werden aus der Verteilung der Prüfgröße – wie oben beschrieben - zufällig eine Anzahl von Prüfgrößen (z.B. 10000) ausgewählt und die dadurch entstehende Wahrscheinlichkeitsverteilung der Prüfgröße wird zur Grundlage für die Berechnung eines Schätzwertes von P genommen. Dabei geht man dann analog wie oben beschrieben vor. Ergänzend wird für den geschätzten Wahrscheinlichkeitswert von P ein Konfidenzintervall ermittelt. Für das Konfidenzintervall kann ein Sicherheitsniveau gewählt werden (z.B. 99 %). Wenn man das durch die berechneten Grenzen ermittelte Konfidenzintervalls als zu breit beurteilt, so kann man es durch Erhöhen der Anzahl der Stichproben (z.B. von 10000 auf 20000) verkleinern. Dafür muss man zwar eine höhere Rechenzeit in Kauf nehmen, gewinnt aber an Sicherheit für die Hypothesenentscheidung im Vergleich zum asymptotischen Test.

Unter bestimmten Bedingungen werden bei Anfordern des Monte Carlo-Verfahrens tatsächlich exakte P-Werte ausgegeben. In Tabelle 36.1 wird dafür eine Übersicht gegeben.

Für Stichprobenumfänge ≤ 30 und 3*3-Kreuztabellen bzw. kleiner ist eine exakte Berechnung von P einigermaßen schnell möglich. Bei 2*2-Tabellen darf der Stichprobenumfang sogar bis zu 100000 groß sein. Falls SPSS aus Gründen mangelnden Speicherplatzes das exakte P nicht berechnen kann, bricht die Prozedur ab. Dann sollte man das Monte Carlo-Verfahren einsetzen. Unter Umständen kann der Zeitbedarf zur Berechnung von P sehr hoch sein. Mit der Befehlsfolge „Datei", „Prozessor anhalten" kann man einen Berechnungsprozess abbrechen, um dann das Monte Carlo-Verfahren einzusetzen.

Tabelle 36.1. Bedingungen für die Ausgabe von exakten Tests

Test	SPSS-Prozedur	Bedingung
Binomial	Nichtparametr. Tests	stets exakt
Fisher's exakt	Kreuztabellen	2*2-Tabelle
Likelihood-ratio	Kreuztabellen	2*2-Tabelle
Linear-by-Linear A.	Kreuztabellen	2*2-Tabelle
McNemar	Nichtparametr. Tests	stets exakt
Median	Nichtparametr. Tests	k =2, n ≤ 30
Pearson Chi-Quadrat	Kreuztabellen	2*2-Tabelle
Sign	Nichtparametr. Tests	n ≤ 25
Wald-Wolfowitz	Nichtparametr. Tests	n ≤ 30

Ein Anwendungsbeispiel. Anhand eines Beispiels soll die Vorgehensweise näher erläutert werden. Mit Hilfe des Chi-Quadrat-Unabhängigkeitstests (⇨ Kap. 10.3) soll geprüft werden, ob der für alle Altersgruppen signifikante Zusammenhang zwischen dem politischen Interesse (POL) und dem Geschlecht eines Befragten (GESCHL) auch für die Altersgruppe der 18-30jährigen besteht (Datei ALLBUS90.SAV). Die Beschränkung der Auswertung auf die Altersgruppe geschieht über die Befehlsfolge „Daten", „Fälle auswählen" (ALT2 = 1). Gemäß der in Kapitel 10.1 und 10.3 beschriebenen Vorgehensweise wird dann die Dialogbox „Kreuztabellen" aufgerufen und es werden die Variablen GESCHL und POL als Zeilen- bzw. Spaltenvariable übertragen (⇨ Abb. 36.1). Danach wird nach Klicken der Schaltfläche „Statistik..." in der Dialogbox „Kreuztabellen: Statistik" „Chi-Quadrat" gewählt. Um neben den asymptotischen Test auch einen exakten Test anzufordern, wird jetzt die Schaltfläche „Exakt..." geklickt. Es öffnet sich die in Abb. 36.2 dargestellte Dialogbox „Exakte Tests".

Man kann nun zwischen „Nur asymptotisch", „Monte Carlo" und „Exakt" wählen. „Nur asymptotisch" (Standardeinstellung) entspricht den Ergebnissen, die man bei einem Verzicht auf Durchführung von exakten Tests erhält.

Bei Wahl von „Exakt" kann eine obere Zeitgrenze für den Test angegeben werden. Die Zeitgrenze ist standardmäßig auf 5 Minuten festgelegt und kann erhöht oder verringert werden.

Bei der Wahl von „Monte Carlo" ist standardmäßig eine Zufallsauswahl von 10000 Stichproben aus der Verteilung der Prüfgröße festgelegt. Man kann die Anzahl der Stichproben verkleinern oder bis auf 1 Millionen erhöhen. Eine höhere Anzahl von Stichproben erhöht die Güte des Schätzwertes von P, verkleinert die Breite des ausgegebenen Konfidenzintervalls, benötigt aber mehr Rechenzeit. Mit der Ausgabe eines unverzerrten Schätzwertes für den exakten P-Wertes wird auch ein Konfidenzintervall für diesen P-Wert angegeben. Standardmäßig wird ein 99 %-Konfidenzintervall berechnet. Durch Überschreiben kann dieses wunschgemäß zwischen 0,01 und 99,9 verändert werden. Das Monte Carlo-Verfahren stützt sich auf den Zufallsgenerator von SPSS. Wenn man das Ergebnis der Monte Carlo-Schätzung wiederholen möchte, so muss man jeweils vorher in der Dialogbox „Zufallsgenerator", die man mit der Befehlsfolge „Transformieren", „Zufallszahlengeneratoren..." aufruft, einen Startwert des Zufallsgenerators festlegen bzw. bestätigen (⇨ Kap. 7.4.2). Andernfalls erhält man für den Schätzwert von P und das zugehörige Konfidenzintervall andere Ergebnisse.

In Tabelle 36.2 ist das Ergebnis der Kreuztabellierung mit den Chi-Quadrattest-Ergebnissen dargestellt. In einer Warnmeldung wird angezeigt, dass 60 % der Zellen der Kreuztabelle eine erwartete Häufigkeit kleiner 5 haben. Damit wird eine Bedingung (aber nur in Form einer Faustformel) für die Zuverlässigkeit des asymptotischen Chi-Quadrat-Tests verletzt (⇨ Kap. 10.3 und 30.2.2). Ein exakter Test ist daher angebracht. Für den asymptotischen Chi-Quadrattest wird ein (zweiseitiger) P-Wert von 0,133 ausgewiesen. Legt man das Signifikanzniveau für den Test auf $\alpha = 0{,}05$ (= 5 %) fest, so wird wegen $0{,}133 > 0{,}05$ die Hypothese H_0 (kein Zusammenhang) angenommen. Auch der exakte Test kommt mit $P = 0{,}123$ (zweiseitig) zum gleichen Testergebnis. In diesem Beispiel kommt der asymptotische Test trotz Verletzung der Anwendungsbedingungen zum gleichen Ergebnis wie der exakte Test. In Kapitel 30.3.2 wird in einem Beispiel für den Kolmogorov-Smirnov Z-Test deutlich, dass sich Ergebnisse der exakten Tests von denen der asymptotischen unterscheiden können.

Wendet man den Chi-Quadratunabhängigkeitstest an, so werden in der SPSS-Ausgabe die Ergebnisse weiterer Tests zur Prüfung auf Unabhängigkeit bereit gestellt. Neben dem Chi-Quadratunabhängigkeitstest nach Pearson werden auch der Likelihood Quotienten Test (likelihood ratio test) und der Exakte Test nach Fisher angeboten (⇨ Kap. 10.3). Der Exakte Test nach dem Berechnungsverfahren von Fisher ist nur für 2*2-Tabellen möglich und wird dann entsprechend berechnet. Im Fall von mehr als zwei Zeilen bzw. Spalten einer Tabelle wird die Berechnung nach Freeman-Hallman in Erweiterung des Ansatzes von Fischer angewendet, das Ergebnis wird in der Ausgabe auch „Exakter Test nach Fischer" genannt. (⇨ Tabelle 36.2). Diese drei Tests prüfen für zwei kategoriale Variablen ob sie voneinander unabhängig sind. Für diese drei Tests werden jeweils der empirische Wert der Prüfgröße („Wert"), die Anzahl der Freiheitsgrade (degrees of freedom „df") sowie mit „Asymptotische Signifikanz (zweiseitig)" bzw. „Exakte Signifikanz (zweiseitig)" die P-Werte für die asymptotischen und exakten Tests aufgeführt. Zur Frage, welchen der drei exakten Tests man bevorzugen sollte, gibt es wohl noch kein abschließendes Urteil. In Simulationsstudien haben Lydersen u.a.[1] herausgearbeitet, dass der exakte Chi-Quadrattest nach Pearson und der exakte Test nach Fischer gleichwertig und gegenüber dem exakten Likelihood Quotienten Test vorzuziehen seien. Allerdings haben sie sich bei ihren Simulationsrechnungen wegen des großen Rechenaufwands vorwiegend auf 3*2-Tabellen und bestimmte Randsummen- sowie Parameterkonstellationen beschränkt.

Ergänzt wird die Ausgabe für die drei exakten Tests zur Prüfung auf Unabhängigkeit zweier kategorialer Variable durch einen vierten, in der SPSS-Ausgabe „Zusammenhang linear-mit-linear" genannt (linear-by-linear association test). Es handelt sich dabei um einen speziellen Anwendungsfall. Voraussetzung für den Test ist, dass beide Variablen der Kreuztabelle ordinalskaliert sind. Man kann mit diesem Test prüfen, ob ein positiver oder ein negativer Trend im Zusammenhang der Variablen besteht (Hypothese H_1). Liegt ein Trend im Zusammenhang der bei-

[1] Lydersen u.a. (2007).

den Variablen vor, so ist der „Zusammenhang linear-mit-linear"-Test im Vergleich zu den drei Tests für nominalskalierte Variable trennschärfer und ist daher besser geeignet auf einen Zusammenhang zu prüfen (⇨ Kap. 10.3).

Der „Zusammenhang linear-mit-linear"-Test ist eine Alternative zum nichtparametrischen Test nach Jonckeheere-Terpstra (⇨ Kap. 30.4.4). Ein Vorteil des Tests im Vergleich zu dem nach Jonckheere-Terpstra ist, dass die Ränge der Variablenwerte gewichtet werden können. Für z.B. eine Variable zur Erfassung der Wirkung einer Medikamentdosierung mit den drei Variablenwerten 1 = gering, 2 = moderat und 3 = stark kann z.B. eine Gewichtung mit 1 = gering, 2 = moderat und 5 = stark verwendet werden wenn man davon ausgeht, dass der Abstand von stark und moderat wesentlich größer ist als der von gering und moderat.

Wegen der spezifischen Anwendung ist für den Hypothesentest auch eine einseitige Betrachtung möglich, da der Zusammenhang der Variablen in zwei Richtungen (mit größerem Variablenwert steigt oder sinkt die Häufigkeit) wirken kann („Exakte Signifikanz" einseitig").

Des Weiteren wird die genaue Wahrscheinlichkeit für das Eintreffen der empirischen Prüfgröße für die vorliegende Kreuztabelle ausgegeben. Diese wird Punktwahrscheinlichkeit genannt. Mit Ausgabe der Punktwahrscheinlichkeit wird sichtbar, dass im Unterschied zur stetigen Chi-Quadratverteilung zur Verwendung für asymptotische Tests es sich bei der Verteilung der Prüfgröße bei exakten Tests um berechnete diskrete Wahrscheinlichkeitsverteilungen handelt. Die Höhe der Punktwahrscheinlichkeit kann als ein Maß für die Diskretheit der exakten Verteilung der Prüfgröße gesehen werden. Bei kleinen Tabellen mit kleinem Stichprobenumfang gibt es nur eine relativ kleine Anzahl von Tabellen mit gleichen Randsummen wie die vorliegende Kreuztabelle. Dann gibt es in der Wahrscheinlichkeitsverteilung der Prüfwerte nur relativ wenige Werte und entsprechend hoch sind die Wahrscheinlichkeiten der Prüfwerte.

Von manchen Statistikern wird für exakte Tests auf Unabhängigkeit empfohlen, eine von Lancester vorgeschlagene Korrektur durchzuführen. Dabei wird die Hälfte der Punktwahrscheinlichkeit von dem berechneten exakten P-Wert abgezogen und für die Hypothesenentscheidung wird diese Differenz (im angelsächsischen mid-p-value genannt) mit dem α-Wert zu verglichen. Mit dieser Vorgehensweise möchte man konservatives Testen einschränken. An einem fiktiven Bespiel soll dies erklärt werden. Hat z.B. der empirische Prüfgrößenwert in der diskreten Prüfverteilung einen P-Wert von 0,035 so wird bei einem Signifikanzniveau von α = 0,05 die Hypothese H_0 abgelehnt. Nun sei angenommen, dass der nächstkleinere Prüfgrößenwert in der diskreten Wahrscheinlichkeitsverteilung einen P-Wert in Höhe von 0,055 habe. Dann ist α = 0,05 nicht der tatsächliche Fehler 1. Art (eine wahre Hypothese wird abgelehnt obwohl sie richtig ist). Dieser hat nämlich eine Höhe von 0,035. Weil es in der Prüfverteilung keinen P-Wert zwischen 0,035 und 0,05 gibt, wird das nominelle Signifikanzniveau α nicht erreicht. Obwohl man nominell einen Fehler 1. Art in Höhe von 0,05 vorgibt, beträgt er tatsächlich nur 0,035. Der tatsächliche Fehler 1. Art ist also kleiner als der nominell vorgegebene. Insofern ist das Testverhalten konservativ: mit dem tatsächlich kleineren Signifikanzniveau wird die Annahme von H_0 begünstigt.

Von Agresti wird zur Einschränkung des konservativen Testens empfohlen, den mid-p-Wert und den P-Wert der empirischen Prüfgröße (Test-Statistik) auszuweisen.[2]

Von SPSS wird die Punktwahrscheinlichkeit nur für die nichtparametrischen Tests nach Kruskal-Wallis und Jonckheere-Terpsta sowie den Test Zusammenhang linear-mit- linear bereitgestellt. Daher kann der mid-p-Wert auch nur für diese Tests berechnet werden.

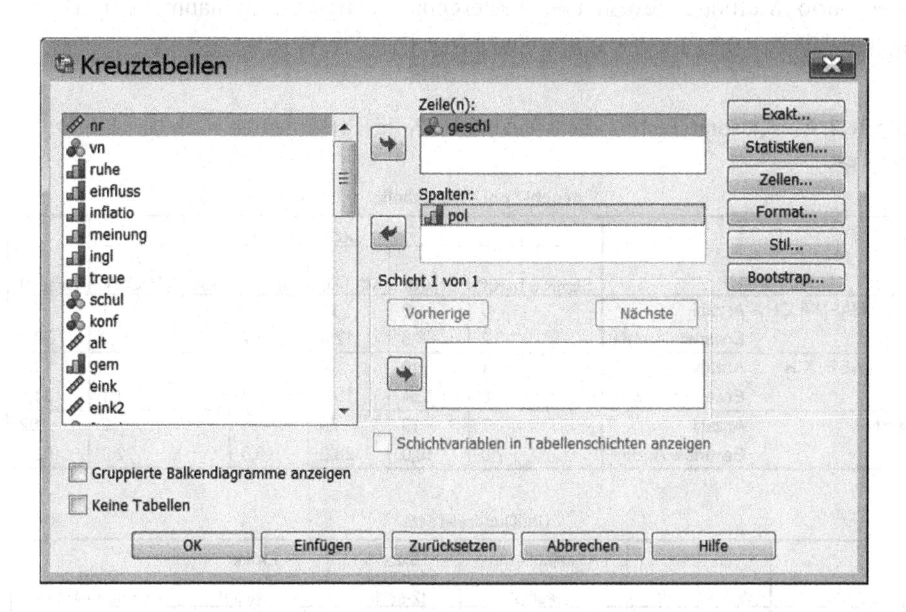

Abb. 36.1. Dialogbox „Kreuztabellen“

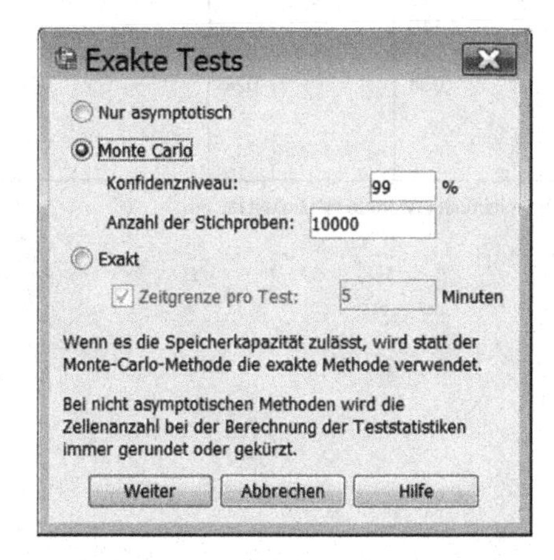

Abb. 36.2. Dialogbox „Exakte Tests“

[2] A. Agresti (2002), S. 94.

In Tabelle 36.3 wird das Testergebnis mit Hilfe des Monte Carlo-Verfahrens (MC) für ein angefordertes Konfidenzniveau von 99 % ausgewiesen. Für den Chi-Quadratunabhängigkeitstest wird für das (zweiseitige) Signifikanzniveau ein Schätzwert von $P_{MC} = 0{,}118$ ausgewiesen (basierend auf 10000 Stichprobentabellen mit dem Startwert 191720661). Er weicht – wie zu erwarten ist - vom exakten P-Wert = 0,123 in Tabelle 36.2 ab. Aber der Schätzwert liegt im 99 %-Konfidenzintervall mit den Grenzen 0,109 und 0,126. Auch das mit Hilfe der Monte Carlo Methode gewonnene Testergebnis führt zur Annahme der H_0-Hypothese ($P_{MC} = 0{,}118 < \alpha = 0{,}05$). Für die anderen Tests ist es auch so.

Tabelle 36.2. Chi-Quadrat-Test für die Kreuztabelle Politisches Interesse nach Geschlecht: Exakter Test

geschl * pol Kreuztabelle

			pol					
			SEHR STARK	STARK	MITTEL	WENIG	UEBER HAUPT NICHT	Gesamt
geschl	MAENNLICH	Anzahl	6	9	11	1	1	28
		Erwartete Anzahl	3,2	8,6	12,6	2,7	,9	28,0
	WEIBLICH	Anzahl	1	10	17	5	1	34
		Erwartete Anzahl	3,8	10,4	15,4	3,3	1,1	34,0
Gesamt		Anzahl	7	19	28	6	2	62
		Erwartete Anzahl	7,0	19,0	28,0	6,0	2,0	62,0

Chi-Quadrat-Tests

	Wert	df	Asymptotische Signifikanz (2-seitig)	Exakte Signifikanz (2-seitig)	Exakte Signifikanz (1-seitig)	Punkt-Wahrscheinlichkeit
Chi-Quadrat nach Pearson	7,062[a]	4	,133	,123		
Likelihood-Quotient	7,640	4	,106	,145		
Exakter Test nach Fisher	6,949			,115		
Zusammenhang linear-mit-linear	4,388[b]	1	,036	,038	,024	,012
Anzahl der gültigen Fälle	62					

a. 6 Zellen (60,0%) haben eine erwartete Häufigkeit kleiner 5. Die minimale erwartete Häufigkeit ist ,90.

b. Die standardisierte Statistik ist 2,095.

Tabelle 36.3. Chi-Quadrat-Test für die Kreuztabelle Politisches Interesse nach Geschlecht: Monte Carlo-Verfahren

Chi-Quadrat-Tests

				Monte-Carlo-Signifikanz (2-seitig)			Monte-Carlo-Signifikanz (1-seitig)		
					99%-Konfidenzintervall			99%-Konfidenzintervall	
	Wert	df	Asymptotische Signifikanz (2-seitig)	Signifikanz	Untergrenze	Obergrenze	Signifikanz	Untergrenze	Obergrenze
Chi-Quadrat nach Pearson	7,062[a]	4	,133	,118[b]	,109	,126			
Likelihood-Quotient	7,640	4	,106	,140[b]	,131	,149			
Exakter Test nach Fisher	6,949			,110[b]	,102	,118			
Zusammenhang linear-mit-linear	4,388[c]	1	,036	,036[b]	,031	,041	,024[b]	,020	,028
Anzahl der gültigen Fälle	62								

a. 6 Zellen (60,0%) haben eine erwartete Häufigkeit kleiner 5. Die minimale erwartete Häufigkeit ist ,90.

b. Basierend auf 10000 Stichprobentabellen mit dem Startwert 191720661.

c. Die standardisierte Statistik ist 2,095.

Anhang A

Datei ALLBUS: Variablen zu Kapitel 2 (Variablendefinitionen in Kap. 2)

NR	VN	GESCHL	SCHUL	EINK	POL	RUHE	EINFLUSS	INFLATIO	MEINUNG	ABTREIBUNG
1	1	2	4	1200	1	3	1	4	2	1
2	2	1	2	1260	3	2	1	3	4	0
3	2	2	2	600	3	1	4	3	2	0
4	1	2	3	99997	3	3	1	2	4	1
5	1	1	2	5000	3	3	1	4	2	2
6	1	1	1	1250	4	1	3	2	4	1
7	2	3	5	0	5	1	3	4	2	0
8	2	1	2	99997	2	1	2	3	4	0
9	2	1	2	1900	4	2	4	1	3	1
10	2	2	2	700	5	3	1	4	2	0
11	1	1	2	99997	2	3	1	4	2	2
12	1	2	5	2750	4	2	3	4	1	1
13	2	2	2	99997	1	4	2	3	1	0
14	1	2	4	99997	2	2	3	4	1	1
15	1	1	5	750	2	1	4	3	2	1
16	1	2	5	3000	3	1	4	3	2	2
17	1	1	3	2558	3	1	3	2	4	1
18	1	2	2	1000	5	4	1	3	2	2
19	2	1	2	2100	3	2	3	4	1	0
20	2	2	3	600	4	2	1	4	3	0
21	2	2	3	0	3	3	1	4	2	0
22	2	1	3	1150	3	2	1	4	3	0
23	2	1	3	2000	2	2	1	4	3	0
24	2	1	2	850	4	1	3	2	4	0
25	1	1	3	850	2	4	1	2	3	2
26	2	1	4	3000	3	4	2	3	1	0
27	2	1	2	350	5	1	2	4	3	0
28	1	1	2	325	2	3	1	2	4	2
29	1	1	2	2000	4	4	3	1	2	2
30	2	2	2	99997	4	3	2	4	1	0
31	2	2	2	805	2	1	2	3	4	0
32	2	1	3	2500	4	1	3	4	2	0

Hinweise: Um die Datenbereinigung demonstrieren zu können, sind bei den Fällen 6 für GESCHLECHT und 4 für TREUE zunächst falsche Werte eingegeben. Diese müssen korrigiert werden (Fall 7: GESCHL = 2 und Fall 9: ABTREIBUNG = 0). Die Datei ALLBUS12klein.SAV (⇨ Anhang B) enthält die bereits korrigierten Daten.

Quelle: ALLBUS 2012

Anhang B

Internetseiten zum Buch

Auf den Internetseiten zum Buch mit der Adresse

http://www.spssbuch.de

werden alle im Buch verwendeten Datendateien, Tabellen statistischer Verteilungen, Übungsaufgaben mit ihren Lösungen und ergänzende Texte (u.a zu älteren SPSS-Programmversionen) zum Downloaden sowie weitere Informationen bereitgestellt.

Zur Sicherheit sind die Internetseiten auch unter folgender Adresse zu finden:

https://www.wiso.uni-hamburg.de/projekte/spss-buch/startseite

----

E-mail: Juergen.Janssen@wiso.uni-hamburg.de
Wilfried.Laatz@wiso.uni-hamburg.de

Literaturverzeichnis

Agresti, A., Categorical Data Analysis, Hoboken 2002.

Backhaus, K., Erichson, B., Plinke, W., Weiber, R., Multivariate Analysemethoden. Eine anwendungsoriente Einführung, Berlin u.a. 2015.

Backhaus, K., Erichson, B., Plinke, W., Weiber, R., Fortgeschrittene multivariate Analysemethoden. Eine anwendungsorientierte Einführung, Berlin u.a. 2013.

Bäumler, A., TwoStep^{TM}-Clusteranalyse. PowerPoint-Präsentation (SPSS GmbH Software München).

Belsley, D. A., E. Kuh, and R. E. Welsch. Regression diagnostics: Identifying influential data and sources of collinearity. New York 1980.

Bleymüller, J., G. Gehlert, H. Gülicher, Statistik für Wirtschaftswissenschaftler, München 2004.

Blom, G., Statistical estimates and transformed beta variables, New York 1958.

Böltken, F., Auswahlverfahren. Eine Einführung für Sozialwissenschaftler, Stuttgart 1976.

Bortz, J., G.A. Lienert, K. Boenke, Verteilungsfreie Methoden in der Biostatistik, Berlin et. al. 1990.

Büning, H., G. Trenkler, Nichtparametrische Methoden. Berlin, New York 1978.

Chambers, J.M., W.S. Cleveland, B. Kleiner, P.A. Tukey, Graphical methods for data analysis, Belmont 1983.

Chiu, T., D. Fang, J. Chen, Y. Wang, C. Jeris, A Robust and Scalable Clustering Algorithm for Mixed Attributes in Large Database Environment. Proceedings of the seventh ACM SIGKDD international conference on knowledgediscovery and data mining, 263.

Claus, G., H. Ebner, Grundlagen der Statistik, Thun und Frankfurt a.M. 1977.

Cleveland, W.S., Robust locally weighted regression and smoothing scatterplots, in: Journal of the American Statistical Association, 74/ 1979, S. 829-836.

Cochran, W., Stichprobenverfahren, Berlin, New York 1973.

Cohen, J., Statistical Power Analysis for the Behavioral Sciences, Hillsdale, New Jersey 1988.

Cunnigham, P., S. J. Delany, k-Nearest Neighbor Classifiers. Technical Report UCD-CSI-2007-4, March 27, 2007. (http://www.csi.ucd.ie/files/UCD-CSI-2007-4.pdf).

Eckey, H-F., R. Kosfeld, M. Rengers, Multivariate Statistik: Grundlagen, Methoden, Beispiele, Wiesbaden 2002.

Freyhold, M. v., Autoritarismus und politische Apathie. Analyse einer Skala zur Ermittlung autoritätsgebundenen Verhaltens, Frankfurt a.M. 1971.

Glowatzki, M., Two-Step-Clusteranalyse, unveröffentlichtes Manuskript (SPSS GmbH Software München).

IBM Corp., IBM SPSS Statistics Base 20 (ftp://public.dhe.ibm.com/software/analytics/spss/documentation/statistics/20.0/de/client/Manuals/IBM_SPSS_Statistics_Base.pdf).

IBM Corp., C. Mehta, N. Patel, IBM SPSS Exact Tests (ftp://public.dhe.ibm.com/software/analytics/spss/documentation/statistics/20.0/en/client/Manuals/IBM_SPSS_Exact_Tests.pdf).

Inglehart, R., The silent revolution in Europe: Intergenerational change in post-industrial societies, in: American Political Science Review 65/1971, S. 991-1017.

Kuritz, S.J., J.R. Landis, G.G. Koch, A general overview of Mantel-Haenszel methods: Applications and recent developments. In: Annual of Public Health, 9 (1988), S. 123-160.

Laatz, W., Empirische Methoden. Ein Lehrbuch für Sozialwissenschaftler, Frankfurt a.M. 1993.

Lehman, E.L., Nonparametrics: Statistical methods based on ranks, San Francisco 1975.

Long, J. S., Regression Models for Categorial and Limited Dependend Variables, Thousend Oaks u.a. 1997.

Lyderse, S, V. Pradhan, P. Senchaudhuri, P.Laake, Choice of tests for association in small sample unordered r*c tables, in: Statistics in Medicine,Volume 26 (2007), S. 4328-4343.

MacCullagh, P., Regression Models for ordinal Data. In: Journal of the Royal Statistical Society, Series B(Methodological), Volume 42, Issue 2 (1980), S. 109-142.

McKelvy, R. D. W. Zavoina, A statistical model for the analysis of ordinal level dependent variables. In: Journal of Mathematical Sociology, 4 (1975), S. 103-120.

Siegel, S., N.J. Castellan, Nonparametric statistics for the behavioral sciences, New York et. al. 1988.

Steinhausen, D., Langer, K., Clusteranalyse. Einführung in Methoden und Verfahren der automatischen Klassifikation. Berlin, New York 1977.

SPSS Inc., The SPSS TwoStep Cluster Component. A scalable component enabling more efficient customer segmentation, o.O. 2000.

SPSS Inc., TwoStep Cluster Algorithms (als Pdf-Datei im Verzeichnis Algorithms auf der Programm-CD SPSS 13.01 für Windows).

Stenger, H., Stichproben, Heidelberg, Wien 1986.

Steinhausen, D.,Langer, K., Clusteranalyse. Einführung in Methoden und Verfahren der automatischen Klassifikation. Berlin, New York 1977.

Tukey, J.W., The future of data analysis, in: Annals of Mathematical Statistics, 33/1962.

Wellek, S., Statistische Methoden zum Nachweis von Äquivalenz, Stuttgart u.a. 1994.

Wilkinson, I., The Grammar of Graphics, 2. ed., New York 2005.

Witten, I. H., E. Frank, Data Mining, Practical Machine Learning Tools and Techniques, 2.ed., San Francisco u.a. 2005.

Wolf, W., Statistik. Eine Einführung für Sozialwissenschaftler, Band 1, Weinheim und Basel 1974.

Wolf, W., Statistik. Eine Einführung für Sozialwissenschaftler, Band 2, Weinheim und Basel 1980.

Zhang, T., R. Ramakrishnon and M. Livny, BIRCH: An Efficient Data Clustering Method for Very Large Datebases. Proceedings of the ACM SIGMOD Conference on Management of Data, S. 103-114, Montreal 1996.

Datenverzeichnis

ALLBUS90.SAV, ALLBUS12.SAV
Bezugsquelle: GESIS - Leibniz-Institut für Sozialwissenschaften, B2,1, 68159 Mannheim

KREDIT.SAV
Quelle: Datensatz-Archiv des Instituts für Statistik der Ludwig-Maximilians-Universität München und des Sonderforschungsbereichs 386 (http://www.stat.uni-muenchen.de/service/datenarchiv/welcome.html). Dort findet man auch eine Beschreibung des Datensatzes sowie Literaturhinweise. Die dort herunterladbare Datei kredit.asc im ASCII-Format wurde von uns in eine SPSS-Datei (KREDIT.SAV) gewandelt. Dabei haben wir einige Variablennamen zum besseren Verständnis leicht verändert und haben einige neue Variable hinzugefügt (außer der Variable FALLNR und FOKUSFALL sind alle anderen durch Umkodierungen entstanden). Die Daten sind unter dem Namen German Credit data durch die Einspeisung in das UCI Machine Learning Repository [http://www.ics.uci.edu/~mlearn/MLRepository.html] weltweit in Data-Mining- und Machine-Learning-Kreisen sehr populär und sind vielfach für Studien genutzt geworden. Durch eine Veröffentlichung von Hans-Joachim Hofmann (Die Anwendung des CART-Verfahrens zur statistischen Bonitätsanalyse von Konsumentenkrediten, in: ZfB 60. Jg. (1990), S. 941-962) sind die Daten in das UCI Repository gelangt.

AUTOPREISE.SAV
Quelle: Von Shonda Kuiper, einer Professorin für Statistik am Grinnell College in Iowa, sind Daten für gebrauchte Autos von General Motors (GM) des Jahres 2005 für Lehr- und Lernzwecke zur multiplen Regression zusammengestellt worden. Unter http://www.amstat.org/publications/jse/v16n3/datasets.kuiper.html findet man ein in Journal of Statistics Education Volume 16, Number 3 (2008) veröffentlicheten Aufsatz und im Appendix A, Data Description, einen Link zum Herunterladen der Daten. Unsere SPSS-Datendatei AUTOPREISE ist ein Auszug aus den Daten. Es sind nur Chevrolet-Modelle enthalten.

Sachverzeichnis

E

H

I

Die Seitenzahlen mit angefügtem i beziehen sich auf die Texte im Internet